Vom Neuron zum Gehirn

Vom Neuron zum Gehirn

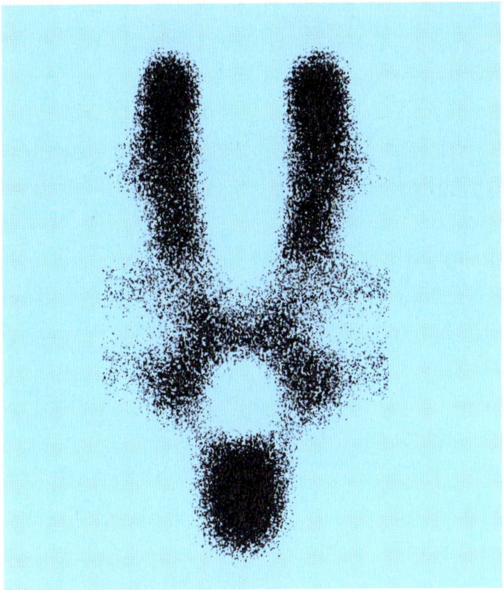

Zum Verständnis der zellulären und molekularen Funktion des Nervensystems

John G. Nicholls
A. Robert Martin
Bruce G. Wallace

Übersetzt aus dem Amerikanischen von:
Monika Niehaus-Osterloh
Andrea Bibbig

Wissenschaftliche Beratung:
Eberhard von Berg

Mit einem Geleitwort von
Sir Bernhard Katz

Mit 372 meist farbigen Abbildungen und 5 Tabellen

SEMPER BONIS ARTIBUS
Gustav Fischer Verlag
Stuttgart · Jena · New York · 1995

Anschriften der Autoren:

Prof. Dr. John Graham Nicholls, Abteilung Pharmakologie im Biozentrum, Klingelbergstraße 70, CH-4056 Basel, Schweiz

Prof. Dr. A. Robert Martin, School of Medicine, University of Colorado, U.S.A.

Prof. Dr. Bruce G. Wallace, School of Medicine, University of Colorado, U.S.A.

Anschriften der Übersetzerinnen:

Dr. Monika Niehaus-Osterloh, Auf der Reide 20B, 40468 Düsseldorf (Kapitel 1–10)

Andrea Bibbig, Universität Ulm, Abteilung Neuroinformatik, Oberer Eselsberg, 89069 Ulm (Kapitel 11–19)

Original English language edition

FROM NEURON TO BRAIN
A Cellular and Molecular Approach to the Function of the Nervous System – Third Edition

Published by arrangement with Sinauer Associates, Inc.
Sunderland, Massachusetts 01375 U.S.A.

Umschlaggestaltung von Laszlo Meszoly. Die Mikrographie des nicotinischen Acetylcholin-Rezeptors auf der Titelseite erscheint mit freundlicher Genehmigung von Dr. Nigel Unwin.

Die Deutsche Bibliothek – CIP-Einheitsaufnahme

Nicholls, John G.:
Vom Neuron zum Gehirn: zum Verständnis der zellulären und molekularen Funktion des Nervensystems / John G. Nicholls ; A. Robert Martin ; Bruce G. Wallace. Geleitw. von Bernard Katz. Übers. aus dem Amerikan. von Monika Niehaus-Osterloh und Andrea Bibbig. Wiss. Beratung: Eberhard von Berg. – Stuttgart ; Jena ; New York : Fischer, 1995
Einheitssacht.: From neuron to brain <dt.>
ISBN 3-437-20517-X
NE: Martin, A. Robert:; Wallace, Bruce G.:

Satz: Typomedia Satztechnik GmbH, Ostfildern (Scharnhausen)
Druck und Einband: Druckhaus »Thomas Müntzer« GmbH, Bad Langensalza
Gedruckt auf 90 g LuxoMatt, holzfrei matt kompaktgestrichen, chlorfrei gebleicht – TCF

Printed in Germany 0 1 2 3 4 5

Dieses Buch ist unserem Freund und Kollegen Steve Kuffler gewidmet.

Stephen W. Kuffler (1913-1980)

In einer Karriere, die 40 Jahre überspannte, führte Stephen Kuffler Experimente von fundamentaler Bedeutung durch und eröffnete der Forschung neue Wege. Typisch für sein Werk war, wie er das richtige Problem mit der richtigen Methodik anging. Beispiele dafür liefern seine Arbeiten zu Themenkomplexen wie Denervierung, Dehnungsrezeptoren, efferente Steuerung, Inhibition, GABA und Peptide als Transmitter, retinale Integration, Gliazellen und die Analyse der synaptischen Übertragung. Was den Veröffentlichungen Stephen Kufflers eine besondere Qualität verlieh, war ihre Klarheit, die schönen Abbildungen und die wissenschaftliche Entdeckerfreude, die aus ihnen sprach. Darüber hinaus hat er *jedes* Experiment, daß er beschrieben hat, auch selbst durchgeführt. Stephen Kufflers Werk ist beispielhaft für einen multidisziplinären Zugang zur Untersuchung des Nervensystems. In Harvard schuf er die erste neurobiologische Abteilung, in der er Wissenschaftler verschiedener Fachrichtungen zusammenbrachte, die neue Denkweisen entwickelten. Die, die ihn kannten, erinnern sich an eine einzigartige Mischung aus Toleranz, Festigkeit, Freundlichkeit und gesundem Menschenverstand, gepaart mit einem ausgeprägten Sinn für Humor. Er war der J.F. Enders University Professor in Harvard und mit dem Marine Biological Laboratory in Woods Hole assoziiert. Zu seinen vielen Ehrungen gehörte die Ernennung zum ausländischen Mitglied der Royal Society.

Geleitwort

Seit *»From Neuron to Brain«* von Stephen Kuffler und John Nicholls 1976 erstmals erschien, bin ich ein großer Bewunderer dieses Buches. Der Untertitel lautete damals *»A Cellular Approach to the Function of the Nervous System«*. Das Werk beeindruckte mich als neuartiges und sehr anregendes Lehrbuch, das eine Verbindung herstellte zwischen der Analyse der zellulären und subzellulären Mechanismen und einer Grundvorstellung von der Organisation und physiologischen Funktion des gesamten Nervensystems.

Die folgenden Auflagen haben an Umfang stark zugenommen. Nach Stephen Kufflers Tod im Jahr 1980 fand John Nicholls in Robert Martin und Bruce Wallace kongeniale Koautoren, die ihm halfen, die zunehmende Komplexität der Materie zu bewältigen. Seitdem führt das Buch den neuen Untertitel *»A Cellular and Molecular Approach to the Function of the Nervous System«*.

Es ist in Mode gekommen, »reduktionistische« und »integrative« Wissenschaft einander gegenüberzustellen. Meiner Meinung nach wird damit ein künstlicher Gegensatz geschaffen, denn um Zusammenhänge erkennen zu können, bedarf es zunächst vieler einzelner wissenschaftlicher Leistungen und Ergebnisse. Deshalb freut es mich besonders, daß die Neuauflage von *»From Neuron to Brain«* und ihre aktualisierte deutsche Übersetzung weiterhin das gesamte Wissensgebiet abdecken und eine Synthese der verschiedenen Aspekte der Neurophysiologie durchführen. Außerdem ist dieses Buch – was mir am wichtigsten erscheint – faszinierend wie eh und je. Es präsentiert uns die Neurophysiologie als nie endendes Forschungsabenteuer, deren Spannung sich auf Wissenschaftler und Studenten überträgt.

Mit großem Vergnügen empfehle ich deshalb den deutschspachigen Studenten die Übersetzung dieses Lehrbuchs. Möge es so wichtig und nützlich für seine Leser werden wie für diejenigen, die das Original bereits seit zwei Jahrzehnten zu schätzen gelernt haben.

London, im Frühjahr 1995 — Sir Bernard Katz

Vorwort zur deutschen Ausgabe

Wir freuen uns sehr, daß jetzt auch eine Übersetzung unseres Buches für alle deutschsprachigen Studenten, Dozenten und Wissenschaftler zur Verfügung steht, die das Nervensystem erforschen oder sich darüber informieren wollen. Viele in diesem Buch beschriebene Aspekte der zellulären, molekularen und integrativen Neurobiologie basieren auf innovativen und grundlegenden Experimenten, die erstmals in Laboratorien aus dem deutschen Sprachraum durchgeführt wurden.

Die 3. amerikanische Originalausgabe wurde mit viel Sachverstand und Einfühlungsvermögen übersetzt und vom Gustav Fischer Verlag auf entsprechende Weise als Lehrbuch herausgebracht. Gegenüber der 2. amerikanischen Auflage wurde der gesamte Inhalt grundlegend revidiert, alle Texte wurden neu geschrieben. Neu hinzugekommen sind Kapitel und Membrankanäle, Neuromodulation, sensorische Transduktion, motorische Systeme und Entwicklung.

Als roter Faden ziehen sich aufregende neue Konzepte durch das Buch, die sich aus Experimenten auf der molekularen Ebene ableiten. Techniken wie patch clamp, Genklonierung, Molekülexpression in den Oocytenmembranen, positionsorientiere Mutagenese und monoklonale Antikörper haben Informationen erbracht, die die Beschreibung der Signalübertragung, der synaptischen Übermittlung, der Plastizität und der Entwicklung leichter und verständlicher machen. Andererseits haben wir Befunde aus älteren Arbeiten beibehalten, die für das Erfassen der Neuronfunktionen und der integrativen Systeme immer noch gültig sind. So beschreiben zum Beispiel die Experimente über Aktionspotentiale von Hodgkin und Huxley die zugrundeliegenden Mechanismen so wichtiger Phänomene wie Schwellenwert und Leitungsprozesse, die nicht durch patch clamp oder durch die molekulare Analyse einzelner Kanäle aufgedeckt werden können. Genauso ist die alte Färbemethode nach Golgi immer noch verwendbar für die Darstellung der neuronalen Architektur und Verknüpfung. Sie wurde zwar durch Antikörperverfahren erweitert, nicht jedoch ersetzt. Die meisten Kapitel kombinieren solche »klassischen« Ansätze mit neuen »offenen« Forschungsrichtungen.

Wie in den vorausgegangenen Auflagen haben wir uns dafür entschieden, keinen umfassenden Überblick über die moderne Neurobiologie darzubieten. Statt dessen beschreiben wir im Detail jene Spezialgebiete, die einen zusammenhängenden Eindruck davon geben, wie molekulare und zelluläre Ansätze zur Erforschung der Gehirnfunktionen beitragen. Wir haben versucht, den Stil der vorausgegangenen Auflagen beizubehalten und die Spannung zu vermitteln, die aufkommt, wenn man einzelne Moleküle dabei beobachtet, wie sie durch eine Änderung ihrer Konfiguration elektrische Signale produzieren, die ihrerseits Auswirkungen auf höhere Funktionen des Nervensystems wie zum Beispiel die Wahrnehmung haben.

Obwohl Stephen Kufflers Name nicht mehr auf der Titelseite dieser Ausgabe steht, dachten wir beim Schreiben doch an ihn. Das Vorwort zur 2. amerikanischen Auflage von *From Neuron to Brain* endet folglich:

> Die Freude und die Befriedigung, die wir bei der Neubearbeitung dieses sehr gefragten Buches empfunden haben, wurde getrübt durch den Tod unseres Freundes und Kollegen, Steve Kuffler. Wir haben versucht, ein Buch zu schaffen, für das er seinen Namen bestimmt gern hergegeben hätte.

J.G. Nicholls
A.R. Martin
B.G. Wallace

Kurzes Inhaltsverzeichnis

Inhaltsverzeichnis

Teil 2: Kommunikation zwischen erregbaren Zellen

Teil 3: Entwicklung und Regeneration im Nervensystem

Teil 4: Integrative Mechanismen

Teil 5: Das visuelle System

Teil 6: Schlußfolgerungen

Danksagung

Wir haben vielen Kollegen zu danken, die uns ermutigt und unser Denken beeinflußt haben. Besonders dankbar sind wir denjenigen, die uns zu einzelnen Kapiteln des Buches wertvolle Hinweise gegeben haben: Drs. W. Adams, D. A. Baylor, W.J. Betz, W.K. Chandler, R. Cooper, P. Drapeau, F. Fernandez de Miguel, H.-J. Freund, P.A. Fuchs, O.W. Hill, J.W. Karpen, S.R. Levinson, M. Luskin, K.J. Muller, J.M. Ritchie, W.T. Thach, M. Treherne, D. Weisblat und W.O. Wickelgren.

Wir möchten auch unseren Kollegen danken, die uns freundlicherweise Originalabbildungen aus veröffentlichten und unveröffentlichten Arbeiten zur Verfügung stellten. Die Verwendung ihrer Originalabbildungen für diese Ausgabe erlaubten uns freundlicherweise Drs. A.J. Aguayo, W.J. Betz, J. Black, R. Boch, T. Bonhoeffer, H.-J. Freund, A. Ginvald, S. Grumbacher-Reinert, M.B. Hatten, J.E. Heuser, J. Jellies, E.A. Knudsen, M.B. Luskin, U.J. McMahan, K.J. Muller, E. Newman, M. Rayan, D.F. Ready, J.H. Rogers, M.M. Salpeter, S. Schacher, R. Seitz, D.J. Selkoe, S.J. Smith, P.N.T. Unwin, R.D. Vale, R.B. Vallee, F. Valtorta, H. Wässle, S. Waxman, W.O. Wickelgren, W. Wisden und S. Zeki. Bilder aus der letzten Ausgabe des Buches wurden mit freundlicher Genehmigung der Drs. B. Boycott, M. Brightman, J. Dowling, A. Kaneko, S. LeVay, B. Nunn und S.L. Palay übernommen.

Wir danken auch den Herausgebern des *Journals of Physiology*, des *Journals of Neurophysiology*, der *Journals of Neuroscience* und *Neuron*, aus denen viele der Illustrationen übernommen wurden.

J. G. N. möchte auch dem Fogarty Center in NIH, Bethesda, für Hilfe und Unterstützung während seiner Fogarty Fellowship danken; sein besonderer Dank gilt Dr. Jack Schmidt und Ms. Sheila Feldman.

Ms. Kathy Fernandez und Ms. I. Wittker sind wir für ihre unschätzbare Hilfe bei der Herstellung des Manuskripts dankbar.

Unser Dank gilt nicht zuletzt Laszlo Meszoly, dessen Kunstfertigkeit den Stil des Buches in dieser und den vorhergehenden Ausgaben geprägt hat, desgleichen John Woolsey für künstlerische Beiträge zu dieser Ausgabe, Joseph Vesely und Janice Holabird, die sich um Gestaltung und Produktion gekümmert haben, unserer Redakteurin, Gretchen Becker, und nicht zuletzt Carol Wigg und Andy Sinauer – sie alle haben durch ihr Stilgefühl und ihre Kompetenz unsere Zusammenarbeit zu einem Vergnügen gemacht.

John G. Nicholls
A. Robert Martin
Bruce G. Wallace

Die Übersetzerinnen danken Herrn Prof. Dr. M. Wink, Heidelberg, für seine Unterstützung bei der Klärung biochemischer Fragen.

Frau Bibbig dankt außerdem allen Mitgliedern der Abteilung Neuroinformatik, Ulm, insbesondere Prof. Dr. G. Palm, T. Wennekers, Dr. F. Kurfeß, G. Krone, Dr. F. Schwenker und Dr. H. Glünder sowie K. Schmidt, Dr. S. Löwel und Prof. Dr. H. Wässle, MPI für Hirnforschung, Frankfurt, und Dr. U. Grünert, Sydney, für ihre teilweise unermüdliche Diskussionsbereitschaft bei der Findung deutscher Fachbegriffe, vor allem auf dem Gebiet sensorischer Systeme.

Monika Niehaus-Osterloh
Andrea Bibbig

Die Autoren

John G. Nicholls
ist Professor für Pharmakologie im Biozentrum der Universität Basel. Er wurde 1929 in London geboren, erwarb im Charing Cross Hospital einen medizinischen Grad und wurde im Department of Biophysics des University College, London, in Physiologie promoviert, wo er unter Sir Bernhard Katz arbeitete. Er hat am University College, in Oxford, in Harvard, in Yale und in den Stanford Medical Schools gearbeitet. 1988 wurde er zum Mitglied der Royal Society ernannt. Zusammen mit Stephan Kuffler analysierte er die physiologischen Eigenschaften von Neurogliazellen und schrieb die Erstauflage dieses Buches. Er hat in Woods Hole und in Cold Spring Harbor, an Universitäten in Chile, China, Indien, Israel, Mexiko und Venezuela Kurse in Neurobiologie abgehalten. Einige Jahre lang arbeitete er am Nervensystem des Blutegels, um die Regenerationsfähigkeit synaptischer Verbindungen zu untersuchen. In neuerer Zeit beschäftigt er sich mit der Regeneration des Rückenmarks von Säugern und benutzt dabei das Nervensystem des neonatalen Opossums in Kultur.

A. Robert Martin
ist Professor und Chairman des Department of Physiology an der University of Colorado School of Medicine. Er wurde 1928 in Saskatchewan geboren und studierte an der University von Manitoba im Hauptfach Mathematik und Physik. 1955 wurde er im University College, London, in Biophysik promoviert, wo er unter Sir Bernhard Katz über die synaptischen Übertragung an Säugermuskeln arbeitete. Zwischen 1955 und 1957 untersuchte er als Postdoc im Labor von Herbert Jasper am Montreal Neurological Institute das Verhalten von Einzelzellen im motorischen Cortex. Er hat an der McGill University, der University of Utah, der Yale University und der University of Colorado Medical Schools unterrichtet und als Visiting Professor an der Monash University, der Edinburgh University und der Australian National University gearbeitet. Er beschäftigt sich mit der synaptischen Übertragung, einschließlich der Transmitterfreisetzung, der elektrischen Kopplung an Synapsen und Eigenschaften postsynaptischer Ionenkanäle.

Bruce G. Wallace
ist Associate Professor für Physiologie an der University of Colorado School of Medicine. Er wurde 1947 in Plainfield, New Jersey, geboren und studierte am Amherst College im Hauptfach Biophysik. 1974 wurde er in Harvard, wo er mit Edward Kravitz an der Biochemie von Transmittern arbeitete, im Fach Neurophysiologie promoviert. Zwischen 1974 und 1977 untersuchte er als Postdoc an der Stanford University zusammen mit John Nicholls die Funktion und Regeneration von Synapsen im Nervensystem des Blutegels. Er hat in Stanford und an der University of Colorado Medical Schools gelehrt. Zu seinen Untersuchungen an molekularen Mechanismen der Synapsenbildung gehören Arbeiten in Kooperation mit U. J. McMahan, die zur Identifizierung von Agrin und dessen Rolle bei der Regulation der Differenzierungen der postsynaptischen Spezialisierung führten.

Teil 1

Eigenschaften von Neuronen und Glia

Kapitel 1

Einführung: Signalanalyse im Nervensystem

Das Gehirn benutzt stereotype elektrische Signale, um all die Informationen, die es erhält und analysiert, zu verarbeiten. Die Signale sind Symbole, die in keiner Weise der äußeren Welt ähneln, die sie repräsentieren; daher ist es eine wesentliche Aufgabe, ihre Bedeutung zu entschlüsseln.
Der Ursprung der Nervenfasern und ihr Bestimmungsort im Gehirn entscheiden über den Inhalt der Information, die sie weitergeben. So übertragen z.B. Fasern im Sehnerv visuelle Informationen, während Signale eines anderen sensorischen Nerventyps – z.B. eines Hautnervs – eine ganz andere Botschaft übermitteln. Einzelne Neuronen können komplexe Informationen in einfache elektrische Signale umsetzen; die Bedeutung dieser Signale ergibt sich aus der spezifischen Verschaltungen der Nervenzellen. Die Signale selbst bestehen aus Potentialänderungen; sie werden von elektrischen Strömen erzeugt, die über die Membran fließen. Die Ströme werden von Ionen, z.B. von Natrium-, Kalium- und Cloridionen, getragen. Nervenfasern verwenden nur zwei Typen von Signalen: Lokale Potentiale und Aktionspotentiale. Die lokalen, graduierten Potentiale können sich nur über kurze Strecken ausbreiten; ihre Reichweite beträgt gewöhnlich nur 1 bis 2 Millimeter. Sie spielen an bestimmten Stellen eine entscheidende Rolle, so z.B. an den sensorischen Nervenendigungen (wo man sie als Rezeptorpotentiale bezeichnet) oder an den Verbindungen zwischen Zellen, den Synapsen (wo sie synaptische Potentiale heißen). Die lokalen Potentiale ermöglichen es einzelnen Nervenzellen, ihre integrativen Funktionen durchzuführen und Aktionspotentiale auszulösen. Aktionspotentiale sind regenerative Impulse, die rasch und ohne Abschwächung über weite Strecken geleitet werden. Diese beiden Signaltypen codieren die universelle Sprache aller bisher bekannten tierischen Nervenzellen. Als Vorbereitung auf die nachfolgenden Kapitel werden die Grundprinzipien dieser Signalsprache und der neuronalen Verknüpfungen im folgenden kurz zusammengefaßt. Anhand einfacher Reflexe und durch Signalverarbeitung in der Retina läßt sich zeigen, wie verschiedene Techniken angewandt werden können, um die elektrische Aktivität, die Neurochemie und die funktionelle Architektur der Nervenzellen zu analysieren.

Vom neuronalen Signal zur Wahrnehmung

Das Zentralnervensystem (ZNS) ist eine niemals ruhende Ansammlung von Zellen, die ständig Informationen empfangen, analysieren, erkennen und Entscheidungen treffen. Gleichzeitig kann das Gehirn auch die Initiative ergreifen und regulierend auf verschiedene Sinnesorgane einwirken.

Um seine Aufgabe erfüllen zu können, über die vielen Aspekte des Verhaltens zu entscheiden und den ganzen Körper direkt oder indirekt zu steuern, besitzt das Nervensystem eine immense Anzahl von Kommunikationsleitungen, die von den Nervenzellen (**Neuronen**) gebildet werden. Diese Zellen sind die fundamentalen Einheiten oder Bausteine des Gehirns. Unsere Aufgabe ist es, die Bedeutung ihrer Signalsprache herauszufinden.

Es war eine unerwartete Entwicklung, daß Neurobiologen, die einzelne Nervenzellen untersuchten, in die Lage versetzt wurden, höhere Funktionen des Gehirns, wie das Wahrnehmungsvermögen, zu diskutieren. Man hatte natürlich schon lange erkannt, daß das Wissen um die zellulären Eigenschaften der Neuronen eine wesentliche Voraussetzung für jede detaillierte Untersuchung des Gehirns ist. Dennoch gab es keine eindeutigen Hinweise darauf, wie ein Verständnis der Membraneigenschaften, der Signalweitergabe oder der Nervenverbindungen dazu beitragen könnte, komplexe psychologische Phänomene, wie Tiefenwahrnehmung und Mustererkennung, zu erklären. Es schien gut möglich, daß die Arbeitsweise der Großhirnrinde selbst dann noch ein Rätsel bleiben würde, wenn man eine Menge über die Signalerzeugung und Weiterleitung in einzelnen Nervenzellen wissen würde. Eine solch pessimistische Ansicht hat heute viel von ihrer Überzeugungskraft eingebüßt. Obwohl in Netzwerken neue Funktionen auftauchen, die man bei einer einzelnen Nervenzelle nicht findet, wird das Modellieren neuronaler Schaltkreise zu einer fruchtlosen Übung, wenn man nicht die bekannten Eigenschaften der Nervenzellen miteinbezieht.

Glücklicherweise gibt es viele Merkmale im Nervensystem, die ein Verständnis seiner Funktionsweise vereinfachen. Erstens sind die elektrischen Signale in allen Nervenzellen des Körpers prinzipiell identisch, ob sie nun Botschaften über Schmerz oder Berührung aus der Körperperipherie übermitteln, oder ob sie einfach verschiedene Teile des Gehirns miteinander verbinden. Zweitens sind die Signale bei verschiedenen Tieren so ähnlich, daß selbst ein erfahrener Forscher nicht mit Sicherheit entscheiden kann, ob das Photo eines Nervenimpulses von der Nervenfaser eines Wales, einer Maus, eines Affen, eines Wurmes, einer Tarantel oder eines Professors stammt. In disem Sinn lassen sich Nervenimpulse als stereotype Einheiten behandeln. Sie sind die universellen Träger des Austausches von Informationen in allen bisher untersuchten Nervensystemen. Außerdem sezernieren Nervenzellen an **Synapsen** – den Orten, an denen Signale von einer Zelle auf die nächste übertragen werden – eine Reihe chemischer Substanzen (**Transmitter**), die bei verschiedenen Tierarten oft die gleichen sind. Dasselbe gilt für die Chemorezeptoren in den Oberflächenmembranen, mit denen die Transmitter interagieren; auch sie sind in ihrer Struktur sehr konservativ.

Die Neurophysiologen haben recht gut gelernt, mit den Anfangsstadien sensorischer Signalverarbeitung, die schließlich zur Wahrnehmung führt, und auch mit den Endstadien nervöser Effekte (wie z.B. der Bewegung von Skelettmuskeln) umzugehen. Probleme unterschiedlicher Reichweite und Größe tauchen jedoch in Zusammenhang mit Fragen auf, die die neuronale Basis der Wahrnehmung und die Einleitung von «willkürlichen» Bewegungen betreffen. Die Komplikationen, die durch solche «höheren Funktionen» verursacht werden, lassen sich nicht länger ausklammern. Man kann die Funktion des cerebralen Cortex z.B. nicht unabhängig vom Bewußtsein, von der Wahrnehmung und vom Willen betrachten. Heute stehen uns viele Möglichkeiten zur Verfügung, um eine sinnvolle Analyse der cortikalen Mechanismen durchzuführen.

Wie überträgt ein einzelnes Neuron Information?

Um uns über die neuronalen Ereignisse klarzuwerden, die bei der Wahrnehmung von Berührung eine Rolle spielen, können wir damit beginnen, Signale von einem Neuron abzuleiten, das in der Haut endet. Diese Signale werden weiter unten ausführlicher beschrieben; sie bestehen aus kurzen elektrischen Impulsen von etwa 0,1 Volt Amplitude, die ungefähr 0,001 Sekunden (1 Millisekunde) andauern. Sie werden mit einer Geschwindigkeit von bis zu 80 m/s entlang des Nervs fortgeleitet. Obwohl die Impulse in einer Zelle, die auf Berührung reagiert, prinzipiell mit denen anderer Nervenzellen identisch sind, sind ihre Signifikanz und ihre Bedeutung ganz spezifisch für diese Zelle; sie übermitteln dem Nervensystem z.B. die Botschaft, daß eine bestimmte Stelle der Haut berührt worden ist. Eine weitere wichtige Verallgemeinerung, die zuerst von Adrian[1] gemacht wurde, besagt, daß die Impulsfrequenz einer Nervenzelle ein Maß für die Reizintensität ist. In dem obengenannten Beispiel gilt daher: je stärker der Druck ist, der auf die Haut ausgeübt wird, desto höher ist die Frequenz und desto ausdauernder feuert die Zelle. Wie Hodgkin geschrieben hat, «gelang Adrian etwas, daß man im heutigen Jargon (den Adrian verabscheute) einen Durchbruch nennen würde.»[2]

Adrian selbst beschreibt die Umstände des entscheidenden Experiments so:

‹Ich denke, die Arbeit an diesem besonderen Tag enthielt alle Elemente, die man sich wünschen kann. Der neue Apparat schien wirklich sehr schlecht zu funktionieren, aber dann fand ich plötzlich heraus, daß er so gut funktionierte, daß sich mir ein völlig neuer Bereich von Meßergebnissen eröffnete. Ich war in einer Reihe sehr wenig gewinnbringender Experimente steckengeblieben, und hier ergab sich plötzlich die Möglichkeit, direkte Beweise statt indirekter zu bekommen, und zwar direkte Beweise für eine ganze Reihe von Problemen, die ich zurückgestellt hatte, weil ich annahm, ihre Lösung läge außerhalb dessen, was technisch machbar sei ... es verlangte keine besonders harte Arbeit oder besondere Intelligenz meinerseits. Es war eines von den Dingen, die manchmal einfach in einem Labor geschehen, wenn man Apparate zusammenstöpselt und beobachtet, was dabei für Ergebnisse herauskommen.›[2]

Und Hodgkin fährt fort:« Den Kommentar, den man zu dem letzten Satz machen möchte, ist der, daß die meisten Leute, die Apparate zusammenstöpseln und sich das Ergebnis ansehen, keine Entdeckungen von derselben Bedeutung wie die von Adrian machen.»

So weit scheint es wenig Interpretationsschwierigkeiten zu geben: Information über (1) die Reizmodalität ist durch den speziellen Typ des sensorischen Neurons gegeben, auf das der Reiz einwirkt. Der Ort (2) des Reizes wird durch die Lage und die Verbindungen der Sinneszelle, die Reizintensität (3) durch die Impulsfrequenz mitgeteilt. Wir können nun einen Schritt weitergehen und einfache Reflexe mit zwei oder drei aufeinanderfolgenden Schritten diskutieren. Viel weniger wissen wir jedoch über die Bedeutung von Signalen, die von einem Neuron tief drinnen im Gehirn erzeugt werden, einem Neuron, das sein Eingangssignal von vielen Zellen erhält und seinerseits viele andere Zellen versorgt. Bevor man mit einer Analyse beginnen kann, benötigt man eine Menge Information. Verarbeitet das Neuron, das man untersuchen will, Informationen, die von der Haut, dem Auge, dem Ohr oder allen dreien stammen? Wenn seine Information vom Auge stammt, reguliert es seinerseits die Größe der Pupille, bewegt es den Augapfel oder ist es an der Formenwahrnehmung beteiligt? Oder sezerniert es vielleicht einen Transmitter bzw. ein Hormon, das den emotionalen Zustand des Lebenwesens stark beeinflußt? Interessanterweise lassen sich, wie wir in diesem Buch immer wieder sehen werden, beträchtliche Fortschritte beim Verständnis höherer Gehirnfunktion erzielen, wenn man die Aktivität einzelner Nervenzellen und die Transmitter, die sie ausschütten, mit komplexen Verhaltensweisen oder Wahrnehmungen in Beziehung setzt.

Die neuronalen Verbindungen entscheiden über die Bedeutung elektrischer Signale

Auf den ersten Blick mag es erstaunlich erscheinen, daß das Nervensystem nur stereotype elektrische Botschaften benutzt. Die Signale selbst können nicht mit besonderen Eigenschaften ausgestattet sein, da sie in allen Nerven grundsätzlich gleich sind. Die Mechanismen, mit denen Signale erzeugt werden, sind ebenfalls ähnlich, wenn auch mit interessanten Abweichungen. Das Gehirn beschäftigt sich nur mit Symbolen externer Ereignisse, Symbole, die den realen Objekten nicht mehr ähneln als die Buchstaben H U N D für sich genommen einem

---

1 Adrian, E.D. 1946. *The Physical Background of Perception.* Clarendon Press, Oxford.

2 Hodgkin, A.L. 1977. *Nature* 269: 543–544

gefleckten Dalmatiner ähneln. Statt dessen muß eine bestimmte Signalfolge eine präzise und spezielle Beziehung zu einem Ereignis aufweisen.

Theoretisch gibt es keinen Grund, warum nicht eine Menge Information durch einen allgemein akzeptierten Code aus verschiedenen Frequenzen übermittelt werden könnte. Im Nervensystem können Frequenz oder Entladungsmuster aus folgendem Grund jedoch nicht als Code dienen: Obwohl Impulse und Frequenzen in den diversen Zellen, die auf Licht, Berührung oder Töne reagieren, dieselben sind, ist der Informationsgehalt ganz verschieden. Die Qualität oder Bedeutung eines Signals hängt vom Ursprung und Ziel der Nervenfasern ab, d.h. von ihren Verbindungen. Verschiedene Typen sensorischer Modalitäten (Licht, Töne, Berührung) sind mit unterschiedlichen Teilen des Gehirns verbunden; selbst innerhalb jeder Modalität und in jeder Region der Hirnrinde wirken spezifische Stimuli (wie Linien oder Rechtecke für das visuelle System) selektiv auf bestimmte Neuronengruppen. Diese Organisation basiert auf wohldefinierten Verbindungen. Frequenzmodulation wird vom Nervensystem lediglich gebraucht, um Informationen über die Reizstärke zu übermitteln. Gelegentlich treten Ausnahmen von dieser Regel auf, so z.B. beim Vibrationssinn oder bei den Bahnen für tiefe Töne, wo es vorkommt, daß die Entladungsfrequenz der Frequenz der Quelle folgt. Zusätzlich können Dauerfeuer bei verschiedenen Frequenzen oder Impulssalven tiefgreifende Effekte auf die Übertragung an den Synapsen ausüben oder das Muster der neuronalen Verschaltungen verändern.

Es sollte darauf hingewiesen werden, daß die hier vorgestellten Schlußfolgerungen bereits 1868 von dem deutschen Physiker und Biologen Helmholtz abgeleitet wurden. Ausgehend von ersten einfachen Prinzipien und lange, bevor die Fakten, wie wir sie kennen, vorlagen, meinte er:[3]

> Die Nervenfasern sind oft mit Telegrafenleitungen verglichen worden, die ein Land überqueren, und dieser Vergleich ist gut dazu geeignet, ihre erstaunliche und sonderbare Funktionsweise zu illustrieren. In einem Netzwerk von Telegraphem finden wir überall dieselben Kupfer- oder Eisendrähte, die dieselbe Art von Bewegung transportieren, nämlich einen Strom von elektrischen Teilchen, aber in den verschiedenen Stationen je nach den Apparaten, mit denen sie verbunden sind, ganz unterschiedliche Ergebnisse hervorrufen. In einer Station ist das Ergebnis das Klingeln einer Glocke, in einer anderen wird ein Signal bewegt, in einer dritten beginnt ein Aufzeichnungsgerät zu arbeiten ... Kurz gesagt, jede einzelne der hundert verschiedenen Aktionen, die Elektrizität zu erzeugen in der Lage ist, läßt sich über eine Telegraphenleitung hervorrufen, die zu jeder beliebigen Stelle verlegt werden kann, und es ist jedesmal derselbe Vorgang im Draht selbst, der zu verschiedenen Konsequenzen führt ... All die Unterschiede, die man bei der Erregung verschiedener Nerven beobachten kann, hängen nur von den Unterschieden der Zielorgane ab, mit denen der Nerv verknüpft ist und zu denen er die Erregung weiterleitet.

Man versteht die Bedeutung des Verbindungsmusters besser, wenn man sich Beispiele aus der Physik ansieht, die zeigen, wie Information über Ereignisse durch Verknüpfungen widergespiegelt werden. Ein Computer benutzt z.B. stereotype Komponenten und Signale, führt aber dennoch ganz verschiedene Operationen durch. Die Spezialisation liegt in der Anordnung der elektrischen Verbindungen. Die unterschiedlichen Verbindungen und nicht die Signalformen erhöhen die Komplexität der Aufgaben, die bearbeitet werden können. Zum anderen benötigt ein Computer, der komplexe Aufgaben zufriedenstellend lösen soll, eine angemessene Anzahl von Komponenten; diese Bedingung wird vom Nervensystem ebenfalls erfüllt. Die Anzahl der Zellen im Cortex ist so groß (wahrscheinlich mehr als 20.000 Zellen/mm^3), daß der Spekulation keine Grenzen gesetzt sind. Das Gehirn ist daher ein Instrument aus 10^{10} bis 10^{12} Komponenten recht einheitlichen Materials, das einige wenige stereotype Signale benutzt. Was so verblüffend erscheint, ist, wie die richtige Anordnung der Teile dieses Instrument zu den außerordentlichen Leistungen befähigt, die das Gehirn auszeichnen. Und während es ein Gehirn braucht, um einen Computer zu verdrahten, muß das Gehirn seine Verbindungen selbst verknüpfen und abstimmen.

Neuronale Signale und höhere Funktionen

Die vorausgehenden Abschnitte weisen auf einige der Schwierigkeiten hin, die man in Betracht ziehen muß, wenn man sich mit der bewußten Wahrnehmung beschäftigt. Diese Schwierigkeiten treten beim visuellen System jedoch in einem weit geringeren Maß auf, besonders dann, wenn man Antworten in cortikalen Zellen analysiert. Das illustrieren Kapitel 16 und 17, die sich hauptsächlich mit Experimenten befassen, bei denen es sich um Einzelzellableitungen von optischen Bahnen dreht. Obwohl uns heute viele Informationen über das auditorische und andere sensorische Systeme zur Verfügung stehen, hat das visuelle System der Säuger verschiedene Vorteile, die insbesondere in der relativen einfachen Technik vieler Experimente und ihrer direkten Bedeutung für die Wahrnehmung liegen. Das visuelle System bietet uns Hinweise für das Verständnis des Codes, der von Neuronen nicht nur benutzt wird, um einfache Informationen über Licht und Dunkelheit zu übertragen, sondern auch, um komplexere Konzepte zu vermitteln. Heute können wir z.B. auf der Basis neuronaler Signale und neuronaler Organisation vernünftige Hypothesen formulieren, die mit folgenden Fragen in Zusammenhang stehen: Welche neuronalen Mechanismen können das Erkennen von Formen, wie Kanten oder Ecken, erklären, die in einem bestimmten Winkel im Sehfeld liegen? Wie kann man Dreiecke oder Vierecke unabhängig von ihrer Lage auf der Retina, ihrer Helligkeit oder ihrer Größe erkennen? Wie kommt es, daß wir mit beiden Augen statt zwei Bildern ein einziges verschmolzenes Bild wahrnehmen, obwohl bekannt ist, daß jedes Auge in Wirklichkeit einen etwas anderen Teil der Welt wahrnimmt? (Sie fühlen keine Berührung in der Körpermitte, wenn jemand ihre beiden Hände berührt ... üblicherweise). Das visuelle System unterscheidet sich darin

3 Helmholtz, H. 1889. *Popular Scientific Lectures.* Longmans, London.

von einer photographischen Platte, daß es Kontraste oder Unterschiede stärker gewichtet als die absolute Helligkeit. Die visuelle Wahrnehmung ignoriert Informationen über Absolutwerte und kann selbst dann noch feine Unterschiede ausmachen, wenn sich die Hintergrundbeleuchtung um viele Größenordnungen ändert. Ein offensichtliches Paradoxon, auf das bereits Helmholtz[4] hinwies, ist, daß weißes Papier bei vollem Mondlicht dunkler ist als schwarzer Satin bei Tageslicht; dennoch haben wir nicht die geringsten Schwierigkeiten zu erkennen,

daß das Papier weiß und der Satin schwarz ist. Jeder Maler malt ein weißes Objekt im Schatten mit grauer Farbe, und wenn er die Natur richtig nachgeahmt hat, erscheint es rein weiß.

Das visuelle System bietet auch eines der beliebtesten Studienobjekte für grundsätzliche Fragen nach der Entwicklung und Reifung des Nervensystems. Sind die neuronalen Schaltkreise für die Wahrnehmung bereits bei der Geburt vorhanden oder werden sie als Ergebnis visueller Erfahrungen erst allmählich ausgebildet? Welche Art von Reizen muß in der Umgebung vorhanden sein, um zu verhindern, daß sensorische Systeme verkümmern und funktionslos werden? Diese Fragen werden in Kapitel 18 behandelt. Es ist heute möglich, diese Probleme auf zellulärer Basis zu diskutieren, da wir bereits recht viel über die Hierarchie der Verbindungen im visuellen System und in anderen sensorischen Systemen wissen. Die Anordnung dieser Verbindungen ist für die fast unendlich große Informationsmenge verantwortlich, die uns erreicht, wenn wir die Welt um uns herum betrachten. Dennoch läßt sich nicht leugnen, daß wir noch immer sehr wenig über höhere Funktionen, wie z.B. Wahrnehmung, wissen. Doch es scheint vernünftig anzunehmen, daß die Vorgänge analysiert werden können, die zur Wahrnehmung führen, indem man von denselben Prinzipien ausgeht, die die anderen Funktionen des Nervensystems steuern.

Im folgenden wollen wir die wichtigsten Aspekte der elektrischen Signale und der Morphologie der Neuronen kurz zusammenfassen. Der verbleibende Teil dieses Kapitels soll eine Basis für die detaillierte Beschreibung neuronaler Prozesse auf zellulärem und molekularem Niveau in den folgenden Kapiteln liefern.

Hintergrundinformationen über elektrische Signale

Stromfluß in Nervenzellen

Um die Vorgänge, die elektrischen Signalen zugrunde liegen, zu verstehen, ist es nützlich, ein Bild der relevanten strukturellen Komponenten der Nervenfaser, die das Signal überträgt, im Kopf zu haben. Man kann sich die Nervenfaser oder das **Axon** als eine mit einer wässrigen Salzlösung (dissoziiert in positiv und negativ geladene Ionen) und Eiweißen gefüllte Röhre vorstellen, die von der extrazellulären Lösung durch eine Membran getrennt ist. Die Lösungen innen und außen weisen dieselbe Ionenstärke, aber eine unterschiedliche Ionenzusammensetzung auf, und die Membran ist relativ, aber nicht völlig, impermeabel für die Ionen auf beiden Seiten. Ionen bewegen sich durch spezifische Kanäle, die die Membran durchqueren. Elektrische und chemische Reize veranlassen die verschiedenen Kanäle dazu, sich zu öffnen oder zu schließen.

Die Flüssigkeit im Inneren des Axons, das **Axoplasma**, ist dem Kupferdraht, die Membran ist der Isolierschicht rund um den Draht vergleichbar, doch die beiden Systeme sind quantitativ recht unterschiedlich. Erstens leitet das Axoplasma Strom etwa 10^7 mal schlechter als ein Metalldraht. Das liegt daran, daß die Dichte der Ladungsträger (Ionen) im Axoplasma sehr viel geringer ist als die Dichte freier Elektronen in einem Draht; zudem ist die Beweglichkeit von Ionen geringer. Zweitens wird die Bewegung der Ströme durch das Axoplasma über eine größere Distanz dadurch behindert, daß die Membran, obwohl relativ impermeabel für Ionen, kein perfekter Isolator ist. Als Folge davon geht jeder Strom, der durch das Axoplasma fließt, allmählich über Lecks und durch Ionenkanäle in der Membran nach außen verloren. Und schließlich wird die Strommenge, die die Nervenfaser leiten kann, dadurch begrenzt, daß die Fasern außerordentlich dünn sind (bei Wirbeltieren beträgt ihr Durchmesser gewöhnlich nicht mehr als 20 µm) zusätzlich die Strommenge, die sie fassen können. Hodgkin illustriert uns überzeugend die Konsequenzen, die diese Einschränkungen auf die Ausbreitung des elektrischen Signals haben.[5]

‹Wenn sich ein Elektroingenieur das Nervensystem ansehen würde, würde er sofort feststellen, daß die Übertragung elektrischer Signale längs einer Nervenfaser beträchtliche Probleme aufwirft. In unseren Nerven variiert der Durchmesser des Achsenzylinders zwischen 0,1 µm und 20 µm. Das Faserinnere enthält Ionen und ist ein verhältnismäßig guter elektrischer Leiter. Die Nervenfaser ist jedoch so dünn, daß der Längswiderstand enorm hoch ist. Eine einfache Rechnung zeigt, daß in einer 1 µm-Faser, die Axoplasma mit einem Widerstand von 100 ohm·cm enthält, der Widerstand pro Einheitslänge etwa 10^{10} ohm pro cm beträgt. Das heißt, daß der elektrische Widerstand einer einem Meter langen, dünnen Nervenfaser etwa gleich groß ist wie der Widerstand eines 10^{10} Meilen [(1,6 · 10^{10} km)] langen Kupferdrahtes (AWG 22, 0,34 mm Querschnitt). Diese Entfernung entspricht, grob gerechnet, der zehnfachen Entfernung zwischen der Erde und dem Planeten Saturn.›

Passiv weitergeleitete elektrische Signale werden daher auf einem relativ kurzen Stück Nervenfaser bereits stark *abgeschwächt*. Wenn solche Signale kurz sind, kann ihr Zeitverlauf zudem stark verzerrt und ihre Amplitude durch die elektrische Kapazität der Zellmembran weiter verringert werden. Eigenschaften wie Membranwider-

4 Helmholtz, H. 1962. *Physiological Optics*. P.C. Southall (ed.). Dover, New York.

5 Hodgkin, A.L. 1964. *The Conduction of the Nervous Impulse*. Liverpool University Press, Liverpool.

Neuronen, die an einem Dehnungsreflex beteiligt sind

Die Strukturelemente, die dem Dehnungsreflex zugrunde liegen, sind in Abb. 5 schematisch dargestellt. Den Anfang macht ein sensorisches Neuron, dessen Zellkörper in einem Hinterwurzelganglion nahe am Rückenmark liegt. In der Peripherie steht seine sensorische Endigung in engem Kontakt mit einer spezialisierten Struktur, die man **Muskelspindel** nennt. Muskelspindeln liegen innerhalb der Muskelmasse und antworten auf Dehnung des Muskels mit der Ausbildung eines Rezeptorpotentials in der sensorischen Nervenendigung. Das sensorische Neuron sendet einen Ausläufer in Richtung auf das Zentralnervensystem aus, um mit vielen anderen Zellen im Rückenmark synaptischen Kontakt aufzunehmen. Zu diesen Verbindungen gehören erregende Synapsen auf Motoneuronen, die denselben Muskel, in dem die Muskelspindel liegt, versorgen. Diese Motoneuronen bilden den zweiten Neuronentyp, der bei diesem Reflex eine Rolle spielt. Sie vervollständigen den Reflexbogen, indem sie exzitatorische Synapsen mit den Muskelfasern bilden. Diese Reflexverbindung ist ein weiteres Beispiel für die bemerkenswerte Spezifität der neuronalen Verbindungen, die weiter unten besprochen wird. Während der Entwicklung wählt die sensorischen Faser nicht irgendein beliebiges Motoneuron für ihre exzitatorische Reflexverbindung, sondern nur solche, die den Muskel, in dem sie selbst liegt, versorgen. Diese präzise anatomische Zuordnung ist eine Voraussetzung für das Funktionieren des Reflexes.

Abb. 5 veranschaulicht die Folge exzitatorischer Ereignisse beim Ablauf des Reflexes. Als Antwort auf die Muskeldehnung steht am Anfang die Generierung eines Rezeptorpotentials in der sensorischen Nervenendigung. Größe und Dauer des Rezeptorpotentials spiegeln Stärke und Dauer der applizierten Dehnung wider (in diesem Fall der Stärke und Dauer des Schlages auf die Sehne). Das Rezeptorpotential selbst beschränkt sich auf die ersten Millimeter der sensorischen Endigung, ist aber von genügend großer Amplitude, um die zugehörige Nervenfaser über die Schwelle hinaus zu depolarisieren und eine Reihe von Aktionspotentialen auszulösen (gemessen mit extrazellulären Elektroden). Die Frequenz der Aktionspotentiale in der Impulsfolge steht in Beziehung zur Amplitude des Rezeptorpotentials (also zur Stärke des ausgeübten Zuges) und wird, wie oben besprochen, von der Refraktärzeit begrenzt. Die Dauer der Impulsfolge spiegelt die Dauer der Dehnung wider. Diese Folge von Aktionspotentialen ist daher das Mittel, mit dem die Information über den ausgeübten Zug zum Zentralnervensystem gelangt; die Stärke der Dehnung ist in der Frequenz der Aktionspotentiale innerhalb der Impulsfolge und die Dauer in der Länge der Folge codiert. Die Aktionspotentiale wandern vom Muskel mit einer Geschwindigkeit von ca. 120 m/s in Richtung Rückenmark und erreichen dort die Synapsen, die die zentralen Endigungen des sensorischen Nervs auf den Motoneuronen bilden. Hier setzt jeder Impuls aus jeder Endigung eine kleine Menge Neurotransmitter frei, die im Motoneuron ein depolarisierendes synaptisches Potential hervorruft. Die Dauer eines jeden synaptischen Potentials ist relativ lang, so daß die Folge von erregenden postsynaptischen Potentialen, die von der Folge präsynaptischer Aktionspotentiale hervorgerufen wird, zu einer länger andauernden, relativ glatten Depolarisation des Motoneurons führt; sie ähnelt dem Rezeptorpotential, das die ganze Ereigniskette ausgelöst hat (Abb. 5). Die Depolarisation des Motoneurons initiert ihrerseits eine Serie von Aktionspotentialen, die rasch wieder nach außen zu den Nerv-Muskel-Synapsen wandert, wo sie depolarisierende synaptische Potentiale (Endplattenpotentiale) in den Muskelfasern hervorruft. Hier erzeugen die synaptischen Depolarisationen wiederum eine Serie von Aktionspotentialen in der Muskelfaser, die zur Muskelkontraktion führt. Diese ganze Ereignisfolge (Rezeptorpotential → sensorische Nervenimpulse → synaptische Potentiale im Motoneuron → Endplattenpotentiale im Muskel → Muskelimpulse → Muskelkontraktion) ist schnell; sie dauert beim Menschen weniger als 50 ms, wobei ein bedeutender Teil der Zeit vom letzten Schritt, dem Auslösen des Kontraktionsprozesses im Muskel, in Anspruch genommen wird. Der Reflex sorgt daher für eine schnelle Einstellung der Muskelspannung, um z.B. eine bestimmte Körperhaltung beim Radfahren aufrecht zu erhalten oder um Weltraumeindringlinge beim Videospiel zu zerstrahlen.

Wie trägt ein Neuron verschiedenen konvergierenden Einflüssen Rechnung?

Die sensorischen Fasern, die dem Dehnungsreflex dienen, bilden nur einen sehr kleinen Bruchteil des synaptischen Eingangs eines Motoneurons. Auf einem Motoneuron laufen die Informationen von Tausenden anderer Neuronen zusammen und bilden viele tausend synaptische Verbindungen – einige erregend, einige hemmend; der Dehnungsreflex kann daher auf vielerlei Arten unterdrückt werden. Eine Nadel, die im Zeh steckt, führt z.B. dazu, daß man das Knie beugt – eine Reaktion, die dem Dehnungsreflex genau entgegengesetzt ist. Durch den Schmerzreiz am Fuß werden nämlich andere Muskelgruppen veranlaßt, sich zu kontrahieren und damit das Knie zu beugen; gleichzeitig werden die Motoneuronen gehemmt, die für die Kniedehnung verantwortlich sind. Dieser Prozeß, bei dem Myriaden von erregenden und hemmenden Einflüssen auf ein Neuron miteinander verrechnet werden, wurde von Sherrington *die integrative Eigenschaft* der Neuronen genannt.[6] Integration auf zellulärem Niveau ist einfach die Art und Weise, in der Aktionspotentiale von Fasern, die auf ein Neuron konvergieren, in postsynaptische Potentiale umgewandelt werden, deren Gesamtsumme über das Impulsmuster entscheidet. Dieses Impulsmuster stellt das Resultat aus all den verschiedenen Eingangssignalen dar. (Integration wird genauer in Kapitel 15 besprochen.) Der Punkt ist, daß bei all den komplexen Aktivitäten des Nervensy-

6 Sherrington, C.S. 1906. *The Integrative Action of the Nervous System*, 1961 Ed. Yale University Press, New Haven.

stems nur zwei Grundtypen von Signalen verwendet werden, um Abstraktionen der umgebenden Welt zu übermitteln und Handlungen auszuführen. Die Integration durch ein Motoneuron, bei dem Erregung und Hemmung aufsummiert werden und das dann einen oder mehrere Impulse abfeuert oder auch ruhig bleibt, gleicht in erstaunlichem Maße der Integration durch das Nervensystem als Ganzem. Beide, Zelle und Gehirn, entscheiden, ob auf der Basis der aus ganz verschiedenen Quellen empfangenen Informationen gehandelt werden sollen oder nicht.

Viele dieser Prinzipien verdanken wir Sherrington, der sie durch Registrieren der Skelettmuskelspannung beim Dehnungsreflex entdeckte, lange bevor elektrische Ableitungen aus einzelnen Nervenzellen möglich waren. Das folgende Zitat stellt noch immer eine prägnante, knappe Beschreibung verschiedener neuraler Signale dar:[7]

‹Nervennetze sind in Mustern angeordnete Netzwerke aus Fasern. Das menschliche Gehirn mit seiner schier unüberschaubar großen Anzahl festgelegter Bahnen und Verzweigungsstellen liefert dafür ein eindrucksvolles Beispiel. An diesen Verzweigungsstellen zögert das einkommenden Signal sozusagen und baut einen lokalen, graduierten Zustand auf, der möglicherweise akkumulieren muß, bevor es zu einer Fortleitung kommt, oder auch in sich zusammensinken und erlöschen kann. An diesen Verzweigungsstellen laufen oft Leitungen aus verschiedenen Richtungen zusammen. Signale, die dort aus verschiedenen Leitungen eintreffen, können sich vereinigen und so die Erregungsstärke jedes einzelnen Signals verstärken.

An solchen Stellen treten auch Prozesse auf, die anstatt zu erregen Erregung verhindern und auslöschen. Wie der entgegengesetzte Vorgang, die Erregung, wandert diese Hemmung nicht. Sie wird jedoch von fortgeleiteten Signalen hervorgerufen, die sich nicht von denjenigen unterscheiden, die eine Erregung auslösen. Die wandernden Signale, die Erregung hervorrufen und diejenigen, die Hemmung hervorrufen, erreichen jedoch den Knotenpunkt niemals auf demselben Weg; sie benutzen niemals gemeinsame Bahnen.› *[Das stimmt heute nicht mehr ganz; es gibt Ausnahmen.]*

Erregung und Hemmung verhalten sich relativ antagonistisch. Jede kann durch eine Dosis der anderen abgestuft neutralisiert werden. Eine Hemmung kann zu einer temporären Stabilisierung der Membran am Knotenpunkt, der potentiellen Schaltstation führen. Die inhibitorische Stabilisierung, die von einem fortgeleiteten Signal hervorgerufen wird, verschwindet wieder; um sie aufrecht zu erhalten, ist eine Folge von Signalen erforderlich. Während sie andauert, ist der Knotenpunkt für Signale blockiert oder übermittelt sie nur sehr langsam.

Diese beiden einander entgegengesetzten Vorgänge, Erregung und Hemmung, kooperieren von Knotenpunkt zu Knotenpunkt in den neuronalen Schaltkreisen. Ihre Kooperation in jedem Moment legt das Muster der Fortleitung und damit das motorische Resultat der Signalleitung zum Gehirn fest.

7 Sherrington, C.S. 1933. *The Brain and Its Mechanism.* Cambridge University Press, London.

Hintergrundinformationen über neuronale Strukturen

Um das Verständnis des Buches zu erleichtern, wollen wir im folgenden Abschnitt einige grundlegende Fakten zur Struktur und Verschaltungen von Neuronen darstellen. Einige Schlüsselbegriffe und Definitionen sind am Ende dieses Kapitel zusammengefaßt. Wichtige Strukturen und cerebrale Verbindungen sind in Anhang C aufgeführt.

Formen und Verbindungen von Neuronen

Die Form eines Neurons sowie Informationen über seine Position, seinen Ursprung und seinen Zielort im neuronalen Netzwerk liefern wichtige Hinweise auf seine Funktion. Die Verzweigungen eines Neurons lassen z.B. Rückschlüsse darüber zu, mit wieviele Verbindungen eine Zelle versorgt wird und zu wievielen Stellen sie ihre eigenen Fortsätze sendet.

Ramón y Cajal, um 1914

In der Praxis ist es schwierig, etwas über die Konfiguration von Nervenzellen herauszufinden, weil sie so dicht gepackt sind. Frühere Anatomen mußten das Nervengewebe auseinanderziehen, um einzelne Nervenzellen zu sehen. Abb. 6 zeigt ein spinales Motoneuron, das vor mehr als 100 Jahren von Deiters präpariert und gezeichnet wurde. Färbemethoden, bei denen alle Neuronen angefärbt werden, sind zur Untersuchung von Zellformen und Verbindungen praktisch nutzlos, denn eine Struktur wie die Großhirnrinde erscheint dabei wie ein verwischter dunkler Streifen ineinander verwobener Zellen und Fortsätze. Viele der Zeichnungen in Abb. 6 und 8 wurden nach Präparaten angefertigt, die nach der Golgi-Methode angefärbt wurden. Diese Färbung ist zu einem wichtigen Werkzeug geworden, weil sie auf bisher unbekannte Weise immer nur wenige Nervenzellen innerhalb einer ganzen Population anfärbt. Außerdem werden die einzelnen Zellen gewöhnlich vollständig angefärbt.

Die Illustrationen in Abb. 6 basieren hauptsächlich auf den Arbeiten von Ramón y Cajal vor der Jahrhundertwende. Ramón y Cajal war einer der bedeutendsten Erforscher des Nervensystems; er sammelte mit einem fast unfehlbaren Instinkt für das Wesentliche zahlreiche Proben quer durch das ganze Tierreich.[8] Die Illustrationen zeigen mehrere verschiedene Zelltypen, einige recht einfach, wie das Motoneuron, andere mit einer

8 Ramón y Cajal, S. 1955. *Histologie du Système Nerveux*, Vol. II. C.S.I.C., Madrid.

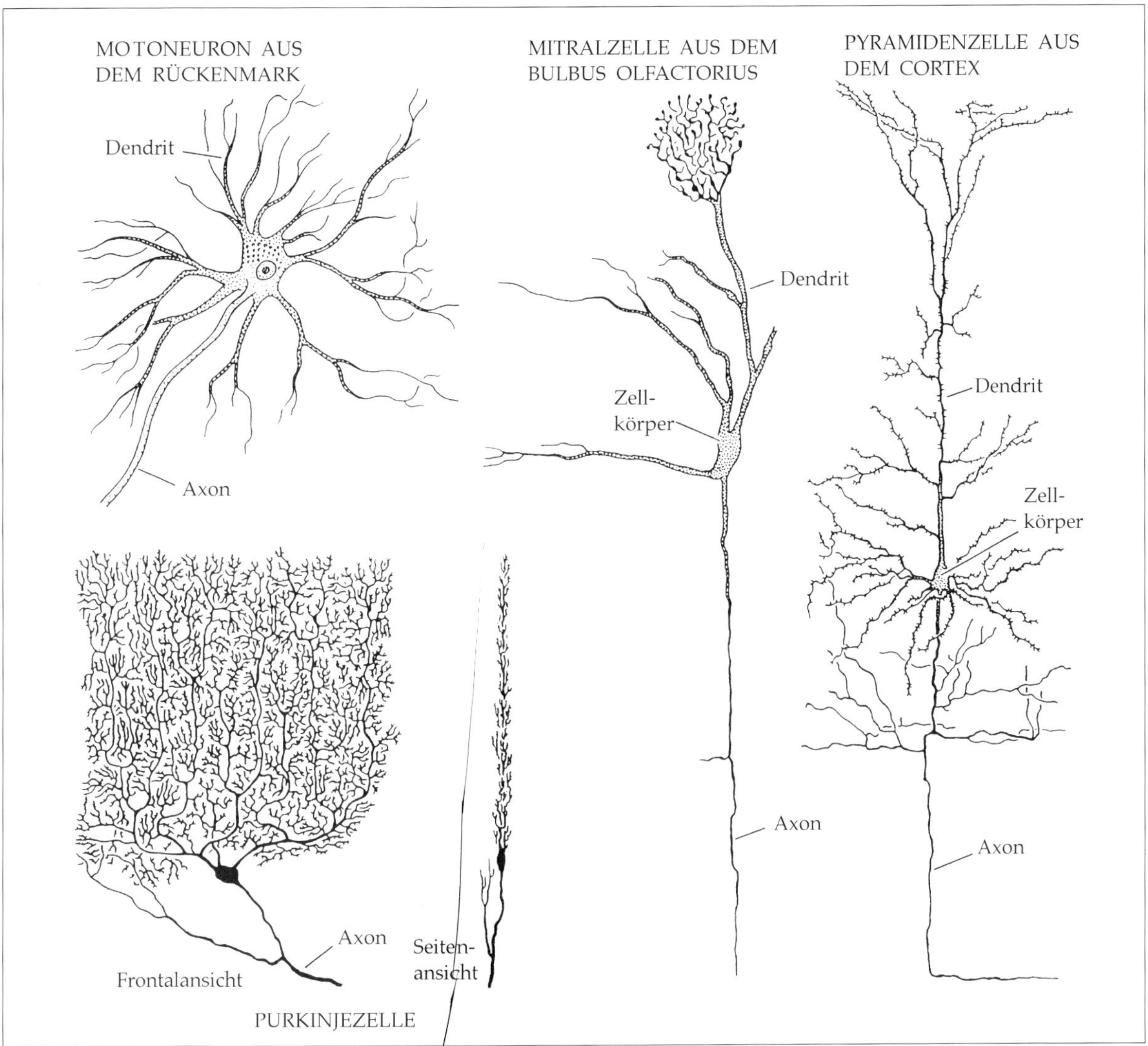

Abb. 6: **Formen und Größen von Neuronen.** Nervenzellen besitzen Fortsätze, die Dendriten, auf denen andere Neuronen Synapsen ausbilden. Jede Zelle ihrerseits steht mit anderen Zellen in Verbindung. Das Motoneuron, das 1869 von Deiters gezeichnet wurde, wurde aus dem Rückenmark eines Säugers herauspräpariert. Die anderen Zellen, die nach der Golgi-Methode angefärbt wurden, wurden von Ramón y Cajal gezeichnet. Die Pyramidenzelle stammt aus dem Großhirn einer Maus, die Mitralzelle aus dem Bulbus olfactorius (einer Schaltstelle für die Bahnen, die mit dem Riechzentrum zu tun haben) einer Ratte und die Purkinjezelle aus dem menschlichen Kleinhirn.

hochkomplizierten Verzweigung. Die Cytologie hat gezeigt, daß das, was auf den ersten Blick eine undurchschaubare Anordnung von Formen und Fortsätzen ist, in sinnvolle Gruppen unterteilt werden kann; Zellen können demnach in ähnlicher Weise wie Bäume identifiziert und klassifiziert werden. Obwohl es innerhalb einer Gruppe beträchtliche Unterschiede gibt, kann man ein spinales Motoneuron ebenso sicher von einer Pyramidenzelle unterscheiden wie eine Birke von einer Palme.

In den letzten Jahren konnte die Selektivität der Anfärbungen durch eine Reihe neuer Techniken verbessert werden, so daß einzelne Zellen oder Zellen mit gemeinsamen Eigenschaften markiert werden können. Man kann z.B. einen Fluoreszenzfarbstoff wie Lucifer Yellow, ein Metall wie Kobalt oder das Enzym Meerrettichperoxidase in Zellen einspritzen. Diese Methoden erlauben es dem Experimentator, den gesamten Umriß und die Geometrie von Zellen darzustellen, von denen ableitet wurde und deren physiologisches Verhalten bekannt ist. Mehr noch, nach Injektion von Meerrettichperoxidase kann die Morphologie der Zelle und ihrer Verbindungen detailliert im Elektronenmikroskop sichtbar gemacht werden. Dabei besteht eine erstaunlich gute Übereinstimmung zwischen den grundsätzlichen Merkmalen von Zellstruktur und Organisation, wie sie zuerst von Ramón y Cajal beschrieben worden sind, und den Befunden, die mit diesen neuen Techniken gewonnen werden.

Eine weitere wichtige Technik, um Zellen mit bestimmten Eigenschaften kenntlich zu machen, besteht darin, sie selektiv mit Antikörpern zu färben. Auf diese Weise lassen sich häufig Transmitter innerhalb von Nervenzellendigungen und ebenso synthetisierte Enzyme identifizieren. Man kann Antikörper auch dazu verwenden,

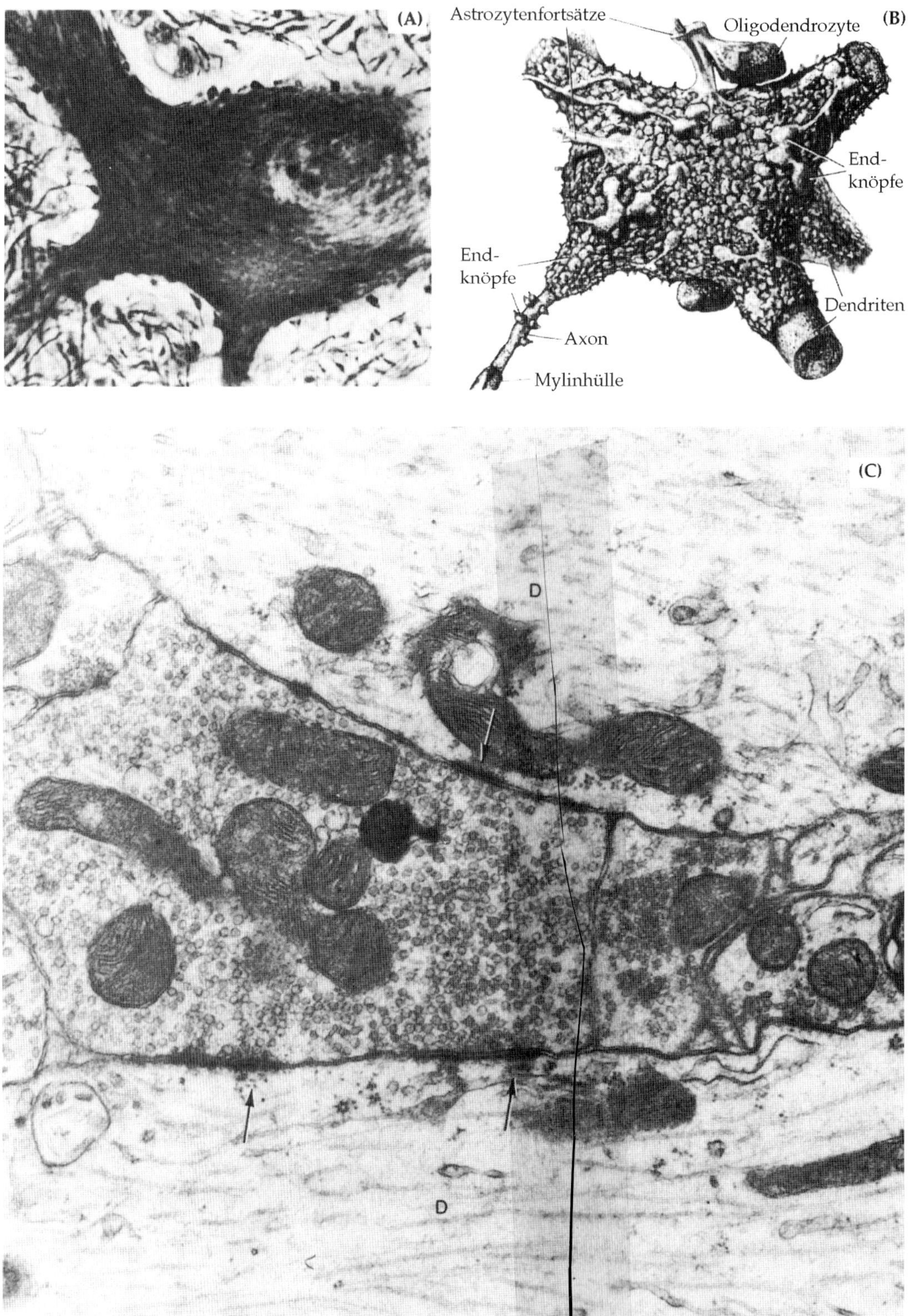

Abb. 7: **Synapsen auf Säuger-Motoneuronen.** (A) Silber-gefärbter Teil eines spinalen Motoneurons. Axone und ihre synaptischen Endknöpfe auf den Dendriten und dem Zellkörper sind schwarz gefärbt. Ihr Durchmesser beträgt einige Mikrometer. (B) Zeichnung, die auf einer elektronenmikroskopischen Untersuchung des Zellkörpers eines Motoneurons beruht. (C) Mehrere Nervenendigungen liegen an zwei Dendriten, D, eines Motoneurons. Drei chemische Synapsen sind mit Pfeilen markiert (A unveröffentlichte Photographie von F. DeCastro, B aus Poritsky, 1966, C aus Peters, Palay und Webster, 1976).

Neuronen mit Hilfe von charakteristischen membrangebundenen oder intrazellulären Epitopen zu markieren und dadurch sichtbar zu machen. Mit Hilfe anderer Techniken lassen sich Veränderungen in der Genexpression verfolgen, wenn ein Neuron sich entwickelt oder neue Eigenschaften erwirbt.
Es gibt auch Methoden, um den gesamten Verlauf von Axonen vom Zellkörper bis zu ihrem Zielort zu verfolgen. Die Endigungen von Axonen im Zentralnervensystem oder in einem Muskel nehmen z.B. Meerrettichperoxidase auf, die extrazellulär in ihrer Nachbarschaft appliziert worden ist. Durch **retrograden** Transport des Enzyms längs des Axons gelangt die Peroxidase in den Zellkörper, der dann gefärbt und in einer anderen, vielleicht weit entfernten Region des Zentralnervensystems identifiziert werden kann. Ein Neuron, das Axone in zwei separate Hirnregionen sendet, kann durch retrograden Transport zweifach markiert werden. Dazu injiziert man zwei Marker unterschiedlicher Farbe, jeden in einen der beiden Bereiche, die die Endigungen enthalten. Diese Technik erlaubt es, einzelne Nervenzellen herauszufinden, die beide Farbstoffe enthalten und folglich auch beide Bereiche versorgen. Zellen und ihre Verbindungen lassen sich auch mit Hilfe von **anterogradem** Transport vom Zellkörper zu den Endigungen identifizieren. Aminosäuren, die vom Zellkörper aufgenommen, in Proteine umgesetzt und durch das Axon transportiert werden, haben sich als besonders wertvoll erwiesen. Im visuellen System findet längs der Bahnen ein transsynaptischer Transfer von einer Zelle zur nächsten statt.
Man kennt heute verschiedene Methoden, einzelne Zellen oder Zellpopulationen, die aktiv sind oder waren, zu identifizieren, ohne dabei Elektroden einzusetzen. Mit Hilfe von optischen Registriertechniken – mit oder ohne Fluoreszensfarbstoff – lassen sich Signale in einzelnen Zellen oder großen Zellansammlungen registrieren, indem man kleine Änderungen der Lichtemission oder der Absorption bei einer bestimmten Wellenlänge mißt. Bei der magnetischen Kernresonanz und der Positronenemissionstomographie benutzt man computergestützte Rekonstruktionen, um Aktivitäten tief im Gehirn zu registrieren. Man kann auch die Zellen in einer bestimmten Region des Nervensystems, die auf einen definierten Reiz antworten, – mittels einer biochemischen Technik, bei der ein radioaktives Glucose-Analogon (2-Desoxyglucose) eingesetzt wird – von den Zellen unterscheiden, die nicht antworten. Im Prinzip können die aktiven Zellen die radioaktive Glucose aufnehmen, aber nicht metabolisieren; die Radioaktivität läßt sich so in diesen Zellen nachweisen. Beispiele dieser Technik werden in Kapitel 17 und 18 besprochen.

Synapsenstruktur

Auf der Ebene des Elektronenmikroskops erscheint die Komplexität des Nervensystems auf den ersten Blick undurchschaubar. Doch Ordnungsprinzipien werden deutlich, wenn man die Zellfortsätzen durch Schnittserien verfolgt, Zellen selektiv anfärbt und elektronenmikroskopische Befunde mit den lichtmikroskopischen Befunden in Beziehung setzt. Abb. 7 zeigt einen Schnitt durch das Rückenmark; man erkennt mehrere präsynaptische Nervenendigungen, die einem Motoneuron aufliegen. Die Synapsen – Orte, an denen Informationen von Zelle zu Zelle weitergegeben werden – erscheinen als gut abgegrenzte Strukturen. Die präsynaptischen Endigungen enthalten nahe an der Zellmembran zahlreiche synaptische Bläschen oder Vesikel. Die Membranen der beiden Zellen sind durch einen Spalt getrennt, der mit Extrazellulärflüssigkeit gefüllt und etwas breiter als an anderen Stellen ist. Oft findet man im Spalt und an den beiden Membranen dichtes Material. Wir verstehen heute viele Aspekte der synaptischen Übertragung gut genug, um die Morphologie mit dem funktionalen Verhalten zu korrelieren, das man bei elektrischen Aufzeichnungen beobachtet.
Die präsynaptischen Endigungen, die Transmitter ausschütten, können ihrerseits durch andere Nervenendigungen beeinflußt werden. Solche Endigungen von anderen Nervenfasern können die präsynaptische Endigung depolarisieren oder hyperpolarisieren und modulieren damit die Transmitterausschüttung. Die Identifizierung von chemischen Transmittern wird in Kapitel 8 und 9 eingehender diskutiert.

Neuronale Anordnung von Verbindungen am Beispiel der Retina

Die Retina ist eines der besten Beispiele für den hohen Ordnungsgrad im Aufbau, den wir bei neuronalen Verbindungen im Gehirn finden. Die verschiedenen Zelltypen und ihre Anordnung in der Retina sind in Abb. 8 dargestellt. Licht, das ins Auge eintritt, gelangt nach Durchtritt durch mehrere Zellschichten zu den Photorezeptoren.[9] Allein die Signale, die das Auge durch die optischen Nervenfasern der Ganglienzellen verlassen, sind für das Sehen verantwortlich. Anatomie und Signalsprache des visuellen Systems werden in Kapitel 16 ausführlicher besprochen.
Die schematische Darstellung in Abb. 8 vermittelt einen Eindruck von der präzisen Anordnung der retinalen Neuronen. Man kann sofort Photorezeptoren, Bipolarzellen und Ganglienzellen unterscheiden. Diese Zellen sind deutlich erkennbar in Schichten angeordnet, und die Übertragungsbahnen verlaufen vom Eingang zum Ausgang, vom Rezeptor zur Ganglienzelle. Zusätzlich findet man zwei weitere Zelltypen, die Horizontalzellen und die Amakrinen, die hauptsächlich seitliche Verbindungen herstellen und die durchgehenden Bahnen miteinander verbinden. Zusätzlich gibt es noch zwei nicht-neuronale Zelltypen: die Müllerschen Stützzellen (Gliazellen) und die pigmentierten Epithelzellen.
Diese stark vereinfachte Darstellung läßt viele wesentliche Fakten der retinalen Architektur unberücksichtigt. Erstens findet man beim Übergang von der Ebene der Rezeptoren zu der der Ganglienzellen eine dramatische

9 Dowling, J.E. 1987. *The Retina*. Harvard University Press, Cambridge, MA.

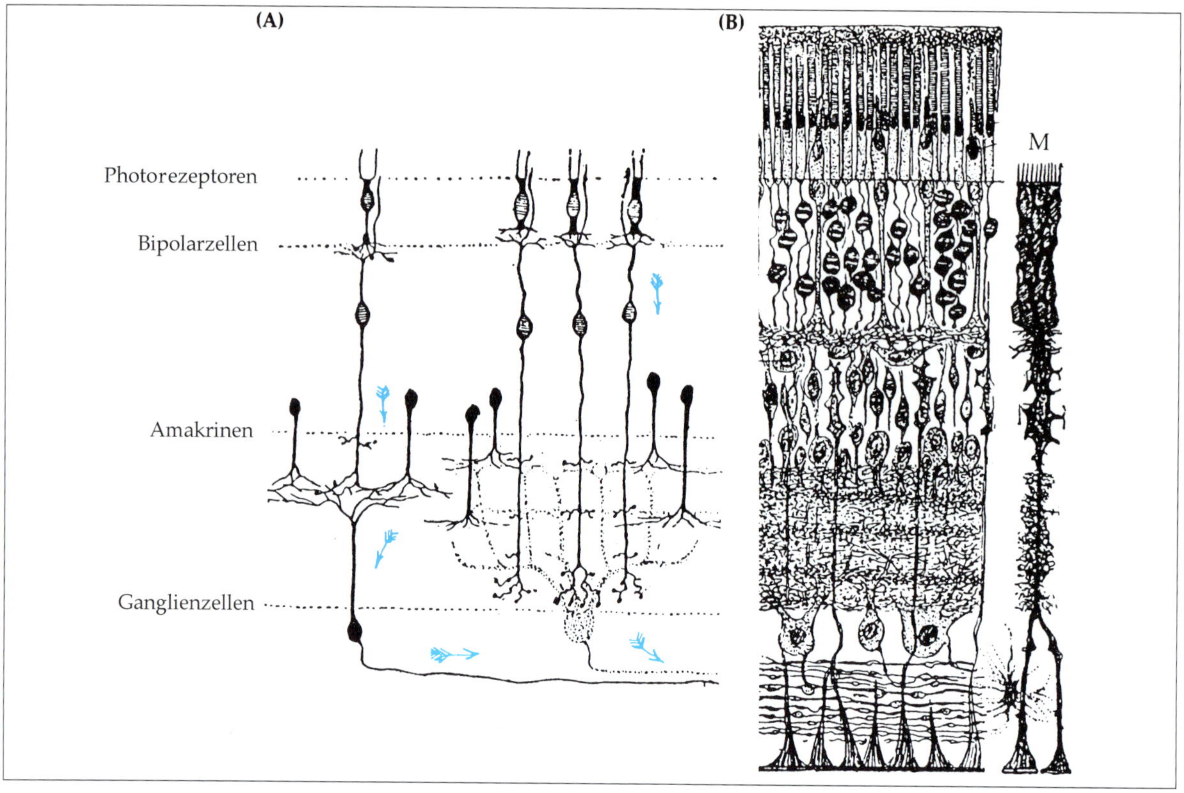

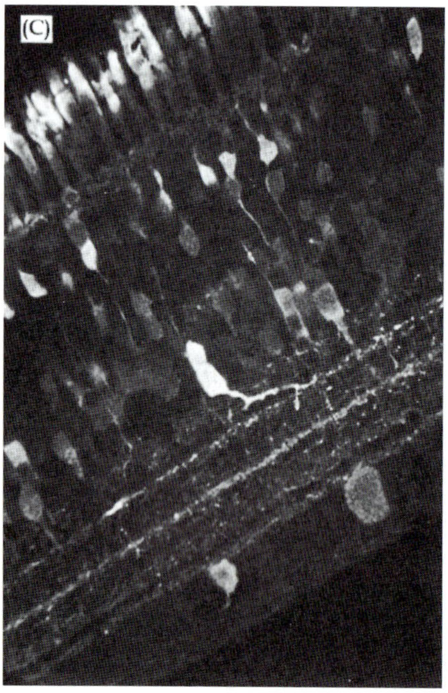

Abb. 8: **Die Retina.** (A, B) Strukturen und Verbindungen von Zellen in der Säugerretina, gezeichnet von Ramón y Cajal. Die Photorezeptoren – Stäbchen und Zapfen – stehen mit Bipolarzellen und diese wiederum mit Ganglienzellen in Verbindung, deren Axone den optischen Nerv bilden. Horizontalzellen und Amakrinen schaffen vorwiegend horizontale Verbindungen. Die Müllersche Stützzelle (M) rechts gehört zu den Gliazellen. In Kapitel 16 wird gezeigt, daß dieses Schema grundsätzlich noch immer richtig ist, doch seit Cajals Zeit sind wichtige neue Bahnen und Rückkopplungsschleifen entdeckt worden. (C) Mikrophotographie einer Hühnerretina bei Immunofluoreszenz retinaler, Calcium-bindender Proteine. Mit der Technik der konofokalen Mikroskopie ist es bei dieser Präparation möglich, Photorezeptoren, Bipolarzellen, Amakrinen und Ganglienzellen darzustellen (C aus Rogers, 1989; Photographie mit freundlicher Genehmigung von H. J. Rogers).

Verringerung der Anzahl und Verbindungen: 125 Millionen Rezeptoren stellen den Eingang für 1 Million Ganglienzellen dar, deren Axone den optischen Nerv bilden, der zu höheren Zentren führt. Zweitens birgt die Gruppierung von Zellen in diese wenigen charakteristischen Typen zahlreiche Variationsmöglichkeiten. Es gibt viele unterschiedliche Typen von Ganglienzellen, Horizontalzellen, Bipolarzellen und Amakrinen, alle mit einer ihnen eigenen Morphologie und bestimmte physiologischen Eigenschaften. Die einfache Durchschaltung von Signalen wird zudem wesentlich von zahlreichen parallelen und rückgekoppelten Interaktionen beeinflußt. In Kapitel 16 wird darüber hinaus gezeigt, daß die verschiedenen Zellen eine breite Palette von chemischen Transmittermolekülen verwenden.

Trotz dieser Komplexität ist es heute möglich, in der Retina Struktur und Funktion auf zellulärem Niveau in Beziehung zu setzen. Wir können das Verzweigungsmuster der Zellen, ihre Interaktionen und die Eigenschaften der Synapsen zwischen ihnen heranziehen, um die Schritte zu erklären, die von der Transduktion des Lichtes zu verwertbaren elektrischen Signalen führen. Auch hier spielen lokale Potentiale und Aktionspotentiale eine entscheidende Rolle: Stäbchen, Zapfen, Bipolaren und Horizontalzellen übermitteln ihre Signale ausschließlich durch sich passiv ausbreitende lokalen Potentiale. Nur die Amakrinen und die Ganglienzellen können fortgeleitete Impulse generieren (Kapitel 16).

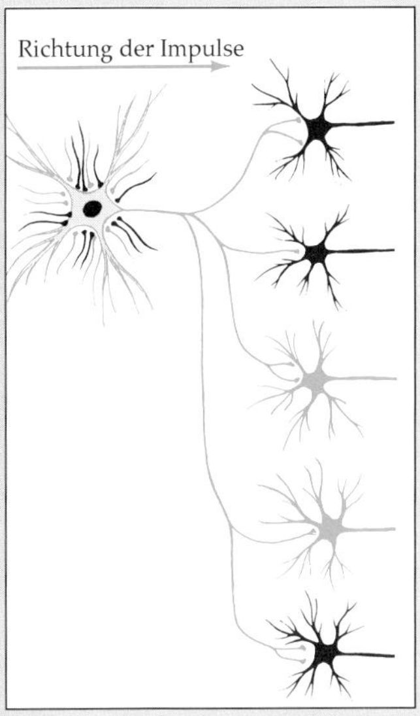

Die Verbindungen zwischen Nervenzellen werden **Synapsen** genannt. Sie sind die Orte, an denen Zellen Signale übertragen.

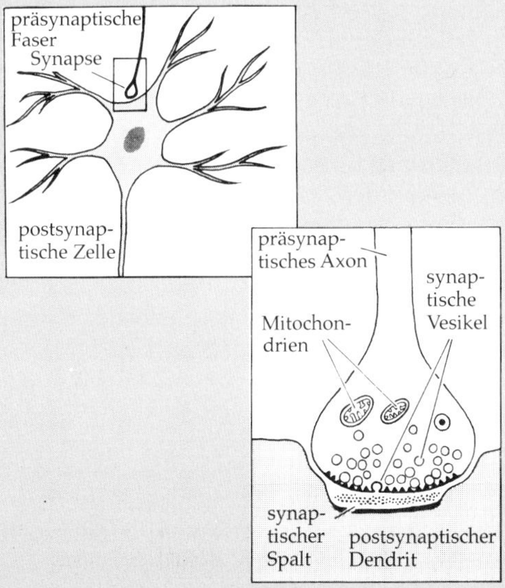

An einer **erregenden Synapse** depolarisiert der Transmitter, der von der präsynaptischen Endigung freigesetzt wird, die postsynaptische Zelle und treibt das Membranpotential auf die Schwelle zu.

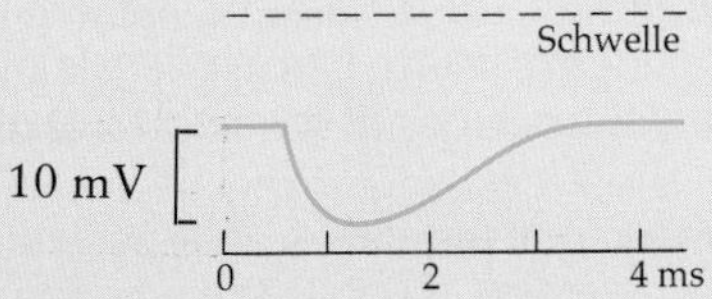

Langsame **modulatorische** synaptische Potentiale können die Erregbarkeit eines Neurons für längere Zeit – Sekunden, Minuten oder Stunden – steigern oder abschwächen. Solche Potentiale entstehen oft durch Vermittlung eines sekundären Botenstoffes, eines «second messengers».

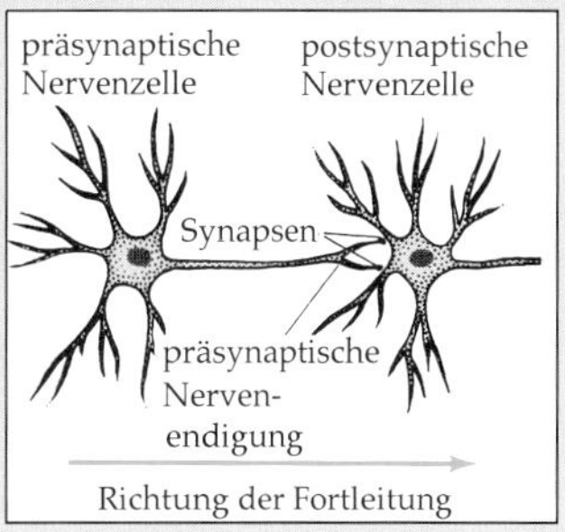

Bei **chemischen Synapsen** setzt die präsynaptische Endigung als Antwort auf die Depolarisation einen chemischen Stoff, den **Transmitter**, frei. Typischerweise sind die beiden Nervenzellmembranen dort, wo die chemische Synapse liegt, verdickt und weiter voneinander entfernt als an anderer Stelle. In der Nähe der präsynaptischen Membran sind Vesikel angesammelt, die Transmitter enthalten. Im synaptischen Spalt und unter der Membran der postsynaptischen Zelle findet sich oft dichtes Material. Der Transmitter bindet an spezialisierte Chemorezeptor-Moleküle in der postsynaptischen Membran. Bei bestimmten **«elektrischen» Synapsen** breitet sich der Strom durch sogenannte **Gap Junctions** von Zelle zu Zelle aus.

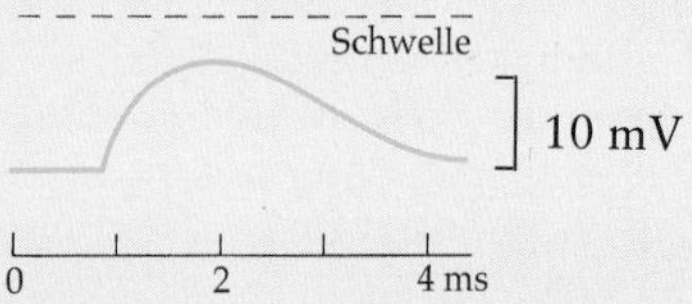

Bei einer **hemmenden Synapse** ist der Transmitter bestrebt, das Membranpotential der postsynaptischen Zelle unter der Schwelle zu halten.

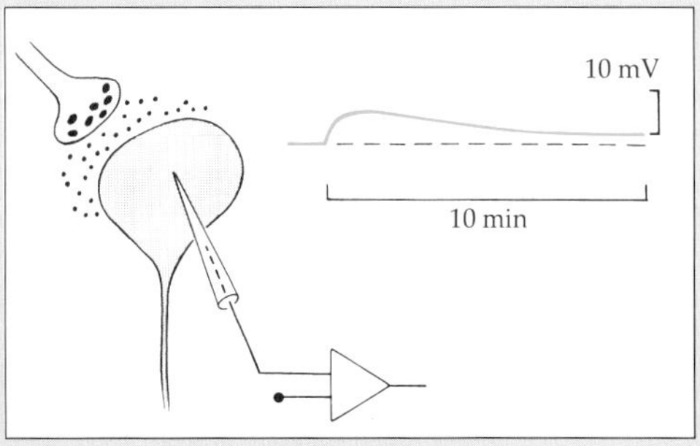

Kapitel 2

Membrankanäle und Signalentstehung

Ionenströme bewegen sich über die Zellmembran durch wassergefüllte Poren, die man als Kanäle bezeichnet. Solche Kanäle können eine relativ geringe Ionenselektivität haben, selektiv sein für kleine Anionen bzw. Kationen oder für eine einzige Ionenart wie Natrium. Im allgemeinen fluktuieren Ionenkanäle zwischen einem offenen und einem geschlossenen Zustand. Bei ruhender Zellmembran dominiert – abgesehen von Kanälen, die für die Aufrechterhaltung des Ruhepotentials verantwortlich sind – gewöhnlich der geschlossene Zustand. Wenn Kanäle aktiviert werden, wächst die Frequenz ihrer Offenzustände, und Ionenströme fließen durch die offenen Kanäle in die Zelle hinein oder aus der Zelle heraus. In Nervenzellen werden einige Kanäle durch Veränderungen des Membranpotentials (Spannungsabhängigkeit oder Spannungsaktivierung) oder durch chemische Liganden wie Neurotransmitter (Liganden-Aktivierung) aktiviert, andere durch Chemikalien im Cytoplasma (intrazelluläre Botenstoffe) und wieder andere durch mechanische Verformung der Zellmembran. Ströme durch solche Kanäle sind für die elektrischen Signale verantwortlich, die im Nervensystem entstehen.

Mit der patch clamp-Methode kann man die Aktivität einzelner Ionenkanäle in der Membran beobachten. Bei diesen Registrierungen wird ein sehr enger Kontakt zwischen der runden Pipettenspitze und der Membran hergestellt, so daß ein sehr hoher elektrischer Widerstand entsteht. In dem eingeschlossenen Membranstück können dann Ströme durch einzelne Kanäle gemessen werden. Wenn ein bestimmter Kanal einmal in einem solchen Membranbezirk isoliert ist, kann man sein kinetisches Verhalten und seine Permeabilität messen und mit der Funktionalität aller solcher Kanäle für die Zelle in Beziehung setzen. Ähnliche Informationen lassen sich auch indirekt, ohne patch clamp-Technik, erzielen, indem man Fluktuationen des Membranstroms (Rauschen, «noise») registriert, die auf zufallsverteiltes Öffnen und Schließen der Kanäle zurückzuführen sind.

Zusätzlich zu ihrem Aktivierungsmodus und ihrer Ionenspezifität lassen sich Ionenkanäle experimentell durch ihr kinetisches Verhalten und ihre Leitfähigkeit charakterisieren. Kanäle können sich, wenn sie aktiviert sind, zufallsverteilt öffnen, wobei sich die Offenzeiten um einen charakteristischen Mittelwert gruppieren. Es kommt aber auch vor, daß sich das Öffnen eines Kanals in unregelmäßigen Schüben abspielt. Ein Kanal kann Ionen leicht oder weniger leicht passieren lassen, je nachdem, ob er über eine relativ große oder über eine geringe Leitfähigkeit verfügt. In manchen Fällen schwankt ein Kanal auch zwischen zwei oder mehr Offenzuständen mit unterschiedlichen Leitfähigkeiten.

Die Leitfähigkeit eines Kanals für ein bestimmtes Ion hängt von der kanaltypischen Permeabilität für dieses Ion sowie von der Konzentration des Ions im Cytoplasma und im Extrazellulärraum ab. Der Kanalstrom variiert mit der Permeabilität, den Konzentrationen und der Triebkraft für den Ionenflux durch den Kanal. Die Triebkraft kann ein Konzentrationsgradient über der Membran, eine Potentialdifferenz oder eine Kombination aus beiden sein.

Man hat moderne biochemische und molekularbiologische Methoden eingesetzt, um den molekularen Aufbau von Membrankanälen zu entschlüsseln. Es konnte z. B. gezeigt werden, daß der Kationenkanal, der im Wirbeltiermuskel und den elektrischen Organen von Fischen durch Acetylcholin aktiviert wird (der nicotinische Acetylcholinrezeptor oder nAChR) aus fünf Polypeptid-Untereinheiten (zwei davon identisch) zusammengesetzt ist, die rund um eine zentrale Pore angeordnet sind. Die Aminosäuresequenz eines jeden Polypeptids ist bekannt, und man kann ihre Anordnung in der Membran ziemlich sicher angeben. Kanäle, die durch andere Liganden, wie Glycin (Glycinrezeptor) und γ-Aminobuttersäure ($GABA_A$-Rezeptor) aktiviert werden, weisen sehr ähnliche Molekularstrukturen auf.

Die molekulare Struktur des spannungsaktivierten Natrium-Kanals, der für die Erzeugung des Aktionspotentials verantwortlich ist, konnte ebenfalls entschlüsselt werden. Inzwischen sind eine Reihe unterschiedlicher Natrium-Kanäle aus dem elektrischen Organ von Zitteraalen, dem Gehirn von Säugern und der Skelettmuskulatur untersucht worden. Die wichtigste aktive Komponente ist eine einzelne lange Polypeptidkette, die vier repetitive Bereiche in ihrer Polypeptidsequenz enthält. Diese Bereiche weisen untereinander weitgehend homologe Aminosäuresequenzen auf. Spannungsaktivierte Calciumkanäle besitzen eine ähnliche Struktur. Spannungsaktivierte Kaliumkanäle setzen sich aus Untereinheiten zusammen, deren Struktur den speziellen Domänen der Natrium- und Calciumkanäle sehr ähnlich ist.

Die Beziehung zwischen molekularer Struktur und Funktion eines Kanals kann heute mit molekularbiologischen und elektrophysiologischen Methoden untersucht werden. Nicotinische Acetylcholinrezeptoren aus fetalen und adulten Säugermuskeln weisen z. B. leicht unterschiedliche funktionelle Eigenschaften auf und besitzen strukturell unterschiedliche Untereinheiten. Die Injektion von mRNA für unterschiedliche Kombinationen aus adulten und fetalen Untereinheiten in Oocyten führt zur Exprimierung von Kanalchimären in der Oocytenmembran, deren Eigenschaften von der Zusammensetzung der Untereinheiten abhängen. Zusätzlich kann man cDNA mit Mutationen an bestimmten Stellen der Kanalstruktur herstellen, z.B. an einer Aminosäure in einer membrandurchquerenden Helix. Wenn man aus solchen Mutanten hergestellte mRNA in eine Oocyte einspritzt, werden Kanäle mit modifizierten funktionellen Eigenschaften exprimiert. Mit Hilfe derartiger Experimente lassen sich heute die molekularen Mechanismen, die der Kanalfunktion zugrunde liegen, aufklären.

Das Nervensystem erfüllt seine Aufgabe mit Hilfe von elektrischen Signalen, die entweder lokal wirken oder entlang der Nervenfasern fortgeleitet werden. Diese Potentialänderungen treten über der Plasmamembran von Nervenzellen auf; sie werden durch die Hin- und Herbewegung von Ionen durch die Membran vermittelt. Um richtig einschätzen zu können, wie Neuronen funktionieren, müssen wir verstehen, wie solche Ionenbewegungen zustande kommen und wie sie reguliert werden. Genau das ist ein Ziel moderner Forschung im Bereich der Neurobiologie.

Zellmembranen bestehen aus einem mehr oder weniger flüssigen Mosaik aus Lipid- und Proteinmolekülen. Wie in Abb. 1 A zu sehen, sind die Lipidmoleküle in einer Doppelschicht von ca. 6 nm Dicke angeordnet, wobei ihre polaren oder hydrophilen Köpfe nach außen und ihre hydrophoben Schwänze zur Mitte der Schicht weisen. Eingebettet in diese Lipiddoppelschicht liegen Proteinmoleküle, von denen einige die Membran durchdringen, so daß sie mit der Extrazellulärflüssigkeit und auch mit dem Cytoplasma in Verbindung stehen.

Viele Substanzen können aus der extrazellulären Flüssigkeit durch die Zellmembran ins Cytoplasma und in umgekehrter Richtung wandern. Bei einigen kleinen Molekülen hängt die Leichtigkeit, mit der sie in Zellen eindringen können, vom Verhältnis ihrer hydrophilen und hydrophoben Anteile ab, d.h. von ihrer relativen Fettlöslichkeit. Solche Moleküle, wie z.B. Alkohole oder Glycerin, können durch die Zellmembran wandern, indem sie sich in der Lipidschicht lösen und an der anderen Seite wieder auftauchen. Viele der Substanzen jedoch, die am normalen Funktionieren einer Zelle beteiligt sind, sind praktisch nicht fettlöslich und müssen die Membran daher auf anderem Wege passieren. Hinsichtlich der neuronalen Funktion sind die wichtigsten von ihnen anorganische Ionen – insbesondere Natrium-, Kalium-, Calcium- und Cloridionen. Diese Ionen bewegen sich auf zwei Wegen durch die Membran: durch wassergefüllte Poren oder **Kanäle**, die von Transmembranproteinen gebildet werden, oder durch Bindung an **Carriermoleküle**, die sie durch die Membran transportieren. Der Transport mittels Carriermolekülen wird in Kapitel 3 besprochen. Die wichtigsten Merkmale von Kanalproteinen sind in Abb. 1 B dargestellt. Die Proteine bilden eine wasserhaltige Pore, durch die Ionen passieren können. Eine Region der Pore arbeitet als **Selektivitätsfilter**. Das Selektivitätsfilter reguliert die Ionenpermeation aufgrund seiner Größe und seiner molekularen Struktur; es kann z.B. von Sauerstoffdipolen ausgekleidet sein, um das Wasser aus der Hydrathülle zu ersetzen, das beim Eindringen der Ionen abgestreift wird.[1] Schließlich besitzt der Kanal auch noch ein **Tor** (gate), d.h. er wechselt zwischen einem offenen und einem geschlossenen Zustand hin und her, wobei z.B. das Potential über der Membran oder die Anwesenheit eines Liganden an seinem äußeren Kanalende darüber entscheiden, welcher Zustand überwiegt.

Das moderne Konzept von Kanälen, die wässrige Poren in Nervenzellmembranen bilden, geht auf die frühen 50er Jahre zurück. Damals gelangten Hodgkin und Huxley[2] zu der Ansicht, daß die Fluxe der Natrium- und Kaliumionen, die im Zusammenhang mit dem Aktionspotential auftreten, zu groß seien, um auf Carriermoleküle zurückgeführt werden zu können. Das führte zu der alternativen Idee der «Löcher» oder wässrigen Kanäle, durch die sich Ionen bewegen. Während der letzten zwei Jahrzehnte sind Meßtechniken entwickelt worden, mit deren Hilfe man Ionenströme durch einzelne Kanäle registrieren kann, zuerst noch indirekt durch die Analyse von Membranrauschen[3,4] später dann durch direkte Beobachtung.[5,6] Es hat sich gezeigt, daß solche Fluxe 10^6 Ionen pro Sekunde übersteigen können – viel mehr, als durch einen Carriermechanismus erklärbar wäre.

Eigenschaften von Kanälen

Membrankanäle unterscheiden sich beträchtlich in ihrer Selektivität. Einige sind für Kationen permeabel, andere für Anionen. Kationen-Kanäle können relativ unspezifisch oder auch spezifisch sein, einige z.B. für Natrium, andere für Kalium und wiederum andere für Calcium. Anionen-Kanäle sind meist weniger spezifisch, werden aber häufig als «Chloridkanäle» bezeichnet, da Chlorid das wichtigste permeable Anion in biologischen Lösungen ist. Es gibt auch Kanäle, die benachbarte Zellen verbinden (s. die Besprechung der Connexone in Kap. 5) und den Durchtritt der meisten anorganischen Ionen und vieler kleiner organischer Moleküle erlauben.

Die meisten Ionenkanäle besitzen ein Tor, d.h., sie fluktu-

1 Hille, B. 1992. *Ionic Channels of Excitable Membranes.* 2nd Ed. Sinauer, Sunderland, MA. pp. 355–361
2 Hodgkin. A. L. and Huxlexy, A. F. 1952. J. Physiol. 117: 500–544
3 Katz, B. and Miledi, R. 1972. *J. Physiol.* 224: 665–699.
4 Anderson, C. R. and Stevens, C. F. 1973. *J. Physiol.* 235: 665–691.
5 Neher, E., Sakmann, B. and Steinbach, J. H. 1978. *Pflügers Arch.* 375: 219–228.
6 Hamill, O. P. et al. 1981. *Pflügers Arch.* 391: 85–100.

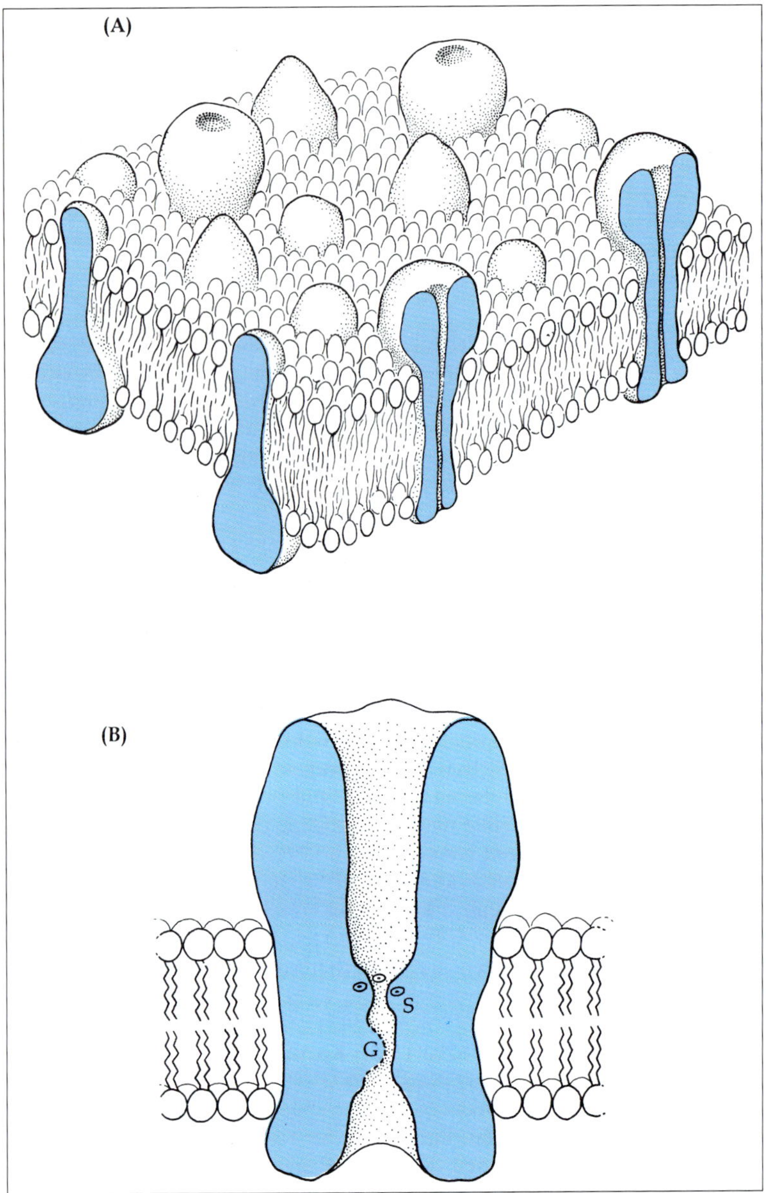

Abb. 1: **Zellmembran und Ionenkanal.** (A) Eine Zellmembran besteht aus einer Lipiddoppelschicht, in die Proteine eingebettet sind. Einige dieser Proteine durchtunneln die Lipidschicht, und ein Teil von ihnen bildet Membrankanäle aus. (B) Schematische Darstellung eines Membrankanals mit einer zentralen, wassergefüllten Pore, Selektivitätsfilter (S) und Tor (gate, G). Das Selektivitätsfilter schränkt die Ionenpermeation je nach Größe und Ionenladung ein. Das Tor öffnet und schließt sich unregelmäßig. Die Offenwahrscheinlichkeit kann durch das Membranpotential, die Bindung von Liganden am äußeren Kanalende oder andere biophysikalische bzw. biochemische Bedingungen reguliert werden.

ieren zwischen geschlossenen und offenen Zuständen – oft mit charakteristischen Offenzeiten – hin und her. Bei einigen wenigen Kanälen überwiegt in der Ruhemembran der Offenzustand; dabei handelt es sich hauptsächlich um Kalium- und Chloridkanäle, die für das Ruhepotential verantwortlich sind. Die übrigen Kanäle sind vornehmlich geschlossen, und die Wahrscheinlichkeit, daß sich ein bestimmter Kanal öffnet, ist gering. Wenn solche Kanäle durch einen geeigneten Reiz aktiviert werden, steigt die Offenfrequenz stark an. Auf der anderen Seite können einige Kanäle, die in Ruhe häufig offen sind, durch einen Reiz inaktiviert werden, d.h. ihre Offenfrequenz sinkt. Dabei ist es wichtig, sich daran zu erinnern, daß die Aktivierung oder Inaktivierung eines Kanals eine Zunahme oder Abnahme der *Wahrscheinlichkeit* für das Öffnen des Kanals bedeutet, der Reiz aber nicht dazu führt (wie die Worte implizieren könnten), daß der Kanal dauernd offen oder geschlossen ist. Einige Kanäle sind in erster Linie empfindlich für Änderungen des Membranpotentials; sie sind **spannungsaktiviert.** Insbesondere der spannungsaktivierte Natriumkanal ist für die regenerative Depolarisation verantwortlich, die der Anstiegsphase des Aktionspotentials zugrunde liegt (Kapitel 4). Andere, **ligandenaktivierte** Kanäle, reagieren auf extrazellulär applizierte Chemikalien verschiedenster Art. So verursacht z.B. Acetylcholin, das an Synapsen von motorischen Nervenendigungen auf Skelettmuskeln (Kapitel 7) freigesetzt wird, eine Muskeldepoalrisation durch Aktivierung von Kationenkanälen, die Natrium in die Zelle einströmen lassen. **Messenger-** oder **Botenstoff-aktivierte** Ionenkanäle antworten auf intrazelluläre Moleküle (Kapitel 8). Schließlich reagieren **Dehnungaktivierte** Kanäle auf mechanische Verformung der Zellmembran (Kapitel 14). Man darf diese Klassifikationen jedoch nicht als feste Einteilungen verstehen. Ligandenaktivierte Kanäle können z.B. spannungssensitiv sein, und einige spannungsaktivierte Kanäle können durch intrazelluläre Botenstoffe modifiziert werden.

Nomenklatur

Viele Kanäle sind nach den Ionen benannt, für die sie permeabel sind, z.B. Natrium- oder Chloridkanäle. Kanäle, die für ein bestimmtes Ion permeabel sind, können jedoch in verschiedene Untergruppierungen fallen, je nach Art ihrer Aktivierung, ihres kinetischen Verhaltens oder ihrer spannungsabhängigen Eigenschaften. Das gilt besonders für die verwirrende Vielzahl von Kaliumkanälen. Diese werden in mehr als 10 Typen unterteilt und nach ihrem Antwortverhalten auf Änderungen des Membranpotentials als verzögerte Gleichrichter-Kanäle (delayed rectifier), einwärts-gleichrichtende Kanäle (inward rectifier), A-Kanäle usw., oder auch nach der Art ihrer Aktivierung (z.B. calciumaktiviert oder natriumaktiviert) klassifiziert. Andere Kanäle werden lediglich nach den Chemikalien benannt, durch die sie aktiviert werden. Daher bezeichnet man Kationen-Kanäle, die durch Acetylcholin (ACh) aktiviert werden, als ACh-Kanäle. In der folgenden Diskussion werden wir solche Ausdrücke, sobald sie auftauchen, definieren.

Direkte Messungen von Einzelkanalströmen

Eine der wichtigen technischen Errungenschaften der letzten beiden Jahrzehnte war die Entwicklung von Methoden zur patch clamp-Ableitung.[5,6] Diese Methoden liefern direkte Antworten auf physiologisch wichtige Fragen zu Ionenkanälen, zum Beispiel: Wieviel Strom leitet ein einzelner Kanal? Wie lange steht ein Kanal offen? Wie hängen seine Öffnungs- und Schließzeiten von der Spannung bzw. von aktivierenden Molekülen ab? Bei der patch clamp-Methode wird die Spitze einer dünnen Glaspipette (~1 µm innerer Durchmesser) auf die Membran einer Zelle gesetzt, so daß sie dicht abschließt. Die Technik funktioniert am besten mit Einzelzellen in Gewebekulturen, doch man kann sie ebenso gut anderweitig einsetzen, z. B. an exponierten Zellen in Gehirnschnitten.[7,8] Unter idealen Bedingungen wird mit leichten Saugen an der Pipette ein Dichtungswiderstand von mehr als 10^9 Ohm (daher die Bezeichnung «gigaohm-seal») rund um den Rand der Pipette, zwischen Zellmembran und Glas, gebildet (Abb. 2 B). Wenn man die Pipette mit einem geeigneten Verstärker verbindet, kann man kleine Ströme, die über das Membranstück innerhalb der Pipettenspitze fließen, ableiten (Abb. 3). Solche Ereignisse bestehen aus rechteckigen Strompulsen, die das Öffnen und Schließen einzelner Kanäle widerspiegeln. Mit anderen Worten, man beobachtet in Realzeit die Aktivität *einzelner Proteinmoleküle* in der Membran! In ihrer einfachsten Form treten die Strompulse unregelmäßig auf, mit fast konstanten Amplituden und von unterschiedlicher Dauer (Abb. 3 A). In manchen Fällen zeigen die Ströme Offenzustände mit mehr als einer Leitfähigkeit an: in Abb. 3 B z.B. schließen sich die offenen Kanäle oft zu einem «Unterzustand» mit geringerer Leitfähigkeit. Desgleichen können Kanäle ein kompliziertes kinetisches Verhalten an den Tag legen. Das Öffnen von Kanälen kann z.B. in Form von Salven (bursts; Abb. 3 C) erfolgen. Zusammenfassend läßt sich sagen, daß die patch clamp-Technik uns erlaubt, 1. die Amplitude von Einzelkanalströmen und 2. das kinetische Verhalten der Kanäle zu messen.

Erwin Neher (links) und Bert Sakmann in ihrem Labor (1985).

Patch clamp-Methoden ermöglichen auch noch andere Anordnungen. Nachdem man eine Dichtung für einen *cell-attached patch* (Abb. 2 B) hergestellt hat, kann man diesen patch dann von der Zelle abreißen (Abb. 2 C), um einen *inside-out patch* zu erhalten, dessen cytoplasmatische Seite der Badlösung zugewandt ist. Andererseits können wir auch mit leichtem zusätzlichen Ansaugen die Membran im patch aufreißen (Abb. 2 D), um Zugang zum Cytoplasma der Zelle zu gewinnen. Unter diesen Umständen werden Ströme von der gesamten Zelle abgeleitet *(whole cell recording)*. Schließlich können wir erst eine *whole-cell*-Ableitung durchführen und die Elektrode dann von der Zelle wegziehen, so daß sich ein dünner Membranstiel bildet, der sich abtrennt und wieder abdichtet. So entsteht ein *outside-out patch* (Abb. 2 E). Wie wir später noch sehen werden, bietet jede dieser Anordnungen Vorteile je nach dem zu untersuchenden Kanaltyp und den Informationen, die man gewinnen möchte. Wenn man z.B. eine Reihe von chemischen Liganden auf die Außenmembran des Membranflecks aufbringen will, dann ist ein *outside-out patch* die beste Lösung.

«Kanalrauschen»

Patch clamp-Techniken bieten zwei Vorteile für die Untersuchung von Kanälen. Erstens erlaubt uns die Isolierung eines kleinen Membranareals, die Aktivität einiger weniger Kanäle anstelle von Tausenden zu beobachten, die vielleicht in einer intakten Zelle aktiv sind. Zweitens ermöglicht uns der sehr hohe Widerstand der Dichtung, extrem kleine Ströme zu registrieren. Bevor diese Techniken zur Verfügung standen, kannte man die allgemeinen Eigenschaften einiger Membrankanäle bereits aus Experimenten mit Mikroelektroden, bei denen das Membranpotential oder der Membranstrom von ganzen Zellen gemessen wurde. Mit intrazellulären Ableitungen war es möglich, «Rauschen» («noise») zu messen, das in

7 Gray, R. and Johnston, D. 1985. *J. Neurophysiol.* 54: 134–142.

8 Edwards, F. A. et al. 1989. *Pflügers Arch.* 414: 600–612.

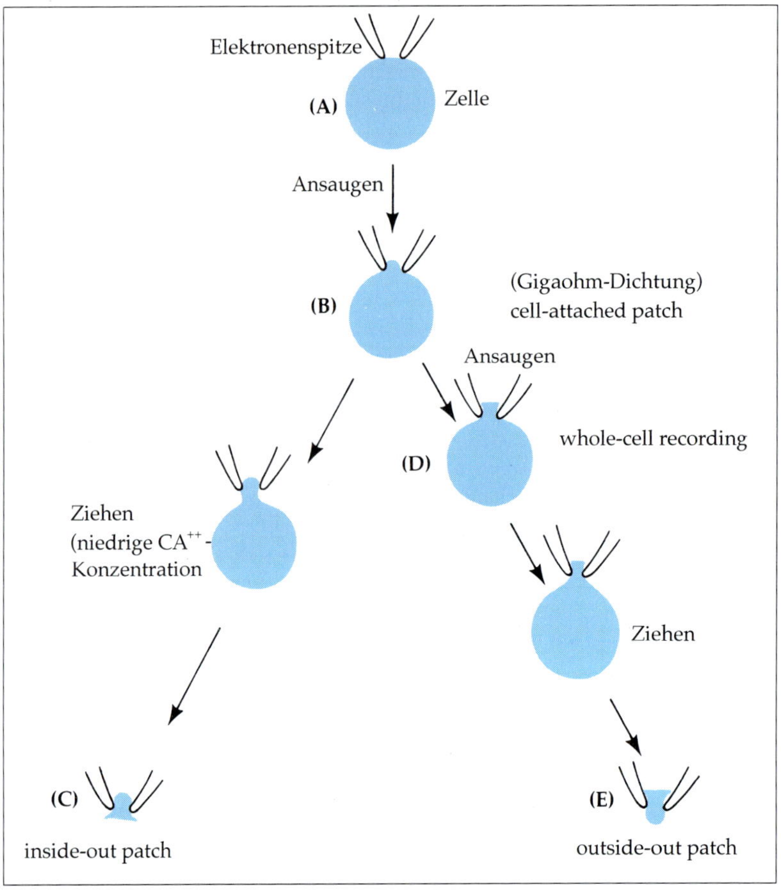

Abb. 2: **Patch clamp-Konfigurationen.** (A) Bei Kontakt mit der Zellmembran bildet die Elektrode eine Dichtung, die sich durch leichtes Ansaugen in eine Gigaohm-Dichtung (B) verwandeln läßt. Man kann dann von dem Membranstück in der Elektrodenspitze (cell attached patch) ableiten, oder man stellt durch Ziehen (C) ein zellfreies, inside-out patch her. Man kann auch die Membran in der Elektrodenspitze durch weiteres Ansaugen aufreißen, um eine Ganzzellen-Ableitung (D) oder durch folgendes Ziehen eine outside-out patch herstellen (E) (nach Hamill et al., 1981).

der Membran erzeugt wird, wenn eine große Zahl von Kanälen aktiviert ist. Ein Beispiel dafür ist die Aktivierung von Kanälen durch Acetylcholin an der neuromuskulären Endplatte des Frosches. Das ACh, das von der präsynaptischen Nervenendigung freigesetzt wird, öffnet ligandenaktivierte Kanäle, durch die Kationen die Membran passieren und den Muskel depolarisieren können. Wie bereits seit vielen Jahren bekannt war, führte ACh-Zugabe auf die postsynaptische Membran dazu, daß die daraus resultierende Depolarisation «verrauscht» war – d.h., es gab Schwankungen um den Mittelwert der Depolarisation, die größer waren als die Grundlinienfluktuationen in Ruhe. Die Zunahme des Rauschens lag an dem zufallsverteilten Öffnen und Schließen der durch ACh aktivierten Kationenkanäle. Mit anderen Worten, die Zugabe von ACh führte zum Öffnen zahlreicher Kanäle, deren Anzahl nach einer Zufallsverteilung fluktuierte, solange ACh-Moleküle die Membran bombardierten. In den frühen 70er Jahren erkannten Katz und Miledi[3], daß in der Vergrößerung des Rauschens Informationen über Größe und Zeit der Potentialänderungen enthalten waren, die durch das Öffnen einzelner Kanäle erzeugt wurden. Sie entwickelten Techniken zur Rauschanalyse, um an diese Informationen zu gelangen.
Nach Katz und Miledis ursprünglichen Untersuchungen setzten Anderson und Stevens[4] ähnliche Techniken ein, um – anstelle von Fluktuationen im Membranpotential – Fluktuationen des nach innen gerichteten Stroms durch die Membran zu messen. Die Ergebnisse eines solchen Experiments sind in Abb. 4 zu sehen. Zwei Charakteristika der Antwort auf ACh wurden registriert: 1. der mittlere Strom durch die Endplattenmembran (Abb. 4 A) und 2. die Zunahme des Rauschens, das bei viel größerer Verstärkung registriert wurde (Abb. 4 B). Bei (A) sehen wir, daß die Zugabe von ACh zu einem nach innen gerichteten Strom von ca. 130 nA führt. Die entsprechnden Ableitungen in (B) zeigen, daß die Amplituden der Grundlinienfluktuationen in Ruhe um weniger als 0,1 nA schwanken, während sich die Spitze-Spitze-(peak-to-peak)-Amplitude des Stromrauschens nach ACh-Zugabe 1 nA nähert. Die Analyse des zusätzlichen Rauschens, das durch ACh-Zugabe erzeugt wird, liefert Informationen über die Größe der Einzelkanalströme und die mittlere Offenzeit der Kanäle. Die Analyse selbst (Box 1) ist recht leicht nachzuvollziehen: Große Fluktuationen im Vergleich zum mittleren Strom weisen auf große Einzelkanalströme hin, und hohe Fluktuationsfrequenzen bedeuten kurze Offenzeiten.
Obwohl die Rauschanalyse weitgehend von der patch clamp-Technik ersetzt wird, ist die Methode beim Studium von Membrankanälen von Zellen, die für patch clamp nicht zugänglich sind (wie Zellen im intakten Zentralnervensystem), immer noch nützlich.[9] Zudem

9 Gold, M. R. and Martin, A. R. 1983. *J. Physiol. 342: 99–117.*

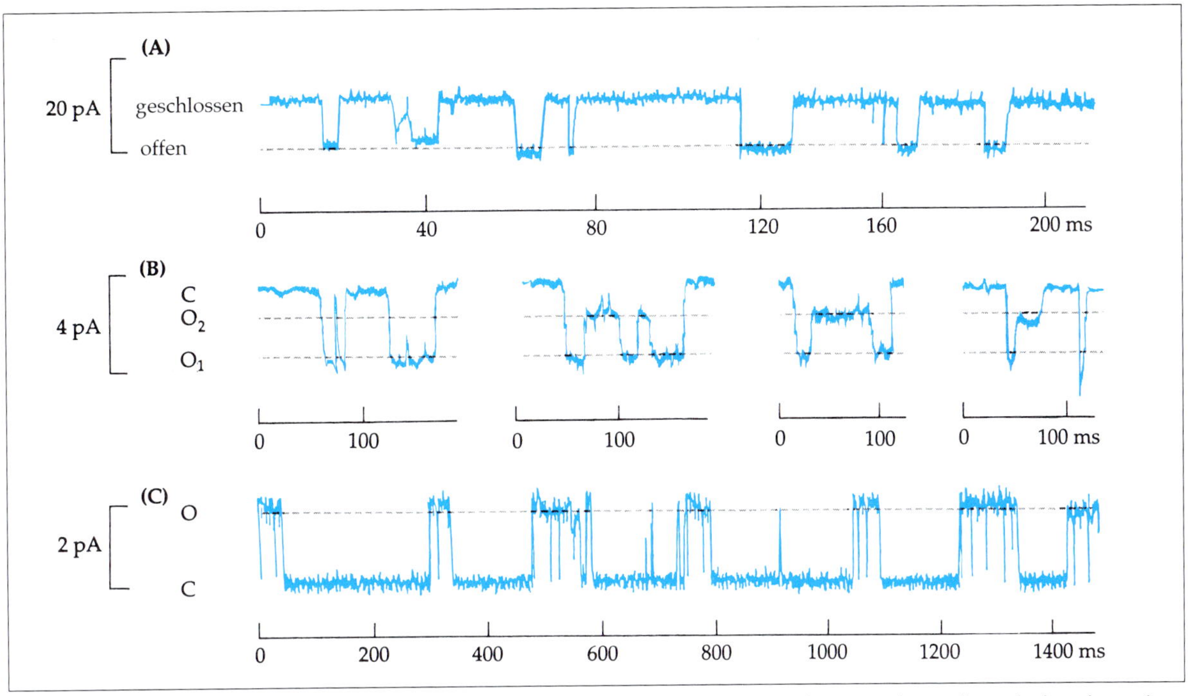

Abb. 3: **Beispiele von patch clamp-Aufzeichnungen**. (A) Glutamat-aktivierte Kanalströme, abgeleitet von einem cell-attached patch aus einem Heuschreckenmuskel, treten unregelmäßig auf, mit einer einzigen Amplitude und verschieden langen Offenzeiten. Auslenkungen nach unten zeigen einen in die Zelle gerichteten Stromfluß an. (B) Acetylcholin-aktivierte Ströme aus Einzelkanälen in einem outside-out patch aus einem in Kultur gezüchteten embryonalen Rattenmuskel erreichen eine Amplitude von etwa 3 pA (O_1) mit einer Zwischenstufe (sublevel) von etwa 1,5 pA (O_2). Auslenkungen nach unten zeigen einen einwärts gerichteten Stromfluß an. (C) Nach außen gerichtete Strompulse durch glycerinaktivierte Chloridkanäle in einem outside-out patch aus in Kultur gezüchteten Mäuse-Rückenmarkszellen werden durch schnelle Übergänge zwischen Offen und Geschlossen unterbrochen (bursts) entstehen (A nach Cull-Candy, Miledi und Parker, 1980; B nach Hamill und Sakmann, 1981, C mit freundlicher Genehmigung von A. I. McNiven).

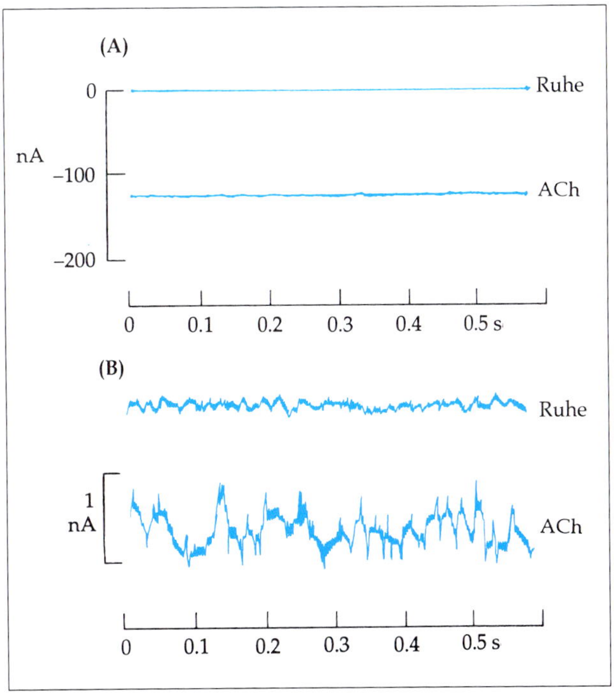

Abb. 4: **Stromrauschen bei Applikation von Acetylcholin** an der neuromuskulären Endplatte des Frosches. (A) Membranströme an der Endplatte. In Ruhe (obere Spur) fließt kein Strom über die Membran; Zugabe von ACh ruft einen Einwärtsstrom von etwa 130 nA hervor (untere Spur). (B) Die beiden Spuren aus (A) bei stärkerer Vergrößerung. In Ruhe schwankt die Grundlinie nur wenig; der einwärts gerichtete Strom, der durch ACh hervorgerufen wird, weist hingegen relativ starke Schwankungen (Rauschen) auf, die sich auf zufallsverteiltes Öffnen und Schließen der ACh-aktivierten Kanäle zurückführen lassen. Durch Analyse des stärker gewordenen Rauschens (s. Box 1) erhält man den Einzelkanalstrom und die mittlere Offenzeit (nach Anderson und Stevens, 1973, abgewandelt).

BOX 1 Rauschanalyse: Eine indirekte Messung von Kanal-Leitfähigkeit und Offenzeit

Welche Informationen über die ACh-aktivierten Kanäle können wir aus experimentellen Beobachtungen wie in Abb. 4 gewinnen? Als erstes würde man intuitiv erwarten, daß große Einzelkanalströme großes Rauschen erzeugen. Wenn sich z.B. ein mittlerer Strom von 120 nA auf die Aktivierung durch ACh von im Mittel 12 Kanälen zurückführen läßt, von denen jeder 10 nA Strom führt, würden wir beim statistisch verteilten Öffnen und Schließen der Kanäle relativ große Stromfluktuationen erwarten. Wenn andererseits 120 nA Strom von im Mittel 1200 offenen Kanälen stammt, von denen jeder 0,1 nA Strom beisteuert, sollte man geringere Fluktuationen erwarten. Diese intuitive Erwartung läßt sich theoretisch untermauern. Die relativ zum mittleren Strom (*I*) zunehmende Varianz (*Var*) steht in direkter Beziehung zur Größe des Einzelkanalstroms (*c*): *Var*/*I* = *c*. Bei der theoretischen Ableitung geht man davon aus, daß sich die Kanäle unabhängig voneinander öffnen und schließen und nur ein kleiner Teil aller Kanäle aktiviert ist. Wenn alle aktiviert wären, würde es keine Fluktuationen geben; die exakte Beziehung lautet daher *Var*/*I* = *c*(1-*p*), wobei *p* den Anteil der aktivierten Kanäle angibt. Nach Umformen erhalten wir:

$$c = \frac{Var}{I\,(1 - p)}$$

Wenn man nur eine geringe Menge an Liganden zugibt, kann man *p* vernachlässigbar klein halten.

Um die Größe des Einzelkanalstroms zu erhalten, muß man nur die mittlere Stromstärke und ihre Varianz messen. Im Beispiel aus Abb. 4 beträgt der nach innen gerichtete Strom *I* 134 nA und *Var* 2,5 × 10^{-19} A^2. Daher errechnet sich der Einzelkanalstrom zu 1,9 pA.

Wie zu erwarten kann man die mittlere Offenzeit der Kanäle aus der Frequenzzusammensetzung der Fluktuationen erhalten. Wenn die meisten Kanäle für eine relativ lange Zeit (z.B. 30 ms) offen stehen, treten Fluktuationen mit relativ niedriger Frequenz auf. Wenn andererseits die meisten Kanäle nur kurze Zeit (sagen wir, 1 ms) offen sind, treten höherfrequente Fluktuationen auf. In der Praxis wird die Frequenzzusammensetzung des Rauschens mit Hilfe von Computern analysiert und als *spektrale Dichteverteilung* dargestellt.

Eine solche Verteilung aus dem Experiment in Abb. 4 ist nebenstehend abgebildet. Dabei ist die **Energiedichte** S als Funktion der Frequenz *f* aufgetragen. Was bedeutet hier Energie? In diesem Fall ist damit einfach die Stromvarianz (*VarI*, angegeben in A^2) gemeint. Die Energie*dichte* ist ein Maß für die Größe der Varianz bei jedem Frequenzintervall, d.h. für die Größe der Varianzen, die durch die Grundlinienfluktuationen in den Intervallen zwischen 1 und 2 Hz, 2 und 3 Hz, 4 und 5 Hz usw. bedingt sind. Daher hat die Energiedichte die Einheit Ampèrequadrat durch Hertz (A^2/Hz). Da Hz = s^{-1} ist, führt das zu der etwas eigenartigen Einheit A^2 s. Wenn man alle diese inkrementalen Schritte aufaddiert, ergibt ihre Summe die Gesamtvarianz *Var*. Die genaue Form der spektralen Dichteverteilung hängt davon ab, wie man sich das Verhalten der Kanäle vorstellt. Wenn der Übergang vom offenem zum geschlossenem Zustand ein Prozeß erster Ordnung ist, sind die Kanaloffenzeiten exponentiell verteilt, mit einer einzigen Zeitkonstante τ: D.h., wenn eine große Zahl von Kanälen (N_0) gleichzeitig geöffnet wird, dann nimmt die Zahl N der Kanäle, die zu einem späteren Zeitpunkt *t* noch offen sind, entsprechend der Beziehung

$$N = N_0 e^{-t/\tau}$$

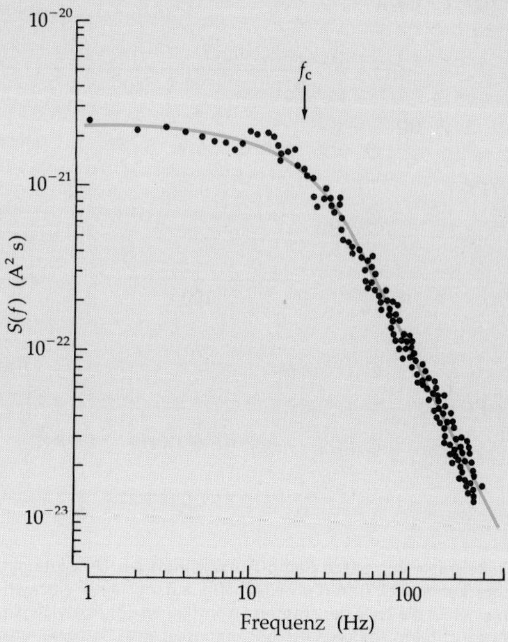

ab. Die Zeitkonstante τ hat denselben Wert wie die *mittlere Offenzeit* der Kanäle. (Das ist keine den Kanälen innewohnende Eigenschaft, sondern eine Eigenschaft exponentialer Verteilunge.) Wenn die Kanalzeiten wirklich exponentiell verteilt sind, kann man zeigen, daß die spektrale Verteilung die Form

$$S = \frac{S(0)}{1 + (2\pi f\tau)^2}$$

annimmt (durchgezogene Linie). Die Form der Kurve wird durch zwei Konstanten in der Gleichung, S(0) und τ, festgelegt. S(0) entspricht der maximalen Höhe der Kurve am niederfrequenten Ende. Ihr Wert steigt mit der Größe der Einzelkanalströme (erinnern Sie sich daran, daß große Einzelkanalströme große Fluktuationen hervorrufen). Die mittlere Offenzeit τ entscheidet darüber, wie weit sich die Kurve in den Bereich höherer Frequenzen erstreckt, bevor sie abknickt. Wie wir bereits intuitiv vermutet haben, gilt: Je kürzer die mittlere Offenzeit, desto weiter erstreckt sich die Kurve in höhere Frequenzbereiche. Aus der Gleichung läßt sich erkennen, daß S bei 2πfτ = 1 die Hälfte von S(0) beträgt. Die Frequenz, bei der dies auftritt, nennt man die **Grenzfrequenz** f_c (Pfeil). Aus der Grenzfrequenz ergibt sich:

$$\tau = 1/(2\pi f_c).$$

Die spektrale Dichteverteilung liefert uns drei wichtige Informationen. Zuerst weist die Tatsache, daß die experimentell gewonnenen Punkte recht gut mit der theoretischen Kurve übereinstimmen, darauf hin, daß die Kanaloffenzeiten exponentiell verteilt sind, mit einer einzigen Zeitkonstanten. Zweites ergibt sich aus der Grenzfrequenz f_c die Zeitkonstante, die der mittleren Kanaloffenzeit entspricht. Und schließlich liefert uns die Fläche unter der Verteilung ein Maß für die Gesamtvarianz *Var*, aus der sich, wenn man sie durch den mittleren Strom teilt, der Einzelkanalstrom *c* ergibt.

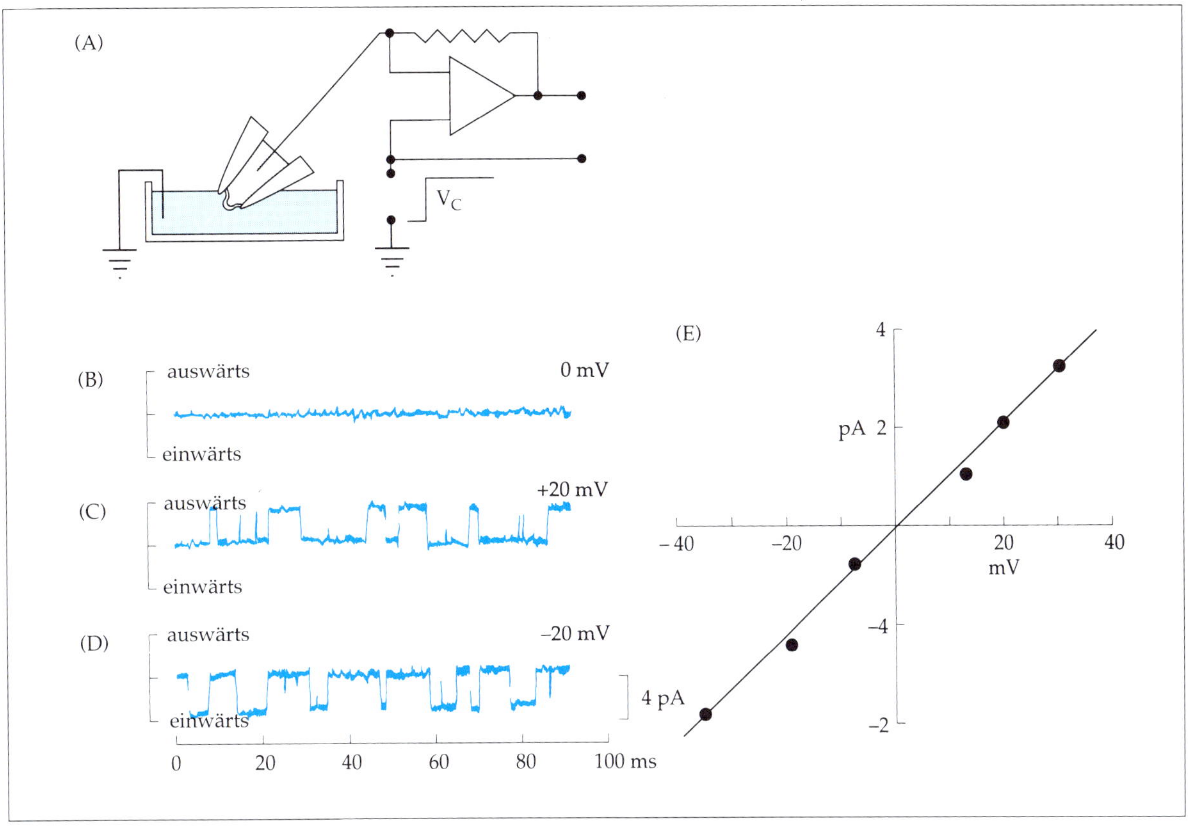

Abb. 5: **Effekt des Potentials auf Ströme** durch einen einzelnen, spontan aktiven Kaliumkanal in einem outside-out patch, mit 150 mM Kaliumionen in der Elektrode und der Badlösung. (A) Skizze der Ableitungsanordnung. Die Ausgangsgröße des patch clamp-Verstärkers ist proportional zum Strom durch das patch. An die Elektrode und damit an das patch wird ein Potential angelegt, indem man den Verstärker mit einem Steuerpotential (V_c) speist. Strom, der in die Elektrode fließt, wird negativ angegeben. (B) Wenn kein Potential an den patch angelegt wird, findet man auch keinen Kanalstrom, da kein Netto-Kaliumflux durch die Kanäle stattfindet. (C) Legt man +20 mV an der Elektrode an, so ergibt sich ein nach außen gerichteter Kanalstrom von ca. 2 pA. (D) Ein Potential von –20 mV führt zu nach innen gerichteten Kanalströmen derselben Amplitude. (E) Kanalstrom als Funktion der angelegten Spannung. Die Steigung der Geraden gibt die Leitfähigkeit (g) des Kanals wieder. Hier ist sie g = 110 pS (A. R. Martin, unveröffentlicht).

liefert diese Methode relativ schnell Informationen über die Eigenschaften einer Population von Kanälen. Sie kann jedoch keine detaillierten Informationen über das Verhalten eines einzelnen Kanals liefern, wie z. B. über die Existenz von mehreren Leitfähigkeitszuständen.

Leitfähigkeit von Kanälen

Man kann das kinetische Verhalten eines Kanals – d. h. die Dauer seiner geschlossenen und offenen Zustände – dazu benutzen, sich eine Modellvorstellung von den Schritten zu machen, die am Öffnen und Schließen eines Kanals beteiligt sind und von den Grundlagen, die mit diesen Schritten verbunden sind. Der Kanalstrom auf der anderen Seite ist ein direktes Maß dafür, wie schnell Ionen durch einen Kanal wandern. Der Strom hängt nicht nur von den Eigenschaften des Kanals, sondern auch vom Membranpotential ab. Stellen Sie sich z. B. den outside-out patch aus Abb. 5 vor, der einen einzelnen spontan aktiven Kanal enthält, der für Kalium permeabel ist. Sowohl die Lösung in der patch-Elektrode als auch die Badlösung enthalten 150 mM Kalium. Kaliumionen bewegen sich in beiden Richtungen durch den offenen Kanal, doch da die Konzentrationen gleich sind, gibt es keine Nettobewegung in eine der beiden Richtungen. Man registriert keinen Strom (Abb. 5 B). Glücklicherweise weist die patch clamp-Ableitungstechnik ein wichtiges Merkmal auf, das bisher noch nicht erwähnt wurde: Wir können eine Spannung an die Ableitelektrode und damit an die äußere Membranoberfläche des patch anlegen. Wenn eine Spannung von +20 mV an die Elektrode gelegt wird (Abb. 5 C), führt jedes Öffnen des Kanals zu einem nach außen gerichteten Strom aus der Pipette in die Badlösung. Legt man andererseits eine Spannung von –20 mV an die Elektrode (Abb. 5 D), so fließt der Strom durch den offenen Kanal in die Pipette. Die Abhängigkeit der Stromstärke von der Spannung ist in Abb. 5 E aufgetragen. Die Beziehung ist linear; der Strom (i) durch den Kanal ist proportional zur angelegten Spannung (V):

$$i = gV$$

Die Proportionalitätskonstante g ist die **Leitfähigkeit** des Kanals. Bei einer bestimmten angelegten Spannung wird durch einen Kanal mit einer hohen Leitfähigkeit viel Strom fließen, durch einen Kanal mit einer geringen Leitfähigkeit hingegen nur wenig.

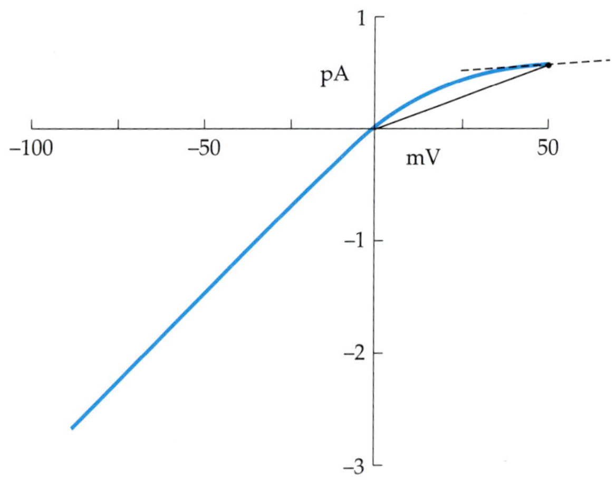

Abb. 6: **Nichtlineare Beziehung zwischen Strom und Spannung** in einem Kanal, aus einem idealisierten Experiment mit einem outside-out patch. Der Kanal läßt nach innen gerichteten (negativen) Strom leichter passieren als nach außen gerichteten Strom. Die Leitfähigkeit des Kanals bei +50 mV kann auf zwei Arten definiert werden: erstens, indem man den Strom durch das Antriebspotential (d.h. die Steigung der durchgezogenen schwarzen Linie) teilt (*chord conductance*), und zweitens durch den Anstieg (*dI/dv*) der Strom-Spannungskurve in diesem Punkt (*slope conductance*, gestrichelte Linie).

Die Leitfähigkeit wird in Siemens (S) gemessen. In Nervenzellen wird das Potential über Membrankanälen gewöhnlich in Millivolt (1 mV = 10^{-3} V), der Strom in Picoampere (1 pA = 10^{-12} A) und die Leitfähigkeit in Picosiemens (1 pS = 10^{-12} S) angegeben. In Abb. 5 C erzeugt ein Potential von +20 mV einen Strom von etwa 2,2 pA, daher beträgt die Leitfähigkeit des Kanals (g = *i*/V) etwa 2,2 pA/20 mV = 100 pS.

Bei einigen Kanälen ist die Beziehung zwischen Strom und Spannung nicht linear; die Leitfähigkeit hängt vom Membranpotential ab. Wenn man die Leitfähigkeit eines solchen Kanals mißt, muß angegeben werden, bei welchem Membranpotential die Messung durchgeführt wird und zusätzlich, ob bei diesem Potential die **chord conductance** oder die **slope conductance** registriert wurde. Die chord conductance ist ein einfaches praktisches Maß dafür, wieviel Strom bei einem gegebenen Potential durch den Kanal fließt (s. Abb. 6). Bei +50 mV beträgt der Strom +0,6 pA; die chord conductance des Kanals errechnet sich daher zu 0,6 pA/50 mV = 12 pS (Anstieg der durchgezogegen Linie). Es ist jedoch klar zu erkennen, daß eine weitere Zunahme der an den Kanal angelegten Spannung (z.B. auf +60 mV) zu keinem Stromanstieg entsprechend der 12-pS-Leitfähigkeit führen wird. Mit anderen Worten beschreibt die chord conductance nicht den Zustand des Kanals bei +50 mV, bei dem in der vorliegenden Abb. praktisch ein Sättigungszustand erreicht ist. Der Zustand des Kanals durch den Anstieg der Strom-Spannungskurve in diesem Bereich, d.h. durch die slope conductance (unterbrochene Linie) genauer beschrieben.

Gleichgewichtspotential

In den oben besprochenen Beispielen zum Thema Kanalströme, war die Konzentration von Kaliumionen auf beiden Seiten des patch die gleiche. Was passiert, wenn wir die Konzentrationen unterschiedlich machen? Um diese Frage zu untersuchen, stellen Sie sich vor, daß wir einen outside-out patch nehmen; die Kaliumkonzentration im Bad soll 3 mM (wie die Konzentration im Außenmedium vieler Zellen) und in der Elektrode (entsprechend der Konzentration im Cytoplasma vieler Zellen) 90 mM betragen (s. Abb. 7). Wenn sich der Kanal jetzt öffnet, kommt es selbst dann, wenn an die Pipette kein Potential angelegt wird, zu einer Nettobewegung von Kaliumionen aus der Pipette durch den Kanal in das Bad (Abb. 7 B). Die Kaliumionen wandern einfach entlang ihres Konzentrationsgradienten. Wenn wir die Pipette nun positiv machen, wird der Potentialgradient über der Membran die Wanderung der Kaliumionen nach außen beschleunigen, und der Kanalstrom nimmt zu (Abb. 7 C). Wenn wir andererseits eine negative Spannung an der Pipette anlegen, verlangsamt sich die nach außen gerichtete Bewegung der Kaliumionen und der Kanalstrom nimmt ab (Abb. 7 D). Ist die negative Spannung groß genug, strömen die Kaliumionen gegen ihren Konzentrationsgradienten durch die Membran *nach innen* (Abb. 7 E). Wenn wir nach einer Reihe solcher Beobachtungen den Kanalstrom gegen die angelegte Spannung auftragen, erhalten wir ein Ergebnis wie in Abb. 7 F. Anders als in Abb. 5, als die Kaliumkonzentration auf beiden Seiten der Membran gleich war, ist der Kanalstrom in diesem Falle Null, wenn die an der Pipette angelegte Spannung etwa –85 mV beträgt. Dann wird der Konzentrationsgradient, der sonst einen nach außen gerichteten Strom von Kaliumionen durch den Kanal erzeugen würde, genau durch den elektrischen Potentialgradienten ausbalanciert, der die Ionenbewegung in die andere Richtung zwingen möchte. Das Potential, das man braucht, um diesen Zustand hervorzurufen, nennt man das **Kalium-Gleichgewichtspotential,** E_K. Die Beziehung zwischen Konzentration und Gleichgewichtspotential von Kalium und anderen Ionen wird im nächsten Kapitel diskutiert.

Abb. 7 F illustriert einen wichtigen praktischen Aspekt beim Stromfluß durch Ionenkanäle: Die Stärke des Stroms ist nicht notwendigerweise proportional zum absoluten Potential über der patch-Membran. Wenn keine Spannung angelegt wird, mißt man einen nach außen gerichteten Strom von ca. 4 pA, bei einer an die Pipette angelegten Spannung von –85 mV ist der Strom gleich Null. Der Strom wird daher nicht durch das absolute Membranpotential festgelegt, sondern durch die Differenz zwischen dem Membranpotential und dem Potential, bei dem der Strom Null ist. Diese Differenz nennt man **Antriebspotential** oder **elektromotorische Kraft.** Wenn das Membranpotential Null ist, beträgt das Antriebspotential +85 mV, wie wir an dem Beispiel in Abb. 7 F ablesen können.

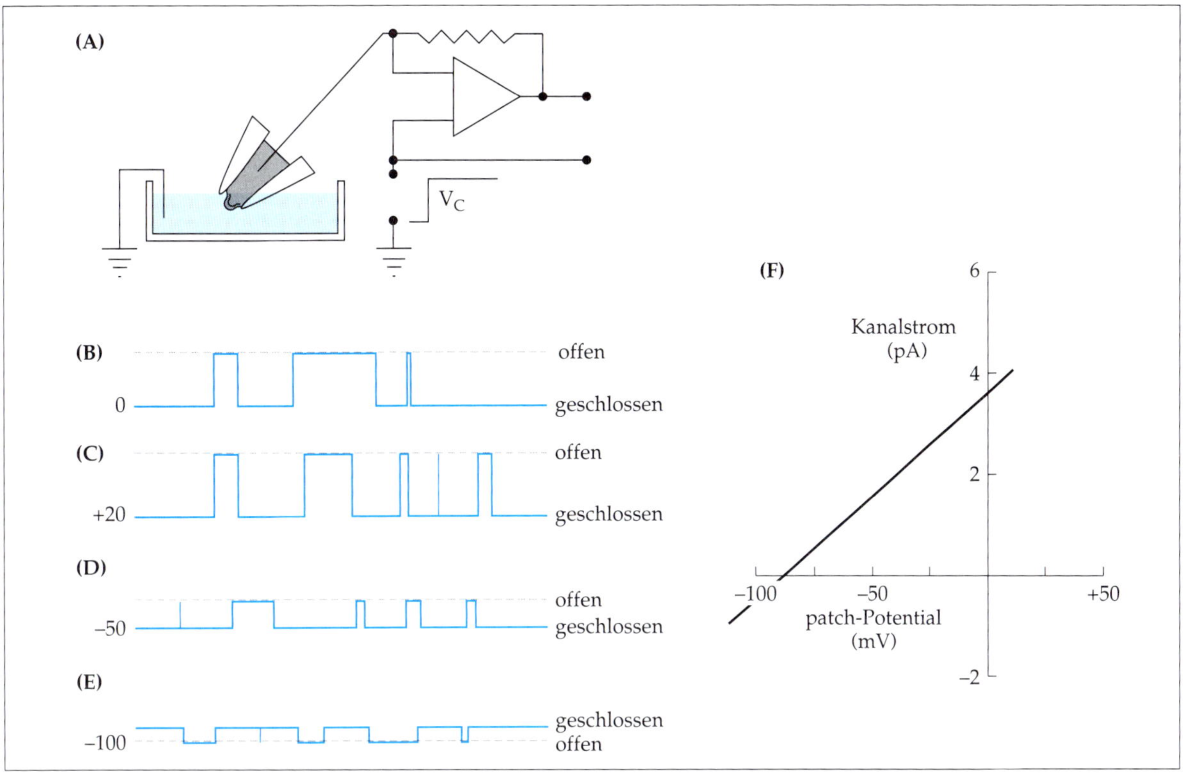

Abb. 7: **Umkehrpotential für Kaliumströme** in einem hypothetischen Experiment mit einen outside-out patch. Die Kaliumionenkonzentration in der Ableitelektrode («intrazellulär») beträgt 90 mM, in der Badlösung («extrazellulär») 3 mM. (A) Skizze der Versuchsanordnung. (B) Wenn kein Potential an der Pipette anliegt, führt der Kaliumfluß entsprechend dem Konzentrationsgradienten von der Elektrode ins Bad zu einem nach außen gerichteten Kanalstrom. (C) Wenn an die Pipette ein Potential von +20 mV angelegt wird, nimmt die Amplitude des Stroms zu. (D) Legt man -50 mV an der Pipette an, so verringert sich der nach außen gerichtete Strom, und (E) bei -100 mV fließt er in die entgegengesetzte Richtung. (F) Aus der Strom-Spannungs-Beziehung ergibt sich der Nullstrom bei -85 mV, das ist das Kaliumgleichgewichtspotential.

Leitfähigkeit und Permeabilität

Die Leitfähigkeit eines Kanals hängt von zwei Faktoren ab. Der erste betrifft die Leichtigkeit, mit der ein Ion durch den Kanal wandern kann, eine Eigenschaft, die wir die **Permeabilität** des Kanals nennen; der zweite betrifft die Konzentration des Ions in der Region des Kanals. Wenn sich keine Kaliumionen in den Lösungen auf der Außen- und der Innenseite der Membran befinden, kann es offensichtlich keinen Stromfluß durch einen Kaliumkanal geben, ganz unabhängig davon, wie groß seine Permeabilität oder wie hoch die angelegte Spannung ist. Wenn nur wenige Kaliumionen vorhanden sind, ist der Strom bei gegebener Permeabilität und gegebenem Antriebspotential kleiner als in Anwesenheit von reichlich Kaliumionen. Man kann sich diese Beziehungen folgendermaßen veranschaulichen:

offener Kanal → Permeabilität
offener Kanal + Ionen → Leitfähigkeit
offener Kanal + Ionen + Antriebspotential → Strom

Der Leser ist vielleicht erleichtert zu hören, daß man keine allgemeine mathematische Beziehung zwischen Permeabilität und Leitfähigkeit aufstellen kann, da diese Beziehung von der Art und Weise abhängt, in der die Ionen ihren Weg durch den Kanal finden.

Ionenpermeation durch Kanäle

Wie wandern Ionen eigentlich durch den Kanal? Eine simple Möglichkeit ist, daß sie einfach durch die wassergefüllte Pore diffundieren. Diese Idee bildete die Basis vieler früher Vorstellungen über die Ionenpermeation, doch für die meisten (vielleicht alle) Kanäle ist das nicht ganz richtig, da die Kanäle selbst die Permeation beeinflussen. Wenn es z.B. Engstellen im Kanal gibt (Selektivitätsfilter), benötigt das Ion eventuell eine gewisse Energie, um sich von seinen angelagerten Wassermolekülen (der Hydrathülle) zu befreien und sich durch den Kanalhals zu zwängen; anderenorts wird das Ion möglicherweise durch elektrostatische Ladungen, die den Kanal auskleiden, angezogen bzw. abgestoßen, oder es wird an bestimmten Stellen im Kanalinneren gebunden, so daß es sich erst lösen muß, um seine Wanderung fortsetzen zu können. Solche Wechselwirkungen des Kanals mit dem permeablen Ion beeinflussen die Rate des Ionenfluxes durch den Kanal. Kanalmodelle, die die Ionenwanderung auf diese Weise behandeln, werden Eyring'sche Ratentheorie-Modelle (Eyring rate theory models) genannt; sie sind durch eine Reihe von Energiebarrieren und Bindungsstellen charakterisiert.[10] Ein «Zwei-Bindungsstel-

10 Johnson, F. H., Eyring, H. and Polissar, M. J. 1954. *The Kinetic Basis of Molecular Biology.* Wilev, New York.

len, Drei-Barrieren»-Modell ist z.B. eines, bei dem ein Ion, um den Kanal zu passieren, über eine periphere Energiebarriere zu einer Bindungsstelle hüpfen muß, dann über eine zentrale Barriere zu einer zweiten Bindungsstelle und schließlich über eine dritte Barriere aus dem Kanal heraus. Im allgemeinen beschreiben solche Modelle Ionenbewegungen durch Kanäle und Selektivitäten zwischen Ionen gleicher Ladung viel erfolgreicher als einfache Diffusionsmodelle.

Kanalstruktur

Wie sieht ein Kanalmolekül nun wirklich aus? Wie arbeitet es? Es gibt bisher keine vollständigen und unzweideutigen Antworten auf diese Fragen, doch es hat bemerkenswerte Erfolge bei der Charakterisierung einer Reihe von Ionenkanälen gegeben, so daß wir heute die allgemeinen Prinzipien des Kanalbaus und seiner funktionellen Organisation einigermaßen verstehen. Wir wollen an dieser Stelle auf zwei solcher Kanäle näher eingehen: den nicotinischen ACh-Rezeptor und den spannungsaktivierten Natriumkanal. Sie repräsentieren zwei Klassen oder Familien – ligandenaktivierte und spannungsaktivierte Kanäle. Die Kanäle innerhalb einer Familie ähneln einander stark in ihren biochemischen und strukturellen Charakteristika, doch es gibt nur wenig Ähnlichkeiten zwischen den Familien.

Der nicotinische Acetylcholinrezeptor

Der erste Kanal, der im Detail untersucht wurde, war der nicotinische ACh-Rezeptor (nAChR oder einfach AChR). [Beachten Sie, daß für ligandenaktivierte Kanäle üblicherweise meist eher der Ausdruck «Rezeptor» statt «Kanal» verwendet wird. Das kommt daher, daß sich Untersuchungen zur Struktur solcher Moleküle hauptsächlich auf die Bindung aktivierender Moleküle (Agonisten) Antagonisten, Toxine und Antikörper bezogen haben und weniger auf die spezifischen Kanaleigenschaften des Proteins.] Auf nicotinischen ACh-Rezeptoren basiert nicht nur die Erregung an neuromuskulären Verbindungsstellen bei Wirbeltieren, sondern auch die Erregung an den Synapsen vieler Wirbeltier- und Wirbellosenganglien und den neuroeffektorischen Verbindungen von elektrischen Organen einer Reihe elektrischer Fische. Der Rezeptor wird als «nicotinischer Rezeptor» bezeichnet, weil Nicotin die Wirkung des ACh nachahmt, und um ihn von völlig anderen Acetylcholin-Rezeptoren zu unterscheiden, die von Muscarin aktiviert werden. Im Cold Spring Harbor Symposium aus dem Jahre 1983 findet man ausgezeichnete Zusammenfassungen der ursprünglichen biochemischen und biophysikalischen Untersuchungen des ACh-Rezeptors in den Laboratorien von Changeux, Karlin, Raftery, Stroud und vielen anderen Forschern sowie der Sequenzanalyse der Polypeptid-Untereinheiten durch Numa und seine Kollegen.[11] Die biochemische Isolierung und Charakterisierung des AChR wurde durch die hohe Synapsendichte in den Electrocytenmembranen der elektrischen Organe des Zitterrochens, *Torpedo*, erleichtert. In Lösung kann man AChR-Moleküle von anderen Membranproteinen trennen, weil sie α-Bungarotoxin binden. (Das ist ein Neurotoxin, das in intakten Elektrocyten und anderen Geweben, wie neuromuskulären Verbindungen bei Wirbeltieren, an den Kanal bindet.) Ähnliche Toxine kann man bei einer Äffinitäts-Säulenchromatographie benutzen, um die Kanalproteine zu isolieren. Der *Torpedo*-AChR besteht, wie sich herausstellte, aus vier Glycoprotein-Untereinheiten (α, β, γ und δ) von ca. 40, 50, 60 und 65 Kilodalton, die pentamer angeordnet sind und zwei Kopien der α-Untereinheit enthalten. Es konnte gezeigt werden, daß der isolierte AChR die wichtigsten funktionellen Eigenschaften des ursprünglichen Ionenkanals besaß, wenn er in Lipidvesikel reinkorporiert wurde.[12]

Nach der Identifizierung wurde die Sequenz aller vier Untereinheiten durch eine Kombination von biochemischen und molekulargenetischen Techniken aufgeklärt. Für jede Untereinheit wurde biochemisch die Sequenz der ersten 54 Aminosäuregruppen am aminoterminalen Ende bestimmt.[13] Die Kenntnis der Teil-Aminosäuresequenz ermöglichte die Klonierung und Sequenzierung von c-DNA für jede Untereinheit und so die korrekten Aminosäuresequenzen zu bestimmen[14,15,16] (Box 2). Die Aminosäuresequenz für die α-Untereinheit von *Torpedo* ist in Abb. 8 dargestellt. (Die Untereinheit beim Menschen und beim Rind unterscheiden sich ein wenig.) Die Sequenzen aller vier Untereinheiten sind einander sehr ähnlich (homolog), wenn sie auch in bezug auf einander verschiedene Insertionen und Deletionen aufweisen; was für die strukturelle Konfiguration der einen gilt, ist im allgemeinen auch auf die anderen anwendbar. Wie bei jedem sehr großen Protein kann man erwarten, daß sich verschiedene Abschnitte des Moleküls in geordnete Sekundärstrukturen, wie α-Helices, falten. Diese Sekundärstrukturen werden dann wiederum in irgendeiner Weise gefaltet, um in jeder Untereinheit eine Tertiärstruktur zu bilden. Schließlich vereinigen sich fünf Untereinheiten (zwei α, eine β, eine γ und eine δ) und bilden zusammen die endgültige quartäre Struktur, d.h. den kompletten Ionenkanal.

Die Größe und die Orientierung des intakten Kanals in bezug auf die Lipidmembran ist mit Hilfe von Elektronenmikroskopie, Röntgenstrukturanalyse und Elektronendiffraktion aufgeklärt worden. [17–20] Die Quartärstruktur ist in Abb. 9 zu sehen. Das Molekül, das aus den

11 Cold Spring Harbor Symp. Quant. Biol. 48. 1983. pp.1–146.

12 Tank, D. W. et al. 1983. *Proc. Natl. Acad. Sci. USA* 80: 5129–5133.

13 Raftery, M. A. et al. 1980. *Science* 208: 1454–1457.

14 Noda, M. et al. 1982. *Nature* 299: 793–797.

15 Noda, M. et al. 1983. *Nature* 301: 251–255.

16 Noda, M. et al. 1983. *Nature* 302: 528–532.

17 Wise, D. S., Schoenborn, B. P. and Karlin, A. 1981. *J. Biol. Chem.* 256: 4124–4126.

18 Kistler, J. et al. 1982. Biophys. *J. 37: 371–383.*

19 Unwin, N., Toyoshima, C. and Kubalek, E. 1988. *J. Cell Biol.* 107: 1123–1138.

20 Toyoshima, C. and Unwin, N. 1988. *Nature* 336: 247–250.

BOX 2 Wie man Rezeptoren und Kanäle kloniert

Die Anwendung molekulargenetischer Methoden zum Studium des Nervensystems hat bei der Identifizierung und Charakterisierung von Proteinen in Neuronen und ihren synaptischen Zielorten äußerst rasche Erfolge ermöglicht. Was diesen Ansatz so mächtig macht, ist die Tatsache, daß die Techniken zielgerichtet, vielfältig anwendbar und außerordentlich empfindlich sind.

Der erste Schritt beim Isolieren eines cDNA-Klons für einen Rezeptor oder einen Ionenkanal besteht darin, mRNA aus einem Gewebe zu gewinnen, in dem das gewünschte Protein synthetisiert wird. Die Wahrscheinlichkeit, den Klon, an dem man interessiert ist, zu isolieren, hängt von der relativen Häufigkeit der korrespondierenden mRNA im Ausgangsmaterial ab. Geeignete Quellen für mRNA zum Klonieren von Acetylcholinrezeptor-Untereinheiten sind daher elektrische Organe elektrischer Fische oder embryonale Skelettmuskeln. Mit Hilfe der Reversen Transkriptase lassen sich von der Gesamt-mRNA oder von größenselektierter Poly(A)+ mRNA komplementäre cDNA-Kopien herstellen. Diese cDNA-Kopien werden in Vektoren (das sind spezielle virusähnliche DNA-Stücke) eingebaut, die in Wirtsbakterien wachsen und sich vermehren können. Die Sammlung von Virus- oder Plasmid-Vektoren nennt man eine **Genbank.** Um eine solche cDNA-Bank zu selektionieren, wählt man Bedingungen aus, unter denen kein Bakterium mit mehr als einem Vektormolekül «infiziert» wird. Bakterienkolonien, die die gewünschte cDNA enthalten, werden durch Oligonucleotidsonden identifiziert, die die vermehrte cDNA erkennen, oder durch Antikörper, die das synthetisierte Protein nachweisen. Bakterien, die ein Vektormolekül mit dem gewünschten cDNA-Insert tragen, können dann in großen Mengen gezüchtet, das cDNA-Insert isoliert und anschließend sequenziert werden. Die Nukleotidsequenz wird in die entsprechende Aminosäuresequenz übersetzt, und die abgeleitete Aminosäuresequenz kann auf Strukturmerkmale wie hydrophobe transmembranale Domänen, α-helikale Regionen, Orte für posttranslatorische Modifikationen untersucht werden. Ferner kann geprüft werden, ob Aminosäuresequenzen denen anderer Proteine ähnlich ist.

Bei dieser und anderen Manipulationen spielen zusätzlich zur Reversen Transcriptase eine Reihe von anderen Enzymen eine wichtige Rolle. Dazu gehören (1) Restriktions-Endonucleasen, die spezifische Nucleotidsequenzen erkennen und doppelsträngige DNA genau an diesen Punkten zerschneiden, (2) Exo- und Endonucleasen, die selektiv einzel- oder doppelsträngige RNA oder DNA verdauen und schließlich (3) Ligasen, die DNA-Moleküle aneinanderkoppeln sowie Polymerasen, die sie verdoppeln.

Wenn der cDNA-Klon für ein Protein erst einmal isoliert ist, kann man ähnliche rekombinante DNA-Techniken anwenden, um die Funktion der verschiedenen Domänen zu testen. Teile der cDNA-Sequenz können herausgeschnitten, die verbleibende Sequenz dann zurück in einen geeigneten Vektor eingesetzt und eine gestutzte Version des Proteins hergestellt werden. Man kann auch cDNA-Abschnitte, die für verschiedene Proteine codieren, aneinadereihen. Das daraus resultierende Hybridprotein kann anschließend auf seine Aktivität getestet werden. Durch Verwendung von Oligonucleotidprimern lassen sich einzelne Basen in der cDNA durch **ortsspezifische Mutagenese** (site directed mutagenesis) verändern und so Proteine herstellen, bei denen eine einzige Aminosäure ausgetauscht wurde.

Man setzt verschiedene Techniken ein, um solche modifizierten Proteine zu exprimieren. Häufig eignen sich Wirtsbakterien dazu, große Mengen an Protein zu gewinnen. Viele eukaryontische Proteine werden jedoch in Bakterien nicht richtig verarbeitet oder glykosyliert. Dieser Nachteil läßt sich dadurch überwinden, daß man cDNA-Vektoren in eukaryontische Zellinien einschleust, oder indem man mRNA, die von der cDNA stammt, in *Xenopus*-Oocyten einspritzt (s. Box 4). Anschließend werden die Proteine von den Wirtszellen synthetisiert und können in deren Membranen eingebaut werden. Transfizierte Zellen lassen sich zudem mit anderen Zellen, wie Muskelzellen, verschmelzen, die für die Analyse der Eigenschaften der Fremdproteine besser geeignet sind.

Obwohl man die Ergebnisse solcher Experimente vorsichtig interpretieren muß, stellt die Möglichkeit, spezifische, diskrete Veränderungen in der Proteinstruktur durchzuführen, einen bedeutenden Fortschritt auf den Weg zum Verständnis der Kanal- bzw. Rezeptorfunktion dar. Zusätzlich erlaubt das Screening von Genbanken mit Sonden, die von cDNAs stammen, die Proteine bekannter Funktion codieren, nach Klonen verwandter Proteine zu suchen und sie zu isolieren. Mit Hilfe der **Polymerase-Kettenreaktion** (polymerase chain reaction, PCR), mit der ausgesuchte Bereiche von mRNA vermehrt werden können, lassen sich kleine Unterschiede in homologen Proteinen identifizieren und charakterisieren. Die Empfindlichkeit und Spezifität der PCR ist derart groß, daß man mRNA von einem einzelnen Neuron analysieren kann. Solche Experimente haben zur Charakterisierung von Rezeptor- und Kanalprotein-Superfamilien und zur Identifizierung einer erstaunlich großen Anzahl von Isoformen ihrer Untereinheiten geführt.

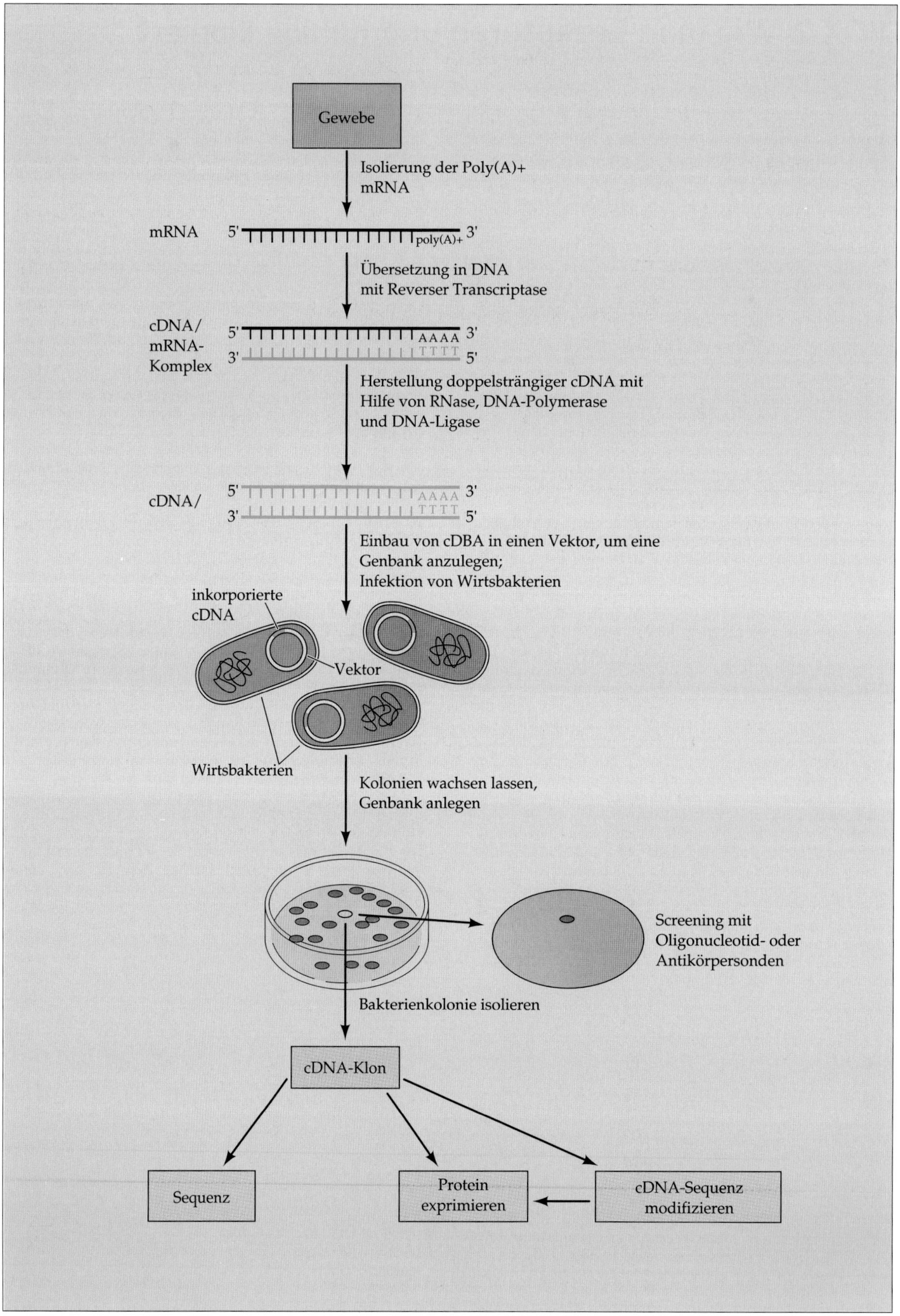
Gewebe
Isolierung der Poly(A)+ mRNA
mRNA 5' poly(A)+ 3'
Übersetzung in DNA mit Reverser Transcriptase
cDNA/ mRNA-Komplex
5' AAAA 3'
3' TTTT 5'
Herstellung doppelsträngiger cDNA mit Hilfe von RNase, DNA-Polymerase und DNA-Ligase
cDNA/
5' AAAA 3'
3' TTTT 5'
Einbau von cDBA in einen Vektor, um eine Genbank anzulegen; Infektion von Wirtsbakterien
inkorporierte cDNA
Vektor
Wirtsbakterien
Kolonien wachsen lassen, Genbank anlegen
Screening mit Oligonucleotid- oder Antikörpersonden
Bakterienkolonie isolieren
cDNA-Klon
Sequenz
Protein exprimieren
cDNA-Sequenz modifizieren

									10										20
Ser	Glu	His	Glu	Thr	Arg	Leu	Val	Ala	Asn	Leu	Leu	Glu	Asn	Tyr	Asn	Lys	Val	Ile	Arg
									30										40
Pro	Val	Glu	His	His	Thr	His	Phe	Val	Asp	Ile	Thr	Val	Gly	Leu	Gln	Leu	Ile	Gln	Leu
									50										60
Ile	Ser	Val	Asp	Glu	Val	Asn	Gln	Ile	Val	Glu	Thr	Asn	Val	Arg	Leu	Arg	Gln	Gln	Trp
									70										80
Ile	Asp	Val	Arg	Leu	Arg	Trp	Asn	Pro	Ala	Asp	Tyr	Gly	Gly	Ile	Lys	Lys	Ile	Arg	Leu
									90										100
Pro	Ser	Asp	Asp	Val	Trp	Leu	Pro	Asp	Leu	Val	Leu	Tyr	Asn	Asn	Ala	Asp	Gly	Asp	Phe
									110										120
Ala	Ile	Val	His	Met	Thr	Lys	Leu	Leu	Leu	Asp	Tyr	Thr	Gly	Lys	Ile	Met	Trp	Thr	Pro
									130										140
Pro	Ala	Ile	Phe	Lys	Ser	Tyr	Cys	Glu	Ile	Ile	Val	Thr	His	Phe	Pro	Phe	Asp	Gln	Gln
									150										160
Asn	Cys	Thr	Met	Lys	Leu	Gly	Ile	Trp	Thr	Tyr	Asp	Gly	Thr	Lys	Val	Ser	Ile	Ser	Pro
									170										180
Glu	Ser	Asp	Arg	Pro	Asp	Leu	Ser	Thr	Phe	Met	Glu	Ser	Gly	Glu	Trp	Val	Met	Lys	Asp
									190										200
Tyr	Arg	Gly	Trp	Lys	His	Trp	Val	Tyr	Tyr	Thr	Cys	Cys	Pro	Asp	Thr	Pro	Tyr	Leu	Asp
									210										220
Ile	Thr	Tyr	His	Phe	Ile	Met	Gln	Arg	Ile	Pro	Leu	Tyr	Phe	Val	Val	Asn	Val	Ile	Ile
									230										240
Pro	Cys	Leu	Leu	Phe	Ser	Phe	Leu	Thr	Gly	Leu	Val	Phe	Tyr	Leu	Pro	Thr	Asp	Ser	Gly
									250										260
Gly	Lys	Met	Thr	Leu	Ser	Ile	Ser	Val	Leu	Leu	Ser	Leu	Thr	Val	Phe	Leu	Leu	Val	Ile
									270										280
Val	Glu	Leu	Ile	Pro	Ser	Thr	Ser	Ser	Ala	Val	Pro	Leu	Ile	Gly	Lys	Tyr	Met	Leu	Phe
									290										300
Thr	Met	Ile	Phe	Val	Ile	Ser	Ser	Ile	Ile	Ile	Thr	Val	Val	Val	Ile	Asn	Thr	His	His
												M3							
									310										320
Arg	Ser	Pro	Ser	Thr	His	Thr	Met	Pro	Gln	Trp	Val	Arg	Lys	Ile	Phe	Ile	Asp	Thr	Ile
									330										340
Pro	Asn	Val	Met	Phe	Phe	Ser	Thr	Met	Lys	Arg	Ala	Ser	Lys	Glu	Lys	Gln	Gln	Asn	Lys
									350										360
Ile	Phe	Ala	Asp	Asp	Ile	Asp	Ile	Ser	Asp	Ile	Ser	Gly	Lys	Gln	Val	Thr	Gly	Glu	Val
									370										380
Ile	Phe	Gln	Thr	Pro	Leu	Ile	Lys	Asn	Pro	Asp	Val	Lys	Ser	Ala	Ile	Glu	Gly	Val	Lys
												"A"							
									390										400
Tyr	Ile	Ala	Glu	His	Met	Lys	Ser	Asp	Glu	Glu	Ser	Ser	Asn	Ala	Ala	Glu	Glu		
									410										420
Tyr	Val	Ala	Met	Val	Ile	Asp	His	Ile	Leu	Leu	Cys	Val	Phe	Met	Leu	Ile	Cys	Ile	Ile
												M4							
									430										
Gly	Thr	Val	Ser	Val	Phe	Ala	Gly	Arg	Leu	Ile	Glu	Leu	Ser	Gln	Glu	Gly			

Abb. 8: **Aminosäuresequenz der α-Untereinheit** des Acetylcholinrezeptors. Blaue Sequenzen zeigen die hydrophoben Regionen (M1, M2, M3, M4) hin, die die Lipidmembran durchtunneln können. In der M1-Region sind 16 von 22 Aminosäuren hydrophob (s. Klassifizierung in Box 3). Die anderen möglicherweise membranüberspannende Regionen sind ähnlich aufgebaut. In der Region, die mit «A» bezeichnet ist (grau), sind polare oder geladene (saure oder basische) Aminosäurereste derart zwischen die hydrophoben Reste eingefügt, daß sie sich entlang einer Seite einer α-Helix aufreihen. Solch eine Region nennt man *amphipatisch* (nach Numa et al., 1983).

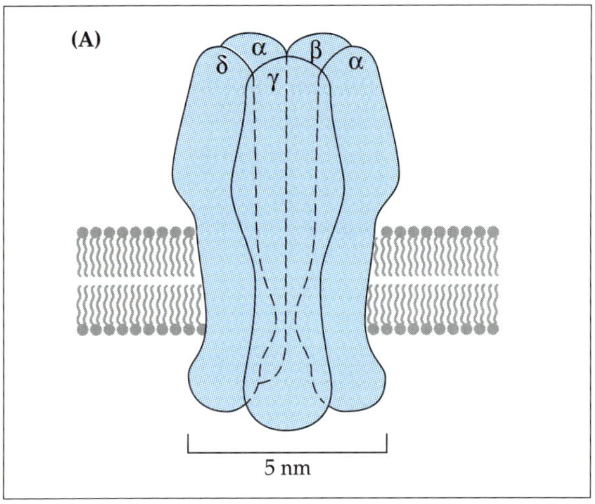

Abb. 9: **Ein vollständiger ACh-Rezeptor** (A) besteht aus fünf Untereinheiten – zwei α, einer β, einer γ und einer δ –, die in Segmenten von jeweils ca. 72 kreisförmig um eine zentrale Pore angeordnet sind. Die Untereinheiten enthalten die Bindungsstellen für das ACh. Die gestrichelten Linien deuten die Größe der Pore bei geöffnetem Kanal an. (B) Längs- und Querschnitte zylindrischer Vesikel aus der postsynaptischen Membran von *Torpedo* zeigen im elektronenmikroskopischen Bild dicht gepackte ACh-Rezeptoren. (C) Rekonstruiertes Bild eines Querschnittes durch den Zylinder bei stärkerer Vergrößerung. (D) Noch stärker vergrößertes Bild eines einzelnen ACh-Rezeptors, auf dem man seine Lage und Größe relativ zur Membran-Doppelschicht ablesen kann (A nach Stroud und Finer-Moore, 1985, und Toyoshima und Unwin, 1988; B, C und D mit freundlicher Genehmigung von N. Unwin).

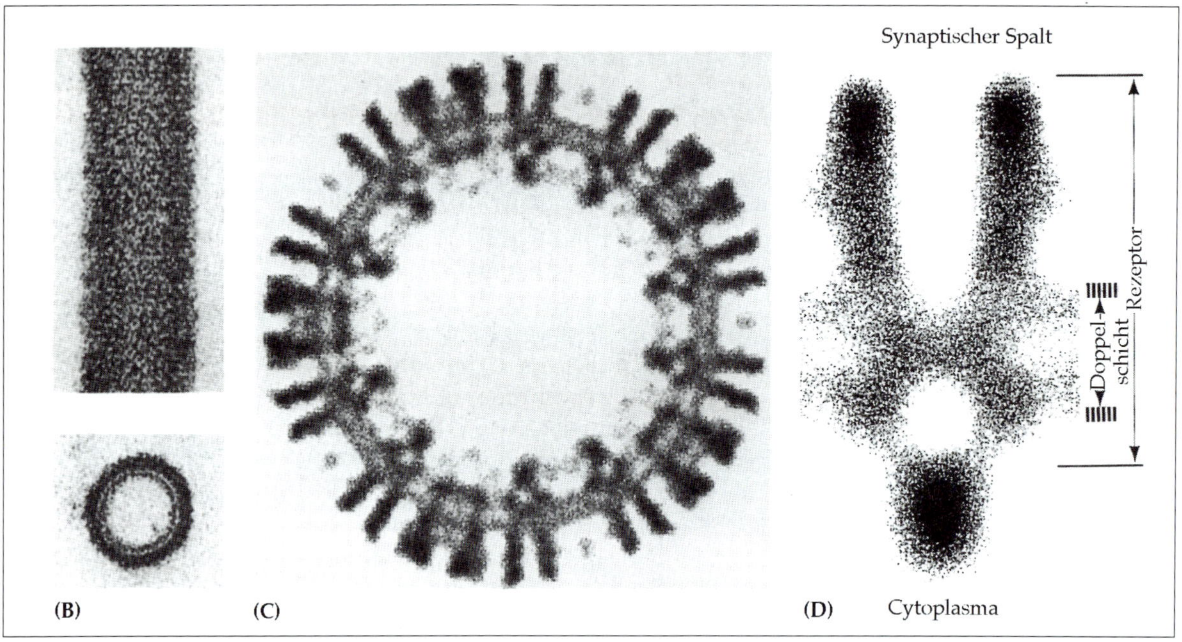

zirkulär um eine zentrale Pore angeordneteten fünf Untereinheiten besteht, weist an seiner breitesten Stelle, die im extrazellulären Bereich liegt, einen Durchmesser von 8,5 nm auf; es ist etwa 11 nm lang. Der extrazelluläre Anteil ragt ca. 5 nm über die Oberfläche der Membran hinaus. Die zentrale Pore hat einen Durchmesser von ungefähr 0,7 nm, wie es bereits aus früheren Messungen ihrer Selektivität für große Kationen vorausgesagt worden war.[21]

Obwohl die Primärstruktur der Untereinheiten keine direkten Informationen darüber liefert, wie das Protein in der Membran angeordnet ist, kann man verschiedene Modelle postulieren, die auf Charakteristika der Aminosäuren in der Sequenz basieren. Solche Modell der Sekundär- und Tertiärstruktur beruhen auf verschiedenen Überlegungen, z.B. auf der Identifizierung ausgedehnter Bereiche mit nichtpolaren (und daher hydrophoben) Aminosäureresten in der primären Sequenz, die membranüberspannende α-Helices bilden können. In dem ursprünglichen Modell, das Numa und seinen Kollegen[15] vorschlugen, wurden vier solche Regionen identifiziert (Abb. 8) und das Modell in Abb. 10 A postuliert. Das aminoterminale Ende, von dem bekannt ist, daß es die ACh-Bindungsstelle enthält, liegt extrazellulär in der α-Untereinheitt; das gilt analog auch für die anderen Untereinheiten. Dieser extrazelluläre Abschnitt macht etwa die Hälfte des ganzen Moleküls aus; das stimmt mit der Masseverteilung des intakten Rezeptors (Abb. 9) überein. Bei einer geraden Anzahl von Membrandurchtritten liegt das Carboxylende ebenfalls extrazellulär.

Wenn alle membrandurchspannenden Helices in jeder Untereinheit alle hydrophob sind, wie können dann die fünf Untereinheiten zusammen eine wassergefüllte zentrale Pore bilden? Man sollte erwarten, daß eine solche

21 Maeno, T., Edwards, C. and Anraku, M. 1977. *J. Neurobiol.* 8: 173–184.

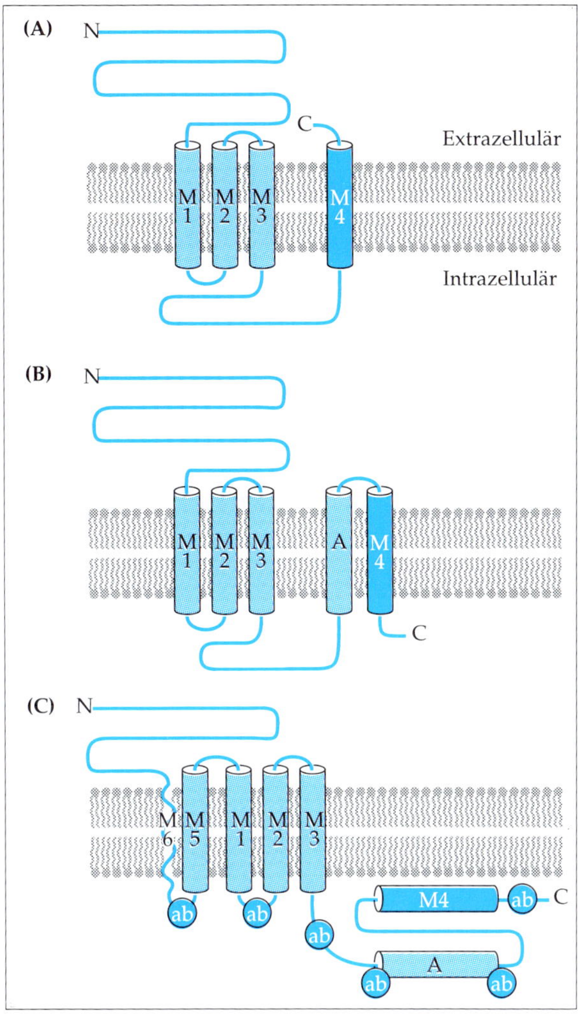

Abb. 10: **Alternative Modelle der ACh-Rezeptor-Untereinheiten.** (A) In dem Modell mit der allgemein größten Akzeptanz bilden die Regionen M1 bis M4 membrandurchquerende Helices, und das Carboxylende (C) wie auch das Aminoende (N) der Peptide liegen im Extrezellularraum. (B) Eine zusätzliche membrandurchquerende Helix, die von der amphipatischen Region A gebildet wird, bewirkt, daß das Carboxylende auf der intrazellulären Seite der Membran bleibt. (C) Antikörper-Reaktionsstellen (ab) auf der intrazellulären Seite deuten auf eine kompliziertere Struktur mit einem intrazellulären Carboxylende und zwei neuen transmembranalen Regionen hin, von denen eine (M6) zu kurz ist, um eine Helix zu bilden (nach McCrea, Popot und Engleman, 1987).

Pore mit hydrophilen statt mit hydrophoben Bereichen der Moleküle ausgekleidet ist. Eine Lösung dieses Problems liegt darin, daß die membrandurchspannenden Helices (M1-M4) nicht einheitlich hydrophob sind: Einige enthalten Aminosäuren mit polaren Seitenketten, die dazu neigen, sich auf einer Seite der Helix anzusammeln. Daher könnte ein transmembranaler Bereich einen Teil der Porenwand bilden, indem er dem wassergefüllten Kanal seine hydrophile Seite zuwendet. Ein Abschnitt jeder Untereinheit zwischen M3 und M4, der ursprünglich dem Cytoplasma zugeschrieben wurde, weist eine solche amphipathische Sequenz auf (d.h., er hat regelmäßig alternierende hydrophobe und hydrophile Aminosäuren) und käme daher als Kandidat für eine Porenbildung in Frage.[22] Ein Modell der AChR-α-Untereinheit, das auf dieser Vorstellung basiert, zeigt Abb. 10 B. Die amphipathische Region bildet eine fünfte, transmembranale Helix (mit A bezeichnet) und liefert die angenommene Porenauskleidung. Durch diese zusätzliche Membrandurchquerung rutscht das Carboxylende auf die cytoplasmatische Seite der Membran.

Modelle wie die in Abb. 10 kann man auf verschiedene Weise testen. Eine ist bereits erwähnt worden – die ACh-Bindungsstelle muß extrazellulär liegen. Das gilt auch für die Region, die α-Bungarotoxin bindet. Eine andere Möglichkeit, solche Modelle zu testen, besteht darin, einen Antikörper für eine kurze Aminosäurekette im Untereinheiten-Polypeptid herzustellen und diesen Antikörper dann zu benutzen, um diese Kette in der Tertiärstruktur zu lokalisieren.[23] Mit Hilfe eines solchen Antikörpers kann man das Carboxylende z.B. dem Extrazellulärraum oder dem Intrazellulärraum zuordnen. Ein Beispiel für ein Modell, das auf solchen Untersuchungen beruht, ist in Abb. 10 C zu sehen; dort liegen die amphipathische Sequenze (A) und eine stark hydrophobe Region (M4) intrazellulär, und zwei neue membrandurchtunnelnden Sequenzen (M5 und M6) sind hinzugefügt worden. Zusätzlich unterscheidet sich dieses Modell darin von den beiden anderen, daß der Hauptteil des Peptids (ca. 200 Aminosäuren) intrazellulär anstatt extrazellulär (144 Aminosäuren) liegt, ein Faktum, das nicht so gut mit der augenscheinlichen Masseverteilung des Kanals (Abb. 9) übereinstimmt.

Obwohl das Markieren mit Antikörpern ein klarer Weg zu sein scheint, um bestimmte Abschnitte auf der Primärstruktur zu lokalisieren, stimmen Modelle der Tertiärstruktur, die auf solchen Experimenten basieren, nicht immer mit Modellen überein, die auf anderen, anscheinend ebenso aussagekräftigen biochemischen Beobachtungen beruhen. Z.B. aggregieren AChR zu Paaren (Dimeren), wenn sie eng gepackt werden. Es gibt biochemische Beweise dafür, daß diese Dimere durch gekreuzte Disulfidbrücken zwischen Cystein-Resten in der Nähe der Carboxylenden der δ-Untereinheiten gebildet werden, und daß diese Kreuzverbindungen extrazellulär liegen.[24,25] Demnach würde das Carboxylende der δ-Untereinheit im Gegensatz zu den Modellen in Abb. 10 B und 10 C auf der extrazellulären Seite der Membran liegen.

Rezeptor-Überfamilien

Nach Sequenzierung des nicotinischen AChR wurden ähnliche Isolierungen und Sequenzierungen für die Untereinheiten verschiedener anderer ligandenaktivierter

22 Finer-Moore, J. and Stroud, R. M. 1984. *Proc. Natl. Acad. Sci. USA* 81: 155–159.
23 Ratnam, M. et al. 1986. *Biochemistry* 25: 2633–2643.
24 McCrea, P. D., Popot, J.-L. and Engjeman, D. M. 1987. *EMBO J.* 6: 3619–3626.
25 DiPaola, M., Czajkowski, C. and Karlin, A. 1989. *J. Biol. Chem.* 264: 15457–15463.

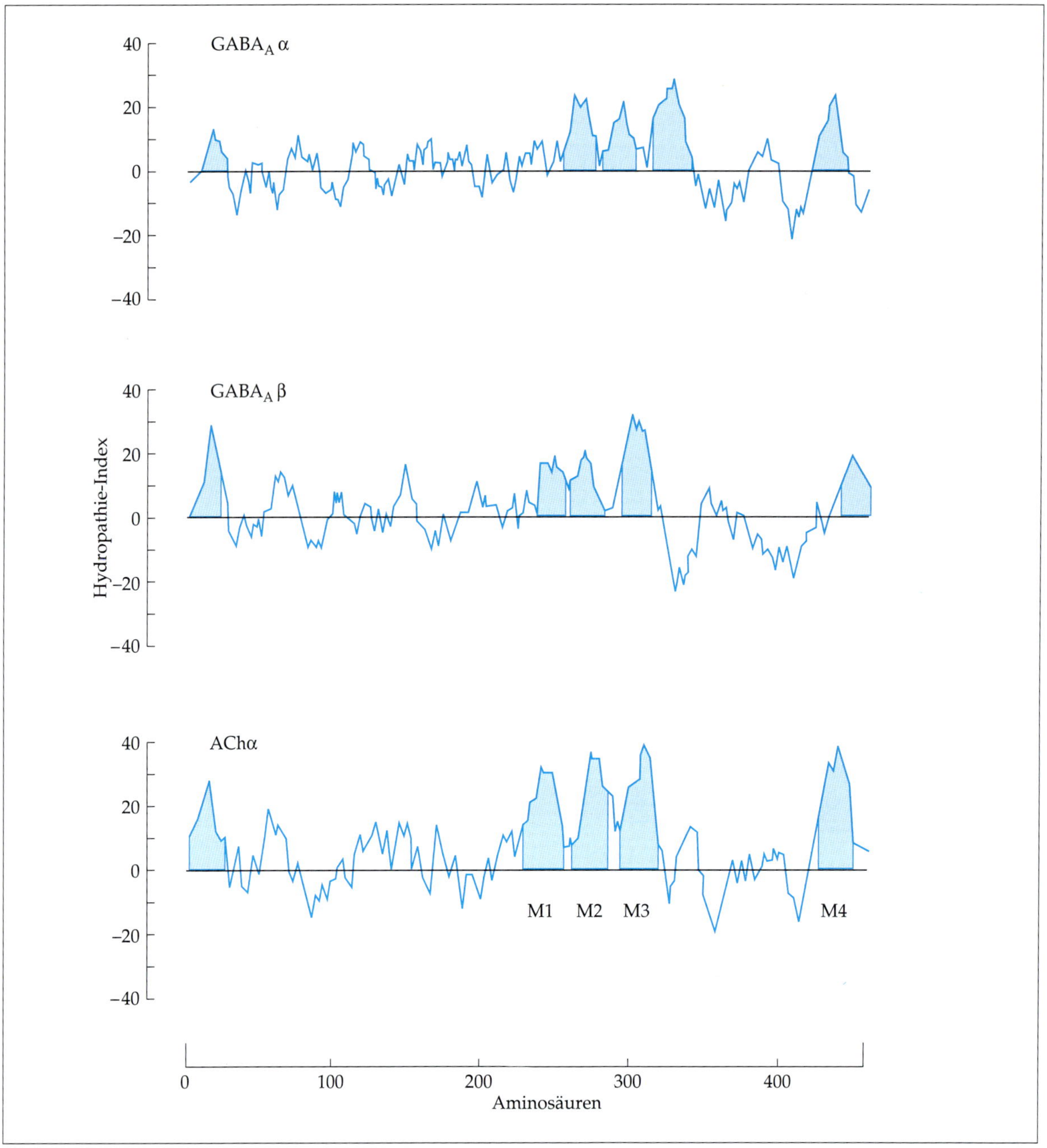

Abb. 11: **Hydropathie-Index für GABA$_A$-α-, β- und ACh-α-Untereinheits-Sequenzen.** Man erhält die Indices als Mittelwert der relativen Hydrophobizität der in der Sequenz benachbarten Aminosäuren. Regionen im positiven Bereich sind – auf einer willkürlichen Skala – hydrophob, solche im negativen Bereich hydrophil. Blaue Bereiche zeigen hydrophobe Regionen, vier in ähnlichen Positionen, in Richtung Carboxylende. Sie entsprechen den M1-bis M4-Regionen des ACh-Rezeptors. (Das System der Aminosäurenumerierung weicht etwas von dem in Abbildung 8 ab.) (Nach Schofield et al., 1987.)

Kanäle, einschließlich des nAChR aus dem Vertebratengehirn (neuronaler AChR)[26], durchgeführt, desgleichen für Untereinheiten von Kanälen, die von den Aminosäuren γ-Amino-Buttersäure (GABA$_A$-Rezeptoren), Glycin und Glutamat gesteuert werden.[27] Die Aminosäuresequenzen dieser verschiedenen Untereinheiten weisen untereinander ein hohes Maß an Homologie auf. Zum anderen zeigen sie starke Homologien mit den AChR-Untereinheiten von *Torpedo* und Vertebratenmuskeln. Ein Indikator für diese Ähnlichkeiten ist in Abb. 11 zu sehen, in der ein Hydropathie-Index für die Aminosäuren in der Kette (Box 3) gegen die numerierten Aminosäurepositionen von zwei GABA$_A$-Rezeptor-Untereinheiten aus dem Säugergehirn und die *Torpedo*-AChR-

26 Leutje, C. W., Patrick, J. and Segueja, P. 1990. *FASEB J.* 4: 2753–2760.

27 Betz, H. 1990. *Neuron* 5: 383–392.

α-Untereinheit aufgetragen ist. Die drei Peptide weisen ein ähnliches Profil auf; alle besitzen vier hydrophobe Sequenzen zwischen den Resten 220 und 500 (schattierter Bereich), die auf mögliche membrandurchquerende Regionen hinweisen.

Die strukturellen Ähnlichkeiten zwischen ligandenaktivierten Kanälen deuten darauf hin, daß sie eine **Superfamilie** mit gemeinsamem genetischen Ursprung bilden. Wie wir in Kürze sehen werden, sind spannungsaktivierte Kanäle ganz anders, untereinander aber wiederum ähnlich, aufgebaut; sie bilden eine zweite Superfamilie. Membranproteine, die intrazelluläre Second Messenger – wie den β-adrenergen Rezeptor, den «muscarinischen» ACh-Rezeptor (Kapitel 8) und Rhodopsin, das Sehpigment (Kapitel 16) – beeinflussen, bilden eine weitere Superfamilie mit sehr konservativen Strukturen.[28]

Vielfalt ligandenaktivierter Ionenkanäle

In verschiedenen Geweben des Nervensystems sind zahlreiche Untereinheiten ligandenaktivierter Kanäle identifiziert worden; das läßt vermuten, daß sich eine unterschiedliche Anzahl von Genprodukten verbindet, um Kanal-Isotypen mit einer Reihe unterschiedlicher funktioneller Eigenschaften zu bilden. In den meisten Fällen ist die exakte funktionale Bedeutung dieser Vielfalt (die man auch bei spannungsaktivierten Kanälen findet) unklar. Neuronale nAChR-Untereinheiten sind als α klassifiert worden, wenn ihre aminoterminale Sequenz die Präsenz einer ACh-Bindungsstelle vermuten läßt (insbesondere, wenn es dort ein Paar Cysteinreste an Stellen analog denen in Position 192 und 193 in Abb. 8 gibt[29]). Anderenfalls werden sie als β oder non-α bezeichnet. Bisher sind wenigstens neun solcher Untereinheiten aus dem Hühner- bzw. Rattengehirn isoliert worden:[26,30] α2, 3, 4, 5, 6 und 7 sowie non-α1, 2, 3 (ß2, 3, 4). Injiziert man mRNA für irgendeine α-ß-Kombination in Oocyten (Box 4), so führt das zur Bildung von ACh-aktivierten Kanälen[31]; in wenigstens einem Fall reicht die Expression einer einzelnen Untereinheit zur Kanalbildung aus.[30]

Zwei Klassen von Chloridkanälen werden durch Aminosäuren aktiviert, eine durch γ-Aminobuttersäure ($GABA_A$-Rezeptor), die andere durch Glycin (Kapitel 7). Ursprünglich wurden zwei $GABA_A$-Rezeptor-Untereinheiten, α und β,[32] und eine einzelne Glycinrezeptor-α-Untereinheit[33] sequenziert. Seitdem sind die Aminosäuresequenzen einer steigenden Zahl von Isotypen der $GABA_A$-Untereinheiten (bisher drei α, zwei β, eine γ und eine δ) bestimmt worden.[34,35]

Eine Familie von Genprodukten bildet Kationenkanäle, die durch Glutamat und seine Analoga Kainat, Quisqualat und AMPA (α-Amino-3-hydroxyl-5-methyl-4-isoxazol-propionsäure) aktiviert werden.[36,37] Diese sind als GluR-K1, -K2, -K3, -K4 oder GluA, B, C, D oder GluR1, R2 usw. bezeichnet worden. Die Expression von einem oder einer Kombination dieser «AMPA-selektiven» Rezeptoruntereinheiten in Oocyten bzw. in kultivierten Säugerzellinien führt zur Bildung von Kationenkanälen mit sehr geringen Leitfähigkeiten, ähnlich wie bei einer Klasse glutamataktivierter Kanäle, die man in intakten Neuronen findet. Eine separate Gruppe von Hirnpolypeptiden, KaiBP1 und KaiBP2, bindet Kainat, bildet aber keine funktionierenden Ionenkanäle aus.[27]

Wie wir bereits diskutiert haben, ist der *Torpedo*-AChR heteromultimer, d.h. er ist aus verschiedenen Untereinheiten als Multimer – in diesem Falls als Pentamer- aufgebaut. Durch Kombinieren mutierter und natürlich vorkommender Untereinheiten mit verschiedenen physiologischen Eigenschaften (wird später diskutiert) haben wir heute wichtige Hinweise dafür, daß der neuronale nAChR ebenfalls ein Pentamer ist und gewöhnlich aus zwei α- und drei β-Untereinheiten besteht.[38] Ursprünglich nahm man beim $GABA_A$-Rezeptor an, daß zwei α- und zwei β-Untereinheiten (Abb. 12) zusammen einen tetrameren Kanal in der Membran bilden. Seitdem sind alternative Kanalmodelle entwickelt worden[39], darunter auch Pentamere analog zum Muskel-nAChR. Die Kombinationen $\alpha_2\beta_2\gamma$ oder $\alpha_3\beta\gamma$ ergeben Kanäle mit geeigneten physiologischen und pharmakologischen Eigenschaften.[34] Ähnlich scheint es sich beim Glycinrezeptor um ein Heteropentamer zu handeln. Die wahrscheinlichste Konfiguration ist $\alpha_3\beta_2$, wie sich aus der Masse der Untereinheitentypen und der Masse des vollständigen Proteins ableiten ließ.[40]

Der spannungsaktivierte Natriumkanal

Die Methoden, die beim Charakterisieren des Verhaltens und der Molekularstruktur des AChR erfolgreich waren, sind mit gleichem Erfolg beim spannungsaktivierten Natrium-Kanal angewandt worden. Wieder waren die entscheidenden Schritte die biochemische Isolierung des Proteins,[41–43] die Isolierung von cDNA-Klonen und die Entschlüsselung der Aminosäuresequenz des Proteins.[44]

28 Weiss, E. R. et al. 1988. *FASEB J.* 2: 2841–2848.
29 Kao, P. N. and Karlin, A. 1986. *J. Biol. Chem.* 261: 8085–8088.
30 Couturier, S. et al. 1990. *Neuron* 5: 847–856.
31 Leutje, C. W. and Patrick, J. 1991. *J. Neurosci.* 11: 837–845.
32 Schofield, P. R. et al. 1987. *Nature* 328: 221–227.
33 Grenningloh, G. et al. 1987 *Nature* 328: 315–320.
34 Schofield, P. R. 1989. *Trends Pharmacol.* Sci. 10: 476–478.
35 Sigel, E. et al. 1990. *Neuron* 5: 703–711.

36 Nakanishi, N., Schneider, N. A. and Axel, R. 1990 *Neuron* 5: 569–581.
37 Keinanen, K. et al. 1990. *Science* 249: 556–560.
38 Cooper, E., Couturier, S. and Ballivet, M. 1991. *Nature* 350: 235–238.
39 Olson, R. W., and Tobin, A. J. 1990. *FASEB J.* 4: 1469–1480.
40 Langasch, D., Thomas, L. and Betz, H. 1988. *Proc. Natl. Acad. Sci. USA* 85: 7394±7398.
41 Miller, J., Agnew, W. S. and Levinson, S. R. 1983. *Biochemistry* 22: 462–470.
42 Hartshorn, R. P. and Catterall, W. A. 1984. *J. Biol. Chem.* 259: 1667–1675.
43 Barchi, R. L. 1983. *J. Neurochem.* 40: 1377–1385.
44 Noda, M. et al. 1984. *Nature* 312: 121–127.

BOX 3 Klassifizierung von Aminosäuren

Ionenkanal-Untereinheiten setzen sich wie alle anderen Peptide aus Aminosäuren zusammen. Es sind die Seitenketten dieser Aminosäuren, die über viele der lokalen chemischen und physikalischen Eigenschaften der Untereinheiten entscheiden. Die 20 Aminosäuren lassen sich in drei Gruppen unterteilen: basisch, sauer und neutral, wie unten abgebildet. (Die Drei-Buchstaben- und die Ein-Buchstaben-Abkürzungen sind in Klammern angegeben.) Saure und basische Ami-

BASISCH

Lysin
(Lys, K)

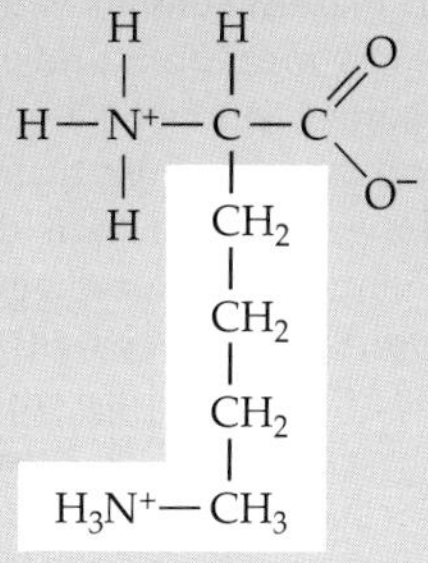

Arginin
(Arg, R)

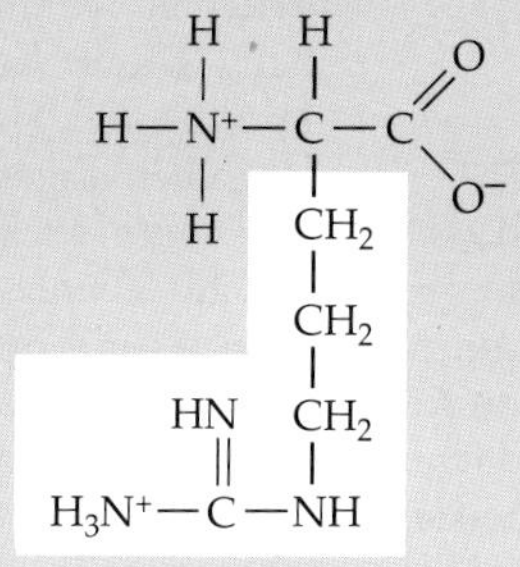

Histidin
(His, H)

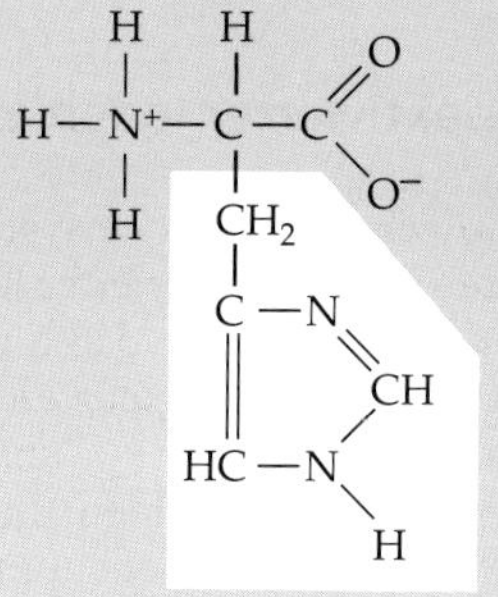

NEUTRAL

STARK HYDROPHIL

Asparagin
(Asn, N)

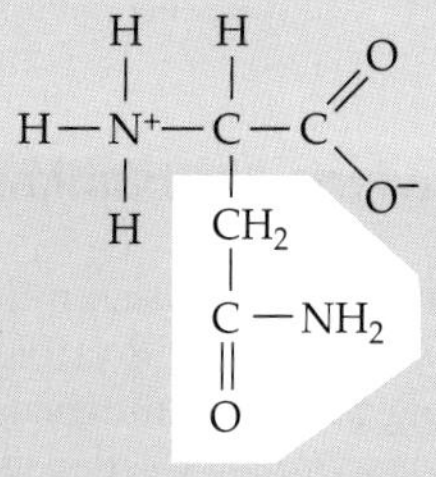

Glutamin
(Gln, Q)

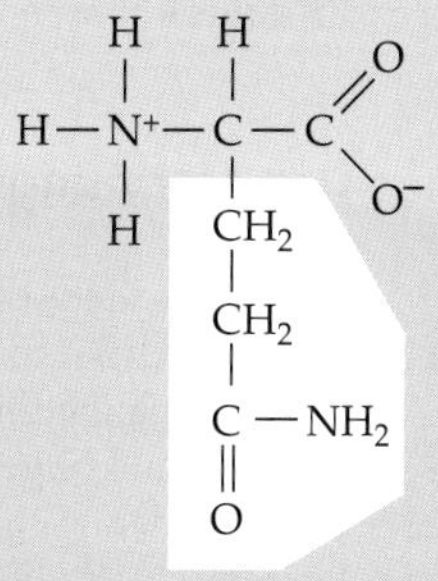

Prolin
(Pro, P)

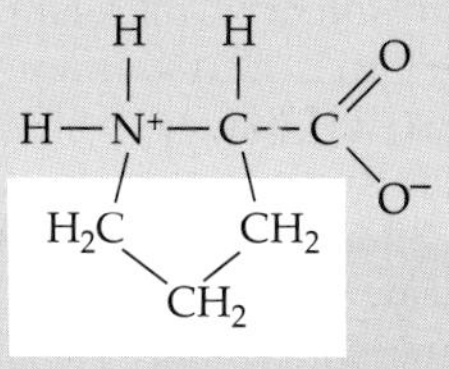

Tyrosin
(Tyr, Y)

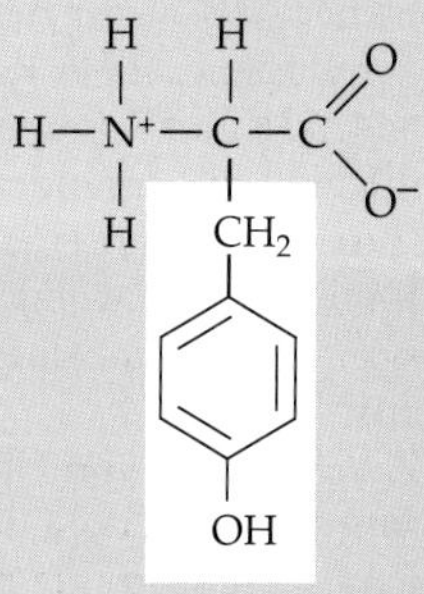

SCHWACH HYDROPHOB

Alanin
(Ala, A)

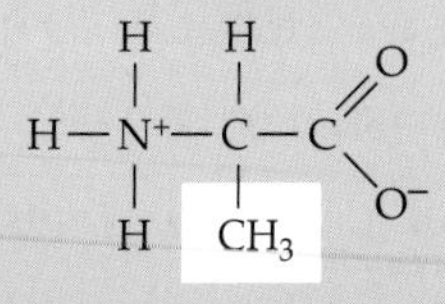

Methionin
(Met, M)

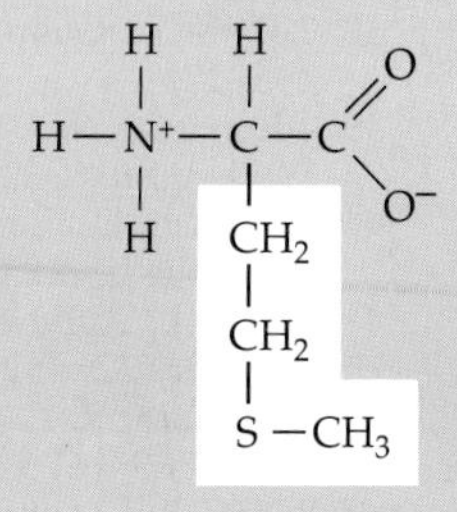

Cystein
(Cys, C)

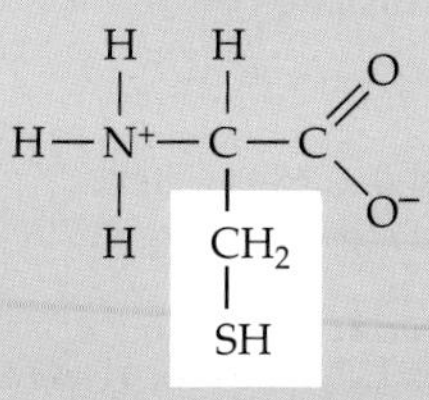

Phenylalanin
(Phe, F)

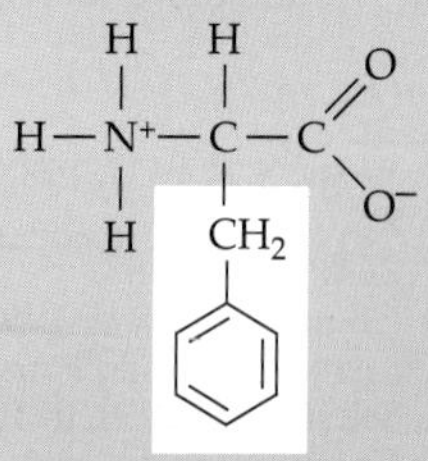

nosäuren sind hydrophil. Die neutralen Aminosäuren sind entsprechend dem Hydrophobizitäts-Index von Kyte und Doolittle[45] angeordnet, beginnend mit der am wenigsten hydrophoben (am stärksten polaren) Aminosäure und fortschreitend zu der am stärksten hydrophoben Aminosäure. Abschnitte eines Peptids sind dann Kandidaten für transmembranale Regionen, wenn sie Sequenzen von hydrophoben Aminosäuren enthalten, die eine α-Helix ausbilden können, welche lang genug ist, um die Lipiddoppelschicht zu durchtunneln (vergl. Abb. 8).

[45] Kyte, J. und Doolittle, R. F., 1982. J. Molec. Biol. 157: 105–132

SAUER

Asparaginsäure
(Asp, D)

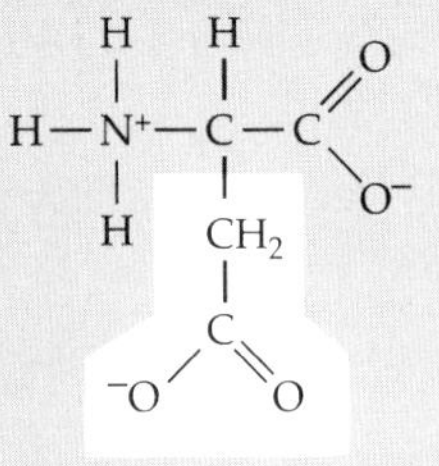

Glutaminsäure
(Glu, E)

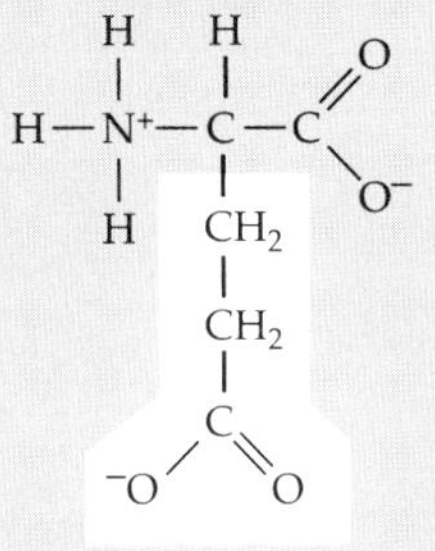

SCHWACH HYDROPHIL

Tryptophan
(Trp, W)

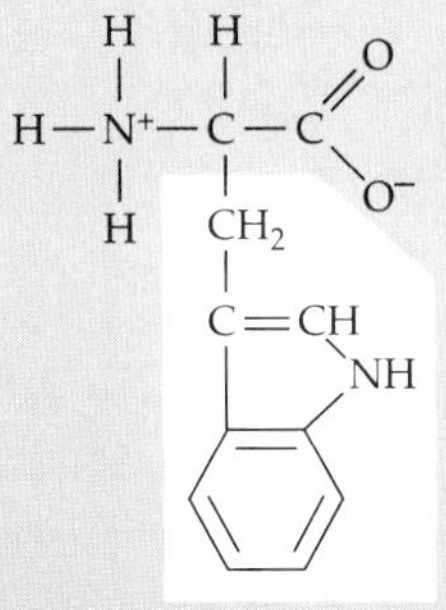

Serin
(Ser, S)

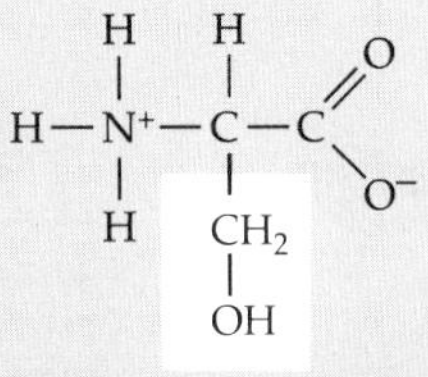

Threonin
(Thr, T)

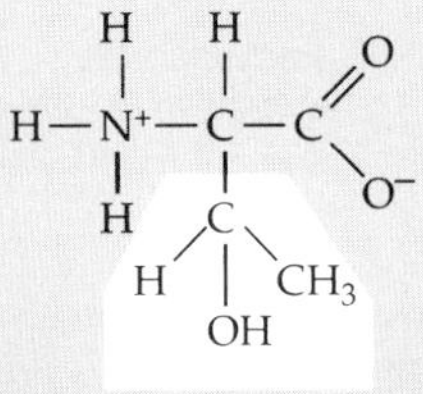

Glycin
(Gly, G)

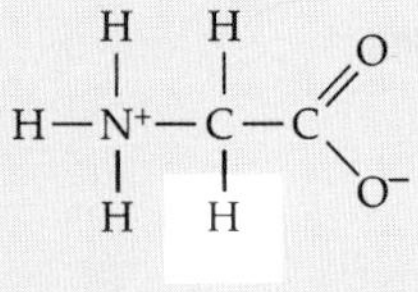

STARK HYDROPHOB

Leucin
(Leu, L)

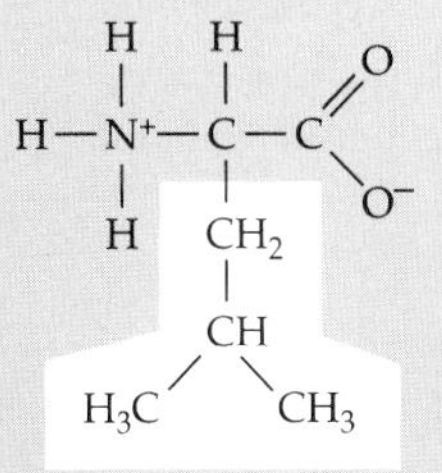

Valin
(Val, V)

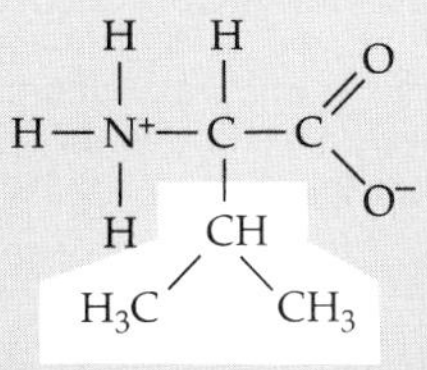

Isoleucin
(Ile, I)

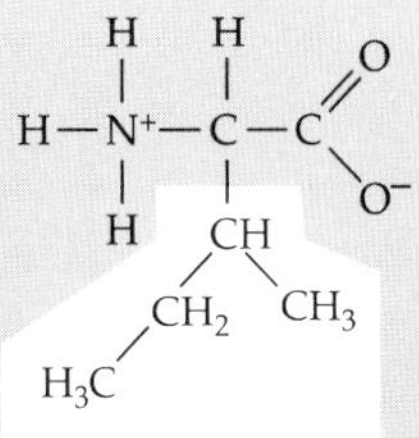

BOX 4 Expression von Rezeptoren und Kanälen in *Xenopus*-Oocyten

Die Expression von Messenger-RNA in Oocyten hat sich als unverzichtbares Werkzeug bei der Untersuchung der Eigenschaften von Rezeptoren und Kanälen erwiesen. Die Methoden zur Oocytenpräparation und mRNA-Isolierung sind von Miledi und seinen Kollegen[46] ausführlich beschrieben worden. Die einzelnen Schritte sind unten schematisch aufgeführt.

Die herauspräparierten Oocyten werden vor der Injektion über Nacht in einer Salzlösung inkubiert. Nach der Injektion wartet man weitere zwei bis sieben Tage auf die Expression der mRNA. Die RNA wird aus Gehirnhomogenat gewonnen. Dabei werden die Proteine denaturiert, um ihre Trennung von den Nukleinsäuren zu erleichtern und um RNasen zu inaktivieren. Nach Injektion der gesamten Poly(A)+ mRNA des Gehirns wird eine große Vielfalt von Proteinen exprimiert. Um diese Zahl zu reduzieren, wird die mRNA z. B. durch Trennung nach Größe teilweise gereinigt. Das hat zusätzlich den Vorteil, daß die verbleibende mRNA stärker konzentriert wird und das gewünschte Protein in größerer Menge bildet. Mit mRNA, die von einem cDNA-Klon stammt, ist es möglich, ausschließlich den gewünschten Rezeptor oder Kanal zu exprimieren.

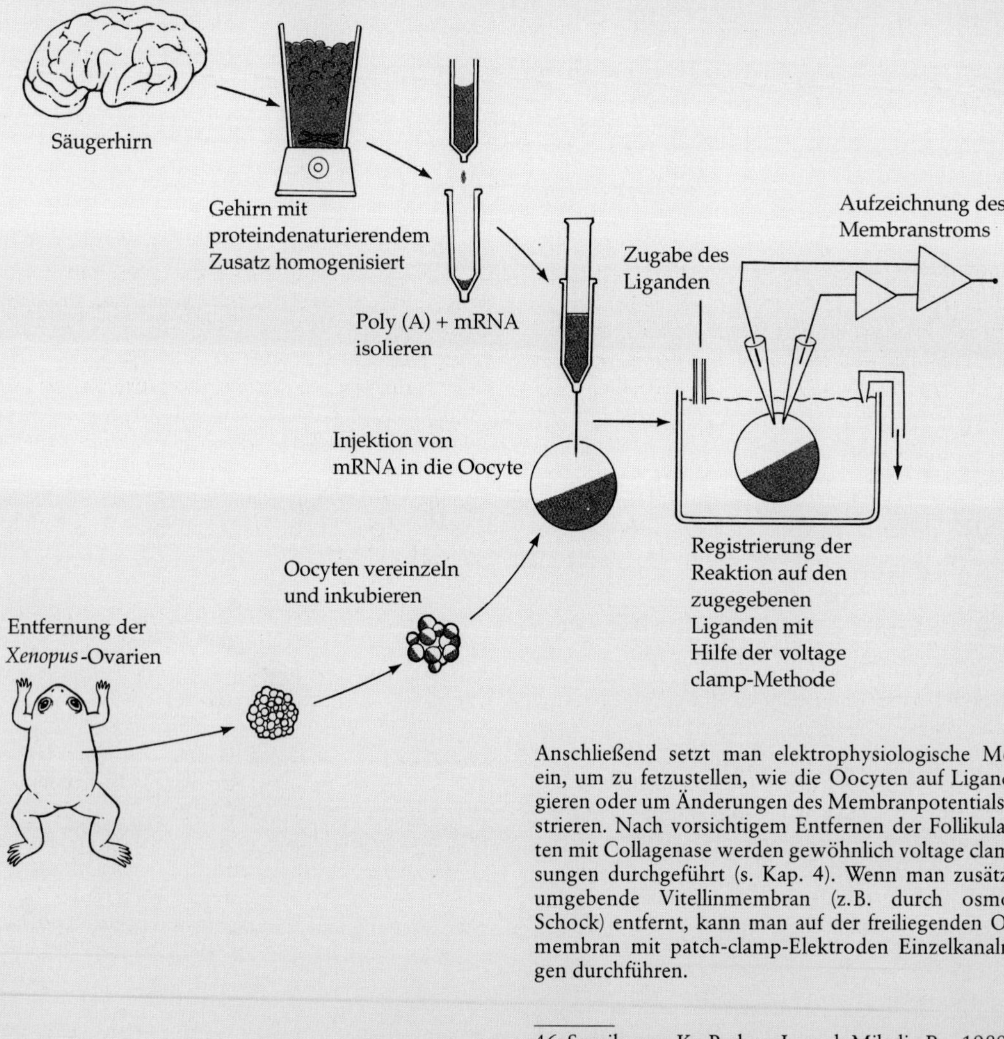

Anschließend setzt man elektrophysiologische Methoden ein, um zu fetzustellen, wie die Oocyten auf Liganden reagieren oder um Änderungen des Membranpotentials zu registrieren. Nach vorsichtigem Entfernen der Follikularschichten mit Collagenase werden gewöhnlich voltage clamp-Messungen durchgeführt (s. Kap. 4). Wenn man zusätzlich die umgebende Vitellinmembran (z. B. durch osmotischen Schock) entfernt, kann man auf der freiliegenden Oocytenmembran mit patch-clamp-Elektroden Einzelkanalmessungen durchführen.

46 Sumikawa, K. Parker, I. und Miledi, R., 1989. *Meth. Neurosci.* 1: 30–45

Abb. 12: **GabaA-Rezeptor-α- und β-Untereinheiten**, die beide jeweils vier membrandurchquerende Helices aufweisen (als Zylinder dargestellt). Ein vollständiger Kanal wird wahrscheinlich von jeweils zwei dieser beiden Untereinheiten plus einer zusätzlichen γ- oder δ-Untereinheit gebildet (nach Schofield et al., 1987).

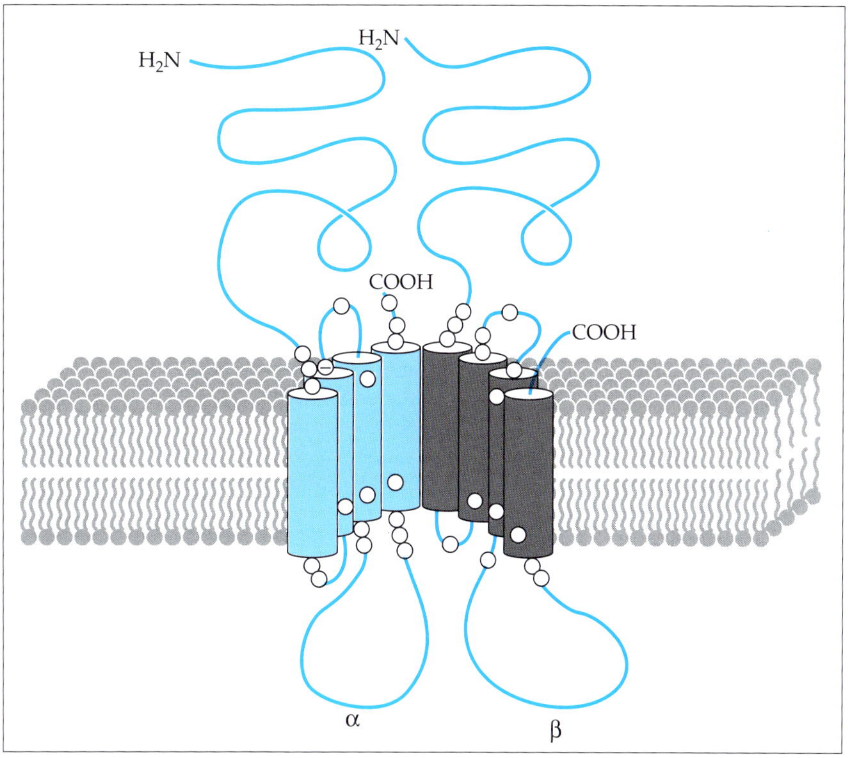

Wie beim AChR lieferte ein elektrischer Fisch – diesmal der Zitteraal, *Electrophorus electricus* – reichlich Untersuchungsmaterial. Es standen eine Reihe von Toxinen zur Verfügung, um das isolierte Protein zu analysieren, hauptsächlich Tetrodotoxin (TTX) und Saxitoxin (STX), die beide die Ionenleitung in den nativen Kanälen blokkieren.

In der Folge wurden Natriumkanäle aus dem Gehirn und der Skelettmuskulatur von Säugern isoliert. Die strukturellen Eigenschaften spannungsaktivierter Kanäle und ihre molekulare Vielfalt sind bereits in verschiedenen Reviewartikeln diskutiert worden.[47,48] Der Natriumkanal, der aus dem Zitteraal isoliert und gereinigt wurde, besteht aus einem einzigen langen (260 kD) Protein. Die primäre 260-kD-(α)-Untereinheit aus dem Säugerhirn wird von zwei zusätzlichen Untereinheiten unklarer Funktion begleitet: β_1 (36 kD) und β_2 (33 kD). Da Gliazellen[49] und Neuronen im Gehirn eine Fülle von spannungsaktivierten Natriumkanälen aufweisen, ist die zelluläre Herkunft der Kanäle nicht klar. Für die α-Untereinheit sind mehrere verschiedene mRNAs identifiziert worden, die eine Reihe von Untertypen produzieren. Im Säuger-Skelettmuskel werden wenigstens zwei zusätzliche Untertypen gebildet. Einer davon, aus normaler Muskulatur (RSkM1), ist TTX-sensitiv.[50] Ein anderer, der für die sich entwicklende fetale Muskulatur oder denervierte Muskeln (RSkM2) charakteristisch ist, ist TTX-insensitiv.[51] Eine TTX-insensitive Isotype findet man auch im Herzmuskel von Säugern.[52] Nach der Translation wird das Protein stark glycosyliert; etwa 30% der Masse des Kanals erwachsener Zitteraale besteht aus Kohlenhydratketten, die große Mengen von Sialsäure enthalten. Entfernt man die Sialsäure aus gereinigten Kanalproteinen in rekonstituierten Lipidmembranen, so führt das zu einer Veränderung ihrer funktionellen Charakteristika.[53]

Der Ionenkanal des Zitteraals besteht aus einer Kette von 1832 Aminosäuren, innnerhalb der es vier aufeinanderfolgende Bereiche oder Domänen (I-IV) aus 300 bis 400 Aminosäureresten mit einer etwa 50%igen Sequenzhomologie gibt. Die Domänen sind den Untereinheiten der AChR-Familie von Kanalproteinen architektonisch äquivalent, bis auf den genetisch wichtigen Unterschied, daß sie zusammen als ein einziges Protein exprimiert werden. Jede Domäne enthält multiple hydrophobe oder amphipathische Sequenzen, die membrandurchtunnelnde Helices bilden können. Die einfachste von mehreren vorgeschlagenen transmembranalen Topologien mit sechs solchen membrandurchtunnelnden Bereichen (S1-S6) ist in Abb. 13A zu sehen. Andere Modelle gehen

47 Catterall, W. A. 1988. *Science* 242: 50–61.
48 Trimmer, J. S. and Agnew, W. S. 1989. *Annu. Rev. Physiol.* 51: 401–418.
49 Ritchie, J. M. 1987. *J. Physiol.* (Paris) 82: 248–257.
50 Trimmer, J. S. et al. 1989. *Neuron* 3: 33–49.
51 Kallen, R. G. et al. 1990. *Neuron* 4: 233–342.
52 Rogart, R. B. et al. 1989. *Proc. Natl. Acad. Sci.* USA 86: 8170–8174.
53 Recio Pinto, E. et al. 1990. *Neuron* 5: 675–684.

sogar von acht Membranabschnitten in jeder Domäne aus.[54] Wie bei den AChR-Untereinheiten nimmt man an, daß jede Domäne zur Bildung der Pore beiträgt.

Andere spannungsaktivierte Kanäle

Die Struktur von spannungsaktivierten Kanälen weist darauf hin, daß auch sie zu einer Superfamilie ähnlicher Proteine gehören. Der spannungsaktivierte Calciumkanal gleicht in seiner Aminosäuresequenz im wesentlichen dem Natriumkanal, und daher nimmt man an, daß er auch eine ähnliche Sekundärstruktur aufweist (Abb. 13 B). Besonders die angenommenen transmembranalen Regionen, S1 bis S6 (einschließlich der geladenen S4-Helix), sind denjenigen des Natriumkanals weitgehend homolog.
Ein Kanalprotein von besonderem Interesse ist mit dem spannungsaktivierten **Kalium-A-Kanal** (Abb. 13 C) assoziiert, der bei *Drosophila* exprimiert wird. Gewöhnlich sind A-Kanäle bei relativ hohen negativen Membranpotentialen (d.h. negativer als –60 mV) geschlossen; sie öffnen sich kurz bei einer Depolarisation und werden dann wieder inaktiviert.[55] Obwohl es eine Reihe verschiedener mRNA gibt, die eine umfangreiche Familie solcher Proteine hervorruft, sind alle ihre Aminosäuresequenzen denjenigen eines Abschnitts in Domäne IV des Zitteraal-Natriumkanals ähnlich. Experimentelle Befunde zeigen, daß die einzelnen Proteine zusammen in der Membran einen homomultimeren Ionenkanal bilden.[56] Zusätzlich konnte gezeigt werden, daß verschiedene Mitglieder der *Drosophila*-Protein-Familie sowie einer korrespondierenden Familie aus dem Säugergehirn miteinander kombiniert werden können und heteromultimere Kanäle bilden.[57,58]

Struktur und Funktion von Ionenkanälen

Moderne biochemische, zellbiologische und elektrophysiologische Methoden haben zu einer Reihe wichtiger Beobachtungen geführt, bei denen Struktur und Funktion eines Kanals miteinander in Beziehung gesetzt werden konnten. Die Beispiele, die hier diskutiert werden sollen, beziehen sich auf die Expression von Kanälen in *Xenopus*-Oocyten, die man durch Einspritzen geeigneter mRNA auslösen kann (Box 4).[59] In solchen Experimenten werden Einzelkanal-Ströme mit patch clamp-Techniken gemessen, oder es werden andere Techniken angewandt, um die Ströme kompletter Zellen zu registrieren (die das Verhalten der gesamten Population der in die Membran eingebauten Kanäle repräsentieren). Oocyten exprimieren gewöhnlich keine nAChR oder spannungsaktivierte Natriumkanäle in ihren Membranen. Wenn man jedoch die richtige mRNA injiziert hat, bilden sie nicht nur die entsprechenden Proteine, sondern ordnen sie auch so in der Membran an, daß funktionell aktive Kanäle entstehen.
Beim ersten Beispiel geht es um die Eigenschaften von ACh-Kanälen im Rinderskelettmuskel. Man weiß, daß sich im Laufe der Entwicklung die Eigenschaften von ACh-Kanälen verändern. Im Frühstadium der Entwicklung sind sie über die ganze Oberfläche der Myotuben verstreut (Kapitel 11). Wenn sie aggregieren, um Endplatten zu bilden, sinkt ihre mittlere Offenzeit, und ihre Leitfähigkeit steigt. Parallel zu diesen funktionellen Veränderungen wird die γ-Untereinheit, die in der Fetalform des Rezeptors vorhanden ist, im adulten Rezeptor von einer anderen Untereinheit (ε) mit ähnlicher, aber etwas anderer Aminosäuresequenz ersetzt.[60] Wir können daraus schließen, daß die Veränderung in der Kinetik und der Leitfähigkeit des Kanals mit der Veränderung in der Struktur der Untereinheiten des Kanals in Beziehung steht. Diese Schlußfolgerung konnte durch Experimente belegt werden, bei denen Kanäle in Oocyten durch Einspritzen von Untereinheiten-mRNA in verschiedenen Kombinationen erzeugt wurden.[61] Oocyten, in die mRNA für α-, β-, γ- und δ-Untereinheiten injiziert wurde, bildeten Kanäle mit fetalen Eigenschaften; solche, die mRNA für α-, β-, γ- und δ-Untereinheiten erhielten, exprimierten Kanäle mit Eigenschaften, wie man sie ähnlich in adulten Muskelfasern findet.
Eine andere Technik, die für funktionelle Analysen zur Verfügung steht, basiert auf der Herstellung von mutierten cDNA, bei denen Mutationen an einer bestimmten Stelle in der Kanalstruktur induziert werden (positionsorientierte Mutagenese, site directed mutagenesis), so daß ausgewählte Aminosäuren mit besonderen Eigenschaften (positiv oder negativ geladen, stark polar oder nicht polar) durch andere mit abweichenden Eigenschaften ersetzt werden. Man untersucht dann die funktionellen Eigenschaften der Kanäle, die nach Injektion von mRNA – die sich von der mutierten cDNA ableitet – in Oocyten oder anderen Zellen in vitro bilden. Eine Reihe solcher Experimente am Acetylcholinrezeptor finden sich in einem Review von Dani.[62] Mutationen in ACh-Untereinheiten haben beispielsweise gezeigt, daß die M2-Helix einen Teil der Wand im offenen Kanal bildet. Mutationen innerhalb von M2 beeinflußten die Bindung eines Moleküls (QX222), das normalerweise den offenen Kanal blockiert und veränderten die Leitfähigkeit des Kanals.[63] Die M2-Regionen der α- und δ-Untereinheiten von Mäuse-AChRs haben folgende Aminosäuresequenz (vom Cytoplasma zur extrazellulären Flüssigkeit in Abb. 10):

54 Guy, H. R. and Conti, F. 1990. *Trends Neurosci.* 13: 201–206.
55 Connor, J. A. and Stevens, C. F. 1971. *J. Physiol.* 213: 21–30.
56 Timpe, L. C. et al. 1988. *Nature* 331: 143–145.
57 Isacoff, E. Y., Jan, N. J. and Jan, L. Y. 1990. *Nature* 345: 530–534.
58 Ruppersburg, J. P. et al. 1990. *Nature* 345: 535–537.
59 Miledi, R., Parker, I. and Sumikawa, K. 1983. *Proc. R. Soc. Lond. B* 218: 481–484.

60 Takai, T. et al. 1985. *Nature* 315: 761–764.
61 Mishina, M. et al. 1986. *Nature* 321: 406–411.
62 Dani, J. A. 1989. *Trends Neurosci.* 12: 127–128.
63 Leonard, R. J. et al. 1988. *Science* 242: 1578–1581.

α: M T L S I S V L L S L T V F L L V I V

δ: T S V A I S V L L A Q S V F L L L I S

Wenn die polaren Serine in den unterstrichenen Positionen durch Alanin (leicht hydrophob) ersetzt werden, führt das zu einer Verringerung der Leitfähigkeit des Kanals für nach außen gerichteten Strom (von 24 auf 13 pS) sowie der Bindungsaffinität für QX222. Diese Effekte lassen vermuten, daß sich die negativen Enden der Serin-Dipole und daher alle oder zumindest Teile der M2-Helices in der Wand des wassergefüllten Kanals befinden und direkt zu seiner Funktion beitragen.

Mit Hilfe mutierter Untereinheiten hat man die Zusammensetzung von Untereinheiten und die Stöchiometrie von Kanälen untersucht. Wie bereits erwähnt, haben solche Experimente überzeugende Beweise für die Annahme geliefert, daß der nAChR, so wie der AChR von *Torpedo* und aus der Skelettmuskulatur in der Membran als Pentamer mit wenigstens zwei α-Untereinheiten angeordnet ist.[40] Um die Leitfähigkeit von Kanälen aus Hühner-α- und non-α-Untereinheiten zu verändern, hat man Mutationen am Anfang der M2-M3-Verbindungsschleife induziert. Als man normale und mutierte α-cDNA zusammen mit nativer non-α-DNA in Oocyten einspritzte, führte das zu drei verschiedenen Kanalleitfähigkeiten. Ein Typ wies dieselbe Leitfähigkeit wie normale Kanäle auf, ein weiterer dieselbe wie Kanäle nur aus mutierter α-cDNA. Die dritte Leitfähigkeit repräsentiert wahrscheinlich Kanäle mit einer nativen (ursprünglichen) und einer mutierten α-Untereinheit. Da nur ein solcher intermediärer Typ auftrat, schloß man, daß ein Kanal auch nur zwei α-Untereinheiten enthalte. Als man native und mutierte non-α-cDNA injizierte, wiesen die resultierenden Kanäle vier verschiedene Leitfähigkeiten auf; das ließ auf die Anwesenheit von drei non-α-Untereinheiten schließen. Die Stöchiometrie des Kanals, die sich daraus ableiten ließ, war daher $\alpha_2(\text{non-}\alpha)_3$.

Mutierte Untereinheiten wurden auch eingesetzt, um die stöchiometrischen Verhältnisse von spannungsaktivierten Kalium-A-Kanälen zu studieren. Man hat allgemeinen angenommen, daß die Kaliumkanal-Untereinheiten zu einer tetrameren Struktur aggregieren, analog zur Struktur des Natriumkanalproteins mit vier Domänen. Zur Überprüfung dieser Annahmen hat man heteromultimere A-Kanälen in *Xenopus*-Oocyten hergestellt, die sich durch Coexpression von *Drosophila*-Wildtyp-Untereinheiten und toxinresistenten Mutanten bilden, und die Empfindlichkeit der Kanäle für den Kaliumkanalblocker Charybdotoxin (CTX) untersucht.[64] Wenn nur Wildtyp-Untereinheiten entstanden, die homomultimere Kanäle bildeten, wurden A-Ströme in der Oocytenmembran (hervorgerufen durch Depolarisation) durch hohe CTX-Konzentrationen (z.B. 500 nM) vollständig, Ströme in Oocyten mit heteromultimeren Kanälen hingegen nur teilweise blockiert. Besetzt das Toxin nur eine einzige Bindungsstelle am A-Kanal, so genügt das, um einen Block zu erzeugen. Daher sollten bei hohen Toxinkonzentrationen nur homomultimere Kanäle, die sich

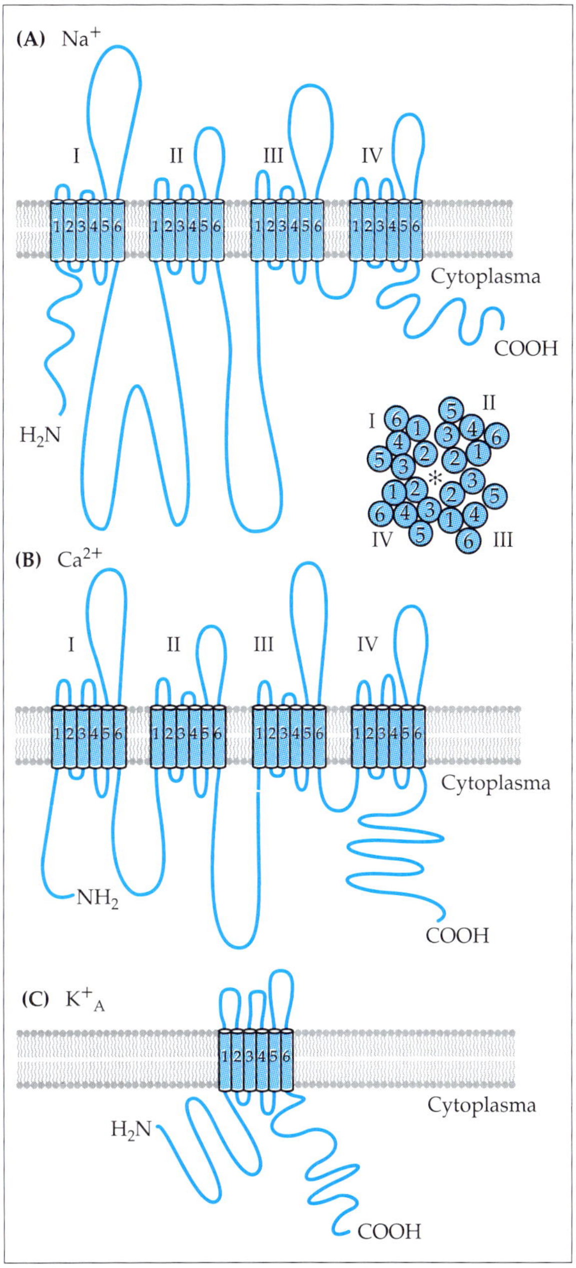

Abb. 13: **Topologie von Ionenkanälen.** (A) Vorschlag für die Membrantopologie des spannungssensitiven Natriumkanals mit vier Domänen (I-IV), von denen jede sechs transmembranale Helices enthält. Das kleine Bild zeigt, wie man sich die Anordnung der Einheiten um die Pore (*) vorstellen kann. (B) Der Vorschlag für die Struktur eines spannungssensitiven Calciumkanals sieht ähnlich aus. (C) Eine Kalium-A-Kanaluntereinheit hat einen ähnlichen Aufbau wie eine einzelne Domäne eines Natriumkanals. Vier solche Untereinheiten bilden zusammen einen vollständigen Kanal (nach Catterall, 1988, und Noda et al., 1984).

aus mutanten Untereinheiten gebildet haben, unbeeinflußt bleiben. Die relative Anzahl solcher Kanäle läßt sich aus dem Verhältnis von eingespritzten mRNA-Menge (konstantes Expressionsvermögen vorausgesetzt) und der Anzahl von Untereinheiten in der Kanalstruktur ableiten. Falls es z.B. vier Untereinheiten gibt und 90% der

64 MacKinnon, R. 1991. *Nature* 350: 232–238.

RNA mutant ist, dann bestehen 66% $[(0,9)^4]$ aller Kanäle gänzlich aus Mutanten-Untereinheiten. Die übrigen 34% enthalten wenigsten eine Wildtyp-Untereinheit und sind daher für das Toxin empfänglich und werden daher blokkiert. Man konnte das Blockieren dieser Fraktion experimentell beobachten und erhielt damit einen direkten Beweis für die tetramere Struktur. Die Blockierung des Stroms durch CTX sollte bei trimeren Kanälen 27%, bei pentameren Kanälen 41% betragen.

Eine Struktur von besonderem Interesse in spannungsaktivierten Kanälen ist die S4-Region, auf die man aufmerksam wurde, weil sie positiv geladene Lysin- oder Arginin-Seitenketten enthält, die in regelmäßigen Abständen zwischen die unpolaren Reste eingefügt sind. Dieses Merkmal (das man in den S4-Regionen spannungsgesteuerter Calcium- und Kalium-Kanäle findet) hat zu der Idee geführt, daß diese in regelmäßigen Abständen angebrachten Ladungen das S4-Segment in die Lage versetzen könnten, eine Verbindung zwischen der Spannungsänderung über der Membran und dem Öffnen des Kanals herzustellen. Demnach würde das Anlegen einer positiven Spannung auf der Innenseite der Membran (Depolarisation) die positiven Ladungen aus ihrer Lage nach außen bringen und damit eine nach außen gerichtete Bewegung sowie eine Rotation der Helix verursachen. Folglich würde sich (durch noch unbekannte weitere Schritte) die Offenwahrscheinlichkeit des Kanals erhöhen. Um diese Vorstellung zu testen, hat man Mutationen der S4-Region in den Domänen I und II eines Natriumkanals im Rattenhirn induziert.[65]

Beim nativen («Wildtyp») Kanal im Rattenhirn enthält die S4-Region der Domäne I die Sequenz

$$\mathrm{A\,L\,\mathbf{R}^{+}\,T\,F\,\mathbf{R}^{+}\;V\,L\,\mathbf{R}^{+}\,A\,L\,\mathbf{K}^{+}\,T\,I}$$

extrazellulär 217 220 223 226 cytoplasmatisch

mit einem positiv geladenen Arginin (R) oder Lysin (K) an jeder dritten Stelle. Die Numerierung verläuft vom Extrazellulärraum in Richtung Cytoplasma (Abb. 14). Um die Auswirkung auf die Aktivierung des Kanals zu untersuchen, wurden bei den Mutanten anstelle einer oder mehrerer basischer Reste neutrale oder saure Aminosäuren eingesetzt. Bei Oocyten, in die man mRNA für Wildtyp-Kanäle injiziert hatte, benötigte man ausgehend von einem Haltepotential von –120 mV eine Depolarisation auf –30 mV, um die Hälfte der Kanäle zu öffnen ($V_{1/2}$= –30 mV). Entfernte man die positive Ladung in Position 226 (in der Nähe des cytoplasmatischen Endes der Region), indem man Lysin durch Glutamin ersetzte, hatte das eine Verringerung der Spannungsempfindlichkeit zur Folge, so daß zum Öffnen der Kanäle in der Membran eine stärkere Depolarisation, auf –13 mV, erforderlich war. Wurde das positiv geladene Lysin in Position 226 durch die negativ geladene Glutaminsäure ersetzt, stieg $V_{1/2}$ noch weiter auf –3 mV. Ähnliche Effekte ergaben sich beim Entfernen bzw. Ersetzen von Ladungen in Domäne II.

Die Auswirkungen beim Entfernen bzw. Ersetzen von Ladungen in der Nähe des cytoplasmatischen Endes der Helix stimmen mit der Vorstellung überein, daß die Kanalaktivierung mit einer Verlagerung der S4-Helices einhergeht. Wenn daher die Ladung auf der Helix verringert wird, ist eine größere Spannungsänderung erforderlich, um diese Verlagerung hervorzurufen. Das Entfernen positiver Ladungen von der extrazellulären Hälfte der Helix andererseits führte zu einer *Verringerung* der Depolarisation, die für eine halb-maximale Aktivierung nötig ist. Eine Doppelmutante, bei der die positiven Ladungen in Position 217 und 220 fehlten, führte zu $V_{1/2}$ von –51 mV.

Ähnliche Ergebnisse sind in jüngerer Zeit mit Mutanten in der S4-Region von Kalium-A-Kanälen erzielt worden.[66] Insgesamt lassen solche Experimente darauf schließen, daß die S4-Helix bei der Kanalsteuerung tatsächlich eine Rolle spielt, doch die Interpretation der Experimente ist schwierig. Als Antwort auf die Membrandepolarisation wird die Helix möglicherweise versetzt oder gedreht, oder sie arbeitet als Spannungsfühler und liefert ein Potentialfeld für andere Elemente. Im letzteren Fall würde das Entfernen einer positiven Ladung aus dem Bereich der cytoplasmatischen Seite (Position 226) das Spannungsfeld über der Membran, das vom Fühlerelement wahrgenommen wird, erhöhen. Zur Aktivierung des Elements wäre dann eine stärkere Depolarisation nötig. Das Entfernen positiver Ladungen aus dem Bereich der extrazellulären Seite (Position 217) hätte den gegenteiligen Effekt.

Zusammenfassend läßt sich sagen, daß wir durch direkte Messungen, bei denen wir das Verhalten von einzelnen Kanälen beobachten konnten, viel über Permeabilität und Kinetik liganden- und spannungsaktivierter Ionenkanäle gelernt haben. Zusätzlich haben uns moderne biochemische und molekularbiologische Methoden detailierte Einblicke in die molekulare Struktur und Organisation von Kanälen ermöglicht. Wir wissen z.B., daß sich Kanäle aus vier oder mehr Polypeptid-Untereinheiten oder Domänen zusammensetzen, die sich um eine zentrale Pore anordnen. Jede Untereinheit enthält vier bis sechs transmembranale Abschnitte, die durch extra- und intrazelluläre Schleifen verbunden sind. Kanäle, die relativ selektiv sind, wie die spannungsabhängigen Kanäle, sind gewöhnlich (vielleicht immer) tetramer; größere, weniger selektive, ligandenaktivierte Kanäle sind pentamer. In Erweiterung dieses Prinzips haben die allergrößten Kanäle – die gap junctions – eine hexamere Struktur (Kapitel 5). Ein Merkmal von Ionenkanälen ist, daß ihre extramembranösen Verbindungsschleifen Strukturen bilden, die beträchtlich über die Oberfläche der Lipid-Doppelschicht hinausragen (z.B. in Abb. 9). Unwin wies darauf hin, daß bei ligandenaktivierten Kationenkanälen die Schleifen, die die Wände des überstehenden Kanalvorraums auskleiden, einen Nettoüberschuß von negativen Ladungen aufweisen; bei Anionenkanälen ist der Überschuß positiv.[67] Da die Kanalöffnungen in der Größenordnung von 1–2 nm liegen und der effektive Radius für elektrostatische Wechselwirkungen in physio-

65 Stühmer, W. et al. 1989. *Nature* 239: 597–603.

66 Papazian, D. M. et al. 1991. *Nature* 349: 305–349.

67 Unwin, N. 1989. *Neuron* 3: 665–676.

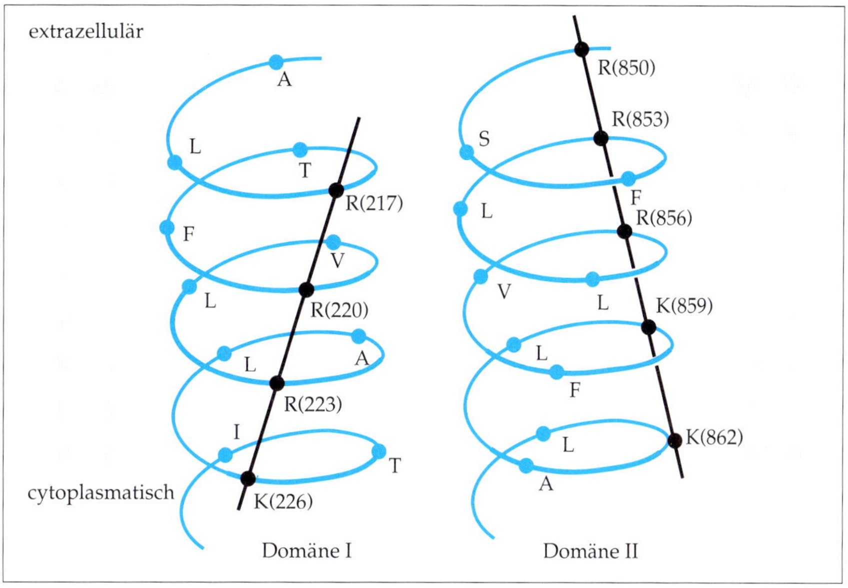

Abb. 14: **S4-Helices durchqueren die Zellmembran** in der ersten und zweiten Domäne des spannungssensitiven Natriumkanals. Jede dritte Aminosäure in den Windungen ist ein positiv geladenes (basisches) Arginin (R) oder Lysin (K). Die Zahlen geben ihre Positionen im vollständigen Molekül an. Ersetzt man basische durch neutrale oder saure Aminosäuren, so beeinflußt dies das spannungsabhängige Öffnen des Kanals (s. Text).

logischen Lösungen ca. 1 nm beträgt, können überschüssige Ladungen im Vorraum beträchtlich zur Akkumulation von entgegengesetzt geladenen Ionen führen. Eine solche Akkumulation würde sowohl zur Leitfähigkeit als auch zur Ionenselektivität eines Kanals beitragen. Wie wir später sehen werden, stehen solche Schleifen möglicherweise mit anderen spezifischen Funktionen, wie der Inaktivierung von spannungaktivierten Kanälen, in Beziehung (Kapitel 4).

In diesem Kapitel haben wir nur eine kurzen Überblick über die Bandbreite unserer Kenntnisse von Ionenkanälen gegeben. Die entscheidenden Fragen, die wir nun zu beantworten beginnen, betreffen die Beziehung zwischen Molekularstruktur und Funktion: Was sind die molekularen Mechanismen, durch die sich eine Pore öffnet als Antwort auf die Aktivierung durch einen Liganden oder als Antwort auf eine Spannungsänderung? Welche Merkmale der Kanalstruktur entscheiden über ihr kinetisches Verhalten? Wie bestimmen strukturelle Elemente ihre Ionenselektivität? Antworten auf diese Fragen wird es sicherlich bald geben.

Empfohlene Literatur

Allgemeines

Cold Spring Harbor Symposium on Quantitative Biology 48. 1983. pp. 1–146. (Diese Publikationsreihe beschreibt Originalexperimente über die Isolierung, Charakterisierung und Sequenzierung des nACH-Rezeptors.)

Kao, C. Y. and Levinson, S. R. (eds.). 1986. *Tetrodotoxin, Saxotoxin, and the Molecular Biology of the Sodium Channel. Ann. N. Y. Acad. Sci. 479.* (Die Beiträge dieser Monographie beschreiben Versuche zur Isolierung, Charakterisierung und Sequenzierung des spannungssensitiven Natriumkanals.)

Übersichtsartikel

Betz, H. 1990. Ligand–gated ion channels in the brain: The amino acid receptor superfamily. *Neuron* 5: 383–392.

Dani, J. A. 1989. Site–directed mutagenesis and single channel currents define the ionic channel of the nicotinic acetylcholine receptor. *Trends Neurosci.* 12: 127–128 .

Guy, H. R. and Conti, F. 1990. Pursuing the structure and function of voltage-gated channels. *Trends Neurosci.* 13: 201–206.

Leutje, C. W., Patrick, J. and Seguela, P. 1990. Nicotinic receptors in mammalian brain. *FASEB J.* 4: 2753–2760.

Olson, R. W. and Tobin, A. J. 1990. Molecular biology of GABAA receptors. *FASEB J.* 4: 1469–1480.

Unwin, N. 1989. The structure of ion channels in membranes of excitable cells. *Neuron* 3: 665–676.

Originalartikel

Anderson, C. R. and Stevens, C. F. 1973. Voltage clamp analysis of acetylcholine–produced end–plate current fluctuations at frog neuromuscular junction. *J. Physiol.* 235: 655–691.

Cooper, E., Couturier, S. and Ballivet, M. 1991. Pentameric structure and subunit stoichiometry of a neuronal nicotinic acetylcholine receptor. *Nature* 350: 235–238.

Grenningloh, G., Rienitz, A., Schmitt, B., Methfessel, C., Zensen, M., Beyreuther, K., Gundelfinger, E. D. and Betz, H. 1987. A strychnine–binding subunit of the glycine receptor shows homology with nicotinic acetylcholine receptors. *Nature* 328: 215–220.

Hamill, O. P., Marty, A., Neher, E., Sakmann, B. and Sigworth, J. 1981. Improved patch–clamp techniques for high–resolution current recording from cells and cell–free membrane patches. *Pflügers Arch.* 391: 85–100.

MacKinnon, R. 1991. Determination of the subunit stoichiometry of a voltage-activated potassium channel. *Nature* 350: 232–238.

Sigel, E., Baur, R., Trube, G., Mohler, H. and Malherbe, P. 1990. The effect of subunit composition of rat brain GABAA receptors on channel function. *Neuron* 5: 703–711.

Sumikawa, K., Parker, I. and Miledi, R. 1989. Expression of neurotransmitter receptors and voltage–activated channels from brain mRNA in *Xenopus* oocytes. *Methods Neurosci.* 1: 30–45.

Unwin, N., Toyoshima, C. and Kubalek, E. 1988. Arrangement of acetylcholine receptor subunits in the resting and desensitized states, determined by cryoelectron microscopy of crystallized *Torpedo* postsynaptic membranes. *J. Cell Biol.* 107: 1123–1138

Kapitel 3

Ionale Grundlagen des Ruhepotentials

Die elektrische Potentialdifferenz zwischen Innen- und Außenseite einer Nervenzellmembran hängt vom Gradienten der Ionenkonzentration über der Membran und ihrer relativen Permeabilität für die anwesenden Ionen ab. Man kann mit einfachen physikalisch-chemischen Prinzipien erklären, wie ein Ruhepotential in erregbaren Zellen zustande kommt. Um ein Fließgleichgewicht aufrecht zu erhalten, muß die Gesamtverteilung der Ionen auf beiden Seiten der Membran drei Bedingungen erfüllen: (1) Die Lösungen innerhalb und außerhalb der Zelle müssen insgesamt elektrisch neutral sein, (2) die osmotische Konzentration der gelösten intrazellulären Ionen und Moleküle muß der osmotischen Konzentration der extrazellulären Flüssigkeit entsprechen, und (3) es darf keinen Nettoflux von permeablen Ionen durch die Membran geben.
Alle permeablen Ionenarten weisen intrazellulär und extrazellulär recht verschiedene Konzentrationen auf. Solche Ionen unterliegen zwei verschiedenen Gradienten, die bestrebt sind, sie in die Zelle bzw. aus der Zelle zu treiben: einem Konzentrationsgradienten und einem elektrischen Gradienten. Die Kaliumkonzentration ist z.B. im Zellinneren höher als außen; man würde daher erwarten, daß Kaliumionen entlang ihres Konzentrationsgradienten nach außen wandern. Aber die Innenseite der Membran ist im Vergleich zur Außenseite negativ geladen und wirkt daher der Auswärtsbewegung der positiv geladenen Ionen entgegen. In normalen Zellen in Ruhe gleichen sich Konzentrationsgradient und elektrischer Gradient nahezu aus, d.h., das Bestreben der Kaliumionen, vom Ort hoher zum Ort niedrigerer Konzentration – also aus der Zelle heraus – zu wandern, wird fast exakt vom elektrischen Gradienten, der in entgegengesetzter Richtung wirkt, kompensiert. Das Membranpotential, bei dem es keinen Netto-Kaliumfluß gibt, nennt man das Kalium-Gleichgewichtspotential (E_K). Das Gleichgewichtspotential für jedes Ion wird in Abhängigkeit von der extrazellulären und intrazellulären Ionenkonzentration durch die Nernst-Gleichung bestimmt.
Die Chloridkonzentration ist außerhalb der Zelle größer als innerhalb. Auch dieser Konzentrationsgradient wird durch das Membranpotential kompensiert, denn das negative Zellinnere wirkt dem Einstrom negativ geladener Ionen entgegen. Das Ruhepotential über der Membran wird jedoch überwiegend von der Verteilung der Kaliumionenkonzentrationen bestimmt, da die Chloridkonzentration innen niedrig ist und sich Veränderungen des Ruhepotentials anpassen kann.
Natrium ist im Außenmedium viel höher konzentriert als im Cytoplasma. Um einem Natriumeinstrom entgegenzuwirken, müßte die Innenseite der Membran daher positiv geladen sein, d.h., das Gleichgewichtspotential für Natrium (E_{Na}) ist nicht negativ, sondern positiv. Der Natriumeinstrom in eine normalen Zelle mit negativem Ruhepotential wird deshalb sowohl vom Konzentrationsgradienten als auch vom Membranpotential gefördert. Obwohl die Ruhemembran nur wenig für Natrium permeabel ist, führt der Natrium-Leckstrom ins Zellinnere zu einer leichten Depolarisation. Dadurch weicht das Membranpotential etwas vom Kalium-Gleichgewichtspotential ab, und es kommt gleichzeitig zu einem geringen Austrom von Kalium. Um trotz dieser dauernden Leckströme ein Fließgleichgewicht zu erhalten, wird Natrium aktiv nach außen und Kalium nach innen durch die Zellmembran transportiert.
Das Membran-Ruhepotential hängt von den relativen Permeabilitäten der Membran für Natrium und Kalium ab. Wenn die Membranpermeabilität für Kalium viel größer ist als für Natrium, liegt das Membranpotential nahe bei E_K. Bei relativ geringer Permeabilität der Membran für Kalium verschiebt sich das Membranpotential von E_K in Richtung auf E_{Na}. Eine Möglichkeit, die Abhängigkeit des Membranpotentials von der Kationenkonzentration und der Membranpermeabilität zu beschreiben, stellt die Goldman-Gleichung (constant field equation) dar. Eine genauere Beschreibung liefert die Fließgleichgewicht-Gleichung (steady state equation), bei der der Einfluß aktiver Transportvorgänge für Natrium- und Kaliumionen berücksichtigt wird.
Man kann diese Eigenschaften auch mit einem elektrischen Membranmodell beschreiben, in dem man anstelle der Konzentrationen die Gleichgewichtspotentiale der Ionen und anstelle der Permeabilitäten die Membranleitfähigkeiten einsetzt.
Die aktiven Transportprozesse für Natrium- und Kaliumionen werden von einem Enzym, der Na-K-ATPase, bewirkt. Die Na-K-ARPase transportiert pro hydrolisierten ATP-Molekül drei Natriumionen aus der Zelle heraus und zwei Kaliumionen in die Zelle hinein. Auch andere Ionen werden aktiv durch die Zellmembran geschleust. Die meisten dieser Transportvorgänge werden vom elektrochemischen Gradienten für Natrium angetrieben. In einigen Zellen werden Chloridionen über die Membran nach außen und Hydrogencarbonationen nach innen transportiert. Diese Vorgänge sind an die zelleinwärts gerichtete Natriumbewegung gekoppelt. Andere Zelle

akkumulieren Chlorid (statt es zu sezernieren) und gleichzeitig Kalium auf ähnliche Weise. Der Natriumeinstrom ist auch mit einer Protonenausscheidung und einer Calciumabgabe gekoppelt. Calcium wird zudem durch die Ca-Mg-ATPase aus der Zelle geschleust.

Elektrische Signale entstehen in Nervenzellen und Muskelfasern primär durch Permeabilitätsänderungen der Zellmembran für Ionen wie Natrium und Kalium. Diese Ionen wandern dann entsprechend ihres elektrochemischen Gradienten durch die Membran in die Zelle oder aus der Zelle hinaus. Wie wir in den vorangegangenen Kapiteln gesehen haben, stehen solche Permeabilitätsänderungen mit der Aktivierung von Ionenkanälen in Verbindung. Ionen, die durch die offenen Kanäle wandern, verändern die Ladung der Zellmembran und damit das Membranpotential. Um zu verstehen, wie solche Signale entstehen, muß man zuerst Art und Zustandekommen der bestehenden Ionengradienten in der ruhenden Zelle verstehen.

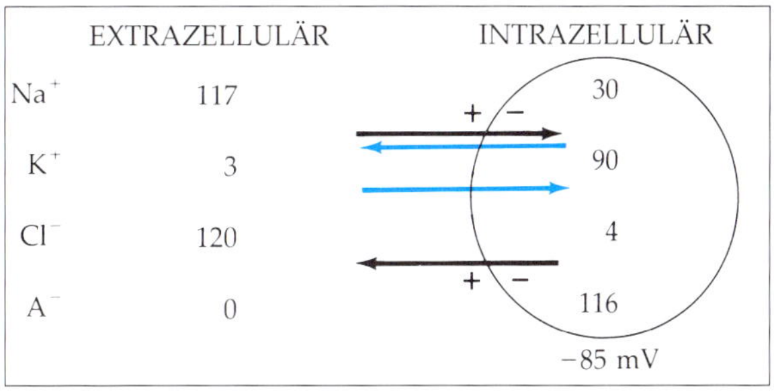

Abb. 1: **Ionenverteilung in einer Modellzelle.** Die Zellmembran ist impermeabel für Na^+ und intrazelluläre Anionen (A^-), für K^+ und Cl^- hingegen permeabel. Der Kalium-Konzentrationsgradient ist bestrebt, Kalium aus der Zelle zu treiben (blauer Pfeil), der Potentialgradient ist bestrebt, K^+ in die Zelle zu ziehen (schwarzer Pfeil). In einer Zelle in Ruhe halten sich beide Kräfte exakt die Waage. Konzentrationsgradient und elektrischer Gradient für Cl^- weisen in die umgekehrte Richtung (Ionenkonzentrationen in mM).

Ionen, Membranen und elektrische Potentiale

Nehmen wir die Modellzelle in Abbildung 1. Diese Zelle enthält Kalium, Natrium, Chlorid und große Anionen und schwimmt in einer Lösung aus Natrium- und Kaliumchlorid. Für den Augenblick wollen wir andere Ionen, die in realen Zelle vorkommen, wie Calcium oder Magnesium, vernachlässigen, da ihr direkter Beitrag zum Membranpotential sehr klein ist. Die Ionenkonzentrationen innerhalb und außerhalb der Modellzelle entsprechen den Verhältnissen beim Frosch. Bei Vögeln und Säugern sind die Ionenkonzentrationen etwas, bei marinen Wirbellosen, wie Tintenfischen, sogar sehr viel höher. In dem Modell wird das Volumen der extrazellulären Flüssigkeit als unendlich groß angenommen. Daher haben die Ionen- und Wasserbewegungen in die Zelle hinein und aus der Zelle hinaus keinen signifikanten Einfluß auf die Konzentrationen im Außenmedium. Damit eine solche Zelle existieren kann, müssen drei Hauptforderungen erfüllt sein:

1. Die intrazelluläre und die extrazelluläre Lösung müssen beide elektrisch neutral sein. Z.B. kann eine Lösung von Chloridionen allein nicht existieren. Ihre Ladung muß durch eine gleich große Anzahl positiv geladener Ionen (Kationen), wie Natrium oder Kalium, ausgeglichen werden (anderenfalls würde die elektrische Abstoßung die Lösung buchstäblich auseinandersprengen).
2. Die Zelle muß im osmotischen Gleichgewicht sein. Wenn das nicht der Fall ist, dringt Wasser in die Zelle ein bzw. tritt aus ihr aus. Die Zelle schwillt oder schrumpft dadurch solange, bis das osmotische Gleichgewicht erreicht ist. Das ist dann der Fall, wenn die Gesamtkonzentration der gelösten Teilchen in der Zelle gleich groß wie im Außenmedium ist.
3. Schließlich darf es – wie beim Wasser – zu keiner Nettobewegung irgendeines Ions über die Zellmembran kommen.

Man kann die zweite und dritte Bedingung auch so ausdrücken: In der Modellzelle müssen sich Wasser und permeable Ionen im **Gleichgewicht** befinden. Für Natrium und die (organischen) Anionen im Inneren gilt diese Forderung nicht, denn beide können nicht permeieren. (Wie wir später noch sehen werden, weisen reale Zellen in Ruhe nur eine geringe Permeabilität für Natrium auf, und kein Ion befindet sich im allgemeinen exakt im Gleichgewicht.)

Wie werden die Gleichgewichtsbedingungen für die permeablen Ionen (Kalium und Chlorid) erfüllt, und was für ein elektrisches Potential entsteht über der Membran? Abb. 1 zeigt, daß beide Ionen umgekehrt verteilt sind: Kalium ist im Zellinnerern höher konzentriert, Chlorid im Außenmedium. Stellen wir uns zunächst einmal vor, die Membran sei nur für Kalium durchlässig. Die Frage, die sich dann sofort stellt, ist, warum Kaliumionen nicht solange aus der Zelle hinausdiffundieren, bis die Konzentrationen auf beiden Seiten der Zellmembran gleich groß sind. Die Antwort ist: Sie können das nicht, denn sobald sie zu wandern anfangen, entwickelt sich eine Ladungstrennung über der Membran; das daraus resultierende Membranpotential verhindert dann jede weitere Diffusion. Wenn die Ionen die Zelle verlassen, sammeln sich positive Ladungen auf der Außenseite der Membran, und ein Überschuß von negativen Ladungen bleibt auf der Inneseite zurück. Wird das Membranpotential genügend groß, so wird ein weiterer Netto-Ausstrom von Kalium gestoppt. Der Konzentrationsgradient für Kalium und der Potentialgradient über der Membran balancieren sich genau aus (Pfeile), und man sagt: Kalium ist im elektrochemischen Gleichgewicht. Einzelne Ionen können dabei durchaus noch durch die Membran hin- und herwandern, doch es tritt keine *Netto*-Bewegung mehr auf.

Die Bedingungen für ein Kalium-Gleichgewicht über der Zellmembran sind die gleichen wie für einen Nettofluß von Null durch einen einzelnen Ionenkanal in einer patch-Membran (Kap. 2). Dort wurde ein Konzentrationsgradient durch ein Potential ausbalanciert, das man an die Pipette anlegte. Der wichtige Unterschied liegt darin, daß hier der Ionenfluß selbst das erforderliche Potential über der Membran erzeugt. Mit anderen Worten stellt sich das Gleichgewicht in der Modellzelle automatisch und unausweichlich ein.

Die Nernst-Gleichung

Wie groß ist das Membranpotential, das erforderlich ist, um eine gegebene Kalium-Konzentrationsdifferenz über der Membran auszugleichen, denn nun genau? Man nennt dieses Potential das **Kalium-Gleichgewichtspotential** (E_K). Man könnte vermuten, daß das Potential einfach proportional zur Differenz zwischen der intrazellulären $[K]_i$ und der extrazellulären Kaliumkonzentration $[K]_a$ ist, aber das stimmt nicht. Statt dessen hat sich herausgestellt, daß das erforderliche Potential von der Differenz der *Logarithmen* der Konzentrationen abhängt:

$$E_K = k(\ln[K]_a - \ln[K]_i)$$

Die Konstante k ist durch RT/zF gegeben, wobei R die thermodynamische Gaskonstante, T die absolute Temperatur, z die Wertigkeit des Ions (in diesem Fall +1) und F die Faraday-Konstante (elektrische Ladung eines Mols einwertiger Ionen in Coulomb) ist. Daraus ergibt sich

$$E_K = (RT/Fz)(\ln[K]_a - \ln[K]_i)$$

und nach Umformen

$$E_K = \frac{RT}{zF} \ln \frac{[K]_a}{[K]_i}$$

Das ist die **Nernstsche Gleichung** für Kalium. Der Ausdruck RT/zF hat die Dimension Volt und beträgt bei Raumtemperatur (20°C) ca. 25 mV. Manchmal ist es praktischer, anstelle des natürlichen Logarithmus der Konzentrationsverhältnisse den Logarithmus zur Basis 10 zu benutzen. Dann muß man RT/zF mit ln (10) oder 2,306 multiplizieren; das ergibt 58 mV. Bei 37°C (Körpertemperatur von Säugern) steigt dieser Wert auf 61 mV. Für die Zelle in Abbildung 1 ist das Konzentrationsverhältnis von Kalium 1:30, E_K beträgt daher
58 log(1/30) = –85 mV. Nehmen wir nun an, daß die Membran zusätzlich zu den Kaliumkanälen Chloridkanäle aufweist. Da für dieses Anion $z = -1$ ist, gilt für das Gleichgewichtspotential für Chlorid (E_{Cl}), wenn $[Cl]_a$ die Chloridkonzentration im Außenmedium und $[Cl]_i$ diejenige in der Zelle ist

$$E_{Cl} = \frac{[Cl]_a}{[Cl]_i}$$

oder umgeformt

$$E_{Cl} = \frac{[Cl]_i}{[Cl]_a}$$

In unserer Modellzelle ist $[Cl]_i/[Cl]_a$ wie $[K]_a/[K]_i$ 1:30, E_{Cl} beträgt daher ebenfalls –85 mV. Wie beim Kalium gleicht diese negative Innenladung exakt das Bestreben des Chlorids aus, sich entlang seines Konzentrationsgradienten zu bewegen – hier *in* die Zelle.
Zusammenfassend kann man sagen, daß das Membranpotential sowohl dem Bestreben der Kaliumionen, die Zelle zu verlassen als auch das Bestreben der Chloridionen, in die Zelle hineinzudiffundieren, entgegenwirkt. Weil die Konzentrationsverhältnisse beider Ionen genau gleich sind (1:30), stimmen auch ihre Gleichgewichtspotentiale exakt überein. Da Kalium und Chlorid die beiden einzigen Ionenarten sind, die durch die Membran permeieren können und beide bei –85 mV im Gleichgewicht sind, kann die Modellzelle unbegrenzt ohne Netto-Gewinn oder -Verlust von Ionen existieren.

Elektrische Neutralität

Aus der Ladungstrennung über der Membran folgt, daß an ihrer Innenseite ein Überschuß an Anionen, an ihrer Außenseite hingegen ein Überschuß an Kationen besteht. Damit wird anscheinend das Gesetz der elektrischen Neutralität verletzt, das wir anfangs postuliert haben, und das ist auch tatsächlich der Fall. Quantitativ ist der Unterschied in der Anionen- und Kationenkonzentration, der durch die Ladungstrennung erzeugt wird, jedoch so gering, das man ihn nicht messen kann. Wenn wir für unsere Modellzelle z.B. einen Radius von 25 µm annehmen, dann sind bei einer Konzentration von 120 mM 4×10^{12} Kationen und eine entsprechende Anzahl von Anionen in der Zelle. Bei einem Ruhepotential von –85 mV können wir ausrechnen, daß etwa 4×10^7 überschüssige negative Ladungen auf der Innenseite der Membran liegen; das sind $^1/_{100\,000}$stel der Anionen in der freien Lösung. Daher stehen im Zellinneren jeweils 100 000 Kationen 100 001 Anionen gegenüber – ein zu vernachlässigender Unterschied!

Die Abhängigkeit des Ruhepotentials von der extrazellulären Kaliumkonzentration

In Neuronen und in vielen anderen Zellen reagiert das Membranpotential empfindlich auf Änderungen der extrazellulären Kaliumkonzentration, bleibt aber von Änderungen der extrazellulären Chloridkonzentration relativ unberührt. Um die Konsequenzen solcher Änderungen zu verstehen, kann man die Modellzelle heranziehen. Abb. 2 A zeigt die Änderungen in der intrazellulären Zusammensetzung und im Membranpotential, die sich ergeben, wenn man die extrazelluläre Kaliumkonzentration von 3 mM auf 6 mM erhöht. Das geschieht, indem man 3 mM NaCl durch 3 mM KCl ersetzt. Dadurch bleibt die Osmolarität bei einer Gesamtkonzentration von 240 mM in der Lösung unverändert. Die Zunahme der extrazellulären Kaliumkonzentration führt dazu, daß die Zelle von –85 mV auf –68 mV depolarisiert wird, die intrazelluläre Kaliumkonzentration leicht ansteigt und die intrazelluläre Chloridkonzentration sich fast verdoppelt. Wie kommt es zu diesen Veränderungen? Der Grund liegt darin, daß Kalium und Chlorid in die Zelle eindringen. Wenn die externe Kaliumkonzentration ver-

Abb. 2: **Auswirkung von Änderungen der extrazellulären Ionenzusammensetzung** auf die intrazellulären Ionenkonzentrationen und das Membranpotential. (A) Verdopplung des extrazellulären K^+ bei entsprechender Verringerung des extrazellulären Na^+, um die Osmolarität konstant zu halten. (B) Die Hälfte des extrazellulären Cl^- wird durch ein impermeables Anion (A^-) ersetzt. Ionenkonzentrationen in mM. Das Volumen des Außenmediums wird als sehr groß im Vergleich zum Zellvolumen angenommen, so daß Ionenströme in die Zelle hinein bzw. aus der Zelle heraus die extrazellulären Konzentrationen nicht verändern.

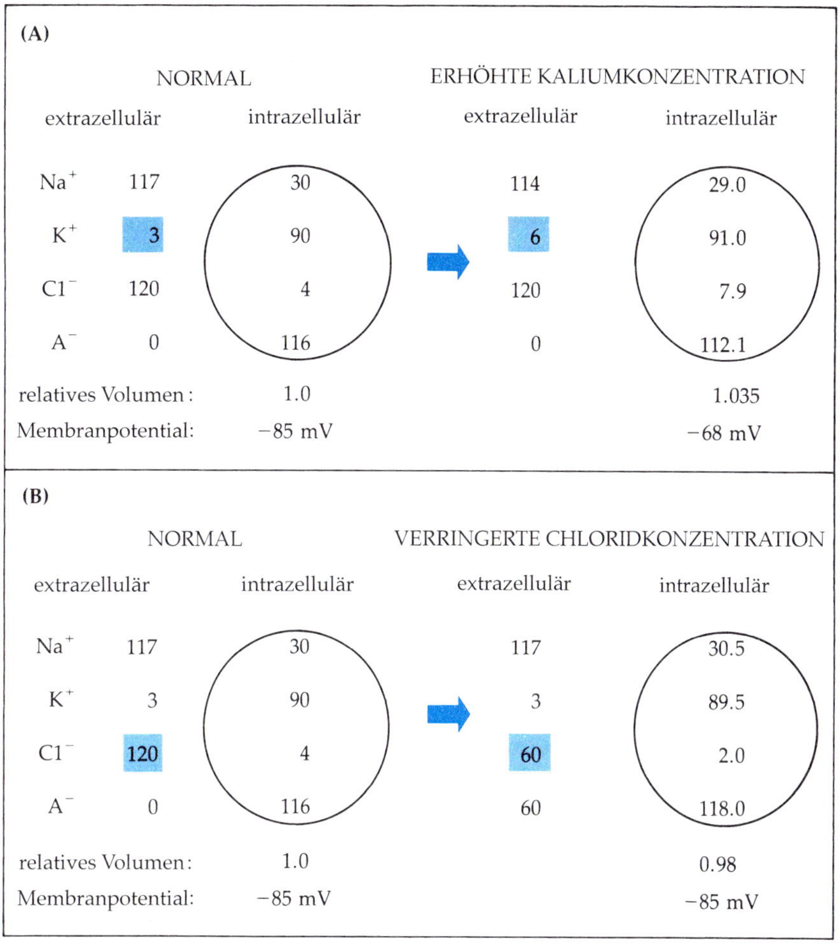

größert wird, ist Kalium nicht länger im Gleichgewicht, folglich wandern Kaliumionen in die Zelle. Sobald sich positive Ladungen auf der Innenseite der Membran ansammeln, wandern Chloridionen, die dann auch nicht mehr im Gleichgewicht sind, ebenfalls in die Zelle. Dieser Einstrom von Kalium- und Chloridionen geht solange weiter, bis ein neuer Gleichgewichtszustand erreicht wird, bei dem sich beide Ionenarten entsprechend dem neuen Membranpotential in einem neuen Konzentrationsverhältnis über der Membran verteilen.
Gleichzeitig mit dem Kalium- und dem Chlorideinstrom kommt es, um das osmotische Gleichgewicht aufrecht zu erhalten, zu einem Wassereinstrom; dadurch schwillt die Zelle leicht an. Wenn das neue Gleichgewicht erreicht ist (Abb. 2 A), ist die intrazelluläre Kaliumkonzentration von 90 auf 91 mM, die intrazelluläre Chloridkonzentration von 4 auf 7,9 mM und das Zellvolumen um 3,5% angestiegen. Auf den ersten Blick sieht es so aus, als sei mehr Chlorid als Kalium in die Zelle eingedrungen, aber denken Sie daran, wie die Konzentrationen aussehen würden, wenn die Zelle *nicht* angeschwollen wäre: Die Konzentrationen beider Ionen wären dann um 3,5% höher als die angegebenen Werte. Infolgedessen würde die intrazelluläre Chloridkonzentration 8,2 mM (anstelle von 7,9 mM nach einem Wassereinstrom) und die intrazelluläre Kaliumkonzentration 94,2 mM betragen – beide wären 4,2 mM höher als in der ursprünglichen Lösung. Mit anderen Worten können wir uns vorstellen, daß zuerst Kalium und Chlorid in gleichen Mengen einströmen, dann Wasser nachfolgt und so die endgültigen Konzentrationen, wie in der Abbildung, erreicht werden.

Auswirkungen bei Änderung der extrazellulären Chloridkonzentration

Ähnliche Überlegungen gelten für Änderungen in der extrazellulären Chloridkonzentration, doch mit einem bedeutenden Unterschied: Es tritt keine signifikante Änderung des Membranpotentials auf. Die Folgen einer 50%igen Verringerung der extrazellulären Chloridkonzentration sind in Abb. 2 B zu sehen, wo 60 mM Chlorid in der Badlösung durch ein impermeables Anion ersetzt wurden. Chlorid strömt dann aus der Zelle, da es sich nicht länger im Gleichgewichtszustand befindet. Wie oben diffundieren Chlorid und Kalium gemeinsam, und Wasser strömt nach. Gleiche Mengen beider Ionen verlassen die Zelle. Die Konzentration der im Zellinneren verbleiben Ionen steigt leicht an, da die Zelle schrumpft. Aus Abb. 2 können wir einige allgemeine Schlüsse ableiten: In der Modellzelle und in den meisten realen

Zellen führen Änderungen der extrazellulären Kaliumkonzentration zu Veränderungen des Membranpotentials, an die sich die intrazelluläre Chloridkonzentration anpaßt. Änderungen der extrazellulären Chloridkonzentration führen zu einer entsprechenden Anpassung der intrazellulären Chloridkonzentration, ohne das Membranpotential deutlich zu beeinflussen. Änderungen der Kaliumkonzentration auf der einen und Änderungen der Chloridkonzentration auf der anderen Seite wirken sich so unterschiedlich aus, weil ihre intrazellulären Konzentrationen so verschieden sind. Wenn man die extrazelluläre Konzentration eines von beiden verändert, diffundieren beide Ionenarten gemeinsam durch die Membran. Da die intrazelluläre Chloridkonzentration niedrig ist, reichen relativ kleine Ionenbewegungen aus, um das Konzentrationsverhältnis der Chloridionen (und damit das Chlorid-Gleichgewichtspotential) an die neuen Gegebenheiten anzupassen. Im Gegensatz dazu haben kleine KCl-Verschiebungen über der Membran in beiden Richtungen wegen der hohen intrazellulären Kaliumkonzentration einen nur sehr geringen Einfluß auf das Verhältnis der Kaliumkonzentration innen zu außen. Daher kann das Kalium-Gleichgewichtspotential nur durch eine entsprechende Änderung des Membranpotentials wiederhergestellt werden.

Membranpotentiale realer Zellen

Die Vorstellung, daß das Ruhepotential der Membran das Ergebnis einer Ungleichverteilung von Kaliumionen zwischen Zellinnerem und Außenmedium ist, wurde 1902 erstmals von Julius Bernstein[1] geäußert. Er konnte seine Hypothese jedoch nicht direkt testen, denn es gab damals noch keine zufriedenstellende Möglichkeit, Membranpotentiale zu messen. Heute sind wir in der Lage, Membranpotentiale exakt zu messen und zu sehen, ob Änderungen der extrazellulären bzw. intrazellulären Kaliumkonzentration die Potentialänderungen hervorrufen, die nach der Nernst-Gleichung zu erwarten sind. Das erste derartige Experiment wurde an Riesenaxonen durchgeführt, die den Mantel des Tintenfischs innervieren[2]. Diese Axone haben einen Durchmesser von bis zu 1 mm, und ihre Größe erlaubt es, Ableitelektroden in das Cytoplasma einzuführen, um Potentiale über der Membran direkt zu messen (Abb. 3 A). Weiterhin sind sie bemerkenswert stabil und funktionieren selbst dann noch, wenn man ihr Axoplasma mit einer Gummirolle ausquetscht und durch eine Perfusionsflüssigkeit ersetzt (Abb. 3 B)! Man kann dadurch die intrazelluläre ebenso wie die extrazelluläre Ionenzusammensetzung verändern. A. L. Hodgkin, der zusammen mit A. F. Huxley zahlreiche Experimente am Tintenfischaxon durchgeführt hat (für die beide später den Nobelpreis erhielten) meinte:[3]

Man darf behaupten, daß die Einführung der Tintenfisch-Riesennervenfaser durch J. Z. Young im Jahre 1936 mehr für die Forschung am Axon erbracht hat als irgendein anderes einzelnen Ereignis der letzten 40 Jahre. Tatsächlich bemerkte ein bekannter Neurophysiologe vor kurzem auf einem Kongressdinner (nicht allzu taktvoll, wie ich fand): ‹Eigentlich ist es der Tintenfisch, dem der Nobelpreis gebührt.›

Die Konzentrationen einiger wichtiger Ionen des Tintenfischblutes und des Axoplasmas von Tintenfischnerven sind in Tabelle 1 aufgeführt (verschiedene Ionen, wie Magnesium und intrazelluläre organische Anionen, sind weggelassen). Experimente an isolierten Axonen werden gewöhnlich in Meerwasser durchgeführt, bei einem Verhältnis der intrazellulären zu extrazellulären Kaliumkonzentration von 40:1. Wenn das Membranpotential (V_m) gleich dem Kalium-Gleichgewichtspotential wäre, müßte es bei –93 mV liegen. Tatsächlich ist das gemessene Membranpotential deutlich weniger negativ (ca. –65 bis –70 mV). Andererseits ist das Membranpotential negativer als das Chlorid-Gleichgewichtspotential, das bei ca. –55 mV liegt.

Bernsteins ursprüngliche Hypothese wurde überprüft: Man maß nicht nur das Ruhepotential und verglich es mit dem Kalium-Gleichgewichtspotential, sondern untersuchte auch, wie Veränderungen der extrazellulären Kaliumkonzentration das Potential beeinflußen. (Wie bei unserer Modellzelle würde man bei solchen Änderungen keinen signifikanten Einfluß auf die intrazelluläre Kaliumkonzentration erwarten.) Bei einer Änderung der Konzentrationsverhältnisse um den Faktor 10 sollte sich das Membranpotential (bei Raumtemperatur) nach der Nernst-Gleichung um 58 mV verschieben. Abb. 4 zeigt das Ergebnis eines solchen Experiments am Tintenfischaxon, bei dem die extrazelluläre Kaliumkonzentration geändert wurde. Die extrazelluläre Konzentration ist auf der logarithmisch skalierten Abszisse, das Membranpotential auf der Ordinate aufgetragen. Der erwartete Anstieg von 58 mV pro Verzehnfachung der extrazellulären Kaliumkonzentration wird nur bei relativ hohen Konzentrationen (linearer Bereich beider Kurven) realisiert. Mit abnehmender Kaliumkonzentration nimmt die Steigung der Kurve immer mehr ab. Das läßt darauf schließen, daß die Verteilung der Kaliumionen ein wichtiger, aber nicht der einzige Faktor ist, der zum Membranpotential beiträgt.

Einfluß der Natriumpermeabilität

Den Experimenten am Tintenfischaxon können wir insgesamt entnehmen, daß Bernsteins Hypothese aus dem Jahre 1902 im wesentlichen korrekt ist: Das Membranpotential hängt in starkem Maße, wenn auch nicht ausschließlich, von der Verteilung der Kaliumionen über der Membran ab. Wie erklärt man sich aber die Abweichung von der Nernst-Gleichung in Abb. 4? Einfach durch Aufgabe der Vorstellung, die Membran sei impermeabel für Natrium. Reale Zellmembranen weisen nämlich eine Permeabilität für Natrium auf, die zwischen 1% und 10% ihrer Permeabilität für Kalium liegt. Im Modell und im Tintenfischaxon sind Konzentrationsgradient und Membranpotential bestrebt, Natrium in die Zelle zu treiben.

1 Bernstein, J. 1902. *Pflügers Arch.* 92: 521–562.
2 Young, J. Z. *J. Microsc. Sci.* 78: 367–386.
3 Hodgkin, A. L. 1973. *Proc. R. Soc. Lond. B* 183: 1–19.

Abb. 3: **Isoliertes Riesenaxon** des Tintenfisches (A) mit axialer Ableitelektrode im Inneren. (B) Das Axoplasma wird aus dem Axon gedrückt. Nach Einführung einer Kanüle wird das Axon mit einer Perfusionslösung gefüllt. (C) Vergleich von Aktionspotentialen eines perfundierten und eines intakten Axons. (A aus Hodgkin und Keynes, 1956; B, C nach Baker, Hodgkin und Shaw, 1962).

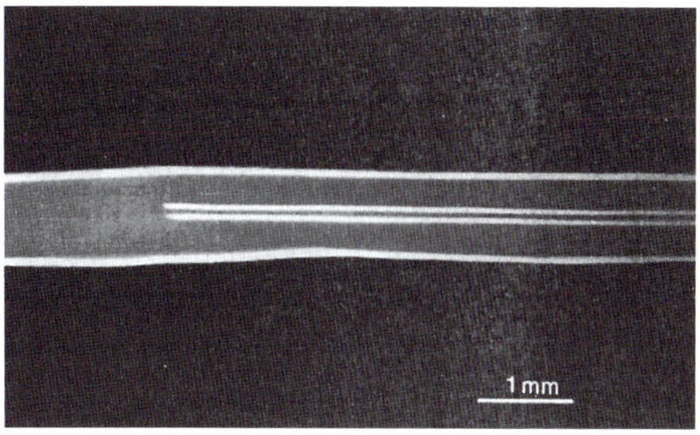

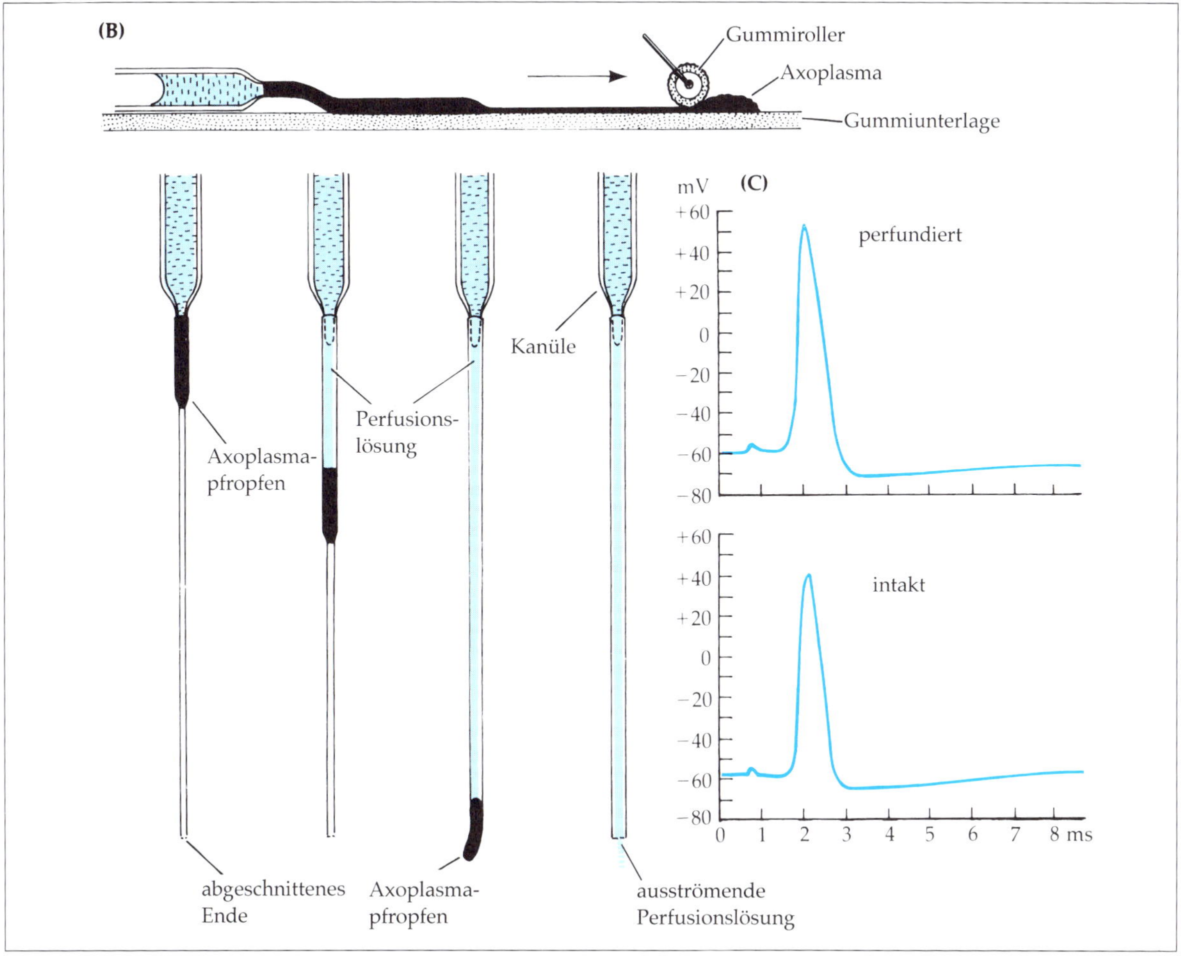

Wenn Natriumionen in die Zelle einströmen, wird die Membran durch die Anhäufung positiver Ladungen depolarisiert. Dadurch ist Kalium nicht länger im Gleichgewicht, und Kaliumionen verlassen die Zelle. Wie wir später noch diskutieren werden, werden die Kalium- und Natriumkonzentrationen in der Zelle trotz dieser ständigen Leckströme durch ein Transportsystem aufrechterhalten, das Natrium unter Verbrauch von Stoffwechselenergie im Austausch gegen Kalium aus der Zelle pumpt. Anders als bei unserem ursprünglichen Modell befindet sich die Zelle nicht im Gleichgewicht; sie verbraucht Stoffwechselenergie, um ein **Fließgleichgewicht** aufrecht zu erhalten. Für den Augenblick wollen wir aktive Transportvorgänge ignorieren und uns mit der Frage beschäftigen, wie die Membranpermeabilität für Natrium das Ruhepotential beeinflußt.

Tabelle 1: Innen- und Außenkonzentrationen frisch isolierter Tintenfischaxone

	Konzentration (mM)		
Ion	**Axoplasma**	**Blut**	**Meerwasser**
Kalium	400	20	10
Natrium	50	440	460
Chlorid	60	560	540
Calcium	0,0001	10	10

Nach Hodgkin (1964), abgewandelt; ionisiertes intrazelluläres Calcium nach Baker, Hodgkin und Ridgeway (1971).

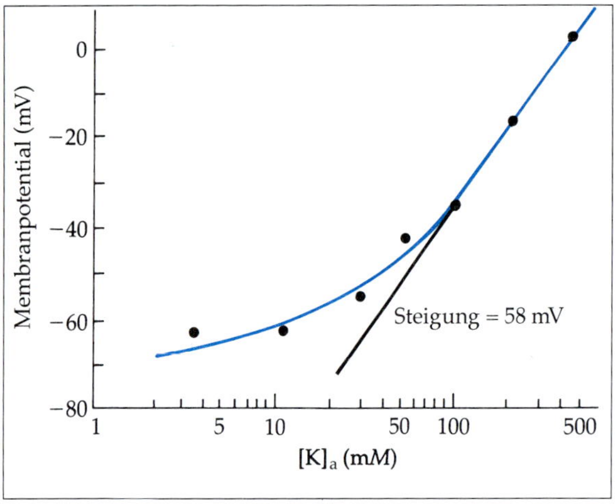

Abb. 4: **Membranpotential und extrazelluläre Kaliumkonzentration** eines Tintenfischaxons in halblogarithmischer Darstellung. Die Gerade wurde entsprechend der Nernst-Gleichung mit einer Steigung von 58 mV pro Änderung der extrazellulären Kaliumkonzentration um eine Zehnerpotenz aufgetragen. Da die Membran auch für Natrium permeabel ist, weichen die Meßwerte im unteren Bereich der Kaliumkonzentrationen von der Geraden ab (s. Text) (nach Hodgkin und Keynes, 1955).

Die Goldman-Gleichung

Wie man das Membranpotential einer Zelle erfaßt, deren Membran nicht nur für Kalium und Chlorid, sondern auch für Natrium permeabel ist, ist zuerst von Goldman[4] und später von Hodgkin und Katz[5] behandelt worden. Die Gleichung für das Membranpotential wird daher auch gelegentlich als **GHK-Gleichung** bezeichnet. Die Ableitung der Gleichung basiert auf der Vorstellung, daß sich bei konstantem Membranpotential die Ladung über der Membran trotz der Leckströme nicht ändern darf. Daher müssen sich alle Leckströme – Natriumeinstrom, Kaliumausstrom und Chloridströme – zu Null addieren. Anderenfalls käme es zu einer ständigen Akkumulation bzw. einem ständigen Verlust von Ladungen und damit zu einer ständigen Drift des Membranpotentials. Da die Größe der Ionenströme davon abhängt, wie leicht die Ionen die Membran passieren können, berücksichtigt die Gleichung die Membranpermeabilität für jedes Ion (p_K, p_{Na} und p_{Cl}) sowie die Ionenkonzentrationen:

$$V_m = 58 \log \frac{p_K[K]_a + p_{Na}[Na]_a + p_{Cl}[Cl]_i}{p_K[K]_i + p_{Na}[Na]_i + p_{Cl}[Cl]_a}$$

Diese Gleichung wird als constant-field-equation oder **Goldman-Gleichung** bezeichnet, weil sie u.a. von der Annahme eines konstanten Spannungsgradienten (oder «Feldes») über der Membran ausgeht. Sie sieht wie die Nernst-Gleichung aus, bei der man alle Ionenarten statt nur einer einzigen einbezogen hat. Diese Ähnlichkeit geht so weit, daß die interne Chloridkonzentration anders als die Kationenkonzentrationen im Zähler und die externe Chloridkonzentration im Nenner erscheint. Die Gleichung unterscheidet sich von der Nernst-Gleichung, weil sie neben den Konzentrationen auch die Permeabilitäten der einzelnen Ionenarten berücksichtigt.

Wenn kein Netto-Chloridstrom über die Membran fließt, kann man die Goldman-Gleichung folgendermaßen schreiben

$$V_m = 58 \log \frac{[K]_a + b[Na]_a}{[K]_i + b[Na]_i}$$

wobei $b = p_{Na}/p_K$ ist. Aus der Gleichung läßt sich ersehen, daß das Membranpotential dann nahe beim Kalium-Gleichgewichtspotential liegt, wenn die Permeabilität für Natrium sehr viel geringer ist als für Kalium (d.h., wenn b sehr klein ist). Wenn umgekehrt die Permeabilität für Natrium relativ hoch ist (b ist groß), liegt das Membranpotential nahe beim Natrium-Gleichgewichtspotential. Insofern stimmt die Gleichung mit unserer intuitiven Erwartung überein. Sie liefert jedoch keine präzise Beschreibung des Ruhepotentials über der Membran, da sie die Ionentransportvorgänge nicht miteinbezieht, die die intrazelluläre Natrium- und Kaliumkonzentration aufrechterhalten.

Aktiver Transport und die Fließgleichgewichts-Gleichung

Den aktiven Transport von Natrium und Kalium durch die Zellmembran wollen wir in Kürze diskutieren. Für den Augenblick genügt es festzuhalten, daß das Haupttransportsystem für die beiden Ionenarten die Na-K-Pumpe ist, die für jeweils drei Natriumionen, die sie aus der Zelle hinausschleust, zwei Kaliumionen hineinschleust. Mit anderen Worten beträgt die Na:K-Kopplungsrate der Pumpe 3:2. Da die Pumpe elektrisch nicht

4 Goldman, D. E. 1943. *Gen. Physiol.* 27: 37–60.
5 Hodgkin, A. L. and Katz, B. 1949. *J. Physiol.* 108: 37–77.

neutral ist, trägt sie direkt zum Membranpotential bei; man spricht daher von einer **elektrogenen Pumpe.**

Die Beziehungen zwischen Ionenpermeabilität, Ionentransport und Membranpotential wurden von Mullins und Noda[6] im Detail bearbeitet. Sie untersuchten mit intrazellulären Mikroelektroden den Einfluß von ionalen Veränderungen auf das Membranpotential von Muskelzellen. Sie betrachteten die Ergebnisse ihrer Experimente in Relation zu einem echten Fließgleichgewichtszustand, bei dem die Netto-Bewegung eines *jeden* Ions durch die Membran gleich Null ist. Um Kalium als Beispiel zu nehmen: Seine Konzentration in der Zelle und im Außenmedium bestimmen E_K. Die Differenz zwischen dem Membranpotential und E_K, zuzüglich der Membranpermeabilität für Kalium entscheidet dann über die Größe des Kalium-Lecks nach außen. Bei einem **Fließgleichgewicht** muß dieses Leck aus der Zelle exakt durch den Transport von Kalium in die Zelle kompensiert werden. Entsprechend muß das resultierende Membranpotential bei gegebenem Konzentrationsgradienten, gegebener Permeabilität und Transportrate im Vergleich zu E_K gerade soweit positiv sein, daß Kaliumionen im selben Maße aus der Zelle lecken, wie sie hineingepumpt werden. Die gleichen Argumente gelten für Natrium.

Solche Überlegungen führen zu folgendem Ausdruck für das Membranpotential:

$$V_m = 58 \log \frac{r[K]_a + b[Na]_a}{r[K]_i + b[Na]_i}$$

wobei b, wie zuvor, das Verhältnis von Natrium- zur Kaliumpermeabilität (p_{Na}/p_K) und r die Kopplungsrate des Transportsystems ($\text{Transport}_{Na}/\text{Transport}_K$) ist. Da der Nettoflux der Ionen, um die es geht, Null ist, können wir diese Beziehung von Mullins und Noda als **Fließgleichgewichts-Gleichung** (steady state equation) bezeichnen. Theoretisch bietet sie eine exakte Beschreibung des Ruhepotentials über der Membran, vorausgesetzt, alle anderen permeablen Ionen (z.B. Chlorid) befinden sich ebenfalls im Fließgleichgewicht.

Anteil des Transportsystems am Membranpotential

Wie beeinflußt die Austauschrate für Natrium in Relation zu Kalium (r) das Fließgleichgewichts-Membranpotential? Wenn Natrium und Kalium im Verhältnis 1:1 ($r = 1$) ausgetauscht werden, ist die Pumpe nicht elektrogen und hat keinen direkten Einfluß auf das Ruhepotential; in diesem Fall entspricht das von der Fließgleichgewicht-Gleichung vorausgesagte Membranpotential dem der Goldman-Gleichung. Wenn Natrium rascher transportiert wird als Kalium ($r1$), wird die Membran hyperpolarisiert, im umgekehrten Fall ($r1$) wird sie depolarisiert. Das Ausmaß des Beitrags, den die Pumpe liefert, hängt von mehreren Faktoren ab, insbesondere von den relativen Ionenpermeabilitäten. Bei einer Austauschrate von 3:2 beschränkt sich der Fließgleichgewichts-Anteil am Ruhepotential auf ca. –11 mV.[7] Wenn der Transportprozeß gestoppt wird, verschwindet der elektrogene Anteil sofort, und das Membranpotential verringert sich im Laufe der Zeit, da Natrium in die Zelle einströmt und Kalium ausströmt.

Unter bestimmten Bedingungen – z.B. nach Ansammlung von überschüssigem Natrium in der Zelle – kann die Pumpe stark aktiviert werden, daß sie Natrium und Kalium mit einer Rate austauschen kann, die deren Leckrate weit übersteigt. So eine Aktivierung kann zu einem großem Kationenausfluß führen, der eine ausgesprochene Hyperpolarisation bewirkt. Diese Hyperpolarisation nimmt erst allmählich wieder ab, wenn die Fließgleichgewichts-Bedingungen wiederhergestellt werden (s. Abb. 7).

Chloridverteilung

Wie lassen sich die Fließgleichgewichts-Bedingungen auf Chlorid anwenden? Wie bereits gezeigt, kann Chlorid seinen Gleichgewichtszustand einfach durch geeignetes Einstellen seiner intrazellulären Konzentration erreichen, ohne das Fließgleichgewicht-Membranpotential zu beeinflussen. In vielen Zellen gibt es jedoch auch Transportsysteme für Chlorid, die wir später im Detail diskutieren wollen. Bei Tintenfischaxonen und in Muskeln wird Chlorid in die Zellen hineintransporttiert, bei vielen Nervenzellen hingegen hinaustransportiert. In beiden Fällen wird die intrazelluläre Chloridkonzentration auf einen Fließgleichgewichts-Wert «hochgepumpt» (bzw. «heruntergepumpt»), so daß das Leck aus der Zelle (bzw. in die Zelle) und der entgegengerichtete aktive Transport einander ausgleichen.[8]

Berechnete Werte für das Membranpotential

Wie läßt sich anhand dieser Überlegungen die Beziehung zwischen Kaliumkonzentration und Membranpotential in Abb. 4 erklären? Dazu setzt man am besten reale Werte in die Gleichungen ein. Beim Tintenfischaxon stehen die relativen Permeabilitätskonstanten für Natrium und Kalium etwa im Verhältnis 0,04:10.[5] Wir können dieses Verhältnis p_{Na}/p_K (b) zusammen mit den Ionenkonzentrationen aus Tabelle 1 einsetzen, um das Ruhepotential über der Membran in Meerwasser zu berechnen:

$$V_m = 58 \log \frac{(1{,}5)10 + (0{,}04)460}{(1{,}5)400 + (0{,}04)50} = -73 \text{ mV}$$

Nach der Goldman-Gleichung erhält man einen kleineren Wert:

6 Mullins, L. J. and Noda, K. 1963. *J. Gen. Physiol.* 47: 117–132.

7 Martin, A. R. and Levinson, S. R. 1985. *Muscle Nerve* 8: 359–362.

8 Martin, A. R. 1979. Appendix to G. Matthews and W. O. Wickelgren. *J. Physiol.* 293: 393–414.

$$V_m = 58 \log \frac{10 + (0{,}04)460}{400 + (0{,}04)50} = -67\,\text{mV}$$

Die Differenz von 6 mV entspricht dem elektrogenen Beitrag des Na-K-Transportsystems.

Die Zahlenbeispiele sind nützlich, um sich quantitativ zu veranschaulichen, warum das Membranpotential nicht dem Nernst-Potential für Kalium folgt, wenn sich die extrazelluläre Kaliumkonzentration ändert (s. Abb. 4). Wenn wir uns im Zähler der Goldman-Gleichung die Größe der extrazellulären Kaliumkonzentration (10 mM) und der effektiven Natriumkonzentration (0,04 × 460 = 18,4 mM) ansehen, erkennen wir, daß Kalium nur etwa 35% der Gesamtkonzentration ausmacht. Daher verdoppelt sich der Zähler bei Verdopplung der externen Kaliumkonzentration nicht (wie es nach der Nernst-Gleichung der Fall wäre); infolgedessen wirken sich Änderungen der extrazellulären Kaliumkonzentration schwächer auf das Potential aus, als man erwarten würde, wenn Kalium das einzige permeable Ion wäre. Erst wenn die externe Kaliumkonzentration hoch genug steigt, wird der Kalium-Term so dominant, daß sich die Relation dem theroretischen Wert von 58 mV pro Konzentrationsänderung um eine Zehnerpotenz nähert (Abb. 4). Dieser Effekt wird durch einen weiteren Faktor verstärkt, der bisher noch nicht angesprochen wurde: Die Ionenpermeabilitäten sind nicht konstant. Insbesondere werden spannungssensitive Kaliumkanäle aktiviert, wenn die Membran depolarisiert ist. Wegen der erhöhten Kaliumpermeabilität verringert sich der relative Beitrag von Natrium (in der Gleichung durch b repräsentiert) zum Membranpotential.

Zusammenfassend kann man sagen, daß die Membranen realer Nervenzellen für Natrium, Kalium und Chlorid permeabel sind. Natrium- und Kaliumkonzentrationen innerhalb der Zellen werden durch einen elektrogenen Na-K-Transportmechanismus konstant gehalten, bei dem drei Natriumionen gegen zwei Kaliumionen ausgetauscht werden. Chlorid befindet sich in einigen Nervenzellen im Gleichgewicht; bei anderen wird es ein- bzw. ausgeschleust. Diese Fakten sind in Abb. 5 zusammengetragen, in der die relativen Größen und Richtungen der passiven und aktiven Kationenströme in einem Neuron im Ruhezustand gezeigt werden.

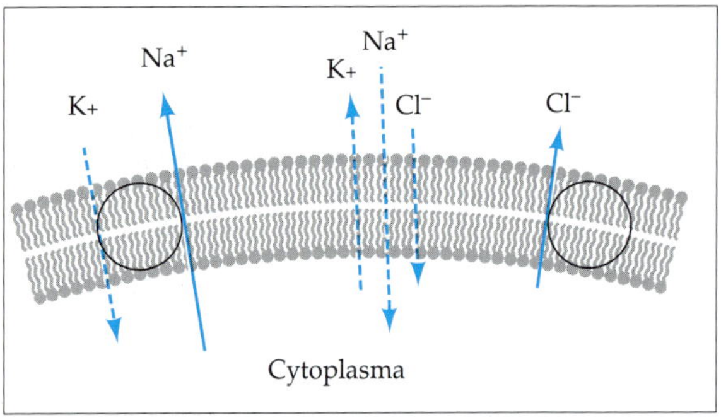

Abb. 5: **Leckströme und Pumpen einer Zelle im Fließgleichgewicht.** Passive Netto-Ionenbewegungen sind mit gestrichelten Pfeilen angedeutet, Transportsysteme mit durchgezogenen Pfeilen und Kreisen. Die Länge der Pfeile symbolisiert die Größe der Nettobewegungen. Der Gesamtfluß ist für jedes einzelne Ion Null. Beispielsweise entspricht der Netto-Natrium-Leckstrom in die Zelle der Natrium-Transportrate aus der Zelle. Na- und K-Transport sind im Verhältnis 3:2 gekoppelt.

Ein elektrisches Modell der Ruhemembran

Bisher haben wir das Membran-Ruhepotential in Abhängigkeit von Ionenkonzentrationen und Permeabilitäten besprochen. Dieselben Prinzipien lassen sich mit einem Ersatzschaltbild der Membran auf ganz andere Weise veranschaulichen (Abb. 6). Die Konzentrationsverhältnisse der wichtigsten Ionen sind durch ihre **Gleichgewichtspotentiale** (E_K, E_{Na} und E_{Cl}), die Ionenpermeabilitäten durch die **Leitfähigkeiten** ausgedrückt. Membranleitfähigkeit für ein gegebenes Ion (g_{Na},g_K oder g_{Cl}) ist einfach die Summe der Leitfähigkeiten aller offenen Kanäle, die für das betreffende Ion durchlässig sind sind. In dem Ersatzschaltbild wird das Natrium-Leck durch die Ruhemembran als Natriumstrom (i_{Na}) dargestellt, der dem Netto-Ionenflux durch die Natriumkanäle proportional ist. Dieser Strom hängt von zwei Faktoren ab: (1) von der Natrium-Leitfähigkeit (g_{Na}) und (2) vom Antriebspotential, d.h. von der Differenz zwischen dem Membranpotential und dem Natrium-Gleichgewichtspotential ($V_m - E_{Na}$). Daher gilt für Natrium:

$$i_{Na} = g_{Na}(V_m - E_{Na})$$

Entsprechend gilt für Kalium:

$$i_K = g_K(V_m - E_K)$$

und für Chlorid:

$$i_{Cl} = g_{Cl}(V_m - E_{Cl})$$

Diese Ströme entsprechen den Ionenflüssen durch die Zellmembran, die in Abb. 5 mit gestrichelten Pfeilen bezeichnet sind sind. Im Ersatzschaltbild werden sie als durch Batterien und Widerstände (d.h. Leitfähigkeiten) hervorgerufene Ströme innerhalb der Membran symbolisiert. Es ist wichtig zu beachten, daß i_{Na} unter normalen Ruhebedingungen negativ ist, wodurch nach allgemeiner Übereinkunft ein *einwärts* gerichteten Strom durch die Membran gekennzeichnet ist. i_K hingegen ist gewöhnlich *auswärts* gerichtet und daher positiv. Wie bereits erwähnt, kann der Chloridflux und daher auch i_{Cl} je ach Transportrichtung in beide Richtungen stattfinden (oder auch Null sein).

Um das elektrische Ersatzschaltbild in Abb. 6 zu vervollständigen, wird ein aktiver Transportmechanismus ($T_{Na;K}$, Funktion: lädt die Batterien) eingeführt. Er entspricht der Natrium-Kalium-Pumpe in Abb. 5. Zur Vereinfachung ignorieren wir den Chloridtransport. Die Na-K-Pumpe erzeugt die Ionenströme $i_{T(Na)}$ und $i_{T(K)}$. Im Fließgleichgewicht müssen beide entgegengerichtet gleich groß wie die korrespondierenden Leckströme sein. Daher gelten für Natrium und Kalium:

$$i_{T(Na)} = -g_{Na}(V_m - E_{Na})$$

$$i_{T(K)} = -g_K(V_m - E_{KI})$$

Mit diesen beiden einfachen Beziehungen gelangt man zum Membranpotential der Zelle im Modell. Wenn wir eine Gleichung durch die andere dividieren, können wir schreiben:

$$\frac{i_{T(Na)}}{i_{T(K)}} = \frac{-g_{Na}(V_m - E_{Na})}{-g_K(V_m - E_K)}$$

Wenn wir das Verhältnis der Leitfähigkeiten von Natrium und Kalium (g_{Na}/g_K) mit *b'* (numerisch verschieden vom Permeabilitätsquotienten *b*) und die Transportrate mit *-r* (negativ, weil die Ionen in entgegengesetzte Richtungen transportiert werden) bezeichnen, dann folgt

$$-r = b'\frac{(V_m - E_{Na})}{(V_m - E_K)}$$

und nach Umformen

$$V_m = \frac{rE_K + b'E_{Na}}{r + b'}$$

Das ist das elektrische Äquivalent der Fließgleichgewichts-Gleichung von Mullins und Noda, wobei Gleichgewichtspotentiale an die Stelle von Konzentrationen und Leitfähigkeiten an die Stelle von Permeabilitäten getreten sind. Das elektrische Äquivalent der Goldman-Gleichung kann man einfach dadurch gewinnen, daß man $r = 1$ setzt:

$$V_m = \frac{E_K + b'E_{Na}}{1 + b'}$$

Welche Ionenkanäle spielen beim Ruhepotential eine Rolle?

Die Ruheleitfähigkeiten der Membranen für Natrium, Kalium und Chlorid sind für viele Nervenzellen bestimmt worden. Es ist jedoch erstaunlich, daß keine präzise Identifizierung aller dieser Kanäle, die der Ruheleitfähigkeit zugrundeliegen, in einer einzelnen Zelle gelungen ist. Man hat eine große Anzahl von Kaliumkanälen identifiziert (Kap. 4); viele von ihnen werden durch Änderungen des Membranpotentials oder durch verschiedene chemische Liganden aktiviert. Kandidaten für derartige Liganden, die in der Ruhemembran aktiv sind, variieren von Zelle zu Zelle. Unter den Kanälen, die zur Kalium-Ruheleitfähigkeit der Zelle beitragen, sind einige, die durch intrazelluläre Kationen aktiviert werden: Natrium- und Calcium-aktivierte Kaliumkanäle. Zusätzlich besitzen viele Nervenzellen **M-Kanäle,** die im Ruhezustand offen sind und durch intrazelluläre Botenstoffe geschlossen werden. Es ist unwahrscheinlich, daß ein großer Teil der spannungsaktivierten Kaliumkanäle (**verzögerte Gleichrichter** und **A-Kanäle**) in Ruhe geöffnet sind, dennoch wären nur 0,1 bis 1% der Gesamtzahl erforderlich, um einen bedeutenden Teil der Ruheleitfähigkeit zu erklären.[9]

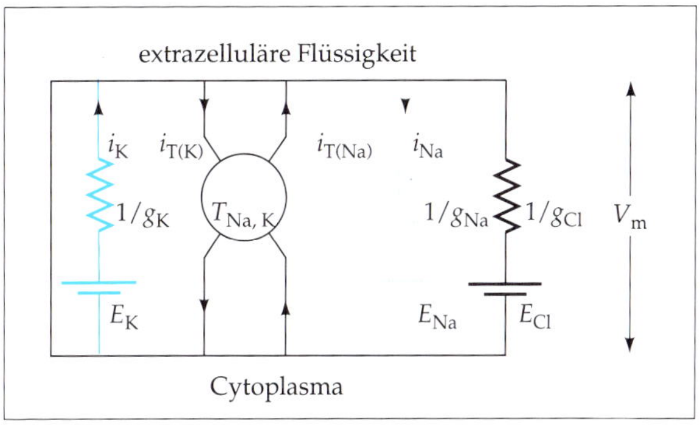

Abb. 6: **Elektrisches Ersatzschaltbild einer Zellmembran im Fließgleichgewicht.**. E_K, E_{Na} und E_{Cl} sind die Nernst-Potentiale für die einzelnen Ionen. Die zugehörigen Ionenleitfähigkeiten werden durch Widerständen symbolisiert (wobei der Widerstand für jedes Ion $1/g$ ist). Die Ionenströme i_K und i_{Na} sind entgegengesetzt gleich groß wie die Ströme $i_{T(K)}$ und $i_{T(Na)}$, die von der Pumpe durch aktiven Transport, $T_{Na,K}$, erzeugt werden. Der Nettoflux eines jeden Ions durch die Membran ist daher Null. Das sich daraus ergebende Membranpotential ist V_m. Aus Gründen der Einfachheit wird angenommen, daß $E_{Cl}=V_m$ und somit $i_{Cl}=0$ ist.

Die genaue Ursache der Natrium-Ruheleitfähigkeit von Nervenzellen ist ebenfalls noch unklar. Ein Teil der Leitfähigkeit läßt sich auf die Bewegung von Natrium durch Kaliumkanäle zurückführen, von denen die meisten ein Natrium/Kalium-Permeabilitätsverhältnis zwischen 0,01 und 0,03 aufweisen.[10] Zusätzlich scheint Natrium durch Kationenkanäle mit geringer Selektivität nach innen und Kalium nach außen zu gelangen. [11,12] Schließlich konnte gezeigt werden, daß Tetrodotoxin einen Teil der Ruheleitfähigkeit für Natrium blockiert. Das weist auf einen Beitrag spannungsaktivierter Natriumkanäle hin.[9]
In Neuronen des Zentralnervensystems lassen sich möglicherweise bis zu 10% der Ruheleitfähigkeit auf Chloridkanäle zurückführen[13], und man hat Kanäle gefunden, die diese Leitfähigkeit vermutlich verusachen.[14]

Aktiver Transport von Ionen

Die Na-K-Pumpe

Die Funktionsfähigkeit von Nervenzellen wird durch einen ständigen Transport von Natrium und Kalium gegen ihren elektrochemischen Gradienten durch die Zellmembran aufrechterhalten. Diese Daueraufgabe fällt der

9 Edwards, C. 1982. *Neuroscience* 7: 1335–1366.
10 Hille, B. 1992. *Ionic Channels of Excitable Membranes*, 2nd ed. Sinauer, Sunderland, MA. p. 352.
11 Yellen, G. 1982. *Nature* 296: 357–359.
12 Chua, M. and Betz, W. J. 1991. *Biophys. J.* 59: 1251–1260.
13 Gold, M. R. and Martin, A. R. 1983. *J. Physiol.* 342: 99–117.
14 Krouse, M. E., Schneider, G. T. and Gage, P. W. 1986. *Nature* 319: 58–60.

Na-K-Pumpe zu, die erforderliche Energie stammt aus der hydrolytischen Spaltung von Adenosintriphosphat (ATP). Es konnte gezeigt werden, daß die Phosphatase selbst ein integraler Bestandteil des Ionentransportsystems ist. Die Eigenschaften dieses Enzyms sind in einem Übersichtsartikel von Skou kurz zusammengefaßt worden.[15] Das Enzym besteht aus zwei molekularen Untereinheiten: α mit einem Molekulargewicht von ca. 100 kD und β mit ca. 38 kD. Das aktive Enzym scheint in der Membran als Tetramer vorzuliegen $(\alpha\beta)_2$. Die Stöchiometrie des Enzyms entspricht den Transporteigenschaften: Für jedes gespaltene ATP-Molekül werden im Mittel drei Natrium- und zwei Kaliumionen gebunden. Dabei ist die Spezifität für Natrium sehr groß: Es ist das einzige Substrat, das für einen Netto-Transport nach außen akzeptiert wird. Umgekehrt ist es auch das einzige monovalente Kation, das *nicht* nach innen transportiert wird. Lithium, Ammonium, Rubidium, Caesium und Thallium können Kalium in der Außenlösung ersetzen, aber nicht Natrium im Inneren der Zelle. Es ist im übrigen nicht unbedingt erforderlich, daß Kalium in der Außenlösung vorhanden ist. Fehlt es, so transportiert die Pumpe Natrium «ungekoppelt» mit ca. 10% der normalen Kapazität nach außen. Das Transportsystem läßt sich spezifisch mit Digitalis-Glykosiden, besonders Ouabain und Strophantidin, blockieren.

Beide, die α- und die β-Unterheit, sind sequenziert worden,[16,17] und man hat verschiedene Modelle für ihre Tertiärstruktur entworfen. Die α-Untereinheit weist sechs hydrophobe Hauptregionen auf, die transmembrane Helices bilden können; bei der β-Untereinheit gibt es nur eine solche Region. Es sind verschiedene Möglichkeiten für den Transportmechanismus vorgeschlagen worden. Bei allen spielt das abwechselnde Freilegen von Natrium- und Kalium-Bindungsstellen (wahrscheinlich innerhalb einer kanalartigen Struktur) im Außen- und im Innenmedium eine Rolle. Die zyklischen Konformationsänderungen werden durch Phosphorylierung und Dephosphorylierung des Proteins angetrieben, sie sind von Änderungen der Bindungsaffinität für die beiden Ionen begleitet. Natrium wird, während die intrazelluläre Bindungsstelle freiliegt, gebunden und anschließend in der Extrazellularflüssigkeit wieder freigesetzt; Kalium wird bei extrazellulärer Exposition der Bindungsstelle gebunden und im Cytoplasma freigesetzt.

Experimentelle Beweise für eine elektrogene Pumpe

Der Transport von Natrium und Kalium wurde von Hodgkin, Keynes und ihre Kollegen[18,19] am Tintenfischaxon, von Thomas am Schneckenneuron analysiert.[20,21] Um die Verhältnisse zwischen intrazellulärer Natriumkonzentration, Pumpenstrom und Membranpotential zu untersuchen, benutzte Thomas zwei intrazelluläre Pipetten, mit denen er Ionen in die Zelle einbringen konnte. Die eine war mit Natriumacetat, die andere mit Lithiumacetat gefüllt (Abb. 7 A). Eine dritte intrazelluläre Pipette wurde zum Messen des Membranpotentials verwendet. Eine vierte Pipette diente als Stromelektrode bei voltage clamp-Experimenten (Kap. 4), und mit einer fünften aus Natrium-sensitivem Glas wurde die intrazelluläre Natriumkonzentration überwacht. Um Natrium zu injizieren, wurde die natriumgefüllte Pipette gegen die Lithium-Pipette positiv aufgeladen. Daher floß der applizierte Strom im Injektionssystem zwischen den beiden Pipetten, ohne die Zellmembran zu kreuzen. Das Ergebnis einer solchen Natrium-Injektion ist in Abb. 7 B zu sehen. Nach einer kurzen Injektion wurde die Zelle um etwa 20 mV hyperpolarisiert; sie erholte sich anschließend langsam im Zeitraum von mehreren Minuten. Lithiuminjektion (durch eine positive Lithiumpipette) erbrachte keine Hyperpolarisation.

Aufgrund verschiedener Schlußfolgerungen ließ sich zeigen, daß die Potentialänderung nach der Natrium-Injektion auf die Tätigkeit einer Natriumpumpe und nicht auf Veränderungen der Membranpermeabilität beruhte. Beispielweise nahm der Eingangswiderstand der Zelle nicht ab, wie man es erwarten würde, wenn die Hyperpolarisation das Ergebnis einer erhöhten Kalium- oder Chloridpermeabilität wäre. Die Hyperpolarisation ließ sich jedoch durch Zugabe des Transportinhibitors Ouabain in die Badlösung stark verringern bzw. ganz unterdrücken (Abb. 7 C), wie zu erwarten, wenn sie auf der Pumpenaktivität beruht. Gleichermaßen hatte die Injektion von Natrium wenig Einfluß auf das Potential, wenn im Außenmedium Kalium fehlte. Gab man nach der Injektion jedoch Kalium zu, ergab sich sofort eine Hyperpolarisation (Abb. 7 D).

Mit Hilfe von voltage clamp-Experimenten, bei denen der Membranstrom bei konstant gehaltenem (geklemmten) Membranpotential gemessen wurde, ließen sich die Pumpenrate und das Austauschverhältnis quantitativ abschätzen. Gleichzeitig wurde die intrazelluläre Natriumkonzentration überwacht. Auf eine Natrium-Injektion erfolgte ein nach außen gerichteter Strom, dessen Amplitude und Dauer sich nach der intrazellulären Natriumkonzentration richtete (Abb. 7 E). Die Gesamtladung, die aus der Zelle befördert wurde, wurde durch Integration des Gesamt-Membranstromes bestimmt. Sie betrug nur etwa ein Drittel der in Form von Natriumionen injizierten Ladungen. Das stimmte mit der Vorstellung überein, daß für jeweils drei Natriumionen, die aus der Zelle gepumpt werden, zwei Kaliumionen eingeschleust werden.

Aktiver Transport von Chlorid und Hydrogencarbonat

Es wurde bereits erwähnt, daß Chlorid in die Nervenzellen hinein oder aus ihnen heraus transportiert werden kann. Gleichzeitig kommt es zu Verschiebungen anderer

15 Skou, J. C. 1988. *Methods Enzymol.* 156: 1–25.
16 Kawakami et al. 1985. *Nature* 316: 733–736.
17 Noguchi et al. 1986. *FEBS Letters* 196: 315–320.
18 Hodgkin, A. L. and Keynes, R. D. 1955. *J. Physiol.* 128: 28–60.
19 Baker, P. F. et al. 1969. *J. Physiol.* 200: 459–496.
20 Thomas, R. C. 1969. *Physiol.* 201: 495–514.
21 Thomas, R. C. 1972. *J. Physiol.* 220: 55–71.

Abb. 7: **Auswirkung von Natriuminjektionen.** Änderungen der intrazellulären Natriumkonzentration, des Membranpotentials und des Membranstroms nach Natriuminjektion in ein Schneckenneuron. (A) Natrium wird durch Stromfluß zwischen zwei Elektroden injiziert, von denen die eine mit Natriumacetat, die andere mit Lithiumacetat gefüllt ist (s. Text). Eine Natrium-sensitive Elektrode mißt $[Na]_i$, zwei weitere Elektroden registrieren das Membranpotential und schicken Strom durch die Membran für voltage clamp-Ableitungen (E). (B) Hyperpolarisation der Membran nach Natriuminjektion in die Zelle. (Die kleinen, schnellen Auslenkungen sind spontan auftretende Aktionspotentiale, deren Amplitude aufgrund der Trägheit des Schreibers verringert ist.) Injektion von Lithium führt nicht zu einer Hyperpolarisation. (C) Nach Ouabain-Zugabe (20 µg/ml), die die Natriumpumpe blockiert, ist die Hyperpolarisation nach Natriuminjektion stark reduziert. (D) Entfernt man Kalium aus dem Außenmedium, wird die Pumpe blokkiert, so daß nach Natriuminjektion solange keine Hyperpolarisation auftritt, bis der Kaliumspiegel wiederhergestellt ist. (E) Voltage clamp-Ableitungen. Natriuminjektion führt zu einer erhöhten intrazellulären Natriumkonzentration und zu einem Natriumausstrom. Die scharfen Einbrüche bei der Aufzeichnung der Natriumkonzentration sind vom Injektionssystem hervorgerufene Artefakte. Der Zeitverlauf der Konzentrationsänderung ist durch die gepunktete Linie dargestellt (nach Thomas, 1969).

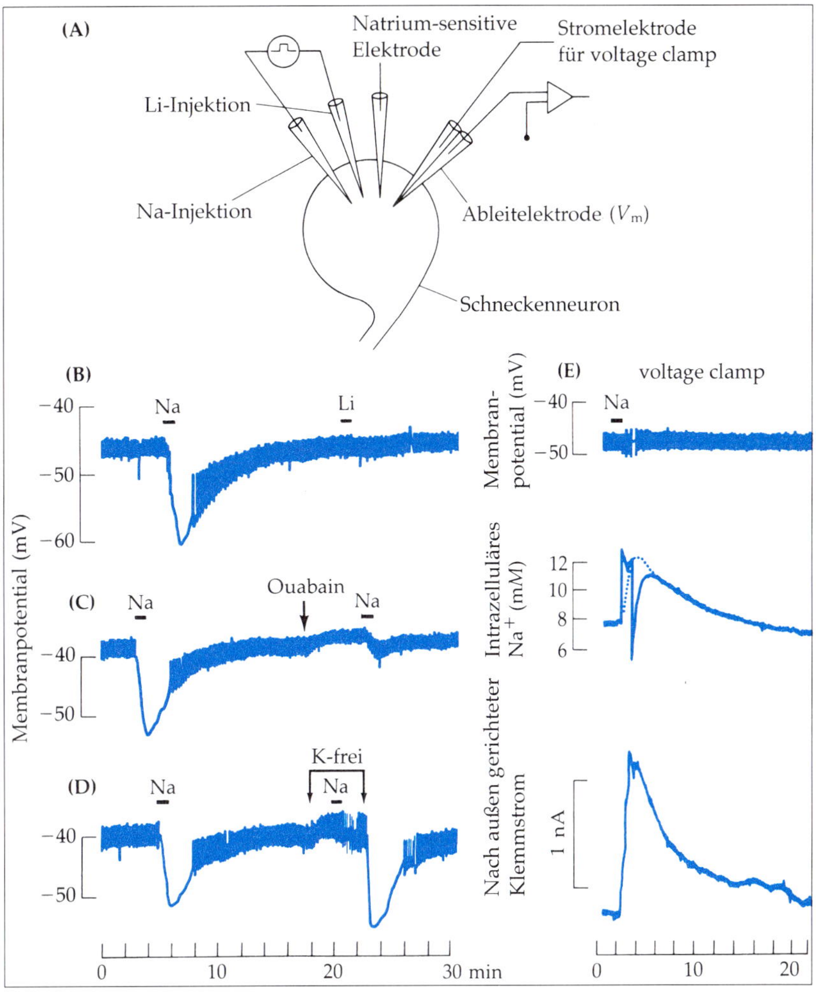

Ionen. In Neuronen, bei denen Chlorid aus der Zelle geschleust wird, ist die Auswärtsbewegung mit einen Einwärtstransport von Hydrogencarbonat verbunden. Ein solcher Chlorid-Hydrogencarbonat-Austauschmechanismus findet sich in einer Reihe von Zelltypen; er ist von Thomas als Mechanismus für die intrazelluläre pH-Regulation in Schneckenneuronen untersucht worden.[22] Wurde das Cytoplasma (mit CO_2 oder intrazellulären HCl-Injektionen) angesäuert, so dauerte die Erholungsphase länger, wenn die extrazelluläre Hydrogencarbonat-Konzentration verringert oder das intrazelluläre Chlorid erschöpft war. Weiterhin fand praktisch keine Erholung mehr statt, wenn man das gesamte Natrium aus dem Außenmedium entfernte. Daraus ließ sich schließen, daß es beim Erholungsprozeß zu einer nach innen gerichteten Bewegung von Natrium und Hydrogencarbonat im Austausch gegen Chlorid kommt. Solch ein Austauschmechanismus existiert in einer Reihe von Zelltypen; er wird von 4-Aceto-4'-isothiocyanostilben-2,2'-disulfonsäure (SITS) und einer verwandten Verbindung, DIDS, gehemmt. Obwohl beide Anionen gegen ihren elektrochemischen Gradienten transportiert werden, beruht der Austauschmechanismus nicht auf einer ATPase. Stattdessen scheint die erforderliche Energie aus dem passiven Einstrom von Natrium entlang seines elektrochemischen Gradienten zu stammen.

Ein nach außen gerichteter, SITS-unempfindlicher Chloridtransportmechanismus ist bei cortikalen Säugerneuronen beobachtet worden.[23] In diesem System scheinen Chlorid und Kalium im Cotransport aus der Zelle herausgeschleust zu werden. Ob die beiden Ströme mit einem einwärts gerichteten Natriumstrom gekoppelt sind, ist noch unklar.

Sekundärer aktiver Transport

Beim Beschreiben des Chlorid-Hydrogencarbonat-Austauschmechanismus haben wir eine neue Vorstellung in unsere Betrachtungen der Eigenschaften von Zellmem-

22 Thomas, R. C. 1977. *J. Physiol.* 273: 317–338.

23 Thompson, S. M., Deisz, R. A. and Prince, D. A. 1988. *Neurosci.* Lett. 89: 49–54.

branen eingebracht, nämlich die des **sekundären aktiven Transports**, bei dem der elektrochemische Gradient für Natrium dazu benutzt wird, andere Ionen gegen ihren eigenen elektrochemischen Gradienten durch die Membran zu transportieren. Obwohl ein Großteil des ständigen Natriumeinstroms in die Zelle einfach passiv durch Kanäle erfolgt, gelangt eine bestimmte Menge Natrium auch durch solche gekoppelten Transportmechanismen nach innen. Die Mechanismen hängen vom Natriumgradienten ab; sie können daher nur funktionieren, wenn dieser von der Na-K-ATPase aufrecht erhalten wird. In der Regel sind solche Mechanismen elektrisch neutral, d.h., es findet kein Nettotransport von Ladungen durch die Membran statt. Diese Neutralität wird durch eine geeignete Stöchiometrie erreicht, z.B. durch Transport eines Natriumions und zweier Hydrogencarbonationen in die Zelle hinein für jedes aus der Zelle geschleuste Chlorid. Ein einfacheres Beispiel liefert liefert das 1:1-Verhältnis des Natrium-Wasserstoffaustausches, der ebenfalls zur Aufrechterhaltung des intrazellulären pH-Wertes beiträgt.[24] Protonen werden gegen ihren elektrochemischen Gradienten aus der Zelle geschafft. Im Austausch gelangt Natrium nach innen.

Chloridtransport in die Zelle

In einigen Zellen, wie z.B. Muskelfasern und Tintenfischaxonen, wird Chlorid aktiv akkumuliert. Wie Russell zeigen konnte, erfordert der einwärts gerichtete Chloridtransport beim Tintenfischaxon sowohl Natrium als auch Kalium in der Badlösung.[25] Es scheint, daß für den Eintritt von jeweils zwei Natriumionen drei Chloridionen und ein Kaliumion in die Zelle geschleust werden, d.h. es existiert ein Na:K:Cl-Verhältnis von 2:1:3.[26] Der Natriumflux liefert auch hier die notwendige Energie für den Transport der anderen Ionen gegen ihren elektrochemischen Gradienten. Dieses Chlorid-Transportsystem reagiert nicht auf DIDS, wird aber von Furosemid und Bumetamid blockiert, Substanzen, von denen man weiß, daß sie den Chloridtransport in anderen Geweben, z.B. in den Zellen der Nierentubuli, blockieren.

Regulation der intrazellulären Calciumkonzentration

Wie wir später noch sehen werden, spielen Änderungen der intrazellulären Calciumkonzentration bei vielen neuronalen Prozessen, wie dem Auslösen von Aktionspotentialen, der Freisetzung von Neurotransmittern an Synapsen, der Initiierung postsynaptischer Leitfähigkeitsänderungen und der Antwort von Photorezeptoren, eine wichtige Rolle. Zusätzlich spielt Calcium eine Hauptrolle beim Auslösen von Muskelkontraktionen. Man hat die intrazellulären Konzentrationen von freiem Calcium durch Injektion von Molekülen wie Aequorin[27] oder FURA2[28] gemessen, die in Gegenwart von ionisiertem Calcium Licht emittieren oder absorbieren. Die Absorption oder Fluoreszenz, die von der Calciumkonzentration abhängt, wird dann mit höchst empfindlichen optischen Techniken registriert. Bei Tintenfischaxonen und verschiedenen anderen Neuronen schwankt die intrazelluläre Konzentration von freiem Calcium im Ruhezustand zwischen 10 und 100 nM. Die extrazelluläre Calciumkonzentration liegt im Tintenfischblut bei etwa 10 mM (Tab. 1), in der interstitiellen Flüssigkeit von Vertebraten zwischen 2 und 5 mM. Um die niedrige intrazelluläre Konzentration aufrecht zu erhalten, muß Calcium gegen einen sehr großen elektrochemischen Gradienten aus der Zelle transportiert werden.

Zwei Transportsysteme sind hauptsächlich für das Ausschleusen des Calciums aus dem Cytoplasma durch die Zellmembran verantwortlich.[29,30] Das erste ist eine ATPase, die durch Calcium aktiviert wird, wobei Magnesium ein notwendiger Cofaktor für die ATP-Bindung ist. Das Enzym wird als Ca-Mg-ATPase bezeichnet. Es weist eine hohe Calciumaffinität auf ($K_{m(Ca)} < 300$ nM) und transportiert ein Calciumion für jedes hydrolysierte ATP aus der Zelle. Das Enzym ist im allgemeinen jedoch nur in geringen Mengen in der Plasmamembran vorhanden, so daß die Transportkapazität klein ist. Dennoch dient es dazu, die niedrige Calciumkonzentration im Cytoplasma ruhender Zellen aufrechtzuerhalten.

Die zweite Möglichkeit, Calcium aus der Zelle zu schaffen, ist der Natrium-Calcium-Austausch, der vom elektrochemischen Gradienten für Natrium angetrieben wird. Das System weist eine geringere Affinität für Calcium auf ($K_{m(Ca)} \leq 1{,}0$ µM), doch eine rund 50 mal größere Transportkapazität. Bei den meisten Zellen verläßt ein Calciumion im Austausch gegen drei hineinkommende Natriumionen die Zelle.[31] Es handelt sich also um einen elektrogenen Austausch; bei jedem Zyklus gelangt eine positive Ionenladung nach innen. Dieses Austauschsystem kommt bei erregbaren Zellen dann ins Spiel, wenn der Calciumeinstrom aufgrund der elektrischen Aktivität die Transportkapazitäten der ATPase übersteigt.

Umkehr des Natrium-Calcium-Austausches

Im allgemeinen kann man Ionen-Austauschmechanismen dazu bringen, rückwärts zu laufen, indem man einen oder mehrere der am Austausch beteiligten Ionengradienten verändert bzw. umkehrt. Interessanterweise kann beim Natrium-Calcium-Austausch eine solche Richtungsumkehr auch unter physiologischen Bedingungen leicht auftreten. In diesem Fall wird Calcium

24 Moody, W. J. 1981. *J. Physiol.* 316: 293–308.
25 Russell, J. M. 1981. *J. Gen. Physiol.* 81: 909–925.
26 Altamirano, A. A. and Russell, J. M. 1987. *J. Gen. Physiol.* 89: 669–686.
27 Baker, P. F., Hodgkin, A. L. and Ridgeway, E. B. 1971. *J. Physiol.* 218: 709–755.
28 Tsien, R. Y. 1988. *Trends Neurosci.* 11: 438–443.
29 Blaustein, M. P. 1988. *Trends Neurosci.* 11: 438-443.
30 Carafoli, E. 1988. *Methods Enzymol.* 157: 3–11.
31 Caputo, C., Bezanilla, F. and DiPolo, R. 1989. *Biochim. Biophys. Acta* 986: 250–256.

durch das System *eingeschleust* und Natrium nach außen transportiert. Die Transportrichtung wird einfach danach festgelegt, ob die Energie, die durch das Einschleusen von drei Natriumionen geliefert wird, größer oder kleiner ist als die Energie, die zum Ausschleusen eines Calciumions benötig wird. Ein Faktor, der diese Energiebilanz bestimmt, ist das Membranpotential der Zelle. Die Energie, die beim Natriumeintritt frei wird (oder die beim Ausschleusen verbraucht wird), entspricht der Ladungsmenge, die sich über die Membran bewegt, multipliziert mit dem Antriebspotential für diese Bewegung oder, mit anderen Worten, sie entspricht der Ladung, multipliziert mit der Differenz aus Natrium-Gleichgewichtspotential (E_{Na}) und Membranpotential (V_m). Bei drei Natriumionen sind das: $3(E_{Na} - V_m)$. Entsprechend beträgt die Energie für ein einzelnes (zweiwertiges) Calciumion $2(E_{Ca} - V_m)$. Wenn die Energien genau übereinstimmen, wenn

$$3(E_{Na} - V_m) = 2(E_{Ca} - V_m)$$

oder (nach Umformen)

$$V_m = 3E_{Na} - 2E_{Ca}$$

ist, findet kein Austausch statt. Nehmen wir nun an, eine Nervenzelle weist im Zellinneren eine Natriumkonzentration von 15 mM und eine Calciumkonzentration von 100 nM auf. Sie befindet sich in einer Badlösung, die 150 mM Natrium und 2 mM Calcium enthält. Das sind vernünftige physiologische Werte für Säugerzellen. Das Gleichgewichtspotential beträgt für Natrium +58 mV, für Calcium +124 mV. Die Ionenbewegung durch den Austauscher kommt zum Stillstand, wenn $V_m = -74$ mV ist. Bei negativeren Membranpotentialen wird Natrium durch das System eingeschleust und Calcium aus der Zelle heraustransportiert. Bei weniger negativen Potentialen dringt Calcium ein, und Natrium wird hinausbefördert. (Der Leser, der dieselbe Rechnung mit den Ionenverteilungen aus Tabelle 1 für Tintenfischaxone in Meerwasser durchführen möchte, wird feststellen, daß es erst bei einem Membranpotential negativer als –121 mV zu einem Caciumausstrom kommt!) Der Wert von –74 mV liegt im Bereich des Ruhepotentials vieler Zellen, so daß Ionenbewegungen durch dieses Austauschsystem gegebenenfalls in die eine oder andere Richtung ablaufen können, abhängig vom Membranpotential und davon, ob es vorher zu einer Natrium- oder Calciumanhäufung gekommen ist.

Beim Herzmuskel trägt der Calciumeinstrom durch das Natrium-Calcium-Austauschersystem während des Aktionspotentials möglicherweise zur Aktivierung kontraktiler Prozesse bei.[32] Der Calciumausstrom durch dasselbe System nach der Repolarisierung ist vermutlich für die Erschlaffung wichtig.[33] Diese theoretischen und experimentellen Betrachtungen lassen vermuten, daß die Rolle des Natrium-Calcium-Austauschersystems über einen reinen Calciumtransport aus der Zelle hinausgeht und die bidirektionale Natur des Systems möglicherweise bedeutende physiologische Konsequenzen hat.

Obwohl die cytoplasmatische Konzentration an freiem Calcium sehr niedrig ist, muß man berücksichtigen, daß die Neuronen große Calciummengen in ihren Organellen, insbesondere dem endoplasmatischen Retikulum, enthalten. In Tintenfischaxonen beträgt die Konzentration an gebundenem Calcium beispielsweise rund 50 μM, das ist das 500fache Konzentration an freiem Calcium (Tab. 1). Eine Reihe neuronaler Funktionen wird durch die Freisetzung von Calcium aus diesen intrazellulären Vorratslagern gesteuert (Kap. 8).

Zusammenfassend kann man sagen, daß intrazelluläre Ionenkonzentrationen durch mehrere verschiedene Transportmechanismen reguliert werden. Natrium- und Kaliumkonzentrationen werden von der Na-K-ATPase aufrecht erhalten. Auf ähnliche Weise trägt die Ca-Mg-ATPase zum Erhalt der niedrigen Calciumkonzentration in der Zelle bei. Die übrigen Transportsysteme werden vom elektrochemischen Gradienten für Natrium statt durch direkte ATP-Spaltung angetrieben. Dennoch hängen sie alle auf lange Sicht von der Na-K-ATPase ab. Bei sekundären Transportsystemen ist die Eimwärtsbewegung von Natrium je nachdem mit einem Chlorid-Hydrogencarbonat-Austausch, einem Cotransport von Chlorid und Kalium nach innen, einem Transport von Protonen nach außen oder dem Calciumtransport nach außen gekoppelt. Von allen diesen Systemen ist nur der Natrium-Calcium-Austausch elektrogen, doch die Ionenströme, die dabei auftreten, sind so klein, daß man ihren Anteil am Ruhepotential vernachlässigen kann.

Empfohlene Literatur

Allgemeines

Junge, D. 1992. *Nerve and Muscle Excitation*, 3rd ed. Sinauer, Sunderland, MA. Chapters 1–3.

Läuger, P. 1991. *Electrogenic Ion Pumps*. Sinauer, Sunderland, MA.

Übersichtsartikel

Blaustein, M. P. 1988. Calcium transport and buffering in neurons. *Trends Neurosci.* 11: 438–443.

Skou, J. C. 1988. Overview: The NA,K pump. *Methods Enzymol.* 156: 1–25.

Tsien, R. Y. 1988. Fluorescent measurement and photochemical manipulation of cytosolic free calcium. *Trends Neurosci.* 11: 419–424.

Originalartikel

Hodgkin, A. L. and Horowitz, P. 1959. The influence of potassium and chloride ions on the membran potential of single muscle fibres. *J. Physiol.* 148: 127–160.

Hodgkin, A. L. and Katz, B. 1949. The effect of sodium ions on the electrical activity of the giant axon of the squid. *J. Physiol.* 108: 37–77. (Die Ableitung der Goldmann-Gleichung ist im Anhang A dieser Veröffentlichung enthalten.)

Mullins, L. J. and Noda, K. 1963. The influence of sodium-free solutions on membrane potential of frog muscle fibres. *J. Gen. Physiol.* 47: 117–132.

Russell, J. M. 1983. Cation-coupled chloride influx in squid axon. Role of potassium and stoichiometry of the transport process. *J. Gen. Physiol.* 81: 909–925.

Thomas, R. C. 1969. Membrane currents and intracellular sodium changes in a snail neurone during extrusion of injected sodium. *J. Physiol.* 201: 495–514.

Thomas, R. C. 1977. The role of bicarbonate, chloride and sodium ions in the regulation of intracellular pH in snail neurones. *J. Physiol.* 273: 317–338.

Kapitel 4

Ionale Basis des Aktionspotentials

Die ionalen Mechanismen, die für das Entstehen des Nervenimpulses in Tintenfischaxonen verantwortlich sind, wurden – größtenteils mit Hilfe der voltage clamp-Methode – quantitativ beschrieben. Dank dieser Technik konnten Membranströme gemessen werden, die durch depolarisierende Pulse hervorgerufen wurden. Derartige Experimente haben gezeigt, daß die Depolarisation die Natriumpermeabilität und mit einer gewissen Verzögerung die Kaliumpermeabilität erhöht. Die Aktivierung der Natriumpermeabilität dauert nur kurze Zeit an, dann erfolgt Inaktivierung. Die Zunahme der Kaliumpermeabilität hingegen hält so lange an wie der depolarisierende Impuls. Die Spannungsabhängigkeit der Natrium- und der Kaliumpermeabilität ist für das Aktionspotential verantwortlich. Aus der Größe der Permeabilitätsänderungen beider Ionensorten und ihrem zeitlichen Verlauf lassen sich Anstiegs- und Repolarisationsphase des Aktionspotentials quantitativ erklären, ebenso andere Phänomene, wie Schwelle und Refraktärzeit.
Mit patch clamp-Experimenten an erregbaren Zellen hat man das Verhalten einzelner Natrium- und Kaliumkanäle untersucht, die beim Aktionspotentials eine Rolle spielen. Das Verhalten der Kanäle stimmt mit dem verhalten ganzer Zellen überein, das man aus voltage clamp-Experimenten kennt. Durch Depolarisation erhöht sich die Wahrscheinlichkeit, daß sich Natrium- und Kaliumkanäle öffnen. Dieser Anstieg in der Offenwahrscheinlichkeit zeigt denselben Zeitverlauf wie die korrespondierenden voltage clamp-Ströme. Beispielsweise öffnen sich Natriumkanäle am häufigsten zu Beginn des depolarisierenden Impulses, mit zunehmender Inaktivierung sinkt ihre Offenwahrscheinlichkeit.
Calciumkanäle werden ebenfalls durch Depolarisation aktiviert. In einigen Geweben sind sie für die Anstiegsphase des Aktionspotentials verantwortlich. Zusätzlich gibt es eine Reihe anderer Kaliumkanäle, die spannungsabhängig sind und mit über die Erregbarkeit von Nervenzellen entscheiden.
Die mit Hilfe von voltage clamp-Experimenten entwickelten Vorstellungen erklären zusammen mit den molekularen Mechanismen, die mit patch clamp-Ableitungen entschlüsselt wurden, die Eigenschaften von Aktionspotentialen in so unterschiedlichen Zellen wie Tintenfischaxonen, myelinisierten Wirbeltieraxonen, Herzmuskeln, Skelettmuskeln und glatter Muskulatur.

Natrium und das Aktionspotential

In Kapitel 3 haben wir gezeigt, daß das Ruhepotential (wie bereits 1902 von Bernstein postuliert) hauptsächlich vom Verhältnis der Kaliumkonzentrationen innen und außen bestimmt wird. Doch auch die Verteilung der Natrium- und in geringerem Maße der Chloridionen spielt dabei eine Rolle. Zur selben Zeit, als Bernstein seine Hypothese über die Natur des Ruhepotentials formulierte, machte Overton die wichtige Entdeckung, daß Nerven- und Muskelzellen Natriumionen benötigen, um Aktionspotentiale zu erzeugen. Auch wenn er sich seiner Sache noch nicht ganz sicher fühlte, schloß er daraus, daß Aktionspotentiale durch den Einstrom von Natriumionen in die Zelle zustande kämen.[1] Zur weiteren Klärung dieser Hypothese trugen wieder Experimente am Tintenfischaxon bei. Im Jahre 1939 zeigten Hodgkin und Huxley[2] sowie Curtis und Cole[3], daß das Aktionspotential mehr war als ein einfaches Zusammenbrechen des Membranpotentials auf Null. Statt dessen trat ein Überschuß (overshoot) auf, in dessen Verlauf das Membranpotential vorübergehend innen positiv wurde. Das ließ vermuten, daß Natrium dabei tatsächlich eine Rolle spielte, denn ein Natriumeinstrom durch die Membran würde über das Nullpotential hinaus bis zum Erreichen des Natrium-Gleichgewichtspotentials (E_{Na}) weiterfließen. Zehn Jahre später konnten Hodgkin und Katz zeigen, daß Änderungen der extrazellulären Natriumkonzentration die Amplitude des Aktionspotentials beeinflußten (Abb. 1). Diese Änderungen ließen sich zudem recht genau mit Hilfe der Goldman-Gleichung vorausberechnen.[4] Sie schlossen daraus, daß das Aktionspotential die Folge eines großen, vorübergehenden Anstiegs der Natriumpermeabilität der Membran ist. Heute wissen wir, daß dieser Permeabilitätsanstieg auf das Öffnen einer Vielzahl von spannungsaktivierten Natriumkanäle zurückzuführen ist.
Was ist die Folge eines solchen Anstiegs der Natriumpermeabilität? Erinnern Sie sich daran, daß das Verhältnis der Permeabilitäten in Ruhe $p_K:p_{Na} = 1,0:0,04$ beträgt und nach der Goldman-Gleichung ein Ruhepotential von –67 mV ergibt (Kapitel 3). Hodgkin und Katz postulierten nun, daß sich die Natriumpermeabilität während des Aktionspotentials um einen Faktor von ca. 500 erhöht, was zu einem Permeabilitätsverhältnis von 1:20

1 Overton, E. 1902. *Pflügers Arch.* 92: 346–386.
2 Hodgkin, A. L. and Huxley, A. F. 1939. *Nature* 144: 710–711.
3 Curtis, H. J. and Cole, K. S. 1940. *J. Cell. Comp. Physiol.* 15: 147–157.
4 Hodgkin, A. L. and Katz, B. 1949. *J. Physiol.* 108: 37–77.

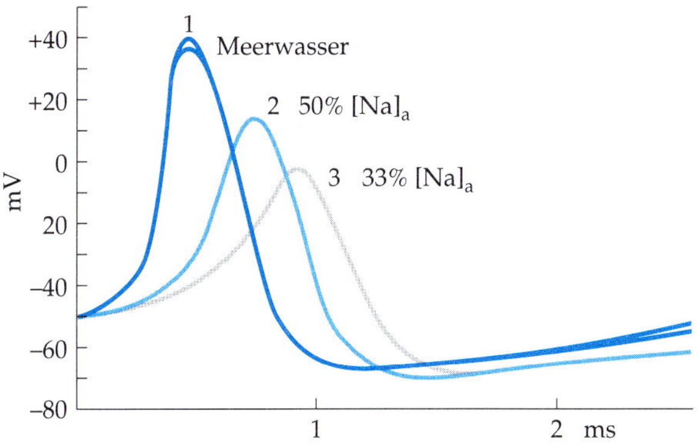

Abb. 1: **Die Rolle des Natriums** bei der Fortleitung eines Aktionspotentials im Tintenfischaxon. Die beiden Ableitungen bei 1 wurden in normalem Meerwasser durchgeführt, bevor und nachdem das Axon niedrigen Natriumkonzentrationen ausgesetzt war. Bei Ableitung 2 betrug die extrazelluläre Natriumkonzentration die Hälfte, bei 3 ein Drittel der normalen Konzentration (nach Hodgkin und Katz, 1949).

führt. Mit den Ionenkonzentrationen (Tintenfischaxoplasma/Meerwasser) aus Tabelle 1 in Kapitel 3 läßt sich aus diesem Permeabilitätsverhältnis das Membranpotential am Gipfel des Aktionspotentials voraussagen:

$$V_m = 58 \log \frac{10 + (20)460}{400 + (20)50} = +47 \text{ mV}$$

Wenn die extrazelluläre Natriumkonzentration auf die Hälfte (230 mM) und dann auf ein Drittel (153 mM) reduziert wird, liegen die von der Gleichung vorausgesagten Spitzenpotentiale bei 30 bzw. 20 mV. Diese für veränderte Natriumkonzentrationen berechneten Werte entsprechen den im Experiment beobachteten (Abb. 1).

Die Rolle der Kaliumionen

Wie steht es nun mit der Repolarisationsphase des Aktionspotentials? Wenn sich die Natriumkanäle einfach schließen, sollte man erwarten, daß das Membranpotential wieder auf seinen Ruhewert absinkt. Das ist tatsächlich auch einer der Faktoren, der an der Repolarisation beteilt ist. Wenn sonst nichts passierte, würde die Rückkehr zum Ruhewert bei den meisten Zellen jedoch viel mehr Zeit in Anspruch nehmen als experimentell zu beobachten ist. Das ist so, weil die Ruhepermeabilität der Membran gewöhnlich recht klein ist und deshalb der Ausstrom der akkumulierten positiven Ladungen durch Kalium- und Chloridkanäle in Ruhe mehrere, wenn nicht sogar einige zehn Millisekunden beanspruchen würde. Die Rückkehr zum Ruhepotential erfolgt so schnell, weil ein weiterer starker Anstieg der Membranpermeabilität erfolgt – diesmal aufgrund der Öffnung spannungsaktivierter Kaliumkanäle. Das Membranpotential, das in Richtung E_{Na} hochgeschnellt ist, kehrt jetzt mit fast derselben Geschwindigkeit in Richtung E_K zurück. Die Zunahme der Kaliumpermeabilität hält einige Millisekunden an, so daß die Membran in vielen Zellen eine Zeitlang sogar über das normale Ruhepotential hinaus *hyperpolarisiert* wird (Abb. 1). Die Größe der Hyperpolarisation läßt sich mit der Goldman-Gleichung berechnen. Wenn p_K sich beispielsweise verzehnfacht, so daß $p_K{:}p_{Na} = 10{:}0{,}04$ ist, ändert sich das Membranpotential von –67 mV (dem vorher berechneten Ruhepotential) auf –89 mV.

Zusammenfassend kann man sagen, daß das Aktionspotential das Ergebnis einer plötzlichen, starken Zunahme der Membranpermeabilität für Natriumionen ist. Der daraus resultierende Einstrom von Natriumionen und die Akkumulation von positiven Ladungen auf der Innenseite der Membran treiben das Potential in Richtung E_{Na}. Die Repolarisation erfolgt durch eine sich daran anschließende Zunahme der Kaliumpermeabilität und den Verlust der akkumulierten positiven Ladungen durch den Ausstrom von Kaliumionen.

Wieviele Ionen wandern während eines Aktionspotentials in die Zelle ein bzw. aus der Zelle aus?

Wenn das Innere der Nervenzelle während der Anstiegsphase des Aktionspotentials Natrium aufnimmt und in der Repolarisationsphase Kalium verliert, sollte man erwarten, daß sich die Natrium- und Kaliumkonzentrationen im Cytoplasma ändern. Wie wir bereits im Zusammenhang mit der Ladungstrennung beim Ruhepotential diskutiert haben, spielen die Ionenbewegungen, die erforderlich sind, um die Membran während des Aktionspotentials zu beladen bzw. zu entladen, im Vergleich zu den Ionenkonzentrationen im Zellinneren praktisch keine Rolle; man kann sie vernachlässigen. Das läßt sich sowohl durch Berechnungen als auch durch direkte Messungen zeigen.

Zur Berechnung muß man die Membrankapazität kennen, die ein Maß dafür liefert, wieviele Ladungen bewegt werden müssen, um die beobachtete Änderung des Membranpotentials hervorzurufen (Kapitel 5). Wenn wir einen realistischen Wert von 1µF/cm annehmen, können wir zeigen, daß eine Änderung des Ruhepotentials eines 1 cm langen Tintenfischaxons mit 1 mm Durchmesser von –67 mV auf +40 mV am Gipfel des Aktionspotentials einen Einstrom von ca. 3×10^{-13} Mol Natrium erfordert. Dieselbe Axonlänge enthält (bei 50 mmol/l) 4×10^{-7} Mol Natrium, so daß der Einstrom die Natriumkonzentration um etwa ein Millionstel (1 ppm) ändert. Für den Kaliumausstrom, der erforderlich ist, damit das Membranpotential auf seinen Ruhewert zurückkehrt, gilt natürlich dasselbe. Er macht nur ca. ein Zehnmillionstel der Kaliumkonzentration in der Faser aus. Diese Berechnungen werden durch Experimente gestützt, bei denen der Einstrom von radioaktivem Natrium während des Aktionspotentials bzw. der Ausstrom an radioaktivem Kalium aus der Zelle gemessen wurde.[5] Der gemessene Wert betrug für jeden Impuls 10^{-12} Mol pro Zentimeter Axonlänge. Dieser Wert ist etwas höher als der oben

5 Hodgkin, A. L. and Keynes, R. D. 1955. *J. Physiol.* 128: 253–281.

berechnete; das liegt hauptsächlich daran, daß die Berechnung die zeitliche Überlappung der Natrium- und Kaliumströme nicht berücksichtigt. Tatsächlich strömt mehr Natrium ein, als erforderlich ist, um die Membran bis zum Gipfel des Aktionspotentials umzuladen, da der Kaliumausstrom (durch den Ladungen in die entgegengesetzte Richtung transportiert werden) bereits vor Erreichen des Gipfels einsetzt. Diese Berechnungen und Messungen illustrieren einen wichtigen Punkt, der manchmal mißverstanden wird: *Das Aktionspotential entsteht, weil Natrium- und Kaliumströme die Ladung der Zellmembran ändern, und nicht etwa, weil die Ströme die Ionenkonzentrationen im Cytoplasma ändern.*

Die Vorstellungen, die wir bisher besprochen haben, wurden im Einzelnen von Hodgkin und Huxley entwickelt (empfohlene Literatur steht am Ende des Kapitels), die elegante und gründliche elektrophysiologische Experimente am Tintenfisch-Riesenaxon durchführten und analysierten. Sie konnten zeigen, daß Änderungen der Natrium- und Kaliumleitfähigkeit (und damit der Permeabilität) auftraten, aus denen sich Zeitverlauf und Amplitude des Aktionspotentials zeitlich und größenmäßig exakt erklären ließen.

Das gemeinsame Merkmal, das den Ionenbewegungen, die beim Aktionspotential eine Rolle spielen, zugrunde liegt, ist die Spannungsabhängigkeit der Natrium- und Kaliumleitfähigkeit: Die Wahrscheinlichkeit, daß sich die Kanäle öffnen, steigt mit zunehmender Depolarisation der Membran. Daher steigert die Depolarisation die Membranleitfähigkeit für Natriumionen und mit einer zeitlichen Verzögerung auch für Kaliumionen. Die Auswirkung auf die Natriumleitfähigkeit ist *regenerativ.* Bei einer kleinen Depolarisation nimmt die Anzahl der offenen Natriumkanäle zu. Der daraus resultierende Natriumeinstrom entlang seines elektrochemischen Gradienten ruft eine stärkere Depolarisation hervor und öffnet dadurch weitere Natriumkanäle, was zu einem noch rascheren Natriumeinstrom führt, usw. (Abb. 2 A). Ein derartiger explosiver Prozeß wird häufig als «positiver Rückkopplungs- oder Feedback-Mechanismus» bezeichnet. Die Spannungsabhängigkeit der Kaliumleitfähigkeit führt hingegen zu einer «negativen Rückkopplung» (Abb. 2 B). Durch die Depolarisation steigt die Anzahl der offenen Kaliumkanäle, woraus ein Ausstrom von Kaliumionen längs ihres elektrochemischen Gradienten resultiert. Der Ausstrom führt zur Repolarisation und der Rückkehr der Kaliumleitfähigkeit auf ihren Ruhewert.

Welche Experimente waren es, aufgrund derer man solche Schlußfolgerungen ziehen konnte? Auf den ersten Blick scheint es einfach, geeignete Membranleitfähigkeits-Messungen für Natrium (g_{Na}) oder Kalium (g_K) durchzuführen. Man muß lediglich die Stromstärke (i) messen, die bei verschiedenen Membranpotentialen (V_m) durch die Membran nach innen bzw. nach außen fließt, denn es gilt für jedes Ion:

$$g_{Na} = \frac{i_{Na}}{V_m - E_{Na}}$$

bzw.

$$g_K = \frac{i_K}{V_m - E_K}$$

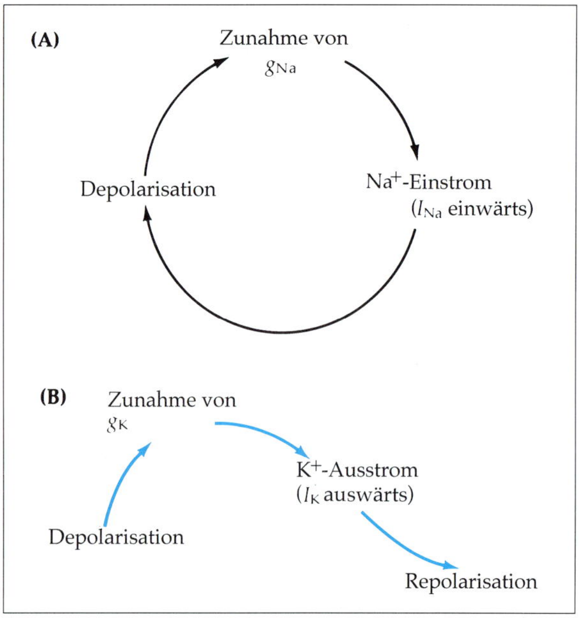

Abb. 2: **Auswirkungen der Zunahme** von g_{Na} und g_K auf das Membranpotential. (A) Der Natriumeinstrom verstärkt die Depolarisation. (B) Der Kaliumausstrom führt zur Repolarisation.

Leider treten bei diesem Ansatz zwei große Probleme auf. Das eine besteht darin, daß Strom, der durch die Membran fließt, das Membranpotential verändert, und das wiederum ändert die Membranleitfähigkeit. Die Lösung bestand darin, eine Methode zu entwicklen, das Membranpotential konstant zu halten oder zu «klemmen», während man gleichzeitig Größe und Zeitverlauf des Membranstroms registriert. Mit dieser **voltage clamp-Technik** kann das Membranpotential rasch auf einem bestimmten gewünschten Wert stabilisiert werden und Größe und Zeitverlauf des daraus resultierenden Membranstroms ohne weitere Schwierigkeiten gemessen werden. Da die Spannung für die Zeitspanne der Messung festgehalten wird, spiegeln die beobachteten Stromänderungen exakt die ihnen zugrundeliegenden Änderungen der Membranleitfähigkeit wider. Das zweite Problem besteht darin, die Ionenströme voneinander zu trennen, so daß man ihre individuellen Eigenschaften bestimmen kann. Das läßt sich auf verschiedene Weise erreichen, z. B. dadurch, daß man Natrium durch impermeable Ionen ersetzt, oder auch mit Hilfe selektiv wirkender Toxine.

voltage clamp-Experimente

Die voltage clamp-Methode wurde von Cole und seinen Kollegen[6,7] eingeführt und von Hodgkin, Huxley und Katz[8] weiterentwickelt. Eine Beschreibung der experi-

6 Marmont, G. 1940. *J. Cell. Comp. Physiol.* 34: 351–382.
7 Cole, K. S. 1968. *Membranes, Ions and Impulses.* University of California Press, Berkeley.
8 Hodgkin, A. L., Huxley, A. F. and Katz, B. 1952. *J. Physiol.* 116: 424–448.

BOX 1 Die voltage clamp-Methode

Die Abbildung zeigt eine experimentelle Anordnung für voltage clamp-Experimente an Tintenfischaxonen. In ein Ende des Axons, das in Meerwasser badet, sind längs zwei dünne Silberdrähte eingeführt. Einer der Drähte mißt das Potential im Faserinneren in bezug zum (geerdeten) Meerwasser oder, mit anderen Worten, das Membranpotential V_m. Er ist mit dem *invertierenden* (–) Eingang des voltage clamp-Verstärkers verbunden. Der *nichtinvertierende* (+) Eingang des voltage clamp-Verstärkers ist mit einer einstellbaren Spannungsquelle verbunden, die auf jeden beliebigen Wert justiert werden kann. Der Wert, auf den sie eingestellt wird, wird *Steuerpotential* genannt. Sobald nun eine Spannungsdifferenz zwischen dem invertierenden und dem nicht-invertierenden Eingang auftritt, erzeugt der voltage clamp-Verstärker, wie andere Verstärker auch, am Ausgang einen Strom. Dieser Ausgangsstrom passiert die Zellmembran zwischen dem zweiten dünnen Silberdraht und dem Meerwasser (Pfeile); er wird als Spannungsabfall an einem kleinen Serienwiderstand gemessen.

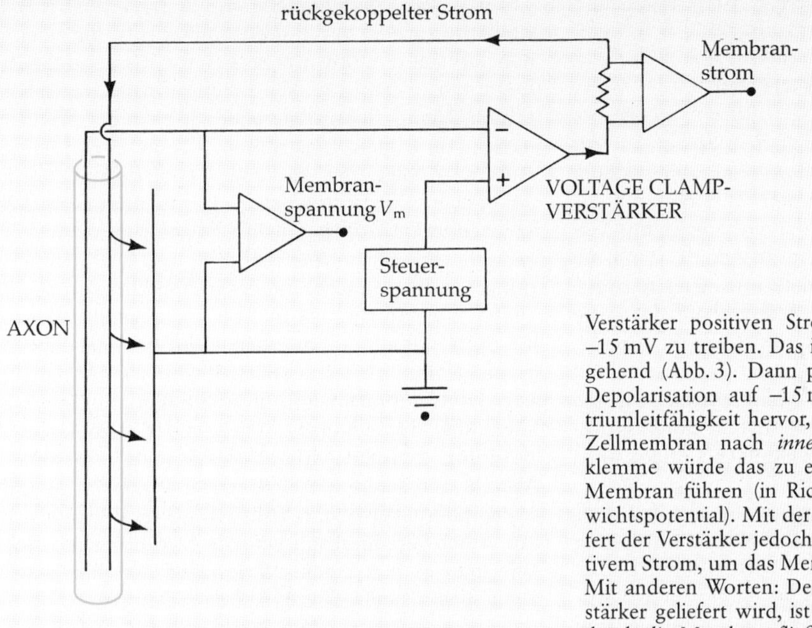

Nehmen wir an, das Ruhepotential der Faser beträgt –70 mV, und das Steuerpotential V_c ist ebenfalls auf –70 mV eingestellt. Da die Spannungen an den beiden Eingängen des voltage clamp-Verstärkers gleich sind, fließt kein Ausgangsstrom. Überlegen wir nun, was passiert, wenn das Steuerpotential auf –65 mV springt. Da der nicht-invertierende Eingang des Verstärkers dadurch im Vergleich zum invertierenden Eingang positiv wird, leitet der Verstärker solange einen positiven Strom in das Axon und durch die Zellmembran, bis V_m ebenfalls auf –65 mV steigt und die Spannungsdifferenz zwischen den beiden Eingängen verschwindet. Auf diese Weise wird das Membranpotential auf demselben Wert wie das Steuerpotential gehalten. Wenn der Stromkreis geeignet ausgelegt ist, passiert das alles innerhalb weniger Mikrosekunden.

Im Prinzip arbeitet das System wie ein thermostatisch kontrolliertes Wasserbad. Ein Thermometer mißt die aktuelle Badtemperatur, und die Thermostatsteuerung liefert den Sollwert. Wenn beide gleich groß sind, wird keine Wärme ins Badwasser abgegeben. Stellt man den Sollwert aber höher, wird das Badwasser solange erhitzt, bis seine Temperatur dem Sollwert entspricht.

Nun nehmen wir an, daß das Steuerpotential von –70 mV auf –15 mV springt. Dann würden wir erwarten, daß der Verstärker positiven Strom ins Axon leitet, um V_m auf –15 mV zu treiben. Das ist auch der Fall, aber nur vorübergehend (Abb. 3). Dann passiert etwas Interessanteres. Die Depolarisation auf –15 mV ruft einer Erhöhung der Natriumleitfähigkeit hervor, wodurch Natriumionen durch die Zellmembran nach *innen* fließen. Ohne die Spannungsklemme würde das zu einer weiteren Depolarisierung der Membran führen (in Richtung auf das Natrium-Gleichgewichtspotential). Mit der angelegten Spannungsklemme liefert der Verstärker jedoch genau die richtige Menge an negativem Strom, um das Membranpotential konstant zu halten. Mit anderen Worten: Der Betrag des Stroms, der vom Verstärker geliefert wird, ist genauso groß wie der Strom, der durch die Membran fließt. Hier liegt der große Vorteil der voltage clamp-Methode: Mit ihrer Hilfe läßt sich nicht nur das Membranpotential konstant halten, sondern sie liefert auch ein exaktes Maß für den Membranstrom, der dazu erforderlich ist.

mentellen Anordnung finden Sie in Box 1. Um die Experimente zu verstehen, muß man nur wissen, daß die Methode erlaubt, das Membranpotential der Zelle fast augenblicklich auf jeden beliebigen Wert zu bringen und dort festzuhalten («zu klemmen»), während man gleichzeitig den Strom registriert, der über die Membran fließt. Abb. 3 A zeigt beispielsweise Ströme, die auftreten, wenn man das Membranpotential plötzlich von seinem Ruhewert (in diesem Fall –67 mV) auf –9 mV depolarisiert. Der Strom, der durch den Spannungssprung hervorgerufen wird, setzt sich aus drei Phasen zusammen: (1) einem kurzzeitigen Auswärtsstrom von nur einigen Mikrosekunden Dauer, während das Potential seinen neuen Wert annimmt, (2) einem vorübergehenden Einwärtsstrom und (3) einem verzögerten Auswärtsstrom.

Kapazitive Ströme und Leckströme

Die erste Komponente ist der kapazitive Strom. Er tritt auf, weil ein Sprung von einem Potential zum anderen ein Umladung der Membrankapazität vom alten auf das neue Potential erfordert. Wenn der voltage clamp-Verstärker in der Lage ist, viel Strom zu liefern, kann die Membran rasch umgeladen werden, und der kapazitive Strom fließt nur für sehr kurze Zeit. Sobald das neue Potential erreicht ist, fließt kein kapazitiver Strom mehr. Die initiale Stromphase ist genauer auf der gestreckten Zeitskala in Abb. 3 B abzulesen. Man erkennt, daß die kapazitive Stromspitze tatsächlich nur ca. 20 *Mikro*sekunden dauert. Ihr schließt sich ein kleiner, stetiger, nach außen gerichteter Strom an.
Dieser stetige Strom ist zu erwarten, wenn die Ruheleitfähigkeit der Membran durch den Depolarisationssprung unbeeinflußt bleibt. Da die Zelle depolarisiert ist (d.h. positiver als in Ruhe), kommt es zu einem Netto-Auswärtsstrom. Diesen nach außen gerichteten Ionenstrom nennt man **Leckstrom**. Er wird größtenteils von Kalium- und Chloridionen getragen, hängt linear von der Abweichung der Spannung vom Ruhepotential ab und dauert solange wie der Spannungssprung. Im späteren Verlauf der Antwort wird er jedoch von wesentlich größeren Ionenströmen überdeckt.

Natrium- und Kaliumströme

Wenden wir uns jetzt der zweiten und dritten Phase zu. Wie Hodgkin und Huxley zeigten, resultierten sie erstens aus einem Natriumeinstrom und zweitens aus einem Kaliumausstrom durch die Membran. Beide Wissenschaftler konnten auch die relative Größe und den Zeitverlauf der einzelnen Ströme herleiten. Sobald sie das extrazelluläre Natrium durch Cholin ersetzten, verschwand der nach innen gerichtete Strom, und der unterlagerte Kaliumstrom trat zutage. Der Zeitverlauf des Kaliumstroms ist in Abb. 3 D aufgetragen. Zieht man den Kaliumstrom vom Gesamt-Ionenstrom (Abb. 3 A) ab, so erhält man Größe und Zeitverlauf des Natriumstroms (Abb. 3 C). Wie wir noch sehen werden, gelang es später, beide Ströme pharmakologisch voneinander zu trennen (Abb. 6), wobei sie zu den gleichen Ergebnissen kamen.

Abhängigkeit der Ionenströme vom Membranpotential

Eine Möglichkeit, Informationen über die Natur des frühen (einwärts gerichteten) und des späten (nach außen gerichteten) Ionenstroms zu erlangen, besteht darin festzustellen, inwieweit die Stromstärke von der Größe des depolarisierenden Spannungssprungs abhängt. Abb. 4 zeigt Membranströme bei unterschiedlichen Spannungsschritten, ausgehend von einem Haltepotential von –65 mV. Ein *Spannungssprung in hyperpolarisierender Richtung* auf –85 mV (untere Kurve) ruft nur einen kleinen, konstanten Einwärtsstrom hervor, wie für die Ruhemembran zu erwarten. Wie bereits in Abb. 3 zu sehen ist, führen kleine depolarisierende Spannungssprünge zunächst zu frühen Einströmen, denen ein anhaltender Ausstrom folgt. Bei stärkerer Depolarisation wird der anfängliche Einstrom kleiner, verschwindet bei + 52 mV vollständig und kehrt, falls die Depolarisation weiter zunimmt, schließlich seine Richtung um. Die Strom-Spannungs-Beziehung während des frühen Einstroms und des späteren Ausstroms ist in Abb. 5 dargestellt. Dort sind die Spitzenamplitude des frühen Stroms und die Gleichgewichtsamplitude des späten Stroms in Abhängigkeit von der Membranspannung aufgetragen. Bei hyperpolarisierenden Spannungssprüngen findet man keine Auftrennung zwischen frühem und spätem Strom: Die Membran reagiert wie ein passiver Widerstand, und die Hyperpolarisation führt zum erwarteten Einwärtsstrom. Auch der verzögert einsetzende Strom verhält sich so, wie man es von einem Widerstand annehmen würde, zumindest in dem Sinne, daß eine Depolarisation einen Ausstrom erzeugt. Mit zunehmender Depolarisation wird der Strom jedoch viel größer, als nach den Ruhemembran-Eigenschaften zu erwarten wäre. Diese Steigerung ist die Folge der spannungsabhängigen Erhöhung der Kaliumleitfähigkeit, aufgrund derer mehr Strom durch die Membran fließt. Beim frühen Einstrom liegen die Verhältnisse komplizierter. Wie bereits erwähnt, nimmt er mit zunehmender Depolarisation zunächst zu, dann aber wieder ab, wird bei etwa + 52 mV Null und kehrt anschließend sein Vorzeichen um. Das Umkehrpotential liegt sehr nahe am Gleichgewichtspotential für Natrium und liefert damit einen wichtigen Hinweis darauf, daß der frühe Strom von Natriumionen getragen wird.
Interessant bei der Strom-Spannungs-Beziehung des frühen Stroms ist, daß die Kurve zwischen ca. –50 mV und +10 mV abfällt. In diesem Bereich steigt der Strom $i_{Na} = g_{Na}(V_m - E_{Na})$ an, obwohl die Antriebskraft für den Natriumeinstrom $(V_m - E_{Na})$ kleiner wird. Das liegt daran, daß die Natriumleitfähigkeit (g_{Na}) mit zunehmender Depolarisation zunimmt, und diese Leitfähigkeitszunahme überwiegt die Abnahme der Antriebskraft. In diesem Spannungsbereich weist die Strom-Spannungs-Beziehung, wie man sagt, eine Leitfähigkeit mit negativer Steigung (**negative slope conductance**) auf.

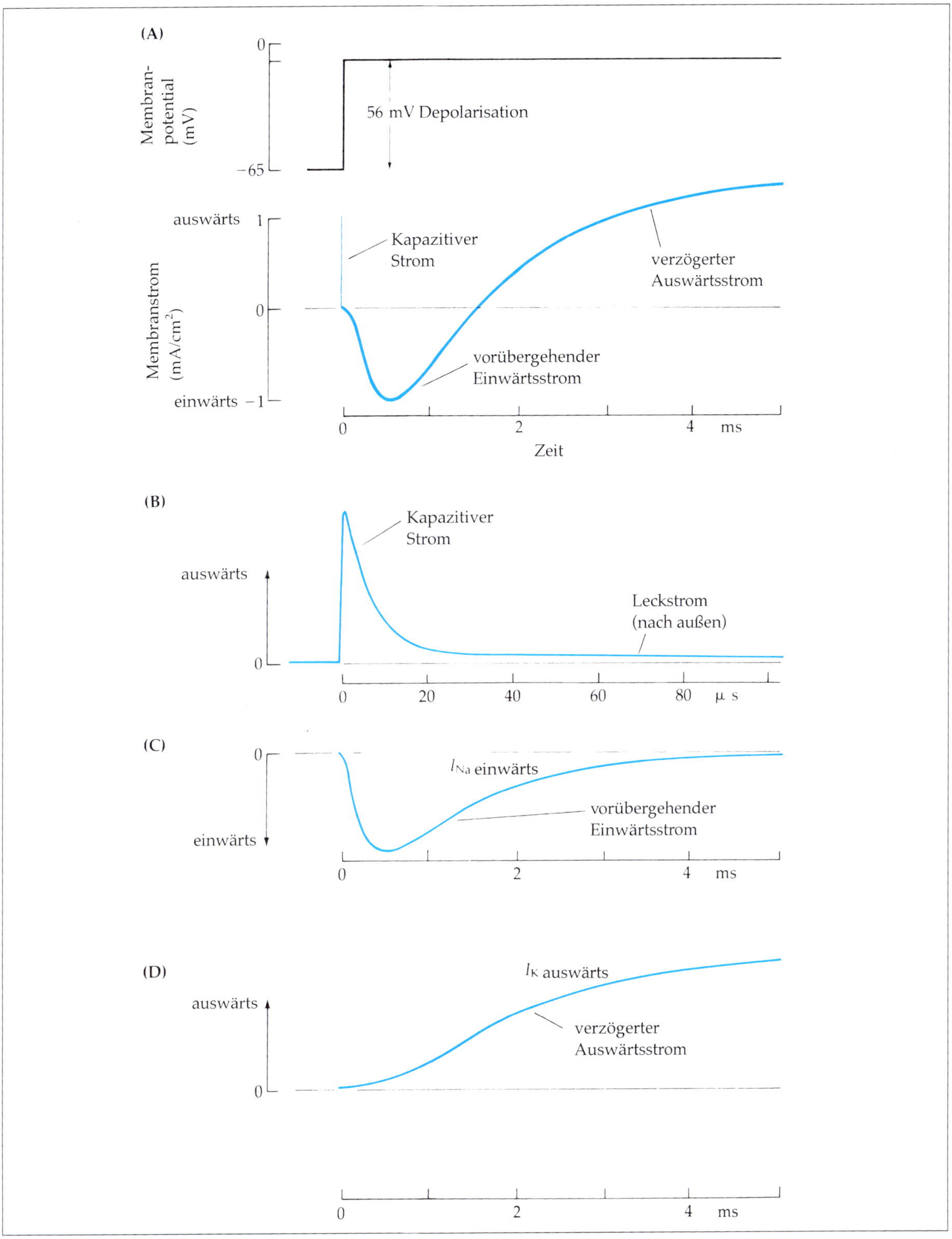

Abb. 3: **Membranströme bei Depolarisation**. (A) Ströme, die mit einer voltage clamp-Anordnung bei Depolarisation einer Tintenfisch-Axonmembran um 56 mV gemessen wurden. Der Strom (untere Spur) setzt sich aus einer kurzen kapazitiven Komponente, einem vorübergehenden Einstrom und einem verzögerten, andauernden Ausstrom zusammen. Diese Komponenten sind in (B), (C) und (D) getrennt dargestellt. Der kapazitive Strom (B) dauert nur wenige Mikrosekunden. (Beachten Sie die geänderte Zeitskala.) Der kleine Leck-Auswärtsstrom ist zum Teil auf Chloridwanderung zurückzuführen. Der vorübergehende, einwärts gerichtete Strom (C) ist Folge des Natriumeinstroms und der lang andauernde Ausstrom (D) Folge einer Kaliumwanderung aus der Faser heraus.

A. L. Hodgkin, 1949

A. F. Huxley, 1974

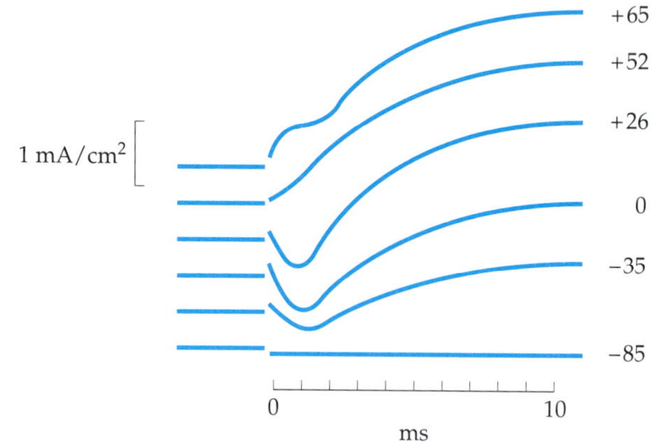

Abb. 4: **Ströme bei Spannungsänderungen** von einem Haltepotential von −65 mV auf ein hyperpolarisiertes Potential von −85 mV und auf sukzessiv ansteigende depolarisiertes Potential hervorgerufen werden. Der späte Kaliumstrom nimmt mit steigender Depolarisation zu. Der frühe Natriumstrom nimmt mit steigender Depolarisation zunächst ebenfalls zu, sinkt dann aber wieder ab, verschwindet bei +52 mV vollständig und kehrt bei +65 mV sein Vorzeichen um (nach Hodgkin, Huxley und Katz, 1952).

Selektive Gifte für Natrium- und Kaliumkanäle

Seit den ursprünglichen Experimenten von Hodgkin und Huxley sind pharmakologische Methoden entwickelt worden, mit denen man Natrium- und Kaliumströme selektiv blockieren kann. Insbesondere Tetrodotoxin (TTX) und sein pharmakologischer Begleiter Saxitoxin (STX) haben sich für ein breites Spektrum von Experimenten als nützlich erwiesen. TTX ist ein virulentes Gift, das in den Ovarien und anderen inneren Organen gewisser Fische in konzentrierter Form vorkommt. Das hat zu dem chinesischen Sprichwort geführt «Bist du des Lebens müde, iß Kugelfisch». Kao hat die faszinierende Geschichte des TTX beschrieben. Sie beginnt mit der Entdeckung seiner Wirkung durch den chinesischen Kaiser Shun Nung (2838–2698 v. Chr.), der für ein pharmakologisches Werk persönlich 365 Drogen testete und seine Selbstversuche (erstaunlich lang) überlebte, so daß er der Nachwelt darüber berichteten konnte.[9] STX wird von marinen Dinoflagellaten synthetisiert und von filtrierenden Muscheln, wie *Saxidomus*, konzentriert. Seine Toxizität steht der von TTX nicht nach: Schon der Verzehr einer einzigen solchen Muschel (gekocht oder roh) kann tödlich wirken.

Ein großer Vorteil von TTX für neurophysiologische Untersuchungen liegt in seiner hohen Spezifität. Moore, Narahashi und ihre Kollegen haben gezeigt, daß TTX die spannungsaktivierte Natriumleitfähigkeit selektiv blokkiert.[10] Ein depolarisierender Spannungssprung führt bei einem mit TTX vergiftetes Axon nicht zu einem Natriumeinstrom, lediglich der verzögert einsetzenden Kaliumausstrom tritt auf. Das Toxin verändert dabei weder die Amplitude noch den Zeitverlauf des Kaliumstroms. TTX mit einer intrazellulären Perfusionslösung an die Innenseite der membran gebracht hat keine Wirkung. Die Wirkung von STX unterscheidet sich nicht von derjenigen von TTX. Beide Toxine scheinen an dieselbe Stelle in der äußeren Öffnung des Kanals, durch den sich die Natriumionen bewegen, zu binden und blockieren dadurch den Ionenstrom durch den Kanal in die Zelle.[11] Viele andere erregbare Zellen werden von TTX und STX auf ähnliche Weise blockiert, darunter myelinisierte und unmyelinisierte Axone von Vertebraten und Skelettmuskelfasern. Die Wirkung von TTX auf den Natriumstrom einer myelinisierten Nervenfaser ist in Abb. 6 A und 6 B dargestellt. Es gibt noch weitere Substanzen, die den Natriumstrom blockieren, z. B. Lokalanästhetika wie Procain.

9 Kao, C. T. 1966. *Pharmacol. Rev.* 18: 977–1049
10 Narahashi, T., Moore, J. W. and Scott, W. R. 1964. *J. Gen. Physiol.* 47: 965–974.
11 Hille, B. 1970. *Prog. Biophys. Mol. Biol.* 21: 1–32.

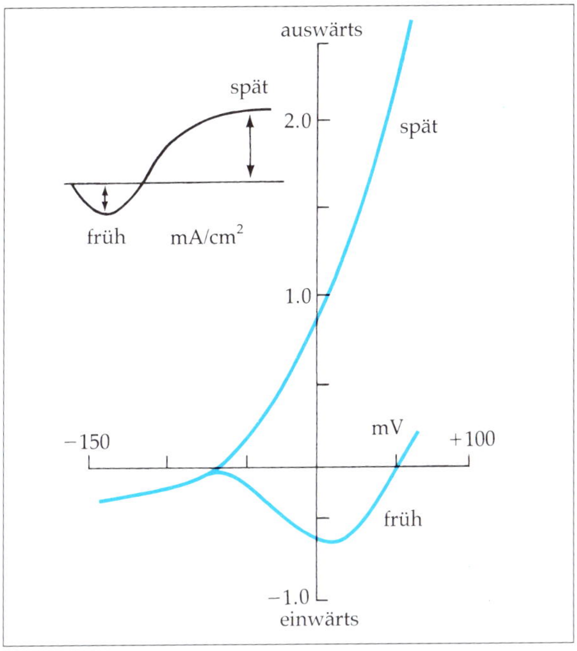

Abb. 5: **Amplituden des frühen und des späten Stroms**, über den Steuerpotentialsprüngen aufgetragen. Der späte Auswärtsstrom nimmt mit steigender Depolarisation rasch zu. Der frühe Einwärtsstrom nimmt ebenfalls erst an Stärke zu, wird dann kleiner und kehrt bei ca. +55 mV (dem Natrium-Gleichgewichtspotential) seine Richtung um und fließt nach außen (nach Hodgkin, Huxley und Katz, 1952).

So wie TTX und STX Natriumkanäle selektiv blockieren, hat man eine Reihe von Substanzen gefunden, die einen ähnlichen Effekt auf spannungsaktivierte Kaliumkanäle haben. Bei Tintenfischaxonen und myelinisierten Froschaxonen haben Armstrong, Hille und andere gezeigt, daß man spannungsaktivierte Kaliumströme bespielsweise mit Tetraethylammonium (TEA)[12] blockieren kann (Abb. 6 C, D). Beim Tintenfischaxon gibt man TEA ins Axoplasma oder in eine interne Perfusionslösung; es übt seine Wirkung dann in der inneren Öffnung des Kaliumkanals aus. Bei anderen Präparaten, wie den Ranvierschen Schnürringen beim Frosch, wirkt es ebenso an einer externen Bindungsstelle. Andere Verbindungen, wie 4-Aminopyridin (4-AP) und 3,4-Diaminopyridin (DAP), blockieren Kaliumströme entweder von der Innenseite oder der Außenseite der Membran.

Inaktivierung des Natriumstroms

Aus den Experimenten von Hodgkin und Huxley und denjenigen in Abb. 6 wird deutlich, daß sich Natrium- und Kaliumströme in ihrem Zeitverlauf recht unterschiedlich verhalten. Der Kaliumstrom setzt im Vergleich zum Natriumstron mit starker Verzögerung ein und bleibt hoch, solange die Depolarisation andauert. Der Natriumstrom hingegen steigt viel rascher an, fällt aber dann auf Null ab, auch wenn die Membran noch depolarisiert ist. Diese Abnahme des Natriumstroms nennt man **Inaktivierung.**

Hodgkin und Huxley haben die Natur dieses Inaktivierungsprozeses genauer untersucht. Besonders intensiv beschäftigten sie sich mit der Auswirkung von hyperpolarisierenden und depolarisierenden Vorpulsen auf die Spitzenamplitude des Natriumstroms, der durch einen darauffolgenden depolarisierenden Spannungssprung ausgelöst wurde. Registrierungen aus solchen Experimenten sind in Abb. 7 aufgetragen. In Abb. 7 A wird die Membran ausgehend von einem Haltepotential von –65 mV auf –21 mV depolarisiert, woraus ein Natriumspitzen von 1 mA/cm^2 resultiert. Wenn dem Spannungssprung ein hyperpolarisierender Vorpuls von –13 mV vorangeht, nimmt die Amplitude des Natriumstroms zu (Abb. 7 B). Depolarisierende Vorpulse hingegen führen zu einer Abnahme des Natriumstroms (Abb. 7 C, D). Diese Effekte von hyperpolarisierenden und depolarisierenden Vorpulsen sind zeitabhängig; kurze Pulse von nur wenigen Millisekunden Dauer haben kaum Auswirkungen. In dem hier gezeigten Experiment dauerten die Vorpulse lang genug, um maximale Effekte zu erzielen. Die Ergebnisse wurden quantitativ dargestellt, indem man die Quotienten aus Natriumspitzenstrom mit Vorpuls und Natriumspitzenstrom ohne Vorpuls ($i_{\mathrm{Na(Vorpuls)}}/i_{\mathrm{Na(kein\ Vorpuls)}}$) über der Amplitude des Vorpulses auftrug (Abb. 7 E). Bei einem depolarisierenden Vorpuls von ca. 30 mV verringerte sich der darauffolgende Natriumstrom auf Null, d.h., die Inaktivierung war vollständig. Hyperpolarisierende Vorpulse von 30 mV oder mehr steigerten den Natriumstrom maximal um rund 70% · Hodgkin und Huxley stellten diese Spannbreite der Natriumströme von Null bis zum Maximalwert durch einen Parameter h dar, der zwischen Null (vollständiger Inaktivierung) und 1 (maximaler Aktivierung) schwanken kann, wie auf der rechten Ordinate von Abb. 7 E zu sehen. Bei diesen Experimenten fand man beim Ruhepotential eine Inaktivierung von ca. 40% · Weitere Experimente haben gezeigt, daß alle Neuronen in Ruhe einen gewissen Grad an Inaktivierung zeigen.

Die Experimente mit Vorpulsen ließen vermuten, daß es sich bei der Inaktivierung um ein eigenes Phänomen handelt, das vom Aktivierungsprozeß getrennt ist. Dieser Ansatz wurde durch die experimentelle Beobachtung gestützt, daß Perfusion von Pronase – eine Mischung proteolytischer Enzyme – durch ein Tintenfischaxon praktisch zu einer Aufhebung der Inaktivierung führte.[13] In derselben Konzentration an die Außenseite der Membran appliziert, blieb das Enzym wirkungslos. Es hatte daher den Anschein, als ob die Pronase einige Aminosäuregruppen von der cytoplasmatischen Seite des Natriumkanals entfernte, die speziell mit dem Inaktivierungsprozeß in Verbindung stehen. In späteren Experimenten[14] benutzte man positionsorientierte Mutagenese, um cytoplasmatische Abschnitte aus in *Xenopus*-Oocyten ex-

12 Armstrong, C. M. and Hille, B. 1972. *J. Gen. Physiol.* 59: 388–400.

13 Armstrong, C. M., Bezanilla, F. and Rojas, E. 1973. *J. Gen. Physiol.* 62: 375–391.

14 Stühmer, W. et al. 1989. *Nature* 339: 597–603.

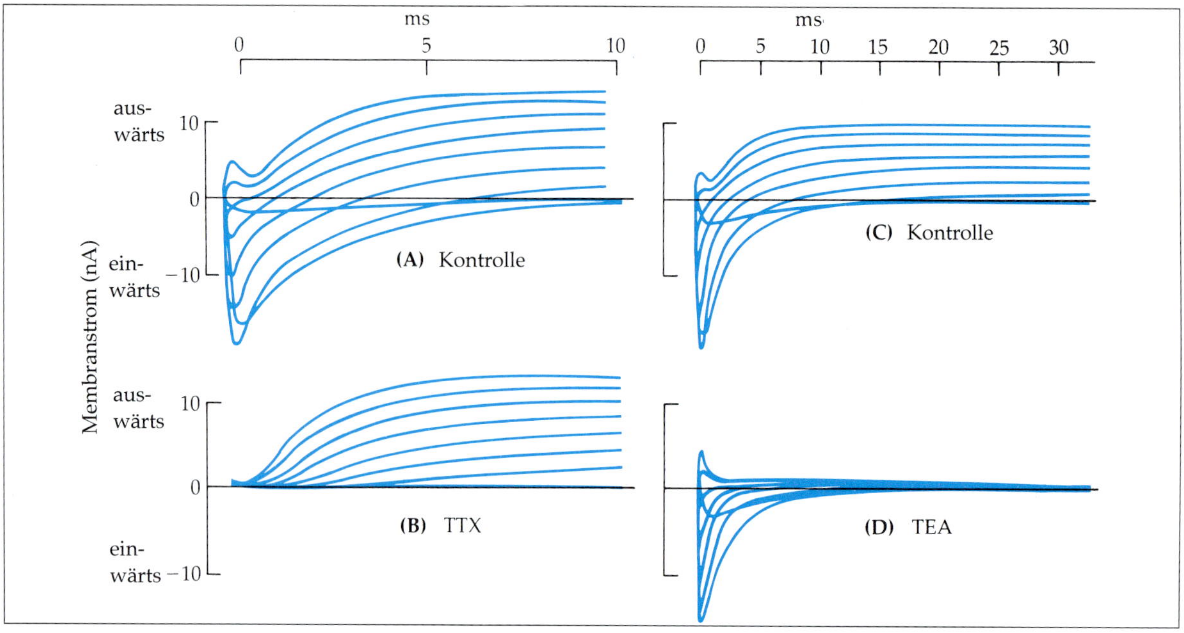

Abb. 6: **Pharmakologische Trennung der Membranströme** in die Natrium- und die Kaliumkomponente. Das Membranpotential einer myelinisierten Nervenfaser vom Frosch ist auf verschiedene Werte zwischen −60 mV und +75 mV eingestellt worden. (A) und (C) sind Kontrollen in normaler Badlösung. In (B) führt eine Zugabe von 300 nM Tetrodotoxin (TTX) zum Verschwinden der Natriumströme, während die Kaliumströme erhalten bleiben. In (D) blockiert eine Zugabe von Tetraethylammonium (TEA) die Kaliumströme, läßt aber die Natriumströme unbeeinflußt (nach Hille, 1970).

primierten Rattenhirn-Natriumkanälen zu zerstören (Box 4 in Kapitel 2). Bei Mutanten mit Deletionen in der intrazellulären Schleife, die die Domänen III und IV verbindet, war die Inaktivierung des Natriumstroms stark reduziert (aber nicht völlig verschwunden). Einzelkanalströme von Rattenhirnneuronen im Membran-patch wurden bei Behandlung mit einem Antikörper, der an dieselbe Region des Kanals dirigiert wurde, ebenfalls verlängert.[15]

Hinweise, daß eine bestimmte intrazelluläre Aminosäureschleife mit der Inaktivierung in Zusammenhang steht, führte zu neuem Interesse am «ball-and-chain»-Modell der Inaktivierung, das vor mehr als zehn Jahren von Armstrong und Bezanilla aufgrund der Pronase-Experimente entworfen worden war.[16] In diesem Modell ist ein Klumpen von Aminosäuren (die Kugel) durch einen Strang Aminosäuregruppen (die Kette) am Hauptteil der Kanalstruktur angebunden. Nach der Aktivierung gewinnt die Kugel Zugang zu einer Bindungstelle in der Mündung des offenen Kanals und blockiert ihn dadurch. Ein ähnliches ball-and-chain-Modell für die Inaktivierung von Kalium-A-Kanälen ist durch Untersuchung von Kanälen getestet worden, die aus Mutanten-Untereinheiten in Oocyten gebildet wurden. (Erinnern Sie sich daran, daß der A-Kanal ein Tetramer und nicht ein einzelnes Polypeptid ist.) In den etwa 80 Aminosäuren zwischen dem aminoterminalen Ende und der ersten (S1) Membranhelix wurden Mutationen und Deletionen ausgelöst.[17] Kanäle von Mutanten mit Deletionen der Aminosäuregruppen 6 bis 46 zeigten praktisch keine Inaktivierung. Daraus ließ sich schließen, daß einige oder alle dieser Aminosäuregruppen am normalen Inaktivierungsprozeß beteiligt sind. Gab man ein synthetisches Peptid, das den ersten 20 Aminosäuren in der aminoterminalen Kette entsprach, in die Badlösung, die die Innenseite der Membran umspülte, so wurde die Fähigkeit zur Inaktivierung wiederhergestellt, mit einer linearen Dosisabhängigkeit im Bereich von 0 bis 100 μM.[18] Diese erstaunliche Beobachtung war ein ungewöhnlich starker Hinweis darauf, daß die ersten ca. 20 Aminosäuregruppen in Kalium-A-Kanal-Untereinheiten eine blockierende Partikel bilden, die für die Inaktivierung des Kanals verantwortlich ist.

Eine Beziehung zwischen der Natriumkanal-Inaktivierung und den experimentellen Ergebnissen an Kalium-A-Kanälen ist bisher noch unsicher. Es gibt wichtige strukturelle Unterschiede zwischen dem aminoterminalen Ende des A-Kanals und der Aminosäurekette zwischen den Domänen III und IV des Natriumkanals. Dazu gehört nicht zuletzt auch die Tatsache, daß die III-IV-Schleife nur etwa 50 Aminosäuregruppen enthält und an beiden Enden verankert ist, wohingegen der Kaliumkanal 80 oder mehr Aminosäuren aufweist und in einer freischwingenden Kugel endet. Diese strukturelle Un-

15 Vassilev, P., Scheuer, T. and Catterall, W. A. 1989, *Proc. Natl. Acad. Sci. USA* 86: 8147–8151.

16 Armstrong, C. M. and Bezanilla, F. 1977. *J. Gen. Physiol.* 70: 567–590.

17 Hoshi, T., Zagotta, W. N. and Aldrich, R. W. 1990. *Science* 250: 533–550.

18 Zagotta, W. N., Hoshi, T. and Aldrich, R. W. 1990. *Science* 250: 568–571.

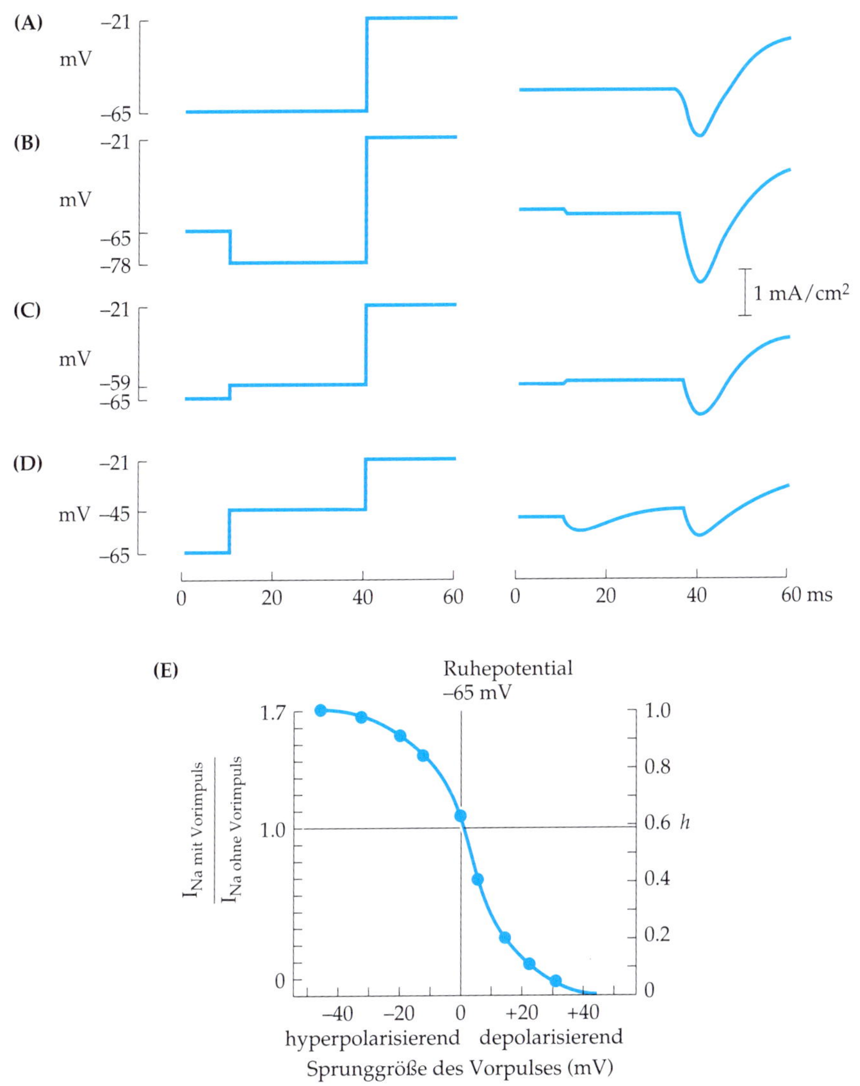

Abb. 7: **Auswirkung des Membranpotentials auf die Natriumströme.** (A) Ein Depolarisationsschritt von -65 mV auf -21 mV führt zu einem Natriumeinstrom, gefolgt von einem Kaliumausstrom (B). Wenn dem Depolarisationsschritt ein hyperpolarisierender 30-ms-Vorpuls vorangeschickt wird, nimmt der Natriumstrom zu. Vorangehende depolarisierende Pulse (C und D) verringern die Größe des Einstroms. Der Graph in (E) zeigt die nichtlineare Zunahme bzw. Abnahme des Natriumstroms als Funktion der Amplitude des konditionierenden Vorpulses. Bei einem Vorpuls von -40 mV (hyperpolarisierend) ist der Maximalwert ca. 1,7 mal größer als der Kontrollwert. Ein Vorpuls von +40 mV reduziert die folgende Antwort auf Null. Der Gesamtbereich des Natriumstroms ist auf der *h*-Ordinate zwischen Null und 1 (100%) skaliert (s. Text).

gleichkeit samt der Tatsache, daß Deletionen und Antikörperbehandlungen in der III-IV-Schleife eine Inaktivierung nicht vollständig verhindern, läßt vermuten, daß die Geschichte der Natriumkanal-Inaktivierung noch alles andere als vollständig ist.

Die Aktivierung und Inaktivierung von Natriumkanälen werden auch von einer Gruppe fettlöslicher Toxine beeinflußt, darunter Veratridin, ein Alkaloid, das aus Pflanzen der Lilienfamilie und Batrachotoxin (BTX), das aus der Haut südamerikanischer Frösche gewonnen wird. Beide Verbindungen heben die Inaktivierung praktisch auf, so daß die Kanäle dauernd offen bleiben.[19] Zusätzlich verschiebt sich die Spannungsabhängigkeit der Aktivierung, so daß die Kanäle beim normalen Ruhepotential offen sind.

19 Catterall, W. A. 1980. *Annu. Rev. Pharmacol. Toxicol.* 20: 15–43.

Natrium- und Kalium-Leitfähigkeiten als Funktion des Membranpotentials

Die voltage clamp-Technik ermöglichte es Hodgkin und Huxley, Größe und Zeitverlauf der Natrium- und Kaliumströme als Funktion des Membranpotentials V_m anzugeben und die Gleichgewichtspotentiale E_{Na} und E_K zu bestimmen. Damit ließen sich aus den bereits früher beprochenen Beziehungen

$$g_{Na} = \frac{i_{Na}}{V_m - E_{Na}}$$

und

$$g_K = \frac{i_K}{V_m - E_K}$$

direkt Größe und Zeitverlauf der Natrium- bzw. Kalium-Leitfähigkeitsänderungen errechnen.

Die Antworten der Membran auf fünf verschiedene Spannungssprünge sind in Abb. 8 aufgetragen. Mit zunehmender Membrandepolarisation steigen g_{Na} und g_K an. Die Natriumleitfähigkeit zeigt ein ganz anderes Verhalten als der Natriumstrom (Abb. 5), der mit größer werdenen Spannungssprüngen zuerst ansteigt und dann abnimmt. Die ständige Abnahme des Natriumstroms liegt natürlich daran, daß sich die Depolarisation mit zunehmender Amplitude immer weiter dem Natrium-Gleichgewichtspotential annähert. Aus diesem Grund nimmt der Einstrom ab, obwohl die Natrium-Leitfähigkeit noch weiterwächst. In Abb. 9 sind die maximalen Leitfähigkeiten für Natrium und Kalium als Funktion des Membranpotentials aufgetragen. Beide Kurven sind bemerkenswert ähnlich.

Zusammengefaßt wiesen die Ergebnisse von Hodgkin und Huxley darauf hin, daß bei der Depolarisation der Nervenmembran drei voneinander zu trennende Prozesse ablaufen: (1) Aktivierung des Mechanismus der Natriumleitfähigkeit, (2) darauf folgend Inaktivierung dieses Mechanismus und (3) Aktivierung des Kaliumleitfähigkeitsmechanismus.

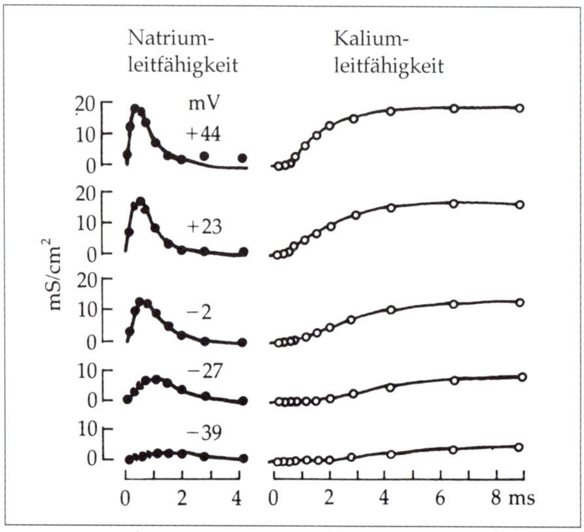

Abb. 8: **Leitfähigkeitsänderungen der Membran** bei den angegebenen unterschiedlichen Spannungssprüngen, ausgehend von einem Haltepotential von −65 mV. Der Spitzenwert der Natriumleitfähigkeit und die Gleichgewichts-Kaliumleitfähigkeit nehmen beide mit steigender Depolarisation zu (nach Hodgkin und Huxley, 1952a).

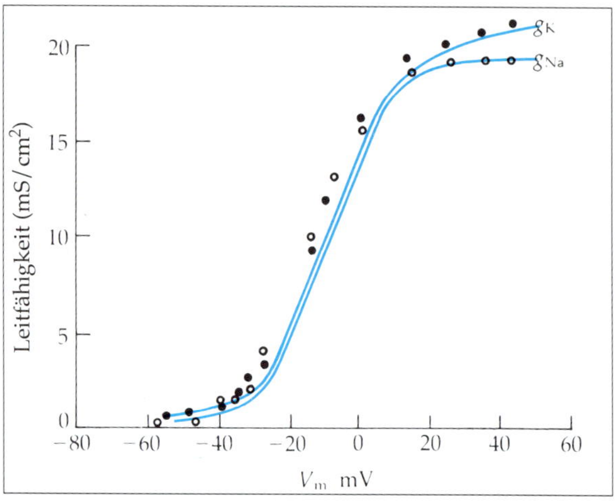

Abb. 9: **Na- und K-Leitfähigkeit** als Funktion des Membranpotentials. Der Spitzenwert der Natriumleitfähigkeit und die Gleichgewichts-Kaliumleitfähigkeit sind über dem Potential, auf das die Membran eingestellt ist, aufgetragen. Beide nehmen bei Depolarisation zwischen −20 und +10 mV steil zu (nach Hodgkin und Huxley, 1952a).

Natrium- und Kalium-Leitfähigkeiten als Funktion der Zeit

Nach Auswertung der Experimente gingen Hodgkin und Huxley daran, eine mathematische Beschreibung des exakten Zeitverlaufs der Natrium- und der Kaliumleitfähigkeitsänderungen zu entwickeln, die von den depolarisierenden Potentialsprüngen hervorgerufen wurden. Bei der Kaliumleitfähigkeit kann man sich vorstellen, daß durch eine plötzliche Änderung des Membranpotentials eine Antriebskraft für die Verlagerung eines oder mehrerer geladener Bereiche im spannungsaktivierten Kaliumkanal entsteht, die zum Öffnen des Kanals führt. Wenn es sich nur um einen einzigen Vorgang handelte, würde man erwarten, daß die Änderung der Kaliumleitfähigkeit einer normalen Kinetik 1. Ordnung folgt, d. h., der Anstieg der Kurve nach Beginn des Spannungssprunges verliefe dann exponentiell. Statt dessen verläuft die Leitfähigkeitsänderung anfangs S-förmig, mit merklicher Verzögerung. Wegen dieser Verzögerung und da der Kaliumstrom nur während einer Depolarisation, nicht aber bei einer Hyperpolarisation, auftritt (d. h. er ist gleichgerichtet), wird er oft **verzögerter Gleichrichter-Strom** (delayed rectifier current) bezeichnet. Hodgkin und Huxley konnten auch den S-förmigen Anfangsteil der Leitfähigkeitskurve deuten. Sie nahmen an, daß das Öffnen eines jeden Kaliumkanals die Aktivierung von vier Prozessen 1. Ordnung erforderte, wie z. B. die Verlagerung von vier Partikeln in der Membran. Mit anderen Worten ließ sich der S-förmige Zeitverlauf der Aktivierung durch eine Exponentialfunktion 4. Grades darstellen. Die Formel für die Zunahme der Kaliumleitfähigkeit bei einem gegebenen Spannungssprung lautet

$$g_K = g_{K(max)} n^4 \,,$$

wobei $g_{K(max)}$ die maximale Leitfähigkeit ist, die bei dem betreffenden Spannungssprung erreicht wird und n eine monoton steigende Exponentialfunktion mit Werten zwischen Null und Eins, gegeben durch $n = 1 - e^{(-t/\tau_n)}$. Wie in Abb. 9 zu sehen, variiert $g_{K(max)}$ mit der Spannung. Erwartungsgemäß beschleunigt sich die Leitfähigkeitszunahme, je größer die Depolarisationsschritte sind. Mit anderen Worten ist die Zeitkonstante τ_n der Exponentialfunktion spannungsabhängig; sie schwankt zwischen ca. 4 ms bei kleinen Depolarisationen und 1 ms bei Depolarisation auf Null (bei einer Temperatur vom 10 °C).

Der Zeitverlauf der Natriumleitfähigkeitszunahme, der ebenfalls S-förmig ist, folgte einer Exponentialfunktion 3. Grades. Im Gegensatz dazu entsprach die Abnahme der Natriumleitfähigkeit, für die die Inaktivierung verantwortlich ist, einem einfachen exponentiellen Abfallprozeß. Der gesamte Zeitverlauf der Natriumleitfähigkeitsänderung wird durch das Produkt von Aktivierungs- und Inaktivierungsprozessen wiedergegeben:

$$g_{Na} = g_{Na(max)} m^3 h,$$

wobei $g_{Na(max)}$ der Maximalwert ist, auf den g_{Na} ansteigen würde, wenn es keine Inaktivierung gäbe, und $m = 1 - e^{(-t/\tau_m)}$. Der Inaktivierungsprozeß ist keine steigende, sondern eine fallende Exponentialfunktion und wird durch $h = e^{(-t/\tau_h)}$ gegeben. Wie die maximale Kaliumleitfähigkeit ist auch $g_{Na(max)}$ spannungsabhängig; das gleiche gilt für die Zeitkonstanten der Aktivierung und Inaktivierung. Die Aktivierungs-Zeitkonstante τ_m ist viel kleiner als diejenige für Kalium; sie hat bei 10°C in der Nähe des Ruhepotentials einen Wert von etwa 0,6 ms und nimmt bei einem Nullpotential auf etwa 0,2 ms ab. Die Inaktivierungs-Zeitkonstante, τ_h, andererseits ist etwa gleichgroß wie τ_n.

Rekonstruktion des Aktionspotentials

Nach Herleitung der mathematischen Formeln für die Kalium- und die Natriumleitfähigkeit als Funktionen von Spannung und Zeit konnten Hodgkin und Huxley den gesamten Zeitverlauf des Aktionspotentials vorausberechnen. Ausgehend von einem gerade schwellenüberschreitenden Depolarisationssprung berechneten sie die anschließenden Potentialänderungen in sukzessiven Intervallen von 0,01 ms. Während der ersten 0,01 ms nach der Depolarisation der Membran auf, sagen wir, –45 mV berechneten sie also die Änderung von g_{Na} und g_K, die daraus resultierende Zunahme von i_K und i_{Na} und das Ausmaß der durch den Nettostrom hervorgerufenen zusätzlichen Depolarisation. In Kenntnis des neuen Wertes von V_m am Ende der ersten 0,01 ms wiederholten sie die Berechnungen für das nächste Zeitintervall und so weiter, durch alle steigenden und fallenden Phasen des Aktionspotentials. (Ein mühsames Unterfangen in einer Zeit, als es noch keine Computer gab.) Es ergab sich, daß die Prozedur mit bemerkenswerter Genauigkeit das natürlich auftretende Aktionspotential am Tintenfischaxon wiedergab. Ein Beispiel für ein derart berechnetes Aktionspotential und für den Zeitverlauf der ihm zugrundeliegenden Natrium- und Kaliumleitfähigkeitsänderungen ist in Abb. 10 A dargestellt. In Abb. 10 B sind theoretisch berechnete und beobachtete Aktionspotentiale miteinander verglichen, die von kurzen depolarisierenden Impulsen bei drei verschiedenen Reizstärken ausgelöst wurden. Um das Ausmaß dieser Leistung voll würdigen zu können, muß man sich daran erinnern, daß die Aktionspotentialberechnungen auf Strommessungen basierten, die unter völlig artifiziellen Bedingungen durchgeführt worden waren. So wurden das Membranpotential zuerst auf einen bestimmten Wert «geklemmt», dann auf einen anderen, und gleichzeitig wurde die Natriumkonzentrationen in der externen Flüssigkeit variiert.

Zusätzlich zur der exakten Beschreibung des Aktionspotentials konnten Hodgkin und Huxley seine Fortleitung und viele andere Eigenschaften erregbarer Axone, wie Refraktärzeit und Schwelle, als Folge ionaler Leitfähigkeitsänderungen erklären. Ferner lassen sich ihre Befunde, wie sich herausgestellt hat, auf ein breites Spektrum anderer erregbarer Gewebe übertragen.

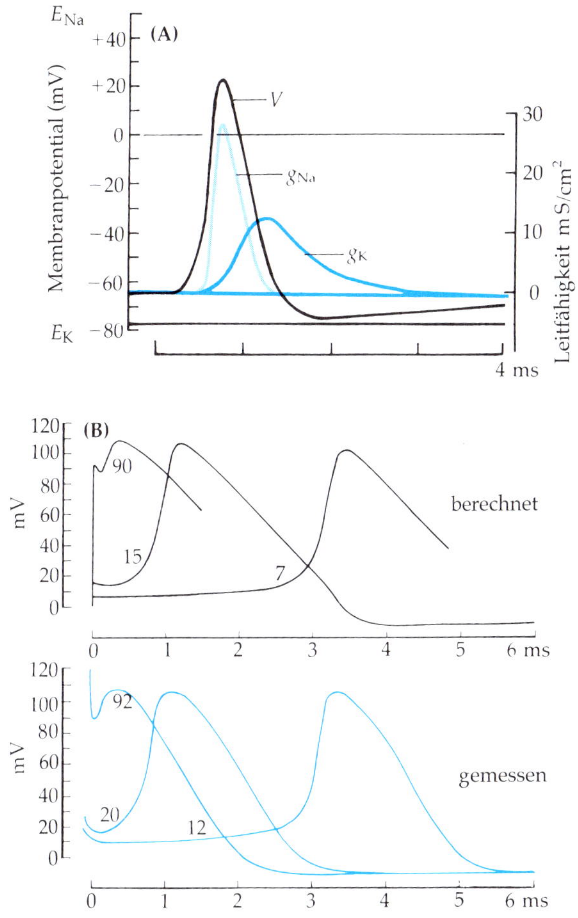

Abb. 10: **Rekonstruktion des Aktionspotentials.** (A) Berechnung eines fortgeleiteten Aktionspotentials (Kurve V) und der ihm zugrundeliegenden Änderungen der Natrium- und Kaliumleitfähigkeit aufgrund von Ergebnissen aus voltage clamp-Experimenten. (B) Berechnungen von Membran-Aktionspotentialen in einem Abschnitt des Tintenfischaxons bei drei verschiedenen Reizintensitäten (obere Kurven) und gemessene Aktionspotentiale, die von drei ähnlichen Reizen hervorgerufen wurden (nach Hodgkin und Huxley, 1952 d).

Schwelle und Refraktärperiode

Wie erklären die Befunde von Hodgkin und Huxley das Schwellen-Membranpotential, an dem ein Impuls ausgelöst wird, besonders, da es so scheint, als erfordere eine Diskontinuität wie eine Schwelle auch eine Diskontinuität von g_{Na} oder g_K? Dieses Phänomen läßt sich verstehen, wenn wir uns vorstellen, daß wir Strom durch die Membran schicken, um sie gerade bis zur Schwelle zu depolarisieren und den Strom dann abzuschalten. Da das Membranpotential nun weiter vom Kalium-Gleichgewichtspotential entfernt ist, kommt es zu einer Zunahme des Kaliumausstroms (und einem kleinen nach außen gerichteten Leckstrom). Wir aktivieren dadurch auch einige Natriumkanäle und erhöhen damit den Natriumeinstrom. An der Schwelle sind die erhöhten Ströme genau gleich groß, aber entgegengerichtet, und die Membran befindet sich in einem Zustand ähnlich wie beim Ruhepotential. Doch es gibt einen wichtigen Unterschied: Die Natriumleitfähigkeit ist jetzt instabil. Wenn ein zusätzliches Natriumion in die Zelle gelangt, nimmt die Depolarisation zu, g_{Na} steigt an, mehr Natrium dringt in die Zelle ein, und der regenerative Prozeß explodiert. Wenn andererseits ein zusätzliches Kaliumion die Zelle verläßt, nimmt die Depolarisation ab, g_{Na} sinkt, der Natriumstrom nimmt ab, und der überschüssige Kaliumstrom führt zu einer Repolarisation. Wenn sich das Membranpotential seinem Ruhewert nähert, nimmt der Kaliumstrom solange ab, bis er wieder gleich groß wie der Natriumeinstrom in Ruhe ist. Eine Depolarisation über die Schwelle führt zu einer Zunahme von g_{Na}, was einen Natriumeinstrom zur Folge hat, der groß genug ist, den Kaliumausstrom sofort zu «überschwemmen». Bei einer unterschwelligen Depolarisation steigt g_{Na} nicht genügend stark an, um sich gegen die Kaliumruheleitfähigkeit durchzusetzen.

Und wie läßt sich die Refraktärphase erklären? Zwei Änderungen entwickeln sich nach einem Aktionspotential, die es der Nervenfaser unmöglich machen, sofort anschließend ein neues Aktionspotential zu generieren: (1) Die Inaktivierung, die jede Zunahme von g_{Na} verhindert, ist während der abfallenden Phase des Aktionspotentials maximal, und es dauert mehrere Millisekunden, bis sie auf Null abgefallen ist. (2) g_K ist jetzt sehr groß, und es wäre ein starker Anstieg von g_{Na} nötig, um eine regenerative Depolarisation auszulösen. Diese beiden Faktoren führen in der abfallenden Phase des Aktionspotentials zu einer **absoluten Refraktärperiode**, während der keine auch noch so große von außen applizierte Depolarisation eine zweite regenerative Antwort auslösen kann. Auf das Aktionspotential folgt eine **relative Refraktärperiode,** während der die Rest-Inaktivierung der Natriumleitfähigkeit und die relativ hohe Kaliumleitfähigkeit zusammenwirken und zu einem erhöhten Schwellenwert für die Auslösung eines Aktionspotentials führen.

Aus heutiger Sicht war es eine außerordentliche Leistung von Hodgkin und Huxley, strenge quantitative Erklärungen für diese komplexen biophysikalischen Eigenschaften von Membranen entwickelt zu haben. Die folgenden Beobachtungen an einzelnen Kanälen haben uns ein neues, tiefes Verständnis der zugrundeliegenden molekularen Mechanismen vermittelt, doch niemand hätte sich allein aufgrund von Einzelkanaluntersuchungen – ohne die aus den vorangegangenen voltage clamp-Experimenten gewonnenen Einsichten – vorstellen können, wie Nervenzellen Impulse generieren und fortleiten. Die älteren Arbeiten sind durch neuere Befunden bereichert, aber nicht ersetzt worden.

Torströme

Hodgkin und Huxley vermuteten, daß die Aktivierung von Natriumkanälen mit der Translokation von geladenen Strukturen oder Partikeln in der Membran einhergehen. Solche Ladungsbewegungen sollten in Form von kapazitive Ströme als Antwort auf einen depolarisierenden Spannungssprung auftreten. Nach Lösung einer Reihe technischer Schwierigkeiten konnten diese Torströme schließlich sichtbar gemacht werden.[20,21] Ein Beispiel ist in Abb. 11 A zu sehen. Eine Depolarisationssprung eines perfundierten Tintenfischaxons führte zu einem nach außen gerichteten kapazitiven Strom, gefolgt von einem Natriumeinstrom. Der Natriumeinstrom war sehr viel kleiner als gewöhnlich, da die extrazelluläre Natriumkonzentration auf 20% der Normalkonzentration verringert war. Nach Zugabe von TTX zur Badlösung war der Natriumeinstrom blockiert, und nur der Torstrom («gating current») blieb übrig (auswärts gerichteter Strom in Abb. 11 B; man beachte die Skalenänderung).

Wie separiert man den Torstrom vom gewöhnlichen kapazitiven Strom, der bei einer stufenförmigen Änderung des Membranpotentials zu erwarten ist (z.B. Abb. 3)? Kurz gesagt sollten Ströme, die hauptsächlich mit dem Laden und Entladen des Membrankondensators verbunden sind, symmetrisch sein. Das heißt, sie sollten bei depolarisierenden und hyperpolarisierenden Potentialsrüngen gleich groß sein. Außerdem sollten Ströme, die mit einer Aktivierung von Natriumkanälen verbunden sind, bei einer Depolarisation von, sagen wir, 50 mV (ausgehend von einem Haltepotential von –70 mV) auftreten, nicht jedoch bei einer Hyperpolarisation. Mit anderen Worten: Wenn die Kanäle geschlossen sind, sollte bei weiterer Hyperpolarisation kein Torstrom auftreten. Entsprechend sollten Torströme, die mit dem Schließen der Kanäle verbunden sind, nach Beendigung eines kurzen depolarisierenden Impulses fließen, nicht aber nach einem hyperpolarisierenden Impuls. Eine experimentelle Möglichkeit, Torströme zu messen, besteht deshalb darin, die Ströme, die von zwei identischen Spannungssprüngen entgegengesetzter Polarität hervorgerufen werden, zu addieren (Abb. 11 C): Die Asymmetrie, die zwischen (a) und (b) aufgrund der Torströme auftritt, ist deutlich zu erkennen. Der Strom zu Beginn des depolarisierenden Impulses ist wegen der zusätz-

20 Armstrong, C. M. and Bezanilla, F. 1974. *J. Gen. Physiol.* 63: 533–552.

21 Keynes, R. D. and Rojas, E. 1974. *J. Physiol.* 239: 393–434.

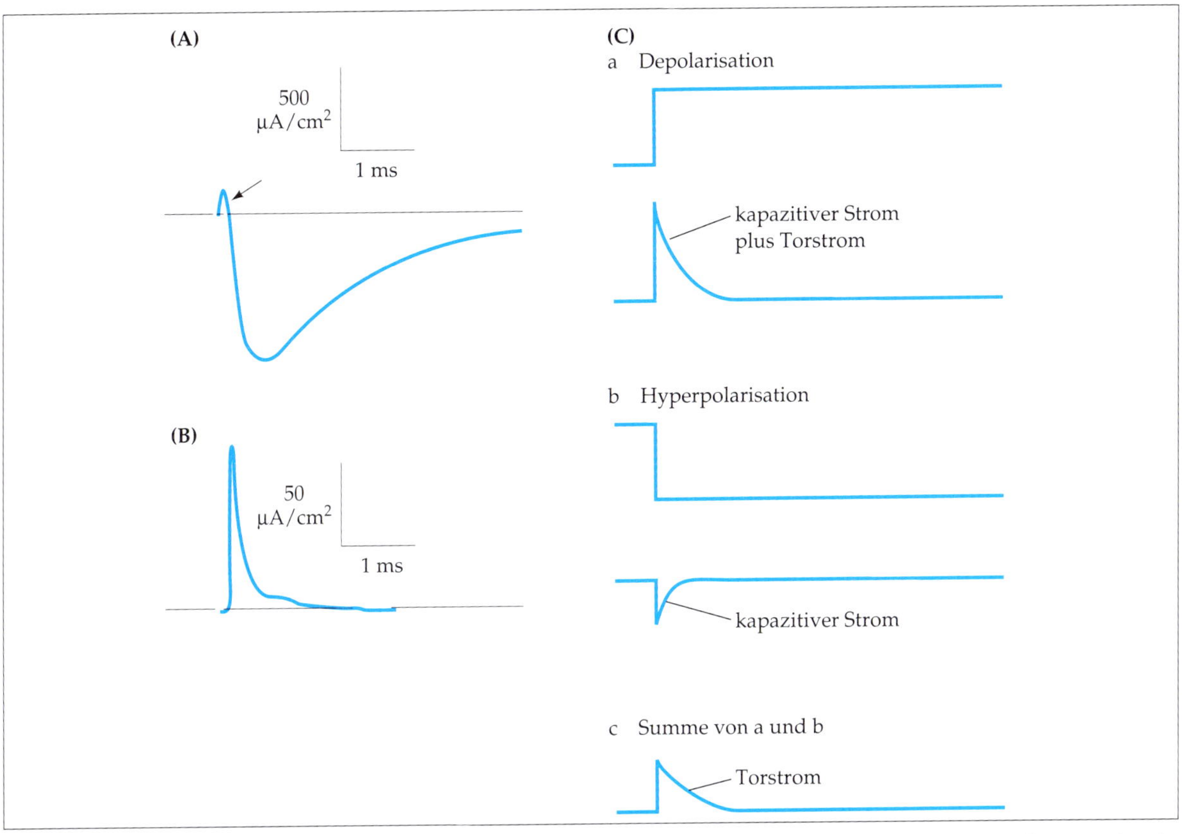

Abb. 11: **Natriumkanal-Torströme.** (A) Strom, abgeleitet vom Tintenfischaxon als Antwort auf einen depolarisierenden Impuls. Der Natriumeinstrom ist wegen der auf 20% des Normalwertes verringerten extrazellulären Natriumkonzentration reduziert. Der kleine Auswärtsstrom (Pfeil), der dem Einstrom vorausgeht, ist ein Natriumkanal-Torstrom. (B) Antwort auf eine Depolarisation bei derselben Präparation nach Zugabe von TTX zur Badlösung, bei höherer Verstärkung aufgezeichnet. Nur der Torstrom bleibt übrig. (C) Methode, um den Torstrom vom kapazitiven Strom zu trennen. Ein depolarisierender Impuls ruft (a) einen kapazitiven Strom und einen Torstrom in der Membran hervor. Ein hyperpolarisierender Impuls derselben Amplitude (b) erzeugt lediglich einen kapazitiven Strom. Addiert man die Antworten auf einen hyperpolarisierenden und einen depolarisierenden Impuls, heben sich die kapazitiven Ströme auf, nur der Torstrom bleibt übrig (c) (A und B nach Armstrong und Bezanilla, 1977).

lichen Ionenbewegung in Verbindung mit dem Öffnen des Natriumkanals größer als der, der nach einem hyperpolarisierenden Spannungssprung fließt. Addiert man beide Ströme, erhält man den Torstrom (oder den **asymmetrischen** Strom) allein (Abb. 11 C, c). Eine Zusammenfassung der Beweise, daß asymmetrische Ströme, die auf die gerade beschriebene Weise zustande kommen, tatsächlich mit der Aktivierung der Natriumkanäle in Verbindung stehen, findet sich bei Armstrong.[22]

Antwort einzelner Natriumkanäle auf Depolarisation

Heute verdanken wir der patch clamp-Technik detaillierte Informationen über die Art und Weise, wie einzelne Natriumkanäle auf Depolarisation reagieren. Ein derartiges Experiment ist in Abb. 12 dargestellt. Die Ableitungen stammen von einem cell-attached patch (Abb. 12 A) an Kulturzellen von Rattenmuskelfasern.[23] Um die Inaktivierung der Natriumkanäle aufzuheben, wurde an der einen Elektrode ein gleichbleibendes Steuerpotential angelegt, durch das die patch-Membran auf rund –100 mV hyperpolarisiert wurde. Es wurde wiederholt ein depolarisierender Impuls von 40 mV ca. 23 ms lang auf die Elektrode gegeben (Abb. 12 B, Spur a). Einzelkanalströme, die im Verlauf des Impulses erschienen, traten vermehrt zu Beginn der Depolarisation auf (Spur b). Der mittlere Kanalstrom betrug etwa 1,6 mA. Wenn man von einem Natrium-Gleichgewichtspotential von +30 mV ausgeht, betrug die Antriebskraft für den Natriumeinstrom ca. 90 mV; daraus ergibt sich für den Einzelkanal eine Leitfähigkeit von rund 18 pS. Das ist der Natriumkanal-Leitfähigkeit einer Reihe anderer Zellen vergleichbar. Addiert man 300 einzelne Spuren (Spur c), so erhält man einen einwärts gerichteten Strom mit dem gleichen Zeitverlauf, wie man ihn beim Natriumeinstrom an ganzen Zellen erwartet.

Ein wichtiger und interessanter Punkt in Abb. 12 ist, daß die mittlere Kanal-Offenzeit (0,7 ms) im Vergleich zum gesamten Zeitverlauf des aufsummierten Stroms recht kurz ist. Besonders die Zeitkonstante der abfallenden Phase des aufsummierten Stroms (ca. 4 ms) spiegelt nicht entsprechend lange Kanaloffenzustände wider. Statt des-

22 Armstrong, C. M. 1981. *Physiol. Rev.* 61: 644–683.
23 Sigworth, F. J. and Neher, E. 1980. *Nature* 287: 447–449.

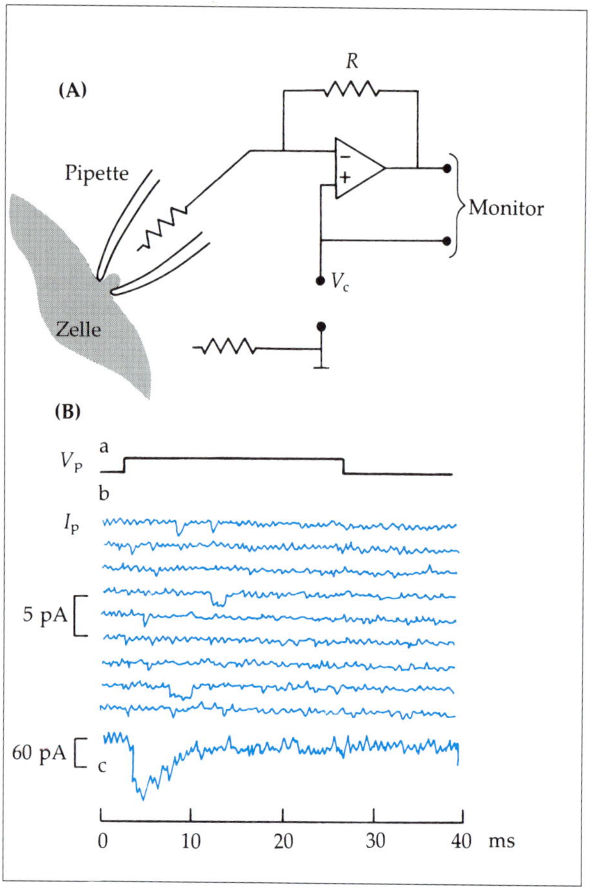

Abb. 12: **Natriumkanal-Ströme**, abgeleitet von einem cell-attached patch aus in Kultur gehaltenen Ratten-Muskelzellen. (A) Ableitungsanordnung. (B) Wiederholte depolarisierende Spannungsimpulse (a), die auf den patch gegeben werden, erzeugen Einzelkanalströme (nach unten gerichtete Auslenkungen) in neun aufeinanderfolgenden Aufzeichnungen (b). Die Summe von 300 dieser Ableitungen (c) zeigt, daß sich die meisten Kanäle in den ersten 1 bis 2 ms nach Beginn des Impulses öffnen; danach sinkt die Kanal-Offenwahrscheinlichkeit mit der Zeitkonstante der Inaktivierung (nach Sigworth und Neher, 1980).

sen zeigt sie eine langsame Abnahme der Wahrscheinlichkeit dafür an, daß sich ein einzelner Kanal öffnet. Das, was Hodgkin und Huxley «Aktivierung» (m^3) und «Inaktivierung» (h) nannten, repräsentiert demnach nicht das aktuelle Öffnen und Schließen von Kanälen, sondern stellt zuerst eine Zunahme, dann eine Abnahme der *Wahrscheinlichkeit* dar, daß sich ein Kanal für kurze Zeit öffnet. Das Produkt (m^3h) beschreibt den Zeitverlauf der Wahrscheinlichkeitsänderung. Sie steigt nach Beginn des Impulses rasch an, erreicht einen Gipfel und nimmt dann mit der Zeit wieder ab. Bei jedem Versuch besteht jedoch die Möglichkeit, daß sich ein bestimmter Kanal sofort nach Beginn des Impulses, irgendwann während des Impulses oder überhaupt nicht öffnet.

Ein zweiter interessanter Punkt wird deutlich, wenn wir noch einmal zu Abb. 11 zurückkehren: Die Ladungsverschiebung ist praktisch bereits abgeschlossen, bevor der Natriumstrom sein Maximum erreicht, d.h., bevor die meisten Kanäle sich zu öffnen beginnen. Das bedeutet, daß sich die Konformationsänderung im Kanalprotein, die mit der Ladungsbewegung in Zusammenhang steht, von der Konformationsänderung, die mit dem Öffnen der Kanäle zu tun hat, unterscheidet. Daher darf man sich die Ladungen nicht als mit einer Art «Griff» versehen vorstellen, mit dem das Tor im Kanal direkt geöffnet wird. Statt dessen erhöht die Ladungsbewegung lediglich die Wahrscheinlichkeit, daß die Kanalstruktur in das offene oder das inaktivierte Stadium eintritt.

Kinetische Modelle der Kanalaktivierung und Inaktivierung

Aufgrund ihrer Beobachtung, daß der Zeitverlauf der Aktivierung von Natrium- und Kaliumströmen sich am besten durch Exponentialfunktionen 3. und 4. Grades (m^3 und n^4) ausdrücken ließ, vermuteten Hodgkin und Huxley, daß sich die Aktivierung durch die Verschiebung von drei oder vier geladenen Partikeln in der Membran erklären lasse. Wir können uns beispielsweise vorstellen, daß ein Spannungssprung eine Umlagerung der S4-Helices in allen vier Domänen des Kaliumkanals hervorrufen muß, bevor sich der Kanal öffnen kann. Genauso können wir annehmen, daß mindest drei derartige Umlagerungen nötig sind, um einen Natriumkanal zu aktivieren. Weiterhin kann man sich vorstellen, daß eine oder mehrere solcher Umlagerungen in einem Natriumkanal letzlich ebenfalls zur Inaktivierung führen. Ein vergleichbares Modell ist auch von Keynes vorgeschlagen worden.[24]

Die Vorstellung, daß vier getrennte Ereignisse (wie die Umlagerung der S4-Helices) notwendig sind, damit ein Kanal sich öffnet, läßt 16 verschiedene Kanalzustände möglich erscheinen: keine Umlagerung (ein Zustand), eine Verlagerung in irgendeiner der vier Domänen (vier mögliche Zustände), zwei Umlagerungen in zwei beliebigen Domänen (sechs mögliche Zustände), drei Umlagerungen in drei beliebigen Domänen (vier mögliche Zustände) und Umlagerungen in allen vier Domänen (ein Zustand). Wenn die Schritte voneinander unabhängig und kinetisch identisch sind, dann reduzieren sie sich auf fünf Zustände: keine Umlagerung, Umlagerung in einer beliebigen Domäne, in zwei beliebigen Domänen, in drei beliebigen Dömänen oder in allen vier Domänen. Auf dieser Basis läßt sich der Übergang vom offenen zum geschlossenen Zustand wie folgt darstellen:

$$C_5 \leftrightarrow C_4 \leftrightarrow C_3 \leftrightarrow C_2 \leftrightarrow C_1 \leftrightarrow 0\,,$$

wobei C_5 den Zustand des Kanals in Ruhe ist, C_4 usw. eine Reihe von geschlossenen Zustanden repräsentiert, die der Kanal durch Depolarisation einnehmen kann und 0 den offenen Zustand symbolisiert. Bei Natriumkanälen müssen wir den Inaktivierungsprozeß hinzufügen. Messungen von makroskopischen Strömen wie auch von Einzelkanalströmen lassen vermuten, daß der Kanal inaktiviert werden kann, unabhängig davon, ob er vorher geöffnet oder geschlossen war.[25,26] Daher kann Inak-

24 Keynes, R. D. 1990. *Proc. R. Soc. Lond. B* 240: 425–432.
25 Bean, B. P. 1981. *Biophys. J.* 35: 595–614.
26 Aldrich, R. W. and Stevens, C. F. 1983. *Cold Spring Harbor Symp. Quant. Biol.* 48: 147–153.

tivierung (I) sowohl vom offenen Zustand als auch von einem oder mehreren der geschlossenen Zustände ausgehen:

$$C_5 \leftrightarrow C_4 \leftrightarrow C_3 \leftrightarrow C_2 \leftrightarrow C_1 \leftrightarrow 0$$
$$\searrow I \swarrow$$

Inzwischen sind viele Variationen dieses Modells mit mehr oder weniger Schritten und mit mehr als einem inaktiven Zustand vorgeschlagen worden.[27,28] Sie unterscheiden sich vom ursprünglichen Modell von Hodgkin und Huxley insofern, als sie davon ausgehen, daß die Aktivierung und die Inaktivierung keine voneinander unabhängigen Parallelprozesse darstellen, sondern eine Folge von Schritten gemeinsam verwenden. Und obwohl das Durchlaufen der Schrittfolge, wieviel Stufen sie auch immer umfaßt, vom Membranpotential abhängig sein mag, müssen die letzten Schritte, die zur Aktivierung bzw. zur Inaktivierung führen, ihrerseits nicht unbedingt spannungsabhängig sein.[29,30]

Wieviele Zustände existieren nun wirklich? Das ist nicht genau bekannt, doch es hat den Anschein, als ob die Aktivierung eines Natriumkanals wenigstens drei verschiedene Ladungsverschiebungen erfordere. Conti und Stühmer schlossen das aus Messungen von Torströmen in großen cell-attached membrane patches (macropatches) von *Xenopus*-Oocyten, in die exogene mRNA injiziert worden war; diese mRNA kodierte für Rattenhirn-Natriumkanäle.[31] Die Größe der elementaren Ladungsbewegungen im Torbereich ließ sich durch Bestimmen von Mittelwert und Varianz einer großen Anzahl einzelner Torströme ableiten. Das Verfahren ist analog der Rauschmessung zur Bestimmung der Größe von Einzelkanalströmen (Kap. 2): Das Verhältnis von Varianz zu Mittelwert ergibt die Größe der elementaren Ladungsbewegungen. Die elementare Torladung betrug demnach 2,3 Elementarladungen (2,3 e). Der gesamte Ladungstransfer pro Kanal läßt sich aus der Steilheit der Aktivierungskurve abschätzen: Je mehr Ladungen auf der betroffenen Struktur liegen, desto kleiner ist die Spannungszunahme, die nötig ist, um die Konformation der Struktur zu ändern. Aus diesen Überlegungen schloß man, daß eine Kanalaktivierung mit einem Ladungstransfer zwischen 6 e und 8 e – d.h. drei elementaren Torladungen – verbunden war. Dieses Ergebnis stimmt bemerkenswert gut mit dem Modell der Aktivierung überein, das Hodgkin und Huxley ursprünglich vorgeschlagen hatten. Conti und Stühmer bemerken, daß man versucht sei, den Ladungstransfer mit strukturellen Übergängen in dreien der vier Natriumkanaldomänen und die Inaktivierung mit Interaktionen dieser drei mit der vierten Domäne in Beziehung zu setzen. Solche Ergebnisse schließen natürlich zusätzliche Übergänge, die elektrisch «stumm» sind, nicht aus.

Zusammenfassend kann man folgendes sagen: Die kinetischen Modelle lassen vermuten, daß die Depolarisation eine Reihe von schrittweisen Konformationsänderungen einleitet, die schließlich zum Öffnen des Kanals führen, während ein oder mehrere andere Schritte zur Inaktivierung führen. Obwohl wir uns in ganz allgemeiner Weise vorstellen können, wie solche Strukturänderungen im Protein zustande kommen, ist es schwierig, sie genau zu spezifizieren. Ein erster Schritt in diese Richtung war, die Inaktivierung von Kalium-A-Kanälen mit einer bestimmten Gruppe von Aminosäuren in der Kanaluntereinheit in Beziehung zu setzen. Ohne Zweifel werden sich weitere Beziehungen ergeben, sobald wir den molekularen Aufbau besser kennen.

Kanaleigenschaften im Zusammenhang mit dem Aktionspotential

Die Leitfähigkeit von spannungsaktivierten Natriumkanälen ist direkt mit patch clamp-Messungen bestimmt worden (Abb. 12). Die Dichte der Natriumkanäle wurde in einer Reihe von Geweben durch Messung der Dichte von TTX-Bindungsstellen ermittelt. Levinson und Meves, die Tritium-markiertes TTX benutzten, schätzten, daß beim Tintenfischaxon auf jedem μm^2 Membranfläche im Mittel 553 Moleküle gebunden sind.[32] Die Anzahl in anderen Geweben schwankt zwischen 2 pro μm^2 im neonatalen optischen Nerv der Ratte[33] und 2000 pro μm^2 am Ranvierschen Schnürring im Ischiasnerv des Kaninchen.[34] In der Skelettmuskulatur ist die Dichte der Natriumkanäle in der Region der Endplatten am höchsten und fällt mehr oder minder exponentiell mit der Entfernung in Richtung Sehnen auf 10% oder weniger ihres Maximalwertes ab.[35] In anderen Experimenten wurde in der Membran von Muskelfasern Natriumkanäle gefunden, die in Clustern und nicht gleichmäßig verteilt waren.[36] In beiden experimentellen Anordnungen wurde die Dichte der Natriumkanäle durch die Depolarisation kleiner Membranbereiche mit einer fokalen extrazellulären Pipette gemessen. Die Natriumeinwärtsströme schwankten von einem patch zum anderen und zeigten damit die Variationsbreite der Kanaldichte an.

Die Einzelkanal-Leitfähigkeit von Kaliumkanälen, die dem späten Strom zugrundeliegen (Kanäle mit verzögerter Gleichrichtung), ist im Tintenfischaxon sowohl durch Rauschanalyse[37] als auch mit patch clamp-Experimenten

27 Hille, B. 1992. *Ionic Channels of Excitable Membranes*, 2nd ed. Sinauer, Sunderland, MA. Chapter 18.
28 Armstrong, C. M. and Gilley, W. F. 1979. *J. Gen. Physiol.* 74: 691–711.
29 Aldridge, R. W. and Stevens, C. F. 1987. *J. Neurosci.* 7: 418–431.
30 Cota, G. and Armstrong, C. M. 1989. *J. Gen. Physiol.* 94: 213–232.
31 Conti, F. and Stühmer, W. 1989. *Eur. Biophys. J.* 17: 53–59.
32 Levinson, S. R. and Meves, H. 1975. *Philos. Trans. R. Soc. Lond. B* 270: 349–352.
33 Waxman, S. G. et al. 1989. *Proc. Natl. Acad. Sci. USA* 86: 1406–1410.
34 Ritchie, J. M. 1986. *Ann. NY Acad. Sci.* 479: 385–401.
35 Beam, K. G., Caldwell, J. H. and Campbell, D. T. 1985. *Nature* 313: 588–590.
36 Almers, W., Stanfield, P. and Stühmer, W. 1983. *J. Physiol.*. 336: 261–284.
37 Conti, F., DeFelice, L. J. and Wanke, E. 1975. *J. Physiol.* 248: 45–82.

bestimmt worden.[38] Letztere Experimente waren besonders einfallsreich, da die Membran des Tintenfischaxons auf der Innenseite «geklemmt» wurde! Nach beiden Methoden ergab sich eine Einzelkanal-Leitfähigkeit von ca. 10 pS. In ähnlichen patch clamp-Experimenten am aufgeschnittenen Tintenfischaxon konnte man Kaliumkanäle mit Leitfähigkeiten von 10, 20 und 40 pS beobachten, wobei Kanäle mit 20 pS vorherrschten.[39] Im Froschmuskel sind die Kaliumkanäle, wie die Natriumkanäle, ungleichmäßig verteilt.[36] Die Verteilung beider Kanaltypen ist nicht korreliert. An den Ranvierschen Schnürringen von myelinisierten Kaninchennerven ruft eine Depolarisation keinen späten Ausstrom hervor; die Kanäle mit verzögerter Gleichrichtung fehlen vermutlich.[40] Während des Aktionspotentials kommt es durch einen starken Leckstrom nach einer schnellen Inaktivierung der Natriumkanäle zur Repolarisation.

Calciumionen und Erregbarkeit

Ein wichtiges Ion, das wir bisher noch nicht besprochen haben, ist das Calcium, das in vielen Prozessen eine Schlüsselrolle spielt (Kap. 7 und 8). Eine vorübergehende Zunahme der intrazellulären Calciumkonzentration ist z.B. für die Sekretion von chemischen Transmittern durch Neuronen und für die Kontraktion von Muskelfasern verantwortlich. Calciumionen beeinflussen auch die Erregung: Eine Verringerung der extrazellulären Calciumkonzentration senkt die Schwelle für die Auslösung von Impulsen, umgekehrt erhöht sich die Schwelle mit zunehmender extrazellulärer Calciumkonzentration. Frankenhaeuser und Hodgkin haben diese Effekte am Tintenfischaxon untersucht; sie fanden nicht nur eine Änderung der Schwelle, sondern auch der Stärke des Natrium- und Kaliumstroms bei depolarisierenden Impulsen resultierten.[41] Wenn die extrazelluläre Calciumkonzentration beispielsweise verringert wurde, stiegen die von kleinen depolarisierenden Impulsen hervorgerufenen Ionenströme an. Der Effekt einer verringerten extrazellulären Calciumkonzentration besteht in einer Verschiebung der Strom-Spannungs-Beziehung, so daß depolarisierende Impulse (1) die Schwelle eher erreichen und (2) mehr Strom erzeugen. Diese Effekte sind ähnlich denen, die man bei Addition einer konstanten Spannung zu jedem Impuls sieht. Eine Verringerung der extrazellulären Calciumkonzentration um den Faktor fünf entspricht einer Spannungszunahme von 10 bis 15 mV. Man vermutete, daß der Effekt hänge mit einer nichtspezifischen Abschirmung (screening) negativer Ladungen auf der äußeren Membranoberfläche durch die Calciumionen zusammenhängt. Entfernt man Calcium, so werden diese Ladungen nicht neutralisiert und reduzieren daher die elektrische Feldstärke über der Membran. Diese Vorstellung führt zu einem neuen Konzept für das Membranpotential: Das Potential zwischen intrazellulärer und extrazellulärer Flüssigkeit wird durch intrazelluläre und extrazelluläre Ionenkonzentrationen und Ionenpermeabilitäten bestimmt (s. Kap. 3). Die Feldstärke über der Membran selbst hängt von einem zusätzlichen Faktor ab, nämlich von der Anwesenheit geladener Moleküle an ihrer Innen- und Außenseite. Man nimmt z.B. an, daß die nach außen gewandte Teile der meisten Membranproteine mit Kohlenhydratketten glykolisiert sind, die negativ geladene Sialsäure enthalten. Der Natriumkanal beim Aal weist über 100 Sialsäurereste auf.[42] Diese negativen Ladungen auf der Außenseite verkleinern die elektrische Feldstärke über der Membran. In normalen extrazellulären Flüssigkeiten neutralisieren oder «screenen» einwertige und zweiwertige Kationen – besonders Calcium – die Oberflächenladungen, so daß die Feldstärke über der Membran ungefähr dem gemessenen Membranpotential entspricht. Entfernt man die extrazellulären Calciumionen, so liegen die negativen Ladungen frei, und die Feldstärke nimmt ab. Deswegen ist das Entfernen von Calciumionen einer Depolarisation äquivalent. Eine Funktion von Calcium besteht also darin, die Membran zu stabilisieren, d.h. eine Sicherheitszone zwischen dem elektrischen Feld über der Membran und der Aktivierungsschwelle der spannungsabhängigen Kanäle aufrechtzuerhalten.

Calciumkanäle

Zusätzlich zu seinem Beitrag zur Erregbarkeit dringt Calcium selbst während eines Impulses in das Tintenfischaxon ein. Das konnte zum ersten Mal durch Messungen von akkumuliertem radioaktiven Calcium und später mit Hilfe von Aequorin (Kap. 3) nachgewiesen werden.[43] Wie voltage clamp-Experimente zeigten, gelangt Calcium in zwei Phasen in das Axon. Die frühe Phase läßt sich durch TTX blockieren und weist einen Zeitverlauf ähnlich dem des Natriumstroms auf. Dabei handelt es sich um einen Leckstrom durch die Natriumkanäle; die Permeabilität der Natriumkanäle für Calcium beträgt etwa 1% ihrer Permeabilität für Natrium. Die späte Phase des Calciumeintritts wird nicht durch TTX oder TEA blockiert und weist damit auf das Vorhandensein einer eigenen, spannungsaktivierten Calciumleitfähigkeit hin. Spannungsaktivierte Calciumkanäle besitzen, wie sich gezeigt hat, eine Reihe von Subtypen.[44] **Kanäle vom T-Typ** erzeugen als Antwort auf eine Depolarisation vorübergehende (engl. *transient*, daher T) Membranströme und werden in einem Spannungsbereich aktiviert bzw. inaktiviert, der dem spannungsaktivierter Natriumkanäle ähnlich ist. Die Kanäle sind für Barium permeabel und weisen bei 100 mM Barium auf beiden Seiten der Mem-

38 Conti, F. and Neher, E. 1980. *Nature* 285: 140–143.
39 Lanno, I., Webb, C. K. and Bezanilla, F. 1988. *J. Gen. Physiol.* 92: 179–196.
40 Chiu, S. Y. et al. 1970. *J. Physiol.* 292: 149–166.
41 Frankenhaeuser, B. and Hodgkin, A. L. 1957. *J. Physiol.* 137: 218–244.
42 Miller, J. A., Agnew, W. S. and Levinson, S. R. 1983. *Biochemistry* 22: 462–470.
43 Baker, P. B., Hodgkin, A. L. and Ridgeway, E. B. 1971. *J. Physiol.* 218: 709–755.
44 Tsien, R. W. et al. 1988. *Trends Neurosci.* 11: 431–437.

bran Leitfähigkeiten in der Größenordnung von 10 pS auf. Unter physiologischen Bedingungen (z.B. ca. 2 mM Calcium extrazellulär und 100 nM Calcium intrazellulär) ist ihre Leitfähigkeit sicher sehr viel kleiner.

Kanäle vom L-Typ sind nicht-inaktivierend und rufen daher als Antwort auf eine Depolarisation lang andauernde (engl. *longlasting*, daher L) Ströme hervor. Sie erfordern zur Aktivierung stärkere Depolarisationen als Kanäle vom T-Typ, weisen in symmetrischen 100 mM Bariumlösungen eine Leitfähigkeit von ca. 25 pS auf und werden von Dihydropyridine (DHP), Nitrendipin und Nifedipin blockiert. Dieser Kanal, der **DHP-Rezeptor**, wurde aus Skelettmuskulatur isoliert und gereinigt.[45] Wie gezeigt werden konnte, bildete das isolierte Protein Kanäle vom L-Typ, wenn es in Lipiddoppelschichten wiedereingebaut wurde.[46] Der Kanal wurde kloniert und sequenziert, so daß seine gesamte Primärstruktur bekannt ist.[47]

Wie sich zeigte, sind **Kanäle vom N-Typ** für Strömen verantwortlich, die weder (engl. *neither*, daher N) lang andauern noch rasch inaktivieren. Um sie zu aktivieren, sind relativ große Depolarisationen nötig; ihre Leitfähigkeit in symmetrischen Bariumlösungen beträgt ca. 15 pS, und sie werden langsam inaktiviert.

Diese drei Klassen umfassen nicht alle Fälle – viele Calciumkanäle passen nicht recht in die eine oder andere Kategorie. Die Klassifikation dient zur Darstellung ganzer Bereiche von Calciumkanaltypen mit unterschiedlichen Aktivierungs- und Inaktivierungsschwellen sowie Inaktivierungsraten.

Calcium-Aktionspotentiale

In einigen Muskelfasern und Neuronen können die Calciumströme durch Kanäle vom T-Typ groß genug werden, um einen bedeutenden Beitrag zur Anstiegsphase des Aktionspotentials zu leisten oder sogar allein dafür verantwortlich zu sein. Da g_{Ca} mit steigender Depolarisation zunimmt, handelt es sich um einen regenerativen Prozeß, der dem bereits besprochen Rückkopplungsprozeß beim Natrium vollständig analog ist. Die Rolle des Calciums beim Aktionspotential wurde erstmals an Muskelfasern von Wirbellosen von Fatt und Ginsborg[48] und später von Hagiwara und seinen Kollegen[49] untersucht. Calcium-Aktionspotentiale treten im Herzmuskel, in vielen Invertebratenneuronen, in Neuronen des autonomen Nervensystems und des Zentralnervensystems von Vertebraten auf. Solche Aktionspotentiale sind auch bei nicht-neuronalen Zellen nachgewiesen, z.B. bei einer Reihe von endokrinen Zellen und einige Eizellen von Evertebraten. Die spannungsaktivierten Calciumkanäle können durch Zugabe millimolarer Konzentrationen von Kobalt, Mangan oder Cadmium zur extrazellulären Badlösung blockiert werden. Wie bereits erwähnt, kann Barium Calcium als permeables Ion ersetzen, nicht aber Magnesium. Ein besonders erstaunliches Beispiel für die Koexistenz von Natrium- und Calcium-Aktionspotentialen in derselben Zelle findet man in Purkinje-Zellen im Cerebellum von Säugern. Dort treten Natrium-Aktionspotentiale im Soma und Calcium-Aktionspotentiale in den Verzweigungen des Dendriten auf.[50,51]

Kaliumkanäle

Heute wissen wir, daß es zusätzlich zum Anstieg von g_K, der für den Strom der verzögerten Gleichrichtung verantwortlich ist, andere spannungs- bzw. Botenstoff-aktivierte Leitfähigkeiten für Kalium gibt (Tabelle 1). Einige antworten nur vorübergehend, andere steuern ständig ihren Teil zur Ruheleitfähigkeit der Membran bei.[52–54] Dazu gehören Kaliumkanäle in der Skelettmuskulatur und im Tintenfischaxon, die durch Depolarisation *geschlossen* werden und daher **anomale Gleichrichter** oder **einwärts gerichtete Gleichrichter-Kanäle** genannt werden. A-Kanäle, die man in vielen Neuronen findet, werden durch Depolarisation rasch aktiviert und dann inaktiviert, doch in den meisten Zellen tritt eine Aktivierung erst nach einer vorangegangenen Hyperpolarisation auf, d.h., sie sind in Ruhe inaktiviert. Auch M-Kanäle kommen in einer Reihe von Neuronen vor. Sie ähneln verzögerten Gleichrichterkanälen in soweit, als daß sie sich als Antwort auf Depolarisation öffnen. Sie werden von Acetylcholin durch **muscarinische** ACh-Rezeptoren (daher ihr Name) inaktiviert. **S-Kanäle** stehen in Ruhe offen und werden durch Serotonin inaktiviert. M- und S-Kanäle werden im Zusammenhang mit der Neuromodulation später noch genauer besprochen (Kap. 8).

Noch andere Kaliumkanäle werden von intrazellulären Kationen aktiviert. Die häufigsten sind Calcium-aktivierte Kaliumkanäle, die mindestens drei Subtypen mit sehr großer (200 pS), mittlerer (30 pS) und kleiner (10 pS) Leitfähigkeit aufweisen. Ihr Vorhandensein läßt sich experimentell durch Erhöhung der intrazellulären Calciumkonzentration über das normale Niveau hinaus nachweisen, z.B. durch Injektion mit einer intrazellulären Mikropipette.[55] Nach einer solchen Injektion nimmt der Membranwiderstand der Zelle schnell ab, und das Ruhepotential nähert sich dem Gleichgewichtspotential für Kalium. Sobald das überschüssige Calcium durch interne Puffermechanismen und Transport nach außen aus dem Cytoplasma verschwindet, kehren Widerstand und Potential auf das ursprüngliches Niveau zurück. Calcium-aktivierte Kaliumkanäle treten in einer Vielzahl von Zellen auf (darunter unerregbare Zellen wie Erythrocyten).

45 Campbell, K. P., Leung, A. T. and Sharp, A. H. 1988. *Trends Neurosci.* 11: 425–430.
46 Flockerzi, V. et al. 1986. *Nature* 323: 66–68.
47 Tanabe, T. et al. 1987. *Nature* 328: 313–318.
48 Fatt, P. and Ginsborg, B. L. 1958. *J. Physiol.* 142: 516–543.
49 Hagiwara, S. and Byerly, L. 1981. *Annu. Rev. Neurosci.* 4: 69–125.
50 Llinás, R. and Sugimori, M. 1980. *J. Physiol.* 305: 197–213.
51 Ross, W. N., Lasser-Ross, N. and Werman, R. 1990. *Proc. R. Soc. Lond. B* 240: 173–185.
52 Latorre, R. and Miller, C. 1983. *J. Memb. Biol.* 71: 11–30.
53 Castle, N. A., Haylett, D. G. and Jenkinson, D. H. 1989. *Trends Neurosci.* 12: 59–65.
54 Rudy, B. 1988. *Neuroscience* 25: 729–749.
55 Meech, R. W. 1974. *J. Physiol.* 237: 259–277.

Tabelle 1: Kaliumkanaltypen

Kanal	Eigenschaften und Funktion	blockierbar durch
Spannungsaktiviert		
Verzögerter Gleichrichter (auswärts gerichteter Gleichrichter)	Aktiviert durch Depolarisation; verantwortlich für die Repolarisation beim Aktionspotential.	TEA, Aminopyridine, Chinin, Cs^+, Ba^{++}
Anomaler Gleichrichter (einwärts gerichteter Gleichrichter)	Aktiviert durch Hyperpolarisation; verantwortlich für einen kleinen Teil des Kaliumausstroms in Ruhe.	TEA, Cs^+, Ba^{++}
A-Kanal	Aktiviert durch Depolarisation, dann inaktiviert. Beim Ruhepotential weitgehend inaktiviert, so daß die Aktivierung, so daß die Aktivierung eine vorhergehende Hyperpolarisation erfordert.	TEA, Aminopyridine
Botenstoff-moduliert		
M-Kanal	Aktiviert durch Depolarisation; kaum oder keine Spannungsaktivierung. Trägt zur Ruheleitfähigkeit von Kalium bei. Wird durch ACh, das an *muscarinische* Rezeptoren bindet, und von Peptiden inaktiviert, in beiden Fällen durch intrazelluläre Botenstoffe. Beschleunigt die Repolarisation bei Aktionspotentialen und synaptischen Potentialen. Inaktivierung der Botenstoffe führt zu Depolarisation und erhöhter Erregbarkeit	TEA, Ba^{++}
S-Kanal	Wie M-Kanal, aber nur schwach spannungsabhängig; wird von Serotonin (5-HT) inaktiviert. Beschleunigt die Repolarisation beim Aktionspotential von *Aplysia*-Zellen.	TEA, Ba^{++}
Ionen-aktiviert		
Calcium-aktiviert	Aktiviert durch intrazelluläre Calciumkonzentrationen zwischen 10 nM und 1 mM. Drei Subtypen: a) Kleine Leitähigkeit (SK – 10 pS9 b) Mittlere Leitfähigkeit (IK – 30 pS) c) Große Leitfähigkeit (Maxi-K – 200 pS) Trägt zur Kalium-Ruheleitfähigkeit, zur Repolarisierung beim Aktionspotential und zur Nach-Hyperpolarisation bei.	a) Chinin, Strychnin b) Chinin, Ba^{++}, Cs^+ c) TEA, Chinin, Ba^{++}
Natrium-aktiviert	Aktiviert durch intrazelluläre Natriumkonzentrationen zwischen 10 und 50 mM. Tragen zum Kalium-Ruheleitfähigkeit bei.	Aminopyridine

In vielen Zellen ruft ein Calciumeinstrom im Zusammenhang mit dem Aktionspotential einen Anstieg der Kaliumleitfähigkeit hervor, der zur Repolarisierung beiträgt und schließlich eine Hyperpolarisation hervorruft. Ein weiterer Typ von Kaliumleitfähigkeit wird durch eine Zunahme der intrazellulären Natriumkonzentration aktiviert.[56,57]

Empfohlene Literatur

Bücher und Übersichtsartikel

Armstrong, C. M. 1981. Sodium channels and gating currents. *Physiol. Rev.* 61: 644–683.

Campbell, K. P., Leung, A. T. and Sharp, A. H. 1988. The biochemistry and molecular biology of the dihydropyridine-sensitive calcium channel. *Trends Neurosci.* 11: 425–430.

Hille, B. 1992. *Ionic Channels of Excitable Membranes*, 2nd Ed. Sinauer, Sunderland, MA.

56 Partridge, L. D. and Thomas, R. C. 1976. *J. Physiol.* 254: 551–563.

57 Martin, A. R. and Dryer, S. E. 1989. *Q. J. Exp. Physiol.* 74: 1033–1041.

Rudy, B. 1988. Diversity and ubiquity of K channels. *Neuroscience* 25: 725–749.

Tsien, R. W., Lipscombe, D., Madison, D. V. Bley, K. R. and Fox, A. P. 1988. Multiple types of neuronal calcium channels and their selective modulation. *Trends Neurosci.* 11: 431–437.

Originalartikel

Connor, J. A. and Stevens, C. F. 1971. Voltage champ studies of a transient outward membrane current in gastropod neural somata. *J. Physiol.* 213: 21–30.

Frankenhaeuser, B. and Hodgkin, A. L. 1957. The action of calcium on the electrical properties of squid axons. *J. Physiol.* 137: 218–244.

Hodgkin, A. L. and Huxley, A. F. 1952. Currents carried by sodium and potassium ion through the membrane of the giant axon of *Loligo*. *J. Physiol.* 116: 449–472.

Hodgkin, A. L. and Huxley, A. F. 1952. The dual effect of membrane potential on sodium conductance in the giant axon of *Loligo*, *J. Physiol.* 116: 497–506.

Hodgkin, A. L. and Huxley, A. F. 1952. A quantitative description of membrane current and its application to conduction and excitation in nerve. *J. Physiol.* 117: 500–544.

Hodgkin, A. L., Huxley, A. F. and Katz, B. 1952. Measurement of current-voltage relations in the membrane of the giant axon of *Loligo*. *J. Physiol.* 116: 424–448.

Meech, R. W. 1974. The sensitivity of *Helix aspersa* neurones to injected calcium ions. *J. Physiol.* 237: 259–277.

Kapitel 5

Neuronen als Leiter von Elektrizität

Impulse werden in Axonen durch Stromführung in Längsrichtung fortgeleitet. Da in jeder Membranregion ein Alles-oder-Nichts-Aktionspotential generiert wird, depolarisiert und erregt es die benachbarten, noch nicht aktiven Regionen und ruft dort einen neuen, regenerativen Impuls hervor. Zum Verständnis der Impulsfortleitung, der synaptische Übertragung und und der integrativen Prozesse müssen wir wissen, wie sich elektrische Ströme passiv längs eines Nerven ausbreiten.
Ein sich längs eines Axons oder eines Dendriten ausbreitender Strom wird mit zunehmender Entfernung abgeschwächt. Diese Abschwächung hängt von mehreren Faktoren ab, hauptsächlich aber vom Durchmesser und von den Membraneigenschaften der Nervenfaser. Ein longitudinaler Strom breitet sich in einer Faser mit großem Durchmesser und hohem Membranwiderstand weiter aus als in einer dünnen Faser. Die elektrische Kapazität der Membran beeinflußt den Zeitverlauf der elektrischen Signale und gewöhnlich auch ihre räumliche Ausbreitung. Um abschätzen zu können, wie weit sich eine unterschwellige Potentialänderung ausbreitet, muß man die Geometrie und die Membraneigenschaften des Neurons und zusätzlich den Verlauf der Potentialänderung kennen.
Die Axone vieler Vertebraten-Nervenzellen sind von einer Myelinscheide mit hohem Widerstand und kleiner Kapazität umgeben. Diese Myelinscheide arbeitet wirksam als Isolator und zwingt die mit den Nervenimpulsen assoziierten Ströme, in bestimmten Intervallen, wo die Scheide unterbrochen ist (Ranviersche Schnürringe), durch die Membran zu fließen. Die Impulse springen von einem solchen Schnürring zum nächsten. Dadurch wird ihre Fortleitungsgeschwindigkeit vergrößert. Myelinisierte Nerven treten überall dort im Nervensystem auf, wo eine hohe Fortleitungsgeschwindigkeit wichtig ist.
Elektrische Aktivität kann auch durch spezialisierte Membranbereiche zwischen Neuronen übertragen werden, in denen die Membranen besonders eng aneinanderliegen, den sogenannten **gap junctions**. Die Bahnen für den Stromfluß werden in diesem Bereich durch interzelluläre Kanäle, sogenannte Connexone, gebildet. Die Struktur von Connexonen und die Aminosäurezusammensetzung des Proteins, aus dem sie aufgebaut sind (Connexin), sind in verschiedenen nicht-neuralen Geweben, wie Leberepithel und Herzmuskulatur, aufgeklärt worden.

Passive elektrische Eigenschaften von Nerven- und Muskelmembranen

Die Permeabilitätseigenschaften von Nervenzellmembranen und die Art und Weise, wie diese Eigenschaften regenerative elektrische Antworten erzeugen, ist in den vorangegangenen Kapiteln diskutiert worden. In diesem Kapitel beschreiben wir detaillierter, wie sich Ströme in Nervenfasern ausbreiten und graduierte, lokale Potentiale hervorrufen. Die *passiven* elektrischen Eigenschaften von Nerven, die einer solchen Stromausbreitung zugrundeliegen, sind für die Signalgebung im Nervensystem von entscheidender Bedeutung. In sensorischen Endigungen bilden sie das Bindeglied zwischen dem Reiz und der Impulserzeugung. In Axonen bewirken sie, daß Impulse sich ausbreiten und fortgeleitet werden. In Synapsen ermöglichen sie dem postsynaptischen Neuron, synaptische Potentiale zu addieren und zu subtrahieren, die aus zahlreichen konvergierenden Eingängen stammen, von denen einige nahe am Zellkörper, andere an entfernten dendritischen Verzweigungen liegen. Die folgende Diskussion dreht sich vorwiegend um die Ausbreitung des Stroms in Nervenfasern mit konstantem Durchmesser, d.h. längs eines zylindrischen Leiters. Ferner wollen wir für die Diskussion annehmen, daß sich die Membranen der Nervenfasern in Abwesenheit regenerativer Aktionspotentiale tatsächlich passiv verhalten – d.h. unterschwellige Potentialänderungen aktivieren keinerlei spannungssensitiven Kanäle, die den Membranwiderstand beeinflussen würden.
Zunächst wollen wir überlegen, wie die Widerstandseigenschaften der Membran und des Axoplasmas gemeinsam die Größe der Spannungsantwort auf einen injizierten Strom bestimmen und wie weit sich diese Antwort ausbreitet. Dazu benötigen wir hauptsächlich das Ohmsche Gesetz: Eine gegebene Stromstärke i, die durch einen Widerstand r fließt, erzeugt eine Spannung $V = ir$ (Anhang A). Später werden wir zusätzlich den Einfluß der Kapazität berücksichtigen. Die Konzepte lassen sich qualitativ auch auf komplexere Systeme anwenden, wie schlanke Dendriten oder die Stromkonvergenz mehrerer solcher Dendriten auf einen Zellkörper. Noch komplexere Strukturen erfordern aufwendigere Analysen. Im Zentralnervensystem spielen die komplexen Geometrien axonaler Verzweigungsmuster und der dendritischen Bäume mit nichtuniformen elektri-

schen Eigenschaften eine Hauptrolle bei der neuronalen Funktion.[1,2] Zusammenfassend kann man sagen, daß elektrische Modelle des Nervensystems, in denen Neuronen als einfache Eingangs-Ausgangs-Elemente dargestellt werden, sicher nicht hinreichend sind.

Eine zylindrische Nervenfaser weist formal dieselben Bestandteile wie ein Unterseekabel auf, nämlich einen zentralen Leiter und eine isolierende Hülle, umgeben von einem leitfähigen Medium. Quantitativ unterscheiden sich beide Systeme jedoch sehr stark. In einem Kabel besteht der Leiterkern gewöhnlich aus Kupfer, das eine sehr hohe Leitfähigkeit besitzt, und die umgebende isolierende Hülle ist aus Neopren, Plastik oder einem anderen Material mit sehr hohem Widerstand. Zusätzlich ist die Hülle gewöhnlich relativ dick, so daß sie eine sehr niedrige Kapazität aufweist. Eine Spannung, die an ein Ende eines solchem Kabels angelegt wird, breitet sich über sehr große Entfernungen aus, weil der Längswiderstand im Kupferleiter relativ gering ist und durch die isolierende Hülle praktisch kein Strom verloren geht. Im Gegensatz dazu besteht der Leiter in einer Nervenfaser aus einer Salzlösung, die in ihrer Konzentration etwa der Badlösung entspricht und im Vergleich zu Kupfer ein schlechter Leiter ist. Ferner ist die Plasmamembran der Faser kein besonders guter Isolator und weist, da sie dünn ist, eine relativ große Kapazität auf. Ein Spannungsignal, das an einem Ende der Nervenfaser angelegt wird, wird sich daher aus zwei Gründen nicht sehr weit ausbreiten: (1) Der Kern hat eine geringe Leitfähigkeit, so daß der Längswiderstand der Faser groß ist, und (2) der Strom, der längs des Axoplasmas fließt, geht ständig durch Lecks in der schlecht isolierenden Plasmamembran nach außen verloren. Die Analyse von Stromfluß in Kabeln wurde im späten 19. Jahrhundert von Lord Kelvin im Zusammenhang mit der transatlantischen Übertragung von Telephongesprächen entwickelt und von Oliver Heaviside erweitert. Heaviside war der erste, der die Auswirkung von Leckströmen durch die Isolierung berücksichtigte, die dem Membranwiderstand eines Nerven vergleichbar ist. Er lieferte noch viele weitere Beiträge zur Kabeltheorie, darunter auch das Konzept dessen, was er Impedanz nannte (es war eigentlich Heaviside und nicht Maxwell, der die Maxwellschen Gleichungen in der modernen Form formulierte, die man auf den T-Shirts von Biophysikern findet). Die Kabeltheorie wurde zum ersten Mal schlüssig von Hodgkin und Rushton auf Nervenfasern angewandt, die mit extrazellulären Elektroden die Ausbreitung von appliziertem Strom in einem Hummeraxon maßen.[3] Später benutzte man intrazelluläre Elektroden für ähnliche Untersuchungen bei einer Reihe von Nerven- und Muskelfasern.

Eine Möglichkeit, ein intuitives Gefühl dafür zu entwickeln, wie sich Strom in einem Kabel oder einer Nervenfaser ausbreitet, besteht darin, sich vorzustellen, wie sich Wärme in einem isolierten Metallstab ausbreitet, der in einem leitenden Material (wie Wasser) liegt. Wenn ein Ende des Stabes erhitzt wird, wird die Wärme den Stab entlanggeleitet und geht gleichzeitig an das umgebende Medium verloren. Mit zunehmender Entfernung vom erhitzten Ende sinkt die Temperatur immer mehr ab; ebenso sinkt die Rate, mit der Wärme verloren geht, da der Stab immer weniger warm wird. Angenommen, das umgebende Medium ist ein guter Wärmeleiter, so hängt die Weite, bis in die sich die Wärme ausbreitet, hauptsächlich von (1) der Leitfähigkeit des Stabes und (2) der Wirksamkeit der Isolation gegen Wärmeverlust ab.

Der Stromfluß in einem Kabel läßt sich auf ähnliche Weise beim Ionenfluß beschreiben: Wenn wir Strom in eine Nervenfaser injizieren, z.B. mittels einer Mikropipette (Abb. 1 A), stoßen positive Ladungen, die von der Spitze der Mikroelektrode ins Axoplasma fließen, andere Kationen ab und ziehen Anionen an. Das bei weitem häufigste kleine Ion im Axoplasma ist Kalium, das daher den größten Teil des Stroms von der Elektrode wegtransportiert. Positive Ladungen akkumulieren an der Membran und breiten sich seitlich am Axon entlang aus; dabei geht ein Teil durch Ionenbewegungen durch die Membran verloren. (In Wirklichkeit wandert kein einzelnes Ion sehr weit durch das Axoplasma; die Verlagerungen von Ionen ähnelt eher den Kollisionen zwischen aufgereihten Billardbällen.) Die Entfernung, die das Potential im Axons zurücklegt, hängt vom Verhältnis des Membranwiderstands zum Innenlängswiderstand ab. Eine Membran mit niedrigem Widerstand besitzt eine große Ionenleitfähigkeit; dadurch leckt der Strom nach außen, bevor er sich sehr weit ausbreiten kann. Bei einer Membran mit höherem Widerstand kann ein größerer Teil des Stroms längsfließen, bevor er ins Außenmedium verloren geht.

Um die quantitativen Faktoren zu verstehen, die die Ausbreitung des Stroms und das Potential längs einer Nervenfaser bestimmen, sollte man das Experiment in Abb. 1 A genauer betrachten. In der Mitte einer dicken Nervenfaser (z.B. eines Hummeraxons) ist eine Mikroelektrode plaziert, über die ein kleiner positiver Strom ins Axoplasma geleitet wird. Wie durch die Pfeile angedeutet, fließt ein Teil des Stroms direkt neben der Elektrode über die Membran nach außen; der Rest breitet sich lateral im Axon aus, bevor er die Zelle verläßt. Die relativen Stromstärken, die durch die Membran fließen, sind grob durch die Dicke der Pfeile angedeutet. Die Potentialänderung, die in einem gegebenen Abstand von der Elektrode durch die Membran auftritt, ist in Übereinstimmung mit dem Ohmschen Gesetz proportional zum Stromfluß über die Membran an diesem Punkt. Bei einem derartigen Experiment möchte man zwei Dinge herausfinden: (1) Wie groß ist die Spannungsänderung an der Elektrode bei einer bestimmten injizierten Stromstärke? (2) Wie weit breitet sich diese Spannungsänderung in der Faser aus? Man kann dies durch Messen der Potentialänderung mit einer zweiten Mikroelektrode feststellen, die an verschiedenen Stellen entlang der Faser eingestochen werden kann, wie in Abb. 1 A angedeutet. Das Ergebnis solcher Messungen ist in Abb. 1 B dargestellt. Der Strom ruft eine Änderung des Potentials hervor, die am Ort der Injektion am größten ist und mit

1 Rall, W. 1967. *J. Neurophysiol.* 30: 1138–1168.
2 Lev-Tov, A. et al. 1983. *J. Neurophysiol.* 50: 399–412.
3 Hodgkin, A. L. and Rushton, W.A.H. 1946. *Proc. R. Soc. Lond. B* 133: 444–479.

zunehmender Entfernung nach beiden Seiten abfällt. Die Abnahme des Potentials mit zunehmender Entfernung von der Stromelektrode ist exponentiell, so daß das Potential V_x in beliebiger Entfernung x nach beiden Seiten gegeben ist durch

$$V_x = V_0 e^{-x/\lambda}$$

Die Form der Kurve wird durch zwei Parameter, V_0 und λ, bestimmt. Die maximale Potentialänderung V_0 ist der Größe des injizierten Stroms proportional. Die Proportionalitätskonstante heißt **Eingangswiderstand** der Faser, r_{input}. Es ist der durchschnittliche Widerstand der Faser für den Stromfluß längs des Axoplasmas und zurück durch die Membran. Wenn die injizierte Stromstärke i ist, gilt daher

$$V_o = i r_{input}$$

Der Parameter λ wird **Längskonstante** der Faser genannt. Sie ist die Entfernung, bei der das Potential auf $1/e$ (37%) seines Maximalwertes abgefallen ist. Die beiden Parameter r_{input} und λ definieren quantitativ, wie groß die Depolarisation ist, die eine gegebene Strommenge erzeugt und wie weit sich diese Depolarisation entlang der Faser ausbreitet.

Welche Faktoren legen r_{input} und λ fest? Wie in unserer vorangegangenen qualitativen Diskussion bereits angedeutet, hängen sie vom Membranwiderstand r_m der Faser und vom Innenlängswiderstand r_i des Axoplasmas ab. Wir können sehen, wie r_m und r_i bestimmt sind, wenn wir das elektrische Ersatzschaltbild in Abb. 1 C betrachten. Es sind nur Widerstände eingezeichnet, die Membrankapazität wird im Augenblick noch vernachlässigt. Man erhält den Schaltkreis, indem man sich vorstellt, das Axon sei in Längsrichtung in eine Reihe von kurzen Zylindern unterteilt. Der Membranwiderstand r_m stellt den Widerstand eines solchen Zylinders nach außen, der Längswiderstand r_i den inneren Widerstand längs des Axoplasmas vom Mittelpunkt des einen zum Mittelpunkt des nächsten Zylinders dar. Da Nerven in einer Ableitanordnung gewöhnlich in einem großen Flüssigkeitsvolumen baden, nimmt man für den *extrazellulären* Längswiderstand der Zylinder Null an. Diese Approximation ist im Zentralnervensystem, wo Axone, Dendriten und Gliazellen (Kap. 6) dicht gepackt und die Pfade für den extrazellulären Stromfluß daher eingeschränkt sind, nicht immer gültig. Für unser Experiment hingegen kann man diese Annäherung gelten lassen; sie dient dazu, die algebraischen Rechnungen so einfach wie möglich zu halten. Für die Zylinder kann man jede beliebige Länge wählen; die Widerstände r_m und r_i sind jedoch stets auf 1 cm Axonlänge bezogen. Die Dimension von r_m ist Ohm · cm (Ωcm), die für r_i Ohm pro cm (Ω/cm). Die Dimension für r_i erscheint einleuchtend – größere Axonlänge bedeutet mehr Innenwiderstand, die von r_m wirkt seltsam, bis man sich überlegt, daß der Membranwiderstand mit zunehmender Faserlänge *abnimmt* (dann stehen mehr Kanäle zur Verfügung, durch die Strom durch die Membran lecken kann). Daher ist der Widerstand in Ohm für eine gegebene Länge Axonmembran gleich dem Widerstand von 1 cm Länge (r_m, in ohm · cm), dividiert durch die Länge (in cm).

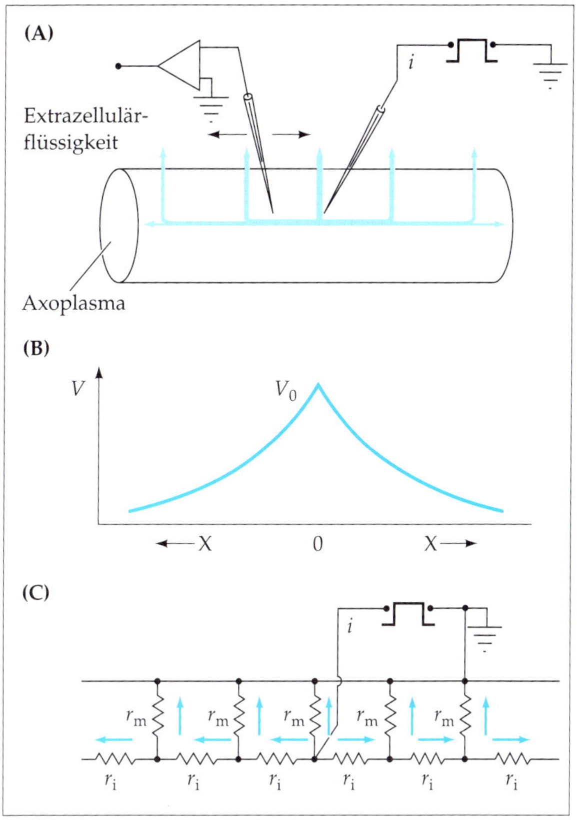

Abb. 1: **Strompfade in einem Axon.** (A) Stromfluß durch die Membran bei Strominjektion mit einer Mikroelektrode. Die Dicke der Pfeile zeigt die Stromdichte in unterschiedlichen Entfernungen vom Injektionsort an. Das Membranpotential wird mit einer zweiten Elektrode in unterschiedlichen Entfernungen von der Stromelektrode registriert. (B) Potential V, längs des Axons als Funktion der Entfernung x vom Ort der Strominjektion. Die Spannung fällt exponentiell ab. (C) Elektrisches Ersatzschaltbild. Der Widerstand der Extrazellulärflüssigkeit wird als Null angenommen und die Membrankapazität nicht berücksichtigt. r_i ist der Längswiderstand des Axoplasmas pro Längeneinheit, r_m der Membranwiderstand einer Längeneinheit.

Die Längskonstante der Faser hängt sowohl von r_m als auch von r_i ab:

$$\lambda = (r_m/r_i)^{1/2}$$

Der Ausdruck hat, wie erforderlich, die Dimension cm. Zusätzlich erfüllt er die intuitive Erwartung, daß die Entfernung, über die sich die Potentialänderung ausbreitet, mit steigendem Membranwiderstand (der Stromverluste über die Membran verhindert) zunehmen und mit steigendem Innenwiderstand (der dem Stromfluß durch den Axoplasmastrang Widerstand entgegensetzt) abnehmen sollte. In ähnlicher Weise hängt der Eingangswiderstand von beiden Parametern ab:

$$r_{input} = 0{,}5(r_m r_i)^{1/2}$$

Der Ausdruck hat wiederum die erforderliche Dimension (Ohm) und zeigt an, daß der Eingangswiderstand sowohl mit dem Membranwiderstand als auch mit dem Innenwiderstand zunimmt. Der Faktor 0,5 tritt auf, weil sich das Axon vom Ort der Strominjektion nach beiden

Seiten erstreckt und jede Hälfte einen Eingangswiderstand von $(r_m r_i)^{1/2}$ aufweist. Zusammenfassend gilt, daß beide Größen, Eingangswiderstand und Längskonstante einer Nervenfaser, sowohl mit dem Membranwiderstand als auch mit dem axoplasmatischen Widerstand der Faser in Beziehung stehen. Diese Beziehungen werden durch die zwei einfachen, oben angegebenen Gleichungen beschrieben.

Spezifische Widerstandseigenschaften von Membran und Axoplasma

Experimente wie in Abb. 1 werden oft durchgeführt, um die Widerstandseigenschaften der Membran und des Axoplasmas zu bestimmen. Der Membranwiderstand ist von besonderem Interesse, weil er etwas über die Anzahl der Membrankanäle aussagt. Hat man r_{input} und λ experimentell bestimmt, ist es leicht, nach Umformen aus den oben angegebenen Gleichungen

$$r_m = r_{input}\lambda$$

und

$$r_i = r_{input}/\lambda$$

zu berechnen. Die Gleichungen beschreiben die Widerstands-Eigenschaften eines 1 cm langen, zylindrischen Axonsegments. Sie bieten jedoch keine präzisen Informationen über den spezifischen Widerstand der Membran selbst oder des axoplasmatischen Materials, da sie von der Größe der Faser abhängen. Wenn alle anderen Parameter unverändert bleiben, würden wir erwarten, daß eine dünne Nervenfaser von 1 cm Länge einen höheren Membranwiderstand aufweist als eine dicke Faser derselben Länge, einfach, weil die dünnere Faser weniger Membranoberfläche hat. Andererseits kann 1 cm Länge einer dicken Faser mit einer Membran, die nur sehr wenige Ionenkanäle enthält, denselben Membranwiderstand wie eine viel dünnere Faser mit sehr vielen Kanälen aufweisen. Wenn wir den Faserradius a kennen, können wir r_m und r_i benutzen, um den spezifischen Widerstand der Membran und des axoplasmatischen Materials zu bestimmen.

Der **spezifische Membranwiderstand** R_m ist definiert als der Widerstand eines Quadratzentimeters Membran. Der Parameter R_m ist wichtig, weil er unabhängig von der Geometrie ist und uns daher in die Lage versetzt, die Membran einer Zelle mit der einer zweiten Zelle von ganz anderer Größe oder ganz anderer Form zu vergleichen. Um die Relation zwischen R_m und r_m zu bestimmen, müssen wir uns vor Augen halten, daß der Membranwiderstand sinkt, wenn die Fläche zunimmt. Daraus folgt, daß man den Membranwiderstand von 1 cm Axonlänge (r_m) erhält, indem man R_m durch die Membranfläche dividiert:

$$r_m = R_m/2\pi a$$

Nach Umformen erhält man:

$$R_m = 2\pi a r_m$$

In den meisten Neuronen wird R_m primär durch die Ruhepermeabilitäten für Kalium und Chlorid bestimmt (Kap. 3), die sich von Zelle zu Zelle beträchtlich unterscheiden. Die durchschnittliche Größe von R_m ist nach Hodgkin und Rushton beim Hummeraxon ca. 2000 Ωcm^2; bei anderen Präparationen schwanken die Werte zwischen weniger als 1000 Ωcm^2 bei Membranen mit vielen Leckstromkanälen und bis zu 50 000 Ωcm^2 bei Membranen mit relativ wenigen derartigen Kanälen.

Der spezifische Widerstand des Axoplasmas (R_i) ist der innere Längswiderstand eines Axonabschnitts von 1 cm Länge und einem Querschnitt von 1 cm^2. Er ist ebenfalls unabhängig von der Geometrie und liefert ein Maß dafür, wie frei sich Ionen durch den Intrazellularraum bewegen. Um R_i für ein zylindrisches Axon aus r_i zu berechnen, erinnern wir uns daran, daß der Widerstand längs des Zylinderkerns mit zunehmendem Querschnitt abnimmt. Daher erhält man den Widerstand eines Axonabschnitts von 1 cm Länge (r_i), indem man R_i durch die Querschnittsfläche des Axons dividiert:

$$r_i = R_i/\pi a^2$$

Nach Umformen erhält man:

$$R_i = \pi a^2 r_i$$

Der Parameter R_i hat die Dimension Ωcm. Im Tintenfischnerv beträgt er bei 20 °C etwa 30 Ωcm und liegt damit um einen Faktor von ca. 10^7 über dem von Kupfer. Bei Säugern, bei denen die Ionenstärke im Cytoplasma geringer ist, ist der spezifische Innenwiderstand höher (ca. 125 Ωcm bei 37 °C), noch höher ist er bei Fröschen mit einer noch niedriger Ionenstärke (ca. 250 Ωcm bei 20 °C).

Auswirkung des Durchmessers auf die Kabeleigenschaften

Wenn ein spezifischer Axoplasmawiderstand R_i und ein spezifischer Membranwiderstand R_m gegeben sind, wie werden die Kabelparameter r_{input} und λ dann vom Faserdurchmesser beeinflußt? Die Antwort läßt sich quantitativ aus den in den vorangegangenen Abschnitten dargelegten Beziehungen ableiten. Ausgehend vom Eingangswiderstand wissen wir, daß $r_{input} = 0{,}5(r_m r_i)^{1/2}$ ist. Außerdem gelten $r_i = R_i/\pi a^2$ und $r_m = R_m/2\pi a$. Wenn wir diese Ausdrücke kombinieren, erhalten wir:

$$r_{input} = 0{,}5\left(\frac{R_m R_i}{2\pi^2 a^3}\right)^{1/2}$$

Daher nimmt der Eingangswiderstand mit zunehmendem Faserdurchmesser a ab; der Widerstand ist umgekehrt proportional zu $a^{3/2}$. Die Längskonstante, $\lambda = (r_m/r_i)^{1/2}$ ist gegeben durch

$$\lambda = \left(\frac{aR_m}{2R_i}\right)^{1/2}$$

Wenn alle anderen Faktoren unverändert bleiben, nimmt λ mit der Wurzel des Faserradius zu. Ein Tintenfischaxon mit einem Durchmesser von 1 mm, einem spezifischen Innenlängswiderstand von 30 Ωcm und einem spezifischen Membranwiderstamd von 2000 Ωcm^2 besitzt eine Längskonstante von annähernd 13 mm. Die Längskonstante einer Froschmuskelfaser mit demselben spezifi-

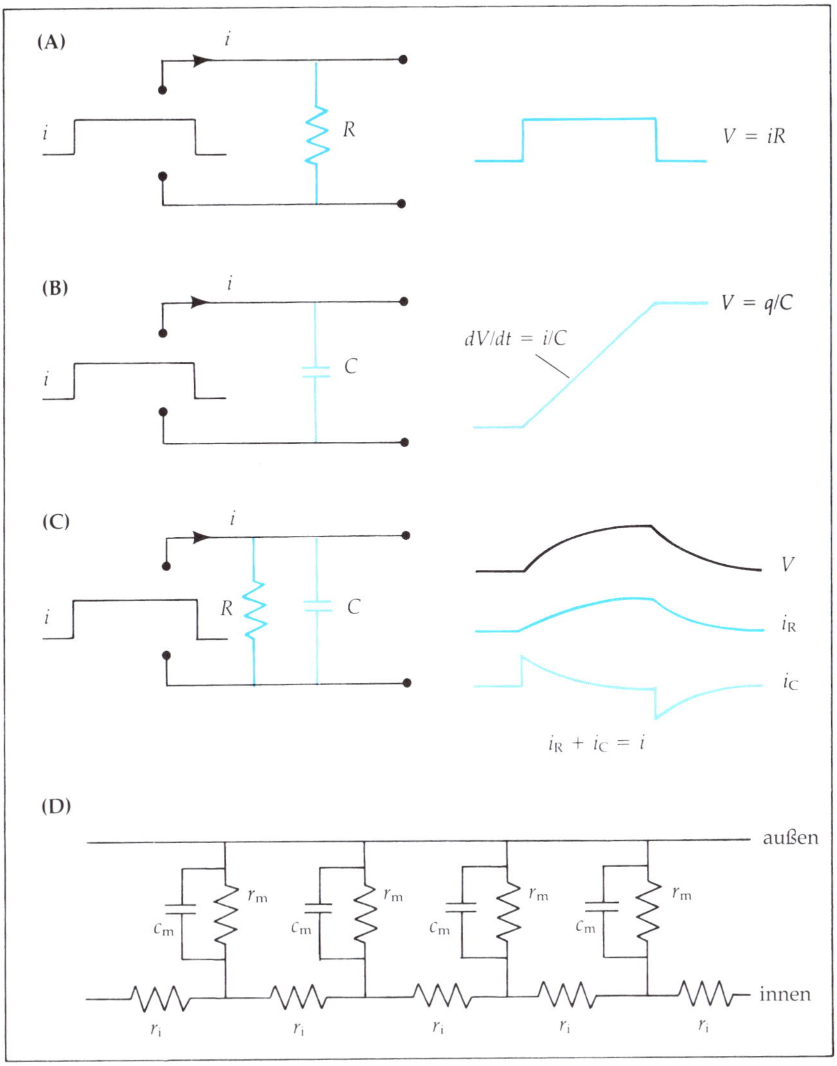

Abb. 2: **Auswirkung der Kapazität auf den Zeitverlauf** von Potentialen. (A) Zeitverlauf des Potentials *V*, das vom Strom *i* in einem rein resistiven Schaltkreis erzeugt wird. Die Spannung ist dem applizierten Strom proportional und weist denselben Zeitverlauf auf. (B) In einem rein kapazitiven Schaltkreis ist die *Spannungsänderung* proportional zum applizierten Strom. (C) Im *RC*-Schaltkreis fließt anfangs praktisch der gesamte Strom in den Kondensator (i_c) und anschließend durch den Widerstand (i_R). Die Spannung steigt mit der Zeitkonstante $\tau = RC$ exponentiell auf ihren Endwert *iR*. Nach Ende des Stromimpulses entlädt sich der Kondensator mit derselben Zeitkonstante durch den Widerstand, i_c und i_R sind gleichgroß und entgegengerichtet. (D) Elektrisches Modell eines Kabels, wie in Abb. 1, doch um die Membrankapazität pro Längeneinheit (c_m) ergänzt.

schen Membranwiderstand und einem Durchmesser von 100 µm liegt bei 1,5 mm, die einer Säugernervenfaser von 1 µm Durchmesser nur bei 0,2 mm.

Zusammenfassend kann man sagen, daß sich die Kabelparameter r_{input} und λ experimentell messen lassen. Sie beschreiben Größe und Gleichgewichtsverteilung des Potentials, das durch Strominjektion in das Kabel hervorgerufen wird (s. Abb. 1). Zusätzlich kann man diese Werte dazu verwenden, den Querwiderstand r_m und den inneren Längswiderstand r_i einer Faser-Längeneinheit zu berechnen. Kennt man den Faserdurchmesser, so kann man aus letzteren Werten wiederum den spezifischen Widerstand der Membran und des Axoplasmas bestimmen. Wenn wir umgekehrt den spezifischen Widerstand der Membran und des Axoplasmas sowie den Faserdurchmesser kennen, können wir die Längskonstante und den Eingangswiderstand der Faser voraussagen. Bei gegebenen Werten für den spezifischen Membran- und den spezifischen Axoplasmawiderstand nimmt die Längskonstante der Faser mit der Wurzel des Faserdurchmessers (a) zu, und ihr Eingangswiderstand ist umgekehrt proportional zu $a^{3/2}$.

Membrankapazität

Die Zellmembran erlaubt nicht nur den Durchtritt von Ionenströmen, sondern sie sammelt auch Ionenladungen auf ihrer inneren und äußeren Oberfläche an. Diese Ladungstrennung bestimmt das Membranpotential der Zelle. Elektrisch bedeutet die Ladungstrennung, daß die Membran die Eigenschaften eines Kondensators hat. Im allgemeinen besteht ein Kondensator aus zwei leitenden Flächen oder Platten, die durch eine Schicht Isolationsmaterial getrennt sind. Bei industriell hergestellten Kondensatoren bestehen die leitenden Flächen gewöhnlich aus Metallfolie und der Isolator aus Glimmer oder einem Kunststoff, wie Mylar. Je näher die Platten zusammenliegen, desto größer ist ihr Vermögen, Ladungen zu trennen und zu speichern. Im Fall einer Nervenzelle sind die Platten die leitenden Flüssigkeiten zu beiden Seiten der Membran, und das Isolationsmaterial ist das Lipoprotein der Membran selbst. Da die Membran nur ca. 7 nm dick ist, kann sie eine relativ große Ladungsmenge speichern. Die Kapazität *C* eines Kondensators ist definiert durch die Ladungsmenge *q* definiert, die er pro angelegtem

Volt Spannung V speichert, d.h. $C = q/V$. Die Kapazität C hat die Einheit Coulomb pro Volt oder Farad (F). Typische Nervenzellmembranen weisen eine Kapazität in der Größenordnung von 1 $\mu F/cm^2$. Formt man die Gleichung um, so ergibt sich die Ladung, die in einem Kondensator gespeichert ist, als $q = CV$. Wenn eine Zelle ein Ruhepotential von –80 mV aufweist, beträgt daher die Ladungsmenge, die durch die Membran getrennt wird $(1 \times 10^{-6}) \times (80 \times 10^{-3}) = 0{,}08$ Mikrocoulomb pro cm^2, was 5×10^{11} einwertigen Ionen pro cm^2 entspricht.

Der **Strom**, der in einen Kondensator fließt oder aus ihm abfließt, läßt sich aus der Beziehung zwischen Ladung und Spannung ableiten, wenn man berücksichtigt, daß Strom (i, in Ampere) Ladungsänderung pro Zeiteinheit ist, d.h. **Ampere = Coulomb pro Sekunde**. Weil $q = CV$ ist, können wir schreiben:

$$i = \frac{dq}{dt} = C\left(\frac{dV}{dt}\right)$$

Mit anderen Worten ist der Strom der Spannungsänderung direkt proportional. Wenn ein Kondensator mit einem konstanten Strom geladen wird, nimmt seine Spannung mit konstanter Rate $dV/dt = i/C$, zu.

Die Beziehungen zwischen Strom und Spannung in Stromkreisen mit parallelgeschalteten Widerständen und Kondensatoren sind in Abb. 2 dargestellt. Wenn ein rechteckförmiger Stromimpuls der Amplitude i durch einen Widerstand R geschickt wird, erzeugt er am Widerstand einen Spannungsimpuls mit der Amplitude $V = iR$ (Abb. 2 A). Wird derselbe Impuls auf einen Kondensator C gegeben, baut sich die Spannung am Kondensator mit einer Geschwindigkeit $dV/dt = i/C$ auf (Abb. 2 B). Wenn beide Elemente parallel geschaltet werden (Abb. 2 C), fließt der Strom zunächst wie vorher vollständig in den Kondensator und lädt ihn mit der Geschwindigkeit i/C auf. Über dem Kondensator entwickelt sich jedoch sofort eine Spannung, so daß Strom auch durch den Widerstand fließt. Da ein Teil des Stromes nun durch den Widerstand fließt, sinkt die Geschwindigkeit, mit der sich der Kondensator auflädt. Schließlich fließt der gesamte angelegte Strom durch den Widerstand und ruft dort eine Spannung $V = iR$ hervor, der Kondensator ist auf diese Spannung aufgeladen. Sobald der Impuls beendet ist, fließt die im Kondensator gespeicherte Ladung über den Widerstand ab, und die Spannung kehrt auf Null zurück.

Zeitkonstante

Anstieg und Abfall der Spannung in Abb. 2 C lassen sich mit einer Exponentialfunktion beschreiben. Die Anstiegsphase während des Impulses wird beschrieben durch

$$V = iR(1 - e^{-t/\tau})$$

wobei t die Zeit seit Beginn des Impulses ist und die exponentiale Zeitkonstante τ durch das Produkt aus Widerstand und Kapazität im Stromkreis gegeben ist, d.h. $\tau = RC$. Die Konstante τ ist die Zeit, in der das Potential auf $(1-1/e)$ oder 63% seines Endwertes gestiegen ist. Der Abfall der Spannung ist ebenfalls exponentiell mit derselben Zeitkonstante. Genauso wie die Spannung exponentiell steigt und fällt auch der Strom durch den Widerstand i_R exponentiell. In der Anstiegsphase startet der Strom durch den Widerstand bei Null und steigt exponentiell auf seinen Endwert i. Umgekehrt startet der kapazitive Strom i_C bei i und sinkt mit derselben Zeitkonstanten. Nach Beendigung des Impulses ist der Strom aus dem Kondensator der einzige Strom, der durch den Widerstand fließt, da kein Strom von außen mehr zugeführt wird. Daher müssen beide Ströme, wie gezeigt, gleichgroß und einander entgegengerichtet sein.

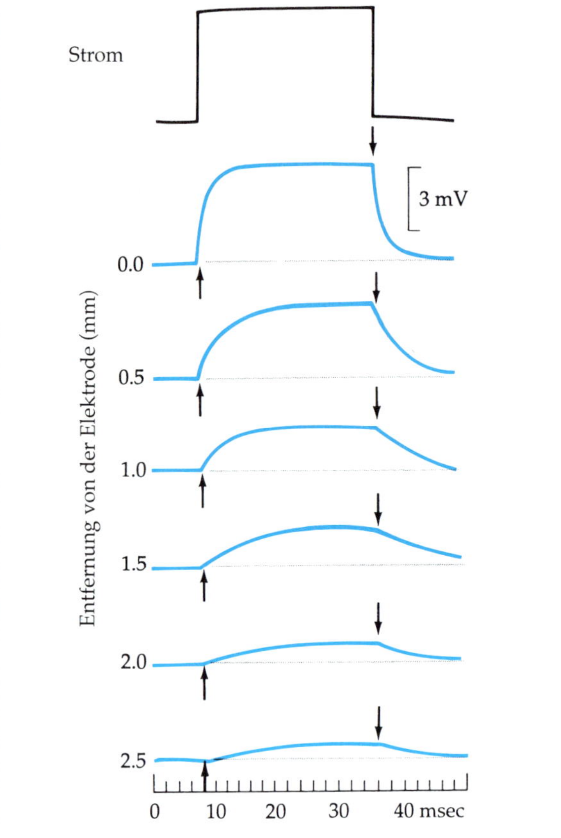

Abb. 3: **Ausbreitung des Potentials** längs eines Hummeraxons, abgeleitet mit einer Oberflächenelektrode. Ein rechteckiger Strompuls wird bei 0 mm appliziert und ruft ein großes elektrotonisches Potential hervor. Mit zunehmender Entfernung vom Ort der Strominjektion verlangsamt sich die Anstiegszeit der Potentialänderung, und die Plateauhöhe wird kleiner (nach Hodgkin und Rushton, 1946).

Man kann den gerade beschriebenen Stromkreis mit parallelgeschaltetem Widerstand und Kondensator zur Beschreibung einer kugelförmigen Nervenzelle verwenden, deren Axon und Dendriten so klein sind, daß sie einen vernachlässigbar geringen Beitrag zu den elektrischen Eigenschaften der Zelle liefern. Im Esatzschaltbild für ein Axon oder eine Muskelfaser sind Membrankapazität und Widerstand jedoch längs der Faser verteilt (Abb. 2 D). Die Membrankapazität pro Längeneinheit, c_m (in $\mu F/cm$), steht mit der spezifischen Kapazität pro Flächeneinheit, C_m (in $\mu F/cm^2$), durch $c_m = 2\pi a C_m$ in Verbindung, wobei a der Faserradius ist. Die Zeitkonstante $\tau = r_m c_m$ ist der dritte Parameter, der das Verhalten eines

BOX 1 Elektrotonische Potentiale und Membranzeitkonstante

Die elektrotonischen Potentiale in Abb. 3, die in verschiedenen Abständen vom Ort der Strominjektion längs eines Axons registriert wurden, steigen bzw. fallen nicht exponentiell. Statt dessen wird ihr Verlauf durch komplizierte Funktionen in Abhängigkeit von Zeit und Entfernung beschrieben. Direkt neben der Stromelektrode steigen die Potentiale schneller, weiter entfernt jedoch langsamer als exponentiell an. Deshalb kann man die Membranzeitkonstante, $\tau = R_m C_m$, nicht wie bei einer exponentiellen Spannungsänderung bestimmen, indem man die Zeit mißt, die ein elektrotonisches Potential benötigt, um auf 63% seines Endwertes anzusteigen. Am Ort der Strominjektion steigt das Potential innerhalb von einer Zeitkonstante auf 84% seiner Maximalamplitude. In einer Entfernung von zwei Längskonstanten von der Stromelektrode erreicht es in derselben Zeit nur 37% seines Endwertes. Wie kann man unter diesen Umständen τ in einem Kabel messen? Dazu muß man den Abstand zwischen der stromapplizierenden und der spannungsregistrierenden Elektrode als Bruchteil der Längskonstante λ kennen. Man sieht dann in einer Wertetabelle nach, um herauszufinden, wie weit das elektrotonische Potential bei gegebenem Elektrodenabstand innerhalb einer Zeitkonstanten ansteigt. Eine gekürzte Version einer solchen Tabelle (nach Hodgkin und Huxley 1946, abgewandelt) ist unten abgebildet. Die Zahlen geben die Amplitude V_τ für verschiedene Elektrodenabstände d an, die von einem elektrotonischen Potential innerhalb einer Zeitkonstante nach Beginn des Strompulses erreicht wird. Die Amplituden sind als Bruchteil der Maximalamplitude V_∞, die Entfernungen zwischen den Elektroden als Bruchteil oder Vielfaches einer Längskonstante λ angegeben.

Abstand (d/λ)	0	0,2	0,4	0,6	0,8	1,0	1,5	2,0
Amplitude (V_τ/V_∞)	0,84	0,81	0,77	0,73	0,68	0,63	0,50	0,37

Axons festlegt; die beiden anderen sind der Eingangswiderstand und die Längskonstante. Zeitkonstanten in Nerven- und Muskelzellen variieren im Bereich von 1 bis 20 Millisekunden.

Die Membran-Zeitkonstante einer kugelförmigen Zelle oder einer Faser ist unabhängig von der Zell- oder Fasergröße. Das ist so, weil die Zunahme des Radius (und damit der Membranoberfläche) zu einer Vergrößerung der Kapazität führt, gleichzeitig aber auch zu einer Abnahme des Widerstandes, so daß das Produkt konstant bleibt. Mit anderen Worten ist $\tau = R_m C_m$ unabhängig von der Größe der Zelle. Da C_m, wie sich gezeigt hat, für alle Nerven- und Muskelmembranen annähernd gleich groß ist (1 $\mu F/cm^2$), liefert τ ein bequemes Maß für den spezifischen Membranwiderstand der Zelle.

Wie beeinflußt die Zeitkonstante den Stromfluß in einem Kabel? Wie beim einfachen *RC*-Glied (Abb. 2 C) werden Anstieg und Abfall der Potentialänderung, die von einem rechteckigen Stromimpuls hervorgerufen wird, durch die Anwesenheit der Kapazität verlangsamt. Die Effekte sind jedoch komplizierter, weil der Strom nicht länger in einen einzelnen Kondensator fließt; statt dessen interagiert jedes Segment des Stromkreises mit seinen Kapazitäts- und Widerstandselementen mit den anderen Segmenten. Wegen dieser Interaktionen sind die steigenden und fallenden Phasen der Potentialänderungen nicht exponentiell. Zusätzlich verlängern sich Anwachsen und Abnehmen der Potentiale mit steigender Entfernung vom Ort der Strominjektion (Abb. 3). Da der Potentialverlauf nicht exponentiell ist, läßt sich die Zeitkonstante der Membran nicht als die Zeit bestimmen, in der das Potential auf 63% des Endwertes angestiegen ist. Am Ort der Strominjektion z.B. steigt das Potential viel schneller an und hat innerhalb einer Zeitkonstanten bereits 84% seines Endwertes erreicht. In einer Längskonstante Entfernung vom Injektionsort erreicht es in einer Zeitkonstanten 63% des Maximums; in größerer Entfernung ist der Anstieg weiter verlangsamt (Box 1).

Eine weitere Folge der Membrankapazität ist, daß kurze Signale sich nicht so weit ausbreiten wie länger andauernde Signale. Bei genügend langen Impulsen, wenn das Potential einen Gleichgewichtszustand erreichen kann, wird die Ausbreitung längs des Axons von der Kapazität nicht beeinflußt; dann gilt wie vorher $V_x = V_0 e^{-x/\lambda}$. Für kurze Ereignisse, wie synaptische Potentiale, kann es jedoch vorkommen, daß der Stromfluß, der das Signal hervorruft, beendet ist, bevor die Membrankapazität voll geladen ist. Dadurch breitet sich das Potential nicht so weit entlang der Faser aus. Mit anderen Worten ist die effektive Längskonstante bei kurzer Signaldauer kleiner als bei länger andauernden Impulsen. Zusätzlich werden diese Signale im Verlauf ihrer Ausbreitung längs der Faser verzerrt; die Gipfel werden verrundet und erscheinen mit zunehmender Entfernung immer später.

Die Auswirkung der Membrankapazität läßt sich durch Ionenbewegungen erklären. Wenn ein positiver Strom in ein Axon injiziert wird, breiten sich intrazelluläre Ionen (überwiegend Kalium) auf der Innenseite in Längsrichtung der Faser aus. Dieser Strom lädt den Membrankondensator um und fließt über den Membranwiderstand nach außen. (Negativ geladene Chloridionen wandern gleichzeitig in die entgegengesetzte Richtung.) Schließlich erreicht die Membran einen neuen Gleichgewichtszustand, bei dem die verteilten Kapazitäten voll aufgeladen sind und ein stetiger Ionenstrom durch die Membran fließt. Die Zeit, die erforderlich ist, um dieses Gleichgewicht zu erreichen, wird durch die Zeitkonstante der Membran bestimmt.

Fortleitung von Aktionspotentialen

Frühe Experimente von Hodgkin lieferten den ersten direkten Beweis für die Vorstellung, daß die Fortleitung des Aktionspotentials allein vom Stromfluß durch die passiven Membranelemente in der Front vor der aktiven

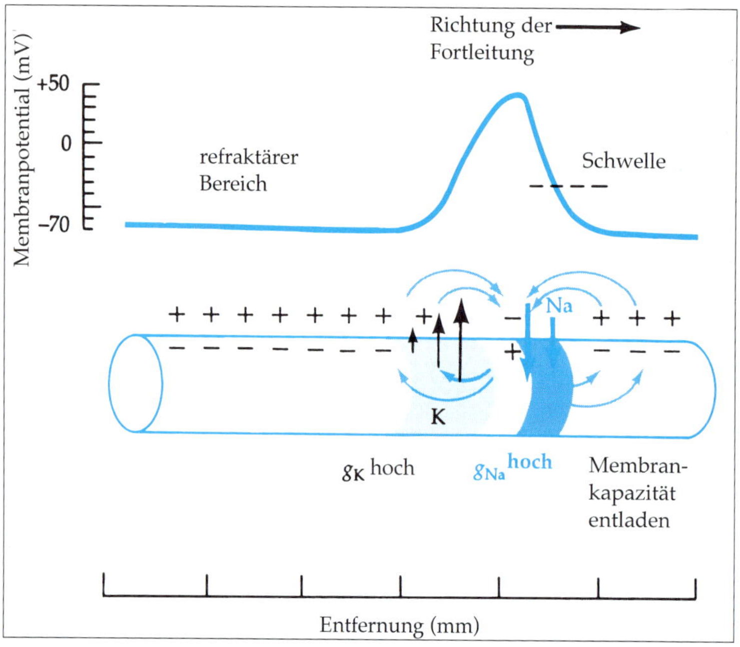

Abb. 4: **Stromfluß während eines Nervenimpulses** (Momentaufnahme). Der Strom, der in die aktive Region fließt, breitet sich vor dem Impuls aus, um die Membran in Richtung Schwelle zu depolarisieren. Der Kaliumausstrom hinter der aktiven Region führt zu einer raschen Repolarisation.

Region abhing.[4] Seine Demonstration, daß ein solcher Stromfluß durch lokale Stromkreise für die Fortleitung verantwortlich war, stand in deutlichem Kontrast zu der vorherrschenden Annahme, nach der die Fortleitung auf aktive metabolische Vorgänge zurückzuführen war.

Die Fortleitungsgeschwindigkeit des Aktionspotentials hängt von den Kabeleigenschaften der Nervenfaser ab (r_{input} und λ). Die Auswirkungen dieser passiven Eigenschaften auf die Leitung sind wichtig, weil die Leitungsgeschwindigkeit eine entscheidende Rolle im Organisationsschema des Nervensystems spielt. Die Leitungsgeschwindigkeit in Nervenfasern, die Botschaften verschiedenen Informationsgehaltes übertragen, schwankten um mehr als das 100fache. Im allgemeinen sind die am schnellsten leitenden Nerven (mehr als 100m/s) an der Übermittlung schneller Reflexe beteiligt, wie z.B. zur Regulierung der Körperhaltung. Geringere Leitungsgeschwindigkeiten stehen mit weniger eiligen Aufgaben in Beziehung, wie z.B. der Regulation der Verteilung des Blutstroms in verschiedene Körperteile, der Kontrolle der Drüsensekretion oder der Überwachung des Tonus visceraler Organe.

Um die Faktoren, die an der Impulsfortleitung beteiligt sind, zu illustrieren, können wir uns das Aktionspotential in einen Augenblick eingefroren vorstellen und seinen Verlauf längs des Axons auftragen (Abb. 4). Die eingenommene Weite hängt dabei von der Dauer und der Leitungsgeschwindigkeit des Aktionspotentials ab. Wenn die Dauer beispielsweise 2 ms ist und die Fortleitungsgeschwindigkeit 10 m/s (10 mm/ms) beträgt, dann breitet sich das Potential über eine Länge von 20 mm auf dem Axon aus. Am Gipfel des Aktionspotentials findet eine vorübergehende Umkehr des Membranpotentials statt, und die Innenseite wird im Vergleich zur Außenseite positiv geladen. An der Vorderflanke des Aktionspotentials, wo das Membranpotential die Schwelle erreicht hat, findet ein schneller Einstrom von Natriumionen entlang ihres elektrochemischen Gradientes statt, wodurch die Zelle depolarisiert wird. Der Strom breitet sich durch das Axoplasma vor der aktiven Region aus, depolarisiert die benachbarte Membran und fließt über sie nach außen. Hinter dem Gipfel, in der fallenden Phase des Aktionspotentials, ist die Membran weiterhin depolarisiert, die Leitfähigkeit für Kalium ist jedoch hoch, und der Kaliumausstrom bringt das Membranpotential schnell wieder auf seinen Ruhewert zurück.

Wenn ein Aktionspotential durch elektrische Reizung in der Mitte des Axons ausgelöst wird, wandert es vom Ort der Erregung in beide Richtungen. Normalerweise tritt so etwas in einer Nervenzelle jedoch nicht auf. Nervenimpulse entstehen an einem Ende des Axons und wandern zum anderen. Andererseits wandern Impulse, die an einer neuromuskulären Endplatte in der Mitte einer Muskelfaser erzeugt werden, von dort in beide Richtungen auf die Sehnen zu. Auf jeden Fall kann ein Aktionspotential, einmal ausgelöst, nicht in sich selbst zurücklaufen und damit seine Fortleitungsrichtung ändern. Das liegt an der Refraktärzeit. Im refraktären Bereich (s. Abb. 4) ist die Natriumleitfähigkeit noch inaktiviert und die Kaliumleitfähigkeit hoch, so daß eine nach rückwärts gerichtete regenerative Antwort nicht möglich ist. Sobald das Aktionspotential den Bereich verläßt, kehrt das Membranpotential auf seinen Ruhewert zurück, und die Erregbarkeit wird wiederhergestellt.

Die Leitungsgeschwindigkeit des Aktionspotentials hängt weitgehend von der Geschwindigkeit ab, mit der die Membrankapazität vor der aktiven Region durch die Ausbreitung positiver Ladung bis zur Schwelle entladen wird. Das wiederum hängt von der Stromstärke, die in der aktiven Region generiert wird, und von den Kabeleigenschaften der Faser ab, besonders von der Mem-

4 Hodgkin, A.L. 1937. *J. Physiol.* 90: 183–210, 211–232.

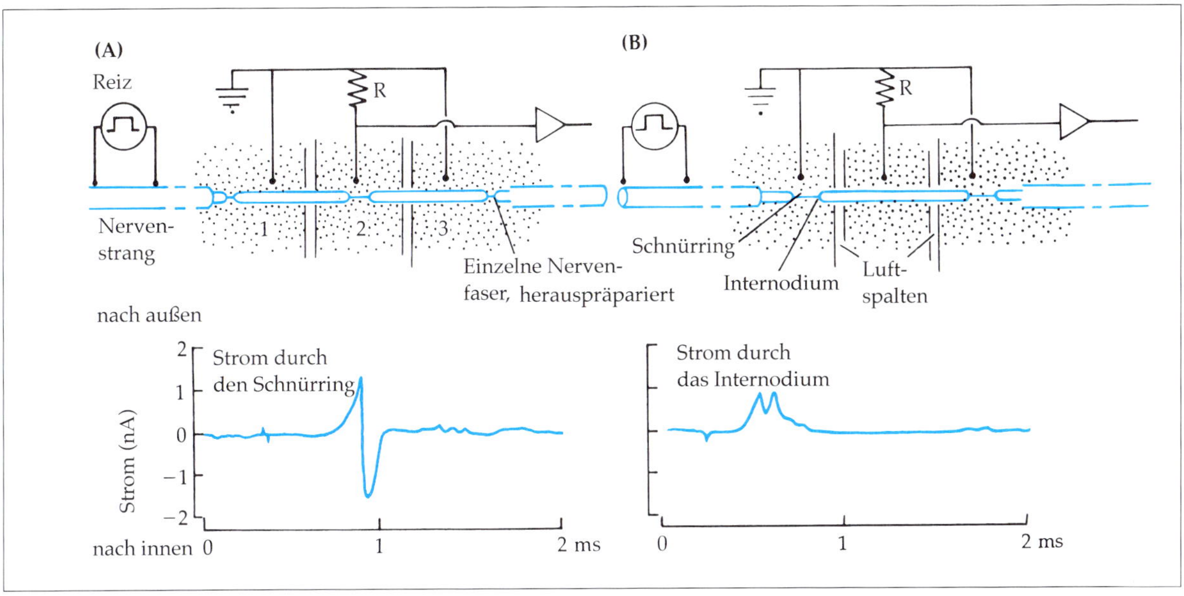

Abb. 5: **Stromfluß durch ein myelinisiertes Axon**. Ein einzelnes myelinisiertes Axon erstreckt sich über drei Kompartimente, die durch zwei Luftspalte voneinander getrennt sind. Zwischen den Kompartimenten besteht keine Verbindung durch extrazelluläre Flüssigkeit. Während der Fortleitung des Aktionspotentials fließen Ströme durch den Widerstand *R* aus dem und in das mittlere Kompartiment 2. Der Spannungsabfall über dem Widerstand ist ein Maß für die Stromstärke. (A) Ein Ranvierscher Schnürring befindet sich in Kompartiment 2. Anfangs, wenn sich das Aktionspotential nähert und der Schnürring depolarisiert wird, fließt Strom durch den Widerstand von Kompartiment 2 in Kompartiment 1 (Aufstrich). Wenn die Schwelle am Schnürring erreicht wird, erfolgt ein starker Einstrom, die Stromrichtung kehrt sich um. (B) Liegt ein Internodium im mittleren Kompartiment, so findet man beim Annähern des Aktionspotentials an das Internodium und beim Verlassen des Internodiums nur einen Ausstrom aus dem Kompartiment und keinen Einstrom (nach Tasaki, 1959).

brankapazität c_m und dem inneren Längswiderstand r_i, durch die der Strom fließen muß, um den Membrankondensator zu entladen. Wegen ihrer Abhängigkeit vom Längswiderstand des Axoplasmas ist die Leitungsgeschwindigkeit in dicken Fasern größer als in dünnen. Theoretisch, wenn alle anderen Faktoren konstant sind, sollte die Fortleitungsgeschwindigkeit direkt zur Wurzel des Faserdurchmessers proportional sein.[5]

Myelinisierte Nerven und saltatorische Erregungsleitung

Im Nervensystem von Vertebraten sind die dicken Nervenfasern myelinisiert. In der Peripherie wird das Myelin von den Schwannschen Zellen, im Zentralnervensystem durch Oligodendrocyten (Kap. 6) gebildet, die sich eng um die Axone wickeln. Bei jeder Windung wird das Cytoplasma der Schwannschen Zelle oder Gliazelle zwischen den beiden Membranen herausgepreßt, so daß sich eine Spirale aus dicht gepackten Membranen ergibt. Die Anzahl der Windungen (Lamellen) schwankt zwischen niedrigen Werten von 10 bis 20 und einem Maximum von ca. 160.[6] Eine Wicklung von 160 Lamellen bedeutet, daß 320 Membranen in Serie zwischen der Plasmamembran des Axons und der Extrazellularflüssigkeit liegen. Daher steigt der effektive Membranwiderstand um den Faktor 320, und die Membrankapazität sinkt im selben Ausmaß. Das Myelin nimmt dabei 20 bis 40% des Faserdurchmessers ein – d.h., der Durchmesser des Axons beträgt 60 bis 80% des Gesamtdurchmessers.

Die Myelinscheide wird regelmäßig von **Ranvierschen Schnürringen** unterbrochen, an denen die Axonmembran freiliegt. Die Entfernung von Schnürring zu Schnürring ist gewöhnlich etwa 100 mal so groß wie der externe Durchmesser der Faser und liegt zwischen 200 µm und 2 mm. Die Myelinscheide bewirkt, daß der Membranstrom größtenteils zu den Schnürringen fließt, denn die Ionen können in den internodalen Regionen mit hohem Widerstand nicht leicht durch die Membran ein- oder auswandern. Ebenso sind die internodalen kapazitiven Ströme sehr klein. Folglich bewegen sich Ionen nur an den Schnürringen in das Axon hinein bzw. aus dem Axon heraus. Das führt dazu, daß die Erregung von Schnürring zu Schnürring springt und die Leitungsgeschwindigkeit stark zunimmt. Eine solche Impulsfortleitung wird als **saltatorische Erregungsleitung** (vom lateinischen *saltare* «springen, hüpfen oder tanzen») bezeichnet. Saltatorische Erregungsleitung heißt nicht, daß das Aktionspotential zu einem Zeitpunkt an nur einem Schnürring auftritt. Während die Erregung an der Vorderflanke des Aktionspotentials von einem zum nächsten Schnürring springt, sind viele dahinterliegende Schnürringe noch aktiv. Myelinisierte Axone leiten nicht nur schneller als unmyelinisierte, sie können auch über größere Zeiträume mit höheren Frequenzen feuern.

5 Hodgkin, A.L. 1954. *J. Physiol.* 125: 221–224.
6 Arbuthnott, E.R., Boyd, I.A. and Kalu, K.U. 1980. *J. Physiol.* 308: 125–157.

BOX 2 Reizung und Ableitung mit extrazellulären Elektroden

Bei vielen physiologischen Untersuchungen am zentralen und peripheren Nervensystem werden extrazelluläre Elektroden als Reizelektroden oder zur Ableitung von Axonen unterschiedlichen Durchmessers eingesetzt. Wenn man einen Nervenstrang mit zwei extrazellulären Elektroden reizt, verteilt sich ein Großteil des Stroms in der extrazellulären Flüssigkeit. Der Rest dringt unter der positiven Elektrode in einzelne Axone ein, fließt das Axoplasma entlang und tritt unter der negativen Elektrode wieder aus. Der Strom, der in ein Axon eindringt, erzeugt über der Membran einen Spannungsabfall und führt zu einer lokalen Hyperpolarisation (die Außenseite wird positiver als die Innenseite). Der Stromfluß in Richtung auf die negative Elektrode erzeugt einen zusätzlichen Spannungsgradienten entlang seines Weges im Axoplasma. Der Strom, der das Axon unter der negativen Elektrode verläßt, verursacht eine lokale Depolarisation. Diese drei Spannungsgradienten müssen gleich dem gesamten Spannungsabfall zwischen den Elektroden in der extrazellulären Flüssigkeit sein. Die Spannung, die angelegt werden muß, um die Membran unter der negativen Elektrode bis zur Schwelle zu depolarisieren, hängt vom Faserdurchmesser ab. Bei dicken Fasern ist weniger Reizspannung nötig als bei dünnen Fasern. Das hat geometrische Gründe. Mit zunehmendem Faserdurchmesser nimmt der Axoplasmawiderstand (der umgekehrt proportional zum *Quadrat* des Durchmessers ist) schneller ab als der Membranwiderstand (der umgekehrt proportional zum Durchmesser ist). Deshalb geht weniger der angelegten Spannung längs des Axoplasmas verloren, und es wird über der Membran ein größerer Spannungsabfall erzeugt. Dieses Prinzip wird im nebenstehenden Diagramm, das schematisch den Stromfluß durch eine unmyelinisierte Faser zwischen einem Paar Reizelektroden in 2 cm Abstand zeigt (der Stromfluß in der extrazellulären Flüssigkeit ist aus Gründen der Übersichtlichkeit weggelassen) anhand von Zahlen erläutert. In (A) sind realistische Werte für Quer- und Längswiderstände für den Stromfluß in einer 20-µm-Faser angegeben. Ein Potential von 120 mV, das zwischen den Elektroden an die Faser angelegt wird, ruft eine Depolarisation von 12 mV hervor. Bei einer Faser mit dem doppelten Durchmesser (40 µm, (B)) ist der Querwiderstand halbiert und der Längswiderstand um einen Faktor 4 verkleinert, während die Depolarisation auf 20 mV steigt.

Mit extrazelluläre Elektroden lassen sich auch Aktionspotentiale von Nervensträngen ableiten. Bei der Fortleitung von Aktionspotentialen treten nämlich in der umgebenden extrazellulären Flüssigkeit longitudinale Ströme auf, die Potentialgradienten entlang der Nervenfaser erzeugen. Wegen ihrer größeren Membranfläche und ihrem niedrigeren Axoplasmalängswiderstand erzeugen dicke Fasern mehr Strom und damit größere extrazelluläre Gradienten als dünne Fasern. Infolgedessen rufen sie größere Signale an den Ableitelektroden hervor.

Die Relation zwischen Fasergröße und Reizschwelle bringt Vorteile für physiologische und klinische Zwecke. Man kann mit Hilfe extrazellulärer Elektroden z.B. Schwellenpotential und Leitungsgeschwindigkeit bei Motoneuronen, die recht dick sind, testen, ohne Schmerzfasern zu erregen, die sehr viel dünner sind. Da die dicksten Fasern am leichtesten zu stimulieren sind, sind sie oft am schwierigsten zu blockieren, z.B. durch Abkühlen oder durch Lokalanästhetika. Das bedeutet wiederum, daß die schmerzleitenden Fasern mit Betäubungsmitteln blockiert werden können, ohne die Leitung in den dickeren sensorischen und motorischen Fasern zu beeinflussen. Doch diese Beziehung zwischen Größe und Leitungsblockierung stimmt nicht immer: Die Blockierung durch lokal angewandten Druck trifft zuerst dicke Axone und erst später, mit zunehmendem Druck, auch die dünneren Axone.

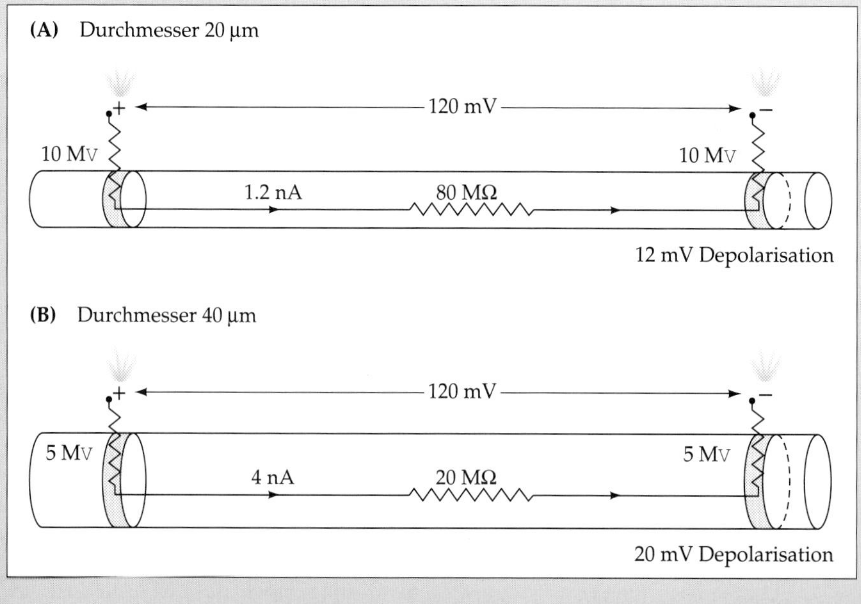

BOX 3 Klassifizierung der Nervenfasern von Wirbeltieren

Wenn man ein Nervenbündel an einem Ende elektrisch reizt und in einer gewissen Entfernung von ihm ableitet, findet man in der Ableitung eine Reihe von Spitzen. Sie sind das Ergebnis der Dispersion von Nervenimpulsen, die mit verschiedener Geschwindigkeit wandern und daher zu unterschiedlichen Zeiten nach dem Reiz an der Ableitelektrode eintreffen. Die Nervenfasern von Wirbeltieren wurden aufgrund dieser unterschiedlichen Leitungsgeschwindigkeiten in Gruppen eingeteilt, wobei auch funktionelle Unterschiede eine Rolle spielen. Leider haben sich zwei derartige Klassifikationen entwickelt. In der ersten bezieht sich Gruppe A auf myelinisierte Fasern in peripheren Nerven, die mit einer Geschwindigkeit von 5 bis 120 m/s leiten. Gruppe B besteht aus myelinisierten Fasern im autonomen Nervensystem, deren Leitungsgeschwindigkeiten im unteren Bereich der A-Faser-Gruppe liegen. Gruppe C bezieht sich auf unmyelinisierte Fasern, die sehr langsam leiten (weniger als 2 m/s). Fasern der A-Gruppe werden entsprechend ihrer Leitungsgeschwindigkeit noch weiter in α (80–120 m/s), β (30–80 m/s) und δ (5–30 m/s) unterteilt. Der Ausdruck «γ-Fasern» ist für die Motoneuronen reserviert, die die Muskelspindeln versorgen (Kap. 14); sie haben Leitungsgeschwindigkeiten im β-Bereich und im unteren α-Bereich.

Die zweite Nomenklatur wird auf sensorische Gruppe-A-Fasern angewandt, die in der Muskulatur entspringen: Gruppe I entspricht Aα, Gruppe II (Aß), Gruppe III (Aδ). Die afferenten Fasern der Gruppe I werden weiter in zwei Gruppen unterteilt, je nachdem, ob sie Informationen von Muskelspindeln (Ia) oder von sensorischen Rezeptoren in Sehnen übermitteln (Ib).

Eine zusätzliche Folge der Myelinisierung besteht darin, daß während der Impulsfortleitung weniger Natrium- und Kaliumionen in das Axon ein- bzw. ausströmen, denn die regenerative Aktivität beschränkt sich auf die Schnürringe. Daher benötigt die Zelle weniger Stoffwechselenergie, um die intrazellulären Konzentrationen wieder auf ihren Ruhewert einzustellen.

Experimente zum Nachweis einer saltatorischen Erregungsleitung wurden zuerst 1941 von Tasaki[7] und später von Huxley und Stämpfli[8] durchgeführt, die den Stromfluß an Schnürringen und Internodien registrierten. Ein solches Experiment an einem einzelnen myelinisierten Axon ist in Abb. 5 dargestellt. Der Nerv wird durch drei salzhaltige Badlösungen geführt, wobei das mittlere Kompartiment schmal und von den beiden anderen durch Luftspalte mit sehr hohem Widerstand getrennt ist. Elektrisch stehen die Kompartimente durch eine externe Ableitanordnung in Verbindung (s. Abb.). Während der Fortleitung des Impulses fließen daher die Ströme, die anderenfalls durch die Luftspalte unterbrochen wären, durch den Widerstand R in das mittlere Kompartiment hinein oder aus ihm heraus. Der Spannungsabfall über dem Widerstand liefert ein Maß für die Größe und Richtung der Ströme. Im ersten Experiment (Abb. 5 A) enthält das mittlere Kompartiment einen Ranvierschen Schnürring. Nach Reizung des Nervs fließt der Strom bei Depolarisierung des Schnürrings zunächst durch den Schnürring nach außen und zurück herannahenden Erregung entgegen (Aufstrich). Sobald die Schwelle erreicht ist und ein Aktionspotential ausgelöst wird, folgt ein Einwärtsstrom am Schnürring (Abstrich). Wenn das mittlere Kompartiment ein Internodium enthält (Abb. 5 B), tritt kein Einstrom auf, sondern man findet lediglich zwei kleine kapazitive und resistive Stromspitzen. Diese Ströme fließen aus dem mittleren Kompartiment den erregten Bereichen entgegen, wenn sich der Impuls in Kompartiment 1 nähert und dann im Kompartiment 3 weiterwandert. Experimente wie dieses zeigten, daß es zu keinem Einstrom kam und daher auch keine regenerative Aktivität im Internodium auftrat. Ausgefeilte Ableitungstechniken zur Registrierung saltatorischer Erregungsleitung in nicht herauspräparierten Säugeraxonen in situ sind von Bostock und Sears[9] entwickelt worden. Mit solchen Techniken ist es möglich, sowohl die Einwärtsströme an den Schnürringen als auch die Ströme längs der Internodien zu messen und dadurch die Positonen der Schnürringe und die Abstände zwischen ihnen exakt zu bestimmen.

Leitungsgeschwindigkeit myelinisierter Fasern

Leitungsgeschwindigkeiten von myelinisierten Nervenfasern variieren von einigen wenigen bis zu mehr als 100 Metern pro Sekunde. Im Nervensystem von Wirbeltieren sind periphere Nerven entsprechend ihrer Leitungsgeschwindigkeit und Funktion in Gruppen eingeteilt worden (Box 3). Theoretische Berechnungen lassen vermuten und experimentelle Befunde bestätigen, daß die Leitungsgeschwindigkeit in myelinisierten Nervenfasern dem Durchmesser der Faser proportional ist. Die Relation zwischen Faserdurchmesser und Leitungsgeschwindigkeit wurde zum ersten Mal theoretisch von Rushton[10] behandelt und dann an peripheren Nerven genauer von Boyd und seinen Kollegen[6] untersucht. Experimentelle Messungen zeigen, daß dicke myelinisierte Fasern eine Leitungsgeschwindigkeit in Metern pro Sekunde haben, die annähernd ihrem 6fachen Außendurchmesser in μm entspricht. Bei dünneren Fasern mit einem Durch-

7 Tasaki, I. 1959. *In* J. Field (ed.), *Handbook of Physiology*, Section 1, Vol. I. American Physiological Society, Bethesda, MD. pp. 75–121.
8 Huxley, A.F. and Stämpfli, R. 1949. *J. Physiol.* 108: 315–339.
9 Bostock, H. and Sears, T.A. 1978. *J. Physiol.* 280: 273–301.
10 Rushton, W.A.H. 1951. *J. Physiol.* 115: 101–122.

messer von weniger als 11 µm liegt der Proportionalitätsfaktor bei ca. 4,5.
Ein theoretisch interessanter Punkt ist die günstigste Dicke der Myelinscheide, die bei gegebenem Außendurchmesser eine optimale Leitungsgeschwindigkeit garantiert. Offensichtlich ist die Zunahme des Membranwiderstandes im myelinisierten Bereich bei einer dicken Hülle größer als bei einer dünnen. Auf der anderen Seite muß der Querschnitt des Axoplasmas mit zunehmender Myelindicke abnehmen, wodurch der Innenlängswiderstand ansteigt. Durch den ersten Effekt wird die Leitungsgeschwindigkeit erhöht, durch den zweiten verringert. Wie sich herausgestellt hat, liegt der optimale Kompromiß zwischen diesen entgegengerichteten Effekten bei einem Axondurchmesser vom ca. 0,7fachen des Gesamtfaserdurchmessers. Wie bereits erwähnt, variiert das beobachtete Verhältnis beim peripheren Säugernerv zwischen 0,6 und 0,8.
Die berechnete optimale Leitungslänge eines Internodiums entspricht annähernd der, die man tatsächlich vorfindet, nämlich etwa dem 100fachen des Faseraußendurchmessers. Größere Abstände zwischen den Schnürringen würden dazu führen, daß die Erregung weiter springt und sich die Leitungsgeschwindigkeit entsprechend erhöht. Andererseits würde die Depolarisation an den Schnürringen, die von der Aktivität am vorhergehenden Schnürring hervorgerufen worden ist, wegen des zunehmenden Längswiderstands zwischen den weiter auseinanderliegenden Schnürringen kleiner sein und langsamer ansteigen. Das würde dazu führen, daß sich die Erregung verlangsamt und damit die Leitungsgeschwindigkeit möglicherweise verringert. Wegen dieser einander entgegengerichteten Faktoren haben geringe Veränderungen in der Länge der Internodien kaum einen Effekt auf die Leitungsgeschwindigkeit. Bei sehr großer Distanz zwischen den Schnürringen würde die Depolarisation durch die Aktivität eines vorangehenden Schnürrings die Schwelle nicht mehr erreichen, und die Leitung wäre blockiert.

Kanalverteilung in myelinisierten Fasern

Bei myelinisierten Fasern sind die Natriumkanäle in den Ranvierschen Schnürringen hoch konzentriert, während Kaliumkanäle unter der paranodalen Scheide stärker vertreten sind.[11] Die Eigenschaften der Axonmembran in der paranodalen Region, die gewöhnlich von Myelin bedeckt ist, wurden zuerst von Ritchie und seinen Kollegen untersucht.[12] Dazu wurde das Myelin durch enzymatische Behandlung oder osmotischen Schock abgelöst. Anschließend wurden die Ströme im Bereich der Schnürringe mit voltage clamp gemessen und mit den entsprechenden Strömen vor der Behandlung verglichen. Diese Experimente zeigten, daß Ranviersche Schnürringe im Kaninchennerv bei Erregung gewöhnlich nur einen Natriumeinstrom aufweisen. Zur Repolarisation kommt es nicht wie bei anderen Zellen durch eine Zunahme der Kaliumleitfähigkeit, sondern durch einen relativ starken Leckstrom und eine schnelle Natriuminaktivierung. Nachdem die Axonmembran in der paranodalen Region freigelegt worden war, rief die Erregung auch einen verzögerten Kaliumausstrom hervor, ohne daß der Einstrom sich vergrößert hätte. Es scheint, daß das Axon unter der Myelinschicht in der Region, die an den Schnürring angrenzt, spannungsaktivierte Kaliumkanäle, aber keine spannungsaktivierten Natriumkanäle enthält. Mit anderen Worten sind die Membraneigenschaften in dieser Region umgekehrt wie die an den Schnürringen. Eine der Folgen einer ausgedehnten Demyelinisierung ist ein Leitungsblock. Bei Säugeraxonen, die durch Diphterietoxin demyelinisiert wurden, kann sich jedoch eine kontinuierliche Leitung durch den demyelinisierten Bereich entwickeln[9]. Man kann daraus schließen, daß nach der Demyelinisierung spannungsaktivierte Natriumkanäle in der freiliegenden Axonmembran auftreten. Diese Schlußfolgerung konnte durch Markieren von demyelinisierten Nerven mit Antikörpern gegen Natriumkanäle bestätigt werden.[13] In der demyelinisierten Region findet man auch spannungsaktivierte Kaliumkanäle.[14]

Formeneinflüsse auf die neuronale Leitung

Das einfache, einheitliche Kabel ist eine idealisierte Struktur, die einem unmyelinisierten Axon ähnelich ist, sie stellt allerdings den Zellkörper, die ausgedehnten dendritischen Verzweigungen und die zahlreichen axonalen Äste eines vollständigen Neurons nicht adäquat dar. Verzweigungspunkte und plötzliche Änderungen des Durchmessers können bestimmte Bereiche für eine Signalübertragung ungeeignet machen und dazu führen, daß kein Aktionspotential weitergeleitet wird. Beispielsweise ist der Strom, der durch ein Aktionspotential in einem einzelnen dünnen Dendriten erzeugt wird, klein im Vergleich zu dem Strom, der nötig ist, um einen großen Zellkörper zu depolarisieren. Daher kann es passieren, daß das Aktionspotential, wenn es den Zellkörper erreicht, zusammenbricht, weil der Eingangswiderstand des Zellkörpers relativ niedrig und seine Kapazität groß ist. Auch dort, wo sich ein Axon mit kleinem Durchmesser in zwei dickere Axone spaltet, kann es zum Ausfall der Fortleitung kommen. Diese Anordnung ist bei Wirbellosen üblich (Kap. 13). Unter Normalbedingungen wird ein Impuls in beide Äste weitergeleitet, nach wiederholtem Feuern jedoch kann die Fortleitung am Verzweigungspunkt blockiert werden. In Crustaceenaxonen ist ein solcher Block mit einer Zunahme der extrazellulären Kaliumkonzentration verbunden.[15] In Sinneszellen von Blutegeln tritt der Block durch fortdauernde Hyper-

11 Black, J.A., Kocsis, J.D. and Waxman, S.G. 1990. *Trends Neurosci.* 13: 48–54.
12 Chiu, S.Y. and Ritchie, J.M. 1981. *J. Physiol.* 313: 415–437.

13 England, J. et al. 1990. *Proc. Natl. Acad. Sci. USA* 87: 6777–6780.
14 Bostock, H., Sears, T.A. and Sherratt, R.M. 1981. *J. Physiol.* 313: 301–315.
15 Grossman, Y., Parnas, I. and Spira, M.E. 1979. *J. Physiol.* 295: 307–322.

polarisation auf. Diese wird durch eine gesteigerte elektrogene Aktivität der Natriumpumpe (Kap. 2) und eine langandauernde Zunahme der Kaliumpermeabilität hervorgerufen, die die zur Schwellendepolarisation erforderliche Stromstärke erhöht.[16,17]
Bei myelinisierten peripheren Nerven beträgt der Sicherheitsfaktor für die Leitung etwa 5, d.h., die Depolarisation, die am Schnürring durch Erregung durch einen vorhergehenden Schnürring erzeugt wird, ist annähernd 5 mal größer als notwendig, um die Schwelle zu erreichen. Dieser Sicherheitsfaktor kann jedoch, wie schon gesagt, durch verschiedene morphologische Gegebenheiten beträchtlich reduziert werden. Wenn sich ein myelinisierter Nerv beispielsweise in zwei Äste teilt, dann teilt sich der Strom, der von einem einzelnen Schnürring stammt, am Verzweigungspunkt auf zwei dahinterliegende Schnürringe auf, und der Sicherheitsfaktor für die Fortleitung in einem oder beiden Ästen verringert sich möglicherweise. Auch wenn die Myelinhülle z.B. in der Nähe der motorischen Endigung endet, verteilt sich der Strom vom letzten Schnürring über eine große Fläche unmyelinisierter terminale Nervenmembran und erzeugt infolgedessen insgesamt eine geringere Depolarisation als an einen Schnürring. Vielleicht sind deshalb sind die letzten Internodien vor einem unmyelinisierten Ende kürzer als normal, so daß mehrere Schnürringe zur Depolarisation der Nervenendigung beitragen können.[18]

Pfade für den Stromfluß zwischen Zellen

In den meisten Fällen können elektrische Signale nicht direkt von einer Zelle zur nächsten gelangen. Gewisse Zellen sind jedoch **elektrisch gekoppelt**. Die Eigenschaften und Funktionen elektrischer Synapsen werden in Kap. 7 diskutiert. Im folgenden besprechen wir spezielle interzelluläre Strukturen, die für die elektrische Kontinuität zwischen Zellen erforderlich sind.
Die Notwendigkeit für solche spezialisierten Strukturen ist in Abb. 6 dargestellt. Im ersten Modell (Abb. 6 A) sind die Enden zweier zylindrischer neuronaler Fortsätze, A und B, durch einen Spalt (wie er z.B. bei chemischen Synapsen auftritt) getrennt. Der Strom, der im Fortsatz A fließt, verläßt den Fortsatz auf seiner ganzen Länge und am Ende. Wie verteilt sich der Stromfluß quantitativ? Das läßt sich anhand der beteiligten Widerstände feststellen. Der zylindrische Leiter ist ein Kabel, das sich nur in eine Richtung erstreckt. Sein Eingangswiderstand beträgt

$$r_{\text{input}} = \left(\frac{R_m R_i}{2\pi^2 a^3}\right)^{1/2}$$

Der Widerstand des kreisförmigen Endes beträgt

$$r_e = \frac{R_m}{\pi a^2}$$

Nehmen wir an, daß in beiden Zellen R_m gleich 2000 Ωcm^2, R_i gleich 100 Ωcm und a gleich 10 µm sind (alles plausible Werte). Dann ist r_{input} = 3,2 MΩ und r_e gleich 637 MΩ. Da der Widerstand am Ende 200 mal größer als der Eingangswiderstand ist, fließen nur 0,5% des in den Zylinder injizierten Stroms durch das Ende nach außen. Ferner fließt praktisch der gesamte Strom, der das Ende verläßt, seitwärts aus dem Spalt heraus, da dieser einen sehr niedrigen Widerstand hat (symbolisiert durch r_l) und nicht in das Ende des zweiten Fortsatzes.
Wenn wir die beiden Enden der Fortsätze nun eng zusammenfügen (Abb. 6 B), ändert sich der Widerstand längs des Fortsatzes A für den nach außen fließenden Strom nicht. Der Widerstand für den Strom aus dem Ende beträgt jetzt 1274 MΩ (zwei Membranen in Serie) plus 3,2 MΩ (der Eingangswiderstand von Fortsatz B). Daraus folgt, daß der Strom, der durch die beiden Enden in den Fortsatz B fließt, nur 0,025% des Gesamtstroms ausmacht. Ein applizierter Strom von 10 nA würde Zelle A um 31,7 mV, Zelle B aber nur noch um ca. 79 µV depolarisieren. Damit wird deutlich, daß eine signifikante Kopplung zwischen den beiden Fortsätzen ausgeschlossen ist, wenn nicht zwei Bedingungen erfüllt sind: Es muß verhindert werden, daß Strom an der Kontaktstelle entweicht, und der interzelluläre Widerstand muß sehr viel geringer sein, als es normalerweise bei Membranen der Fall ist.

Strukturelle Basis für die elektrische Kopplung: gap junctions

An Stellen, wo eine elektrische Kopplung stattfindet, fließt der interzelluläre Strom durch sogenannte **gap junctions.** Gap junctions sind Bereiche, in denen zwei Zellen sehr nahe zusammenliegen; sie sind durch Aggregation von hexagonal angeordneten Partikeln in jeder der aneinandergrenzenden Membranen gekennzeichnet (Abb. 7). Jedes Partikel besteht aus sechs Proteinuntereinheiten, die in einem Kreis von etwa 10 nm Durchmesser um eine zentrale Pore von 2 nm Durchmesser angeordnet sind.[20,21] Identische Partikel in den beiden aneinandergrenzenden Zellen sind exakt gepaart, so daß sie den 2–3 nm breiten Spalt in der Kontaktregion überbrücken. Die Einheit, die auf diese Weise gebildet wird, heißt **Connexon.**[22] Die Pore ermöglicht den Fluß kleiner Ionen und Moleküle zwischen Zellen. Die Leitfähigkeit eines einzelnen Kanals, der benachbarte Zellen verbindet, liegt in der Größenordnung von 100 pS.[23]
Verschiedene Varietäten des Untereinheitenproteins (**Connexin**) sind sequenziert worden, darunter Connexin32 (32 kD), das normalerweise in Rattenleber vor-

16 Yau, K.W. 1976. *J. Physiol.* 263: 513–538.
17 Gu, X.N., Macagno, E.R. and Muller, K.J. 1989. *J. Neurobiol.* 20: 422–434.
18 Quick, D.C., Kennedy, W.R. and Donaldson, L. 1979. *Neuroscience* 4: 1089–1096.
19 Loewenstein, W. 1981. *Physiol. Rev.* 61: 829–913.
20 Unwin, P.N.T. and Zampighi, G. 1980. *Nature* 283: 545–549.
21 Tibbits, T.T. et al. 1990. *Biophys. J.* 57: 1025–1036.
22 Caspar, D.L.D. 1977. *J. Cell Biol.* 74: 605–628.
23 Neyton, J. and Trautmann, A. 1985. *Nature* 317: 331–335.

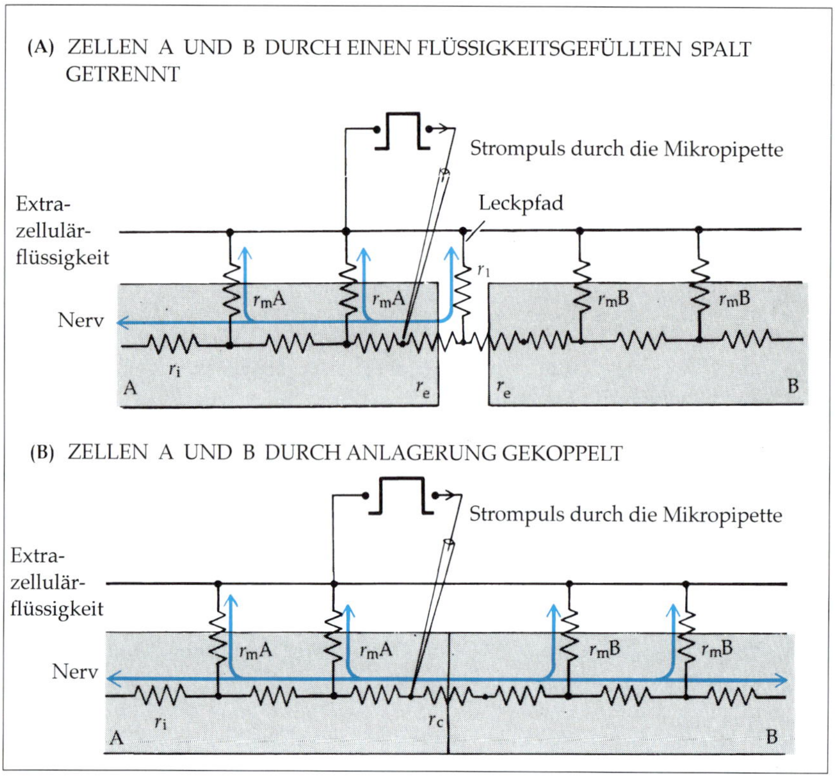

Abb. 6: **Pfade für den Stromfluß zwischen Zellen.** (A) Ersatzschaltbild zweier Zellfortsätze, die durch einen flüssigkeitsgefüllten Spalt getrennt sind. Strom fließt aus dem Ende von Fortsatz A durch den Endwiderstand r_e, fließt aus dem Spalt (Widerstand r_l), ohne in Fortsatz B einzudringen. (B) Die Zellen sind eng aneinandergelegt. In diesem Modell kann Strom von Fortsatz A in den Fortsatz B fließen. Damit es zu einer signifikanten Kopplung kommt, muß der Kopplungswiderstand r_c jedoch im Vergleich zu den anderen Membranwiderständen r_m klein sein (s. Text).

kommt[24],Connexin43, das man im Herzmuskel findet[25], und ein 32-kD-Protein von *Xenopus.*[26] Diese drei Proteine sind weitgehend homolog, und Hydropathie-Plots (s. Kap. 2) lassen vermuten, daß sie vier membrandurchquerende Helices enthalten. Antikörper-Bindungsuntersuchungen stehen in Einklang mit diesem Modell und deuten darauf hin, daß das aminoterminale Ende (und darum auch das Carboxylende) im Cytoplasma liegt.[27]
Injiziert man mRNA, die für Connexin codiert, in Paare von *Xenopus*-Oocyten, so führt das mit einer Verzögerung von ca. 4 Stunden zur Bildung von Connexonen zwischen den beiden Zellen.[28] Eine funktionelle interzelluläre Kopplung tritt auch zwischen Connexinen verschiedenen Typs auf – d.h., wenn mRNA für Connexin32 in die eine und mRNA für Connexin43 in die andere Zelle injiziert wird.[29]

Die Bedeutung der Kopplungen von Zellen

Cell-to-cell-Kanäle sind im Tierreich weit verbreitet; man findet sie von Schwämmen bis zum Menschen in Geweben mesenchymaler und epithelialer Herkunft. Im allgemeinen ist eine Zelle innerhalb eines Gewebes mit ihren Nachbarn verbunden, so daß ganze Organe oder Teile von Organen gekoppelt sind. Eine solche Kopplung kann verschiedenen Zwecken dienen, wie der Gewebshomeostase innerhalb einer großen Zahl von Zellen oder der Übertragung von Steuersignalen von einer zur anderen Zelle.[19] Im Nervensystem ist die cell-to-cell-Kopplung für die Übertragung von Erregung an **elektrischen Synapsen** (Kap. 7) verantwortlich. Glatte Muskelfasern im Darm, den Bronchien und den Blutgefäßen sind ebenso wie die Herzmuskelfasern untereinander elektrisch verbunden. Dadurch können sich Kontraktionswellen gleichzeitig und gemeinsam im Muskel ausbreiten. Diese interzellulären Kanäle ermöglichen nicht nur den Durchtritt von Strom zwischen Zellen, sondern auch die Passage von kleinen hydrophilen Molekülen von bis zu 2 nm Durchmesser. Solche Kopplungen sind bei Embryonen weit verbreitet[30], selbst zwischen Zellen, die später ganz andere Funktionen haben. Diese Zellen entkoppeln sich mit fortschreitender Entwicklung. Zu frühe Entkoppelung führt jedoch zum Abbruch der normalen Entwicklung.[31]
Die Entkopplung kann unter verschiedenen Umständen eintreten. Embryonale Sinneszellen im Rückenmark von Kaulquappen, die ursprünglich untereinander gekoppelt sind[32], entkoppeln sich ungefähr zu dem Zeitpunkt, an

24 Paul, D.L. 1986. *J. Cell Biol.* 103: 123–134.
25 Beyer, E.C., Paul, D.L. and Goodenough, D.A. 1987. *J. Cell Biol.* 105: 2621–2629.
26 Ebihara, L. et al. 1989. *Science* 243: 1194–1195.
27 Yancey, S.B. et al. 1989. *J. Cell Biol.* 108: 2241–2254.
28 Werner, R. et al. 1985. *J. Memb. Biol.* 87: 253–268.
29 Swensen, K.I. et al. 1989. *Cell* 57: 145–155.
30 Sheridan, J.D. 1978. *In* J. Feldman et al. (eds.), *Intercellular Junctions and Synapses.* Chapman & Hall, London. pp. 39–59.
31 Guthrie, S.C. and Gilula, N.B. 1990. *Trends Neurosci.* 12: 12–16.
32 Spitzer, N.C. 1982. *J. Physiol.* 330: 145–162.

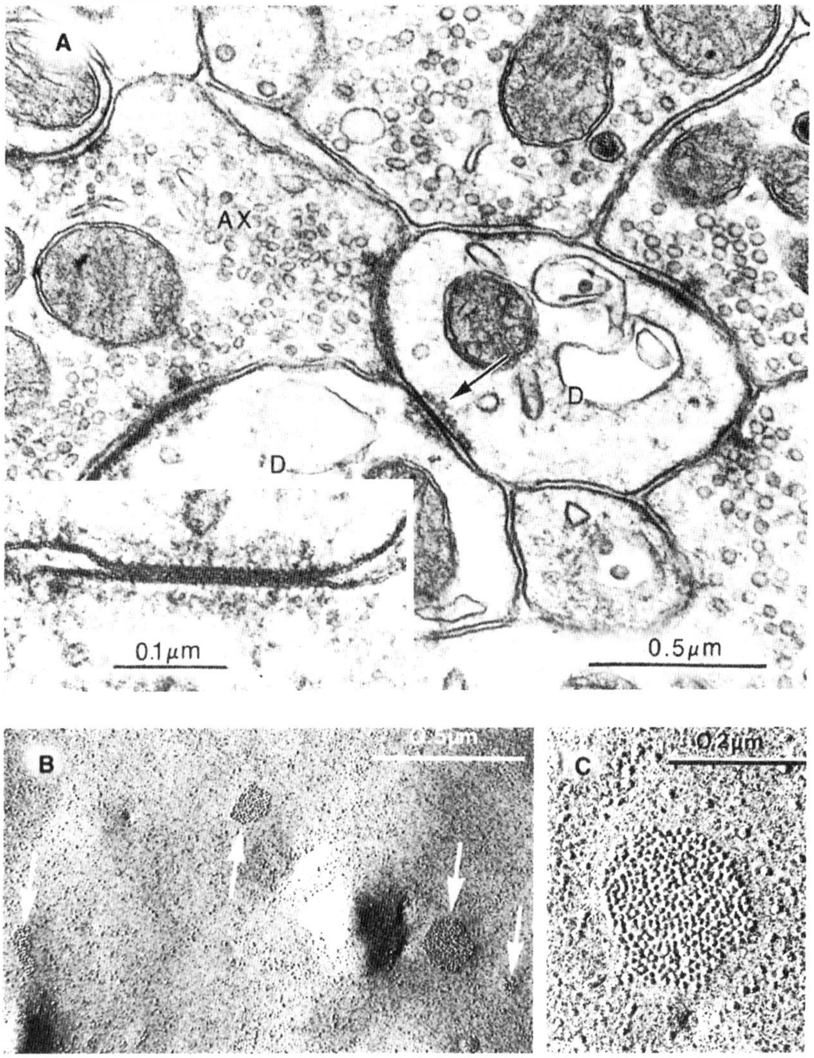

(D)

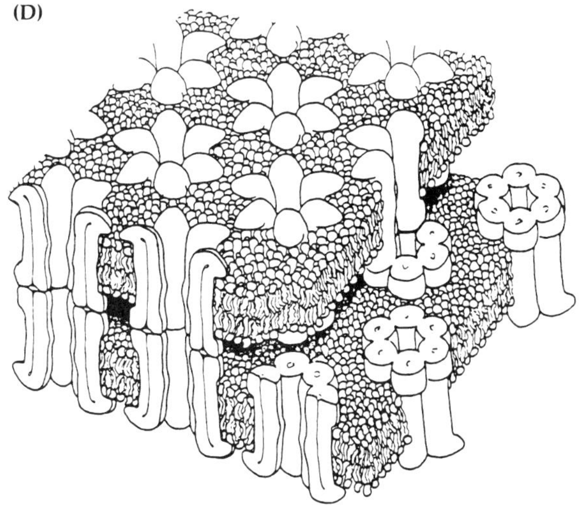

Abb. 7: **Gap junctions zwischen Neuronen**. (A) Zwei Dendriten (mit D gekennzeichnet) im Nucleus olivaris inferior der Katze sind durch eine gap junction (Pfeil) verbunden, die im Einsatzbild vergrößert dargestellt ist. Der gewöhnlich vorhandene Spalt zwischen den Zellen ist in der Kontaktzone, die von Brücken durchzogen ist, fast völlig verschwunden. (B) Gefrierbruch durch die präsynaptische Membran einer Nervenendigung, die mit einem Neuron im Ciliarganglion des Huhnes gap junctions bildet. Ein ausgedehnter Bereich der cytoplasmatischen Bruchseite liegt frei, und man erkennt Cluster von gap junction-Partikeln (Pfeile). (C) Ein Cluster bei stärkerer Vergrößerung. Jedes Partikel im Cluster stellt ein einzelnes Connexon dar. (D) Schematische Zeichnung einer gap junction-Region, in der einzelne Connexone den Spalt zwischen den Lipidmembranen zweier benachbarter Zellen überbrücken (A aus Sotelo, Llinás und Baker, 1974; B und C aus Cantino und Mugnaini, 1975; D nach Makowski et al., 1977).

dem sie die Fähigkeit entwickeln, Natrium-Aktionspotentiale zu erzeugen. Andere Zellen lassen sich experimentell durch Depolarisation einer oder beider gekoppelten Zellen oder spezifisch durch Potentialänderungen über der Verbindung selbst entkoppeln. Entkopplung tritt auch als Antwort auf Änderungen der chemischen Zusammensetzung des Cytoplasmas auf, wie dem Anstieg der intrazellulären Calciumkonzentrationen oder der Abnahme des pH-Wertes.[33]

33 Obaid, A.L., Socolar, S.J. and Rose, B. 1983. *J. Memb. Biol.* 73: 68–89.

Empfohlene Literatur

Übersichtsartikel

Bennett, M.V.L., Barrio, L.C., Bargiello, T.A., Spray, D.C., Herzberg, E. and Saez, J.C. 1991. Gap junctions: New tools, new answers, new questions. *Neuron* 6: 305–320.

Black, J.A., Kocsis, J.D. and Waxman, S.G. 1990. Ion channel organization of the myelinated fiber. *Trends Neurosci.* 13: 48–54.

Guthrie, S.C. and Gilula, N.B. 1990. Gap junction communication and development. *Trends Neurosci.* 12: 12–16.

Originalartikel

Arbuthnott, E.R., Boyd, I.A. and Kalu, K.U. 1980. Ultrastructural dimensions of myelinated peripheral nerve fibres in the cat and their relation to conduction velocity. *J. Physiol.* 308: 125–157.

Hodgkin, A.L. and Rushton, W.A.H. 1946. The electrical constants of a crustacean nerve fibre. *Proc. R. Soc. Lond. B* 133: 444–479.

Huxley, A.F. and Stämpfli, R. 1949. Evidence for saltatory conduction in peripheral myelinated nerve fibers. *J. Physiol.* 108: 315–339.

Rushton, W.A.H. 1951. A theory of the effects of fibre size in medullated nerve. *J. Physiol.* 115: 101–122.

Kapitel 6
Eigenschaften und Funktionen von Neurogliazellen

Die meisten Nervenzellen im zentralen und im peripheren Nervensystem sind von Satellitenzellen umgeben. Diese Satelliten lassen sich in zwei Hauptkategorien einordnen: (1) Neurogliazellen im Gehirn, die weiter in Oligodendrocyten und Astrocyten unterteilt werden, und (2) Schwannsche Zellen in der Peripherie. Zusammengenommen machen die Neurogliazellen fast die Hälfte des Gehirnvolumens aus, und sie sind weit zahlreicher als die Neuronen. Mikrogliazellen, die aus dem Blut stammen, bilden eine separate, distinkte Population von nicht-neuronalen phagocytotischen Zellen im Nervensystem.
Die Membraneigenschaften der Neurogliazellen unterscheiden sich in einigen wesentlichen Punkten von denjenigen der Neuronen. Gliazellen verhalten sich in bezug auf elektrischen Strom passiv, und anders als bei Neuronen erzeugen ihre Membranen keine fortgeleiteten Impulse. Das Membranpotential von Gliazellen ist größer als das von Neuronen und hängt primär von der Verteilung von Kalium ab, dem wichtigsten intrazellulären Kation. Weiterhin sind die Gliazellen durch Verbindungen mit niedrigem Widerstand aneinandergekoppelt, die eine direkte Passage von Ionen und kleinen Molekülen, wie Fluoreszensfarbstoffen, zwischen den Zellen erlauben. Neuronen und Gliazellen andererseits sind durch schmale, flüssigkeitsgefüllte Extrazellulärräume voneinander getrennt, die ca. 20 nm breit sind. Sie verhindern, daß sich Ströme, die von Nervenimpulsen generiert werden, in Nachbarzellen ausbreiten. Neuronen beeinflussen Gliazellen, indem sie beim Fortleiten von Nervenimpulsen Kalium in die Interzellulärräume ausschütten und dadurch die Gliamembranen depolarisieren. Diese durch Kalium ausgelöste Depolarisation der Gliazellen führt zu Potentialveränderungen, die von der Gewebeoberfläche abgeleitet werden können; daher liefern Gliazellen einen Beitrag zum Elektroencephalogramm und zum Elektroretinogramm.
Neurogliazellen und Schwannsche Zellen führen eine Vielzahl von Funktionen aus. Sie bilden die Myelinhüllen um die dickeren Axone und beschleunigen die Impulsfortleitung im Nerven. Sie sind auch daran beteiligt, die Axone im Verlauf ihres Wachstums oder bei der Regeneration zu ihren Zielorten zu lenken. Die Zusammensetzung der Flüssigkeit, die die Neuronen umgibt, wird von Neurogliazellen und den Endothelzellen beinflußt, die die Kapillaren auskleiden, welche die Blut-Hirn-Schranke bilden. Interessante Fragen, die weiterer Aufklärung harren, sind z.B.: Wie ändern Gliazellen ihr Verhalten als Antwort auf eine durch Kalium ausgelöste Depolarisation? Versorgen sie die Neuronen mit wichtigen Molekülen? Welche Rolle spielen sie bei der Immunantwort des Nervensystems?

Nervenzellen im Gehirn sind eng umgeben von Satellitenzellen, **Neurogliazellen** genannt. Aus Zählungen von Zellkernen hat man geschätzt, daß ihre Zahl die der Neuronen um das Zehnfache übersteigt und sie die Hälfte der Masse des Nervensystems ausmachen. Die Untersuchungen von Gliazellen haben ein eigenartiges Stadium erreicht. Vom Zeitpunkt ihrer Entdeckung bis heute ist die Bedeutung dieser Zellen betont worden. Neue Ergebnisse und interessante Spekulationen über ihre Funktionen sammeln sich Jahr für Jahr weiter an. Es gibt Hinweise auf subtile, langfristige Einflüsse von Neurogliazellen auf Entwicklungs- und Reparaturvorgänge und Einflüsse auf die Homöostase der Hirnflüssigkeit. Und dennoch bleiben bis jetzt – abgesehen von ihrer Rolle zur Beschleunigung der Fortleitung – klar definierte, wichtige Funktionen von Neurogliazellen bei der neuronalen Signalgebung bisher schwer erfaßbar. Es ist bemerkenswert, daß man die physiologischen Aktivitäten des Nervensystems bei erwachsenen Tieren nur hinsichtlich der Neuronen diskutieren kann, so als ob Gliazellen gar nicht existierten. In den neueren maßgebenden Büchern, die sich mit der Wirkung von Drogen im Gehirn oder mit dem optischen System von Säugern beschäftigen, werden Gliazellen z.B. praktisch gar nicht erwähnt.[1,2]

Gliazellen wurden zum ersten Mal 1846 von Rudolf Virchow beschrieben, der ihnen später auch ihren Namen gab. Er erkannte klar, daß sie sich grundsätzlich von Neuronen und dem interstitiellen Gewebe anderswo im Körper unterscheiden. Einige Auszüge aus einem Artikel von Virchow sollen einen Eindruck von seinem Ansatz und seiner Denkweise vermitteln.[3] Er wies auf viele Aspekte des Gliagewebes hin, die später bei der Formulierung verschiedener Hypothesen wichtig wurden:

> In bezug auf das Nervensystem habe ich bisher nur von den wirklich nervösen Teilen gesprochen. Doch ... es ist wichtig, auch die Substanz zu kennen, die *zwischen den eigentlichen nervösen Teilen* liegt, sie zusammenhält und dem Ganzen Form verleiht. [Kursivsetzung von uns]

1 Hubel, D.H. 1988. *Eye, Brian and Vision.* Scientific American Library, New York.

2 Snyder, S. 1986. *Drugs and the Brian.* Scientific American Library, New York.

3 Virchow, R. 1859. *Cellularpathologie* (F. Chance, trans.). Hirschwald, Berlin. (Die Auszüge stammen von den Seiten 310, 315 und 317).

Über das Ependym (s.unten) fährt er fort:

Diese Besonderheit der Membran, nämlich daß sie ein Kontinuum mit der interstitiellen Substanz bildet, dem eigentlichen Zement, der die nervösen Elemente miteinander verbindet, und daß sie in allen ihren Eigenschaften ein Gewebe darstellt, das anders als die anderen Bindegewebsformen ist, hat mich dazu veranlaßt, ihr einen neuen Namen zu geben, nämlich *neuro glia* [Nervenleim; Kursivsetzung von uns]

Später stellte er fest:

Nun ist es sicherlich von beträchtlicher Bedeutung zu wissen, daß in allen nervösen Teilen zusätzlich zu den echten nervösen Elementen ein zweiter Gewebetyp existiert, der mit der großen Gruppe von Bildungen verbunden ist, die den ganzen Körper durchziehen und die wir unter dem Namen Bindegewebe kennen. Wenn man die pathologischen oder physiologischen Verhältnisse im Gehirn oder Rückenmark betrachtet, muß man zuerst stets klären, in wieweit das Gewebe, das betroffen, angegriffen oder irritiert ist, seiner Natur nach nervös oder nur interstitielle Substanz ist ... Die Erfahrung lehrt uns, daß eben dieses interstitielle Gewebe des Gehirns und des Rückenmarks einer der häufigsten Bereiche ist, an denen krankhafte Veränderungen, wie z.B. einer Myelindegeneration, stattfinden ... Innerhalb der Neuroglia verlaufen die Gefäße, die daher fast überall durch eine dünne Zwischenschicht *von der Nervensubstanz getrennt sind* und nicht in direktem Kontakt mit ihr stehen. [Kursivsetzung von uns]

In den folgenden hundert Jahren wurden Neurogliazellen vorwiegend von Neuroanatomen und auch von Pathologen, die sie als die häufigtse Quelle von Hirntumoren kannten, intensiv untersucht. Das ist vielleicht nicht überraschend, weil sich gewisse Gliazellen – anders als Neuronen – bei erwachsenen Tieren immer noch teilen können. Frühe Hypothesen über die Funktion der Gliazellen in bezug auf die Neuronen sahen Stützfunktion, Sekretion und das Verhindern von «Übersprechen» bei der Stromausbreitung während der Nervenleitung als mögliche Aufgaben an.[4] Eine Rolle der Neuroglia bei der Ernährung wurde von Golgi um 1883 postuliert. Er schrieb:

Ich sollte anmerken, daß ich in bezug auf die Neuroglia den Ausdruck Bindegewebe gebraucht habe. Ich würde sagen, daß «Neuroglia» ein besserer Ausdruck ist, um damit ein Gewebe zu bezeichnen, das sich, obwohl es verbindend ist, da es verschiedene Elemente verknüpft und seinerseits dazu dient, *Nährstoffe zu verteilen,* dennoch durch seine morphologischen und chemischen Charakteristika und seine andere embryologische Herkunft von gewöhnlichem Bindegewebe unterscheidet. [Kursivsetzung von uns]

In Verbindung mit Golgis histologischen Färbemethoden erschienen diese Vorstellungen so einleuchtend und überzeugend, daß sie jahrelang kaum in Frage gestellt wurden.

In diesem Kapitel werden Gliazellen vom zellulären und molekularen Standpunkt aus behandelt. Die Morphologie, die molekularen Eigenschaften und die verschiedenen Funktionen, die den Gliazellen zugeschrieben werden, werden im Überblick vorgestellt, doch das Hauptgewicht liegt auf ihren physiologischen Eigenschaften, über die eine Menge bekannt ist. Hintergrundwissen über ihre Ionenkanäle, Membranpotentiale und elektrischen Signale sind Voraussetzung dafür, sich mit weiteren Themenbereichen zu befassen, bei denen es um den Einfluß der Gliazellen auf Probleme wie Homöostase und axonale Leitung geht.

4 Ramón y Cajal, S. 1955. *Histologie du Système Nerveux*, Vol. II. C.S.I.C., Madrid.

5 Golgi, C. 1903. *Opera Omnia*, Vols. I, II. U. Hoepli, Milan.

Aussehen und Klassifikation von Gliazellen

Eines der typischsten strukturellen Merkmale von Neurogliazellen im Vergleich zu Neuronen ist das Fehlen von Axonen, doch noch viele weitere Unterschiede konnten mit Licht- und Elektronenmikroskop demonstriert werden. Ein typisches Bild von Säuger-Neurogliazellen vermittelt Abb. 1. Der Inhalt des Cytoplasmas läßt vermuten, daß Gliazellen metabolisch aktive Strukturen mit den gewöhnlich vorhandenen Organellen sind, wie Mitochondrien, endoplasmatischem Reticulum, Ribosomen, Lysosomen und häufig Glykogen- und Fetteinschlüssen. Im Zentralnervensystem von Wirbeltieren werden sie im allgemeinen in zwei Hauptgruppen (Astrocyten und Oligodendrocyten) und mehrere Untergruppen eingeteilt.

Astrocyten können in zwei prinzipielle Untergruppen eingeteilt werden: (1) fibrilläre Astrocyten (Faserglia), die zwischen Bündeln myelinisierter Nervenfasern, der weißen Hirnsubstanz, vorherrschen, und (2) plasmareiche Astrocyten, die weniger fibrilläres Material enthalten und häufig in der grauen Substanz rund um Nervenzellkörper, Dendriten und Synapsen zu finden sind. Beide Astrocytentypen stehen in Kontakt mit Kapillaren und Neuronen. Weitere Untertypen von Astrocyten werden unten beschrieben.

Oligodendrocyten herrschen in der weißen Substanz vor, wo sie um die größeren Axone Myelinscheiden ausbilden (Kap. 5). Das ist eine Hülle aus Gliazellfortsätzen, aus denen fast das ganze Cytoplasma ausgequetscht ist, so daß die Membranen eng aneinanderliegen, wenn sie sich um das Axon herumwickeln (s. Abb. 13). Die große Zahl der Axone mit geringem Durchmesser (1µm oder weniger), die unmyelinisiert sind, sind ebenfalls von Gliazellen umgeben, sei es einzeln oder in Bündeln.

Radialgliazellen spielen eine entscheidende Rolle bei der Entwicklung des Zentralnervensystems von Säugern. Sie erstrecken sich aus den tiefgelegenen Regionen mit starker Zellteilungsaktivität durch die gesamte Dicke der Struktur (Rückenmark, Kleinhirn- oder Großhirnrinde) bis zur Oberfläche und bilden langestreckte Filamente, an denen entlang sich entwickelnde Neuronen zu ihren Zielorten wandern.

Ependymzellen, die die innere Oberfläche des Gehirns in den Ventrikeln auskleiden, werden gewöhnlich auch zu den Gliazellen gerechnet. Bisher hat man ihnen keine physiologische Rolle zuweisen können.

Mikrogliazellen unterscheiden sich von den Neurogliazellen in ihrer Struktur, ihren Eigenschaften und ihrer Herkunft. Sie ähneln Makrophagen im Blut und stammen wahrscheinlich von ihnen ab.[6] Eine ihrer Aufgaben ist es, als «Müllschlucker» Abfall zu beseitigen (s. unten).

6 Perry, V.H. and Gordon, S. 1988. *Trends Neurosci.* 11: 273–277.

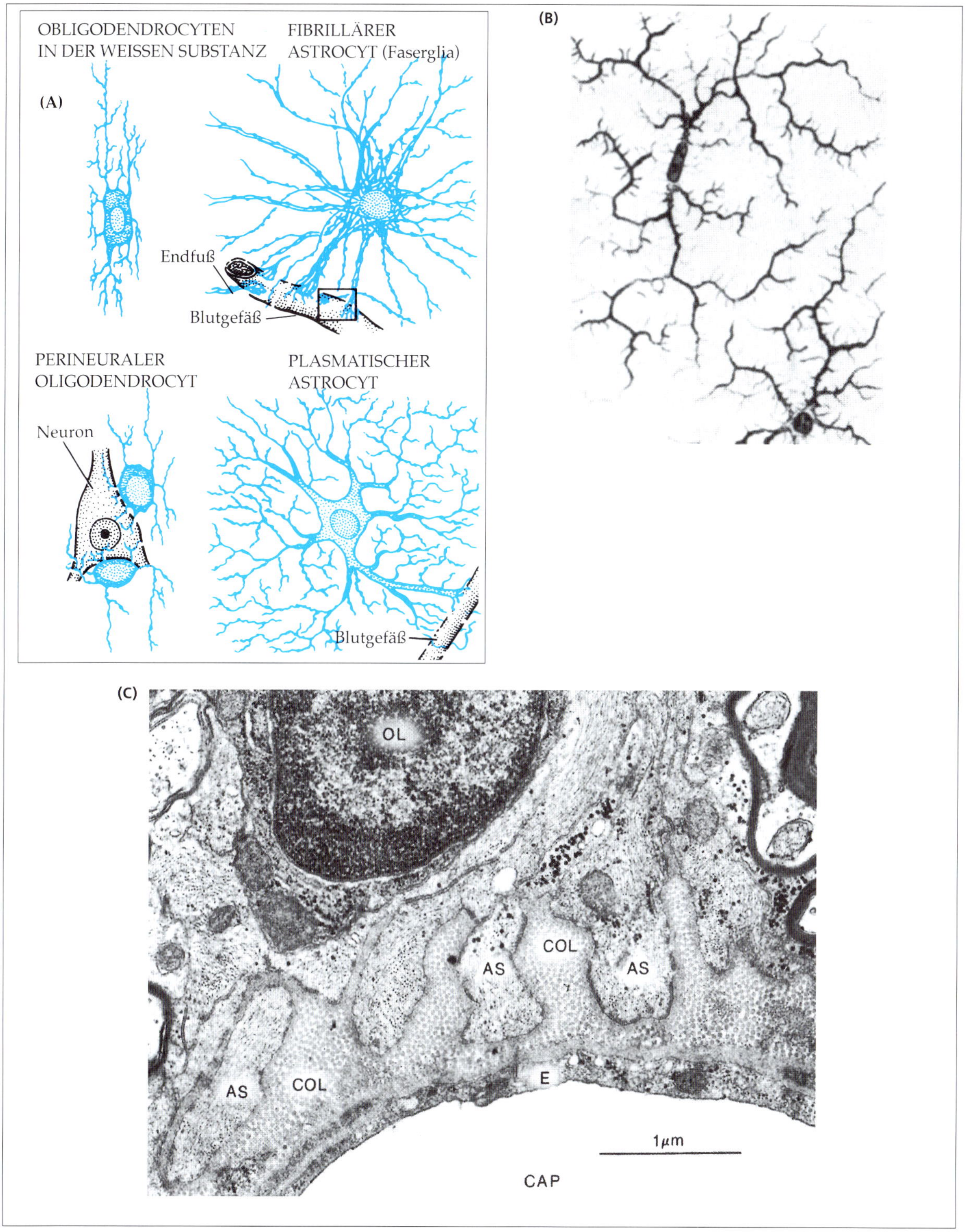

Abb. 1: **Neurogliazellen im Säugergehirn.** (A) Neurogliazellen, durch Silberimprägnierung gefärbt. Oligodendrocyten und Astrocyten stellen die wichtigsten Neuroglia-Zellgruppen im Vertebratengehirn dar. Sie lagern sich eng an Neuronen an und bilden Endfüße auf Blutgefäßen aus. (B) Mikrogliazellen sind kleine, wandernde Makrophagen-ähnliche Zellen. (C) Elektronenmikroskopische Aufnahme von Gliazellen im Sehnerv der Ratte. Im unteren Teil liegt ist das Lumen einer Kapillare (capillary, CAP), ausgekleidet mit Endothelzellen (E) ausgekleidet. Die Kapillare ist von Endfüßen umgeben, die von den Ausläufern fibrillären Astrocyten (AS, Faserglia) gebildet werden. Zwischen dem Endfuß und den Endothelzellen liegt ein mit Collagenfasern (COL) gefüllter Raum. Im oberen Bildbereich ist der Teil eines Oligodendrocytenkerns (OL) zu sehen, rechts davon liegen myelinisierte Axone (A, B nach Penfield, 1932, und del Rio-Hortega, 1920; C aus Peters, Palay und Webster, 1976).

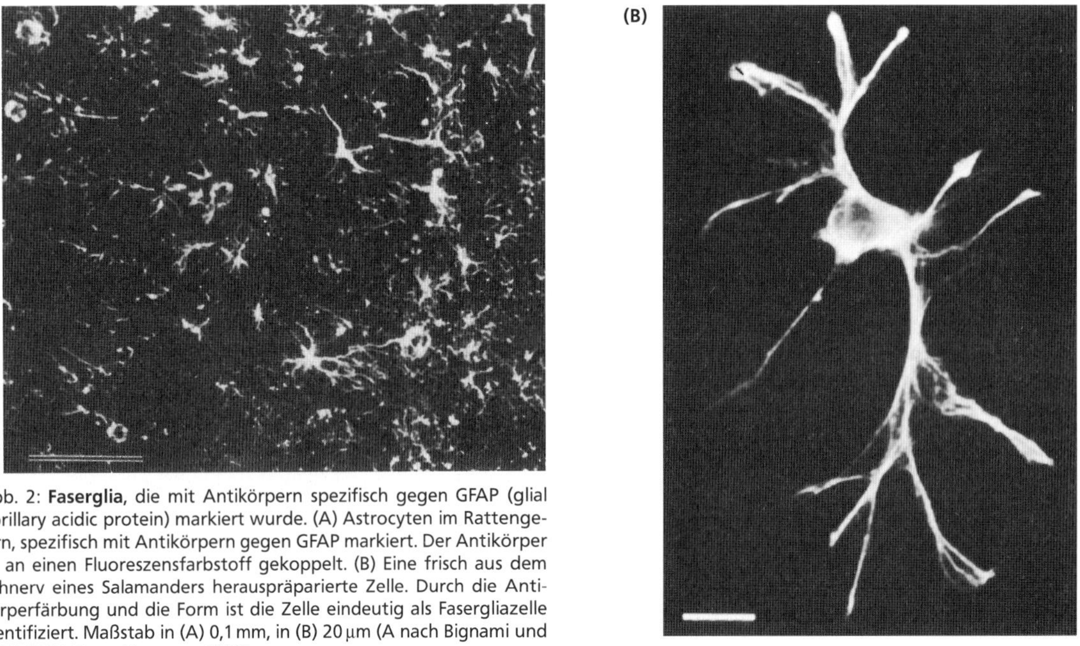

Abb. 2: **Faserglia**, die mit Antikörpern spezifisch gegen GFAP (glial fibrillary acidic protein) markiert wurde. (A) Astrocyten im Rattengehirn, spezifisch mit Antikörpern gegen GFAP markiert. Der Antikörper ist an einen Fluoreszensfarbstoff gekoppelt. (B) Eine frisch aus dem Sehnerv eines Salamanders herauspräparierte Zelle. Durch die Antikörperfärbung und die Form ist die Zelle eindeutig als Fasergliazelle identifiziert. Maßstab in (A) 0,1 mm, in (B) 20 µm (A nach Bignami und Dahl, 1974; B aus Newman, 1986).

Bei Wirbellosen ist die Unterteilung von Gliazellen in distinkte Gruppen noch nicht weit fortgeschritten. Es besteht jedoch kein Zweifel an der funktionellen Analogie der verschiedenen Gliazell-Strukturen.[7,8]

In den peripheren Nerven von Wirbeltieren sind die **Schwannschen Zellen** den Oligodendrocyten in sofern analog, als sie um die dickeren, schnell-leitenden Axone (mit bis zu 20 µm Durchmesser) Myelinscheiden ausbilden. Dünnere Axone (gewöhnlich unter 1 µm Durchmesser) weisen, wie im Gehirn, eine Hülle aus Schwannschen Zellen ohne Myelin auf. Die Gliazellen des Gehirns und der peripheren Nerven haben unterschiedliche embryonale Ursprünge auf: Gliazellen im Zentralnervensystem leiten sich von Vorläuferzellen ab, die das Neuralrohr auskleiden, das die innere Oberfläche des Gehirns bildet; Schwannsche Zellen stammen aus der Neuralleiste.

Charakterisierung von Gliazellen durch immunologische Techniken

Die verschiedenen Typen von Satellitenzellen lassen sich heute durch empfindliche immunologische Techniken weiter unterscheiden. Beispielsweise kann man eine klare Unterscheidung zwischen Faserglia und protoplasmatischer Glia treffen. Faserglia enthält ein Protein, gegen das spezifische Antikörper hergestellt worden sind. Wenn ein solcher Antikörper mit einem fluoreszierenden Marker gekennzeichnet wird, kann man die Faserglia, an den er selektiv bindet, auf die elektronenmikroskopischen Aufnahmen deutlich erkennen. Das Protein, als GFAP (glial fibrillary acidic protein) bekannt, ist in der Faserglia aller bisher untersuchten Vertebraten und auch in den Gliazellen des Nervengeflechts in der Wand des Magen-Darm-Trakts nachgewiesen worden.[9] Beispiele für angefärbte Faserglia sind in Abb. 2 zu sehen. Die Funktion des GFAP in den Astrocyten ist noch nicht bekannt. Man hat andere Antikörper gefunden, die spezifisch entweder an Astrocyten, Oligodendrocyten oder Schwannsche Zellen binden.[10] Solche Markierungen ermöglichen es, nicht nur unterschiedliche molekulare Komponenten verschiedener Gliazelltypen bei erwachsenen Tieren zu studieren, sondern auch Vorläuferzellen im embryonalen Gehirn zu untersuchen, von denen sie möglicherweise abstammen. Mit einem rekombinanten Retrovirus sind auch Gliazellen und Neuronen markiert worden, die den Cortex im Mäuseembryo ausbilden.[11] Vorläuferzellen werden in einem frühen Stadium mit einem Retrovirus infiziert, der ein Marker-Gen codiert, das die Zellen an ihre Abkömmlinge weitergeben. Diese Zellen können dann anhand des Genprodukts identifiziert werden. Auf diese Weise ist es möglich, Gliazell-Linien zu untersuchen und die Entwicklungsstufe herauszufinden, wo sich ihre Entwicklung von der der Neuronen trennt.

Ein weiterer vielversprechender Ansatz besteht darin, die Markierung mit spezifischen Antikörpern und Gewebekulturtechniken zu kombinieren. In Gewebekulturen von embryonalen optischen Nerven der Ratte haben Raff und Kollegen beobachten können, wie sich Gliazellen

7 Lane, N.J. 1981. *J. Exp. Biol.* 95: 7–33.
8 Meyer, M.R., Reddy, G.R. and Edwards, J.S. 1987. *J. Neurosci.* 7: 512–521.

9 Bignami, A. and Dahl, D. 1974. *J. Comp. Neurol.* 153: 27–38.
10 Schachner, M. 1982. *J. Neurochem.* 39: 1–8.
11 Luskin, M.B., Pearlman, A.L. and Sanes, J.R. 1988. *Neuron* 1: 635–647.

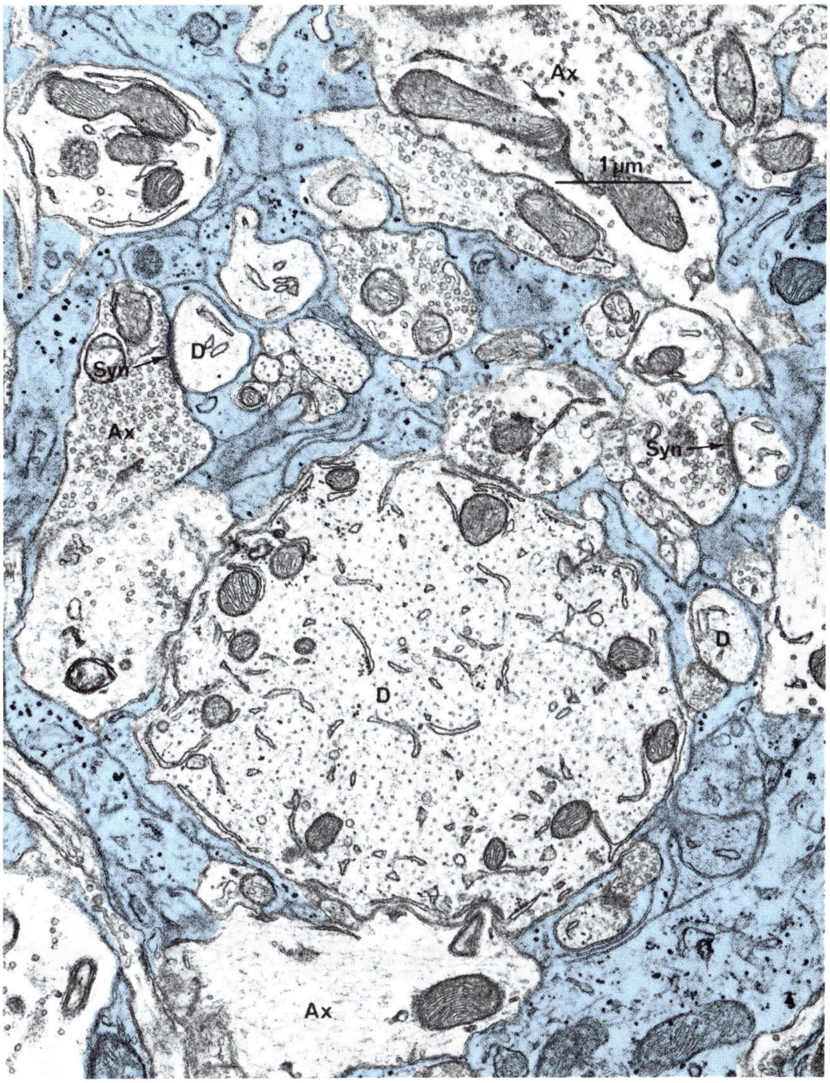

Abb. 3: **Fortsätze von Neuronen und Gliazellen** im Kleinhirn der Ratte. Der Anteil der Gliazellen ist blau angefärbt. Die Neuronen und Gliazellen sind stets durch etwa 20 nm breite Spalten getrennt. Die neuronalen Elemente sind Dendriten (D) und Axone (Ax). Zwei Synapsen (Syn) sind durch Pfeile markiert (nach Peters, Palay und Webster, 1976).

aus ihren Vorläufern entwickelten.[12,13] Oligodendrocyten, die Myelin erzeugen, erscheinen im optischen Nerv zum Zeitpunkt der Geburt. Sie lassen sich anhand ihrer Morphologie und mittels monoklonaler Antikörper identifizieren, die spezifisch an sie binden. Zwei Astrocyten-Subtypen, als Typ I und Typ II bekannt, sind beschrieben worden. Beide reagieren mit dem spezifischen Antikörper, der Faserglia markiert. Ihre Morphologie ist jedoch eine andere. Sie entwickeln sich in anderen Entwicklungsstufen aus anderen Vorläufern, und sie reagieren unterschiedlich auf andere Antikörper. In Kultur entstehen die Astrocyten vom Typ II aus den gleichen Vorläufern wie die Oligodendrocyten, jedoch später (zwei Wochen nach der Geburt). Die gewöhnlichen Vorläuferzellen für Astrocyten vom Typ II und Oligodendrocyten scheinen vom Gehirn aus in den sich entwikkelnden optischen Nerv einzuwandern. Die Klassifikation von Astrocyten in Gewebekulturen durch Antikörper läßt auf unterschiedliche Funktionen für Zellen von Typ I und Typ II schließen. Man weiß jedoch bisher noch nicht, wie stichhaltig diese Klassifikation für reife Astrocyten in verschiedenen Regionen des erwachsenen ZNS ist. Zellen, die den Astrocyten vom Typ I ähneln, findet man im ausgewachsenen Sehnerv, wo sie Kapillaren einhüllen und deren Eigenschaften beeinflussen können (s. unten). Im Gegensatz dazu sind Fortsätze von Gliazellen, die den Astrocyten von Typ II ähneln, häufig mit Oligodendrocyten an den Ranvierschen Schnürringen assoziert.

Der embryologische Ursprung von Gliazellen läßt sich auch bei Wirbellosen, wie dem Blutegel, präzise verfolgen. Beim Blutegel konnte gezeigt werden, daß die großen Gliazellen, die die neuronalen Zellkörper umgeben, sich von einer Stammzelle herleiten, von der auch Neuronen abstammen (Kap. 13). Andere Gliazellen, die

12 Raff, M.C. 1989. *Science* 243: 1450–1455.
13 Miller, R.H., ffrench-Constant, C. and Raff, M.C. 1989. *Annu. Rev. Neurosci.* 12: 517–534.

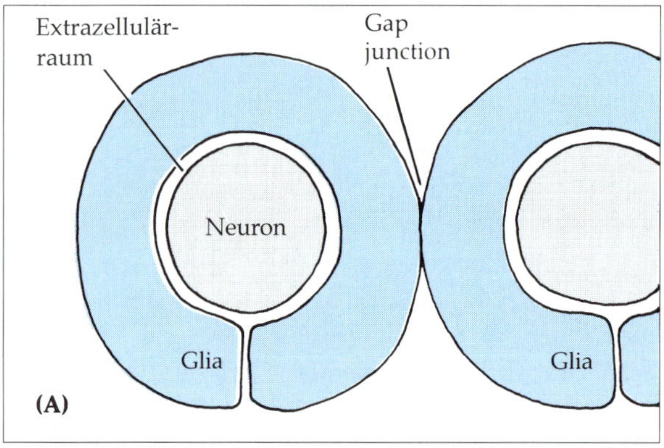

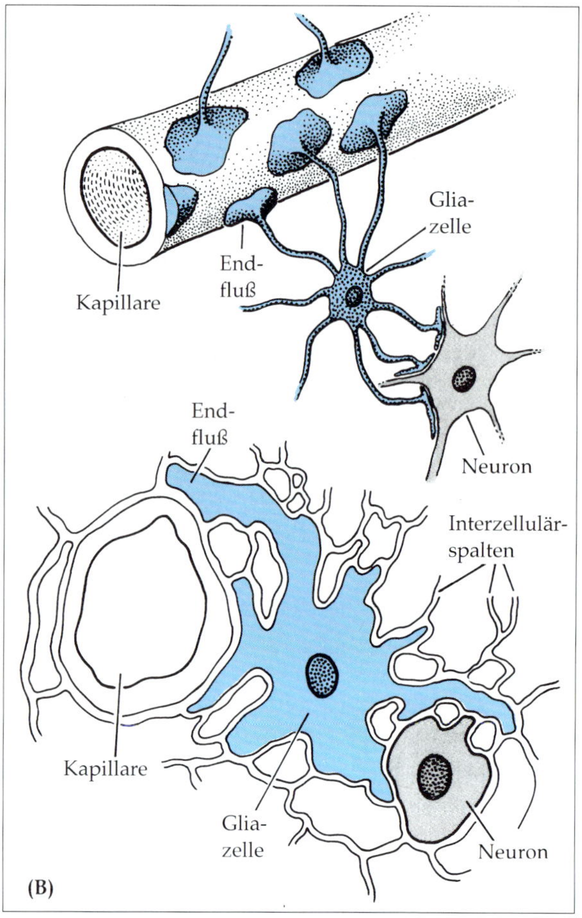

Abb. 4: **Neuronen, Glia, Extrazellulärraum und Blut**. (A) Die Beziehung zwischen Neuronen und Glia sowie zwischen Gliazellen. Während Neuronen stets durch einen durchgehenden Spalt von der Glia getrennt sind, sind die Membranen der Gliazellen durch gap junctions verbunden. (B) Beziehung von Kapillaren, Glia und Neuronen, wie sie sich im Licht- und im Elektronenmikroskop darstellen. Der direkteste Weg von der Kapillare zum Neuron führt durch die wässrigen Interzellulärspalten, die für die Diffusion zur Verfügung stehen. Zellgrößen nicht maßstabsgetreu (nach Kuffler und Nicholls, 1966).

Axone und Synapsen umhüllen, entwickeln sich aus anderen Stammzellen.[14]

Strukturelle Beziehungen zwischen Neuronen und Glia

Ein Blick auf fast jede elektronenmikroskopische Aufnahme von Nervengewebe macht die Schwierigkeit deutlich, der man bei physiologischen und chemischen Untersuchungen von Neurogliazellen gegenübersteht. Abb. 3 zeigt ein Beispiel aus dem Cerebellum der Ratte. Der Schnitt ist mit Neuronen und Gliazellen angefüllt, die sich nur mit viel Erfahrung voneinander unterscheiden lassen. Zur Erleichterung sind die Gliazellen blau angefärbt. Der Extrazellulärraum beschränkt sich auf schmale Spalten von ca. 20 nm Breite, die alle Zellgrenzen voneinander trennen. Die Neuronen sind gewöhnlich bis auf die synaptischen Kontaktstellen von Astrocytenfortsätzen umgeben. Viele der Axone treten typischerweise gebündelt auf, und statt einer Hülle um jedes Axon werden ganze Axonbündel von Gliazellen eingehüllt. Diese Anordnung ist um Zentralnervensystem häufig zu finden.

Aus dem Vergleich von Neuronen und Gliazellen erkennt man, daß in einigen Gehirnregionen die Querschnitte ungefähr gleichmäßig zwischen Neuronen und Astrocyten aufgeteilt ist, wohingegen in anderen, wie in Abb. 3, der Anteil der Gliazellen kleiner ist. Die Fortsätze von Gliazellen sind meistens dünn, gelegentlich dünner als 1 μm. Lediglich rund um die Kerne findet man bei Gliazellen größere Mengen von Cytoplasma.

Mit Hilfe der Elektronenmikroskopie konnte man die Beziehung zwischen Nervenzellen und Gliazellen klären, denn es ließ sich zeigen, wie eng ihre Membranen aneinanderlagen. Im erwachsenen ZNS findet man keine besonderen Verbindungen, wie gap junctions, zwischen beiden Zelltypen.[15] Die Spalten (einige zehn Nannometer breit) in Abb. 3 erstrecken sich stets zwischen den Membranoberflächen der Neuronen und der Gliazellen. Ähnlich gelingt es im physiologischen Test nicht, direkte Pfade mit niedrigem Widerstand zwischen Neuronen und Gliazellen nachzuweisen. Solche Pfade verbinden jedoch Gliazellen untereinander. Diese besonderen Verbindungen werden durch gap junctions hergestellt (Kap. 5). Eine interessante Verbindung mit definierter Struktur ist die enge Aneinanderlagerung von Myelin und Axon am Rand des Schnürrings; bei Gefrierbrüchen und elektronenmikroskopischen Aufnahmen findet man zwischen beiden Strukturen spezielle Kontaktzonen, die die longitudinale Ausbreitung des Stromes begrenzen.[16] Die Relationen zwischen Gliazellen, Neuronen und Extrazellulärraum sind in Abb. 4 dargestellt.

Die Untersuchung der Funktion von Gliazellen ist so

14 Weisblat, D.A., Kim, S.Y. and Stent, G.S. 1984. *Dev. Biol.* 104: 65–85.

15 Mugnaini, E. 1982. *In* T.A. Sears (ed.), *Neuronal-Glial Cell Interrelationships*. Springer-Verlag, New York, pp. 39–56.

16 Black, J.A. and Waxman, S.G. 1988. *Glia* 1: 169–183.

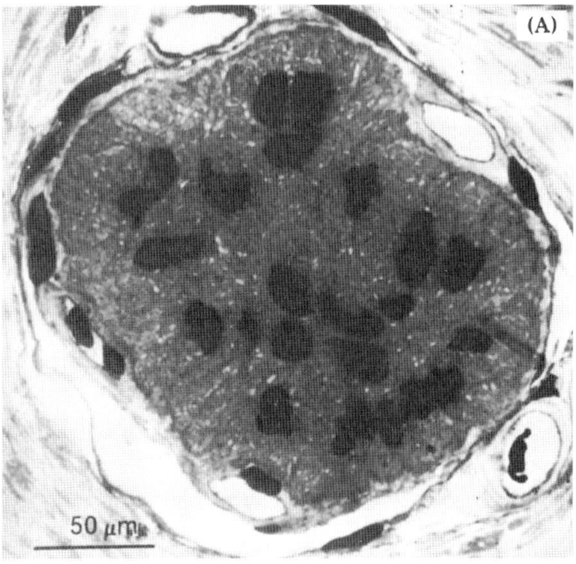

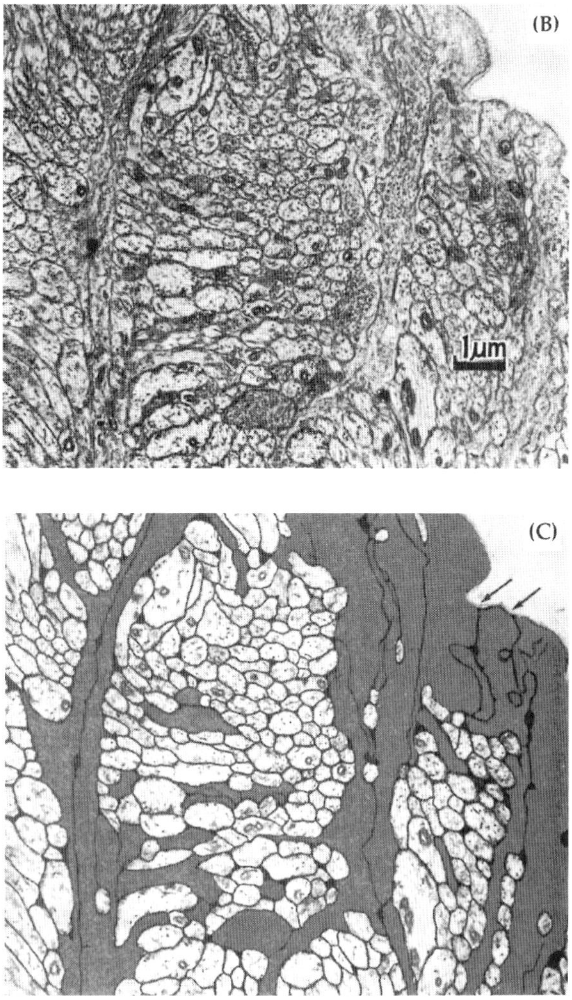

Abb. 5: **Sehnerv des Furchenmolches** (*Necturus*). (A) Querschnitt. Die Kerne der Gliazellen sind schwarz angefärbt. Die Umrisse des Cytoplasmas der Gliazellen und der Bündel markloser Axone lassen sich nicht ausmachen. Der Nerv ist von Bindegewebe mit Kapillaren umgeben. (B, C) Zwei identische elektronenmikroskopische Aufnahmen von Teilen des Sehnervs. In einer der Aufnahmen sind die Fortsätze der Gliazellen leicht schattiert und die Spalten, die die Zellen trennen, als schwarze Linien dargestellt. Zwei Spaltöffnungen, die zur Oberfläche reichen, sind mit Pfeilen markiert. Die Axone verlaufen in dichtgepackten Bündeln (aus Kuffler, Nicholls und Orkand, 1966).

schwierig, weil einfache Methoden zur Trennung von Neuronen und Glia fehlen. Trotz der vielversprechenden Kulturtechniken bei unreifen, sich entwickelnden Nervensystemen ist es immer noch schwierig, erwachsenes Gehirngewebe in reine Glia- und reine Neuronenfraktionen aufzutrennen, da diese Gewebe im adulten Gehirn sehr stark miteinander verwoben sind. Anders verhält es sich bei Präparationen des optischen Nervs und der Retina, von denen man einzelne, lebensfähige Astrocyten und Müllersche Stützzellen isolieren konnte (s.u.).

Physiologische Eigenarten von Neuroglia-Zellmembranen

Das Studium der physiologischen Eigenschaften der Neuroglia ist durch Systeme, bei denen die Gliazellen groß und in ihrer normalen Lagebeziehung zu Nervenzellen zugänglich sind, einen beträchtlichen Schritt vorangebracht worden. Das eine ist das Zentralnervensystem des Blutegels, ein weiteres der optische Nerv des Furchenmolches *Necturus.* Ein drittes Präparat sind Müllerschen Stützzellen, die aus der Retina von Fröschen und Salamandern isoliert wurden. In solche Gliazellen können zur Untersuchung ihrer Membraneigenschaften Mikroelektroden eingestochen werden. Diese Experimente illustrieren wieder einmal die grundsätzliche Einheitlichkeit der Prinzipien, nach denen das Nervensystem bei höheren und niedrigeren Tieren arbeitet. Daher wurden die Membraneigenschaften von Gliazellen aus technischen Gründen zuerst in besonders großen Zellen des Blutegelgehirns untersucht. Als diese Untersuchungen gezeigt hatten, wonach man suchen mußte, wurde es einfacher, die Gliazellen von Amphibien und Säugern zu studieren, die viele entscheidende Eigenschaften mit den Gliazellen im einfacheren Nervensystem des Blutegels gemein haben. Weit entfernt davon, ein Umweg zu sein, erwies sich dieser Ansatz als Abkürzung.[17]

17 Kuffler, S.W. and Nicholls, J.G. 1966. *Ergeb. Physiol.* 57: 1–90.

Einfache Präparationen zur intrazellulären Ableitung aus Gliazellen

Das Nervensystem des Blutegels, das in Kap. 13 ausführlicher beschrieben wird, besteht aus einer Kette von Ganglien, die durch Konnektive verbunden ist. Jedes Ganglion mißt im Durchmesser weniger als 1 mm, enthält keine Blutgefäße und ist ziemlich transparent. Die relativen Größen der Neuronen und der Glia in diesem Nervensystem sind genau umgekehrt wie bei Vertebraten. Beim Blutegel sind die Gliazellen größer als die Nervenzellkörper, treten aber in geringer Anzahl auf.[18] Die Gliazellen im Ganglion sind transparent und erscheinen daher unter dem Präparationsmikroskop als Lücken zwischen den Nervenzellen. Man kann sie daher mit einer Mikroelektrode, die man neben ein Neuron setzt, anstechen.

Der optische Nerv von *Necturus* hat einen Durchmesser von etwa 0,15 mm und ist von einer Schicht Bindegewebe bedeckt, das Blutgefäße enthält, die parallel zur Oberfläche verlaufen; in den anderen Gewebeteilen treten keine Blutgefäße auf.[19] Die Gliazellen sind groß, mit dunklen, hervortretenden Kernen, sie liegen dicht um die Nervenfasern herum. Abb. 5 A zeigt einen Querschnitt durch den optischen Nerv von *Necturus*, der mit Toluidinblau angefärbt ist. Die Umrisse der unmyelinisierten Nervenfaserbündel (Faserdurchmesser 0,1–1,0 µm) sind zu dünn, als daß man sie im Lichtmikroskop sehen könnte. Das Neuronen/Glia-Verhältnis ist in Abb. 4 dargestellt. Zwischen den Zellen befinden sich wie beim Säugergehirn (Abb. 3) und beim Nervensystem des Blutegels ca. 20 nm breite Spalten.

Sowohl im Zentralnervensystem des Blutegels als auch im Nervensystem von *Necturus* nehmen die Gliazellen 35 bis 55 Prozent der Querschnittsfläche ein. In Abb. 5 C sind die Gliazellen und ihre Fortsätze dunkel schattiert, um sie hervorzuheben, und die gewundenen Interzellulärspalten sind als schwarze Linien dargestellt. Beachten Sie, daß sich die Spalten an zwei Stellen (Pfeile) nach außen öffnen. Die Feinstruktur des Blutegel-Nervensystems ist in vieler Hinsicht erstaunlich ähnlich, mit schmalen Spalten, die sich zwischen die Nervenzell- und die Gliazellmembranen schieben.

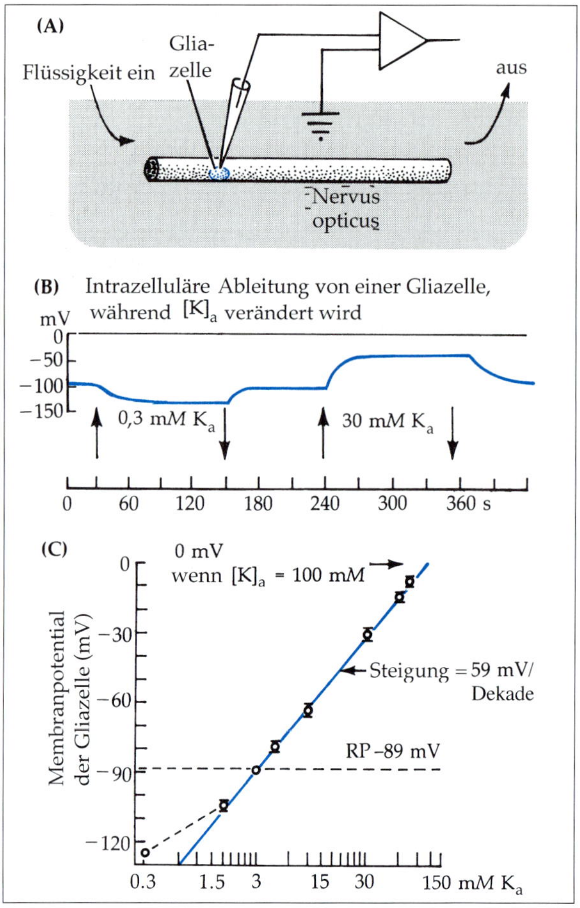

Abb. 6: **Das Membranpotential von Gliazellen** hängt von der Kaliumkonzentration ab. (A) Experiment, bei dem der optische Nerv während der Ableitung von einer Gliazelle superfundiert wird. (B) Reduziert man die Kaliumkonzentration von den normalen 3,0 mM auf 0,3 mM, so steigt das Membranpotential von −89 mV auf −125 mV; erhöht man die Kaliumkonzentration auf 30 mM, sinkt es um 59 mV. (C) Das Membranpotential als Funktion der Kalium-Außenkozentration zeigt, daß die von der Nernst-Gleichung vorhergesagte Beziehung (durchgezogene Linie) in einem weiten Konzentrationsbereich mit den experimentellen Ergebnissen gut übereinstimmt. Das Membranpotential ist Null, wenn die Kaliumkonzentrationen innen und außen 100 mM betragen (nach Kuffler, Nicholls und Orkand, 1966).

Membranpotentiale von Gliazellen

Ableitungen des Membranpotentials beim Blutegel zeigen direkt, daß die Gliazellen ein größeres Ruhepotential als die Neuronen aufweisen, die sie umgeben.[18] Bei Vertebraten, einschließlich Frosch, Furchenmolch, Katze und Ratte, liegen die höchsten abgeleiteten Membranpotentiale von Neuronen bei –70 bis –75 mV, wohingegen sich die Werte für Gliazellen durchgehend –90 mV nähern. Ihr Membranwiderstand (R_m, Kap. 5) liegt bei 1000 Ωcm^2 oder darüber, was den Werten vergleichbar ist, die man bei Neuronen gemessen hat.

Abhängigkeit des Membranpotentials von Kalium

Um den Ursprung des hohen Ruhepotentials zu untersuchen, hat man die Membranpotentiale von Gliazellen in Lösungen mit unterschiedlichen Kaliumkonzentrationen gemessen (Abb. 6). Im isolierten optischen Nerv von *Necturus* verhält sich die Gliamembran wie eine perfekte Kaliumelektrode, d.h., ihr Verhalten folgt exakt der Nernst-Gleichung[19] (Kap. 3):

$$E = 59 \log \frac{[K]_a}{[K]_i}$$

18 Kuffler, S.W., Nicholls, J.G. and Orkand, R.K. 1966. *J. Neurophysiol.* 29: 768–787.

19 Kuffler, S.W., Nicholls, J.G. and Orkand, R.K. 1966. *J. Neurophysiol.* 29: 768–787.

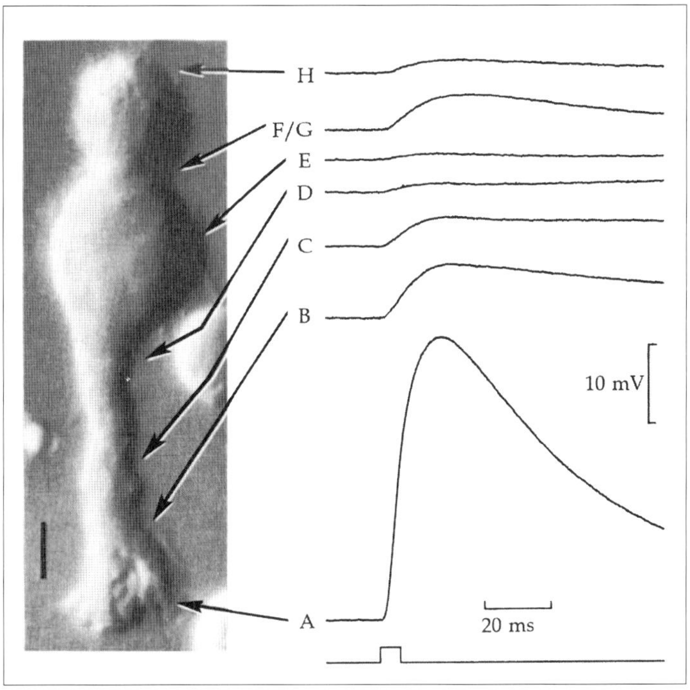

Abb. 7: **Antworten einer Müllerschen Stützzelle** der Salamanderretina auf Kalium. Abgeleitet wurde mit einer intrazellulären Mikroelektrode, während an verschiedenen Stellen (Pfeile) Kalium appliziert wurde. A ist der Endfuß und H der distale Teil der Zelle. Die Empfindlichkeit für Kalium ist am Endfuß stark erhöht, was auf eine höhere Konzentration von Kaliumkanälen in diesem Bereich schließen läßt. Maßstab: 10 µm (nach Newman, 1987; Aufnahme mit freundlicher Genehmigung von E. Newman).

Änderungen der Natrium- und der Chloridkonzentration rufen keine signifikanten Potentialänderungen hervor. Man schließt daraus, daß andere Ionen als Kalium nur einen vernachlässigbar kleinen Beitrag zum Membranruhepotential liefern. Abb. 6 zeigt eine Reihe von Membranpotentialmessungen, die über $[K]_a$ (logarithmische Skala) aufgetragen sind. Die durchgezogene Linie ist der theoretische Anstieg von 59 mV pro Zehnerpotenz Konzentrationsänderung, wie er von der Nernst-Gleichung (bei 24 °C) vorausgesagt wird. Die Gerade stimmt hervorragend mit den experimentell ermittelten Werten überein. Besonders bemerkenswert ist die gute Übereinstimmung bei niedrigen Konzentrationen von $[K]_a$, bis zu einem Wert von 1,5 mM. In dieser Beziehung unterscheiden sich Gliazellen deutlich von den meisten Neuronen, die im physiologischen Bereich zwischen 2 und 4 mM $[K]_a$ von der Nernstschen Vorhersage abweichen (Kap. 3).

Die Experimente, die in Abb. 6 dargestellt sind, ermöglichen eine gute Abschätzung der intrazellulären Kaliumkonzentration ($[K]_i$). Die Nernst-Gleichung sagt, daß das Membranpotential Null ist, wenn $[K]_a$ genauso groß ist wie $[K]_i$. Das war der Fall bei Erhöhung der Kaliumkonzentration im Außenmedium auf 100 mM.

Man hat die Verteilung von Kaliumkanälen auf der Oberfläche von Müllerschen Stützzellen und Astrocyten untersucht, die aus der Retina und den optischen Nerven vieler Arten, z.B. Salamandern und Kaninchen, isoliert wurden.[20,21] Die Kaliumsensitivität ist nach einem charakteristischen Muster verteilt. Sie ist über den Endfüßen am höchsten und über dem Soma der Müllerschen Stützzelle niedriger. Abb. 7 zeigt eine isolierte Müllersche Stützzelle des Kaninchens und ihre Antworten auf hohe Kaliumkonzentrationen, die mit einer Pipette an verschiedenen Stellen lokal auf der Oberfläche erezugt wurden. Eine große Depolarisation zeigt implizit eine hohe Dichte von Kaliumkanälen im betreffenden Membranbezirk der isolierten Zelle an. Die mögliche Bedeutung dieser sehr uneinheitlichen Verteilung der Kaliumströme wird weiter unten diskutiert.

Ionenkanäle, Pumpen und Rezeptoren in Gliazellmembranen

Ritchie und seine Kollegen waren die ersten, die zeigten, daß Gliazellen und Schwannsche Zellen in Kultur eine Reihe von Ionenkanälen und Pumpen in ihren Membranen aufwiesen.

1. Wie bereits erwähnt, überwiegen die Kaliumkanäle. Mindestens zwei Kaliumströme lassen sich unterscheiden, von denen einer spannungsaktiviert ist.[22]
2. Die Membranen von Schwannschen Zellen und von Astrocyten in Kultur weisen auch Natriumkanäle auf. Diese sind spannungsaktiviert und ähneln denen, die man in Neuronen findet.[23] Das durchschnittliche Verhältnis von Kalium- und Natriumpermeabilität bei Müllerschen Stützzellen liegt nach Schätzungen etwa bei 100:1.[20]
3. Patch clamp-Ableitungen haben die Anwesenheit von Chloridkanälen in Schwannschen Zellen und Astrocyten belegt.[24,25]

20 Newman, E.A. 1987. *J. Neurosci.* 7: 2423–2432.
21 Brew, H. et al. 1986. *Nature* 324: 466–468.
22 Howe, J.R. and Ritchie, J.M. 1988. *Proc. R. Soc. Lond. B* 235: 19–27.
23 Bevan, S. et al. 1985. *Proc. R. Soc. Lond. B* 225: 299–313.
24 Gray, P.T. and Ritchie, J.M. 1986. *Proc. R. Soc. Lond. B* 228: 267–288.
25 Ritchie, J.M. 1987. *J. Physiol.* (Paris) 82: 248–257.

4. In Gliazellen konnten Ionenpumpen für den Natrium-, den Natriumhydrogencarbonat- und den Glutamattransport nachgewiesen werden.[26–28]

Gegenwärtig ist es nicht möglich, ein übersichtliches Schema der Eigenschaften und der Verteilung von Rezeptoren in Gliazellen zu entwerfen. Oligodendrocyten, Astrocyten und Schwannsche Zellen reagieren auf die Zugabe von Transmittern wie Glutamat, GABA, ACh und verschiedener Peptide mit depolarisierenden und hyperpolarisierenden Antworten.[29] Die möglichen Funktionen solcher Rezeptoren in bezug auf die Signalgebung bei Neuronen werden später diskutiert.

Das Fehlen von regenerativen Antworten oder Impulsen

Ein auffälliges Merkmal von Gliazellen ist das Fehlen von axonähnlichen Fortsätzen, für viele früheren Forscher ein Hinweis darauf, daß Gliazellen nicht wie Neuronen Impulse weiterleiteten können. Es blieb jedoch die Möglichkeit, daß sie aktive elektrische Antworten erzeugten, wenn auch möglcherweise langsame. Bei Blutegel, Frosch, Furchenmolch und Säugern konnte gezeigt werden, daß identifizierte Gliazellen keine Impulse erzeugen. Obwohl man bei Gliazellen in Kultur einige wenige Beispiele für regenerative Antworten gefunden hat,[30] lassen sich gewöhnlich keine Aktionspotentiale auslösen. In solchen Eigenschaften unterscheiden sich Gliazellen fundamental von den erregbaren Neuronen.

Elektrische Kopplung zwischen Gliazellen

Benachbarte Gliazellen, einschließlich solcher von Säugern, sind durch gap junctions miteinander verbunden, durch die sowohl Farbstoffe als auch Strom passieren können.[31] In dieser Hinsicht ähneln sie Epithel- und Drüsenzellen sowie Herzmukelfasern.[32] Die funktionelle Bedeutung der elektrischen Kopplung von Gliazellen ist unbekannt. Klar ist, daß Ionen direkt zwischen den Zellen ausgetauscht werden können, ohne durch den Extrazellulärraum zu wandern. Solche Verbindungen sind möglicherweise beim Ausgleich von Konzentrationsgradienten von Nutzen. Möglicherweise besteht zwischen gekoppelten Zellen in Verbindung mit einer aktivitätsinduzierten Nachfrage irgendeine metabolische Wechselwirkung. Wie später noch gezeigt wird, ermöglicht die Kopplung mit niedrigem Widerstand zwischen den Zellen den Gliazellen, Strom zu erzeugen, den man mit extrazellulären Elektroden von der Oberfläche des Nervengewebes ableiten kann.

Wie bereits früher erwähnt konnten keine gap junctions zwischen Nerven und Glia nachgewiesen werden. Das ist physiologisch interessant, denn man fragt sich natürlich, wie Neuronen und Gliazellen interagieren. Gezielte Untersuchungen sind am Nervensystem des Blutegels unternommen worden, wo die Potentiale der Neuronen auf kontrollierte Weise verändert werden können, indem man Ströme durch sie schickt, während man von den benachbarten Gliazellen ableitet.[18] Das umgekehrte Verfahren ist ebenfalls durchgeführt worden – Ableiten von Nervenzellen, während das Membranpotential der Gliazellen verändert wurde. Analoge Tests am Sehnerv von *Necturus* zeigen ähnliche Ergebnisse: Stromfluß um die Gliazellen, der von synchronisierten Nervenimpulsen hervorgerufen wird, hat keinen signifikanten Effekt auf die benachbarte Gliamembran; daher sind elektrische Wechselwirkungen zwischen Nerv und Glia recht unwahrscheinlich.[19]

Ein Signalsystem von den Neuronen zu den Gliazellen

Die meisten Spekulationen über die Rolle der Gliazellen gehen von Wechselwirkungen mit Neuronen in irgendeiner Form aus. Bei zwei Zelltypen, die so eng miteinander verzahnt sind, ist ein solcher gegenseitiger Einfluß zu erwarten. Ein Effekt der Nervenaktivität auf Gliazellen läßt sich am einfachsten durch Experimente illustrieren, wie sie am Gehirn von *Necturus* durchgeführt worden sind; ähnliche Ergebnisse sind beim Blutegel und bei Säugern erzielt worden.

Die grundlegende Beobachtung ist in Abb. 8 illustriert. Während von einer Gliazelle im optischen Nerv des Furchenmolchs abgeleitet wird, wird in den Nervenfasern eine Folge von Impulsen ausgelöst, so daß die Impulse an der angestochenen Gliazelle vorbeiwandern. Auf jede Impulssalve antwortet die Gliazelle mit einer Depolarisation, die in ca. 150 ms einen Gipfel erreicht und über mehrere Sekunden langsam abnimmt. Die Höhe des Potentials ist abgestuft; sie hängt von der Zahl der aktivierten Nervenfasern ab. Bei wiederholter Reizung summieren sich die Potentiale in den Gliazellen in Abhängigkeit von der Reizfrequenz auf (Abb. 8 B und 8 C). Wenn die Stimulation länger aufrecht erhalten wird, kann man ein überraschend hohe Depolarisation der Gliazellmembran um bis zu 48 mV finden. Am Ende einer Reizserie können diese hohen Potentiale 30 Sekunden und länger überdauern.[33]

An betäubten Furchenmolchen mit intakter Zirkulation wurden auch Experimente mit natürlicher Reizung der optischen Nervenfasern durchgeführt. Ein einzelner kur-

26 Astion, M.L., Obaid, A.L. and Orkand, R.K. 1989. *J. Gen. Physiol.* 93: 731–744.
27 Deitmer, J.W. and Schlue, W.R. 1989. *J. Physiol.* 411: 179–194.
28 Szatkowski, M., Barbour, B. and Attwell, D. 1990. *Nature* 348: 443–446.
29 Kettenmann, H. and Schachner, M. 1985. *J. Neurosci.* 5: 3295–3301.
30 Newman, E.A. 1985. *Nature* 317: 809–811.
31 Gutnick, M.J., Connors, B.W. and Ransom, B.R. 1981. Brain Res. 213: 486–492.
32 Loewenstein, W. 1981. *Physiol. Rev.* 61: 829–913.
33 Orkand, R.K., Nicholls, J.G. and Kuffler, S.W. 1966. *J. Neurophysiol.* 29: 788–806.

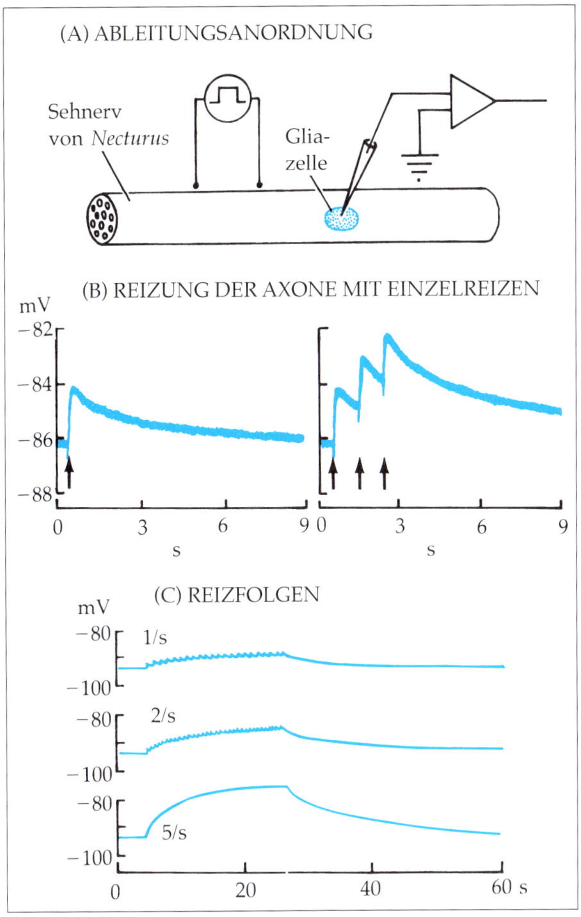

Abb. 8: **Effekte neuraler Aktivität** auf Gliazellen im Sehnerv des Furchenmolches. Synchrone Impulse in den Nervenfasern führen zu einer Depolarisation der Gliazellen. Jede Impulsfolge ruft eine Depolarisation hervor, deren Abklingen Sekunden dauert. Die Amplitude der Potentiale hängt von der Anzahl der aktivierten Axone und der Reizfrequenz ab, wie in (B) und (C) zu sehen ist (nach Orkand, Nicholls und Kuffler, 1966).

zer Lichtblitz führte zu einer Depolarisation der Gliazelle von ca. 4 mV (Abb. 9). Bei wiederholten Lichtblitzen addierten sich distinkte, aber kleinere Potentiale. Das Potential der Gliazelle nahm bei Dauerbelichtung immer weiter ab, erschien aber wieder, sobald das Licht abgestellt wurde. Diese Ergebnisse stimmen gut mit der Schlußfolgerung überein, daß Entladungen im optischen Nerv für die Potentiale in den Gliazellen verantwortlich sind, da die Entladungsrate während Dauerbeleuchtung abnimmt, beim Abschalten des Lichts aber eine Impulssalve hervorgerufen wird (Kap. 16). Die Depolarisation von Gliazellen durch neuronale Aktivität läßt sich auch bei optischer Registrierung an Sehnerven von Fröschen und Säugern beobachten.[34,35]

Im Cortex werden Gliazellen depolarisiert, wenn Neuronen in ihrer Nachbarschaft durch Stimulation neuronaler Bahnen, peripherer Nerven oder der Cortexoberfläche aktiviert werden.[36] Die Größe des Potentials, das von der Gliazelle abgeleitet wird, hängt wiederum von der Reizstärke ab, sobald zusätzliche Axone, die in den Bereich projizieren, aktiviert werden. Diese Ergebnisse lassen darauf schließen, daß die Gliazellen im visuellen Cortex nur dann depolarisert werden, wenn gewisse bestimmte Lichtmuster ins Auge gelangen und Gruppen benachbarter Neuronen aktivieren. Kelly und Van Essen fanden einen solchen Effekt im visuellen Cortex der Katze.[37] Gliazellen, die anhand von morphologischen und physiologischen Kriterien identifiziert werden konn-

34 Konnerth, A., Orkand, P.M. and Orkand, R.K. 1988. *Glia* 1: 225–232.
35 Lev-Ram, V. and Grinvald, A. 1986. *Proc. Natl. Acad. Sci. USA* 83: 6651–6655.
36 Ransom, B.R. and Goldring, S. 1973. *J. Neurophysiol.* 36: 869–878.
37 Kelly, J.P. and Van Essen, D.C. 1974. *J. Physiol.* 238: 515–547.

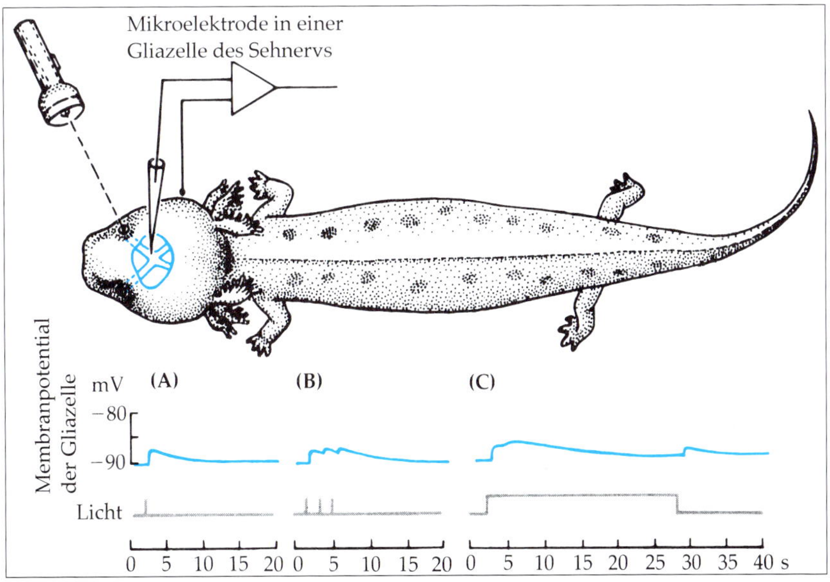

Abb. 9: **Auswirkung von Beleuchtung** des Auges auf das Membranpotential von Gliazellen im Sehnerv des betäubten Furchenmolches bei intakter Blutzirkulation. (A) Einzelner Lichtblitz von 0,1 s Dauer. (B) Drei Lichtblitze. (C) 27 s langer Lichtreiz. Im Laufe einer solchen Dauerbelichtung verringert sich die anfängliche Depolarisation der Gliazelle, während die Nervenentladung adaptiert. Nach Ende der Belichtung wird die Gliazelle durch «off»-Entladungen erneut depolarisiert. Die unteren Spuren geben die Lichtreize wieder (nach Orkand, Nicholls und Kuffler, 1966).

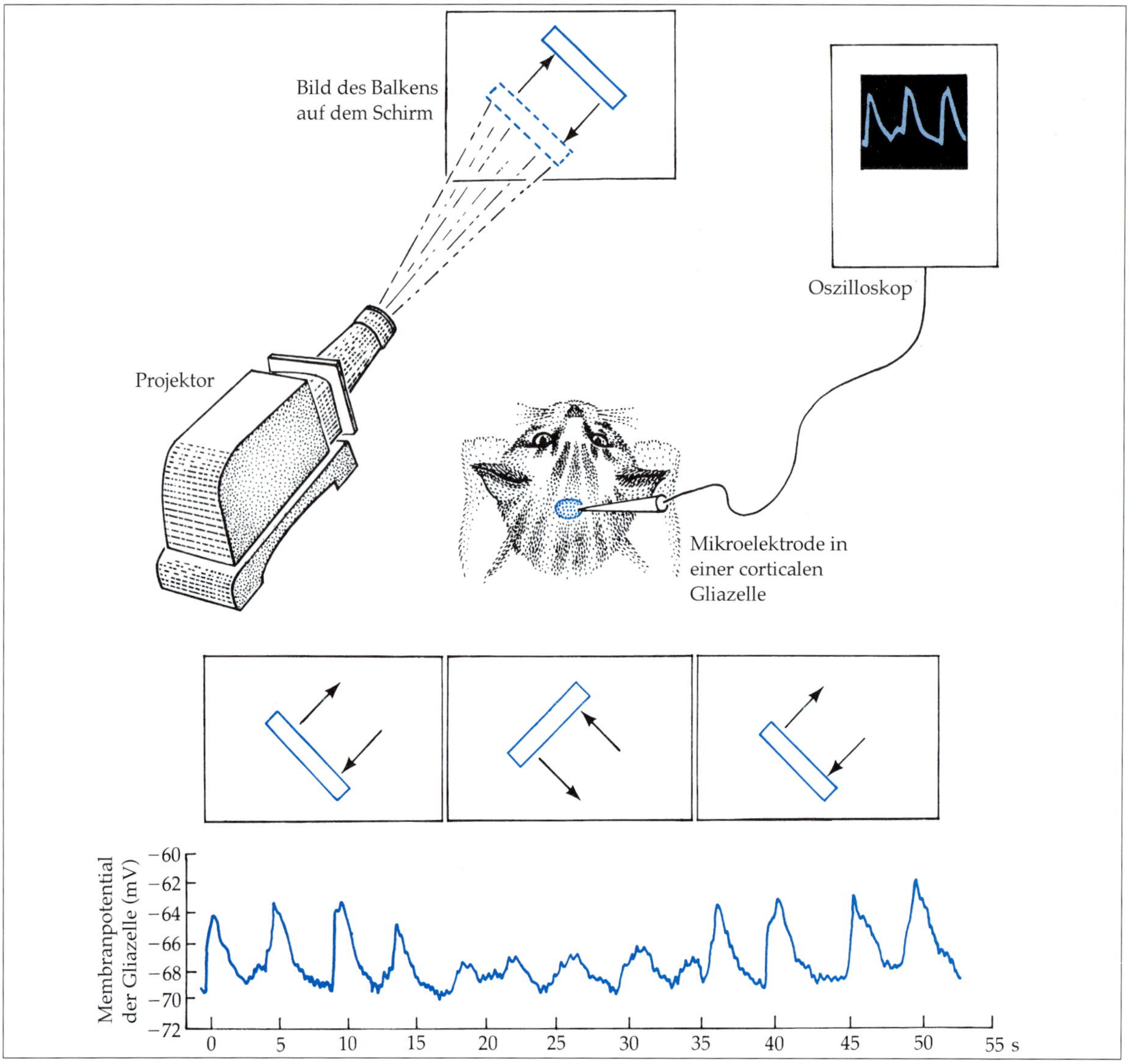

Abb. 10: **Depolarisation einer Gliazelle** im Cortex der Katze bei visueller Reizung. Die größte Depolarisation ließ sich mit beweglichen Lichtbalken einer bestimmten Orientierung hervorrufen, die sich auf einen Teil des visuellen Feldes beschränkten. Neuronen in der Nähe der Gliazellen wiesen dieselbe Lagepräferenz auf (nach Kelly und Van Essen, 1974).

ten, wurden nur dann deutlich depolarisiert, wenn das Auge mit einem Lichtbalken geeigneter Orientierung gereizt wurde (Abb. 10). Eine Beleuchtung beider Augen zeigte dann Effekte, wenn korrespondierende Bereiche beleuchtet wurden; diffuses Licht oder ungeeignete Orientierungen riefen hingegen keine merkbare Potentialveränderung hervor. Diese Ergebnisse stimmen gut mit der Annahme überein, daß die Antwort der Gliazellen die Aktivität der Neuronen widerspiegelt, die von den Gliazellen umgeben werden.

Kaliumfreisetzung als Vermittler der Wirkung von Nervensignalen auf Gliazellen

Es ist uns bereits bekannt, daß der Stromfluß im Verlauf von Nervenimpulsen nicht der Grund für die Depolarisation von Gliazellen ist. Der Zeitverlauf beider Ereignisse paßt keinesfalls zusammen. Der Gipfel des Stromflusses, der durch Impulse, wie eine synchrone Salve im optischen Nerv, hervorgerufen wird, ist bereits überschritten, wenn die Depolarisation in den Gliazellen anzusteigen beginnt. Weiterhin gilt: Leitet man Strom direkt in die Nervenzellen des Blutegels, so führt das nicht zu einer registrierbaren Antwort in den benachbarten Gliazellen. Eine wahrscheinlichere Hypothese wird von Experimenten nahegelegt, die Frankenhaeuser und Hodgkin am Tintenfischaxon durchführten. Sie zeigten, daß sich nach Nervenimpulsen in den Spalten zwischen den Axonen und den umgebenden Satellitenzellen Kalium ansammelt.[38] Um die Konzentrationsänderungen zu ermitteln, die durch Kalium-Lecks der Axone hervorgerufen wurden, machte man sich die Beobachtung zunutze, daß das

38 Frankenhaeuser, B. and Hodgkin, A.L. 1956. *J. Physiol.* 131: 341–376.

Abb. 11: **Kaliumströme in Gliazellen.** Die Gliazellen im Diagramm sind durch gap junctions verbunden. Kalium, das von aktiven Axonen in einem bestimmten Bereich geliefert wird, depolarisiert die Gliazelle, dringt in sie ein und führt zu einem Stromfluß und zu einem Kaliumausstrom an anderer Stelle des Gliagewebes. Das Konzept der Kaliumpufferung ist als Mechanismus postuliert worden, durch den Gliazellen neuronale Funktionen beeinflussen können.

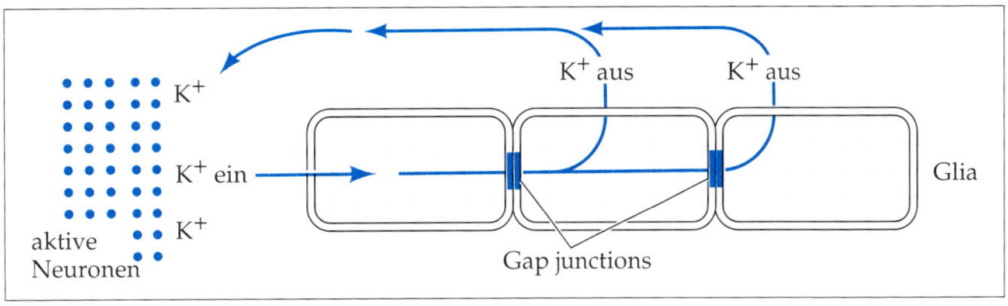

Membranpotential der Gliazellen ein quantitatives Maß für das Kalium in der Umgebung der Zellen darstellt (Abb. 6). Wenn Kalium aus den Axonen strömt und sich in den Interzellulärspalten ansammelt, ändert es das $[K]_a/[K]_i$-Verhältnis und damit das Membranpotential der Gliazellen in vorhersagbarer Weise. Entsprechend wurden Axone im optischen Nerven von *Necturus* durch kurze Reizfolgen stimuliert. Ein Vergleich mit der Depolarisation von Gliazellen in verschiedenen externen Kaliumkonzentrationen, die von einer standardisierten Reizfolge hervorgerufen wurde, erlaubte es dann, die erfolgte Konzentrationsänderung abzuschätzen.

Diese Ergebnisse zeigten, daß die kurze Folge von Nervenimpulsen im physiologischen Bereich von $[K]_a$ konstante Mengen an Kalium in die Interzellulärspalten ausschüttete, was zu einer Konzentrationserhöhung von etwa 2 mM führte. Infolge des Kaliums, das sich vorübergehend ansammelt, wird die Membran der Gliazelle depolarisiert. Wenn das Kalium durch Aufnahme und Diffusion wieder verschwindet, kehrt das Potential der Gliazelle auf seinen Normalwert zurück.

Durch Einführung von Kalium-sensitiven Glaselektroden gelang es mehreren Forschergruppen, die Akkumulation von Kalium in den Extrazellulärräumen des Gehirns während neuronaler Aktivität direkt zu messen.[39,40] Bei repetitiver Stimulation der Neuronen steigt die Kaliumkonzentration. Die Werte sind denjenigen vergleichbar, die man aus der Depolarisation der Gliazellen erhalten hat.

Stromfluß und Kaliumbewegung durch Gliazellen

Eine Zelle erzeugt Strom, wenn verschiedene Bereiche auf ihrer Oberfläche verschiedene Potentiale aufweisen. Nervenzellen nutzen dieses Prinzip als Mechanismus zur Fortleitung. Dabei fließt Strom aus inaktiven Axonregionen in den Teil, der von einem Nervenimpuls erregt ist. Positive Ladungen werden dabei vom unbeteiligten Bereich vor einem Nervenimpuls abgezogen, so daß dieser Bereich seinerseits depolarisiert und schließlich «aktiv» wird. Obwohl sich die meisten Gliazellen nicht über große Entfernungen erstrecken, stehen sie durch Verbindungen mit niedrigem Widerstand untereinander in Kontakt.[17,31] Die Leitungseigenschaften solcher benachbarten, gekoppelten Zellen sind daher den Leitungseigenschaften einer einzelnen, langgestreckten Zelle sehr ähnlich. Wenn mehrere Gliazellen durch steigende Kaliumkonzentrationen in ihrer Umgebung depolarisiert werden, ziehen sie Strom von den unbeteiligten Zellen ab und erzeugen dadurch einen Stromfluß zu nicht-depolarisierten Gliazellregionen. Ähnlich erzeugt eine langgestreckte Müllersche Stützzelle, die sich durch die gesamte Dicke der Retina erstreckt, elektrische Ströme, wenn die Kaliumkonzentration an ihrer Oberfläche lokal ansteigt[20] (s. Abb. 11). Im Bereich, in dem $[K]_a$ erhöht ist, dringen Kaliumionen ein, während im Bereich der Gliazelle (und weiterer, mit ihr gekoppelter Gliazellen), in dem $[K]_a$ normal ist, Kaliumionen austreten. Andere Ionen, für die die Gliazellmembranen relativ impermeabel sind, tragen nur wenig zu solchen Strömen bei.

Beitrag von Gliazellen zum Elektroretinogramm und zum Elektroencephalogramm

Die Elektroencephalographie ist eine der Möglichkeiten, mit deren Hilfe man objektive Informationen über die Aktivität des menschlichen Gehirns gewinnen kann. Elektroencephalogramme (EEGs) werden routinemäßig beim Menschen bei vollem Bewußtsein oder bei Tieren unter verschiedenen experimentellen Bedingungen durchgeführt. Jede Methode, mit deren Hilfe sich der Beitrag verschiedener Elemente, wie Neuronen und Glia, voneinander trennen läßt, ist daher von potentiellem Interesse. Dasselbe gilt für Aufzeichnungen vom Auge – Elektroretinogramme (ERGs) –, bei denen eine Elektrode auf der Cornea und eine weitere, indifferente Elektrode anderswo am Körper plaziert wird. In beiden Fällen stellen die Potentialänderungen die Summe der elektrischen Aktivität der zugrundeliegenden Menge von Neuronen und Gliazellen dar. Daß Gliazellen Ströme erzeugen können, die groß genug sind, um von extrazellulären Elektroden registriert zu werden, konnte direkt am optischen Nerv von *Necturus* gezeigt werden.[41]

Der Beitrag der Gliazellen zum ERG ist durch Experimente belegt worden, in denen nach Stimulation von Neuronen langsame Membranpotentiale von Müllerschen Stützzellen aus dem Auge des Furchenmolches

39 Jendelová, P. and Syková, E. 1991. *Glia* 4: 56–63.

40 Dietzel, I., Heinemann, U. and Lux, H.D. 1989. *Glia* 2: 25–44.

41 Cohen, M.W. 1970. *J. Physiol.* 210: 565–580.

BOX 1 Die Blut-Hirn-Schranke

Ein homöostatisches System kontrolliert das Flüssigkeitsmillieu im Gehirn und hält seine chemische Zusammensetzung verglichen mit der des Blutplasmas relativ konstant. Diese Konstanz erscheint besonders wichtig in einem System, in dem die Aktivität vieler Zellen integriert ist und kleine Veränderungen die Balance von fein abgestimmten erregenden und hemmenden Einflüssen erschüttern können. Im Gegensatz dazu ziehen Fluktuationen im Außenmedium an Nerv-Muskel-Verbindungen, an denen Informationen gewöhnlich mit «genügend Sicherheitsabstand» übertragen werden, relativ wenig Konsequenzen nach sich. Im Gehirn findet man drei verschiedene Flüssigkeitstypen: (1) das Blut, das durch ein dichtes Netzwerk von Kapillaren ins Hirn gelangt, (2) die Cerebrospinalflüssigkeit (CSF), die die Masse des Nervensystems umspült und auch in den Hirnventrikeln zu finden ist, und (3) die Flüssigkeit in den Interzellulärspalten (Abb. I).

Der interstitielle Flüssigkeitsraum ist gewöhnlich nicht breiter als 20 nm. Er stellt die direkte Umgebung von Nerven und Gliazellen im Gehirn dar und bildet die Hauptkanäle, durch die Stoffe für Neuronen und Gliazellen verteilt werden. Die **Blut-Hirn-Schranke** sorgt dafür, daß in der Umgebung der neuronalen Elemente andere Verhältnisse herrschen als im Blutplasma. Das hängt mit speziellen Eigenschaften der Endothelzellen in den Hirnkapillaren zusammen, die sehr viel weniger permeabel sind als die Kapillaren, die periphere Organe versorgen.[42,43]

Geladene Partikel, Proteine, Ionen und hydrophile Moleküle können die Kapillarwand nicht passieren, während ungeladene lipophile Moleküle (die durch Membranen wandern) und Gase hindurchdringen können. Eine zweite entscheidende Komponente ist der Plexus choroides: Epithelzellen, die dieses Kapillarnetz umgeben, sezernieren die Cerebrospinalflüssigkeit (CSF) und dienen als Barriere für Ionen und verschiedene kleine Moleküle.[44] Proteine fehlen in der CSF fast vollständig; sie enthält nur ungefähr 1/200stel der Proteinmenge des Blutplasmas. Chemische Stoffe, wie Metabolite, bewegen sich relativ freizügig vom Verdauungskanal in den Blutstrom, doch nicht in die CSF. Infolgedessen schwankt der Spiegel von Aminosäuren oder Fettsäuren im Blutplasma über einen weiten Bereich, während die Konzentration in der CSF relativ stabil bleibt. Dasselbe gilt für Hormone, Antikörper, Elektrolyten, Transmitter und eine Reihe von Drogen einschließlich Penicillin. Direkt in den Blutstrom injiziert wirken sie rasch in peripheren Geweben, wie Muskulatur, Herz oder Drüsen – doch sie haben keinen oder kaum einen Effekt auf das Zentralnervensystem. Wenn sie jedoch via CSF verabreicht werden, üben dieselben Substanzen eine sofortige und starke Wirkung aus. Daraus kann man schließen, daß die Substanzen, wenn man sie in den Blutstrom spritzt, die CSF und das Gehirn nicht schnell genug bzw. in zu geringer Konzentration erreichen.

Eine Zeit lang, zu Beginn der 60er Jahre, nahm man allgemein an, daß die engen Interzellulärspalten zwischen den Zellen im Gehirn nicht als Transportwege fungieren und bei der Stoffverteilung unbeteiligt sind. Es wurde sogar postuliert, daß die Neurogliazellen die extrazellulären Spalträume bildeten, durch die die Stoffe wandern müßten, um zu den Neuronen zu gelangen, ganz wie es Golgi ursprünglich ver-

42 Reese, T.S. und Karnovsky, M.J., 1967. *J. Cell Biol.* 34: 207–217

43 Brightman, M.W. und Reese, T.S., 1969. *J. Cell Biol.* 40: 668–677

44 Cserr, H.F., 1988. *Ann. NY Acad. Sci.* 529: 9–20

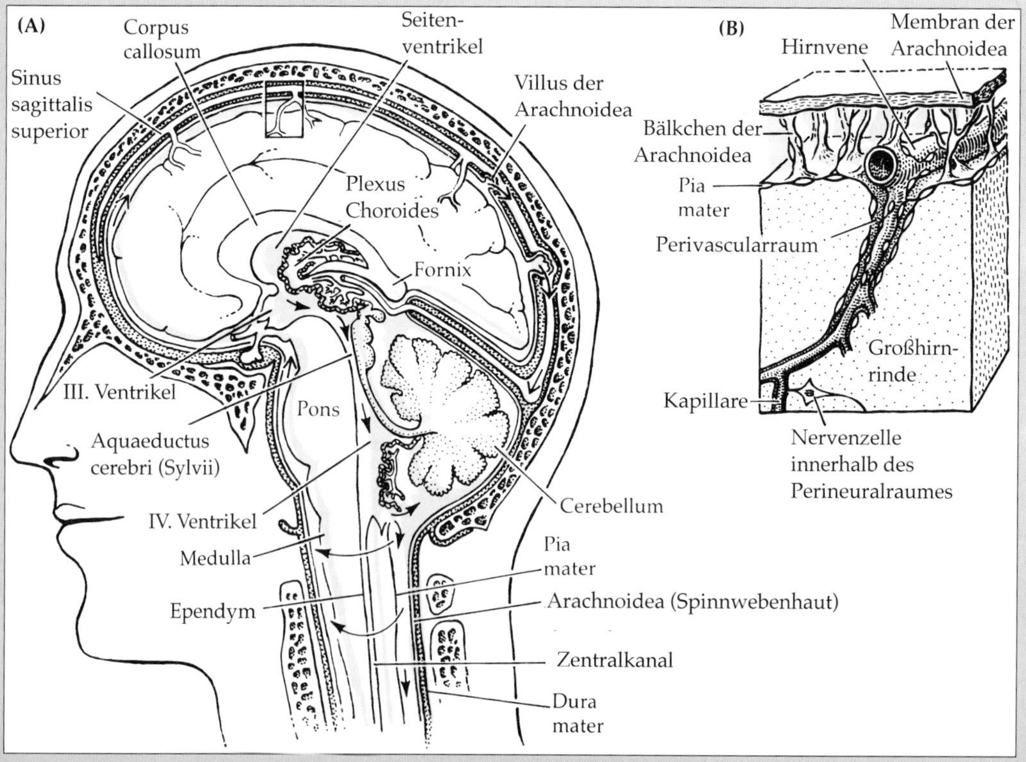

Abb. I: **Verteilung der Cerebrospinalflüssigkeit** und ihre Beziehung zu größeren Blutgefäßen sowie Strukturen, die das Gehirn umgeben (A). Alle Räume, die CSF enthalten, kommunizieren miteinander. Die CSF wird über die Villi der Arachnoidea ins venöse System geleitet (B).

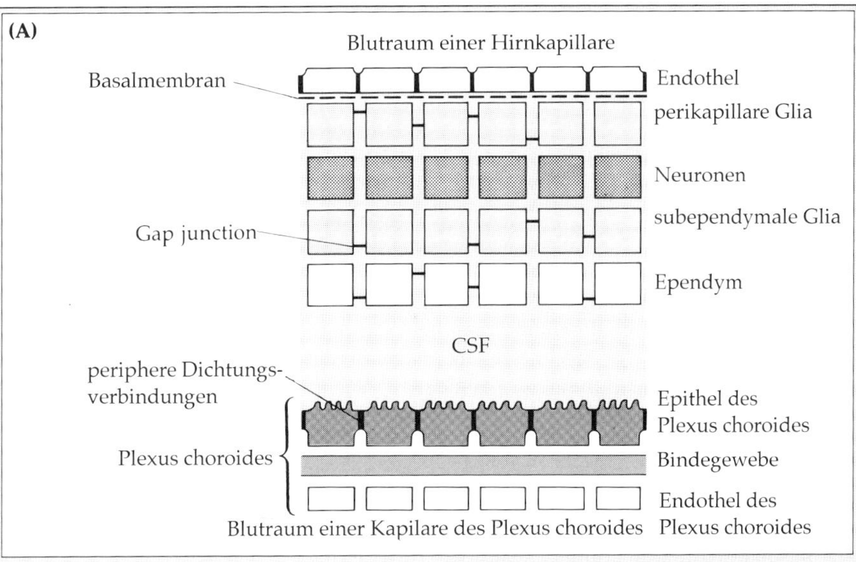

Abb. II: **Diffusionswege im Gehirn.** (A) Schematische Darstellung von Zellen, die am Stoffaustausch zwischen Blut, CSF und extrazellulären Räumen beteiligt sind. Moleküle können frei durch die endotheliale Zellschicht diffundieren, die die Kapillaren im Plexus choroides auskleiden. Sie werden jedoch durch periphere Kontaktverbindungen zwischen den Epithelzellen des Plexus choroides, die die CSF sezernieren, behindert. Keine Schranken gibt es zwischen der Masse der CSF und verschiedenen Zellschichten, wie Ependym, Glia und Neuronen. Die Endothelzellen, die die Hirnkapillaren auskleiden, sind wie die Epithelzellen im Plexus choroides durch periphere Dichtungen miteinander verbunden. Das verhindert eine freie Diffusion von Molekülen aus dem Blut. (B) Die Präparate zeigen, daß das Enzym Mikroperoxidase frei aus der CSF in die Interzellulärspalten des Gehirns diffundiert, die mit dem schwarzen Reaktionsprodukt gefüllt sind. In den Kapillaren (capillary, CAP) hingegen findet man kein Enzym. (C) Wenn das Enzym in den Blutkreislauf injiziert wird, füllt es die Kapillaren, wird jedoch von deren Endothel daran gehindert, in die Interzellulärspalten zu entweichen (B und C aus Brightman, Reese und Feder, 1970).

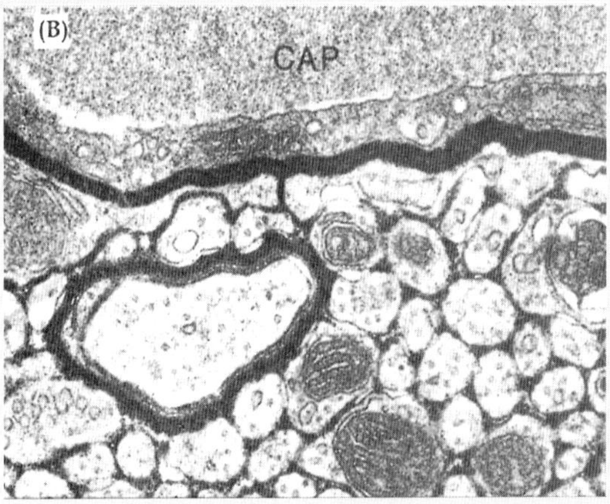

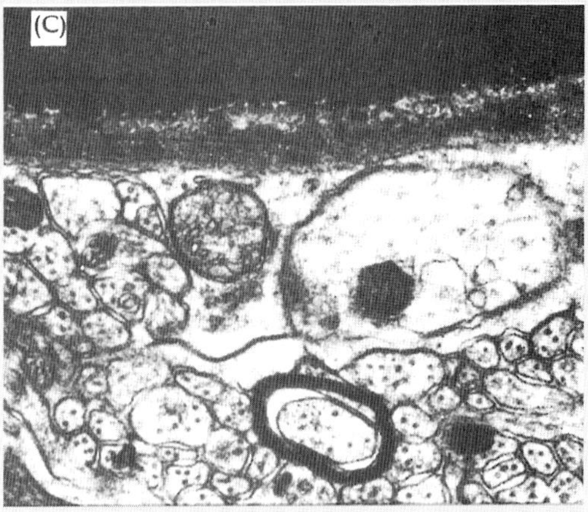

mutet hatte. Physiologische Experimente haben gezeigt, daß Ionen und kleine Partikel durch die Spalten wandern und nicht durch die Glia.[45] Man kann mit Hilfe der Elektronenmikroskopie zeigen, daß große Moleküle durch die interzellulären Räume zwischen den Neuronen und der Glia diffundieren. Ferritin, das einen Durchmesser von 10 nm und ein Molekulargewicht von 900000 hat, und das Enzym Meeretttichperoxidase können sich durch diese Spalten bewegen. Abb. II zeigt elektronendichte Moleküle, die sich infolge der Peroxidasereaktion nach Injektion von Meerettichperoxidase in die CSF in den Spalten abgelagert haben und den Extrazellulärraum füllen. Dieses Ergebnis zeigt, daß große Moleküle zwischen den Ependymzellen, die die Ventrikel auskleiden, und durch Interzellulärspalten hindurchwandern können. Im Gegensatz dazu sind die Verbindungen zwischen den Endothelzellen, die die Blutkapillaren im Gehirn auskleiden, impermeabel und stellen eine Barriere dar. Tracer breiten sich nicht weiter aus, wenn sie die Kapillaren erreicht haben. Abb. II B zeigt das umgekehrte Ergebnis: Wenn man Enzyme in den Blutkreislauf injiziert, füllt sich die Kapillare mit Enzymen, doch man findet keine Enzyme in den Interzellulärräumen. Physiologische Experimente haben gezeigt, daß dieselben Stellen als Schranken für den Austausch von Ionen, wie Kalium, und geladenen Molekülen, wie Neurotransmittern, wirken. Während der Entwicklung des Zentralnervensystems verändert sich das Spektrum der Substanzen, die in die CSF eindringen können, sowohl qualitativ als auch quantitativ.[46] Beispielsweise ist die Proteinkonzentration hoch (bis zu 10%) und es finden sich Moleküle, die man in der CSF von Erwachsenen nicht findet.

Die Impermeabilität der Hirnkapillaren im erwachsenen Gehirn hängt von den Verbindungen ab, welche die auskleidenden Endothelzellen verknüpfen. Während Kapillaren, die Muskeln und periphere Organe versorgen, durch vereinzelte tight junctions lose verbunden sind, so daß Proteine und kleine Moleküle herauslecken können, sind Endothelzellen in den Hirnkapillaren durch ein kontinuierliches Band von tight junctions eng miteinander verbunden.[43] Das Wissen um die Eigenschaften der Blut-Hirn-Schranke ist für das Verständnis pharmakologischer Drogenwirkungen und ihrer Auswirkung auf den Körper von Wichtigkeit. Auch bei niederen Vertebraten und Evertebraten findet man Blut-Hirn-Schranken.[47,49] Diese Schranken und die zellulären Mechanismen liegen jedoch nicht immer auf der Ebene der Kapillaren, sie können stattdessen von den Eigenschaften der Gliazellen abhängen.

45 Kuffler, S.W., 1967. *Proc. R. Soc. Lond. B* 168: 1–21
46 Mollgard, K. et al., 1988. *Dev. Biol.* 128: 207–221
47 Abbott, N.J., Lane, N.J. und Bundgaard, M., 1986. *Ann. NY Acad. Sci.* 481: 20–42
48 Bundgaard, M. und Cserr, H.F., 1981. *Brain Res.* 226: 61–73

abgeleitet wurden.[49] Gleichzeitig wurden Potentiale mit extrazellulären Elektroden und mit anderen Elektroden auf der Augenoberfläche, die unterschiedlich tief in die Retina eingebracht werden, an der Augenoberfläche registriert. Belichtung führte zum Feuern der Axone im Sehnerv, zur Akkumulation von Kalium und zur Depolarisation der Müllerschen Stützzellen. Bei Dauerbelichtung nimmt die Antwort langsam ab. Beim Abschalten der Belichtung reagieren die Müllerschen Stützzellen mit «off»-Antworten. Die Potentiale der Müllerschen Stützzellen weisen einen Zeitverlauf auf, der dem einer ERG-Komponenten (b-Wellen) ähnelt, die man bei extrazellulärer Ableitung erhält. Sie sind wahrscheinlich für den größten Teil dieser Komponente im Standard-ERG höherer Tiere verantwortlich.

Eine quantitative Antwort zum Beitrag der Gliazellen zum EEG ist aus verschiedenen Gründen schwieriger zu geben: (1) Sowohl Neuronen als auch Gliazellen rufen Ströme hervor, doch in Abhängigkeit von ihrer Verteilung im Gehirnvolumen können die an der Gewebeoberfläche abgeleiteten Potentiale positiv oder negativ sein. (2) Die Beiträge der Ströme, die Neuronen und Glia liefern, summieren sich algebraisch auf. Wenn sie simultan auftreten, können sich ihre Potentiale addieren; wenn sie in entgegengesetzte Richtung fließen, können sie einander auslöschen. (3) Langsame Potentiale sind keineswegs nur auf Gliazellen beschränkt, sie treten auch häufig in Neuronen auf. Neuronen können daher durch Leitfähigkeitsänderungen oder die Aktivität elektrogener Pumpen[50] (Kap. 3) zur selben Zeit hyperpolarisiert werden, in der Gliazellen durch die Akkumulation von Kalium depolarisiert werden.

Gliazellen und das Flüssikeitsmilieu rund um die Neuronen

Die Lage von Gliazellen zwischen Kapillaren und Neuronen im Gehirn, die schmalen Interzellulärspalten und die enge anatomische Verzahnung beider Zelltypen lassen auf eine dynamische Wechselwirkung schließen. Bestimmte eindeutige Effekte der Glia auf die Flüssigkeit, die die Neuronen umgibt, konnten nachgewiesen werden. Ein indirekter, langfristiger Effekt wird über die Blut-Hirn-Schranke vermittelt (Box 1).

Brightman und Kollegen haben gezeigt, daß Astrocyten in Kultur die Ausbildung von bandartigen tight junctions induzieren können, die die Membranen der endothelialen Zellen in den Hirnkapillaren miteinander verschmelzen.[51,52] Wenn sie alleine wachsen, sind die Endothelzellen gelegentlich durch derartige Verbindungen miteinander verknüpft. Die Anwesenheit von Astrocyten löst die Bildung von tight junctions aus. Sie ähneln denen in vivo, die für die Impermeabiität der Gehirnkapillaren verantwortlich sind. Umgekehrt führt die Anwesenheit von endothelialen Zellen aus Gehirnkapillaren in Kultur dazu, daß in Astrocyten Membranzusammenschlüsse auftreten. Diese Wechselwirkungen sind typisch für Astrocyten und endotheliale Zellen aus Gehirnkapillaren. In Anwesenheit von Fibroblasten und Endothelzellen aus peripheren Arterien traten keine vergleichbaren Effekte auf. Die Moleküle, die von Astrocyten abgegeben werden und die Bildung von tight junctions zwischen den Endothelzellen von Gehirnkapillaren hervorrufen, sind isoliert worden.[53] Methoden, um eine Entkopplung und eine Zunahme der Kapillarpermeabilität zu fördern, werden zur Zeit entwickelt. Sie könnten sich als vielversprechendes Instrument zur Umgehung der Blut-Hirn-Schranke (s. unten) erweisen und Substanzen Zugang zum Gehirn verschaffen, die sonst nicht dazu in der Lage wären.

Ein deutlicher Effekt von Gliazellen auf die extrazelluläre Flüssigkeit besteht darin, daß die Kaliumkonzentration in der Nachbarschaft von aktiven Neuronen im Gehirn Impulsen ansteigt. Allein die Anwesenheit von Gliazellen auf der anderen Seite des engen Spaltes längs der Nervenmembran führt dazu, daß Kalium sich anzusammelt, statt in den größeren Extrazellulärraum zu diffundieren.[50] Aus dem gleichen Grund wäre die Membran eines anderen Neurons am Platz der Gliazelle einer höheren Kaliumkonzentration ausgesetzt. Gliazellen trennen und gruppieren neuronale Fortsätze, ermöglichen eine lokale Kaliumakkumulation und verhindern Übersprechen.

Es ist verführerisch, sich vorzustellen, daß Gliazellen möglicherweise die Kaliumkonzentration in den Interzellulärspalten regulieren, ein Vorgang, den man als **spatial buffering** (auch: Kaliumpufferung) bezeichnet.[17] Nach dieser Hypothese arbeiten Gliazellen als Leiter mit rascher Kaliumaufnahme aus den Spalten und halten somit ein konstantes Umgebungsmilieu aufrecht. Sicher ist, daß die ungleichmäßige Depolarisation von Gliazellen einen Stromfluß hervorruft, der zur Bewegung von Kaliumionen führt. Da Gliazellen miteinander gekoppelt sind, dringt Kalium dem Stromfluß folgend in der einen Region in die Gliazelle ein und verläßt sie an einer anderen Stelle wieder. Beweise für solche Effekte hat man in Müllerschen Stützzellen in der Retina gefunden[20] (s. Abb. 7). Diese langgestreckten Gliazellen weisen spezialisierte Membranbereiche mit relativ hoher Kaliumsensivität auf. Kalium muß infolge der seiner Akkumulation durch die Gliazellen wandern. Es ist jedoch nicht einfach, quantitativ abzuschätzen, wieviel Kaliumionen sich wirklich bewegen oder wie solche Wanderungen die extrazelluläre Kaliumkonzentration verändern. Um solche Berechnungen anzustellen, benötigt man zahlreiche Annahmen über Geometrie, Leitfähigkeit, Diffusion und aktive Transportvorgänge.[54] Auch der funktionelle Nutzen solcher Effekte ist bisher noch unklar. Auf irgendeine Weise müssen die Neuronen, die aktiv waren sind, das verlorene Kalium zurückgewinnen. Interessant ist auch, daß das Membranpotential von Nervenzellen im Gegen-

49 Ripps, H. and Witkovsky, P. 1985. *Progr. Retinal Res.* 4: 181–219.
50 Baylor, D.A. and Nicholls, J.G. 1969. *J. Physiol.* 203: 555–569.
51 Tao-Cheng, J.H., Nagy, Z. and Brightman, M.W. 1987. *J. Neurosci.* 7: 3293–3299.
52 Tao-Cheng, J.H., Nagy, Z. and Brightman, M.W. 1990. *J. Neurocytol.* 19: 143–153.
53 Rubin, L.L. et al. 1992. *Ann. NY Acad. Sci.* 633: 420–425.
54 Odette, L.L. and Newman, E.A. 1988. *Glia* 1: 198–210.

Abb. 12: **Myelinisierung von regenerierenden Axonen durch Schwannsche Zellen.** Ein Segment des Ischiasnervs wird aus dem Bein einer Maus entnommen. An seiner Stelle wird ein Abschnitt aus dem Ischiasnerv einer Spendermaus eingepflanzt. Die Axone im Transplantat und im Ischiasnerv des Wirtes distal vom Transplantat degenerieren, so daß nur noch Schwannschen Zellen und Bindegewebe übrigbleiben. Die Axone wachsen in das Transplantat und in den distalen Stumpf. N-N-N zeigt im Querschnitt Axone einer normalen Maus, bei der der transplantierte Abschnitt ebenfalls von einer normalen Maus stammt: Die Axone sind vor, in und hinter dem Transplantat myelinisiert. Bei N-T-N stammt der transplantierte Abschnitt von einer *Trembler*-Maus und ist in eine normale Maus eingepflanzt: Die transplantierten Schwannschen Zellen bilden kein Myelin aus, distale Teile werden myelinisiert. Bei T-N-T wurde ein normaler Abschnitt in den Ischiasnerv einer *Trembler*-Maus eingepflanzt: Nur die Teile der Axone innerhalb des Transplantats, die von normalen Schwannschen Zellen umgeben waren, werden myelinisiert. Die Ergebnisse zeigen, daß der Defekt bei den *Trembler*-Mäusen in den Schwannschen Zellen und nicht in den Axonen liegt (nach Aguayo, Bray und Perkins, 1979).

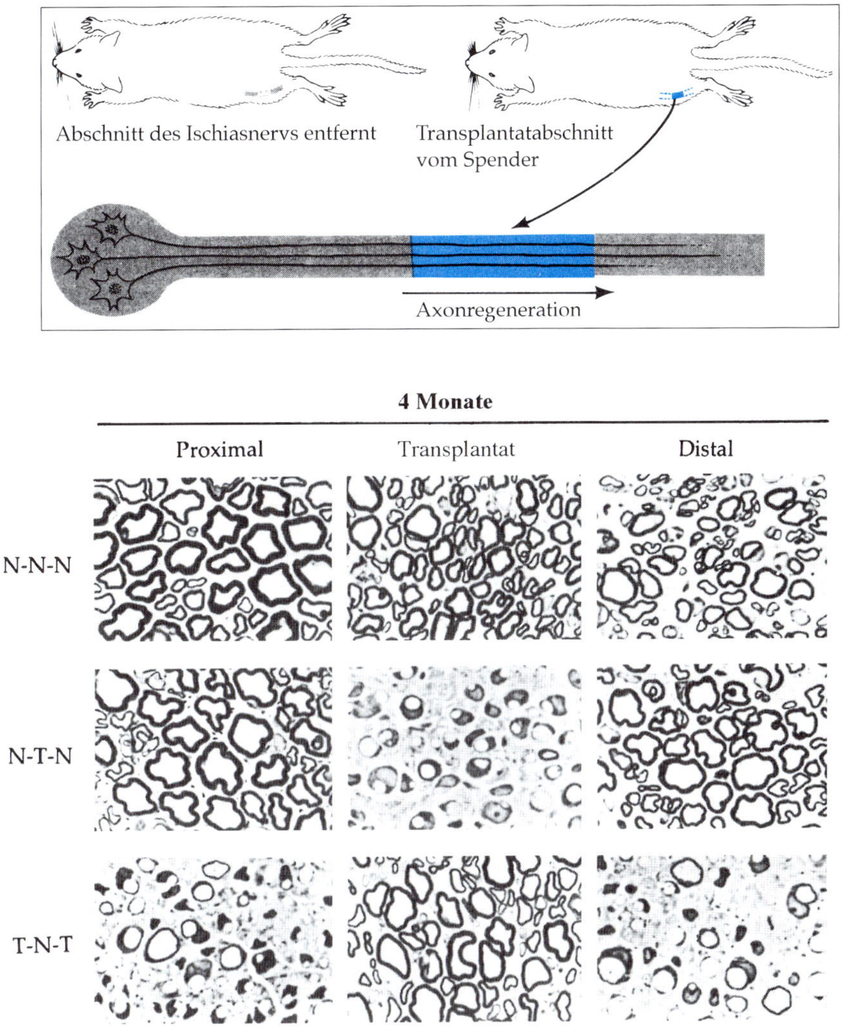

satz zu Gliazellen recht unempfindlich für Änderungen der Kaliumkonzentration iin der Umgebung ist. Beispielsweise führt eine fünffache Zunahme von $[K]_a$ (von 4 auf 20 mM) an den Neuronen des Blutegels lediglich zu einer Depolarisation von 5 mV, wohingegen sich das Membranpotential von Gliazellen um 25 mV ändert.[17] Das neuronale Membranpotential ist zumindest teilweise von Schwankungen geschützt, vermutlich, weil Neuronen eine signifikante Ruhepermeabilität für andere Ionen neben Kalium besitzen – im Gegensatz zu Gliazellen, bei denen Kalium das Membranpotential praktisch allein bestimmt. Dennoch wäre es möglich, daß infolge der Kaliumakkumulation nach einer Impulssalve meßbare Veränderungen der Leitungsgeschwindigkeit, der Erregbarkeit und der Transmitterfreisetzung an Synapsen auftreten. Gliazellen könnten solche Folgen mindern.[55] Ähnliche Überlegungen gelten für die funktionelle Bedeutung von Transmitterwirkung, -aufnahme und -sekretion in Gliazellen. Es ist bekannt, daß Gliazellen auf Transmitter wie GABA und Glutamat reagieren, sie aufnehmen und freisetzen können.[56,57] Nicht bekannt ist jedoch ihr Einfluß auf die neuronale Signalverarbeitung.

Zur Funktion der Neurogliazellen

Im Lauf der Jahre sind Gliazellen fast alle Aufgaben des Nervensystems «aufgebürdet» worden, für die man keine andere offensichtliche Erklärung fand. Man hat ihnen z.B. eine Rolle beim Schlafmechanismus, beim Lernen und bei der Immunantwort des Gehirns zugewiesen. Selbst heute, wo wir viel über die zellulären und molekularen Eigenschaften von Gliazellen wissen, bleiben noch viele funktionelle Fragen offen. In den folgenden Abschnitten wollen wir drei ihrer wichtigsten Wechselwir-

55 Erulkar, S.D. and Weight, F.F. 1977. *J. Physiol.* 266: 209–218.

56 Schon, F. and Kelly, J.S. 1974. *Brain Res.* 66: 275–288.

57 Lieberman, E.M., Abbott, N.J. and Hassan, S. 1989. *Glia* 2: 94–102.

kungen mit Neuronen zusammenfassen und kommentieren: (1) die Bildung von Myelin, (2) die Ausbildung von neuronalen Verbindungen und (3) die Regulierung des Mikromilieus, daß die Neuronen umgibt. Die Eigenschaften der Blut-Hirn-Schranke, die die Zusammensetzung der Flüssigkeit rund um die Neuronen im Zentralnervensystem bestimmen, stehen in enger Beziehung zur Analyse der Gliazellfunktionen.

Myelin und die Rolle der Neurogliazellen bei der axonalen Leitung

Gut gesichert ist die Rolle von Oligodendrocyten und Schwannschen Zellen bei der Bildung von Myelinscheiden rund um die Axone – einer Hülle mit hohem Widerstand, vergleichbar der Isolationsschicht rund um Drähte. Die Myelinscheide ist an den Ranvierschen Schnürringen unterbrochen, die bei den meisten Nervenfasern in regelmäßigen Abständen von ca. 1 mm auftreten (s. Abb. 13). Da die Ionenströme, die mit dem fortgeleiteten Nervenimpuls verbunden sind, nicht durch die Myelinscheide fließen können, wandern die Ionen an den Schnürringen zwischen der Isolation ein und aus (Kap. 5). Das führt zu einer Zunahme der Leitungsgeschwindigkeit und scheint eine einfallsreiche Lösung zu sein, um an Geschwindigkeit zu gewinnen. Die Alternative besteht darin, die Nervenfasern dicker zu machen, doch das ist weniger effektiv. Beim Tintenfisch haben die dicksten Axone z.B. einen Durchmesser von 0,5 bis 1 mm. Sie leiten nicht schneller als ca. 20 m/s. Ein myelinisertes Axon von 20 µm Durchmesser leitet jedoch mit 120 m/s.

Das Zusammenwirken von Satellitenzellen und Axonen zur Bildung von Myelin wirft eine Reihe interessanter Fragen auf. Was sind z.B. die genetischen oder umweltbedingten Faktoren, die Gliazellen dazu befähigen, die richtigen Axone herauszufinden, sie zum richtigen Zeitpunkt einzuhüllen und die Myelinscheiden um die Axone zu erhalten? Was sind die Charakteristika einiger neurologischer Myelinstörungen, die von genetischen Defekten hervorgerufen werden?

Diese Fragen wurden von Aguayo und seinen Kollegen an Mäusen untersucht.[58,59] Ihre Prinzip bestanden ihre Experimente darin, einen Abschnitt eines Beinnervs (des Ischiasnervs oder des Wadennervs) zu entfernen und ihn durch ein Transplantat zu ersetzen. Als Transplantat wird ein peripherer Nervenabschnitt von derselben oder einer anderen Maus verwendet. Innerhalb des transplantierten Abschnitts degenerieren die Axone, die alle von ihren Zellkörpern getrennt wurden (Kap. 12); übrig bleibt eine Kette von Schwannschen Zellen. Axone vom proximalen Stumpf regenerieren und wachsen durch die transplantierten Schwannschen Zellen zum den distalen Stumpf, der die eigenen Schwannschen Zellen des Tieres enthält (s. Abb. 12). Das Experiment ermöglicht es zu testen, wie effektiv die Schwannschen Zellen des Transplantats im Vergleich zu den normalerweise im Ischiasnerv vorhandenen Schwannschen Zellen bei der Myelinbildung sind. Ein Abschnitt eines unmyelinisierten sympathischen Nervs aus dem Nacken wurde z.B. in einen Beinnerv transplantiert, der normalerweise myelinisiert ist. Als die Axone in das Transplantat einwuchsen, wurden sie myelinisiert. Daraus folgt, daß eine Population von Schwannschen Zellen, die in situ kein Myelin bildet, beim Kontakt mit anderen Axonen vom richtigen Typ Myelin bilden kann.[60]

In anderen Untersuchungen an mutierten Mäusen wurden die genetischen Defekte analysiert, die für Mängel bei der Myelinausbildung verantwortlich waren. Eine solche mutierte Mäuselinie, *Trembler* genannt, weist einen großen Myelinmangel auf. Bei diesem vererbten Defekt ist das Myelin im peripheren Nervensystem abnormal dünn oder fehlt vollständig. Resultiert dieser Defekt aus Schwannschen Zellen, die kein Myelin bilden können, oder aus Axonen, die keine adäquaten Signale an die Schwannschen Zellen senden? In normalen peripheren Nerven und in peripheren Nerven von *Trembler*-Mäusen wurden Transplantate eingepflanzt (Abb. 12). Transplantierte man einen Abschnitt eines *Trembler*-Nervs in den Ischiasnerv einer normalen Maus, waren die regenerierten Axone vor und hinter, nicht aber innerhalb des Transplantats myelinisiert. Umgekehrt, wurden Axone der mutierten Mäuse, die durch ein Transplantat mit normalen Schwannschen Zellen wuchsen, im Transplantatabschnitt myelinisiert, aber nicht davor und dahinter. Bei *Trembler*-Mäusen liegt der Defekt daher in den Schwannschen Zellen und nicht in den Axonen. Diese können myelinisiert werden, wenn sie in Kontakt mit gesunden Satellitenzellen kommen. Durch solche Techniken ist es möglich geworden, die Defektstellen bei verschiedenen anderen Myelinisierungsstörungen aufzuspüren, darunter auch solchen, die an menschlichen Krankheiten mit Demyelinisierungsprozessen beteiligt sind.

In der Entwicklung treten Axone und Satellitenzellen zur Bildung der Myelinscheide in komplexe und präzise Wechselwirkung.[61,62] Der Abstand der Schnürringe, die Abdichtung zwischen den beiden Zelltypen in den paranodalen Bereichen und die Verteilung der Natrium- und Kaliumkanäle muß genau aufeinander abgestimmt und räumlich so ausgerichtet sein, daß eine schnelle Fortleitung gewährleistet ist. Abb. 13 zeigt die Merkmale, die bei Verbindungen zwischen Axonen und Satellitenzellen eine wichtige Rolle spielen. Für Schnürringe im Zentralnervensystem sind Astrocytenfortsätze typisch, die Kontakt mit dem Axon aufnehmen.[16] An diesen Stellen findet man zudem ein Glykoprotein in konzentrierter Form, Tenascin oder J1.[63] Sowohl Astrocyten als auch Oligodendrocyten spielen also bei den Myelinisierungs-

58 Aguayo, A.J., Bray, G.M. and Perkins, S.C. 1979. *Ann. NY Acad. Sci.* 317: 512–531.

59 Bray, G.M., Rasminsky, M. and Aguayo, A.J. 1981. *Annu. Rev. Neurosci.* 4: 127–162.

60 Aguayo, A.J., Charron, L. and Bray, G.M. 1976. *J. Neurocytol.* 5: 565–573.

61 Rosenbluth, J. 1988. *Int. J. Dev. Neurosci.* 6: 3–24.

62 Bunge, R.P., Bunge, M.B. and Bates, M. 1989. *J. Cell Biol.* 109: 273–284.

63 ffrench-Constant, C. et al. 1986. *J. Cell Biol.* 102: 844–852.

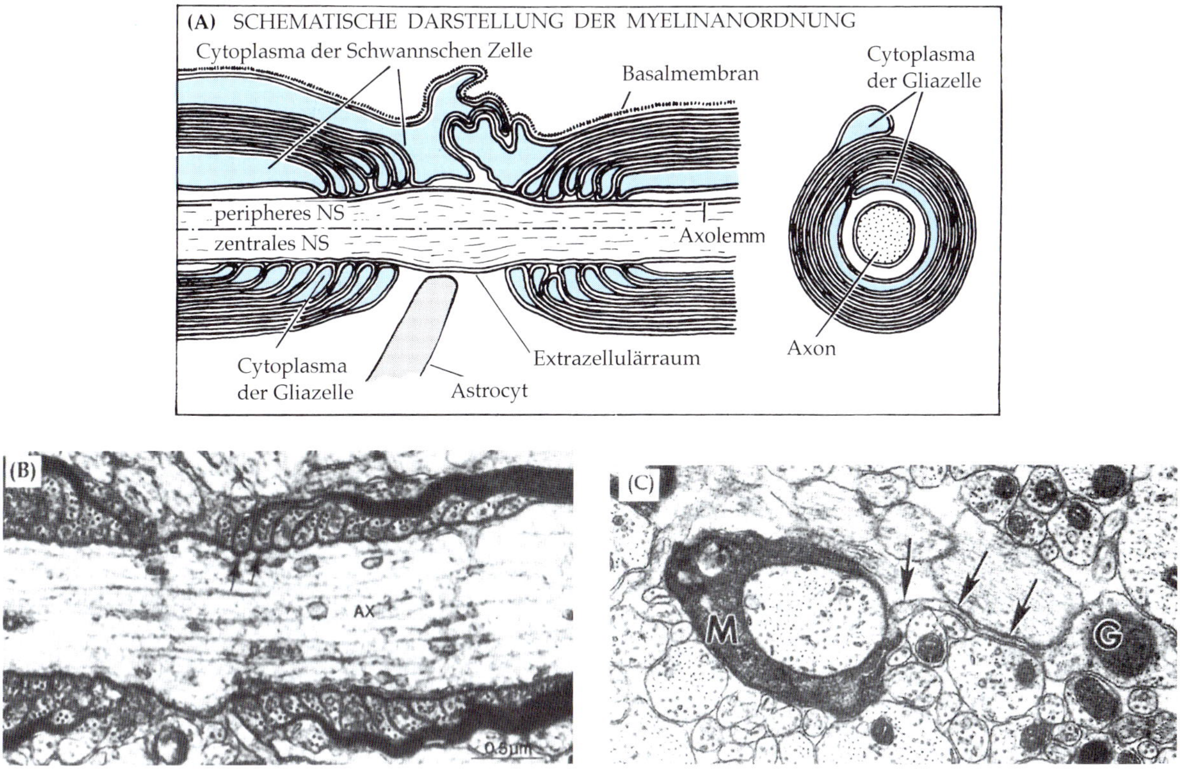

Abb. 13: **Myelin und Ranviersche Schnürringe**. Oligodendrocyten und Schwannsche Zellen bilden Myelinhüllen um die Axone. (A) An den Ranvierschen Schnürringen ist die Myelinhülle unterbrochen und das Axon liegt bloß. Die obere Hälfte der Schnürringregion mit lockerer Bedeckung durch Fortsätze ist typisch für die Anordnung, wie man sie in periphren Nerven findet. Der untere Teil repräsentiert die Anordnung eines Schnürrings im Zentralnervensystem. Hier kommt ein Astrocytenfortsatz in engen Kontakt mit der Schnürringmembran. An dieser Stelle findet man das Adhäsionsmolekül Tenascin oder J1 (Kap. 11). Rechts sieht man einen Querschnitt durch eine myelinisierte Axonregion. (B) Elektronenmikroskopische Aufnahme der Schnürringregion in einer myelinisierten Faser vom Ratten-ZNS. Am Rand des Schnürrings, wo die Lamellen der Schwannschen Zelle enden, liegt ein besonderer, enger Kontaktbereich zwischen der Axonmembran (Ax) und der Membran der Myelinhülle (Pfeile). (C) Querschnitt durch ein markhaltiges Axon an einem Schnürring, der von einem Fortsatz (Pfeile) einer perinodalen astrocytischen Gliazelle (G) berührt wird. Myelin (M) fehlt an der Kontaktstelle zwischen dem Astrocyten und dem Schnürring (A nach Bunge, 1968; B aus Peters, Palay und Webster, 1976; C aus Sims et al., 1985; Wiedergabe der Aufnahmen mit freundlicher Genehmigung von J. Black und S. Waxman).

mustern eine Rolle, die für die schnelle Fortleitung in myelinisierten Nervenfasern entscheidend sind. Die Vorstellung von einer dynamischen Rolle der Satelliten wird durch Beobachtungen an demyelinisierten oder regenerierenden Axonen unterstützt: Nach der Remyelinisierung kann die normale Fortleitung wiederhergestellt werden. Experimente von Ritchie, Waxman, Sears, Bostock, Shrager und ihren Kollegen haben die Verteilung von Ionenkanälen in Schnürringen, paranodalen Bereichen und Internodien von normalen, demyelinisierten und remyelinisierten Axonen aufgeklärt.[64–66] Vermutlich beeinflussen die Gliazellen die Häufung von Natriumkanälen an den Stellen, an denen sie Kontakt mit der Schnürringmembran aufnehmen. Dieser Prozeß wäre dann der Häufung von ACh-Rezeptoren an der neuromuskulären Endplatte analog, die durch Innervation hervorgerufen wird. Astrocytenausläufer in der Schnürringregion selbst werden intensiv von Saxitoxin markiert, was auf eine hohe Dichte von Natriumkanälen in der Gliamembran hinweist.[66] Es wurde sogar vorgeschlagen, einen Transfer von Natriumkanälen von den Satellitenzellen zu den Ranvierschen Schnürringen anzunehmen.[67] Direkte Beweise für diese interessante Spekulation gibt es jedoch nicht.

Gliazellen und die Bildung von neuronalen Verbindungen

Häufig ist eine Rolle der Gliazellen beim Wachstum von Neuronen und bei der Bildung von Verbindungen vermutet worden. In einer umfassenden Reihe von Experimenten hat Rakic die Entwicklung des cerebralen Cortex, des Hippocampus und des Cerebellums bei Affen und Menschen untersucht.[68,69] Die Bildung der verschiedenen Zelltypen und ihre Wanderung zu ihren endgültigen Bestimmungsorten konnten licht- bzw. elektronenmikroskopisch und durch Markierung der Gliazellen

64 Bostock, H. and Sears, T.A. 1978. *J. Physiol.* 280: 273–301.
65 Shrager, P. 1988. *J. Physiol.* 404: 695–712.
66 Ritchie, J.M. et al. 1990. *Proc. Natl. Acad. Sci. USA* 87: 9290–9294.
67 Shrager, P., Chiu, S.Y. and Ritchie, J.M. 1985. *Proc. Natl. Acad. Sci. USA* 82: 948–952.
68 Rakic, P. 1971. *J. Comp. Neurol.* 141: 283–312.
69 Rakic, P. 1988. *Science* 241: 170–176.

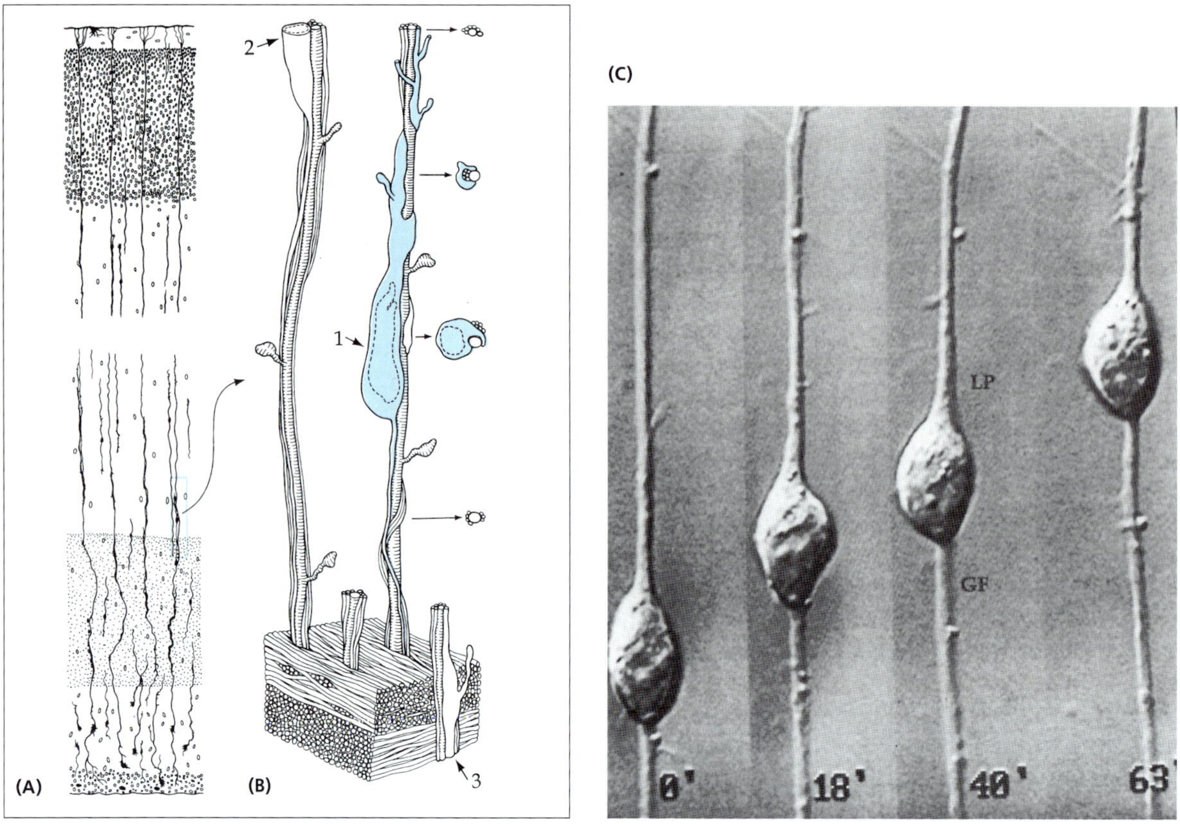

Abb. 14: **Neuronen wandern während ihrer Entwicklung an Radialgliazellen entlang.** (A) Eine Camera-lucida-Zeichnung des Lobus occipitalis aus dem sich entwickelnden Großhirn eines Affenfoetus in der Mitte der Schwangerschaft. Radiale Gliafasern verlaufen von der Ventrikularzone (unten) zur Oberfläche den sich entwickelnden Cortex (oben). (B) Dreidimensionale Rekonstruktion der wandernden Neuronen. Die wandernde Zelle (1) besitzt einen voluminösen führenden Fortsatz, der der Radialglia folgt und sie als Leitfaden benutzt. Zelle 2, die bereits weiter gewandert ist, weist einen Fortsatz auf, der noch mit der Radialglia verbunden ist. Zelle 3 ganz unten beginnt gerade damit, einen Fortsatz längs der Radialglia auszusenden, bevor die die Wanderung beginnt. (C) Wanderung von Neuronen aus dem Hippocampus entlang Astrocytenfasern aus dem Cerebellum in vitro. Das Neuron wandert die radiale Gliafaser (GF) entlang, die direkt unter dem Neuron liegt. Mit fortschreitender Zeit bewegt sich der führende Fortsatz (leading process, LP) weiter nach oben, und der Körper der Nervenzelle folgt nach. Die unten angegebenen Zeiten stammen aus den Videophotographien (A und B nach Rakic, 1988; C aus Hatten, 1990).

mit spezifischen Antikörpern verfolgt werden. Die Neuronen wandern im Laufe ihrer Entwicklung an den Fortsätzen der Gliazellen entlang (Abb. 14). Ähnliche Experimente wurden von Luskin und ihren Kollegen mittels retroviraler Zellinienmarkierung durchgeführt, mit der frühe Vorläuferzellen infiziert wurden (s. oben).[11] Man verfolgte Neuronen, die von einer einzigen Zelle abstammten, während sie im Laufe ihrer Entwicklung die Cortexschichten bildeten. Die enge Verbindung von Glia und Neuronen deutet darauf hin, daß die Radialgliazellen anfänglich ein Gerüst bilden, um das die folgende neuronale Organisation stattfindet. Hatton und ihre Kollegen haben Moleküle identifiziert, die für die Führung der wandernden Neuronen entlang der radialen Gliafasern verantwortlich sind.[70,71] In Kultur konnten sie durch Videobilder belegen, daß Antikörper gegen die Oberflächenmoleküle der Gliazellen diese Wanderung blokkieren können, da embryonale Körnerzellen entlang eines Gliastranges «die Einbahnstraße» benutzen.

Die Rolle der Gliazellen beim Aufbau von Strukturen während der Entwicklung wird weiterhin bei der Bildung von **barrel fields**, zylindrischen Zellclustern im sensorischen Cortex von Nagern illustriert. Diese barrels werden in Kap. 14 beschrieben und bestehen aus einer zylindrischen Anordnung von Neuronen.[72] Jedes dieser barrel setzt sich nur aus den Neuronen zusammen, die auf die Reizung eines bestimmten Tasthaares im Gesichtsbereich der Maus oder Ratte antworten. Im Laufe der Entwicklung konzentrieren sich Gliazellen in den corticalen Bereichen, in denen sich später der zylinderförmige Anordnung von Neuronen formiert, bevor die Neuronen selbst einwandern und ihre typischen Positionen einnehmen. Bestimmte andere prospektive Kerne und Neuronengruppierungen werden ebenfalls von Gliazellen im frühen Entwicklungsstadium des ZNS bevor die Aggregation deutlich wird, vorgezeichnet.[73] Vergleichbare Muster der Gliabeteiligung kann man auch während der Entwicklung bei Wirbellosen beobachten. Beispielsweise

70 Stitt, T.N. and Hatten, M.E. 1990. *Neuron* 5: 639–649.
71 Hatten, M.E. 1990. *Trends Neurosci.* 13: 179–184.
72 Van der Loos, H. and Woolsey, T.A. 1973. *Science* 179: 395–398.
73 Cooper, N.G.F. and Steindler, D.A. 1986. *Brain Res.* 380: 341–348.

treten bei Larven der Motte *Manduca* durch Wechselwirkungen mit dem Gerüst, das von den Gliazellen geliefert wird, komplexe glomeruläre Neuronenansammlungen auf.[74] Verhindert man gezielt die Teilung der Gliazellen, so sind die Neuronen nicht in der Lage, die passenden Strukturen auszubilden. Synapsen können jedoch auch in Abwesenheit von Gliazellen gebildet werden. Im embryonalen Rückenmark von Affen und im neonatalen Rückenmark des Opossums entwickeln sich chemische Synapsen, bevor Gliazellen in der synaptischen Region erscheinen.[75] Es ist auch bekannt, daß sich in Gewebekulturen funktionierende Synapsen ohne Satellitenzellen bilden können.[76]

Molekulare Wechselwirkungen zwischen Gliazellen und Neuronen während der Entwicklung

Was sind die Mechanismen, die Neuronen in verschiedenen Entwicklungsstadien dazu befähigen, an bestimmten Gliazellen – aber nicht an anderen – entlangzuwandern oder Fortsätze darüber auszustrecken? In Kap. 11 zeigen wir, daß spezifische Moleküle, wie Laminin, Fibronectin und zelluläre Adhäsionsmoleküle als Faktoren für die Wachstumsrichtung der Neuriten wirken können. Verankert in der extrazellulären Matrix liefern sie das Substrat, das Bewegung oder Formveränderung auslöst. In Gewebekulturen konnten Schwab und seine Kollegen zeigen, daß Astrocyten und Schwannsche Zellen als bevorzugtes Substrat für neuronale Adhäsion und neuronalen Auswuchs dienen.[77,78] Neuronale Tumorzellen (Neuroblastom) oder embryonale Sehnerv-Explantate wachsen auf grauer Substanz, meiden aber weiße Substanz, die myeliniserte Axone und Oligodendrocyten enthält. Behandlung des Myelins mit Protease oder mit einem spezifischen monoklonalen Antikörper gegen Myelin zerstört die Hemmwirkung der Oligodendrocyten auf das Wachstum. Unter diesen Bedingungen haften und sprossen Neuronen auf weißer Substanz. Wie einige Hinweise lassen vermuten, könnten die Hemmwirkungen von Oligodendrocyten dazu dienen zu verhindern, daß Axone seitlich austreiben, wenn sie entlang einer Bahn im ZNS auf ihren Zielort zuwachsen. Die Gliazellen könnten deshalb dazu beitragen, Grenzen zwischen einzelnen Faserbündeln oder Faserbündeln und grauer Substanz abzustecken.

Gliazellen können nicht nur allgemein fördernd oder hemmend wirken, sondern auch wachstumsfördernde Moleküle, wie NGF (nerve growth factor, Kap. 11), sezernieren.[79] Es wurde ein Faktor aus Gliazellen isoliert, der das Neuritenwachstum fördert (als GDN – glial-derived nexin – bezeichnet). Man konnte zeigen, daß es sich dabei um einen starken Proteaseinhibitor handelte.[80,81] Proteasen, die von Wachstumskegeln sezerniert werden, können extrazelluläre Matrixmoleküle verdauen, und eine Hemmung der Enzyme in Kultur mittels GDN kann das Auswachsen fördern. Monard hat vorgeschlagen, daß der aus Gliazellen stammende Proteaseinhibitor die empfindliche Balance zwischen neuronalen Proteasen und extrazellulären Matrixmolekülen beeinflußt, die entscheidend für das Wachstum sind.[81]

Die Rolle der Satellitenzellen bei Reparatur und Regeneration

Gliazellen sind an der Narbenbildung sowie am Entfernen von Zelltrümmern beteiligt, sie bilden in der Peripherie Leiter, an denen Axone längswachsen und ihre Verbindungen nach Verletzung wiederherstellen können (Kap. 12). Mikrogliazellen wandern an der verletzten Stelle aus dem Blut ins ZNS ein, teilen sich und phagocytieren Bruchstücke der absterbenden Zellen.[6,82] Bei Evertebraten wie dem Blutegel können wandernde Mikrogliazellen eine entscheidende Rolle bei der Regeneration spielen.[83,84] Nach Verletzung des Schaben-ZNS wandern Gliazellen in die verletzte Region ein und vervielfältigen sich.[85] Von ihnen leiten sich die neuen umhüllenden Gliazellen ab, die das Flüssigkeitsmillieu rund um die Neuronen regulieren. Eine bemerkenswerte Wechselwirkung von Mikrogliazellen mit verletzten Axonen hat man bei Crustaceen gefunden.[86] Nachdem man ein dikkes Motoaxon beim Hummer durchtrennt hatte, überlebte der distale Stumpf, der von Zellkörper mit dem Zellkern abgetrennt war, eigenständig wochen- oder gar monatelang. Kopfzerbrechen bereitet dabei die Frage, wie dieser Axonstumpf es fertigbringt, ohne Ribosomen oder Zellkörper seinen «Lebensunterhalt» zu bestreiten. Elektronenmikoskopische Aufnahmen zeigen, daß das Axoplasma eine Population kleiner kernhaltiger Zellen enthält, die Mikrogliazellen ähneln. Daher besteht die Möglichkeit, daß diese Eindringlinge die entscheidenden Substanzen für das Überleben des Axonstumpfes liefern. Im Nervensystem von Säugern reagieren Astrocyten, Mikroglia und Schwannschen Zellen auf Verletzungen mit Vermehrung. Läsionen der Vorderwurzeln mit ihren Motoaxonen verursachen deutliche Veränderungen bei den Gliazellen, die die Motoneuronen umgeben, welche eine Chromatolyse erleiden.[87] Während der Regeneration des peripheren Nervensystems dienen die Schwann-

74 Tolbert, L.P. and Oland, L.A. 1990. *Exp. Neurol.* 109: 19–28.
75 Stewart, R.R. et al. 1991. *J. Exp. Biol.* 161: 25–41.
76 Fuchs, P.A., Henderson, L.P. and Nicholls, J.G. 1982. *J. Physiol.* 323: 195–210.
77 Caroni, P. and Schwab, M.E. 1988. *J. Cell Biol.* 106: 1281–1288.
78 Schwab, M.E. 1991. *Philos. Trans. R. Soc. Lond. B* 331: 303–306.
79 Heuman, R. (1987). *J. Exp. Biol.* 132: 133–150.
80 Gloor, S. et al. 1986. *Cell* 47: 687–693.
81 Monard, D. 1988. *Trends Neurosci.* 11: 541–544.
1: 301–307.
83 McGlade-McCulloh, E. et al. 1989. *Proc. Natl. Acad. Sci. USA* 86: 1093–1097.
84 Masuda-Nakagawa, L.M., Muller, K.J., and Nicholls, J.G. 1990. *Proc. R. Soc. Lond. B* 241: 201–206.
85 Smith, P.J., Howes, E.A. and Treherne, J.E. 1987. *J. Exp. Biol.* 132: 59–78.
86 Atwood, H.L. et al. 1989. *Neurosci. Lett.* 101: 121–126.
87 Kreutzberg, G.W., Graeber, M.B. and Streit, W.J. 1989. *Metab. Brain Dis.* 4: 81–85.

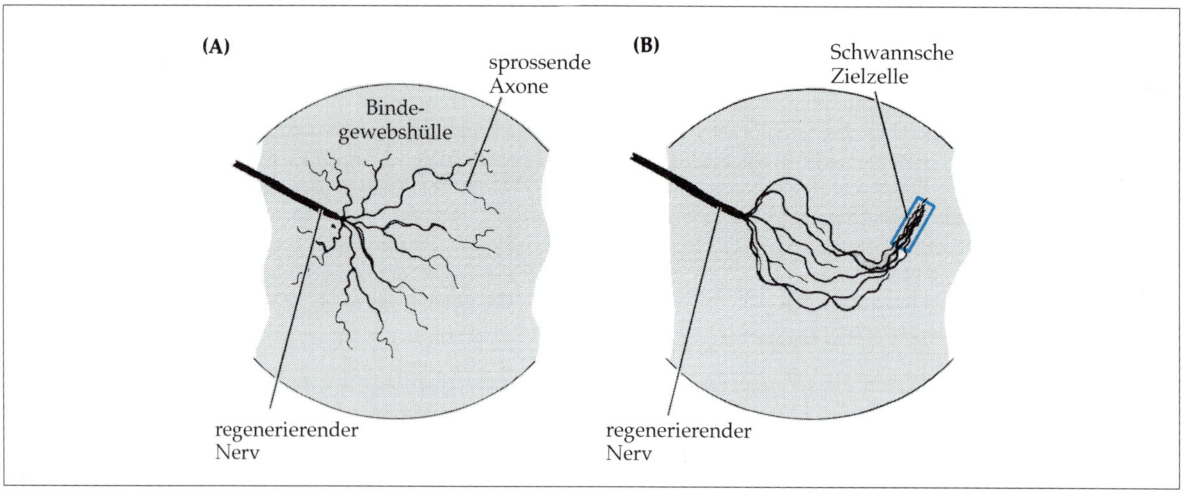

Abb. 15: **Zielgerichtetes Wachstum regenerierender Motoaxone** auf Schwannsche Zellen und perineurales Gewebe zu. (A) Ohne Ziel wachsen die Axone eines regenerierenden motorischen Nervs zufällig und ungerichtet nach allen Seiten. Der Nerv versorgt den Musculus cutaneus pectoris des Frosches, der bis auf die Bindegewebshülle völlig entfernt wurde. Die mit Meerrettichperoxidase markierten Axone wachsen in alle Richtungen. (B) Ein ähnliches Experiment, bei dem ebenfalls der Nerv durchtrennt und der Muskel entfernt wurde; zusätzlich wurde jedoch in einiger Entfernung ein Nervensegment im Bindegewebe plaziert. Die Axone im transplantierten Nervensegment waren degeneriert, so daß nur die Schwannschen Zellen im perineuralen Gewebe übrigblieben. Die regenerierenden, mit Meerrettichperoxidase markierten Axone wachsen deutlich erkennbar auf dieses Ziel zu. In anderen Experimenten zogen auch in semipermeable Membranen eingehüllte Nervenabschnitte auswachsende Neurite auf sich zu (nach Kuffler, 1987).

schen Zellen als Führung, an der die regenerierenden Axone längswachsen können. Die Axone folgen der alten Spur der Schwannschen Zellen, die am distalen Stumpf verbleiben. Die Schwannschen Zellen können die Plätze besetzen, die von motorischen Nervenendigungen an den denervierten motorischen Endplatten geräumt wurden. Dort setzen sie ACh frei und rufen Miniaturpotentiale hervor, wahrscheinlich das beste Beispiel für Transmitterfreisetzung durch Satellitenzellen unter physiologischen Bedingungen.[88] Schwannsche Zellen können auch Neuronen dazu veranlassen, aus einer gewissen Entfernung auf sie zuzuwachsen. Das konnte in Experimenten an Fröschen gezeigt werden, bei denen regenerierende Motoaxone ihres Zielmuskels beraubt wurden.[89] Gleichzeitig mit der Durchtrennung der Motoaxone wurde der Muskel, den sie gewöhnlich innervieren, herausoperiert; zurück blieb nur die Bindegewebshülle. In Ermangelung eines Ziels wuchsen die Axone vom Nervenstumpf aus wahllos in alle Richtungen. Wenn jedoch ein Nervensegment in ihrer Nachbarschaft plaziert wurde, machten die Axone einen abrupte Wendung und schlugen eine Bahn ein, die direkt darauf zulief (Abb. 15). Ersetzte man das Nervensegment durch ein Stück Sehne oder glatte Muskulatur, so fand kein derartig gerichtetes Wachstum statt. Die Nervenaxone in diesem Zielsegment waren degeneriert, so daß nur noch Schwannsche Zellen, Bindegewebe und perineurale Zellen übrigblieben. Es ist nicht ungewöhnlich für durchtrennte Axone, über eine gewisse Strecke zu wachsen, um ein distales Segment zu erreichen, an dem sie dann entlangwachsen können. Bei geeignetem Substrat können Axone in Abwesenheit von Gliazellen oder Schwannschen Zellen über beträchtliche Entfernungen wachsen. Im ZNS des Blutegels beispielsweise (Kap. 13) wachsen Axone nach Verletzung ihrer Fortsätze wieder aus, um ihre ursprünglichen Verbindungen wiederherzustellen. Diese Regeneration ist auch dann noch möglich, wenn die sie umgebenden Gliazellen abgetötet worden sind.[90]

Warum ist die Regenerationsfähigkeit im ZNS adulter Säuger so gering? Anders als bei Blutegel, Fisch oder Frosch regeneriert unser eigenes Rückenmark oder unser optischer Nerv nach einer Läsion nicht (Kap. 12). Zwei Mechanismen könnten im Prinzip dafür verantwortlich sein: das Fehlen von wachstumsfördernden Molekülen oder aktive Hemmung. Wie in Kap. 12 beschrieben haben Aguayo und seine Kollegen gezeigt, daß Neuronen im ZNS adulter Säuger in Anwesenheit Schwannscher Zellen über große Distanzen, über Zentimeter, auswachsen können.[91] Bei dem Experiment wird ein Transplantat aus peripherem Nervengewebe zwischen Retina und Colliculus oder, sagen wir, Cortex und Mittelhirn eingepflanzt. Die Fasern dringen in das Transplantat ein (das aus Schwannschen Zellen besteht, da alle Axone degeneriert sind) und wachsen in das distale Gewebe ein, wo sie Synapsen ausbilden. In den Experimenten von Schwab und Kollegen konnte gezeigt werden, daß der oben erwähnte hemmende Einfluß von Oligodendrocyten und Myelin die Regeneration beeinflußt.[78] Bei erwachsenen Ratten wurden Antikörper gegen Myelinprotein mit einer einfallsreichen Technik in das verletzte Rückenmark eingebracht: Zellen, die genetisch dazu programmiert waren, den Antikörper zu produzieren und zu sezernieren, wurden an die Verletzungsstelle eingepflanzt. Als

88 Dennis, M., and Miledi, R. 1974. *J. Physiol.* 237: 431–452.
89 Kuffler, D.P. 1987. *J. Exp. Biol.* 132: 151–160.
90 Elliott, E.J. and Muller, K.J. 1983. *J. Neurosci.* 3: 1994–2006.
91 Aguayo, A.J. et al. 1990. *J. Exp. Biol.* 153: 199–224.

Folge der Neutralisation des Myelinantigens wuchsen die verletzten Fasern wieder über die Verletzungsstelle. Nach demselben Verfahren wuchsen Fasern im unmyelinisierten Rückenmark des neonatalen Opossums rasch und dicht über die Läsion.[92] Das Stadium, in dem diese Reparaturfähigkeit verlorengeht, ist bisher noch nicht verstanden, ebensowenig die Rolle, die die Gliazellen beim Verhindern der Regeneration im ZNS spielen.

Welche direkten Wirkungen haben Gliazellen auf die neuronale Signalverarbeitung?

Die in den vorangegangegen Abschnitten beschriebenen Experimente zeigen die Bedeutung der Gliazellen bei Entwicklung, Regeneration und Myelinbildung. Uns liegen heute detaillierte Informationen über Ionenkanäle in ihrer Membran und über Wechselwirkungen mit wachsenden Neuriten auf molekularer Ebene vor. Doch es bleibt wahr, daß Neuronen in Kultur auch ohne Gliazellen überleben, ihre Membraneigenschaften aufrechterhalten und normale Synapsen ausbilden. Daher ist es wahrscheinlich, daß Gliazellen keine *direkte* Rolle bei der elektrischen Signalgebung spielen.
Gleichzeitig sagen Gliazellen etwas über die Stärke des Impulsverkehrs in ihrer Umgebung aus. Die Depolarisation von Gliazellen ist abgestuft entsprechend der Zahl der aktiven Neuronen und der Frequenz, mit der diese feuern. Impulsraten werden in den Extrazellulärspalten in Kaliumkonzentrationen und diese wiederum in Änderungen des Membranpotentials der Gliazellen umgesetzt. Diese Art der Signalgebung zwischen Neuronen und Gliazellen unterscheidet sich radikal von der spezifischen Aktivität von Synapsen. Synapsenaktivitäten beschränken sich auf kleine, spezialisierte Regionen am neuronalen Zellkörper und an den Dendriten, sie können sowohl erregend als auch hemmend wirken. Dagegen ist die Signalgebung durch den Kaliummechanismus nicht auf spezielle Strukturen, wie Synapsen, beschränkt, sondern tritt über die ganze Länge des Neurons auf, unabhängig davon, ob ein Impuls einen exzitatorischen oder einen inhibitorischen Transmitter freisetzt.[17] In dieser Hinsicht ist die Kalium-Signalgebung zwischen Neuron und Glia unspezifisch, abgesehen davon, daß Gliazellen vorwiegend von den Neuronenpopulationen in ihrer Nähe beeinflußt werden. Daher sollte man erwarten, daß die physiologische Rolle der Gliazellen eher eine generelle als eine spezielle ist. Man könnte spekulieren, daß eine Kalium-induzierte Depolarisation auf irgendeine Weise zu einer Stimulation von Enzymen in Gliazellen führt und sie dazu veranlaßt, ein Produkt zu erzeugen, das die Nervenzellen für ihre Aktivität oder für die sich anschließende Erholung benötigen.[93] Bei anderen Wechselwirkungsmechanismen, die beschrieben wurden, geht es um eine Transmitter-vermittelte Einflußnahme von Tintenfischaxonen auf Schwannsche Zellen. Diese Interaktion führt dazu, daß die Schwannschen Zellen einen anderen Transmitter freisetzen, der auf die Membran der Schwannschen Zellen selbst rückwirkt.[59,94,95]

Astrocyten und Gehirndurchblutung: Eine Spekulation

Wir können uns nun auf vier Fakten stützen, die eine mögliche Rolle der Astrocyten im Säugergehirn erklären. Erstens umhüllen sie die Gehirnkapillaren mit ihren Endfüßen. Genau dieses Merkmal ließ Golgi und so viele andere vermuten, sie lieferten den Neuronen Nährstoffe. Zweitens verusacht Aktivität, die in einer bestimmten Hirnregion lokalisiert ist, einen dramatischen Anstieg des Blutdurchflusses durch diese Region, wie man mittels Positronenemissionstomographie (PET) oder optischen Nachweismethoden zeigen konnte (s. Kap. 17). Drittens beeinflussen Astrocyten die Bildung von Verbindungen zwischen den kapillaren Endothelzellen im Gehirn. Viertens registrieren Gliazellen, wie oben erwähnt, den Pegel der Gesamtaktivität der Neuronen in ihrer Nachbarschaft. Paulson und Newman haben daher die interessante Idee zur Diskussion gestellt, daß die Endfüße der depolarisierten Astrocyten auf die Kapillaren rückwirken und zu einer lokal begrenzten Gefäßerweiterung führen könnten[96]. Auf diesem Wege würden aktive Neuronen durch die Aktivität der Gliazellen mit Sauerstoff und Glukose versorgt. Was den Mechanismus angeht, so haben wir noch keine konkreten Hinweise, doch erhöhte Konzentrationen von Kalium oder anderen Molekülen, die aus den Endfüßen der Gliazellen freigesetzt werden, könnten das Kapillarendothel beeinflussen. Paulsons und Newmans Vorschlag erinnert an Golgis ursprüngliche Idee, die aber von Signalen ausgeht, die in die umgekehrte Richtung wandern. Nicht die Gliazellen transportieren durch ihr Cytoplasma Nährstoffe vom Blut zu den Neuronen, sondern die Aktivität der Neuronen führt zu einer streng lokalisierten Gefäßerweiterung und zu einem erhöhten Blutdurchfluß gerade dort, wo es nötig ist.

Gliazellen und Immunantworten des ZNS

Bis vor kurzem wurde allgemein angenommen, daß die Gewebe im Zentralnervensystem nicht unter Kontrolle des Immunsystems stehen. Die Blut-Hirn-Schranke, das Fehlen eines lymphatischen Systems und die relative Leichtigkeit, mit der Transplantate einwachsen können, ließen vermuten, daß Immunantworten auf fremde Antigene fehlen, wie sie in anderen Systemen und Organen auftreten. Infolgedessen werden die ZNS-Funktionen nicht von massiven allergischen Reaktionen auf einen Bienenstich oder Giftsumach gestört. Heute haben sich die Hinweise darauf verdichtet, daß Mikroglia und ak-

92 Treherne, J.M. et al. 1992. *Proc. Natl. Acad. Sci. USA* 89: 431–434.
93 Orkand, P.M., Bracho, H. and Orkand, R.K. 1973. *Brain Res.* 55: 467–471.
94 Villegas, J. 1981. *J. Exp. Biol.* 95: 135–151.
95 Evans, P.D. et al. 1992. *Ann. NY Acad. Sci.* 633: 434–447.
96 Paulson, O.B. and Newman, E.A. 1987. *Science* 237: 896–988.

tivierte T-Lymphocyten ins Gehirn eindringen und eine akute Entzündung des Gehirngewebes auslösen können.[6,97–99] (Sensitivierte, aktivierte T-Zellen rufen Antworten eines Gewebes auf spezifische Antigene hervor, wenn ihnen von Helfer-Zellen Antigene dargeboten werden.) Ein wohlbekanntes Beispiel ist die experimentelle allergische Encephalitis (EAE). Gegen ein Protein im Myelin (myelin basic protein) werden Antikörper produziert. Bei Mäusen und Ratten dringen aktivierte T-Zellen in das Gehirn ein, wandern durch die Kapillarenwände und verursachen Schäden im perivaskulären Bereich.[100] Das ist genau die Stelle, an der die Endfüße der Astrocyten gehäuft vorkommen. Astrocyten in Kultur und in situ reagieren, wie gezeigt wurde, mit T-Lymphocyten, deren Aktivität sie stimulieren oder auch unterdrücken können. Astrocyten qualifizieren sich damit als induzierbare, fakultativ Antigen-präsentierende Zellen. Nach einem Vorschlag von Wekerle und Kollegen ist die Immunsensitivität des ZNS erstens durch die Begrenzung der Lymphocytenzahl eingeschränkt, die die aktivierten T-Zellen kontrollieren (welche als einzige die Blut-Hirn-Schranke überwinden können), und zweitens durch Konzentration der reaktiven Bereiche auf eng begrenzte Regionen rund um die Kapillaren. Auch Mikrogliazellen und Makrophagen im Gehirn spielen eine Rolle bei Immunreaktionen im Gehirn, wie der Transplantatabstoßung. Wie zu erwarten gibt es zahllose Spekulationen über Art und Umfang der Wechselwirkungen zwischen Immunsystem und Zentralnervensystem. Sie reichen von Einflüssen auf Schlafmechanismus und Muskeltonus bis zu Einflüssen auf Stimmung oder Krankheitsanfälligkeit. Wieder einmal sind Gliazellen in einem frühen Stadium in eine neues, vielversprechendes Gebiet hineingezogen worden, wobei bisher nur wenig experimentelle Fakten vorliegen.

Empfohlene Literatur

Übersichtsartikel

Abbott, N.J. 1992. *Glial-Neuronal Interaction. Ann NY Acad. Sci.* Vol. 633.

Barres, B.A., Chun, L.L. and Corey, D.P. 1990. Ion channels in vertebrate glia. *Annu. Rev. Neurosci.* 13: 441–471.

97 Wekerle, H. et al. 1987. *J. Exp. Biol.* 132: 43–57.
98 Wekerle, H. et al. 1986. *Trends Neurosci.* 9: 271–277.
99 Lampson, L.A. 1987. *Trends Neurosci.* 10: 211–216.
100 Sun, D. et al. 1988. *Nature* 332: 843–845.

Black, J.A., Kocsis, J.D. and Waxman, S.G. 1990. Ion channel organization of the myelinated fiber. *Trends Neurosci.* 13: 48–54.

Bradbury, M. 1979. *The Concept of a Blood-Brain Barrier.* John Wiley & Sons, Chichester.

Hatten, M.E. 1990. Riding the glial monorail: A common mechanism for glialguided neuronal migration in different regions of the developing mammalian brain. *Trends Neurosci.* 13: 179–184.

Kuffler, S.W. and Nicholls, J.G. 1966. The physiology of neurologial cells. *Ergeb. Physiol.* 57: 1–90.

Tolbert, L.P. and Oland, L.A. 1989. A role for glia in the development of organized neuropilar structures. *Trends Neurosci.* 12: 70–75.

Originalartikel

Aguayo, A.J., Bray, G.M., Rasminsky, M., Zwimpfer, T., Carter, D. and Vidal-Sanz, M. 1990. Synaptic connections made by axons regenerating in the central nervous system of adult mammals. *J. Exp. Biol.* 153: 199–224.

Astion, M.L., Obaid, A.L. and Orkand, R.K. 1989. Effects of barium and bicarbonate on glial cells of *Necturus* optic nerve. Studies with micorelectrodes and voltage-sensitive dyes. *J. Gen. Physiol.* 93: 731–744.

Caroni, P. and Schwab, M.E. 1988. Two membrane protein fractions from rat central myelin with inhibitory properties for neurite growth and fibroblast spreading. *J. Cell Biol.* 106: 1281–1288.

Gloor, S., Odnik, K., Guenther, J., Nick, H. and Monard, D. 1986. A gliaderived neurite promoting factor with protease inhibitory activity belongs to the protease nexins. *Cell* 47: 687–693.

Kuffler, S.W. and Potter, D.D. 1964. Glia in the leech central nervous system: Physiological properties and neuron-glia relationship. *J. Neurophysiol.* 27: 290–320.

McGlade-McCulloh, E., Morrissey, A.M., Norona, F. and Muller, K.J. 1989. Individual microglia move rapidly and directly to nerve lesions in the leech central nervous system. *Proc. Natl. Acad. Sci. USA* 1093–1097.

Newman, E.A. 1987. Distribution of potassium conductance in mammalian Müller (glial) cells: A comparative study. *J. Neurosci.* 7: 2423–2432.

Paulson, O.B. and Newman, E.A. 1987. Does the release of potassium from astrocyte endfeet regulate cerebral blood flow? *Science* 237: 896–898.

Rakic, P. 1988. Specification of cerebral cortical areas. *Science* 241: 170–176.

Ritchie, J.M. 1990. Voltage-gated cation and anion channels in the satellite cells of the mammalian nervous system. In *Advances in Neural Regeneration Research*, Wiley-Liss, pp. 237–252.

Smith, P.J., Howes, E.A. and Treherne, J.E. 1987. Mechanisms of glial regeneration in an insect central nervous system. *J. Exp. Biol.* 132: 59–78.

Tao-Cheng, J.H., Nagy, Z. and Brightman, M.W. 1987. Tight junctions of brain endothelium in vitro are enhanced by astroglia. *J. Neurosci.* 7: 3293–3299.

Wekerle, H., Sun, D., Oropeza-Wekerle, R.L. and Meyermann, R. 1987. Immune reactivity in the nervous system: Modulation of T-lymphocyte activation by glial cells. *J. Exp. Biol.* 132: 43–57.

Teil 2

Kommunikation zwischen erregbaren Zellen

Kapitel 7

Prinzipien der synaptischen Übertragung

Synapsen sind die Kontaktpunkte zwischen zwei Nervenzellen oder zwischen einer Nervenzelle und einer Effektorzelle, wie einer Drüsenzelle oder einer Muskelfaser. An diesen Punkten werden Signale von einer Zelle zur anderen weitergegeben. An elektrischen Synapsen breitet sich ein Strom, der von einem Impuls in der präsynaptischen Nervenendigung hervorgerufen worden ist, durch Kanäle mit geringem Widerstand in die nächste Zelle aus. Die meisten Synapsen sind chemische Synapsen. Bei ihnen verhindert der flüssigkeitsgefüllte Spalt zwischen der präsynaptischen und der postsynaptischen Membran die direkte Ausbreitung des Stroms. Statt dessen sezerniert die Nervenendigung einen Stoff, den Neurotransmitter, der Ionenkanäle in der postsynaptischen Membran aktiviert. Chemische Synapsen können exzitatorisch (**erregend**) oder inhibitorisch (**hemmend**) sein.

Eine Synapse, über die detaillierte experimentelle Informationen vorliegen, ist die neuromuskuläre Endplatte der Wirbeltiere, bei der Acetylcholin (ACh) aus den motorischen Nervenendigungen die Permeabilität der postsynaptischen Membran für Kationen, insbesondere für Natrium und Kalium, erhöht. Diese Permeabilitätserhöhung ruft einen Netto-Einstrom positiver Ladungen und dadurch eine Depolarisation hervor. Die Depolarisation ist gewöhnlich groß genug, um in der Muskelfaser ein Aktionspotential auszulösen, kann aber durch Applikation von Drogen, wie Curare, unter die Schwelle gesenkt werden. Der Permeabilitätsanstieg beruht auf der Aktivierung von ACh-Rezeptoren, die geöffnet Kationen-selektive Kanäle darstellen. Ähnliche Mechanismen findet man an anderen erregenden Synapsen.

Bei vielen hemmenden Synapsen besteht die Wirkung des inhibitorischen Neurotransmitters darin, postsynaptische Kanäle zu aktivieren, die für Anionen permeabel sind, hauptsächlich für Chlorid. Der Effekt dieser Permeabilitätserhöhung liegt darin, einer Depolarisation entgegenzuwirken. Im Zentralnervensystem besitzen die Neuronen sowohl exzitatorische als auch inhibitorische Synapsen. Die Auslösung eines Nervenimpulses hängt vom Gleichgewicht zwischen diesen beiden Einflüssen ab. Man findet noch eine zweite Art der Hemmung – die präsynaptische Inhibition, bei der eine hemmende Transmittersubstanz der Transmitterfreisetzung aus einer erregenden präsynaptischen Nervenendigung entgegenwirkt.

Die Mechanismen der Transmitterfreisetzung aus Nervenendigungen sind an verschiedenen Präparaten untersucht worden, insbesondere an der neuromuskulären Endplatte beim Frosch und an der Riesensynapse beim Tintenfisch. Der Reiz für die Transmitterausschüttung ist die Depolarisation der präsynaptischen Endigung, die entweder durch einen Nervenimpuls oder künstlich, in Gegenwart von Calcium, hervorgerufen wird. Die Ausschüttung erfolgt nach Calciumeinstrom in die Endigung durch spannungsaktivierte Calciumkanäle. In Lösungen mit niedriger Calciumkonzentration kann die Ausschüttung reduziert sein oder vollständig ausfallen. Stets tritt eine Verzögerung von ca. 0,5 ms zwischen der Depolarisation und der Ausschüttung auf, wobei ein Großteil der Zeit für das Öffnen der Calciumkanäle benötigt wird.

Einer der wichtigsten Befunde ist, daß Transmitter in multimolekularen Paketen (Quanten) freigesetzt werden, von denen jedes mehrere tausend Transmittermoleküle enthält. Ein Quant ist die fundamentale physiologische Einheit für die Freisetzung von Transmitter. Bei der synaptischen Aktivierung der neuromuskulären Verbindung von Vertebraten werden gewöhnlich 100 bis 200 Quanten ACh praktisch synchron von der Nervenendigung freigesetzt. Selbst in Ruhe geben die Nervenendigungen spontan Transmitterquanten ab und lösen dadurch niederfrequente synaptische Miniaturpotentiale mit Amplituden im Millivoltbereich aus. An anderen Synapsen ist im allgemeinen die durchschnittliche Zahl von Quanten, die von einem präsynaptischen Aktionspotential freigesetzt werden, viel geringer – von 1 bis 20 an Synapsen in vegetativen Ganglien und um 1 bei vielen Synapsen im Zentralnervensystem. Die durchschnittliche Anzahl postsynaptischer Kanäle, die durch ein einziges Transmitterquant aktiviert werden, schwankt ebenfalls beträchtlich; sie reicht von ca. 10 bis zu 1500 und mehr.

Die Anzahl der von einer Nervenendigung freigesetzten Quanten hängt von der vorhergegangenen Aktivität ab. Wenn der präsynaptische Nerv beispielsweise einer Folge von Impulsen mit einer Frequenz von, sagen wir, 10 pro Sekunde ausgesetzt wird, können die Amplituden der folgenden postsynaptischen Potentiale zunehmen. Ursache dafür ist eine progressive Zunahme der Anzahl der bei jedem präsynaptischen Aktionspotential freigesetzten Quanten, ein Vorgang, den man als Bahnung oder Facilitation bezeichnet. Nach Reizende klingt der Effekt im Laufe von einigen hundert Millisekunden wieder ab. Ein längerfristiger Effekt ergibt sich, wenn man einen Nerv repetitiv mehrere Sekunden lang reizt. Bei diesem Reizmodus (den man einen *Tetanus* nennt) kommt es bei nachfolgender Reizung in einem Zeitraum von bis zu einer Stunde zu einer verstärkten Quantenfreisetzung, ein Phänomen, das man posttetanische Potenzierung nennt.

In diesem Kapitel beschreiben wir die grundlegenden Mechanismen, durch die chemische Transmitter aus präsynaptischen Nervenendigungen freigesetzt werden und auf postsynaptische Zellen erregend oder hemmend wirken und führen in das Konzept der synaptischen Plastizität ein. In Kap. 8 und 9 werden diese Vorstellungen ausgeweitet und vertieft. Dabei werden die Faktoren behandelt, die die synaptische Funktion und die Membraneigenschaften von Nervenzellen modulieren, sowie Stoffwechsel, Identifizierung und Verteilung von Neurotransmittern.

Erste Annäherungen

Synapsen (ein Begriff, der von Sherrington eingeführt wurde) sind Kontaktpunkte zwischen Nervenzellen oder zwischen Nerven- und Effektorzellen, wie Muskelfasern An den Synapsen wird die Erregung, die in der präsynaptischen Nervenendigung eintrifft, in erregende oder hemmende elektrische Signale in der postsynaptischen Zelle umgesetzt. Es war nicht immer klar, daß die beiden Komponenten – präsynaptische Endigung und postsynaptische Zelle – tatsächlich morphologisch getrennt sind. In der zweiten Hälfte des 19. Jahrhunderts gab es eine heftige Meinungsverschiedenheit zwischen Vertretern der *Zelltheorie*, die die Neuronen als unabhängige Einheiten betrachteten, und denjenigen, die annahmen, Nervenzellen bildeten ein *Syncytium* und seien durch Protoplasmabrücken miteinander verbunden. Es dauerte bis Anfang des 20. Jahrhunderts, bis die Zelltheorie allgemein akzeptiert wurde und die meisten Biologen Nervenzellen als unabhänige Einheiten ansahen. Schließlich war es die Elektronenmikroskopie, die definitive Beweise dafür erbrachte, daß jedes Neuron vollständig von einer eigenen Plasmamembran umgeben ist. Aber die Elektronenmikroskopie und andere moderne Techniken enthüllten auch, daß einige Neuronen tatsächlich durch Protoplasmabrücken verbunden waren und zwar in Form von Connexonen (Kap. 5).

Elektrische und chemische Übertragung

Der Disput über die synaptische Struktur ging einher mit einem entsprechenden Disput über die Funktion 1848 zeigte Du Bois-Reymond, daß elektrischer Stromfluß sowohl bei der Muskelkontraktion als auch bei der Nervenleitung eine Rolle spielte, und zu dem Schluß, daß auch die Erregungsübertragung vom Nerv zum Muskel durch Stromfluß bewirkt wurde, war nur eine kleine Erweiterung dieser Vorstellung nötig.[1] Du Bois-Reymond selbst bevorzugte eine andere Erklärung – die Ausschüttung einer erregenden Substanz aus der Nervenendigung, die die Muskelkontraktion auslöst. Doch die Vorstellung von tierischer Elektrizität war dermaßen fest in den Köpfen seiner Zeitgenossen verankert, daß es mehr als 100 Jahre dauerte, bis Gegenbeweise schließlich die Vorstellung von der elektrischen Übertragung zwischen Nerv und Muskel und – als Erweiterung – zwischen Nervenzellen generell widerlegten.

1 Du Bois-Reymond, E. 1848. *Untersuchungen über thierische Electricität.* Reimer, Berlin.

Henry Dale (links) und Otto Loewi, Mitte der dreißiger Jahre. (Mit freundlicher Genehmigung von Lady Todd und W. Feldberg.)

Ein Grund, der die Vorstellung einer chemischen Übertragung so unattraktiv erscheinen ließ, lag darin, daß die Übertragung zwischen Nerv und Muskel und zwischen Nervenzellen im Zentralnervensystem extrem schnell abläuft. Diese Schwierigkeit schien beim vegetativen Nervensystem, das Drüsen und Blutgefäße kontrolliert, nicht zu existieren, denn die dort ablaufenden Reaktionen sind relativ langsam und langandauernd. Entsprechend wurden Ergebnisse aus Experimenten an diesen Geweben für die Diskussion als nicht besonders bedeutsam angesehen. Beispielweise wurde Langleys Beobachtung, daß die Übertragung im Ciliarganglion von Säugern selektiv durch Nicotin blockiert wurde[2], allgemein als Hinweis auf eine chemische Übertragung an Synapsen in Ganglien akzeptiert, doch für die eigentliche Argumentation als unerheblich angesehen. Interessanterweise blieb zu diesem Zeitpunkt eine Beobachtung von Consiglio, daß Nicotin die Übertragung im Ciliarganglion von Vögeln *nicht* blockierte[3], relativ unbeachtet. Erst 60 Jahre später entdeckte man, daß die Signale im Ciliarganglion von Vögeln elektrisch übertragen werden![4] Höhepunkte der Experimente und Ideen zu Beginn dieses Jahrhunderts findet man in den Schriften von Dale, der über mehrere Jahrzehnte einer der führenden britischen Wissenschaftler auf dem Gebiet der Physiologie und Pharmakologie war.[5] Zu seinen vielen Beiträgen gehörte die Klärung der ACh-Wirkung an Synapsen in vegetativen Ganglien und die Aufhellung der Rolle, die ACh bei der neuromuskulären Übertragung spielt.

1921 führte Otto Loewi ein direktes und einfaches Experiment durch, das die chemische Natur der Übertra-

2 Langley, J.N. and Anderson, H.K. 1892. *J. Physiol.* 13: 460–468.
3 Consiglio, M. 1900. *Arch. Farmacol. Terap.* 8: 268–275.
4 Martin, A.R. and Pilar, G. 1963. *J. Physiol.* 168: 443–463.
5 Dale, H.H. 1953. *Adventures in Physiology.* Pergamon Press, London.

gung zwischen dem Vagusnerv und dem Herz nachwies.[6] Er perfundierte das Herz eines Frosches und stimulierte den Vagusnerv, wodurch sich der Herzschlag verlangsamte. Als er die Flüssigkeit von dem gehemmten Herzen auf ein zweites, nicht stimuliertes Herz übertrug, begann auch dieses Herz, langsamer zu schlagen. Offensichtlich hatte der Vagusnerv aufgrund der Reizung eine Hemmsubstanz in das Perfusat abgegeben. Loewi und seine Kollegen konnten in weiteren Experimenten zeigen, daß die Substanz sich in jeder Beziehung wie ACh verhielt. Es wirft ein amüsantes Streiflicht auf Loewi, daß ihm die Idee für dieses Experiment im Traum einfiel, er sie mitten in der Nacht niederschrieb, doch sein Geschreibsel am nächsten Morgen nicht mehr entziffern konnte. Glücklicherweise kehrte der Traum zurück, und diesmal wollte Loewi nichts riskieren; er eilte ins Labor und führte das Experiment durch. Später meinte er dazu:

Bei wachem Verstand, im kalten Licht des Morgens, hätte ich es nicht getan. Schließlich war es eine sehr unwahrscheinliche Annahme, daß der Vagus eine Hemmsubstanz sezernieren würde. Noch unwahrscheinlicher war es, daß eine chemische Substanz, von der man annahm, sie wirke auf sehr kurze Entfernung zwischen Nervenendigung und Muskel, in so großen Mengen überschüssig sezerniert würde, daß sie nach Verdünnung durch die Perfusionsflüssigkeit noch in der Lage sein würde, ein anderes Herz zu hemmen.

In den frühen 30er Jahren wurde die Rolle von ACh bei der synaptischen Übertragung in Ganglien des vegetativen Nervensystems von Feldberg und Kollegen eindeutig nachgewiesen.[7] 1936 zeigten dann Dale und seine Kollegen, daß die Reizung von motorischen Nerven der Säuger-Skelettmuskulatur zu einer Ausschüttung von ACh führte.[8] Zum anderen rief die Injektion von ACh in Arterien, die den Muskel versorgten, eine starke synchrone Kontraktion der Muskelfasern hervor.

Pharmakologische Techniken waren bei solchen Experimenten unverzichtbar. Beispielweise erfordert die Gewinnung von ACh vom Skelettmuskel, daß die ACh-Hydrolyse durch eine Droge (Eserin) verhindert wird. Eserin hemmt das Enzym Acetylcholinesterase, das an cholinergen Synapsen und im Blutstrom vorkommt. Ein weiteres unverzichtbares Werkzeug war Curare, ein südamerikanisches Pfeilgift, das (damals) als Extrakt aus verschiedenen tropischen Pflanzen gewonnen wurde. Claude Bernard konnte zeigen, daß Curare die neuromuskuläre Übertragung blockiert, und Langley wies nach, daß es eine ähnliche Wirkung auf vegetative Ganglien hatte.

Elektrische Übertragung an Synapsen

Mitte der 50er Jahre war die chemische Übertragung fast allgemein als der Mechanismus akzeptiert, durch den elektrische Signale in postsynaptischen Zellen ausgelöst werden. Dann entdeckten Furshpan und Potter 1959 bei Ableitungen mit intrazellulären Mikroelektroden von Nervenfasern im Bauchmark des Flußkrebses eine elektrische Synapse.[9] Sie wiesen nach, daß ein Aktionspotential in einer lateralen Riesenfaser durch Stromfluß direkt zur Depolarisation einer motorischen Riesenfaser führte, die das Bauchmark verläßt. Die Depolarisation war ausreichend groß, um ein Aktionspotential in der postsynaptischen Faser auszulösen. Die elektrische Kopplung verlief nur in eine Richtung: Depolarisation der postsynaptischen Faser führte nicht zur Depolarisation der präsynaptischen Faser. Mit anderen Worten, die Synapse funktioniert als *Gleichrichter.* Wir wissen heute, daß das morphologische Substrat für die elektrische Kopplung dieser und anderer elektrischer Synapsen die gap junctions und die mit ihnen assoziierten Connexone sind, die den Stromfluß von einer Zelle in die andere ermöglichen (Kap. 5).

Elektrische synaptische Übertragung tritt an vielen Synapsen auf.[10] Elektrische Kopplung ist z.B. zwischen Gruppen großer Zellen in der Medulla von Kugelfischen nachgewiesen worden.[11] Elektrische Synapsen treten auch zwischen Motoneuronen im Rückenmark des Frosches auf,[12] und das Vorhandensein entsprechender gap junctions konnte gezeigt werden.[13] Ähnliche elektrische Kopplungen kommen im Zentralnervensystem von Säugern vor.[14] Beim Blutegel weist die elektrische Kopplung zwischen einigen sensorischen Neuronen die bemerkenswerte Eigenschaft auf, daß sich eine Depolarisation leicht von einer Zelle zur anderen ausbreitet, eine Hyperpolarisation hingegen nur schlecht,[15,16] d.h., die elektrischen Verbindungen sind *doppelt gleichrichtend.*

Überraschend war der Befund, daß elektrische und chemische Übertragung oft kombiniert an einer einzigen Synapse auftreten. Solche kombinierten elektrischen und chemischen Synapsen fand man zuerst bei Zellen aus dem Ciliarganglion von Vögeln[4], wo einem chemischen synaptischen Potential (von ACh hervorgerufen) ein elektrisch gekoppeltes Potential vorausgeht (Abb. 1). Ähnliche Synapsen sind bei Vertebraten weit verbeitet, z.B. bei spinalen Interneuronen des Neunauges[17] und bei spinalen Motoneuronen des Frosches.[18] Häufiger scheinen postsynaptische Zellen jedoch getrennte chemische und elektrische Eingänge aus verschiedenen konvergierenden Quellen zu integrieren. Es gibt z.B. Motoneu-

6 Loewi, O. 1921. *Pflügers Arch.* 189: 239–242.
7 Feldberg, W. 1945. *Physiol. Rev.* 25: 596–642.
8 Dale, H.H., Feldberg, W. and Vogt, M. 1936. *J. Physiol.* 86: 353–380.

9 Furshpan, E.J. and Potter, D.D. 1959. *J. Physiol.* 145: 289–325.
10 Bennett, M.V.L. 1974. *In* M.V.L. Bennett (ed.). *Synaptic Transmission and Neuronal Interactions.* Raven, New York, pp. 153–158.
11 Bennett, M.V.L. 1973. *Fed. Proc.* 32:65–75.
12 Grinnell, A.D. 1970. *J. Physiol.* 210: 17–43.
13 Sotelo, C. and Taxi, J. 1970. *Brain Res.* 17: 137–141.
14 Llinás, R., Baker, R. and Sotelo, C. 1974. *J. Neurophysiol.* 37: 560–571.
15 Baylor, D.A. and Nicholls, J.G. 1969. *J. Physiol.* 203: 591–609.
16 Acklin, S.E. 1988. *J. Exp. Biol.* 137: 1–11.
17 Rovainen, C.M. 1967. *J. Neurophysiol.* 30: 1024–1042.
18 Shapovalov, A.I. and Shiriaev, B.I. 1980. *J. Physiol.* 306: 1–15.

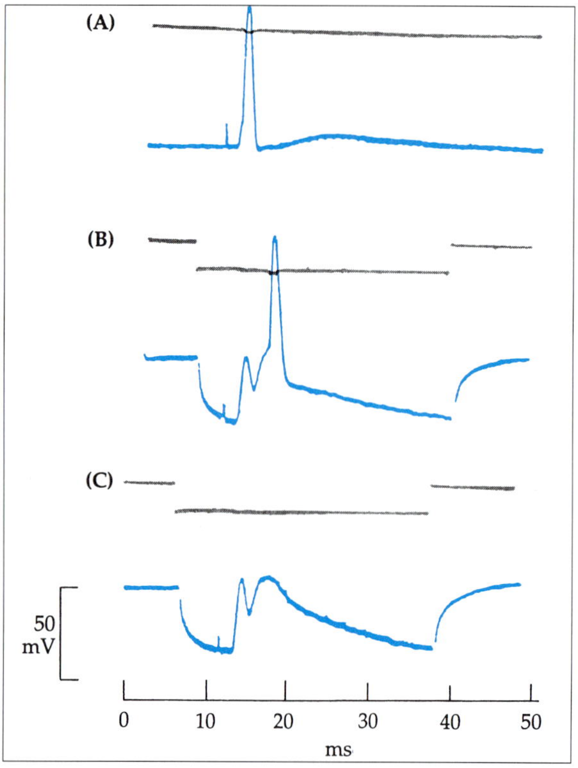

Abb. 1: **Elektrische und chemische synaptische Übertragung** bei einer Zelle im Ciliarganglion des Huhns, aufgezeichnet mit einer intrazellulären Mikroelektrode. (A) Eine Reizung des präganglionären Nervs löst in der Zelle ein Aktionspotential aus. (B) Wenn die Zelle durch Strominjektion durch die Ableitelektrode hyperpolarisiert wird, schickt, wird das Aktionspotential verzögert und enthüllt eine frühere, vorübergehende Depolarisation. Diese Depolarisation ist ein elektrisches synaptisches Potential (Kopplungspotential), das durch den Stromfluß aus der präsynaptischen Nervenendigung in die Zelle generiert wird und das in (A) für die Auslösung des Aktionspotentials verantwortlich ist. (C) Eine etwas größere Hyperpolarisation blockiert die Auslösung eines Aktionspotentials und hinterläßt ein langsameres chemisches synaptisches Potential (EPSP). Das synaptische Potential folgt dem Kopplungspotential mit einer synaptischen Verzögerung von ca. 1 ms (nach Martin und Pilar, 1963).

ronen in Blutegelganglien, die drei verschiedene synaptische Eingangsformen von Nervenendigungen erhalten, die drei unterschiedliche sensorische Signalarten führen: Eine ist chemisch, die zweite elektrisch, und die dritte Form ist eine Kombination aus chemischem und elektrischem Eingangssignal.[19]

Ein Hinweis dafür, daß eine synaptische Übertragung auf elektrischem Wege geschieht, ist das Fehlen einer **synaptischen Verzögerung** (**Delay**). An chemischen Synapsen tritt eine Pause von etwa 1 ms zwischen dem Eintreffen eines Impulses in der präsynaptischen Nervenendigung und dem Auftreten eines elektrischen Potentials in der postsynaptischen Zelle auf. Die Ursache für diese Verzögerung ist die Zeit, die die Nervenendigung zur Transmitterausschüttung benötigt. An elektrischen Synapsen gibt es keine derartige Verzögerung; der Strom breitet sich sofort von einem Element zum nächsten aus. Das ist in Abb. 1 zu sehen, die intrazelluläre Ableitungen aus einer Zelle im Ciliarganglion des Huhnes zeigt. Dank des Auftretens von elektrischer und chemischer Übertragung an ein und derselben Synapse lassen sich beide Übertragungsarten bequem vergleichen. Reizung des präganglionären Nervs ruft in der postganglionären Zelle ein Aktionspotential mit sehr kurzer Latenzdauer hervor (Abb. 1 A). Wenn die Zelle leicht hyperpolarisiert ist (Abb. 1 B), tritt das Aktionspotential zu einem späteren Zeitpunkt auf. Vorher kommt es zu einer kurzen Depolarisation, die nun unterschwellig ist, da die Zelle hyperpolarisiert wurde. Diese Depolarisation ist ein Potential, das durch elektrische Kopplung, hervorgerufen durch Stromfluß aus der präsynaptischen Nervenendigung in die Zelle, entsteht. Eine weitere Hyperpolarisation (Abb. 1 C) blockiert die Auslösung eines Aktionspotentials vollständig und läßt das unterlagerte chemische synaptische Potential sichtbar werden. Diese Zellen haben demnach die besondere Eigenschaft, daß unter normalen Bedingungen die Auslösung postsynaptischer Aktionspotentiale durch chemische Übertragung von der elektrischen Kopplung der Synapse überrannt wird. Das Kopplungspotential läuft dem chemischen synaptischen Potential um etwa 1 ms voraus und liefert uns damit ein direktes Maß für die synaptische Verzögerung. Zusätzliche Experimente an diesen Zellen haben gezeigt, daß die elektrische Kopplung bidirektional ist, d.h. die Synapsen wirken nicht als Gleichrichter.

Es gibt mehrere mögliche funktionelle Vorteile für eine elektrische synaptische Übertragung. Einer ist in Abb. 1 illustriert: das Fehlen der synaptischen Verzögerung spart ca. 1 ms beim Übertragungsprozeß. Diese größere Übertragungsgeschwindigkeit (möglicherweise verbunden mit einer höheren Zuverlässigkeit) könnte bei schnellen Reflexen, die an Fluchtreaktionen beteiligt sind, wichtig sein. Beispielsweise ist beim Goldfisch eine elektrische Synapse in der Mauthner-Zelle an der starken Schwanzschlagbewegung beteiligt, die ausgelöst wird, wenn die Wasseroberfläche gestört wird. In einem solchen Fall kann ein Zeitgewinn von einer Millisekunde entscheidend sein, um der Attacke eines Räubers zu entgehen. Eine andere mögliche Funktion liegt in der Synchronisation des elektrischen Verhaltens von Zellgruppen. Zellen, die sich andernfalls unabhängig entladen würden, könnten aufgrund ihrer elektrischen Kopplung synchronisiert werden. Solche Effekte hängen vom Grad der elektrischen Kopplung zwischen den Zellen in der Gruppe ab. Das wird allgemein durch die **Kopplungsrate** ausgedrückt – ein Verhältnis von 1:4 bedeutet, daß ein Viertel der präsynaptischen Spannungsänderung in der postsynaptischen Zelle erscheint. Unterschiedliche Kopplungen zwischen den Zellen legen den Grad ihrer elektrischen Wechselwirkung fest.

Die chemische synaptische Übertragung

Die Struktur der Synapsen

Chemische Synapsen sind komplexer aufgebaut als gap junctions Abb. 2 illustriert die morphologischen Verhältnisse der neuromuskulären Verbindung beim Frosch. Der

19 Nicholls, J.G. and Purves, D. 1972. *J. Physiol.* 225: 637–656.

Abb. 2: **Die neuromuskuläre Verbindung beim Frosch.** (A) Ansicht einiger Skelettmuskelfasern und ihrer Innervation bei niedriger Vergrößerung (Einschaltbild). Darunter ist eine dreidimensionale Schemazeichnung eines Teiles der synaptischen Kontaktzone zu sehen. Synaptische Vesikel sind in der Nervenendigung in speziellen Regionen gegenüber den Öffnungen der subsynaptischen Einfaltungen angeordnet. Diese Regionen, die als aktive Zonen bezeichnet werden, sind die Orte der Transmitterausschüttung in den synaptischen Spalt. Fingerartige Fortsätze von Schwannschen Zellen erstrecken sich zwischen der Endigung und der postsynaptischen Membran und trennen die aktiven Zonen. (B) Elektronenmikroskopische Aufnahme eines Längsschnitts durch einen Teil der motorischen Nervenendigung, die viele der in der Zeichnung abgebildeten Details zeigt. In der Nervenendigung liegen Ansammlungen von Vesikeln über Verdickungen in der präsynaptischen Membran – den aktiven Zonen (Pfeile). Fortsätze von Schwannschen Zellen (S) trennen die Ansammlungen. Im Muskel öffnen sich subsynaptische Einfaltungen in den synaptischen Spalt direkt unter jeder aktiven Zone. Die Linie aus diffusem Material im Spalt, die den Konturen der subsynaptischen Einfaltungen folgt, ist die Basalmembran (B mit freundlicher Genehmigung von U.J. McMahan).

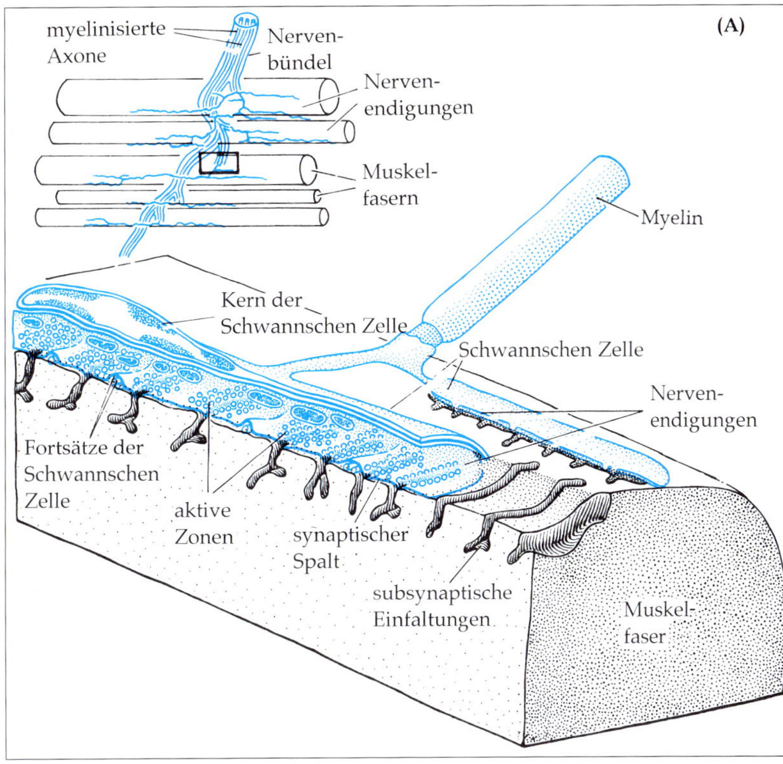

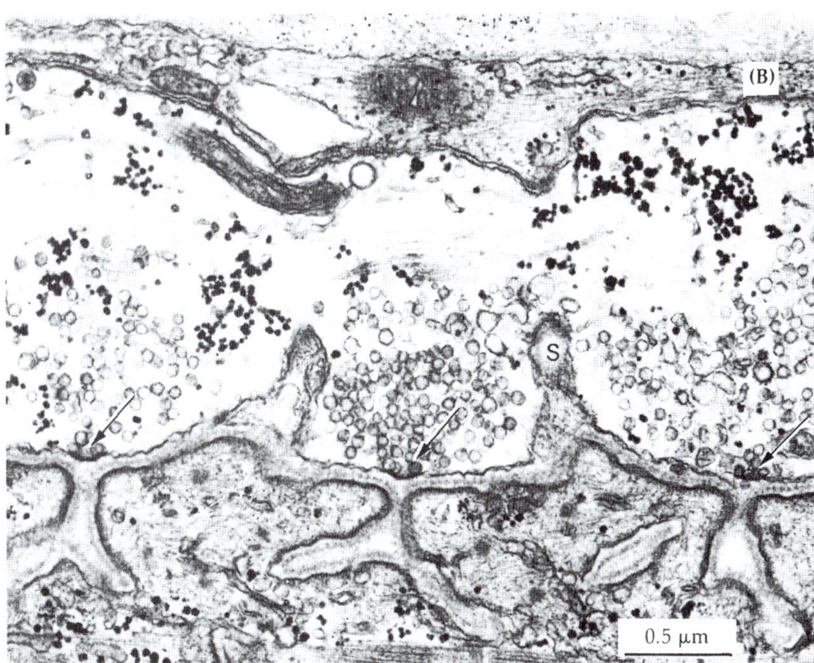

efferente motorische Nerv verliert seine Myelinscheide und teilt sich in Äste auf, die in flachen Vertiefungen an der Oberfläche des Muskels liegen. Der **synaptische Spalt** zwischen der Nervenendigung und der Muskelmembran ist ca. 30 nm breit. Im Spalt liegt die **Basalmembran**, die sich den Konturen der Muskeloberfläche anpaßt. Auf der Muskeloberfläche findet man in regelmäßigen Intervallen vom Spalt in die Muskelfaser ausstrahlende subsynaptische Einfaltungen. Die Vertiefungen und Falten sind eine Eigenart von Skelettmuskeln und kein allgemeines Merkmal chemischer Synapsen. Beim Muskel bezeichnet man diese spezialisierte, postsynaptische Region als **motorische Endplatte**. Lamellen von Schwannsche Zellen bedecken die Nervenendigung und senden fingerförmige

Fortsätze aus, die sich in regelmäßigen Abständen um die Nervenendigung winden. Im Cytoplasma der Nervenendigung findet man Mitochondrien und synaptische Vesikel. Viele dieser Vesikel sind in Doppelreihen entlang schmaler, quer zur Faserrichtung angeordneter Balken von elektronendichtem Material aufgereiht, das mit der präsynaptischen Membran verbunden ist. Eine solche Region bezeichnet man als eine **aktive Zone.** Vieles deutet darauf hin, daß die synaptischen Vesikel als ACh-Speicher dienen und bei Erregung der aktiven Zone mit der Membran der Nervenendigung verschmelzen, um ihren Inhalt durch **Exocytose** in den synaptischen Spalt auszuschütten (Kap. 9).[20–22] Diese Details sind in Abb. 2 B illustriert, einer elektronenmikroskopischen Aufnahme eines Längsschnittes durch eine präsynaptische Nervenendigung und die dazugehörige Muskelfaser.

Synapsen auf Nervenzellen werden meist von Schwellungen der Nervenendigung, den sogenannten **Endknöpfchen (Boutons)**, gebildet, die von der postsynaptischen Membran durch den synaptischen Spalt getrennt sind. Die präsynaptische Membran des Endknöpfchens besitzt elektronendichte aktive Zonen, an denen sich synaptische Vesikel ansammeln. Postsynaptische Spezialbildungen, wie synaptische Einfaltungen, sind weit weniger auffällig, aber häufig in Form von Membranverdickungen unter den präsynaptischen aktiven Zonen zu finden.

Mit Hilfe der Gefrierbruchtechnik konnten viele zusätzliche Details der Zellmembranen aufgeklärt werden. Dieses Verfahren besteht darin, Gewebe einzufrieren und dann auseinanderzubrechen, bevor man es für die Rasterelektronenmikroskopie aufbereitet. Wenn das Gewebe auseinandergebrochen wird, verlaufen die Spaltlinien gewöhnlich nicht in den Räumen zwischen benachbarten Zellen; statt dessen liegen die Ebenen des Gefrierbruchs zwischen den Doppelschichten der Plasmamembran. Dieses Aufspalten der Membran schafft zwei künstliche Oberflächen, bzw. Flächen, von denen eine zur cytoplasmatischen Seite der Membran gehört, die andere zur äußeren Seite. Infolge dessen kann man große Bereiche des Membraninneren auf der einen oder anderen Fläche sehen.

In Abb. 3 ist die Beschaffenheit der Bruchebenen schematisch dargestellt. Abb. 3 A zeigt die Hauptmerkmale zweier aktiver Zonen in einer präsynaptischen Nervenendigung und in der benachbarten postsynaptischen Membran. Zwei Trennebenen sind gezeigt, doch in der Praxis würde ein Bruch in der einen oder der anderen Membran auftreten, jedoch nicht in beiden gleichzeitig. Im oberen Teil der Abbildung ist die freiliegende Oberfläche des cytoplasmatischen Teils der präsynaptischen Membran mit Vesikeln zu sehen, die auf der cytoplasmatischen Seite aufgereiht sind. Einige sind während der Exocytose dargestellt. Zusätzlich findet man intramembranöse Partikel, die aus der Bruchfläche der cytoplasmatischen Membranhälfte herausstehen. Die dazugehörigen Vertiefungen sind auf der Bruchfläche der äußeren Membranhälfte zu erkennen. Ähnliche Partikel und Gruben finden sich auf den Bruchflächen der postsynaptischen Membran.

In Abb. 3 B ist eine konventionelle transmissionselektronenmikroskopische Aufnahme eines Parallelschnittes durch eine aktive Zone ist in Abb. 3 B zu sehen. Das entspricht einer Aufsicht auf die aktive Zone vom Cytoplasma der Nervenendigung her. Beidseits längs des Stranges ist eine geordnete Reihe von synaptischen Partikeln von elektronemdichten Material aufgereiht. Abb. 3 C zeigt das entsprechende Bild der Bruchfläche des cytoplasmatischen Membranteils. Das entspricht einer Sicht auf dieselbe Region von unterhalb der Bruchebene (d.h. man schaut vom synaptischen Spalt aus nach oben). Eine Reihe von Partikeln, jedes ca. 10 nm dick, flankiert beidseitig die aktive Zone. Weiter seitlich erkennt man Eindellungen, die vermutlich exocytotische Öffnungen anzeigen. Abb. 3 D zeigt einen Gefrierbruch bei geringerer Vergrößerung. Oben links ist die erste Bruchfläche des äußeren Membranteils der präsynaptischen Nervenendigung zu sehen. Der Bruch verläuft dann weiter über den synaptischen Spalt und legt die Fläche des cytoplasmatischen Teils der postsynaptischen Membran frei. Um die postsynaptischen Einfaltungen herum liegend erkennt man Partikelansammlungen. Sie entsprechen vermutlich ACh-Rezeptoren, die in diesem Bereich der Endplatte gehäuft vorkommen.[21–23] Im Skelettmuskel und in anderen cholinergen Synapsen (d.h. Synapsen, die ACh als Transmitter benützen) ist das Enzym **Acetylcholinesterase** in die Basalmembran innerhalb des synaptischen Spaltes eingebettet. Das Enzym spaltet hydrolytisch ACh und verhindert dadurch eine längere Wirkung des Transmitters an den subsynaptischen Rezeptoren. Cholinesterase-Färbungen werden oft als chemische Markierung zur Lokalisation cholinerger Synapsen benutzt (obwohl Cholinesterase theoretisch keine entscheidende funktionelle Komponente solcher Synapsen ist).

Synaptische Potentiale an Nerv-Muskel-Verbindungen

Einen Großteil unseres detaillierten Wissens über die synaptische Übertragung verdanken wir Experimenten an isolierten neuromuskulären Endplatten von Wirbeltieren In frühen Untersuchungen benutzen Göpfert und Schaefer sowie Eccles und seine Kollegen extrazelluläre Ableittechniken, um das **Endplattenpotential** (EPP) im Muskel zu registrieren.[24–26] Das Endplattenpotential ist die Depolarisation, die in der Endplattenregion der Muskelfaser infolge der Erregung eines motorischen Nervs entsteht. Sie ist die Folge der ACh-Ausschüttung aus den

20 Couteaux, R. and Pecot-Déchavassine, M. 1970. *C. R. Acad. Sci.* (Paris) 271: 2346–2349.

21 Heuser, J.E., Reese, T.S. and Landis, D.M.D. 1974. *J. Neurocytol.* 3: 109–131.

22 Peper, K. et al. 1974. *Cell Tiss. Res.* 149: 437–455.

23 Porter, C.W. and Barnard, E.A. 1975. *J. Membr. Biol.* 20: 31–49.

24 Göpfert, H. and Schaefer, H. 1938. *Pflügers Arch.* 239: 597–619.

25 Eccles, J.C. and O'Connor, W.J. 1939. *J. Physiol.* 97: 44–102.

26 Eccles, J.C., Katz, B. and Kuffler, S.W. 1942. *J. Neurophysiol.* 5: 211–230.

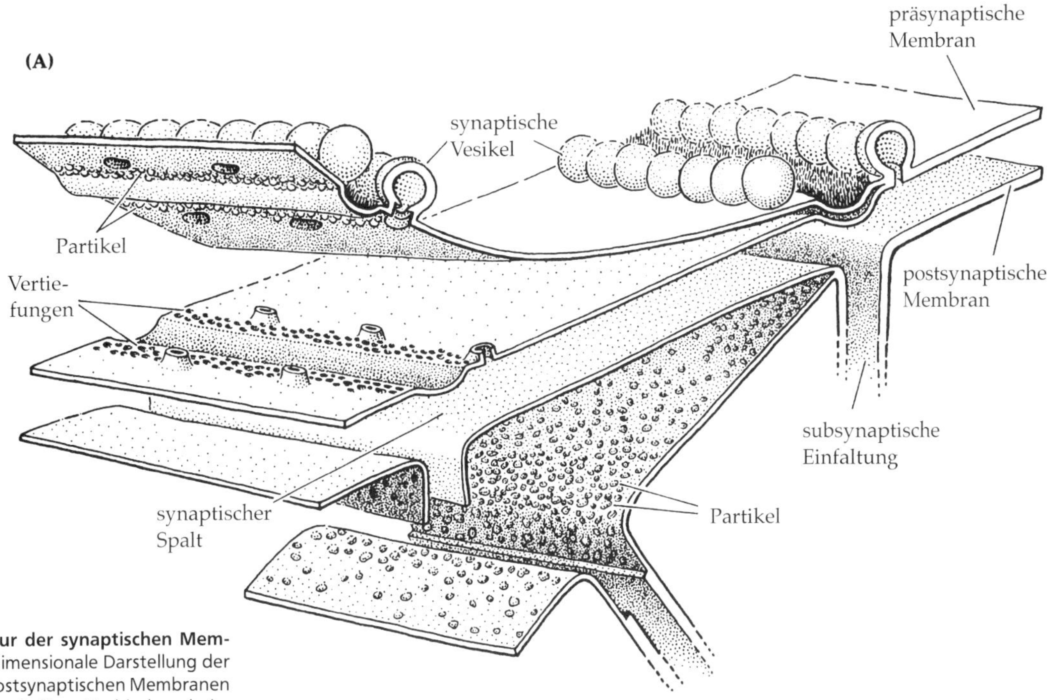

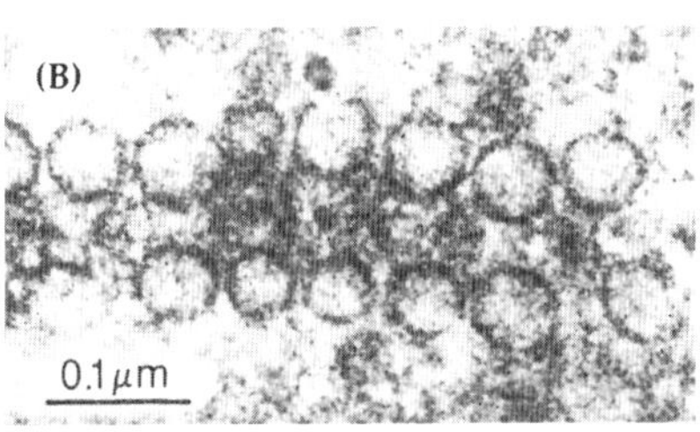

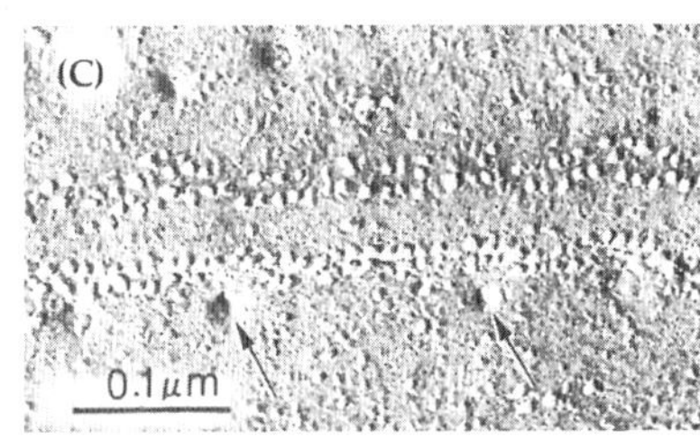

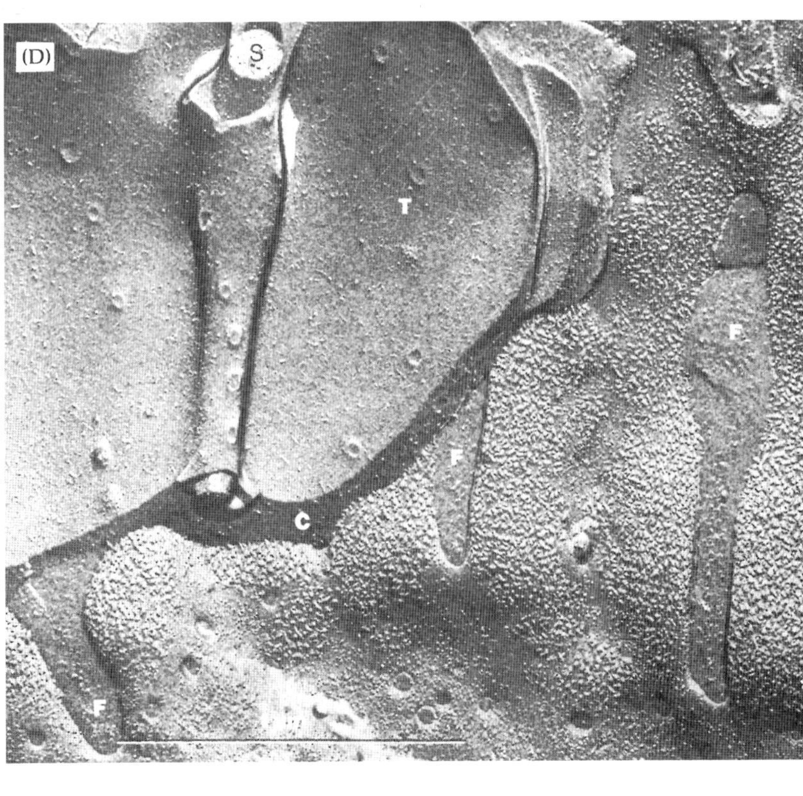

Abb. 3: **Struktur der synaptischen Membran.** (A) Dreidimensionale Darstellung der prä- und der postsynaptischen Membranen an der neuromuskulären Verbindung beim Frosch. Beide Membranen sind durch Gefrierbruch entlang intramembranöser Ebenen aufgespalten. Die cytoplasmatische Hälfte der präsynaptischen Membran an der aktiven Zone zeigt auf ihrer Bruchfläche erhabene Partikel, deren Gegenpart man als Vertiefungen auf der Bruchfläche des äußeren Membranblattes sieht. Vesikel, die mit der präsynaptischen Membran verschmelzen, lassen Poren und Erhebungen auf den beiden Bruchflächen entstehen. Die aufgebrochene postsynaptische Membran zeigt in der Region der Einfaltungen eine hohe Konzentration von Partikeln auf der Bruchseite des cytoplasmatischen Blattes; dieses sind ACh-Rezeptoren. (B) Transmissionselektronenmikroskopische Aufnahme eines Schnittes durch die Nervenendigung parallel zu einer aktiven Zone mit einer Reihe von Vesikeln. (C) Bruchseite der cytoplasmatischen Hälfte der präsynaptischen Membran in einer aktiven Zone. Im Bereich der aktiven Zone sind Partikel von 10 nm Durchmesser aufgereiht, neben denen man Poren (Pfeile) erkennt, die durch Fusion von synaptischen Vesikeln mit der Membran entstanden sind. (D) Gefrierbruch einer synaptischen Region bei geringerer Vergrößerung. Der Bruch verläuft zuerst durch die Membran der präsynaptischen Nervenendigung (T), wobei er die Bruchfläche des äußeren Blattes freilegt, und kreuzt dann den synaptischen Spalt (cleft, C), um in die postsynaptische Membran weiterzulaufen. Auf der Bruchfläche zwischen den Einfaltungen (folds, F) erkennt man auf dem cytoplasmatischen Blatt Ansammlungen von ACh-Rezeptoren. Der Fortsatz einer Schwannschen Zelle (S) drängt sich zwischen Nervenendigung und Muskel (A mit freundlicher Genehmigung von U.J. McMahan; B aus Couteaux und Pecot-Déchavassine, 1970; C und D nach Heuser, Reese und Landis, 1974).

präsynaptischen Nervenendigungen und entspricht dem **exzitatorischen postsynaptischen Potential** (EPSP), das von verschiedenen Neurotransmittern in Nervenzellen und anderen Effektorzellen hervorgerufen wird. Gewöhnlich ist die Endplattendepolarisation, die durch die Aktivität eines Motoneurons in einer Skelettmuskelfaser ausgelöst wird, viel größer als nötig, um ein Aktionspotential auszulösen. Wenn man jedoch eine entsprechende Menge Curare zur Badlösung gibt, verringert sich die Amplitude des Endplattenpotentials auf unterschwellige Werte, und das überlagerte Aktionspotential verschwindet (Abb. 4). Die Wirkung von Curare ist graduiert. Bei einer Konzentration von etwa 1 µM sinkt die Endplattendepolarisation unter die Schwelle, die nötig ist, um ein Aktionspotential auszulösen. Steigert man die Konzentration weiter, verkleinert sich die Amplitude des Endplattenpotentials weiter, bis keine Antwort mehr auszumachen ist.

Fatt und Katz[28] benutzten intrazelluläre Mikroelektroden[27], um den Zeitverlauf und die räumliche Verteilung des Endplattenpotentials bei einzelnen curarisierten Muskelfasern zu untersuchen. Sie stimulierten den motorischen Nerv und registrierten das Potential in verschiedenen Entfernungen von der Endplattenregion des Muskels (Abb. 5). An der Endplatte selbst stieg die Depolarisation steil bis zu einem Gipfel an und fiel dann langsam innerhalb der nächsten 20 bis 30 ms wieder ab. Als sie die Ableitelektrode immer weiter von der Endplatte fortbewegten, wurde das Potential ständig kleiner und die Zeit bis zum Erreichen des Gipfels immer größer. Fatt und Katz konnten zeigen, daß der Zeitverlauf des Abfalls des Endplattenpotentials mit der Zeitkonstante der Muskelfasermembran und die Amplitudenänderungen bei zunehmender Entfernung von der Endplatte in Übereinstimmung mit der Längskonstanten übereinstimmten. Sie schlossen daraus, daß das Potential lokal an der Endplatte generiert wird, sich längs der Muskelfaser ausbreitet und schließlich in einer Weise abfällt, die allein durch die passiven elektrischen Eigenschaften der Membran bestimmt wird.

Lokale Applikation von ACh

Kurz nach Einführung von Mikroelektroden für intrazelluläre Ableitungen wurden auch Glasmikropipetten zur dosierten Applikation von ACh (später kamen andere Drogen hinzu) auf die Endplattenregion eingesetzt[29] Die Technik ist in Abb. 6 A dargestellt. Eine Mikroelektrode wird in die Endplatte einer einzelnen Muskelfaser eingestochen, um das Membranpotential abzuleiten, während eine ACh-gefüllte Mikropipette außen dicht daneben plaziert wird. Um ACh in dieser Region aufzubringen, wird ein kurzer positiver Spannungsstoß an die Pipette gelegt, wodurch positiv geladene ACh-Ionen aus der Pipettenspitze austreten. Diese Methode, elektrisch geladene Moleküle aus Pipetten austreten zu lassen, nennt man **Ionophorese**. Mit dieser Methode zeigten del Castillo und Katz, daß ACh die Muskelfaser nur in der Endplattenregion und nur von außen depolarisiert; intrazelluläre Ionophorese blieb wirkungslos.[30] Die Ionophoresetechnik ermöglichte es, die Verteilung von postsynaptischen ACh-Rezeptoren auf Muskelfasern[31] und Nervenzellen[32] mit hoher Genauigkeit zu kartieren. Wenn sich die ACh-Pipette dicht an der Rezeptorregion befindet, erfolgt die Antwort auf die Ionophorese rasch und ahmt fast exakt den Effekt von nervös freigesetztem ACh nach (Abb. 6 B). Bewegt man die Pipette nur um wenige Mikrometer beiseite, so führt das zu einer Verkleinerung der Amplitude und einer Verzögerung der Antwort.

Druckimplse bieten einen andere Weg, um Neurotransmitter und andere Substanzen auf Nerven- und Muskelfasermembranen aufzubringen. Bei dieser Methode werden in die Pipette kurze Pulse von ca. 1 kg pro cm^2 gegeben, um Lösung aus der Spitze auszutreiben. Diese Methode hat gegenüber der Ionophorese verschiedene Vorteile, hauptsächlich deswegen, weil die Substanz in der Pipette nicht ionsiert sein muß. Ein Nachteil besteht darin, daß ein kräftiger Austritt von Lösung aus der Pipettenspitze manchmal falsche Antworten hervorruft, weil sich die unter der Pipettenspitze liegende Membran bewegt.

Messung von Ionenströmen, die von ACh hervorgerufen werden

Mit Ausnahme seines raschen Anstiegs wird der Zeitverlauf des Endplattenpotentials im Muskel durch die Kabeleigenschaften der Muskelfaser bestimmt Infolgedessen liefert das Endplattenpotential nur einen indirekten Hinweis auf den Zeitverlauf des Einwärtsstroms bzw. der ACh-Wirkung an den postsynaptischen Rezeptoren. Synaptische Ströme wurden erstmals an der neuromuskulären Verbindung des Frosches von A. und N. Takeuchi gemessen, die mit zwei Mikroelektroden voltage clamp-Ableitungen in der Endplattenregion von Muskelfasern durchführten.[33] Damit ließ sich nicht nur der Zeitverlauf des synaptischen Stroms klären, die Technik ermöglichte ihnen auch, dessen Ionenkomponenten zu bestimmen. Anschließend wurden ähnliche Untersuchungen von Magdleby und Stevens an Muskelfasern durchgeführt, die mit hypertonischem Glycerin behandelt waren[34], wodurch verhindert wird, daß die Muskelfasern sich bei Depolarisation kontrahieren (und damit die Ableitelektroden aus ihrer Lage bringen). Die Behandlung führt auch zur Depolarisation der Faser.

Die experimentelle Anordnung zur Messung des End-

27 Ling, G. and Gerard, R.W. 1949. *J. Cell. Comp. Physiol.* 34: 383–396.
28 Fatt, P. and Katz, B 1951. *J. Physiol.* 115: 320–370.
29 Nastuk, W.L. 1953. *Fed. Proc.* 12: 102.
30 del Castillo, J. and Katz, B. 1955. *J. Physiol.* 128: 157–181.
31 Miledi, R. 1960. *J. Physiol.* 151: 24–30.
32 Dennis, M.J., Harris, A.J. and Kuffler, S.W. 1971. *Proc. R. Soc. Lond. B* 177: 509–539.
33 Takeuchi, A. and Takeuchi, N. 1959. *J. Neurophysiol.* 22: 395–411.
34 Magleby, K.L. and Stevens, C.F. 1972. *J. Physiol.* 223: 151–171.

plattenstroms (EPC, end plate current) ist in Abb. 7 A dargestellt. Zwei Mikroelektroden wurden in die Endplattenregion der Faser eingestochen, eine zur Ableitung des Membranpotentials, die andere zur Strominjektion, um das Potential auf den gewünschten Wert festzuklemmen. In dem in Abb. 7 B gezeigten Experiment, wo der Muskel bei seinem Ruhepotential (–40 mV) liegt, führte die Nervenreizung zu einem einwärts gerichteten Strom von ca. 150 nA. Bei negativeren Haltepotentialen von bis zu –120 mV stieg die Amplitude des Endplattenstroms an. Bei Depolarisation auf +21 mV und +38 mV floß der Strom nach außen. Die Amplitude des Endplattenstroms als Funktion des Haltepotentials zeigt eine fast lineare Beziehung (Abb. 7 C). In der Nähe des Membranpotentials Null änderte sich die Stromrichtung von einwärts nach auswärts. Das ist das **Umkehrpotential**. Bei früheren Experimenten an intakten Muskelfasern haben A. und N. Takeuchi das Umkehrpotential auf ungefähr –15 mV geschätzt.[35]

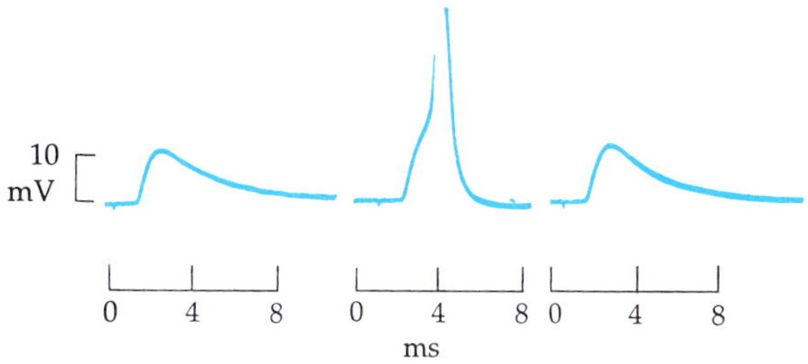

Abb. 4: **Synaptische Potentiale**, abgeleitet von einer curarisierten neuromuskulären Verbindung beim Säuger. Die Curarekonzentration in einer Badlösung war so eingestellt, daß die Amplitude des synaptischen Potentials gerade groß genug war, um gelegentlich ein Aktionspotential in der Muskelfaser auszulösen (zweite Kurve) (aus Boyd und Martin, 1956).

Stephen W. Kuffler, John Eccles und Bernard Katz (von links nach rechts) in Australien, um 1941.

Die Bedeutung des Umkehrpotentials

Das Umkehrpotential für den Endplattenstrom liefert uns Informationen über die Ionenströme, die durch die ACh-aktivierten Kanäle in der postsynaptischen Membran fließen Wenn z.B. die Kanäle ausschließlich für Natrium permeabel wären, dann wäre der Stromfluß durch die Kanäle beim Natrium-Gleichgewichtspotential (ca. +50 mV) Null. Die anderen wichtigen Ionen, Kalium und Chlorid, haben ihre Gleichgewichtspotentiale nahe dem Ruhepotential der Membran (Kap. 3). Keines dieser Ionen besitzt ein Gleichgewichtspotential, das in der Nähe von 0 bis –15 mV liegt. Welche Ionen sind dann an der Antwort beteiligt?
Nach Fatts und Katz[28] Vermutung öffnet ACh nichtselektive Kanäle in der Membran, so daß beim Umkehrpotential Natrium- und Chloridionen in die Zelle einströmen und Kaliumionen ausströmen, wobei sich der Gesamtionenstrom zu Null addiert. Die Experimente von A. und N. Takeuchi zeigten, daß sich das Umkehrpotential verschob, wenn die extrazelluläre Natriumkonzentration verringert oder die extrazelluläre Kaliumkonzentration erhöht wurde. Eine Erhöhung der extrazellulären Calciumkonzentration zeigte einen klei-

35 Takeuchi, A. and Takeuchi, N. 1960. *J. Physiol.* 154: 52–67.

Abb. 5: **Abfall synaptischer Potentiale mit zunehmender Entfernung** von der Endplattenregion einer Muskelfaser. Die Aufzeichnungen, die mit einer intrazellulären Elektrode in 0, 1, 2, 3 und 4 mm Entfernung von der Endplatte vorgenommen wurden, zeigen eine zunehmende Größenverringerung und eine Vergrößerung in der Anstiegszeit des synaptischen Potentials (nach Fatt und Katz, 1951).

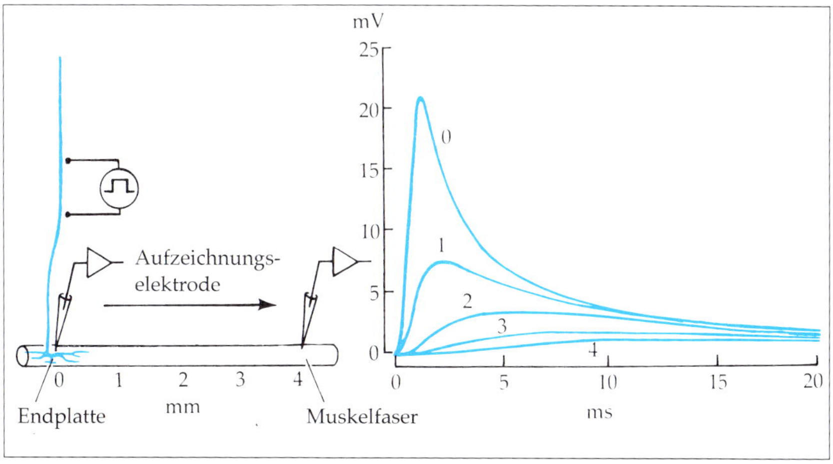

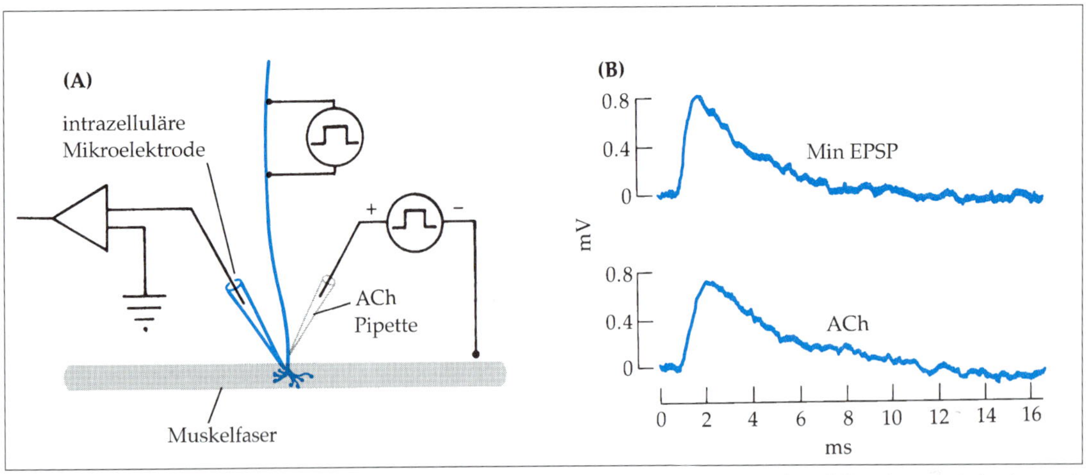

Abb. 6: **ACh-Ionophorese.** (A) Experimentelle Anordnung zur Ionophorese von ACh. Eine mit ACh gefüllte Pipette wird nahe an der neuromuskulären Verbindung plaziert und ACh durch einen kurzen positiven Stromstoß aus der Spitze der Pipette ausgetrieben. Eine intrazelluläre Mikroelektrode leitet Antworten auf ionophoretisch zugegebenes ACh oder Antworten auf die Ausschüttung von ACh aus der motorischen Nervenendigung ab. (B) Die Antwort auf eine kleine Menge Acetylcholin aus der Nervenendigung (Min EPSP) wird fast exakt durch einen ACh-Impuls von ACh aus der nahebei plazierten Mikropipette nachgeahmt. Die Anstiegszeit der ACh-Impuls-Antwort ist geringfügig vergrößert, da die ACh-Pipette nicht so günstig positioniert ist wie die Nervenendigung (A nach Dennis, Harris und Kuffler, 1971; B aus Kuffler und Yoshikami, 1975a).

neren Effekt.[36] Bei Änderungen der extrazellulären Chloridkonzentration bleibt das Umkehrpotential für den Endplattenstrom unverändert. Der Effekt von ACh besteht also in einer generellen Permeabilitätserhöhung für *Kationen* an der Endplatte.

Ein elektrisches Modell der motorischen Endplatte

Applikation von ACh öffnet Kanäle in der Endplatte, durch die – entsprechend ihren elektrochemischen Gradienten -Natriumionen einströmen und Kaliumionen ausströmen können Da die Calciumleitfähigkeit der Kanäle klein ist, kann man den Beitrag von Calcium zum synaptischen Gesamtstrom vernachlässigen. Dasselbe gilt für andere Kationen, wie Magnesium. (Man beachte, daß die geringe Calciumleitfähigkeit eine Folge der niedrigen intra- und extrazellulären Konzentrationen ist. Die Calcium*permeabilität* beträgt etwa 20% der Natriumpermeabilität.) Das elektrisches Ersatzschaltbild ist in Abb. 8 dargestellt. Die Ruhemembran mit den Natrium-, Kalium- und Chloridkanälen wird durch eine einzige Leitfähigkeit g_m (entsprechend der Summe aller Ionenleitfähigkeiten) und eine einzige Batterie V_m symbolisiert. Die Membran wird durch ACh-aktivierte Kanäle für Natrium und Kalium kurzgeschlossen, die durch eine einzige Leitfähigkeit Δg_s und eine Batterie dargestellt werden, deren Spannung dem Umkehrpotential (reversal potential) V_r entspricht. Die synaptische Leitfähigkeit und das Umkehrpotential sind den separaten Leitfähigkeiten (Δg_{Na} und Δg_K) und Antriebspotentialen (E_{Na} und E_K) für beide Ionen äquivalent, obwohl die ACh-Rezeptoren keine separaten Wege für Natrium und Kalium öffnen. Man geht jedoch davon aus, daß beide Ionenarten unabhängig voneinander durch die Kanäle wandern, so daß man für den Natrium- und für den Kaliumstrom (ΔI_{Na} und ΔI_K) zwei Gleichungen angeben kann:

$$\Delta I_{Na} = \Delta g_{NA}(V_m - E_{Na})$$
$$\Delta I_K = \Delta g_K(V_m - E_K)$$

Diese Gleichungen liefern die Möglichkeit, die von ACh verursachten relativen Leitfähigkeitsänderungen für Natrium und Kalium zu bestimmen, wenn man das Umkehrpotential V_r gemessen hat. Das Umkehrpotential ist das Membranpotential, bei dem der Strom Null ist oder, mit anderen Worten, wo genauso viel Natrium einströmt wie Kalium ausströmt. Wenn daher $V_m = V_r$ ist, gilt

$$\Delta g_{Na}(V_r - E_{Na}) = - \Delta g_K(V_r - E_K)$$

oder

$$\frac{\Delta g_{Na}}{\Delta g_K} = \frac{-(V_r - E_K)}{V_r - E_{Na}}$$

Die Takeuchis berechneten, daß $\Delta g_{Na}/\Delta g_K$ bei $V_r = -15$ mV ungefähr 1,3 beträgt. Die *Permeabilitäten* der ACh-Rezeptorkanäle für die beiden Ionenarten sind aber fast gleich groß.[37] Wenn wir die extrazellulären und die intrazellulären Lösungen vergleichen, stehen mehr Natrium- als Kaliumionen zur Verfügung, die durch die Kanäle wandern können (Kap. 3). Daher ist die Änderung der Natriumleitfähigkeit bei gleicher Permeabilitätsänderung etwas größer als die Änderung für Kalium (Kap. 2). Experimentelle Messungen an einzelnen nicotinischen ACh-aktivierten Kanälen haben ähnliche Natrium/Kalium-Leitfähigkeitsverhältnisse ergeben.[38]
Das Ersatzschaltbild in Abb. 8 illustriert ein wichtiges Merkmal der synaptischen Übertragung, nämlich daß die

36 Takeuchi, N. 1963. *J. Physiol.* 167: 128–140.

37 Lassignal, N. and Martin, A.R. 1977. *J. Gen. Physiol.* 70: 23–36.

38 Mathie, A., Cull-Candy, S.G. and Colquhoun, D. 1991. *J. Physiol.* 439: 717–750.

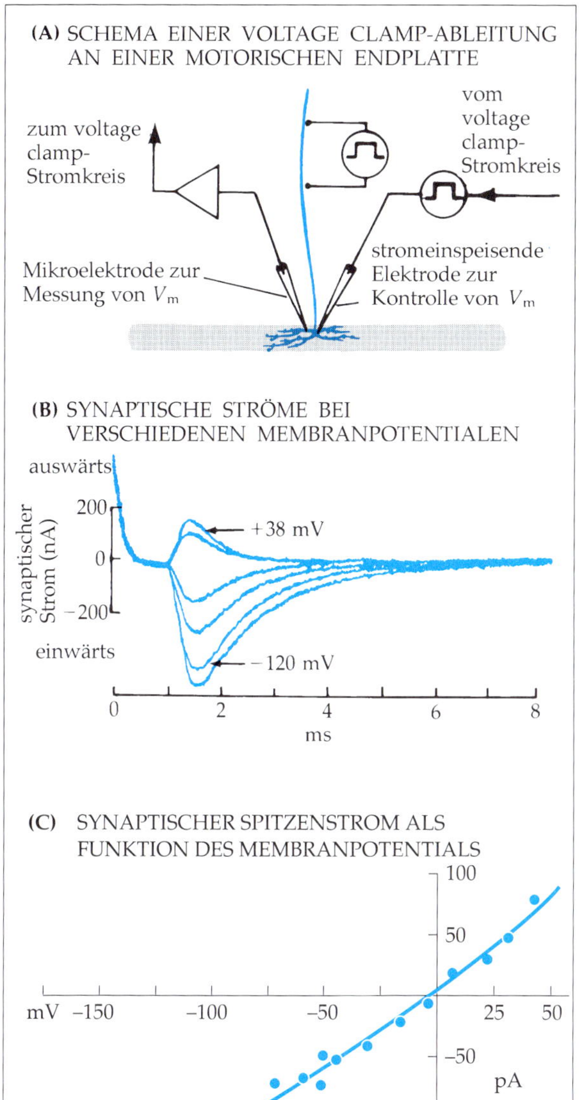

Abb. 7: **Synaptische Ströme**, hervorgerufen durch ACh aus der Nervenendigung. (A) Experimentelle Anordnung für eine voltage clamp-Ableitung von einer Muskelfaser in der Endplattenregion zur Messung von Ströme, die durch ACh erzeugt werden, das aus den motorischen Nervenendigungen freigesetzt wird. (B) Amplitude und Zeitverlauf synaptischer Ströme bei Membranpotentialen zwischen −120 und +38 mV. (C) Graphische Darstellung des Endplattenspitzenstromes (nA) über dem Membranpotential (mV). Die Beziehung ist fast linear mit einem Umkehrpotential nahe Null (nach Magleby und Stevens, 1972).

Größe des synaptischen Potentials nicht nur von der synaptischen Leitfähigkeit (d.h. davon, wie viele synaptische Kanäle aktiviert sind) abhängt, sondern auch von der Ruheleitfähigkeit der Zelle. Wenn wir zur Vereinfachung annehmen, daß V_r Null ist, gilt für das Membranpotential V_a während der synaptischen Aktivierung (wenn der Schalter geschlossen ist) $V_a = V_m[\Delta r_s/(\Delta r_s + r_m)]$, wobei $\Delta r_s = 1/\Delta g_s$ ist (s. Anhang A). Dieselbe Gleichung kann man auch mit den Leitfähigkeiten angeben, d.h. $V_a = V_m[g_m/\Delta g_s + g_m)]$. Die Amplitude des synaptischen Potentials selbst (V_s) ist die Differenz zwischen dem Membranpotential in Ruhe und dem Membranpotential bei synaptischer Aktivierung:

$$V_s = V_m - V_a = V_m \frac{\Delta g_s}{\Delta g_s + g_m}$$

Wie kann die Amplitude eines bestimmten synaptischen Potentials vergrößert werden? Eine Möglichkeit besteht darin, die von der Nervenendigung freigesetzte Transmittermenge und damit Δg_s zu erhöhen. Eine andere, weniger offensichtliche Möglichkeit ist es, die Leitfähigkeit g_m der übrigen Zelle zu verringern. Die Verringerung der extrasynaptischen Membranleitfähigkeit ist ein wichtiger Mechanismus, um die Stärke der synaptischen Eingangssignale zu modulieren: In einigen Zellen reduzieren intrazelluläre Messenger die Membranleitfähigkeit, indem sie Kaliumkanäle schließen und dadurch die Amplitude des synaptischen Potentials vergrößern (Kap. 8).

Die Kinetik der Ströme durch einzelne ACh-Rezeptorkanäle

Eine Frage, die wir stellen können, ist, ob das Verhalten des Endplattenstromes das Verhalten individueller ACh-Kanäle widerspiegelt oder nicht Wird beispielsweise der Zeitverlauf des Stromrückgangs durch die Rate bestimmt, mit der sich einzelne offene Kanäle schließen? Oder ist der Endplattenstrom die Folge eines Schwalls kurzer Kanalöffnungen, wobei die Wahrscheinlichkeit der Kanalaktivierung mit der Zeit abnimmt (wie wir es bei den spannungsaktivierten Natriumkanälen gesehen haben, die dem Aktionspotential zugrundeliegen)? Derartige Fragen wurden zuerst mit Hilfe von Rauschanalysen untersucht (Kap. 2).[39] Das Stromrauschen, das durch Applikation von ACh auf die Endplatte hervorgerufen wurde, paßte, wie sich herausstellte, zu der Vorstellung, daß sich einzelne ACh-Kanäle nach einem Alles-oder-Nichts-Prinzip öffnen. Die Leitfähigkeit eines einzelnen Kanals betrug dabei ca. 30 pS, und die Rate, mit der sich die Kanäle schlossen, bestimmte das Abklingen des Endplattenstromes. Diese Vorstellung läßt sich in folgendem Schema zusammenfassen, das die Wechselwirkung zwischen den Transmittermolekülen A (für «Agonist») und den postsynaptischen Rezeptormolekülen R widerspiegelt.

$$2A + R \rightleftarrows A_2R \underset{\alpha}{\overset{\beta}{\rightleftarrows}} A_2R^*$$

Zwei ACh-Moleküle binden sich an den Kanal (eines an jede α-Untereinheit), der dann eine Konformationsände-

39 Anderson, C.R. and Stevens, C.F. 1973. *J. Physiol.* 235: 655–691.

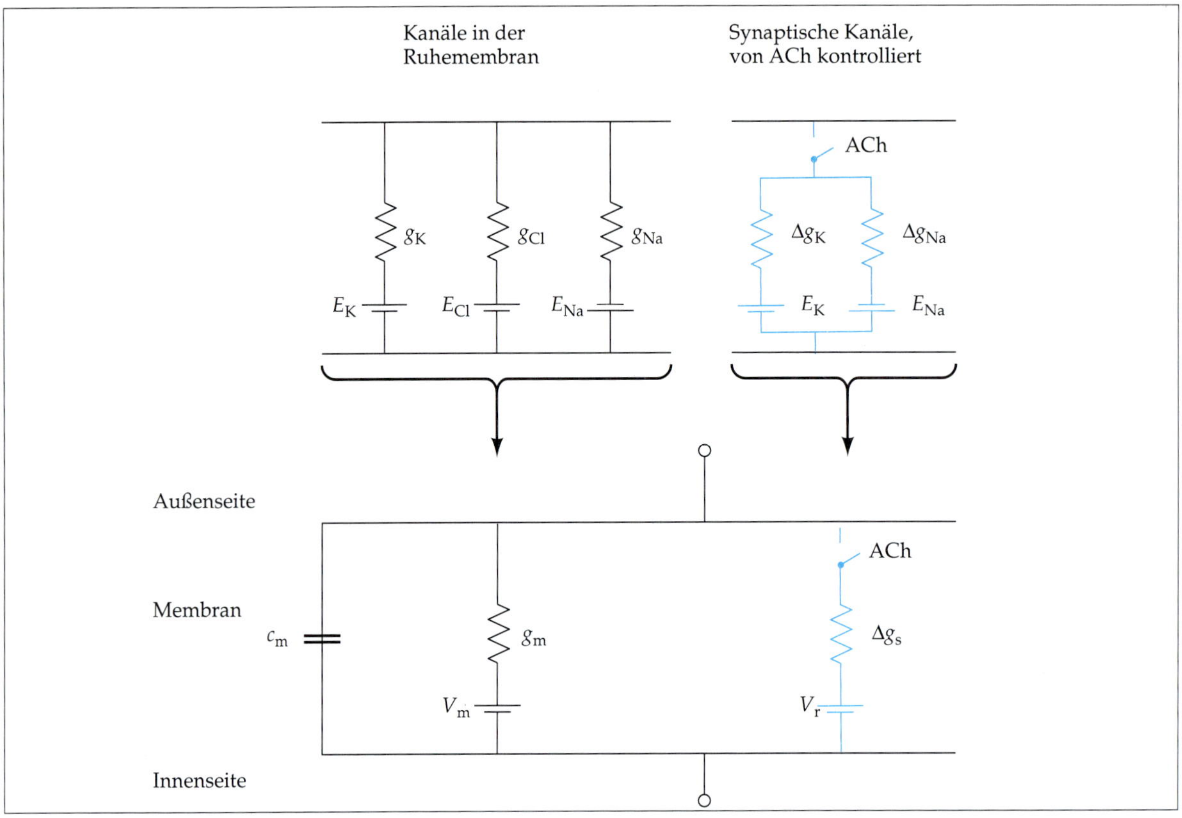

Abb. 8: **Elektrisches Modell der synaptischen Membran**, die durch Acetylcholin aktiviert ist und parallel zur übrigen Zellmembran liegt. Die synaptische Membran hat einen Widerstand $\Delta r_s = 1/\Delta g_s$ und ein Umkehrpotential V_r. Dieser Einzelstromweg ist, wie oben dargestellt, elektrisch äquivalent zu zwei unabhängigen Wegen für Natrium und Kalium durch die synaptischen Kanäle. Die extrasynaptische Membran ist durch einen Ruhemembranwiderstand $r_m = 1/g_m$ und das Potential V_m gekennzeichnet. Dieser Strompfad ist der Schaltung oben äquivalent, in der getrennte Leitfähigkeiten für Natrium, Kalium und Chlorid dargestellt sind.

rung vom geschlossenen zum offenen Zustand durchmachen kann, symbolisiert durch A_2R^*. Die Ratenkonstanten für die Übergänge sind α und β, wie oben angegeben. Nun betrachten wir den Endplattenstrom: ACh, das an der postsynaptischen Membran ankommt, tritt fast gleichzeitig mit einer großen Anzahl von Kanälen in Wechselwirkung, was zu einer Reihe von Konformationsänderungen und zu offenen Kanälen führt. Da das ACh schnell aus dem synaptischen Spalt verschwindet (durch Hydrolyse mittels Cholinesterase und durch Diffusion), öffnet sich jeder Kanal nur einmal. Wenn Kanäle einmal offen sind, wird die Rate, mit der sie sich schließen, durch α bestimmt. Wie bei allen unabhängigen, «zufallsverteilten» Ereignissen schließen sich einige Kanäle sehr schnell wieder, andere bleiben lange Zeit geöffnet. Die Offenzeiten sind exponentiell verteilt, mit einer Zeitkonstanten von $\tau = 1/\alpha$. Wenn sich die Kanäle schließen, klingt der Strom mit der gleichen Zeitkonstante ab. Die Schließzeitkonstante τ wird oft als **mittlere Offenzeit** des Kanals bezeichnet. Beide Werte sind tatsächlich gleich, doch diese Identität hat nichts mit Kanaleigenschaften zu tun; sie ist lediglich eine Eigenschaft exponentieller Verteilungen: Wenn Ereignisse in bezug auf die Zeit exponentiell verteilt sind, ist ihre mittlere Dauer gleich der Zeitkonstanten der Exponentialfunktion. Herleitungen, die ursprünglich aus Rauschanalysen stammten, konnten mit dem Aufkommen der patch clamp-Techniken bestätigt werden.[40] Die ursprünglichen Experimente wurden an ACh-Rezeptoren durchgeführt, die sich bei denervierten Muskeln außerhalb der Endplattenregion ansammeln. Der Grund dafür war, daß es die darüberliegende Nervenendigung und die Schwannsche Zelle bei normalen Muskeln extrem schwierig machen, sich der Endplatte mit einer patch-Elektrode zu nähern. Spätere Experimente wurden an perisynaptischen Rezeptoren rund um die Endplatte[41] oder an Rezeptoren durchgeführt, die verstreut über die Membranen embryonaler Muskelfasern in Kultur angeordnet waren. Nach enzymatischer Entfernung des darüberliegenden Gewebes gelang es schließlich doch, patch clamp-Aufzeichhnungen von der Endplattenregion

40 Neher, E. and Sakmann, B. 1976. *Nature* 260: 799–801.
41 Colquhoun, D. and Sakmann, B. 1981. *Nature* 294: 464–466.

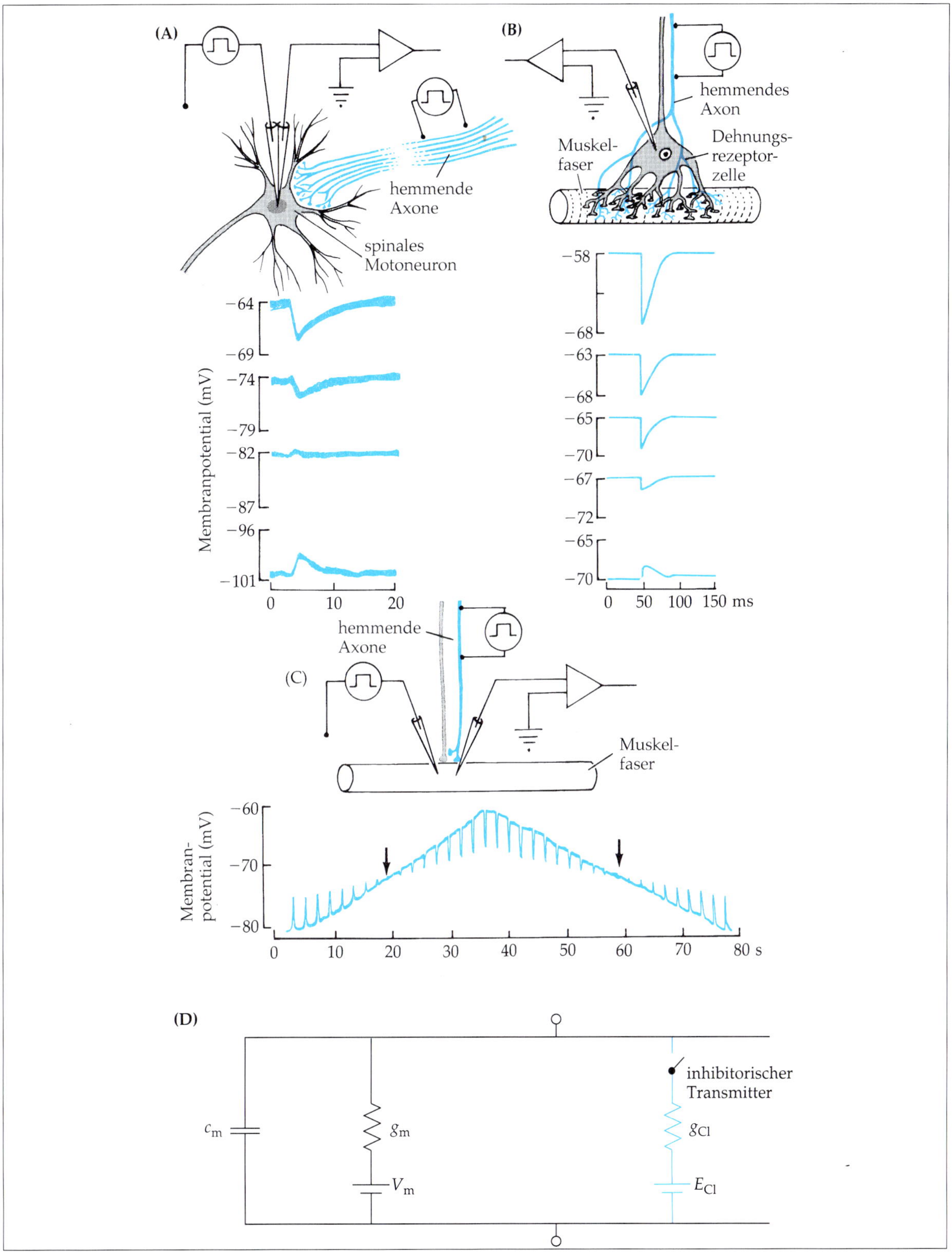

Abb. 9: **Wirkung eines inhibitorischen Transmitters** auf das spinale Motoneuron der Katze (A), den Dehnungsrezeptor des Flußkrebses (B) und eine Muskelfaser vom Flußkrebs (C). Bei jedem Experiment wurden Potentialänderungen mit einer intrazellulären Mikroelektrode registriert. Im Motoneuron und in der Muskelfaser wird das Membranpotential durch Strominjektion mit einer zweiten intrazellulären Mikroelektrode auf verschiedene Niveaus gesetzt; beim Dehnungsrezeptor läßt sich das Potential durch graduierte Dehnung an den Dendriten einstellen. Jede Zelle hat ein Umkehrpotential, bei dem inhibitorische Reizung keine Potentialänderung hervorruft. In (A) liegt das Umkehrpotential zwischen −74 und −82 mV, in (B) zwischen −67 und −70 mV. In (C) wird das Membranpotential kontinuierlich von −80 mV bis −60 mV und zurück verändert, wobei alle 2 Sekunden eine inhibitorische Reizung erfolgt. Das inhibitorische Potential kehrt sich bei −72 mV um (Pfeile). (D) Ersatzschaltbild der inhibitorischen Leitfähigkeit parallel zur übrigen Zellmembran (A nach Coombs, Eccles und Fatt, 1955; B nach Kuffler und Eyzaguirre, 1955; C nach Dudel und Kuffler, 1961).

selbst zu erhalten.[42] Patch clamp-Untersuchungen haben auch eine Reihe von Details bei der Kanalaktivierung aufgedeckt, die vorher experimentell nicht zugänglich waren. Es zeigte sich beispielsweise, daß Lokalanästhetika, wie Procain, offene Kanäle kurz repetitiv schlossen, offensichtlich eine Folge der mechanischen Blockade, wenn das Molekül in die offene Pore hinein- und wieder hinaussprang.[43] Ebenfalls konnte belegt werden, daß embryonale Rezeptoren im Muskel geöffnet nicht nur einen einzigen Hauptleitfähigkeitszustand aufweisen, sondern daß es daneben Unterzustände mit niedrigerer Leitfähigkeit gibt.[44]

Synaptische Hemmung

Der Prozeß der Inhibition durch ligandenaktivierte Kanäle läuft nach denselben Prinzipien ab, die auch die synaptische Erregung bestimmen, nur die postsynaptische Leitfähigkeitsänderung ist eine andere. Erregung wird dadurch erreicht, daß die Membran in Richtung Schwelle getrieben wird, Hemmung ergibt sich durch Festhalten der Membran unter der Schwelle. Die Wirkung inhibitorischer Transmitter besteht in der Aktivierung von Kanälen, die nicht für Kationen, sondern statt dessen für Anionen permeabel sind. Das wichtigste vorhandene Anion ist Chlorid, dessen Gleichgewichtspotential beim oder nahe am Ruhepotential liegt.

Umkehr von hemmenden Potentialen

Synaptische Hemmung ist an einer Reihe von Zellen genauer untersucht worden, hauptsächlich am spinalen Motoneuron der Katze,[45] an der neuromuskulären Endplatte von Crustaceen[46,47] und dem Dehnungsrezeptor des Flußkrebses[48] Motoneuronen werden von sensorischen Eingängen gehemmt, die von antagonistischen Muskeln über inhibitorische Interneuronen im Rückenmark kommen. Die Wirkung der Aktivierung hemmender Eingänge läßt sich in Experimenten ähnlich den in Abb. 9 A dargestellten untersuchen. Das Motoneuron wird mit zwei Mikropipetten angestochen, von denen eine die Potentialänderung mißt und die andere Strom durch die Zellmembran schickt. Beim normalen Ruhepotential (ca. –75 mV) führt die Reizung der inhibitorischen Eingänge zu einer leichten Hyperpolarisation der Zelle – dem **inhibitorischen postsynaptischen Potential** (IPSP). Wenn die Membran durch Einleitung positiven Stroms in die Zelle depolarisiert wird, vergrößert sich die Amplitude des inhibitorischen postsynaptischen Potentials. Wenn die Zelle auf –82 mV hyperpolarisiert wird, ist das inhibitorische Potential sehr klein und sein Vorzeichen umgekehrt, und bei –100 mV ist die Amplitude des umgekehrten Potentials weiter vergrößert. Das Umkehrpotential lag in diesem Experiment bei ca. –80 mV. Ähnliche Experimente am Dehnungsrezeptor und am Muskel vom Flußkrebs, die beide hemmende Innervierung von Ganglien aus dem Zentralnervenstrang empfangen, sind in Abb. 9 B und 9 C dargestellt. Beim Dehnungsrezeptor-Präparat benötigt man keine stromeinleitende Elektrode, da man sein Ruhepotential einfach durch Vergrößern bzw. Verkleinern der Spannung in der Muskelfaser, in die die Dendriten der Rezeptorzellen eingebettet sind, erhöhen oder erniedrigen kann. Bei beiden Präparationen kehrt sich das inhibitorische postsynaptische Potential bei einem Membranpotential von ca. –70 mV um.

Die ionale Basis der inhibitorischen Potentiale

Die Ionenselektivität exzitatorischer und inhibitorischer Kanäle ist von Edwards im Überblick dargestellt worden[49] Inhibitorische Kanäle sind für Anionen permeabel. Die Permeabilitäten lassen sich grob mit dem Radius des hydratisierten eindringenden Ions korrelieren. Unter physiologischen Bedingungen ist Chlorid das einzige kleine Anion, das in größerer Menge vorliegt. So verschiebt z.B. eine intrazelluläre Chlorid-Injektion mittels einer Mikropipette in spinale Motoneuronen das Chlorid-Gleichgewichtspotential und damit auch das Umkehrpotential des IPSP in positive Richtung. Bei anderen Präparaten führen Änderungen der extrazellulären Chloridkonzentration ebenfalls zum erwarteten Ergebnis, doch sind diese Experimente erheblich schwieriger zu interpretieren. Das liegt daran, daß Änderungen der extrazellulären Chloridkonzentration schließlich auch zu entsprechenden Änderungen der intrazellulären Konzentration führen (Kap. 3), so daß jede Änderung des Chlorid-Gleichgewichtspotentials nur transient ist.

Ein Weg, diese Schwierigkeit zu vermeiden, besteht darin, Chlorid vollständig zu entfernen (Abb. 10). Die Ableitungen stammen aus einer reticulospinalen Zelle im Hirnstamm des Neunauges, bei der die inhibitorische synaptische Übertragung durch Glycin vermittelt wird.[50] Das Membranpotential wurde mit einer intrazellulären Mikroelektrode registriert. Eine zweite Elektrode diente dazu, kurze Strompulse in die Zelle zu leiten. Die resultierenden Potentialänderungen lieferten ein Maß für den Eingangswiderstand der Zelle. Schließlich diente eine dritte Mikroelektrode dazu, mittels kurzer Druckpulse Glycin in die Nähe einer hemmenden Synapse auf die Zelle aufzubringen. In der oberen Aufzeichnung (Abb. 10

42 Dionne, V.E. and Leibowitz, M.D. 1982. *Biophys. J.* 39: 253–261.
43 Neher, E. and Steinbach, J.H. 1978. *J. Physiol.* 277: 153–176.
44 Hamill, O. and Sakmann, B. 1982. *Nature* 294: 462–464.
45 Coombs, J.S., Eccles, J.C. and Fatt, P. 1955. *J. Physiol.* 130: 326–373.
46 Dudel, J. and Kuffler, S.W. 1961. *J. Physiol.* 155: 543–562.
47 Takeuchi, A. and Takeuchi, N. 1967. *J. Physiol.* 191: 575–590.
48 Kuffler, S.W. and Eyzaguirre, C. 1955. *J. Gen. Physiol.* 39: 155–184.
49 Edwards, C. 1982. *Neuroscience* 7: 1335–1366.
50 Gold, M.R. and Martin, A.R. 1983. *J. Physiol.* 342: 99–117.

A) führt die Applikation von Glycin zu einer leichten Hyperpolarisation, verbunden mit einer deutlichen Verringerung des Eingangswiderstandes, wie zu erwarten ist, wenn Glycin eine große Anzahl von Chloridkanälen aktiviert. Der Beweis, daß außer Chlorid keine anderen Ionen durch die inhibitorischen Kanäle fließen, ist in Abb. 10 B dargestellt. Chlorid wurde aus der Badlösung entfernt und durch das impermeable Ion Isoethionat ersetzt. Infolgedessen verschwand auch das intrazelluläre Chlorid per Ausstrom durch die vorhandenen Chloridkanäle. Nach 20 min ruft dann die Glycinzugabe keine meßbare Antwort mehr hervor. Stellt man die normale extrazelluläre Chloridkonzentration wieder her (Abb. 10 C), wird auch die Antwort wiederhergestellt.

Vorausgesetzt, daß bei der inhibitorischen Antwort die Zunahme der Chloridpermeabilität eine Rolle spielt, liegt das Umkehrpotential für den inhibitorischen Strom beim Chlorid-Gleichgewichtspotential. Daraus folgt für die Stromstärke

$$\Delta i_{\text{inhibitorisch}} = \Delta i_{\text{Cl}} = \Delta g_{\text{Cl}}(V_{\text{m}} - E_{\text{Cl}})$$

Bei Membranpotentialen, die positiver sind als E_{Cl}, fließt der Strom auswärts und verursacht eine Membranhyperpolarisation, bei Membranpotentialen negativer als E_{Cl} verursacht die Hemmung eine Depolarisation. Das elektrische Ersatzschaltbild ist in Abb. 9 D dargestellt.

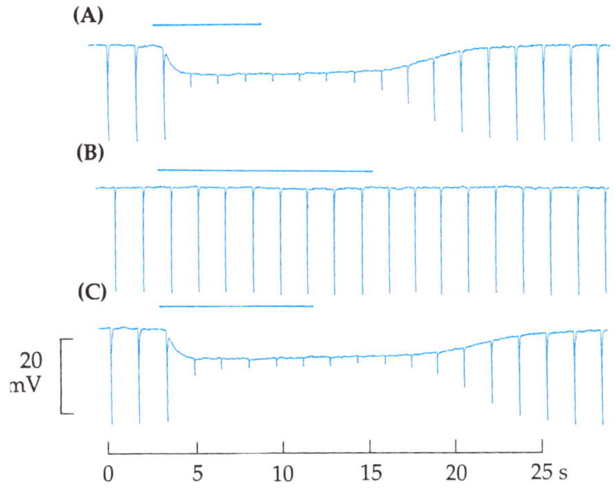

Abb. 10: **Chlorid-Abhängikeit der inhibitorischen Antwort auf Glycin** von Neuronen im Hirnstamm des Neunauges, abgeleitet mit einer intrazellulären Mikroelektrode. (A) Das Ruhemembranpotential beträgt −63 mV. Die Spannungsauslenkungen nach unten werden durch kurze 10-nA-Stromimpulse mit einer zweiten intrazellulären Pipette erzeugt. Ihre Amplituden zeigen den Membranwiderstand an. Bei Zugabe von Glycin (Balken) wird die Zelle um ca. 7 mV hyperpolarisiert, und der Membranwiderstand sinkt drastisch. (B) Nach 20 Minuten in einer chloridfreien Badlösung verschwindet die Antwort auf Glycingabe. (C) Erholung 5 Minuten nach Rückkehr in eine normale Chloridlösung (aus Gold und Martin, 1983b).

Präsynaptische Inhibition

Bisher haben wir erregende und hemmende Synapsen auf der Basis von Transmitterwirkungen an der postsynaptischen Membran definiert, dh., danach, ob sich die postsynaptische Permeabilität für Kationen oder für Anionen ändert. Eine Reihe früher Experimente zeigte jedoch, daß es in einigen Fällen schwierig ist, Hemmung nur allein als postsynaptische Permeabilitätsänderung zu verstehen.[51,52] Von Eccles und Kollegen[53] wurde ein zusätzlicher Hemm-Mechanismus im Säuger-Rückenmark und von Dudel und Kuffler[46] bei Crustaceen an der neuromuskulären Verbindung beschrieben. Wie in Abb. 11 dargestellt ist, erstreckt sich die Wirkung des inhibitorischen Nervs an der neuromuskulären Verbindung von Crustaceen nicht nur auf die Muskelfasern, sondern auch auf die erregenden Nervenendigungen und verringert deren Transmitterausstoß. Im nächsten Abschnitt werden wir sehen, daß Transmitter in Paketen oder **Quanten** von einigen tausend Molekülen abgegeben werden. Der präsynaptische Effekt des inhibitorischen Transmitters besteht darin, die Anzahl der Quanten, die von der erregenden Nervenendigung freigesetzt wird, zu verringern. Die präsynaptische Hemmwirkung ist kurz, erreicht ihren Gipfel innerhalb weniger Millisekunden und ist nach insgesamt 6 bis 7 ms auf Null abgesunken. Um einen maximalen Hemmeffekt zu erzielen, muß der Impuls in der hemmenden präsynaptischen Nervenendigung einige Millisekunden vor dem Impulses in der erregenden Endigung eintreffen. Die Bedeutung des exakten Zeitablaufs wird in Abb. 11 deutlich, wo (A) und (B) exzitatorische und inhibitorische Potentiale nach getrennter Reizung der entsprechenden Nerven zeigen. In Abb. 11 C folgt der inhibitorische Impuls dem exzitatorischen im Abstand von 1,5 ms und kommt zu spät an, um noch einen Effekt zu erzielen. In Abb. 11 D hingegen läuft er dem erregenden Impuls voraus und führt zu einer deutlichen Verringerung in der Größe des erregenden postsynaptischen Potentials. Der präsynaptische Effekt wird wie der an der postsynaptischen Membran durch GABA bewirkt und geht mit einem deutlichen Anstieg der Chloridpermeabilität in den exzitatorischen Nervenendigungen einher.[47] Wenn die Chloridpermeabilität hoch ist, wird die depolarisierende Wirkung des Natriumeinstroms in der Anstiegsphase des Aktionspotentials teilweise durch den begleitenden Chlorideinstrom wettgemacht. Infolgedessen ist die Amplitude des präsynaptischen Aktionspotentials verringert und die Transmitterfreisetzung herabgesetzt.

Im Säuger-Rückenmark wie bei der neuromuskulären Endplatte von Crustaceen ruft die präsynaptische Hemmung eine Verringerung der Anzahl der Transmitterquanten hervor, die von exzitatorischen Nervenendigungen freigesetzt werden.[54] Im Nervensystem generell dienen präsynaptische und postsynaptische Inhibiton ganz unterschiedlichen Zwecken. Postsynaptische Hemmung, z.B. in einem spinalen Motoneuron, reduziert die Erreg-

51 Fatt, P. and Katz, B. 1953. *J. Physiol.* 121: 374–389.
52 Frank, K. and Fuortes, M.G.F. 1957. *Fed. Proc.* 16: 39–40.
53 Eccles, J.C., Eccles, R.M. and Magni, F. 1961. *J. Physiol.* 159: 147–166.

54 Kuno, M. 1964. *J. Physiol.* 175: 100–112.

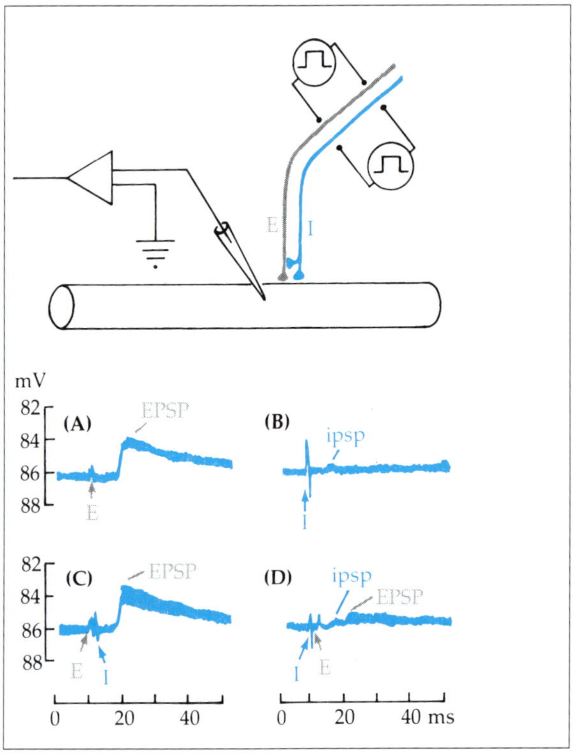

Abb. 11: **Präsynaptische Inhibition** in einer Crustaceen-Muskelfaser, die durch ein erregendes und ein hemmendes Axon innerviert wird. Beim Ruhepotential (-86 mV) ruft die Reizung des exzitatorischen Axons (E) ein 2-mV großes EPSP hervor (A), während Stimulation des inhibitorischen Axons (I) ein depolarisierendes IPSP von ca. 0,2 mV zur Folge hat (B). (C) Wenn der inhibitorische kurz auf den exzitatorischen Reiz folgt, so hat dies keinen Effekt auf das EPSP. (D) Wenn der inhibitorische dem exzitatorischen Stimulus ein paar Millisekunden vorausgeht, verschwindet das EPSP fast vollständig (nach Dudel und Kuffler, 1961).

Stephen W. Kuffler, 1975

barkeit der Zelle selbst und macht sie für alle erregenden Eingänge weniger empfindlich. Präsynaptische Hemmung wirkt viel spezifischer. Sie zielt auf bestimmte erregende Eingänge, ohne daß die Fähigkeit der postsynaptischen Zelle beeinträchtigt wird, weiterhin Informationen aus anderen Quellen zu integrieren. Bei der präsynaptischen Hemmung muß das inhibitorische Axon mit der exzitatorischen Nervenendigung in synaptischem Kontakt stehen. Solche axo-axonischen Synapsen sind an der neuromuskulären Verbindung von Crustaceen[55] und an zahlreichen Stellen im Säuger-Zentralnervensystem[56] direkt elektronenmikroskopisch nachgewiesen worden. Zudem können inhibitorische Nervenendigungen selbst präsynaptisch beeinflußt werden. Die dazu notwendige ultrastrukturelle Anordnung konnte bei hemmenden Synapsen auf Dehnungsrezeptoren des Flußkrebses gezeigt werden.[57]

55 Atwood, H.L. and Morin, W.A. 1970. *J. Ultrastruct. Res.* 32: 351–369.

56 Schmidt, R.F. 1971. *Ergeb. Physiol.* 63: 20–101.

Durch einen Kationenkanal vermittelte Inhibition

Eine neue Art der Hemmung ist in jüngster Zeit zwischen efferenten Fasern im Hörnerv und den Haarzellen in der Cochlea des Huhns entdeckt worden[58] Acetylcholin, das von den Nervenendigungen freigesetzt wird und an die postsynaptische Membran der Haarzellen gelangt, öffnet Kanäle, die das Einwandern von Calcium und anderen Kationen erlauben. Dieser Effekt ist normalerweise exzitatorisch, es sei denn, der Calciumeinstrom führt zur Öffnung calciumaktivierter Kaliumkanäle und damit zu einer Hemmung. Diese Ereigniskette ist in Abb. 12 dargestellt. Mit patch clamp-Elektroden wurden Ganzzell-Ströme (whole-cell currents) von den Haarzellen abgeleitet. In Abb. 12 A rief die Applikation eines kurzen Impulses von ACh-Lösung aus einer Mikropipette einen großen, nach außen gerichteten (inhibitorischen) Kaliumstrom hervor, dem eine kleiner, kurzer Einwärtsstrom voranging. Als man dasselbe Experiment mit dem Calcium-Chelatbildner BAPTA (eine modifizierte Form von EGTA[59]) in der Ableitpipette (und damit im Cytoplasma der Zelle) wiederholte, war der Auswärtsstrom blockiert, und es entwickelte sich ein beträchtlicher Kationeneinstrom. Das einströmende Calcium, das von dem Chelatbildner gebunden war, konnte die calciumaktivierten Kaliumkanäle nicht mehr öffnen. Ein ähnlicher Hemm-Mechanismus tritt möglicherweise auch in Neuronen im Gehirn auf.[60]
Die Rezeptoren, die die Antwort vermitteln, sind von einigem Interesse. Sie haben viele Eigenschaften mit den nicotinischen ACh-Rezeptoren (nAChRs) gemeinsam: sie bilden wie diese bei Aktivierung Ionenkanäle, und ihre Reaktion mit ACh wird durch Curare und Bungarotoxin blockiert. Die Rezeptoren werden jedoch nicht von Nicotin aktiviert und weisen andere ungewöhnliche Eigenschaften auf. Der Calciumflux ist bei den meisten nAChR-Kanälen für ca. 2% des Einstroms verantwortlich,[61] und diese Menge scheint ausreichend zu sein, um die beobachtete Inhibition zu erklären.

Direkt wirkende Neurotransmitter

Zwei wichtige inhibitorische Neurotransmitter sind γ-Aminobuttersäure (GABA) und Glycin (Kap 10). Genauso, wie ACh direkt das Öffnen von Kationenkanälen

57 Nakajima, Y., Tisdale, A.D. and Henkart, M.P. 1973. *Proc. Natl. Acad. Sci. USA* 70: 2462–2466.

58 Fuchs, P.A. and Murrow, B.W. 1992. *J. Neurosci* 12: 2460–2467.

59 Tsien, R.Y. 1980. *Biochemistry* 19: 2396–2404.

60 Wong, L.A. and Gallagher, J.P. 1991. *J. Physiol.* 36: 325–346.

61 Decker, E.R. and Dani, J.A. 1990. *J. Neurosci.* 10: 3413–3420.

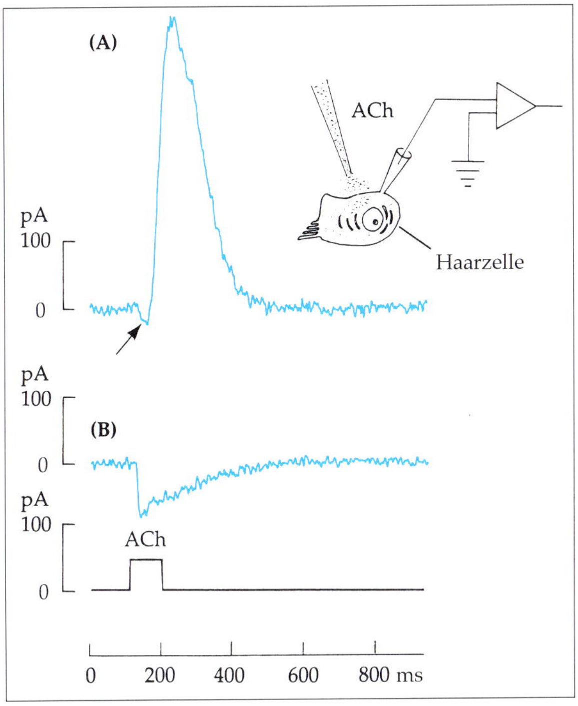

Abb. 12: **Inhibition durch ACh-aktivierte Kationenkanäle** von Haarzellen aus der Hühnercochlea. (A) Bei einem Ganzzell-patch (s. Einschaltbild) ruft die Zugabe von ACh nahe der Basis der Haarzelle einen großen, nach außen gerichteten Strom durch die Zellmembran hervor, dem ein kleiner vorübergehender Einwärtsstrom vorangeht (Pfeil). Bei der intakten Zelle ist der Ausstrom inhibitorisch. (B) Aufzeichnung eines anderen Experiments, bei dem der Calcium-bindende Chelatbildner BAPTA in die Elektrode und damit auch ins Cytoplasma gegeben wurde. Jetzt ruft die ACh-Zugabe nur einen Einwärtsstrom, bedingt durch den Einstrom von Kationen in die Zelle hervor. In (A) sieht man einen Auswärtsstrom statt, weil der Calciumeinstrom durch die ACh-aktivierten Kanäle caliumaktivierte Kaliumkanäle öffnet. Der Effekt tritt in (B) nicht auf, weil das einströmende freie Calcium als Chelatkomplex gebunden wird (Aufzeichnungen mit freundlicher Genehmigung von P.A. Fuchs).

in den postsynaptischen Membranen von Skelettmuskeln und Ganglienzellen bewirkt, bewirken diese Aminosäuren direkt das Öffnen von Anionenkanälen. Ein wichtiges Merkmal des GABA-Rezeptors ist, daß seine Leitfähigkeit von anderen Liganden beeinflußt werden kann, darunter auch eine Gruppe häufig verwendeter Drogen, den Benzodiazepinen (Kap. 10). Nur wenige andere direkt wirkende Transmitter sind bisher identifiziert worden. Einer von ihnen ist Glutamat, ein wichtiger exzitatorischer Neurotransmitter im Zentralnervensystem von Vertebraten.[62,63] Es gibt bei glutamataktivierten Kanälen eine Reihe von Subtypen, die man grob in zwei Klassen einteilen kann: solche, die sensitiv auf den Glutamatagonisten N-Methyl-D-Aspartat (NMDA-Rezeptoren) reagieren und solche, die das nicht tun (non-NMDA-Rezeptoren). Untereinheiten der non-NMDA-Rezeptoren sind kloniert und in Oocyten exprimiert worden (Kap. 2). Die Kanäle weisen sehr geringe Kationenleitfähigkeiten auf.[64] NMDA-Rezeptoren besitzen eine weitere interessante Eigenschaft: Ihre Leitfähigkeit ist spannungsabhängig. Wenn die Rezeptoren von NMDA (oder dem eigentlichen Transmitter, Glutamat) aktiviert werden, fließt durch ihre Kanäle nur wenig Strom, es sei denn, die Membran ist depolarisiert. Diese Spannungsabhängigkeit resultiert, wie man zeigen konnte, auf der Blockierung der ruhenden Kanäle durch Magnesiumionen: Bei Depolarisation wird das Magnesium aus dem Kanal getrieben, und andere Kationen können passieren.[65,66] Wenn der Kanal durch Glutamat aktiviert wird, wird seine Offenwahrscheinlichkeit zusätzlich durch Glycin gesteigert.[67] Viele Forscher vermuten, daß die Spannungsabhängigkeit ligandenaktivierter Kanäle langfristigen Änderungen der synaptischen Effektivität zugrundeliegt (Kap. 10).

62 Collingridge, G.L. and Lester, R.A.J. 1989. *Pharmacol. Rev.* 40: 143–219.

63 Monaghan, D.T., Bridges, R.J. and Cotman, C.W. 1989. *Annu. Rev. Pharmacol. Toxicol.* 29: 365–402.

Indirekte synaptische Aktivierung

Der synaptische Wirkmechanismus, der in Abb 12 dargestellt ist, unterscheidet sich im Prinzip vom vorher beschriebenen Mechanismus erregender und hemmender synaptischer Übertragung, da die Wirkung auf die Zelle letztendlich durch Kanäle vermittelt wird, die nicht direkt vom Transmitter aktiviert werden. Eine Erweiterung dieses Prinzips findet man bei Rezeptoren, die gar keine Kanäle bilden, sondern bei Aktivierung eine Reihe intrazellulärer Abläufe in Bewegung setzen. Diese Abläufe führen zur Modulation von Ionenkanälen oder Pumpen, die keine Rezeptormoleküle darstellen. Eine derartige indirekte Neurotransmitterwirkung wird detailliert in Kap. 8 diskutiert.

Die Ausschüttung chemischer Transmitter

Es stellen sich eine Reihe von Fragen dazu, wie die präsynaptischen Neuronen Transmitter freisetzen. Experimentelle Antworten auf solche Fragen erfordern ein hochempfindliches, quantitatives und zuverlässiges Maß für die freigesetzte Transmittermenge mit einer zeitlichen Auflösung, die im Millisekundenbereich liegt. In den unten beschriebenen Experimenten dient das Membranpotential der postsynaptischen Zelle als solches Maß. Wieder einmal bietet die neuromuskuläre Verbindung der Wirbeltiere viele Vorteile, an der ACh, wie man weiß, als Transmitter wirkt. Um möglichst vollständige In-

64 Ascher, P., Nowak, L. and Kehoe, J. 1986. *In* J.M. Ritchie et al. (eds.). *Ion Channels in Neural Membranes.* Liss, New York.

65 Mayer, M.L., Westbrook, G.L. and Guthrie, P.B. 1984. *Nature* 309: 261–263.

66 Mayer, M.L. and Westbrook, G.L. 1987. *Prog. Neurobiol.* 28: 198–276.

67 Johnson, J.W. and Ascher, P. 1984. *Nature* 325: 529–531.

Bernard Katz, 1950

formationen über den Freisetzungsprozeß zu erhalten, ist es zweckmäßig, auch von den präsynaptischen Nervenendigungen abzuleiten. Solche Ableitungen sind z.B. nötig, um feststellen, wie das Membranpotential die Transmitterfreisetzung beeinflußt. Die präsynaptischen Nervenendigungen an der neuromuskulären Verbindung sind im allgemeinen zu klein, um sie mit Mikroelektroden anstechen zu können (s. aber Morita und Barrett[68]). Das gelingt jedoch bei einer Reihe anderer Synapsen, wie den Riesenfaser-Synapsen im Stellarganglion des Tintenfisches,[69] Synapsen im Ciliarganglion von Vögeln[4] und Synapsen zwischen großen Axonen und Interneuronen im Rückenmark des Neunauges.[70,71]

Das Stellarganglion des Tintenfisches diente Katz und Miledi dazu, die exakte Beziehung zwischen dem Membranpotential der präsynaptischen Nervenendigung und der Menge des freigesetzten Transmitters zu bestimmen.[72] Das Präparat und die Versuchsanordnung zur simultanen Ableitung von der präsynaptischen Nervenendigung und der postsynaptischen Faser sind in Abb. 13 A dargestellt. Nach Gabe von Tetrodotoxin (TTX) auf das Präparat wurde das präsynaptische Aktionspotential im Laufe der nächsten 15 Minuten allmählich immer kleiner (Abb. 13 B). Gleichzeitig verringerte sich auch die Amplitude des postsynaptischen Aktionspotentials. Übrig blieb ein erregendes postsynaptisches Potential. Eine weitere Verringerung der Amplitude des präsynaptischen Aktionspotentials führte zu einer fortschreitenden Reduktion des postsynaptischen Potentials, bis letzteres schließlich ganz verschwand. Wenn man die Amplitude des postsynaptischen Potentials gegen die Amplitude des abnehmenden präsynaptischen Impulses, wie in Abb. 13 C, aufträgt, nimmt das synaptische Potential rasch ab, wenn die Amplitude des präsynaptischen Aktionspotentials unter ca. 75 mV fällt. Bei Amplituden unter ca. 45 mV erlischt die postsynaptische Antwort. Die Abnahme der Amplitude des postsynaptischen Potentials weist auf eine Verringerung der Transmittermenge hin, die von der präsynaptischen Nervenendigung ausgeschüttet wird. Aus diesen experimentellen Ergebnissen läßt sich schließen, daß bei einer Depolarisation von ca. 45 mV eine Schwelle für die Transmitterausschüttung liegt, oberhalb derer die freigesetzte Menge und damit die Amplitude des EPSP mit der wachsenden Amplitude des präsynaptischen Aktionspotentials rasch zunimmt. Katz und Miledi benutzten zusätzliche Verfahren, um die Beziehung weiter zu verfolgen: Sie plazierten eine zweite Elektrode in die präsynaptische Endigung, durch die sie kurze (1–2 ms) depolarisierende Strompulse schickten und so ein präsynaptisches Aktionspotential nachahmten. Die Beziehung zwischen der Amplitude des künstlichen Aktionspotentials und der des synaptischen Potentials entsprach derjenigen, die sich mit dem abnehmenden Aktionspotential direkt nach TTX-Vergiftung ergeben hatte. Dieses Ergebnis zeigt, daß die normale Folge von Permeabilitätsänderungen für Natrium und Kalium, die für die Auslösung des Aktionspotentials verantwortlich ist, für die Transmitterfreisetzung nicht notwendig ist und daß die Depolarisation allein einen hinreichenden Auslöser darstellt.

68 Morita, K. and Barrett, E.F. 1990. *J. Neurosci.* 10: 2614–2625.
69 Bullock, T.H. and Hagiwara, S. 1957. *J. Gen. Physiol.* 40: 565–577.
70 Ringham, G. 1975. *J. Physiol.* 251: 385–407.
71 Martin, A.R. and Ringham, G.L. 1975. *J. Physiol.* 251: 409–426.
72 Katz, B. and Miledi, R. 1967. *J. Physiol.* 192: 407–436.

Synaptische Verzögerung

Ein charakteristisches Merkmal der Transmitterfreisetzung, das man aus Abb 13 B entnehmen kann, ist die Verzögerung zwischen dem Beginn des präsynaptischen Aktionspotentials und dem des synaptischen Potentials. In Experimenten von Katz und Miledi, die bei ca. 10°C durchgeführt wurden, betrug die Verzögerung 3 bis 4 ms. Genaue Messungen an der neuromuskulären Verbindung vom Frosch zeigen bei Raumtemperatur eine Verzögerung von mindestens 0,5 ms zwischen der Depolarisation der präsynaptischen Nervenendigung und dem Beginn des Endplattenpotentials. Die Zeitspanne ist zu lang, um sie der Diffusion von ACh durch den synaptischen Spalt (eine Distanz von ca. 50 nm) zuordnen zu können, die nicht länger als etwa 50 µs dauert. Wenn ACh ionophoretisch aus einer Mikropipette auf die Synapsenregion appliziert wird, lassen sich Verzögerungen herunter bis zu 150 µs erreichen, obwohl die Pipette selbst bei sorgfältigster Plazierung niemals so nah an die postsynaptische Membran herangebracht werden kann wie die Nervenendigung. Weiterhin ist die synaptische Verzögerung viel temperaturempfindlicher, als man erwarten würde, wenn sie auf einem Diffusionsvorgang beruhte. Kühlt man das Nerv-Muskel-Präparat vom Frosch auf 2°C ab, so steigt die Verzögerung auf bis zu 7 ms, wohingegen sich die Verzögerung der Antwort auf ionophoretisch appliziertes ACh nicht merkbar ändert.[37] Daher liegt die Verzögerung weitgehend im Mechanismus der Transmitterfreisetzung begründet.

Belege dafür, daß der Calciumeinstrom für die Freisetzung erforderlich ist

Calcium ist seit langem als wesentliches Glied beim Ablauf der synaptischen Übertragung bekannt Wenn seine Konzentration in der extrazellulären Flüssigkeit ab-

73 Katz, B. and Miledi, R. 1965. *Proc. R. Soc. Lond. B.* 161: 483–495.

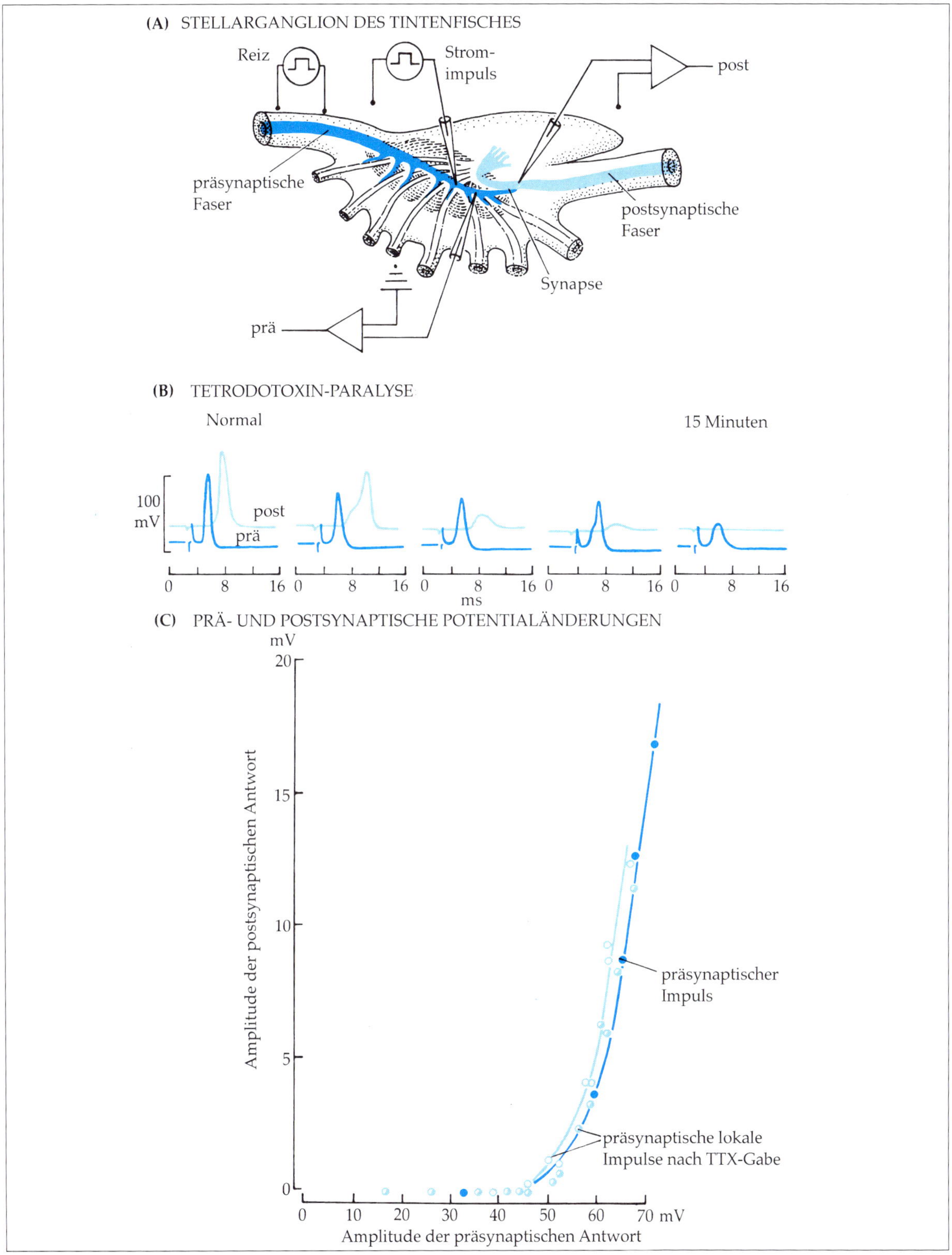

Abb. 13: **Präsynaptischer Impuls und postsynaptische Antwort** an einer Riesensynapse des Tintenfisches. (A) Zeichnung des Stellarganglions vom Tintenfisch. Dargestellt sind die beiden großen Axone, die eine chemische Synapse bilden. Beide Axone können, wie gezeigt, mit Mikroelektroden angestochen werden. (B) Simultane Ableitungen vom präsynaptischen (dunkelblaue Kurven) und vom postsynaptischen (hellblaue Kurven) Axon während der Entwicklung eines Leitungsblocks durch TTX. Das postsynaptische Aktionspotential verschwindet nach der zweiten Aufzeichnung. Das postsynaptische Potential nimmt mit fortschreitender Blockierung des präsynaptischen Aktionspotentials ab. (C) Beziehung zwischen der Amplitude des präsynaptischen Aktionspotentials und des postsynaptischen Potentials. Geschlossene Kreise stammen von den Ergebnissen aus (B), offene und halbgefüllte Kreise sind Ergebnisse, die nach vollständigem TTX-Block mit depolarisierenden Stromimpulsen in den präsynaptischen Nervenendigungen gewonnen wurden (A nach Bullock und Hagiwara, 1957; B und C nach Katz und Miledi, 1967c).

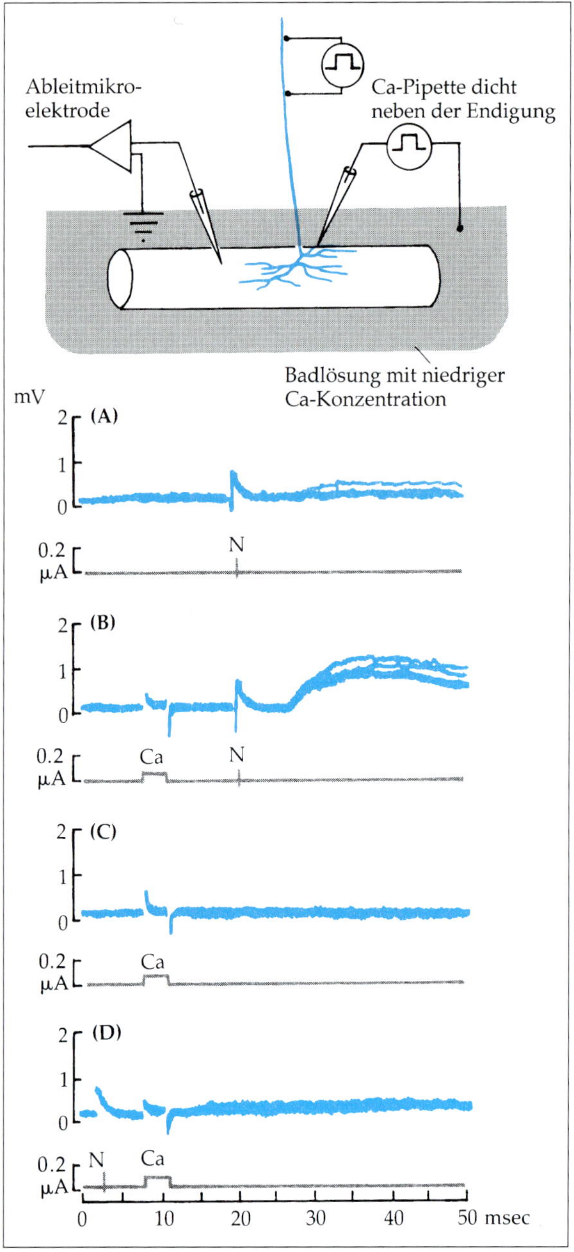

Abb. 14: **Zeitverlauf der Calciumwirkung bei der Transmitterausschüttung.** (A) Wiederholte Stimulation des motorischen Nervs (N) in einer Lösung mit niedrigem Calciumspiegel bewirkt eine kleine oder gar keine Transmitterausschüttung an der neuromuskulären Verbindung. (B) Wenn aus einer Pipette direkt neben der Nervenendigung kurzzeitig Calcium (Ca) ausgestoßen wird, folgt der Nervenreizung eine Transmitterfreisetzung (C). Calcium-Impulse allein haben keine Transmitterausschüttung zur Folge. (D) Calciumzugabe nach der Reizung genau an der Stelle, wo man den Beginn des Endplattenpotentials erwarten würde, zeigt keine Wirkung (nach Katz und Miledi, 1967b).

nimmt, sinkt die Ausschüttung von ACh an der neuromuskulären Verbindung und hört schließlich ganz auf.[74] Die Bedeutung von Calcium für die Ausschüttung ist an allen Synapsen, an denen sie untersucht wurde, – unabhängig von der Natur der Transmitter – bestätigt worden. Auch bei anderen sekretorischen Prozessen, wie der Hormonausschüttung bei Hypophysenzellen, der Freisetzung von Adrenalin (Epinephrin) aus dem Nebennierenmark und der Sekretion bei Speicheldrüsen, spielt Calcium generell eine Rolle.[75] Wie unten diskutiert, geht der evozierten Transmitterausschüttung ein Calciumeinstrom in die Endigung voran. Seinem fördernden Effekt bei der Ausschüttung wirken Ionen entgegen, die den Calciumeinstrom blockieren, wie Magnesium, Mangan und Cobalt. Man kann die Transmitterausschüttung daher verringern, indem man Calcium aus der Badlösung entfernt oder Blocker-Ionen zugibt.

Die Experimente von Katz und Miledi an neuromuskulären Verbindungen zeigten nicht nur, daß Calcium für die Transmitterausschüttung von entscheidender Bedeutung ist, sondern auch, daß es zum Zeitpunkt der Depolarisation der präsynaptischen Nervenendigung anwesend sein muß. Das Experiment, in dem dies nachgewiesen wurde, ist in Abb. 14 dargestellt. Calcium wurde aus der Badlösung entfernt, so daß die Freisetzung von ACh als Antwort auf eine Nervenreizung praktisch unterbunden war. Kurz bevor der Nerv gereizt wurde, wurde anschließend Calcium ionophoretisch mit einer direkt an der Endigung plazierten Mikropipette auf die Nervenendigung aufgebracht. Diese Calciumzugabe stellte die Transmitterausschüttung wieder her, und jeder Versuch führte zur Generierung eines Endplattenpotentials. Calciumimpulse allein bewirkten keine Transmitterausschüttung, auch nicht nach der Reizung, während der synaptischen Verzögerungsperiode. Ähnliche Ergebnisse erhielt man in Gegenwart von TTX bei Depolarisation der Nervenendigung durch Stromimpulse. Wiederum war die Calciumzugabe kurz vor dem depolarisierenden Impuls wirksam. Diese Experimente lieferten den Beweis dafür, daß Calcium während der Depolarisationsphase anwesend sein muß, damit es zu einer Ausschüttung kommt.

Andere Experimente an Nervenfasern haben gezeigt, daß die Calcium-Leitfähigkeit g_{Ca} der Membran durch Depolarisation gesteigert wird (Kap. 4) und daß mit jedem Aktionspotential etwas Calcium in die Zelle gelangt. Diese Vorstellung wurde durch eine Erweiterung des Experiments in Abb. 13 unterstützt. Wenn die präsynaptische Nervenendigung auf E_{Ca} oder darüber depolarisiert wird, überlegten Katz und Miledi, findet kein Calciumeinstrom während des Impulses und daher auch keine Transmitterausschüttung statt. Um eine große und relativ lang andauernde Depolarisation der präsynaptischen Nervenendigung beim Tintenfisch hervorzurufen, war es notwendig, die Repolarisation durch den Kaliumstrom der verzögerten Gleichrichter-Kanäle mit Hilfe von Tetraethylammoniumion (TEA, S. Kap. 4) zu blokkieren. Die Ergebnisse eines solchen Experiments sind in Abb. 15 dargestellt. Ein Strompuls von ca. 17 ms Dauer ruft eine anhaltende Depolarisation der Nervenendigung und ein kurzes postsynaptisches Potential hervor, wenn

74 del Castillo, J. and Stark, L. 1952. *J. Physiol.* 116: 507–515.

75 Douglas, W.W. 1978. *Ciba Fond. Symp.* 54: 61–90.

die Depolarisation klein ist. Bei einem mittlerem Depolarisationsgrad wird das initiale EPSP unterdrückt, und es erfolgt eine zusätzliche Antwort am Ende des Impulses («off»-Antwort). Bei einer sehr großen Depolarisation verschwindet die «on»-Antwort, und am Ende des Impulses tritt ein großes postsynaptisches Potential auf. Dieses Ergebnis paßt zu der Vorstellung, daß die Transmitterausschüttung vom Calciumeinstrom während der Depolarisation abhängt. Die Anzahl der offenen Calciumkanäle steigt mit zunehmender Depolarisation an, doch der Calcium*strom* wird während des Impulses, wenn sich das Membranpotential E_{Ca} nähert, unterdrückt. Wenn der Impuls beendet ist, sind die Calciumkanäle noch offen, Calcium kann dann entsprechend seinem elektrochemischen Gradienten in die Nervenendigung gelangen und den Prozeß der Transmitterausschüttung auslösen.

Ricardo Miledi

Das Experiment in Abb. 15 liefert nicht nur Hinweise auf die Rolle des Calciums beim Freisetzungsprozeß, sondern verrät uns auch etwas über die Natur der synaptischen Verzögerung. Bei niedriger oder mittlerer Depolarisation erscheint das postsynaptische Potential am Anfang des Impulses mit einer Verzögerung von ca. 3,5 ms. Am Ende des Impulses setzt die «off»-Antwort jedoch mit einer Verzögerung von weniger als 1,0 ms ein. Diese Differenz beruht wahrscheinlich darauf, daß die «on»-Antwort solange nicht auftreten kann, bis sich genügend Calciumkanäle geöffnet haben, wohingegen die «off»-Antwort am Ende des Impulses mit sehr geringer Verzögerung erfolgen kann, da die Calciumkanäle noch geöffnet sind und Calcium sofort nach der Repolarisation eindringen kann. Diese Beobachtungen lassen vermuten, daß ein bedeutender Anteil der normalen synaptischen Verzögerung auf die Zeit zurückgeführt werden kann, die nötig ist, um die spannungsaktivierten Calciumkanäle zu öffnen.

Llinás und seinen Kollegen konnten den Calciumeinstrom in die präsynaptische Nervenendigung mit Hilfe des Leuchtfarbstoffs Aequorin direkt nachweisen (Kap. 3). Zusätzlich bestimmten sie mit voltage clamp-Techniken die Größe und den Zeitverlauf des Calciumstroms, der von der präsynaptischen Depolarisation hervorgerufen wird[76] (Abb. 16 A). Die im Zusammenhang mit dem Aktionspotential auftretenden Natrium- und die Kaliumleitfähigkeiten wurden mit TTX und TEA blokkiert, so daß nur die spannungsaktivierten Calciumkanäle übrigblieben. Ein präsynaptischer depolarisierender Puls von –70 auf –18 mV (obere Spur) rief einen Calciumeinstrom hervor, der langsam bis auf ca. –400 nA anstieg (mittlere Spur). Nach dem Einsetzen des Calciumeinstroms folgte mit einer Verzögerung von mehr als einer Millisekunde ein großes synaptisches Potential in der postsynaptischen Zelle (untere Spur). Durch Erhö-

76 Llinás, R. 1982. *Sci. Am.* 247: 56–65.

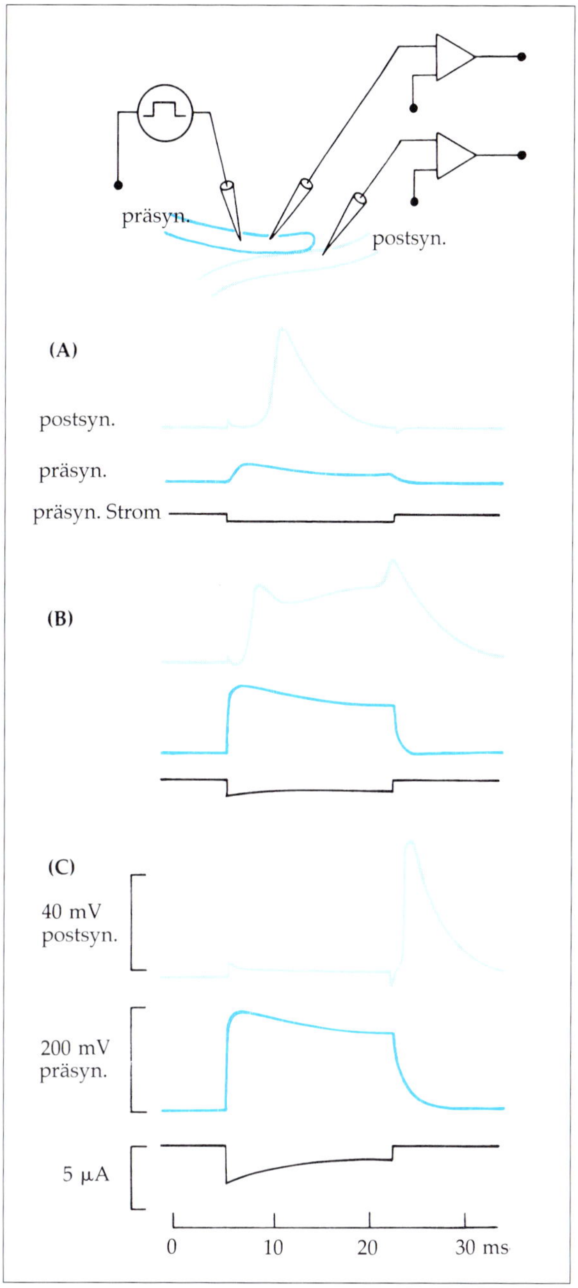

Abb. 15: **Auswirkung einer langanhaltenden Depolarisation** der präsynaptischen Nervenendigung an der Riesensynapse vom Tintenfisch nach Behandlung mit TTX und TEA. (A) Ein mittelgroßer depolarisierender präsynaptischer Impuls (präsyn.) ruft mit einer Verzögerung von ca. 3,5 ms ein postsynaptisches Potential (postsyn.) hervor. (B) Mit zunehmender Depolarisierung verringert sich die Amplitude des anfänglichen postsynaptischen Potentials geringfügig. Die postsynaptische Depolarisierung, die auf der anhaltenden präsynaptischen Transmitterausschüttung beruht, bleibt während des ganzen Impulses erhalten. Bei Beendigung des Impulses kommt es zu einer zusätzlichen «off»-Antwort. (C) Während eines sehr großen präsynaptischen Impulses wird die Transmitterausschüttung vollständig unterdrückt, so daß nur die «off»-Antwort übrigbleibt. Diese Unterdrückung tritt auf, weil das präsynaptische Membranpotential während des Impulses nahe am Calcium-Gleichgewichtspotential liegt und infolgedessen bis zur Repolarisation kein Calciumeinstrom stattfindet. Man beachte, daß die Verzögerung zwischen der Repolarisation und der «off»-Antwort in (C) beträchtlich kürzer ist als zwischen der Depolarisation und der «on»-Antwort in (A) (nach Katz und Miledi, 1967c)

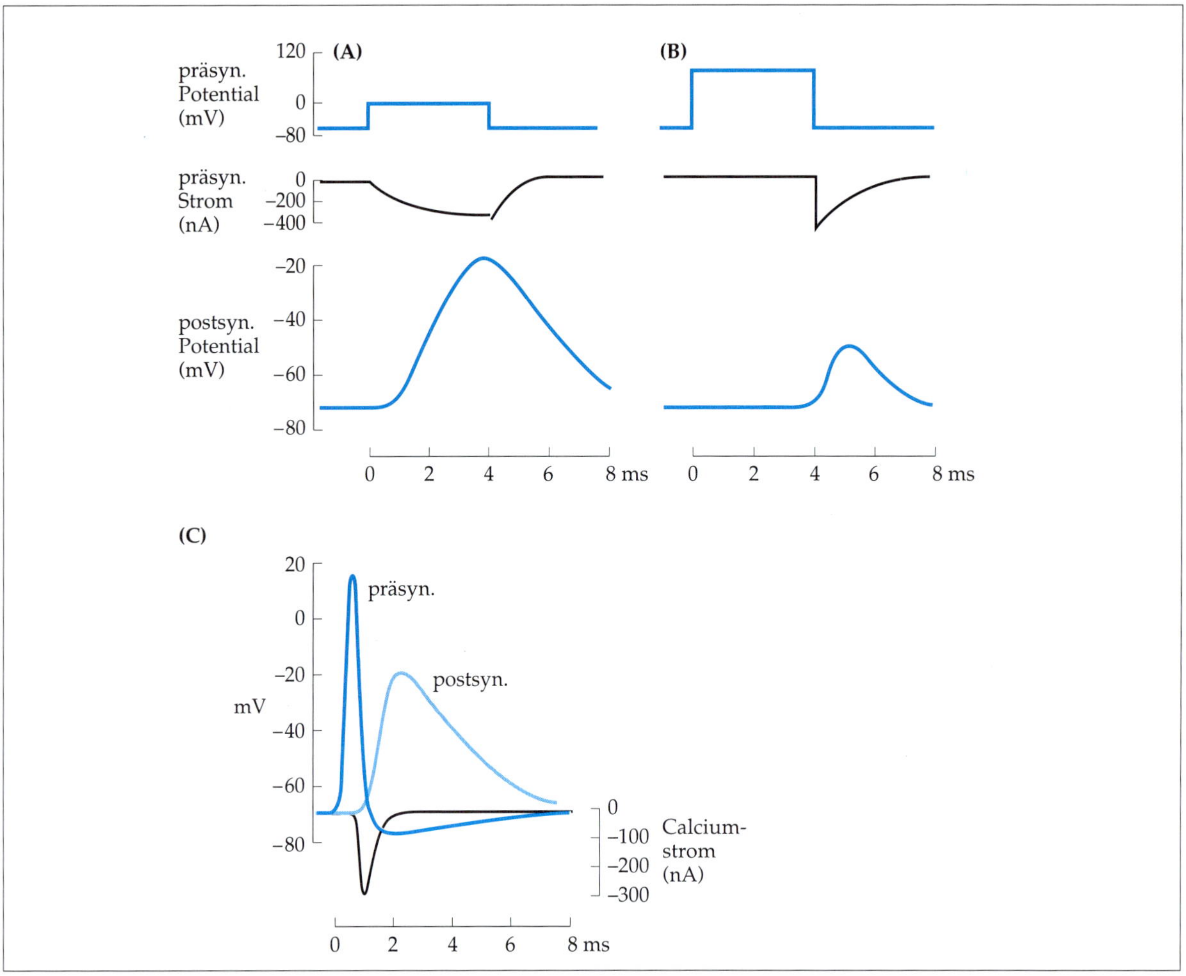

Abb. 16: **Präsynaptische Calciumströme und Transmitterausschüttung** an der Riesensynapse des Tintenfischs. Die präsynaptische Endigung befindet sich in einer Spannungsklammer. Sie ist mit TTX und TEA behandelt, um spannungsaktivierte Natrium- und Kaliumströme zu unterdrücken. Die Aufzeichnungen zeigen das Potential, das auf die präsynaptische Faser gegeben wird, den präsynaptischen Calciumstrom und das EPSP in der postsynaptischen Faser. (A) Ein Spannungsimpuls von –70 auf –18 mV (obere Spur) führt zu einem langsamen Calciumeinwärtsstrom (mittlere Spur) und nach einer Verzögerung von ca. 1 ms zu einem EPSP (untere Spur). (B) Eine stärkere Depolarisation auf +50 mV unterdrückt den Calciumeinwärtsstrom. Am Ende des Impulses folgt auf einen Calciumstromstoß innerhalb von ca. 0,2 ms ein EPSP. (C) Eine Spannungswelle, deren Form mit einem normalen Aktionspotential (präsyn.) identisch ist, erzeugt ein EPSP (postsyn.), das sich nicht von einem normalen EPSP unterscheiden läßt. Die schwarze Kurve gibt die Größe und den Zeitverlauf des begleitenden Calciumstroms an (nach Llinás, 1982).

hung des depolarisierenden Impulses auf +50 mV (Abb. 16 B) wurde der Calciumstrom während des Impulses unterdrückt. Nach Einsetzen der Repolarisation trat jedoch sofort ein Calciumstrom auf, begleitet von einem postsynaptischen Potential mit einem Delay von weniger als 0,2 ms.

Dieses Experiment zeigt direkt, daß ein beträchtlicher Teil der synaptischen Verzögerung mit der Zeit zusammenhängt, die für die Aktivierung der Calcium-Leitfähigkeit benötigt wird. Der Effekt eines künstlichen Aktionspotentials ist in Abb. 16 C zu sehen. Ein präsynaptisches Aktionspotential, vor Zugabe von TTX und TEA zum Präparat abgeleitet, wird durch den voltage clamp-Kreis «zurückgespielt», um exakt dieselbe Spannungsänderung in der Nervenendigung hervorzurufen, doch jetzt ohne die normale Änderung der Natrium- und der Kaliumleitfähigkeit. Das postsynaptische Potential läßt sich nicht von einem durch ein normales präsynaptisches Aktionspotential hervorgerufenen Potential unterscheiden. Das zeigt, daß allein die Spannungsänderung und nicht die Änderung der Natrium- und der Kaliumleitfähigkeit, die normalerweise mit einem Aktionspotential einhergehen, für die normale Transmitterausschüttung notwendig sind. Mit Hilfe der voltage clamp-Technik konnten Llinás und seine Kollegen auch die Größe und den Zeitverlauf des Calciumstroms bestimmen, der von dem künstlichen Aktionspotential (schwarze Kurve) ausgelöst wurde. Der Strom setzte in der Nähe des Aktionspotentialgipfels ein, stieg während der Repolarisationsphase des Aktionspotentials rasch auf ein Maximum an und fiel dann innerhalb der nächsten 1,0 ms wieder ab.

Calciumströme bei der synaptischen Übertragung sind auch an neuromuskulären Verbindungen der Maus beobachtet worden. Brigant und Mallart gelang es mit extrazellulären Ableitungen durch präzise plazierte Mikroelektroden und unterschiedlichen TTX- bzw. TEA-Gaben auf bestimmte Areale der Nervenendigung, den Ablauf der Permeabilitätsänderungen im Zuge der Depolarisation der Nervenendigung zu bestimmen.[77] Ihre Experimente zeigen folgendes: Wenn der Impuls eintrifft, kommt es zu einem Natriumeinstrom, der auf die präterminale Membran (dort, wo das Myelin endet) beschränkt ist, darauf folgt ein Calciumeinstrom in die Nervenendigung und die Repolarisation durch einen Kaliumausstrom. Offensichtlich besitzt die eigentliche Nervenendigung also nur wenige spannungssensitive Natriumkanäle und ist darauf spezialisiert, den Calciumeinstrom zu fördern. Andererseits weist die motorische Nervenendigung des Frosches, die viel länger ist, über den größten Teil ihrer Länge ein fortgeleitetes Natrium-Aktionspotential auf.[78] In neuerer Zeit sind Calciumströme intrazellulär in präsynaptischen Nervenendigungen im Ciliarganglion von Eidechse[79] und Huhn[80] abgeleitet worden.

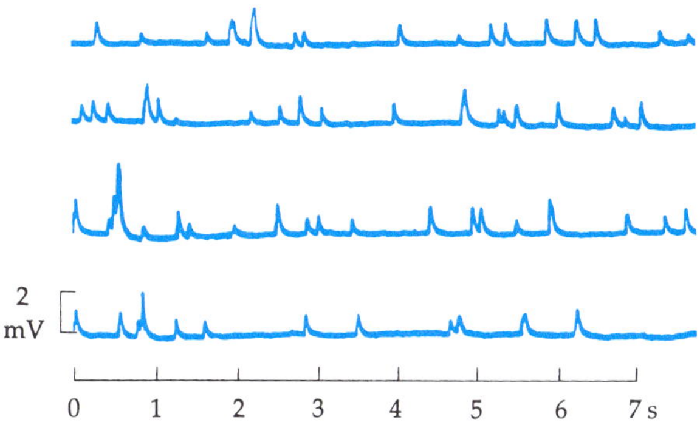

Abb. 17: **Synaptische Miniaturpotentiale**, wie sie spontan an der neuromuskulären Verbindung des Frosches auftreten. Die Potentiale, die auf der spontanen Freisetzung einzelner ACh-Quanten beruhen, haben eine Amplitude von ca. 1 mV und sind auf die Endplattenregion der Muskelfaser beschränkt (nach Fatt und Katz, 1952).

Lokalisation der Stellen des Calciumeintritts

Experimente an der Riesensynapse des Tintenfischs haben zusätzliche Informationen über die Rolle von Calcium bei der Transmitterfreisetzung erbracht, insbesondere über die enge Nachbarschaft von Calciumkanälen zu den Freisetzungsorten[81] In diesen Experimenten führte die Injektion von BAPTA in die präsynaptische Nervenendigung zu einer starken Abschwächung der Transmitterfreisetzung, ohne das präsynaptische Aktionspotential zu beeinflussen. Andererseits hatte EGTA, ein ähnlich potenter Calciumpuffer, kaum Einfluß auf die Freisetzung. Diese Ungleichheit liegt daran, daß die Bindung von Calcium an BAPTA eine viel schnellere Kinetik aufweist als die von Calcium an EGTA. Die Beobachtung, daß die Calciumfreisetzung stattfindet, bevor die Chelatbindung zwischen Calcium und EGTA ins Gleichgewicht kommen kann, zeigt, daß Calcium seine funktionellen Bindungsstellen innerhalb von 200 µs nach seinem Einstrom in die Nervenendigung erreicht. Dieser Zeitverlauf erfordert wiederum, daß der Calciumeinstrom in einem Umkreis von 100 nm um die Calciumbindungsstellen erfolgen muß, die am Freisetzungsprozeß beteiligt sind.

Die große Nähe, die zwischen den Calciumkanälen und der Orten der Transmitterausschüttung bestehen muß, läßt darauf schließen, daß die Kanäle morphologisch durch Reihen von 10-nm-Partikeln dargestellt werden, die man zwischen den Reihen der synaptischen Vesikel im Gefrierbruch-Präparat der präsynaptischen Nervenendigungen erkennt (Abb. 3). Resultate aus Toxin-Bindungsversuchen an der neuromuskulären Verbindung des Frosches stimmen mit dieser Vorstellung überein.[82,83] Ω-Conotoxin, das die neuromuskuläre Übertragung durch Bindung an die präsynaptischen Calciumkanäle irreversibel blockiert, wurde an einen Fluoreszenzfarbstoff gekoppelt. Bei mikroskopischer Untersuchung fand man die Fluoreszenz in schmalen Bändern in 1-µm-Intervallen konzentriert. Das entspricht dem Abstand zwischen den aktiven Zonen der Endigung. Kombinierte Färbung von subsynaptischen ACh-Rezeptoren mit fluoreszierendem α-Bungarotoxin zeigten, daß die präsynaptischen Bänder räumlich mit den subsynaptischen Einfaltungen übereinstimmten.

Spielt die Depolarisation eine direkte Rolle bei der Freisetzung?

Die bisher vorgestellten Belege bedeuten, daß die Depolarisation der präsynaptischen Nervenendigung durch ein eintreffendes Aktionspotential einfach dazu dient, die spannungsaktivierten Calciumkanäle zu öffnen, wobei die Depolarisation selbst keine weitere Rolle bei der Auslösung der Transmitterfreisetzung spielt Parnas und seine Kollegen haben jedoch darauf hingewiesen, daß die Depolarisation selbst direkt auf die Auslösung der Freisetzung an der neuromuskulären Verbindung des Flußkrebses einwirken kann.[84] Die Strategie bei diesen Experimenten bestand darin, einen konstanten erhöhten Calciumspiegel in der präsynaptischen Nervenendigung herzustellen und dann zu testen, ob die Depolarisation die Freisetzung beeinflußte. Die Calciumkonzentration wurde entweder durch chemische Beeinflussung der cytoplasmatischen Calciumspeicher oder durch photochemische Methoden erhöht, bei denen vorher injiziertes «eingeschlossenes» Calcium momentan ins Cytoplasma

77 Brigant, J.L. and Mallart, A. 1982. *J. Physiol.* 333: 619–636.
78 Katz, B. and Miledi, R. 1968. *J. Physiol.* 199: 729–741.
79 Martin, A.R. et al. 1989. *Neurosci. Lett.* 105: 14–18.
80 Yawo, H. 1990. *J. Physiol.* 428: 191–213.
81 Adler, E.M. et al. 1991. *J. Neurosci.* 11: 1496–1507.
82 Robitaille, R., Adler, E.M. and Charlton, M.P. 1990. *Neuron* 5: 773–779.
83 Cohen, M.W., Jones, O.T. and Angelides, K.J. 1991. *J. Neurosci.* 11: 1032–1038.
84 Hochner, B., Parnas, H. and Parnas, I. 1989. *Nature* 342: 433–435.

freigesetzt wird. Gleichzeitig wurde der Calciumeinstrom gehemmt, indem Calcium aus der extrazellulären Flüssigkeit entfernt wurde und Magnesium sowie Mangan zugegeben wurden. Unter diesen Bedingungen führt eine Nervenreizung zur Zunahme der Transmitterfreisetzung aus der Nervenendigung. Daraus schloß man, daß bei erhöhter intrazellulärer Calciumkonzentration die Depolarisation durch das eintreffende Aktionspotential allein, ohne Begleitung durch zusätzlichen Calciumeinstrom, ausreicht, die Freisetzung auszulösen. Andere derartige Experimente haben zu widersprüchlichen Ergebnissen geführt.[85]

Gequantelte Freisetzung

Das allgemeine Schema kann man folgendermaßen zusammenfassen: Präsynaptische Depolarisaton – Calciumeinstrom – Transmitterfreisetzung Nachdem dieser allgemeine Rahmen feststeht, bleibt zu zeigen, wie der Transmitter von den Nervenendigungen sezerniert wird. Mit Experimenten an der neuromuskulären Verbindung des Frosches wiesen Fatt und Katz nach, daß ACh von den Nervenendigungen in **multimolekularen Paketen** abgegeben wird, die sie **Quanten** nannten.[86] Ein Paket oder Quant beschreibt einfach die kleinste Einheit, in der der Transmitter normalerweise abgegeben wird; heute wissen wir, daß diese Einheit dem Inhalt eines synaptischen Vesikels entspricht. Gequantelte Abgabe bedeutet, daß nur der Inhalt von 0, 1, 2, 3 usw. Vesikeln freigesetzt wird, nicht aber der Inhalt von 1 $^1/_2$ oder 2 $^5/_8$. Im allgemeinen kann die Anzahl der von den Nervenendigungen freigesetzten Quanten (der **Quantengehalt** einer synaptischen Antwort) beträchtlich schwanken, doch die Anzahl der Moleküle in jedem Quant (**Quantengröße**) ist relativ festgelegt (mit einer Schwankungsbreite von ca. 10%).

Den ersten Hinweis darauf, daß ACh in multimolekularen Quanten gepackt ist, gab die Beobachtung von Fatt und Katz, daß an der motorischen Endplatte, aber nirgendwo sonst in der Muskelfaser, umregelmäßig spontane Depolarisationen von ca. 1 mV auftraten (Abb. 17). Sie hatten denselben Zeitverlauf wie die durch Nervenreizung hervorgerufenen Potentiale. Die spontanen Miniaturpotentiale konnten durch zunehmende Curarekonzentrationen in der Badlösung abgeschwächt und schließlich ganz zum Verschwinden gebracht werden. Mit Acetylcholinesterase-Hemmern, wie Prostigmin, wurde ihr Zeitverlauf kürzer und ihre Amplitude größer. Diese beiden pharmakologischen Tests wiesen darauf hin, daß die Potentiale durch spontane Freisetzung von diskreten Mengen Acetylcholin aus der Nervenendigung hervorgerufen wurden. Die Möglichkeit, daß sie durch Abgabe einzelner ACh-Moleküle zustande kamen, schied aus mehreren Gründen aus. (1) Die Wirkung von Curare und Prostigmin auf die Amplitude der Miniaturpotentiale waren abgestuft; wenn die Ereignisse auf die Aktion einzelner ACh-Moleküle zurückzuführen wären, müßte ihre Amplitude konstant sein, und man würde erwarten, daß die beiden Stoffe die Häufigkeit ihres Auftretens beeinflussen. Prostigmin, das die Hydrolyse von ACh hemmt und dadurch seine Konzentration im synaptischen Spalt erhöht, müßte die Frequenz der Miniaturpotentiale erhöhen. Curare dagegen müßte zu einer Erniedrigung der Frequenz führen, da es die postsynaptischen Rezeptoren besetzt, wodurch die Anzahl der Rezeptoren verringert wird, die für die Interaktion mit ACh zur Verfügung stehen. (2) Zugabe von ACh zur Badlösung, in der sich der Muskel befand, führte zu einer graduierten Depolarisation der Endplattenregion ohne irgendeinen Anstieg in der Frequenz der Miniaturpotentiale. Wiederum gilt: Wenn die spontanen Miniaturpotentiale durch einzelne Moleküle hervorgerufen würden, müßte durch die Zugabe von ACh zur Badlösung die Anzahl der Molekülzusammenstöße mit der postsynaptischen Membran und damit die Frequenz der Miniaturpotentiale wachsen. Dazu kommt, daß man mit kleinen ACh-Gaben Depolarisationen auslösen konnte, deren Amplituden kleiner als ein Miniaturpotential waren.

Fatt und Katz machten eine zusätzliche wichtige Beobachtung bei durch Reize ausgelösten Endplattenpotentialen, nachdem die synaptische Übertragung durch Verringerung der extrazellulären Calciumkonzentration oder extrazelluläre Magnesiumgaben reduziert worden war. Sie fanden unerwarteterweise, daß die Antworten auf Reize bei sehr niedrigen Calciumkonzentrationen stufenartig fluktuierten (Abb. 18). Einige Reize riefen gar keine Antwort hervor, einige eine Antwort mit einer Amplitude von ca. 1 mV, die in Größe und Form mit einem spontanen Miniaturpotential übereinstimmten, andere Antworten waren doppelt zu groß wie die Einheitsamplitude und wiederum andere dreimal so groß. Diese bemerkenswerte Beobachtung veranlaßte Fatt und Katz anzunehmen, daß die einzelnen Quantenereignisse, die spontan auftraten, auch die Bausteine für die synaptische, durch Reizung hervorgerufenen Potentiale darstellen. Weiter nahmen sie an, daß der Effekt einer verringerten extrazellulären Calciumkonzentration darin besteht, die Quantenanzahl, die dem Potential zugrunde liegt, in Abstufungen zu reduzieren, ohne die Quantengröße zu verändern. Bei genügend niedriger extrazellulärer Calciumkonzentration wurden nur einige wenige Quanten freigesetzt, und man konnte dann die abgestuften Fluktuationen beim Freisetzungsprozeß beobachten.

Weitere Befunde bestätigten auf verschiedene Weise, daß die spontanen Miniaturpotentiale tatsächlich von ACh hervorgerufen werden, das von der Nervenendigung freigesetzt wird. Depolarisiert man beispielsweise eine Nervenendigung, indem man einen Dauerstrom durch sie hindurchschickt, so hat das eine Zunahme der Frequenz der Spontanaktivität zur Folge,[87] wohingegen eine Depolarisation des Muskels keinen Einfluß auf die Frequenz hat. Botulinustoxin, das die Abgabe von ACh als Antwort auf Nervenreizung blockiert, bringt die Spontanak-

85 Mulkey, R.M. and Zucker, R.S. 1991. *Nature* 350: 153–155.

86 Fatt, P. and Katz, B. 1952. *J. Physiol.* 117: 109–128.

87 del Castillo, J. and Katz, B. 1954. *J. Physiol.* 124: 586–604.

tivität ebenfalls zum Erliegen.[88] Kurz nach der Denervierung des Muskels und Degeneration seines motorischen Nervs verschwinden die Miniaturpotentiale.[89] Nach einer Interimsperiode treten im denervierten Froschmuskel wieder Spontanpotentiale auf, doch es liegen überzeugende Beweise dafür vor, daß diese Potentiale aufgrund von ACh-Freisetzung aus Schwannschen Zellen auftreten, die Teile der degenerierenden Nervenendigungen phagocytiert haben.

Zusammenfassend läßt sich sagen, daß die ACh-Abgabe aus motorischen Nervenendigungen an der neuromuskulären Verbindung in Form von multimolekularen Paketen oder Quanten geschieht. Spontan erfolgt die gequantelte Abgabe mit niedriger Frequenz, als Antwort auf Nervenreizung wird – in Abhängigkeit von der extrazellulären Calciumkonzentration – eine große Anzahl von Quanten freigesetzt. Gewöhnlich wird das Endplattenpotential von ca. 200 Quanteneinheiten hervorgerufen; bei niedrigen Calciumkonzentrationen, wenn ihre Anzahl sehr gering ist, fluktuiert die Quantenanzahl von Versuch zu Versuch. Diese Schwankungen bei der Ausschüttung führen zu abgestuften Fluktuationen der Potentialamplitude (Abb. 18).

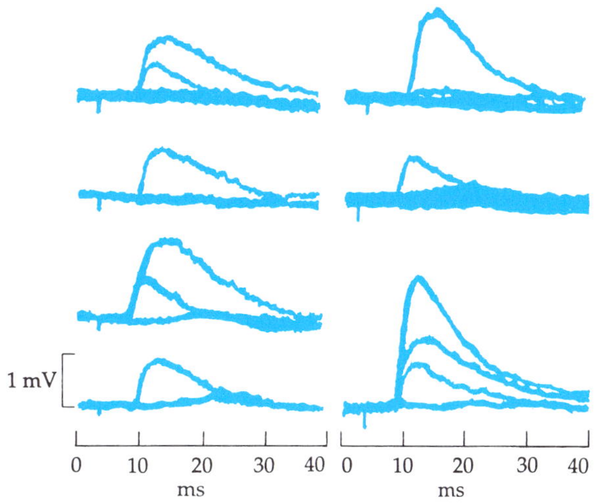

Abb. 18: **Fluktuationen der synaptischen Antwort** an einer neuromuskulären Verbindung. Die präsynaptische Freisetzung von ACh wurde durch Reduktion der extrazellulären Calciumkonzentration in der Badlösung verringert. Jeder Kurvensatz zeigt zwei bis vier übereinanderliegende Antworten auf eine Nervenreizung. Die abgestuften Amplitudenschwankungen sind auf eine Variation der Anzahl der ACh-Quanten, die in der Versuchsserie abgegeben wurden, zurückzuführen (nach Fatt und Katz, 1952).

Statistische Fluktuationen des Endplattenpotentials

Im Zusammenhang mit der Quantenabgabe erheben sich zwei Fragen (1) Treten die Fluktuationen wirklich in Quantenschritten auf? (2) Warum treten die Fluktuationen auf? Diesen Fragen gingen del Castillo und Katz nach, als sie die Natur der Fluktuationen genauer untersuchten.[90] Ihre Technik bestand darin, die Transmitterabgabe durch Verringerung der extrazellulären Calciumkonzentration oder Magnesiumzugabe zur Badlösung zu reduzieren und dann viele durch Nervenreizung ausgelöste Endplattenpotentiale und spontane Miniaturpotentiale zu registrieren. Sie erstellten Histogramme der Amplitudenverteilungen ähnlich denen in Abb. 19, aus denen man folgendes entnehmen kann: Erstens waren die spontanen Miniaturpotentiale (Einsatzbild) nicht alle gleich groß; sie verteilten sich mit einer Schwankungsbreite von ca. 10% des Mittelwertes um ihre mittlere Amplitude. Wegen dieser Schwankungsbreite traten die evozierten Endplattenpotentiale nicht in diskreten Stufen auf (Haupthistogramm), aber in ihrer Amplitudenverteilung fanden sich ausgeprägte Maxima und zwar genau beim Ein-, Zwei-, Drei- und Vierfachen der mitteleren Amplitude der Spontanpotentiale. Außerdem ist die Schwankungsbreite des ersten Maximums dieselbe wie bei den Spontanpotentialen, und die Vielfachen der Antworten weisen entsprechend zunehmende Varianzen auf. Derartige Experimente wurden später an Säugermuskeln,[91,92] an vegetativen Glanglienzellen,[93,94] spinalen Motoneuronen[95] und einer Reihe anderer Synapsen[96] durchgeführt. Das Ergebnis war immer dasselbe: Die durch Reize ausgelöste Transmitterabgabe geschah in Vielfachen der Quanteneinheit. Die Antwort auf die erste Frage war damit geklärt: Die Abgabe war tatsächlich gequantelt.

Um die zweite Frage zu beantworten, nahmen del Castillo und Katz an, daß die Fluktuationen statistisch verteilt seien und formulierten folgende Hypothese, die heute als **Quantenhypothese** bekannt ist:[90]

> Nehmen wir an, wir haben an jeder Nerv-Muskelverbindung eine Population von n Einheiten, die auf einen Nervenimpuls antworten können. Nehmen wir weiterhin an, daß die durchschnittliche Wahrscheinlichkeit einer Antwort p ist …, dann ist die mittlere Anzahl von Einheiten, die auf einen Impuls antworten, $m = np$.

Sie schlugen vor, sich die Abgabe von einzelnen Quanten aus der Nervenendigung ähnlich wie das Herausschütteln von Murmeln aus einem Kasten vorzustellen. Wenn ein solcher Kasten ein kleines Loch im Deckel hat und eine große Anzahl n Murmeln enthält und jedesmal, wenn der Kasten umgedreht und geschüttelt wird, jede Murmel eine kleine Wahrscheinlichkeit p hat, durch das Loch hinauszufallen, dann wird bei mehreren aufein-

88 Brooks, V.B. 1956. *J. Physiol.* 134: 264–277.
89 Birks, R., Katz, B. and Miledi, R. 1960. *J. Physiol.* 150: 145–168.
90 del Castillo, J. and Katz, B. 1954. *J. Physiol.* 124: 560–573.
91 Boyd, I.A. and Martin, A.R. 1956. *J. Physiol.* 132: 74–91.
92 Liley, A.W. 1956. *J. Physiol.* 132: 650–666.
93 Blackman, J.G., Ginsborg, B.L. and Ray, C. 1963. *J. Physiol.* 167: 355–373.
94 Martin, A.R. and Pilar, G. 1964. *J. Physiol.* 175: 1–16.
95 Kuno, M. 1964. *J. Physiol.* 175: 81–99.
96 McLachlan, E.M. 1978. *Int. Rev. Physiol. Neurophysiol. III* 17: 49–117.

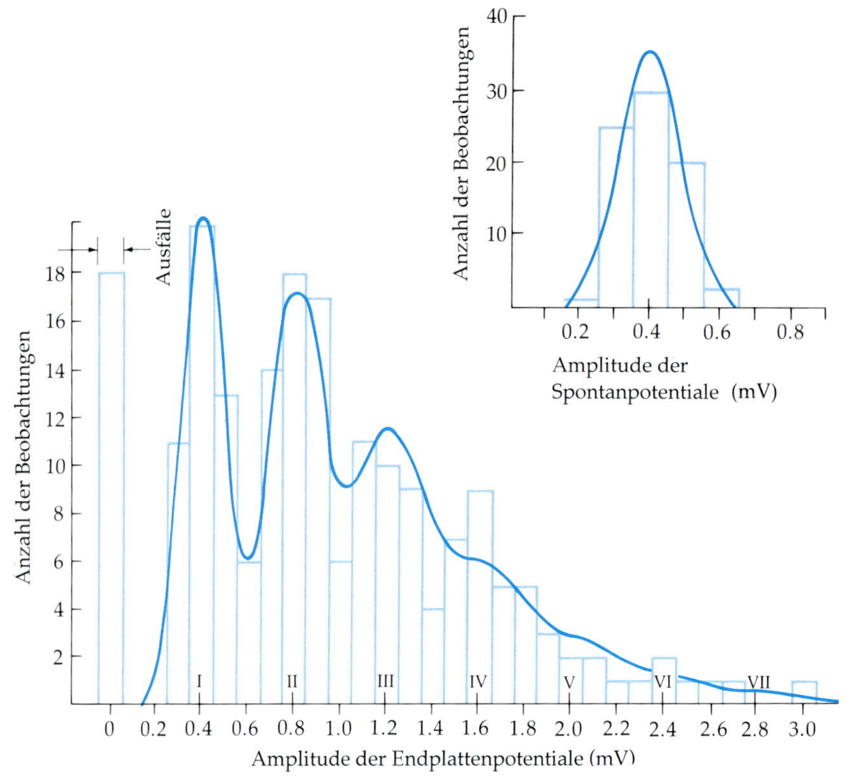

Abb. 19: **Amplitudenverteilung** von Endplattenpotentialen an einer neuromuskulären Verbindung beim Säuger in einer hochkonzentrierten (12,5 mM) Magnesiumlösung. Das Histogramm zeigt die Anzahl der Endplattenpotentiale, die bei jeder Amplitude beobachtet wurden. Die Maxima des Histogramms liegen beim einfachen, zweifachen, dreifachen und vierfachen Wert der mittleren Amplitude der spontanen Miniaturendplattenpotentiale (Einschaltbild). Sie zeigen die Freisetzung von einem, zwei, drei oder vier Quanten. Die durchgezogene Linie stellt die theoretische Verteilung der Endplattenpotential-Amplituden dar, berechnet nach der Poisson-Gleichung unter Berücksichtigung der Amplitudenstreuung der Quantengröße (s. Text). Die Pfeile bezeichnen die vorhergesagte Anzahl der Antwortausfälle (aus Boyd und Martin, 1956).

anderfolgenden Versuchen manchmal eine Murmel herausfallen, manchmal auch zwei oder gar keine usw. (Die Murmeln müssen jedesmal ersetzt werden, so daß n konstant bleibt.) Bei einer großen Anzahl von Versuchen ist die mittlere Anzahl, die pro Versuch herausfällt, durch np gegeben.

Die Hypothese von del Castillo und Katz erklärt nicht nur, warum es Fluktuationen um den Mittelwert gibt, sondern liefert auch eine Möglichkeit, vorauszusagen, wie die Fluktuationen verteilt sind (d.h., wie oft die Werte Null, Eins, Zwei usw. bei einer Reihe von Versuchen zu erwarten sind). Unter solchen Umständen kann man das relative Auftreten von multiplen Ereignissen durch die **Binomialverteilung** berechnen. (Man beachte, daß die Reihenfolge, in der die verschiedenen Ereignisse eintreten, nicht vorausgesagt werden kann, nur ihre Anzahl.) In N Versuchen ist die zu erwartende Gesamtanzahl der abgegebenen Quanten Nm, wobei m die mittlere Anzahl pro Versuch ist. Von dieser Gesamtanzahl ausgehend – wieviel Ausfälle, Einzelabgaben usw. können wir erwarten? Wenn wir die Anzahl der Antworten, die x Quanten enthalten, als n_x bezeichnen, wobei x die Werte 0, 1, 2, ..., n annehmen kann, dann ist n_x nach der Binomialverteilung gegeben durch

$$n_x = N\frac{n!}{(n - x!)}\,p^x q^{n-x}$$

wobei $q = 1 - p$ ist. Wenn beispielsweise $n = 30$ und $p = 0{,}01$ ist, dann ist $m = np = 0{,}3$ und die zu erwartende Anzahl doppelter Freisetzungen (n_2) innerhalb von 1000 Versuchen

$$n_2 = (1000)\,\frac{30!}{(28!)(2!)}\,(0{,}01)^2(0{,}99)^{28} = 32$$

Zusammenfassend kann man sagen, daß uns das Auftreten der Maxima in gleichmäßigen Abständen in der Verteilung zeigt, daß die Abgabe gequantelt ist; die relativen Höhen der Maxima zueinander finden in der Quantenhypothese eine Erklärung.

Der Einsatz der Binomialverteilung erfordert, daß man den Wert von n (die Anzahl der Murmeln im Kasten) und p kennt, obwohl der einzige Parameter, der sich direkt beobachten läßt, ihr Produkt m ist. Um diese Schwierigkeit zu überwinden, fahren del Castillo und Katz fort:

Unter normalen Bedingungen kann man p als relativ groß annehmen, d.h. eine recht großer Teil der synaptischen Population antwortet auf einen Impuls. Wenn wir die Calciumkonzentration jedoch reduzieren und die Magnesiumkonzentration erhöhen, verringern wir die Chancen für eine Antwort, und wir beobachten überwiegend vollkommene Ausfälle und nur gelegentlich eine Antwort von einer oder zwei Einheiten. Unter diesen Bedingungen – wenn p sehr klein ist – müßte die Anzahl der Einheiten, die während einer langen Beobachtungsreihe das EPP aufbauen, in der typischen Form verteilt sein, die durch das Poissonsche Gesetz beschrieben wird.

In ihren Experimenten testeten del Castillo und Katz daher die Anwendbarkeit der **Poisson-Verteilung** auf die beobachteten Fluktuationen der Endplattenpotentialamplitude. In der Poisson-Gleichung tauchen weder n noch p auf, sondern nur m. Die zu erwartende Anzahl der Antworten, die x Quanten enthalten, ist gegeben durch

$$n_x = N \frac{m^x}{x!} e^{-m}$$

Wenn, wie im obigen Beispiel, $m = 0{,}3$ ist, dann sagt die Poisson-Verteilung voraus, daß bei 1000 Versuchen $n_2 = 33$ ist; das gleicht der Voraussage nach der Binomialverteilung.

Die einzige Voraussetzung, die bei Anwendung der Poisson-Verteilung erfüllt sein muß, ist, daß die Quanten unabhängig voneinander abgegeben werden, so daß die Abgabe eines Quants keinen Einfluß auf die Wahrscheinlichkeit der Abgabe des nächsten Quants hat. Im allgemeinen wird diese Verteilung benutzt, um die Frequenz des Auftretens diskreter Ereignisse in einem Kontinuum vorherzusagen, z.B. die zeitliche Verteilung von Flugzeugabstürzen. Eine der bekanntesten Anwendungen ist die Analyse der Anzahl preußischer Kavalerieoffiziere, die jedes Jahr durch Pferdetritte verletzt wurden. Einige Jahre war «Fehlanzeige» – niemand wurde verletzt; in anderen Jahren gab es einen oder zwei Verletzte. Die Verteilung über einen großen Zeitraum wurde gut durch die Poisson-Gleichung beschrieben, wobei nur die mittlere Anzahl der Tritte pro Jahr (m) eingesetzt wurde, um die theoretisch zu erwartende Verteilung zu beschreiben. Eine andere zweckmäßige Analogie, wo die Poissonverteilung als Approximation an die Binomialverteilung benutzt wird, ist ein Münzspiel-Automat, der eine sehr große Anzahl Münzen enthält, aber anders als gewöhnliche Münzautomaten statistisch auszahlt und nicht dann, wenn die Symbole auf einem Satz Trommeln übereinstimmen. Wenn der Besitzer der Maschine Gewinn machen will, muß die Maschine mit einem gewissen «Widerstreben» auszahlen (d.h., m muß kleiner als 1 sein). Meistens wird der Spieler, der am Hebel zieht, eine Niete ziehen, doch manchmal wird er oder sie auch eine, zwei oder (in seltenen Fällen) mehrere Münzen zurückerhalten. Wenn die mittlere Anzahl (m) der Münzen, die pro Spiel ausgezahlt wird, bekannt ist, dann ist es bei einer langen Spielzeit möglich, die Anzahl der Fälle vorauszusagen, in denen der Spieler kein Geld, in denen er eine Münze usw. zurückerhält. Zwei Punkte sind bei der Poisson-Verteilung zu beachten: (1) n und p sind irrelevant; die Form der Verteilung hängt nur von m ab, und (2) es gibt keine Einschränkungen für m. Im unwahrscheinlichen Fall, daß die Maschine durchschnittlich 100 Münzen pro Spiel auswirft, würde die Verteilung noch immer anwendbar sein (vorausgesetzt, der Münzspeicher der Maschine ist groß genug). In diesem Fall allerdings wäre die Häufigkeit der Nieten verschwindend gering – und natürlich auch der Profit des Besitzers.

Um die Anwendbarkeit der Poisson-Verteilung zu testen, benötigt man also nur ein Maß für m, die mittlere Anzahl der pro Versuch freigesetzten Einheiten. Beim Groschen-Automaten ließe sich dies erzielen, indem man die durchschnittliche Menge an Geld, die pro Versuch ausgeworfen wird, berechnet und sie durch die Größe der Einheit teilt (10 Pfennig). An der neuromuskulären Verbindung ist die Größe der Einheit (v_1) durch die mittlere Größe des spontanen Miniaturpotentials gegeben. Daher läßt sich die mittlere Quantenanzahl einer Reihe von Antworten (m) errechnen, wenn man die mittlere Amplitude des ausgelösten Potentials (v) durch die mittlere Einheitsamplitude dividiert:

$$m = v/v_1$$

Eine zweite Methode besteht darin, m aus der Anzahl der Ausfälle zu berechnen. Ist in der Poisson-Verteilung $x = 0$, dann wird $n_0 = Ne^{-m}$ und folglich:

$$m = \ln(N/n_0)$$

Die Übereinstimmung zwischen den auf diesen beiden Wegen berechneten Werten m ist hervorragend. Andersherum formuliert: Wenn m nach der ersten Methode berechnet wird, sagt der so erhaltene Wert die beobachtete Anzahl der Ausfälle präzise voraus.

Ein strengerer Test für die Anwendbarkeit der Poisson-Gleichung besteht darin, nur mit Hilfe von m und der mittleren Amplitude des Einheitspotentials die gesamte Verteilung der Antwortamplituden vorherzusagen – d.h. die Höhe der einzelnen Maxima in Abb. 19 und ebenso ihre Position. Dazu berechnet man m aus dem Verhältnis der mittleren Antwortamplitude und der mitttleren Spontanpotentialamplitude. Außerdem berechnet man die Anzahl der erwarteten Ausfälle (Pfeile bei der Amplitude Null). Dann wird die erwartete Anzahl der Einzelantworten berechnet. Sie sind mit derselben Schwankungsbreite um die mittlere Einheitsgröße verteilt wie die Spontanereignisse (Einsatzbild). Genauso sind die vorhergesagten multiplen Antworten um ihren Mittelwert mit proportional ansteigenden Schwankungsbreiten verteilt. Die einzelnen Verteilungen werden dann aufsummiert und ergeben die theoretische Verteilung, die von der durchgezogenen Kurve wiedergegeben wird. Die Übereinstimmung mit der experimentell beobachteten Verteilung (Balken) ist bemerkenswert gut.

Die Übereinstimmung zwischen der Gesamt-Amplitudenverteilung und der durch die Poisson-Statistik vorhergesagten Verteilung ist ein starker Beweis dafür, daß die Quanten unabhängig voneinander abgegeben werden. Die Experimente lieferten jedoch nur unvollständige Informationen über die Gültigkeit der Quantenhypothese. Man erhält keine Informationen über die Existenz der beiden Einzelparameter n und p. Während der Zusammenhang des Ausschüttungsprozesses mit der Poisson-Statistik bei einer großen Anzahl von Vertebraten- und Evertebratenpräparaten gezeigt werden konnte, dauerte es mehrere Jahre, bevor die Anwendbarkeit der Binomialverteilung bestätigt wurde, zuerst an der neuromuskulären Verbindung des Flußkrebses[97] und dann

97 Johnson, E.W. and Werning, A. 1971. *J. Physiol.* 218: 757–767.

an einer Reihe anderer Präparate. Heute liegen jedenfalls genügend Beweise vor, die besagen, daß Transmitter in Paketen oder Quanten abgegeben wird und daß die Fluktuationen der Ausschüttung bei den einzelnen Versuchen mit der Binomial-Statistik erfaßt werden können, wie von del Castello und Katz vorausgesagt. Wenn die Ausschüttungswahrscheinlichkeit p klein ist, wie in einem Millieu mit niedriger Calciumkonzentration, bietet die Poisson-Verteilung eine ebenso gute Beschreibung der Fluktuationen.

Die allgemeine Bedeutung der gequantelten Transmitterfreisetzung

Die gequantelte Natur des Freisetzungsprozesses hat direkte Folgen für den Mechanismus, der während der Integration im Nervensystem abläuft, da die Quanten die Einheiten liefern, die die synaptischen Signale aufbauen Eine bemerkenswerte Eigenschaft des Wirbeltiernervensystems ist die Verringerung der mittleren Quantenanzahl einer Antwort, wenn man sich von der neuromuskulären Verbindung, wo der Sicherheitsfaktor für die Übertragung hoch ist (m im Bereich von 100–300), zu Synapsen auf Zellen im Zentralnervensystem, wie den spinalen Motoneuronen bewegt. Ein Motoneuron ist hauptsächlich damit beschäftigt, eine Myriade eintreffender Informationen zu integrieren, und keine einzelne Synapse übt einen dominierenden Einfluß auf die Zelle aus. Eine primäre afferente Faser einer Muskelspindel z.B. arbeitet mit einer mittleren Quantenanzahl von nur ca. einem Quant pro eintreffendem präsynaptischen Aktionspotential.[98] Die niedrige mittlere Quantenanzahl bedeutet jedoch nicht, daß meistens keine Übetragung zustande kommt, wie man es bei einer Poisson-Verteilung erwarten würde: Die gequantelte Freisetzung ist binomial, mit einer großen Freisetzungswahrscheinlichkeit (oft bis zu ca. 0,9). Hemmende Eingänge auf ein Motoneuron[99] und auf reticulospinale Zellen im Hirnstamm des Neunauges[100] weisen eine entsprechend niedrige Quantenanzahl und entsprechend hohe Freisetzungswahrscheinlichkeiten auf. Vegetative Ganglienzellen nehmen eine Zwischenstellung ein, mit Quantenanzahlen von 1 bis 3 in sympathischen Ganglien der Säuger[101] und ca. 20 im Ciliarganglion des Huhns.[102]

Die Molekülanzahl in einem Quant

Es gibt eine Reihe von Methoden, um die Anzahl der Moleküle in einem Quant Acetylcholin abzuschätzen Die genaueste Methode wurde von Kuffler und Yoshikami entwickelt, die sehr feine Pipetten zur ionophoretischen Applikation von ACh auf die postsynaptische Membran des Schlangenmuskels verwendeten.[103] Bei sorgfältiger Plazierung der Pipette konnten sie eine Antwort auf einen kurzen ACh-Impuls hervorrufen, der das spontane Miniaturendplattenpotential fast exakt nachahmte. Ein Beispiel für eine solche Antwort ist in Abb. 6 zu sehen. Die Antwortamplitude nach ACh-Zugabe war gleich groß wie die Amplitude des synaptischen Miniaturpotentials; der Zeitverlauf war nur wenig verlängert.

Nachdem sie die synaptische Antwort ionophoretisch nachgeahmt hatten, machten sich Kuffler und Yoshikami daran, die Anzahl der Moleküle zu messen, die aus der Pipette abgegeben wurden. Eine Methode, die sie ausprobierten, bestand darin, die Pipette mit radioaktivem ACh zu füllen, die Pipettenspitze in ein kleines Flüssigkeitsvolumen zu plazieren und eine große Anzahl von Impulsen zu applizieren. Theoretisch sollte sich die pro Impuls abgegebene ACh-Menge durch Messen der insgesamt in die Flüssigkeit abgegebenen Radioaktivität bestimmen lassen. Aus mehreren technischen Gründen erwies sich diese Methode als nicht zufriedenstellend, und man wandte sich einer zweiten Methode zu. ACh wurde durch repetitive Impulse in einen kleinen (ca. 0,5 µl) Tropfen physiologischer Kochsalzlösung unter Öl injiziert. Der Tropfen wurde dann auf die Endplatte einer Schlangenmuskelfaser aufgebracht (Abb. 20) und die dadurch hervorgerufene Depolarisation gemessen. Die Antwort wurde mit Reaktionen auf Tropfen exakt derselben Größe und bekannter ACh-Konzentration verglichen. Auf diese Weise wurde die ACh-Konzentration im Testtropfen bestimmt und daraus die Anzahl der pro Impuls abgegebenen ACh-Moleküle berechnet. Ein ACh-Imuls, der genauso groß war wie ein Impuls zur Nachahmung eines synaptischen Miniaturpotentials, enthielt weniger als 10000 Moleküle. Dieser Wert stellt die obere Grenze für die Molekülanzahl in einem Quant dar, da die ionophoretische Pipette sich bezüglich der postsynaptischen Membran in einer ungünstigeren Position als die Nervenendigung selbst befindet und daher mehr ACh abgeben muß, um den gleichen Effekt wie die Nervenendigung zu erzielen.

Die von einem Quant aktivierte Anzahl von Kanälen

Wenn ein Quant 10000 oder weniger Moleküle enthält, so kann man erwarten, daß nur wenige Tausend wirklich an den postsynaptischen Rezeptor in der neuromuskulären Verbindung binden und die übrigen durch Diffusion aus dem Spalt heraus oder durch Hydrolyse durch die Cholinesterase verloren gehen Diese Annahme ist korrekt. Die Leitfähigkeitsänderung im Zusammenhang mit einem Miniaturpotential läßt sich direkt mit voltage clamp an der Endplatte bestimmen, durch Messung der Amplitude des Miniaturendplattenstroms.[104] Beim Gip-

98 Kuno, M. 1964. *J. Physiol.* 175: 81–99.
99 Kuno, M. and Weakly, J.N. 1972. *J. Physiol.* 224: 287–303.
100 Gold, M.R. and Martin, A.R. 1983. *J. Physiol.* 342: 85–98.
101 Blackman, J.G. and Purves, R.D. 1969. *J. Physiol.* 203: 173–198.
102 Martin, A.R. and Pilar, G. 1964. *J. Physiol.* 175: 1–16.
103 Kuffler, S.W. and Yoshikami, D. 1975. *J. Physiol.* 251: 465–482.
104 Gage, P.W. and Armstrong, C.M. 1968. *Nature* 218: 363–365.

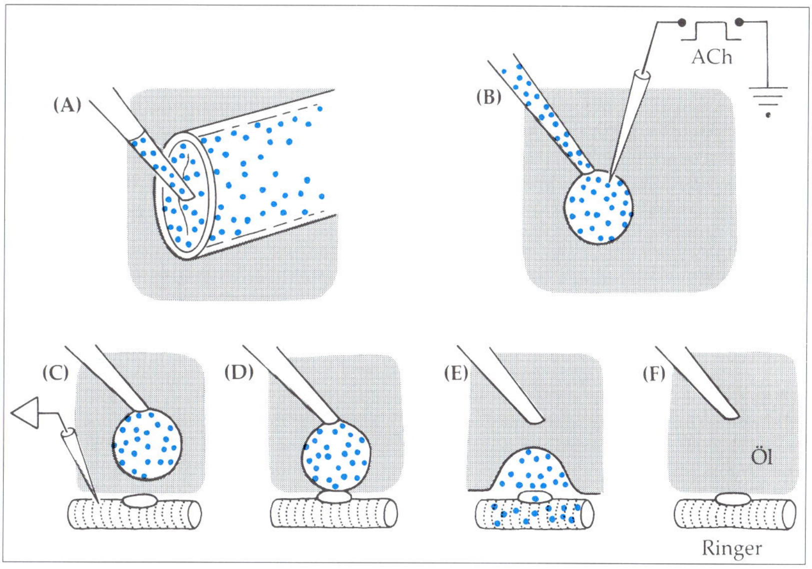

Abb. 20: **Versuchsansatz** mit ionophoretisch aus einer Mikropipette ausgestoßenem ACh. (A) Ein Tropfen Flüssigkeit (gepunktet) wird unter Öl (schattiert) mit einer Übertragungspipette aus der Verteiler-Kapillare entnommen. (B) Anschließend wird ACh mittels einer Reihe ionophoretischer Impulse in den Tropfen injiziert. (C-F) Nach Messung des Volumens wird der ACh-beladene Tropfen an die Öl-Ringer-Grenzschicht an der Endplatte eines Schlangenmuskels gebracht und entlädt seinen Inhalt in die wässrige Phase. Die Depolarisation der Endplatte wird gemessen (nicht abgebildet) und mit der Depolarisation verglichen, die von einem Tropfen bekannter ACh-Konzentration erzeugt wird. Kennt man die Konzentration im Testtropfen, kann man die pro Impuls von der Elektrode abgegebene Menge ACh berechnen (nach Kuffler und Yoshikami, 1975b).

fel des Endplattenstroms liegt die Leitfähigkeitsänderung in der Größenordnung von 40 bis 50 nS. Da der ACh-Rezeptor eine Offenleitfähigkeit von ca. 30 pS besitzt, ergeben sich daraus etwa 1500 Kanäle. Das entspricht der von Katz und Miledi errechneten Anzahl, die den Beitrag eines einzelnen Kanals zum Endplattenpotential aus Rauschmessungen bestimmten.[105] Ein ähnlicher Wert ergab sich bei inhibitorischen Glycin-Synapsen von Zellen im Hirnstamm des Neunauges[100]. An anderen Synapsen allerdings findet man beträchtlich niedrigere Werte. An den hemmenden Synapsen von Hippocampuszellen z.B. entspricht eine Quantenantwort einer Aktivierung von ungefähr 20 Kanälen.[106]

Warum besteht eine solche Differenz zwischen einer Zelle und einer anderen bezüglich der Anzahl der von einem Transmitterquant aktivierten Kanäle? Etwas Nachdenken führt zu der Schlußfolgerung, daß solche Unterschiede notwendig sind, damit das Nervensystem richtig funktionieren kann: Die Anzahl der postsynaptischen Rezeptoren, die von einem Transmitterquant aktiviert werden, das von einem einzelnen präsynaptischen Endknöpfchen abgegeben wird, muß auf die Größe der Zelle zugeschnitten sein. Bei sehr großen Zellen mit niedrigem Eingangswiderstand, wie den Müller-Zellen des Neunauges, muß eine große Zahl von Rezeptoren aktiviert werden, damit sich ein signifikanter Quanteneffekt zeigt. Aktivierung der gleichen Anzahl von Rezeptoren bei einer sehr kleinen Zelle würde dagegen alle anderen Leitfähigkeiten überdecken und die Zelle auf ein Potential nahe bei Null depolarisieren, wenn es sich um eine erregende Synapse handelt. Bei einer inhibitorischen Synapse würde das Membranpotential der Zelle buchstäblich eng beim Chloridgleichgewichtspotential «festgehalten werden». Kurz, große Zellen benötigen eine entsprechende Anzahl von Rezeptoren unter einem Endknöpfchen, kleine Zelle brauchen nicht so viele.

Ist die Größe der Quanten, die aus den präsynaptischen Endknöpfchen freigesetzt werden, ebenfalls an die Größe der postsynaptischen Zelle angepaßt? Beobachtungen der Fluktuationen der synaptischen Miniaturpotentiale und der Ströme sprechen dagegen. Miniaturendplattenpotentiale und inhibitorische synaptische Miniaturströme der Neunaugenzellen schwanken um ihre mittlere Amplitude mit einer Schwankungsbreite von ca. 10% (Abb. 19), vermutlich durch Schwankung der Quantengröße. Die Tatsache, daß Fluktuationen beobachtet werden, zeigt, daß die Aktivierung durch eines der kleineren Quanten einige postsynaptische Rezeptoren unbesetzt läßt. Gequantelte Ereignisse in Hippocampuszellen, wo nur ca. 20 Kanäle aktiviert werden, weisen überhaupt keine Schwankungsbreite auf. Das legt nahe, daß die Zahl der Moleküle, die in einem einzelnen Quant abgegeben werden, stets mehr als ausreichend ist, alle verfügbaren Rezeptoren zu aktivieren. D.h., die Verminderung der Rezeptoranzahl wird nicht von einer entsprechenden Reduzierung der Größe der Quantenpakkungen begleitet.

Veränderungen der mittleren Quantengröße an der neuromuskulären Verbindung

Bei der ganzen bisherigen Diskussion wurde davon ausgegangen, daß die mittlere Quantengröße an jeder gegebenen Synapse konstant ist Das stimmt jedoch nicht immer. Beispielsweise sind die Amplituden der spontanen Miniaturpotentiale während der Regeneration von motorischen Nervenendigungen, statt normal verteilt zu sein (Abb. 19), ins Grundrauschen abgesunken, d.h., es tritt eine große Anzahl von sehr kleinen Spontanpotentialen auf. Die kleinen Quanteneinheiten werden jedoch offenbar nicht als Antwort auf eine Reizung freige-

105 Katz, B. and Miledi, R. 1972. *J. Physiol.* 244: 665–699.
106 Sakmann, B. et al. 1989. *Q. J. Exp. Physiol.* 74: 1107–1118.

setzt.[107] Kleine Miniaturpotentiale findet man auch in der normalen Muskulatur von Fröschen und Mäusen. Nach Ansicht einiger Forscher könnten sie Untereinheiten des gewöhnlichen Miniaturpotentials darstellen[108], denn die Amplitudenverteilung der großen Miniaturpotentiale scheint aus Vielfachen der kleinen Miniaturamplituden zusammengesetzt zu sein. Die Bedeutung der kleinen Miniaturpotentiale ist nicht klar. Auf der anderen Seite beobachtet man gelegentlich spontane synaptische Potentiale, die größer als die gewöhnlichen Miniaturpotentiale sind. Bei einigen Präparationen scheint es sich dabei um die gleichzeitige spontane Abgabe von zwei oder mehr Quanten zu handeln, bei anderen weist die Größe der Miniaturpotentiale keine deutliche Beziehung zur normalen Quantenamplitude auf.[109]

Nicht-gequantelte Freisetzung

ACh verläßt die motorische Nervenendigung nicht nur in Form von einzelnen Quanten, sondern sickert auch kontinuierlich aus dem Cytoplasma in die Extrazellulärflüssigkeit Mit anderen Worten, es findet ein ständiges, nicht-gequanteltes «Aussickern» von ACh aus der präsynaptischen Endigung statt. Dieses Phänomen wurde zuerst von Katz und Miledi elektrophysiologisch an motorischen Endplatten des Frosches gefunden, die mit Anticholinesterase behandelt waren.[110] Unter diesen Bedingungen bleibt ACh, das normalerweise von der Cholinesterase an der Synapse gespalten wird, konzentriert im synaptischen Spalt vorhanden und bewirkt dadurch eine geringe Depolarisation. Diese Depolarisation wurde mittels ionophoretischer Applikation großer Curarepulse mit einer fokalen Pipette auf die Endplattenregion gemessen. Diese Curaregaben führten zu einer Hyperpolarisation von ca. 50 µV. Die ACh-Konzentration im Spalt, die nötig ist, um ein Potential dieser Größe hervorzurufen, wurde auf ca. 10 pM berechnet. Die Leckrate des ACh aus den Endigungen, die erforderlich ist, um eine solche Konzentration aufrechtzuerhalten, lag nach Schätzungen zwei Größenordnungen über der spontanen gequantelten Freisetzung von ACh. Bei motorischen Nervenendigungen von Säugern ist die ungequantelte Freisetzung beträchtlich größer.[111] Das Leck selbst hat für die schnell ablaufenden Vorgänge bei der synaptischen Übertragung keine Bedeutung, denn man beobachtet seinen postsynaptischen Effekt nur, wenn die Cholinesterase gehemmt ist. Erklärt wird jedoch der biochemische Befund, daß die ACh-Menge, die man von Cholinesterase-behandelten ruhenden neuromuskulären Präparationen gewinnen kann, ungefähr 100 mal größer ist, als die Menge, die man den spontanen Miniaturpotentialen zurechnen kann.[112]

Bahnung und Depression der Transmitterausschüttung

Viele Veränderungen der synaptischen Wirksamkeit werden durch Änderungen der Quantenanzahl verursacht Beispielsweise ruft ein zweiter Impuls auf eine präsynaptischen Faser, der dem ersten in kurzem zeitlichen Abstand folgt, an den meisten Synapsen, einschließlich der neuromuskulären Verbindung beim Frosch und beim Flußkrebs, ein vergrößertes postsynaptisches Potential hervor. Ähnlich kann eine kurze Impulsfolge zu einem kontinuierlichen Anwachsen der Antwort führen. Abb. 21 A zeigt Endplattenpotentiale einer neuromuskulären Verbindung vom Frosch, hervorgerufen von einer kurzen Impulssalve auf das Motoneuron. Die Amplituden der Potentiale (gemessen vom Startpunkt jeder Anstiegsphase an) nehmen im Verlauf der Impulsfolge ständig zu. Zudem überdauert der Effekt die Reizfolge um mehrere hundert Millisekunden.[113] Die Antwort auf einen Testreiz ungefähr 230 ms nach Ende der Konditionierungsserie ist noch immer größer als die erste Antwort in der Folge. Dieser Effekt, den man **Bahnung** (**Facilitation**) nennt, konnte auf die Zunahme der mittleren Anzahl von Transmitterquanten (m) zurückgeführt werden, die von der präsynaptischen Endigung freigesetzt werden.[114–116] Weitere statistische Analysen an neuromuskulären Verbindungen beim Flußkrebs legten nahe anzunehmen, daß diese Zunahme von m ihrerseits auf die Zunahme der Freisetzungswahrscheinlichkeit p zurückzuführen ist.[117] Die Transmitterausschüttung kann auch mit einer *synaptischen Depression* verbunden sein, wenn die Anzahl der Quanten, die infolge einer Impulsserie abgegeben werden, groß ist. Im Experiment, das in Abb. 21 A dargestellt wird, wurden die Endplattenpotentialamplituden durch Senken der Calciumkonzentration in der Badlösung verringert, d.h. die anfängliche Quantenanzahl des Potentials war niedrig (10 oder weniger). Ein ähnliches Experiment an einem curarisierten Muskel ist in Abb. 21 B zu sehen. Hier sind die Amplituden der Antworten – an Stelle der Abnahme der Quantenfreisetzung – durch Blockierung der postsynaptischen ACh-Rezeptoren reduziert. Daher ist ihre Quantenanzahl relativ groß (> 100). In der Impuls-Antwort-Serie ist die Bahnung geringer als in Abb. 21 A, und ein Testpuls 230 ms nach der Serie ruft eine Antwort hervor, die *kleiner* ist als die erste in der Serie. Diese Depression des Endplattenpotentials ist wie die Bahnung

107 Dennis, M.J. and Miledi, R. 1974. *J. Physiol.* 239: 571–594.
108 Kriebel, M.E., Vautrin, J. and Holsapple, J. 1990. *Brain Res. Rev.* 15: 167–78.
109 Martin, A.R. 1977. *In* E. Kandel (ed.). *Handbook of the Nervous System*, Vol. 1. American Physiological Society, Baltimore, pp. 329–355.
110 Katz, B. and Miledi, R. 1977. *Proc. R. Soc. Lond. B* 196: 59–72.
111 Vyskoĉil, F., Nikosky, E. and Edwards, C. 1983. *Neuroscience* 9: 429–435.
112 Vizi, S.E. and Vyskoĉil, F. 1979. *J. Physiol.* 286: 1–14.
113 Mallart, A. and Martin, A.R. 1967. *J. Physiol.* 193: 679–694.
114 del Castillo, J. and Katz, B. 1954. *J. Physiol.* 124: 574–585.
115 Dudel, J. and Kuffler, S.W. 1961. *J. Physiol.* 155: 543–562.
116 Kuno, M. 1964. *J. Physiol.* 175: 100–112.
117 Wernig, A. 1972. *J. Physiol.* 226: 751–759.

präsynaptischen Ursprungs. Ihr Mechanismus ist nicht voll verstanden, doch die Tatsache, daß eine große Quantenfreisetzung nötig ist, um eine Depression hervorzurufen, läßt vermuten, daß ein Faktor dabei die Entleerung der Vesikel der Nervenendigung während der Konditionierungsserie ist.[118] Die Erholung von der Depression dauert mehrere Sekunden.

Zusammenfasend kann man sagen, die Transmitterfreisetzung aus den präsynaptischen Nervenendigungen ist mit zwei relativ kurz andauernden Modifikationen verbunden. Die erste, die Bahnung der Freisetzung, läßt sich offensichtlich auf eine Zunahme der Quantenfreisetzung aus der präsynaptischen Endigung zurückführen. Die zweite, die Depression, scheint mit der Erschöpfung der Quantenanzahl zusammenzuhängen, die zur Freisetzung zur Verfügung steht. Beide Effekte interagieren, wie in Abb. 21 B gezeigt ist. Im Laufe der Impulsserie überwiegt der initiale Bahnungseffekt den Depressionseffekt, und die Amplitude der Antworten nimmt zu. Später, beim Testpuls, ist die Bahnung bereits teilweise abgeklungen und wird von der Depression überspielt, die einen längeren Zeitverlauf hat.

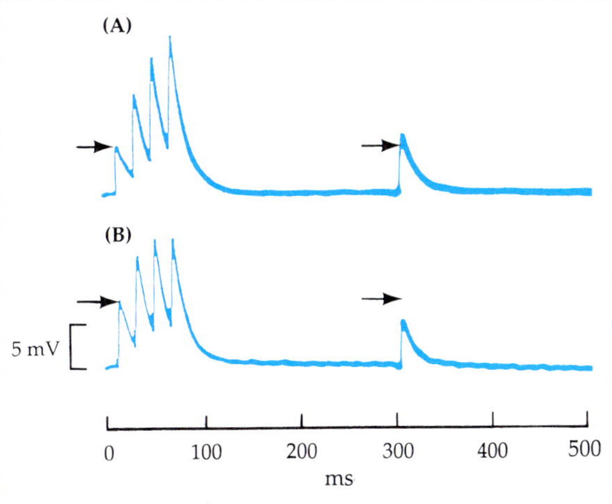

Abb. 21: **Bahnung und Depression** an der neuromuskulären Endigung des Frosches. (A) Der Muskel wird in einer Lösung mit niedrigem Calcium- und hohem Magnesiumgehalt (mittlere Quantenanzahl der initialen Antwort ungefähr 10) gebadet. Die Amplituden der Endplattenpotentiale steigen während einer Serie von vier Impulsen ständig an, da durch die sukzessive Nervenreizung eine größere Anzahl von Quanten ausgeschüttet wird. Wenn man 230 ms nach Ende der Impulsserie einen Testreiz gibt, ist die Amplitude dieser Antwort infolge der Bahnung noch immer größer als die Amplitude der ersten Antwort in der Serie (die Pfeile zeigen gleiche Amplituden an). (B) Ein ähnliches Experiment mit einem curarisierten Präparat (mittlere Quantenanzahl 100). Nach der zweiten Antwort in der Serie hört die Bahnung auf, und die Amplitude der Antwort 230 ms nach Ende der Impulsserie ist kleiner als die Amplitude der ersten Antwort und nicht gebahnt. Die Registrierungen stellen Durchschnittswerte von Potentialen mehrerer Endplatten dar (nach Mallart und Martin, 1968).

Die Rolle von Calcium bei der Bahnung

Experimentelle Befunde von Katz und Miledi[119] legten die Vermutung nahe, daß die Bahnung der Transmitterausschüttung durch das zweite der beiden in die Nervenendigung einlaufenden Aktionspotentiale mit dem Restcalcium vom ersten Aktionspotential in Zusammenhang stand Verschiedene andere mögliche Mechanismen wurden ausgeschlossen. Beispielsweise zeigte sich an Synapsen im Ciliarganglion des Huhns, daß sich die Bahnung nicht auf eine Zunahme der Amplitude oder Dauer des zweiten Aktionspotentials zurückführen läßt.[120] Ähnlich tritt die Bahnung der zweiten von zwei Antworten an Synapsen zwischen Blutegelzellen in Kultur ohne Zunahme des präsynaptischen Calcium*einstroms* auf.[121] Daher ist die Annahme, daß die Bahnung mit Restcalcium in Verbindung steht, die überzeugendste. Bei wiederholter Reizung führt die ständige Calciumakkumulation zu einer ansteigenden Transmitterfreisetzung (Abb. 21 A). Verschiedene theoretische Ansätze zur Beziehung zwischen intrazellulärer Calciumkinetik und dem Zeitverlauf der Bahnung wurden von Parnas, Parnas und Segel in einem Reviewartikel zusammengefaßt.[122]

118 Mallart, A. and Martin, A.R. 1968. *J. Physiol.* 196: 593–604.

119 Katz, B. and Miledi, R. 1968. *J. Physiol.* 195: 481–492.

120 Martin, A.R. and Pilar, G. 1964. *J. Physiol.* 175: 16–30.

121 Stewart, R.R., Adams, W.B. and Nicholls, J.G. 1989. *J. Exp. Biol.* 144: 1–12.

122 Parnas, H., Parnas, I. and Segel, L.A. 1990. *Int. Rev. Neurobiol.* 32: 1–50.

Posttetanische Potenzierung

Bahnung ist die kurzlebigste der verschiedenen Komponenten, die bei der Zunahme der Quantenfreisetzung nach repetitiver Stimulation eine Rolle spielen Man hat sie nach ihrem zeitlichen Verhalten klassifiziert.[123] Spätere Komponenten treten nach längeren Reizperioden auf. Das gilt speziell für die **posttetanische Potenzierung**, die je nach Präparation und experimentellen Rahmenbedingungen von Minuten bis zu Stunden dauern kann. Noch länger andauernd ist die **Langzeit-Potenzierung** von zentralnervösen Synapsen, die in Kap. 10 diskutiert wird.

Die posttetanische Potenzierung (PTP) ähnelt der Bahnung insofern, als sie eine Zunahme der Transmitterfreisetzung aus der präsynaptischen Nervenendigung wiedergibt. Sie unterscheidet sich von ihr dadurch, daß sie durch vorangegangene repetitive Aktivität hervorgerufen wird und sehr viel länger andauert. (Da sich *tetanisch* auf eine Muskelkontraktion bezieht, sollte man eigentlich von einer Post*aktivierungs*-Potenzierung sprechen, doch diese an sich richtige Bezeichnung hat sich nicht allgemein durchgesetzt.) Das Phänomen ist in Abb. 22 illustriert. Diesmal handelt es sich um ein Experiment am curarisierten Ciliarganglion eines Huhns. Die Zelle

123 Magleby, K.L. and Zengel, J.E. 1982. *J. Gen. Physiol.* 80: 613–638.

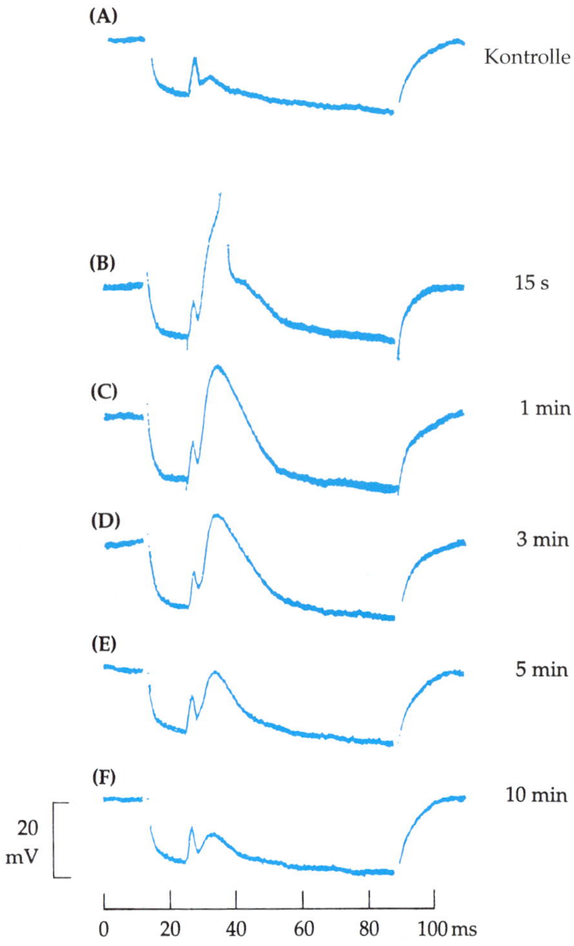

Abb. 22: **Posttetanische Potenzierung** des postsynaptischen Potentials einer Zelle aus dem Ciliarganglion des Huhns bei präganglionärer Nervenreizung. Die Potentiale wurden mit einer intrazellulären Mikroelektrode aufgezeichnet. Um das Entstehen von Aktionspotentialen zu verhindern, wurde die Endplattenpotentialamplitude durch Curare verkleinert und vor jedem Reiz ein hyperpolarisierender Stromimpuls durch die Ableitelektrode geschickt. (A) Die Kontrollaufzeichnung zeigt das elektrische Kopplungspotential (kurze Depolarisation), gefolgt von einem kleinen postsynaptischen Potential. (B) Antwort auf Reizung 15 Sekunden nach Ende eines Reizes des präsynaptischen Nervs mit einer Serie von 1500 Impulsen. Die Amplitude des postsynaptischen Potentials ist mehr als sechsmal so groß wie die Kontrolle, es kommt zur Auslösung eines Aktionspotentials. Die elektrische Kopplung ist unverändert. (C-F) Testreize 1, 3, 5 und 10 Minuten nach dem Tetanus zeigen eine Abnahme der Potenzierung, wobei die Amplitude des postsynaptischen Potentials bei der letzten Aufzeichnung noch immer doppelt so hoch wie der Kontrollwert ist (aus Martin und Pilar, 1964b).

wurde vor jedem Reiz hyperpolarisiert (lange, nach unten gerichtete Auslenkung), um zu verhindern, daß das postsynaptische Potential ein Aktionspotential auslöste. Die erste Auslenkung in Abb. 22 A nach oben ist eine elektrische Einkoppelung, die zweite, langsamere Depolarisation ist ein chemisches postsynaptisches Potential, das durch die Freisetzung von ACh hervorgerufen wurde. Es geht hier um das chemische postsynaptische Potential. Anfänglich betrug die Amplitude des postsynaptischen Potentials nur ca. 4 mV (wegen der Curarisierung). Der präsynaptische Nerv wurde dann 15 s lang mit einer Frequenz von 100/s (1500 Reize) gereizt, wodurch eine vorübergehende Depression des postsynaptischen Potentials ausgelöst wurde (nicht gezeigt). Fünfzehn Sekunden später jedoch führte ein einzelner Testreiz zu einem postsynaptischen Potential mit einer Amplitude von mehr als 20 mV – tatsächlich so groß, daß es die Schwelle überschritt und ein Aktionspotential auslöste! Die Potentialamplituden bei nachfolgender Reizung nahmen dann ab, doch die Antwort war nach 10 Minuten noch immer doppelt so groß wie die prätetanische Amplitude am Ende der tetanischen Stimulation.

Wie die Bahnung hat auch die PTP einen präsynaptischen Ursprung, d.h., sie wird von der erhöhten Quantenfreisetzung aus der präsynaptischen Nervenendigung verursacht. Der exakte Mechanismus, der dem Vorgang zugrundeliegt, ist noch unklar, doch Experimente an der neuromuskulären Verbindung vom Frosch haben gezeigt, daß er vom Calciumeinstrom in die Nervenendigung während der konditionierenden Reizserie abhängt. Wenn Calcium z.B. während der Reizung aus der Badlösung entfernt wird, tritt keine Potenzierung auf.[124] Andererseits ist ein Natriumeinstrom nicht notwendig, da eine PTP auch in Anwesenheit von TTX durch künstliche depolarisierende Pulsserien, die auf die Nervenendigung gegeben werden, erzeugt werden kann.[125] Unter diesen Umständen nimmt die Größe der Potenzierung mit steigender extrazellulärer Calciumkonzentration zu, und bei sehr hohen Calciumkonzentrationen (83 mM) hält die Potenzierung nach 500 Reizimpulsen über zwei Stunden an. Während Natrium für die Potenzierung nicht notwendig ist, trägt der Natriumeinstrom trotzdem zur Dauer der Potenzierung bei, zumindest an der neuromuskulären Verbindung der Ratte.[126] Dort wird die Potenzierung verlängert durch Behandlungen mit Ouabain oder Entfernen von Kalium aus der Badlösung, wodurch der Na-K-ATPase-bedingte Ausstoß von Natrium, das sich während der tetanischen Reizung angesammelt hat, blockiert wird.

Empfohlene Literatur

Übersichtsartikel

Edwards, C. 1982. The selectivity of ion channels in nerve and muscle. *Neuroscience* 7: 1335–1366.

Llinás, R. 1982. Calcium in synaptic transmission. *Sci. Am.* 247: 56–65.

Martin, A.R. 1977. Junctional transmission. II. Presynaptic mechanisms. *In* E. Kandel (ed.). *Handbook of the Nervous System*, Vol. 1. American Physiological Society, Baltimore, pp. 329–355.

Martin, A.R. 1990. Glycine- and GABA-activated chloride conductanes in lamprey neurons. *In* O.P. Otterson and J. Storm-Mathisen (eds.). *Glycine Neurotransmission.* Wiley, New York, pp. 171–191.

McLachlan, E.M. 1978. The statistics of transmitter release at chemical synapses. *Int. Rev. Physiol. Neurophysiol. III* 17: 49–117.

Takeuchi, A. 1977. Junctional transmission. I. Postsynaptic me-

125 Weinrich, D. 1970. *J. Physiol.* 212: 431–446.
126 Nussinovitch, I. and Rahamimoff, R. 1988. *J. Physiol.* 396: 435–455.

chanisms. *In* E. Kandel (ed.). *Handbook of the Nervous System*, Vol. 1 American Physiological Society, Baltimore, pp. 295–327.

Originalartikel

Chemische und elektrische Übertragung an Synapsen

Fatt, P. and Katz, B. 1951. An analysis of the end-plate potential recorded with an intracellular electrode. *J. Physiol.* 115: 320–370.

Fursphan, E.J. and Potter, D.D. 1959. Transmission at the giant motor synapses of the crayfish. *J. Physiol.* 145: 289–325.

Martin, A.R. and Pilar, G. 1963. Dual mode of synaptic transmission in the avian ciliary ganglion. *J. Physiol.* 168: 443–463.

Ionophorese und Rezeptorlokalisation

del Castillo, J. and Katz, B. 1955. On the localization of end plate receptors. *J. Physiol.* 128: 157–181.

Dennis, M.J., Harris, A.J. and Kuffler, S.W. 1971. Synaptic transmission and its duplication by focally applied acetylcholine in parasympathetic neurones in the heart of the frog. *Prog. R. Soc. Lond. B* 177: 509–539.

Kuffler, S.W. and Yoshikami, D. 1975. The distibution of acetylcholine sensitivity at the post-synaptic membrane of vertebrate skeletal twitch muscles: Ionophroetic mapping in the micron range. *J. Physiol.* 244: 703–730.

Permeabilitätsänderungen an der Endplatte

Magleby, K.L. and Stevens, C.F. 1972. The effect of voltage on the time course of end-plate currents. *J. Physiol.* 223: 151–171.

Takeuchi, A. and Takeuchi, N. 1960. On the permeability of the end-plate membrane during the action of transmitter. *J. Physiol.* 154: 52–67.

Inhibitorische Permeabilitätsänderungen

Coombs, J.S., Eccles, J.C. and Fatt, P. 1955. The specific ion conductances and the ionic movements across the montoneural membrane that produce the inhibitory postsynaptic potential. *J. Physiol.* 130: 326–373.

Takeuchi, A. and Takeuchi, N. 1967. Anion permeability of the inhibitory postsynaptic membrane of the crayfish neuromuscular junction. *J. Physiol.* 191: 575–590.

Präsynaptische Inhibition

Dudel, J. and Kuffler, S.W. 1961. Presynaptic inhibition at the crayfish neuromuscular junction. *J. Physiol.* 155: 543–562.

Kuno, M. 1964. Mechanism of facilitation and depression of the excitatory postsynaptic potential in spinal motoneurons. *J. Physiol.* 175: 100–112.

Takeuchi, A. and Takeuchi, N. 1966. On the permeability of the presynaptic terminal of the crayfish neuromuscular junction during synaptic inhibition and the action of γ-aminobutyric acid. *J. Physiol.* 183: 433–449.

Calcium- und Transmitterfreisetzung

Adler, E.M., Augustine, G.J., Duffy, S.N. and Charlton, M.P. 1991. Alien intracellular calcium chelators attenuate neurotransmitter release at the squid giant synapse. *J. Neurosci.* 11: 1496–1507.

Gequantelte Freisetzung

Boyd, I.A. and Martin, A.R. 1956. The end-plate potential in mammalian muscle. *J. Physiol.* 132: 74–91.

del Castillo, J. and Katz, B. 1954. Quantal components of the end-plate potential. *J. Physiol.* 124: 560–573.

Fatt, P. and Katz, B. 1952. Spontaneous subthreshold activity at motor nerve endings. *J. Physiol.* 117: 108–128.

Johnson, E.W. and Wernig, A. 1971. The binomial nature of transmitter release at the crayfish neuromuscular junction. *J. Physiol.* 218: 757–767.

Kuffler, S.W. and Yoshikami, D. 1975. The number of transmitter molecules in a quantum: An estimate from iontophoretic application of acetylcholine at the neuromuscular junction. *J. Physiol.* 251: 465–482.

Bahnung und posttetanische Potenzierung

Magleby, K.L. and Zengel, J.E. 1982. A quantitative description of stimulation-induced changes in transmitter release at the frog neuromuscular junction. *J. Gen. Physiol.* 80: 613–638.

Mallart, A. and Martin, A.R. 1967. Analysis of facilitation of transmitter release at the neuromuscular junction of the frog. *J. Physiol.* 193: 679–697.

Mallart, A. and Martin, A.R. 1968. The relation between quantum content and facilitation at the neuromuscular junction of the frog. *J. Physiol.* 196: 593–604.

Kapitel 8

Indirekte Mechanismen der synaptischen Übertragung

Die Mehrheit der Neurotransmitter bindet nicht direkt an ligandenaktivierte Ionenkanäle, sondern an Rezeptoren, die Ionenkanäle und Pumpen indirekt mittels membrangebundener oder cytoplasmatischer sekundärer Botenstoffe (second messenger) beeinflussen. An einigen Synapsen kommt es nur durch solche indirekten Mechanismen zu einer Übertragung. Andere Synapsen werden durch indirekte Einwirkungen moduliert.

Selbst an einer Synapse, die so einfach und zuverlässig arbeitet wie die neuromuskuläre Verbindung beim Skelettmuskel, kann die Übertragung moduliert werden. Noradrenalin, das von Axonen des sympathischen Nervensystems ausgeschüttet wird, verursacht eine langanhaltende Zunahme der Amplitude und der Dauer des Endplattenpotentials, da es sowohl die Menge des Transmitters erhöht, der von den motorischen Axonendigungen ausgeschüttet wird, als auch die Eigenschaften der Muskelfasermembran verändert. Im sympathischen Ganglion des Ochsenfrosches modulieren zwei verschiedene Transmitter die Synapse – ACh und ein Peptid, das dem Luteinisierenden Hormon-freisetzenden Hormon (luteinizing hormone-releasing hormon, LHRH) ähnelt. Beide binden an Rezeptoren, die bewirken, daß sich spannungsaktivierte Kaliumkanälen vom M-Typ schließen. Infolgedessen erzeugen exzitatorische Eingangssignale, die normalerweise nur einen einzelnen Impuls auslösen würden, Serien von Aktionpotentialen. An vielen Synapsen beeinflussen indirekt arbeitende Transmitter Kanäle, die in der ruhenden Zelle nicht geöffnet sind. Beispielsweise hemmt Noradrenalin einen calciumaktivierten Kaliumkanal von Neuronen im Hippocampus der Ratte. Das wirkt sich kaum oder gar nicht auf das Ruhepotential aus, verstärkt aber die Antwort der Zelle auf erregende Eingangssignale. Solche Veränderungen in der Wirksamkeit der synaptischen Übertragung nennt man Neuromodulation.

Der Zeitverlauf der Antwort bei Aktivierung eines indirekt gekoppelten Rezeptors ist viel langsamer als die rasche Kinetik synaptischer Potentiale, wie man sie bei direkt gekoppelten, ligandenaktivierten Kanälen findet. Die Antwort kann statt Millisekunden Sekunden, Minuten oder Stunden andauern. Zudem kann Transmitter aus einer axonalen Nervenendigung diffundieren und die Aktivität vieler Zielzellen modulieren. Bei jeder Zelle wird die Wirkspezifität durch Natur und Verteilung der Transmitterrezeptoren bestimmt.

Die Antworten auf die Aktivierung indirekt gekoppelter Rezeptoren werden durch G-Proteine vermittelt, so genannt, weil sie Guanosindiphosphat (GDP) und Guanosintriphosphat (GTP) binden. G-Proteine modifizieren die Aktivität anderer Rezeptorproteine, Ionenkanäle oder Pumpen. G-Proteine sind Trimere aus drei Untereinheiten, α, β und γ. Die α-Untereinheit wechselwirkt mit Rezeptor- und Effektorproteinen, wohingegen der $\beta\gamma$-Komplex primär zum Verankern der α-Untereinheit an der Membran dient. GDP hält, an die α-Untereinheit gebunden, den $\alpha\beta\gamma$-Komplex intakt. Wenn ein G-Protein durch Wechselwirkung mit einem Transmitterrezeptor aktiviert wird, wird GDP durch GTP ersetzt, und die α-Untereinheit dissoziert vom $\beta\gamma$-Komplex. Die freie α-Untereinheit bindet an ihr Zielobjekt – sei es ein Enzym, ein Kanal oder eine Pumpe – und moduliert dessen Aktivität. G-Proteine werden nach den Zielobjekten, die von der α-Untereinheit erkannt werden, in Klassen eingeteilt: G_t aktiviert die cyclische GMP-Phosphodiesterase, G_s stimuliert Adenylatcyclase, G_i hemmt Adenylatcyclase, G_p aktiviert Phospholipase C, G_k aktiviert Kaliumkanäle und G_o wirkt an noch anderen Proteinen. Ein bestimmtes G-Protein kann mehr als einen Typ von Zielobjekten aktivieren, und die Aktivität eines Zielproteins wird oft über mehr als nur einen G-Protein-Weg modifiziert.

Die Phosphorylierung von Serin- und Threoningruppen durch Enzyme, sogenannte Proteinkinasen, ist ein häufiger Mechanismus, durch den die Aktivität von Rezeptoren und Ionenkanälen modifiziert wird. Adenylatcyclase, ein Enzym, dessen Aktivität von G_i und G_s moduliert wird, katalysiert die Synthese von cyclischem AMP, das seinerseits die Aktivität von Proteinkinasen erhöht, die von cyclischem AMP abhängig sind. Die Aktivierung von Phospholipase C durch G_p führt zur Bildung von Diacylglycerin und zu einer Zunahme der intrazellulären Calciumkonzentration, die zusammen die Proteinkinase C aktivieren. Zusätzlich zu diesem stimulatorischen Effekt auf Proteinkinase C aktiviert die erhöhte intrazelluläre Calciumkonzentration auch die Calcium-Calmodulin-abhängige Proteinkinase.

Bei einem breiten Spektrum von Zellen sind Kalium- und Calciumkanäle vorrangige Zielobjekte indirekter Transmitteraktionen. Veränderungen bei der Kanalaktivierung in Nervenendigungen können den Calciumeinstrom und dadurch die Transmitterausschüttung modifizieren: direkt durch Effekte an Calciumkanälen und indirekt durch Änderung der Aktionspotentialdauer. Veränderungen bei Calcium- und Kaliumkanälen der postsynaptischen Zellen können die Spontanaktivität und die Antwort auf synaptische Eingangssignale beeinflussen.

Die Mechanismen, durch die Neurotransmitter in ihren Zielzellen wirken, lassen sich in zwei allgemeine Kategorien unterteilen: indirekte und direkte. Direkte Mechanismen, wie die in Kap. 7 diskutierten, werden auch als «schnell» oder «kanalgekoppelt» bezeichnet. In solchen Fällen ist der postsynaptische Rezeptor selbst ein ligandenaktivierter Kanal, der sowohl die Bindungsstelle des Transmitters als auch den Ionenkanal, der vom Transmitter geöffnet wird, als Teil desselben Proteins enthält. Andererseits binden indirekt wirksame Transmitter an Rezeptoren, die selbst keine Ionenkanäle sind, aber die Aktivität anderer Rezeptorproteine, Ionenkanäle oder Ionenpumpen modifizieren, so daß sich die Antwort der Zelle verändert. Indirekte Mechanismen werden auch als «langsam» oder als «second messenger-gebunden» bezeichnet. Viele indirekt arbeitende Rezeptoren wirken durch Interaktion mit GTP-bindenden oder **G-Proteinen.**[1]

An einigen Synapsen, z.B. an den Synapsen der glatten Darmmuskultur, findet die Signalübertragung nur über indirekt gekoppelte Rezeptoren statt. Andererseits können indirekt arbeitende Transmitter auch die Wirksamkeit der Übertragung an Synapsen beeinflussen, an denen andere Transmitter ausgeschüttet werden, ein Vorgang, den man als **Neuromodulation** bezeichnet.

Modulation der synaptischen Übertragung

Neuromodulation an der neuromuskulären Verbindung

Bevor wir die Mechanismen diskutieren wollen, durch die indirekt gekoppelte Rezeptoren wirken, soll gezeigt werden, wie die Aktion indirekter Transmitter die synaptische Wirksamkeit modifizieren kann. Es liegt eine gewisse Ironie darin, daß eine der ersten Synapsen, an der Neuromodulation beschrieben wurde, die neuromuskuläre Verbindung am Skelettmuskel von Wirbeltieren war. Schließlich liegt die Aufgabe der neuromuskulären Verbindung, wie Katz[2] beschreibt, darin,

> Impulse von den relativ kleinen motorischen Nervenendigungen auf die große Muskelfaser zu übertragen und sie zur Kontraktion zu veranlassen. An den meisten myoneuralen Verbindungen am Vertebratenmuskel folgt auf jeden Nervenimpuls ein ähnlicher Impuls in den Muskelfasern ... Daher dient die myoneurale Verbindung bei Vertebraten einem viel einfacheren Zweck als die zentralen Synapsen auf Neuronen ..., an denen die Integration konvergierender Signale abläuft und wo der Effekt eines einzelnen Nervenimpulses im allgemeinen deutlich unter der Feuerschwelle der Effektorzelle liegt. Um es vereinfacht zu sagen, die Nerv-Muskel-Verbindung bei Wirbeltieren stellt ein einfaches Relais dar.

Trotz dieser offensichtlichen Einfachheit wird die direkte cholinerge Übertragung an der neuromuskulären Verbindung auf komplexe Weise durch verschiedene Substanzen moduliert. Wie beispielsweise bereits 1923 gezeigt werden konnte, bahnen die adrenergen Agenzien Noradrenalin (Norepinephrin), das von Erweiterungen in den sympathischen Axonen abgegeben wird, und Adrenalin (Epinephrin), das aus dem Nebennierenmark in den Kreislauf gelangt, die neuromuskuläre Übertragung.[3] Fast ein halbes Jahrhundert lang herrschte beträchtliche Verwirrung über den Mechanismus dieses Effekts. Einige Experimente ließen auf eine präsynaptische Wirkung schließen, andere auf eine Veränderung der Muskelfaser. Beide Befunde stellten sich als richtig heraus, sie rühren aber von verschiedenen Rezeptoren her. Adrenalin und Noradrenalin wirken an einer Reihe von Rezeptoren, die alle indirekt an ihre Effektorproteine gekoppelt sind. Basierend auf der relativen Stärke verschiedener Agonisten und Antagonisten kann man adrenerge Rezeptoren in fünf Hauptklassen unterteilen: α_1, α_2, β_1, β_2 und β_3. Die β_1-Rezeptoren herrschen im Herzgewebe vor, β_2- und α_1-Rezeptoren findet man vorwiegend in glatter Muskulatur, Skelettmuskulatur und Leberzellen; β_3-Rezeptoren sind überwiegend im Fettgewebe lokalisiert, und α_2-Rezeptoren finden sich im allgemeinen an präsynaptischen Nervenendigungen sowie in einer Reihe von Geweben an postsynaptischen Zellen.[4] An der neuromuskulären Verbindung des Skelettmuskels fand man, daß die Aktivierung von α-adrenergen Rezeptoren an der präsynaptischen Nervenendigung die Anzahl der Transmitterquanten erhöhte, die durch ein Aktionspotential freigesetzt werden. Stimulation der β-adrenergen Rezeptoren auf den Muskelfasern aktiviert die Na-K-Pumpe (Kap. 3) und führt zu einer Hyperpolarisation, verbunden mit einer Abnahme der Leitfähigkeit der Ruhemembran (Abb. 1).[5,6] Daher tragen sowohl prä- als auch postsynaptische adrenerge Rezeptoren zur Zunahme von Amplitude und Dauer des synaptischen Potentials bei.

Die Erweiterungen der sympathischen Axone im Skelettmuskel liegen nicht gezielt neben den neuromuskulären Verbindungen. Die sympathischen Axone schlängeln sich unregelmäßig verteilt durch den Muskel und geben Noradrenalin aus Erweiterungen ab, die sich über die gesamte Axonlänge verteilen (Abb. 1 A). Daher muß Noradrenalin eine gewisse Strecke weit vom Ort seiner Freisetzung diffundieren, um die Rezeptoren an der axonalen Endigung und auf der Muskelfaser zu erreichen. Noradrenalin, das aus einer derartigen Erweiterung freigesetzt wird, kann die Übertragung an vielen Verbindungstellen beeinflussen. Die Spezifität der Noradrenalinwirkung wird nicht durch genaue anatomische Verbindungen erreicht, sondern durch die Natur und

1 Du Bois-Reymond, E. 1848. *Untersuchungen über thierische Electricität.* Reimer, Berlin.
2 Katz, B. 1966. *Nerve, Muscle and Synapse.* McGraw-Hill, New York.
3 Orbeli, L.A. 1923. *Bull. Inst. Sci. Leshaft* 6: 194–197.
4 Lefkowitz, R.J., Hoffman, B.B. and Taylor, P. 1990. *In* A.G. Gilman et al. (eds.). *Goodman and Gilman's Pharmacological Basis of Therapeutics*, 8th Ed. Pergamon Press, New York, pp. 84–121.
5 Kuba, K. 1970. *J. Physiol.* 211: 551–570.
6 Clausen, T. and Flatman, J.A. 1977. *J. Physiol.* 270: 383–414.

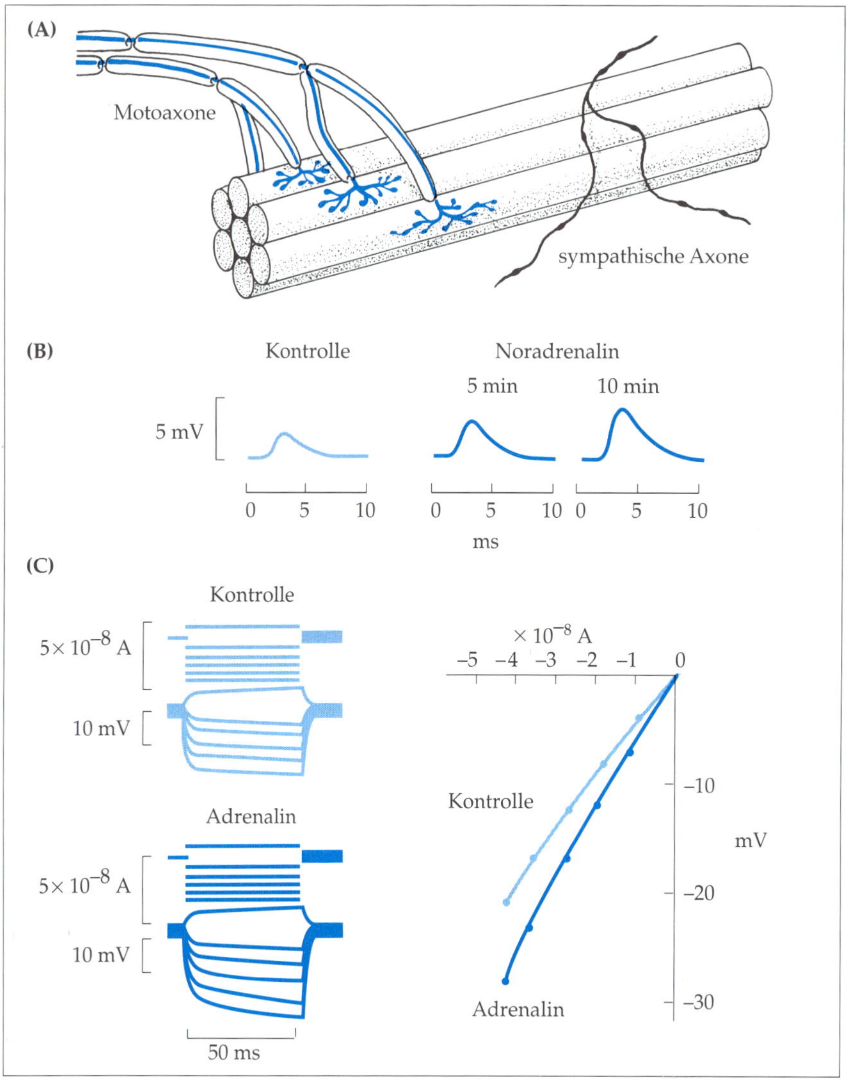

Abb. 1: **Modulation der synaptischen Übertragung** an der neuromuskulären Verbindung vom Skelettmuskel. (A) Innervation des Skelettmuskels. Motoaxone bilden hochspezialisierte Synapsen, bei denen die postsynaptischen Rezeptoren und die präsynaptischen Stellen der Transmitterausschüttung einander genau gegenüberliegen. Sympathische Axone schlängeln sich durch den Muskel. Noradrenalin, das aus Erweiterungen ausgeschüttet wird, die über die Axone verteilt sind, erreicht seine Rezeptoren am Muskel und an der Nervenendigung durch Diffusion. (B) Zugabe von 10^{-6} g/ml Noradrenalin führt zu einer Zunahme der Amplitude des durch Nervenreizung hervorgerufenen synaptischen Potentials. Dieser Effekt wird durch spezifische Antagonisten der α-adrenergen Rezeptoren blockiert. Die Zunahme entwickelt sich langsam. Sie wird durch die Zunahme der Anzahl freigesetzter Quanten bewirkt. (Intrazelluläre Ableitungen von einem Muskel, der sich in einer Lösung befindet, die 10^{-6} g/ml *d*-Tubocurarin enthält, so daß die synaptischen Potentiale unterschwellig bleiben.) (C) Zugabe von 5×10^{-6} g/ml Adrenalin ruft eine Abnahme der Ruheleitfähigkeit der Membran hervor. Zur Messung der Leitfähigkeit der Muskelfasermembran wurden kleine Stromimpulse mit einer intrazellulären Mikroelektrode injiziert. Zehn Minuten nach Adrenalinzugabe war die Leitfähigkeit der Membran im Vergleich zur Kontrolle abgesunken. Dieser Effekt ließ sich durch β-adrenerge Rezeptorantagonisten blockieren (nach Kuba, 1970).

Verteilung der Rezeptoren, an die es bindet. Das ist eine allgemeine Eigenschaft neuromodulatorischer Vorgänge.

Ein weiteres allgemeines Merkmal neuromodulatorischer Wirkung ist ihr verlängerter Zeitverlauf. An der neuromuskulären Verbindung entwickeln sich die Noradrenalineffekte allmählich im Laufe von 15 bis 20 Minuten und verschwinden nach Entfernen von Noradrenalin langsam wieder. Dieser langsame Zeitverlauf kommt auf zwei Arten zustande. Erstens geht eine kurze Verzögerung im Sekundenbereich auf die Zeit zurück, die für die Diffusion vom Ort der Freisetzung zum Wirkort nötig ist. Zweitens und wichtiger bringen die indirekten Mechanismen, durch die α- und β-adrenerge Rezeptoren ihre Wirkungen erzielen, Veränderungen im Zellstoffwechsel mit sich, deren Kinetik im Vergleich mit ligandenaktivierten Ionenkanälen sehr langsam ist. Einmal in Bewegung gesetzt können diese Stoffwechselvorgänge noch lange weiterlaufen, nachdem der Transmitter von den Rezeptoren wegdiffundiert ist.

Neuromodulation in sympathischen Ganglien

Ein Beispiel, wie neuromodulatorische Effekte das Signalmuster zwischen Neuronen verändern können, liefern Experimente von Libet, Nishi, Koketsu, Weight und anderen, die langsame synaptische Potentiale mit ungewöhnlichen Eigenschaften an sympathischen Ganglionzellen von Fröschen und Säugern beschrieben haben. Reizung des präsynaptischen Eingangs der Ganglionzellen löste drei depolarisierende Potentiale aus: ein schnelles exzitatorisches postsynaptisches Potential (EPSP), ein langsames EPSP und ein spätes langsames EPSP[7] (Abb. 2 A). Bei einzelnen präsynaptischen Impulsen sind das langsame EPSP und das späte langsame EPSP nicht erkennbar; man findet sie nur nach Serien von Aktionspotentialen mit natürlichen Frequenzen. Selbst bei einer Impulsserie reichen das langsame und das langsame späte EPSP allein nicht aus, um die Zelle bis zur Schwelle

7 Jan, Y.N., Jan, L.Y. and Kuffler, S.W. 1979. *Proc. Natl. Acad. Sci. USA* 76: 1501–1505.

Abb. 2: **Synaptische Potentiale in sympathischen Ganglienzellen** beim Ochsenfrosch. (A) Schnelles, langsames und spätes langsames EPSP in B-Ganglienzellen. Ein einzelner Reiz auf die präganglionären Eingänge löst ein großes schnelles EPSP aus; um das langsame und das späte langsame EPSP auszulösen, sind Reizserien (10/s, 5 s lang) erforderlich. (B) Diagramm der sympathischen Ganglien 7, 8, 9 und 10. Die Nervenzellen empfangen Eingänge vom Rückenmark über die Rami communicantes und auch aus dem oberhalb liegenden Kettenteil. (C) Die größeren B-Zellen in den caudalen Ganglien (9 und 10) haben einen cholinergen Eingang von spinalen Nervenzellen rostral von Ganglion 7, einen cholinergen Eingang und indirekt einen peptidergen Eingang von den Spinalnerven 7 und 8 über Synapsen auf benachbarten C-Zellen. Dementsprechend kann man die verschiedenen Eingänge selektiv reizen. (D) Spätes langsames exzitatorisches Potential, ausgelöst durch Stimulation der Spinalnerven 7 und 8 (20/s, 5 s lang). Die Depolarisation hält mehrere Minuten lang an. (E) Mittels Druck wurde LHRH mit einer Mikropipette auf die Zelle in (D) aufgebracht. Das Peptid ahmt die Wirkung des natürlicherweise ausgeschütteten Transmitters nach (nach Kuffler, 1980).

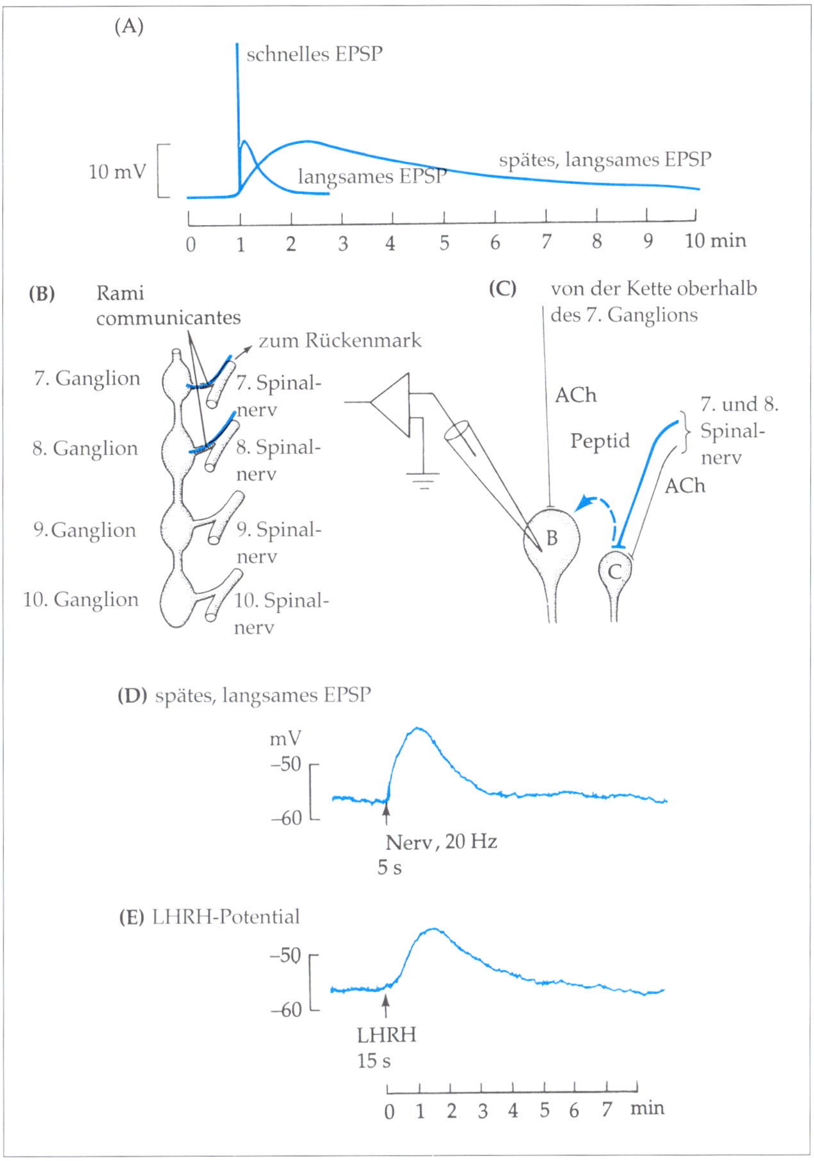

zu depolarisieren. Sie verändern jedoch die Antwort der Zelle auf nachfolgende Reize, wie wir sehen werden.

Beide, das schnelle EPSP und das langsame EPSP, werden durch die Ausschüttung von Acetylcholin (ACh) aus den präsynaptischen Nervenendigungen ausgelöst. Das schnelle EPSP beruht auf der Aktivierung nicotinischer ACh-Rezeptoren. Die resultierende Depolarisation löst gewöhnlich ein einzelnes Aktionspotential in der Ganglionzelle aus. Das langsame EPSP läßt sich auf die Bindung von Acetylcholin an muscarinische ACh-Rezeptoren zurückführen. Kuffler und Mitarbeiter fanden, daß sich das späte langsame EPSP im sympathischen Ganglion des Frosches durch Applikation des Peptids Luteinisierendes Hormon-freisetzendes Hormon (luteinizing hormone-release hormon, LHRH) nachahmen läßt[7–10] (Abb. 2 D und 2 E). (LHRH – luteinizing hormone-releasing hormon – ist ein Hormon, das von Neuronen im Hypothalamus in den lokalen Kreislauf abgegeben wird. Es diffundiert zum Hypophysenvorderlappen und veranlaßt dort die Ausschüttung von Luteinisierendem Hormon, einem essentiellen Hormon, das am Ovarialcyclus und an der Testosteronausschüttung beteiligt ist.) Die erforderliche Dosis (1µM oder mehr) erschien zuerst zu hoch zu sein, als daß LHRH als Transmitterkandidat ernsthaft in Frage käme. Mit diesem Anhaltspunkt wurde Analoga von LHRH getestet, und man fand, daß einige tatsächlich 100fach stärker als das Hormon selbst wirken. Eine Reihe anderer Tests zeigte, daß das späte langsame EPSP aus der Freisetzung eines LHRH-ähnlichen Peptids resultierte. Man fand jedoch keine Nervenendigungen mit LHRH-ähnlichen Peptiden neben den B-Zellen, von denen diese Ableitungen stammten. Das Peptid diffundiert von Synapsen auf kleineren, benachbarten C-Zellen zu den B-Zellen (Abb. 2 C).[10] Transmitter, der von einer bestimmten Nervenendigung abge-

8 Kuffler, S.W. 1980. *J. Exp. Biol.* 89: 257–286.
9 Jan, Y.N., Jan, L.Y. and Kuffler, S.W. 1980. *Proc. Natl. Acad. Sci. USA* 77: 5008–5012.
10 Jan, Y.N. et al. 1983. *Cold Spring Harbor Symp. Quant. Biol.* 48: 363–374.

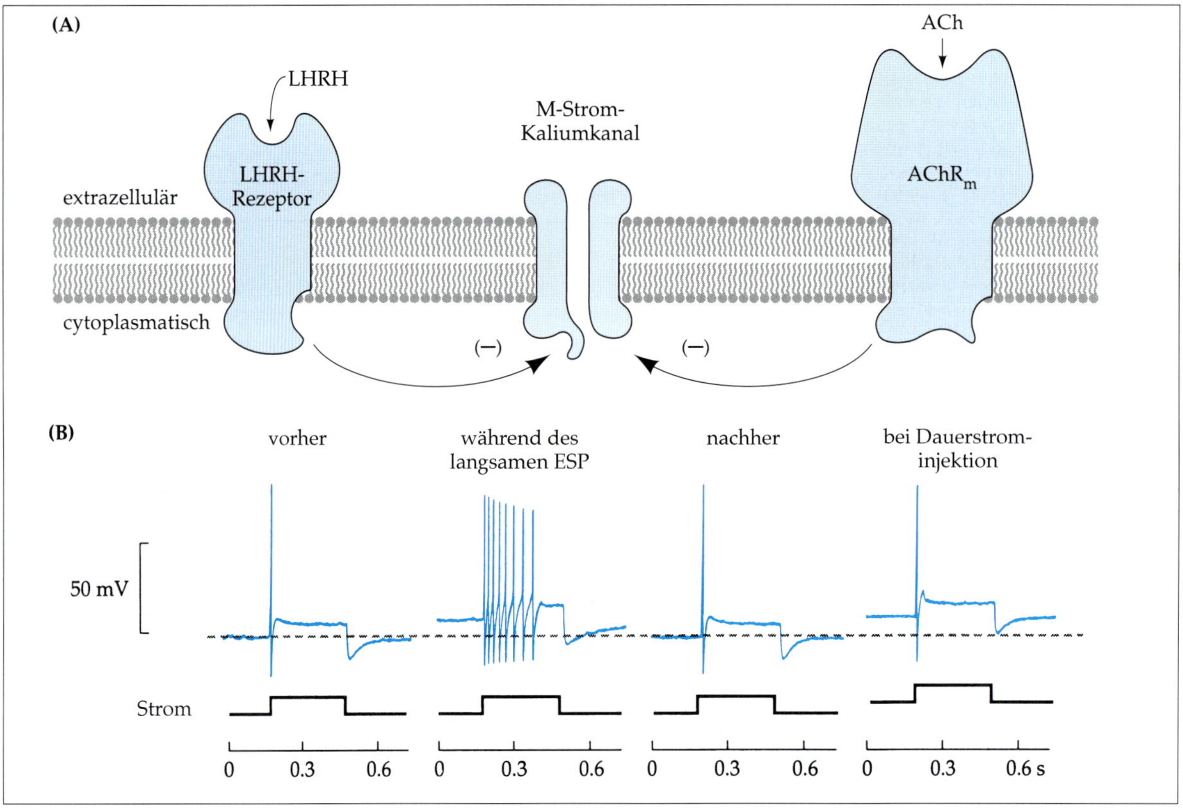

Abb. 3: **Inhibition der Kaliumströme in sympathischen Ganglienzellen** moduliert die Antwort auf präsynaptische Stimulation. (A) Die Bindung von ACh an muscarinerge Rezeptoren ($AChR_m$) und die Bindung von LHRH an seinen Rezeptor hemmen die M-Strom-Kaliumkanäle. (B) Die Abnahme des M-Stroms während des langsamen EPSP bewirkt eine Steigerung der Erregbarkeit der B-Zelle. Depolarisierende Strompulse vor und nach einem langsamen EPSP lösen ein einzelnes Aktionspotential aus. Während des langsamen EPSP bewirkt der gleiche Stromimpuls eine Salve von Aktionpotentialen. Depolarisiert man die B-Zellen durch Injektion eines Dauerstromes im selben Ausmaß, wie es beim langsamen EPSP geschieht, so hat dies keine solche Auswirkung auf die Antwortbereitschaft der Zelle (nach Jones und Adams, 1987).

geben wird, kann also an mehr als einer postsynaptischen Zelle wirken.

Die Zellen der vegetativen Ganglien eignen sich besonders gut für elektrophysiologische Untersuchungen des Mechanismus solcher langsamen neuromodulatorischen Effekte. Die B-Zellen sind relativ groß und fast rund, ohne Dendriten, und die synaptischen Kontakte erfolgen direkt auf dem Zellkörper. Mit voltage clamp-Untersuchungen an B-Zellen konnten Adams, D. Brown und Kollegen einen Strom identifizieren, der von einem bestimmten Kaliumkanaltyp getragen und durch Aktivierung muscarinischer Rezeptoren aktiviert wird. Man bezeichnet diesen Strom als M-Strom (von muscarinisch).[11] Diese M-Kaliumkanäle sind spannungsaktiviert und haben eine Aktivierungsschwelle, die in der Nähe des normalen Ruhepotentials liegt. Daher sind einige der Kanäle in Ruhe offen und liefern einen beträchtlichen Beitrag zur Kalium-Ruheleitfähigkeit. Aktivierung der muscarinischen ACh-Rezeptoren schließt die M-Kaliumkanäle (Abb. 3 A).

Welche Konsequenzen ergeben sich aus dem Schließen der Kaliumkanäle? Der Ruheeinstrom von Natriumionen wird nicht länger durch den Kaliumausstrom ausgeglichen, so daß die Zelle depolarisiert und das langsame EPSP generiert wird. Bei Reizserien mit normalen Frequenzen ist die vom langsamen EPSP hervorgerufene Depolarisation von ca. 10 mV nicht groß genug, um die Zelle bis zur Schwelle zu bringen. Zudem hat die Änderung des Membranpotentials allein wenig Auswirkungen auf die Antwort der Zelle auf das viel größere schnelle EPSP (Abb. 3 B).[12]

Wenn die M-Strom-Kanäle jedoch geschlossen sind, wird die Antwort der B-Zellen auf das schnelle EPSP dramatisch gesteigert. Die Abnahme der Membranleitfähigkeit erhöht die Amplitude des erregenden synaptischen Potentials (s. Kap. 7), wie weiter oben für Noradrenalin an der neuromuskulären Verbindung beschrieben. Dieser Effekt wird während depolarisierender synaptischer Potentiale auf folgende Weise verstärkt: M-Kanäle werden gewöhnlich durch Depolarisation aktiviert und repolarisieren die Zelle durch Kurzschluß der exzitatorischen synaptischen Potentiale. Wenn M-Kanäle durch Aktivierung muscarinischer Rezeptoren geschlossen gehalten werden, wird die Zunahme der Kaliumleit-

11 Adams, P.R. Brown, D.A. and Constanti, A. 1982. *J. Physiol.* 330: 537–572.

12 Adams, P.R. Brown, D.A. and Constanti, A. 1982. *J. Physiol.* 332: 223–262.

Abb. 4: **Noradrenalin moluliert die Signalgebung in Hippocampus-Neuronen** durch Blockierung der calciumaktivierten Kaliumleitfähigkeit. (A) Calcium-Aktionspotentiale, abgeleitet von einer Pyramidenzelle in einem Slice aus dem Hippocampus der Ratte in einer Badlösung mit TTX und TEA. Die langanhaltende Nach-Hyperpolarisation, die auf jedes Aktionspotential folgt, resultiert aus einem langsamen, calciumaktivierten Kaliumstrom. Noradrenalin blockiert diesen Strom. (Die Aktionspotentiale in dieser Registrierung sind abgeschnitten.) (B) Noradrenalin steigert die Erregbarkeit der pyramidalen Hippocampus-Neuronen. Unter Kontrollbedingungen löst ein depolarisierender Stromimpuls (untere Spur) eine kurze Folge von Aktionspotentialen aus. In Gegenwart von Noradrenalin ruft derselbe Reiz eine andauernde Antwort hervor (nach Madison und Nicoll, 1986).

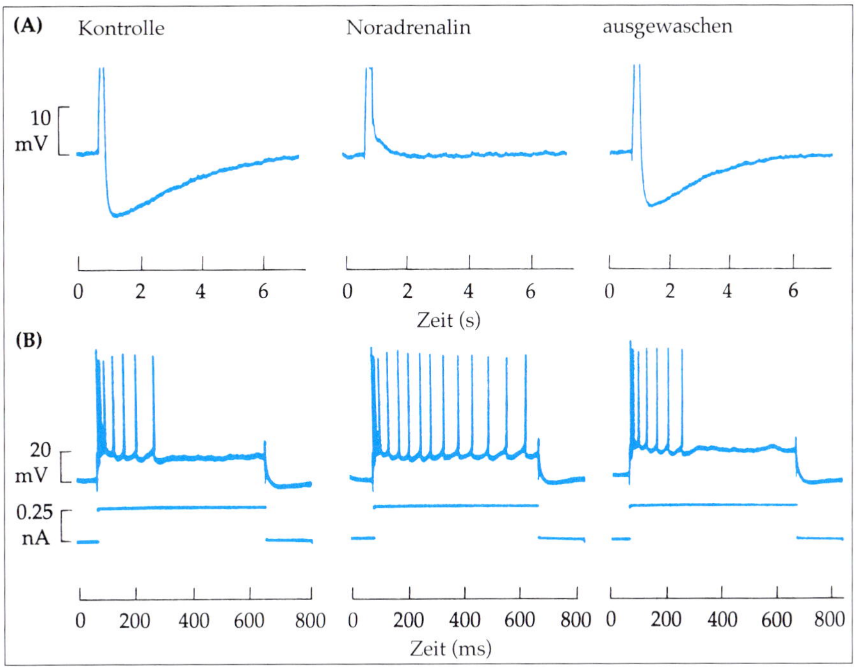

fähigkeit verhindert, und die Depolarisationen werden nicht eingeschränkt. Infolgedessen dauert das schnelle, durch Stimulation des präganglionären Nervs hervorgerufenen EPSP, das gewöhnlich ein bis zwei Impulse generiert, jetzt länger an und löst eine Serie von Aktionspotentialen in der B-Zelle aus (Abb. 3 B).[13] Das langsame EPSP modifiziert also das Übertragungsmuster an den ganglionären Synapsen. Man ist versucht, über die Bedeutung solcher Mechanismen bei der Regulierung von Funktionen zu spekulieren, die vom vegetativen Nervensystem kontrolliert werden, wie Blutdruck, Magen-Darm-Bewegungen und Drüsensekretion sowie bei Unregelmäßigkeiten, wie Bluthochdruck, Glaucom oder gastrointestinale Geschwüre, die von vegetativen Fehlfunktionen herrühren könnten.

Der Mechanismus des peptid-ausgelösten langsamen EPSP ist der gleiche wie beim langsamen ACh-vermittelten EPSP. Die M-Strom-Kaliumkanäle werden geschlossen (Abb. 3 A).[14,15] Überdies schließt eine gesättigte Antwort auf langanhaltende LHRH-Applikation die Antwort auf die Aktivierung muscarinischer Rezeptoren vollständig aus und umgekehrt. Die Rezeptoren für ACh und das LHRH-ähnliche Peptid sind eindeutig getrennt, arbeiten aber letzlich über einen gemeinsamen Weg. Der einzige Unterschied liegt im Zeitverlauf ihrer Wirkung, der offenbar vom Verlauf der Transmitterfreisetzung, der Diffusion und der Inaktivierung bestimmt wird.

13 Jones, S.W. and Adams, P.R. 1987. *In* L.K. Kaczmarek and I.B. Levitan (eds.). *Neuromodulation: The Biochemical Control of Neuronal Excitability.* Oxford University Press, New York, pp. 159–186.

14 Adams, P.R. and Brown, D.A. 1980. *Br. J. Pharmacol.* 68: 353–355.

15 Kuffler, S.W. and Sejnowski, T.J. 1983. *J. Physiol.* 341: 257–278.

Neuromodulation von Pyramidenzellen im Hippocampus

Wie die vorangegangene Diskussion zeigt, können indirekt arbeitende Transmitter die Signalgebung modulieren, ohne irgendeine Veränderung des Ruhepotentials der Zielzelle zu bewirken. Ein Beispiel dafür liefern Untersuchungen von Noradrenalineffekten bei Neuronen im Hippocampus, wie sie von Nicoll und Kollegen durchgeführt wurden. Diese Region im Zentralnervensystem von Vertebraten stand wegen ihres relativ einfachen Aufbaus und ihrer Bedeutung für das Kurzzeitgedächtnis (s. Kap. 10) im Mittelpunkt eingehender Untersuchungen.[16] Pyramidenzellen im Hippocampus haben wie viele andere Vertebratenneuronen einen langsamen calciumaktivierten Kaliumstrom.[13] Der Einstrom von Calcium während eines Aktionspotentials führt dazu, daß sich diese Kaliumkanäle öffnen, was wiederum eine anhaltende Hyperpolarisation hervorruft, die sogenannte langsame Nach-Hyperpolarisation (after-hyperpolarisation, AHP). Noradrenalin blockiert diesen Strom[17] (Abb. 4). Da in Ruhe nur wenige dieser Kanäle geöffnet sind, ruft die Applikation von Noradrenalin auf die Pyramidenzellen nur einen kleinen oder keinen Effekt am Ruhepotential hervor. Wenn der langsame calciumaktivierte Kaliumstrom jedoch durch Zugabe von Noradrenalin gehemmt wird, lösen exzitatorische Eingangssignale – die normalerweise nur einige wenige Aktionspotentiale auslösen, bevor sie von der Nach-Hyperpolarisation kurzgeschlossen werden – nun eine länger andauernde Impulsserie aus (Abb. 4 B). Wie die M-Strom-Kanäle in sympathischen Ganglionzellen vom

16 Nicoll, R.A. 1988. *Science* 241: 545–551.

17 Madison, D.V. and Nicoll, R.A. 1986. *J. Physiol.* 372: 221–244.

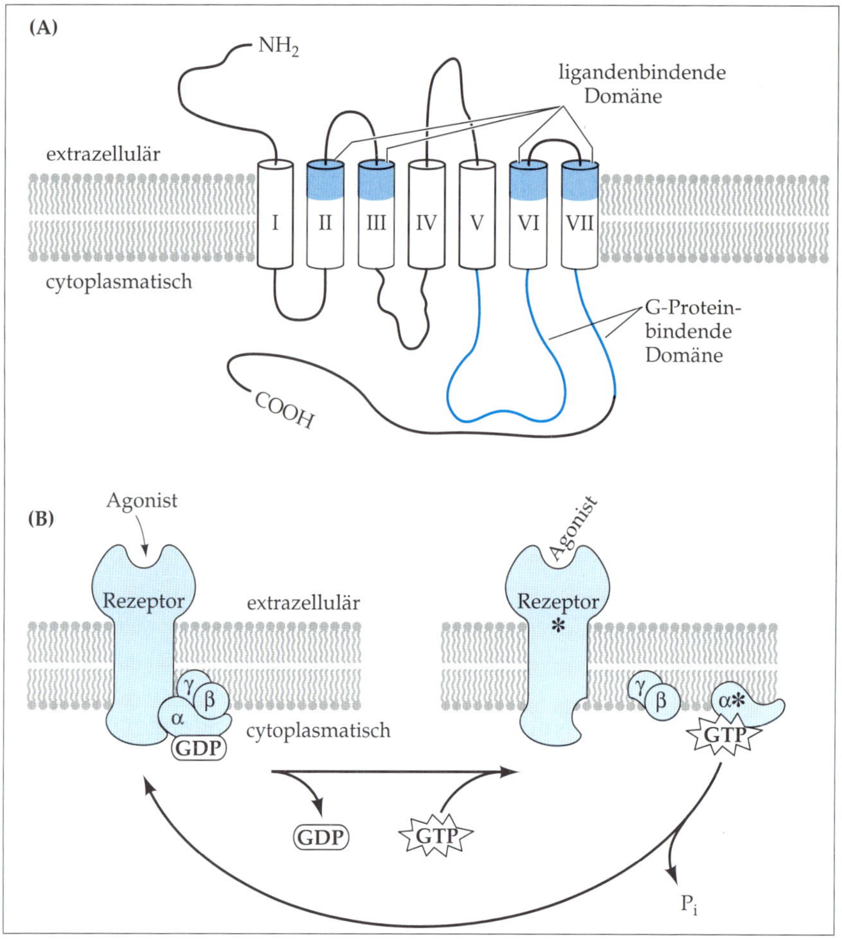

Abb. 5: **Indirekt gekoppelte Transmitterrezeptoren wirken über G-Proteine.** (A) Die topographische Struktur eines indirekt gekoppelten Transmitterrezeptors. Es gibt sieben Transmembrandomänen mit einer extrazellulären Aminoendigung und einem intrazellulären Carboxylende. Die extrazellulären Anteile der Transmembrandomänen II, III, VI und VII sind für die Ligandenbindung zuständig. Die cytoplasmatische Schleife zwischen den transmembranalen Segmenten V und VI bewirkt offenbar zusammen mit der aminoterminalen Region des intrazellulären Schwanzes die Bindung an das betreffende G-Protein. (B) G-Proteine sind Trimere aus α-, β- und γ-Untereinheiten. Die Bindung eines Agonisten an seinen Rezeptor ermöglicht den Austausch von GTP gegen GDP, das an die α-Untereinheit gebunden ist. Derart aktiviert (*) dissoziiert die α-Untereinheit vom βγ-Komplex und interagiert mit einem der zahlreichen Zielproteine. Hydrolyse von GTP zu GDP durch die endogene GTPase-Aktivität der α-Untereinheit führt zu einer Reassoziierung des αβγ-Komplexes und beendet die Antwort (A nach O'Dowd et al., 1989).

Frosch werden die langsamen calciumaktivierten Kaliumkanäle in den Pyramidenzellen des Hippocampus durch verschiedene Neurotransmitter moduliert, wobei jeder über seinen eigenen Rezeptor wirkt.[16]

Indirekt gekoppelte Rezeptoren und G-Proteine

G-Proteine und G-Protein-gekoppelte Rezeptoren

Alle in den vorhergehenden Abschnitten beschriebenen Effekte werden von indirekt gekoppelten Rezeptoren vermittelt, die ihre Wirkung durch Bindung an G-Proteine ausüben. G-Protein-gekoppelte Rezeptoren bilden eine Superfamilie von Proteinen, zu denen das Sehpigment Rhodopsin (s. Kap. 16), die muscarinischen ACh-Rezeptoren, α- und β-adrenerge Rezeptoren und Rezeptoren für 5-Hydroxyltryptamin (5-HT, auch Serotonin genannt), Dopamin und eine Reihe von Neuropeptiden gehören.[18–21] G-Protein-gekoppelte Rezeptoren sind Membranproteine mit sieben Transmembrandomänen, einem extrazellulären Aminoende und einem intrazellulären Carboxylende (Abb. 5 A). Molekulargenetische Experimente haben gezeigt, daß Aminosäuregruppen, die in der extrazellulären Hälfte der Transmembrandomänen II, III, VI und VII liegen, für die Ligandenbindungen verantwortlich sind, während die dritte cytoplasmatische Schleife (zwischen den membrandurchtunnelnden Segmenten V und VI) zusammen mit der aminoterminalen Region des Carboxylschwanzes offenbar für die Bindung an das entsprechende G-Protein verantwortlich ist.[18]

G-Proteine, die so genannt werden, weil sie Guanin-Nucleotide binden, sind Trimere mit drei verschiedenen Untereinheiten, α, β, γ (Abb. 5 B).[22] Die α-Unterein-

18 O'Dowd, B.F., Lefkowitz, R.J. and Caron, M.G. 1989. *Annu. Rev. Neurosci.* 12: 67–83.
19 Bonner, T.I. 1989. *Trends Neurosci.* 12: 148–151.
20 Nakanishi, S. 1991. *Annu. Rev. Neurosci.* 14: 123–136.
21 Julius, D. 1991. *Annu. Rev. Neurosci.* 14: 335–360.
22 Casey, P.J. et al. 1988. *Cold Spring Harbor Symp. Quant. Biol.* 53: 203–208.

Box 1 Eigenschaften von Proteinrezeptor-Systemen

Man kann verschiedene Tests benutzen, um Antworten voneinander zu unterscheiden, die von G-Proteinen vermittelt werden. Beispielsweise erfordert die Aktivierung der α-Untereinheit den Ersatz von gebundenem GDP durch GTP. Entsprechend ist für von G-Proteinen vermittelte Vorgänge cytoplasmatisches GTP unbedingt erforderlich; bei intrazellulärer Perfusion mit Lösungen ohne GTP werden sie blokkiert. Man kann zwei GTP-Analoga, GTPγS und Gpp(NH)p, in diesem Zusammenhang einsetzen, da sie von der endogenen GTPase-Aktivität der α-Untereinheit nicht hydrolytisch gespalten werden können. Wie GTP können sie GDP in der α-Untereinheit ersetzen und diese aktivieren. Da diese GTP-Analoga jedoch nicht hydrolysiert werden können, aktivieren sie die α-Untereinheit auf Dauer. Daher verstärkt und verlängert die intrazelluläre Perfusion mit einem dieser Analoga deutlich die Agonist-induzierte Aktivierung von Antworten, die durch G-Proteine vermittelt werden und kann selbst in Abwesenheit des Agonisten Antworten auslösen. Genauso dauerhaft werden G-Proteine durch AlF_{4^-} aktiviert. Andererseits koppelt ein Analogon von GDP, GDPßS, fest an die GDP-Bindungstelle der α-Untereinheit und läßt sich mit GTP nicht verdrängen. So hemmt GDPßS von G-Proteinen vermittelte Antworten, weil es den αβγ-Komplex im inaktiven Zustand hält.

Auch zwei Bakterientoxine werden verwendet, um von G-Proteinen vermittelte Prozesse zu charakterisieren. Beide sind Enzyme, die die kovalente Bindung von ADP-Ribose an einen Argininrest auf der α-Untereinheit katalysieren. *Choleratoxin* wirkt an α_s und aktiviert es irreversibel; *Pertussistoxin* wirkt an α_i, α_p und α_o, blockiert ihre Aktivierung irreversibel und hemmt so Antworten, die von den korrespondierenden G-Proteinen vermittelt werden.

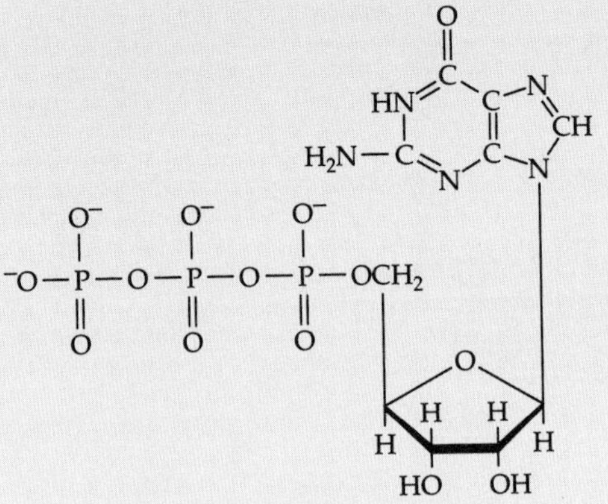

GTP
Guanosin-5′-triphosphat

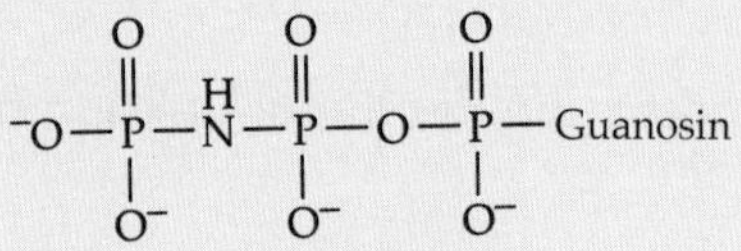

Gpp(NH)p
Guanosin-5′-[β,γ-imido]-triphosphat

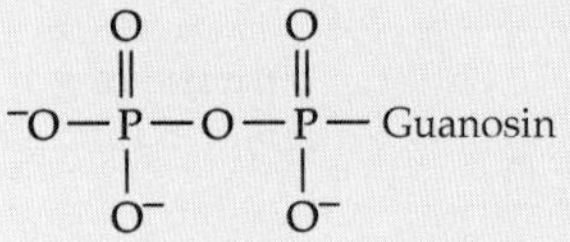

GDP
Guanosin-5′-diphosphat

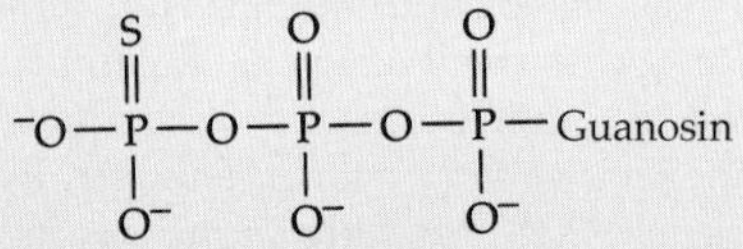

GTPγS
Guanosin-5′-O-[γ-thio]-triphosphat

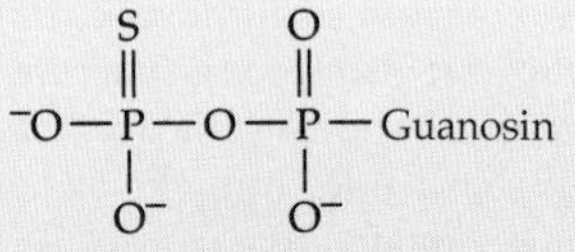

GDPβS
Guanosin-5′-O-[β-thio]-diphosphat

heiten binden und hydrolysieren Guanosintriphosphat (GTP) und wechselwirken mit Rezeptor- und Effektorproteinen. Der βγ-Komplex hilft beim Verankern der α-Untereinheit an der Membran und ist für die Wechselwirkung zwischen Rezeptor und α-Untereinheit erforderlich. Im Ruhezustand ist Guanosindiphosphat (GDP) an die α-Untereinheit gebunden, und die drei Untereinheiten bilden ein Trimer. Wechselwirkungen mit einem aktivierten Rezeptor ermöglichen GTP, GDP zu ersetzen, was zu einer Dissoziation der α-Untereinheit vom βγ-Komplex führt. Die freie α-Untereinheit bindet sich dann an ihr Zielprotein und moduliert dessen Aktivität. Einiges weist darauf hin, daß der βγ-Komplex durch Aktivierung von Phospholipase A_2 möglicherweise eigene Effekte auslöst.[23] Die freie α-Untereinheit besitzt eine intrinsische GTPase-Aktivität, die das gebundene GTP zu GDP hydrolysiert. Dieser Schritt ermöglicht die erneute Zusammenlagerung der Untereinheiten zum G-Proteinkomplex und beendet ihre Aktivität. Inzwi-

23 Kim, D. et al. 1989. *Nature* 337: 557–560.

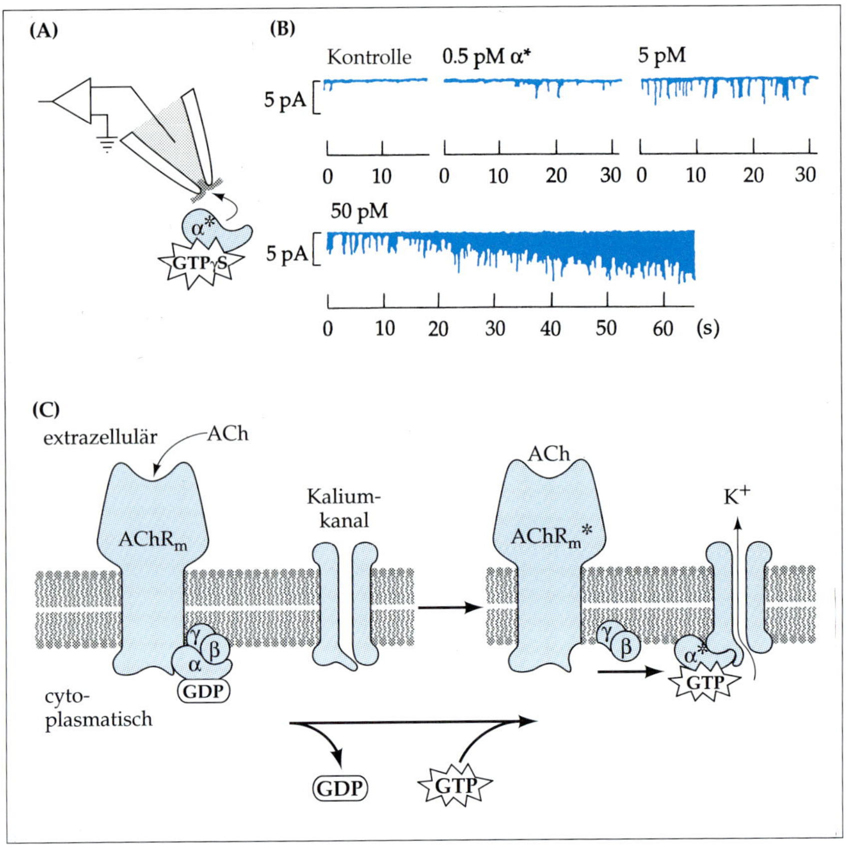

Abb. 6: **Direkte Modulation der Kanalfunktion durch G-Proteine.** Mit GTPγS dauerhaft aktivierte G_k-α-Untereinheiten werden auf die intrazelluläre Oberfläche eines isolierten Membranflecks von Atriumzellen aus dem Herzen eines Meerschweinchens gegeben (A). Man erhält eine konzentrationsabhängige Zunahme der Kaliumkanalströme (B). (C) Schematische Abfolge der Ereignisse an einer intakten Zelle. Die Bindung von ACh an muscarinerge Rezeptoren aktiviert ein G-Protein; die α-Untereinheit bindet direkt an einen Kaliumkanal und öffnet ihn (A und B nach Codina et al., 1987).

schen sind eine Reihe von Testverfahren entwickelt worden, um Antworten, die durch G-Proteine vermittelt werden, zu identifizieren (Box 1).

Man kennt von jeder Untereinheit mehrere Formen, die eine verwirrende Vielfalt möglicher Permutationen liefern. G-Proteine sind über fast 70 verschiedene Rezeptoren an der Regulation von mindestens einem Dutzend verschiedener Kalium-, Natrium- und Calciumkanäle beteiligt.[24] G-Proteine koppeln die Rezeptoraktivierung entweder direkt mit der Modulation der Kanalaktivität durch Bindung an den Kanal selbst oder indirekt durch Regulierung der Aktivität eines Enzyms, das an der Reaktionskette einer «second-messenger-Kaskade» beteiligt ist, welche ihrerseits die Kanalaktivität moduliert. G-Proteine sind entsprechend den Zielobjekten ihrer α-Untereinheiten in Gruppen unterteilt worden: G_t (*T*ransducin, aktiviert die cGMP-Phosphodiesterase; s. Kap. 16), G_s (*s*timuliert die Adenylatcyclase), G_i (*i*nhibiert die Adenylatcyclase), G_p (koppelt an *P*hospholipase C), G_k (aktiviert *K*aliumkanäle) und G_o (anders [other], Zielobjekte unbekannt).[25] Ein bestimmtes G-Protein kann jedoch an mehr als einen Effektor koppeln, und verschiedene G-Proteine können die Aktivität desselben Ionenkanals modulieren.

24 Birnbaumer, L. et al. 1987. *Kidney Int.* 32 (Suppl. 23): 514–537.

25 Brown, D.A. 1990. *Annu. Rev. Physiol.* 52: 215–242.

Direkte Modulation der Kanalfunktion durch ein G-Protein

Vor rund 70 Jahren zeigte Loewi als erster, daß ACh an muscarinische Rezeptoren von Herzzellen bindet und den Herzschlag verlangsamt (Kap. 7). Während muscarinische Rezeptoren bei sympathischen Ganglionzellen die Kaliumkanäle schließen, öffnet die Aktivierung muscarinischer Rezeptoren im Herzen die Kaliumkanäle und führt zu einer Hyperpolarisation.[26] Experimentelle Ergebnisse von Breitwieser, Szabo, Pfaffinger, Hille und Kollegen belegen, daß die Aktivierung der muscarinischen Rezeptoren über G-Proteine mit dem Öffnen der Kaliumkanäle verknüpft ist:[27,28] Intrazelluläres GTP ist erforderlich,[29] die Aktivierung der Kaliumkanäle durch muscarinische Agonisten wird durch die intrazelluläre Applikation von Gpp(NH)p (einem nicht-hydrolysierbaren GTP-Analogon)[30] stark verlängert, und die muscarinische Aktivierung von Kaliumkanälen wird durch

26 Sakmann, B., Noma, A. and Trautwein, W. 1983. *Nature* 303: 250–253.

27 Brown, A.M. and Birnbaumer, L. 1990. *Annu. Rev. Physiol.* 52: 197–213.

28 Szabo, G. and Otero, A.S. 1990. *Annu. Rev. Physiol.* 52: 293–305.

29 Pfaffinger, P.J. et al. 1985. *Nature* 317: 536–538.

30 Breitwieser, G.E. and Szabo, G. 1985. *Nature* 317: 538–540.

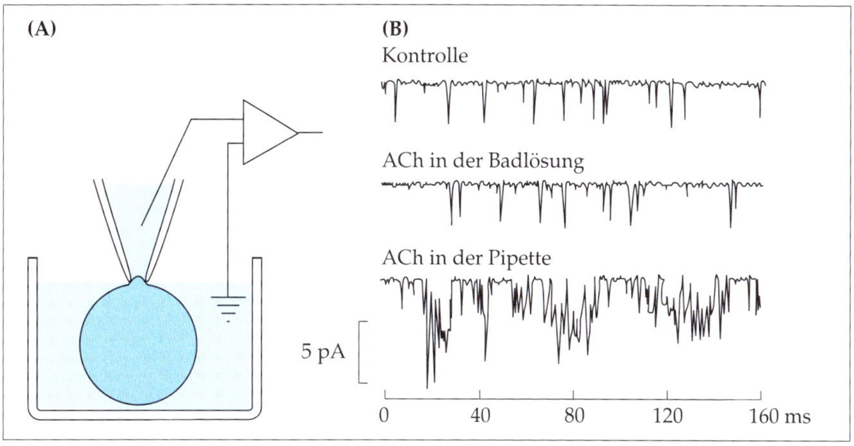

Abb. 7: **Direkte oder membranbegrenzte Effekte von G-Proteinen wirken über kurze Abstände.** (A) Untersuchungen der ACh-Effekte mit der patch clamp-Methode im cell-attached-Modus. Acetylcholin kann in die patch-Pipette oder in die Badlösung gegeben werden. (B) Ableitungen von Einzelkanalströmen vor und während Zugabe von ACh. Im Vergleich zur Kontrolle nimmt die Kanalaktivität nur dann zu, wenn ACh in die patch-Pipette gegeben wird (nach Soejima und Noma, 1984).

Pertussistoxin blockiert[29], das verschiedene G-Proteine inaktiviert (Box 1). A.M. Brown und seinen Kollegen gelang es, den Mechanismus der Kaliumkanal-Aktivierung in Herzmuskelzellen anhand herausgeschnittener inside-out patches direkt experimentell zu demonstrieren. Gibt man α-Untereinheiten, die durch GTPγS (ein weiteres nicht-hydrolysierbares GTP-Analogon) und Magnesiumionen dauerhaft aktiviert sind, auf die intrazelluläre Seite des patch, so werden Kaliumkanäle geöffnet und damit gezeigt, daß die α-Untereinheit mit dem Kaliumkanal selbst oder einem sehr eng assoziierten Protein in Wechselwirkung tritt[31] (Abb. 6). Aufgrund ähnlicher Experimente an anderen Zellen konnten eine ganze Reihe von Kalium-, Natrium- und Calciumkanälen identifiziert werden, deren Aktivität durch direkte Wechselwirkung mit α-Untereinheiten reguliert wird.[27]

Überaschend ist der Befund, daß Applikation des βγ-Komplexes zum Öffnen der Kaliumkanäle in Herzmuskelzellen führen kann. Der Mechanismus dieses Effekts ist eindeutig indirekter Natur und für die muscarinische Antwort von sekundärer Bedeutung.[28] Offenbar bindet der βγ-Komplex nicht an den Kaliumkanal selbst, sondern aktiviert ein intrazelluläres Enzym, das seinerseits die Kanalaktivität moduliert. In anderen Experimenten zeigte sich, daß der βγ-Komplex die Kanalaktivität hemmt – offensichtlich durch Reduzierung der Konzentration endogener α-Untereinheiten.[27]

Soejima und Noma fanden an Muskelzellen aus dem Atrium des Herzens, daß die Kaliumkanalaktivität in cell-attached patches anstieg, wenn muscarinische Agonisten in die Lösung in der patch-Pipette gegeben, nicht aber, wenn sie in die Badlösung gegeben wurden[32] (Abb. 7). Das bedeutet, die aktivierten α-Untereinheiten konnten die Kanäle nicht von Stellen außerhalb des Pipetten-Membran-Seals beeinflussen. Dieser auf die *Membran beschränkte* oder *direkte* Mechanismus der G-Proteinwirkung spiegelt offenbar die begrenzte Reichweite wider, über die α-Untereinheiten wirken können. Im Gegensatz zu diesen direkten Effekten der α-Untereinheiten gibt es auch Effekte, für die intrazelluläre cytoplasmatische second messenger verantwortlich sind (s. unten).

Ein zweites Beispiel für eine direkte Wechselwirkung zwischen G-Proteinen und Ionenkanälen liefern Untersuchungen von Tsien und Kollegen über Transmitterausschüttung von Neuronen, die aus sympathischen Ganglien erwachsener Frösche isoliert wurden.[33] Diese Neuronen geben Noradrenalin ab, das an α_2-adrenerge Rezeptoren an ihren eigenen präsynaptischen Nervenendigungen bindet. Die α_2-Rezeptoren bewirken eine verringerte Transmitterabgabe (Abb. 8). Solche autoinhibitorischen Effekte auf die Transmitterausschüttung sind bei einer ganzen Reihe von Neuronen gezeigt worden.

Noradrenalin hemmt in den sympathischen Neuronen des Frosches die Ausschüttung durch Verringerung der Offenwahrscheinlichkeit von N-Typ-Calciumkanälen. [Calciumkanäle werden in drei Klassen – L, T und N – eingeteilt, die sich in ihren kinetischen und pharmakologischen Eigenschaften unterscheiden (Kap. 4). Die Transmitterausschüttung aus sympathischen Neuronen wird von Calcium kontrolliert, das durch die N-Kanäle eindringt.[34]] Experimente mit nicht-hydrolysierbaren GTP-Derivaten (wie GTPγS) zeigen, daß die Antwort auf Noradrenalin durch G-Proteine vermittelt wird. Hemmung der Calciumkanalaktivität in cell-attached patches ist nur in Anwesenheit von Noradrenalin in der Ableitpipette zu beobachten, was auf eine direkte Wechselwirkung zwischen G-Proteinen und Calciumkanälen schließen läßt. Diese direkten Interaktionen stellen einen relativ schnellen und lokalisierten Mechanismus für eine Autoregulation der Transmitterausschüttung dar.[34]

G-Protein-Aktivierung cAMP-abhängiger Proteinkinase

Im Gegensatz zu den schnellen lokalen Effekten, die durch direkte Wechselwirkung von G-Proteinen mit ih-

31 Codina, J. et al. 1987. *Science* 236: 442–445.
32 Soejima, M. and Noma, A. 1984. *Pflügers Arch.* 400: 424–431.
33 Lipscombe, D., Kongsamut, S. and Tsien, R.W. 1989. *Nature* 340: 639–642.
34 Hirning, L.D. et al. 1988. *Science* 239: 57–61.

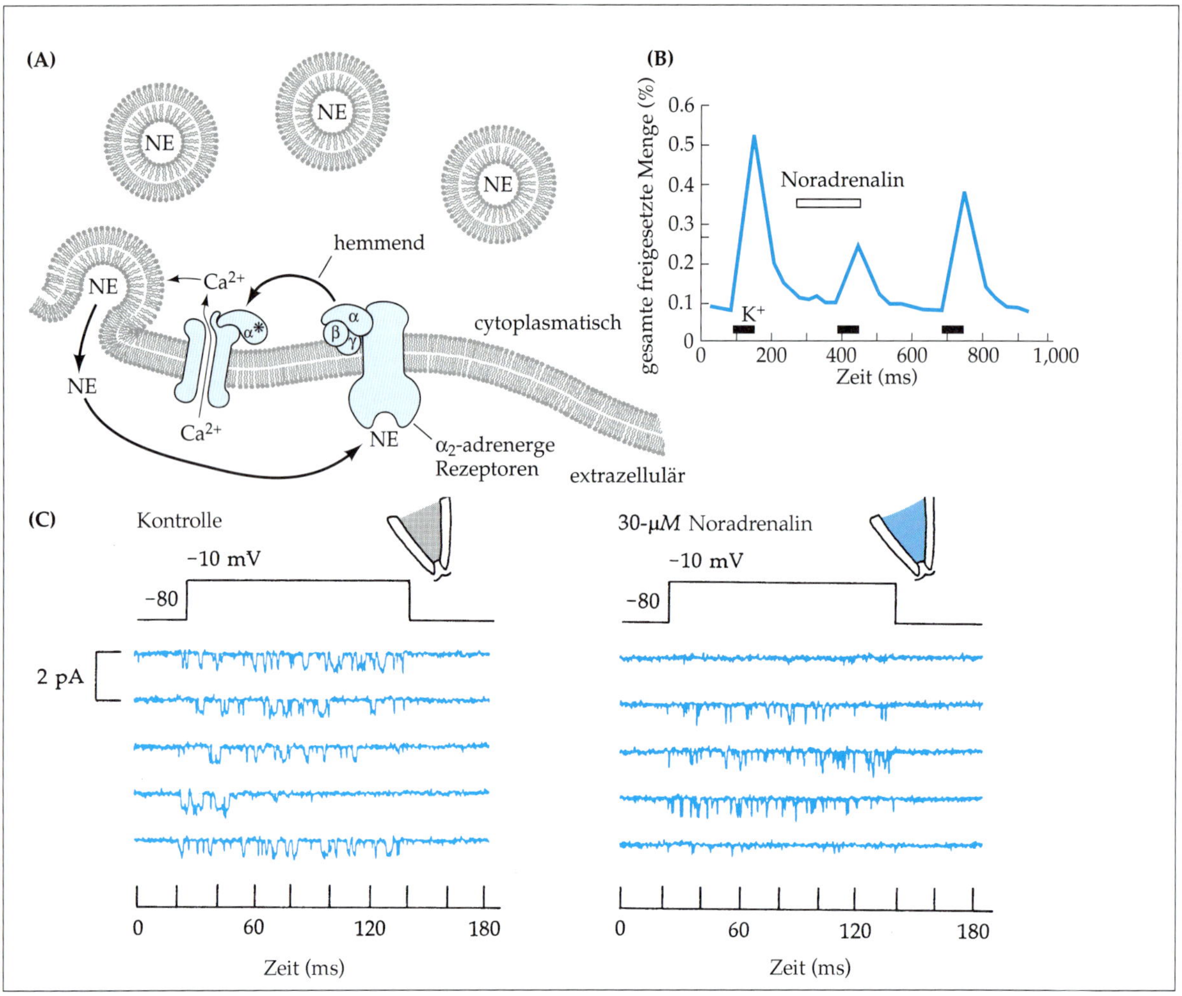

Abb. 8: **Noradrenalin reduziert die Transmitterausschüttung** durch Hemmung der Calcium-Kanalaktivität. (A) Noradrenalin aus sympathischen Neuronen verbindet sich mit α_2-adrenergen Rezeptoren in der Membran der Nervenendigung und verringert so den Calcium-Einstrom und damit auch die weitere Transmitterausschüttung. (B) Noradrenalin verringert die Transmitterausschüttung aus den sympathischen Ganglien. Die Ganglien wurden mit radioaktiv markiertem Noradrenalin beschickt und dann in einer Perfusionskammer eingeschlossen. Die Transmitterausschüttung wurde durch Depolarisation mit einer 50 mM-Kaliumlösung (dunkle Balken) ausgelöst. Zugabe von 30 μM unmarkiertem Noradrenalin zur Perfusionslösung (offener Balken) verringert die Menge des markierten Transmitters, der als Antwort auf die Kalium-induzierte Depolarisation ausgeschüttet wird. (C) Wirkung von Noradrenalin auf das Öffnen und Schließen von Calciumkanälen. Von cell-attached patches wurden Einzelkanalströme aufgezeichnet. Die Kanäle wurden mit einem depolarisierenden Puls aktiviert. Wenn Noradrenalin in die patch-Elektrode gegeben wurde, änderten die Einheitsströme nicht ihre Größe, doch die Kanäle öffneten sich seltener und weniger lang (B und C nach Lipscomb et al., 1989).

ren Zielobjekten zustande kommen, sind G-Proteine an vielen Antworten durch Aktivierung von cytoplasmatischen second messenger-Systemen beteiligt, die langsamere und weiter ausgedehnte Effekte hervorrufen. Eines der am gründlichsten untersuchten Beispiele für die Modulation durch einen intrazellulären second messenger ist die Aktivierung von β-adrenergen Rezeptoren in Herzmuskelzellen durch Noradrenalin.[35,36] Die Veränderungen, die von Noradrenalin hervorgerufen werden, schließen eine Zunahme von Frequenz und Kraft der Herzkontraktion ein. Die Zunahme der Kontraktionskraft wird durch die Zunahme der Höhe und der Dauer der Plateauphase des cardialen Aktionspotentials. Voltage clamp-Untersuchungen von Reuter, Trautwein, Tsien und anderen zeigen, daß die Änderung der Größe des Aktionspotentials von einer Zunahme des unterlagerten Calciumstromes hervorgerufen wird. Die Einzelkanalableitung von Herzmuskelzellen, bei denen man sich des cell-attached-Modus der patch clamp-Technik bediente, bestätigt, daß β-adrenerge Stimulation zu einer gesteigerten Aktivität der Calciumkanäle führt. Zudem ruft eine Zugabe von Noradrenalin zur Badlösung außerhalb der patch-Elektrode eine Zunahme der Calciumkanalaktivität innerhalb des patch hervor, ein diagnosti-

35 Tsien, R.W. 1987. *In* L.K. Kaczmarek und I.B. Levitan (eds.). *Neuromodulation: The Biochemical Control of Neuronal Excitability.* Oxford University Press, New York, pp. 206–242.

36 Trautwein, W. and Hescheler, J. 1990. *Annu. Rev. Physiol.* 52: 257–274.

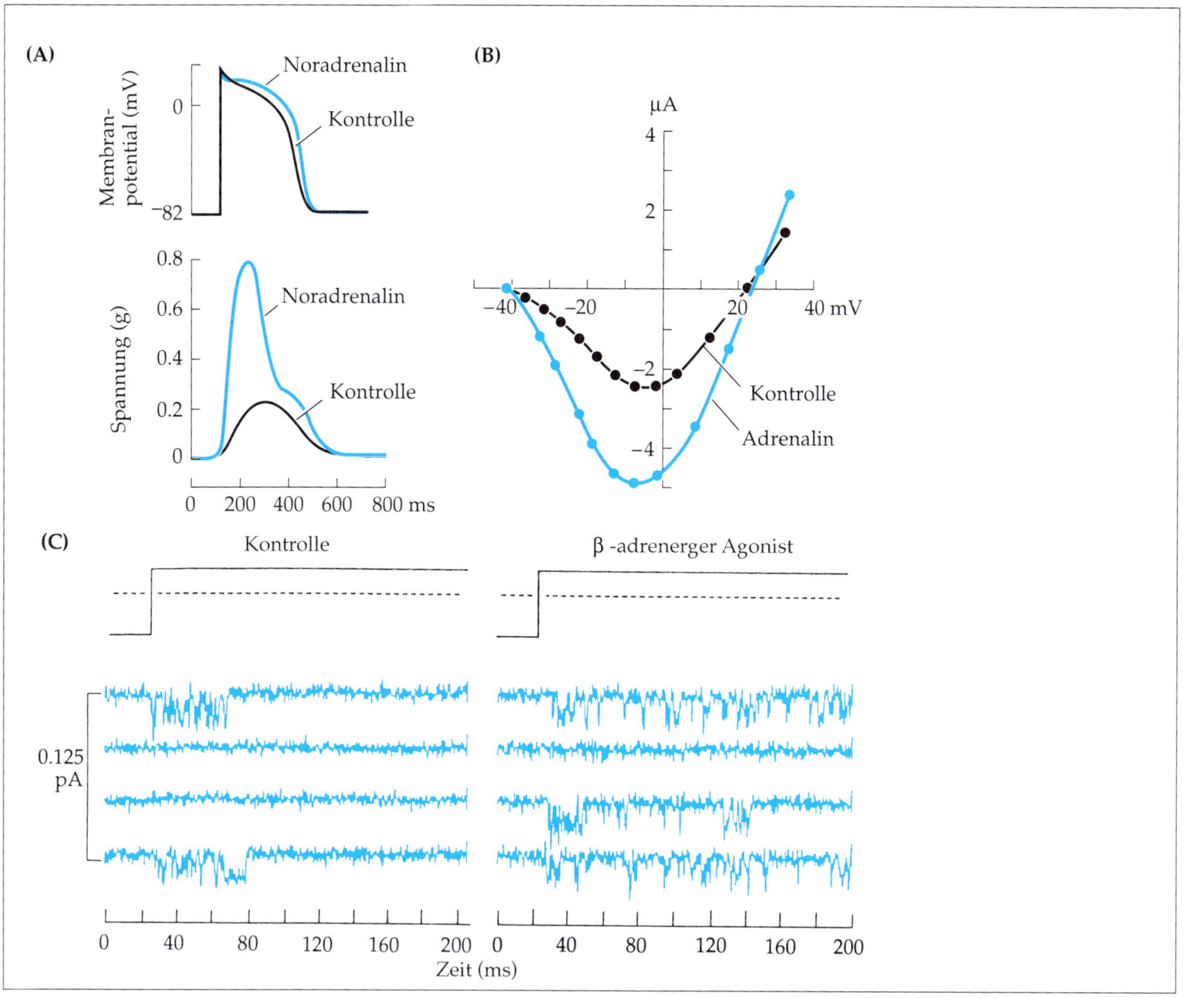

Abb. 9: **Noradrenalin steigert Größe und Dauer** des cardialen Aktionspotentials durch Erhöhung der Calciumkanalaktivität. (A) Effekt von 10^{-6} M Noradrenalin auf Aktionspotential und Spannung von Herzmuskelzellen. (B) Adrenalin vergrößert den spannungsaktivierten Calciumstrom. Die Strom-Spannungs-Beziehung des Calciumstroms, gemessen unter voltage clamp-Bedingungen in Abwesenheit und in Gegenwart von 0,5 μM Adrenalin. (C) Effekt der β-adrenergen Stimulation der Calciumkanal-Aktivität. Aufeinanderfolgende Aufzeichnungen von einem cell-attached patch in der Spannungsklammer. Im Vergleich zur Kontrolle ruft 14-μM Isoproterenol, ein β-Agonist, eine Zunahme der von dem depolarisierenden Impuls ausgelösten Calciumkanal-Aktivität hervor (A nach Reuter, 1974; B nach Reuter et al., 1983; C nach Tsien, 1987).

scher Test für Antworten, die durch diffusible cytoplasmatische second messenger vermittelt werden.[37,38]

Die Aktivierung der β-adrenergen Rezeptoren steht durch den intrazellulären second messenger cyclisches AMP (cAMP) mit der Zunahme der Calciumleitfähigkeit in Verbindung. Das ist ein weiteres Beispiel für einen indirekt gekoppelten Rezeptor, der über ein G-Protein arbeitet. Wie in Abb. 10 zu sehen ist, aktiviert die Bindung von Noradrenalin an β-adrenerge Rezeptoren ein G-Protein, wobei dessen α-Untereinheit frei wird, die ihrerseits an das Enzym Adenylatcyclase bindet und es aktiviert. Dieses Enzym wandelt ATP in cAMP um, einen leicht diffusiblen second messenger, der ein weiteres Enzym aktiviert, die cAMP-abhängige Proteinkinase. Die katalytische Untereinheit dieser Proteinkinase vermittelt bei einer Reihe von Enzymen und Kanälen den Phosphattransfer von ATP auf die Hydroxylgruppen von Serin- und Threoninresten und modifiziert dadurch ihre Aktivität.

Zahlreiche Befunde stützen dieses Schema der β-adrenergen Aktivierung der Calciumleitfähigkeit im Herzmuskel.[36] Der experimentelle Ansatz stützt sich auf wohlbekannte Merkmale der cAMP-Wirkung als intrazellulärer second messenger (Box 2). Beispielsweise wird die Aktivität von Calciumkanälen von Forskolin, von membranpermeablen cAMP-Derivaten, von Phosphodiesterasehemmern und durch direkte intrazelluläre cAMP-Injektion gesteigert. Ähnlich führt die intrazelluläre Injektion der katalytischen Untereinheit der cAMP-abhängigen Proteinkinase zu einer Zunahme des Calciumstromes, während die Injektion von regulatorischer Untereinheit im Überschuß oder Proteinkinase-Inhibitoren die adrenerge Aktivierung der Calciumströme blockiert. ATPγS

37 Reuter, H. et al. 1983. *Cold Spring Harbor Symp. Quant. Biol.* 48: 193–200.

38 Tsien, R.W. et al. 1983. *Cold Spring Harbor Symp. Quant. Biol.* 48: 201–212.

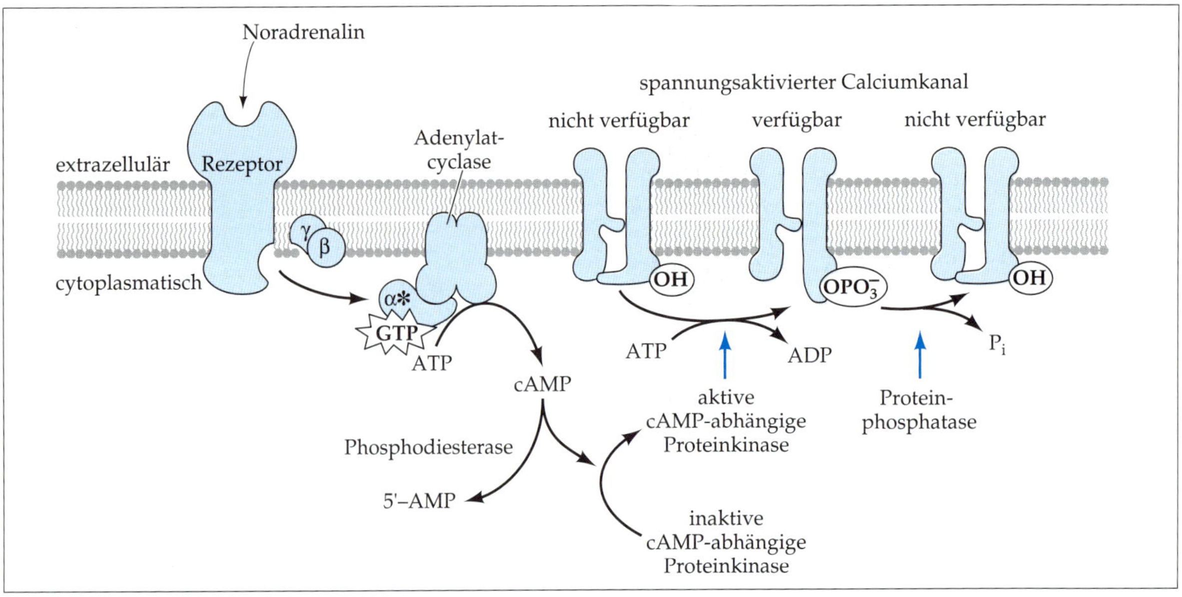

Abb. 10: **Die Beeinflussung der Calciumkanalaktivität durch Noradrenalin** wird von cAMP reguliert. Die Bindung von Noradrenalin an β-adrenerge Rezeptoren aktiviert – über ein G-Protein – das Enzym Adenylatcyclase. Adenylatcyclase katalysiert die Umwandlung von ATP in cAMP. Wenn die Konzentration von cAMP ansteigt, wird die cAMP-abhängige Proteinkinase aktiviert, ein Enzym, das Proteine an Serin- und Threoningruppen (–OH) phosphoryliert. Die Antwort auf Noradrenalin wird durch die Hydrolyse von cAMP in 5'-AMP und durch Entfernen der Phosphatgruppen vom Protein mittels Proteinphosphatasen beendet. In Herzmuskelzellen phosphoryliert Noradrenalin spannungsabhängige Calciumkanäle und wandelt sie in eine (*verfügbare*) Form um, die durch Depolarisation geöffnet werden kann.

verstärkt die adrenerge Stimulation von Calciumkanälem durch Bildung stabiler phosphorylierter Proteine, während die intrazelluläre Injektion von Proteinphosphatasen die adrenerge Stimulation von Calciumströmen durch schnelles Entfernen der Phosphatreste verhindert oder umkehrt.

Solche Experimente zeigen deutlich, daß die Wirkung der β-adrenergen Stimulation auf Calciumströme durch die Zunahme von cAMP und die Aktivierung von Proteinkinase vermittelt wird, identifizieren aber nicht das Protein oder die Proteine, die phosphoryliert werden. Experimente von Catterall, Trautwein und Kollegen an Calciumkanälen aus Skelettmuskeln zeigen, daß der Calciumkanal selbst das Zielobjekt ist.[39,40] β-Adrenerge Stimulation des Herzmuskels verstärkt die Aktivität von L-Typ-Calciumkanälen. Calciumkanäle vom L-Typ, die aufgrund ihrer hohen Affinität für spezifische Dihydropyridin-Inhibitoren aus Skelettmuskeln gewonnen werden konnten, lassen sich in Lipidvesikel[39] oder in planare Doppelschichten (bilayers)[40] inkorporieren (Abb. 11). Werden die rekonstituierten Kanäle aktiver cAMP-abhängiger Proteinkinase und ATP ausgesetzt, so ist die Offenwahrscheinlichkeit des Kanals erhöht, weil das Protein phosphoryliert ist. Die β-adrenerge Modulation der Calciumkanäle vom L-Typ geschieht also durch die cAMP-abhängige Phosphorylierung des Kanalproteins selbst.

Der cAMP-Spiegel und somit die Aktivität der Calciumkanäle in Herzmuskelzellen werden auch von einem anderen Transmitter, Acetylcholin, beeinflußt. Stimulation der muscarinischen Rezeptoren durch ACh aktiviert ein G_i-Protein, das die Aktivität von Adenylatcyclase hemmt. Dadurch verringert sich die Konzentration von cAMP, und die Aktivität der Calciumkanäle nimmt ab. Zusätzlich zu Noradrenalin und ACh beeinflussen noch verschiedene andere Hormone die Aktivität dieser Calciumkanäle vom L-Typ im Herzmuskel. Die Wirkungen vieler dieser Hormone werden durch G-Protein-Aktivierung oder Hemmung der Adenylatcyclase vermittelt; andere wirken über verschiedene Proteinkinasen zur Phosphorylierung der Calciumkanäle und Modulation ihrer Aktivität.[36]

Die zweistufige Enzymkaskade, an der Adenylatcyclase und cAMP-abhängige Proteinkinase beteiligt sind, stellt im Vergleich zum direkten Öffnen oder Schließen von Kanälen durch aktivierte G-Proteine eine ungeheure Verstärkung dar. Jede aktivierte Adenylatcyclase kann die Synthese vieler cAMP-Moleküle katalysieren und dadurch viele Proteinkinasemoleküle aktivieren, und jede aktivierte Kinase kann viele Proteine phosphorylieren. Daher läßt sich die Aktivität vieler Moleküle eines Zielproteins an weitverstreuten Orten durch die Besetzung einiger weniger Rezeptoren modulieren. Zudem kann die cAMP-abhängige Proteinkinase in jeder Zelle eine ganze Reihe von Proteinen phosphorylieren und so ein breites Spektrum zellulärer Prozesse modulieren.

39 Curtis, B.M. and Catterall, W.A. 1986. *Biochemistry* 25: 3077–3083.
40 Flockerzi, V. et al. 1986. *Nature* 323: 66–68.

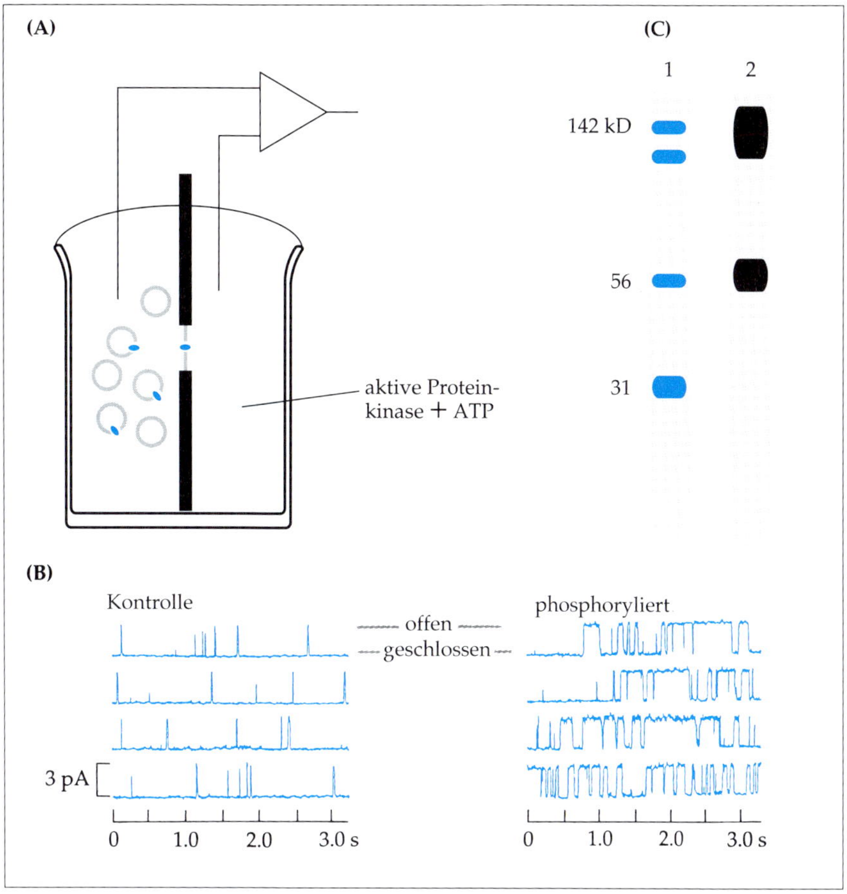

Abb. 11: **Die Phosphorylierung von isolierten Calciumkanälen** steigert ihre Offenwahrscheinlichkeit. (A) Gereinigte, in kleine Lipidvesikel (Liposomen) inkorporierte Calciumkanäle werden in die Lösung auf einer Seite eines Phospholipid-Bilayers gegeben. Wenn die Liposomen mit dem Bilayer verschmelzen, kann man Einzelkanal-Vorgänge ableiten. (B) Einzelkanal-Aufzeichnungen vor und nach Zugabe von ATP und der katalytischen Untereinheit der cAMP-abhängigen Proteinkinase zur Badlösung auf einer Seite des Bilayers. Phosphorylierung erhöht die Offenwahrscheinlichkeit der Kanäle. (C) Phosphorylierung gereinigter Calciumkanäle. Lauf 1: Ein SDS-Polyacrylamid-Gel von gereinigten Calciumkanälen, zum Proteinnachweis angefärbt: Der Calciumkanal besteht aus vier Hauptuntereinheiten von 142, 122, 56 und 31 kD. Lauf 2: Autoradiographie eines ähnlichen Gels, in dem gereinigte Calciumkanäle vor der Elektrophorese der katalytischen Untereinheit von cAMP-abhängiger Proteinkinase und [^{32}P]-ATP ausgesetzt wurden. Die 142- und die 56-kD-Untereinheiten sind phosphoryliert (nach Flockerzi et al., 1986).

Aktivierung von Phospholipase C durch G-Protein

Die Modulation der Dauer des präsynaptischen Aktionspotentials ist offenbar ein verbreiteter Mechanismus, um die synaptische Wirksamkeit zu verändern. Fischbach und Kollegen führten z.B. intrazelläre Ableitungen an in Kultur gehaltenen Neuronen aus den Hinterwurzelganglien des Huhns durch. Sie fanden eine Reihe von Neurotransmittern, darunter GABA, Noradrenalin, 5-Hydroxytryptamin sowie die Peptide Enkephalin und Somatostatin (Kap. 10), die eine Abnahme der Aktionspotentialdauer und eine entsprechende Verringerung der Menge des ausgeschütteten Transmitters bewirken[41,42] (Abb. 12). Diese verringerte Ausschüttung ist, wie sich mit voltage clamp-Messungen zeigen ließ, eine Folge des verringerten Calciumstroms.[43] Man beginnt inzwischen auch den Mechanismus zu verstehen, durch den Noradrenalin und GABA wirken.[44] Die Bindung von Noradrenalin und GABA an ihre Rezeptoren aktiviert über ein bestimmtes G-Protein das Enzym Phospholipase C. Die Beteiligung eines G-Proteins zeigt sich dadurch, daß intrazelluläres GDPßS, ein GDP-Analogon, das die Aktivierung von G-Proteinen verhindert, eine Abnahme der Aktionspotentialdauer blockiert. Das Gleiche erhält man bei Behandlung der Zelle mit Pertussistoxin, das G_t, G_i, G_p und G_o irreversibel inaktiviert. Phospholipase C hydrolysiert das Membranlipid Phosphatidylinositol-4,5-bisphosphat (PIP_2), wobei zwei Produkte entstehen: Inositol-1,4,5-triphosphat (IP_3) und Diacylglycerin (DAG) (Abb. 12 C; Box 3). IP_3 bewirkt die Ausschüttung von Calciumionen aus dem endoplasmatischen Reticulum.[45,46] Die dadurch hervorgerufene Zunahme der Calciumkomzentration im Cytoplasma kann eine Reihe verschiedener intrazellulärer Enzyme aktivieren. Auf der anderen Seite aktiviert Diacylglycerin die Proteinkinase C, ein Enzym, das wie die cAMP-abhängige Proteinkinase bestimmte Serin- und Threoningruppen in verschiedenen Proteinen phosphorylieren kann. Die Wirkung von Noradrenalin und GABA auf die Dauer des Aktionspotentials von sensorischen Neuronen des Huhns wird offenbar durch eine solche Aktivierung von Proteinkinase C hervorgerufen.[44] Ebenso verursacht die direkte Aktivierung der Proteininkinase C mit

41 Dunlap, K. and Fischbach, G. D. 1978. *Nature* 276: 837–839
42 Mudge, A. W., Leeman, S. E. and Fischbach, G. D.- 1979. *Proc. Natl. Acad. Sci. USA* 76: 526–530.
43 Dunlap, K. and Fischbach, G. D. 1981. *J. Physiol.* 317: 519–535
44 Dolphin, A. C. 1990. *Annu. Rev. Phgysiol.* 52: 243–255.
45 Berridge, M. J. 1988. *Proc. R. Soc. Lond. B* 234: 359–378.
46 Blumenfeld, H. et al. 1990. *Neuron* 5: 487–499.

Box 2 Cyclisches AMP als second messenger

Experimente von Sutherland, Krebs, Walsh, Rodbell, Gilman und Kollegen, die anfänglich darauf abzielten zu verstehen, wie die Hormone Adrenalin und Glucagon den Glycogenabbau in der Leber auslösen, führten zur Entdeckung des cyclischen AMP (cAMP) und des Konzepts der intrazellulären sekundären Botenstoffe.[47–49] Sie zeigten, daß die Bindung des Hormons an seinen Rezeptor ein G-Protein aktiviert, das seinerseits das Enzym Adenylatcyclase stimuliert. Adenylatcyclase katalysiert die Synthese von cAMP aus ATP. Die Zunahme der cAMP-Konzentration aktiviert die cAMP-abhängige Proteinkinase, ein Enzym, das Serin- und Threoningruppen an seinen Zielproteinen phosphoryliert. Cyclisches AMP wird anschließend von Phosphodiesterase zu AMP abgebaut, und die Phosphatreste an den Zielproteinen werden von Proteinphosphatasen entfernt (s. Abb. 10).

Man kann eine Reihe von Tests einsetzen, um herauszufinden, ob die Antwort auf einen Transmitter oder ein Hormon von cAMP vermittelt wird. Einige davon laufen über die Aktivierung von Adenylatcyclase oder direkte Konzentrationserhöhung von cAMP. Von cAMP vermittelte Antworten lassen sich z.B. durch intrazelluläre Injektion von cAMP und Zugabe von membranpermeablen cAMP-Derivaten, wie

47 Sutherland, E.W., 1972. *Science* 177: 401–408
48 Schramm, M. und Selinger, Z., 1984. *Science* 225: 1350–1356
49 Gilman, A.G., 1987. *Annu. Rev. Biochem.* 56: 615–649

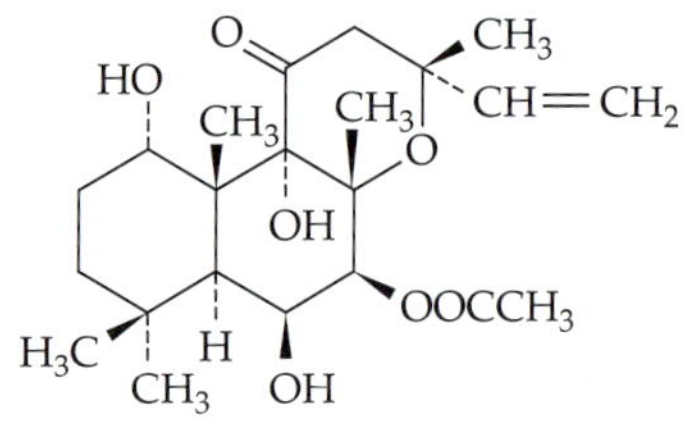

Forskolin

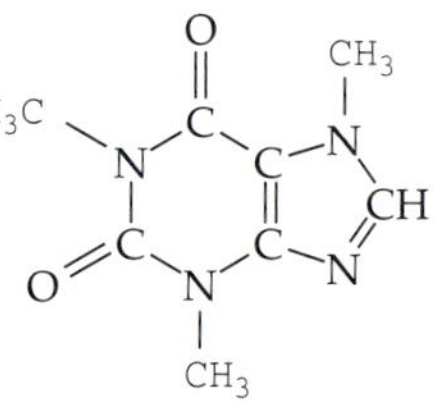

Coffein
1,3,7-Trimethylxanthin

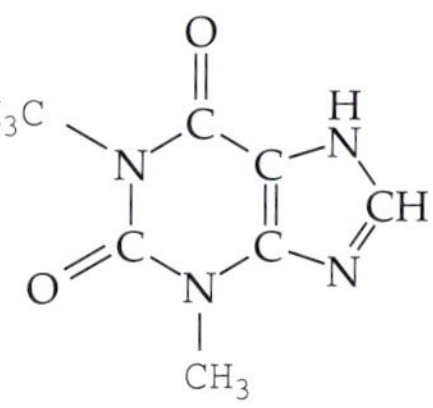

Theophyllin
1,3-Dimethylxanthin

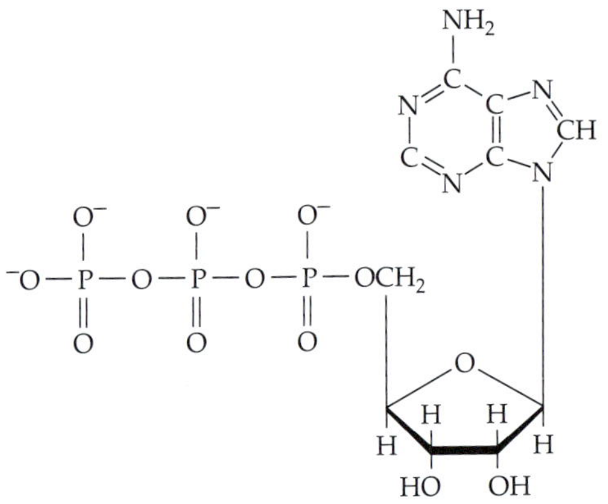

ATP
Adenosin-5'-triphosphat

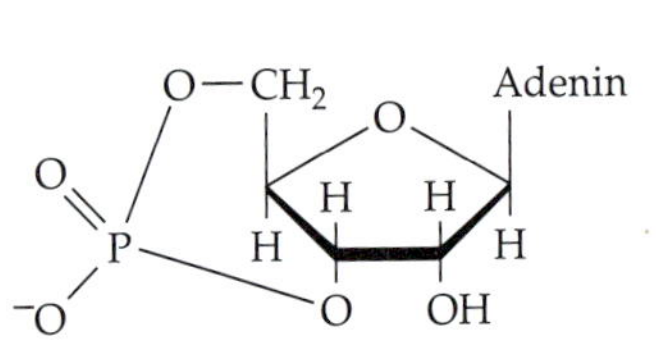

cyclisches AMP (cAMP)
Adenosin-3', 5'-monophosphat

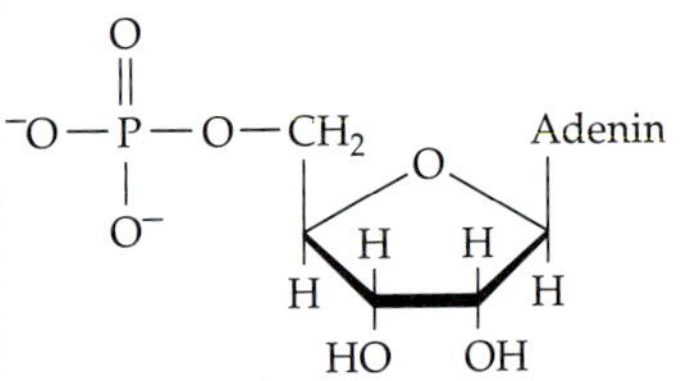

AMP
Adenosin-5'-monophosphat

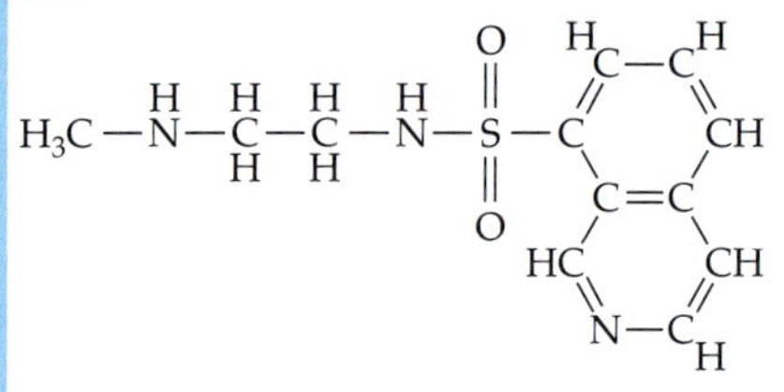

H-8
N-[2-(methylamino)ethyl]-5-isoquinolinsulfonamid

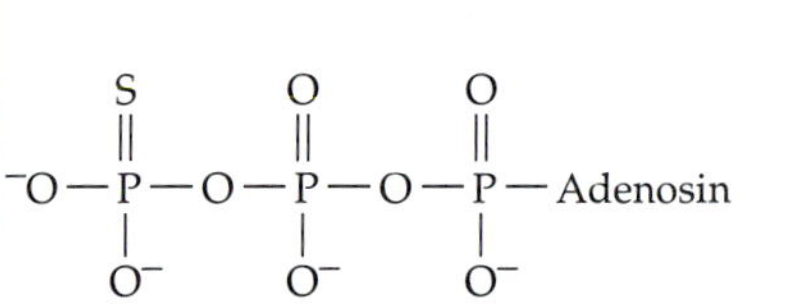

ATPγS
Adenosin-5'-*O*-[γ-thio]-triphosphat

Forskolin. Phosphodiesterase-Inhibitoren wie die Methylxanthine Theophyllin und Coffein, 8-Bromo-cAMP oder Dibutyryl-cAMP nachahmen, oder ähnlich durch direkte Aktivierung der Adenylatcyclase viaimitieren oder verstärken die Antwort entsprechend dem endogenen Niveau der Cyclaseaktivität. Andere Vorgehensweisen testen die Beteiligung von cAMP-abhängiger Proteinkinase (auch als Proteinkinase A bekannt). Dieses Enzym besteht aus zwei regulatorischen und zwei katalytischen Untereinheiten. In Abwesenheit von cAMP bilden die vier Untereinheiten einen Komplex, wobei die regulatorischen Untereinheiten die Aktivität der katalytischen Untereinheiten blockieren. Wenn cAMP an die regulatorischen Untereinheiten bindet, dissoziiert der Komplex, und die aktiven katalytischen Untereinheiten werden frei. Daher werden bei intrazellulärer Injektion der gereinigten katalytischen Untereinheit Antworten imitiert, die durch erhöhte cAMP-Konzentration vermittelt werden, während Injektionen regulatorischer Einheiten im Überschuß inhibitorisch wirkt. Es sind zusätzliche Inhibitoren für dieses Enzyms entwickelt worden, darunter H-8 (das auch verschiedene andere Protein-Serin-Kinasen hemmt), spezifische Peptidinhibitoren und ATP-Derivate, die von der Kinase nicht als Quelle für Phosphatgruppen benutzt werden können. Diese Inhibitoren blockieren Antworten, die von cAMP vermittelt werden. Andererseits werden von cAMP vermittelte Antworten durch Prozesse, die zur Hemmung der Proteinphosphatasen führen, verstärkt und verlängert. Dazu gehören Injektionen von spezifischen Phosphataseinhibitoren und von ATPγS, einem ATP-Analogon, das von der cAMP-abhängigen Proteinkinase als Co-Substrat benutzt werden kann, um Phosphoproteine mit Thiophosphatbindungen zu bilden, die der Hydrolyse durch Proteinphosphatasen widerstehen.

Diacylglycerin-Analoga eine ähnliche Abnahme des Calciumstroms in diesen Neuronen. Proteinkinase-C-Hemmer blockieren diesen Effekt ebenso wie die Abnahme des Calciumstroms, die von Noradrenalin und GABA hervorgerufen wird.

Aktivierung von Phospholipase A_2 durch G-Proteine

Der Effekt des Neuropeptids FMRFamid (Phe-Met-Arg-Phe-NH_2) auf Kaliumkanäle in sensorischen Neuronen im Zentralnervensystem von *Aplysia* (untersucht von Kandel, Schwartz, Siegelbaum und anderen; s. Kap. 13) wird von einem weiteren Zielobjekt vermittelt, an dem das G-Protein angreift: von der Phospholipase A_2. Dieses Enzym bewirkt an Phospholipiden in der Membran (z.B. PIP_2) wie auch an Diacylglycerin die Freisetzung der Fettsäure Arachidonsäure (Abb. 13). Arachidonsäure wird auf zwei verschiedene Weisen metabolisiert: über den Lipoxygenase-Weg, bei dem Produkte entstehen, die man als Leukotriene bezeichnet, und über den Cyclooxygenase-Weg, der zur Bildung von Prostaglandinen führt.[50]

Bei den sensorischen Neuronen von *Aplysia* aktiviert die Bindung von FMRFamid an seinen Rezeptor ein G-Protein, das seinerseits Phospholipase A_2 aktiviert.[51] Wenn sich Arachidonsäure ansammelt, wird sie auf dem Lipoxygenaseweg zu 12-HPETE (Abb. 14) metabolisiert, das an Kaliumkanäle vom S-Typ bindet (s. Kap. 13) und ihre Offenwahrscheinlichkeit erhöht.[52–54] Das verringert die Dauer des Aktionspotentials und führt dadurch zu einem verringerten Calciumeinstrom und zu einer verminderten Transmitterausschüttung.[44,52]

Indirekt gekoppelte Rezeptoren modulieren Kalium- und Calciumkanäle

Eine wichtige Verallgemeinerung, die sich aus diesen Untersuchungen ableiten läßt, ist, daß Kalium- und Calciumkanäle vorrangige Ziele für die Modulation durch Transmitter sind, die über indirekt gekoppelte Rezeptoren wirken. Veränderungen der Kanalaktivierung können das Ruhepotential, die Spontanaktivität, die Antwort auf andere exzitatorische oder inhibitorische Eingangssignale und die während eines Aktionspotentials eindringende Calciummenge beeinflussen. Solche Effekte spielen ohne Zweifel eine entscheidende Rolle bei der Signalgebung im Nervensystem. Die Vielfalt der indirekten Mechanismen, die Calcium- und Kaliumkanäle beeinflussen, macht es schwierig vorauszusagen, wie die Kanalaktivität in einer bestimmten Zelle moduliert wird. Beispielsweise vermindern Noradrenalin und GABA den Calciumstrom in sensorischen Zellen des Huhns durch Aktivierung der Proteinkinase C,[44] während GABA, nicht aber Noradrenalin, über den cAMP-Weg die Dauer der Calcium-Aktionspotentiale in den sensorischen Neuronen des Neunauges durch Hemmung der calciumaktivierten Kaliumkanäle verlängert.[55] Die Komplexität erstreckt sich bis auf die Ebene einzelner Zellen; die Aktivität pyramidaler Neuronen im Hippocampus der Ratte wird von mindestens sechs verschiedenen Transmittern moduliert, die an vier unterschiedlichen Kaliumkanälen und zwei Arten von Calciumkanälen wirken.[16,25,44]

50 Wolfe, L.S. 1989. *In* G. Siegel et al. (eds.). *Basic Neurochemistry.* Raven Press, New York, pp. 399–414.
51 Volterra, A. and Siegelbaum, S.A. 1988. *Proc. Natl. Acad. Sci. USA* 85: 7810–7814.
52 Piomelli, D. et al. 1987. *Nature* 328: 38–43.
53 Belardetti, F., Kandel, E.R. and Siegelbaum, S.A. 1987. *Nature* 325: 153–156.
54 Buttner, N., Siegelbaum, S.A. and Volterra, A. 1989. *Nature* 342: 553–555.
55 Leonard, J.P. and Wickelgren, W.O. 1986. *J. Physiol.* 375: 481–497.

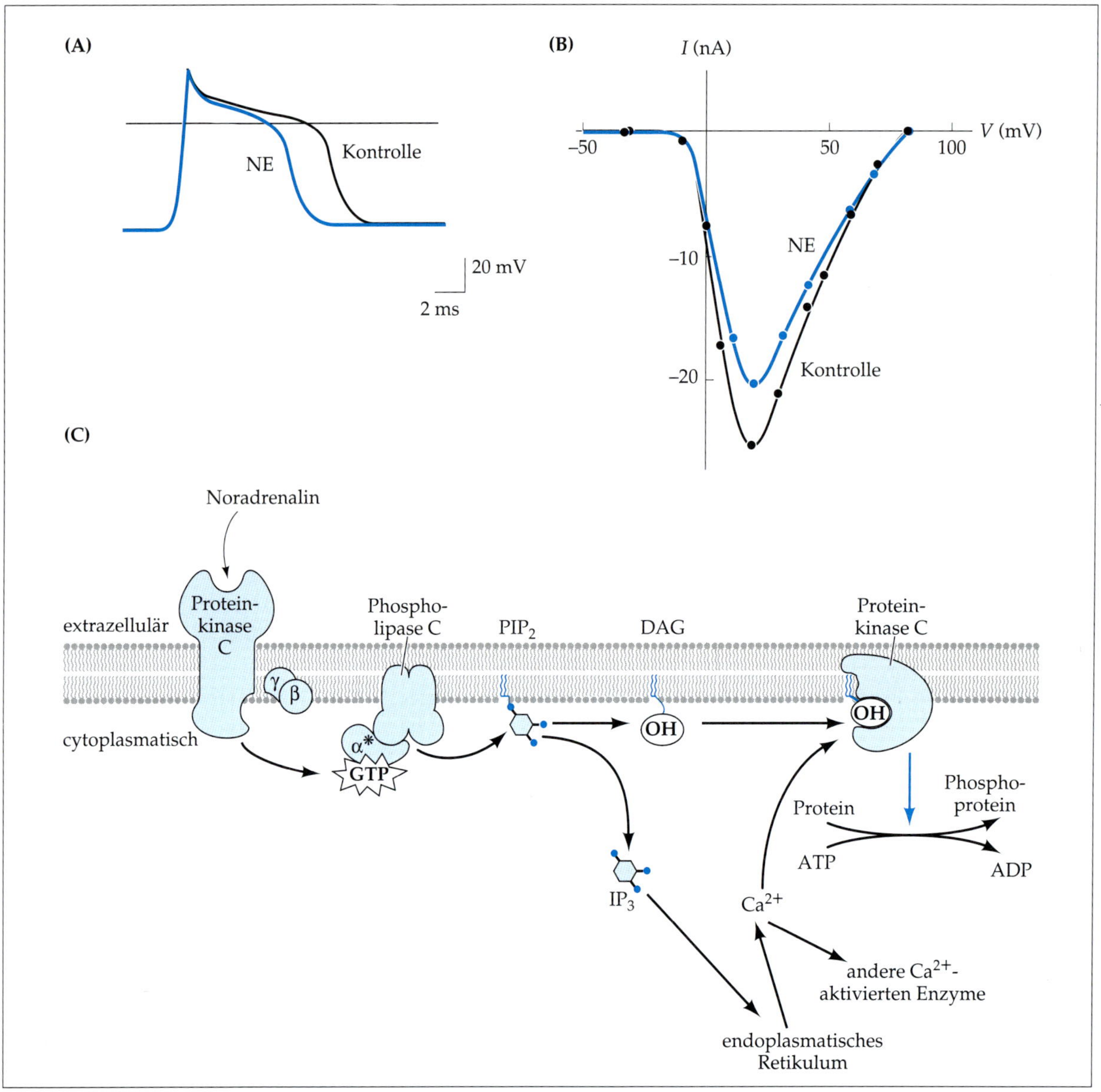

Abb. 12: **Noradrenalin verkürzt die Dauer von Calcium-Aktionspotentialen** in Ganglionzellen aus der Hinterwurzel des Huhns in Kultur. Aktionspotentiale in diesen Neuronen dauern ungewöhnlich lang; ein relativ großer Calciumstrom trägt zu dem ausgeprägten Plateau während der Repolarisierung bei. (A) Noradrenalin (10^{-5} M) führt zur Abnahme der Dauer des Aktionspotentials, das mit einer intrazellulären Mikroelektrode von einer Zelle abgeleitet wird, die in einer physiologischen Kochsalzlösung mit 5,4 mM Calcium badet. (B) Noradrenalin (10^{-4} M) verringert die Amplitude des spannungsaktivierten Calciumstroms. Strom-Spannungsbeziehung des Calciumstroms, aufgezeichnet von Zellen, die sich in Lösungen mit TTX, TEA und 10-mM Calcium befinden. (C) Die Bindung von Noradrenalin an seinen Rezeptor aktiviert durch ein G-Protein das Enzym Phospholipase C. Dieses Enzym hydrolysiert das Phospholipid PIP_2, wobei zwei intrazelluläre second messenger entstehen: Diacylglycerin (DAG) und Inositol-1,4,5-trisphosphat (IP_3). IP_3 bewirkt die Ausschüttung von Calcium aus dem endoplasmatischen Reticulum ins Cytoplasma. DAG und Calcium aktivieren zusammen die Proteinkinase C. Die Aktivierung der Proteinkinase C führt zu einer Verringerung des Calciumgehalts (A und B nach Dunlap und Fischbach, 1981).

Calcium als ein intrazellulärer second messenger

Die intrazelluläre Calciumkonzentration wird von einem komplexen System regulatorischer Mechanismen bestimmt. Calcium seinerseits moduliert ein breites Spektrum von Stoffwechselaktivitäten (Abb. 15). Ein Mechanismus, durch den die Konzentration von Calcium innerhalb der Zellen erhöht wird, ist der Einstrom durch spannungsaktivierte Calciumkanäle (Kap. 2) und durch Kationenkanäle an exzitatorischen Synapsen (Kap. 7). Die Calciumkonzentration kann auch durch die Aktivität von Calciumpumpen und Austauschern erhöht oder gesenkt werden (Kap. 3). Zusätzlich kann Calcium aus intrazellulären Speichern durch Erhöhung der intrazellulären Calcium-, Natrium- oder IP_3-Konzentration ausge-

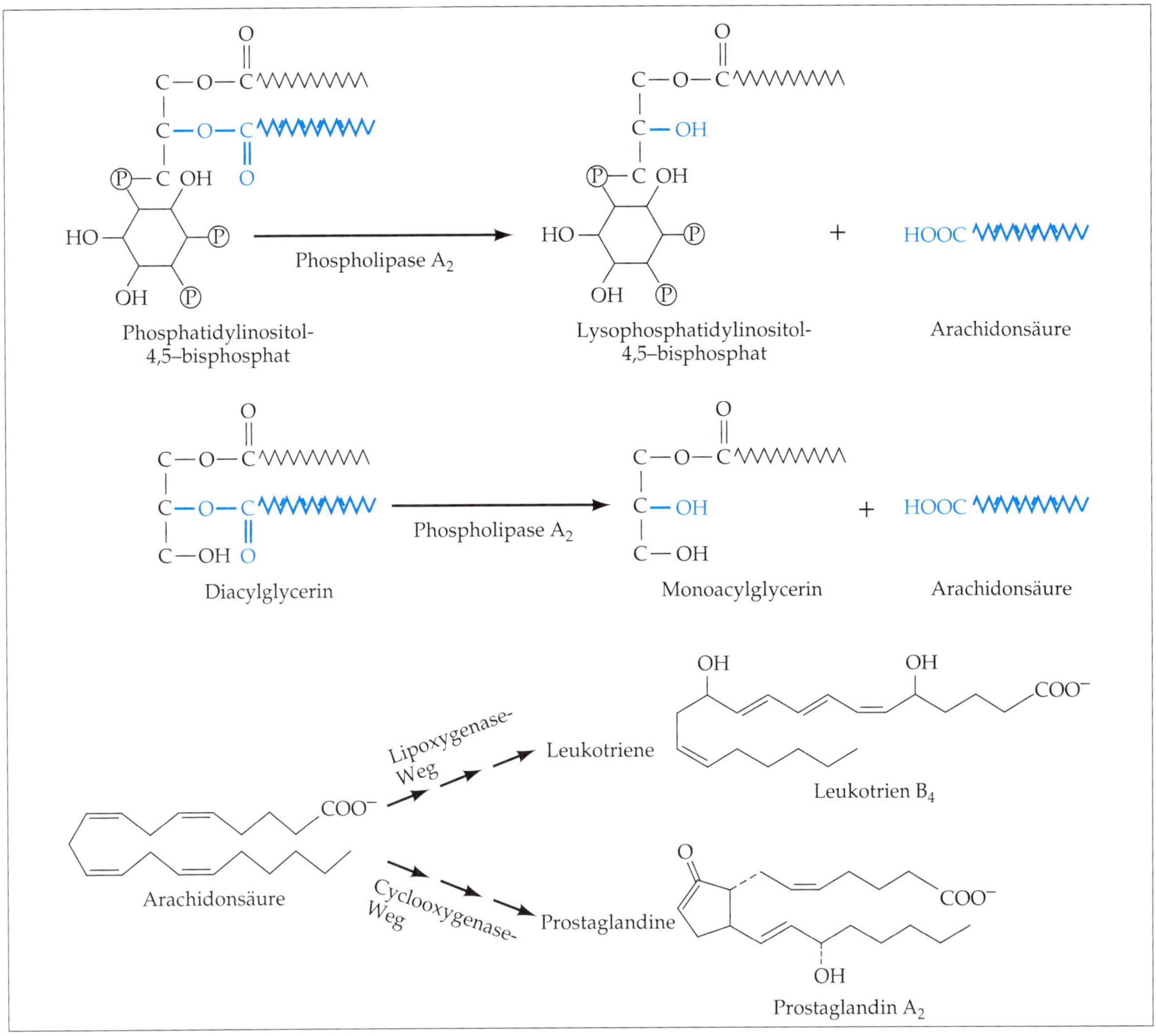

Abb. 13: **Bildung und Metabolismus der Arachidonsäure**. Bei Säugern findet man die Metabolite der Arachidonsäure – Prostaglandine und Leukotriene – in Zellen im ganzen Körper; sie rufen ein bemerkenswert breites Spektrum von Effekten hervor. Entzündungshemmende Substanzen wie Aspirin wirken durch Hemmung der Prostaglandinsynthese.

schüttet werden.[56,57] Eine Reihe Membrankanäle wird direkt durch Veränderungen der intrazellulären Calciumkonzentration reguliert, einschließlich spezifischer Kaliumkanäle, kationen-selektiver Kanäle und Chloridkanäle.[58] Zwei Familien von Phospholipasen in der Membran werden ebenfalls direkt durch cytopalsmatisches Calcium reguliert: Phospholipase C und Phospholipase A_2. Diese Enzyme, die an der Produktion der intrazellulären second messenger IP_3, Diacylglycerin und Arachidonsäure beteiligt sind, werden auch, wie oben beschrieben, von G-Proteinen reguliert. Innerhalb des Cytoplasmas aktiviert Calcium hauptsächlich drei Zielobjekte: Proteinkinase C, Calmodulin und eine calciumabhängige Protease namens Calpain. Jedes dieser Proteine beeinflußt seinerseits die Aktivität unterschiedlicher sekundärer Zielobjekte. Die Wirkung von Proteinkinase C auf die Dauer des Aktionspotentials in sensorischen Neuronen wurde bereits erwähnt. Calpaine bilden eine Gruppe von Proteasen, die an der Regulation des Cytoskeletts sowie einer Reihe von Membranproteinen beteiligt sind.[59] Calmodulin ist ein allgegenwärtiges Protein mit vier Calcium-Bindungsstellen.[60] Wenn diese Bindungstellen besetzt sind, aktiviert Calmodulin ein breites Spektrum von Enzymen, einschließlich Calcium- Calmodulin-abhängiger Proteinkinasen, Adenylatcyclase, cyclischer Nucleotid-Phosphodiesterase, einer Proteinphosphatase namens Calcineurin und eine Stickoxyd-Synthetase. Stickoxyd, ein wasser- und fettlösliches Gas,

56 Lipscombe, D. et al. 1988. *Neuron* 1: 355–365.
57 Tsien, R.W. and Tsien, R.Y. 1990. *Annu. Rev. Cell Biol.* 6: 715–760.
58 Marty, A. 1989. *Trends Neurosci.* 12: 420–424.
59 Melloni, E. and Pontremoli, S. 1989. *Trends Neurosci.* 12: 438–444.
60 Rasmussen, C.D. and Means, A.R. 1989. *Trends Neurosci.* 12: 433–438.

Box 3 Diacylglycerin und IP_3 als sekundäre Botenstoffe

Die Aktivierung von Rezeptoren, die durch G-Proteine an das Enzym Phospholipase C gekoppelt sind, führt zur Hydrolyse des Membranlipids Phosphatidylinositol-4,5-biphosphat (PIP_2), wobei zwei intrazelluläre Botenstoffe, Diacylglycerin (DAG) und Inositol-1,4,5-trisphosphat (IP_3), entstehen (s. Abb. 12 C).

IP_3 ist wasserlöslich, diffundiert durch das Cytoplasma, bindet an Rezeptoren im endoplasmatischen Reticulum und bewirkt damit die Freisetzung dort gespeicherter Calciumionen. Calcium wirkt dann als «third» messenger («tertiärer» Botenstoff) und reguliert die Aktivität calciumabhängiger Proteine in der Zelle.

DAG ist hydrophob und bleibt mit der Membran assoziiert, wo es Proteinkinase C, eine Protein-Serin-Kinase, aktiviert. In nicht stimulierten Zellen findet man Proteinkinase C in einer inaktiven Form im Cytoplasma; in Gegenwart von Calcium und DAG verbindet es sich mit der Membran und wird aktiviert. Die aktive Kinase kann eine ganze Reihe von Proteinen an ihren Serin- und Threoningruppen phosphorylieren.

Es gibt keine einfachen Verfahren, um Antworten, die von IP_3 vermittelt werden, zuverlässig zu identifizieren. Hemmung durch Substanzen wie Lithium, die in den Phosphatidylinositol-Umsatz eingreifen, kann als Indiz für die Beteiligung von IP_3 genommen werden; das Gleiche gilt für Experimente, bei denen die intrazelluläre Calciumkonzentration erhöht wird, wodurch Effekte nachgeahmt werden, die von IP_3 vermittelt werden.

Andererseits läßt sich die Rolle der Proteinkinase C mit Hilfe von spezifischen Aktivatoren und Inhibitoren des Enzyms belegen. Zu den DAG-Analoga, die Proteinkinase C direkt stimulieren, gehören synthetische Diacylglycerine, wie OAG, und die Tumor-fördernden Phorbolester. Phospholipid-Analoga wie Sphingosin und Protein-Serin-Kinase-Inhibitoren wie H-7 hemmen Proteinkinase C und blockieren dadurch Antworten, die von diesem Enzym vermittelt werden.

R üblicherweise Stearat
$(CH_3(CH_2)_{16}COO^-)$

R' üblicherweise Arachidonat
$(CH_3(CH_2)_4(CH{=}CHCH_2)_4(CH_2)_2COO^-)$

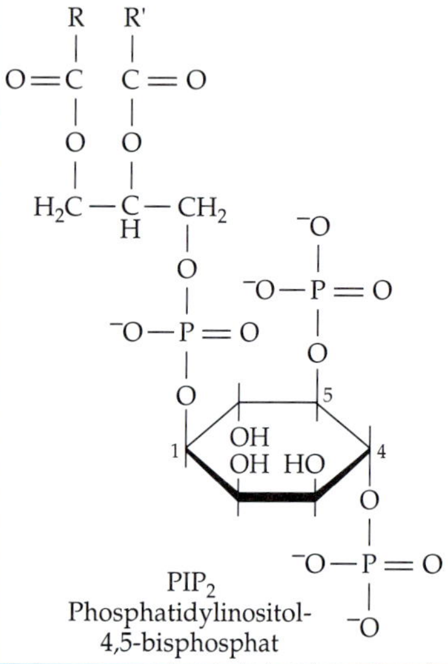

PIP_2
Phosphatidylinositol-4,5-bisphosphat

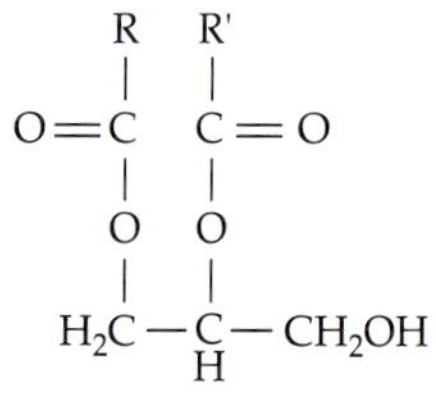

DAG
Diacylglycerol

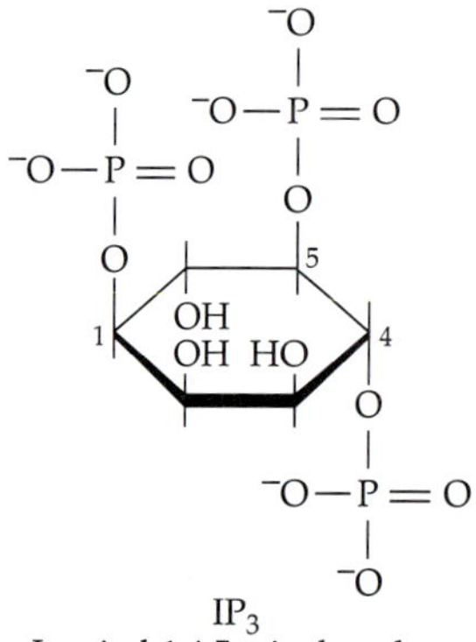

IP_3
Inositol-1,4,5-trisphosphat

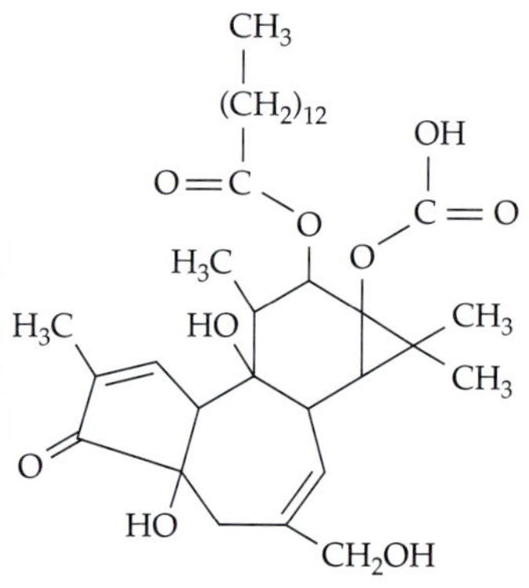

TPA
Phorbol-12-myristate 13-acetat

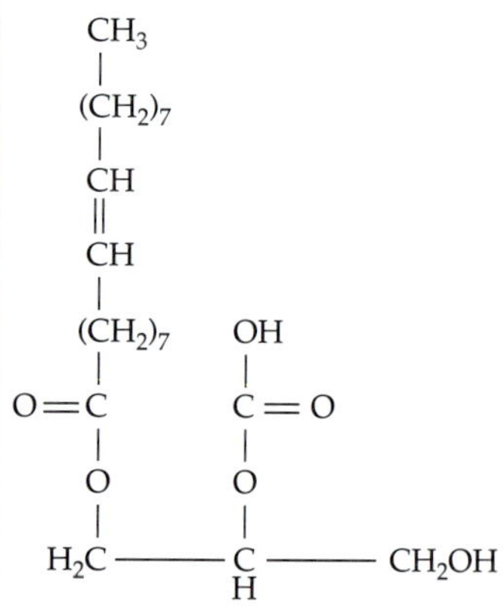

OAG
1-Oleoyl-2-acetylglycerol

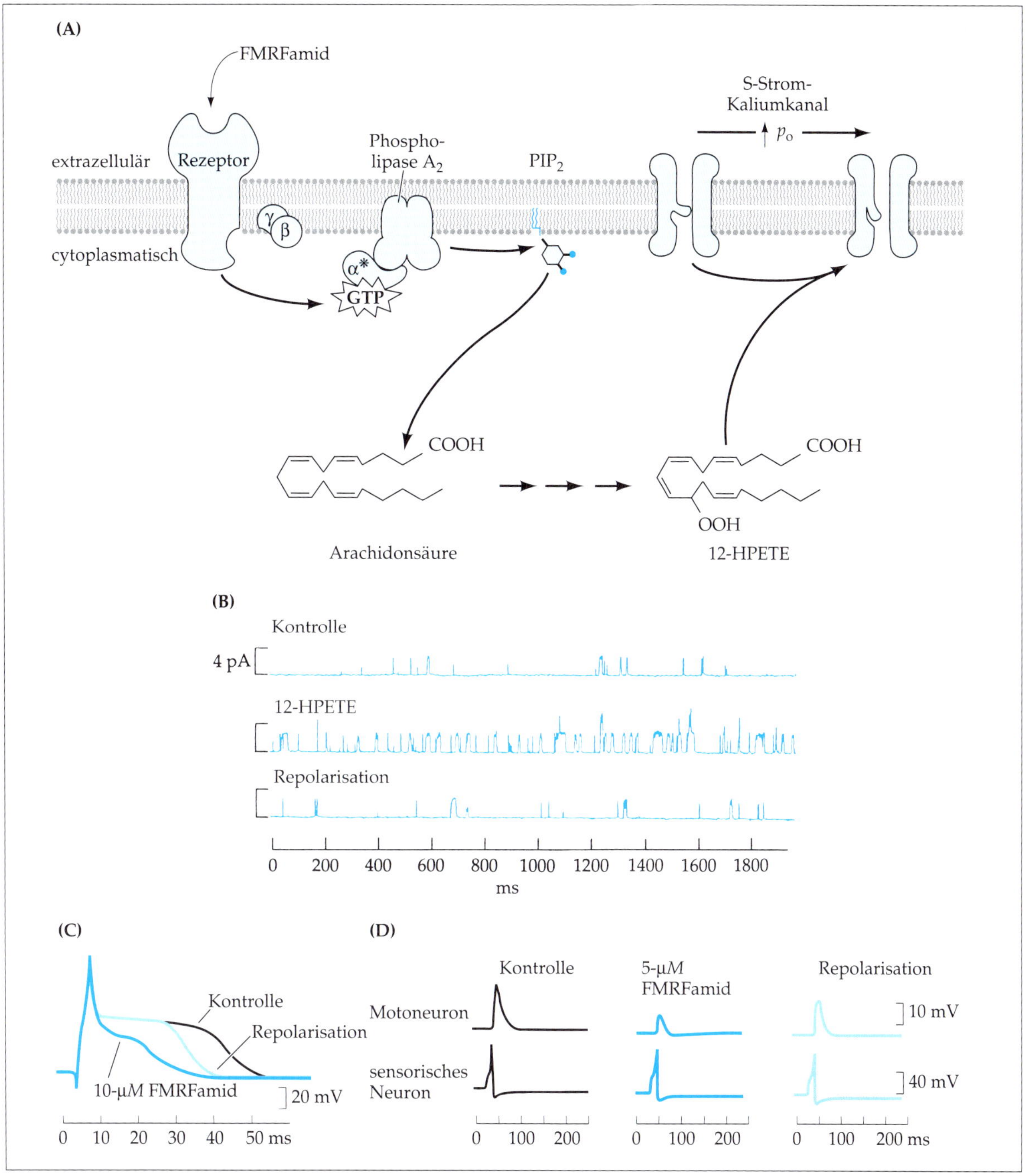

Abb. 14: **Das Neuropeptid FMRFamid** verkürzt die Dauer des Aktionspotentials durch Aktivierung von Phospholipase A_2. (A) Die Bindung von FMRFamid an seinen Rezeptor in sensorischen Neuronen im ZNS von *Aplysia* aktiviert über ein G-Protein das Enzym Phospholipase A_2. Dieses Enzym hydrolysiert Membran-Phospholipide wie PIP_2 und setzt Arachidonsäure frei. Arachidonsäure wird in 12-HPETE umgewandelt, das an S-Strom-Kaliumkanäle bindet und deren Offenwahrscheinlichkeit (p_o) erhöht. (B) 12-HPETE erhöht die Aktivität des S-Strom-Kaliumkanals. Einzelaufzeichnungen von S-Kanalströmen aus einem inside-out patch vor, während und nach Applikation von 20 mM 12-HPETE. (C) Intrazelluläre Ableitung von einem sensorischen Neuron in einem intakten Abdominalganglion. FMRFamid (10µM) führt zu einer reversiblen Abnahme der Dauer des Aktionspotentials. (D) Intrazelluläre Ableitungen von sensorischen und motorischen Neuronen in einem intakten Ganglion. Die Amplitude des exzitatorischen synaptischen Potentials, ausgelöst durch Stimulation des sensorischen Neurons, wird durch Applikation von 5 µM FMRFamid reduziert. Die Effekte von FMRFamid in (C) und (D) lassen sich durch Applikation von Arachidonsäure oder 12-HPETE nachahmen (nach Buttner et al., 1989; C und D nach Piomelli et al., 1987).

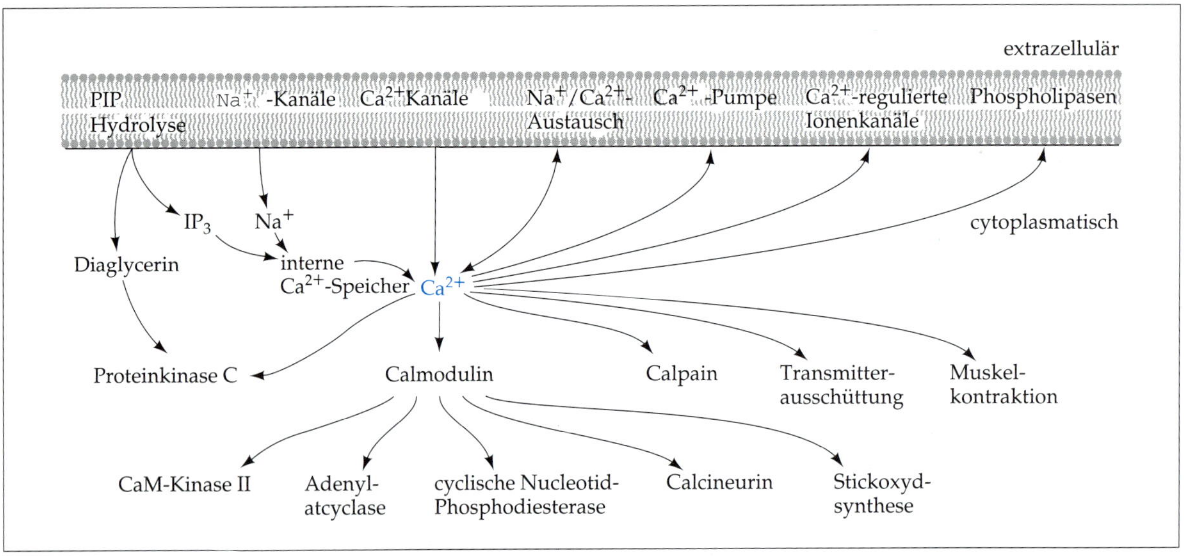

Abb. 15: **Calcium als intrazellulärer second messenger.** Die Calciumkonzentration im Cytoplasma wird reguliert über den Einstrom durch Membrankanäle, durch die Aktivität von Calciumpumpen und Austauschern in der Plasmamembran, durch Sequestrierung in internen Speichern wie dem endoplasmatischen Reticulum und über Ausschüttung aus internen Speichern durch Natriumeinstrom, Calciumeinstrom und IP_3. Calcium reguliert seinerseits Membranproteine (wie Ionenkanäle und Phospholipasen) und cytosolische Proteine (einschließlich Proteinkinase C, Calmodulin und Calpain) (nach Kennedy, 1989).

stellt eine neue Art von Transmitter dar; es diffundiert in benachbarte Zellen und aktiviert Guanylatcyclase.[61,62] Optische Messungen von Calciumsignalen zeigen, daß die Zunahme der Calciumkonzentration oft auf bestimmte Zellregionen beschränkt ist.[57,63–65] Die Wirkung, die von Veränderungen der intrazellulären Calciumkonzentration ausgeht, hängt von der subzellulären Verteilung des Calciums und der calciumabhängigen Proteine sowie der Zielenzyme und Ionenkanäle in der Zelle ab.

Zeitverlauf der indirekten Transmitterwirkung

An der neuromuskulären Verbindung des Skelettmuskels sind ein oder zwei Millisekunden erforderlich, damit Acetylcholin ausgeschüttet, durch den synaptischen Spalt diffundieren, an ligandenaktivierte Kanäle binden, sie öffnen und sich wieder von seinen Rezeptoren lösen kann. Diese Ereigniskette läuft viel zu schnell ab, um von Enzymen wie Adenylatcyclase oder Phospholipase C vermittelt zu werden, die viele Millisekunden benötigen, um die Synthese eines einzelnen Moleküls cAMP zu katalysieren bzw. ein Membranlipid zu hydrolysieren. Zudem wird der Zeitverlauf der direkten Aktivierung von ligandenaktivierten Ionenkanälen durch die Lebensdauer des Transmitters begrenzt. An der neuromuskulären Verbindung in Skelettmuskeln ist die Lebensspanne des Transmitters sehr kurz; wenn ACh von seinem Rezeptor dissoziiert, wird es von Acetylcholinesterase gespalten, bevor es weitere Rezeptoren aktivieren kann. Indirekte synaptische Mechanismen sind langsamer, und die ihnen zugrundeliegenden enzymatischen Vorgänge können die Aktivierung des Rezeptors überdauern. Daher weist die Aktivierung eines Membrankanals durch Bindung einer G-Protein-α-Untereinheit an den Kanal selbst meist einen Zeitverlauf im Sekundenbereich auf und spiegelt damit die Lebensspanne der aktivierten α-Untereinheit wider.[22] Veränderungen, die durch die enzymatische Produktion von diffusiblen cytoplasmatischen second messenger, wie cAMP or IP_3, vermittelt werden, sind noch langsamer; sie dauern Sekunden bis Minuten und spiegeln den langsamen Zeitverlauf der Konzentrationsänderung des second messenger wider.

Es gibt jedoch Experimente, die uns zeigen, daß Änderungen der Signalgebung im Nervensystem ein ganzen Leben lang andauern können. Wie können solche langanhaltenden Veränderungen der synaptischen Wirksamkeit bewirkt werden? Eine Antwort findet sich in den Eigenschaften einiger der oben diskutierten Proteinkinasen. Diese Enzyme sind selbst Ziele der Phosphorylierung. Wenn beispielsweise die Calcium-Calmodulin-Kinase II durch Calcium aktiviert wird, phosphoryliert sie sich selbst. Sobald mehrere der Untereinheiten phosphoryliert sind, verändern sich die Eigenschaften des Enzyms. Es bleibt ständig aktiv und benötigt für seine Aktivität nicht länger die Anwesenheit von Calcium-Calmodulin. Das stellt einen Mechanismus dar, durch den eine vorübergehende Zunahme der Calciumkonzentration in eine langanhaltende Aktivierung der Kinase übersetzt werden kann, die ihrerseits anhaltende Verän-

61 Ignarro, L.J. 1990. *Pharmacol. Toxicol.* 67: 1–7.
62 Bredt, D.S. et al. 1991. *Nature* 351: 714–718.
63 Ross, W.N., Arechiga, H. and Nicholls, J.G. 1988. *Proc. Natl. Acad. Sci. USA* 85: 4075–4078.
64 Lipscombe, D. et al. 1989. *Proc. Natl. Acad. Sci. USA* 85: 2398–2402.
65 Ross, W.N., Lasser-Ross, N. and Werman, R. 1990. *Proc. R. Soc. Lond. B* 240: 173–185.

derungen der Aktivität ihrer Zielproteine hervorrufen kann. Damit Änderungen Tage oder länger anhalten, muß Protein synthetisiert werden (Kap. 13). Viele der in diesem Kapitel beschriebenen second messenger-Systeme können, wie sich gezeigt hat, Veränderungen der Proteinsynthese bewirken.[66] Einige der schnellsten gemessenen Effekte treten bei der Transkription des c-*fos*-Proteins auf, eines Mitglieds einer Familie von Kernproteinen, die vermutlich für die Regulation der Genexpression verantwortlich sind. Solche Veränderungen bei der Genexpression können dann metabolische oder strukturelle Veränderungen bewirken, die die Antwort der Zelle auf Dauer ändern.[67]

Empfohlene Literatur

Allgemeines

Hall, Z.W. 1992. *An Introduction to Molecular Neurobiology.* Sinauer, Sunderland, MA.

Kaczmarek, L.K. and Levitan, I.B. (eds.). 1987. *Neuromodulation: The Biochemical Control of Neuronal Excitability.* Oxford University Press, New York.

Levitan, I.B. and Kaczmarek, L.K. 1991. *The Neuron: Cell and Molecular Biology.* Oxford University Press, New York.

Trends in Neurosciences. 1989. Special Issue: Calcium-Effector Mechanisms. *Trends Neurosci.* 12: 417–479.

Übersichtsartikel

Berridge, M.J. 1988. Inositol lipids and calcium signalling. *Proc. R. Soc. Lond. B* 234: 359–378.

Brown, D.A. 1990. G-proteins and potassium currents in neurons. *Annu. Rev. Physiol.* 52: 215–242.

Brown, A.M. and Birnbaumer, L. 1990. Ionic channels and their regulation by G protein subunits. *Annu. Rev. Physiol.* 52: 197–213.

Dolphin, A.C. 1990. G protein modulation of calcium in neurons. *Annu. Rev. Physiol.* 52: 243–255.

Nicoll, R.A. 1988. The coupling of neurotransmitter receptors to ion channels in the brain. *Science* 241: 545–551.

Szabo, G. and Otero, A.S. 1990. G protein mediated regulation of K^+ channels in heart. *Annu. Rev. Physiol.* 52: 293–305.

Tsien, R.W. and Tsien, R.Y. 1990. Calcium channels, stores, and oscillations. *Annu. Rev. Cell. Biol.* 6: 715–760.

Originalartikel

Blumenfeld, H., Spira, M.E., Kandel, E.R. and Siegelbaum, S.A. 1990. Facilitatory and inhibitory transmitters modulate calcium influx during action potentials in *Aplysia* sensory neurons. *Neuron* 5: 487–499.

Codina, J., Yatani, A., Grenet, D., Brown, A.M. and Birnbaumer, L. 1987. The α subunit of the GTP binding protein G_k opens atrial potassium channels. *Science* 236: 442–445.

Dunlap, K. and Fischbach, G.D. 1981. Neurotransmitters decrease the calcium conductance activated by depolarization of embryonic chick sensory neurones. *J. Physiol.* 317: 519–535.

Flockerzi, V., Oeken, H.-J., Hofmann, F., Pelzer, D., Cavalié, A. and Trautwein, W. 1986. Purified dihydropyridine-binding site from skeletal muscle t-tubules is a functional calcium channel. *Nature* 323: 66–68.

Jan, Y.N., Bowers, C.W., Branton, D., Evans, L. and Jan, L.Y. 1983. Peptides in neuronal funciton: Studies using frog autonomic ganglia. *Cold Spring Harbor Symp. Quant. Biol.* 48: 363–374.

Kuffler, S.W. 1980. Slow synaptic responses in autonomic ganglia and the pursuit of a peptidergic transmitter. *J. Exp. Biol.* 89: 257–286.

Sakmann, B., Noma, A. and Trautwein, W. 1983. Acetylcholine activation of single muscarinic K^+ channels in isolated pacemaker cells of the mammalian heart. *Nature* 303: 250–253.

---

66 Morgan, J.I. and Curran, T. 1991. *Annu. Rev. Neurosci.* 14: 421–451.

67 Rose, S.P.R. 1991. *Trends Neurosci.* 14: 390–397.

Kapitel 9

Zelluläre und molekulare Biochemie der synaptischen Übertragung

Die Identifizierung eines Transmitters an einer bestimmten Synapse basiert auf dem Nachweis, daß die Substanz in der präsynaptischen Axonendigung präsent ist, durch Nervenreizung aus der Endigung ausgeschüttet wird und die Wirkung des natürlichen Transmitters nachahmt, wenn sie von außen auf die postsynaptische Zellmembran aufgebracht wird. Zu den Verbindungen mit niedrigem Molekulargewicht, die als Überträgerstoffe im Nervensystem von Säugern identifiziert wurden, gehören Acetylcholin, Noradrenalin, γ-Aminobuttersäure, Dopamin, Adrenalin, 5-Hydroxytryptamin, Histamin, Adenosintriphosphat, Glutamat und Glycin. Zusätzlich wirken wahrscheinlich noch 40 oder mehr Peptide als Neurotransmitter oder Neuromodulatoren. Viele Neuronen schütten mehr als einen einzigen Transmitter aus, gewöhnlich einen Transmitter mit niedrigem Molekulargewicht und ein Neuropeptid.

Innerhalb der Nervenzellen sorgt eine Reihe verschiedener Mechanismen dafür, daß stets ein ausreichender Transmittervorrat zur Ausschüttung bereitsteht. Zu diesen Mechanismen gehören schnelle Änderungen der Transmittersynthese (die durch Modulation der Aktivität geschwindigkeitsbegrenzender Enzyme bewirkt wird) und langfristige Veränderungen, bei denen die Anzahl der Enzymmoleküle selbst variiert wird.

Niedermolekulare Neurotransmitter werden in den axonalen Endigungen synthetisiert und dort in synaptischen Vesikeln gespeichert. Neuropeptide werden im Zellkörper synthetisiert, in Vesikel gepackt und am Axon entlang zum Ort der Ausschüttung transportiert. Zwei Mechanismen bewirken, daß sich Proteine das Axon entlangbewegen: Beim langsamen axonalen Transport werden lösliche Proteine und Komponenten des axonalen Cytoskeletts mit einer Geschwindigkeit von 1 bis 2 mm pro Tag aus dem Zellkörper in Richtung Nervenendigung befördert. Beim schnellen axonalen Transport werden Vesikel und andere Organellen mit Geschwindigkeiten von bis zu 400 mm pro Tag in Richtung Nervenendigung (anterograder Transport) oder zurück zum Zellkörper (retrograder Transport) bewegt. Der schnelle Transport wird von zwei molekularen «Motoren» angetrieben, die die Organellen auf Microtubulus-«Schienen» vorantreiben: Kinesin in anterograder und Dynein in retrograder Richtung.

An den axonalen Endigungen wird Transmitter durch Exocytose ausgeschüttet, wobei ein Vesikel mit der Plasmamembran verschmilzt, sich abflacht und seinen Inhalt in den synaptischen Spalt freisetzt. Bestandteile der Vesikelmembran werden anschließend durch Endocytose wieder von der Membranoberfläche abgeschnürt, und es bilden sich neue Vesikel. Obwohl verschiedene enzymkatalysierte Prozesse, die die Wahrscheinlichkeit der Transmitterausschüttung beeinflussen, identifiziert wurden, liegt der genaue Mechanismus der calciuminduzierten Fusion der Vesikel noch im Dunkeln.

Die direkten und indirekten Mechanismen, durch die Neurotransmitter wirken, sind in Kap. 7 und 8 beschrieben worden. Molekulargenetische Experimente haben gezeigt, daß direkt gekoppelte Rezeptoren eine Superfamilie von ligandenaktivierten Ionenkanälen bilden, die viele Strukturmerkmale gemeinsam haben (Kap. 2). Indirekt gekoppelte Rezeptoren, die über G-Proteine wirken, bilden eine zweite Superfamilie (Kap. 8). Ein Merkmal, das beiden Familien gemeinsam ist, ist die Desensitisierung, eine Verringerung der Antwort während langanhaltender oder wiederholter Ligandenapplikation. Direkt gekoppelte Rezeptoren sind gewöhnlich in der Membran der postsynaptischen Zelle konzentriert, direkt gegenüber der Nervenendigung; indirekt gekoppelte Rezeptoren sind häufig weiter gestreut verteilt.

Der letzte Schritt bei der Übertragung an Chemosynapsen ist die Beendigung der Transmitterwirkung. Typischerweise werden niedermolekulare Transmitter entweder nach der Freisetzung abgebaut oder in die axonale Endigung aufgenommen, in Vesikel verpackt und wieder ausgeschüttet. Die Wirkung von Neuropeptiden wird durch Diffusion beendet. Substanzen, die mit dem Transmitterabbau oder der Transmitteraufnahme interferieren, können sich stark auf die Signalgebung auswirken, ein Hinweis darauf, daß die schnelle Beendigung der Transmitterwirkung oft entscheidend für die synaptische Funktion ist.

Sechzig Jahre, nachdem die Vorstellung der synaptischen Übertragung auf chemischem Weg von Elliot 1904 propagiert worden war,[1] waren lediglich drei Verbindungen – Acetylcholin (ACh), Noradrenalin und γ-Aminobuttersäure (GABA) – zweifelsfrei als Neurotransmitter identifiziert. Man wußte nur wenig über die biochemischen Eigenschaften ihrer Rezeptoren, die einfach auf der Basis ihrer Pharmakologie klassifiziert wurden: nicotinisch oder muscarinisch für ACh, α oder β für Noradrenalin. In den letzten drei Jahrzehnten sind wir Zeugen einer wahren Explosion der biochemischen Forschung am Nervensystem geworden, die von schnellen konzeptionellen und technischen Fortschritten in Biochemie und Genetik gespeist wurde. Das hat dazu geführt, daß heute mehr als 50 Verbindungen bekannt sind, die als Neurotransmitter oder Neuromodulatoren wirken. Bei vielen von ihnen sind die Enzyme, die ihre Synthese und ihren Abbau bewirken, gereinigt und kloniert worden. Die Proteinsynthese und die molekularen Wirkmechanismen ihrer Rezeptoren sind aufgeklärt worden, und ebenso die verschiedenen intrazellulären Stoffwechselwege, auf denen sie die synaptische Übertragung vermitteln oder modulieren. Kap. 7 und 8 konzentrierten sich auf die Mechanismen, mit denen die Transmitter postsynaptische Zellen beeinflussen. In diesem Kapitel geht es um die Biochemie der Transmittersynthese, Speicherung, Ausschüttung und Inaktivierung.

In Kapitel 1 haben wir betont, daß das Nervensystem stereotype elektrische Signale benutzt, die ihre Bedeutung aufgrund des spezifischen Musters von Verbindungen zwischen den Neuronen bekommen. In einem beträchtlichen Ausmaß gilt dasselbe für die biochemischen Signale, die Informationen an chemischen Synapsen übermitteln. Dieselben Neurotransmitter werden wieder und wieder an Synapsen überall im ganzen Nervensystem benutzt; die Botschaft, die sie bei ihrer Ausschüttung übermitteln, wird durch die präzise Art und Weise festgelegt, in der Neuronen miteinander verbunden sind. Beispielsweise führt die Freisetzung von ACh aus motorischen Nervenendigungen beim Musculus gastrocnemius zum Strecken des Fußes, wohingegen ACh-Ausschüttung an gewissen Synapsen im Zentralnervensystem Sie möglicherweise dazu bringt, sich an eine Szene aus Ihrer Kindheit zu erinnern. Wie sich solche spezifischen Verbindungen bilden und wie sie unterhalten werden, wird in Kap. 11 und Kap. 18 diskutiert. Im Fall einiger weniger indirekt wirkender Neuropeptide ist die Bedeutung jedoch im Transmitter selbst gespeichert. Daher kann die diffuse Applikation eines bestimmten Neuropeptids durch Injektion in die Cerebrospinalflüssigkeit ein charakteristisches Verhalten auslösen, das von der Verteilung und den Eigenschaften der Rezeptoren auf den zentralen Neuronen bestimmt wird. Um zu begreifen, wie Neuronen kommunizieren, ist es in beiden Fällen erforderlich, die Chemie der synaptischen Übertragung zu verstehen. Mit zunehmendem Wissen um die Biochemie von Transmittern ist es zudem nicht nur möglich zu klären, wie Drogen und Medikamente neuronale Funktionen beeinflussen, sondern auch Fehlfunktionen des Nervensystems als Folge spezifischer biochemischer Defizite zu interpretieren und bessere therapeutische Maßnahmen zu entwickeln (s. Kap. 10).

Identifizierung von Neurotransmittern

Ein erster Schritt, um die Chemie der synaptischen Übertragung an einer bestimmten Synapse zu untersuchen, besteht darin, die ausgeschüttete(n) Transmittersubstanz(en) zu identifizieren. Ein direkter Beweis für die Identität des Transmitters ist zu zeigen, daß eine bestimmte Substanz denselben postsynaptischen Effekt hervorruft, wenn man sie in der gleichen Menge auf die postsynaptische Zelle gibt, die beim Aktionspotential von der präsynaptischen Nervenendigung freigesetzt wird. Im allgemeinen gilt es als ausreichend zu zeigen, daß der präsumptive Transmitter in der axonalen Endigung synthetisiert und gespeichert wird, bei Nervenreizung ausgeschüttet wird und die Wirkungen des endogenen Transmitters in physiologischen und pharmakologischen Tests imitiert. Pionierexperimente von Langley, Loewi, Feldberg und Dale haben geholfen, diese Kriterien zu entwickeln und ACh als den Transmitter an neuromuskulären Verbindungen von Vertebratenskelettmuskeln und in vegetativen Ganglien zu identifizieren (s. Kap. 7). In überzeugenden Experimenten konnten Cannon, von Euler und Peart belegen, das Noradrenalin als Transmitter an sympathischen Neuronen ausgeschüttet wird,[2] während in Experimenten von Florey, Kuffler, Kravitz und Kollegen GABA als hemmender Transmitter an der neuromuskulären Verbindung bei Crustaceen identifiziert wurde.[3] Solche Untersuchungen wurden im allgemeinen an leicht zugänglichen peripheren Synapsen durchgeführt, wo man eine homogene Population von Neuronen oder Axonen stimulieren und für biochemische Analysen isolieren konnte.

Diesen Anforderungen an die Transmitteridentifizierung bei den meisten Synapsen im Zentralnervensystem von Wirbeltieren zu genügen, erweist sich als außerordentlich schwieriges Unterfangen, und zwar hauptsächlich aus zwei Gründen. Erstens ist die bei der synaptischen Übertragung freigesetzte Transmittermenge sehr klein (bei zentralen Synapsen vielleicht 10^4 Moleküle pro Synapse und Aktionspotential). Zweitens macht seine Anatomie das Zentralnervensystem für solche Analysen ungeeignet. Im Gegensatz zu peripheren Strukturen wie neuromuskulären Verbindungen setzt sich das Zentralnervensystem aus inhomogenen Populationen von untrennbar miteinander verwobenen Nerven- und Gliazellkörpern samt ihren Fortsätze zusammen. Es ist schwierig, eine bestimmte Gruppe von Axonen, die bekanntermaßen hemmend oder erregend wirken, selektiv zu reizen oder intrazellulär von postsynaptischen Zellen abzuleiten oder die Nervenwirkung durch Applikation

1 Elliot, T. R. 1904. *J. Physiol.* 31: xx–xxi (Proc.).

2 von Euler, U. S. 1956. *Noradrenaline.* Charles C. Thomas, Springfield, IL.

3 Hall, Z. W., Hildebrand, J. G. and Kravitz, E. A. 1974. *Chemistry of Synaptic Transmission.* Chiron Press, Newton, MA.

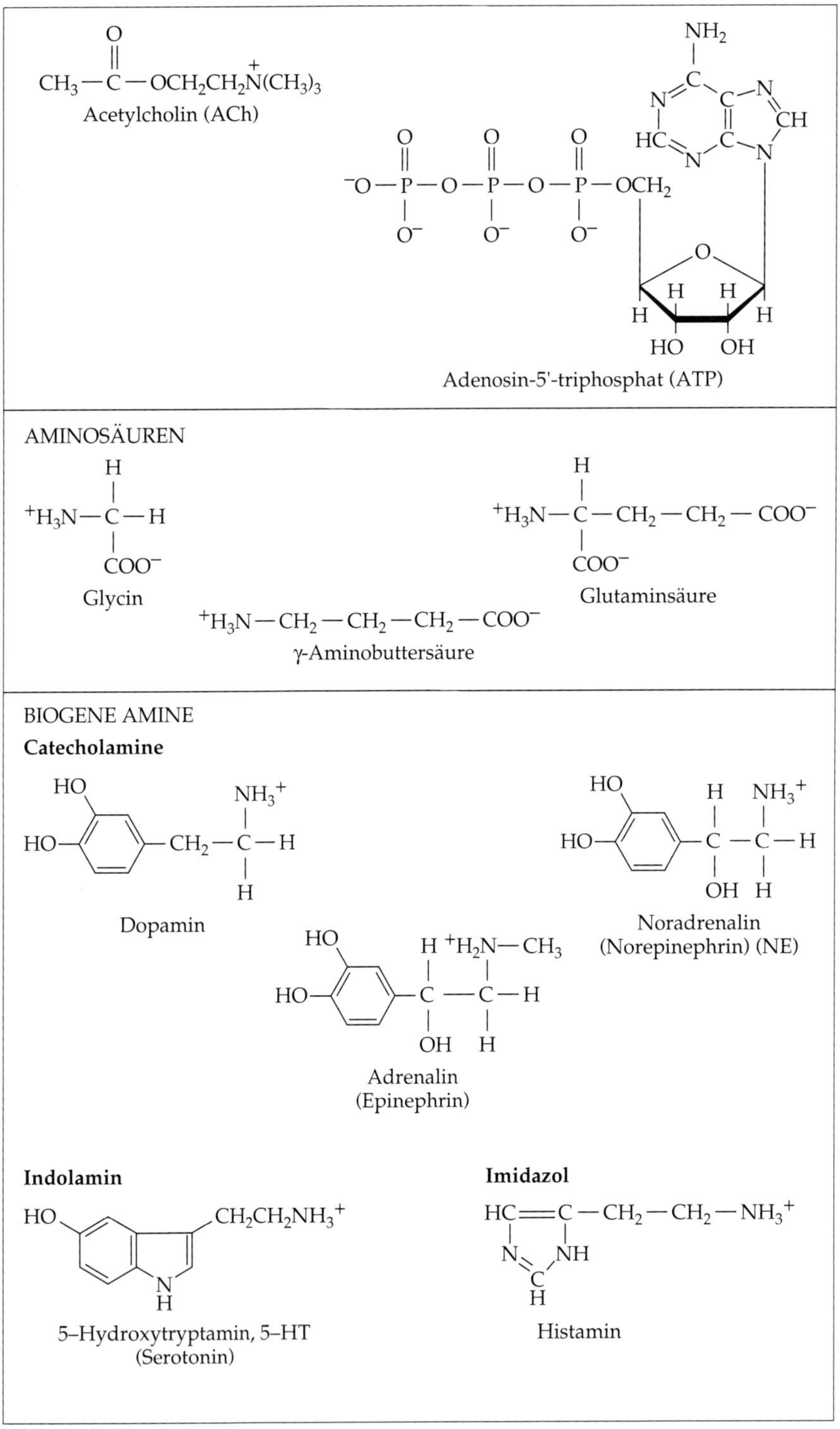

Abb. 1: **Struktur von Neurotransmittern mit niedrigem Molekulargewicht**

von Chemikalien mit einer Mikropipette nachzuahmen oder Transmitter am Ort seiner Ausschüttung zu sammeln. Glücklicherweise enthalten einige bestimmte Areale im ZNS Zellgruppen, die denselben Transmitter verwenden; ihre Axone bilden dicht gepackte Bündel und enden in wohldefinierten Regionen. Dadurch ist es möglich, identifizierte Axonpopulationen selektiv zu reizen und dann den Transmitter, den sie ausschütten, zu sammeln. Solche Experimente können am intakten ZNS durchgeführt werden, indem man synaptische Regionen z.B. mittels Mikrodialyse[4] oder mit einer Push-pull-Kanüle[5] perfundiert. In einigen Fällen erlaubt es die Architektur einiger Areale im ZNS, Scheiben von ca.

4 Zetterstrom, T. and Fillenz, M. 1990. *Eur. J. Pharmacol.* 180: 137–143.

5 Perschak, H. and Cuenod, M. 1990. *Neuroscience* 35: 283–287.

Tabelle 1: Neuropeptide bei Säugern

Familie	Vorstufe	Neuropeptid
opioid	Proopiomelanocortin (POMC9	Corticotropin (ACTH) β-Lipotropin α-MSH α-Endorphin β-Endorphin γ-Endorphin
	Proenkephalin	Met-Enkephalin Leu-Enkephalin
	Prodynorphin	α-Neoendorphin β-Neoendorphin Dynorphin A Dynorphin B (Rimorphin) Leumorphin
neurohypophysisch	Provasopressin	Vasopressin Neurophysin II
	Prooxytocin	Oxytocin Neurophysin I
Tachykinine	α-Protachykinin A	Substanz P
	β-Protachykinin A	Substanz P Neurokinin A Neuropeptid K
	γ-Protachykinin-A	Substanz P Neurokinin A Neuropeptid γ
	Protachykinin-B	Neurokinin B
Bombesin/GRP	Probombesin	Bombesin
	ProGRP	Gastrin-realeasing peptide (GRP)
Sekretine	–	Secretin
	–	Motilin
	Proglucagon	Glucagon
	ProVIP	Vasoactive intesinal peptide (VIP)
	ProGRF	Growth hormone-releasing factor (GRF)
Insuline	Proinsulin	Insuline
	–	Insulinähnlicher Wachstumsfaktor
Somatostatine	Prosomatostatin	Somatostatin
Gastrine	Progastrin	Gastrin
	Procholecystokinin	Cholecystokinin (CCK)
Neuropeptid Y	ProNPY	Neuropeptid Y (NPY)
	ProPP	Pankreatisches Polypeptid (PP)
	ProPYY	Peptid YY (PYY)
andere	ProC RF	Corticotropin-releasing factor (CRF)
	Procalcitonin	Calcitonin
	ProCGRP	Calcitonin gene-related peptide (CGRP)
	Proangioensin	Angiotensin
	Probradykinin	Bradykinin
	ProTRH	Thyrotropin-releasing hormone (TRH)
	–	Neurotensin
	–	Galanin
	–	Luteinizing hormone releasing hormone (LHRH)

100 µm Dicke herauszuschneiden, in denen bestimmte Faserzüge gereizt werden können, während man von postsynaptischen Zellen ableitet. Solche Scheiben können in vitro gehalten und mit Transmittern behandelt werden, die über eine Mikropipette zugegeben oder aus dem Perfusat gewonnen werden.[6]

Auf die Identität von an Synapsen ausgeschütteten Transmittern kann man aus der Messung der Verteilung verschiedener Proteine schließen, die unterschiedliche Aspekte der synaptischen Übertragung vermitteln. Das sind z.B. Enzyme, die an der Transmittersynthese und Speicherung beteiligt sind, sowie Transmitterrezeptoren und Proteine, die die Beendigung der Transmitterwirkung steuern. Damit stimmt überein, daß Neuronen einzigartig hohe Spiegel der Enzyme aufweisen, die die Synthese des Transmitters katalysieren, den sie ausschütten; abbauende Enzyme haben meist eine mehr diffuse

6 Vollenweider, F. X., Cuenod, M. and Do, K. Q. 1990. *J. Neurochem.* 54: 1533–1540.

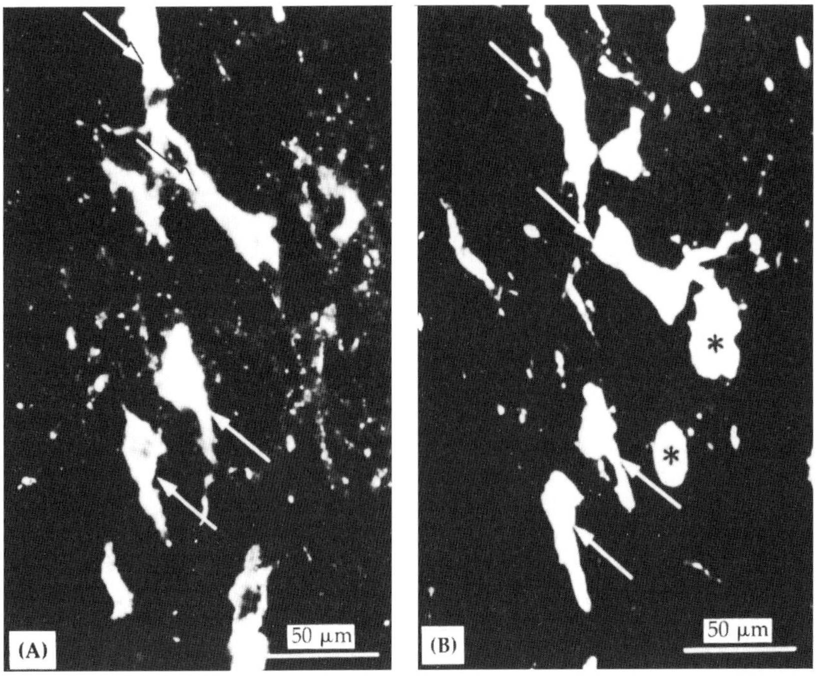

Abb. 2: **5-Hydroxytryptamin und Substanz P** in einzelnen Nervenzellen aus der Medulla oblongata der Ratte. (A) Immunofluoreszenzaufnahme eines Schnittes, mit Substanz P-Antiserum markiert. (B) Benachbarter Schnitt, mit 5-HT-Antiserum behandelt. Beim Vergleich zwischen (A) und (B) erkennt man viele Zellen, die beide Transmitter enthalten (mit Pfeilen markiert) und andere, für die das nicht zutrifft (Sternchen) (aus Schultzberg, Hökfelt und Lundberg, 1982).

Verteilung.[3] Eine Ausnahme bildet Acetylcholinesterase, das Enzym, das ACh abbaut. Es ist hochkonzentriert in Synapsen, aus denen ACh ausgeschüttet wird. Diese Konzentration spiegelt das atypische Merkmal der cholinergen Übertragung wider, nämlich daß die ACh-Wirkung durch Abbau beendet wird (s. unten).

Bei vielen Substanzen, die zuerst bei Wirbellosen oder an peripheren Synapsen im Wirbeltiernervensystem als Neurotransmitter charakterisiert wurden, konnte gezeigt werden, daß sie auch im Säuger-ZNS wirken. Es ist bemerkenswert, daß dieselben Transmitter im Tierreich so weit verbreitet sind, von Blutegeln und Insekten bis zu Neunaugen und Säugern.

Transmitter lassen sich in zwei Gruppen einteilen. Eine Gruppe bilden die niedermolekularen Transmitter wie Acetylcholin, Noradrenalin, Adrenalin, Dopamin, Serotonin (5-Hydroxytryptamin, 5-HT), Histamin, Adenosintriphosphat (ATP) und die Aminosäuren γ-Aminobuttersäure (GABA), Glutamat und Glycin (Abb. 1). Eine zweite Gruppe von Transmittern sind die Neuropeptide (Tabelle 1), von denen mehr als 40 im Säuger-ZNS identifiziert worden sind. Höchstwahrscheinlich werden noch weitere Transmittersubstanzen entdeckt werden.

Neurotransmittersynthese und Speicherung

Verglichen mit der Fülle detaillierter Informationen über den Mechanismus der Transmitterwirkung ist unser Wissen über die Regulation der Transmittersynthese und Speicherung erstaunlich rudimentär. Wo werden Transmittermoleküle synthetisiert und wie werden Transmitterspeicher unterhalten und wiederaufgefüllt? Werden Transmitter bereits fertig in die Nervenendigung transportiert oder werden sie dort aus Teilstücken zusammengesetzt, die der Zellkörper liefert? Die Antworten auf diese Fragen unterscheiden sich von Transmitter zu Transmitter. Überträgerstoffe mit niedrigem Molekulargewicht werden innerhalb der axonalen Endigung aus üblichen zellulären Metaboliten hergestellt und bis zur Ausschüttung in kleinen synaptischen Vesikeln (50 nm im Durchmesser) gespeichert. Neuropeptidtransmitter andererseits werden im Zellkörper synthetisiert, in großen elektronendichten Vesikeln (100–200 nm Durchmesser) verpackt und entlang des Axons transportiert. Eine zusätzliche Komplikation liegt darin, daß viele Neuronen mehr als einen Transmitter ausschütten, gewöhnlich einen niedermolekularen Transmitter und ein oder mehrere Neuropeptide.[7] Abb. 2 zeigt die Lokalisation von 5-HT und dem Neuropeptid Substanz P in einzelnen Nervenzellen im ZNS der Ratte.[8] Es konnte gezeigt werden, daß derartige Cotransmitter an vielen Synapsen synergistisch wirken. Beispielsweise werden ACh und das gastrointestinale Hormon vasoactive intestinale peptid (VIP) aus Neuronen ausgeschüttet, die die Speicheldrüsen der Katze innervieren.[9] ACh wirkt direkt auf Drüsenzellen und Blutgefäße und führt zu Sekretion und Gefäßerweiterung. VIP wirkt wie ACh direkt auf Blutgefäße, wo es ebenfalls eine Gefäßerweiterung hervorruft, während es die Sekretion indirekt durch Verstärkung der

7 Kupfermann, I. 1991. *Physiol. Rev.* 71: 683–732.
8 Schultzberg, M., Hökfelt, T. and Lundberg, J. M. 1982. *Brit. Med. Bull.* 38: 309–313.
9 Lundberg, J. M. et al. 1980. *Proc. Natl. Acad. Sci. USA* 77: 1651–1655.

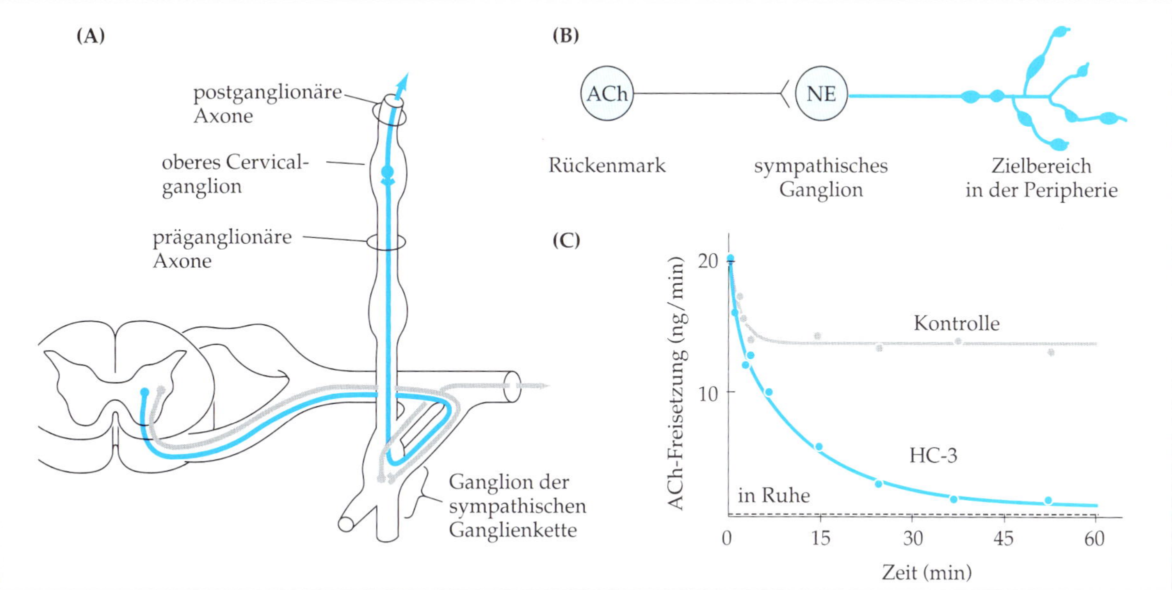

Abb. 3: **Messung der ACh-Freisetzung** aus den Endigungen von präganglionären Axonen im oberen Cervicalganglion der Katze. (A) Präganglionäre Axone erreichen das obere Cervicalganglion über weiter caudal gelegene Ganglien in der sympathischen Ganglienkette. (B) Präganglionäre Neuronen, deren Zellkörper im Rückenmark liegen, setzen ACh als Transmitter an Synapsen in sympathischen Ganglien frei. Die Ganglienzellen schütten Noradrenalin aus Bläschen auf ihren Fortsätzen in der Peripherie aus. (C) ACh-Freisetzung aus einem sympathischen Ganglion der Katze, perfundiert mit oxygenierten Plasma, in dem sich zur Hemmung der Acetylcholinesterase 3×10^{-5} M Eserin befinden. Gestrichelte Kurve: Ganglion in Ruhe, durchgezogene Kurven: präganglionäre Stimulation mit 20 Hz im Kontrollmedium bzw. in einem Medium mit 2×10^{-5} M Hemicholinium (HC-3) (nach Birks und McIntosh, 1961).

ACh-Antwort der Drüsenzellen fördert.[7] Experimente an Speicheldrüsen der Katze[10] und an sympathischen Ganglien des Frosches[11] zeigen, daß niedermolekulare Transmitter wie Acetylcholin zuverlässig auf einzelne Impulse hin ausgeschüttet werden, während Impulsserien nötig sind, um signifikante Mengen neuropeptidaler Cotransmitter auszuschütten (s. Kap. 8).

Die Synthese von ACh

Man findet Transmitter in hoher Konzentration in Neuronen, speziell in Axonendigungen. Wie kommt diese Akkumulation zustande, und wie werden die Speicher im Ruhezustand bzw. in Zeiten der Aktivität unterhalten? Eine der ersten gründlichen Untersuchungen dieser Fragen wurde von Birks und McIntosh im Rahmen ihrer Experimente zur ACh-Ausschüttung aus den Endigungen der präganglionären Axone im oberen Cervicalganglion der Katze durchgeführt[12] (Abb. 3 A und 3 B). Sie führten Kanülen in die Arteria carotis und in die Jugularvene ein, perfundierten das Ganglion mit Anticholinesterase-haltigen Lösungen und analysierten den ACh-Gehalt des Perfusats. In Ruhe wurde ständig eine kleine Menge ACh vom Ganglion ausgeschüttet, ca. 0,1 Prozent des gesamten gespeicherten ACh pro Minute (Abb. 3). Da der ACh-Spiegel im Ganglion konstant blieb, bedeutete dies, daß in Ruhe ständig mindestens ebensoviel ACh synthetisiert wurde. (Anschließend konnte gezeigt werden, daß die laufende Syntheserate von ACh, die über den Einbau von radioaktiv markiertem Cholin in ACh bestimmt wurde, um das 50fache höher liegt; eine Menge, die dem gesamten gespeicherten ACh entspricht, wird innerhalb von 20 Minuten in den axonalen Endigungen abgebaut und resynthetisiert.[13]) Birks und McIntosh reizten dann den präganglionären Nerv mit langen Impulsserien und fanden, daß die vom Ganglion ausgeschüttete ACh-Menge um das 100fache anstieg, so daß jede Minute 14 ng – eine Menge, die 10% des ursprünglichen Gesamtgehalts entspricht – freigesetzt wurde (Abb. 3 C). Bemerkenswerterweise blieb die Ausschüttungsrate über eine Stunde lang auf diesem Niveau, ohne daß eine Veränderung des ACh-Spiegels im Ganglion auftrat. Der einzige exogene Stoff, den die Nervenendigungen benötigten, um ihre ACh-Speicher in Betrieb zu halten, war Cholin, das sie nicht synthetisieren können und daher durch aktiven Transport aus der umgebenden Flüssigkeit aufnehmen müssen (Abb. 4). Die Notwendigkeit von extrazellulärem Cholin konnte sowohl durch Perfusion des Präparates mit Lösungen ohne Cholin als auch durch Blockierung der Cholinaufnahme in die axonalen Endigungen mit Hemicholinium (HC-3) gezeigt werden, einer Droge, die den Transportmechanismus für Cholin hemmt. In beiden Fällen sank der ACh-Spiegel im Ganglion, und ebenso nahm

10 Lundberg, J. M. and Hökfelt, T. 1983. *Trends Neurosci.* 6: 325–333.
11 Kuffler, S. W. 1980. *J. Exp. Biol.* 89: 257–286.
12 Birks, R. I. and MacIntosh, F. C. 1961. *J. Biochem. Physiol.* 39: 787–827.
13 Potter, L. T. 1970. *J. Physiol.* 206: 145–166.

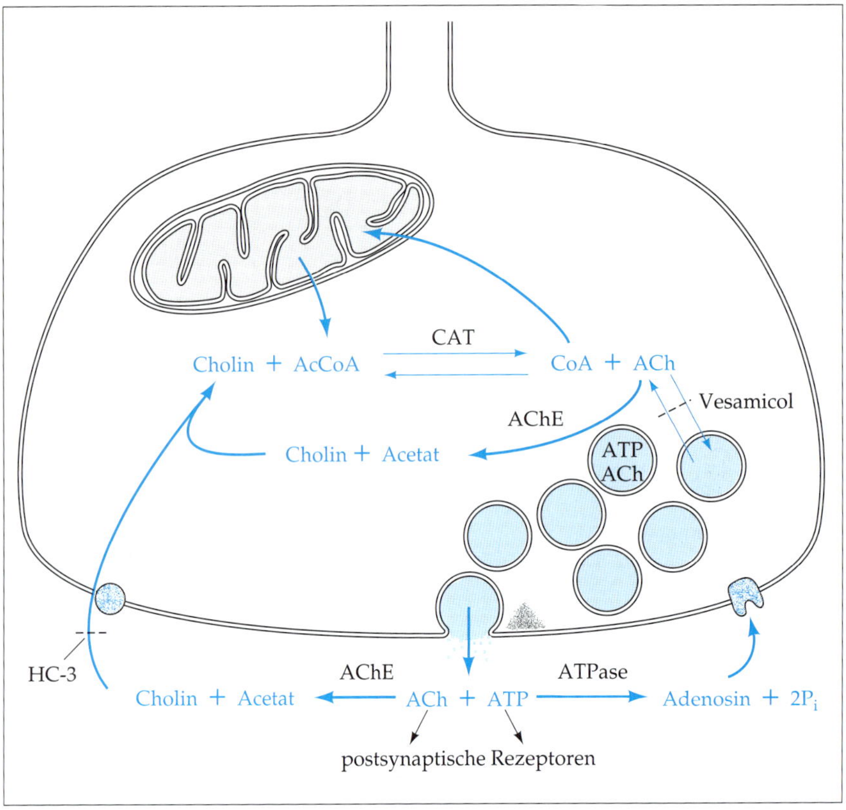

Abb. 4: **Stoffwechselwege der ACh-Synthese, Speicherung, Freisetzung und des ACh-Abbaus**. Acetylcholin wird von Cholinacetyltransferase (CAT) aus Cholin und Acetyl-Coenzym A (AcCoA) synthetisiert und von der Acetylcholinesterase (AChE) abgebaut. AcCoA wird primär in den Mitochondrien synthetisiert; Cholin wird durch ein aktives Transportsystem mit hoher Affinität geliefert, das von Hemicholin (HC-3) gehemmt werden kann. ACh wird zusammen mit ATP zur Ausschüttung durch Exocytose in Vesikel gepackt. Der Transport von ACh in die Vesikel wird durch Vesamicol blockiert. Vesiculäres ACh ist vor Abbau geschützt. Nach der Freisetzung wird ACh von extrazellulärer AChE in Cholin und Acetat gespalten. Etwa die Hälfte des Cholins, das in die cholinergen Axonendigungen transportiert wird, stammt aus der Hydrolyse von freigesetztem ACh. An einigen Synapsen bindet ATP an postsynaptische Rezeptoren. ATP wird von extrazellulären ATPasen zu Adenosin und Phosphat hydrolysiert; Adenosin kann an präsynaptische Adenosinrezeptoren binden und die Transmitterausschüttung modifizieren.

die Menge, die bei Reizung ausgeschüttet wird, rapide ab (Abb. 3 C). Eine axonale Endigung kann also während einer einstündigen Reizung eine Transmittermenge ausschütten, die einem Vielfachen ihres ursprünglichen Gehalts entspricht, ohne daß sich ihre Speicher erschöpfen.
Wie wird die ACh-Synthese kontrolliert, um den Bedarf an freisetzbarem Transmitter zu befriedigen? Unser Verständnis der Mechanismen, die die ACh-Synthese und Speicherung in den cholinergen Nervenendigungen regulieren, ist erstaunlich begrenzt. Die enzymatischen Reaktionen sind in Abb. 4 zusammengefaßt und werden in Anhang B im Detail dargestellt. Acetylcholin wird vom Enzym Cholinacetyltransferase aus Cholin und Acetyl-CoA synthetisiert und von Acetylcholinesterase hydrolytisch in Cholin und Acetat gespalten. Beide Enzyme findet man im Cytosol. Da die von Cholinacetyltransferase katalysierte Reaktion reversibel ist, ist das Massenwirkungsgesetz ein Faktor, der den ACh-Spiegel kontrolliert. Beispielsweise begünstigt ein Absinken der ACh-Konzentration nach der Freisetzung die Nettosynthese von ACh solange, bis der Gleichgewichtszustand wiederhergestellt ist. Doch die regulatorischen Mechanismen in den cholinergen Axonendigungen sind komplexer als dies. Unter Ruhebedingungen wird die Akkumulation von ACh z.B. durch die fortlaufende Hydrolyse durch intrazelluläre Acetylcholinesterase begrenzt; die Hemmung der Acetylcholinesterase in den Nervenendigungen führt dazu, daß sich die Menge ACh vervielfacht, die sie enthalten.[12,13] D.h., die Konzentration, bis zu der sich ACh ansammelt, stellt ein Gleichgewicht zwischen fortwährender Synthese und ständigem Abbau dar. Das ist ein allgemeines Merkmal des Stoffwechsels von Transmittern mit niedrigem Molekulargewicht. Obwohl es wie Energieverschwendung aussieht, ist ein solcher konstanter Umsatz möglicherweise die Folge von Mechanismen, die sicherstellen, daß ständig genügend Transmitter zur Verfügung steht. Beispielsweise kann die Versorgung mit ACh, das zur Ausschüttung bereitsteht, sowohl durch Förderung der Synthese als auch durch Verringerung des intrazellulären Abbaus gesteigert werden. Tatsächlich würde die 100fache Zunahme der ACh-*Netto*-Synthese, die man bei länger andauernder Stimulation beobachtet, nur eine Verdopplung der *aktuellen ACh-Syntheserate* erfordern, wenn gleichzeitig der intrazelluläre Abbau gestoppt würde.
Im Zentralnervensystem konnte gezeigt werden, daß zusätzliche Faktoren die Menge des ACh beeinflussen, das sich in cholinergen Nervenendigungen ansammelt; zu diesen Faktoren gehören der Vorat an Cholin und an Cosubstrat Acetyl-CoA (das in Mitochondrien produziert wird) sowie die Aktivität der Cholinacetyltransferase.[14,15]
Eine große Menge des ACh in den Nervenendigungen ist in synaptischen Vesikeln eingeschlossen, während die ACh-Synthese und der Abbau im Cytosol ablaufen. Um die Synthese zu beeinflussen, muß die cytoplasmatische Konzentration von ACh durch Freisetzung verringert

14 Jope, R. 1979. *Brain Res.* Rev. 1: 313–344.
15 Tuček, S. 1978. *Acetylcholine Synthesis in Neurons.* Chapman and Hall, London.

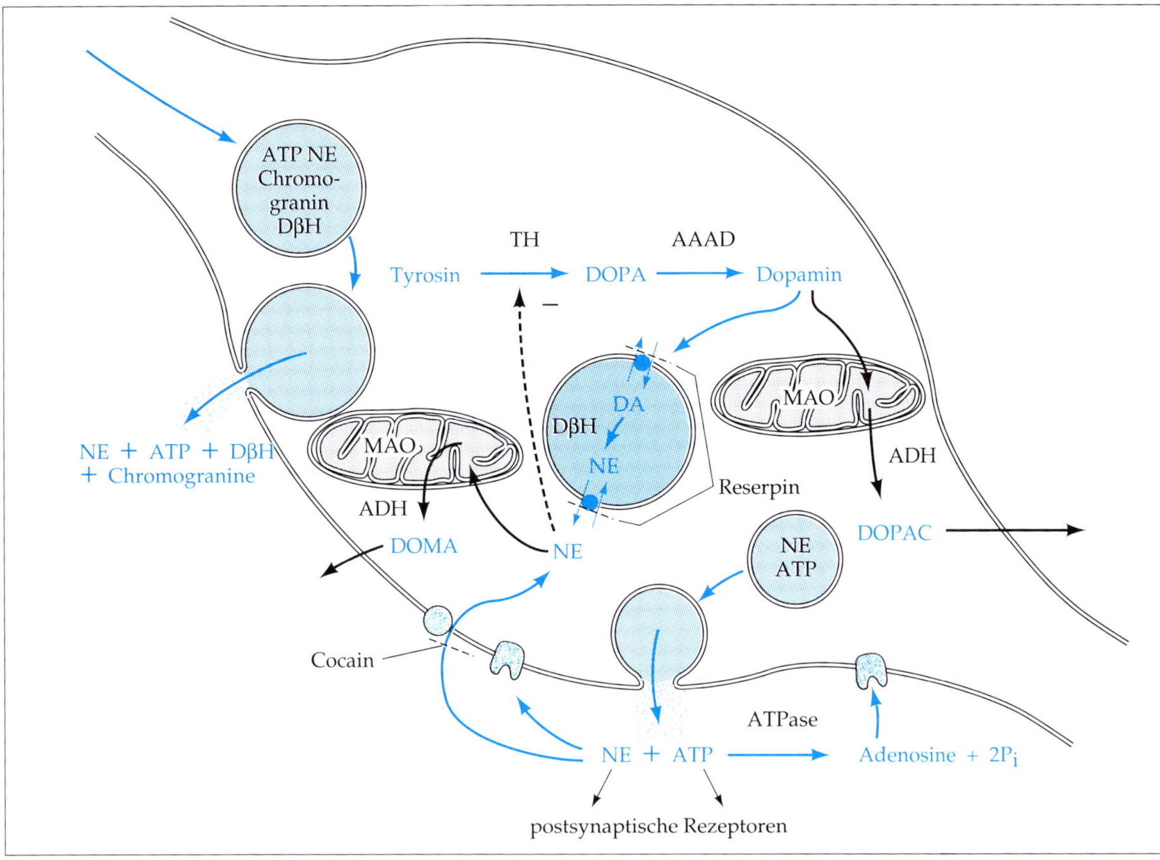

Abb. 5: **Stoffwechselwege der Noradrenalinsynthese, -speicherung, -ausschüttung und -aufnahme.** Tyrosin wird von Tyrosinhydroxylase (TH) in DOPA, DOPA von der Aromatischen L-Aminosäuredecarboxylase (AAAD) in Dopamin (DA) umgewandelt. Dopamin wird in die Vesikel transportiert, wo es von Dopamin-β-hydroxylase (DßH) in Noradrenalin (NE) umgewandelt wird. Noradrenalin hemmt TH und reguliert so die eigene Synthese durch Endprodukthemmung. Der Transport von Dopamin und Noradrenalin in die Vesikel wird von Reserpin blockiert. Die Vesikel enthalten auch ATP (große elektronrndichte Vesikel enthalten zudem lösliches DßH und Chromogranine). Alle löslichen Komponenten in den Vesikeln werden zusammen ausgeschüttet. NE, ATP, Adenosin und die Peptide, die von Chromograninen abstammen, können an prä- und postsynaptische Rezeptoren binden. Nach der Ausschüttung wird Noradrenalin in die Erweiterungen durch einen Aufnahmemechanismus zurücktransportiert, der von Cocain blockiert wird. Noradrenalin kann im Cytoplasma wieder in Vesikel verpackt und erneut ausgeschüttet werden. In der Faseraufweitung wird Noradrenalin zu 3,4-Dihydroxymandelsäure (DOMA) und Dopamin zu 3,4-Dihydroxyphenylessigsäure (DOPAC) abgebaut durch Monoaminooxidase und Aldehyddehydrogenase (ADH).

werden, was vermutlich durch die Verlagerung von cytoplasmatischem ACh in neugebildete Vesikel geschieht. Bei diesen Wechselwirkungen zwischen cytoplasmatischer Synthese und Freisetzung aus Vesikeln handelt es sich um eine allgemeine Eigenschaft niedermolekularer Transmitter. Die genaue Dynamik dieser Wechselbeziehungen zwischen Speicherung in Vesikeln und cytoplasmatischen Transmitterpools ist nur schlecht verstanden.

Die Synthese von Dopamin und Noradrenalin

Ein weiterer Mechanismus, durch den die Syntheserate von Substanzen kontrolliert wird, ist die **Endprodukthemmung** (feedback inhibition), bei der der mengenbegrenzende Schritt im biosynthetischen Stoffwechsel durch das Endprodukt gehemmt wird. Ein gutes Beispiel dafür verdanken wir Untersuchungen von von Euler, Axelrod, Udenfried und Kollegen zur Synthese, Speicherung und Ausschüttung von Noradrenalin bei sympathischen Neuronen und bei sekretorischen Zellen des Nebennierenmarks.[16] Die Zellen des Nebennierenmarks ähneln sympathischen Neuronen in vielen Beziehungen: Sie besitzen denselben embryonalen Ursprung, sie werden von cholinergen Axonen innerviert, die im Zentralnervensystem entspringen, und sie entlassen als Antwort auf Reizung ein Catecholamin. (Der Ausdruck **Catecholamine** bezeichnet kollektiv die Substanzen DOPA, Dopamin, Noradrenalin und Adrenalin, die alle ein Catechol-Grundgerüst – einen Benzolring mit zwei benachbarten Hydroxylgruppen – und eine Aminogruppe aufweisen; s. Anhang B.) Sympathische Neuronen schütten Noradrenalin aus; die Zellen des Nebennierenmarks setzen sowohl Adrenalin als auch Noradrenalin frei.

Noradrenalin wird aus dem häufigen zellulären Metaboliten Tyrosin in drei Schritten synthetisiert: Tyrosin wird durch das Enzym Tyrosinhydroxylase in DOPA,

16 Axelrod, J. 1971. *Science* 173: 598–606.

DOPA von der Aromatischen L-Aminosäuredecarboxylase in Dopamin und Dopamin von Dopamin-β-hydroxylase in Noradrenalin umgewandelt (Abb. 5; s. auch Anhang B). Die Umwandlung von Tyrosin in DOPA und DOPA in Dopamin geschieht im Cytoplasma. Dopamin wird dann in synaptische Vesikel transportiert, wo es von der Dopamin-β-hydroxylase, die mit der Vesikelmembran verbunden ist, in Noradrenalin umgewandelt wird. Der größte Teil des Noradrenalins wird in den Vesikeln gespeichert, nur ein Teil gelangt ins Cytoplasma, wo es von Monoaminooxydase (MAO) abgebaut werden kann.

Einige Neuronen setzen Dopamin als Transmitter frei. Entsprechend enthalten sie Tyrosinhydroxylase und Aromatische L-Aminosäuredecarboxylase, es fehlt ihnen jedoch Dopamin-β-hydroxylase. Andere Neuronen wie auch die Nebennierenmarkszellen schütten Adrenalin aus, das mittels Phenylethanolamin-N-methyltransferase aus Noradrenalin hergestellt wird.

Belege für die Rolle der Endprodukthemmung bei der Regulation der Synthese und der Akkumulation von Catecholaminen stammen zu großen Teilen aus Untersuchungen an Enzymen, die aus dem Nebennierenmark isoliert wurden. Gewöhnlich ist es das erste Enzym in einem mehrstufigen Biosyntheseweg, das die Rate begrenzt und der Endprodukthemmung unterliegt. Tatsächlich ist die Aktivität der Tyrosinhydroxylase in Extrakten aus dem Nebennierenmark um zwei Größenordnungen niedriger als die der Aromatischen L-Aminosäuredecarboxylase und der Dopamin-β-hydroxylase. Die Tyrosinhydroxylase wird durch Noradrenalin (ebenso wie durch Dopamin und Adrenalin) gehemmt. Wenn Noradrenalin oder Adrenalin akkumulieren, hemmen sie zunehmend ihre eigene Synthese, bis ein Gleichgewichtszustand erreicht wird, bei dem die Syntheserate der Abbaurate samt der Ausschüttung entspricht.

Experimente von Weiner und Kollegen an Endigungen von sympathischen Axonen, die die glatte Muskulatur des Samenleiters (Vas deferens) innervieren[17], lieferten Belege dafür, daß die Synthese von Noradrenalin in Neuronen durch Endprodukthemmung reguliert wird. Sie maßen die Rate der Noradrenalinsynthese in den Endigungen, indem sie das Präparat in einer Lösung mit radioaktiv markierten Vorstufen badeten und die Akkumulation von radioaktiv markiertem Noradrenalin registrierten. Wie sie herausfanden, ließ sich die Rate der Noradrenalinsynthese um mehr als das Dreifache steigern, wenn der erste enzymatische Schritt durch Gabe von DOPA statt Tyrosin als Vorstufe übersprungen wird. Damit war bestätigt, daß die Umwandlung von Tyrosin in DOPA der geschwindigkeitsbestimmende Schritt ist. Um die Annahme zu prüfen, der geschwindigkeitsbestimmende Schritt werde durch Endprodukthemmung kontrolliert, variierten sie die Konzentration von Noradrenalin im Cytoplasma auf zwei Wegen. Erstens machten sie sich die Tatsache zunutze, daß die sympathischen axonalen Endigungen einen spezifischen Transportmechanismus für Noradrenalin besitzen und gaben Noradrenalin in die Badlösung, was zu einem Anstieg der Noradrenalinkonzentration in den Endigungen führte. Daraufhin sank die Rate, mit der Noradrenalin aus Tyrosin synthetisiert wurde. Bei Nervenreizung dagegen, die die Noradrenalinkonzentration im Cytoplasma verkleinert, stieg die Umwandlungsrate von Tyrosin zu Noradrenalin fast um das Zweifache an. Diese Zunahme fand jedoch nicht statt, wenn Noradrenalin während der Nervenreizung in die Badlösung gegeben wurde. Offensichtlich war die Aufnahme aus dem Medium ausreichend, um den Noradrenalinspiegel in den axonalen Endigungen aufrechtzuerhalten und damit seine Biosynthese zu begrenzen.

Ein zweiter Mechanismus stellt sicher, daß die Syntheserate von Noradrenalin den Bedarf bei der Freisetzung deckt. Infolge Reizung der Noradrenalin enthaltenden Endigungen erhält die Tyrosinhydroxylase eine höhere Affinität für ihren Dihydropteridin-Cofaktor (s. Anhang B) und wird weniger empfindlich für die Hemmung durch Noradrenalin.[18] Diese Veränderungen sind offenbar das Ergebnis einer vorübergehenden Phosphorylierung der Tyrosinhydroxylase durch Kinasen, die durch eine Reihe von Signalen aktiviert werden, einschließlich dem Einstrom von Calciumionen, der auftritt, wenn die Zellen aktiv sind.[19]

Die Synthese von 5-HT

Verglichen mit unserem Wissen um den Acetylcholin- und Noradrenalinstoffwechsel ist über die Regulation der präsynaptischen Speicher anderer Neurotransmitter weniger bekannt. Stimulation der Neuronen, die 5-HT ausschütten, erhöht die Umwandlungsrate von Tryptophan in 5-Hydroxytryptophan. Diese Reaktion wird durch das Enzym Tryptophanhydroxylase katalysiert und ist der geschwindigkeitsbegrenzende Schritt bei der Synthese von 5-HT (Abb. 6; s. auch Anhang B). Es wurde angenommen, daß die erhöhte Bildungsrate auf Veränderungen der Eigenschaften der Tryptophanhydroxylase beruht, die von einer calciumabhängigen Phosphorylierung hervorgerufen werden,[20] ähnlich den Effekten, die eine Stimulation bei der Tyrosinhydroxylase auslöst.

Die Synthese von Aminosäuretransmittern

Ebenfalls durch Endprodukthemmung wird offenbar die Akkumulation von GABA in inhibitorischen Neuronen von Crustaceen reguliert, wo man zeigen konnte, daß die Aktivität der Glutamatdecarboxylase von GABA[21] ge-

17 Weiner, N. and Rabadjija, M. 1968. *J. Pharmacol. Exp. Ther.* 160: 61–71.

18 Joh, T. H., Park, D. H., and Reis, D. J. 1978. *Proc. Natl. Acad. Sci. USA* 75: 4744–4748.

19 Zigmond, R. E., Schwarzchild, M. A., and Rittenhouse, A. R. 1989. *Annu. Rev. Neurosci.* 12: 415–461.

20 Hamon, M. et al. 1981. *J. Physiol.* (Paris) 77: 269–279.

21 Hall, Z. W., Bownds, M. D. and Kravitz, E. A. 1970. *J. Cell Biol.* 46: 290–299.

Abb. 6: **Synthese von 5-HT und GABA.**

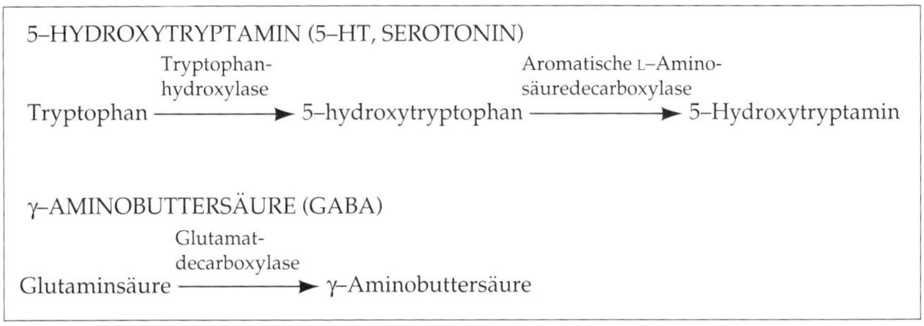

hemmt wird (Abb. 6). Aus dem Säugerhirn isolierte Glutamatdecarboxylase wird jedoch nicht von GABA gehemmt; daher müssen andere Mechanismen die Akkumulation von GABA in Säugerneuronen regulieren. Andere Aminosäuren, die als Transmitter ausgeschüttet werden, wie Glutamat und Glycin, findet man in allen Zellen. Es scheint keine spezifischen Stoffwechselwege für ihre Synthese in den Neuronen zu geben. Aminosäuretransmitter sammeln sich jedoch in neuronalen Endigungen, von wo aus sie freigesetzt werden, in größerer Menge an als in anderen Zellen. Das bedeutet nicht zwangsläufig, daß die cytoplasmatischen Konzentrationen höher sind; der Überschuß kann vollständig in den Vesikeln gespeichert sein.[22]

Langfristige Regulation der Transmittersynthese

Die bisher beschriebenen regulatorischen Mechanismen arbeiten schnell, um die Syntheserate in den Nervenendigungen dem Bedarf anzupassen. Das betrifft in erster Linie die Regulierung der Aktivität der bereits an Ort und Stelle vorliegenden Enzyme, weniger die Änderungen ihrer Konzentration. Zusätzlich zu solchen kurzfristigen Effekten gibt es auch langfristige Regulationsmechanismen. Ein gutes Beispiel bietet die Antwort des sympathischen Nervensystems auf langanhaltenden Streß, dem ein Tier ausgesetzt ist. Wenn der Körper unter Streß gerät, werden sympathische Neuronen aktiviert. Bei langanhaltender Aktivierung erhöhen sich der Tyrosinhydroxylase- und der Dopamin-β-hydroxylasespiegel um das Drei- bis Vierfache.[23,24] Diese Zunahme ist die Folge der Synthese neuer Enzymmoleküle und ist spezifisch; die Spiegel anderer Enzyme des Noradrenalinaufbaus und -abbaus, wie Aromatische L-Aminosäuredecarboxylase und Monoaminoxidase, sind nicht betroffen. Die Zunahme wird durch die gesteigerte synaptische Aktivierung sympathischer Neuronen durch Eingang von Zentralnervensystem ausgelöst. Diese **transsynaptische Regulation** liefert einen Mechanismus, durch den die Synthesefähigkeit der Neuronen an den Abgabebedarf angepaßt werden kann.[25] Experimente an sympathischen Ganglien des Menschen haben gezeigt, daß die elektrische Stimulation von präganglionären Fasern innerhalb von 20 min einen deutlichen Pegelanstieg der mRNAs für Tyrosinhydroxylase und Dopamin-β-hydroxylase in den postsynaptischen Zellen hervorruft. Man schließt daraus, daß die Gene, die an der Noradrenalinsynthese beteiligt sind, sehr schnell und empfindlich reguliert werden.[26]

Die Konzentrationen der Tyrosinhydroxylase und der Dopamin-β-hydroxylase in sympathischen Neuronen hängen auch von den Signalen der Zellen ab, die sie innervieren. Beispielsweise wird NGF (nerve growth factor, Nervenwachstumsfaktor, s. Kap. 11) – von postsynaptischen Zellen produziert – in die Endigungen der sympathischen Axone aufgenommen und zurück zum Zellkörper transportiert, wo er die Syntheserate von Tyrosinhydroxylase und Dopamin-β-hydroxylase erhöht.[27]

Die Synthese von Neuropeptiden

Die Regulierung der Speicherung von Peptidtransmittern wird durch die Trennung des Ortes der Synthese vom Ort der Ausschüttung kompliziert. Peptide werden an Ribosomen synthetisiert, die im Soma der Neuronen liegen, nicht aber in Axonen oder Nervenendigungen. Daher müssen Peptide im Zellkörper synthetisiert und über das Axon zur Endigung transportiert werden, wodurch die Menge, die zur Ausschüttung verfügbar ist, begrenzt wird. Gleichzeitig binden die Peptide bereits bei einer viel geringeren Konzentration (im Bereich von 10^{-8} bis 10^{-10} M) an ihre Rezeptoren als niedermolekulare Transmittern wie ACh (10^{-5} bis 10^{-6} M), und die Mechanismen, durch die ihre Wirkung beendet wird, laufen allgemein langsamer ab. Zum anderen wirken Neuropeptid-Rezeptoren indirekt über intrazelluläre Stoffwechselwege, die eine außerordentlich große Verstärkung bewirken können. Infolgedessen werden viel we-

22 Maycox, P. R., Hell, J. W. and Jahn, R. 1990. *Trends Neurosci.* 13: 83–87.
23 Thoenen, H., Mueller, R. A. and Axelrod, J. 1969. *Nature* 221: 1264.
24 Thoenen, H., Otten, U., and Schwab, M. 1979. *In* F. O. Schmitt and F. G. Worden (eds.). *The Neurosciences: Fourth Study Program.*. MIT Press, Cambridge, MA., pp. 911–928.
25 Comb, M., Hyman, S. E. and Goodman, H. M. 1987. *Trends Neurosci.* 10: 473–478.
26 Schalling, M. et al. 1989. *Proc. Natl. Acad. Sci. USA* 86: 4302–4305.
27 Thoenen, H. and Barde, Y.-A. 1980. *Physiol. Rev.* 60: 1284–1335.

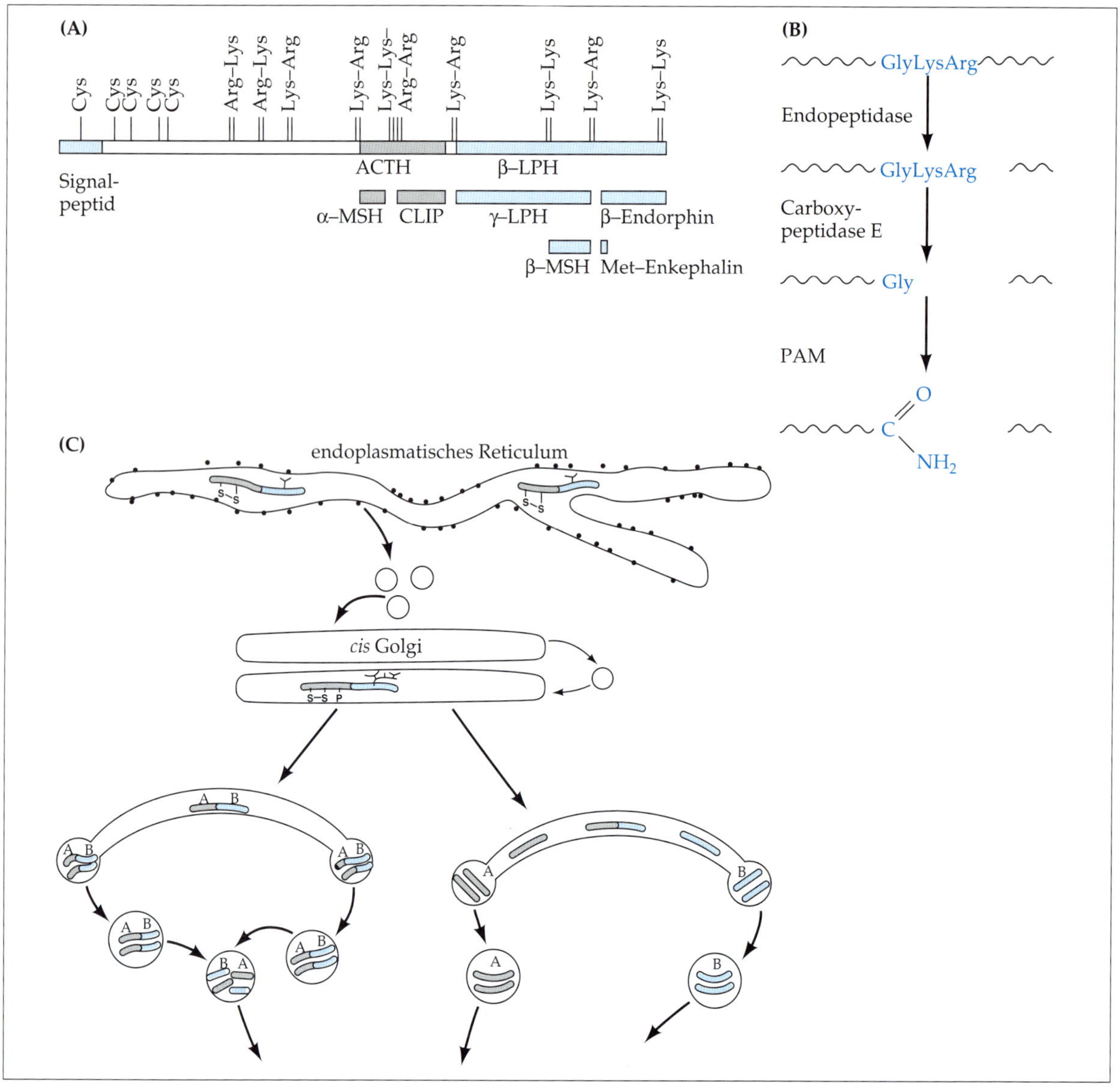

Abb. 7: **Die Synthese von Neuropeptiden.** (A) Darstellung der Struktur von bovinem Proopiomelanocortin. Die Lage bekannter Peptidkomponenten ist durch geschlossene Kästchen gekennzeichnet. Benachbarte basische Aminosäuregruppen – häufige Angriffsziele für Reaktionsenzyme – sind angegeben. (B) Stufen bei der Synthese von Neuropeptiden. Die enzymatische Bearbeitung beginnt gewöhnlich mit der Spaltung durch eine Endoprotease am Carboxylende der Erkennungsstelle. Die basischen Gruppen werden von Carbopeptidase E zurechtgeschnitten. Wenn das Peptid mit Glycin endet, wandelt das Enzym Peptidylglycin-α-monooxygenase (α-amidierend) (PAM) das Carboxylende in ein Amid um. (C) Weg der Neuropeptidsynthese. Neuropeptidvorstufen werden durch eine Signalsequenz, die cotranslational abgespalten wird, in das Lumen des endoplasmatischen Reticulums dirigiert. Im endoplasmatischen Reticulum werden Disulfidbrücken gebildet und N-glycosyliert. Das Propeptid wird dann durch den Golgi-Apparat transportiert, wo weitere Modifikationen, wie Sulfatierung und Phosphorylierung, stattfinden. Zwei Arten der Weiterverarbeitung sind dargestellt. Links wird ein Propeptid in die Vesikel gepackt, die sich vom Golgi-Apparat abschnüren. Wenn das Vesikel heranreift, wird das Propeptid gespaltet, und es entstehen zwei Fragmente der Vorstufe im selben Vesikel. Rechts wird ein Propeptid innerhalb des Golgi-Apparates gespaltet und die Peptide anschließend in separate Vesikel sortiert (nach Sossin et al., 1989)

niger Moleküle eines Peptides benötigt, um auf ein postsynaptisches Zielobjekt einzuwirken, und der für die Ausschüttung benötigte Bedarf kann durch den Nachschub von Molekülen aus dem Zellkörper befriedigt werden. Dieses Arrangement bedeutet jedoch, daß Signale, die die Peptidsyntheserate beeinflussen, Vorgänge im Zellkörper regulieren müssen. Das ist im Gegensatz zur der schnellen lokalen Steuerung von Synthese und Speicherung der Transmitter mit niedrigem Molekulargewicht in der axonalen Endigung ein relativ langsamer Prozeß.

Peptide werden aus Teilen von größeren Propeptid-Proteinen synthetisiert, die oft die Sequenz für mehr als ein biologisch aktives Peptid enthalten[28,29] (Tabelle 1, Abb. 7). Spezifische Proteasen spalten die Propeptide in

28 Loh, Y. P. and Parish, D. C. 1987. *In* A. J. Turner (ed.). *Neuropeptides and Their Peptidases.* Ellis Horwood, New York, pp. 65–84.
29 Sossin, W. S., Fisher, J. M., and Scheler, R. H. 1989. *Neuron* 2: 1407–1417.

die entsprechenden Peptidmoleküle. Dieser Vorgang kann im Zellkörper, innerhalb von peptidspeichernden Vesikeln, während ihres Transports längs des Axons oder vielleicht auch in der Nervenendigung selbst ablaufen.[30] Die Eigenschaften und die Verteilung der beteiligten Enzyme, die die Menge und die Natur der Peptide bestimmen, die zur Ausschüttung verfügbar sind, werden intensiv erforscht.

Die Speicherung von Transmittern in synaptischen Vesikeln

Wie werden Transmittermoleküle in Vesikel gepackt? Peptidtransmitter werden im rauhen endoplasmatischen Reticulum synthetisiert und in große elektronendichte Vesikel (Durchmesser 100–200 nm) inkorporiert, die vom Golgi-Apparat erzeugt werden. Sie bleiben während des Transports vom Zellkörper in die Nervenendigung in den Vesikeln eingeschlossen.[29,30] Bei Transmittern mit niedrigem Molekulargewicht wie ACh und Noradrenalin findet ein Großteil der Transmittersynthese statt dessen in der axonalen Endigung statt, und der Transmitter muß dort in Vesikel gepackt werden. Wie mit dem Elektronenmikroskop zu sehen ist, sind diese synaptischen Vesikel meist klein (50 nm Durchmesser) und können klar (z.B. ACh, Aminosäuretransmitter) oder elektronendicht erscheinen (z.B. biogene Amine). Die Transmitterkonzentration in den Vesikeln ist höher als im umgebenden Cytoplasma. Die Akkumulation der Transmitter in den Vesikeln wird von einem Protonengradienten über der Membran angetrieben[31–33] (Abb. 8). Eine protonenabhängige ATPase in der Vesikelmembran pumpt Protonen in das Vesikel. Dadurch wird das Innere im Vergleich zum Cytoplasma positiv aufgeladen und sauer. Transportproteine nutzen dann die Energie dieses Gradienten zum Transport der Transmittermoleküle ins Vesikel gegen ihr Konzentrationsgefälle.[22,34] Wie es aussieht gibt es nur wenige unterschiedliche Vesikeltransporter: Alle biogenen Amine benutzen anscheinend denselben Transporter, GABA und Glycin teilen sich offenbar einen gemeinsamen Transporter, und nur jeweils ein Transporter für ACh und Glutamat ist bisher bekannt.[33] Der vesikuläre Transmitter-Transportmechanismus hat nicht die gleiche Spezifität wie die postsynaptischen Rezeptoren. Deshalb können sich unter bestimmten Voraussetzungen Moleküle in den Vesikeln ansammeln, die die postsynaptischen Rezeptoren nicht aktivieren und so als **falsche Transmitter** aus den axonalen Nervenendigungen freigesetzt werden.[35,36]

Die ersten Vesikel, die gereinigt und biochemisch analysiert wurden, stammten aus dem Nebennierenmark. Diese großen (200–400 nm Durchmesser) Vesikel werden als chromaffine Granula bezeichnet, da sie mit Chromsalzen angefärbt werden können. Neben Catecholaminen enthalten chromaffine Granula ATP in hoher Konzentration, eine lösliche Form des Syntheseenzyms Dopamin-β-hydroxylase und lösliche Proteine, die als Chromogranine bezeichnet werden. Die Bildung multimolekularer Komplexe zwischen positiv geladenen Catecholaminen, negativ geladenem ATP und den Chromograninen hilft offenbar beim Verpacken und Speichern der Catecholamine bei Konzentrationen, die sonst eventuell hyperosmotisch wären.[31] Zusätzlich ruft die Freisetzung von ATP eigene Effekte hervor, und ATP wirkt so als Cotransmitter.[7] Ebenso konnte bei einem der Proteine, Chromogranin A, gezeigt werden, daß es als Vorstufe für eine Reihe von Peptiden dient, die die Sekretion beeinflussen.[7]

Synaptische Vesikel wurden aus cholinergen und noradrenergen Axonen und Nervenendigungen gewonnen. Noradrenerge Nervenendigungen enthalten große elektronendichte Vesikel (70–200 nm Durchmesser), die wie chromaffine Granula Chromogranine und die lösliche Form der Dopamin-β-hydroxylase enthalten. Die zahlreicheren, kleinen synaptischen Vesikel in den catecholaminhaltigen Nervenendigungen wie auch die in den cholinergen Nervenendigungen enthalten offenbar nur wenig lösliches Protein. Cholinerge synaptische Vesikel und Vesikel, die biogene Amine enthalten, weisen hohe Konzentrationen an ATP auf,[37,38] das die Ladung neu-

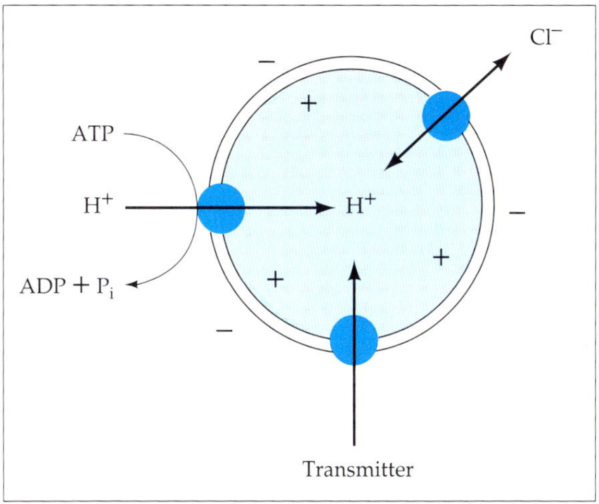

Abb. 8: **Der Transport von Transmittern in synaptische Vesikel** wird von einem elektrochemischen Protonengradienten angetrieben. Eine ATP-getriebene Pumpe transportiert Protonen in die synaptischen Vesikel, wodurch das Innere der Vesikel im Vergleich zum Cytoplasma sauer und positiv geladen wird. Neurotransmitter werden von spezifischen Transportern, die energetisch an den elektrochemischen Protonengradienten gekoppelt sind, in die Vesikel geschafft. Die elektrische Neutralität im Gesamtvesikel wird durch Chloridbewegung durch einen Anionenkanal erhalten.

30 Gainer, H., Sarne, Y., and Brownstein, M. J. 1977. *J. Cell Biol.* 73: 366–381.
31 Johnson, R. G., Jr. 1988. *Physiol. Rev.* 68: 232–307.
32 Marshall, I. G. and Parsons, S. M. 1987. *Trends Neurosci.* 10: 174–177.
33 Südhof, T. C. and Jahn, R. 1991. *Neuron* 6: 665–677.
34 Stern-Bach, Y. et al. 1990. *J. Biol. Chem.* 265: 3961–3966.
35 Kopin, I. J. 1968. *Annu. rev. Pharmacol.* 8: 377–394.
36 Luqmani, Y. A., Sudlow, G. and Whittaker, V. P. 1980. *Neuroscience* 5: 153–160.

37 Dowdall, M. J., Boyne, A. F. and Whittaker, V. P. 1974. *Biochem. J.* 140: 1–12.
38 De Potter, W. P., Smith, A. D. and De Schaepdryver, A. F. 1970. *Tissue Cell* 2: 529–546.

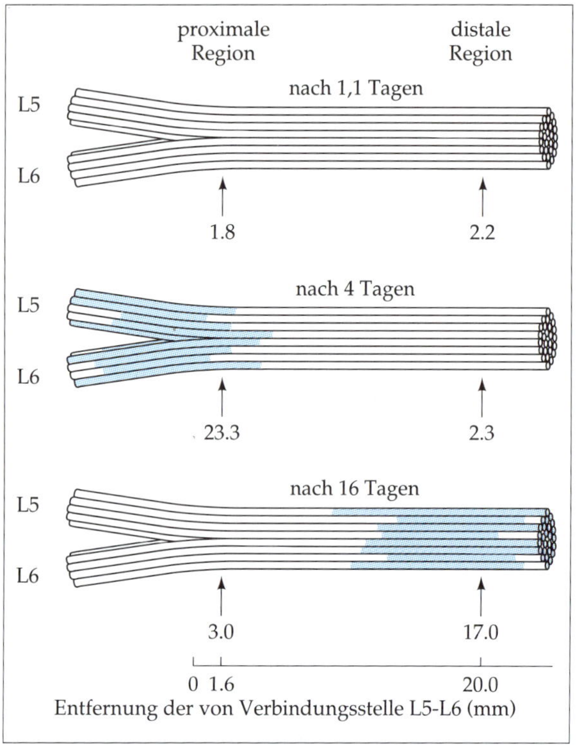

Abb. 9: **Langsamer axonaler Transport.** Die Diagramme stellen den Ischiasnerv dar, der aus der Verbindung der L5- und L6-Wurzeln entsteht (links). Die schattierten Bereiche zeigen die Lage radioaktiv markierter Proteine zu den angegebenen Zeiten nach Injektion von [^{3}H]-Leucin in das Rückenmark. Die Zahlen unter jedem Diagramm geben die Dichte der autoradiographischen Körner auf Nervenquerschnitten in Körnern/10 μm^2 an. Am 1. Tag sind in den Axonen nur wenige radioaktiv markierte Proteine vorhanden, sie tauchen in der proximalen Region am 4. Tag auf und haben die distale Region nach 16 Tagen erreicht. Das entspricht einer Transportgeschwindigkeit von ca. 1,5 mm pro Tag (nach Droz und Leblond, 1963).

tralisieren und die osmotische Aktivität der Transmitterspeicher verringern kann. Zusätzlich wirkt ATP an einigen Synapsen als Neurotransmitter, wobei sich sein Metabolit, Adenosin, mit Rezeptoren in axonalen Endigungen verbinden und die Ausschüttung modulieren kann.[39] Die Aufnahme von ATP in isolierte amin- und ACh-haltige Vesikel ist beschrieben worden,[31,40] doch der Transporter für die ATP-Aufnahme wurde noch nicht identifiziert. Bei gemischten Populationen von synaptischen Vesikeln, die aus dem Zentralnervensystem isoliert wurden, konnte gezeigt werden, daß sie ein breites Spektrum von Transmittern, darunter Glutamat, GABA und Glycin, enthalten.[41,42]

Der axonale Transport

Wie weiter oben beschrieben wurde werden Neuropeptidtransmitter und alle Proteine, die an Transmittersynthese, Speicherung, Freisetzung und Abbau beteiligt sind, im Soma der Nervenzelle synthetisiert und müssen zur axonalen Endigung transportiert werden. Der erste Beleg für einen Stofftransport längs des Axons stammt von Weiss und Kollegen, die nach Ligatur von peripheren Nerven ein Aufblähen der Axone direkt vor der Unterbindung beobachteten und anschließend die Bewegung des angestauten Materials längs des Axons nach Lösen der Ligatur verfolgen konnten.[43] Diese Effekte zeigten, daß normalerweise eine ständige Bewegung des Axoplasmas mit einer Geschwindigkeit von 1 bis 2 mm pro Tag längs des Axons stattfindet. Man bezeichnete den Vorgang als **axoplasmatischen Fluß**. Diese Vorstellung wurde durch spätere Experimente unterstützt, bei denen man radioaktiv markierte Aminosäuren benutzte, um die Bewegung der Proteine aus den neuronalen Zellkörpern durch die peripheren und zentralen Axone zu verfolgen[44] (Abb. 9). Die Experimente mit radioaktiv markierten Vorstufen zeigten jedoch auch, daß einige Proteine sehr viel schneller – bis zu 400 mm pro Tag – wanderten, was nicht auf die Wanderung des Axoplasmas zurückgeführt werden konnte.[45] Daher wurde der Ausdruck **axonaler Transport** auf alle Arten von Bewegung erweitert, die in Axonen auftreten.

Es gibt heute vielfältige Beweise für eine kontinuierliche Bewegung von Substanzen in Axonen, sowohl in Richtung zur axonalen Endigung (**anterograder Transport**) als auch von der Endigung weg zum Zellkörper (**retrograder Transport**).[45] Verschiedene Komponenten bewegen sich unterschiedlich schnell: Strukturproteine, wie Tubulin und Neurofilamentproteine, bewegen sich mit der geringsten Geschwindigkeit (1–2 mm/Tag); schnell transportiert (bis zu 400 mm/Tag) werden hauptsächlich Partikel, wie verschiedene Vesikel (einschließlich synaptischer Vesikel) und Mitochondrien. Mit verschiedenen Versuchsansätzen konnte man die Wanderung von Transmittern und Enzymen in Axonen demonstrieren. Geffen hat bespielsweise nach Injektion von radioaktiv markiertem Noradrenalin in sympathische Ganglien die Bewegung von Noradrenalin (vermutlich in Vesikeln) entlang sympathischer Axone gezeigt.[46] Bei Untersuchungen von Schwartz und Kollegen wurden radioaktiv markierte Vorstufen von ACh und 5-HT intrazellulär in einzelne große Neuronen von *Aplysia* eingespritzt und die Bewegung des markierten ACh bzw. 5-HT im Axon bis zu seinem Ende verfolgt.[47,48] Messungen des Zeitver-

39 Burnstock, G. 1990. *Ann. NY Acad. Sci.* 603: 1–17.
40 Stadler, H. and Kiene, M.-L. 1987. *EMBO J.* 6: 2217–2221.
41 Burger, P. M. et al. 1989. *Neuron* 3: 715–720.
42 Burger, P. M. et al. 1991. *Neuron* 7: 287–293.

43 Weiss, P. and Hiscoe, H. B. 1948. *J. Exp. Zool.* 107: 315–395.
44 Droz, B. and Leblond, C. P. 1963. *J. Comp. Neurol.* 121: 325–346.
45 Grafstein, B. and Forman, D. S. 1980. *Physiol. Rev.* 60: 1167–1283.
46 Livett, B. G., Geffen, L. B. and Austin, L. 1968. *J. Neurochem.* 15: 931–939.
47 Koike, H., Kandel, E. R. and Schwartz, J. H. 1974. *J. Neurophysiol.* 37: 815–827.
48 Shkolnik, L. J. and Schwartz, J. H. 1980. *J. Neurophysiol.* 43: 945–967.

laufs der Akkumulation von Material proximal einer Einschnürung [49,50] oder in axonalen Endigungen[51] zeigten charakteristische Geschwindigkeitsunterschiede der Bewegung beim breiten Spektrum der transportierten Substanzen. Retrograder Transport ist, wie gezeigt werden konnte, entscheidend für die Bewegung von trophischen Molekülen, wie NGF, aus den axonalen Endigungen zurück zu ihren Zellkörpern (s. Kap. 11). Proteintracer wie Meerrettichperoxidase und Fluoreszensfarbstoffe wie Fast Blue wurden entwickelt, die durch axonalen Transport sowohl anterograd als auch retrograd bewegt werden. Mit Hilfe dieser Tracer ist es möglich, synaptische Verbindungen selbst über große Entfernungen zu kartieren, da einzelne Axone, ihre Endverzweigungen und ihre Zellkörper sichtbar werden.[52,53]

Mikrotubuli und Transport

Obwohl frühe Experimente bereits gezeigt hatten, daß der axonale Transport Stoffwechselenergie erfordert und auf intakten Mikrotubuli basiert, wurden 30 Jahre lang kaum Fortschritte zum Verständnis seines Mechanismus erzielt. Dann waren es zwei technische Entwicklungen, die rasch neue Erkenntnisse ermöglichten: die Entwicklung mikroskopischer Techniken, die eine direkte Beobachtung einzelner Vesikel in lebenden Zellen erlaubte[54,55], und der Befund, daß Vesikelbewegungen in zellfreien Systemen, wie herausgedrücktem Tintenfischaxoplasma, nicht zum Erliegen kommt.[56]
Untersuchungen von Reese, Sheetz, Schnapp, Vale und Kollegen haben gezeigt, daß der Transport durch Anheftung von Organellen, wie Mitochondrien und Vesikeln, an Microtubuli durch mechanochemische Enzyme oder Motoren zustande kommt, die ATP hydrolysieren und die Energie dazu benutzen, die Organellen auf den Mikrotubulus- «Schienen» zu transportieren (Abb. 10).[57,58] Mikrotubuli weisen eine inhärente Polarität auf; in Axonen zeigt das «Plus»-Ende in Richtung auf die distale axonale Endigung. Anterograder Transport wird von Kinesin angetrieben, das die Organellen auf das Plus-Ende zubewegt, retrograder Transport hingegen von cytoplasmatischem Dynein, das die Organellen in Richtung Minus-Ende verschiebt (Abb. 11).[59] Es gibt offenbar spezifische Rezeptoren auf der Organellenoberfläche, die die Anheftung von Kinesin und cytoplasmatischen Dyneinmotoren steuern und dadurch die Richtung der Organellenwanderung vorgeben.[60] Bemerkenswerterweise konnte gezeigt werden, daß ein einzelner Kinesinmotor ein Organell mit einer Geschwindigkeit bewegt, die dem schnellen axonalen Transport entspricht; aus jedem hydrolysierten ATP-Molekül resultiert ein «Schritt» von ca. 20 nm.[61] Unterschiede in der Transportgeschwindigkeit der verschiedenen Komponenten rühren offenbar von den unterschiedlich langen Zeiträumen her, die sie «auf der Schiene» bleiben und von dem unterschiedlich gro-

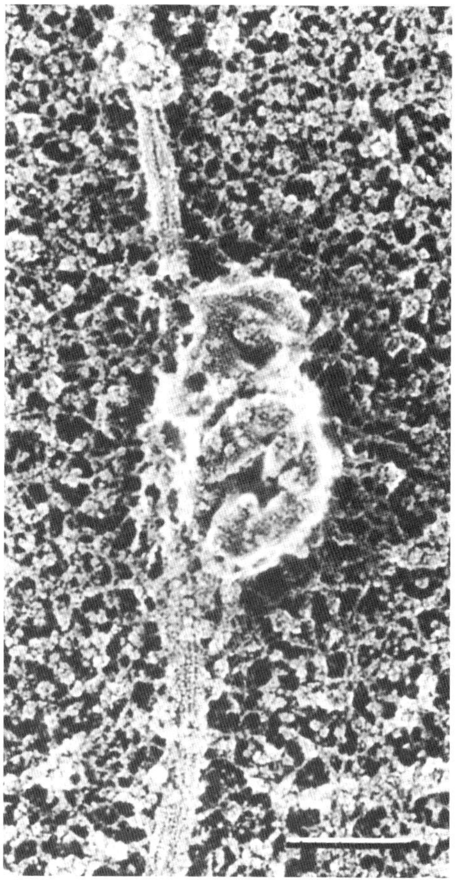

Abb. 10: **Der schnelle axonale Transport** geschieht durch Bewegung von Organellen längs der Mikrotubuli. Elektronenmikroskopische Aufnahme eines Vesikels, das an einem Mikrotubulus entlangwandert. Die Bewegung der Organellen entlang der Filamente wurde im ausgequetschten Tintenfischaxoplasma lichtmikroskopisch beobachtet; dann wurde das Präparat fixiert und elektronenmikroskopisch untersucht. Es zeigte sich, daß es sich bei diesen Organellen um Vesikel handelt, die an Mikrotubuli angeheftet sind. Eine Schicht aus granulösem und fein-filamentösem Material bedeckt das Glassubstrat. Balken 0,1 µm (aus Schnapp et al., 1985).

49 Niemierko, S. and Lubinska, L. 1967. *J. Neurochem.* 14: 761–769.
50 Dahlstrom, A. 1971. *Philos. Trans. R. Soc. Lond. B* 261: 325–358.
51 McEwen, B. S. and Grafstein, B. 1968. *J. Cell Biol.* 38: 494–508.
52 La Vail, J. H. and La Vail, M. M. 1974. *J. Comp. Neurol.* 157: 303–358.
53 Ugolini, G. and Kuypers, H. G. J. M. 1986. *Brain Res.* 365: 211–227.
54 Inoué, S. 1981. *J. Cell. Biol.* 89: 346–356.
55 Allen, R. D., Allen, N. S. and Travis, J. L. 1981. *Cell Motil.* 1: 291–302.
56 Brady, S. T., Lasek, R. J. and Allen, R. D. 1982. *Science* 218: 1129–1131.
57 Vale, R. D. 1987. *Annu. Rev. Cell Biol.* 3: 347–378.
58 Vallee, R. B. and Bloom, G. S. 1991. *Annu. Rev. Neurosci.* 14: 59–92.
59 Schnapp, B. J. and Reese, T. S. 1989. *Proc. Natl. Acad. Sci. USA* 86: 1548–1552.
60 Sheetz, M. P., Steuer, E. R. and Schroer, T. A. 1989. *Trends Neurosci.* 12: 474–478.
61 Howard, J., Hudspeth, A. J. and Vale, R. D. 1989. *Nature* 342: 154–158.

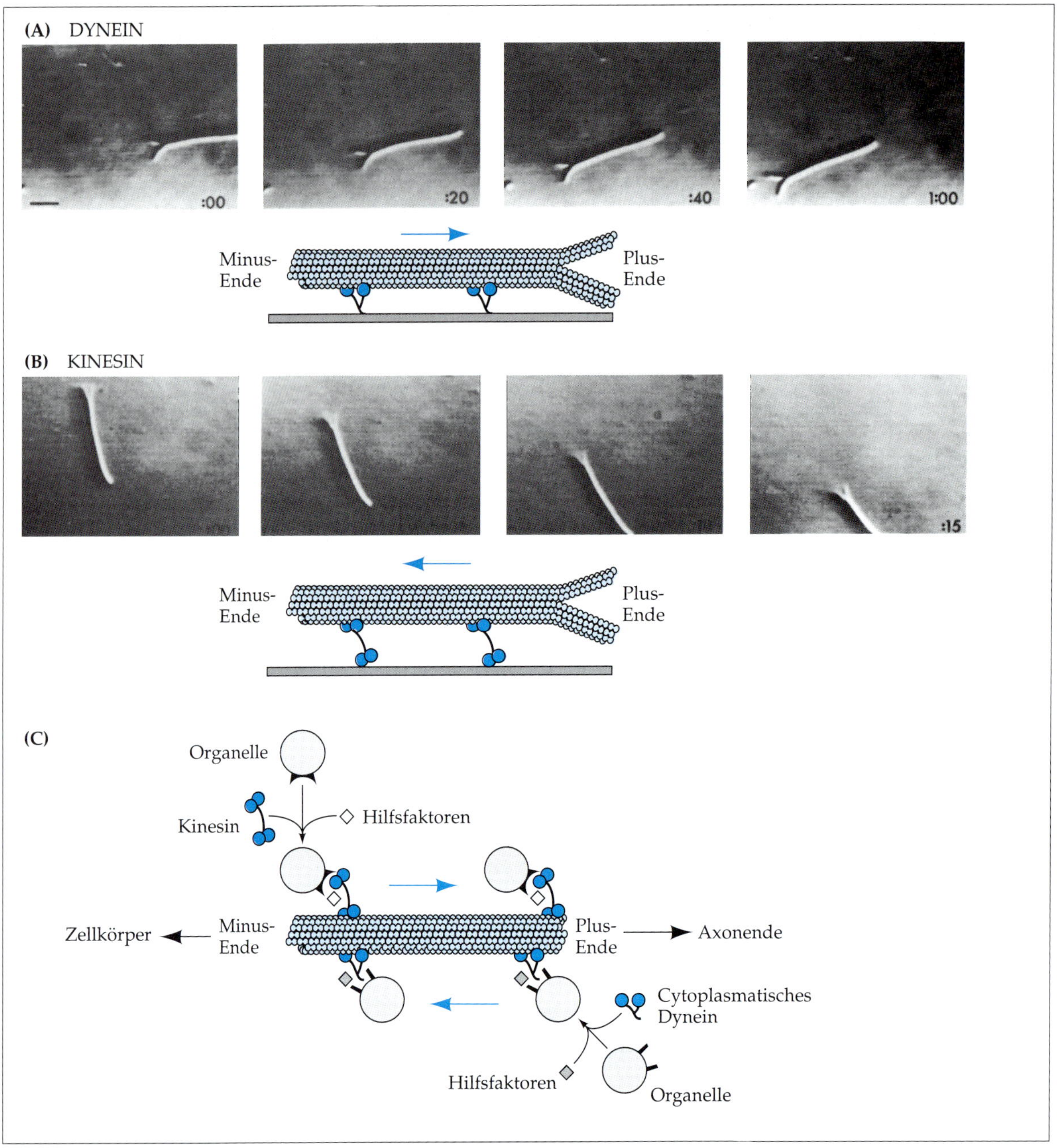

Abb. 11: **Der schnelle axonale Transport wird von enzymatischen Motoren angetrieben.** (A, B) Bildfolge der Bewegung von Mikrotubulusfragmenten an gereinigten, schnell transportierenden «Motoren». Die Zeit ist in Minuten angegeben, der Maßstab beträgt 2 µm. Zu gereinigtem cytoplasmatischem Dynein (A) oder Kinesin (B), das auf einem Deckglas haftete, wurden Mikrotubulusfragmente zugegeben. Sobald die Fragmente die Oberfläche berührten, wurden sie auf Dynein mit ihrem aufgespleißten (distales oder +) Ende voran und auf Kinesin mit ihrem kompakten (proximalen oder -) Ende voran wegbewegt, wie dargestellt. (C) Im Axon sind die Mikrotubuli stationär und weisen eine Polarität auf. Das Plus-Ende weist in Richtung der axonalen Endigungen, das Minus-Ende in Richtung des Zellkörpers. Cytoplasmatisches Dynein und Kinesin heften sich zusammen mit noch nicht identifizierten Hilfsfaktoren an Organellen und treiben sie in Richtung auf den Zellkörper bzw. die Axonendigung vorwärts (A und B aus Paschal und Vallee, 1987; Wiedergabe der mikroskopischen Aufnahmen mit freundlicher Genehmigung von R. Vallee; C nach Vallee, Shpetner und Paschal, 1989).

ßen Widerstand, auf den sie treffen, wenn sie in das dichte Netzwerk des Cytoskeletts und anderer Stützelemente im Axon einzudringen versuchen.[58]

Der Mechanismus des langsamen axonalen Transports ist, obwohl noch nicht gut verstanden, auf jeden Fall ein ganz anderer, bei dem der Umsatz von Komponenten des Cytoskeletts und die Bewegungen löslicher cytoplasmatischer Proteine eine Rolle spielen.[45,58]

Transmitterausschüttung und Vesikelrecycling

Morphologische, elektrophysiologische und chemische Befunde zeigen, daß Transmitter in multimolekularen Paketen oder Quanten freigesetzt werden und daß diese Abgabe durch Exocytose geschieht, bei der die synaptischen Vesikel mit der präsynaptischen Membran verschmelzen und dadurch Transmitter in den synaptischen Spalt entlassen (Kap. 7).

Der Vesikelinhalt wird durch Exocytose freigesetzt

Eine Vorhersage, die man aufgrund der Hypothese machen kann, die Ausschüttung von Neurotransmittern geschehe durch Exocytose von Vesikeln, ist, daß bei Stimulierung der gesamte lösliche Inhalt synaptischer Vesikel – Transmitter, ATP und Proteine – freigesetzt wird. Diese Vorhersage wurde zuerst an Nebennierenmarkszellen getestet, aus denen chromaffine Granula gereinigt und ihre Inhaltsstoffe analysiert werden konnten.[62] Wie oben beschrieben enthalten chromaffine Granula nicht nur Adrenalin und Noradrenalin, sondern auch ATP, das Syntheseenzym Dopamin-β-hydroxylase und Chromogranine. Alle diese Inhaltsstoffe werden nicht nur als Antwort auf einen Reiz des Nebenierenmarks ausgeschüttet, sondern sie treten im Perfusat genau im selben Mengenverhältnis auf wie in den Granula. Auch zwischen dem Vesikelinhalt und den von Neuronen ausgeschütteten Substanzen besteht eine gute Übereinstimmung, obwohl es schwierig ist, reine Populationen von synaptischen Vesikeln aus Nervenendigungen zu isolieren, um ihren Inhalt zu analysieren. Beispielsweise enthalten kleine synaptische Vesikel in sympathischen Neuronen nicht nur Noradrenalin, sondern auch ATP; die größeren dichten Vesikel enthalten zusätzlich Dopamin-β-hydroxylase und Chromogranin A. Reizung der sympathischen Axone führt zur Ausschüttung aller dieser Vesikelinhaltsstoffe.[63] Ähnlich enthalten Vesikel aus cholinergen Neuronen ATP und auch ACh, die beide bei Reizung der cholinergen Nerven ausgeschüttet werden.[64]

Die Vorstellung, daß ein Transmitterquant dem Inhalt eines einzelnen synaptischen Vesikels entspricht, wurde an cholinergen Neuronen quantitativ untersucht. Gereinigte Vesikel aus den Endigungen von cholinergen elektromotorischen Neuronen aus dem elektrischen Organen des marinen Rochens *Narcine brasiliensis* (einem Verwandten von *Torpedo californica*) enthielten, wie man fand, rund 47000 ACh-Moleküle.[65] Die entsprechende Anzahl für ein synaptisches Vesikel bei der neuromuskulären Verbindung des Frosches – berechnet unter Annahme derselben intravesikulären Konzentration von ACh und korrigiert für die geringere Größe der Froschvesikel – beträgt 7000. Dieser Wert steht in exzellenter Übereinstimmung mit elektrophysiologischen Schätzungen der Anzahl ACh-Moleküle in einem Quant[66] (Kap. 7).

Morphologische Korrelate der vesikulären Freisetzung

Eine wichtige experimentelle Innovation, die von Heuser, Reese und Kollegen[67] entwickelt wurde, gestattet es, Froschmuskeln innerhalb von Millisekunden nach einem einzelnen Reiz des motorischen Nervs tiefzufrieren und den Muskel dann für den Gefrierbruch zu präparieren. In einem solchen Experiment war es möglich, rasterelektronenmikroskopische Aufnahmen von Vesikeln zu erhalten, die gerade in Begriff waren, mit der präsynaptischen Membran zu verschmelzen und den Zeitverlauf einer solchen Fusion mit einiger Genauigkeit zu bestimmen. Dazu wird der Muskel an der Unterseite eines fallenden Tauchkolbens befestigt, wobei das Motoneuron an der Reizelektrode angeheftet ist. Beim Fall des Tauchkolbens wird ein Stimulator getriggert und reizt den Nerv innerhalb eines bestimmten Intervalls, bevor der Muskel in einen Kupferblock prallt, der mit flüssigem Helium auf 4 K gekühlt ist. Entscheidend bei dem Experiment ist, daß die Dauer des präsynaptischen Aktionspotentials durch Zugabe von 4-Aminopyridin (4-AP; Kap. 4) zur Badlösung verlängert wird. Diese Behandlung steigert Ausmaß und Dauer der Quantenfreisetzung, die von einem einzelnen Reiz ausgelöst wird, beträchtlich, und damit auch die Zahl der Vesikelöffnungen, die in den elektronenmikroskopischen Aufnahmen zu sehen sind (Abb. 12 A und 12 B). Dabei wurden zwei wichtige Beobachtungen gemacht: Erstens fand man die maximale Zahl von Vesikelöffnungen, wenn die Reizung dem Einfrieren um 3 bis 5 ms vorausging. Das stimmt mit dem Gipfel des postsynaptischen Stroms überein, der an Curare- und 4-AP-behandelten Muskeln in anderen Experimenten gemessen wurde. Mit anderen Worten koinzidiert die maximale Zahl von Vesikelöffnungen zeitlich mit dem Gipfel der physiologisch bestimmten postsynaptischen Leitfähigkeitsänderung. Zweitens nahm die Zahl der Vesikelöffnungen mit steigender 4-AP-Konzentration zu, und dieser Anstieg stand in linerer Beziehung zu der geschätzten Zunahme der Quantenanzahl der Endplattenpotentiale nach 4-AP-Zugabe, die man wiederum aus anderen physiologischen Experimenten erhalten hatte (Abb. 12 C). Das heißt, die Vesikelöffnungen sind sowohl zahlenmäßig als auch zeitlich mit der gequantelten Transmitterfreisetzung korreliert. In späteren Experi-

62 Kirshner, N. 1969. *Adv. Biochem. Psychopharmacol.* 1: 71–89.
63 Smith, A. D. et al. 1970. *Tissue Cell* 2: 547–568.
64 Silinsky, E. M. and Hubbard, J. I. 1973. *Nature* 243: 404–405.
65 Wagner, J. A., Carlson, S. S. and Kelly, R. B. 1978. *Biochemistry* 17: 1199–1206.
66 Kuffler, S. W. and Yoshikami, D. 1975. *J. Physiol.* 251: 465–482.
67 Heuser, J. E. et al. 1979. *J. Cell Biol.* 81: 275–300.

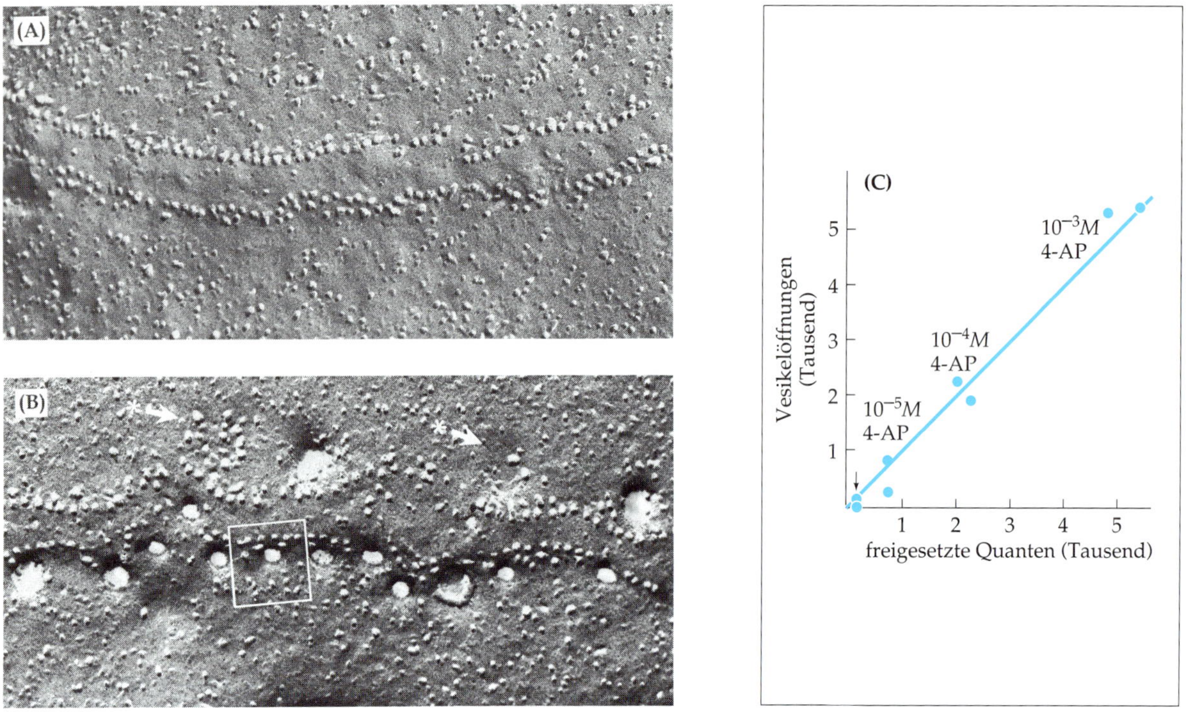

Abb. 12: **Vesikel beim Verschmelzen** mit der Membran der Axonendigung. (A) Die elektronenmikroskopische Aufnahme eines Gefrierbruchpräparates zeigt einen Blick auf die cytoplasmatische Hälfte der präsynaptischen Membran einer Nervenendigung des Frosches (als ob man sie vom synaptischen Spalt aus betrachtete). Der Bereich der aktiven Zone erscheint als schwach ausgeprägte Leiste, gesäumt von Membranpartikeln (ca. 10 nm im Durchmesser). (B) Ein ähnlicher Blick auf eine Nervenendigung, die genau in dem Moment eingefroren wurde, als der Nerv großen Mengen von Quanten auszuschütten begann (5 ms nach Reizung). Die «Löcher» (Kasten) sind die Orte der Vesikelfusion; flache Dellen (durch Sternchen angedeutet) zeigen die Stellen, wo die Vesikel nach dem Öffnen kollabiert sind und sich flach ausgebreitet haben. (C) Vergleich der Anzahl der Vesikelöffnungen, die in Gefrierbruchbildern gezählt wurden, und der Anzahl der ausgeschütteten Quanten, die aus elektrophysiologischen Aufzeichnungen bestimmt wurden. Die Gerade zeigt die 1:1-Relation an, die zu erwarten ist, wenn jedes Vesikel, das sich öffnet, 1 Transmitterquant freisetzt. Die Transmitterfreisetzung wurde durch Zugabe von 4-AP in verschiedenen Konzentrationen variiert (der Pfeil weist auf die Kontrolle ohne 4-AP) (aus Heuser et al., 1979; Wiedergabe der mikroskopischen Aufnahmen mit freundlicher Genehmigung von J. E. Heuser).

menten charakterisierten Heuser und Reese den Zeitverlauf der Vesikelöffnungen genauer und zeigten, daß die Anzahl der Öffnungen zunächst während einer Periode von 3 bis 6 ms nach der Stimulation zunimmt und dann während der nächsten 40 ms abnimmt.[68]

Zusammenfassend kann man sagen: Es gibt heute viele Belege dafür, daß die synaptischen Vesikel das morphologische Korrelat der Transmitterquanten darstellen, wobei jedes Vesikel ein paar tausend Transmittermoleküle enthält. Die Vesikel können ihren Inhalt durch Exocytose sowohl spontan mit niedriger Rate ausschütten (und synaptische Miniaturpotentiale auslösen) und auch als Antwort auf eine präsynaptische Depolarisation. Diese Ansicht wird nicht allgemein geteilt,[69,70] doch andere Mechanismen, die für die Qunatenausschüttung vorgeschlagen wurden, wie calciumaktivierte Quantentore in der präsynaptischen Membran, lassen sich experimentell bisher weniger gut belegen. Es gibt Hinweise darauf, daß in einigen spezialisierten retinalen Synapsen bei Depolarisation Transmitter durch einen Mechanismus freigesetzt werden kann, der ungequantelt ist, nicht durch Vesikelexocytose gesteuert wird und nicht von einem Calciumeinstrom abhängt.[71]

Das Recycling der Vesikelmembran

Aufgrund der Hypothese, daß die Transmitterausschüttung durch Exocytose geschieht, läßt sich voraussagen, daß Vesikel während der Stimulation verschwinden, da ihre Membran mit der Membran der axonalen Endigung verschmilzt. Wenn die Vorgänge bei der Rückgewinnung der Membran und beim Neubilden der Vesikel im Vergleich zur Exocytoserate langsam ablaufen, müßte eine Stimulation zu einer Erschöpfung der synaptischen Vesikel und zur Ausdehnung der axonalen Endigung führen. Solche ultrastrukturellen Veränderungen wurden an

68 Heuser, J. E. and Reese, T. S. 1981. *J. Cell Biol.* 88: 564–580.
69 Tauc, L. 1982. *Physiol. Rev.* 62: 857–893.
70 Dunant, Y. and Isreal, M. 1985. *Sci. Am.* 252: 58–66.
71 Schwartz, E. A. 1987. *Science* 238: 350–355.

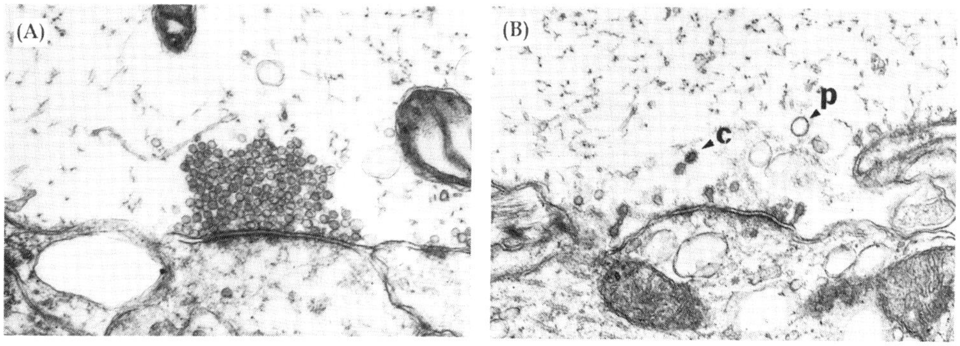

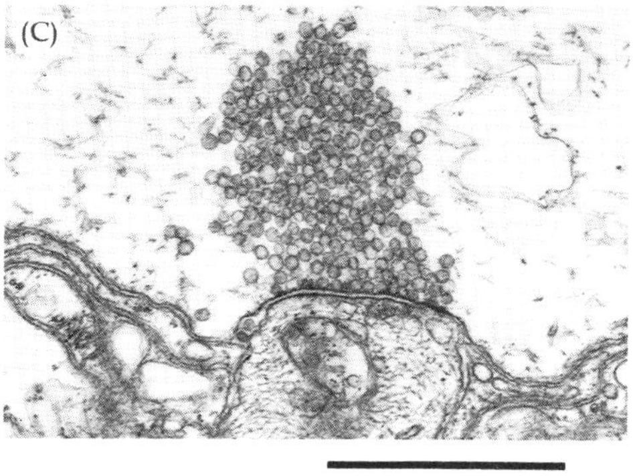

Abb. 13: **Stimulation ruft eine reversible Entleerung der synaptischen Vesikel** in den Riesenaxonen des Neunauges hervor. (A) Kontrollsynapse, fixiert nach 15 Minuten in physiologischer Kochsalzlösung. Die synaptischen Vesikel liegen zusammengedrängt an der synaptischen Membran. (B) Synapse, fixiert nach 15 min Reizung des Rückenmarks mit 20 Impulsen/s. Man beachte die Entleerung der synaptischen Vesikel, die Anwesenheit von coated vesicles (c) und pleomorphen Vesikeln (p) und die expandierte synaptische Membran. (C) Synapse, fixiert 60 Minuten nach Reizende. Man beachte die Ähnlichkeit mit der Kontrollsynapse. Balken 1 µm (Wiedergabe der elektronenmikroskopischen Aufnahmen mit freundlicher Genehmigung von W.O. Wickelgren).

neuromuskulären, ganglionären und zentralnervösen Synapsen gezeigt.[72–74] Perioden intensiver Stimulation führen zum reversiblen Verschwinden der synaptischen Vesikel, wobei es zu einer Vergrößerung der Oberfläche der axonalen Endigung kommt (Abb. 13).

Was wird aus der Vesikelmembran, nachdem sie mit der Plasmamembran der Nervenendigung verschmolzen ist? In eleganten Experimenten haben Heuser und Reese herausgefunden, daß die Membran zurückgewonnen und für neue synaptische Vesikel wiederverwendet wird.[75] Sie untersuchten das Recycling von Vesikeln in motorischen Nervenendigungen beim Frosch durch Stimulation von Nerv-Muskel-Präparaten in Gegenwart von Meerrettichperoxidase (horseradish peroxidase, HRP, einem Enzym, das die Bildung eines elektronendichten Reaktionsprodukts katalysiert). Bei der Durchsicht elektronenmikroskopischer Aufnahmen von Nervenendigungen, die nach kurzen Perioden elektrischer Stimulation fixiert worden waren, wurde HRP primär in **coated vesicles** (Korbvesikeln) in der Gegend des äußeren Randes der synaptischen Region gefunden. Das ließ darauf schließen, daß sich diese Vesikel durch Endocytose aus der Membran der Nervenendigung gebildet und dabei HRP aus dem extrazellulären Raum aufgenommen hatten (Abb. 14). HRP tauchte mit einer gewissen Verzögerung auch in synaptischen Vesikeln auf. Synaptische Vesikel, die derart mit HRP beladen waren, konnten dann durch Stimulation in einem HRP-freien Medium dazu veranlaßt werden, das Enzym freizusetzen. Das Ergebnis dieses Experimentes stützt die Vorstellung, daß die zurückgewonnene Membran und das eingeschlossene HRP in die Vesikelpopulation wiederaufgenommen wurden, aus der die Ausschüttung stattgefunden hatte. Es wird also nach Stimulation Membran von der präsynaptischen Nervenendigung wiedergewonnen und für neue synaptische Vesikel verwendet.

Nach besonders intensiver Stimulation in Gegenwart von HRP kann man große **uncoated pits** (nicht umhüllte Gruben) und Zisternen sehen, die HRP enthalten.[75] Diese uncoated pits und Zisternen bestehen offenbar aus Bestandteilen, die unselektiv aus der Membran der Nervenendigung gewonnen worden sind.[76] Man nimmt an, daß sich synaptische Vesikel durch das Sprossen von coated vesicles mit anschließendem Entfernen der Hüllen bilden. Diese beiden parallelen Wege des Recycling von Vesikelmembranen sind in Abb. 15 schematisch zusammengefaßt.

Die Zusammensetzung der Membran synaptischer Vesikel unterscheidet sich von der der Plasmamembran der Nervenendigung; die entsprechenden Komponenten für die Vesikelmembran werden jedoch wiederverwendet[77] (Abb. 16). Die Rückgewinnung spezifischer Membranproteine und Lipide wird durch die Bildung von coated

72 Ceccarelli, B. and Hurlbut, W. P. 1980. *Physiol. Rev.* 60: 396–441.
73 Dickinson-Nelson, A. and Reese, T. S. 1983. *J. Neurosci.* 3: 42–52.
74 Wickelgren, W. O. et al. 1985. *J. Neurosci.* 5: 1188–1201.
75 Heuser, J. E. and Reese, T. S. 1973. *J. Cell Biol.* 57: 315–344.
76 Miller, T. M. and Heuser, J. E. 1984. *J. Cell Biol.* 98: 685–698.
77 Valtorta, F. et al. 1988. *J. Cell Biol.* 107: 2717–2727.

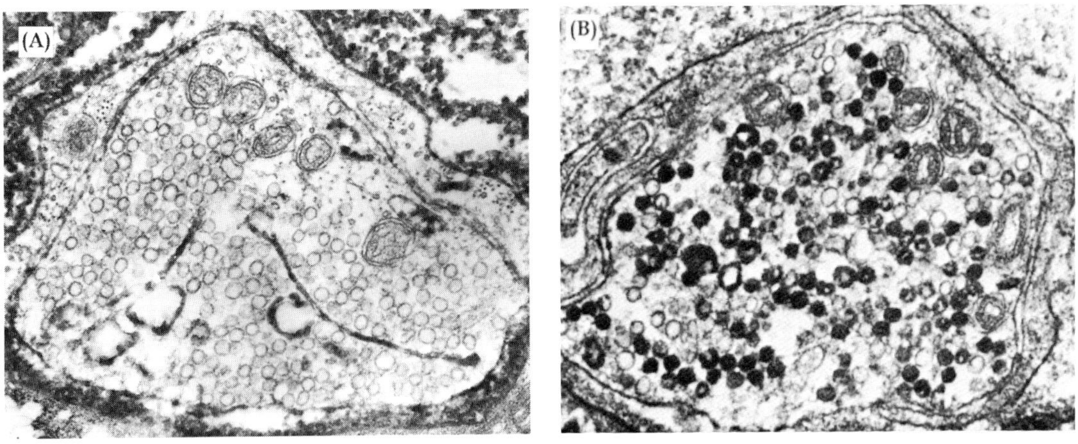

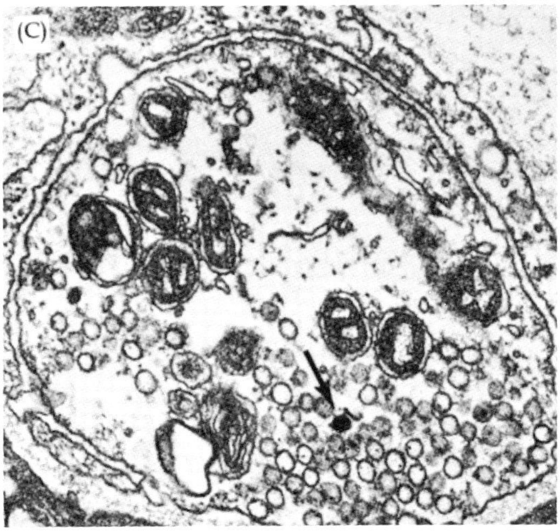

Abb. 14: **Recycling der Membran der synaptischen Vesikel.** Elektronenmikroskopische Aufnahmen von Querschnitten von neuromuskulären Verbindungen des Frosches, gefärbt mit Meerrettichperoxidase (HRP). (A) Der Nerv wurde 1 min lang in HRP-haltiger physiologischer Kochsalzlösung stimuliert. Man kann das elektronendichte Reaktionsprodukt im Extrazellulärraum, in den Cisternen und den coated vesicles erkennen. (B) Der Nerv wurde 15 min lang in HRP stimuliert und konnte sich dann 1 Stunde lang erholen, während HRP aus dem Muskel ausgewaschen wurde. Viele synaptische Vesikel enthalten das HRP-Reaktionsprodukt, was anzeigt, daß sie aus Membran gebildet worden sind, die durch Endocytose rückgewonnen wurde. (C) Die Axonendigung wurde mit HRP beladen und ruhte dann wie in (B). Anschließend wurde sie ein zweites Mal stimuliert und konnte sich eine weitere Stunde erholen. Nur wenige Vesikel sind markiert (Pfeil), was anzeigt, daß die rückgewonnene Membran und das eingeschlossene HRP in die Vesikelpopulation wiederaufgenommen wurden, aus der die Freisetzung stattfand (aus Heuser und Reese, 1973; Wiedergabe der mikroskopischen Aufnahmen mit freundlicher Genehmigung von J.E. Heuser).

pits und Endocytose von coated vesicles bewerkstelligt.[76]
Seitdem sind vergleichbare Experimente durchgeführt worden, bei denen man die Aufnahme von stark fluoreszierenden Farbstoffen benutzte, um die wiederaufbereiteten Vesikel zu markieren.[78,79] Diese Technik bietet den Vorteil, daß man das Vesikelrecycling in vivo beobachten kann, indem man die reizabhängige Akkumulation bzw. Ausschüttung des Farbstoffs registriert (Abb. 17).

Anordnung der Vesikel in der Nervenendigung

Offenbar sind nicht alle Vesikel gleich beschaffen. Untersuchungen, in denen radioaktive Vorstufen eingesetzt wurden, um die Transmittersynthese, den Einbau in Vesikel und die Ausschüttung zu verfolgen, lassen vermuten, daß es innerhalb der axonalen Endigungen Subpopulationen von Vesikeln gibt. In Experimenten an gereinigten cholinergen synaptischen Vesikeln aus dem elektrischen Organ des Zitterrochens *Torpedo* fand man, daß während der Stimulation neu synthetisiertes ACh nicht gleichmäßig innerhalb der synaptischen Vesikelpopulation verteilt war, sondern in den Vesikeln gefunden wurde, die kurz vorher durch Recycling gebildet worden waren.[80,81] Andere Untersuchungen haben gezeigt, daß neugebildete Transmittermoleküle bevorzugt ausgeschüttet werden.[13,82] Es ist, als ob einige Vesikel mit der Membran der Nervenendigung verschmelzen, ihren Transmitterinhalt ausschütten, sich durch Endocytose neu bilden, mit frisch synthetisierten Transmitter aus dem Cytoplasma gefüllt werden und die aktive Zone wiederbevölkern, bevor andere Vesikel kommen und ihren Platz einnehmen. Dieses Schema steht mit der Beobachtung in Einklang, daß Vesamicol, das den ACh-Trans-

78 Lichtman, J. W., Wilkinson, R. S. and Rich, M. M. 1985. *Nature* 314: 357–359.
79 Betz, W. J., Mao, F. and Bewrick, G. S. 1992. *J. Neurosci.* 12: 363–375.
80 Zimmermann, H. and Denston, C. R. 1977. *Neuroscience* 2: 695–714.
81 Zimmermann, H. and Denston, C. R. 1977. *Neuroscience* 2: 715–730.
82 Kopin, I. J. et al. 1968. *J. Pharmacol. Exp. Ther.* 161: 271–278.

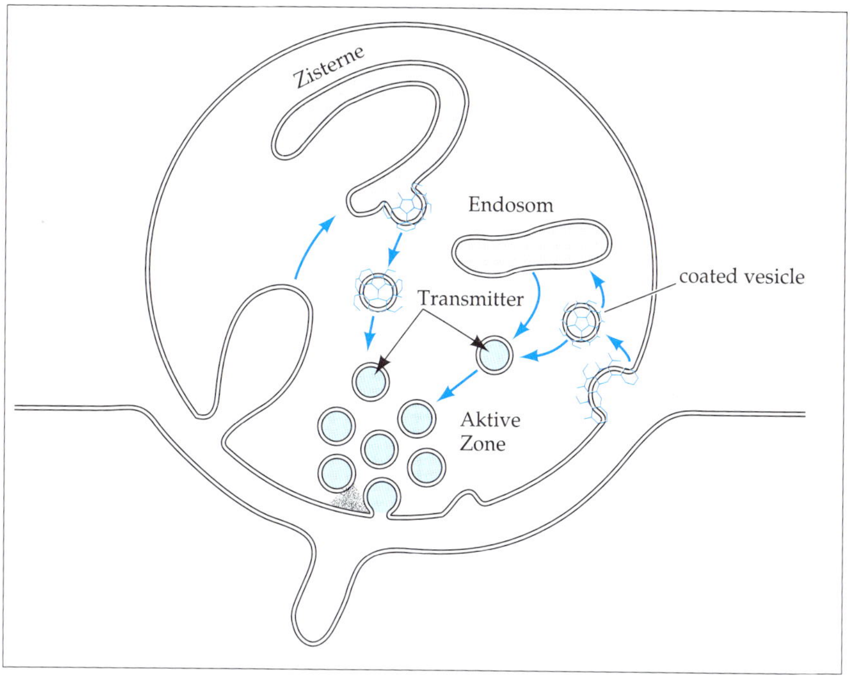

Abb. 15: **Mögliche Wege der Membranrückgewinnung** während des Vesikelrecyclings. Nach der Exocytose fangen von Clathrin umhüllte Vesikel, sog. coated vesicles, selektiv Membrankomponenten synaptischer Vesikel wieder ein. Aus den coated vesicles bilden sich entweder direkt oder über Endosomen neue synaptische Vesikel. Nach intensiver Reizung bewirken uncoated pits und Zisternen die nichtselektive Membranrückgewinnung aus der Oberflächenmembran. Synaptische Vesikel werden aus Zisternen via coated vesicles neu gebildet. Die neuen synaptischen Vesikel aus der wiederverwendeten Membran werden dann mit Transmitter gefüllt und können bei Reizung ausgeschüttet werden.

port in die Vesikel hinein spezifisch inhibiert, die Ausschüttung von frisch synthetisiertem ACh selektiv blockiert.[32]
Eine derartige Vorstellung erfordert, daß Bewegungen einer Subpopulation von Vesikeln auf irgendeine Weise verhindert werden. Vesikel, die sich mit der Brownschen Molekularbewegung frei bewegen, können rasch die wenigen Mikrometer Entfernung überbrücken, die sie von der aktiven Zone trennen. Greengard und Kollegen haben eine Familie von Proteinen identifiziert, Synapsine genannt, die man in Axonen und axonalen Endigungen findet. Sie binden offenbar die Vesikel an das Cytoskelett und verhindern dadurch ihre Bewegung.[83,84] Interessanterweise wird die Bindung von Synapsinen an Vesikel durch Phosphorylierung reguliert, so daß sich die Synapsine durch Bindung von Phosphatgruppen von den Vesikeln ablösen. Experimente von Llinás und seinen Kollegen illustrieren, welche Rolle eine eingeschränkte Vesikelbewegung bei der Regulierung der Transmitterausschüttung spielen kann. Dabei wurde dephosphoryliertes Synapsin I direkt in die präsynaptische axonale Endigung der Tintenfisch-Riesensynapse injiziert, was zu einer Abnahme der bei Nervenreizung freigesetzten Transmittermenge führte.[85] Spritzte man dann eine spezifische Proteinkinase ein, die Synapsin I phosphorylieren kann, nahm die bei Reizung ausgeschüttete Transmittermenge zu. Man ist versucht zu spekulieren, daß die Aktivität endogener Kinasen und Phosphatasen moduliert werden kann, um eine langfristige Regulierung der aus den axonalen Endigungen freigesetzten Transmittermenge zu gewährleisten.

Die Rolle des Calciums bei der Vesikelfreisetzung

Es wird allgemein angenommen, daß der Einstrom von Calciumionen während eines Aktionspotentials die Fusion von Vesikeln mit der Plasmamembran an aktiven Zonen fördert und zu einer Transmitterausschüttung führt. Wie diese Fusion vonstatten geht und welche Rolle die Calciumionen dabei spielen, ist bisher unbekannt. Eine Komplikation besteht darin, zwischen Behandlungen zu unterscheiden, die regulatorische Stoffwechselwege stören, welche die Ausschüttung indirekt modifizieren (beispielsweise durch Modifizierung der Calciumkanalaktivität), und solchen, die den Ausschüttungsmechanismus selbst betreffen. Man sollte dabei im Gedächtnis behalten, daß die Freisetzung sehr rasch nach dem Calciumeinstrom (innerhalb von 0,1–0,2 ms) eintritt. Das ist zu schnell für viele enzymatisch katalysierten Reaktionen – besonders für vielstufige Kaskaden, die zu einer Proteinphosphorylierung führen –, um direkt daran beteiligt zu sein. Wahrscheinlich spielt das allgegenwärtige calciumbindende Protein Calmodulin bei der Vesikelfusion eine Rolle, das Calcium mit einer Affinität im mikromolaren Bereich bindet und von dem man weiß, daß es Calciumeffekte bei einer Reihe zellulärer Funktionen vermittelt.[86] Tatsächlich blockieren Antikörper gegen Calmodulin und Calmodulininhibitoren die Exocytose. In ähnlichen Experimenten blockierten Antikör-

83 De Camilli, P., and Greengard, P. 1986. *Biochem. Pharmacol.* 35: 4349–4357.
84 Südhof, T. C. et al. 1989. *Science* 245: 1474–1480.
85 Llinás, R. et al. 1985. *Proc. Natl. Acad. Sci. USA* 82: 3035–3039.

86 Reichardt, L. F. and Kelly, R. B. 1983. *Annu. Rev. Biochem.* 52: 871–926.

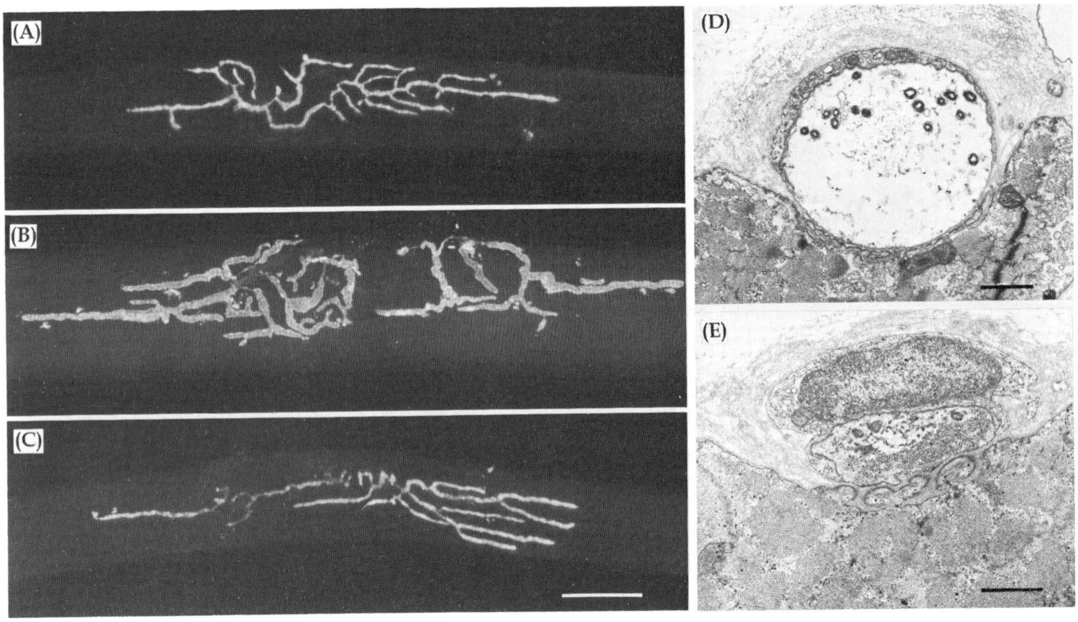

Abb. 16: **Recycling von spezifischen synaptischen Vesikelmembranproteinen.** (A-C) Fluoreszensmikroskopische Aufnahmen von der neuromuskulären Verbindung des Frosches, die erstens mit Antikörpern gegen Synaptophysin, einem vesikulären Membranprotein, und zweitens mit Fluorescein-konjugierten Antikörpern markiert wurden. Balken 50 µm. (D-E) Elektronenmikroskopische Aufnahme von Querschnitten durch neuromuskuläre Verbindungen. Balken 1 µm. (A) Normale Verbindung. Die Membran der axonalen Endigung muß mit einem Detergenz permeabel gemacht werden, damit die Antikörper das Synaptophysin erreichen können. (B, D) Der Muskel wurde mit α-Latrotoxin behandelt, das eine Vesikelausschüttung bewirkt, und zwar in calciumfreiem Medium, das die Endocytose blockiert. Unter diesen Bedingungen führt α-Latrotoxin zu einer Entleerung des gequantelten Acetylcholinvorrats. Axonendigungen färben sich ohne Permeabilisierung an; d.h., daß das Synaptophysin auf der Oberfläche der Endigung freiliegt, wie zu erwarten ist, wenn wenn die synaptischen Vesikel während der Exocytose mit der Axonmembran verschmelzen. Die axonalen Endigungen erscheinen aufgeweitet, weil die Neubildung von Vesikelmembran durch das Fehlen von Calcium in der Badlösung blockiert ist. (C, E) Der Muskel wurde in normaler physiologischer Kochsalzlösung mit α-Latrotoxin behandelt und vor dem Färben mit einem Detergenz permeabilisiert. Die Endigungen sehen normal aus und können nur nach Permeabilisierung angefärbt werden. Unter diesen Bedingungen bleibt die Vesikelpopulation durch aktives Recycling erhalten, wobei mehr als das Doppelte des ursprünglichen Quantenvorrats ausgeschüttet wird. Trotz des aktiven synaptischen Vesikelumsatzes läßt sich kein Synaptophysin an der Oberfläche der Endigung nachweisen. Das demonstriert die Spezifität und Effizienz des Prozesses der Rückgewinnung der Vesikelmembran an der Synapse (aus Valtorta et al., 1988; Wiedergabe der mikroskopischen Aufnahmen mit freundlicher Genehmigung von F. Valtorta).

per gegen ein Protein aus dem Nebennierenmark, das chromaffine Granula bindet, die Ausschüttung, wenn sie in chromaffine Zellen injiziert wurden.[87] Genetische Experimente an Hefe lassen vermuten, daß kleine GTP-bindende Proteine der $p21^{ras}$ -Superfamilie beim Ankoppeln und Verschmelzen von sekretorischen Vesikeln beteiligt sind. Man hat ein ähnliches Protein (rab3A) gefunden, das spezifisch mit synaptischen Vesikeln assoziiert ist.[33] Zwei weitere integrale Membranproteine, Synaptotagmin und Synaptophysin, sind an synaptischen Vesikeln lokalisiert worden und spielen möglicherweise ebenfalls beim Ankoppeln und bei der Fusion der Vesikel eine Rolle.[33] Es gibt bisher jedoch noch keinen direkten Beweise, daß eines dieser Proteine an der Transmitterausschüttung beteiligt ist.

Ein vielversprechender Ansatz für Untersuchungen zur Vesikelfusion liegt in der Verwendung nichtneuronaler sekretorischer Zellen, wie Mastzellen, bei denen man die Exocytose großer sekretorischer elektronendichter Granula gleichzeitig lichtmikroskopisch und mit Hilfe elektrophysiologischer Aufzeichnungen verfolgen kann.[88,89] Die Fusion einzelner Vesikel mit der Membran läßt sich als Veränderung der elektrischen Kapazität der Zelle registrieren, die aus der Vergrößerung der Zelloberfläche durch die Vesikelmembran resultiert (Abb. 18). Ähnliche Veränderungen der Kapazität im Zusammenhang mit der Transmitterausschüttung sind an einzelnen Nervenendigungen aus den Säuger-ZNS gemessen worden.[90] Diese Untersuchungen haben bemerkenswerte Unterschiede bei der Steuerung der Vesikelfusion zwischen erregbaren und nicht erregbaren Zellen ergeben, besonders, was die Rolle des Calciums betrifft.[88] Beispielsweise ist die Zunahme der intrazellulären Calciumkonzentration für die Sekretion bei Mastzellen weder notwendig noch hinreichend. Die Exocytose steht bei diesen unerregbaren Zellen offenbar unter der Kontrolle eines bisher noch nicht identifizierten G-Proteins. Insgesamt sieht es so aus, als ob bei unerregbaren Zellen langsamere enzy-

87 Schweizer, F. E. et al. 1989. *Nature* 339: 709–712.

88 Penner, R. and Neher, E. 1989. *Trends Neurosci.* 12: 159–163.
89 Almers, W. and Tse, F. W. 1990. *Neuron* 4: 813–818.
90 Lim, N. F., Nowycky, M. C. and Bookman, R. J. 1990. *Nature* 344: 449–451.

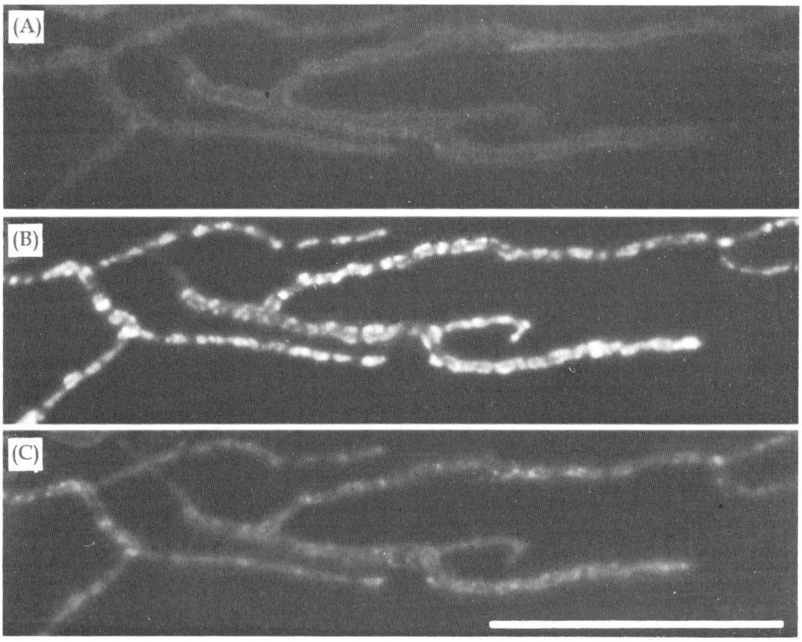

Abb. 17: **Aktivitätsabhängige Aufnahme und Abgabe** von Fluoreszensfarbstoffen durch axonale Endigungen an der neuromuskulären Verbindung des Frosches. Fluoreszensaufnahmem von axonalen Endigungen am Musculus cutaneus pectoris. (A) Der Muskel wurde 5 min lang in Fluoreszensfarbstoff (2µM FM1–43) gebadet und 30 min lang ausgewaschen. Nur kleine Mengen des Farbstoffs bleiben dabei an der Membran der Nervenendigung haften. (B) Derselbe Muskel wurde dann 5 min im Farbstoff gebadet, während der Nerv mit 10 Hz gereizt wurde und anschließend wieder 30 min lang ausgewaschen. Die Fluoreszensflecken sind Cluster synaptischer Vesikel, die sich während des Recyclings mit Farbstoff gefüllt haben. (C) Derselbe Muskel wurde dann nochmal 5 min lang mit 10 Hz gereizt und 30 min lang ausgewaschen. Durch die Reizung ist der größte Teil des Farbstoffs ausgeschüttet worden. Die Form der Fluoreszensflecken entsprach der Verteilung der synaptischen Vesikel auf elektronenmikroskopischen Aufnahmen gefärbter Endigungen. Balken: 50µm (Wiedergabe der mikroskopischen Aufnahmen mit freundlicher Genehmigung von W.J. Betz).

matische Prozesse die Kopplung von Reiz und Sekretion beherrschten, wobei Calcium als Modulator wirkt, während die exocytotische Maschinerie bei Neuronen so ausbalanciert ist, daß Calcium eine rasche Freisetzung auslösen kann, wobei langsamere enzymatische Prozesse eine modulatorische Rolle spielen.

Transmitterrezeptoren

In Kapitel 7 und 8 ist gezeigt worden, daß man Transmitterrezeptoren nach ihrem Wirkmechanismus in zwei Kategorien einteilen kann: direkt und indirekt. Ligandenaktivierte Kanäle vermitteln eine direkte Transmitterwirkung. Sie gehören zu einer Superfamilie von Proteinen mit vielen gemeinsamen Strukturmerkmalen (Kap. 2). Rezeptoren aus dieser Familie, darunter nicotinische ACh-Rezeptoren (nAChRs), $GABA_A$-, Glycin- und Glutamat-Rezeptoren, sind Oligomere mit zwei oder mehr verschiedenen Untereinheiten. Die Kombination von Ligandenbindungsstelle und ligandenaktiviertem Ionenkanal in ein und demselben Protein ermöglicht es direkt gekoppelten Rezeptoren, innerhalb von Millisekundenbruchteilen auf einen Transmitter zu reagieren. Indirekt arbeitende Rezeptoren, wie α- und β-adrenerge, muscarinische ACh-, 5-HT-, Dopamin- und Neuropeptid-Rezeptoren, gehören zu einer anderen Superfamilie von Proteinen. Die Mitglieder dieser Familie sind monomere Proteine, die ihre Wirkung durch Wechselwirkung mit G-Proteinen erzielen, welche ihrerseits die Aktivität von Rezeptoren, Ionenkanälen oder Pumpen modifizieren (Kap. 8).

Die Verteilung der Rezeptoren

Unterschiede im Wirkmechanismus von direkt und indirekt gekoppelten Rezeptoren spiegeln sich in ihrer Verteilung auf der Oberfläche der postsynaptischen Zellen wider. Direkt gekoppelte Rezeptoren sind in der postsynaptischen Membran genau gegenüber der Nervenendigung konzentriert. Indirekt gekoppelte Rezeptoren liegen weniger dicht beieinander und sind nicht so stark lokalisiert.

Die exakte Lokalisation direkt gekoppelter Rezeptoren läßt sich an der Verteilung von nicotinischen AChRs an der neuromuskulären Verbindung der Vertebraten veranschaulichen. Seit Beginn des Jahrhunderts wußte man, daß Skelettmuskelfasern in ihrer innervierten Region besondere Eigenschaften aufwiesen. Beispielsweise nahm Langley die Anwesenheit einer rezeptiven Substanz rund um die motorischen Nervenendigungen an, wo eine örtlich begrenzte Empfindlichkeit für verschiedene chemische Stoffe, wie Nicotin, existiert.[91] Diese rezeptive Substanz kennen wir heute unter dem Namen nicotinischer Acetylcholinrezeptor. Die exakte Verteilung der AChRs an der neuromuskukären Verbindung läßt sich durch Messen der Chemosensitivität der Oberflächenmembran bestimmen, wobei ACh mit einer Mikropipette iontophoretisch auf bestimmte, begrenzte Membranbezirke gegeben wird (Kap. 7). Diese Methode ist besonders bei dünnen Präparaten nützlich, bei denen präsynaptische und postsynaptische Strukturen mit Hilfe von Interferenzkontrast-Optik aufgelöst werden können und sich die Position der ionophoretischen Pipette in bezug auf die Synapse mit einiger Präzision bestimmen läßt.[92]

91 Langley, J. N. 1907. *J. Physiol.* 36: 347–384.
92 McMahan, U. J., Spitzer, N. C., and Peper, K. 1972. *Proc. R. Soc. Lond. B* 181: 421–430.

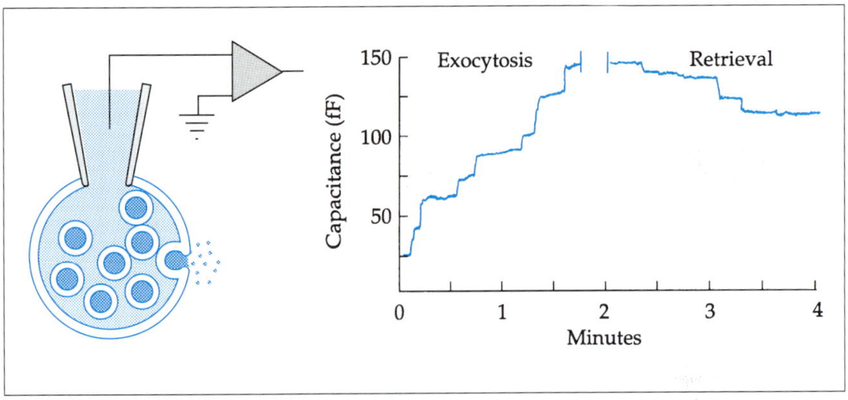

Abb. 18: **Ausschüttung und Rückgewinnung von Vesikelmembran**, registriert durch Änderungen der Membrankapazität. Die Zunahme der Kapazität der Zelle, die mit whole-cell patch-Pipetten-Registrierung gemessen wurden, tritt stufenartig auf und spiegelt die Fusion einzelner Vesikel mit der Plasmamembran wider. Eine entsprechende Abnahme der Kapazität tritt während der Neubildung der Vesikel auf. Die Aufzeichnungen stammen von einer Ratten-Mastzelle, die besonders große sekretorische Vesikel besitzt (800 nm Durchmesser) (nach Fernandez, Neher und Gomperts, 1984).

Abb. 19 zeigt Bilder von Synapsen auf der Muskelfaser einer Schlange. Die Endplatten ähneln beim Schlangenmuskel in ihrer Kompaktheit denen von Säugern; sie haben einen Durchmesser von ca. 50 µm und 50 bis 70 Bläschen an den Nervenendigungen, die synaptischen Endknöpfchen entsprechen. Die Bläschen ruhen in Kratern, die in die Oberfläche der Muskelfaser eingelassen sind (Abb. 19 B und 19 C). Eine elektronenmikroskopische Aufnahme einer solchen Synapse ist in Abb. 19 B zu sehen; sie illustriert ebenfalls die charakteristischen Merkmale, die man an allen Chemosynapsen findet. Das Einschaltbild rechts außen zeigt eine elektronenmikroskopische Aufnahme (bei derselben Vergrößerung wie der Rest von 19 B) einer typischen iontophoretischen Mikropipette. Ihr äußerer Spitzendurchmesser beträgt ca. 100 nm, ihr Öffnungsdurchmesser ist ca. 50 nm groß, entspricht also in etwa der Größe eines synaptischen Vesikels. Die Muskelzellmembran reagiert hochempfindlich auf ACh-Zugabe in der synaptischen Region, wo der Transmitter normalerweise aus den präsynaptischen Endknöpfchen ausgeschüttet wird. Die scharfe örtliche Begrenzung der Empfindlichkeit läßt sich eindrucksvoll an Muskelfasern demonstrieren, bei denen die motorische Nervenendigung durch Baden des Muskels in einer Lösung des Enzyms Collagenase entfernt worden ist. Dadurch wird die Endigung ohne Schädigung der Muskelfaser abgelöst.[93] Der Ablöseprozeß der Endigungen von einem Schlangenmuskel ist in Abb. 19 C dargestellt. Jedes Endknöpfchen hinterläßt einen scharf umrissenen Krater, der mit freiliegender postsynaptischer Membran ausgekleidet ist. Das ist genauer in Abb. 19 D und 19 E zu sehen, wo eine ACh-gefüllte Mikropipette auf einen leeren Krater zeigt. Wenn die Spitze der Pipette auf die postsynaptische Membran gesetzt wird, setzt die Applikation von 1 Picocoulomb Ladung durch die Pipette genug ACh frei, um eine Depolarisation von durchschnittlich 5 mV hervorzurufen. Die Empfindlichkeit der Membran beträgt somit 5000 mV pro Nanocoulomb (Abb. 19 F). Gibt man dieselbe Menge ACh statt dessen in einer Entfernung von ca. 2 µm, gerade außerhalb des Kraters, auf die extrasynaptische Membran, so ruft sie eine 50- bis 100mal kleinere Antwort hervor.[94] Am Rand der Krater schwankt die Empfindlichkeit in einem weiten Bereich.

Ein zweiter Weg, um die Verteilung von ACh-Rezeptoren zu bestimmen, liegt darin, α-Bungarotoxin zur Markierung der Rezeptoren zu verwenden – ein Schlangengift, das selektiv und irreversibel an nicotinische AChRs bindet. Die Verteilung des gebundenen Toxins läßt sich mit histochemischen oder autoradiographischen Techniken sichtbar machen. Man kann z.B. Fluoreszenzmarker an α-Bungarotoxin koppeln und die Verteilung von Rezeptoren durch Fluoreszensmikroskopie[95] sichtbar machen (Abb. 20 A), oder Meerrettichperoxidase an α-Bungarotoxin binden und das elektronendichte Reaktionsprodukt elektronenmikroskopisch[96] nachweisen (Abb. 20 B). Diese Techniken bestätigen die Ergebnisse der ionophoretischen ACh-Applikation: Die Rezeptoren konzentrieren sich strikt auf den Membranbereich direkt gegenüber der axonalen Endigung. Selbst präzisere quantitative Abschätzungen der Konzentration von ACh-Rezeptoren lassen sich durch Markierung der Rezeptoren mit radioaktivem α-Bungarotoxin und anschließender autoradiographischer Bestimmung der Rezeptororte durchführen[97] (Abb. 20 C). Anhand der Anzahl der Silberkörner, die man in der Emulsion auszählen kann, läßt sich die Dichte der Rezeptoren bestimmen. Im Muskel ist die Dichte längs des Randes und im oberen Drittel der subsynaptischen Einfaltung am größten (ca. 10^4 pro µm); die Dichte in den extrasynaptischen Membranbezirken liegt viel niedriger (ca. 5 pro µm^2).[98]

Mit ähnlichen Techniken ließ sich zeigen, daß Transmitterrezeptoren im ganzen zentralen und peripheren Nervensystem in der postsynaptischen Membran an Synapsen konzentriert sind. Beispielsweise sind $GABA_A$-

93 Betz, W. J. and Sakmann, B. 1973. *J. Physiol.* 230: 673–688.

94 Kuffler, S. W. and Yoshikami, D. 1975. *J. Physiol.* 244: 703–730.

95 Ravdin, P. and Axelrod, D. 1977. *Anal. Biochem.* 80: 585–592.

96 Burden, S. J., Sargent, P. B. and McMahan, U. J. 1979. *J. Cell Biol.* 82: 412–425.

97 Fertuck, H. C. and Salpeter, M. M. 1974. *Proc. Natl. Acad. Sci. USA* 71: 1376–1378.

98 Salpeter, M. M. 1987. *In* M. M. Salpeter (ed.). *The Vertebrate Neurosmuscular Junction.* Alan R. Liss, New York, pp. 1–54.

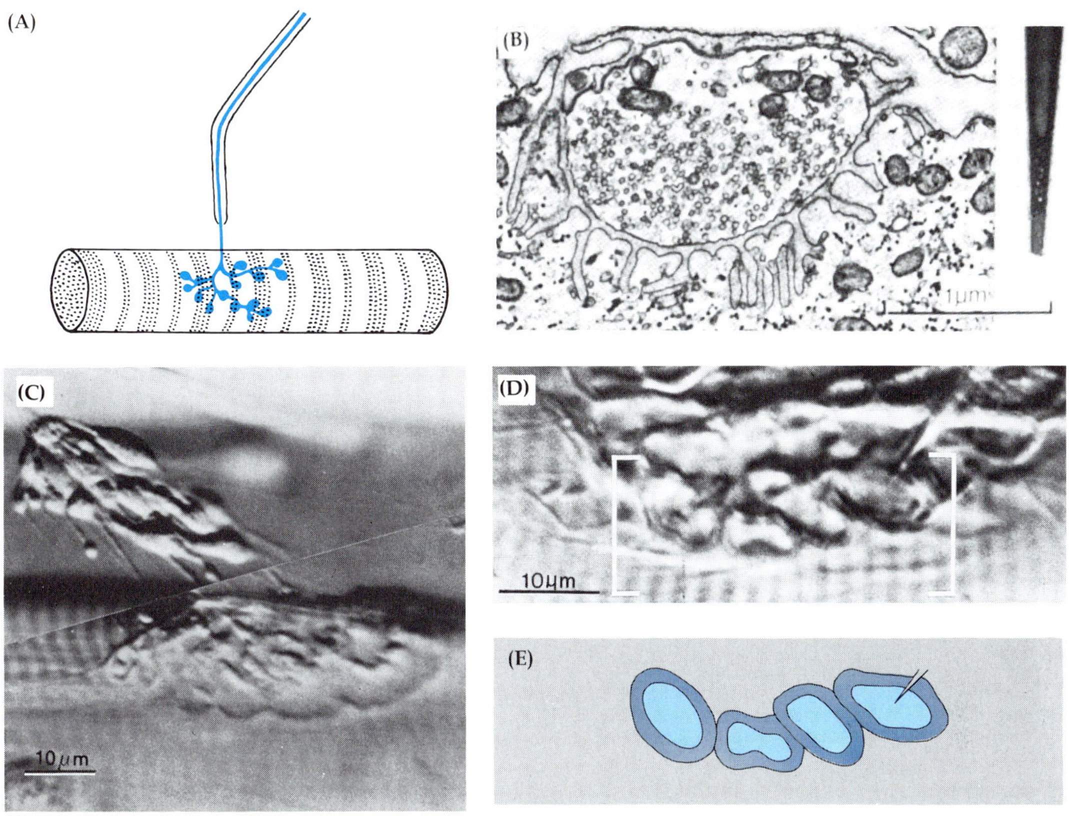

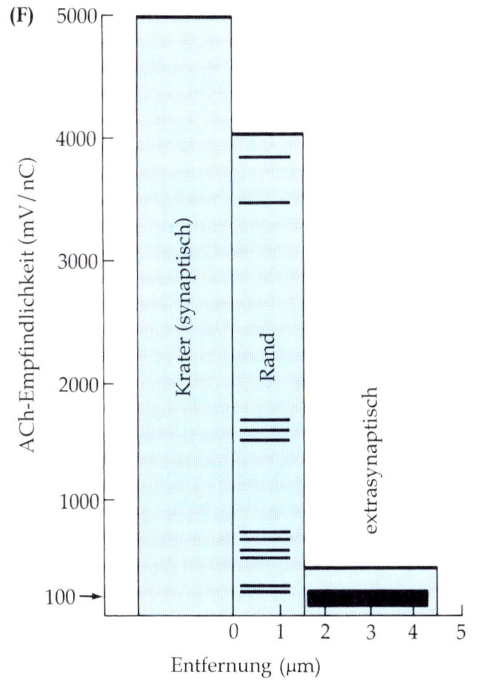

Abb. 19: **Verteilung der Acetylcholinrezeptoren** an neuromuskulären Verbindungen des Skelettmuskels der Schlange. (A) Skizze einer Endplatte auf einem Skelettmuskel der Schlange. (B) Elektronenmikroskopische Aufnahme eines Querschnitts durch ein Endknöpfchen. Rechts ist eine elektronenmikroskopische Aufnahme der Spitze einer Mikropipette zu sehen, die zur Iontophorese von ACh benutzt wird; sie hat einen Außendurchmesser von 100 nm und eine Öffnung von ca. 50 nm. (C) Entfernen der Nervenendigung von einem mit Collagenase behandelten Muskel. (D) Die verbleibenden leeren synaptischen Krater zeigen freiliegende postsynaptische Membran. Eine ACh-gefüllte Pipette [die von oben rechts ins Bild kommt, vergleiche mit E] weist auf den Boden eines Kraters. (E) Zeichnung des in (D) eingerahmten Areals. (F) Bestimmung der ACh-Empfindlichkeit. In der synaptischen Region ist die Empfindlichkeit einheitlich hoch (5000 mV/nC); in der extrasynaptischen Region außerhalb der Kraterränder ist sie gleichmäßig niedrig (um 100 mV/nC). In den Randgebieten selbst ist die Empfindlichkeit variabel (aus Kuffler und Yoshikami, 1975a).

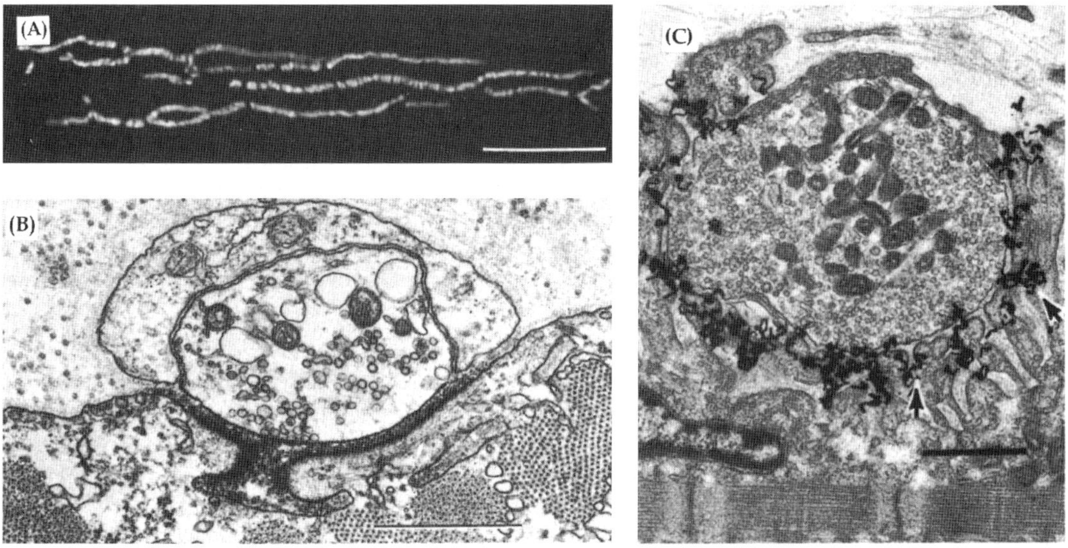

Abb. 20: **Die Verteilung von Acetylcholinrezeptoren** an der neuromuskulären Verbindung. (A) Fluoreszenzaufnahme einer Faser des Musculus cutaneus pectoris vom Frosch, gefärbt mit an Rhodamin gekoppeltes α-Bungarotoxin. (B) Elektronenmikroskopische Aufnahme eines Querschnitts der neuromuskulären Verbindung am Musculus cutaneus pectoris des Frosches, die mit HRP-α-Bungarotoxin markiert wurde. Dichte Reaktionsprodukte füllen den synaptischen Spalt. (C) Autoradiographie einer neuromuskulären Verbindung im Intercostalmuskel einer Eidechse, der mit [^{125}I]-α-Bungarotoxin markiert wurde. Silberkörner (Pfeile) zeigen, daß die Rezeptoren an den Spitzen und entlang des oberen Drittels der subsynaptischen Einfaltungen konzentriert sind. Balken: A 50 μm, B und C 1 μm. (A mit freundlicher Genehmigung von W.J. Betz, B von U.J. McMahan, C von M.M. Salpeter, aus Salpeter, 1987).

und Glycinrezeptoren mit Hilfe von spezifischen, hochaffinen Liganden – Benzodiazepin für den $GABA_A$-Rezeptor und Strychnin für den Glycinrezeptor – gereinigt worden. Antikörper gegen die gereinigten Rezeptoren dienten dann dazu, den Ort der Rezeptoren in der synaptischen Membran zu bestimmen.[99,101] Ein spezifisches Schlangengift ähnlich α-Bungarotoxin wurde benutzt, um zu zeigen, daß sich die nicotinischen AChRs auf parasympathischen Ganglienzellen unter den synaptischen Endigungen zusammendrängen. Ihre Dichte ist jedoch mit annähernd 600 pro μm^2 viel niedriger als an der neuromuskulären Verbindung.[101] Die niedrigere Dichte der Rezeptoren in neuronalen postsynaptischen Membranen spiegelt möglicherweise einen Weg wider, auf dem Nervenzellen ihre Antwort auf ein Transmitterquant regulieren. Wenn die Zahl der Transmittermoleküle in einem Quant im gesamten Säuger-Nervensystem relativ konstant ist (synaptische Vesikel haben typischerweise einen Durchmesser von ca. 50 nm), würde eine Verringerung der Rezeptordichte in der postsynaptischen Membran den synaptischen Strom, der von einem Quant ausgelöst wird, auf ein Niveau reduzieren, das der Größe und dem Eingangswiderstand der Zelle angepaßt ist (Kap. 7).[102]

99 Richards, J. G. et al. 1987. *J. Neurosci.* 7: 1866–1886.
100 Triller, A. et al. 1985. *J. Cell Biol.* 101: 683–688.
101 Loring, R. H. and Zigmond, R. E. 1987. *J. Neurosci.* 7: 2153–2162.
102 Martin, A. R. 1990. *In* O. P. Ottersen and J. Storm-Mathisen (eds.). *Glycine Neurotransmission.* Wiley, New York, pp. 171–191.

Desensitisierung ist ein häufiges Merkmal der Transmitterwirkung

Die Antwort auf einen Neurotransmitter sinkt bei wiederholter oder langandauernder Applikation oft ab, ein Phänomen, das man **Desensitisierung** nennt. Desensitisierung ist ein häufig anzutreffendes Merkmal der Transmitter-Rezeptor-Mechanismen. Sie wurde von Katz und Thesleff an der neuromuskulären Verbindung detailliert beschrieben. Die Autoren zeigten, daß die depolarisierende Antwort der Muskelfaser bei langanhaltender ACh-Applikation kontinuierlich absinkt (Abb. 21).[103] Obwohl der molekulare Mechanismus, durch den die direkt ligandenaktivierten Kanäle desensitisiert werden, noch unbekannt ist, ist Desensitisierung eine dem Rezeptor innewohnende molekulare Eigenschaft.[104,105] Die Geschwindigkeit, mit der sich die Desensitisierung entwickelt, wird durch Phosphorylierung des Rezeptors moduliert.[106] Bei indirekt gekoppelten Rezeptoren ist die Desensitisierung hingegen eine direkte Folge der Phosphorylierung. Beispsielsweise entkoppelt die Phosphorylierung des β-adrenergen Rezeptors durch mindestens zwei Kinasen, die unter verschiedenen Umständen aktiviert werden, den Rezeptor von dem stimulierenden G-Protein und ruft so die Desensitisierung hervor.[107] Die

103 Katz, B. and Thesleff, S. 1957. *J. Physiol.* 138: 63–80.
104 Ochoa, E. L., Chattopadhyay, A. and McNamee, M. G. 1989. *Cell Mol. Neurobiol.* 9: 141–178.
105 Dudel, J., Franke, C. and Hatt, H. 1990. *Biophys. J.* 57: 533–545.
106 Huganir, R. L. and Greengard, P. 1990. *Neuron* 5: 555–567.
107 Hausdorff, W. P., Caron, M. G. and Lefkowitz, R. J. 1990. *FASEB J.* 4: 2881–2889.

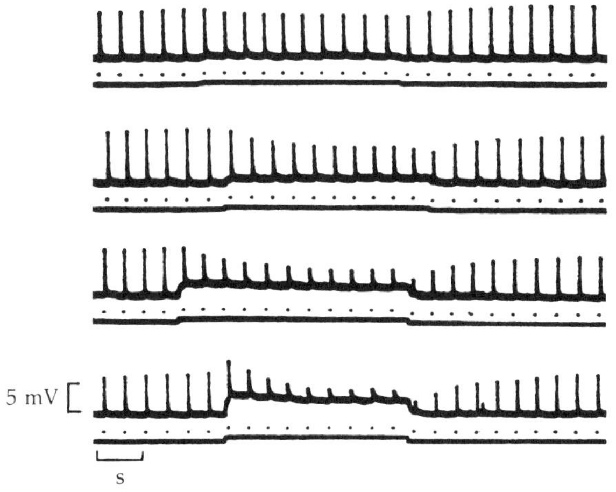

Abb. 21: **Langanhaltende Applikation von ACh führt zu einer Desensitisierung des Rezeptors** an der neuromuskulären Verbindung des Frosches. Intrazelluläre Ableitungen von Potentialänderungen, die durch einen kurzen iontophoretischen ACh-Puls aus einer Mikropipette hervorgerufen wurden (Punkte). Mit einer zweiten Pipette wurden anhaltende konditionierende Mengen von ACh zugeführt (Ablenkungen nach oben in den unteren Spuren). Während des konditionierenden Pulses nimmt die Amplitude der Antwort auf den Testpuls ab, da der Rezeptor desensitisiert. Mit steigenden Dosen nehmen Rate und Ausmaß der Desensitisierung zu (nach Katz und Thesleff, 1957).

Phosphorylierungsstellen am β-adrenergen Rezeptor befinden sich an der intrazellulären Schleife zwischen den Transmembrandomänen V und VI und am intrazellulären Carboxylende, denselben Regionen, für die durch ortsspezifische Mutagenese gezeigt werden konnte, daß sie die Wechselwirkung des Rezeptors mit seinem G-Protein bewirken[106] (s. Kap. 8).

Beendigung der Transmitterwirkung

Durch verschiedene Vorgänge werden Transmitter aus dem synaptischen Spalt entfernt und ihre Aktivität beendet. Die Wirkung von Neuropeptiden wird z.B. in erster Linie durch Diffusion beendet, während spezifische Mechanismen existieren, um insbesondere Transmitter mit niedrigem Molekulargewicht aus dem synaptischen Spalt zu entfernen. Physiologische Befunde zeigen, daß die rasche Beendigung der Transmitterwirkung an vielen Synapsen entscheidend für die synaptische Funktion ist.

Die Beendigung der ACh-Wirkung durch Acetylcholinesterase

Wie in Kapitel 7 beschrieben, wird die Wirkung von Acetylcholin an der neuromuskulären Verbindung von dem Enzym Acetylcholinesterase (AChE) beendet, das ACh hydrolytisch in Cholin und Acetat spaltet. Eine große Menge Cholin wird zurück in die Nervenendigung transportiert und zur ACh-Synthese wiederverwendet (s. Abb. 4). Obwohl AChE weit verbreitet ist und in vielen Geweben auftritt, findet man sie in besonders hoher Konzentration an cholinergen Synapsen[108] (Abb. 22). Die meiste AChE der neuromuskulären Verbindung ist an die synaptische Basalmembran gebunden, dem Teil der Muskelfaserhülle aus extrazellulärem Matrixmaterial, der den synaptischen Spalt und die subsynaptischen Einfaltungen einnimmt.[109] Es gibt 2600 katalytische Untereinheiten der AChE pro μm^2 synaptischer Basalmembran[98] (im Vergleich zu 10^4 ACh-Rezeptoren pro μm^2 postsynaptischer Membran). Eine Hemmung der AChE an der neuromuskulären Verbindung verlängert die Lebensspanne des ACh und führt zu einer Zunahme von Amplitude und Dauer der einzelnen synaptischen Potentiale.[110] Unter solchen Bedingungen wird die Wirkung des ACh allein durch seine Diffusion aus dem synaptischen Spalt beendet. Wenn die AChE gehemmt wird und Axone mit Frequenzen feuern können, die für ihre normale Funktion typisch sind, sammelt sich ACh im Spalt an und führt zu zusätzlichen Effekten, die die neuromuskuläre Übertragung blockieren. Beispielsweise führt Dauerdepolarisation der postsynaptischen Membran zur Inaktivierung von Natriumkanälen in der Muskelmembran nahe der Endplatte und verhindert die Auslösung von Muskelaktionspotentialen (Kap. 4). Da Rezeptoren durch die ständige Gegenwart von ACh desensitisiert werden, repolarisiert die Muskelfaser, die Übertragung bleibt jedoch blockiert, weil der Muskel nicht länger auf ACh antworten kann. Die Toxizität von AChE-Inhibitoren, wie Insektiziden auf der Basis organischer Phosphorsäureester und Nervengasen, ist teilweise auf diese Form der neuromuskulären Blockade zurückzuführen. Die schnelle Beendigung der ACh-Wirkung ist also unter physiologischen Bedingungen entscheidend für die neuromuskuläre Übertragung.

Die Anwesenheit der Acetylcholinesterase zwischen der axonalen Endigung und der postsynaptischen Membran mag ineffizient erscheinen, denn die ACh-Moleküle sind dadurch gezwungen, ein Minenfeld von abbauenden Enzymen zu passieren, bevor sie mit ihren postsynaptischen Rezeptoren in Wechselwirkung treten können. Wenn man jedoch die Ausmaße des Spalts und die Geschwindigkeit der ACh-Diffusion, -bindung und -hydrolyse betrachtet, wird ein einfaches Schema deutlich, das **saturated disk** genannt wird.[98,111] Nach der Ausschüttung eines Quants steigt die Konzentration des ACh fast augenblicklich (innerhalb von Mikrosekunden) über die gesamte Breite des Spaltes auf ein Niveau an, das hoch genug ist (0,5 mM), um sowohl ACh-Rezeptoren als auch Esterase innerhalb Fläche (disk) von etwa 0,5 µm

108 Massoulié, J. and Bon, S. 1982. *Annu. Rev. Neurosci.* 5: 57–106.
109 McMahan, U. J., Sanes, J. R. and Marshall, L. M. 1978. *Nature* 271: 172–174.
110 Fatt, P. and Katz, B. 1951. *J. Physiol.* 115: 320–370.
111 Hartzell, H. C., Kuffler, S. W. and Yoshikami, D. 1975. *J. Physiol.* 251: 427–463.

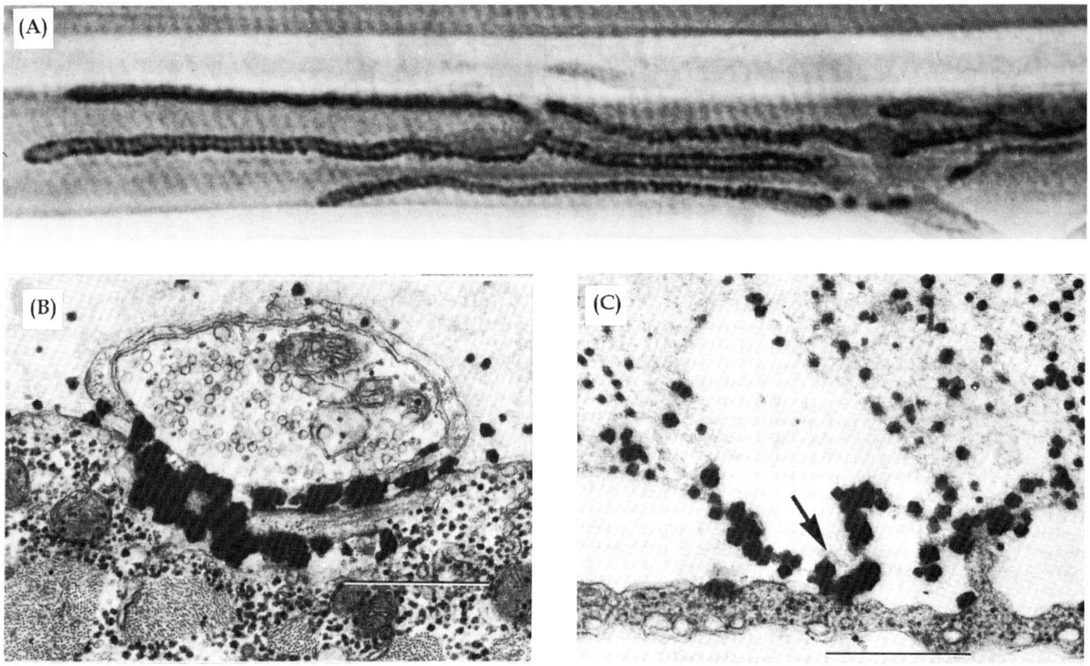

Abb. 22: **Die Acetylcholinesterase** ist in der synaptischen Basalmembran der neuromuskulären Verbindungen konzentriert. (A) Lichtmikroskopische Aufnahme einer neuromuskulären Verbindung im Musculus cutaneus pectoris des Frosches, angefärbt mit Hilfe eines histochemischen Verfahrens zum Nachweis von Acetylcholinesterase. Die dunklen Reaktionsprodukte zeichnen die synaptischen Furchen und die subsynaptischen Einfaltungen nach. (B) Elektronenmikroskopische Aufnahme eines Querschnitts durch eine axonalen Endigung auf einem Muskel, der wie in (A) zum Nachweis von Acetylcholinesterase angefärbt wurde. Die elektronendichten Reaktionsprodukte füllen den synaptischen Spalt und die subsynaptischen Einfaltungen aus. (C) Elektronenmikroskopische Aufnahme eines zerstörten Muskels mit degenerierter Nervenendigung, Schwannscher Zelle und Muskelfaser, die phagocytiert wurden, so daß nur die leeren Hüllen der Basalmembran übriggeblieben sind. Der zerstörte Muskel war zum Nachweis der Acetylcholinesterase angefärbt; das Reaktionsprodukt ist mit der synaptischen Basalmembran assoziiert (Pfeil). Balken: (A) 20 µm; (B) und (C) 0,6 µm (Wiedergabe der mikroskopischen Aufnahmen mit freundlicher Genehmigung von U.J. McMahan).

Durchmesser zentriert um den Ort der Ausschüttung zu sättigen. Die Bindung von ACh an seine Rezeptoren und an AChE geschieht schnell verglichen mit der Geschwindigkeit, mit der die AChE ACh hydrolysieren kann (AChE benötigt 0,1 ms, um ein Molekül ACh zu hydrolysieren). Daher wird der Anteil der ausgeschütteten ACh-Moleküle, der anfänglich an die postsynaptischen Rezeptoren (statt an die Cholinesterase) bindet, nur vom Verhältnis Rezeptoren zu Esterase bestimmt, d.h., daß etwa 20 Prozent der ACh-Moleküle an AChE binden und 80 Prozent an die ACh-Rezeptoren. Die Bindung führt zu einem jähen Abfall der ACh-Konzentration. Die Konzentration bleibt dann niedrig, weil AChE die ACh-Moleküle viel schneller (10 pro ms) spalten kann, als sie von den Rezeptoren freigesetzt werden, wenn die Kanäle sich schließen ($\tau = 1$ ms). Die Konzentration von ACh im Spalt ist daher etwa 0,1 ms nach der Ausschüttung soweit abgesunken, daß die Wahrscheinlichkeit vernachlässigbar gering ist, zwei ACh-Moleküle zu finden, die an einen weiteren Rezeptor binden und ihn öffnen. Aus einer solchen Analyse läßt sich voraussagen, daß sich die Hemmung der Acetylcholinesterase stärker auf die Dauer des synaptischen Potentials als auf seine Amplitude auswirkt, was auch tatsächlich zutrifft. Die Amplitude nimmt um den Faktor 1,5 bis 2 zu, während die Dauer um das Drei- bis Fünffache wächst.[110,112] So wirken die Organisation der neuromuskulären Verbindung, die Dichte und die kinetischen Eigenschaften der ACh-Rezeptoren und der AChE zusammen, um eine Synapse zu schaffen, die zu sehr schnellen Antworten und effizientem ACh-Einsatz in der Lage ist.

Andere Mechanismen zur Beendigung der Transmitterwirkung

Die Wirkungen von Dopamin, Noradrenalin, 5-HT und in einigen Fällen auch von GABA werden nicht durch Hydrolyse beendet, sondern durch Aufnahme des intakten Transmitters in präsynaptische Nervenendigungen mittels natriumabhängiger Transportproteine.[113,114] Innerhalb der Endigung kann der Transmitter erneut verpackt und wieder ausgeschüttet werden. Pharmako-

112 Katz, B. and Miledi, R. 1973. *J. Physiol.* 231: 549–574.
113 Iversen, L. L. 1967. *The Uptake and Storage of Noradrenaline in Sympathetic Nerves.* Cambridge University Press, London.
114 Bloom, F. E. and Iversen, L. L. 1971. *Nature* 229: 628–630.

logische Befunde zeigen, daß jeder dieser Transmitter von einem spezifischen Transporter aufgenommen wird.[115] Transporter für Noradrenalin[116] und GABA[117] sind kloniert worden. Die cDNA-Klone codieren für stark homologe Proteine, die eine neue Superfamilie von Proteinen bilden; sie weisen vermutlich 12 Transmembrandomänen, intrazelluläre Amino- und Carboxylenden und drei extrazelluläre Glycosylierungsstellen auf. Pharmakologisch bestehen deutliche Unterschiede zwischen den Transportern, die Neurotransmitter in die Nervenendigung schaffen und solchen, die sie in die Vesikel schaffen. Beispielsweise wird die Aufnahme von Noradrenalin in die Endigung von Cocain blockiert, während seine Aufnahme in die Vesikel von Reserpin blockiert wird. Die Transmitterwirkung kann auch durch Aufnahme in nichtneuronale Zellen beendet werden; an der neuromuskulären Verbindung von Crustaceen z.B. diffundiert der hemmende Transmitter GABA von der Synapse weg und wird von Gliazellen aufgenommen.[118] Gliazellen im Säuger-ZNS weisen ebenfalls einen hochaffinen Aufnahmemechanismus für GABA auf und helfen möglicherweise dabei, GABA von einigen Synapsen im ZNS zu entfernen.

Es liegen bisher nur wenige Informationen darüber vor, wie die Wirkung von Peptidtransmitter beendet wird. Es gibt keinen Hinweis auf eine Aufnahme in präsynaptische Endigungen, und obwohl inzwischen Enzyme charakterisiert werden, die spezifische Peptide hydrolysieren[119], scheint die Diffusion weg von den synaptischen Bindungsstellen offenbar ein wichtiger Mechanismus für die Beendigung der Peptidwirkung zu sein.

Empfohlene Literatur

Allgemeines

Cooper, J. R., Bloom, F. E. and Roth, R. H. 1991. *The Biochemical Basis of Neuropharmacology*, 6th Ed. Oxford University Press, New York.

Kandel, E. R., Schwartz, J. H. and Jessell, T. M. (eds.). 1991. *Principles of Neural Science*, 3rd Ed. Elsevier, New York.

Martin, J. B., Brownstein, M. J. and Krieger, D. T. (eds.). 1987. *Brain Peptides Update*, Vol. 1. Wiley, New York.

Salpeter, M. M. (ed.). 1987. *The Vertebrate Neuromuscular Junction*. Alan R. Liss, New York.

Siegel, G. J., Agranoff, B. W., Albers, R. W. and Molinoff, P. B. 1989. *Basic Neurochemistry: Molecular, Cellular, and Medical Aspects*, 4th Ed. Raven Press, New York.

Übersichtsartikel

Kupfermann, I. 1991. Functional studies of cotransmission. *Physiol. Rev.* 71: 683–732.

Penner, R. and Neher, E. 1989. The patch-clamp technique in the study of secretion. *Trends Neurosci.* 12: 159–163.

Porter, M. E. and Johnson, K. A. 1989. Dynein structure and function. *Annu. Rev. Cell Biol.* 5: 119–151.

Sossin, W. S., Fisher, J. M. and Scheller, R. H. 1989. Cellular and molecular bology of neuropeptide processing and packaging. *Neuron* 2: 1407–1417.

Südhof, T. C. and Jahn, R. 1991. Proteins of synaptic vesicles involved in exocytosis and membrane recycling. *Neuron* 6: 665–677.

Trimble, W. S., Linial, M. and Scheller, R. H. 1991. Cellular and molecular biology of the presynaptic nerve terminal. *Annu. Rev. Neurosci.* 14: 93–122.

Vallee, R. B. and Bloom, G. S. 1991. Mechanisms of fast and slow axonal transport. *Annu. Rev. Neurosci.* 14: 59–92.

Zigmond, R. E., Schwarzchild, M. A. and Rittenhouse, A. R. 1989. Acute regulation of tyrosine hydroxylase by nerve activity and by neurotransmitters via phosphorylation. *Annu. Rev. Neurosci.* 12: 415–461.

Originalartikel

Birks, R. I. and MacIntosh, F. C. 1961. Acetylcholine metabolism of a sympathetic ganglion. *J. Biochem. Physiol.* 39: 787–827.

Burger, P. M., Hell, J., Mehl, E., Krasel, C., Lottspeich, F. and Jahn, R. 1991. GABA and glycine in synaptic vesicles: Storage and transport characteristics. *Neuron* 7: 287–293.

Heuser, J. E. and Reese, T. S. 1973. Evidence for recycling of synaptic vesicle membrane during transmitter release at the frog neuromuscular junction. *J. Cell Biol.* 57: 315–344.

Heuser, J. E., Reese, T. S., Dennis, M. J., Jan, L. and Evans, L. 1979. Synaptic vesicle exocytosis captured by quick freezing and correlated with quantal transmitter release. *J. Cell Biol.* 81: 275–300.

Howard, J., Hudspeth, A. J. and Vale, R. D. 1989. Movement of microtubules by single kinesin molecules. *Nature* 342: 154–158.

Lim, N. F., Nowycky, M. C. and Bookman, R. J. 1990. Direct measurement of exocytosis and calcium currents in single vertebrate nerve terminals. *Nature* 344: 449–451.

Pacholczyk, T., Blakely, R. D. and Amara, S. G. 1991. Expression cloning of a cocaine and antidepressant-sensitive human noradrenaline transporter. *Nature* 350: 350–354.

Schnapp, B. J., Vale,R. D., Sheetz, M. P. and Reese, T. S. 1985. Single microtubules from squid axoplasm support bidirectional movement of organelles. *Cell* 40: 455–462.

Weiner, N. and Rabadjija, M. 1968. The effect of nerve stimulation on the synthesis and metabolism of norepinephrine from cat spleen during sympathetic nerve stimulation. *J. Pharmacol. Exp. Ther.* 160: 61–71.

115 Ritz, M. C., Cone, E. J. and Kuhar, M. J. 1990. *Life Sci.* 46: 635–645.

116 Pacholczyk, T., Blakely, R. D. and Amara, S. G. 1991. *Nature* 350: 350–354.

117 Guastella, J. et al. 1990. *Science* 249: 1303–1306.

118 Orkand, P. M. and Kravitz, E. A. 1971. *J. Cell Biol.* 49: 75–89.

119 Marcel, D. et al. 1990. *J. Neurosci.* 10: 2804–2817.

Kapitel 10

Identifizierung und Funktion von Transmittern im Zentralnervensystem

Die Identifizierung von Neurotransmittern, die synaptische Wechselwirkungen im Gehirn und im Rückenmark vermitteln, ist von fundamentaler Bedeutung für das Verständnis der Funktion des Nervensystems. Obwohl es im Zentralnervensystem sehr viel schwieriger als in der Peripherie ist nachzuweisen, daß eine bestimmte chemische Substanz als Transmitter an einer Synapse wirkt, sind bei der Identifizierung von ZNS-Transmittern beträchtliche Fortschritte erzielt worden. Verschiedene Techniken zur Kartierung der Verteilung von Transmittersystemen stehen zur Verfügung, die darauf basieren, den Überträgerstoff selbst sichtbar zu machen, oder eines der Proteine zu markieren, die seine Wirkung, seine Synthese oder seinen Abbau vermitteln, oder ein mRNA-Transkript für ein solches Protein zu finden. Solche Untersuchungen geben nicht nur Einblick in die normale Arbeitsweise des ZNS, sondern liefern auch Schlüssel zum Verständnis biochemischer Defizite, die Fehlfunktionen des Nervensystems zugrundeliegen und weisen auf mögliche therapeutische Maßnahmen hin.

Die überwiegenden Transmitterstoffe im Zentralnervensystem sind das Aminosäuresalz Glutamat und die Aminiosäuren Glycin und GABA. GABA vermittelt inhibitorische Wechselwirkungen im Gehirn; Glycin wirkt an vielen Synapsen im Hirnstamm und im Rückenmark hemmend. Es gibt zwei Klassen von Rezeptoren für GABA. $GABA_A$-Rezeptoren sind bei weitem die häufigsten. Sie antworten auf GABA mit einer Zunahme der Chloridleitfähigkeit. Ihre Aktivität wird von häufig gebrauchten krampf- und angstlösenden Drogen, wie Barbituraten (Phenobarbital) und Benzodiazepinen (Diazepam und Chlorazepoxid) moduliert. Glutamat ist der wichtigste exzitatorische Transmitter im ZNS. Es bindet an Rezeptoren, die in zwei große Klassen unterteilt werden können: non-NMDA-Rezeptoren, das sind typische schnellwirkende, direkt gekoppelte Rezeptoren, die für einwertige Kationen permeabel sind, und NMDA-Rezeptoren, die sowohl ligandenaktiviert als auch spannungsabhängig sind. Einmal geöffnet ermöglichen NMDA-Kanäle den Einstrom von Calcium, der die calciumabhängigen second messenger-Syteme in der postsynaptischen Zelle anstoßen kann. Diese Eigenschaften erlauben es NMDA-Rezeptoren, assoziative aktivitätsabhängige Veränderungen der synaptischen Wirksamkeit zu vermitteln, die möglicherweise die Grundlage von Lernen und Gedächtnis bilden. Zu diesen Veränderungen gehört auch die Langzeitpotenzierung (long-term potentiation, LTP) der Übertragung im Hippocampus.

Acetylcholin wirkt als Transmitter in vielen Hirnregionen, hauptsächlich über indirekt gekoppelte muscarinische Rezeptoren. Kerne im basalen Vorderhirn liefern eine ausgedehnte und diffuse cholinerge Innervation des Cortex und des Hippocampus. Die Wirkungen muscarinischer Agonisten und Antagonisten lassen vermuten, daß dieser cholinerge Eingang wichtig für kognitive Funktionen ist. Im cholinergen System des basalen Vorderhirns manifestieren sich bei der Alzheimer-Krankheit degenerative Veränderungen in auffälliger Weise, wobei Neuronen, die andere Transmitter ausschütten, ebenfalls betroffen sind.

Peptidtransmitter sind im zentralen, peripheren und enteritischen Nervensystem weit verbreitet. Ein beträchtliches Interesse an Substanz P und an den opioiden Peptiden rührt aus dem Befund, daß beide am Schmerzgefühl beteiligt zu sein scheinen. Substanz P wird von primären afferenten Fasern ausgeschüttet, die auf Schmerzreize antworten. Enkephalin, das von Interneuronen im Rückenmark freigesetzt wird, unterdrückt das Schmerzgefühl, indem es die Ausschüttung von Substanz P aus den primären afferenten Endigungen blockiert. Andere opioide Peptide wirken an Synapsen im Gehirn und verändern unsere Schmerzwahrnehmung. Man findet Substanz P und opioide Peptide auch in ZNS-Bereichen, die nichts mit dem Schmerzgefühl zu tun haben.

Bemerkenswert bei der Verteilung von Noradrenalin, Dopamin, Adrenalin, Serotonin und Histamin im ZNS ist, daß nur sehr wenige Neuronen diese Amine als Transmitter ausschütten, aber die Verzweigungen der Zellen, die das tun, sehr ausgedehnt und diffus sind. Diese Morphologie korreliert mit der physiologischen Rolle aminhaltiger Neuronen bei der Modulation synaptischer Aktivität in weiten Bereichen des ZNS durch indirekt gekoppelte Rezeptormechanismen, um ganzheitliche Funktionen, wie Aufmerksamkeit, Aufwachen, den Wach-Schlaf-Rhythmus, Stimmung und Affekt zu regulieren. Fehlfunktionen dieser modulatorischen Wechselwirkungen sprechen besonders gut auf Behandlungen an, die auf der systemischen Verabreichung von Drogen oder auf neuronaler Transplantation beruhen.

Eine Reihe verschiedener Techniken sind entwickelt worden, um den Überträgerstoff bzw. die Überträgerstoffe zu identifizieren, die an einer bestimmten Synapse ausgeschüttet werden. Physiologische und pharmakologisches Tests sind in Kap. 9 erläutert worden. In diesem Kapitel beschreiben wir andere Techniken zur Transmitteridentifizierung, von denen einige den Transmitter selbst nachweisen, andere hingegen Proteine, die mit der Funktion oder dem Metabolismus des Transmitters in Zusammenhang stehen. Wir fassen dann die Befunde für mehrere niedermolekulare Transmitter und die Neuropeptidtransmitter zusammen, zeigen auf, wo sie zu finden sind und welche Rolle sie bei der Funktion des ZNS spielen können.

Kartierung der Transmitterverteilung

Eine Methode, Neuronen zu identifizieren, die einen bestimmten Transmitter ausschütten, besteht darin, die Verteilung der Transmittermoleküle selbst sichtbar zu machen. Ein besonders wichtiger Fortschritt bei der Bestimmung der Transmitterverteilung im ZNS war die Entwicklung einer Fluoreszenztechnik durch Falck und Hillarp, die es ermöglichte, im Lichtmikroskop Axone oder Endigungen zu erkennen, die biogene Amine, wie Dopamin, Noradrenalin und 5-Hydroxytryptamin (5-HT, Serotonin) enthalten.[1] Mit Formaldehyd kondensiert emittiert jede dieser Substanzen bei Ultraviolettbeleuchtung Licht einer charakteristischen Wellenlänge (Abb. 1). Diese Fluoreszenztechnik und weiterführende Modifizierungen, die auf dem Einsatz von Glyoxylsäure beruhen,[2] ebneten den Weg für schnelle Fortschritte. Sie eröffneten einen leichteren Zugang zum gesamten Zentralnervensystem, da sie die Visualisierung von Leitungsbahnen und Neuronengruppen ermöglichen, deren Endigungen offenbar Amine freisetzen. Eine andere Technik, die Immunhistochemie, stellt eine alternative Möglichkeit dar, Zellen sichtbar zu machen, die Amine und andere Transmitter enthalten. Gegen kleine Neurotransmitter, wie GABA, 5-HT und Dopamin, wurden Antikörper hergestellt,[3] ebenso gegen Neuropeptide. Solche Antikörper kann man entweder direkt oder indirekt mit verschiedenen Markern koppeln, die durch Licht, Fluoreszenz oder elektronenmikroskopisch aufgespürt werden können. Das Klonen von Neuropeptid-cDNAs und in situ-Hybridisierungstechniken liefern zusätzliche Werkzeuge zur Lokalisation von Neuronen, die Neuropeptide synthetisieren und zur Untersuchung der Regulation der Peptidexpression.[4]

Statt den Transmitter selbst zu markieren, kann man auch spezifische Sonden für die Enzyme herstellen, die die Transmittersynthese und den Abbau steuern. Neuronen enthalten besonders hohe Konzentrationen an Enzymen, die die Synthese des Transmitters katalysieren, den sie ausschütten. Z.B. weisen Zellen, die GABA als Transmitter benutzen, eine hohe Konzentration des Enzyms Glutamatdecarboxylase auf. Dieses Enzym wurde gereinigt, und Antikörper sind hergestellt worden. Mit geeignet markierten Antikörpern konnte man dann das Enzym in Gewebeschnitten lokalisieren und dadurch GABA-haltige Neuronen identifizieren.[5,6] Ähnlich sind zur Identifizierung von cholinergen Neuronen Antikörper gegen das Enzym Cholinacetyltransferase hergestellt worden.[7] Mit Antikörpern gegen Tyrosinhydroxylase und Dopamin-β-hydroxylase lassen sich Zellen identifizieren, die Dopamin und Noradrenalin ausschütten.[8] Die cDNAs für viele der Enzyme, die an der Transmittersynthese beteiligt sind, wurden kloniert. Die Lokalisation und die Regulation der Expression dieser Enzyme wurde mit in situ-Hybridisationstechniken untersucht. Enzyme, die am Transmitterabbau beteiligt sind, sind weniger zuverlässige Indikatoren für die Identität eines Transmitters, obwohl es sich bei ACh und GABA gezeigt hat, daß die Verteilung ihrer abbauenden Enzyme unter entsprechenden Bedingungen ein nützlicher Marker sein kann.[9–11]

Die Identifizierung von Rezeptoren auf postsynaptischen Zellen kann ebenfalls Hinweise auf den Transmitter liefern, der von den präsynaptischen Nervenendigungen freigesetzt wird. Beispielsweise sind monoklonale Antikörper gegen GABA-Rezeptoren aus der Großhirnrinde benutzt worden, um Synapsen zu lokalisieren, an denen GABA offenbar als Transmitter wirkt.[12] Andererseits kann man auch den Transmitter selbst oder einen spezifischen Agonisten bzw. Antagonisten markieren, um die Rezeptoren zu lokalisieren.[13–15] Andere Techniken arbeiten mit Mechanismen der Transmitterinaktivierung. Beispielsweise verfügen Zellen, die biogene Amine oder GABA ausschütten, über spezifische Aufnahmesysteme, um diese Transmitter zurückzugewinnen. Wenn man das Gewebe daher in radioaktivem Noradrenalin, Dopamin, 5-HT oder GABA badet, lassen sich die Nervenendigungen selektiv markieren, die diese Transmitter ausschütten.[16]

1 Falck, B. et al. 1962. *J. Histochem. Cytochem.* 10: 348–354.
2 de la Torre, J. C. 1980. *J. Neurosci. Methods* 3: 1–5.
3 Wässle, H. and Chun, M. H. 1988. *J. Neurosci.* 8: 3383–3394.
4 Mengod, G., Charli, J. L. and Palacios, J. M. 1990. *Cell Mol. Neurobiol.* 10: 113–126.
5 Matsuda, T., Wu, J.-Y. and Roberts, E. 1973. *J. Neurochem.* 21: 159–166, 167–172.
6 Hendrickson, A. E. et al. 1983. *J. Neurosci.* 3: 1245–1262.
7 Wainer, B. H. et al. 1984. *Neurochem. Int.* 6: 163–182.
8 Miachon, S. et al. 1984. *Brain Res.* 305: 369–374.
9 Shute, C. C. D., and Lewis, P. R. 1963. *Nature* 199: 1160–1164.
10 Wallace, B. G. and Gillon, J. W. 1982. *J. Neurosci.* 2: 1108–1118.
11 Nagai, T. et al. 1984. *In* A. Björklund, T. Hökfelt and M. J. Kuhar (eds.). *Classical Transmitters and Transmitter Receptors in the CNS*, Part 2. (*Handbook of Chemical Neuroanatomy*, Vol. 3.) Elsevier, New York, pp. 247–272.
12 Hendry, S. H. C. et al. 1990. *J. Neurosci.* 10: 2438–2450.
13 Kuhar, M. J., De Souza, E. B., and Unnverstall, J. R. 1986. *Annu. Rev. Neurosci.* 9: 27–59.
14 Palacios, J. M. et al. 1990. *Ann. N. Y. Acad. Sci.* 600: 36–52.
15 Palacios, J. M. et al. 1990. *Prog. Brain Res.* 84: 243–253.
16 Hendry, S. H. C. and Jones, E. G. 1981. *J. Neurosci.* 1: 390–408.

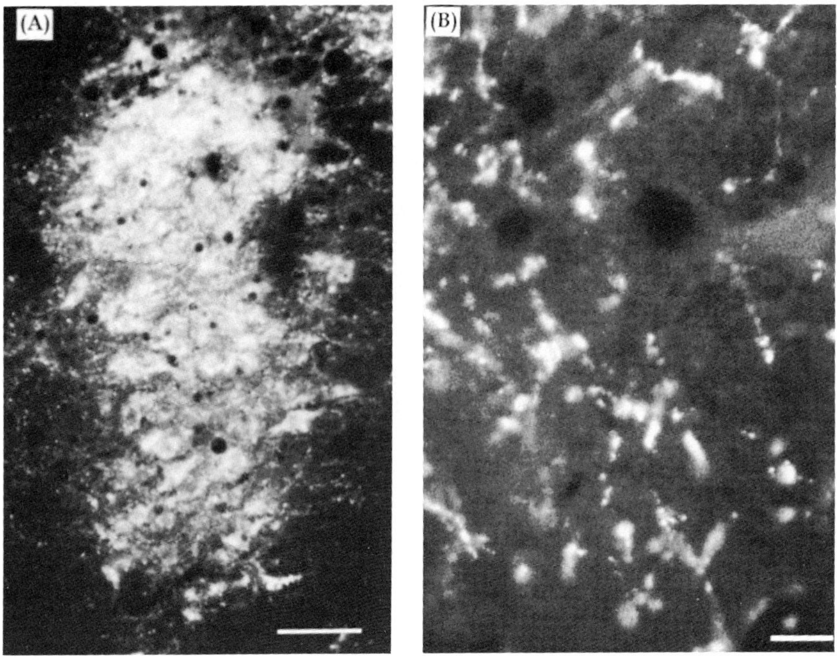

Abb. 1: **Sichtbarmachen von Zellen, die biogene Amine enthalten** und ihren Endverzweigungen durch Formaldehyd-induzierte Fluoreszenz. (A) Noradrenalinhaltige Zellen im Locus coeruleus der Ratte. Balken 100 µm. (B) Die terminalen Verzweigungen der Locus-coeruleus-Zellen im cerebralen Cortex. Balken 10 µm (aus Harik, 1984).

GABA und Glycin: Wichtige inhibitorische Transmitter im ZNS

Mit einer Kombination der verschiedenen oben umrissenen Ansätze ist es möglich, Synapsen im Zentralnervensystem zu identifizieren, bei denen GABA und Glycin als Transmitter wirken. In einer eleganten Untersuchungsreihe auf der Ebene individueller Neuronen fanden Otsuka, Ito, Obata und Kollegen beispielsweise heraus, daß cerebellare Purkinje-Zellen an inhibitorischen Synapsen GABA als Transmitter auf Zellen im Hirnstamm ausschütten.[17–19] Das visuelle System liefert ein weiteres Beispiel, bei dem sowohl physiologische als auch morphologische Befunde darauf hinweisen, daß GABA als Transmitter ausgeschüttet wird (s. Kap. 16 und 17). So ist GABA in der Retina mit gewissen Typen von Horizontalzellen und Amakrinzellen assoziiert.[20,21] Im Corpus geniculatum laterale findet man Zellen, die Glutamatdecarboxylase enthalten, das Enzym, das die GABA-Synthese katalysiert,[6] und im visuellen Cortex sind GABA-Aufnahme und Glutamatdecarboxylase mit mehreren verschiedenen Typen lokal inhibitorischer Neuronen assoziiert.[22] Lokale Applikation von Stoffen, die die GABA-Wirkung blockieren, wirken sich auf die Signalgebung aus; beispielsweise verändert Bicucullin die Organisation des rezeptiven Feldes von Ganglienzellen in der Retina und von complex-Zellen im Cortex (Kap. 17)[23,24] Es liegen heute überzeugende Belege dafür vor, daß GABA der Transmitter ist, der in weiten Bereichen des Gehirns an inhibitorischen Synapsen ausgeschüttet wird. Bemerkenswert ist der hohe Anteil von GABA-Neuronen. In verschiedenen corticalen Bereichen enthält z.B. jedes fünfte Neuron GABA.[25] Solche GABAergen Neuronen bilden typischerweise lokale inhibitorische Verbindungen. Die allgemeine Bedeutung der von GABA vermittelten inhibitorischen Wechselwirkungen für die Signalübertragung im ZNS zeigt sich darin, daß eine weiträumige Applikation von Stoffen, die GABA-Rezeptoren blockieren, Krämpfe hervorruft.

Ein zweiter Transmitter, der an Synapsen im ZNS, besonders (an solchen) im Hirnstamm und im Rückenmark, hemmmend wirkt, ist die Aminosäure Glycin. Wie GABA ahmt iontophoretisch appliziertes Glycin die Potentiale nach, die bei Reizung inhibitorischer Bahnen auftreten. Eine brauchbare Unterscheidung erlauben Stoffe, die die Hemmung blockieren, wie Strychnin für Glycin und Picrotoxin oder Bicucullin für GABA.[27] Ihre Wirkungen liefern diagnostische Kriterien zur Transmittererkennung, weil sie GABA- oder Glycineffekte selektiv und zuverlässig blockieren. An einigen Synapsen, wie denen an Neuronen im Rückenmark und im Hirnstamm des Neunauges, sind ausführliche und detaillierte Tests

17 Obata, K. 1969. *Experientia* 25: 1283.
18 Otsuka, M. et al. 1971. *J. Neurochem.* 18: 287–295.
19 Obata, K., Takeda, K. and Shinozaki, H. 1970. Exp. *Brain Res.* 11: 327–342.
20 Sterling, P. 1983. *Annu. Rev. Neurosci.* 6: 149–185.
21 Lam, D. M.-K. and Ayoub, G. S. 1983. *Vision Res.* 23: 433–444.
22 Gilbert, C. D. 1983. *Annu. Rev. Neurosci.* 6: 217–247.
23 Caldwell, J. H. and Daw, N. W. 1978. *J. Physiol.* 276: 299–310.
24 Sillito, A. M. 1979. *J. Physiol.* 289: 33–53.
25 Naegele, J. R. and Barnstable, C. J. 1989. *Trends Neurosci.* 12: 28–34.
26 Olsen, R. W. and Leeb-Lundberg, F. 1981. *In* E. Costa, G. DiChiara and G. L. Gessa (eds.). *GABA and Benzodiazepine Receptors.* Raven Press, New York, pp. 93–102.

durchgeführt worden, die zeigen, daß es sich bei dem hemmenden Transmitter um Glycin handelt.[27,28] Eine Technik, die für derartige Experimente zunehmend an Bedeutung gewinnt, besteht darin, die Eigenschaften von Leitfähigkeitskanälen, die von Transmitterkandidaten aktiviert werden, zu messen – entweder mit Rauschanalyse oder mit patch clamp-Techniken (Kap. 2). Damit die Substanz ernsthaft als Kandidat in Frage kommt, müssen die Kanäle dieselben Eigenschaften zeigen wie bei synaptischer Aktivierung.

GABA$_A$- und GABA$_B$-Rezeptoren

An Neuronen im Zentralnervensystem wurden zwei Rezeptoren für GABA identifiziert. GABA$_A$-Rezeptoren sind in der Überzahl. Sie antworten auf GABA mit einer raschen Zunahme der Chloridleitfähigkeit. Die GABA$_A$-Rezeptoren gehören zur selben Superfamilie von ligandenaktivierten Rezeptoren wie der nicotinische Acetylcholinrezeptor (Kap. 2). Vier Klassen von GABA$_A$-Rezeptoruntereinheiten sind definiert worden: α, β, γ und σ.[29] Innerhalb jeder Klasse existieren zahlreiche Varianten, und unterschiedliche Kombinationen von Untereinheiten liefern Rezeptoren mit unterschiedlichen Eigenschaften. Aus welchen Untereinheiten sich native GABA$_A$-Rezeptoren zusammensetzen, ist unbekannt. Untersuchungen der Verteilung von mRNAs, die verschiedene Untereinheiten codieren, zeigen Unterschiede zwischen Hirnregionen und lassen vermuten, daß es bei den Rezeptor-Subtypen regionale Spezifitäten gibt (Abb. 2).[30] In den frühen 80iger Jahren wurden an Neuronen im ZNS Antworten auf GABA beobachtet, die nicht von Bicucullin gehemmt wurden.[31] Diese Effekte ließen sich, wie man herausfand, durch Baclofen nachahmen, das keine Wirkung auf GABA$_A$-Rezeptoren ausübt. Die Rezeptoren, die diese Effekte vermitteln, werden GABA$_B$-Rezeptoren genannt. GABA$_B$-Rezeptoren wirken indirekt über G-Proteine, um Calciumkanäle zu blokkieren oder Kaliumkanäle zu aktivieren.[32]
Jedes Neuron im Säuger-ZNS besitzt offenbar GABA-Rezeptoren auf dem Zellkörper. Man findet GABA$_A$- und GABA$_B$-Rezeptoren auch auf den Zellkörpern von Neuronen der Hinterwurzelganglien.[32] Die physiologische Funktion dieser Rezeptoren ist unklar, denn es gibt keine GABAergen Synapsen auf dem Soma der Neuronen des Hinterwurzelganglions. Offenbar sind GABA-Rezeptoren bei diesen und vielen anderen Neuronen über die gesamte Zellmembran verteilt.[28] Sie spielen jedoch möglicherweise nur an den synaptischen Endigungen eine funktionelle Rolle, wo sich GABA-Eingänge befinden, die die Transmitterausschüttung hemmen, oder an Synapsen auf Dendriten.

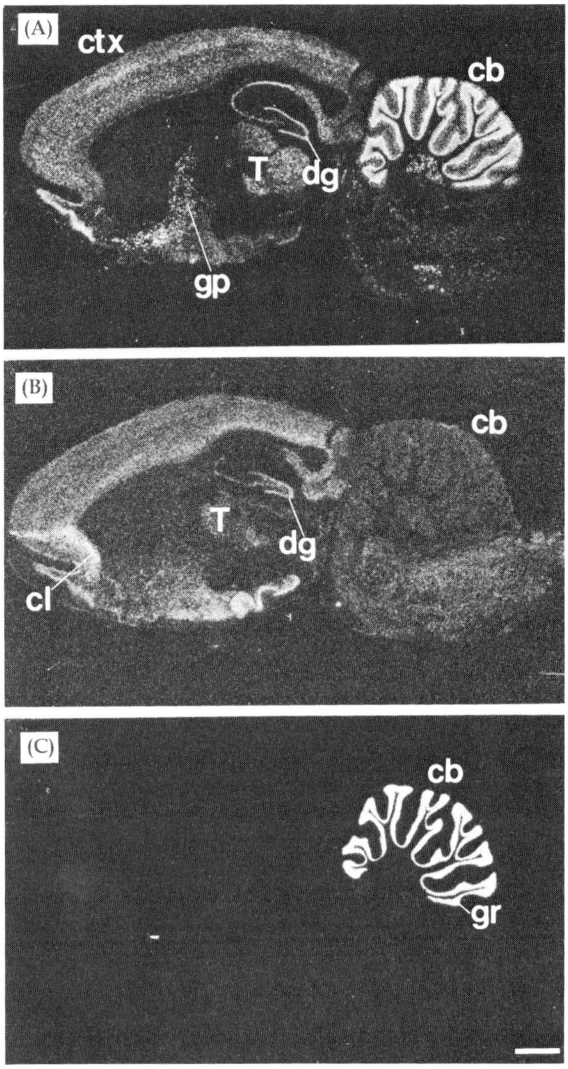

Abb. 2: **Verteilung von GABA$_a$-Rezeptoruntereinheiten-mRNAs** im Rattengehirn. Lichtmikroskopische Autoradiographien von Serienschnitten des Rattengehirns nach einer in situ-Hybridisierung mit ^{35}S-markierten Sonden für mRNA der (A) α_1, (B) α_3 und (C) α_6-GABA$_A$-Rezeptoruntereinheiten. T Thalamus, cb Cerebellum, cl Caustrum, ctx Cortex, dg Gyrus dentatus, gr Körnerzellen (cerebellar granule cells), gp Globus pallidus. Balken 2 mm (aus Luddens und Wisden, 1991; mit freundlicher Genehmigung von W. Wisden).

Die Modulation der Funktion von GABA$_A$-Rezeptoren durch Benzodiazepine und Barbiturate

Ein typisches Merkmal von GABA$_A$-Rezeptoren ist ihre Regulierung durch allosterische Modulation.[33] GABA$_A$-Rezeptoren weisen Bindungsstellen für zwei Klassen von

27 Matthews, G. and Wickelgren, W. O. 1979. *J. Physiol.* 293: 393–415.
28 Martin, A. R. 1990. *In* O. P. Ottersen and J. Storm-Mathisen (eds.). *Glycine Neurotransmission.* Wiley, New York, pp. 171–191.
29 Luddens, H. and Wisden, W. 1991. *Trends Pharmacol. Sci.* 12: 49–51.
30 Vicini, S. 1991. *Neuropsychopharmacology* 4: 9–15.
31 Hill, D. R. and Bowery, N. G. 1981. *Nature* 290: 149–152.
32 Nicoll, R. A., Malenka, R. C. and Kauer, J. A. 1990. *Physiol. Rev.* 70: 513–565.

33 Costa, E. 1991. *Neuropsychopharmacology* 4: 225–235.

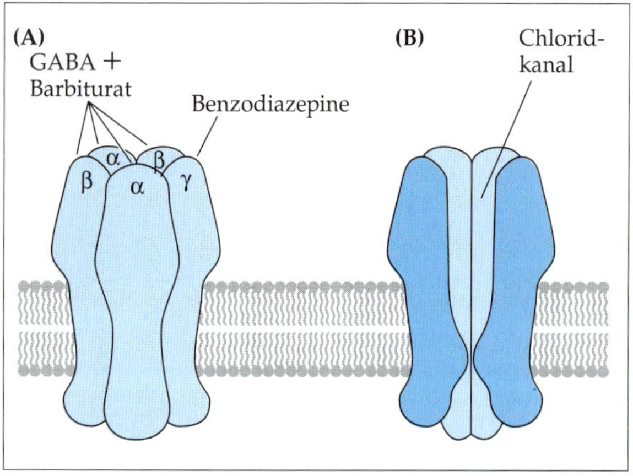

Abb. 3: **Hypothetisches Modell des $GABA_A$-Rezeptors.** (A) Der Rezeptor ist analog dem nicotinischen Acetylcholinrezeptor als $\alpha_2\beta_2\gamma$-Komplex dargestellt. Die tatsächliche Anzahl und die Anordnung der Untereinheiten im nativen Rezeptor sind unbekannt. GABA und Barbiturate binden an verschiedene Bindungsstellen auf den α- und β-Untereinheiten, von denen jede einen funktionalen homomultimeren Rezeptor bilden kann; Benzodiazepine binden an die γ-Untereinheit. (B) Längsschnitt durch den Rezeptor.

Modulatoren auf, Benzodiazepine und Barbiturate (Abb. 3). Benzodiazepine, darunter Diazepam (Valium) und Chlordiazepoxid (Librium), werden häufig als Antiepileptika, als angstlösende Mittel und als Muskelrelaxantien eingesetzt. Barbiturate, wie Phenorbabital und Secobarbital, wirken krampflösend. Beide steigern den GABA-induzierten Chloridstrom: Benzodiazepine durch Erhöhung der Kanalöffnungsfrequenz und Barbiturate durch Verlängerung der Dauer der Kanaloffenzeiten.[32] Die α- und β-Untereinheiten besitzen Bindungstellen für GABA und für Barbiturate; tatsächlich kann die Expression einer der beiden Untereinheiten allein zur Bildung eines funktionsfähigen Rezeptors führen.[34] Benzodiazepine binden an die γ_2-Untereinheit. Diese γ-Untereinheit muß mit α- und β-Untereinheiten coexprimiert werden, um einen $GABA_A$-Rezeptor zu bilden, der von Benzodiazepinen moduliert werden kann.[35] Die Affinität und Spezifität jeder Bindungsstelle für ihren Liganden wird nicht nur von den Eigenschaften der Untereinheit selbst, sondern auch durch die Wechselwirkungen mit anderen Untereinheiten bestimmt. Nimmt man an, bei dem nativen $GABA_A$-Rezeptor handelt sich um ein Pentamer aus zwei α-, zwei β und einer γ- oder σ-Untereinheit, so reicht die bekannte Vielgestaltigkeit der Untereinheiten aus, um Hunderte verschiedener Rezeptoren zu erzeugen.[29] Die Bestimmung von Verteilung und Eigenschaften verschiedener Rezeptorsubtypen und die Identifizierung von endogenen Liganden – falls solche existieren – für Barbiturat- und Benzodiazepin-Bindungsstellen sind Gebiete, auf denen intensiv geforscht wird.[33]

34 Blair, L. A. et al. 1988. *Science* 242: 577–579
35 Pritchett, D. B. et al. 1989. *Nature* 338: 582–585.

Glutamat: Ein wichtiger erregender Transmitter im ZNS

Eine Reihe physiologischer Tests untermauern die Vorstellung, daß Glutamat, das als erregender Transmitter zuerst an der neuromuskulären Verbindung von Heuschrecken und an Synapsen auf Tintenfisch-Riesenaxonen[36] entdeckt wurde, als Transmitter an vielen erregenden Synapsen im Zentralnervensystem ausgeschüttet wird.[37] Wie in Kap. 7 beschrieben, gibt es eine Reihe verschiedener Glutamatrezeptoren, die man entsprechend ihrer Empfindlichkeit für den Glutamatagonisten N-Methyl-D-Aspartat (NMDA) in zwei große Klassen, NMDA und non-NMDA, einteilen kann.[32,38] Erregende synaptische Potentiale in Neuronen aus verschiedenen Regionen des ZNS setzen sich aus einer schnellen, rasch verschwindenden, von non-NMDA-Rezeptoren vermittelten Komponente und einem langsameren, von NMDA-Rezeptoren vermittelten Anteil zusammen. Non-NMDA-Rezeptoren, zu denen die sogenannten Kainat- und Quisqualat-AMPA-Rezeptoren gehören, sind typische direkt gekoppelte Rezeptoren, die es Kationen – vornehmlich Natrium und Kalium – ermöglichen, sich entsprechend ihrem elektrochemischen Gradienten zu bewegen (Abb. 4). Der NMDA-Rezeptor ist ebenfalls ein direkt gekoppelter Rezeptor. Diese Klasse glutamataktivierter Kanäle führt jedoch nur wenig Strom, solange die Membran nicht depolarisiert wird. Dieser spannungsabhängige Block wird von Magnesiumionen verursacht, die den Kanal verstopfen, solange das Membranpotential im Bereich des Ruhepotentials liegt. Durch Depolarisation werden sie aus dem Kanal getrieben.[39] Einmal geöffnet sind NMDA-Kanäle für Kationen einschließlich Calcium permeabel.

Ein exzessiver Einstrom von Calciumionen über NMDA-Rezeptoren wird für die Neurotoxizität bei einer Reihe von Schäden des Nervensystems, wie Schädigungen durch Anoxie, Hypoglykämie und Schlaganfall, verantwortlich gemacht.[32] Unter solchen Bedingungen bleibt offenbar der Glutamatspiegel für längere Zeit pathologisch erhöht, wodurch ständig NMDA-Rezeptoren aktiviert sind und das intrazelluläre Calcium cytotoxische Konzentrationen erreicht. Mit NMDA-Rezeptor-Inhibitoren kann mann diesen neuronalen Zelltod verhindern.[40]

Wenn sich Neuronen bei oder nahe bei ihrem Ruhepotential befinden, leisten NMDA-Rezeptoren nur einen geringen Beitrag zum erregenden synaptischen Potential, das von glutamatergen Eingängen hervorgerufen wird. Sobald die Neuronen jedoch depolarisiert werden – beispielsweise durch hochfrequente Reizfolgen – tragen NMDA-Rezeptoren signifikant zum exzitatorischen synaptischen Potential bei, und, was vielleicht noch wichti-

36 Kawai, N. et al. 1983. *Brain Res.* 278: 346–349.
37 Fonnum, F. 1984. *Neurochem.* 42: 1–11.
38 Betz, H. 1990. *Neuron.* 5: 383–392.
39 Mayer, M. L. and Westbrook, G. L. 1987. *Prog. Neurobiol.* 28: 197–276.
40 Choi, D. W., Koh, J.-Y. and Peters, S. 1988. *Neurosci.* 8: 185–196.

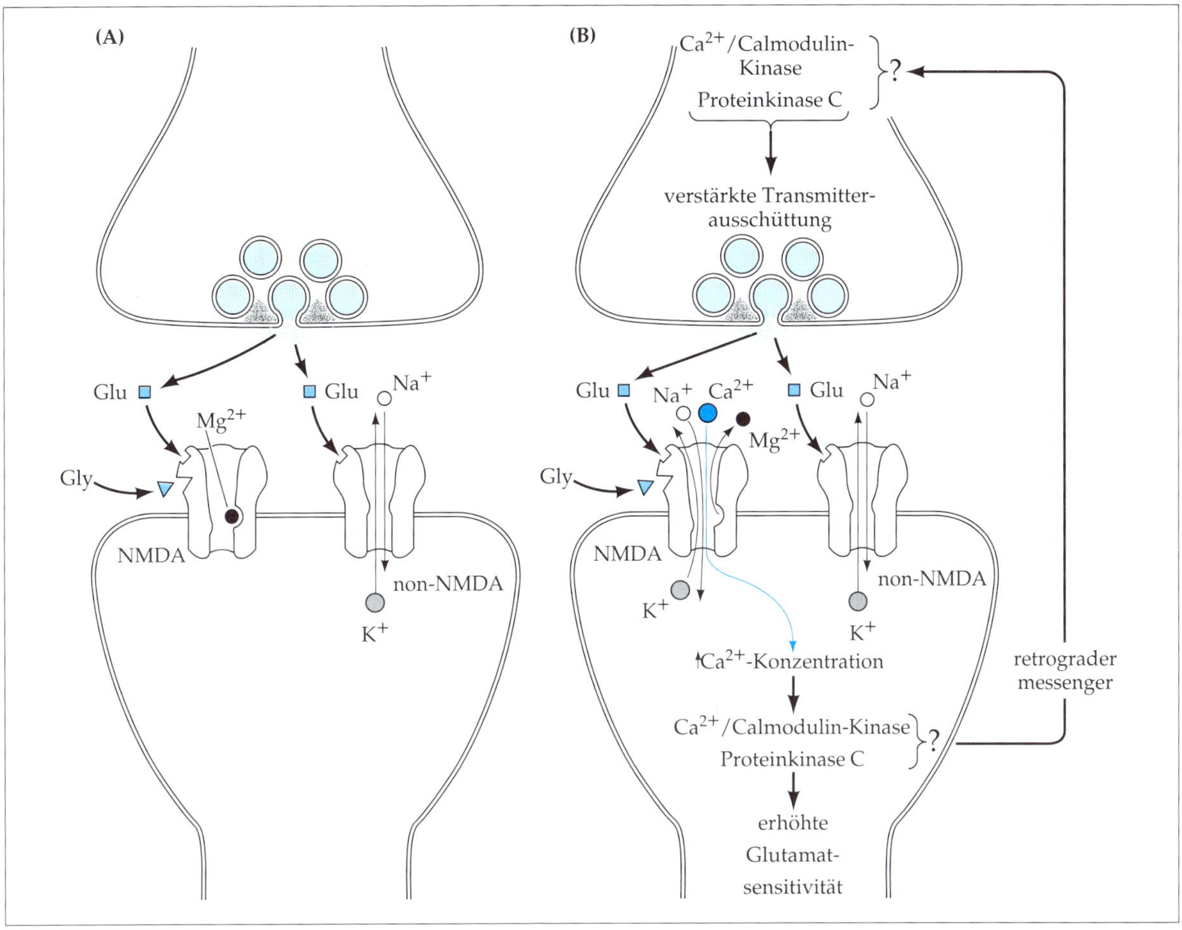

Abb. 4: **NMDA- und Non-MNDA-Glutamatrezeptoren**. NMDA- und non-NMDA-Rezeptoren sind direkt gekoppelte, ligandenaktivierte Kanäle, die permeabel für Kationen sind. (A) Wenn sich die Neuronen an ihrem Ruhepotential oder nahe daran befinden, fließt Strom durch die glutamataktivierten non-NMDA-Rezeptoren. Die glutamataktivierten NMDA-Rezeptoren führen jedoch nur wenig Strom, da die Kanäle durch Magnesiumionen blockiert sind. (B) Wenn die Zelle genügend stark depolarisiert wird – z. B. durch intensive Aktivierung von non-NMDA-Rezeptoren – treibt die Änderung des Membranpotentials das Magnesiumion aus dem Kanal des NMDA-Rezeptors, so daß Strom hindurchfließen kann, wenn der Rezeptor von Glutamat aktiviert wird. Glycin erhöht die Offenwahrscheinlichkeit der NMDA-Rezeptoren, wenn sie von Glutamat aktiviert worden sind. Bei Neuronen im Hippocampus konnte gezeigt werden, daß der Einstrom von Calcium über NMDA-Rezeptoren calciumabhängige second messenger-Systeme in der postsynaptischen Zelle aktiviert und eine langanhaltende Größenzunahme der synaptischen Potentiale erzeugt (Langzeitpotenzierung, long-term potentiation, LTP). Die Zunahme der Amplitude des synaptischen Potentials wird durch die Zunahme der Transmitterempfindlichkeit der postsynaptischen Zelle und durch die Produktion eines retrograden messenger verursacht, der auf die präsynaptischen Nervenendigungen wirkt und damit zu einer langanhaltenden Zunahme der Transmitterausschüttung führt (nach Kandel et al., 1991).

ger ist, sie erlauben den Einstrom von Calcium. Daher bieten NMDA-Rezeptoren eine Möglichkeit, intrazelluläre calciumabhängige second messenger-Systeme als Antwort auf simultane präsynaptische und postsynaptische Depolarisation anzusteuern – eine Art von assoziativem synaptischen Mechanismus, der kognitiven Prozessen, wie Lernen und Gedächnis, zugrundeliegen könnte.

Langfristige Veränderungen bei der Signalverarbeitung im Hippocampus

Verborgen im Schläfenlappen des Gehirns liegen zwei lange, ineinandergreifende C-förmige Cortexstreifen, der **Hippocampus** und der **Gyrus dentatus** (Abb. 5). Zusammen mit dem benachbarten **Subiculum** bilden sie die **Hippocampusformation**. Wichtige Erkenntnisse über die Funktion dieses Bereichs stammen aus Untersuchungen an Patienten, deren mittlere Schläfenlappen beidseitig entfernt wurden, um die Symptone von Schläfenlappen-Epilepsie zu bessern.[41] Solche Patienten zeigten einen besonders auffälligen und spezifischen Mangel der Fähigkeit, Inhalte des Kurzzeitgedächtnisses ins Langzeitgedächtnis umzusetzen: Forderte man sie auf, sich ein Wort oder einen Namen zu merken, konnten sie den Begriff wiederholen, wenn sie sofort anschließend danach gefragt wurden. Jede Erinnerung war jedoch verloren, sobald sie auch nur kurz abgelenkt wurden. Inhalte des Langzeitgedächtnisses aus der Zeit vor der Opera-

41 Squire, L. R. and Zola-Morgan, S. 1991. *Science* 253: 1380–1386.

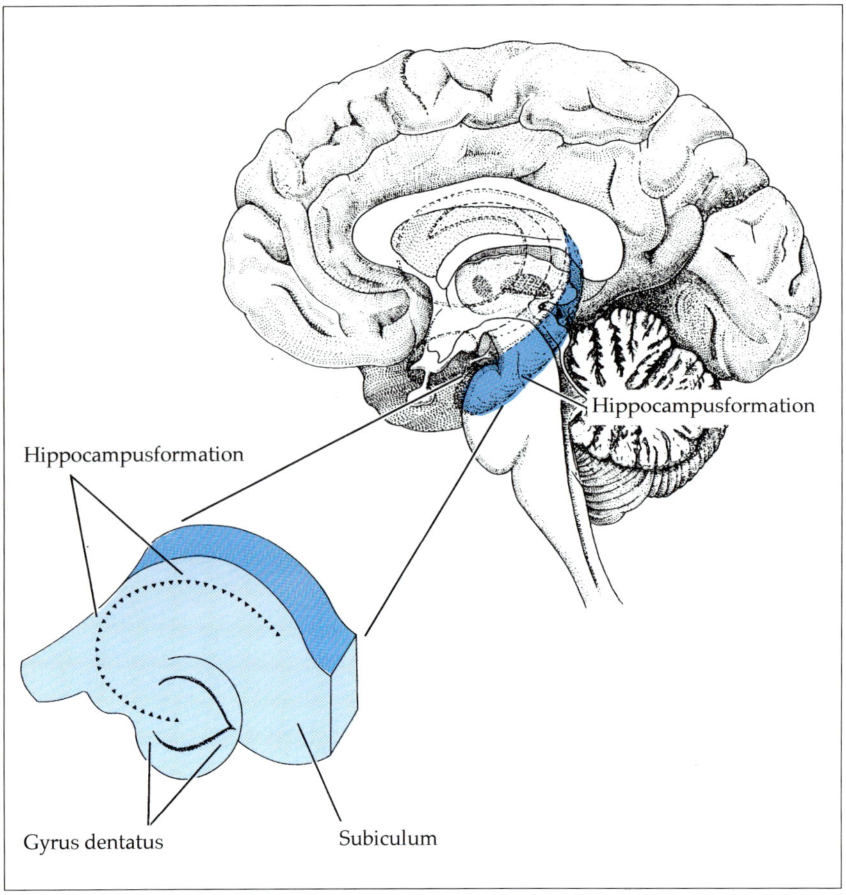

Abb. 5: **Die Hippocampusformation** liegt im Schläfenlappen verborgen. Blick auf einen Sagittalschnitt durch das Gehirn, auf dem die Lage der Hippocampusformation zu sehen ist, die aus zwei ineinandergreifenden C-förmigen Cortexstreifen, dem Gyrus dentatus und dem Hippocampus mit dem benachbarten Subiculum besteht.

tion blieben relativ intakt. Die Bedeutung des Hippocampus selbst für die Gedächtniskonsolidierung ließ sich durch zwei Fälle belegen, bei denen Gedächtsnisbeeinträchtigung im Zusammenhang mit beidseitigen, auf den Hippocampus beschränkten Läsionen auftrat.

Solche Beobachtungen machen die Annahme plausibel, daß langanhaltende Veränderungen der Synapsenstärken zwischen Neuronen im Hippocampus an der Konsolidierung des Gedächnisses und an der Erinnerung beteiligt sind. Ein mögliches zelluläres Korrelat solcher langanhaltenden Veränderungen der synaptischen Effektivität wurde 1973 von Bliss und Lømo identifiziert.[42] Sie zeigten, daß hochfrequente Stimulation von Eingängen in den Hippocampus eine Zunahme der von den postsynaptischen Hippocampusneuronen abgeleiteten Amplitude der exzitatorischen synaptischen Potentiale bewirkte, die beim intakten Tier stundenlang, manchmal sogar über Tage und Wochen, anhielt (Abb. 6). Sie nannten diese verlängerte Bahnung **Langzeitpotenzierung** (long-term potentiation, LTP).

42 Bliss, T. V. P. and Lømo, T. 1973. *J. Physiol* 232: 331–356.

Assoziative LTP in Pyramidenzellen des Hippocampus

Langzeitpotentierung tritt, wie gezeigt werden konnte, an vielen synaptischen Leitungsbahnen auf. Je nach Fall kann die LTP ein anderes Reizmuster erfordern, verschieden schnell verschwinden und unterschiedliche Mechanismen involvieren.[43,44] Beispielsweise zeigen Synapsen von Axonen im Schaffer-Kollateral/Kommissuraltrakt auf Pyramidenzellen in einer Hippocampusregion, die als CA1 bekannt ist (Abb. 7), zwei Formen von LTP. An diesen Synapsen wird Glutamat als Transmitter ausgeschüttet, und die CA1-Zellen haben sowohl non-NMDA- als auch NMDA-Rezeptoren in ihrer postsynaptischen Membran. Beide LTP-Formen an diesen Synapsen werden offenbar durch den Einstrom von Calcium über NMDA-Repeptoren getriggert. T.H. Brown und seine Kollegen waren die ersten, die eine LTP in dieser Leitungsbahn zeigen konnten.[45] Sie leiteten intrazellulär von einer Pyramidenzelle in der CA1-Region ab und

43 Madison, D. V., Malenka, R. A. and Nicoll, R. A. 1991. *Annu Rev. Neurosci.* 14: 379–397.

44 Brown, T. H., Kairiss, E. W. and Keenan, C. L. 1990. *Annu. Rev. Neurosci.* 13: 475–511.

45 Barrionuevo, G. and Brown, T. H. 1983. *Proc. Natl. Acad. Sci. USA* 80: 7347–7351.

plazierten zwei extrazelluläre Reizelektroden im Schaffer Kollateral/Kommissuraltrakt, um Subpopulationen dieser Axone zu stimulieren, die zwei verschiedene Regionen auf der dendritischen Verzweigung der Pyramidenzelle innervieren (Abb. 7). Die Reizintensität wurde so eingestellt, daß die Elektrode A ein großes synaptisches Potential in der Pyramidenzelle hervorrief, während Elektrode B ein viel kleineres Potential generierte. Ein kurzer Tetanus (100 Hz, 1 s lang, wiederholt nach 5 s) wurde auf Elektrode A gegeben und rief eine langanhaltende synaptische Bahnung des Eingangs von Elektrode A hervor (nicht abgebildet). Vermutlich war das der Fall, weil die zeitliche Summation der evozierten synaptischen Potentiale die CA1-Neuronen genügend stark depolarisierte, um den Magnesiumblock der NMDA-Rezeptoren zu beseitigen, wodurch Calcium einströmen und die LTP triggern konnte. Diese Form der LTP ähnelt derjenigen, die zuerst von Bliss und Lømo an Neuronen des Gyrus dentatus beschrieben wurde. Hochfrequente Stimulation am Ort A rief keine LTP der synaptischen Eingänge vom Ort B hervor, da kein Glutamat zur Aktivierung der NMDA-Rezeptoren an den Synapsen von B ausgeschüttet wurde, während die CA1-Zelle durch den Tetanus bei A depolarisiert war. Ebenso rief hochfrequente Stimulation am Ort B keine LTP der synaptischen Potentiale hervor, die durch die darauf folgende Stimulation über B ausgelöst wurden, da diese synaptischen Potentiale zu klein waren, um die CA1-Neuronen in dem Ausmaß zu depolarisieren, das nötig ist, um den Magnesium-Block der NMDA-Rezeptoren zu beseitigen. Simultane hochfrequente Stimulation an den Orten A und B führte jedoch zu einer verlängerten Zunahme der Größe der Potentiale, die durch die Stimulation am Ort B ausgelöst wurden. Dieses Phänomen nannte man **assoziative LTP**, da die durch *synaptische Eingänge vom Ort A* verursachte Depolarisation des CA1-Neurons Magnesium von den NMDA-Rezeptoren beseitigte, die postsynaptisch zu *Eingängen vom Ort B* lagen, und so den Einstrom von Calcium durch glutamataktivierte NMDA-Rezeptoren an diesen Orten ermöglichte. Dieses Beispiel zeigt, wie die Abhängigkeit der NMDA-Rezptoren von Liganden und Spannung zu assoziativen aktivitätsabhängigen Veränderungen der synaptischen Wirksamkeit führen kann. Aktivität in einer Bahn kann die Effizienz einer anderen für längere Zeit steigern.

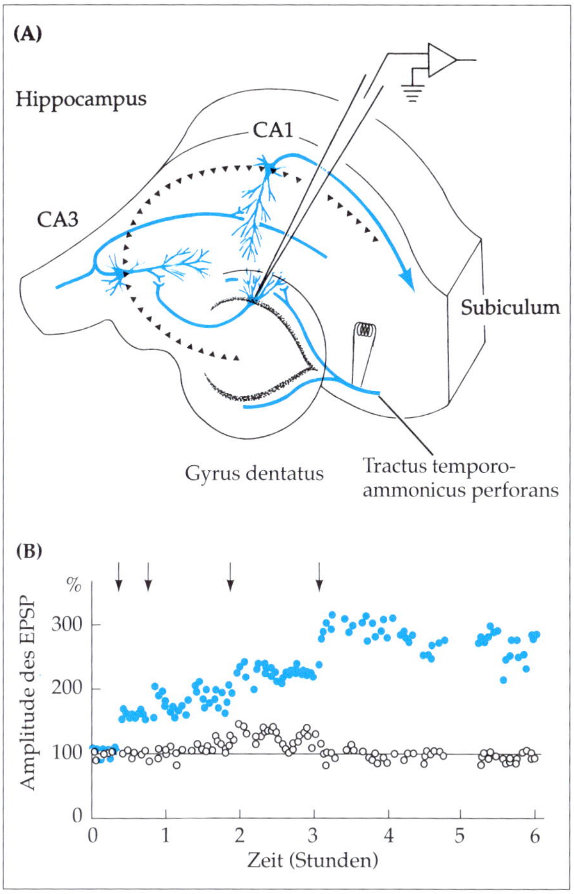

Abb. 6: **Langzeitpotenzierung der Übertragung** im Hippocampus der Ratte. (A) Der Tractus temporo-ammonicus perforans vom Subiculum wurde stimuliert und die resultierenden exzitatorischen synaptischen Potentiale der Körnerzellen im Gyrus dentatus aufgezeichnet. (B) Zu den mit Pfeilen markierten Zeitpunkten wurde kurz tetanisch gereizt (10 s mit 15 Hz). Jeder Tetanus führte zu einer langanhaltenden Zunahme der Amplitude der synaptischen Potentiale (blaue Kreise). Die Kontrolleitungsbahnen, die nicht tetanisch gereizt wurden, zeigen keine Veränderung (schwarze Kreise) (nach Bliss und Lømo, 1973).

NMDA-Rezeptoren vermitteln LTP

Die Rolle von NMDA-Rezeptoren bei der LTP im Hippocampus wird durch den Befund illustriert, daß NMDA-Rezeptor-Antagonisten die Auslösung der LTP blockieren, die LTP aber nicht reduzieren, wenn sie nach deren Auslösung zugegeben werden.[46,47] Zwei Beweisführungen zeigen, daß die LTP durch den Einstrom von Calciumionen über aktivierte NMDA-Rezeptoren ausgelöst wird. In einem Experiment wurde Nitr-5 (ein photolabiler Calciumchelator, der Calcium bei Bestrahlung mit ultraviolettem Licht freisetzt) in eine CA1-Pyramidenzelle injiziert. Wurde das betreffende Neuron mit UV-Licht bestrahlt, führte die Zunahme der intrazellulären Calciumkonzentration zu einer LTP-ähnlichen synaptischen Verstärkung.[48] Wenn die intrazelluläre Calciumkonzentration andererseits durch Injektion eines Calciumpuffers in die postsynaptische Zelle niedrig gehalten wurde, wurde die LTP blockiert.[49]

Der Mechanismus, durch den ein erhöhter Calciumspiegel eine LTP auslöst, ist unbekannt. Möglicherweise wird die LTP durch mehr als einen Mechanismus ausgelöst. Es gibt z.B. Hinweise für die Beteiligung von Calcium/Calmodulin-abhängiger Proteinkinase und Proteinkinase

46 Collingridge, G. L., Kehl, S. J. and McLennan, H. 1983. *J. Physiol.* 334: 33–46.
47 Muller, D., Joly, M. and Lynch, G. 1988. *Science* 242: 1694–97.
48 Malenka, R. C. et al. 1988. *Science* 242: 81–84.
49 Lynch, G. et al. 1983. *Nature* 340: 719–721.

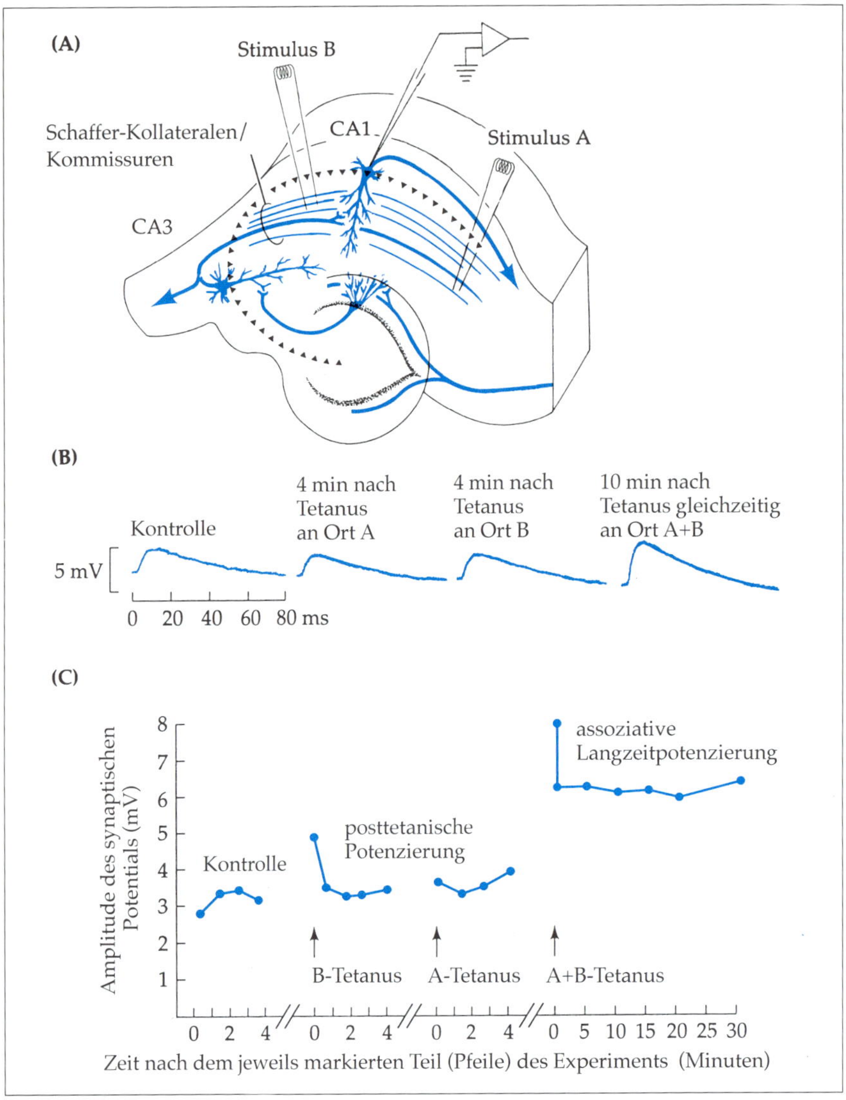

Abb. 7: **Assoziative LTP in Neuronen im Hippocampus** der Ratte. (A) Intrazelluläre Ableitungen wurden von einer Pyramidenzelle in der CA1-Region des Rattenhippocampus gemacht. Mit extrazellulären Elektroden wurden zwei unterschiedliche Gruppen von Axonen der Schaffer-Kollateralen/Kommissuren stimuliert. Die Reizstärken wurde so gewählt, daß die synaptischen Potentiale, die durch den Reiz am Ort A ausgelöst wurden, fünfmal größer als die Potentiale waren, die am Ort B ausgelöst wurden. (B) Gemittelte synaptische Potentiale, die von einer Testserie am Ort B unter Kontrollbedingungen ausgelöst wurden und dann nach kurzer hochfrequenter (tetanischer) Reizung (100 Hz, 1 s lang, einmal wiederholt nach 5 s) am Ort A, B oder an beiden Orten. Die Amplitude des synaptischen Potentials blieb unverändert, wenn sie 4 Minuten nach der tetanischen Stimulation an Ort A oder an Ort B kontrolliert wurde, verdoppelte sich aber fast, wenn sie 10 Minuten nach gemeinsamer tetanischer Stimulation an beiden Orten A und B getestet wurde. (C) Zusammenfassung des Zeitverlaufs der Amplitudenänderungen der synaptischen Potentiale, die durch Stimulation hervorgerufen wurden. Eine kurze tetanische Stimulation am Ort B rief eine kurzlebige Potenzierung der nachfolgenden synaptischen Testpotentiale hervor (posttetanische Potenzierung), tetanische Stimulation am Ort A hatte keinen Effekt, während gemeinsame Stimulation an den Orten A und B eine Langzeitpotenzierung hervorrief (nach Barrionuevo und Brown, 1983).

C bei der LTP.[50,51] Zudem kann die Größenzunahme der erregenden synaptischen Potentiale während der LTP sowohl durch prä- als auch durch postsynaptische Effekte entstehen. Die Amplitude der synaptischen Miniaturströme der CA1-Pyramidenzellen steigt offenbar während der LTP an, was darauf schließen läßt, daß die CA1-Zellen mit erhöhter Empfindlichkeit auf Transmitter reagieren.[52] Andererseits gibt es Hinweise darauf, daß die Quantenanzahl während der LTP steigt.[53,54] Damit eine solche präsynaptische Veränderung stattfindet, muß der Calciumeinstrom in die postsynaptische CA1-Zelle über ein calciumabhängiges second messenger-System die Bildung eines retrograden (dritten!) messenger bewirken, der die Vorgänge in der präsynaptischen Nervenendigung beeinflußt und dadurch zu einer Langzeit-Transmitterfreisetzung führt (Abb. 4).[55]

Einige Formen der LTP erfordern eine Zeitverzögerung nach der Stimulation für eine volle Verstärkung der Übertragung. Es wurde spekuliert, daß der Calciumeinstrom dabei splicing-Faktoren aktivieren könnte, welche die Herstellung einer Glutamatkanalvariante fördern, die verstärkt auf Glutamat antwortet.[56]

Acetylcholin: Basalkerne im Vorderhirn

Der erste Stoff, der als Transmitter im Zentralnervensystem identifiziert wurde, war Acetylcholin, das von Synapsen ausgeschüttet wird, die von Kollateralen spinaler Motoneuronen auf Interneuronen, den sogenann-

50 Malenka, R. C. et al. 1989. *Nature* 340: 554–557.
51 Malinow, R., Schulman, H. and Tsien, R. W. 1989. *Science* 245: 862–866.
52 Manabe, T., Renner, P. and Nicoll, R. A. 1992. *Nature* 355: 50–55.
53 Malinow, R. and Tsien, R. W. 1990. *Nature* 346: 177–180.
54 Bekkers, J. M. and Stevens, C. F. 1990. *Nature* 346:724–729.
55 Williams, J. H. et al. 1989. *Nature* 341: 739–742.
56 Sommer, B. et al. 1990. *Science* 249: 1580–1585.

Abb. 8: **Cholinerge Innervation** von Cortex und Hippocampus durch Neuronen in den Nuclei septi und im Nucleus basalis.

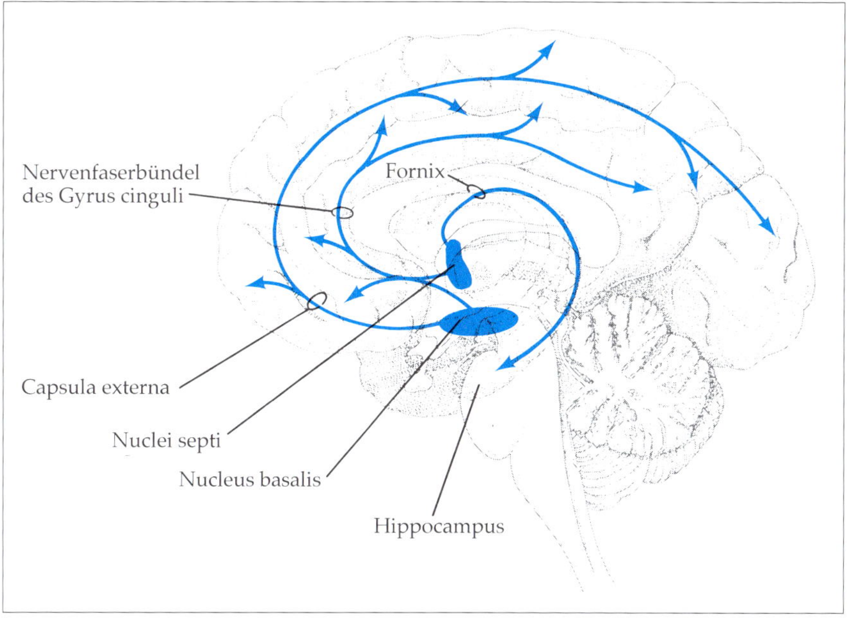

ten Renshaw-Zellen, gebildet werden.[57] (Diese Interneuronen wirken auf die Motoneuronen zurück und hemmen sie.) Diese schnelle exzitatorische nicotinerge Synapse ist jedoch untypisch für cholinerge Synapsen im ZNS. Spätere Untersuchungen der ACh-Effekte in vielen Gehirnregionen haben ein breites Spektrum von Antworten gezeigt, die von indirekt gekoppelten muscarinischen Rezeptoren vermittelt werden.[32] Diese Antworten umfassen eine Zunahme der unspezifischen Kationenleitfähigkeit, Zunahmen oder Abnahmen bei verschiedenen Kaliumleitfähigkeiten und eine Abnahme der Calciumleitfähigkeit.

Kerne, die die Zellkörper cholinerger Neuronen enthalten, sind überall im Gehirn verteilt. Cholinerge Axone innervieren die meisten Regionen des ZNS. Wichtige Quellen cholinerger Eingänge zum Cortex und Hippocampus sind Kerne im basalen Vorderhirn, besonders die **Nuclei septi** und der **Meynertsche Nucleus basalis** (Abb. 8). Die cholinergen Neuronen in diesen Nuclei weisen weitverstreute und diffuse Projektionen auf und innervieren Cortex, Hippocampus, Amygdala, Thalamus und Hirnstamm. Läsionen des Nucleus basalis verringern den Cholinacetyltransferase-Spiegel im Cortex um mehr als 50%.[58]

Cholinerge Neuronen, kognitive Fähigkeiten und die Alzheimer-Krankheit

Viele Hinweise aus Untersuchungen an Tieren und Menschen lassen vermuten, daß die cholinergen Systeme eine wichtige Rolle für das Lernen, das Gedächtnis und die kognitiven Fähigkeiten spielen.[58] Verbindungen, wie Atropin und Scopolamin, die muscarinische Rezeptoren reversibel blockieren, können den Erwerb und die Ausübung gelernten Verhaltens unterbrechen, wie es auch bei stereotaktischer Läsion des Nucleus basalis der Fall ist. Stoffe, die Acetylcholinesterase hemmen, wie Physostigmin, können die Bewältigung von Lern- und Gedächtnisaufgaben fördern und einige Effekte von Läsionen im basalen Vorderhirn rückgängig machen. Solche Läsionen betreffen jedoch unvermeidlich auch Zellen, die andere Transmitter als ACh ausschütten, und Behandlungen, die darauf abzielen, die Funktion der cholinergen Neuronen zu verstärken, können die Effekte solcher Läsionen nur teilweise rückgängig machen. Daher scheint es sicher, daß das Gedächtnis nicht direkt auf diesen cholinergen Neuronen basiert, sondern daß sie eher zusammen mit anderen Neuronen, die andere Transmitter ausschütten, einen wichtigen modulatorischen Eingang für die Neuronen im Cortex und im Hippocampus bilden.[59]

Das Interesse an der Rolle der cholinergen Neuronen im basalen Vorderhirn beim Lernen und Gedächtnis nahm zu, als man herausfand, daß die Abnahme kognitiver Fähigkeiten mit zunehmendem Alter parallel zur Abnahme des Cholinacetyltransferasespiegels im Cortex und im Hippocampus und parallel zum Verlust cholinerger Neuronen im basalen Vorderhirn verläuft.[59] Besonders auffällig sind Veränderungen bei Patienten, die an der Alzheimer-Krankheit leiden, einer debilisierenden, progressiv fortschreitenden Erkrankung, die durch den Verlust des Gedächtnisses und kognitiver Funktionen gekennzeichnet ist. Sie tritt bei älteren Menschen auf und führt zur Demenz. Bei der Autopsie findet man im Nucleus basalis eine stark verringerte Anzahl cholinerger

57 Eccles, J. C., Eccles, R. M. and Fatt, P. 1956. *J. Physiol.* 131: 154–169.

58 Fibiger, H. C. 1991. *Trends Neurosci.* 14: 220–223.

59 Dunnett, S. 1991. *Trends Neurosci.* 14: 371–376.

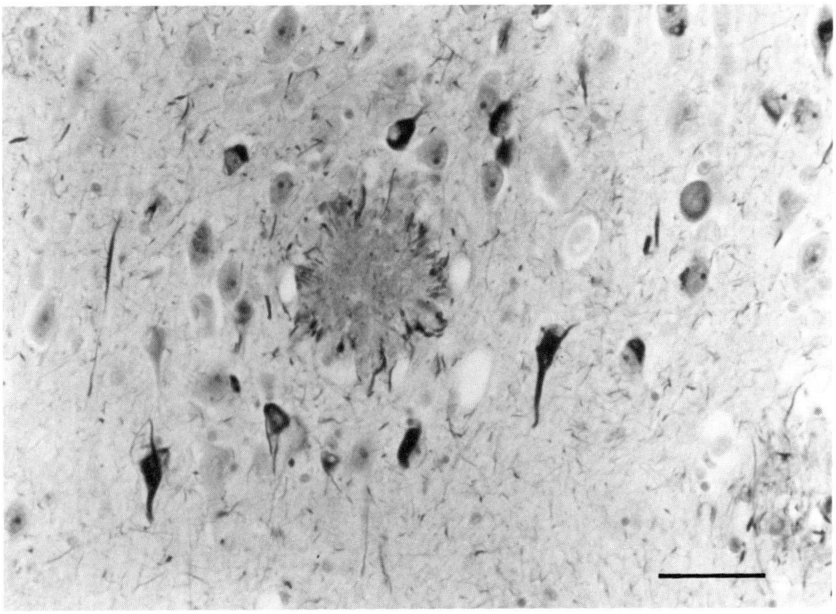

Abb. 9: **Neurofibrilläre Knäuel und senile Plaques** kennzeichnen die Alzheimer-Krankheit. Verstreut zwischen cytologisch normalen Neuronen in diesem Schnitt durch die Amygdala eines Alzheimer-Patienten liegen abnorme Pyramidenzellen. Sie sind mit dunkel gefärbten neurofibrillären Knäueln gefüllt, die aus einer Ansammlung von Bündeln gepaarter helikaler Filamente bestehen. Im Zentrum liegt ein seniler Plaque, bestehend aus einer großen, kompakten Ablagerung von extrazellulärem Amyloid, umgeben von einem Halo erweiterter, strukturell abnormer Neuriten. Modifizierte Bielschowsky-Silberfärbung. Balken 50 µm (mit freundlicher Genehmigung von D.J. Selkoe).

Neuronen. Die Ausfälle beschränken sich bei der Alzheimer-Krankheit jedoch nicht nur auf eine Region oder auf Neuronen, die ACh als Transmitter ausschütten. Die Alzheimer-Krankheit ist durch eine Häufung von unlöslichen Aggregaten modifizierter Proteinversionen bei Neuronen überall im ZNS gekennzeichnet, Proteinen, die normalerweise mit dem Cytoskelett assoziiert sind (sogenannte gepaarte helicale Filamente). Zudem ist diese Erkrankung durch die Bildung von senilen Plaques charakterisiert, die eine mit unlöslichen Fibrillen gefüllte Kernregion enthalten. Diese Fibrillen bestehen aus unvollständig abgebauten «Amyloid»-Proteinen und sind von dystrophierten Neuriten umgeben[60,61] (Abb. 9). Obwohl solche Läsionen in cholinergen Neuronen im basalen Vorderhirn und in ihren Axonendigungen im Cortex und im Hippocampus auftreten, sind sie nicht auf diese Orte allein beschränkt. Beteiligt sind Projektionsneuronen und auch Neuronen lokaler Kreise, die viele andere Transmitter ausschütten, darunter Neuronen, die Noradrenalin, Dopamin, Serotonin, Glutamat, GABA, Somatostatin, Neuropeptid Y und Substanz P freisetzen (s.u.). Es gibt daher keinen direkten Beweis, daß die Schädigung der cholinergen Neuronen im basalen Vorderhirn allein verantwortlich ist für die Abnahme der kognitiven Fähigkeiten bei der Alzheimer-Krankheit. Versuche, die kognitiven Ausfälle mit Medikamenten zu lindern, die darauf abzielen, die Funktion der cholinergen Neuronen zu verstärken, sind ohne Erfolg geblieben.

60 Selkoe, D. J. 1991. *Neuron* 6: 487–498.
61 Murrell, J. et al. 1991. *Science* 254: 97–99.

Peptidtransmitter im ZNS

902 endeckten Bayliss und Starling das erste Hormon – Sekretin – im Darm.[62] Seitdem sind zahlreiche weitere intestinale Hormone isoliert und charakterisiert worden. Viele intestinale Hormone, darunter Sekretin, Gastrin, Bradykinin, Somatostatin und Cholecystokinin (CCK) sind, wie sich später zeigte, Peptide. Man findet diese Peptide in den Endigungen vegetativer Axone, die den Darmtrakt innervieren, und bei Neuronen des enteritischen Nervensystems, einer Reihe neuronaler Plexus, die die Darmbewegung und sekretorische Aktivitäten kontrollieren. (Es ist erstaunlich, wenn man sich klarmacht, daß das enteritische Nervensystem des Dünndarms und des Dickdarms etwa ebensoviele Neuronen wie das Rükkenmark enthält.) Seit den 50er Jahren weiß man auch, daß bestimmte Neuronen im Gehirn Peptidhormone in den lokalen Blutkreislauf sezernieren können. Beispielsweise konnte gezeigt werden, daß Nervenzellen im Hypothalamus Releasing-Faktoren sezernieren, die die endokrinen Zellen im Hypophysenvorderlappens erreichen und sie veranlassen, ihrerseits andere Hormone in den Blutkreislauf zu entlassen.[63] Recht überraschend war in den 70er Jahren der Befund, daß Peptidhormone, die im enteritischen Nervensystem identifiziert worden waren, auch im Gehirn und im Rückenmark weit verbeitet sind.[64] Fortschritte bei den immunologischen, cytochemischen und physiologischen Analysetechniken haben es ermöglicht, Cholecystokinin, Bradykinin, Gastrin,

62 Bayliss, W. M. and Starling, E. H. 1902. *J. Physiol.* 28: 325–353.
63 Harris, G. W., Reed, M. and Fawcett, C. P. 1966. *Br. Med. Bull.* 22: 266–272.
64 Krieger, D. T. 1983. *Science* 222: 975–985.

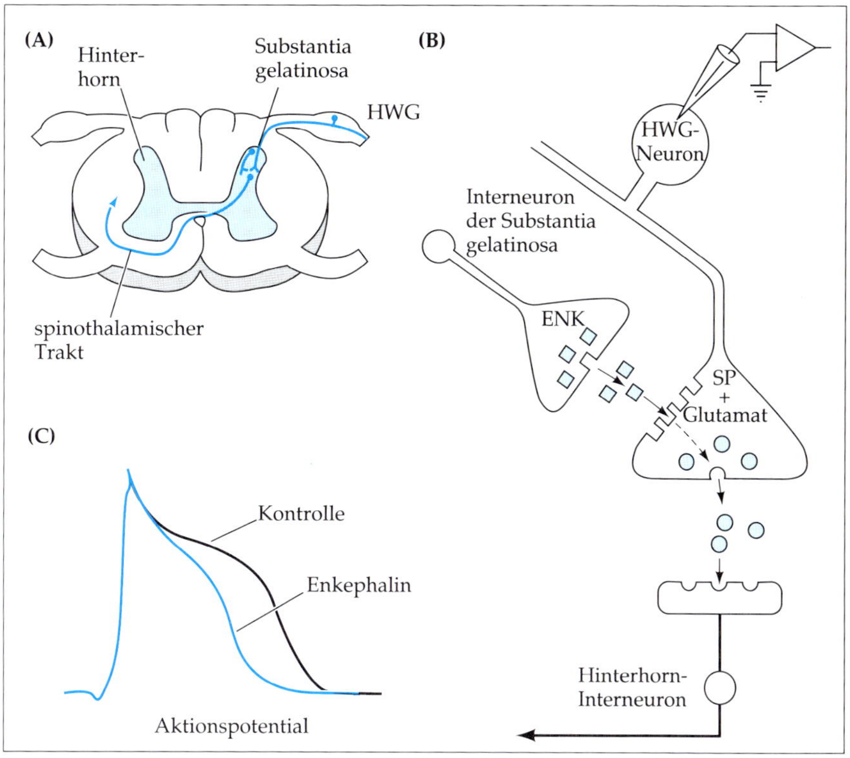

Abb. 10: **Bahn für die Übertragung des Schmerzgefühls** im Rückenmark. (A, B) Zellen des Hinterwurzelganglions (HWG), die auf Schmerzreize antworten, schütten Substanz P (SP) und Glutamat an ihren Synapsen auf Interneuronen im Hinterhorn des Rückenmarks aus. Enkephalinhaltige Interneuronen in der Substantia gelatinosa des Hinterhorns blockieren die Übertragung durch Hemmung der Transmitterausschüttung aus den Endigungen der HWG-Zellen. (C) Wie intrazelluläre Ableitungen zeigen, bewirkt Enkephalin eine Abnahme der Dauer des Aktionspotentials in der präsynaptischen Nervenendigung (C nach Mudge, Leeman und Fischbach, 1979).

vasoaktives intestinales Polypeptid (VIP), Bombesin (zuerst aus der Haut eines Frosches, *Bombina bombina,* isoliert und hier wegen seines romatischen Namens erwähnt) und andere Darmhormone in vielen Regionen des Zentralnervensystems aufzufinden. In vielen Fällen kann gezeigt werden, daß Peptide auf Reizung bestimmter Regionen des intakten Gehirns oder in Slices ausgeschüttet werden.[65] Andererseits wurden Peptide, von denen man bereits wußte, daß sie im Hypothalamus vorkommen, später im Darm und im Pankreas lokalisiert, wo sie eine starke Wirkung haben.

Substanz P

Einen frühen Hinweis auf die Einheit von Peptiden, die im zentralen und im enteritischen Nervensystem auftreten, lieferte ein Transmitter, der unter dem Namen Substanz P bekannt wurde.[66,67] Substanz P wurde zuerst 1931 von von Euler und Gaddum aus Darm und Gehirn isoliert. Es zeigte sich, daß Substanz P Kontraktionen der glatten Muskulatur auslöst. Inzwischen sind die Struktur des Peptids und seine Verteilung im Nervensystem aufgeklärt worden. Substanz P ist besonders häufig in nociceptiven Axonen mit kleinem Durchmesser und ihren Endigungen in den dorsalen Schichten des Rückenmarks zu finden, wo sie möglicherweise zusammen mit Glutamat als Transmitter wirkt (Abb. 10; s. auch Kap. 14). Der Buchstabe «P» bezieht sich nicht auf «pain» (Schmerz) oder «Peptid», sondern auf den Namen, den von Euler und Gaddum für die erste grobe «Präparation» benutzten, die das aktive Peptid enthielt. Wie viele andere Peptide zeigt Substanz P klare Effekte an glatter Muskulatur und Neuronen im Zentralnervensystem, ihre Rolle ist jedoch noch nicht ganz verstanden.

Opioide Peptide

Mitte der 70er Jahre stieg das Interesse an Hirnpeptiden infolge zweier Experimentreihen von Kosterlitz, Hughes, Goldstein, Snyder und Kollegen weiter an.[68–70] Erstens fanden sie im Gehirn und im Darm Rezeptoren, an die Morphin und andere Opiumderivate (Opiate) mit hoher Spezifität banden. Zweitens identifizierten sie innerhalb des Gehirns Peptide, die ähnlich wie Opiate wirken. Als erstes wurden die Enkephaline charakterisiert, die Pentapeptide sind; ein Enkephalin ist als Met-Enkephalin, das andere als Leu-Enkephalin bekannt, je nachdem, ob die aminoterminale Aminosäure Methionin oder Leucin ist. Weitere Schlüsselbefunde waren, daß sich opioide Peptide (Peptide mit Opiatwirkung) und ihre Rezeptoren

65 Iversen, L. L. et al. 1980. *Proc. R. Soc. Lond. B* 210:91–111.
66 Nicoll, R. A., Schenker, C. and Leeman, S. E. 1980. *Annu. Rev. Neurosci.* 3: 227–268.
67 Maggio J. E. 1988. *Annu. Rev. Neurosci.* 11: 13–28.
68 Hughes, J. et al. 1975. *Nature* 258: 577–579.
69 Teschemacher, H. et al. 1975. *Life Sci.* 16: 1771–1776.
70 Pert, C. B. and Snyder, S. H. 1973. *Science* 179: 1011–1014.

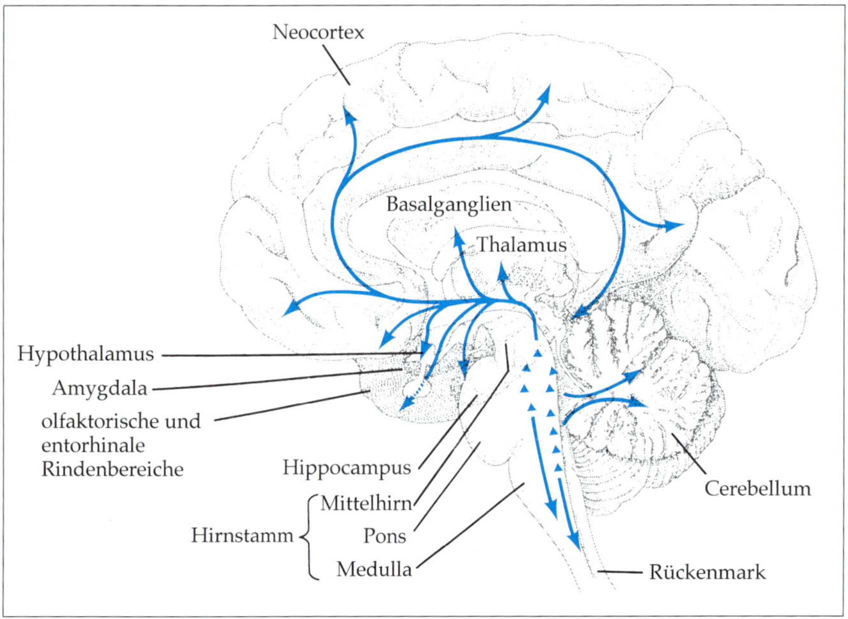

Abb. 11: **Neuronen, die Noradrenalin, Dopamin, Histamin und 5-HT enthalten**, liegen im Hirnstamm zusammengedrängt und haben diffuse Projektionen in weitverstreute Gebiete des Zentralnervensystems.

in Hirnbereichen konzentrierten, die bekanntermaßen an der Schmerzperzeption beteiligt sind, daß die Stimulation dieser Hirnregionen analgetisch wirkte[71] und daß die Analgesie mit Naxloxon, einer Droge, die Opiatrezeptoren blockiert, aufgehoben werden konnte. Das Interesse nahm zu mit der Entdeckung opioider Neuronen im Rückenmark, deren Axone auf Endigungen terminieren, die Substanz P enthalten und von denen man annahm, sie vermittelten Schmerzempfindungen. Nicht weniger interessant war der Befund, daß die Opiate die Ausschüttung von Substanz P aus den sensorischen Endigungen blockierten[72] (Abb. 10).

Einen Schlüssel dafür, wie Enkephalin die Ausschüttung der Substanz P blockiert, liefern Untersuchungen an Neuronen aus Hinterwurzelganglien in Kultur.[73] Werden sie stimuliert, schütten diese isolierten Neuronen Substanz P aus. Die Freisetzung wird von Enkephalin blokkiert, das durch Bindung an einen Untertyp der Opiatrezeptoren, die µ-Rezeptoren, und Aktivierung calciumabhängiger Kaliumkanäle zu einer Abnahme der Aktionspotentialdauer führt.[74] Andere opioide Peptide binden an einen zweiten Untertyp der Opiatrezeptoren, die µ-Rezeptoren, und verringern die Transmitterausschüttung durch Hemmung der spannungsabhängigen Calciumkanäle.[75] Beide Effekte werden offenbar von indirekt gekoppelten Rezeptoren vermittelt, die über G-Proteine wirken[32] (s. Kap. 8). Klare Beweise für die Beteiligung spezifischer intrazellulärer second messenger an den Effekten der opioiden Peptide auf die Neuronen der Hinterwurzelganglien fehlen noch. Bewiesen ist hingegen, daß eine ähnliche Verringerung des spannungsabhängigen Calciumstroms, der von Noradrenalin hervorgerufen wird, auf die Aktivierung von Proteinkinase C zurückzuführen ist.[76]

Solche Untersuchungen machen deutlich, daß die Charakterisierung der hirneigenen opioiden Peptide nicht nur zur Bestimmung ihrer möglichen Funktion als Transmitter, sondern auch zum besseren Verständnis der Mechanismen wichtig sein kann, die bei der Schmerzkontrolle und der Drogensucht eine Rolle spielen. Die intensive Suche nach Peptiden mit Opiatwirkung im Gehirn und im Darm führte zur Entdeckung von einigen weiteren opioiden Peptiden, darunter β-Endorphin, Dynorphin und Neoendorphin.[77] β-Endorphin findet man beispielsweise in der Hypophyse, im Gehirn, im Pankreas und in der Placenta. Dieses Peptid aus 31 Aminosäuregruppen stammt von einem großen Molekül ab, das auch als Vorstufe für andere Hormone, wie Corticotropin (ACTH), fungiert[78,79] (s. Kap. 9). Die Enkephaline wurden im Darm, in der Nebenniere sowie im Gehirn nachgewiesen. Injiziert man diese opioiden Peptide ins Gehirn, sei es intraventriculär oder in die zentrale grauen Substanz, so lassen sich nicht nur die analgetischen und euphorischen Effekte von Opiaten nachahmen, sondern

71 Fields, H. L. and Basbaum, A. I. 1978. *Annu. Rev. Physiol.* 40: 217–248.
72 Jessell, T. M. and Iversen, L. L. 1977. *Nature* 268: 549–551.
73 Mudge, A., Leeman, S. and Fischbach, G. 1979. *Proc. Natl. Acad. Sci. USA* 76: 526–530.
74 Werz, M. A. and Macdonald, R. L. 1983. *Neurosci. Lett.* 42: 173–178.
75 Macdonald, R. L. and Werz, M. A. 1986. *J. Physiol.* 377: 237–249.
76 Rane, S. G. and Dunlap, K. 1986. *Proc. Natl. Acad. Sci. USA* 83: 184–188.
77 Cooper, J. R., Bloom, F. E. and Roth, R. H. 1991. *The Biochemical Basis of Pharmacology,* 6th Ed. Oxford University Press, New York.
78 Mains, R. E., Eipper, B. A. and Ling, N. 1977. *Proc. Natl. Acad. Sci. USA* 74: 3014–3018.
79 Roberts, J. L. and Herbert, E. 1977. *Proc. Natl. Acad. Sci. USA* 74: 4826–4830.

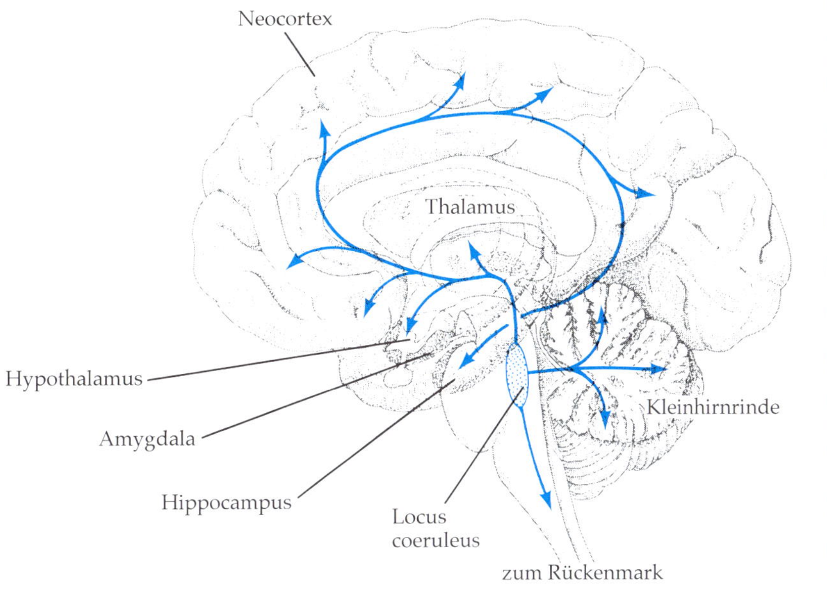

Abb. 12: **Projektionen noradrenalinhaltiger Neuronen** im Locus coeruleus. Der Locus coeruleus liegt in der Brücke (Pons) direkt unter dem Boden des vierten Ventrikels. Diese Neuronen innervieren weitverstreute Regionen im Gehirn und im Rückenmark.

es kommt auch zu anderen tiefgreifenden Verhaltensänderungen, wie Muskelstarre. Man kann annehmen, daß dieselben Peptide in Bereichen des Zentralnervensystems wirken, die nichts mit dem Schmerzempfinden zu tun haben. Diese Beobachtung macht ein typisches Merkmal der Organisation des Nervensystems deutlich: Dieselben Transmitter werden oft in verschiedenen Regionen des Nervensystems und in unterschiedlichen neuronalen Schaltkreisen verwendet, wobei sie ganz verschiedene physiologische Wirkungen hervorrufen.

Noradrenalin, Dopamin, 5-HT und Histamin als Regulatoren der ZNS-Funktion

Beim Säuger-Zentralnervensystem gibt es Belege, daß Noradrenalin, Dopamin, 5-HT und Histamin als Transmitter arbeiten. Man findet diese sogenannten biogenen Amine in Bahnen, die für die Ausübung sensorischer und motorischer sowie höherer Funktionen entscheidend sind. Doch von den Milliarden Neuronen im menschlichen Gehirn enthalten offenbar nur relativ wenige biogene Amine – von solchen Zellen gibt es wohl nur einige Tausend. Dazu kommt, daß viele dieser Zellen, die diese Transmitter enthalten, in einer abgegrenzten Hirnregion, dem Hirnstamm, zusammengedrängt liegen. Neuronen in diesen Clustern oder Nuclei (die schematisch in Abb. 11 und in Anhang B gezeigt sind) senden Axone in praktische alle Hirnregionen aus. In einigen Fällen bilden diese Zellen Synapsen, bei denen die präsynaptischen Endigungen dicht an ihre postsynaptischen Ziele heranreichen; an anderen Stellen kann man keine offensichtlichen postsynaptischen Ziele sehen. Diese anatomischen Merkmale legen den Schluß nahe, daß eine wichtige Funktion aminhaltiger Neuronen darin besteht, die synaptische Aktivität in weitverstreuten Bereichen im Zentralnervensystem simultan zu modulieren. In Übereinstimmung mit einer solchen neuromodulatorischen Rolle steht, daß biogene Amine über indirekt gekoppelte Rezeptoren wirken.

Noradrenalin: Der Locus coeruleus

Zahlreiche umfassende Monographien und Reviews beschreiben die Wirkungen von Aminen.[77,80–82] Am **Locus coeruleus** lassen sich Anatomie und Physiologie aminhaltiger Zellen im Zentralnervensystem gut demonstrieren.[83] Dieser Nucleus besteht aus einem kleinen Cluster Noradrenalin-haltiger Zellen, die im Pons, unter dem Boden des vierten Ventrikels, liegen (Abb. 1 und 12). Im Zentralnervensystem der Ratte enthält jeder Locus coeruleus (jeweils einer auf beiden Seiten des Hirnstamms) ungefähr 1500 Zellen. Zusammen stellen diese 3000 Neuronen etwa die Hälfte aller Noradrenalin-haltigen Zellen im Gehirn dar. Doch sie besitzen ausgedehnte Ausläufer und senden Axone zum Cerebellum, zum Cortex cerebri, zum Thalamus, zum Hippocampus und zum Hypothalamus. Tatsächlich kann ein einzelnes Neuron im Locus coeruleus weite Bereiche der Großhirn- und der Kleinhirnrinde innervieren.[84] Reizung innerhalb des

80 Fillenz, M. 1990. *Noradrenergic Neurons.* Cambridge University Press, Cambridge.
81 Moore, R. Y. and Bloom, F. E. 1978. *Annu. Rev. Neurosci.* 1: 129–169.
82 Moore, R. Y. and Bloom, F. E. 1979. *Annu. Rev. Neurosci.* 2: 113–168.
83 Foote, S. L., Bloom, F. E. and Aston-Jones, G. 1983. *Physiol. Rev.* 63: 844-914.
84 Swanson, L. W. 1976. *Brain Res.* 110: 39–56.

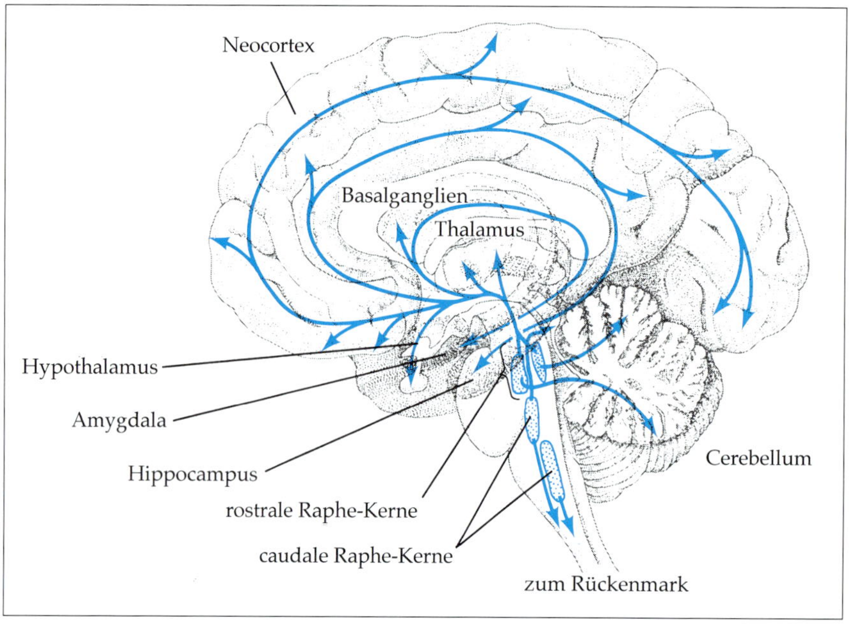

Abb. 13: **Neuronen, die 5-HT enthalten,** bilden eine Kette aus Raphe-Kernen längs der Mittellinie des Hirnstamms. Weiter caudal gelegene Kerne innervieren das Rückenmark, weiter rostral liegende Kerne innervieren fast alle Gehirnregionen.

Locus coeruleus oder Applikation von Noradrenalin kann je nach Typ des aktivierten Rezeptors eine Reihe von Effekten an zentralen Neuronen hervorrufen. Beispielsweise besteht der stärkste Effekt von Noradrenalin auf Pyramidenzellen des Hippocampus in einer Blockade der langsamen calciumabhängigen Kaliumleitfähigkeit, die der Nach-Hyperpolarisation nach einer Serie von Aktionspotentialen zugrunde liegt[32] (Kap. 8). Die Antwort wird von β-adrenergen Rezeptoren vermittelt, die Adenylatcyclase aktivieren und damit den intrazellulären cAMP-Spiegel anheben. Wie ein erhöhter intrazellulärer cAMP-Spiegel diese Kaliumkanäle blockiert, ist nicht bekannt, wahrscheinlich durch die Aktivierung einer cAMP-abhängigen Proteinkinase, die zur Phosphorylierung des Kanalproteins führt. Die Wirkung der Blockade der langsamen Nach-Hyperpolarisation besteht in einer dramatischen Erhöhung der Zahl der Aktionspotentiale, die durch die verlängerten Depolarisationen ausgelöst werden.

Diese Projektionen des Locus coeruleus bilden einen Teil des sogenannten **aufsteigenden retikulären Aktivierungssystems** einer funktional definierten Projektion aus der Formatio reticularis des Hirnstamms in höhere Hirnzentren, die unter anderen Aufmerksamkeit, Aufwachen und den Schlaf-Wach-Zyklus reguliert. Weitstreuende Projektionen einiger weniger Neuronen, wie es bei Zellen im Locus coeruleus der Fall ist, sind offenbar besonders gut geeignet, solche umfassenden Funktionen zu erfüllen.

5-HT: Die Raphe-Kerne

Wie Noradrenalin ist 5-Hydroxytrypamin (5-HT, auch als Serotonin bekannt) in einigen wenigen Kernen im Hirnstamm lokalisiert.[85] Dieses sind die **Raphe-Kerne** (Nuclei raphe), die genau in der Mittellinie des Hirnstamms vom Mittelhirn zur Medulla liegen (Abb. 13). (**Raphe** kommt von dem französichen Wort für «Naht, Furche».) Die Kerne in der Medulla projizieren ins Rükkenmark und modulieren die Übertragung in den Rükkenmarksbahnen, die an der Schmerzperzeption beteiligt sind (s. Kap. 14). Die Raphe-Kerne im Pons und im Mittelhirn innervieren im Grunde genommen das gesamte Gehirn und bilden zusammen mit Projektionen aus dem Locus coeruleus einen Teil des aufsteigenden retikulären Aktivierungssystems. Man nimmt an, daß 5-HT an der Kontrolle des Schlaf-Wach-Zyklus beteiligt ist. Frühe Experimente an Katzen haben gezeigt, daß die Erschöpfung von 5-HT, sei es pharmakologisch oder durch Zerstörung der Raphe-Kerne Insomnie hervorruft, die durch Gaben von 5-HT oder seinem metabolischen Vorläufer wieder behoben werden konnte. Das führte zu der «monoaminergen Theorie des Schlafs». Eines der Postulate dieser Theorie war, daß Schlaf durch die Ausschüttung von 5-HT ausgelöst wird.[86] In Folgeexperimenten fand man, daß die durch Erschöpfung von 5-HT hervorgerufene Insomnie vorübergehend war. Mit der Zeit gewannen die behandelten Tiere die Fähigkeit zu schlafen zurück.[87] Ähnliche chirurgische und pharmakologische Eingriffe bei anderen Tierarten führten zudem nicht zu Insomnie. Einzelableitungen aus den Raphe-Kerne zeigten, daß die Feuerrate 5-HT-haltiger Zellen beim Übergang vom Wachzustand zum Schlaf

85 Steinbusch, H. W. M. 1984. *In* A. Björklund, T. Hökfelt and M. J. Kuhar (eds.). *Classical Transmitters and Transmitter Receptors in the CNS,* Part 2. (*Handbook of Chemical Neuroanatomy,* Vol. 3.) Elsevier, New York, pp. 68–125.
86 Jouvet, M. 1972. *Ergebn. Physiol.* 64: 166–307.
87 Hilakivi, I. 1987. *Med. Biol.* 65: 97–104.

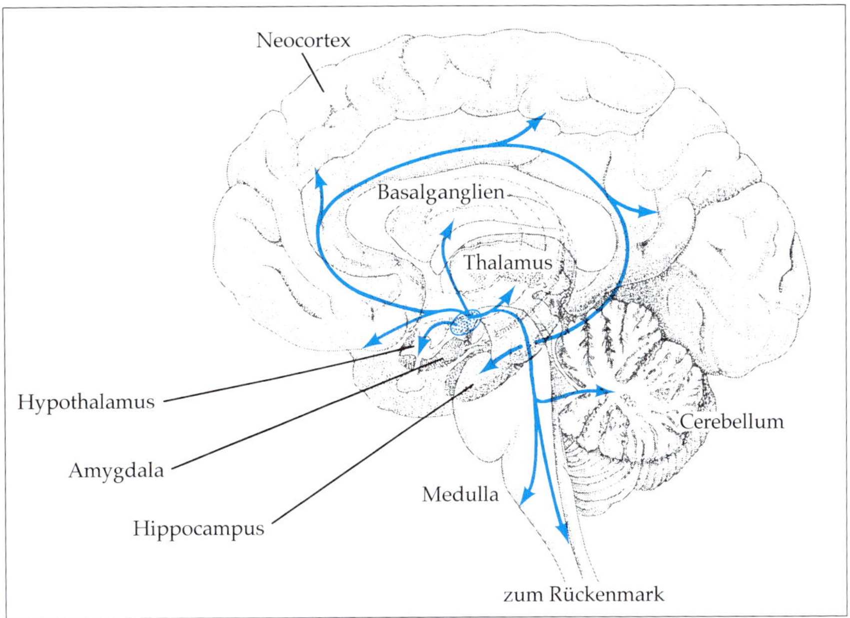

Abb. 14: **Histaminhaltige Neuronen** sind im Nucleus tuberomammillaris im Hypothalamus lokalisiert. Diese Neuronen haben diffuse Projektionen über das Gehirn und das Rückenmark.

absinkt. Heute ist klar, daß die Steuerung des Schlaf-Wach-Zyklus beträchtlich komplizierter ist als ursprünglich angenommen. Zusätzlich zu den Raphe-Kernen sind mehrere andere Hirnregionen beteiligt, einschließlich des Locus coeruleus und umgebender Strukturen, und man weiß, daß neben 5-HT einige andere Transmitter eine Rolle spielen, darunter Noradrenalin, Acetylcholin und Histamin.[87–89] Aus solchen Untersuchungen kann man schlußfolgern, daß der Schlaf-Wach-Zyklus wie andere umfassende Veränderungen der ZNS-Aktivität von mehreren verschiedenen Zellgruppen kontrolliert wird, die eine ganze Reihe verschiedener Neurotransmitter ausschütten.

Histamin

Histamin wurde zuerst in den 20er Jahren als natürlicher Bestandteil von Leber und Lunge und später in Geweben im ganzen Körper identifiziert.[90] In der Peripherie sind die Mastzellen der wichtigste Ort der Histaminspeicherung und Ausschüttung. Histamin beeinflußt eine Reihe von peripheren Geweben und ist an verschiedenen physiologischen Prozessen beteiligt, darunter allergischen Reaktionen, Antworten auf Verletzungen und Regulierung der gastrischen Sekretion. Histamin wirkt auch als Neurotransmitter im Gehirn.[91,92] Die Zellkörper histaminerger Neuronen sind in einem kleinen Bereich des Hypothalamus konzentriert, dem **Nucleus tuberomammillaris**, und sie senden Axone aus, die fast alle Teile des Zentralnervensystems erreichen[93] (Abb. 14). Einzelne Histaminneuronen weisen Axonkollateralen auf, die mehrere verschiedene Hirnregionen innervieren.[94] Wie Neuronen, die andere biogene Amine ausschütten, haben histaminerge Neuronen die Neigung, sich diffus zu verzweigen und bilden nur gelegentlich klassische Synapsen mit deutlichen prä- und postsynaptischen Spezialisierungen. Histaminerge Fortsätze innervieren offenbar nicht nur Neuronen, sondern auch Gliazellen, kleine Blutgefäße und Kapillaren. Aufgrund dieser Morphologie und der Wirkung von Drogen, die die histaminerge Übertragung beeinflussen, scheint es, daß Histaminneuronen allgemeine Gehirnaktivitäten wie den Wachzustand und den Energiestoffwechsel über indirekte Mechanismen regulieren, die über Rezeptoren auf Neuronen, Astrocyten und Blutgefäßen vermittelt werden.

Dopamin: Die Substantia nigra

Es gibt vier bedeutende Dopamin-haltige Kerne im Hirnstamm[81] (Abb. 15). Einer von ihnen liegt im **Nucleus arcuatus** und sendet Fortsätze in die Eminentia mediana des Hypothalamus aus, eine Region, die reich an Peptid-ausschüttenden Hormonen ist. Die drei anderen Dopaminzellen-Cluster liegen im Mittelhirn. Sie projizieren primär auf die Basalganglien, eine Gruppe von Kernen im Zentrum des Gehirns, die bei der Bewegungskontrolle eine wichtige Rolle spielen (s. Kap. 15). Wie auch bei den anderen Neuronen, die biogene Amine ausschüt-

88 Vertes, R. P. 1984. *Prog. Neurobiol.* 22: 241–288.
89 Lin, J. S. et al. 1990. *Brain Res.* 523: 325–330.
90 Douglas, W. W. 1980. *In* A. G. Gilman, L. S. Goodman and A. Gilman (eds.). *Goodman and Gilman's The Pharmacological Basis of Therapeutics.* Macmillan, New York. pp. 608–618.
91 Wada, H. et al. 1991. *Trends Neurosci.* 14: 415–418.
92 Prell, G. D. and Green, J. P. 1986. *Annu. Rev. Neurosci.* 9: 209–254.

93 Panula, P. et al. 1990. *Neuroscience* 34: 127–132.
94 Kohler, C. et al. 1985. *Neuroscience* 16: 85–110.

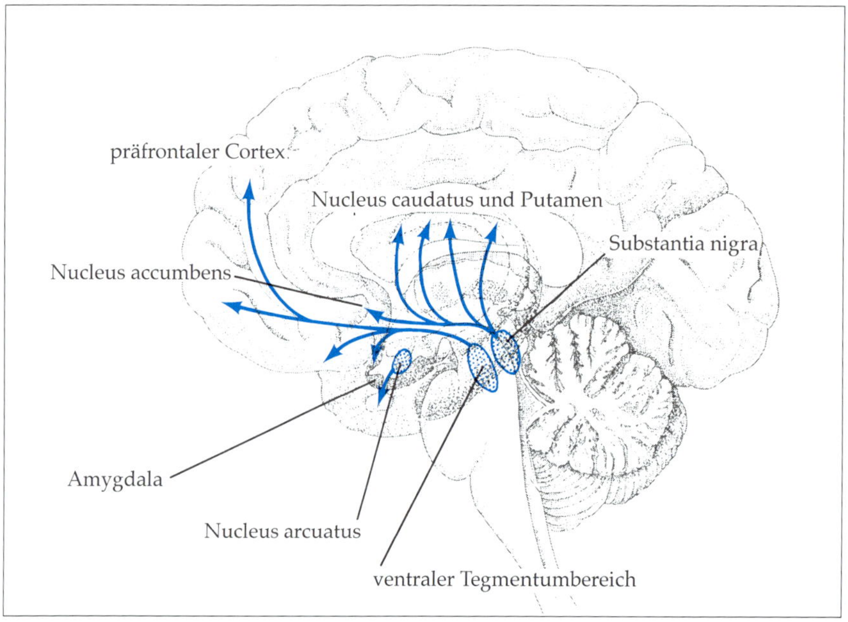

Abb. 15: **Dopaminhaltige Neuronen** findet man in den Kernen im Hypothalamus und im Mittelhirn. Die Dopaminneuronen im Nucleus arcuatus projizieren in die Eminentia mediana des Hypothalamus und bilden das tuberoinfundibulare System. Die Dopaminneuronen in der Substantia nigra projizieren in den Nucleus caudatus und in das Putamen (zusammen als Striatum bezeichnet) der Basalganglien und bilden die nigrostriatale Leitungsbahn. Dopaminneuronen im ventralen Tegmentumbereich projizieren in den Nucleus accumbens, die Amygdala und den präfrontalen Cortex und bilden das mesolimbische und das mesocorticale System.

ten, sind nur einige wenige Zellen mit weit verzweigten Projektionen involviert. Bei der Ratte beispielsweise liegen annähernd 7000 Dopaminzellen in einem dieser Mittelhirn-Cluster, der **Substantia nigra**; jedes dieser Neuronen bildet jedoch schätzungsweise 250000 neuronale Erweiterungen, die sich über ihre Zielstellen in den Basalganglien ausbreiten.[95]

Die progressive Degeneration dieser Gruppe dopaminerger Neuronen ist das auffälligste Merkmal bei der Parkinson-Krankheit.[96] Bei diesen Patienten degenerieren Nervenzellen in der **Pars compacta** der Substantia nigra, die zwei Kerne in den Basalganglien innerviert. Wenn ihre axonalen Endigungen verschwinden, fällt der Dopaminspiegel in den Basalganglien, und es treten charakteristische motorische Fehlleistungen auf: Schwierigkeiten beim Starten von Bewegungen, Muskelstarre und Ruhetremor. Einer der frühen Triumphe der Neuropharmakologie war die Technik der **Therapie durch Ersatz** (replacement therapy) bei der Behandlung der Parkinson-Erkrankung. Die Idee war, die Symptome dieser Krankheit zu lindern, indem man den Dopaminspiegel in den Basalganglien wiederherstellte. Es war bekannt, daß Dopamin die Blut-Hirn-Schranke nicht überwinden kann (S. Kap. 6), daher wurde die Vorstufe von Dopamin, L-DOPA, verabreicht. Bei Patienten, denen orale L-DOPA-Dosen verabreicht wurden, zeigte sich gewöhnlich eine dramatische Verbesserung, und Patienten, die aus anderen Gründen starben, während sie sich einer L-DOPA-Therapie unterzogen, wiesen bei der Autopsie eine fast normale Konzentration von Dopamin in ihren Basalganglien auf. Vermutlich sind die restlichen Dopamin-Neuronen, die bei den Parkinson-Patienten nicht zerstört wurden, in der Lage, genügend Transmitter zu synthetisieren und auszuschütten, wenn man sie mit zusätzlichen Mengen der Vorstufe versorgt.

Wenn man über neuromuskuläre Übertragung nachdenkt, bei der der genaue Zeitpunkt und der Ort der Ausschüttung so entscheidend sind, ist es schwierig sich vorzustellen, wie überschüssiger Transmitter von einer entfernten überlebenden Endigung die fehlende Transmitterausschüttung einer degenerierten Nervenendigung ersetzen kann. Es ist so, als versuche man, koordinierte Kontraktionen von Skelettmuskeln bei der Bewegung durch diffuse Acetylcholinapplikation wiederherzustellen. Wenn man jedoch an die Neuromodulation denkt, die über indirekt gekoppelte Transmitter vermittelt wird, wobei die Wirkungen einen inhärent langsamen Zeitverlauf aufweisen und bei der die Spezifität durch die Natur und Verteilung der Rezeptoren bestimmt wird, dann beginnt man zu verstehen, wie eine allgemeine Erhöhung der Dopaminkonzentration die normale Signalgebung wiederherstellen kann.

Die axonale Projektion von der Substantia nigra in die Basalganglien ist jedoch nicht die einzige dopaminerge Bahn im Zentralnervensystem. Wie zu erwarten besteht deshalb eine der Komplikationen, die bei L-DOPA-Gaben zur Linderung von Symptomen der Parkinson-Krankheit auftreten, darin, daß die Balance der Eingänge in anderen Bereichen gestört wird. Beispielsweise belegen einige Untersuchungen, daß dopaminerge Neuronen der ventralen Tegmentumregion eine wichtige Rolle bei der Steuerung von Stimmung und Affekt spielen. Patienten, die sich einer L-DOPA-Therapie unterziehen, haben oft psychische Probleme. Auf der anderen Seite blockieren viele der Drogen, die psychisch gestörten Patienten gegeben werden, die Wechselwirkung von Dopamin mit seinen Rezeptoren und erzeugen daher Parkinson-ähnliche

95 Yurek, D. M. and Sladek, J. R., Jr. 1990. *Annu. Rev. Neurosci.* 13: 415–440.
96 Yahr, M. D., and Bergmann, K. J. 1987. *Adv. Neurol.* 45.

motorische Nebeneffekte.[97] Die Herausforderungen für eine systemische Drogentherapie besteht darin, für eine spezifische Synapse nicht nur den spezifischen Neurotransmitter zu identifizieren, der an ihr freigesetzt wird, sondern auch Merkmale der Rezeptoren oder Merkmale des Mechanismus der Transmittersynthese, -speicherung, -ausschüttung und -inaktivierung herauszufinden, die diese Synapse von anderen Synapsen mit demselben Transmitter unterscheiden, und dann spezifische pharmakologische Stoffe zu entwickeln, die diesen Unterschied ausnutzen.

Ein alternativer Ansatz besteht darin, die degenerierenden Zellen durch Transplantation geeigneter embryonaler Neuronen zu ersetzen.[59,98] Es konnte gezeigt werden, daß ins adulte ZNS transplantierte embryonale Neuronen überleben und synaptische Verbindungen ausbilden. Ihre Axone erstreckten sich jedoch selten über mehr als ein einige Millimeter (s. Kap. 12). Daher müssen Transplantate gewöhnlich auf die Zielneuronen oder in ihre nächste Nähe plaziert werden. Obwohl noch schwierige Probleme zu lösen bleiben, sind Transplantationen vielleicht ein Mittel, die funktionelle Wechselwirkungen in einer Region des ZNS wiederherzustellen, ohne Störung der normalen Übertragung anderenorts als Nebenwirkung.

Empfohlene Literatur

Allgemeines

Cooper, J. R. Bloom, F. E. and Roth, R. H. 1991. *The Biochemical Basis of Pharmacology,* 6th Ed. Oxford University Press, New York.

Hall, Z. W. 1992. *An Introduction to Molecular Neurobiology.* Sinauer, Sunderland, MA.

Kandel, E. R., Schwartz, J. H. and Jessel, T. M. (eds). 1991. *Principles of Neural Science,* 3rd Ed. Elsevier, New York.

Übersichts- und Originalartikel

Akil, H., Watson, S. J., Young, E., Lewis, M. E., Khachaturian, H. and Walker, J. M. 1984. Endogenous opioids: Biology and function. *Annu. Rev. Neurosci.* 7: 223–255.

Bekkers, J. M. and Stevens, C. F. 1990. Presynaptic mechanism for long-term potentiation in the hippocampus. *Nature* 346: 724–729.

Bliss, T. V. P. and Lømo, T. 1973. Long-lasting potentiation of synaptic transmission in the dentate of the anesthetized rabbit following stimulation of the perforant path. *J. Physiol* 232: 331–356.

Brown, T. H., Kairiss, E. W. and Keenan, C. L. 1990. Hebbian synapses: Biophysical mechanisms and algorithms. *Annu. Rev. Neurosci.* 13: 475–511.

Costa, E. 1991. The allosteric modulation of $GABA_A$ receptors. *Neuropsychopharmacology* 4: 225–235.

Cotam, C. W., Monaghan, D. T. and Ganong, A. H. 1988. Excitatory amino acid neurotransmission: NMDA receptors and Hebb-type synaptic plasticity. *Annu. Rev. Neurosci.* 11: 61–80.

Dunnett, S. 1991. Cholinergic grafts, memory and aging. *Trends Neurosci.* 14: 371–376.

Fibiger, H. C. 1991. Cholinergic mechanisms in learning, memory and dementia: A review of recent evidence. *Trends Neurosci.* 14: 220–223.

Fillenz, M. 1990. *Noradrenergic Neurons.* Cambridge University Press, Cambridge.

Lindvall, O. 1991. Prospects of transplantation in human neurodegenerative diseases. *Trends Neurosci.* 14: 376–384.

Lynch, D. R. and Snyder, S. H. 1986. Neuropeptides: Multiple molecular forms, metabolic pathways, and receptors. *Annu. Rev. Biochem.* 55: 773–799.

Madison, D. V., Malenka, R. A. and Nicoll, R. A. 1991. Mechanisms underlying long-term potentiation of synaptic transmission. *Annu. Rev. Neurosci.* 14: 379–397.

Maggio, J. E. 1988. Tachykinins. *Annu. Rev. Neurosci.* 11: 13–28.

Malinow, R. and Tsien, R. W. 1990. Presynaptic enhancement shown by whole-cell recordings of long-term potentiation in hippocampal slices. *Nature* 346:177–180.

Manabe, T., Renner, P. and Nicoll, R. A. 1992. Postsynaptic contribution to long-term potentiation revealed by the analysis of miniature synaptic currents. *Nature* 355: 50–55.

Naegele, J. R. and Barnstable, C. J. 1989. Molecular determinants of GABAergic local-circuit neurons in the visual cortex. *Trends Neurosci.* 12: 28–34.

Nicoll, R. A., Malenka, R. C. and Kauer, J. A. 1990. Functional comparison of neurotransmitter receptor subtypes in mammalian central nervous system. *Physiol. Rev.* 70: 513–565.

Nicoll, R. A., Schenker, C. and Leeman, S. 1980. Substance P as a transmitter candidate. *Annu. Rev. Neurosci.* 3: 227–268.

Pritchett, D. B., Sontheimer H., Shivers, B. D. S., Ymer, S., Kettenmann, H., Schofield, P. R. and Seeburg, P. H. 1989. Importance of a novel $GABA_A$ receptor subunit for benzodiazepine pharmacology. *Nature* 338: 582–585.

Selkoe, D. J. 1991. The molecular pathology of Alzheimer's disease. *Neuron* 6: 487–498.

Yurek, D. M. and Sladek, J. R., Jr. 1990. Dopamine cell replacement: Parkinson's disease. *Annu. Rev. Neurosci.* 13: 415–440.

97 Baldessarini, R. J. and Tarsy, D. 1980. *Annu. Rev. Neurosci.* 3: 23–41.

98 Lindvall, O. 1991. *Trends Neurosci.* 14: 376–384.

Teil drei

Entwicklung und Regeneration im Nervensystem

Kapitel 11

Neuronale Entwicklung und die Bildung von synaptischen Verbindungen

Die Art und Weise, in der Nervenzellen ihre einzigartige Identität aufbauen und während der Entwicklung geordnete und präzise synaptische Verbindungen bilden, hängt ab von ihrer Herkunft, induktiven und trophischen Wechselwirkungen zwischen Zellen, vom Ziel stammenden und zielunabhängigen Navigationsmerkmalen, spezifischer Zell-Zell-Erkennung und ständiger aktivitätsabhängiger Verfeinerung der Verbindungen. Bei einfachen Evertebraten ist der Werdegang einiger Zellen begrenzt oder durch autonome, von der Herkunft der Zellen abhängige Mechanismen genau festgelegt. Der Phänotyp von Neuronen und Gliazellen von Evertebraten und Vertebraten wird jedoch weitgehend durch induktive Wechselwirkungen bestimmt. Die Bildung des Nervensystems von Vertebraten beginnt mit einem induktiven Prozeß: Das dorsale Mesoderm der Gastrula induziert in dem darüberliegenden Ektoderm die Bildung der Neuralplatte. Die Neuralplatte faltet sich dann und bildet das Neuralrohr und die Neuralleiste. Die Zellen der Neuralleiste bilden das periphere Nervensystem. Die Neuronen und die Gliazellen des Zentralnervensystems werden durch die Teilung der Zellen in der Ventrikularzone des Neuralrohres erzeugt. Postmitotische Neuronen wandern von der Ventrikeloberfläche aus und bilden die graue Substanz des adulten Nervensystems.

Während der Entwicklung des Vertebraten-ZNS scheinen einige Eigenschaften der zukünftigen Neuronen ungefähr zu der Zeit bestimmt zu werden, in der sie ihre letzte Zellteilung beenden. Andere Eigenschaften werden dann durch Wechselwirkungen mit der Umgebung reguliert. Man fängt an, mit biochemischen, molekularbiologischen und genetischen Methoden, spezifische chemische Signale zu identifizieren, die die Differenzierung der Neuronen und der Gliazellen steuern.

Um synaptische Verbindungen mit ihren Zielen herzustellen, senden die Neuronen ihre Axone mit Wachstumskegeln an der Spitze aus, die offenbar die Umgebung erforschen und die Axone zu ihrem richtigen Bestimmungsort ziehen. Zwei Molekülklassen wurden als wichtige Substrate für die Bewegungen des Wachstumskegels identifiziert. Die Zelladhäsionsmoleküle aus der Immunoglobulin-Superfamilie, wie z.B. das neuronale Zelladhäsionsmolekül (N-CAM) bilden die erste Klasse. Zelladhäsionsmoleküle steuern ebenfalls die axonale Verästelung. Die zweite Gruppe besteht aus den extrazellulären Matrixadhäsionsmolekülen, wie den Proteinen Laminin, Fibronectin und Tenascin. Von weiteren, bisher noch unidentifizierten Substanzen ist bekannt, daß sie selektiv Wachstumskegel bestimmter Neuronen anziehen und so die Ausbildung spezifischer Verbindungen steuern. In anderen Fällen wird die Bahn des Axons zu seinem endgültigen synaptischen Partner durch Zwischenstationen oder Wegweiserzellen markiert. Obwohl die anfänglichen axonalen Projektionen der Neuronen selektiv sind, sind sie häufig ausgedehnter als im adulten Zustand. Während der Entwicklung gebildete axonale Bäume werden dann durch trophische und aktivitätsabhängige Mechanismen auf das adulte Muster reduziert.

Wenn die Axone einer bestimmten Neuronenpopulation an ihrem Bestimmungsort ankommen, innervieren sie ihre Ziele in einem regelmäßigen und präzisen Muster. Das am gründlichsten untersuchte Beispiel für die Innervierung eines Zieles ist die retinotectale Projektion beim Huhn. Hier wird der Prozeß der Bildung einer entsprechenden retinotectalen Karte, zumindest teilweise, durch abstoßende Wechselwirkungen vermittelt, die die Wachstumskegel davon abhalten, in unpassende Bereiche des Tectums einzudringen.

Synaptische Verbindungen werden sehr schnell gebildet. An der neuromuskulären Verbindung des Vertebratenskelettmuskels wurden detaillierte Untersuchungen zur Synapsenbildung durchgeführt. Nachdem ein Motoaxon eine Muskelzelle kontaktiert hat, wird innerhalb von Minuten eine funktionierende synaptische Übertragung ermöglicht. Die ersten Kontakte besitzen noch keine der synaptischen Spezialisierungen, durch die die Verbindungen im adulten Zustand ausgezeichnet sind. Als erste synaptische Spezialisierung entsteht eine Anhäufung von Acetylcholinrezeptoren in der postsynaptischen Membran. Im Laufe von mehreren Wochen reift die Verbindung dann zu ihrer adulten Form heran.

Bei der Entwicklung des Vertebraten-Zentralnervensystems kommt es allgemein zu einer anfänglichen Überproduktion von Neuronen und einer späteren Zelltod-Periode. Der Neuronentod wird offenbar durch den Wettbewerb um trophische Substanzen reguliert, die vom Zielgewebe ausgeschüttet werden. Die am besten charakterisierte trophische Substanz ist der Nervenwachstumsfaktor (NGF), der von sensorischen, sympathischen und bestimmten zentralen Neuronen zum Überleben benötigt wird. NGF gehört zu den

Neurotrophinen, von denen jedes bestimmte Neuronenpopulationen versorgt. Die Wirkungen der Wachstumsfaktoren werden durch Rezeptoren vermittelt, die eine extrazelluläre Domäne, an die der Wachstumsfaktor bindet, eine kurze Transmembrandomäne und eine intrazelluläre Tyrosinkinasedomäne besitzen.
Aus den Untersuchungen zur Entwicklung des Nervensystems ergibt sich allgemein, daß nur wenige Verbindungen fest vorgegeben sind. Die Neuronen entfalten bei ihren Wechselwirkungen mit ihrer Umgebung eine Hierarchie von Besonderheiten. Außerdem ist das anfängliche Verbindungsmuster nicht fest vorgegeben, obwohl die funktionellen Wechselwirkungen sehr früh in der Entwicklung gebildet werden. Einige Neuronen degenerieren und sterben ab, und die, die übrig bleiben, fahren fort, synaptische Kontakte zu schließen und zu brechen und Dendriten- und Axonausläufer auszusenden und wieder zurückzuziehen. Das präzise Verbindungsmuster, das das adulte Nervensystem auszeichnet, entsteht allmählich als Ergebnis dieser Vervollkommnung und wird häufig durch aktivitätsabhängige Mechanismen bestimmt.

Die Regelmäßigkeit der Verbindungen, die die Nervenzellen untereinander und zu verschiedenen Geweben in der Peripherie bilden, ist Voraussetzung für die komplexen integrativen Prozesse, die im Nervensystem auftreten. Das Gehirn scheint so konstruiert zu sein, als ob jedem Neuron sein richtiger Platz im System bekannt wäre. Während der Entwicklung wandert das Neuron zu seinem vorgesehenen Ort und sendet einen Ausläufer in Richtung seines Zieles aus. Es ignoriert einige Zellen, wählt andere aus und bildet bleibende Kontakte nicht irgendwo auf der Zelle, sondern an einem bestimmten Ort. Umgekehrt verhalten sich Neuronen, wie in Kapitel 12 beschrieben, so als ob sie wüßten, wann sie ihre passenden Verbindungen erhalten haben. Wenn sie ihren synaptischen Eingang verlieren, reagieren sie auf unterschiedliche Weise. Selbst ohne Denervierung kann sich die Effektivität von Synapsen infolge veränderter Aktivitätsmuster ändern und es können neue Verbindungen gebildet werden (Kap. 18).
Drei Beispiele verdeutlichen die präzise Architektur des Nervensystems. Zunächst beschreiben wir in Kap. 1 und 14 den Dehnungsreflex, der durch Impulse in der sensorischen Nervenzelle ausgelöst wird, die eine Muskelspindel innerviert. Der Zellkörper des sensorischen Neurons liegt in einem Hinterwurzelganglion und sendet einige seiner Fortsätze in die Peripherie zu den entsprechenden Regionen der intrafusalen Muskelfasern. Außerdem sendet es Fortsätze zentralwärts, um die Motoneuronen zu suchen, die denselben Skelettmuskel innervieren, in dem das sensorische Neuron Endigungen hat, und ausschließlich mit ihnen Synapsen zu bilden. Andere Zweige verlaufen in den Hintersäulen, um in einer lokalisierten Region der Hintersäulenkerne zu enden, und noch andere Verzweigungen haben ihre Endigungen auf zusätzlichen Interneuronen. Bestimmte Neuronen des visuellen Cortex, die selektiv vertikal orientierte Lichtbalken erkennen, die ihre rezeptiven Felder beleuchten, bilden ein zweites Beispiel für Spezifität (Kap. 17). Diese Antwort ist möglich, weil sie Eingänge von ausgewählten Neuronen einer tieferen Stufe der visuellen Verarbeitung erhalten, von denen einige exzitatorisch und andere inhibitorisch sind. Die Verteilung von Synapsen auf Purkinje-Zellen im Cerebellum, die von Ramón y Cajal, Eccles, Szentágothai, Ito, Llinás und Palay ausgearbeitet wurde, bildet ein drittes Beispiel. Diese großen Neuronen bilden den einzigen bekannten Ausgang aus der Kleinhirnrinde und sind deshalb die Endstationen der integrativen Aktivität aller anderen Zellen des Kleinhirns (Kap. 15). Jede Purkinje-Zelle kann über 100 000 synaptische Eingänge erhalten, die auf geeigneten Stellen des Neurons enden. So enden die Kletterfasern auf dornlosen Dendriten, die Korbzellen auf Zellkörpern und Axonen, während die Körnerzellen Synapsen mit den Dornen (spines) der Purkinje-Zellen bilden.
Wenn man über die oben genannten Beispiele nachdenkt, ergeben sich eine Reihe von Fragen. Welche zellulären Mechanismen befähigen ein Neuron, aus einer Unzahl von Möglichkeiten ein anderes Neuron auszuwählen, zu ihm hin zu wachsen und Synapsen mit ihm zu bilden? Sind beide Zellen vorgegeben, oder bestimmt die Ankunft der einen das Schicksal der anderen? Was die Präzision der Verdrahtung betrifft, wieviel Variabilität gibt es von Tier zu Tier? Was bestimmt die Richtung beim systematischen Auswachsen der Nervenfasern entlang ihrer wohldefinierten Bahnen? Die Antworten auf diese Fragen helfen bei der Beantwortung der Frage, wie die Verdrahtung eines Gehirns, das aus 10^{10} bis 10^{12} Zellen besteht, mit der viel geringeren Anzahl von Genen, 10^6 oder weniger, realisiert werden kann.
Eine Annäherung an diese Probleme ergibt sich aus der Untersuchung der Bildung von Zellen und Verbindungen während der Entwicklung. Ein zweiter Zugang, der in Kap. 12 diskutiert wird, besteht darin, die Regeneration von Verbindungen adulter Nervenzellen zu untersuchen, nachdem ihre Ausläufer durch eine Läsion durchtrennt wurden. Eine andere, aber verwandte Frage betrifft die Stabilität einmal gebildeter Synapsen. Wie werden synaptische Verbindungen durch Gebrauch, Nichtgebrauch und falschen Gebrauch beeinflußt? Die Veränderungen im visuellen System, die durch das Zunähen eines Auges oder durch die Induktion von Schielen bei jungen Katzen erzeugt werden, bilden bemerkenswerte Beispiele hierfür, die in Kap. 18 beschrieben werden. Solche subtilen Veränderungen des sensorischen Eingangs zerstören die Leistung und unterbrechen die Bahnen, die vorher wirksam waren.
Die Reichweite all dieser Probleme im Zusammenhang mit Entwicklung, Synapsenbildung, neuronaler Spezifität und Veränderungen der Effizienz ist zu groß für eine umfassende Darstellung. Viele Aspekte werden an an-

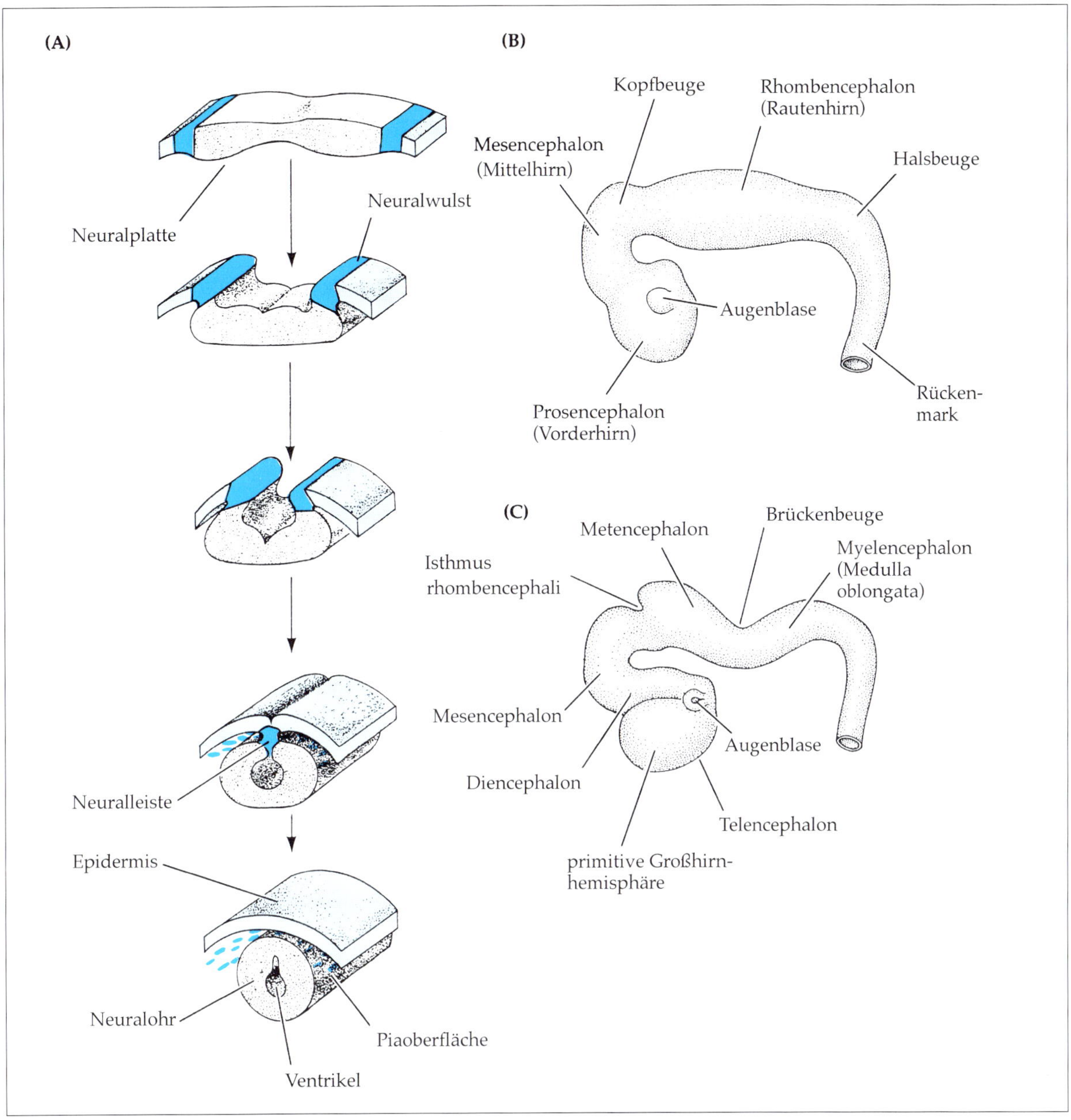

Abb. 1: **Bildung des Nervensystems.** (A) Schema der Neurulation. (B, C) Schematische Darstellung des menschlichen Zentralnervensystems nach 4 Wochen (B) und nach 6 Wochen Entwicklung (C) (nach Gilbert, 1991).

derer Stelle im Detail behandelt.[1–3] In diesem Kapitel liefern wir eine kurze Darstellung der Neuroembryologie und beschreiben ausgewählte experimentelle Methoden zu Fragen der neuronalen Entwicklung. Eine Verallgemeinerung die sich aus diesen Untersuchungen ergibt, besagt, daß – wenn überhaupt – nur wenige Möglichkeiten fest vorgegeben sind. Die Nervenzellen zeigen bei ihren Wechselwirkungen untereinander und mit ihrer Umgebung eine Hierarchie von Besonderheiten. Dies gibt dem Nervensystem einen Flexibilitätsgrad, der für die Bildung, Aufrechterhaltung und Modifizierung synaptischer Verbindungen notwendig ist.

1 Gilbert, S. F. 1991. *Developmental Biology*, 3rd Ed. Sinauer, Sunderland, MA.
2 Patterson, P. H. and Purves, D. (eds). 1982. *Readings in Developmental Neurobiology*. Cold Spring Harbor Laboratory, Cold Spring Harbor, NY.
3 Purves, D. and Lichtman, J. W. 1985. *Principles of Neural Development*. Sinauer, Sunderland, MA.

Bildung des Nervensystems

Obwohl viele zelluläre Mechanismen der neuronalen Entwicklung bei Evertebraten und Vertebraten offenbar gleich ablaufen, ist das Gesamtschema doch sehr ver-

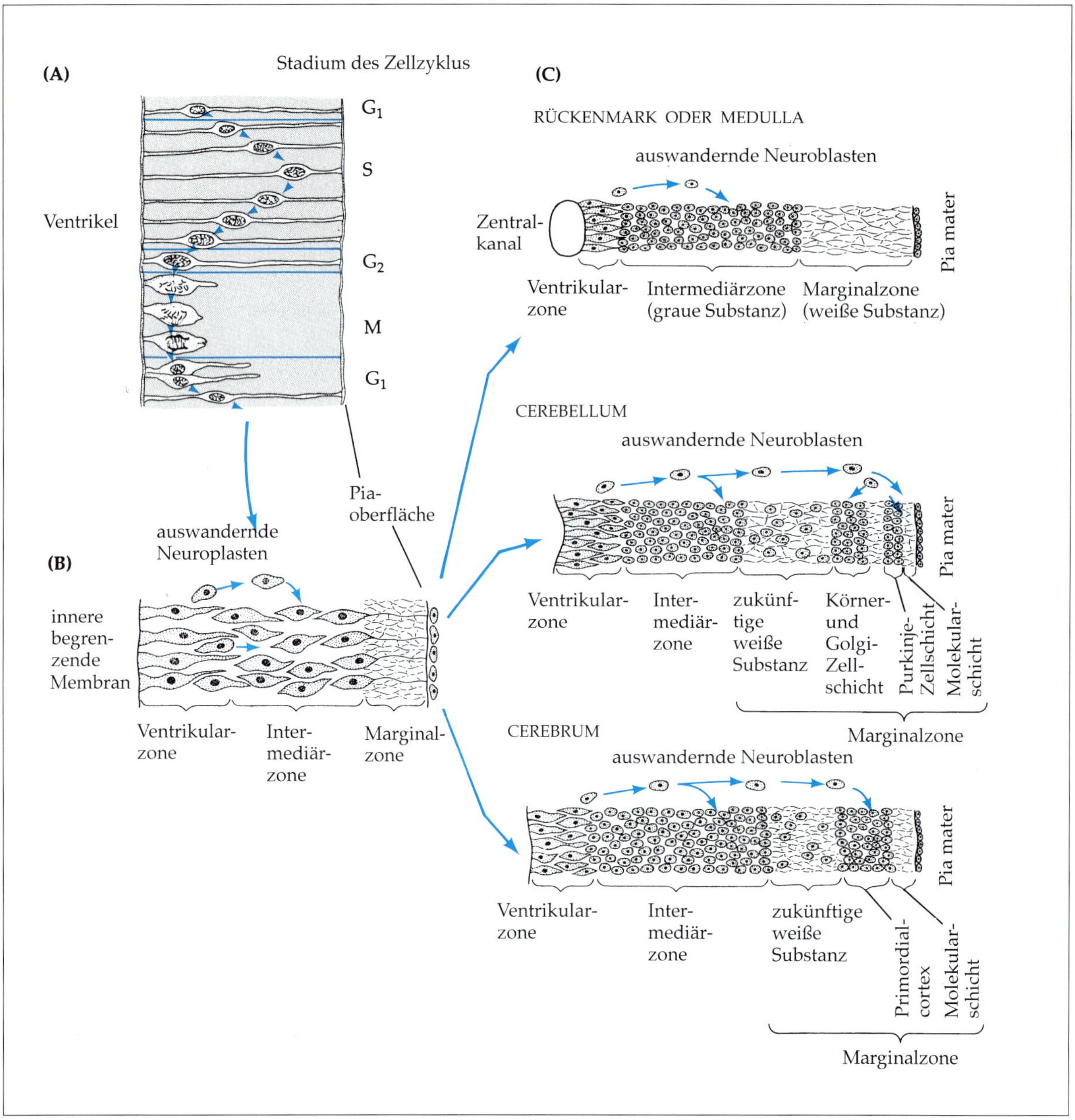

Abb. 2: **Differenzierung der Neuralrohrwände.** (A) Die Position der Zellkerne im primitiven Neuralrohr verändert sich in Abhängigkeit vom Zellzyklus. (B) Die Zellen werden postmitotisch, wandern aus der Ventrikularzone aus und bilden die Intermediärzone. Ihre Ausläufer bilden die Marginalzone. (C) Die dreischichtige Organisation bleibt im Rückenmark bestehen. Im Kleinhirn und im Großhirn wandern Neuroblasten in die Marginalzone und bilden einen mehrschichtigen Cortex (nach Gilbert, 1991).

schieden. Die Bildung des Nervensystems eines Evertebraten, des Blutegels, wird in Kap. 13 beschrieben. Hier fassen wir allgemeine Merkmale der Entwicklung des Vertebraten-Nervensystems zusammen. Bei der Embryogenese der Vertebraten wird die Bildung des Nervensystems aus Ektoderm durch das darunterliegende dorsale Mesoderm der Gastrula induziert. Zu Beginn besteht das Nervensystem aus einer Schicht verlängerter, neuroektodermaler Zellen, der **Neuralplatte** (Abb. 1). Die Ränder dieser Schicht verdicken sich fast über die gesamte Länge der Schicht, bewegen sich nach oben und bilden die **Neuralwülste**, die schließlich in der Mitte fusionieren, um das hohle **Neuralrohr** zu bilden. Einige Zellen an den Lippen der Neuralwülste werden weder in das Neuralrohr, noch in das darüberliegende Ektoderm inkorporiert, sie bleiben dazwischen liegen. Diese Zellen bilden die **Neuralleiste**. Die Zellen der Neuralleiste wandern vom Neuralrohr weg und erzeugen eine Vielzahl peripherer Gewebe, u.a. die Neuronen und Satellitenzellen des sensorischen, sympathischen und parasympathischen Nervensystems, Zellen des Nebennierenmarks (Kap. 9), Pigmentzellen der Epidermis und Skelett- und Bindegewebekomponenten des Kopfes.

Die **Neurulation** (Bildung des Neuralrohres) beginnt am

anterioren (Kopf-) Ende des Embryos. Im Laufe der Entwicklung erfährt dieser Teil des Rohres eine Reihe von Anschwellungen, Einschnürungen und Krümmungen, die die verschiedenen Hirnregionen bilden (Abb. 1). Der caudale Teil des Neuralrohres behält eine relativ einfache, rohrförmige Struktur, die das Rückenmark bildet.

Die Neuralrohrwand besteht aus einer einzigen, sich schnell teilenden Schicht von Zellen, von denen sich jede von der luminalen **Ventrikelseite** zur äußeren **Piaoberfläche** erstreckt. Wie in Abb. 2 dargestellt, wandern die Kerne entlang dieser Zellen vor und zurück. Die DNA-Synthese findet statt, während sich die Kerne in der Nähe der Piaoberfläche befinden. Während der Zellteilung (Cytokinese) liegen die Kerne in der Nähe der Ventrikeloberfläche, und die Verbindungen mit der Piaoberfläche gehen zeitweilig verloren. Nach der Zellteilung können eine oder beide Tochterzellen den Kontakt zur Ventrikeloberfläche verlieren und auswandern. Die meisten Neuronen, die einmal aus der Ventrikularzone auswandern, sind postmitotisch (sie werden sich nie wieder teilen). Gliazellvorläufer können sich dagegen auch noch teilen, wenn sie ihre Endpositionen erreicht haben. Durch die Produktion von immer mehr Zellen verdickt sich das Neuralrohr und nimmt eine dreischichtige Struktur an: Eine innere Ventrikularzone (wo die Proliferation weitergeht), eine mittlere Intermediärzone, die die Zellkörper der wandernden Neuronen enthält, und eine äußere Marginalzone, die aus den auswachsenden Axonen der darunterliegenden Neuronen besteht. Die dreischichtige Struktur bleibt im Rückenmark und in der Medulla oblongata erhalten. In anderen Regionen, insbesondere in der Großhirn- und in der Kleinhirnrinde, wandern einige Neuroblasten in die Marginalzone und bilden die corticale Platte, die zum Vielschichten-Cortex des adulten Zustandes reift.

Substrate für die neuronale Migration

Im Cortex und anderen Regionen des sich entwickelnden Gehirns ist die Migration (Wanderung) von Neuroblasten und Neuronen von **radialen Gliazellen** (Kap. 6) abhängig. Diese Zellen behalten während der Entwicklung Kontakt mit der Ventrikel- und der Piaoberfläche des Neuralrohres. Während die Wände des Neuralrohres bei anhaltender Zellteilung in der Ventrikularzone und der Akkumulation von Neuronen in der Intermediärzone und der corticalen Platte dicker werden, werden die radialen Gliazellen extrem verlängert. Aus detaillierten elektronenmikroskopischen Untersuchungen der Entwicklung des Großhirns und des Kleinhirns, haben Rakic und Kollegen geschlossen, daß sich die Neuronen entlang dieses Gerüstes aus radialen Gliazellen bewegen, um ihre richtigen Positionen im Cortex zu erreichen.[4,5] Weitere Beobachtungen von Goldowitz und Mullen[6,7] an Mäusemutanten und Experimente von Hatten und Mason[8,9] an Zellen in Kultur haben bestätigt, daß Neuronen entlang radialer Gliazellen auswandern. Dabei wurden Proteine identifiziert, die an diesem Prozeß beteiligt sind.

Die Bewegung entlang radialer Gliazellen ist nicht der einzige Mechanismus, durch den auswandernde Neuronen zu ihren endgültigen Bestimmungsorten geleitet werden. Viele Neuronen wandern durch Regionen des Zentralnervensystems, in denen es keine radialen Gliazellen gibt. Auf ähnliche Weise wandern im peripheren Nervensystem Zellen der Neuralleiste entlang von Bahnen, an denen es keine geordneten Gliastrukturen gibt.

4 Rakic, P. 1971. *J. Comp. Neurol.* 141: 283–312.
5 Rakic, P. 1972. *J. Comp. Neurol.* 145: 61–83.
6 Goldowitz, D. and Mullen, R. J. 1982. *J. Neurosci.* 2: 1474–1485.
7 Goldowitz, D. 1989. *Neuron* 2: 1565–1575.

Segmentale Entwicklung des Vertebraten-Rautenhirns

Im Gegensatz zum übrigen Vertebraten-Zentralnervensystem hat das Rautenhirn (Rhombencephalon) eine deutlich segmentierte Struktur. Nach ihrer Entstehung früh in der Entwicklung werden die Segmentgrenzen nicht mehr von den Zellen der sich ausbreitenden Klonen überschritten.[10] Es ist eine Art von Kompartimentierung, die der Segmentierung von Evertebraten-Nervensystemen gleicht. Es wurden mehrere Gene identifiziert, die auf einer frühen Entwicklungsstufe des Rautenhirns exprimiert werden und deren Expressionsmuster mit den segmentellen Grenzen korreliert (Abb. 3).[11,12] Viele dieser Gene enthalten eine **Homöobox-Domäne** ähnlich der, die man in homöotischen Regulatorgenen von *Drosophila* findet.[13,14] Mehrere Hinweise zeigen, daß homöotische Gene «Master»-Gene sind, die die Expression vieler anderer Gene während der Entwicklung steuern. Mutationen der homöotischen Gene bewirken z.B., daß bei *Drosophila* ein Körperteil von einem anderen ersetzt wird, es wachsen z.B. zusätzliche Beine an der Stelle, wo Antennen sein sollten. Homöotische Gene enthalten einen konservierten Strang DNA, **Homöobox** genannt. Die Homöobox codiert eine Sequenz aus 60 Aminosäuren, die in einer Reihe untergeordneter Gene spezifische DNA-Sequenzen erkennen und an sie binden. Jedes homöotische Gen koordiniert dabei die Expression einer Reihe von Genen, die zusammen die Struktur einer Region des *Drosophila*-Embryos bestimmen. Es ist reizvoll zu spekulieren, daß die Vertebraten-Homöoboxgene eine ähnliche Rolle spielen, und die Identität der Segmente des Rautenhirns bestimmen.

8 Hatten, M. E., Liem, R. K. H. and Mason, C. A. 1986. *J. Neurosci.* 6: 2675–2683.
9 Edmondson, J. C. et al. 1988. *J. Cell Biol.* 106: 505–517.
10 Fraser, S., Keynes, R. and Lumsden, A. 1990. *Nature* 344: 431–435.
11 Keynes, R. and Lumsden, A. 1990. *Neuron* 2: 1–9.
12 Wilkinson, D. G. and Krumlauf, R. 1990. *Trends Neurosci.* 13: 335–339.
13 Akam, M. 1989. *Cell* 57: 347–349.
14 DeRobertis, E. M., Oliver, G. and Wright, C. V. E. 1990. *Sci. Am.* 263(7): 46–52.

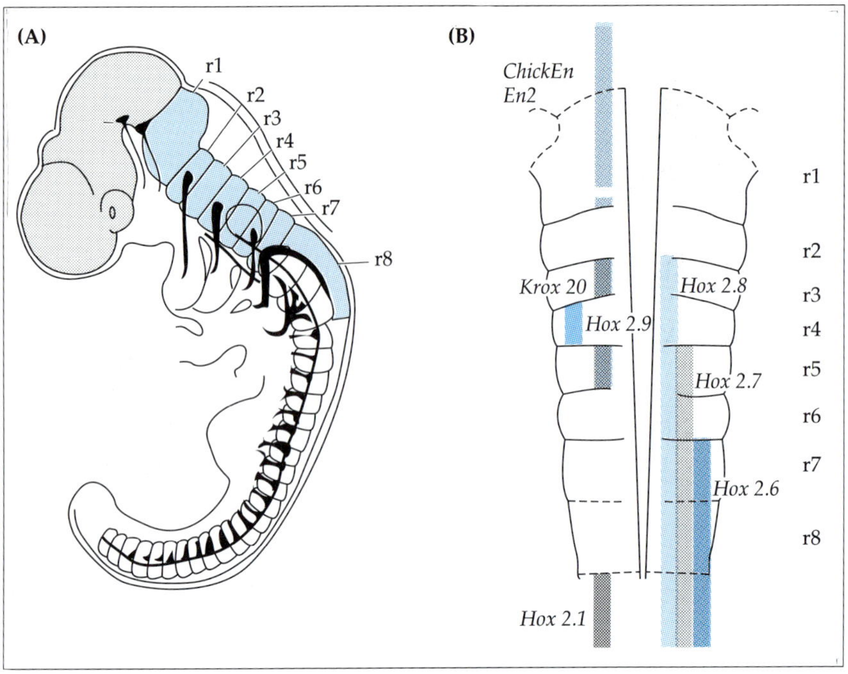

Abb. 3: **Segmentelle Expression von Homöoboxgenen** im Rautenhirn eines Vertebratenembryos. (A) Zeichnung eines 3 Tage alten Hühnerembryos, die die segmentelle Anordnung der Rhombomeren im Rautenhirn und der Somiten längs des Rückenmarks zeigt. (B) Nachdem die Rhombomeren abgeschnürt sind, werden die Homöobox-Gene (als Hox, Krox, Chicken und En2 bekannt) in segmentspezifischen Mustern exprimiert. Daten vom Huhn und von der Maus (nach Keynes und Lumsden, 1990).

Regulation der neuronalen Entwicklung

Mit neuroanatomischen Methoden wurde gezeigt, daß die Formen und Größen der Neuronen im Zentralnervensystem überraschend stereotyp sind. Biochemische, physiologische und immunologische Methoden haben eine Vielfalt neuronaler Phänotypen offenbart. Wie erhalten Neuronen ihre Identität? Verschiedene experimentelle Ansätze zeigen, daß das Schicksal vieler Neuronen durch die Wechselwirkung mit anderen Zellen bestimmt wird, während die Zellherkunft die Phänotypen eines sich entwickelnden Neurons spezifizieren oder beschränken kann – besonders bei niederen Evertebraten.

Zellabstammung und induktive Wechselwirkungen in einfachen Nervensystemen

Die Zellentwicklung kann am leichtesten bei einfachen Invertebraten wie Blutegel[15], Heuschrecke[16], Fruchtfliege[17] oder dem winzigen Nematoden *Caenorhabditis elegans* verfolgt werden, der nur etwa 300 Neuronen enthält.[18] Bei diesen Präparaten kann man die Entwicklung Zelle für Zelle verfolgen und die Expression von Merkmalen wie Membraneigenschaften, Transmittern, Axonwachstum und Verzweigungsmustern untersuchen. Der Embryo von *C. elegans* ist so klein und transparent, daß jedes Neuron identifiziert und unter dem Mikroskop verfolgt werden kann. Untersuchungen von Brenner, Horvitz, Sulston, White und Kollegen haben gezeigt, daß die Entwicklung des Nervensystems von *C. elegans* so invariant ist, daß Reihenfolge und Muster der Zellteilung jeder Vorläuferzelle vorhergesagt werden kann. Laserstrahlen können benutzt werden, um einzelne Zellen abzutöten und so zu bestimmen, wie der Werdegang der umliegenden Zellen verändert wird. In vielen Fällen ignorieren die überlebenden Zellen den Verlust ihres Nachbarn. Ihr Schicksal wird von einem autonomen, zellherkunftsabhängigen Mechanismus bestimmt. In einigen Fällen wird das Schicksal der überlebenden Zellen jedoch verändert. D.h. selbst bei Tieren mit fester, stereotyper Zellgeschichte können induktive Wechselwirkungen zwischen den Zellen ihren Werdegang regulieren. In einer bekannten und treffenden Analogie hat Sidney Brenner das Zellschicksal als durch den europäischen oder den amerikanischen Plan bestimmt charakterisiert: Beim europäischen Plan wird die Frage, wer man ist (als ein Neuron), durch die Abstammung bestimmt, beim amerikanischen Plan durch die Nachbarn.

Die Musterentwicklung der Komplexaugen von *Drosophila* liefert ein weiteres System, bei dem man einzelne Zellen durch direkte Beobachtung identifizieren kann.[19,20] Die *Drosophila*-Genetik bietet eine besonders

15 Stent, G. S. and Weisblat, D. 1982. *Sci. Am.* 246(1): 136–146.
16 Goodman, C. S. and Spitzer, N. C. 1979. *Nature* 280: 208–214.
17 Rubin, G. M. 1989. *Cell* 57: 519–520.
18 Horvitz, H. R. 1982. *In* J. G. Nicholls (ed.). *Repair and Regeneration of the Nervous System.* Springer–Verlag, New York, pp. 41–55.

19 Ready, D. F., Handson, T. E. and Benzer, S. 1976. *Dev. Biol.* 53: 217–240.
20 Tomlinson, A. and Ready, D. F. 1987. *Dev. Biol.* 120: 366–376.

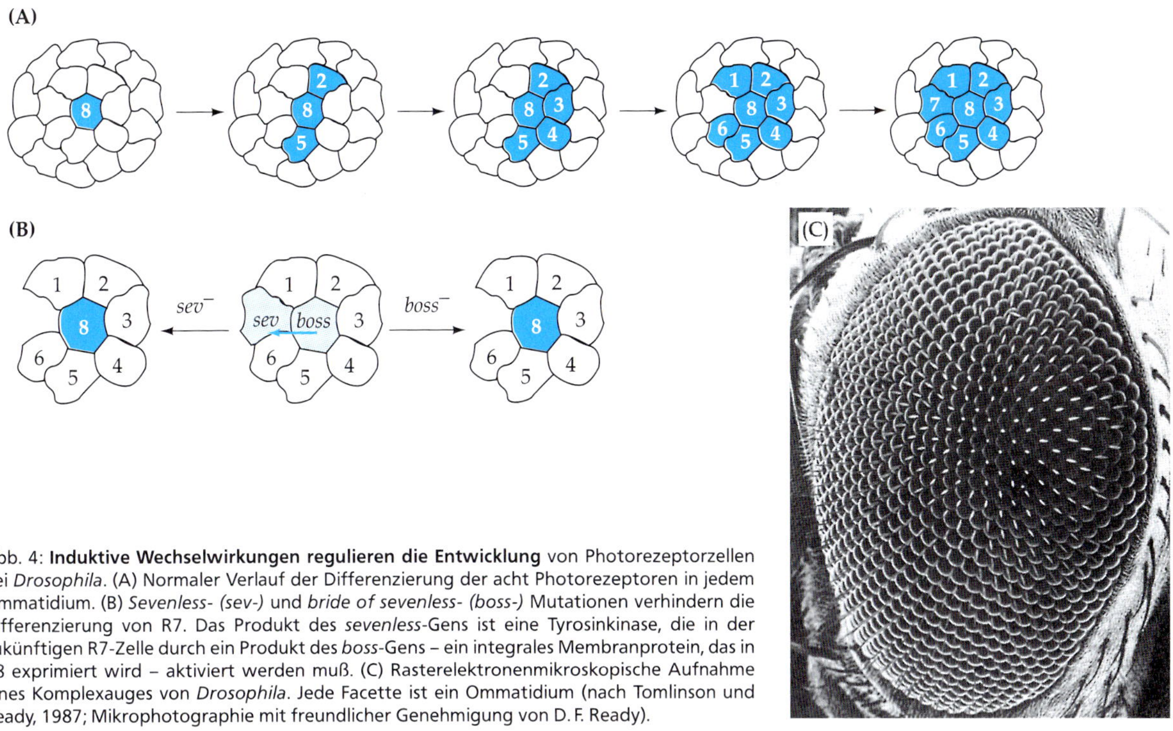

Abb. 4: **Induktive Wechselwirkungen regulieren die Entwicklung** von Photorezeptorzellen bei *Drosophila.* (A) Normaler Verlauf der Differenzierung der acht Photorezeptoren in jedem Ommatidium. (B) *Sevenless- (sev-)* und *bride of sevenless- (boss-)* Mutationen verhindern die Differenzierung von R7. Das Produkt des *sevenless*-Gens ist eine Tyrosinkinase, die in der zukünftigen R7-Zelle durch ein Produkt des *boss*-Gens – ein integrales Membranprotein, das in R8 exprimiert wird – aktiviert werden muß. (C) Rasterelektronenmikroskopische Aufnahme eines Komplexauges von *Drosophila*. Jede Facette ist ein Ommatidium (nach Tomlinson und Ready, 1987; Mikrophotographie mit freundlicher Genehmigung von D. F. Ready).

effektive Methode, um die Wirkungen von Abstammung und Umgebungsmerkmalen auf die neuronale Differenzierung zu testen. Es wurden Mutanten isoliert, die einen bestimmten Zelltyp nicht besitzen, oder bei denen das Differenzierungsmuster auf subtile Art gestört ist. Dann wurden die Wirkungen auf das Schicksal der überlebenden Zellen bestimmt. Diese Techniken wurden in Experimenten von Benzer, Ready, Rubin, Tomlinson, Zipursky und Kollegen eingesetzt, um die Differenzierung von Neuronen und Stützzellen im Auge zu untersuchen.[21,22]

Das Auge einer adulten *Drosophila* (Abb. 4) besteht aus einem kristallinen Feld sich wiederholender Einheiten, den **Ommatidien**, von denen jedes aus acht Photorezeptoren (R1 – R8) und mehreren unterschiedlichen Stützzellen zusammengesetzt ist. Die erste Zelle, die sich in jedem Ommatidium zu differenzieren beginnt, ist die Photorezeptorzelle R8. Die R8-Zellen erscheinen willkürlich im Neuroepithel verteilt, aber wenn sich eine R8-Zelle zu differenzieren beginnt, hindert sie jede Nachbarzelle daran, eine R8-Zelle zu werden. R2 und R5 treten als nächste in Erscheinung, dann R3 und R4, R1 und R6 und zum Schluß R7. Das Erscheinen von R7 wurde besonders gut untersucht. Es beruht auf einer Wechselwirkung mit R8. Die Isolierung von Mutanten, denen R7 fehlt, und Untersuchungen genetischer Mosaike haben zur Identifizierung eines Rezeptorproteins geführt, das Tyrosinkinase-Aktivität in der zukünftigen R7-Zelle (dem Produkt des *sevenless*-Gens) aufweist, die durch ein integrales Membranprotein in der R8-Zelle (codiert durch das *boss-, b*ride of sevenl*ess*-Gen) aktiviert werden muß, damit sich die R7-Zelle entwickelt. Diese und weitere Untersuchungen an *Drosophila* und der Heuschrecke stützen die Vorstellung, daß zellspezifische, induktive Wechselwirkungen für die Bestimmung der Identität einzelner Neuronen von Bedeutung sind.

Ein alternativer Ansatz besteht darin, einzelne Zellen zu markieren und zu sehen, welche Art von Nachkommen sie erzeugen. Diese Analysemethode wurde von Weisblat, Stent und Kollegen eingeführt und ursprünglich dazu benutzt, das Schicksal der Zellen in Blutegel[23]- und Frosch[24]-Embryonen durch Injektion des Enzyms Meerrettichperoxidase (HRP, horseradish peroxidase) in einzelne Zellen zu verfolgen, wobei die Embryonen nach Fortgang der Entwicklung gefärbt wurden, um die Zellen sichtbar zu machen, die das Enzym enthielten (Kap. 13). Es wurden fluoreszenzmarkierte Tracer entwickelt, mit denen man die Zellgeschichte im lebenden Embryo verfolgen kann.[25] Ein besonders günstiges Vertebratenpräparat für Entwicklungsstudien ist der Zebrafisch, der als erstes von Streisinger und Kollegen in die Neurobio-

---

21 Lawrence, P. A. and Tomlinson, A. 1991. *Nature* 352: 193.
22 Kramer, H., Cagan, R. L. and Zipursky, S. L. 1991. *Nature* 352: 207–212.

23 Weisblat, D. 1981. *In* K. J. Muller, J. G. Nicholls and G. S. Stent (eds.). *Neurobiology of the Leech.* Cold Spring Harbor Laboratory, Cold Spring Harbor, NY, pp. 173–195.
24 Jacobson, M. and Hirose, G. 1981. *J. Neurosci.* 1: 271–284.
25 Bronner-Fraser, M. and Fraser, S. E. 1988. *Nature* 335: 161–164.

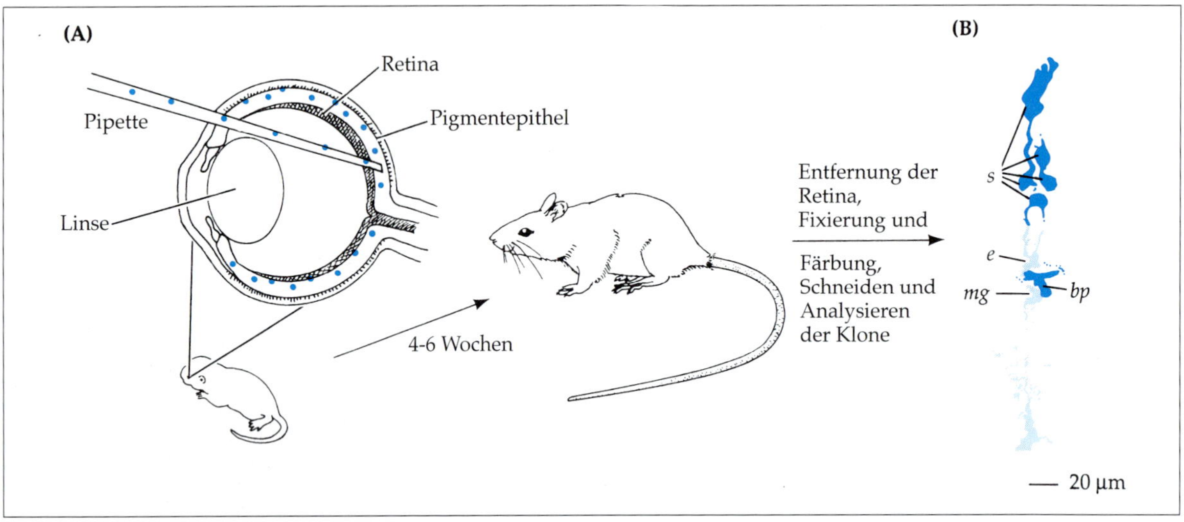

Abb. 5: **Markierung von Zellklonen** durch Injektion von retroviralen Markern in Vorläuferzellen der Rattenretina. (A) Ein Retrovirus, der für β-Galaktosidase codiert, wird früh in der Entwicklung ins Auge zwischen die Retina und das Pigmentepithel injiziert, wodurch einige retinale Vorläuferzellen infiziert werden. Die Färbung der adulten Retina mit einer histochemischen Reaktion auf β-Galaktosidase liefert Cluster aus markierten Zellen. Die Zellen jedes Clusters sind die Nachkommen einer einzigen Vorläuferzelle. (B) Camera lucida-Zeichnung eines Klons, der aus fünf Stäbchen (s), einer Bipolarzelle (bp), die an die Endigung eines Stäbchens (e) grenzt, und einer Müller-Gliazelle (mg) besteht (nach Turner und Cepko, 1987).

logie eingeführt wurde.[26–29] Der Zebrafisch-Embryo ist transparent, wodurch eine direkte Beobachtung einzelner Zellen über die gesamte Embryogenese möglich ist, die Entwicklung ist schnell (befruchtetes Ei bis zum Schlüpfen: 3 Tage), und der Lebenszyklus ist hinreichend kurz (3–4 Monate), um die Anwendung genetischer Methoden zu erlauben.

Zellentwicklung im Säuger-ZNS

Im sich entwickelnden Zentralnervensystem von Säugern, wo die bloßen Anzahlen oft eine direkte Beobachtung einzelner identifizierter Zellen verhindern, ist die Analyse der Zellgeschichte viel komplexer. Eine Methode, die dieses Hindernis umgeht, besteht darin, die Entwicklung genetisch markierter Zellen in embryonalen und adulten Chimären zu verfolgen.[30] Eine andere besteht darin, speziell konstruierte Viren in das ZNS sich entwickelnder Tiere zu injizieren[31,32] (Abb. 5). Diese Viren sind so konstruiert, daß sie dauerhaft in die Chromosomen der Wirtszelle inkorporiert werden, sich während der Zellteilung replizieren und daher an die Nachkommen dieser Zelle weitergegeben werden. Auf diese Weise wird das Signal, das der Virus trägt, während aufeinanderfolgender Zellteilungen nicht verdünnt, wie z.B. bei Markern wie HRP. Die Anwesenheit des Virus kann bei jedem Schritt durch eine histochemische Reaktion auf ein Enzym, das er codiert, nachgewiesen werden. Angenommen die Anzahl der infizierten Zellen ist sehr gering, so kann man daraus schließen, daß die kleine Gruppe gefärbter Zellen, die man später in der Entwicklung findet, die Nachkommen einer einzigen infizierten Elternzelle repräsentiert.

Wenn man diese Techniken zur Untersuchung der Entwicklung des Säugercortex und der -retina, des Hühnertectums und der Froschretina einsetzt, sieht man, daß eine einzige neuronale Vorläuferzelle oft unterschiedliche neuronale Phänotypen als Nachkommen hat.[33] Es gibt keinen Hinweis darauf, daß bestimmte Vorläuferzellen ganz bestimmte Neuronentypen erzeugen. Diese Ergebnisse zeigen die Bedeutung der Wechselwirkungen zwischen den postmitotischen Neuronen und ihrer Umgebung bei der Bestimmung des Werdegangs der Zelle. Wenn Tracer in einzelne neuronale Vorläuferzellen des Vertebraten-Rhombencephalons injiziert werden, findet man andererseits, daß die Mehrheit der Klone einen einzigen neuronalen Phänotyp enthalten.[34] Im Rautenhirn ist das Schicksal der Zellen demnach offensichtlich zu einem früheren Zeitpunkt Restriktionen unterworfen. Die Ergebnisse bezüglich der Vorfahren, aus denen sowohl Gliazellen als auch Neuronen entstehen, sind unterschiedlich.[35] In der Retina enthalten die Klone häufig eine Gliazelle und ein oder mehrere Neuronen, was anzeigt, daß die Identität einer Zelle als Neuron oder Glia-

26 Streisinger, G. et al. 1981. *Nature* 291: 293–296.
27 Kimmel, C. B. and Warga, R. M. 1988. *Trends Genet.* 4: 68–74.
28 Chitnis, A. B. and Kuwada, J. Y. 1991. *Neuron* 7: 277–285.
29 Westerfield, M. et al. 1990. *Neuron* 4: 867–874.
30 Rossant, J. 1985. *Philos. Trans. R. Soc. Lond. B* 312: 91–100.
31 Turner, D. L. and Cepko, C. L. 1987. *Nature* 328: 131–136.
32 Luskin, M. B., Pearlman, A. L. and Sanes, J. R. 1988. *Neuron* 1: 635–647.
33 McConnell, S. K. 1991. *Annu. Rev. Neurosci.* 14: 269–300.
34 Lumsden, A. 1991. *Philos. Trans. R. Soc. Lond. B* 331: 281–286.
35 Sanes, J. R. 1989. *Trends Neurosci.* 12: 21–28.

Abb. 6: **Neurogenese des primären visuellen Cortex** der Katze. (A) Autoradiogramme von Schnitten des visuellen Cortex adulter Tiere, in den am embryonalen Tag 33 (E33) oder 56 (E56) [3H]-Thymidin injiziert wurde. Hellfeld-mikroskopische Aufnahmen derselben Schnitte, mit Cresyl-Violett gefärbt, die zeigen, daß stark markierte Zellen nach der E33-Injektion in Schicht 6 und nach der E56-Injektion in den Schichten 2 und 3 lokalisiert sind. (B) Die Histogramme zeigen die Verteilung der Zellen, die an verschiedenen Tagen zwischen E30 und E56 markiert wurden. Sie illustrieren das von innen nach außen verlaufende Muster der Neurogenese im visuellen Cortex (nach Luskin und Shatz, 1985; Mikrophotographie mit freundlicher Genehmigung von M. B. Luskin).

(A)

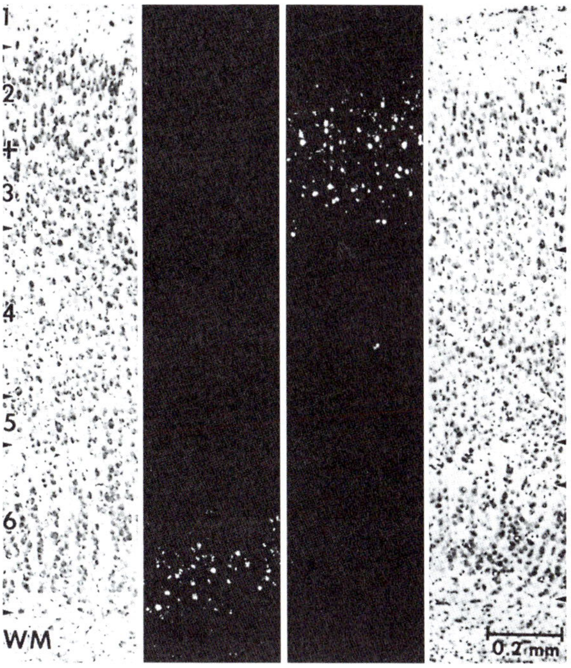

(B)

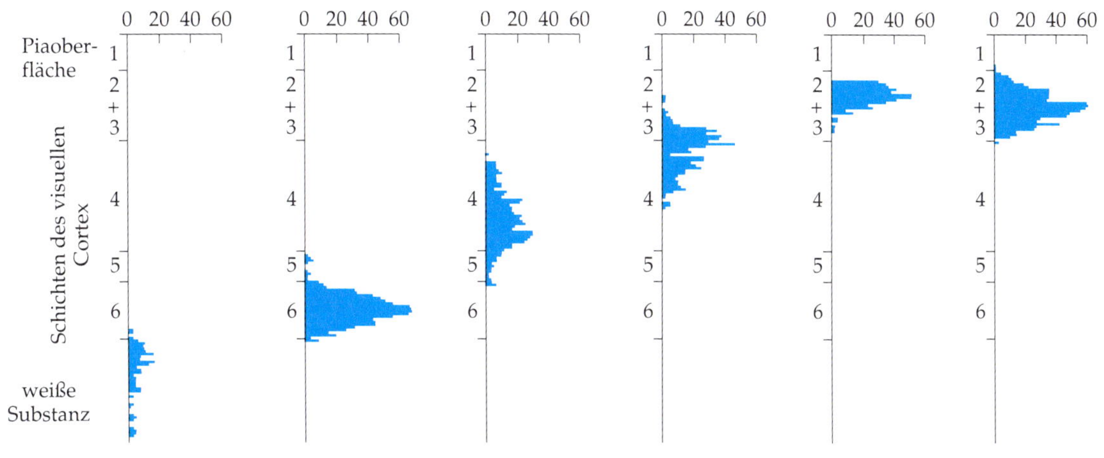

zelle erst bei oder nach der letzten Teilung bestimmt wird. Im Gegensatz dazu sind in der Großhirnrinde von Nagetieren Klone, die sowohl Neuronen als auch Gliazellen enthalten, selten, was nahelegt, daß in der corticalen Ventrikularzone getrennte Populationen von Neuroblasten und Glioblasten vorhanden sind. Die Gliazellentwicklung und die Faktoren, die die Gliazelldifferenzierung regulieren, werden in Kap. 6 diskutiert.

Zusammengefaßt, im Nervensystem einfacher Organismen limitiert die Herkunft einer Zelle ihr Entwicklungspotential. Der Werdegang einiger Zellen ist vorherbestimmt (z.B. die Sinneszellen der Blutegelganglien, s. Kap. 13), während andere – abhängig von zeitlichen und räumlichen Gegebenheiten – mehrere Möglichkeiten zu haben scheinen. Im Zentralnervensystem komplexerer Organismen sind induktive Wechselwirkungen zwischen Zellen von überragender Bedeutung für die Festlegung des Zellschicksals.[33]

Die Beziehung zwischen neuronalem Geburtstag und Zellentwicklung

Die Entwicklung der riesigen Anzahl von Neuronen, die das Zentralnervensystem der Säuger bilden, dauert viele Wochen. Beeinflußt der Zeitpunkt, zu dem das zukünftige Neuron seine Teilung beendet und von der Ventrikularzone wegwandert, seinen Werdegang? Diese

Frage kann man angehen, indem man die Neuronen, die postmitotisch oder «geboren» werden, zu einer bestimmten Zeit mit einem markierten DNA-Vorläufer behandelt.[36] Wenn während der Entwicklung [^{3}H]-Thymidin intrauterin oder intravenös injiziert wird, wird die Markierung aufgenommen und in die DNA der Zellen inkorporiert, die sich zu diesem Zeitpunkt gerade teilen. Wenn sich die markierten Zellen nach der Injektion weiterteilen, wie es für neuronale Vorläuferzellen in der Ventrikularzone und für Gliazellen der Fall ist, wird die Markierung während der folgenden DNA-Synthese-Runden verdünnt. Die Neuronen jedoch, die während der Injektion geboren werden und aus der Ventrikularzone auswandern, bleiben stark markiert, da sie für immer postmitotisch sind. Man kann also die Endverteilung der Neuronen, die an einem bestimmten Tag geboren werden, dadurch sichtbar machen, daß man an diesem Tag einen [^{3}H]-Thymidin-Puls in den Embryo injiziert, die Entwicklung weiterlaufen läßt und das Nervensystem später autoradiographisch nach markierten Zellen durchsucht.

Mit Hilfe dieser Technik konnte gezeigt werden, daß zwischen dem Zeitpunkt, an dem ein Neuron geboren wird, und seiner Endposition im adulten Säuger-ZNS eine systematische Beziehung besteht.[37,38] Diese Beziehung sieht man deutlich in der Großhirnrinde, wo die Entwicklung von innen nach außen voranschreitet (Abb. 6). Die Neuronen der tiefsten corticalen Schichten werden zuerst geboren. Die Neuronen der äußeren Schichten werden später geboren und wandern zwischen den Zellen der tieferen Schichten hindurch, um ihre Endposition im Cortex einzunehmen. Eine ähnliche Beziehung zwischen dem Zeitpunkt der Geburt und der Endposition eines Neurons findet man im gesamten ZNS, obwohl sich nicht alle Regionen wie die Großhirnrinde von innen nach außen entwickeln.

In Experimenten an sich entwickelnden Frettchen wurde mit großer Präzision der Zeitpunkt bestimmt, zu dem festgelegt wird, welche spezielle Position ein corticales Neuron später einnimmt.[39] Zellen in der Ventrikularzone junger Embryonen, u.a. embryonale, corticale Neuronenvorläufer, die dazu bestimmt waren, Neuronen der Schichten 5 und 6 zu bilden, wurden in die Ventrikularzone älterer Wirte inmitten von Zellen transplantiert, welche zur Bildung der Schichten 2 und 3 bestimmt waren. Vorläuferzellen, die während der S-Phase des Zellzyklus transplantiert wurden (wenn die DNA-Synthese stattfindet), wurden entspezifiziert und bildeten Neuronen für die Schichten 2 und 3. Wenn die transplantierten Zellen jedoch Vorläufer in einem späten Stadium des Zellzyklus oder postmitotische Neuronen waren, die noch nicht aus der Ventrikularzone ausgewandert waren, behielten sie ihre ursprüngliche Identität, wanderten in Schicht 6 und bildeten ihrem Geburtstag entsprechende Verbindungen.

36 Angevine, J. B. and Sidman, R. L. 1961. *Nature* 192: 766–768.
37 Rakic, P. 1974. *Science* 183: 425–427.
38 Luskin, M. B. and Shatz, C. J. 1985. *J. Comp. Neurol.* 242: 611–631.
39 McConnell, S. K. 1989. *Trends Neurosci.* 12: 342–349.

Auch andere charakteristische Eigenschaften der Identität und der Verbindungen eines corticalen Neurons werden um die Zeit herum bestimmt, in der es geboren wird, und können unabhängig von der Position exprimiert werden. Beispielsweise wandern die Neuronen einer Mäusemutante mit Namen *reeler* im sich entwickelnden Cortex nicht aneinander vorbei.[40] Deshalb sind ihre relativen Positionen im adulten Tier invertiert: Die zuerst geborenen Neuronen enden in den oberen Schichten, die später geborenen in tieferen Schichten. Trotz ihrer abweichenden Positionen erhalten die deplazierten Neuronen ein morphologisches Erscheinungsbild und Verbindungen, die ihrer Geburtszeit entsprechen.

Einfluß lokaler Gegebenheiten auf die Cortexarchitektur

Nicht alle Eigenschaften eines corticalen Neurons werden zum Zeitpunkt seiner Geburt bestimmt. Experimente, bei denen Stücke der sich entwickelnden Großhirnrinde an andere Stellen des Großhirns transplantiert wurden, zeigen, daß lokale Einflüsse Eigenschaften des Phänotyps corticaler Neuronen bestimmen können.[41–43] Wenn z.B. ein Stück des visuellen Cortex in das Tasthaarareal des somatosensorischen Cortex einer Ratte transplantiert wird, nimmt das transplantierte Cortexstück entsprechend seiner neuen Position Barrelstruktur an (Kap. 14 und 18), ein Phänotyp, den es im visuellen Cortex nicht gibt.

Kontrolle des neuronalen Phänotyps im peripheren Nervensystem

Wie fest sind die Eigenschaften von Neuronen vorgegeben, die von einem bestimmten Vorläufer im peripheren Nervensystem von Vertebraten-Embryonen abstammen? Sind alle Nachkommen dazu bestimmt, Zellen mit spezifischen Eigenschaften zu bilden, z.B. autonom und nicht sensorisch zu sein, oder Acetylcholin als Transmitter freizusetzen und nicht Noradrenalin? Kann der Transmitter, den eine Zelle freisetzt, durch unterschiedliche Einflüsse verändert werden? Diese Fragen wurden von Le Douarin, Weston und anderen am Nervensystem des Huhns und der Wachtel untersucht.[44–46] Ein Großteil des peripheren Nervensystems von Vertebraten bildet sich aus der Neuralleiste, der Zellsäule, die früh in der Entwicklung zwischen dem Neuralrohr und dem dar-

40 Caviness, V. S., Jr. 1982. *Dev. Brain Res.* 4: 293–302.
41 Stanfield, B. B. and O'Leary, D. D. M. 1985. *Nature* 298: 371–373.
42 O'Leary, D. D. M. and Stanfield, B. B. 1989. *J. Neurosci.* 9: 2230–2246.
43 Schlaggar, B. L. and O'Leary, D. D. M. 1991. *Science* 252: 1556–1560.
44 Weston, J. 1970. *Adv. Morphog.* 8: 41–114.
45 Le Douarin, N. M. 1986. *Science* 231: 1515–1522.
46 Le Douarin, N. M. 1982. *The Neural Crest.* Cambridge University Press, Cambridge, England.

überliegenden Ektoderm entsteht. Bei normalen Embryonen entwickeln sich aus den Zellen der Neuralleiste schließlich mehrere Zelltypen, darunter Hinterwurzel- und autonome Ganglienzellen. Verschiedene Regionen der Neuralleiste entwickeln sich zu verschiedenen Ganglien und Neuronen mit unterschiedlichen Transmittern. Le Douarin transplantierte Zellen aus einer Region der Neuralleiste eines Wachtelembryos in dieselbe oder eine andere Region eines Hühnerembryowirtes (Abb. 7) und verfolgte dann den Werdegang der transplantierten Zellen auf der Basis eindeutiger cytologischer Unterschiede zwischen Wachtel- und Hühnerzellen. Nach der Transplantation waren die Wachtelzellen in der Lage, Strukturen zu innervieren, die sie normalerweise niemals versorgen würden. Beispielsweise konnten Zellen, die aus einer Region entfernt wurden, die normalerweise zu den Nebennieren wird, statt dessen den Darm innervieren.[47] Vorausgesetzt, sie werden zu einem genügend frühen Zeitpunkt transplantiert, können die Zellen einen neuen Transmitter, wie z.B. ACh anstelle von Noradrenalin, bilden. Später sind die Zellen festgelegt und verlieren ihre Fähigkeit, sich in einer durch ihre Umwelt bestimmte Weise zu differenzieren. In einigen Fällen tritt eine solche Veränderung während des normalen Entwicklungsverlaufs auf. Zum Beispiel gibt es Belege dafür, daß sympathische Neuronen, die die Schweißdrüsen innervieren, zunächst Noradrenalin synthetisieren. Während der zweiten oder dritten Woche der postnatalen Entwicklung wird aber dann durch Faktoren, die mit ihrem Ziel zusammenhängen, eine Umstellung auf die Synthese von ACh induziert.[48]

Obwohl die genaue Rolle, die die Zielgewebe bei der Bestimmung des Werdegangs der Neuralleistenzellen spielen, noch nicht bekannt ist, haben Ergebnisse aus Experimenten an Zellen sympathischer Ganglien in Kultur zur Identifizierung von Faktoren geführt, die die Transmitterwahl der aus der Neuralleiste stammenden Zellen beeinflussen können. Wenn Neuronen aus den oberen Cervicalganglien neugeborener Ratten dissoziiert werden, und in Abwesenheit anderer Zelltypen in Zellkultur wachsen, enthalten alle Tyrosin-Hydroxylase und synthetisieren und speichern Catecholamine.[49] Wenn die Zellen jedoch in Anwesenheit bestimmter nichtneuronaler Zellen, wie Herz- oder Muskelzellen (oder in einem Medium aus solchen Zellen), gehalten werden, hören sie auf, Catecholamine zu synthetisieren, und bilden statt dessen Cholinacetyltransferase und ACh.[50,51] Um eindeutig sicherzustellen, daß diese Veränderungen in einzelnen Zellen auftreten, wurden einzelne Neuronen auf Mikroinseln aus Herzzellen[52] kultiviert (Abb. 8). Die Neuronen sandten schnell Axone aus und bildeten synaptische Kontakte mit den Herzzellen. Zunächst waren diese Synapsen adrenerg. Im Laufe der nächsten Tage begannen die Neuronen jedoch, beide Transmitter, Noradrenalin und ACh, auszuschütten und wurden schließ-

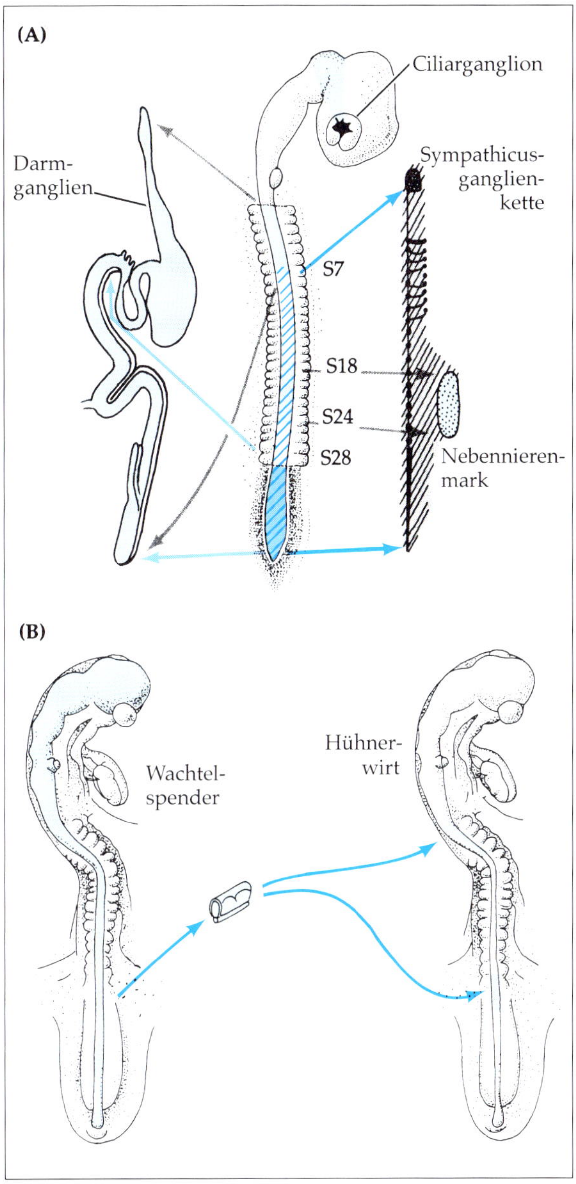

Abb. 7: **Die Entwicklung einer Neuralleistenzelle** wird durch Leitsignale der Umgebung bestimmt. (A) Aus Neuralleistenzellen entwickelt sich eine Reihe von peripheren Ganglien. Das Ciliarganglion wird aus Neuralleistenzellen des Mesencephalons gebildet. Das Remak-Ganglion und die Darmganglien werden aus Zellen der Vagus- (Somiten 1–7) und der lumbosacralen (caudal bis S28) Regionen der Neuralleiste gebildet. Die Ganglien des Sympathicus stammen von allen Regionen der Neuralleiste caudal von S5. Das Nebennierenmark wird von Neuralleistenzellen aus S18 – S24 besetzt. (B) Wenn die Neuralleistenzellen aus S18 – S24, die dazu bestimmt sind, das Nebennierenmark zu bilden, vom Wachtelspender in die Vagus- oder Lumbrosacralregion eines Hühnerembryowirtes transplantiert werden, passen sie ihren Werdegang der neuen Umgebung an, und besetzen die Remak- und die Darmganglien (nach Le Douarin, 1986).

47 Le Douarin, N. M. 1980. *Nature* 286: 663–669.
48 Landis, S. C. 1990. *Trends Neurosci.* 13: 344–350.
49 Mains, R. E. and Patterson, P. H. 1973. *J. Cell Biol.* 59: 329–345.
50 Patterson, P. H. and Chun, L. L. Y. 1974. *Proc. Natl. Acad. Sci. USA* 71: 3607–3610.
51 Patterson, P. H. and Chun, L. L. Y. 1977. *Dev. Biol.* 56: 263–280.
52 Furshpan, E. J. et al. 1976. *Proc. Natl. Acad. Sci. USA* 73: 4225–4229.

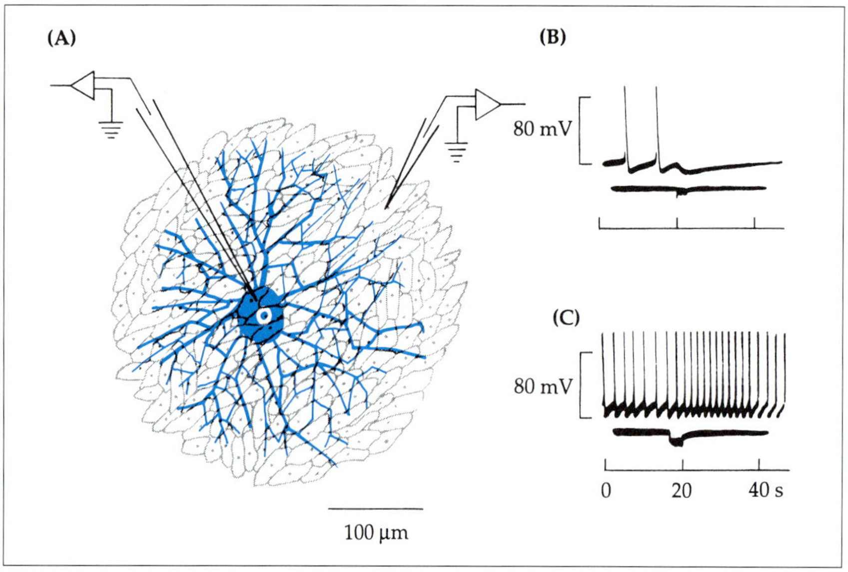

Abb. 8: **Einzelne Neuronen aus sympathischen Ganglien** können sowohl Acetylcholin, als auch Noradrenalin an Synapsen auf Herzzellen in Kultur ausschütten. (A) Einzelnes sympathisches Neuron, gewachsen auf einer Insel aus Herzmuskelzellen. (B) Eine kurze Impulssalve des Neurons (10 Hz, Auslenkung der unteren Spur) erzeugt eine Hemmung der spontanen Muskelzellaktivität (obere Spur). (C) Zugabe von Atropin (10^{-7} *M*) blockiert die inhibitorische cholinerge Antwort. Übrig bleibt die exzitatorische Wirkung, die auf der Noradrenalinausschüttung beruht (nach Furshpan et al., 1976).

lich cholinerg. Ein Faktor, der die cholinerge Differenzierung der sympathischen Neuronen induziert, wurde aus einem herzzellenhaltigen Medium gereinigt, charakterisiert und kloniert.[53] Er ist identisch zu einem Protein, das früher auf Grund seiner Fähigkeit charakterisiert wurde, die Differenzierung von Zellen des Immunsystems zu induzieren. Mehrere andere Moleküle wurden identifiziert, die die ACh-Synthese in sympathischen Neuronen induzieren können.[54] Man fängt gerade an, die Rolle der verschiedenen Faktoren bei der Bestimmung des Transmitterphänotyps in vivo zu untersuchen.

Hormonale Kontrolle der Entwicklung

In einigen Regionen des Zentralnervensystems steht der Werdegang der Neuronen unter hormonaler Kontrolle. Dies ist besonders auffällig in Regionen, die dem unterschiedlichen Verhalten der Geschlechter dienen. Beim Nachtfalter *Manduca sexta* hat z.B. die olfaktorische Gehirnregion des Männchens ein spezielles «Subsystem» olfaktorischer Rezeptorzellen, ZNS-Neuronen und synaptischer Areale, die mit der Detektion der weiblichen Sexualpheromone zu tun haben.[55] Singvögel liefern ein anderes Beispiel.[56] Beim Kanarienvogel spielt der HVC-Kern (Hyperstriatum ventrale pars caudale) eine entscheidende Rolle beim Erwerb und der Beibehaltung des Gesangs – einer ausschließlich männlichen Verhaltensweise. Dieses Gehirnareal ist bei männlichen Tieren stärker entwickelt als bei weiblichen. Weibchen können jedoch durch Testosteron-Injektionen zum Singen gebracht werden. Der HVC-Kern und andere Strukturen, die mit der Gesangsproduktion zu tun haben, sind bei solchen androgenisierten Weibchen vergrößert. Bei Männchen ist der HVC-Kern saisonbedingten Schwankungen der Stoffwechselaktivität unterworfen, die von den Konzentrationsänderungen des zirkulierenden Testosterons abhängen und mit dem Zeitpunkt des Liederwerbs korrelieren.[57] Der HVC-Kern des adulten ZNS ist außerdem etwas besonderes, da in ihm ein saisonaler Neuronenauf- und Abbau stattfindet. Jeden Herbst werden neue Neuronen hinzugefügt, eine Zeit, in der die Testosteron-Konzentrationen nach einem Sommertief wieder anwachsen. Dies ist genau der Zeitpunkt, an dem die Männchen ihren Gesang für die nächste Brutsaison modifizieren.

Mechanismen des Auswachsens und der Leitung von Axonen

Nervenzellen haben Axone, die einen Meter oder länger sein können, um an einer bestimmten Stelle auf einer geeigneten Zelle Synapsen zu bilden – in einer Region, die mit anderen potentiellen Zielzellen angegefüllt ist. Wie während der Entwicklung solch präzise Verbindungen gebildet werden, hat die Neurobiologen lange fasziniert. Im ersten Viertel dieses Jahrhunderts wurden zwei Grundideen zur Spezifität entwickelt. Eine behauptete, daß Neuronen und ihre Ziele determiniert sind, so daß nur passende synaptische Verbindungen eingegangen werden.[58] Die andere Vorstellung bestand darin, daß die

53 Yamamori, T. et al. 1989. *Science* 246: 1412–1416.
54 Saadat, S., Sendtner, M. and Rohrer, H. 1989. *J. Cell Biol.* 108: 1807–1816.
55 Hishinuma, A. et al. 1988. *J. Neurosci.* 8: 296–307.
56 Nottebohm, F. 1989. *Sci. Am.* 260(2): 74–79.
57 Kirn, J. R., Alvarez-Buylla, A. and Nottebohm, F. 1991. *J. Neurosci.* 11: 1756–1762.
58 Langley, J. N. 1895. *J. Physiol.* 22: 215–230.

Verbindungen zunächst mehr oder weniger willkürlich hergestellt werden, und dann durch vom Ziel induzierte Spezifizierung der Neuronen, Eliminierung inkorrekter Synapsen oder Tod falsch verbundener Zellen aussortiert werden.[59] Die Idee, daß Neuronen selektiv passende Ziele innervieren können, wurde in den 40er und 50er Jahren durch Experimente von Stone,[60] Sperry[61,62] und Mitarbeitern aufgeworfen, die herausfanden, daß regenerierende Fasern eines durchtrennten Sehnervs beim Frosch oder Salamander zurück in die entsprechende Hirnregion wuchsen. Dort bildeten sie Synapsen, und schließlich konnten die Tiere wieder sehen. Wenn das Auge zum Zeitpunkt der Durchtrennung des Sehnervs um 180° gedreht wurde (Austausch von dorsal und ventral), verhielt sich der Frosch, nachdem der Nerv regeneriert war, als sehe er invertiert. Alle auf Gegenstände gerichteten Bewegungen – wenn der Frosch z.B. nach einer Fliege schnappte – waren um 180° gedreht. Bei einer Fliege, die sich über seinem Kopf befand, schnappte er nach unten und bekam nur einen Mund voll Staub für seine Anstrengung. Die einfachste Erklärung dieser und anderer Verhaltensexperimente war, daß Fasern von der invertierten Retina zurückwachsen und selektiv ihre ursprünglichen Zielneuronen im Tectum reinnervieren.

Die meisten experimentellen Daten unterstützen die Idee, daß das Axonwachstum selektiv ist,[63,64] obwohl das Verzweigungsmuster eines Axons in vielen Fällen zunächst viel ausgedehnter ist als im adulten Zustand, und das adulte Muster durch einen Reduktionsvorgang zustande kommt.[65–68] In einigen Fällen geht mit der Rückbildung ein Mechanismus zur Fehlerkorrektur einher,[68,69] in anderen Fällen erscheint die Reduktion als Strategie zur Herstellung von Bahnen[68,70] und zur Absicherung der adäquaten und kompletten Innervation eines Ziels durch eine entsprechende Neuronenpopulation (s.u.). Die Bedeutung der Aktivität bei der Rückbildung und der Umordnung der Verbindungen im visuellen Cortex der Säuger wird in Kap. 18 diskutiert.

Welche Mechanismen befähigen Neuronen, zu ihren Zielen zu wachsen? Eine Möglichkeit besteht darin, daß Axone durch mechanische Barrieren in dem Gewebe, durch das sie wachsen, auf den richtigen Bahnen gehalten werden. Solch ein passiver Leitmechanismus ist während der Regeneration peripherer Axone von Bedeutung, wo die regenerierenden Axone in Röhren der extrazellulären Matrix wachsen, die nach der Degeneration der ursprünglichen Axone zurückgeblieben sind (Kap. 12). Obwohl es einige Hinweise darauf gibt, daß mechanische Barrieren das Wachstum bestimmter Axone während der Entwicklung beeinflussen,[71] unterstützen die meisten Experimente die Vorstellung, daß die Axone aktiv zu ihren Zielen navigieren, indem sie chemische Faktoren ihrer Umgebung deuten. Was sind das für Merkmale und wo kommen sie her?

59 Weiss, P. 1936. *Biol. Rev.* 11: 494–531.
60 Stone, L. S. 1994. *Proc. Soc. Exp. Biol. Med.* 57: 13–14.
61 Sperry, R. W. 1963. *Proc. Natl. Acad. Sci. USA* 50: 703–710.
62 Sperry, R. W. 1943. *J. Exp. Zool.* 92: 236–279.
63 Stuermer, C. A. O. and Raymond, P. A. 1989. *J. Comp. Neurol.* 281: 630–640.
64 O'Rourke, N. A. and Fraser, S. E. 1990. *Neuron* 5: 159–171.
65 Innocenti, G. M. 1981. *Science* 212: 824–827.
66 O'Leary, D. D. M., Stanfield, B. B. and Cowan, W. M. 1981. *Dev. Brain Res.* 1: 607–617.
67 Ivy, G. O. and Killackey, H. P. 1982. *J. Neurosci.* 2: 735–743.
68 Cowan, W. M. et al. 1984. *Science* 225: 1258–1265.
69 Nakamura, H. and O'Leary, D. D. M. 1989. *J. Neurosci.* 9: 3776–3795.
70 O'Leary, D. D. M. and Terashima, T. 1988. *Neuron* 1: 901–910.

Wachstumskegel und Axonwachstum

Die Spitzen der wachsenden Axone breiten sich aus, um Wachstumskegel zu bilden. Ramón y Cajal hat als erster erkannt, daß der Wachstumskegel der Teil des Axons ist, der für die Navigation und die Verlängerung auf ein Ziel hin verantwortlich ist (Abb. 9). Bildfolgen des Zeitverlaufs, mit dem Wachstumskegel in Kultur von den Neuronen wegwachsen, zeigen eine beachtliche Aktivität.[72] Die Wachstumskegel strecken ständig breite membranöse Flächen, Lamellipodien genannt, mit dünnen stachelartigen Auswüchsen, den Filopodien, über Strecken im Bereich von 10 µm aus und ziehen sie wieder ein, so als würden sie das Substrat in alle Richtungen abtasten. Die Filopodien können am Substrat haften und den Wachstumskegel in ihre Richtung ziehen.

Bray, Reuter, Kater, Smith und Kollegen haben die Mechanismen untersucht, mit denen die Wachstumskegel kriechen, die Umgebung erkunden und Kraft auf ihre Axone ausüben, um sie nachzuziehen.[73,74] Bei der Bewegung des Wachstumskegels spielt Actin eine zentrale Rolle[72] (Abb. 10). Sowohl Lamellipodien als auch Filopodien enthalten viel filamentöses Actin. Substanzen, die die Actin-Polymerisierung verhindern, wie das Pilztoxin Cytochalasin B, immobilisieren die Wachstumskegel. Das Aussenden und Zurückziehen von Lamellipodien und Filopodien scheint durch zwei Mechanismen gesteuert zu werden: (1) Ständige Polymerisierung und Dissoziation von Actinfilamenten und (2) Translokation von Actinfilamenten vom vorauseilenden Ende des Wachstumskegels weg, angetrieben durch die Wechselwirkung mit Myosin. Beide Mechanismen können die Energie aus der ATP-Hydrolyse nutzbar machen, um Kraft zu erzeugen.

Wie beeinflussen Umgebungsfaktoren die Richtung des Axonwachstums? Es wird vermutet, daß Signalsubstanzen aus der Umgebung an Oberflächenrezeptoren binden und dadurch lokal die Aktivität der actinbindenden Proteine in den Wachstumskegeln modifizieren. Diese

71 Silver, J. and Sidman, R. S. 1980. *J. Comp. Neurol.* 189: 101–111.
72 Smith, S. J. 1988. *Science* 242: 708–715.
73 Bray, D. and Hollenbeck, P. J. 1988. *Annu. Rev. Cell Biol.* 4: 43–61.
74 Lankford, K., Cypher, C. and Letourneau, P. 1990. *Curr. Opin. Cell Biol.* 2: 80–85.

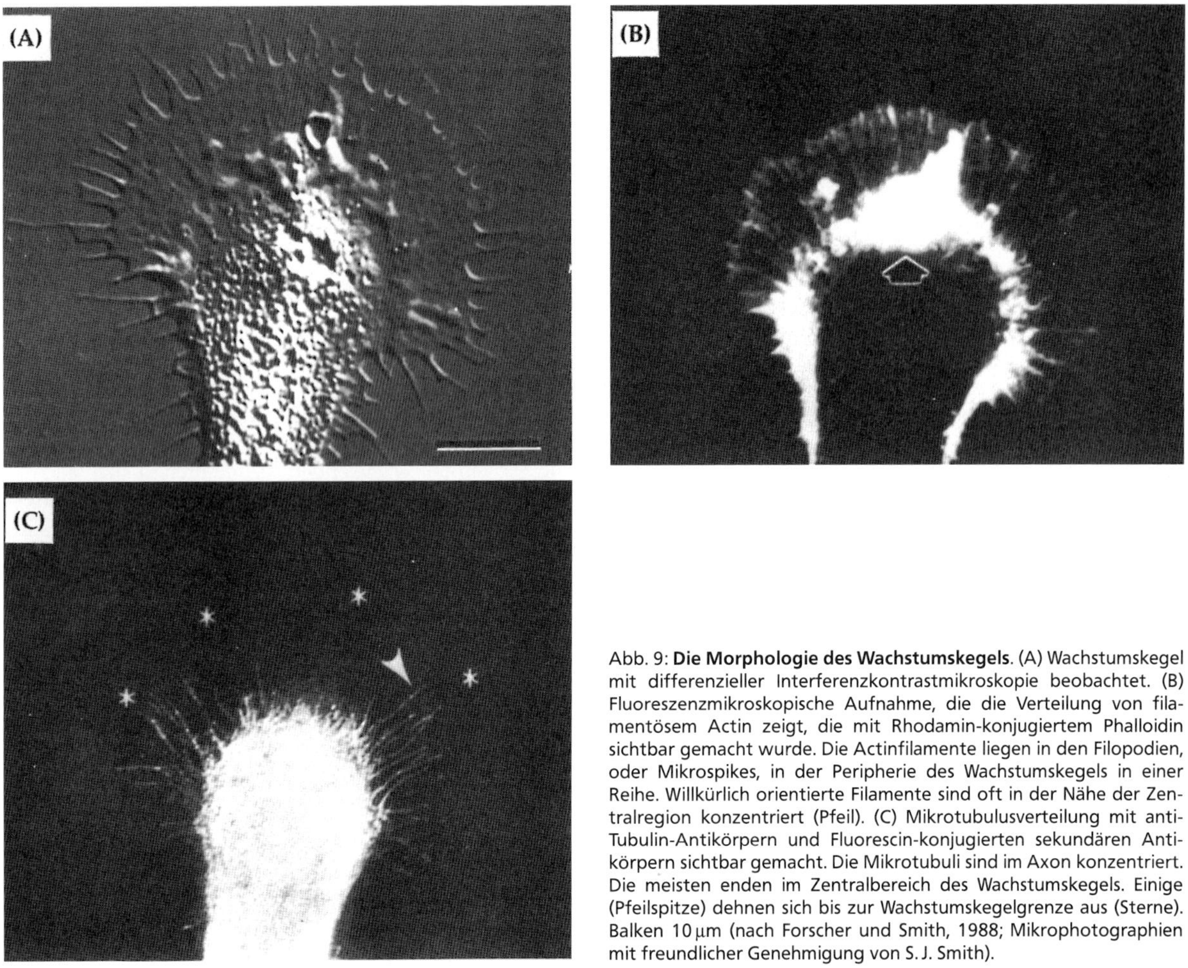

Abb. 9: **Die Morphologie des Wachstumskegels.** (A) Wachstumskegel mit differenzieller Interferenzkontrastmikroskopie beobachtet. (B) Fluoreszenzmikroskopische Aufnahme, die die Verteilung von filamentösem Actin zeigt, die mit Rhodamin-konjugiertem Phalloidin sichtbar gemacht wurde. Die Actinfilamente liegen in den Filopodien, oder Mikrospikes, in der Peripherie des Wachstumskegels in einer Reihe. Willkürlich orientierte Filamente sind oft in der Nähe der Zentralregion konzentriert (Pfeil). (C) Mikrotubulusverteilung mit anti-Tubulin-Antikörpern und Fluorescin-konjugierten sekundären Antikörpern sichtbar gemacht. Die Mikrotubuli sind im Axon konzentriert. Die meisten enden im Zentralbereich des Wachstumskegels. Einige (Pfeilspitze) dehnen sich bis zur Wachstumskegelgrenze aus (Sterne). Balken 10 µm (nach Forscher und Smith, 1988; Mikrophotographien mit freundlicher Genehmigung von S. J. Smith).

Proteine kontrollieren ihrerseits den Actin-Zyklus aus Polymerisierung und Depolymerisierung und die Wechselwirkung der Actinfilamente mit Myosin, und modifizieren so die Bewegung des Wachstumskegels. In Wachstumskegeln wurden viele verschiedene actinbindende Proteine identifiziert. Man weiß, daß die Wirkung vieler dieser Proteine durch Calcium, Phosphorylierung durch Proteinkinasen oder Wechselwirkung mit anderen intrazellulären second messenger-Systemen moduliert werden. Obwohl der Calciumeinstrom nicht notwendig für das Axonwachstum ist,[75] gibt es viele Hinweise darauf, daß Calcium eine wichtige Rolle bei der Regulation der Beweglichkeit des Wachstumskegels spielt.[76–78] Die Calciumkonzentration der Wachstumskegel kann durch Zelloberflächenadhäsionsmoleküle[79] und durch Neurotransmitter verändert werden.[80]

75 Usowicz, M. M. et al. 1990. *J. Physiol.* 426: 95–116.
76 Anglister, L. et al. 1982. *Dev Biol.* 94: 351–365.
77 Lankford, K. L. and Letourneau, P. C. 1989. *J. Cell Biol.* 109: 1229–1243.
78 Bentley, D., Guthrie, P. B. and Kater, S. B. 1991. *J. Neurosci.* 11: 1300–1308.
79 Schuch, U., Lohse, M. J. and Schachner, M. 1989. *Neuron* 3: 13–20.
80 Kater, S. B. et al. 1988. *Trends Neurosci.* 11: 315–321.

Neuronale Adhäsionsmoleküle

1975 berichtete Letourneau, daß die Wachstumskegel sensorischer Neuronen in Zellkultur eine deutliche Hierarchie von Präferenzen für verschiedene Substratmoleküle zeigen, und auf einigen Substraten besser wachsen als auf anderen.[81] Diese Experimente lenkten die Aufmerksamkeit auf die Rolle der Moleküle, die die Zell-Zell- und die Zell-Substrat-Adhäsion bei der Wachstumskegelführung steuern. Eine wichtige Gruppe von Adhäsionsmolekülen umfaßt Transmembran- und membranassoziierte Glykoproteine, die durch Struktursequenzen in ihren extrazellulären Anteilen charakterisiert sind, die homolog zu den konstanten Regionen der Immunoglobulindomänen sind (Abb. 11). Das neuronale Zelladhäsionsmolekül (N-CAM), das Neuroglia-CAM (Ng-CAM oder L1) und ein transient exprimiertes axonales Oberflächen-Glykoprotein, das man TAG-1 nennt, gehören zu dieser Immunoglobulin-Superfamilie.[82,83] Diese Moleküle vermitteln die Zell-Zell-Adhäsion entweder durch homophile Bindung an ihr Gegenstück auf anderen Zellen (z.B. N-CAM) oder durch heterophile

81 Letourneau, P. C. 1975. *Dev. Biol.* 44: 92–101.
82 Dodd, J. and Jessell, T. M. 1988. *Science* 242: 692–699.
83 Furley, A. J. et al. 1990. *Cell* 61: 157–170.

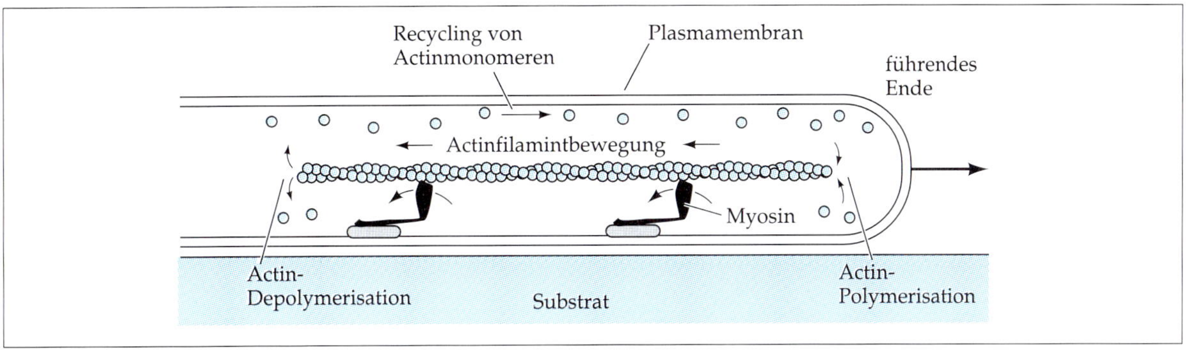

Abb. 10: **Modell für die Actin-basierte Beweglichkeit von Wachstumskegeln.** Actinfilamente werden durch Wechselwirkungen mit Myosinmolekülen, die in der Membran verankert sind, nach hinten getrieben. Am vorderen Ende werden Actinmonomere an die Filamente angebaut, Depolymerisierung der Filamente findet in der Zentralregion des Wachstumskegels statt. Das Ausstrecken des vorderen Endes wird angetrieben durch die Actin-Polymerisation oder durch die Bewegung von Myosinmolekülen in die Region des führenden Endes entlang der Actinfilamente, deren Rückwärtsbewegung zeitweilig durch die Inaktivität der mehr zentral liegenden Myosinmoleküle unterbrochen wurde (nach Smith, 1988; Sheetz, Wayne und Pearlman, 1992).

Bindung unter Einbeziehung eines bestimmten Rezeptors (z.B. TAG-1).

N-Cadherin ist ein weiteres allgegenwärtiges Zelladhäsionsmolekül (Abb. 11), das eine homophile, calciumabhängige Zelladhäsion bewirkt. Wenn die Wirkungen von N-CAM oder N-Cadherin auf Zellen in Zellkultur untersucht werden, zeigt sich, daß beide nicht nur die Aggregation von Nervenzellen unterstützen, sondern daß sie auch das Auswachsen von Axonen auf zellulären Substraten und das Zusammenbinden wachsender Axone zu Bündeln fördern. So reduzieren Antikörper gegen N-CAM und N-Cadherin das Auswachsen von Nervenzellaxonen auf zellulären Substraten in Kultur und hindern die Axone daran, Bündel zu bilden, aber sie blockieren nicht das Axonwachstum auf Substraten, die mit extrazellulären Matrixmolekülen wie Laminin bedeckt sind. Die weite Verbreitung von N-CAM und N-Cadherin in sich entwickelnden Embryonen legt nahe, daß sie eine fakultative Rolle beim Axonwachstum spielen, und keine spezifische Führungsrolle für die Wachstumskegel übernehmen. Beispielsweise unterbrechen Antikörper gegen N-CAM in vivo die Bündelung sich entwickelnder retinotectaler Axone.[84,85] Dies hindert die Axone nicht daran, ihr Zielgewebe zu erreichen, obwohl die Präzision der Projektion herabgesetzt wird. Mehrere Mitglieder der Immunoglobulin-Superfamilie der Zelladhäsionsmoleküle sind außerdem wichtig für die Axon-Schwannzell-Wechselwirkungen, einschließlich des Wachstums regenerierender Axone[86] und der Myelinisierung.[87]

Es gibt wichtige Hinweise darauf, daß andere Mitglieder dieser Gruppe eine gerichtetere Rolle bei der Axonleitung spielen. Beispielsweise wird TAG-1 früh in der Embryogenese auf der Oberfläche der Axone der kommissuralen Interneuronen, einer bestimmten Gruppe spinaler Neuronen, exprimiert, wenn sie ventrad durch das sich entwickelnde Rückenmark wachsen[83] (Abb. 12). Diese Axone machen eine plötzliche Drehung um 90° und wachsen longitudinal am Rückenmark entlang, wenn sie die Bodenplatte an der Basis des Rückenmarks erreicht haben. Gleichzeitig wird die TAG-1-Expression eingestellt, das L1-Adhäsionsmolekül induziert (aber nur in den distalen Axonsegmenten), und die distalen Segmente bilden Bündel, wenn sie entlang ihrer longitudinalen Bahn wachsen. Andere Zelladhäsionsmoleküle, z.B. N-CAM, werden gleichmäßig über die Oberfläche der Axone längs ihrer Bahn exprimiert. Auf ähnliche Weise scheinen bei der Entwicklung des Insektennervensystems Änderungen der zeitlichen und räumlichen Expression homologer Proteine, die Fascicline genannt werden, durch selektive Bündelung mit existierenden Faserzügen zur Leitung auswachsender Axone beizutragen.[88]

Adhäsionsmoleküle der extrazellulären Matrix

Eine zweite wichtige Gruppe von Adhäsionsmolekülen ist mit der extrazellulären Matrix assoziiert und bewirkt die Zell-Substrat-Adhäsion.[89,90] Diese Gruppe umfaßt Laminin, Fibronectin und Tenascin (auch als J1 oder Cytotactin bekannt) und Thrombospondin (Abb. 13). Diese großen extrazellulären Glykoproteine bestehen aus zwei identischen oder ähnlichen Polypeptidketten, die durch Disulfidbrücken zusammengehalten werden. Jede Untereinheit ist durch sich wiederholende struk-

84 Thanos, S. Bonhoeffer, F. and Rutishauser, U. 1984. *Proc. Natl. Acad. Sci. USA* 81: 1906–1910.
85 Fraser, S. E. et al. 1984. *Proc. Natl. Acad. Sci. USA* 81: 4222–4226.
86 Fawcett, J. W. and Keynes, R. J. 1990. *Annu. Rev. Neurosci.* 13: 43–60.
87 Wood, P. M., Schachner, M. and Bunge, R. P. 1990. *J. Neurosci.* 10: 3635–3645.
88 Harrelson, A. L. and Goodman, C. S. 1988. *Science* 242: 700–708.
89 Lander, A. D. 1989. *Trends Neurosci.* 12: 189–195.
90 Reichardt, L. F. and Tomaselli, K. J. 1991. *Annu. Rev. Neurosci.* 14: 531–570.

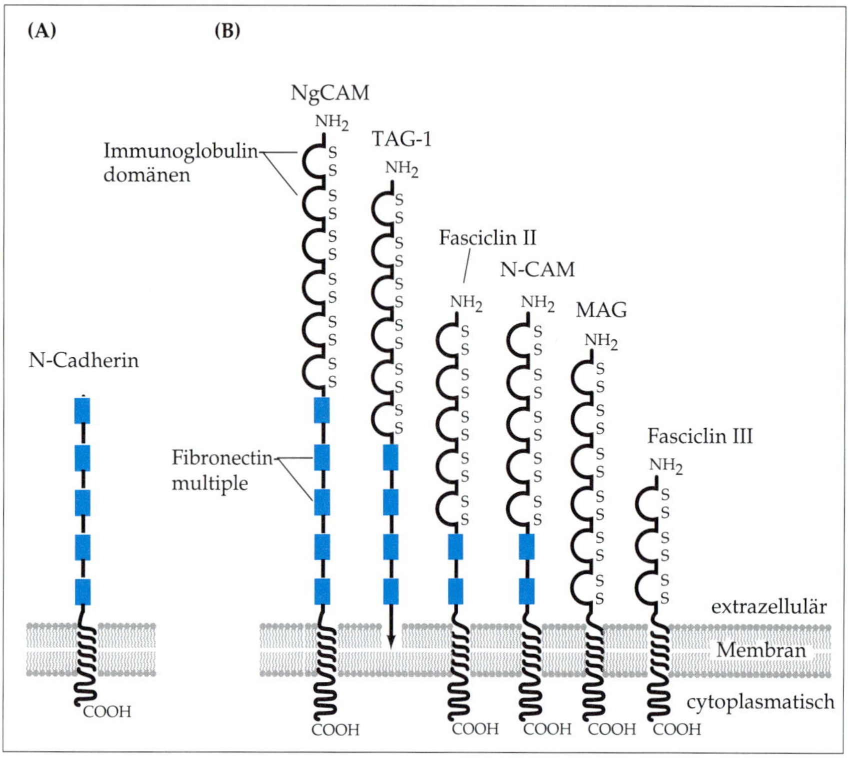

Abb. 11: **Zwei Klassen von neuronalen Zelladhäsionsmolekülen.** (A) N-Cadherin vermittelt die homophile, calciumabhängige Zelladhäsion. (B) Mitglieder der Immunoglobulin-Superfamilie sind durch mehrfach repetitive, mit Disulfidbrücken verbundene Schleifen ausgezeichnet, die homolog zu den Domänen sind, die zuerst in der konstanten Region der Immunoglobulinmoleküle charakterisiert wurden. Viele dieser Zelladhäsionsmoleküle enthalten auch repetitive Domänen, die ähnlich den Typ III-Multiplen des Fibronectins sind (Rechtecke).

turelle Grundeinheiten charakterisiert, von denen einige bei mehreren Mitgliedern der Gruppe vorkommen. Diese extrazellulären Matrixproteine interagieren mit Zellen über eine Familie von Rezeptoren, die als Integrine bekannt sind, und sich durch unterschiedliche Zusammensetzung ihrer Untereinheiten und ihrer Bindungsfähigkeit mit verschiedenen extrazellulären Matrixadhäsionsproteinen voneinander unterscheiden. Laminin ist ein geeignetes Substrat für das Neuritenwachstum in Kultur. Immunhistochemische Untersuchungen haben gezeigt, daß Laminin entlang vieler Bahnen vorhanden ist, denen auswachsende Axone in sich entwickelnden Embryonen folgen. Man nimmt allgemein an, daß Laminin das Neuritenwachstum nichtselektiv fördert. In einigen Regionen wird Laminin jedoch transient und selektiv genau entlang derjenigen Bahnen exprimiert, die die Axone zu ihren peripheren Zielen einschlagen, was vermuten läßt, daß es in diesen Fällen eine Rolle bei der Führung der Wachstumskegel spielt. Extrazelluläre Matrixadhäsionsproteine scheinen auch an der Migration von Neuralleistenzellen vom Rückenmark weg beteiligt zu sein.[91] Neuralleistenzellen wandern in Zellkultur auf Substraten, die mit extrazellulären Matrixadhäsionsmolekülen beschichtet sind. Ihre Bewegung wird durch Substanzen unterbrochen, die die Bindung der extrazellulären Matrixkomponenten an Integrin blockieren, und Antikörper gegen Integrin blockieren die Migration cranialer Neuralleistenzellen in vivo.

Ein erstaunliches Merkmal der extrazellulären Matrixadhäsionsproteine ist ihre Fähigkeit multifunktional zu binden. Beispielsweise bindet Laminin nicht nur an Integrin, seinen Rezeptor an der Zelloberfläche, sondern auch an andere Lamininmoleküle und an Heparin, Heparansulfat-Proteoglykane, Collagen vom Typ IV, Entactin und Glycolipide sowie an andere, unidentifizierte Rezeptoren.[89] Generell gilt, daß verschiedene Proteine oder Proteingruppen das Neuritenwachstum auf unterschiedlichen Zelltypen unterstützen. Um jegliches Axonwachstum auf Schwannschen Zellen zu inhibieren, müssen deshalb Antikörper gegen L1 (NgCAM), N-Cadherin und Integrine gemeinsam appliziert werden, keiner von ihnen verhindert alleine das Axonwachstum.[92,93] Aus kürzlich entstandenen molekularbiologischen Untersuchungen ist deutlich geworden, daß viele der Proteine, die die Adhäsion bewirken, eine Reihe von Isoformen besitzen, die sie mit einer größeren Selektivität als früher angenommen ausstatten.[90] Beispielsweise konnten 12 verschiedene α- und 6 verschiedene β-Untereinheiten von Integrin identifiziert werden. Jede αβ-Kombination erzeugt wahrscheinlich einen Rezeptor mit unterschiedlichen Bindungseigenschaften. Es gibt mindestens drei Laminin-, zwei Fibronectin- und mehrere Tenascinisoformen. Insgesamt legen die Verteilungen dieser Zelladhäsionsmoleküle in sich entwickelnden Embryonen und die Wirkungen von Antikörpern, die ihre Funktion blokkieren, nahe, daß sie wichtig für die Förderung des

91 Bronner-Fraser, M. 1985. *J. Cell Biol.* 101: 610–617.

92 Bixby, J. L., Lilien, J. and Reichardt, L. F. 1988. *J. Cell Biol.* 107: 353–361.

93 Seilheimer, B. and Schachner, M. 1988. *J. Cell Biol.* 107: 341–351.

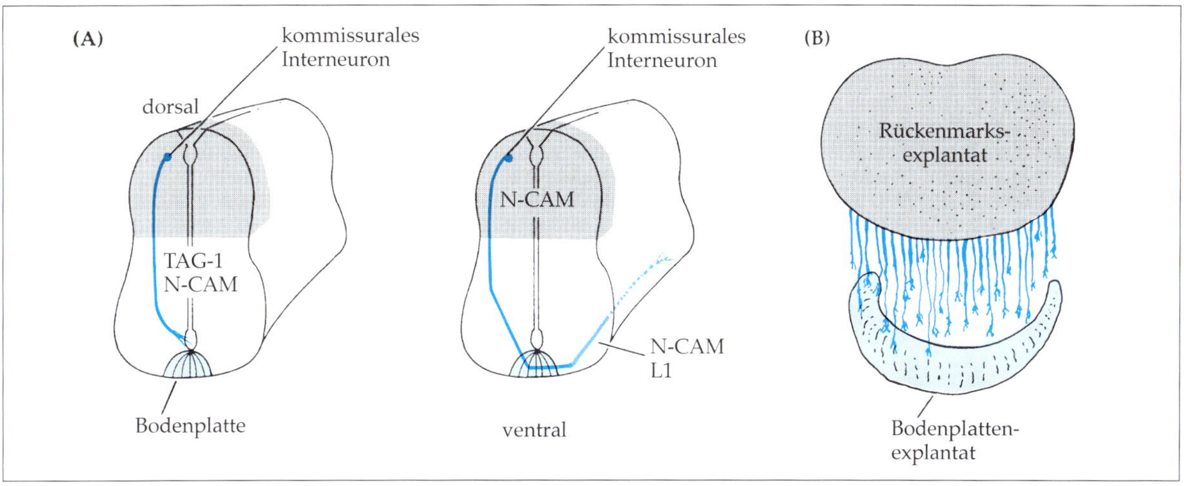

Abb. 12: **Das Wachstum von Interneuronaxonen** im Rückenmark der Ratte wird offenbar durch die Zelloberfläche und diffusionsfähige Wegweiser gelenkt. (A) Während der Entwicklung des Rückenmarks der Ratte wachsen die Axone der kommissuralen Interneuronen zunächst ventralwärts zur Bodenplatte und machen dann eine abrupte Biegung caudalwärts. Diese Axone exprimieren auf ihrer Gesamtlänge N-CAM auf ihrer Oberfläche. Bevor sie die Bodenplatte erreichen, exprimieren sie auch TAG-1. Nachdem sie die Bodenplatte durchquert haben, verschwindet TAG-1 von ihrer Oberfläche, und die L1-Expression beginnt, aber nur im distalen Teil des Axons. (B) Wenn Teile des dorsalen Rückenmarks und der Bodenplatte gemeinsam kultiviert werden, wachsen die Axone der kommissuralen Interneuronen – angezogen durch die Ausschüttung diffusionsfähiger Faktoren – vom Rückenmark zur Bodenplatte (nach Tessier-Lavigne et al., 1988; Furley et al. 1990).

Axonwachstums sind und daß sie auf vielen Bahnen zusätzlich spezifische Führungsvorrichtungen darstellen. Experimente an identifizierten Zellen, die aus dem Zentralnervensystem des Blutegels isoliert und in Kultur gehalten wurden[94] (Abb. 14), liefern einen weiteren Hinweis darauf, wie extrazelluläre Matrixmoleküle auswachsende Axone beeinflussen können. Substrate, die Tenascin oder Laminin enthalten, fördern nicht nur das schnelle Neuritenwachstum von Blutegelneuronen, sondern beeinflussen auch das Muster des Neuritenwachstums und die Verteilung der Calciumkanäle auf den Zellen. Verschiedene Neuronen antworten auf charakteristische Weise auf bestimmte Moleküle der extrazellulären Matrix und bieten so ein ökonomisches System, durch das wenige Moleküle verschiedene Wirkungen erzielen können.

Eine weitere Klasse von Proteinen, die deutliche Wirkungen auf das Neuritenwachstum von Zellen in Zellkultur zeigen, sind Protease-Inhibitoren,[95] wie GDN (glia derived nexin). GDN ist ein Serinprotease-Inhibitor, der aus Rattengliom-Zellkulturen isoliert wurde und das Neuritenwachstum bei Neuroblastomzellen, Neuronen aus dem Hippocampus der Ratte und sympathischen Neuronen des Huhns in Zellkultur fördert.

Vom Ziel stammende Chemoattraktoren

Ein Mechanismus, der oft für aktive Leitung postuliert wird, besteht darin, daß der Wachstumskegel entlang eines Gradienten aus Molekülen navigiert, die vom Ziel ausgeschüttet werden. Ein solches **Chemoattraktor-Modell** der Wachstumskegelnavigation, das ursprünglich von Ramón y Cajal postuliert wurde, scheint für das gerichtete Axonwachstum verantwortlich zu sein, wenn die Entfernung vom Neuronzellkörper zu seinem peripheren Ziel sehr kurz ist. Beispielsweise haben Lumsden und Davies das Axonwachstum des Trigeminusganglions im Kopf der Maus in das benachbarte Epithelgewebe untersucht, eine Distanz von weniger als 1 Millimeter.[96] Diese Axone innervieren schließlich die Tasthaare (s. Kap. 14). Wenn das sich entwickelnde Trigeminusganglion in der Zellkultur in die Nähe von Explantaten verschiedener peripherer Gewebe plaziert wird, wachsen die Neuriten vom Ganglion zu ihrem passenden Ziel und ignorieren andere potentielle Zielgewebe. Explantate aus dem Zielgewebe zeigen diese Wirkung auf das Auswachsen der Axone nur, wenn sie zu dem Zeitpunkt aus den Embryonen extrahiert werden, an dem die Innervation normalerweise auftritt. Diese Epithelzellen scheinen zu einem geeigneten Zeitpunkt während der Entwicklung einige Moleküle zu produzieren, die die Wachstumskegel der Zellen des Trigeminalganglions anziehen.

Die Innervierung der Rumpfmuskulatur in Hühnerembryonen (Abb. 15) liefert ein zweites Beispiel.[97] Die sich entwickelnde Rumpf- oder Epaxial-Muskulatur liegt direkt über dem Rückenmark. Kurz nachdem die Motoaxone, die die Epaxialmuskeln innervieren sollen, das Rückenmark verlassen, strecken sie sich dorsalwärts, direkt zum Dermamyotom, aus dem sich die Epaxialmuskeln entwickeln. Wenn das Dermamyotom aus einem

94 Masuda-Nakagawa, L. M. and Nicholls, J. G. 1991. *Philos. Trans. R. Soc. Lond. B* 331: 323–335.

95 Farmer, L., Sommer, J. and Monard, D. 1990. *Dev. Neurosci.* 12: 73–80.

96 Lumsden, A. G. S. and Davies, A. M. 1986. *Nature* 323: 538–539.

97 Tosney, K. W. 1991. *BioEssays* 13: 17–23.

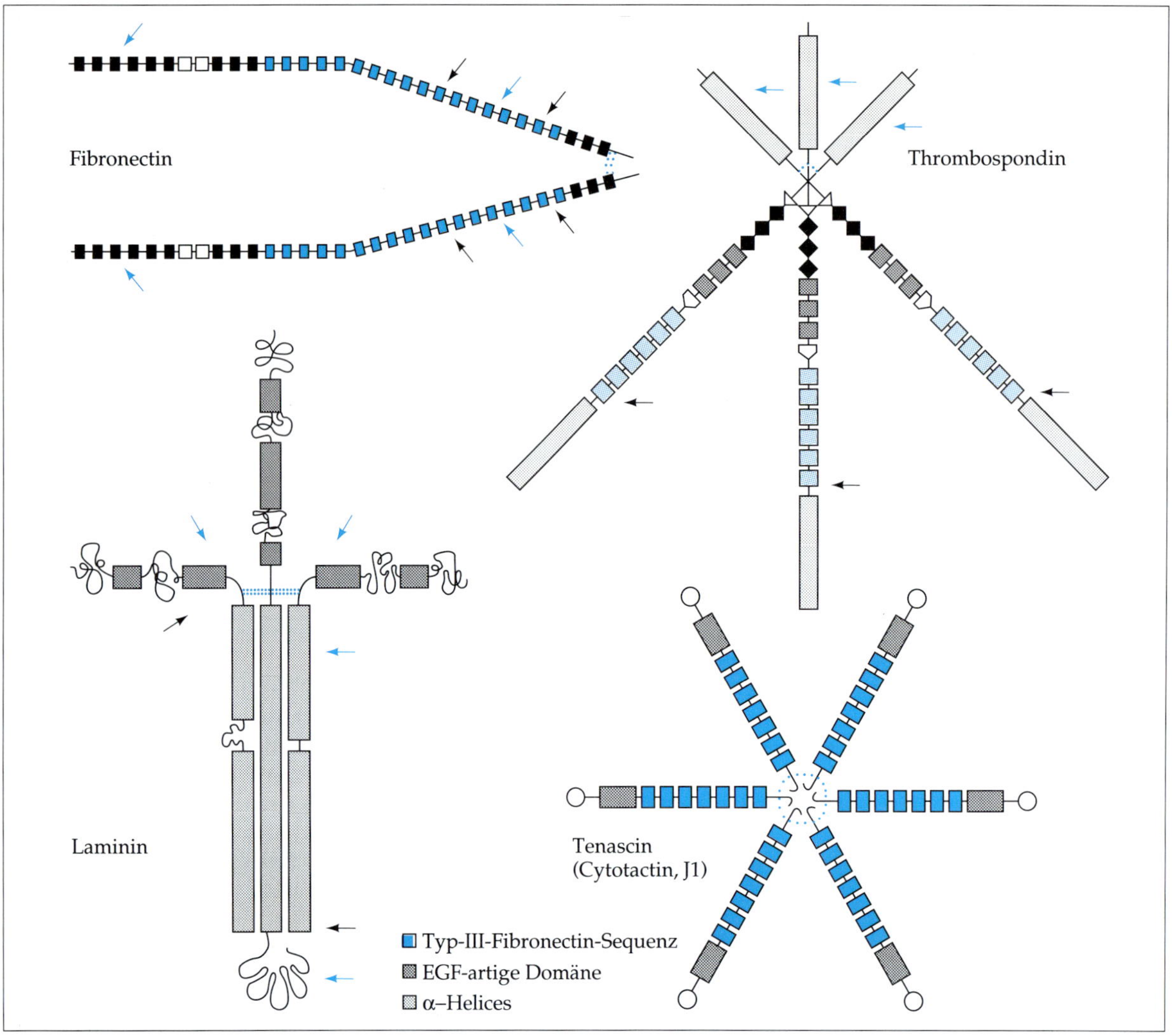

Abb. 13: **Extrazelluläre Matrixproteine**, die die Zell-Substrat-Adhäsion vermitteln. Schematische Darstellung extrazellulärer Matrix-Glykoproteine. Fibronectin und Tenascin enthalten multiple «Typ-III-Fibronectin»-Sequenzen. Laminin, Tenascin und Thrombospondin enthalten multiple Cystein-reiche EGF (epidermal growth factor)-artige Domänen. Die Positionen der Disulfid-Brücken zwischen den Ketten (gepunktete Linien), die zellbindenden Domänen (schwarze Pfeile) und die Heparin-bindenden Stellen (blaue Pfeile) sind eingezeichnet (nach Lander, 1989).

Segment entfernt wird, wachsen die Axone, die das Rükkenmark in diesem Segment verlassen, zum nächsten intakten Dermamyotom. Wenn das Dermamyotom mehrerer Segmente entfernt wird, werden einige Epaxialnerven gar nicht erst ausgebildet, so als ob die Anwesenheit eines potentiellen Zieles nicht über Entfernungen größer als 150 µm wahrgenommen werden könnte. Diese Wirkung ist spezifisch. Die Mehrheit der Motoaxone, die das Rückenmark verlassen, wachsen in die Extremität und ignorieren das Dermamyotom völlig. In solchen Fällen ist es wichtig, zu unterscheiden, ob das Ziel einen diffusionsfähigen Faktor liefert, der die Navigation des Wachstumskegels beeinflußt, oder selektiv die Axone stabilisiert, die zufällig Kontakt mit ihm aufnehmen. In beiden Fällen scheint das Finden des Weges auf Faktoren zu beruhen, die von den Zielen stammen.

Die Entwicklung axonaler Projektionen von den corticalen Pyramidenzellen zum Rückenmark und zur Brücke verdeutlicht einen weiteren Mechanismus, mit dem vom Ziel stammende Faktoren das Auswachsen von Axonen beeinflussen (Abb. 16). Früh in der Entwicklung senden Pyramidenzellen aus allen corticalen Arealen Axone ins Rückenmark.[70] Während der fortschreitenden Entwicklung werden Kollateralen induziert, von den Corticospinalfasern auszusprossen und die nahegelegenen Brükkenkerne zu innervieren. Einige Pyramidenzellen, wie die des Motocortex, behalten im Adultzustand beide Axonzweige, andere, wie die des visuellen Cortex, erhalten die Verbindungen mit der Brücke, aber der distale Teil des ursprünglichen corticospinalen Axons degeneriert. Experimente, bei denen Explantate des Cortex und der Brücke in der Gewebekultur nebeneinandergelegt werden, zeigen die Existenz diffusionsfähiger Faktoren, die von der Brücke freigesetzt werden und das Kollateralen-

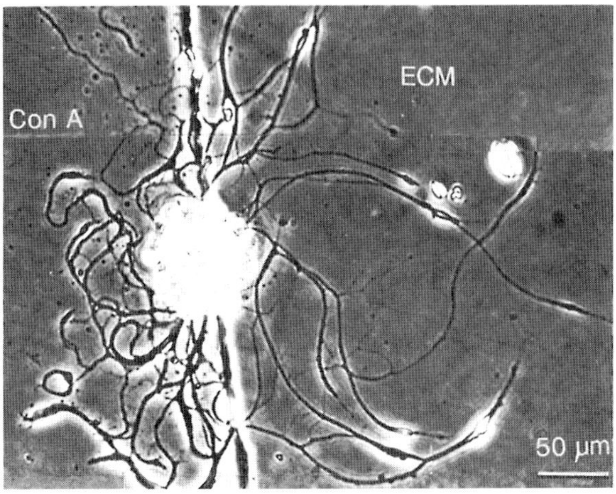

Abb. 14: **Extrazelluläre Matrixmoleküle bestimmen das Muster** des Neuritenwachstums von Blutegelneuronen in Zellkultur. Ein einzelnes Neuron wächst in Zellkultur auf einem zweigeteilten Substrat. Auf der linken Seite war die Platte mit Concanavalin A beschichtet, auf der rechten Seite mit Extrakten, die extrazelluläre Matrix von Blutegel-Ganglienkapseln enthielt (nach Grumbacher-Reinert, 1989; mit freundlicher Genehmigung von S. Grumbacher-Reinert).

wachstum der Pyramidenzellaxone induzieren und lenken.[98] Diese Beobachtungen lassen auf eine Gesamtstrategie schließen, durch die corticospinale und corticopontine Verbindungen aufgebaut werden. Alle corticalen Pyramidenzellen erhalten also die generelle «Richtlinie», ins Rückenmark zu projizieren und auf Sprossungsfaktoren von der Brücke zu reagieren. Dann werden die passenden Axonzweige aus dieser Ursprungsstruktur ausgewählt und durch trophische Wechselwirkungen aufrecht erhalten (s. u.).

Ortsabhängige Navigation

In den Fällen, in denen Nervenzellkörper und ihre Ziele durch große Distanzen getrennt sind, spielen alternative aktive Leitungsmechanismen eine Rolle, bei denen die Wachstumskegel Zeigern in ihrer Umgebung folgen, die nicht von ihrem endgültigen Ziel stammen. Ein Beispiel stammt von Experimenten zur Entwicklung der Extremitätenmuskulatur von Hühnerembryonen. Detaillierte Untersuchungen von Landmesser und ihren Kollegen zeigen, daß jeder Extremitätenmuskel von einem Pool aus Motoneuronen innerviert wird, der sich über eine genau definierte Anzahl von Rückenmarkssegmenten ausdehnt[99–101] (Abb. 17). Die Axone dieser Motoneuronen wachsen durch nebeneinander liegende segmentelle Vorderwurzeln aus dem Rückenmark aus, bilden durch Anastomose an der Extremitätenbasis einen Plexus, aus dem die Nerven zu den einzelnen Muskeln abzweigen. Um zu testen, wie Motoaxone ihre Ziele erreichen, wurden Rückenmarksstücke eines 4 Tage alten Embryos herausgeschnitten, um 180° in Kopf-Schwanz-Richtung gedreht und in den Embryo reimplantiert. Die Axone der Motoneuronen folgten dann neuen Bahnen, um ihre ursprünglichen Zielmuskeln zu erreichen. Sie innervierten ihre Ziele nicht gemäß ihrer neuen Position entlang des Rückenmarks. Die Motoneuronen werden also während der Entwicklung sehr früh darauf festgelegt, bestimmte Muskeln zu innervieren. Das initiale Wachstum der Axone, die Bildung des Plexus und die Bildung der Muskelnerven treten jedoch auf, bevor die Myoblasten der sich entwickelnden Gliedmaßen zur Bildung der Muskelfasern fusioniert sind. Dies zeigt, daß die Fähigkeit der Axone, zur richtigen Region innerhalb der Extremität zu wachsen, nicht von der Anwesenheit ihrer Ziele abhängen kann. Dies wurde durch die Entfernung der Somiten, die die Myoblasten bilden, aus denen die Gliedmaßenmuskulatur entsteht, in einem frühen Entwicklungsstadium bestätigt.[102] Die Motoaxone verließen das Rückenmark, bildeten einen Extremitätenplexus und wuchsen in Abwesenheit des Muskels in die richtigen Muskelnerven. Die Faktoren, die die Motoaxone zu ihren korrekten Bestimmungsorten im Extremitätenplexus leiten, werden also nicht von den Muskeln geliefert, die die Axone schließlich innervieren.

Wegweiser-Neuronen und Zellen der Bodenplatte

Eine Strategie für die Axonleitung, die nicht auf Faktoren beruht, die von dem endgültigen synaptischen Partner des Neurons produziert werden, besteht darin, den geeigneten Weg mit Zwischenzielen zu markieren. Beispielsweise wachsen die Axone der kommissuralen Interneuronen im Rückenmark der Ratte, wie oben beschrieben, früh in der Entwicklung ventral durch das Neuroepithel, machen dann eine abrupte Wendung und wachsen longitudinal entlang des Rückenmarks zu ihren synaptischen Zielen (Abb. 12). Das Wachstum der Axone in ventraler Richtung wird durch Chemoattraktoren gelenkt, die von Zellen der **Bodenplatte** freigesetzt werden, einer spezialisierten Anzahl von Zellen an der Mittellinie des Neuroepithels.[103,104] Ein weiteres Beispiel sind Wachstumskegel von Sinneszellen in den Extremitäten sich entwickelnder Heuschrecken, die ihre Wachstumsrichtung abrupt ändern, und zum Zentralnervensystem hinwachsen,[105] (Abb. 18). Diese Richtungsänderungen treten auf, wenn die Wachstumskegel soge-

98 Heffner, C. D., Lumsden, A. G. S. and O'Leary, D. D. M. 1990. *Science* 247: 217–220.
99 Lance-Jones, C. and Landmesser, L. 1980. *J. Physiol.* 302: 581–602.
100 Lance-Jones, C. and Landmesser, L. 1981. *Proc. R. Soc. Lond. B* 214: 1–18.
101 Lance-Jones, C. and Landmesser, L. 1981. *Proc. R. Soc. Lond. B* 214: 19–52.
102 Phelan, K. A. and Hollyday, M. 1990. *J. Neurosci.* 10: 2699–2716.
103 Tessier-Lavigne, M. et al. 1988. *Nature* 336: 775–778.
104 Tessier-Lavigne, M. and Placzek, M. 1991. *Trends Neurosci.* 14: 303–310.
105 Bentley, D. and Caudy, M. 1983. *Cold Spring Harbor Symp. Quant. Biol.* 48: 573–585.

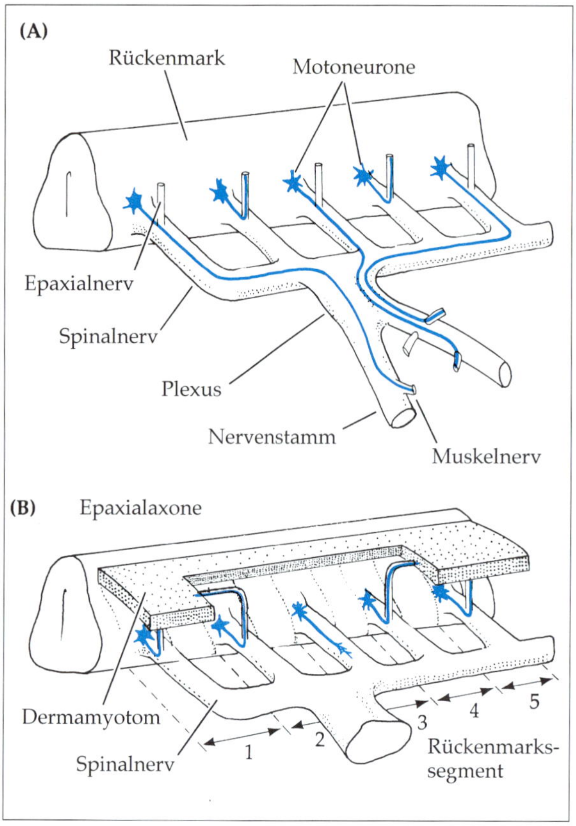

Abb. 15: **Vom Ziel stammende Wegweiser ziehen selektiv Axone** von geeigneten Motoneuronen während der Entwicklung des Hühnerrückenmarks an. (A) Die meisten Motoaxone, die durch die Vorderwurzel austreten, treten an der Extremitätenbasis in den Plexus ein und verteilen sich auf die einzelnen Muskelnerven. Diejenigen, die dazu bestimmt sind, Rumpfmuskeln zu innervieren (Epaxialmuskeln), drehen sich, kurz nachdem sie das Rückenmark verlassen haben, dorsalwärts und bilden die Epaxialnerven. (B) Wenn die Segmente der darüberliegenden Dermamyotome, aus denen die Epaxialmuskulatur entsteht, früh in der Entwicklung entfernt werden, folgen die Axone neuen Bahnen, und erreichen Muskeln in den benachbarten Segmenten. Wenn in dem benachbarten Segment kein Dermamyotom vorhanden ist, wachsen die Epaxialneuronen nicht in Dorsalrichtung aus (Segment 3) (nach Tosney, 1991).

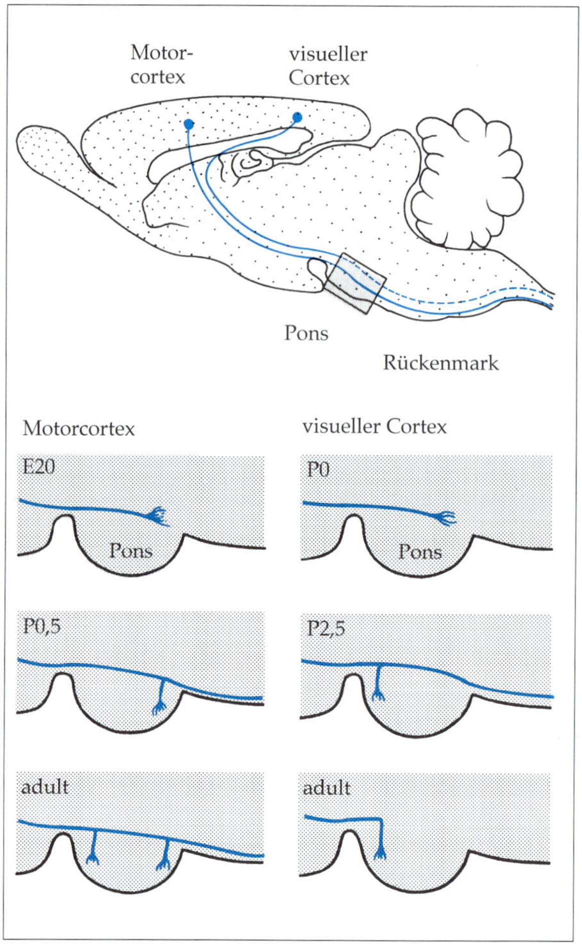

Abb. 16: **Das adulte Verzweigungsmuster** wird durch selektive Eliminierung von Axonzweigen während der Entwicklung der corticalen Pyramidenzellen der Ratte etabliert. Pyramidenzellen des visuellen und des Motocortex senden zunächst Axone ins Rückenmark. Durch Freisetzung von Faktoren aus Zellen in der Brücke werden die corticospinalen Axone zum Aussprossen von kollateralen Zweigen angeregt. Später in der Entwicklung degenerieren die spinalen axonalen Segmente der Neuronen des visuellen Cortex (nach O'Leary und Terashima, 1988; Heffner, Lumsden und O'Leary, 1990).

nannte **Wegweiserzellen** kontaktieren. Es sieht so aus, als ob die Wechselwirkungen mit den Wegweiserzellen, die oft unreife Neuronen sind, für die Wegänderung der Wachstumskegel verantwortlich sind. Daß das so ist, läßt sich zeigen, indem man die Wegweiserzellen mit Hilfe eines Lasers entfernt, bevor der Wachstumskegel eintrifft. In diesem Fall tritt keine Richtungsänderung auf. Ähnliche Experimente im zentralen und peripheren Nervensystem einer Reihe von Evertebraten und Vertebraten haben die Bedeutung der Wegweiserzellen für den Aufbau axonaler Projektionen bestätigt.[106]

In anderen Fällen hat man Neuronen gefunden, die während der Entwicklung kurzzeitige synaptische Kontakte bilden, die eine notwendige Zwischenstufe bei der Innervation ihres endgültigen Zieles zu sein scheinen. Im visuellen System der Säuger erreichen die Axone des Corpus geniculatum laterale z.B. die sich entwickelnde corticale Platte, bevor ihre endgültigen synaptischen Ziele, die Pyramidenzellen der Schicht 4, geboren werden.[107] Die Axone des Geniculatums bilden synaptische Verbindungen mit den **Neuronen der Bodenplatte**, Zellen die sehr früh während der Embryogenese entstehen, unter der sich entwickelnden corticalen Platte liegen und kurz nach der Geburt verschwinden.[33] Nach einigen Wochen, wenn die Pyramidenzellen aus Schicht 4 ihre Position im Cortex erreicht haben, geben die Axone des Geniculatums ihre Verbindungen mit den Neuronen der Bodenplatte auf und dringen in den Cortex ein, um das adulte Innervierungsmuster aufzubauen. Wenn die Neuronen der Bodenplatte in einer frühen Entwicklungphase durch

106 Kuwada, J. Y. 1986. *Science* 233: 740–746.

107 Luskin, M. B. and Shatz, C. J. 1985. *J. Neurosci.* 5: 1062–1075.

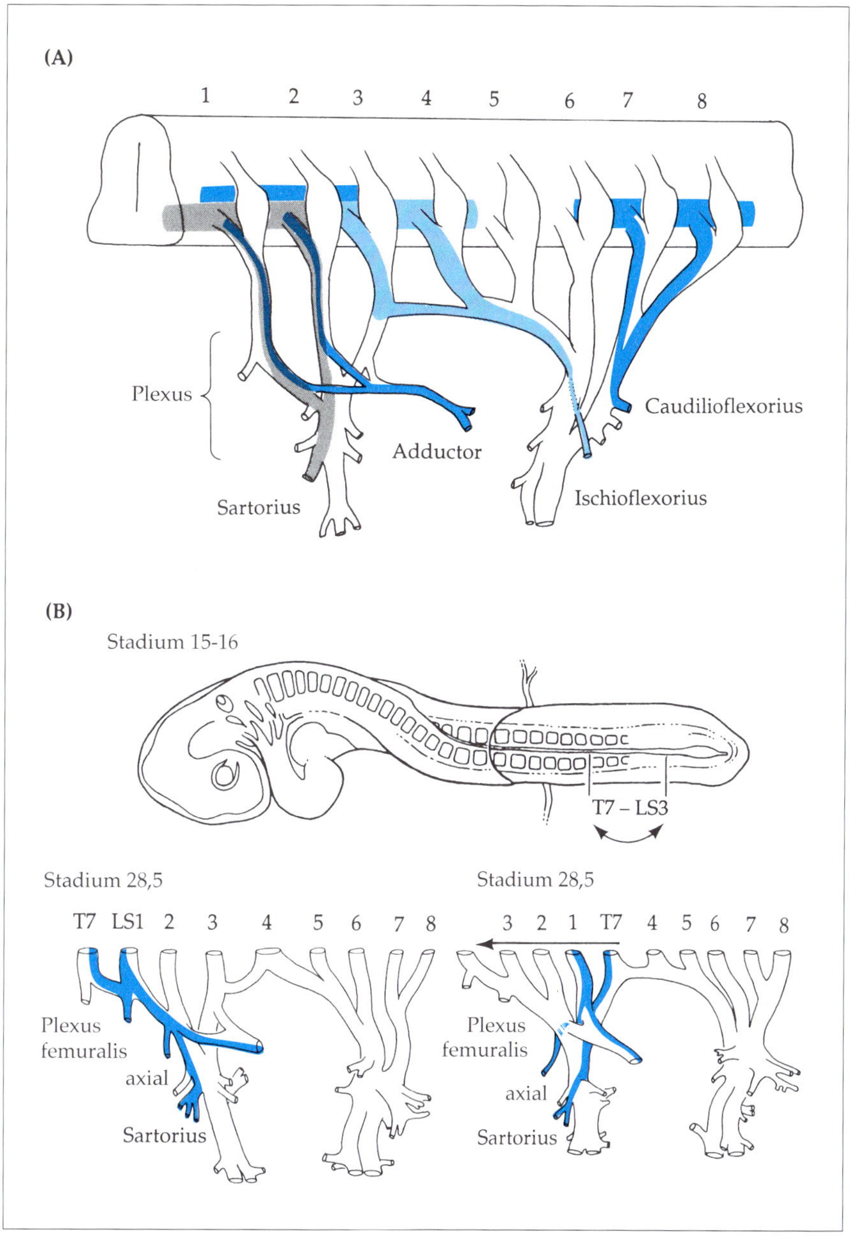

Abb. 17: **Lokale Wegweiser leiten die Axone der Motoneuronen** zu ihren peripheren Zielen. (A) Motoneuronen, die jeweils einen Muskel innervieren werden, liegen im Rückenmark zusammmen und senden ihre Axone über einen oder mehrere benachbarte Spinalnerven aus. Die Axone von überlappenden Motoneuronenpopulationen verteilen sich im Plexus an der Extremitätenbasis in die richtigen peripheren Nerven. (B) Wenn ein Teil des Rückenmarks früh in der Entwicklung rostrocaudal invertiert wird, nehmen die Axone der versetzten Motoneuronen neue Bahnen durch den Plexus, um ihren passenden peripheren Nerven zu erreichen. Motoneuronen, die darauf spezialisiert sind, einen bestimmten Muskel zu innervieren, folgen also Wegweisern im Plexus, um die passende Region in der Peripherie zu erreichen (nach Lance-Jones und Landmesser, 1980).

lokale Applikation von Neurotoxinen entfernt werden, wachsen die Axone des Geniculatums am sich entwickelnden visuellen Cortex vorbei und bilden keine synaptischen Kontakte mit ihren Zielen.[108]

Zielinnervierung

Seit den Pionierarbeiten von Stone und Sperry wurde das retinotectale System von Fröschen, Goldfischen und Hühnern immer wieder benutzt, um zu untersuchen, wie spezifische synaptische Verbindungen hergestellt werden. Die Präzision, mit der retinale Ganglienzellen während der Entwicklung ihre Ziele im Tectum opticum innervieren, wurde von Fujisawa, Harris, Holt, Stuermer, Bonhoeffer, O'Leary, Fraser und anderen untersucht. Obwohl sich die Ergebnisse von Spezies zu Spezies und zwischen verschiedenen Retinaarealen leicht unterscheiden, gilt übereinstimmend, daß das initiale Projektionsmuster weniger präzise ist als das adulte. Bei Fröschen und Fischen ist das Tectum klein und unreif, wenn die retinotectalen Axone ankommen. Obwohl die Axone aus einigen Retinaregionen während der gesamten retinotectalen Entwicklung topographisch getrennt sind,[109]

108 Ghosh, A. et al. 1990. *Nature* 347: 179–181.

109 Stuermer, C. A. O. 1988. *J. Neurosci.* 8: 4513–4530.

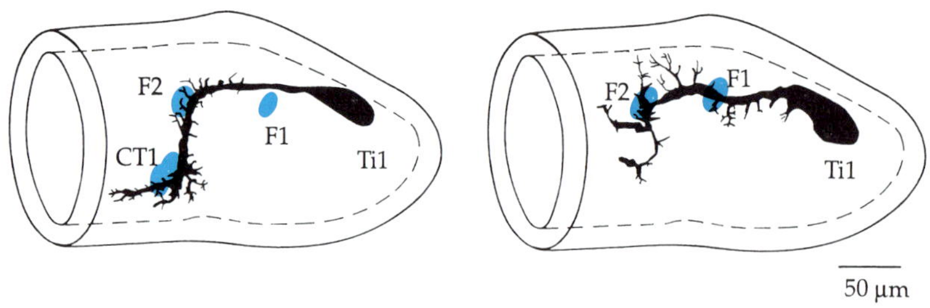

Abb. 18: **Wachstumskegel peripherer Neuronen** orientieren sich an Wegweiserzellen, um durch ein Heuschreckenbein zu navigieren. Bei normalen Embryonen trifft das Axon eines Ti1-Neurons auf seinem Weg zum Zentralnervensystem auf eine Reihe von Wegweiserzellen: F1, F2 und zwei CT1-Zellen. Wenn die CT1-Zellen in einem frühen Entwicklungsstadium abgetötet werden, bildet das Ti1-Neuron mehrere axonale Verzweigungen an der F2-Zelle, mit Wachstumskegeln, die sich in unnormale Richtungen ausbreiten (nach Bentley und Caudy, 1983).

überlappen die Endverzweigungsbäume der Axone von Zellen in anderen Retinaregionen oft beträchtlich.[63,64,110] Wenn das Tectum wächst, werden die Verzweigungen retinotop entmischt. Die Beziehungen zwischen retinalen Axonen und tectalen Neuronen verschieben sich während der ganzen Zeit des Adultseins, wenn neue Neuronen zur Retina adulter Amphibien und zur Retina und zum Tectum adulter Goldfische hinzugefügt werden.[111] Bei Hühnern und Ratten ist das Tectum zu dem Zeitpunkt, an dem die ersten retinalen Axone eintreffen, viel größer.[69,112,113] Dennoch sind die anfänglichen Projektionen der retinalen Axone viel diffuser als im Adultzustand. Die Präzision der Karte wird durch Bahnkorrekturen und die Eliminierung unpassender Seitenzweige und abweichender Verzweigungsbäume erhöht.

Welche Signale ermöglichen das präzise Innervationsmuster? Bonhoeffer und Kollegen haben in einer eleganten Serie von Experimenten ein Glykoprotein identifiziert, daß räumliche Informationen im Hühnertectum liefert.[114] Während der Entwicklung innervieren Axone der temporal gelegenen retinalen Ganglienzellen Neuronen, die anterior im Tectum liegen, die Axone der nasal gelegenen Ganglienzellen innervieren Neuronen, die posterior im Tectum liegen (Abb. 19). Dieser Vorgang wird anscheinend durch abstoßende Wechselwirkungen vermittelt, die die Wachstumskegel der temporal gelegenen Axone daran hindern, in unpassende Regionen im posterioren Tectum einzudringen. Wenn die Ganglienzellen aus dem temporalen Retinabereich in Kultur in die Nähe von Oberflächen ausplattiert werden, die mit Membranen bedeckt sind, die entweder aus dem anterior oder dem posterior gelegenen Tectum gereinigt wurden, wachsen ihre Axone auf den Membranen ihrer Ziele und vermeiden die Membranen des posterioren Tectums.[115,116] Retinale Axone wachsen jedoch auf jedem Substrat schnell aus, wenn man ihnen keine Auswahlmöglichkeit läßt. Experimente mit denaturierten Proteinen zeigen, daß die Axone der temporalen Ganglienzellen normalerweise von einer Membrankomponente des posterior gelegenen Tectums abgestoßen werden. Der Faktor, der die Wachstumskegel abstößt, ist ein 33 kD Glykoprotein. Wenn man es in Lipidvesikel inkorporiert und zum Medium hinzufügt, in dem sich ein auswachsendes Axon befindet, veranlaßt es den Wachstumskegel dazu, sich vom Substrat abzulösen und sich zurückzuziehen.[117,118] Dieses Protein wird im Tectum exprimiert, während die retinotectalen Verbindungen gebildet werden, und seine Konzentration steigt fortschreitend von anterior nach posterior im Tectum. Aus anderen Arealen des sich entwickelnden Nervensystems wurden Glykoproteine isoliert, die die Wachstumskegel zusammenbrechen lassen. Sie spielen dort eine ähnliche Rolle bei der Führung der Wachstumskegel.[119,120] Die Mechanismen, mit denen ein Protein in einem Fall eine Ablösung bewirkt und in anderen das Wachstum unterstützt und umlenkt, sind noch nicht bekannt.

Ein einziger anterior-posterior-Gradient ist sicherlich nicht ausreichend, um die retinalen Axone in die Lage zu versetzen, ihre richtigen Positionen im Tectum zu erreichen. Es gibt Hinweise darauf, daß auch andere Moleküle eine topographisch graduierte Verteilung im retinotectalen System aufweisen,[82,121–123] die funktionelle Rolle dieser Gradienten ist jedoch noch nicht bestimmt worden. Außerdem spielen beim Aufbau des präzisen

110 Fujisawa, H. 1987. *J. Comp. Neurol.* 260: 127–139.
111 Easter, S. E., Jr. and Stuermer, C. A. O. 1984. *J. Neurosci.* 4: 1052–1063.
112 Simon, D. K. and O'Leary, D. D. M. 1989. *Dev. Biol.* 137: 125–134.
113 Thanos, S. and Bonhoeffer, F. 1987. *J. Comp. Neurol.* 261: 155–164.
114 Walter, J., Allsopp, T. E. and Bonhoeffer, F. 1990. *Trends Neurosci.* 13: 447–452.
115 Walter, J. et al. 1987. *Development* 101: 685–696.
116 Walter, J. Henke-Fahle, S. and Bonhoeffer, F. 1987. *Development* 101: 909–913.
117 Cox, E. C., Muller, B. and Bonhoeffer, F. 1990. *Neuron* 4: 31–47.
118 Stahl, B. et al. 1990. *Neuron* 5: 735–743.
119 Davies, J. A. et al. 1990. *Neuron* 2: 11–20.
120 Raper, J. A. and Kapfhammer, J. P. 1990. *Neuron* 2: 21–29.
121 Trisler, D. and Collins, F. 1987. *Science* 237: 1208–1209.
122 Constantine-Paton, M. et al. 1986. *Nature* 324: 459–462.
123 Rabacchi, S. A., Neve, R. L. and Drager, U. C. 1990. *Development* 109: 521–531.

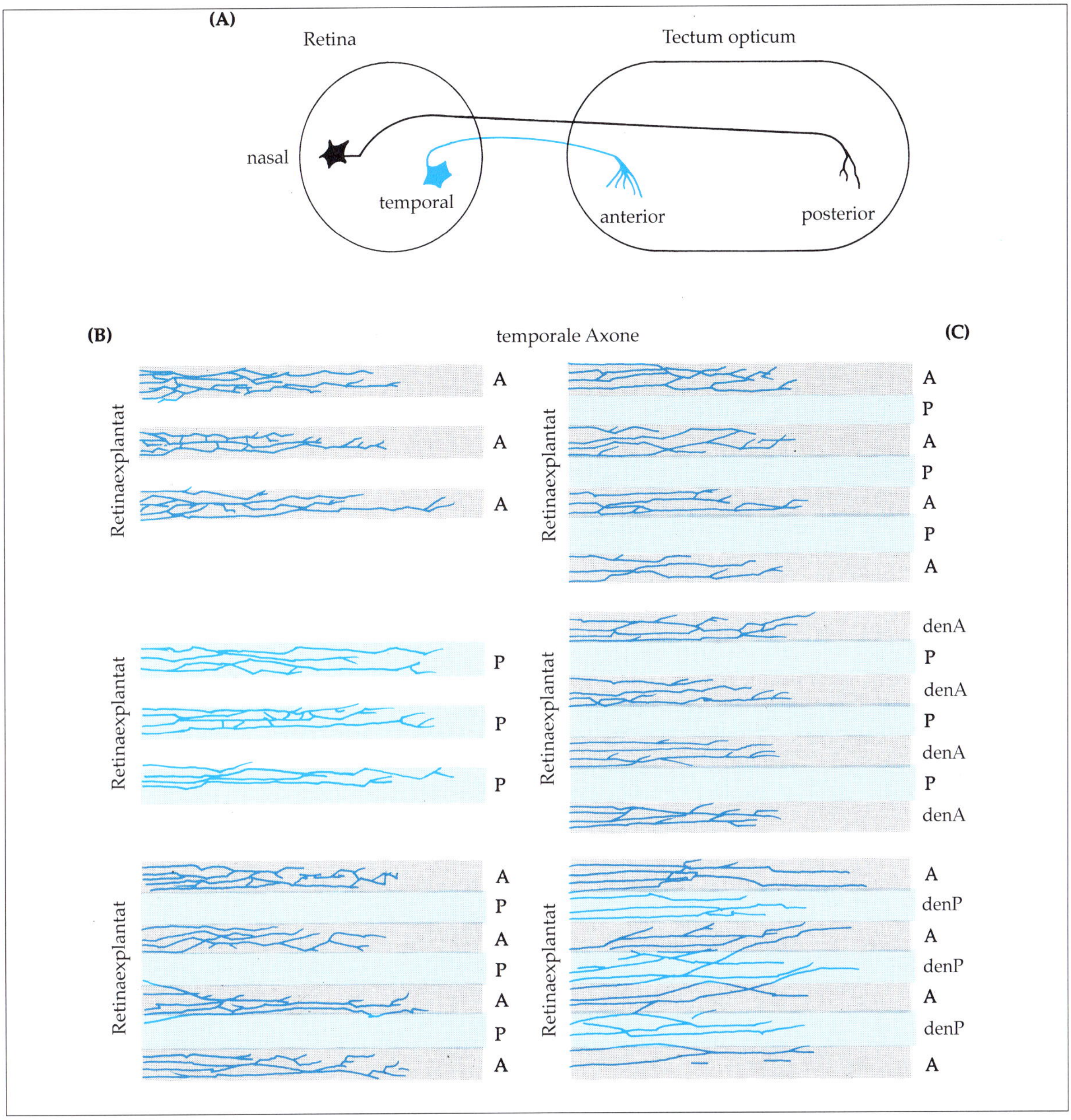

Abb. 19: **Das Innervierungsmuster des optischen Tectums** durch Axone retinaler Ganglienzellen wird durch abstoßende Wechselwirkungen zwischen Wachstumskegeln und unpassenden Zielen vermittelt. (A) Ganglienzellen der nasalen Retina innervieren Neuronen im posterior gelegenen Tectum, Ganglienzellen der temporalen Retina innervieren Neuronen im anterior gelegenen Tectum. (B) In Zellkultur wachsen die Axone von Neuronen aus der temporalen Retina gleich gut auf Bahnen, die mit aus dem anterioren (A) oder posterioren (P) Tectum isolierten Membranen beschichtet sind. Wenn sie jedoch die Wahl haben, bevorzugen sie es, auf anterioren Membranen zu wachsen. (C) Wenn Wachstumskegel aus der temporalen Retina die Wahl zwischen denaturierten anterioren (denA) und intakten posterioren Membranen haben, bevorzugen sie weiterhin die anterioren. Wenn sie zwischen nativen anterioren und denaturierten posterioren (denP) Membranen auswählen können, zeigen sie keine Präferenz. D.h. sie werden normalerweise durch Komponenten der posterioren Membranen abgestoßen (nach Walter et al., 1987, 1990).

Musters der retinotectalen Innervierung auch aktivitätsabhängige Mechanismen eine Rolle[124] (Kap. 18).

124 Constantine-Paton, M., Cline, H. T. and Debski, E. 1990. *Annu. Rev. Neurosci.* 13: 129–154.

Synapsenbildung

Wenn ein Wachstumskegel seinen Bestimmungsort erreicht, muß er einen synaptischen Kontakt mit der richtigen Zelle aufbauen, häufig sogar an einer bestimmten Stelle auf der Zelle. Die Bildung synaptischer Verbindun-

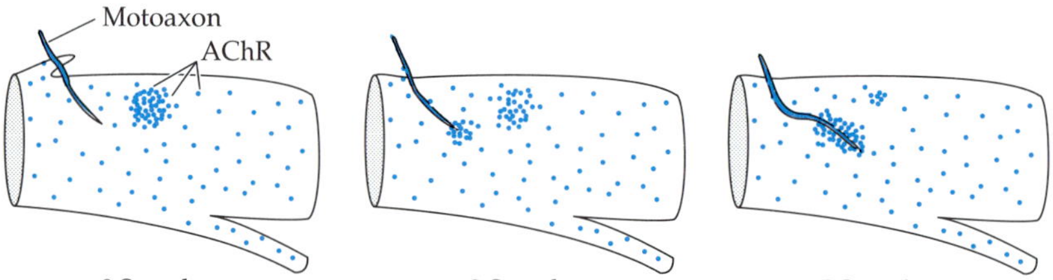

Abb. 20: **Motoaxonendigungen induzieren die Akkumulation von ACh-Rezeptoren** an Synapsen, die sich in Kultur entwickeln. Die Dichte der ACh-Rezeptoren wurde durch Messung der Sensitivität der Myotube für fokale Applikationen von Acetylcholin festgestellt. Die AChR sammeln sich innerhalb von 3 Stunden unter der Endigung an, nachdem der Wachstumskegel Kontakt mit der Myotube geschlossen hatte. Die Wachstumskegel werden nicht von bereits existierenden ACh-Rezeptor-Aggregaten angezogen (nach Frank und Fischbach, 1979).

gen wurde ausführlich an der neuromuskulären Verbindung des Vertebratenskelettmuskels untersucht, besonders im Zusammenhang mit der Verteilung und den Eigenschaften von ACh-Rezeptoren und Acetylcholinesterase. Aus Kap. 9 ist bekannt, daß die ACh-Rezeptoren in der Plasmamembran der Muskelfaser direkt unter der Nervenendigung, entlang der Wälle der synaptischen Einfaltungen hoch konzentriert sind. Acetylcholinesterase ist dagegen mit dem synaptischen Teil der Hülle aus extrazellulärem Matrixmaterial assoziiert, der als **Basalmembran** bekannt ist und jede Muskelfaser umgibt. Viele andere cytoplasmatischen, Membran- und extrazellulären Matrix-Komponenten, deren Funktionen noch zu bestimmen sind, sind an adulten neuromuskulären Verbindungen konzentriert.

Anfängliche synaptische Kontakte

Wie entsteht der komplexe synaptische Apparat während der Entwicklung? Untersuchungen von Fischbach, Cohen, Changeux, Salpeter, Steinbach, Poo, Kidokoro und anderen[125] haben gezeigt, daß die ACh-Rezeptorsynthese beginnt, wenn die Myoblasten fusionieren, um Myotuben zu bilden. Die ACh-Rezeptoren sind mit einer Dichte von wenigen hundert Rezeptoren pro μm^2 diffus über die Oberfläche nicht innervierter Myotuben verteilt. Wenn sich der Wachstumskegel eines Motoaxons einer Myotube nähert, können im Myotuben depolarisierende Potentiale abgeleitet werden, die von der ACh-Freisetzung aus dem Wachstumskegel herrühren. Nach dem Kontaktschluß erhöht sich innerhalb von Minuten die Frequenz der spontanen ACh-Quanten-Ausschüttung, wie auch die Größe des synaptischen Potentials nach einer Axonreizung. Eine funktionierende synaptische Verbindung wird also innerhalb von Minuten hergestellt. Diese anfänglichen Kontakte sind sehr einfach. Sie haben noch keine der synaptischen Spezialisierungen, die die adulte neuromuskuläre Verbindung auszeichnen.

Akkumulation von ACh-Rezeptoren

Als erste synaptische Spezialisierung bildet sich eine Akkumulation von ACh-Rezeptoren unter der Axonendigung.[126] Sie beginnt innerhalb weniger Stunden nach dem ersten Kontakt. Nach einem oder zwei Tagen beträgt die Rezeptorendichte unter der Endigung mehrere Tausend pro μm^2. Etwa zur gleichen Zeit beginnt die Acetylcholinesterase an den Synapsen zu akkumulieren, und Andeutungen von Basalmembranen werden innerhalb des synaptischen Spaltes sichtbar. Während der folgenden wenigen Entwicklungswochen tritt nach und nach eine weitere Differenzierung der neuromuskulären Verbindung auf. Bei vielen Säugerspecies wird die γ-Untereinheit des ACh-Rezeptors durch eine ε-Untereinheit ersetzt, wodurch die embryonale Form des Rezeptors in die adulte umgewandelt wird (Kap. 2). Auch die Rezeptorverteilung ändert sich. Die Konzentration unter der Axonendigung steigt weiter auf das adulte Niveau von ungefähr 10^4 Rezeptoren pro μm^2, während die Rezeptordichte der nichtsynaptischen Anteile der Muskelfaser auf weniger als 10 Rezeptoren pro μm^2 abfällt. Auch die metabolische Stabilität der ACh-Rezeptoren verändert sich. Vor der Innervierung haben die Rezeptoren in der Membran eine Halbwertszeit von ungefähr einem Tag. Die Rezeptoren in innervierten Fasern sind sehr stabil. Sie haben eine Halbwertszeit von 10 Tagen. Auch in der Axonendigung treten Veränderungen auf, die im Laufe mehrerer Wochen zur Bildung aktiver Zonen führen.

Was triggert die Akkumulation von ACh-Rezeptoren an den Synapsen? Um diese Frage anzugehen, hat man begonnen, Nerven- und Muskelzellen in Zellkultur wachsen zu lassen, wo man ihre Wechselwirkungen ständig beobachten kann (Abb. 20). Myotuben, die sich in Kultur in Abwesenheit von Neuronen bilden, entwickeln ACh-Rezeptor-Aggregate auf ihrer Oberfläche, die denen an den frühen synaptischen Kontakten gleichen. Bilden diese Orte Ziele für die Innervierung durch Wachstumskegel? Detaillierte morphologische und physiologische Experimente zeigen, daß die Wachstumskegel die Mus-

125 Salpeter, M. M. (ed.). 1987. *The Vertebrate Neuromuscular Junction.* Alan R. Liss, New York.

126 Scheutze, S. M. and Role, L. W. 1987. *Annu. Rev. Neurosci.* 10: 403–457.

kelzellen an willkürlichen Stellen auf der Oberfläche kontaktieren. Sie ignorieren existierende ACh-Rezeptor-Gruppen und induzieren schnell die Bildung neuer Rezeptor-Aggregate.[127,128] Die Axonendigungen müssen also ein Signal freisetzen, das die ACh-Rezeptor-Akkumulation in der Muskelzelle induziert. Das Signal ist spezifisch für cholinerge Neuronen. Wenn nichtcholinerge Neuronen auf den Muskelzellen wachsen, induzieren sie keine Veränderung der ACh-Rezeptor-Verteilung. Das Signal ist offensichtlich nicht ACh selbst, da in Kultur auch in Anwesenheit von Substanzen, die die Wechselwirkung von ACh mit seinem Rezeptor blockieren, ACh-Rezeptoren unter den Axonendigungen akkumulieren. In Experimenten, die ursprünglich dazu dienten, Signale zu identifizieren, die die Regeneration der neuromuskulären Verbindung kontrollieren (Kap. 12), wurde ein Protein identifiziert, Agrin genannt, das von Motonervendigungen ausgeschüttet wird und das die Akkumulation von ACh-Rezeptoren, Cholinesterase und anderen Komponenten des postsynaptischen Apparates an den Synapsen triggert.[129] Andere Faktoren wurden identifiziert, u.a. CGRP (calcitonin gene-related peptide), ARIA (ACh receptor-inducing activity) und Ascorbinsäure, die die ACh-Rezeptor-Synthese regulieren können.

Diese und viele andere Untersuchungen zeigen, daß die Bildung einer Synapse, wie der neuromuskulären Verbindung, nicht ein einzelnes Alles-oder-Nichts-Ereignis darstellt. Obwohl eine funktionierende synaptische Übertragung sehr schnell aufgebaut wird, ist die Differenzierung der prä- und postsynaptischen Spezialisierungen ein langwieriger Prozeß, der sich über mehrere Wochen erstreckt, und vom Austausch vieler molekularer Signale zwischen Nervenendigung und Muskelfaser abhängt.

Kompetitive Wechselwirkungen während der Entwicklung

Neuronaler Zelltod

Ein auffälliges Merkmal der Entwicklung des Nervensystems besteht darin, daß viele Neuronen geboren werden, um zu sterben. Bei Evertebraten begleitet der neuronale Zelltod die weitreichenden Veränderungen während der Metamorphose, er wird dort hormonal reguliert.[130] Im sich entwickelnden Vertebratennervensystem tritt der Neuronentod jedoch in Abwesenheit solcher groben morphologischen Veränderungen auf.[131] Hamburger und Levi-Montalcini haben als erste den Neuronentod in Vertebratenembryonen experimentell nachgewiesen und gezeigt, daß sein Ausmaß durch Veränderung der Größe des Zielgewebes beeinflußt werden kann.[132] Sie und ihre Kollegen haben z.B. gezeigt, daß in einem sich entwickelnden Bein eines Hühnerembryos etwa zur selben Zeit, in der die ersten synaptischen Verbindungen auf den Muskelfasern gebildet werden, 40 bis 70 Prozent der Motoneuronen absterben, die Axone in das Bein gesendet hatten. Eine Implantation eines überzähligen Beines reduzierte den Anteil der absterbenden Motoneuronen, während die Entfernung der Beinanlage mehr Motoneuronen absterben ließ.[133] Es sah so aus, als ob Motoneuronen um einige trophische Substanzen konkurrieren, die sie von ihrem Zielgewebe erhalten und die notwendig für ihr Überleben sind. Es wurden tatsächlich zwei vom Muskel stammende Proteine identifiziert, die die Motoneuronen in Zellkultur am Leben erhalten können, CDF (cholinergic differentiation factor) und IGF1 (insulin-like growth factor 1).[134,135] Wenn diese Proteine in Embryonen injiziert werden, überlebten die Motoneuronen, die sonst abgestorben wären.

Während der Periode der Synapsenbildung weisen alle Vertebraten-Nervensysteme eine Überproduktion von Neuronen mit folgendem Zelltod auf. Einige Neuronen, die absterben, haben vielleicht gar keine Synapsen gebildet oder ein ungeeignetes Ziel innerviert. In solchen Fällen trägt der Zelltod zur Spezifität der Innervierung bei. Die meisten Zellen, die absterben, scheinen jedoch ihre korrekten Ziele erreicht und innerviert zu haben. Der Zelltod ist also primär ein Mechanismus, durch den die Größe des neuronalen Eingangs auf die Größe seines peripheren Ziels abgestimmt wird.

Polyneuronale Innervierung

Eine etwas kompliziertere Innervierungssteuerung kommt ins Spiel, wenn die Neuronenpopulation, die ein bestimmtes Ziel innerviert, durch Zelltod eingeengt wurde. Bei diesem Prozeß konkurrieren die überlebenden Neuronen miteinander um synaptisches Territorium im Zielgebiet. Die Skelettmuskelentwicklung liefert ein deutliches Beispiel für diese Konkurrenz.[136] Im Adultzustand innerviert jedes Motoneuron eine Gruppe von bis zu 300 Muskelfasern, die eine motorische Einheit bilden

127 Frank, E. and Fischbach, G. D. 1979. *J. Cell Biol.* 83: 143–158.
128 Anderson, M. J. and Cohen, M. W. 1977. *J. Physiol.* 268: 757–773.
129 McMahan, U. J. and Wallace, B. G. 1989. *Dev. Neurosci.* 11: 227–247.
130 Truman, J. W. 1984. *Annu. Rev. Neurosci.* 7: 171–188.
131 Oppenheim, R. W. 1991. *Annu. Rev. Neurosci.* 14: 453–501.
132 Hamburger, V. 1939. *Physiol. Zool.* 12: 268–284.
133 Hollyday, M. and Hamburger, V. 1976. *J. Comp. Neurol.* 170: 311–320.
134 Caroni, P. and Grandes, P. 1990. *J. Cell Biol.* 110: 1307–1317.
135 McManaman, J. L., Haverkamp, L. J. and Oppenheim, R. W. 1991. *Adv. Neurol.* 56: 81–88.
136 Betz, W. J. 1987. *In* M. M. Salpeter (ed.). *The Vertebrate Neuromuscular Junction.* Alan R. Liss, New York. pp. 117–162.

Rita Levi-Montalcini, 1985

(Kap. 15), aber jede Muskelfaser wird nur von einem Axon innerviert. Während der Muskelentwicklung verzweigen sich die eine Zelltodperiode überlebenden Motoneuronen jedoch weiträumig, so daß jede Muskelfaser von Axonen mehrerer Motoneuronen innerviert wird. Mit fortschreitender Entwicklung werden Axonverzweigungen eliminiert, bis das adulte Muster erreicht ist.[137,138] Diese Eliminierung hat nichts mit Zelltod zu tun, es handelt sich nur um eine Reduktion der Anzahl der Muskelfasern, die von jedem Motoneuron innerviert werden, bis die motorischen Einheiten die Größe des Adultzustandes erreicht haben. Diese Beseitigung der polyneuronalen Innervierung scheint mit einem Wettbewerb zwischen den Axonen verschiedener Motoneuronen um synaptischen Raum auf der Muskelzelle verbunden zu sein. Das deutlichste Beispiel hierfür stammt aus Untersuchungen eines kleinen Muskels im Zeh der Ratte.[139] Wenn in einer frühen Entwicklungsperiode alle Motoaxone, die diesen Muskel innervieren, außer einem durchtrennt werden, breitet sich das verbleibende Axon aus und innerviert viele Fasern innerhalb des Muskels. Während der Zeit, in der im Normalfall die motorischen Einheiten durch die Eliminierung polyneuronaler Eingänge auf ihre adulte Größe reduziert werden, geht jedoch keine Synapse mehr verloren. Ohne Konkurrenz behält das überlebende Motoneuron Kontakte mit jeder Muskelfaser, die es innerviert hat. An autonomen Ganglien neugeborener Ratten und Meerschweinchen wurde eine ähnliche Retraktion multipler Eingänge gezeigt.[140] Jede Ganglienzelle wird zunächst von mehreren Eingängen – ungefähr 5 – versorgt, aber ca. 5 Wochen nach der Geburt ist normalerweise nur noch einer übrig. Experimente von Purves, Lichtman und Kollegen haben lebhafte Bilder dieses Prozesses geliefert, indem sie in vivo Nervenendigungen mit Vitalfarbstoffen sichtbar machten und die Veränderungen der Synapsenstruktur während der Synapseneliminierung beobachteten.[141,142]

Physiologische Experimente zeigen, daß die Aktivität bei der Synapseneliminierung eine Rolle spielt, indem sie die Geschwindigkeit und das Ergebnis der Konkurrenz zwischen den Axonendigungen beeinflußt.[136] Erhöhte elektrische Aktivität durch elektrische Reizung des Nervs über implantierte Metallelektroden steigert die Geschwindigkeit der Synapseneliminierung im Muskel.[143,144] Wenn man durch Tetrodotoxinapplikation in einer Manschette um den Nerv Aktionspotentiale unterbindet oder die synaptische Übertragung hemmt, und dadurch die Aktivität herabsetzt, verlangsamt sich die Synapseneliminierung.[145,146] Muskeln die Eingänge von Axonen, die in zwei verschiedenen Nerven laufen, erhalten, ermöglichen das interessante Experiment, die Impulse in einem Nerv, aber nicht in dem anderen zu blokkieren.[147,148] In solchen Fällen haben inaktive Neuronen einen klaren kompetitiven Nachteil. Die Axone des blokkierten Nervs innervieren kleinere motorische Einheiten als normal, während die aus dem aktiven Nerv mehr Fasern als üblich innervieren. Die Vorherrschaft des aktiven Nervs ist nicht absolut, was vermuten läßt, daß noch andere Faktoren eine Rolle spielen. Die molekulare Basis dieser Konkurrenz und der Mechanismus, durch den die Aktivität zur Synapseneliminierung beiträgt, sind nicht bekannt.

Eine ähnliche Konkurrenz um synaptische Ziele tritt während der Entwicklung von ZNS-Bahnen auf.[149] Ein Beispiel dafür ist die Bildung der Okulardominanzsäulen im visuellen Cortex (Kap. 18), wo sich die Axone vom Corpus geniculatum laterale, die Informationen von beiden Augen übertragen, zunächst weiträumig in Schicht 4 des Cortex überlappen und sich dann in Säulen vom linken und vom rechten Auge aufteilen. Hier spielt das Aktivitätsmuster in den Endigungen von beiden Augen eine entscheidende Rolle für das Ergebnis der Konkurrenz.

Entdeckung von Wachstumsfaktoren

Identifizierung des Nervenwachstumsfaktors

Levi-Montalcini, Cohen und deren Mitarbeiter haben eine Reihe von Schlüsselexperimenten durchgeführt und dadurch den Weg zur Untersuchung der molekularen Grundlage der kompetitiven Wechselwirkungen zwischen Neuronen während der Entwicklung gewiesen.[150] Sie haben einen Faktor entdeckt, der Wachstum und Überleben sympathischer und sensorischer Neuronen

137 Redfern, P. A. 1970. *J. Physiol.* 209: 701–709.
138 Brown, M. C. Jansen, J. K. S. and Van Essen, D. 1976. *J. Physiol.* 261: 387–422.
139 Betz, W. J. Caldwell, J. H. and Ribchester, R. R. 1980. *J. Physiol.* 303: 265–279.
140 Purves, D. and Lichtman, J. W. 1983. *Annu. Rev. Physiol.* 45: 553–565.
141 Balice-Gordon, R. J. and Lichtman, J. W. 1990. *J. Neurosci.* 10: 894–908.
142 Balice-Gordon, R. J. and Lichtman, J. W. 1990. *Soc. Neurosci. Abstr.* 16: 456.
143 O'Brien, R. A. D., Ostberg, A. J. C. and Vrbova, G. 1978. *J. Physiol.* 282: 571–582.
144 Thompson, W. 1983. *Nature* 302: 614–616.
145 Thompson, W., Kuffler, D. P. and Jansen, J. K. S. 1979. *Neuroscience* 4: 271–281.
146 Brown, M. C., Hopkins, W. G. and Keynes, R. J. 1982. *J. Physiol.* 329: 439–450.
147 Ribchester, R. R. and Taxt, T. 1983. *J. Physiol.* 344: 89–111.
148 Ribchester, R. R. and Taxt, T. 1984. *J. Physiol.* 347: 497–511.
149 Shatz, C. J. 1990. *Neuron* 5: 745–756.
150 Levi-Montalcini, R. 1982. *Annu. Rev. Neurosci.* 5: 341–362.

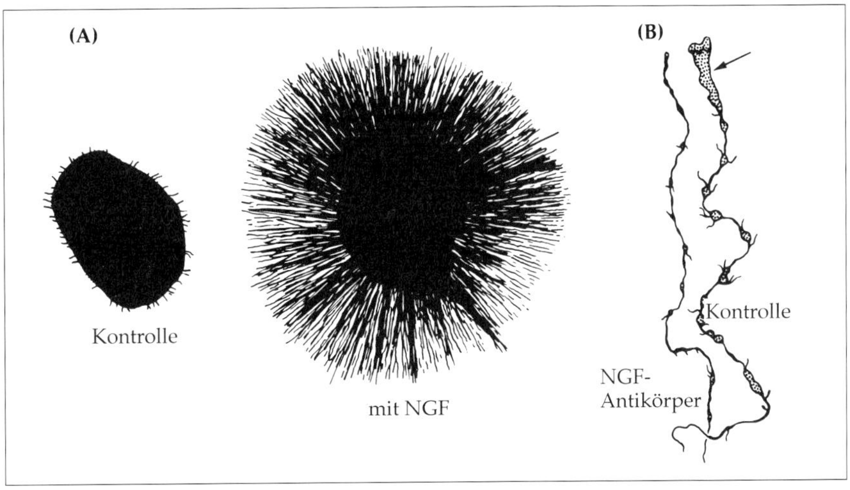

Abb. 21: **Wirkung des Nervenwachstumsfaktors** auf Neuronen in sensorischen Ganglien aus einem 7 Tage alten Hühnerembryo. Die Ganglien wurden 24 Stunden in Kultur gehalten. (A) Links sieht man ein Ganglion im Kontrollmedium. Das Ganglion rechts, das in Medium mit Nervenwachstumsfaktor gehalten wurde, zeigt starkes Wachstum. (B) Thorakale sympathische Ganglienkette eines Kontrolltieres (Maus, rechts). Der Pfeil zeigt auf das Stellarganglion. Links sieht man eine – viel kleinere – Ganglienkette einer Maus, der 5 Tage nach der Geburt Antiserum gegen Nervenwachstumsfaktor injiziert wurde (A nach Levi-Montalcini, 1964; B nach Levi-Montalcini und Cohen, 1960).

aufrecht erhält. Diese Untersuchungen liefern die Grundlage für den Zugang zu vielen Problemen, die in diesem Kapitel angesprochen wurden. Außerdem verdeutlicht der Verlauf der Untersuchungen auch die Art, wie Forschung in der Hand außerordentlich weitsichtiger Forscher vorangetrieben werden kann. Die Suche nach dem Wachstumsfaktor bestand nämlich aus einer bemerkenswerten Reihe von Zufällen, falschen, aber lohnenden Hinweisen, und ungewöhnlicher und – wie es scheint – glücklicher Auswahlen, die die Erforschung des Nervenwachstums ein entscheidendes Stück vorangebracht haben.

Die Transplantation eines Extrabeins auf den Rücken einer Kaulquappe, einer Eidechse oder eines Molches rettet nicht nur Motoneuronen, die sonst abgestorben wären, wie oben beschrieben, sondern bewirkt auch das Auswachsen von Nervenfasern aus dem Zentralnervensystem.[132] Um die Idee zu verfolgen, daß es in transplantierten Extremitäten Substanzen geben muß, die in der Lage sind, Nervenfasern anzuziehen, bot es sich an, die Wirkung schnell wachsender Gewebe auf das Neuronenwachstum zu testen. Bei den ersten Experimenten wurde ein Bindegewebetumor (Sarkom) der Maus in Hühnerembryonen implantiert. Auf der Seite, in die das Sarkom implantiert wurde, kam es zu einem üppigen Auswachsen sensorischer und sympathischer Nervenfasern aus dem Embryo in den Tumor. Um zu zeigen, daß dieser Effekt durch einen humoralen Faktor verursacht wurde, wurden die Sarkome auf die Chorion-Allantois-Membran transplantiert, einem Gewebe, das den Embryo umgibt. Obwohl es keinen direkten Kontakt zwischen Embryo und Tumor gab, wuchsen die Hinterwurzelganglien und die sympathischen Neuronen auf der Seite des Implantats wiederum ausgiebig.[151] Als nächstes wurde gezeigt, daß Sarkomzellen eine ähnlich dramatische Wirkung auf Hühnerganglien in Gewebekultur ausüben, wodurch man einen einfachen und zuverlässigen Bioassay erhält (Abb. 21).

Zunächst nahm man an, daß es sich bei dem aktiven Faktor im Sarkom um ein Nucleoprotein handelt. Um zu sehen, ob Nucleinsäuren essentielle Bestandteile des wachstumsfördernden Faktors sind, wurden die Tumoren in Schlangengift inkubiert, wodurch die Nucleinsäuren hydrolysiert und dadurch die Tumorfraktion inaktiviert wurde. Unter Wirkung des Schlangengifts wurde das Wachstum jedoch nicht inaktiviert, sondern weiter gesteigert. Das Kontrollexperiment – die Zugabe von Schlangengift ohne Sarkomextrakt – zeigte überraschenderweise, daß das Gift eine weitaus ergiebigere Wachstumsfaktorquelle darstellt als das Sarkom.[152] Da das Gift aus Speicheldrüsen abgesondert wird, gab dies Anlaß zu der Vermutung, daß Speicheldrüsen von anderen Tieren einen ähnlichen Faktor enthalten könnten.

Als Versuchstier wurde die Maus gewählt.[152,153] Speicheldrüsenextrakte adulter männlicher Mäuse waren gut geeignet, Neuriten sensorischer Ganglien in Kultur zum Auswachsen zu veranlassen (Abb. 21). Adulte, männliche Mäuse zu nehmen, war eine glückliche Wahl, weil die Speicheldrüsen weiblicher oder unreifer Mäuse viel weniger Wachstumsfaktor enthalten, was auch für die Speicheldrüsen aller anderen Tiere gilt, die man seitdem untersucht hat. Die Substanz, die man aus dem Schlangengift und den Speicheldrüsen von Mäusen extrahiert hat, wurde **Nervenwachstumsfaktor** (NGF, nerve growth factor) genannt. Die funktionelle Rolle der NGF-Aktivität in den Speicheldrüsen des Tieres ist noch nicht klar, besonders da die Entfernung dieser Drüsen bei jungen Tieren nur geringe Auswirkungen auf das Nervenwachstum hat.

151 Levi-Montalcini, R. and Angeletti, P. U. 1968. *Physiol Rev.* 48: 534–569 [In diesem Artikel findet man auch die Zitate früherer Arbeiten.]

152 Cohen, S. 1959. *J. Biol. Chem.* 234: 1129–1137.
153 Cohen, S. 1960. *Proc. Natl. Acad. Sci. USA* 46: 302–311.

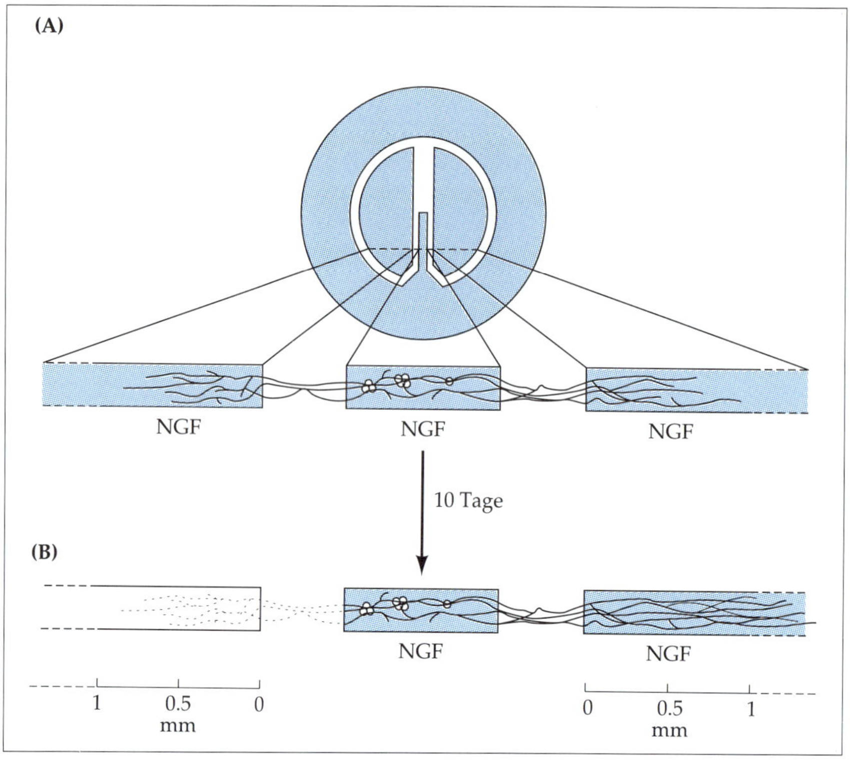

Abb. 22: **NGF kann das Überleben von axonalen Zweigen sympathischer Ganglienzellen in Zellkultur regulieren.** (A) Neuronen, die aus neonatalen sympathischen Ganglien dissoziiert und in das mittlere Kompartiment plattiert wurden, senden Axone unter einer Teflonbegrenzung hindurch in die Nachbarkompartimente, die beide Nervenwachstumsfaktor enthalten. (B) Entfernung von NGF aus dem linken Kompartiment bewirkt die Degeneration der in dieses Kompartiment eindringenden Neuriten, während die Neuriten in dem Kompartiment, das noch NGF enthält, dort verbleiben (nach Campenot, 1982).

Der Einfluß des NGF auf das Neuritenwachstum

Levi-Montalcini hat früh beobachtet, daß Neuriten bestrebt sind, in Regionen mit hoher NGF-Konzentration hineinzuwachsen. Ein deutliches Beispiel hierfür stammt aus Experimenten, bei denen NGF in ein neonatales Rattengehirn injiziert wurde.[154] Axone aus den sympathischen Ganglien traten ins Rückenmark ein und stiegen dann zur Injektionsstelle im Mittelhirn auf. Untersuchungen an sensorischen Neuronen in Kultur haben gezeigt, daß sich der Wachstumskegel in Richtung der höheren Konzentration wendet, wenn NGF langsam aus einer Pipette seitlich in der Nähe des Wachstumskegels freigesetzt wird.[155] Diese Beobachtungen unterstützten die Hypothese, daß NGF als Chemoattraktor dient, der sensorische und sympathische Axone während der normalen Entwicklung zu ihren Zielen lenkt. Allerdings synthetisieren Zielzellen in sich entwickelnden Embryonen so geringe Mengen NGF, daß man ihn lange Zeit nicht nachweisen konnte. Als dann sorgfältige Experimente von Davies zeigten, daß das Zielgewebe sensorischer Neuronen tatsächlich NGF synthetisiert, stellte sich heraus, daß die Synthese erst nach Eintreffen der Axone beginnt.[156] Die sensorischen Axone exprimieren auch keine NGF-Rezeptoren, bevor sie ihr Zielgewebe erreichen. Auswachsende sensorische Axone werden demnach also nicht durch NGF, das aus dem Zielgewebe freigesetzt wird, zu ihrem Bestimmungsort geleitet.

Der Nervenwachstumsfaktor scheint jedoch bei der Regulation der Verteilung der Axonausläufer innerhalb des Zielgewebes eine Rolle zu spielen. Ein Beispiel für die lokale Kontrolle, die NGF auf einzelne Verzweigungen eines Neurons ausüben kann, kam von Experimenten, in denen man sympathische Neuronen in einer Kulturschale aus drei Kompartimenten wachsen ließ[157] (Abb. 22). Zunächst enthielt das Medium aller drei Kammern NGF. Die Zellen wurden in das zentrale Kompartiment gegeben. Sie sandten Axone in beide seitlichen Kompartimente aus. NGF wurde dann aus einem der beiden seitlichen Kompartimente entfernt. Die Axone, die in das Kompartiment projizierten, das NGF enthielt, überlebten, aber die Axone, die in das NGF-freie Kompartiment gewachsen waren, degenerierten. Innerhalb des Zielgewebes können also lokale NGF-Quellen die Endverzweigungsbäume der sensorischen und sympathischen Axone formen, indem sie einige Zweige anziehen und erhalten, während andere degenerieren.

154 Menesini-Chen, M. G., Chen, J. S. and Levi-Montalcini, R. 1978. *Arch. Natl. Biol.* 116: 53–84.
155 Gundersen, R. W. and Barrett, J. N. 1980. *J. Cell Biol.* 87: 546–554.
156 Davies, A. M. and Lumsden, A. 1990. *Annu. Rev. Neurosci.* 13: 61–73.

157 Campenot, R. B. 1982. *Dev. Biol.* 93: 13–21.

Trophische Wirkungen von NGF während der Embryonalentwicklung

Der Nervenwachstumsfaktor steigert nicht nur das Neuritenwachstum sensorischer und sympathischer Neuronen, sondern ist auch für ihr Überleben notwendig. Nach Injektion von Antiserum gegen NGF in neugeborene Mäuse, entwickelte sich kein sympathisches Nervensystem[158] (Abb. 21). Das parasympathische Nervensystem war nicht betroffen, und die Hinterwurzelganglien waren nur wenig kleiner als normal. Die Tiere lebten normal, reagierten aber nur schwach auf Stressbedingungen. In Folgeexperimenten wurde gezeigt, daß die Hinterwurzelganglien nicht überleben, wenn man die Feten NGF-Antikörpern aussetzt, die man mit einer geschickten Taktik, der Immunisierung der Mutter, gewinnt.[159] Bei adulten Tieren waren Antikörper gegen NGF bei beiden Zellpopulation viel weniger effektiv. Jeder Zelltyp besitzt also eine kritische Phase während der Entwicklung, in der sein Überleben von der Bereitstellung von NGF abhängt.

Aufnahme und retrograder Transport von NGF

Obwohl die Wirkungen von NGF auf die Wachstumsrichtung und das Überleben der Neuriten über Mechanismen vermittelt werden könnte, die auf die Neuriten und ihre Wachstumskegel beschränkt sind, läßt die Abhängigkeit des Überlebens der Zelle von NGF eine Wirkung auf das Zellsoma vermuten. Untersuchungen an adulten Tieren mit radioaktiv markiertem NGF haben gezeigt, daß er in die Nervenendigungen aufgenommen und aktiv zum Soma zurück transportiert wird, wo er (u.a.) die Noradrenalinsynthese durch Induktion zweier Enzyme reguliert, die für die Synthese benötigt werden: Tyrosin-Hydroxylase und Dopamin-β-Hydroxylase.[160,161] Wenn der NGF-Transport in adulten Neuronen beeinträchtigt ist, fallen die Konzentrationen dieser Enzyme. Wenn die embryonalen sympathischen Neuronen – wie oben beschrieben – in Kulturschalen mit drei Kompartimenten wachsen, muß die zentrale Kammer, in die die Neuronen plaziert werden, NGF enthalten, damit die Zellen überleben.[162] Wenn die Neuriten jedoch die Seitenkammer erreicht haben, kann das NGF aus der Zentralkammer entfernt werden, und die Zellen überleben. Dies legt nahe, daß die trophischen Effekte von NGF auf sich entwickelnde Neuronen ebenfalls durch retrograden Transport des NGF von den Nervenendigungen zum Soma vermittelt werden.

158 Levi-Montalcini, R. and Cohen, S. 1960. *Ann. N.Y. Acad. Sci.* 85: 324–341.
159 Dolkart-Gorin, P. and Johnson, E. M. 1979. *Proc. Natl. Acad. Sci. USA* 76: 5382–5386.
160 Hendry, I. A. et al. 1974. *Brain Res.* 68: 103–121.
161 Black, I. B. 1978. *Ann. Rev. Neurosci.* 1: 183–214.
162 Campenot, R. B. 1977. *Proc. Natl. Acad. Sci. USA* 74: 4516–4519.

Die Molekularbiologie der Wachstumsfaktoren

Sensorische Neuronen innervieren nicht nur Ziele in der Peripherie, sondern bilden auch Verbindungen im Zentralnervensystem. Es liegt auf der Hand, sich zu fragen, ob beim Aufbau zentraler Verbindungen ähnliche Faktoren wie NGF wichtig sind. Es wurde tatsächlich ein Protein im Zentralnervensystem identifiziert, das BDNF (brain derived neurotrophic factor) genannt wird, das das Überleben von Hinterwurzelganglienneuronen in Kultur fördert und sie in vivo rettet, wenn es Embryonen während der Periode des natürlichen neuronalen Zelltodes verabreicht wird.[163] Die Mehrheit der sensorischen Neuronen des Hinterwurzelganglions reagiert in einer frühen Entwicklungsphase sowohl auf BDNF als auch auf NGF. Bei fortschreitender Entwicklung trennen sich BDNF- und NGF-abhängige Neuronen. Andere sensorische Neuronen werden weder von NGF noch von BDNF beeinflußt, was die Existenz zusätzlicher neurotropher Faktoren nahelegt, die spezifisch für die Strukturen sind, die von diesen Neuronen innerviert werden (s.u.).

Diese Beobachtungen lieferten die Grundlage für eine molekulare Analyse des Wirkungsmechanismus des Nervenwachstumsfaktors durch eine Reihe von Experimentatoren, u.a. der Gruppen um Levi-Montalcini, Shooter, Thoenen und Barde.[164–166] Ihre Untersuchungen beschäftigten sich mit Fragen nach dem Teil des Proteins, der am effektivsten bei der Induktion des Wachstums ist, nach den Rezeptoren auf der Membran, die mit NGF interagieren und nach den metabolischen Ereignissen, die danach auftreten. NGF mußte zunächst gereinigt, sequenziert und kloniert werden. In Speicheldrüsen liegt NGF als Komplex aus drei Typen von Untereinheiten vor, α, β, und γ. Die β-Untereinheit ist für die Förderung des Nervenwachstums und das Überleben verantwortlich.[167–169] Sie besteht aus zwei identischen Peptidketten, von denen jede 118 Aminosäuren und 3 Disulfidbrücken enthält. Die Reinigung und Charakterisierung von BDNF offenbarte eine große Homologie zu NGF, was anzeigt, daß NGF und BDNF Mitglieder einer Familie von Wachstumsfaktoren sind, die den Namen **Neurotrophine** erhielten. Molekulargenetische Experimente haben tatsächlich zwei zusätzliche Neurotrophine identifiziert, NT-3 und NT-4. NT-3 kann das Überleben und das Neuritenwachstum mehrerer Neuronentypen bewirken. NT-4 kommt nur in unreifen Eizellen im Ovar vor. Seine Rolle ist unbekannt.

163 Barde, Y.-A. 1989. *Neuron* 2: 1525–1534.
164 Rodriguez-Tebar, A., Dechant, G. and Barde, Y.-A. 1991. *Philos. Trans. R. Soc. Lond. B.* 331: 255–258.
165 Welcher, A. A. et al. 1991. *Philos. Trans. R. Soc. Lond. B.* 331: 295–301.
166 Thoenen, H. 1991. *Trens Neurosci.* 14: 165–170.
167 Angeletti, R. H. Hermodson, M. A. and Bradshaw, R. A. 1973. *Biochemistry* 12: 100–115.
168 Angeletti, R. H., Mercanti, D. and Bradshaw, R. A. 1973. *Biochemistry* 12: 90–100.
169 Greene, L. A. et al. 1971. *Neurobiology* 1: 37–48.

Die Neurotrophine interagieren mit zwei Rezeptortypen auf der Oberfläche ihrer Zielneuronen.[170,171] Alle Neurotrophine binden mit relativ gleicher, geringer Affinität ($K_d = 10^{-9}$ *M*) an einen Membranrezeptor, der als low-affinity-fast NGF-Rezeptor, oder $p75^{NGFR}$ bekannt ist. Man findet ihn auf Neuronen und nichtneuronalen Zellen. Es gibt auch Rezeptoren mit hoher Affinität ($K_d = 10^{-11}$ *M*) für Neurotrophine. Resultate aus Bioassays zeigen, daß die Wirkungen von Neurotrophinen auf das Überleben der Zellen und das Neuritenwachstum durch Bindung an die hochaffinen Rezeptoren bewirkt wird. Obwohl man den hochaffinen Rezeptor für NGF normalerweise nur auf Neuronen findet, wurde er ursprünglich in menschlichen Dickdarmkarzinom-Zellen als Teil des **trk**-Oncogens identifiziert (Oncogene sind Gene, die an der Vermittlung der Zell-Transformation beteiligt sind). Das Oncogen codiert ein rezeptorartiges Protein, das eine Tyrosinkinase-Domäne verbunden mit Tropomyosin-Sequenzen enthält. Deshalb wird es «Tropomyosin-Rezeptor-Kinase» oder *trk* genannt. Das Gegenstück zum *trk*-Oncogen in normalen Zellen codiert ein 140-kD-Protein, das als $p140^{prototrk}$ oder einfach trk bekannt ist. Die Struktur des trk-Proteins, die man aus seiner aufgedeckten Aminosäuresequenz hergeleitet hat, besteht aus einer extrazellulären Domäne, die die Neurotrophin-Bindungsstelle enthält, einem kurzen Transmembran-Segment und einer intrazellulären Domäne, die eine Tyrosinkinase codiert. Es gibt mindestens drei Mitglieder der *trk*-Familie der Proto-Oncogene, von denen jedes wie der hochaffine Rezeptor auf ein oder mehrere Neurotrophine wirkt. Das Protein trkA ist der Rezeptor für NGF, trkB scheint der Rezeptor für BDNF zu sein. Eines der frühesten Ereignisse, die man nach der Bindung der Neurotrophine an ihre hochaffinen Rezeptoren beobachten kann, ist ein Anstieg der Tyrosin-Phosphorylierung von Proteinen im Neuron. Die Funktion des Rezeptors mit geringer Affinität, der keine intrazellulären Domänen besitzt, ist nicht bekannt. In einigen Zellen könnte er während der Bindung der Neurotrophine mit dem hochaffinen Rezeptor wechselwirken. In anderen, besonders denen, die keine hochaffinen Rezeptoren besitzen, könnte er einen Mechanismus zur Einschränkung der Diffusion und zum Aufbau hoher lokaler Konzentrationen von Neurotrophinen bereitstellen.

NGF im Zentralnervensystem

Die Entdeckung einer Population NGF-sensitiver Zellen im Zentralnervensystem ist von besonderem Interesse.[172] Diese cholinergen Neuronen liegen im basalen Telencephalon und innervieren mehrere Strukturen, u.a. den Hippocampus, eine Region des ZNS, die mit Lernen und Gedächtnis in Verbindung gebracht wird (Kap. 10). Wenn die Axone dieser Neuronen in der adulten Ratte durchtrennt werden, sterben die Zellen ab. Nach einer NGF-Infusion ins ZNS überleben die Neuronen jedoch die Axotomie. Die Anzahl der Zellen, die mit Markern für cholinerge Funktion gefärbt werden, nimmt mit dem Alter ab, wie auch die Fähigkeit von Ratten, sich in einem Labyrinth zurechtzufinden oder andere Aufgaben für das räumliche Gedächtnis zu lernen.[173] Wenn NGF jedoch in alte Ratten injiziert wird, steigt die Anzahl der Zellen, die gefärbt werden können, und die Leistung der Ratte bei Aufgaben für das räumliche Gedächtnis wird erhöht.[174] Diese Beobachtungen zeigen, daß Überleben und Wachstum von Neuronen im ZNS wahrscheinlich von denselben oder ähnlichen Faktoren abhängen, die bereits für periphere Neuronen identifiziert wurden. Gleichzeitig liefern diese Ergebnisse auf molekularer Ebene eine Möglichkeit, über Schwächen nachzudenken, die mentale Defizite verursachen, und darüber, wie man sie beheben kann.

Allgemeine Überlegungen zur neuronalen Spezifität

Das Problem der neuronalen Spezifität – wie Nervenzellen ihre passenden Ziele finden – ist nur eine Facette der allgemeinen Fähigkeit zur Regulation des Zellwachstums. Andere Allerweltszellen im Körper scheinen auch zu wissen, in welche Richtung sie wachsen und wann sie aufhören müssen. Die Wiederherstellung von Hautgewebe nach einer partiellen Entfernung, das richtige Verschließen einer Wunde und das erneute Wachsen eines verletzten Organs, wie der Leber, auf seine richtige Größe sind verwandte Phänomene. Genau wie der denervierte Muskel neue Nervenfasern anzuziehen scheint, zieht ein transplantierter Muskel neue Kapillaren an, die in ihn hineinwachsen, indem sie sich von einem benachbarten Gefäß abzweigen. Das Problem des Aufbaus der riesigen Anzahl spezifischer Verbindungen, die für die integrativen Fähigkeiten des Zentralnervensystems benötigt werden, ist jedoch viel komplexer!

Möglicherweise kann eine Analogie aus dem Alltag hilfreich sein. Wir wollen annehmen, daß wir nicht wissen wie das System der Post funktioniert. Ein Kapitel dieses Buches über das Nervensystem wird – ohne Abbildungen – in Basel, in der Schweiz, abgesandt und an einen Verleger in Sunderland, Massachusetts, geschickt, wo es einige Tage später eintrifft. Wie kommt es dort hin? Der Autor kennt nur den nächstgelegenen Briefkasten und kennt nicht einmal die Adresse des Postamtes in seinem Bezirk. Der Postbeamte, der den Briefkasten leert, weiß, wo das Postamt ist. Der Beamte, der dort die Post weiterleitet, weiß vielleicht nicht, wo Sunderland liegt, aber er weiß, wie man ein Paket zum Flughafen befördert – usw. in das richtige Land, die Stadt, die Straße, das

170 Sutter, A. et al. 1979. *J. Biol. Chem.* 254: 5972–5982.
171 Ragsdale, C. and Woodgett, J. 1991. *Nature* 350: 660–661.
172 Gage, F. H. et al. 1988. *J. Comp. Neurol.* 269: 147–155.
173 Fischer, W., Gage, F. H. and Björklund, A. 1989. *Eur. J. Neurosci.* 1: 34–45.
174 Fischer, W. et al. 1991. *J. Neurosci.* 11: 1889–1906.

Gebäude und schließlich zur richtigen Person. Als ob das noch nicht reichte, die Abbildungen, die das Kapitel komplettieren, werden getrennt davon aus Denver zum selben Bestimmungsort geschickt, wo sie nahezu gleichzeitig mit dem Kapitel aus Basel eintreffen. Während der ganzen Zeit wird andere Post durch dieselben Briefkästen und Postämter bewegt, in unterschiedliche Richtungen und zu anderen Bestimmungsorten.

Eine tröstliche Eigenschaft dieser langen Analogie ist, daß das Problem nur auf den ersten Blick verwirrend erscheint. Man kann das Postproblem nämlich lösen, indem man die Sendung Schritt für Schritt bis zu Ihrem Bestimmungsort verfolgt. Dies würde einiges über die Logik und die Konstruktion der Organisation der Post offenbaren (wenn auch ohne die Identität des Designers aufzudecken). Auf jeder Stufe wird nur eine begrenzte Anzahl von Instruktionen befolgt und nur eine begrenzte Anzahl von Mechanismen in Bewegung gesetzt.

Einige Gesichtspunkte der neuronalen Spezifität sind wahrscheinlich nicht wesentlich anders. Eine retinale Ganglienzelle sendet ihr Axon zur Rückseite des Auges, wo es seine Richtung ändert, um – zusammen mit Fasern aus anderen Regionen der Retina – in den Sehnerv einzutreten. Das optische Chiasma bietet den nächsten Verzweigungspunkt, an dem die Entscheidung, in die optische Bahn einzutreten, die ins Corpus geniculatum laterale der einen oder der anderen Seite führt, auf lokalen chemischen Signalen basieren könnte. Innerhalb des Geniculatums könnten sich die retinalen Axone selbst anordnen und ihre Ziele entsprechend der Gradienten abstoßender Moleküle innervieren. Die Axone der Neuronen des Geniculatums folgen einem vergleichsweise einfachen Weg zu ihren Zielen im Cortex. Sie halten auf ihrem Weg an, um transiente Verbindungen mit Neuronen der Bodenplatte zu bilden. Die scheinbar komplexe Aufgabe der Bildung spezifischer Verbindungen zwischen retinalen Ganglienzellen und Neuronen des visuellen Cortex kann in eine Reihe relativ einfacher, unabhängiger Ereignisse aufgespalten werden.

Es bleiben große Lücken in unserem Verständnis der Entwicklung des Nervensystems: Wie wird die Expression der Signalmoleküle und ihrer Rezeptoren reguliert? Wie können Wachstumskegel Chemoattraktorgradienten erkennen und auf sie antworten? Wie sind die Bahnen der extrazellulären Matrixmoleküle festgelegt? Wie gelangen Wegweiserzellen zu ihren vorherbestimmten Zielen? Trotzdem scheint das Problem der neuronalen Spezifität in analysierbare Teile aufspaltbar zu sein, und das mit Werkzeugen, die uns zur Zeit zur Verfügung stehen. Eine Kombination von genetischen, Zellkultur-, molekularen und entwicklungsbiologischen Ansätzen auf zellulärem Niveau ist offenbar für diese Aufgabe geeignet.

Empfohlene Literatur

Allgemeines

Gilbert, S. F. 1991. *Developmental Biology,* 3rd Ed. Sinauer, Sunderland, MA.

Patterson, P. H. and Purves, D. (eds). 1982. *Readings in Developmental Neurobiology.* Cold Spring Harbor Laboratory, Cold Spring Harbor, NY.

Purves, D. and Lichtman, J. W. 1985. *Principles of Neural Development.* Sinauer, Sunderland, MA.

Übersichtsartikel

Bentley, D. and Caudy, M. 1983. Navigational substrates for peripheral pioneer growth cones: Limb–axis polarity cues, limb segment boundaries, and guidepost neurons. *Cold Spring Harbor Symp. Quant. Biol.* 48: 573–585.

Cowan, W. M., Fawcett, J. W., O'Leary, D. D. M. and Stanfield, B. B. 1984. Regressive events in neurogenesis. *Science* 225: 1258–1265.

DeRobertis, E. M., Oliver, G. and Wright, C. V. E. 1990. Homeobox genes and the vertebrate body plan. *Sci. Am.* 263(7): 46–52.

Dodd, J. and Jessell, T. M. 1988. Axon guidance and the patterning of neuronal projections in vertebrates. *Science 242: 692–699.*

Lander, A. D. 1989. Understanding the molecules of neural cell contacts: Emerging patterns of structure and function. Trends Neurosci. 12: 189–195.

Levi-Montalcini, R. 1988. *In Praise of Imperfection.* Basic Books, New York.

McConnell, S. K. 1991. The generation of neuronal diversity in the central nervous system. *Annu. Rev. Neurosci.* 14: 269–300.

Ragsdale, C. and Woodgett, J. 1991. *trking* neurotrophic receptors. *Nature* 350: 660–661.

Rodriguez--Tebar, A., Dechant, G. and Barde, Y.-A. 1991. Neurotrophins: Structural relatedness and receptor interactions. *Philos. Trans. R. Soc. Lond. B* 331: 255–258.

Sanes, J. R. 1989. Analyzing cell lineage with a recombinant retrovirus. *Trends Neurosci.* 12: 21–28.

Smith, S. J. 1988. Neuronal cytomechanics: The actin-based motility of growth cones. *Science* 242: 708–715.

Thoenen, H. 1991. The changing scene of neurotrophic factors. *Trends Neurosci.* 14: 165–170.

Walter, J., Allsopp, T. E. and Bonhoeffer, F. 1990. A common denominator of growth cone guidance and collapse? *Trends Neurosci.* 13: 447–452.

Originalartikel

Bildung des Nervensystems

Bronner-Fraser, M. and Fraser, S. E. 1988. Cell lineage analysis reveals multipotency of some avian neural crest cells. *Nature* 335: 161–164.

Le Douarin, N. M. 1980. The ontogeny of the neural crest in avian embryo chimeras. *Nature* 286: 663–669.

Luskin, M. B., Pearlman, A. L. and Sanes, J. R. 1988. Cell lineage in the cerebral cortex of the mouse studied in vivo and in vitro with a recombinant retrovirus. *Neuron* 1: 635–647.

Patterson, P. H. and Chun, L. L. Y. 1977. The induction of acetylcholine synthesis in primary cultures of dissociated sympathetic neurons. I. Effects of conditioned medium. *Dev. Biol.* 56: 263–280.

Turner, D. L. and Cepko, C. L. 1987. A common progenitor for neurons and glia persists in rat retina late in development. *Nature* 328: 131–136.

Mechanismen der Axonleitung

Bixby, J. L. Lilien, J. and Reichardt, L. F. 1988. Identification of the major proteins that promote neuronal process outgrowth on Schwann cells in vitro. *J. Cell Biol.* 107: 353–361.

Ghosh, A., Antonini, A., McConnell, S. K. and Shatz, C. J. 1990. Requirement for subplate neurons in the formation of thalamocortical connections. *Nature* 347: 179–181.

Heffner, C. D., Lumsden, A. G. S. and O'Leary, D. D. M. 1990. Target control of collateral extension and directional axon growth in the mammalian brain. *Science* 247: 217–220.

Lance-Jones, C. and Landmesser, L. 1981. Pathway selection by embryonic chick motoneurons in an experimentally altered environment. *Proc. R. Soc. Lond. B* 214: 19–52.

Lumsden, A. G. S. and Davies, A. M. 1986. Chemotropic effect of specific target epithelium in the developing mammalian nervous system. *Nature* 323: 538–539.

O'Leary, D. D. M. and Terashima, T. 1988. Cortical axons branch to multiple subcortical targets by interstitial axon budding: Implications for target recognition and "waiting periods". *Neuron* 1: 901–910.

Phelan, K. A. and Hollyday, M. 1990. Axon guidance in muscleless chick wings: The role of muscle cells in motoneuronal pathway selection and muscle nerve formation. *J. Neurosci.* 10: 2699–2716.

Tessier-Lavigne, M., Placzek, M., Lumsden, A. G. S., Dodd, J. and Jessell, T. M. 1988. Chemotropic guidance of developing axons in the mammalian central nervous system. *Nature* 336: 775–778.

Zielinnervation

Cox, E. C., Muller, B. and Bonhoeffer, F. 1990. Axonal guidance in the chick visual system: Posterior tectal membranes induce collapse of growth cones from the temporal retina. *Neuron* 4: 31–47.

Nakamura, H. and O'Leary, D. D. M. 1989. Inaccuracies in initial growth and arborization of chick retinotectal axons followed by course corrections and axon remodeling to develop topographic order. *J. Neurosci.* 9: 3776–3795.

O'Rourke, N. A. and Fraser, S. E. 1990. Dynamic changes in optic fiber terminal arbors lead to retinotopic map formation: An in vivo confocal microscopic study. *Neuron* 5: 159–171.

Stahl, B., Muller, B., von Boxberg, Y., Cox., E. C. and Bonhoeffer, F. 1990. Biochemical characterization of a putative axonal guidance molecule of the chick visual system. *Neuron* 5: 735–743.

Walter, J., Kern-Veits, B., Huf, J., Stolze, B. and Bonhoeffer, F. 1987. Recognition of position-specific properties of tectal cell membranes by retinal axons in vitro. *Development* 101: 685–696.

Synapsenbildung

Anderson, M. J. and Cohen, M. W. 1977. Nerve-induced and spontaneous redistribution of acetylcholine receptors on cultured muscle cells. *J. Physiol.* 268: 757–773.

Falls, D. L., Harris, D. A., Johnson, F. A., Morgan, M. M., Corfas, G. and Fischbach, G. D. 1990. M_r 42000 ARIA: A protein that may regulate the accumulation of acetylcholine receptors at developing chick neuromuscular junctions. *Cold Spring Harbor Symp. Quant. Biol.* 55: 397–406.

Frank, E. and Fischbach, G. D. 1979. Early events in neuromuscular junction formation in vitro: Induction of acetylcholine receptor clusters in the postsynaptic membrane and morphology of newly formed synapses. *J. Cell Biol.* 83: 143–158.

McMahan, U. J. and Wallace, B. G. 1989. Molecules in basal lamina that direct the formation of synaptic specializations at neuromuscular junctions. *Dev. Neurosci.* 11: 227–247.

Zelltod und trophische Substanzen

Campenot, R. B. 1982. Development of sympathetic neurons in compartmentalized cultures. II. Local control of neurite survival by nerve growth factor. *Dev. Biol.* 93: 13–21.

Fischer, W., Björklund, A., Chen, K. and Gage, F. H. 1991. NGF improves spatial memory in aged rodents as a function of age. *J. Neurosci.* 11: 1889–1906.

Hollyday, M. and Hamburger, V. 1976. Reduction of the naturally occurring motor neuron loss by enlargement of the periphery. *J. Comp. Neurol.* 170: 311–320.

Polyneurale Innervation

Betz, W. J., Caldwell, J. H. and Ribchester, R. R. 1980. The effects of partial denervation at birth on the development of muscle fibers and motor units in rat lumbrical muscle. *J. Physiol.* 303: 265–279.

Brown, M. C., Jansen, J. K. S. and Van Essen, D. 1976. Polyneuronal innervation of skeletal muscle in new-born rats and its elimination during maturation. *J. Physiol.* 261: 387–422.

Kapitel 12

Denervierung und Regeneration synaptischer Verbindungen

Die meisten Neuronen adulter Tiere sind postmitotisch, d.h. nur in wenigen Ausnahmefällen überleben Neuroepithel-Stammzellen. Deshalb können die Neuronen, die durch Verletzung oder Krankheit verloren gehen, nicht ersetzt werden. Nervenzellen können jedoch durchtrennte Axon- oder Dendritenausläufer regenerieren, um synaptische Verbindungen wiederherzustellen. In diesem Kapitel werden wir die Folgen einer Denervierung und die Regenerationsfähigkeit von Neuronen betrachten.

Wenn Vertebraten-Skelettmuskelfasern ihre Synapsen durch Denervierung verlieren, synthetisieren sie neue Chemorezeptoren, bauen diese auf ihrer gesamten Oberfläche ein und zeigen dadurch eine erhöhte Acetylcholinsensitivität. Direkte elektrische Reizung der denervierten supersensitivierten Muskeln bewirkt einen Rückgang der Chemosensitivität auf die ursprüngliche Endplatten-Region. Die Verteilung der Chemorezeptoren auf der Muskelmembran wird zum Teil durch den Grad der Muskelaktivität und zum Teil durch andere Faktoren kontrolliert. Die Supersensitivität geht Hand in Hand mit der Fähigkeit der Muskeln, sich innervieren zu lassen und in Nervenendigungen das Aussprossen («sprouting») neuer Verzweigungen zu induzieren. Wenn Muskeln denerviert werden, bilden sogar fremde Nerven Verbindungen zu ihnen aus.

Die Basalmembran (eine extrazelluläre, proteinhaltige Matrix, die Muskeln, Nervenendigungen und Schwannsche Zellen umhüllt) spielt eine Schlüsselrolle bei der Differenzierung der Nervenendigung und der postsynaptischen Membran während der synaptischen Regeneration. Dabei vermittelt Agrin, ein Protein aus der synaptischen Basalmembran, das von Motoneuronen synthetisiert wird, die nerv-induzierte Bildung von postsynaptischen Spezialisierungen während der Entwicklung und der Regeneration.

Die Fähigkeit regenerierender Axone, geeignete Ziele zu lokalisieren und zu innervieren, schwankt beträchtlich zwischen verschiedenen Tierarten, von Neuron zu Neuron und in Abhängigkeit vom Entwicklungsalter. Nach Läsionen im peripheren und zentralen Nervensystem von Evertebraten und einigen niederen Vertebraten, wie Salamandern und Wassermolchen, können die synaptischen Verbindungen präzise wiederhergestellt werden. Neuronen in fetalen und neugeborenen Säugern sind ebenfalls in der Lage, nach einer Verletzung wieder entsprechende synaptische Verbindungen mit ihren Zielzellen herzustellen. Axone des peripheren Nervensystems von Säugern können regenerieren, sie sind jedoch weniger spezifisch beim Kontaktfinden zu den peripheren Zielzellen. Im ZNS ausgewachsener Säuger wird eine erfolgreiche Regeneration oft durch Oberflächenproteine von Astrocyten oder Oligodendrocyten verhindert, die das Axonwachstum verhindern. Allerdings können regenerierende Neuronen, die ihr Ziel erreichen, ihre synaptischen Verbindungen wiederherstellen. Techniken, bei denen Rohre aus peripheren Nervenhüllen oder Gruppen embryonaler Neuronen in durch Läsionen zerstörte ZNS-Regionen eines erwachsenen Tieres verpflanzt wurden, demonstrieren die regenerativen Fähigkeiten von Neuronen im ZNS von Vertebraten und erhalten die Aussicht auf Genesung von einem Trauma und Verbesserung von Defiziten bei degenerativen Nervenkrankheiten.

Auswirkungen einer Axotomie

Wenn ein Neuron durch die Durchtrennung seines Axons von seinem Ziel getrennt wird, tritt normalerweise eine charakteristische Folge von Veränderungen auf[1] (Abb. 1). Der distale Teil des Axons und ein kurzes Stück des proximal zur Verletzungsstelle liegenden Axonsegmentes degenerieren. Die Gliazellen, die die Myelinhülle des distalen Axonsegmentes gebildet haben, entdifferenzieren, proliferieren und phagocytieren zusammen mit den einwandernden Mikrogliazellen und Makrophagen die Axon- und Myelinreste. Dieser Degenerierungsprozeß heißt nach August Waller, einem Anatom des 19. Jahrhunderts, der ihn zuerst beschrieben hat, **Waller-Degeneration.** Außerdem treten auch Veränderungen im Erscheinungsbild des zerstörten Neurons auf, von denen viele veränderte Proteinsynthesemuster widerspiegeln. Der Zellkörper und sein Axon schwellen an, der Kern bewegt sich von seiner typischen Position im Zentrum des Somas nach außen, und die geordneten Cluster endoplasmatischen Reticulums, die **Nissl-Substanz** genannt werden, lösen sich auf. Da die Nissl-Substanz hervorragend mit häufig verwendeten basischen Farbstoffen angefärbt wird, verursacht ihre Auflösung nach einer Axotomie eine Abnahme der Färbung, die als **Chromatolyse** bezeichnet wird. Innerhalb weniger Stunden bilden sich nahe der Spitze des proximalen Stumpfes neue Axon-Sprosse, die dann zu regenerieren beginnen. Wenn das Neuron seine synaptischen Kontakte mit dem

1 Grafstein, B. 1983. *In* F. J. Seil (ed.). *Nerve, Organ, and Tissue Regeneration: Research Perspectives.* Academic Press, New York, pp. 37–50.

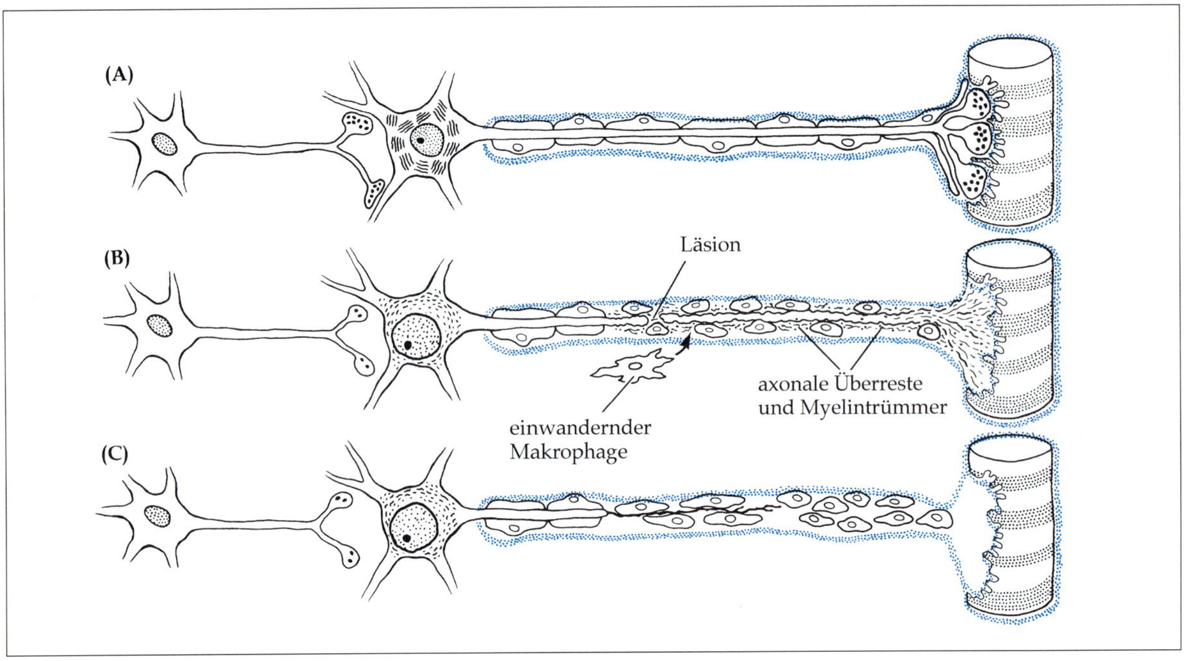

Abb. 1: **Degenerative Veränderungen nach einer Axotomie.** (A) Typisches Motoneuron eines adulten Vertebraten. (B) Nach einer Axotomie degenerieren die Nervenendigung, der distale Teil des Axons und ein kurzes Stück des proximalen Axonanteils. Schwannsche Zellen entdifferenzieren, proliferieren und phagocytieren zusammen mit einwandernden Mikrogliazellen und Makrophagen die Axon- und Myelinreste. Das axotomierte Neuron erleidet eine Chromatolyse, die präsynaptischen Endigungen ziehen sich zurück, und in prä- und postsynaptischen Zellen können degenerative Veränderungen auftreten. (C) Das Axon regeneriert entlang der Kette aus Schwannschen Zellen innerhalb der Endoneuralscheide und der Basalmembranhülle, die das ursprüngliche Axon umgeben haben.

Ziel erfolgreich wiederherstellt, gewinnt der Zellkörper gewöhnlich sein normales Aussehen zurück.

In Neuronen adulter Tiere, denen es nicht gelingt, ihre synaptischen Kontakte zu ihren Zielzellen wiederherzustellen, treten eine Vielzahl von Veränderungen auf. In Ganglien des autonomen Nervensystems werden die axotomierten Ganglienzellen weniger sensitiv für Acetylcholin, schrumpfen und sterben eventuell sogar ab. Axotomierte sensorische und motorische Neuronen überleben, aber sie atrophieren und verlieren einige ihrer differenzierten Eigenschaften. Ganglienzellen der Retina sterben ab, wenn ihre Axone im Sehnerv durchtrennt werden. Neuronen im Thalamus überleben eine Axotomie, sie schrumpfen jedoch.

Eine Axotomie kann auch zu merklichen Veränderungen der präsynaptischen Zellen führen, die die zerstörten Neuronen innervieren. Diese Veränderungen sind im Detail an autonomen Ganglien des Huhns und des Meerschweinchens untersucht worden. Synaptische Eingänge auf Ganglienzellen werden weniger wirksam, nicht nur weil die Ganglienzellen weniger sensitiv für Acetylcholin werden, sondern auch, weil sich viele präsynaptische Endigungen von den axotomierten Zellen zurückziehen und die Endigungen, die übrig bleiben, weniger Transmitterquanten ausschütten.[2–4] Die Zerstörung eines Neurons verändert also dessen Fähigkeit, seine Eigenschaften beizubehalten, und sie hat transsynaptische retrograde Wirkungen auf andere Neuronen, die Synapsen auf diesem Neuron ausbilden. Rotshenker hat eine weitere transsynaptische Wirkung auf spinale Motoneuronen von Fröschen und Mäusen nachgewiesen.[5] Wenn die Motoaxone eines Muskels durchtrennt werden, sprossen Axonendigungen der intakten, unzerstörten Motoneuronen, die den korrespondierenden Muskel auf der gegenüberliegenden Körperseite innervieren, und bilden nach einer Verzögerung von wenigen Wochen zusätzliche Synapsen. Dieser Befund legt nahe, daß sich das Signal von den axotomierten Neuronen ausbreitet, das Rückenmark kreuzt und die unzerstörten Motoneuronen auf der gegenüberliegenden Körperseite des Tieres beeinflußt. Motoneuronen, die andere Muskeln innervieren, sind nicht betroffen.

Die Resultate vieler Experimente zeigen, daß die Axotomiefolgen – nämlich Chromatolyse, Atrophie und Zelltod – vom Verlust trophischer Substanzen herrühren, die vom Zielgewebe produziert und mit Hilfe des retrograden axonalen Transportes zurück zum Zellkörper transportiert werden. Das deutlichste Beispiel kommt von Studien über Wirkungen des Nervenwachstumsfaktors (NGF) auf sensorische und sympathische Neuronen, die wir in Kapitel 11 diskutiert haben. Man kann nämlich z.B. im Meerschweinchen die Wirkungen einer Axotomie imitieren, indem man über mehrere Tage subkutan

2 Purves, D. 1975. *J. Physiol.* 252: 429–463.
3 Brenner, H. R. and Johnson, E. W. 1976. *J. Physiol.* 260: 143–158.
4 Brenner, H. R. and Martin, A. R. 1976. *J. Physiol.* 260: 159–175.

5 Rotshenker, S. 1988. *Trends Neurosci.* 11: 363–366.

Antikörper gegen NGF injiziert oder den retrograden Transport in den postganglionären Nerven blockiert. Weitgehend verhindert werden können diese Auswirkungen einer Axotomie durch Applikation von NGF auf die Ganglien.[6]

Wenn Neuronen auf den retrograden Transport trophischer Faktoren, die von ihren Zielzellen produziert werden, angewiesen sind, wie können sie dann überhaupt eine Axotomie überleben und regenerieren?

Experimente, in denen der Ischiasnerv verletzt wurde, haben gezeigt, daß die Schwannschen Zellen nach der Degenerierung des peripheren Teils des Axons infolge der Axotomie nicht nur proliferieren, sondern auch anfangen, NGF zu synthetisieren.[7] Die Schwannschen Zellen können also vorübergehend regenerierende sensorische und sympathische Axone, die zu ihren Zielen zurückwachsen, durch NGF fördern. So unterstützen sie die Neuronen und liefern vielleicht Führungsschienen für die Navigation der Wachstumskegel. Es ist interessant, daß die «denervierten» Schwannschen Zellen an ihrer Oberfläche auch NGF-Rezeptoren mit geringer Affinität exprimieren, die vielleicht dazu dienen, den Nervenwachstumsfaktor, den sie produzieren, auf dem Weg zu halten, den die regenerierenden Axone nehmen sollen.[8]

Nach fortgeschrittener Regeneration beenden die Schwannschen Zellen die NGF-Produktion und umhüllen erneut die Axone.

Wirkungen der Denervierung auf die postsynaptische Zelle

Die denervierte Muskelmembran

Neuromuskuläre Synapsen stellen ein brauchbares Modell für die synaptischen Übertragungsmechanismen zwischen Neuronen höherer Zentren dar. Genauso sind die Veränderungen, die in denervierten Muskeln auftreten, für Überlegungen zu den Konsequenzen von Zerstörung und Regeneration neuronaler Verbindungen im allgemeinen wichtig.[9]

Einige Eigenschaften denervierter Skelett-Muskeln wurden erstmals gegen Ende des letzten Jahrhunderts beschrieben. Sie wurden zuerst in Muskelfasern beobachtet, die gut sichtbar sind, so zum Beispiel in der Zunge. Einige Zeit nach Abriß der Nervenversorgung beginnen einzelne Muskelfasern spontane, asynchrone Kontraktionen durchzuführen. Dieser Vorgang wird **Fibrillation** genannt. Die Fibrillation wird durch Veränderungen in der Muskelmembran selbst verursacht, und sie wird nicht durch Acetylcholin eingeleitet,[10] obwohl die meisten spontanen Aktionspotentiale, die die Fibrillation verursachen, in der ehemaligen Endplattenregion entstehen.[11] Die Fibrillation beginnt bei Ratten, Meerschweinchen und Kaninchen 2 bis 5 Tage nach der Denervierung, bei Affen und Menschen mehr als eine Woche danach.

Vor und während des Fibrillationsbeginns reagieren Säuger-Muskelfasern supersensitiv auf viele Chemikalien. D.h. daß die Konzentration einer Substanz, die benötigt wird, um eine Depolarisation auszulösen oder einen Muskel zu kontrahieren, um einen Faktor hundert bis tausend reduziert wird. So ist z.B. ein denervierter Säuger-Skelett-Muskel ca. tausendmal sensitiver als ein normal innervierter Muskel für Acetylcholin, das man entweder direkt in die Badlösung gibt oder in eine Arterie, die den Muskel versorgt, injiziert.[12]

Der Anstieg der Chemosensitivität ist nicht auf den physiologischen Transmitter Acetylcholin beschränkt, sondern tritt bei einer breiten Vielfalt chemischer Substanzen auf, und macht so den Muskel sensitiver für Streckung oder Druck.[13]

Auch die Aktionspotential-Eigenschaften werden in denervierten Muskeln verändert. Die Aktionspotentiale werden resistenter gegen Tetrodotoxin (TTX), das Gift des Kugelfisches, das Natrium-Kanäle blockiert (Kapitel 2). Diese Veränderung wird dadurch verursacht, daß erneut TTX-resistente Natrium-Kanäle, eine Form, die in unreifen Muskeln vorherrscht, in die Membran eingebaut werden.[14]

Es gibt auch noch andere Veränderungen in denervierten Muskeln, wie graduelle Atrophie oder der Verlust von Muskelfasern, die aber hier nicht diskutiert werden sollen.[15–17]

Das Auftreten neuer ACh-Rezeptoren

Die Acetylcholin-Supersensitivität wird durch die veränderte Verteilung der Acetylcholinrezeptoren in denervierten Muskeln verständlich. Das haben Experimente gezeigt, in denen ACh durch Iontophorese aus extrazellulären Mikropipetten auf kleine Regionen der Muskeloberfläche appliziert wurde, während das Membranpotential mit einer intrazellulären Mikroelektrode registriert wurde. Wie in den Kapiteln 7 und 9 erläutert wurde, ist in normal innervierten Frosch-, Schlangen- oder Säugermuskeln nur die Endplatten-Region, in der

6 Nja, A. and Purves, D. 1978. *J. Physiol.* 277: 53–75.
7 Heumann, R. et al. 1987. *J. Cell Biol.* 104: 1623–1631.
8 Johnson, E. M. Jr., Taniuchi, M. and DiStefano, P. S. 1988. *Trends Neurosci.* 11: 299–304.
9 Cannon, W. B. and Rosenblueth, A. 1949. *The Supersensitivity of Denervated Structures: Law of Denervation.* Macmillan, New York.
10 Purves, D. and Sakmann, B. 1974. *J. Physiol.* 239: 125–153.
11 Belmar, J. and Eyzaguirre, C. 1966. *J. Neurophysiol.* 29: 425–441.
12 Brown, G. L. 1937. *J. Physiol.* 89: 438–461.
13 Kuffler, S. W. 1943. *J. Neurophysiol.* 6: 99–110.
14 Kallen, R. G. et al. 1990. *Neuron* 4: 233–242.
15 Guth, L. 1968. *Physiol. Rev.* 48: 645–687.
16 Gutmann, E. 1976. *Annu. Rev. Physiol.* 38: 177–216.
17 Spector, S. A. 1985. *J. Neurosci.* 5: 2189–2196.

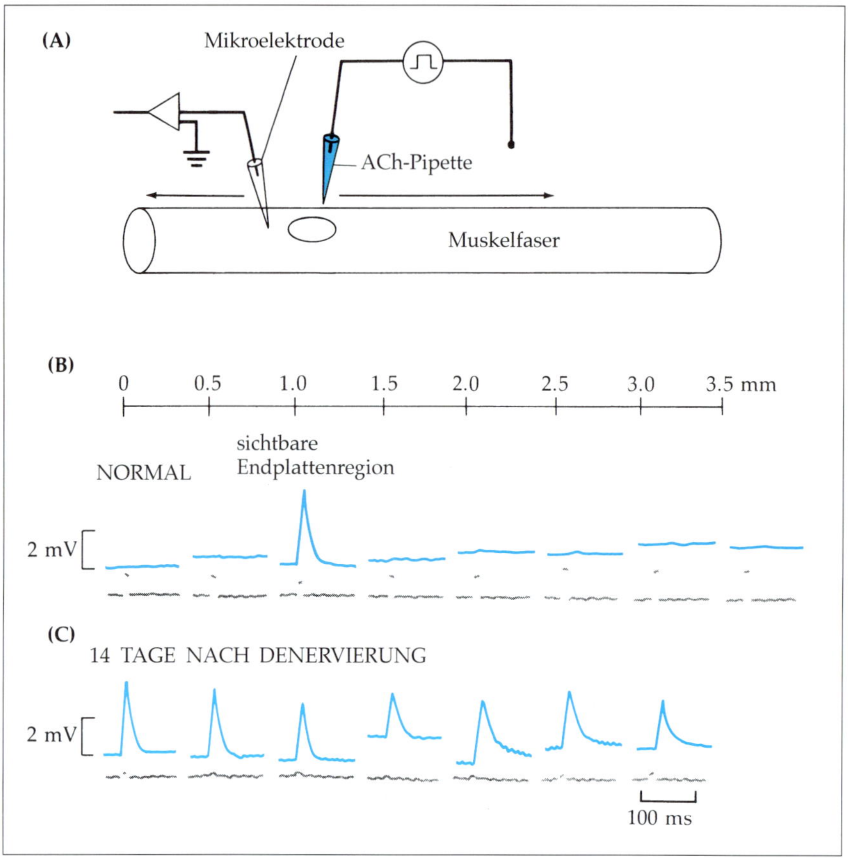

Abb. 2: **Neue ACh-Rezeptoren erscheinen** in einem Katzenmuskel nach Denervierung. (A) ACh-Pulse werden aus einer ACh-gefüllten Pipette auf verschiedene Stellen entlang der Oberfläche einer Muskelfaser appliziert, während das Membranpotential mit einer intrazellulären Mikroelektrode aufgezeichnet wird. (B) In einer normal innervierten Muskelfaser wird nur in der Nähe der Endplatte eine Antwort beobachtet. (C) 14 Tage nach der Denervierung antwortet die Muskelfaser über ihre gesamte Länge auf eine ACh-Applikation (nach Axelsson und Thesleff, 1959).

die Nervenfasern Synapsen auf die Muskelfasern ausbilden, sensitiv für Acetylcholin. Der Rest der Muskelmembran besitzt nur eine sehr geringe Sensitivität. Nach der Denervierung wächst die Muskelfasermembranfläche, die sensitiv für Acetylcholin ist. Wenn der Nerv, der einen Säuger-Muskel innerviert, durchtrennt wird, steigt dessen Chemosensitivität von Tag zu Tag, bis nach ca. 7 Tagen die Muskeloberfläche fast gleichmäßig sensitiv für Acetylcholin ist[18] (Abb. 2). In Frosch-Muskeln sind die Veränderungen relativ gering und benötigen mehrere Wochen, um sich zu entwickeln.[19]
Die Rezeptoren, die außerhalb der Synapsenregion auftauchen, driften nicht nur einfach weg von der Endplatte. Dies wurde zuerst von Katz und Miledi in Experimenten gezeigt, in denen Froschmuskeln in zwei Teile zerschnitten wurden. Die Teile, die die Kerne enthielten, wurden physikalisch von ihren ursprünglichen Endplatten getrennt. Sie überlebten und entwickelten eine erhöhte Acetylcholinsensitivität.[20] ACh-Rezeptoren traten also auch in Regionen denervierter Muskeln auf, die ursprünglich keine Synapsen ausgebildet hatten.

Synthese und Abbau von Rezeptoren in denervierten Muskeln

Eine wertvolle Methode zur Untersuchung der Verteilung und des Umsatzes von Acetylcholinrezeptoren besteht darin, sie mit radioaktivem α-Bungarotoxin zu markieren, das mit hoher Spezifität fest an ACh-Rezeptoren bindet. Die Methode, die von mehreren Experimentatoren benutzt wurde, besteht darin, normale und denervierte Muskeln in der Toxinlösung zu halten und die Toxinbindung an die Endplatte und an endplattenfreie Regionen miteinander zu vergleichen. Wie erwartet haben sich Anzahl und Verteilung der Toxinbindungsstellen nach der Denervierung verändert.[21–23] Schätzungen über die Bindungsstellendichte in postsynaptischen Regionen des Muskels liegen in der Größenordnung von 10^4 pro μm^2 verglichen mit weniger als 10 pro μm^2 in der endplattenfreien Region. Nach der Denervierung wächst die Rezeptoranzahl in den extrasynaptischen Regionen auf ca. 10^3 pro μm^2, während sich die Dichte in der Synapsenregion nur geringfügig ändert.
Die Zunahme von Rezeptoren wird durch eine ver-

18 Axelsson, J. and Thesleff, S. 1959. *J. Physiol.* 147: 178–193.
19 Miledi, R. 1960. *J. Physiol.* 151: 1–23.
20 Katz, B. and Miledi, R. 1964. *J. Physiol.* 170: 389–396.
21 Fambrough, D. M. 1979. *Physiol. Rev.* 59: 165–227.
22 McArdle, J. J. 1983. *Prog. Neurobiol.* 21: 135–198.
23 Salpeter, M. M. and Loring, R. H. 1985. *Prog. Neurobiol.* 25: 297–325.

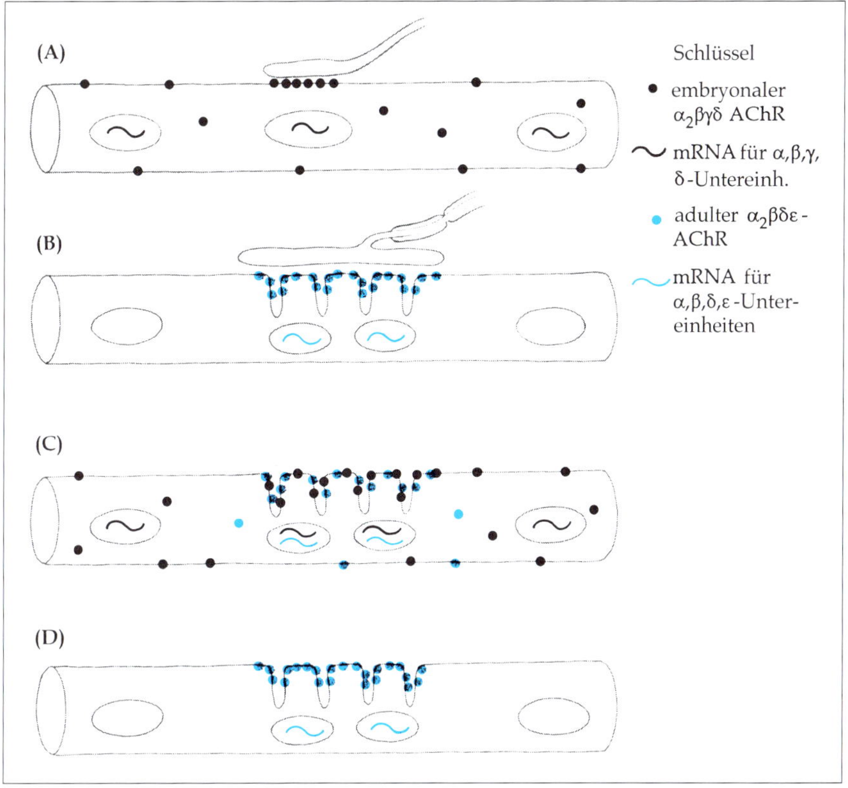

Abb. 3: **Synthese und Verteilung von ACh-Rezeptoren** in Rattenmuskeln. (A) In fetalen Muskeln werden mRNAs für die α-, β-, γ- und δ-Untereinheiten des ACh-Rezeptors in Kernen längs der gesamten Muskelfaser exprimiert. Man findet die embryonale $\alpha_2\beta\gamma\delta$-Form des Rezeptors auf der gesamten Muskelfaseroberfläche und akkumuliert an der Innervierungsstelle. (B) In adulten Muskeln werden die mRNAs für die α-, β-, δ- und ε-Untereinheiten nur in Kernen direkt unter der Endplatte exprimiert. Die adulte $\alpha_2\beta\delta\varepsilon$-Form des Rezeptors konzentriert sich an den Wällen der subsynaptischen Einfaltungen. (C) In denervierten adulten Muskeln exprimieren die Kerne direkt unter der Endplatte α-, β-, γ-, δ- und ε-Untereinheiten, alle anderen Kerne exprimieren wieder das fetale Muster der α-, β-, γ- und δ-Untereinheiten. Die embryonalen ACh-Rezeptoren sind auf der gesamten Muskelfaseroberfläche (sie produzieren dort die Denervierungssupersensitivität), und auch an der postsynaptischen Membran zu finden. Die adulte Rezeptorform ist auf die Endplattenregion beschränkt. (D) Wenn denervierte Muskeln direkt gereizt werden, gleicht das Expressionsmuster der ACh-Rezeptoren dem von innervierten Muskelfasern (nach Witzemann, Brenner und Sakmann, 1991).

mehrte Synthese und nicht durch einen reduzierten Abbau verursacht.[21,24] So verhindern z.B. Substanzen, die die Protein-Synthese blockieren (wie Actinomycin und Puromycin) die Zunahme in der Dichte extrasynaptischer Rezeptoren bei Muskeln, die in Organ-Kultur gehalten werden. Messungen der Auftrittsrate neuer ACh-Rezeptoren zeigen einen merklichen Anstieg der ACh-Rezeptor-Synthese bei denervierten Muskeln. Northern-Blot- und in situ Hybridisierungstechniken, die den Gehalt und die Verteilung der mRNAs messen, die die Untereinheiten des ACh-Rezeptors codieren, haben diese Ergebnisse bestätigt[25–27] (Abb. 3). In Muskeln adulter Tiere synthetisieren nur wenige Kerne unterhalb der Endplatte mRNAs für ACh-Rezeptor-Untereinheiten, während ACh-Rezeptor-Gene von Kernen entlang der gesamten Länge denervierter Muskelfasern transkribiert werden. Die neuen Rezeptoren, die in die denervierten Muskeln adulter Tiere eingebaut werden, sind zudem vom embryonalen Rezeptortyp, d.h. sie besitzen eine γ- anstelle einer ε-Untereinheit[28] (vgl. Kapitel 2 und 11).

Experimente, bei denen der Rezeptor-Umsatz mit Hilfe von markiertem α-Bungarotoxin gemessen wurde, zeigen, daß eine Denervierung die Rezeptor-Abbaurate erhöht. Rezeptoren in Muskeln neugeborener Ratten, die Rezeptoren der Endplatten-Regionen eingeschlossen, haben einen schnellen Umsatz mit einer Halbwertszeit von ungefähr einem Tag. Wenn der Muskel heranreift, steigt die Halbwertszeit der Rezeptoren in synaptischen und extrasynaptischen Regionen von einem auf 10 Tage.[29] Nach der Denervierung fällt die Halbwertszeit der Rezeptoren an der Endplatte auf 3 Tage. Neue Rezeptoren (synaptische oder extrasynaptische), die während der Muskeldenervierung synthetisiert werden, gleichen denen embryonaler Muskeln mit einer Umsatz-Halbwertszeit von einem Tag.[30]

Welcher Mechanismus verursacht das Auftreten neuer Rezeptoren? Ist es die Inaktivität des Muskels oder der Verlust trophischer Faktoren oder beides? Lømo und Rosenthal haben diese Frage untersucht, indem sie mit Hilfe von Lokalanästhetika oder Diphtherietoxin die Impulsfortleitung in Ratten-Nerven blockiert haben.[31] Die Substanzen werden mittels einer Manschette auf ein kurzes Nervenstück in einiger Entfernung vom Muskel appliziert. Mit dieser Technik wurden die Muskeln vollständig inaktiv, da die Motorimpulse nicht über die Manschette hinaus weitergeleitet werden. Gelegentliche Testreize des Nerven distal von der Blockade erzeugten

24 Scheutze, S. M. and Role, L. M. 1987. *Annu. Rev. Neurosci.* 10: 403–457.
25 Merlie, J. P. and Sanes, J. R. 1985. *Nature* 317: 66–68.
26 Bursztajn, S., Berman, S. A. and Gilbert, W. 1989. *Proc. Natl. Acad. Sci. USA* 86: 2928–2932.
27 Fontaine, B. and Changeux, J.-P. 1989. *J. Cell Biol.* 108: 1025–1037.
28 Mishina, M. et al. 1986. *Nature* 321: 406–411.
29 Salpeter, M. M. and Marchaterre, M. 1992. *J. Neurosci.* 12: 35–38.
30 Shyng, S.-L. and Salpeter, M. M. 1990. *J. Neurosci.* 10: 3905–3915.
31 Lømo, T. and Rosenthal, J. 1972. *J. Physiol.* 221: 493–513.

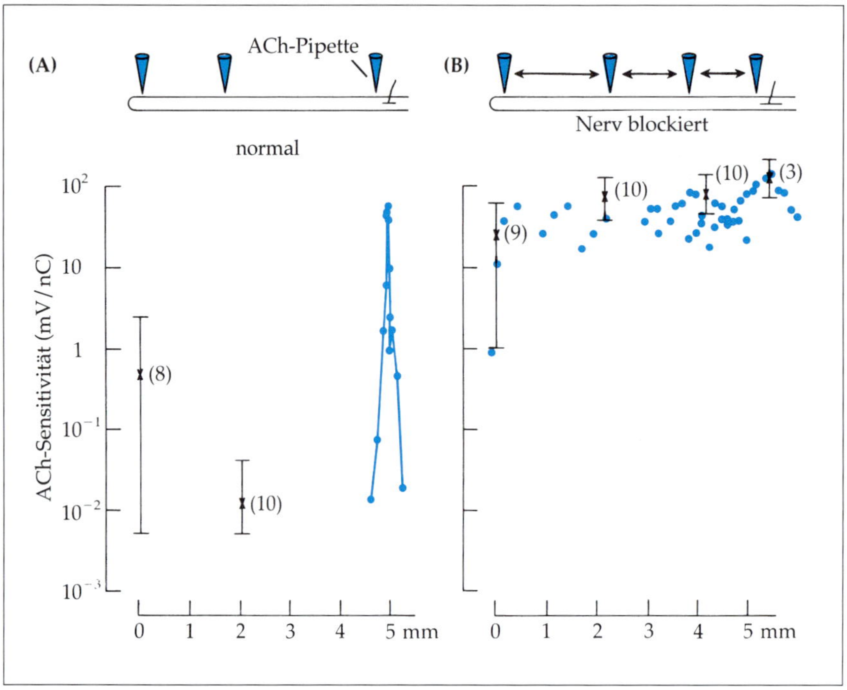

Abb. 4: **Neue ACh-Rezeptoren** in Rattenmuskeln nach der Blockierung der Nervenfortleitung. (A) Im normalen Muskel ist die ACh-Sensitivität auf die Endplattenregion beschränkt (nahe der 5 mm Position). (B) Nachdem der zum Muskel führende Nerv 7 Tage lang durch Lokalanästhetika blockiert war, war die gesamte Muskelfaseroberfläche ACh-sensitiv. Die Sensitivität wird numerisch in Millivolt Depolarisation pro Nanocoulomb aus der Pipette ausgeschütteter Ladung ausgedrückt. Die Kreuze und Balken zeigen den Mittelwert und die Spannbreite der Sensitivität einer Anzahl (in Klammern) benachbarter Muskelfasern (nach Lømo und Rosenthal, 1972).

wie üblich eine Muskelzuckung, und die Miniaturendplattenpotentiale waren auch normal ausgeprägt, was zeigte, daß die synaptische Übertragung noch funktionierte. Nachdem der Nerv 7 Tage blockiert war, war der Muskel supersensitiv (Abb. 4). Andere Experimente haben gezeigt, daß auch dann neue extrasynaptische Rezeptoren entstehen, wenn die neuromuskuläre Übertragung durch eine Langzeit-Applikation von Curare oder α-Bungarotoxin auf den Muskel blockiert wird.[32] All diese Resultate demonstrieren, daß «Denervierungs»-Supersensitivität auch erzeugt werden kann, ohne daß der Nerv durchtrennt wird. Eine Blockierung der synaptischen Aktivierung des Muskels ist ausreichend.[33]

In anderen Experimenten wurde die Rolle der Muskelaktivität selbst als ein wichtiger, die Supersensitivität kontrollierender Faktor nachgewiesen: Dabei wurden supersensitive, denervierte Muskeln der Ratte direkt mit Elektroden gereizt, die permanent um den Muskel herum implantiert wurden. Wiederholte, direkte Reizung des Muskels über mehrere Tage bewirkte eine immer größere Einschränkung der sensitiven Regionen, so daß schließlich nur noch die ehemalige Synapsenregion sensitiv für ACh war (Abb. 3 und 5).[31] Reizfrequenz und Länge des Ruheintervalls waren wichtige Parameter für die Entwicklung und die Rückentwicklung der Supersensitivität. Das erklärt, warum denervierte Säuger-Muskelfasern trotz der Kontraktionen, die mit der Fibrillation einhergehen, eine Supersensitivität entwickeln. Wenn man die Aktivität einzelner Muskelfasern betrachtet, zeigt sich, daß die Fibrillation zyklisch ist, also aktive Perioden mit inaktiven abwechseln. Der Grad der Spontanaktivität liegt jedoch unterhalb des Niveaus, das für die Umkehrung der Wirkungen der Denervierung auf die Verteilung der ACh-Rezeptoren benötigt wird.[21,34]

Der Umsatz synaptischer Rezeptoren wird – wie die Entwicklung der Supersensitivität – durch die Muskelaktivität reguliert.[35] In Muskeln, die durch Denervierung oder durch die ständige Applikation von Tetrodotoxin auf den Nerv paralysiert waren, wurden gleichartige Anstiege in der Umsatzrate beobachtet. Direkte elektrische Reizung des denervierten Muskels stellte die normale Stabilität der ACh-Rezeptoren in der Synapsenregion ebenfalls wieder her. Die Rezeptoren in den gereizten denervierten Muskeln hatten eine Halbwertszeit von 10 Tagen. Die Wirkung der Muskelaktivität auf die Abbaurate scheint über einen Calcium-Einstrom vermittelt zu werden: Er wird durch die Behandlung inaktiver Muskeln mit dem Calcium-Ionophor A23187 nachgeahmt. Andererseits wird die aktivitätsabhängige ACh-Rezeptor-Stabilisierung durch Calciumkanal-Blocker verhindert.[36] Auch die Erhöhung der intrazellulären cAMP-Konzentration bewirkt eine Stabilisierung der ACh-Rezeptoren in inaktiven Muskeln, was nahelegt, daß der Calcium-Einstrom die Rezeptor-Stabilisierung über die Aktivierung der Adenylat-Cyclase vermittelt.[37]

Ob Nerven ihre Muskeln dadurch im Normalzustand erhalten, daß sie sie außer mit Transmitter noch mit anderen Produkten versorgen, bleibt eine noch ungelöste Frage. An teilweise denervierten Muskeln wurden Ex-

32 Berg, D. K. and Hall, Z. W. 1975. *J. Physiol.* 244: 659–676.
33 Witzemann, V., Brenner, H.-R. and Sakmann, B. 1991. *J. Cell Biol.* 114: 125–141.
34 Purves, D. and Sakmann, B. 1974. *J. Physiol.* 237: 157–182.
35 Fumagalli, G. et al. 1990. *Neuron* 4: 563–569.
36 Rotzler, S., Schramek, H. and Brenner, H. R. 1991. *Nature* 349: 337–339.
37 Shyng, S.-L., Xu, R. and Salpeter, M. M. 1991. *Neuron* 6: 469–475.

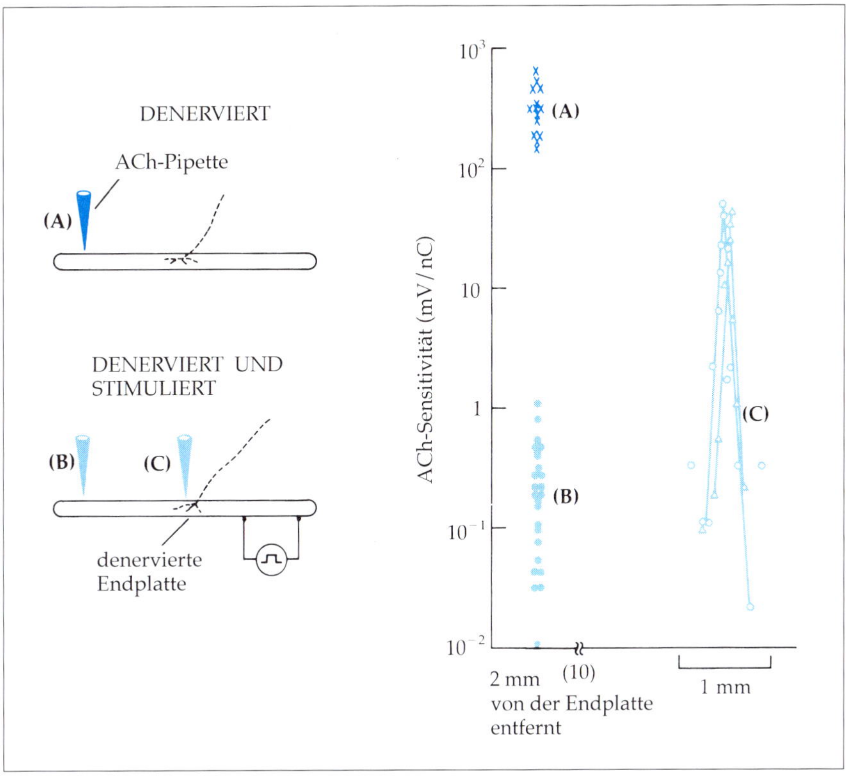

Abb. 5: **Umkehrung der Supersensitivität** in einem denervierten Muskel der Ratte durch direkte Reizung der Muskelfasern. (A) Erhöhte Sensitivität im nervenfreien Teil einer Muskelfaser 14 Tage nach der Denervierung. (B) Sensitivität in der nervenfreien Region des Muskels, der 7 Tage nach der Denervierung nicht gereizt wurde und dann in Abständen weitere 7 Tage gereizt wurde. Diese Behandlung kehrte die Denervierungssupersensitivität um. (C) ACh-Sensitivität in zwei gereizten Fasern desselben Muskels nahe ihrer denervierten Endplattenregionen. Die hohe Sensitivität des stimulierten Muskels ist auf diese Region beschränkt (nach Lømo und Rosenthal, 1972).

perimente durchgeführt, in denen sich langsam Veränderungen entwickelten, ohne daß die Aktivität per se eine entscheidende Rolle spielte. Viele Fasern des Musculus sartorius des Frosches sind auf ihrer Gesamtlänge an mehr als einer Stelle innerviert. Wenn einige dieser Synapsen durch die Durchtrennung intramuskulärer Verzweigungen des Nerven denerviert werden, während die anderen Axone zu denselben Muskelfasern intakt bleiben, entwickelt sich in den denervierten Muskelfaserteilen eine Supersensitivität. Trotzdem kontrahieren die Fasern noch auf ihrer Gesamtlänge.[19] Vermutlich können diese Effekte nicht nur als eine Folge der Muskelinaktivität erklärt werden. Untersuchungen zur Verteilung der mRNAs, die die ACh-Rezeptor-Untereinheiten codieren, in normalen, chirurgisch denervierten und in Toxin-paralysierten Ratten-Muskeln lassen vermuten, daß es mindestens zwei neuronale Faktoren gibt, die die ACh-Rezeptor-Expression unabhängig von der Muskelaktivität regulieren: Einer induziert die Expression der ε-Untereinheit adulter Tiere in Kernen an der Endplatte, der andere unterdrückt die Expression der γ-Untereinheit und – in geringem Maße – auch die mRNAs für die anderen Untereinheiten.[33]

Im Prinzip können auch Crustaceen-Muskeln, die nur von einem inhibitorischen und zwei exzitatorischen Axonen versorgt werden, für die Untersuchung der Auswirkungen einer partiellen Denervierung herangezogen werden. Solche Experimente sind schwierig durchzuführen, weil der distale Teil der Crustaceen-Axone nach einer Sektion über Wochen oder gar Monate überleben kann, ohne zu degenerieren. Deshalb zerstörten Parnas und seine Kollegen einzelne inhibitorische oder exzitatorische Axone durch die Injektion proteolytischer Enzyme in der Nähe der Axonendigungen und untersuchten die Übertragung an den verbleibenden Synapsen.[38,39] Bei dieser Vorgehensweise wurde nur das injizierte Axon zerstört, nicht jedoch seine Nachbarn. Einige Tage nach der Zerstörung des inhibitorischen Axons dauerten die synaptischen Ströme, die als Antwort auf die Reizung eines exzitatorischen Axons abgeleitet werden konnten, länger an, was durch verlängerte Kanalöffnungszeiten verursacht wurde. In anderen Experimenten wurde gezeigt, daß ein exzitatorisches Axon infolge der Zerstörung des anderen exzitatorischen Axons mehr Transmitter ausschüttete. Allerdings zeigten nur die Endigungen des übriggebliebenen exzitatorischen Axons eine erhöhte Transmitterausschüttung, die Muskelteile innervierten, deren Innervation herabgesetzt war. Andere Verzweigungen desselben Axons, die normal innervierte Muskelfasern versorgten, waren nicht betroffen. D.h. das Signal, das die Synapsen verstärkt, wird lokal erzeugt und wirkt auch lokal.

Rezeptorverteilung in Nervenzellen

Neuronen erleiden wie Muskeln Veränderungen, wenn Teile ihrer synaptischen Eingänge zerstört werden. Die Folgen einer Denervierung in Neuronen sind z.B. veränderte Antwort auf injizierte Pharmaka, Reduktion des

38 Parnas, I. 1987. *J. Exp. Bio.* 132: 231–247.
39 Dudel, J. and Parnas, I. 1987. *J. Physiol.* 390: 189–199.

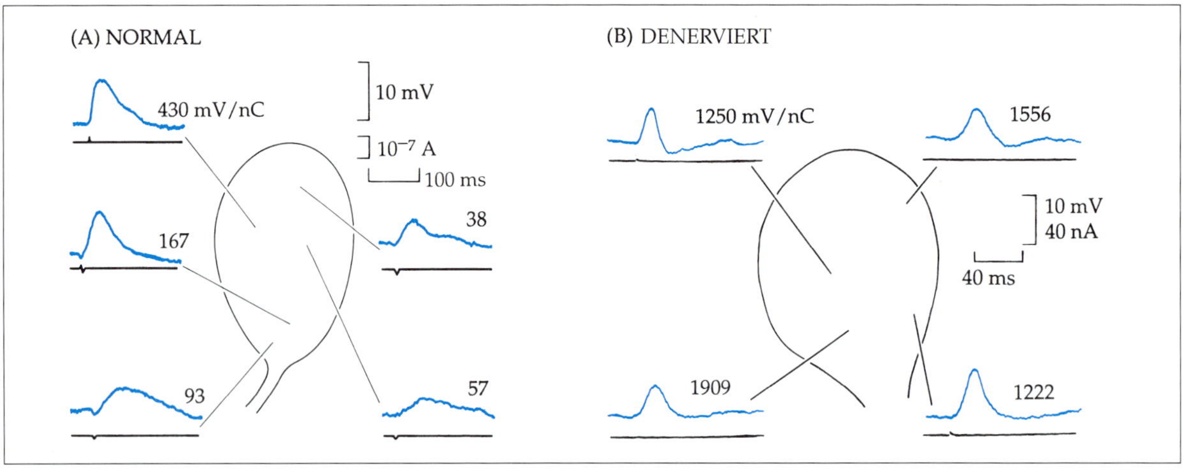

Abb. 6: **Entwicklung der Supersensitivität** in parasympathischen Nervenzellen des Froschherzes nach Denervierung. (A) In einem normalen Neuron ist die hohe ACh-Sensitivität auf die Synapsenregionen beschränkt. Große Zahlen bedeuten hohe Sensitivität (ausgedrückt in Millivolt pro Nanocoulomb). Wenn ACh auf extrasynaptische Regionen appliziert wird, muß eine höhere Menge eingesetzt werden, um Wirkung zu zeigen. Die Antworten steigen relativ langsam, da das ACh zu den nahegelegenen sensitiven synaptischen Stellen diffundieren muß. (B) 21 Tage nach der Denervierung ist die Sensitivität der Neuronoberfläche überall hoch, wo auch immer ACh appliziert wird (nach Kuffler, Dennis und Harris, 1971; Dennis und Sargent, 1979).

Aminosäureeinbaus in Proteine, herabgesetzte Neuronenanzahl und Reduktion der Somagröße.[40]

In autonomen Ganglienzellen des Frosches und des Huhns sind Veränderungen der neuronalen Oberflächenmembran nach dem Verlust von Synapsen untersucht worden. Im Froschherz kann man parasympathische Neuronen im transparenten Septum interatriale beobachten. Die innervierten Neuronen sind wie Skelett-Muskelfasern an ihrer Oberfläche direkt unter den präsynaptischen Endigungen hoch sensitiv für den Transmitter ACh (Abb. 6 A, siehe auch Kap. 9). Die Beschränkung der Rezeptoren auf die Synapsenregion ist in diesen Neuronen nicht so ausgeprägt wie in Skelettmuskeln. Experimente, in denen die Verteilung der ACh-Rezeptoren mit Hilfe von histochemischen Reaktionen geschätzt wurde, zeigen, daß nahezu 20 Prozent der Rezeptoren außerhalb der Synapsenregion liegen können.[41] Wenn die zwei Vagusnerven, die zum Herz führen, durchtrennt werden, beginnt die synaptische Übertragung zwischen den Vagusnervenendigungen und den Ganglienzellen bereits am zweiten Tag nach der Denervierung schnell schwächer zu werden.[42,43] Zur gleichen Zeit beginnt die neuronale Oberflächenmembran, die für ACh sensitiv ist, anzuwachsen. Nach 4 bis 5 Tagen bewirkt ACh eine Membrandepolarisation, gleichgültig wo es auf die Zelloberfläche appliziert wurde (Abb. 6 B). Ansonsten verhalten sich die Zellen normal, d.h. es zeigen sich keine auffälligen Veränderungen im Membranruhepotential oder in der Erregbarkeit der Zellen. Überraschenderweise scheint die Anzahl der ACh-Rezeptoren in denervierten Neuronen abzunehmen.[44] Allerdings sind die verbleibenden Rezeptoren nach der Denervierung über eine größere Fläche verstreut, was für die beobachteten Veränderungen der Chemosensitivität verantwortlich zu sein scheint. Die normale Verteilung der Chemosensitivität stellt sich wieder ein, wenn man dem ursprünglichen Nerven erlaubt, zurück zum Herzen zu wachsen.[43] Wie im Muskel wird die sensitive Fläche dann wieder auf die Synapsenregion beschränkt.

Nicht alle Neuronen antworten in derselben Weise auf Denervierung. Die Neuronen der parasympathischen Ganglien des Huhns und der sympathischen Ganglien des Frosches weisen eine hohe ACh-Rezeptor-Konzentration unter den präsynaptischen Endigungen auf.[45–47] In diesen Ganglien hat eine Denervierung nur eine geringe oder gar keine Auswirkung auf die Anzahl und die Verteilung der ACh-Rezeptoren. Zum Beispiel bleibt die Sensitivität von Neuronen aus den sympathischen Ganglien des Frosches für iontophoretisch appliziertes ACh unverändert. Wenn man die Sensitivität für ACh allerdings mißt, indem man die extrazelluläre Gesamtantwort auf eine Badapplikation von ACh feststellt, zeigt sich ein 18-facher Anstieg der Sensitivität. Dies beruht ausschließlich auf dem Verlust der Acetylcholinesterase-Aktivität der präterminalen und terminalen Bereiche der präganglionären Axone. Dieses Enzym hindert normalerweise das ACh daran, Zellen die innerhalb des Ganglions verborgen liegen, zu erreichen. Die Mechanismen, die die ACh-Rezeptor-Verteilung regulieren, scheinen in Nerven- und Muskelzellen verschieden zu

40 Born, D. E. and Rubel, E. W. 1988. *J. Neurosci.* 8: 901–919.
41 Sargent, P. B. and Pang, D. Z. 1989. *J. Neurosci.* 9: 1062–1072.
42 Kuffler, S. W., Dennis, M. J. and Harris, A. J. 1971. *Proc. R. Soc. Lond. B* 177:555–563.
43 Dennis, M. J. and Sargent, P. B. 1979. *J. Physiol.* 289: 263–275.
44 Sargent, P. B. and Pang, D. Z. 1988. *Neuron* 1: 877–886.
45 McEachern, A. E., Jacob, M. H. and Berg, D. K. 1989. *J. Neurosci.* 9: 3899–3907.
46 Loring, R. H. and Zigmond, R. E. 1987. *J. Neurosci.* 7: 2153–2162.
47 Dunn, P. M. and Marshall, L. M. 1985. *J. Physiol.* 363: 211–225.

sein und sogar zwischen verschiedenen Neuronentypen zu schwanken.

Denervierungs-Supersensitivität, Innervierungsbereitschaft und axonales Aussprossen

Synapsenbildung in denervierten Muskeln

Einige Anhaltspunkte zur möglichen Bedeutung der Supersensitivität kommen von Untersuchungen über die Veränderungen, die ein Muskel während der Reinnervation erfährt. Im adulten Zustand wird eine innervierte Muskelfaser keine zusätzliche Innervierung durch einen anderen Nerven akzeptieren.[48] Wenn also ein durchtrennter Motornerv auf einen innervierten Muskel gesetzt wird, bildet er keine zusätzlichen neuen Endplatten auf den Muskelfasern aus. Im Gegensatz dazu wachsen Nervenfasern aus, um einen denervierten oder verletzten Muskel zu innervieren. Die Reinnervierung erfolgt – anders als bei der Entwicklung, bei der die Wachstumskegel die Muskelfasern an zufällig gewählten Orten innervieren – normalerweise am Ort der ursprünglichen Endplatte. Wenn ein durchtrennter Nerv allerdings weit genug von der ursprünglichen Endplatte entfernt plaziert wird, oder wenn ein Axon irgendwie daran gehindert wird, die alte Endplatte zu erreichen, kann eine völlig neue Endplatte gebildet werden. Dies ist bemerkenswert, weil es nämlich bedeutet, daß Nervenfasern zu einer adulten Muskelfaser auswachsen und in Arealen Synapsen bilden können, die vorher noch nie innerviert waren. Regenerierende Axone scheinen also – wie bei der Entwicklung der neuromuskulären Verbindungen – in der Lage zu sein, Signale zu erzeugen, die die postsynaptische Differenzierung triggern, und inaktive Muskelfasern können auf diese Signale antworten.

Was sind nun die Bedingungen, die einen denervierten Muskel veranlassen, einen Nerv zu akzeptieren? Es wurden viele Versuche unternommen, herauszufinden, ob eine Korrelation zwischen der erhöhten Chemosensitivität und der Synapsenbildung besteht. In einem Experiment wurde Botulinustoxin verwendet, um einen neuromuskulären Block nicht durch Zerstörung der Nervenendigungen, sondern durch Verhindern der Transmitterausschüttung zu erzeugen. Trotz der Anwesenheit unversehrt aussehender Nervenendigungen entwickelte die Muskelmembran Supersensitivität in früher extrasynaptischen Arealen und akzeptierte eine zusätzliche Innervierung.[49,50] Genauso war ein fremder Nerv in der Lage, zusätzliche Synapsen auf einen Rattenmuskel zu bilden, der als Folge der blockierten Impulsfortleitung seines Nervs supersensitiv war. In diesen Experimenten zeigten die einzelnen Muskelfasern synaptische Potentiale und Kontraktionen als Antwort auf die Reizung eines jeden der beiden Nerven. Im Gegensatz dazu verlor ein denervierter Muskel, der direkt gereizt wurde, zusammen mit seiner Supersensitivität die Fähigkeit, zusätzliche Innervierungen zu akzeptieren.

Ist die Supersensitivität eine Voraussetzung für den Muskel, um sich innervieren zu lassen? Wie wir in Kap. 11 beschrieben haben, sind fetale und neonatale Rattenmuskeln über ihre gesamte Länge ACh-sensitiv.[51] Genauso sind Muskelfasern, die in Zellkultur gewachsen sind, über ihre Gesamtlänge ACh-sensitiv und einer Innervierung zugänglich (Kap. 11).[52] Nach der Innervierung der Muskelfasern in vivo schrumpft die ACh-sensitive Fläche innerhalb von ca. 2 Wochen auf die Endplattenregion.[51,53] Sowohl die Erst- als auch die Reinnervierung finden also in supersensitiven Muskelfasern statt. Es gibt jedoch mehrere Experimente, die zeigen, daß die Synapsenbildung nicht vom ACh-Rezeptor selbst abhängt, oder zumindest nicht speziell von dem Teil, der α-Bungarotoxin oder Curare bindet, da eine Reinnervation bei denervierten Ratten- und Krötenmuskeln auch noch in Anwesenheit dieser Inhibitoren stattfindet.[54,55]

Denervierungsinduziertes Aussprossen von Axonen

Denervierte Muskeln lassen nicht nur eine Innervierung zu, sondern sie induzieren aktiv in unverletzten Nerven das Aussprossen neuer Endverzweigungen. Wenn ein Muskel zum Beispiel teilweise denerviert ist, sprossen die verbleibenden Axonendigungen und innervieren die denervierten Fasern (Abb. 7).[56] In diesem induktiven Prozeß scheint die Muskelinaktivität – wie bei der Regulation der Synthese und des Abbaus von ACh-Rezeptoren – eine Schlüsselrolle zu spielen. Das Aussprossen und die Hyperinnervierung finden statt, wenn die Muskelaktivität entweder durch die Blockierung der Aktionspotentialfortleitung im Nerven mittels einer Tetrodotoxin-getränkten Manschette oder durch die Blockierung der neuromuskulären Übertragung mit Hilfe von Botulinustoxin oder α-Bungarotoxin verhindert wurde.[58,59] Denervierungsinduziertes Aussprossen wurde auch bei sen-

48 Jansen, J. K. S. et al. 1973. *Science* 181: 559–561.
49 Thesleff, S. 1960. *J. Physiol.* 151: 598–607.
50 Fex, S. et al. 1966. *J. Physiol.* 184: 872–882.

51 Diamond, J. and Miledi, R. 1962. *J. Physiol.* 162: 393–408.
52 Frank, E. and Fischbach, G. D. 1979. *J. Cell Biol.* 83: 143–158.
53 Bevan, S. and Steinbach, J. H. 1977. *J. Physiol.* 267: 195–213.
54 Van Essen, D. and Jansen, J. K. 1974. *Acta Physiol. Scand.* 91: 571–573.
55 Cohen, M. W. 1972. *Brain Res.* 41: 457–463.
56 Brown, M. C., Holland, R. L. and Hopkins, W. G. 1981. *Annu. Rev. Neurosci.* 4: 17–42.
57 Brown, M. C. and Ironton, R. 1977. *Nature* 265: 459–461.
58 Duchen, L. W. and Strich, S. J. 1968. *Q. J. Exp. Physiol.* 53: 84–89.
59 Holland, R. L. and Brown, M. C. 1980. *Science* 207: 649–651.

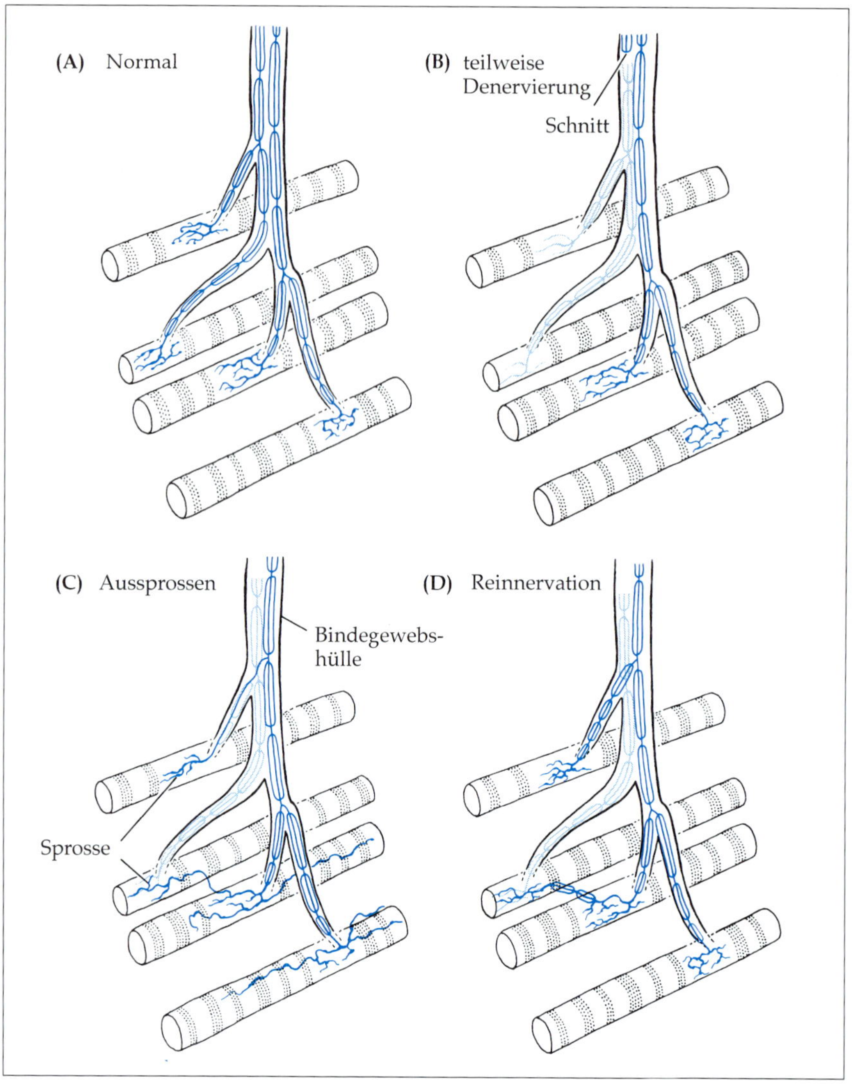

Abb. 7: **Nervenendigungen sprossen aus** als Antwort auf eine teilweise Denervierung eines Säuger-Skelettmuskels. (A) Normales Innervierungsmuster. (B) Einige Fasern sind durch die Durchtrennung einiger Axone, die den Muskel innervieren, denerviert. (C) Axone sprossen von den Endigungen und von den Schnürringen entlang der präterminalen Axone unzerstörter Motoneuronen aus und innervieren die denervierten Fasern. (D) Nach 1 oder 2 Monaten werden Sprosse, die freie Endplatten kontaktiert haben, beibehalten, während andere Sprosse verschwinden (nach Brown, Holland und Hopkins, 1981).

sorischen Axonen, die die Haut innervieren, bei Rückenmarksneuronen, bei präganglionären Axonen in autonomen Ganglien und bei mehreren axonalen Projektionen im Gehirn beobachtet.[60]

Die molekularen Signale, die dieses Aussprossen induzieren, sind bisher noch nicht identifiziert worden, aber die Signale sind sehr selektiv. In der Blutegelhaut induziert z.B. das Abtöten eines einzigen sensorischen oder motorischen Neurons durch Pronaseinjektion ein Axonsprouting in das denervierte Gebiet, es sprossen aber nur Axone von Neuronen derselben sensorischen oder motorischen Modalität.[38,61,62] Im ZNS der Katze sprossen Fasern des contralateralen Cortex, wenn die ipsilateralen Projektionen vom sensorischen und motorischen Cortex zum Nucleus ruber durchtrennt werden, um die denervierten Zellen zu innervieren. Sie tun dies nicht nach einer Zufallsverteilung, sondern nach dem richtigen topographischen Muster über die entsprechenden Interneuronen und enden auf den richtigen Dendriten.[63,64]

Die Rolle der Basalmembran bei regenerierenden Synapsen

Die **synaptische Basalmembran**, eine spezialisierte Region der extrazellulären Matrix, spielt eine Schlüsselrolle bei der Regeneration von Synapsen zwischen Nerv und Muskel. Sie liegt zwischen der Nervenendigung und der Muskelmembran und bildet eine stark anfärbbare Matrix, die aus Proteoglycanen und Glycoproteinen, u.a. aus Collagen, Laminin, Fibronectin und Cholinesterase

60 Purves, D. and Lichtman, J. W. 1985. *Principles of Neural Development.* Sinauer, Sunderland, MA.
61 Bowling, D., Nicholls, J. G. and Parnas, I. 1978. *J. Physiol.* 282: 169–180.
62 Blackshaw, S. E., Nicholls, J. G. and Parnas, I. 1982. *J. Physiol.* 326: 261–268.
63 Tsukahara, N. 1981. *Annu. Rev. Neurosci.* 4: 351–379.
64 Katsumaru, H. et al. 1986. *J. Neurosci.* 6: 2864–2874.

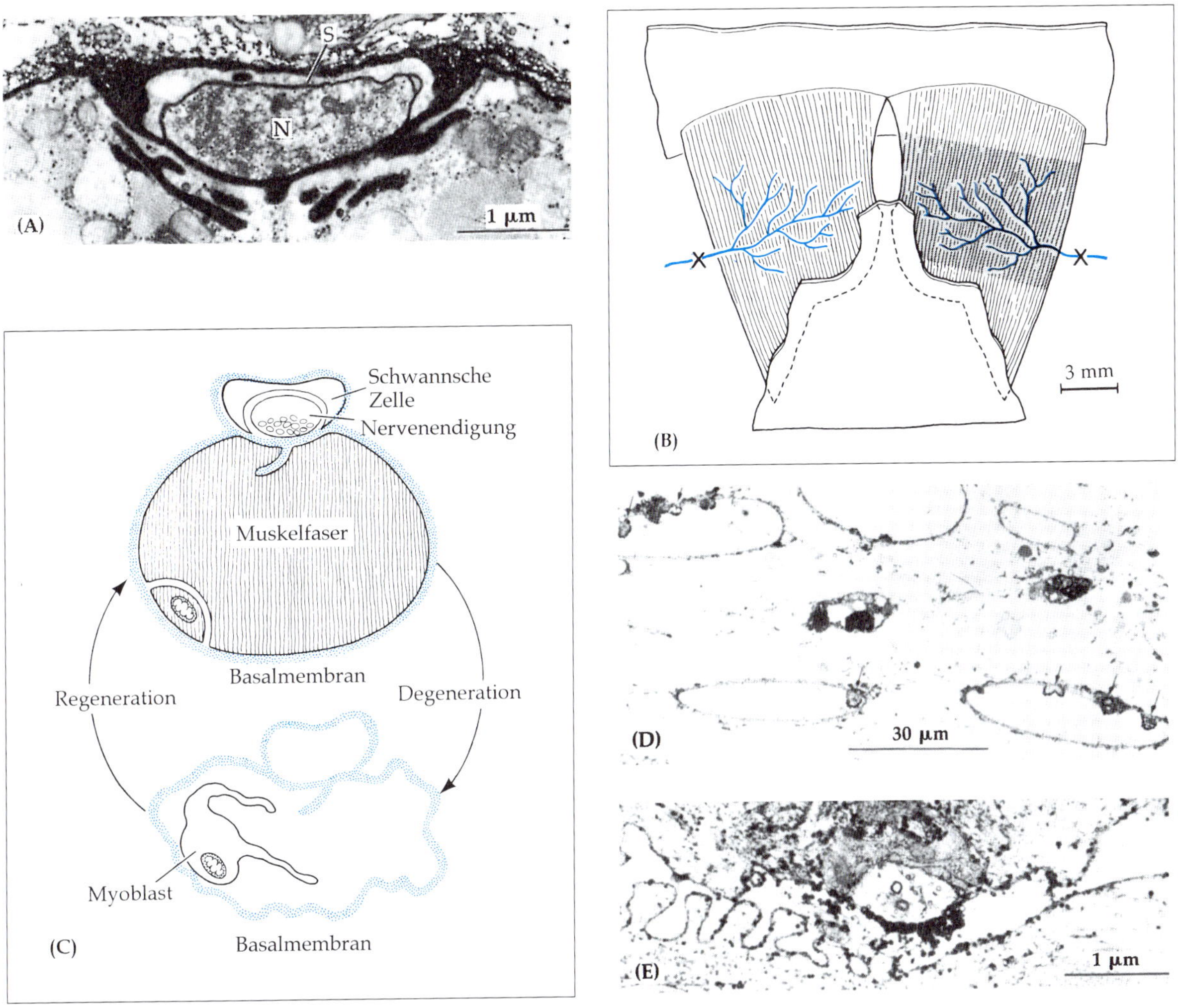

Abb. 8: **Basalmembran und Synapsenregeneration**. (A) Elektronenmikroskopische Aufnahme einer normalen neuromuskulären Synapse des Frosches, mit Rutheniumrot angefärbt, um zu zeigen, wie die Basalmembran in die postsynaptischen Einfaltungen eintaucht und die Schwannsche Zelle (S) und die Nervenendigung (N) umgibt. (B) Schematische Zeichnung des Musculus cutaneus pectoris, in der rechts die Region zu sehen ist, die gefroren wurde, um die Muskelfasern zu zerstören. (C) Die Zerstörung veranlaßt alle zellulären Elemente der neuromuskulären Verbindung zu degenerieren und sich phagocytieren zu lassen, wobei nur die Basalmembranhülle der Muskelfaser und die Schwannsche Zelle intakt bleiben. Durch regenerierende Axone und Muskelfasern werden neue neuromuskuläre Verbindungen hergestellt. (D) Nerven und Muskeln wurden zerstört und die Regeneration der Muskelfasern durch Röntgenbestrahlung verhindert. Die regenerierenden Axone haben die ursprünglichen Synapsenorte kontaktiert, die durch Cholinesterasefärbung (Pfeile) auf den Basalmembranhüllen markiert sind. (E) Bildung aktiver Zonen an den ursprünglichen Synapsenorten durch regenerierende Axone in Abwesenheit von Muskelfasern. Die Zunge der Basalmembran, die sich in die synaptischen Einfaltungen (Pfeil) ausgedehnt hat, markiert die Stelle der ursprünglichen Synapse (nach McMahan, Edgington und Kuffler, 1980).

besteht. Wie man in Abb. 8 A sehen kann, umgibt die Basalmembran die Muskelfaser, die Nervenendigung und die Schwannsche Zelle und taucht in die Einfaltungen der postsynaptischen Membran ein. McMahan und seine Kollegen haben eine elegante, systematische Versuchsreihe durchgeführt, in der sie die physiologischen und strukturellen Wirkungen der Moleküle in dieser nichtzellulären Membran auf die Differenzierung von Nerv und Muskel untersucht haben.[65–68] Der Schlüssel zu ihrem Erfolg lag in der Verwendung eines dünnen, fast transparenten Froschmuskels, des Musculus cutaneus pectoris, in dem die Regeneration sehr schnell erfolgt und dessen Endplatten hochgeordnet sind. In einem ersten Schritt wurden Zellen in der Innervierungsregion durch Nerven- und Muskelfaserdurchtrennung oder durch wiederholte Anwendung eines in flüssigem Stickstoff gekühlten Messingstabes zerstört (Abb. 8 B). Innerhalb der nächsten Tage degenerierten die Muskelfasern der zerstörten Region zusammen mit den Nervenendigungen und wurden phagocytiert, während die Basal-

65 Sanes, J. R., Marshall, L. M. and McMahan, U. J. 1978. *J. Cell Biol.* 78: 176–198.
66 Burden, S. J., Sargent, P. B. and McMahan, U. J. 1979. *J. Cell Biol.* 82: 412–425.
67 McMahan, U. J. and Slater, C. R. 1984. *J. Cell Biol.* 98: 1452–1473.
68 Anglister, L. and McMahan, U. J. 1985. *J. Cell Biol.* 101: 735–743.

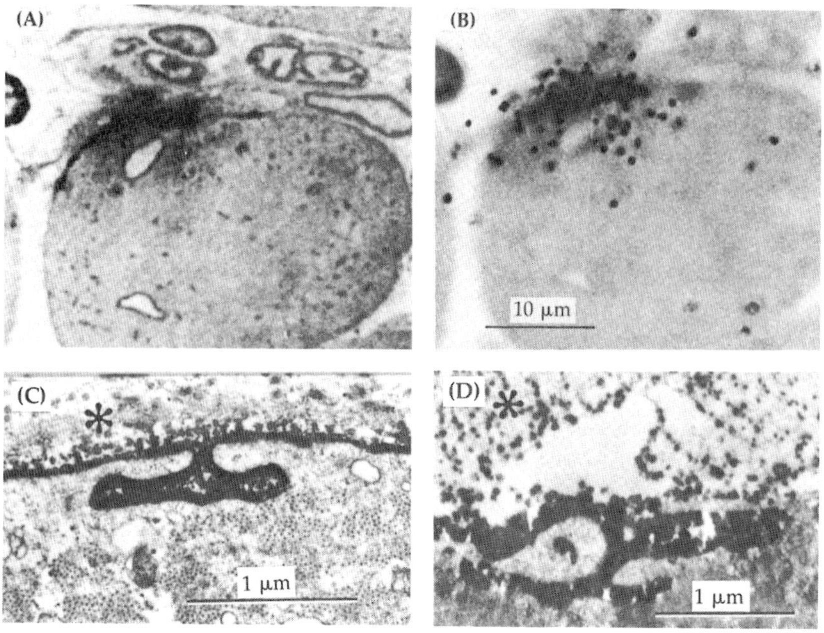

Abb. 9: **Akkumulation von ACh-Rezeptoren und Acetylcholinesterase** an den ursprünglichen Synapsenorten auf regenerierenden Muskelfasern in Abwesenheit von Nerven. Der Muskel wurde wie in Abb. 8 B gefroren, aber die Regeneration des Nerven wurde verhindert. Neue Muskelfasern werden in den Basalmembranhüllen gebildet. (A, B) Lichtmikroskop-Autoradiographie eines regenerierenden Muskels, der mit radioaktivem α-Bungarotoxin inkubiert wurde, um die ACh-Rezeptoren zu markieren [Silberkörner im Fokus von (B)] und dessen Acetylcholinesterase zur Markierung der ursprünglichen Synapsenorte sichtbar gemacht wurde. (C) Elektronenmikroskopische Aufnahme eines ursprünglichen Synapsenortes in einem regenerierten Muskel, der mit Meerrettichperoxidase-α-Bungarotoxin markiert wurde. Die Verteilung der ACh-Rezeptoren wird durch die Dichte des Meerrettichperoxidase-Reaktionsproduktes angezeigt, das die subsynaptischen Einfaltungen nachzeichnet (Stern). (D) Elektronenmikroskopische Aufnahme eines ehemaligen Synapsenortes in einem regenerierten Muskel, behandelt für Cholinesterase-Markierung. Die ursprüngliche Cholinesterase wurde durch eine Frostbehandlung des Muskels auf Dauer inaktiviert. Das dichte Reaktionsprodukt rührt also von der Cholinesterase her, die an den ursprünglichen Synapsenorten durch die regenerierende Muskelfaser synthetisiert und akkumuliert wurde (A und B nach McMahan, Edgington und Kuffler, 1980; C nach McMahan und Slater, 1984; D nach Anglister und McMahan, 1985; Abdruck der Aufnahmen mit freundlicher Genehmigung von U. J. McMahan).

membranhüllen intakt blieben (Abb. 8 C und 8 D). Die Lokalisation der ursprünglichen neuromuskulären Verbindung war durch die besondere Morphologie der Basalmembranhüllen der Muskel- und der Schwannschen Zelle an den ehemaligen Synapsenorten, sowie durch die hohe Cholinesterase-Konzentration in der Basalmembran des synaptischen Spaltes und in den Einfaltungen auch Wochen nach der Operation noch erkennbar. Zwei Wochen nach der Muskelschädigung hatten sich neue Muskelfasern in den Basalmembranhüllen gebildet, die von regenerierenden Axonendigungen kontaktiert wurden, die bei einer Reizung des Nerven Muskelzuckungen hervorriefen. Wie die Cholinesterase-Konzentration zeigte, befanden sich nahezu alle regenerierten Synapsen genau an den ursprünglichen Synapsenorten. Also bestimmen mit der synaptischen Basalmembran assoziierte Signale darüber, wo die regenerierenden Synapsen gebildet werden.

Um die Natur dieser mit der Basalmembran verbundenen Signale näher zu untersuchen, wurden die Muskeln beschädigt und der Nerv gequetscht, die Muskelfaserregeneration jedoch durch Röntgenbestrahlung verhindert. Die regenerierenden Axone wuchsen zu den ehemaligen Synapsenorten auf der Basalmembran – die durch Cholinesterase markiert waren – und bildeten aktive Zonen zur Transmitterfreisetzung genau gegenüber von Basalmembranteilen, die in die subsynaptischen Einfaltungen vordrangen, und dies ohne ein postsynaptisches «Ziel» (Abb. 8 E). In einer Versuchsreihe, die parallel dazu durchgeführt wurde, zeigten McMahan und seine Kollegen, daß die synaptische Basalmembran adulter Tiere auch Faktoren enthält, die die Differenzierung postsynaptischer Spezialisierungen in regenerierenden Muskelfasern triggern. Die Muskeln wurden wie oben beschrieben zerstört, die Reinnervation wurde jedoch durch Entfernung eines langen Axonsegmentes verhindert. Als neue Muskelfasern in den Basalmembranhüllen regenerierten, bildeten sie genau an der Stelle subsynaptische Einfaltungen sowie Acetylcholinrezeptor- und Acetylcholinesterase-Ansammlungen aus, an der sie mit der ursprünglichen synaptischen Basalmembran in Kontakt kamen (Abb. 9). Fest mit der synaptischen Basalmembran verbundene Signale können also die Ausbildung synaptischer Spezialisierungen sowohl in regenerierenden Muskelfasern als auch in regenerierenden Nervenendigungen triggern.

Um das Signal in der synaptischen Basalmembran, das die postsynaptische Differenzierung triggert, zu identifizieren, wurden basalmembranhaltige Präparate aus dem elektrischen Organ des Meeresrochens *Torpedo californica* extrahiert, also aus einem Gewebe, das embryologisch von Muskeln abstammt und eine sehr dichte cho-

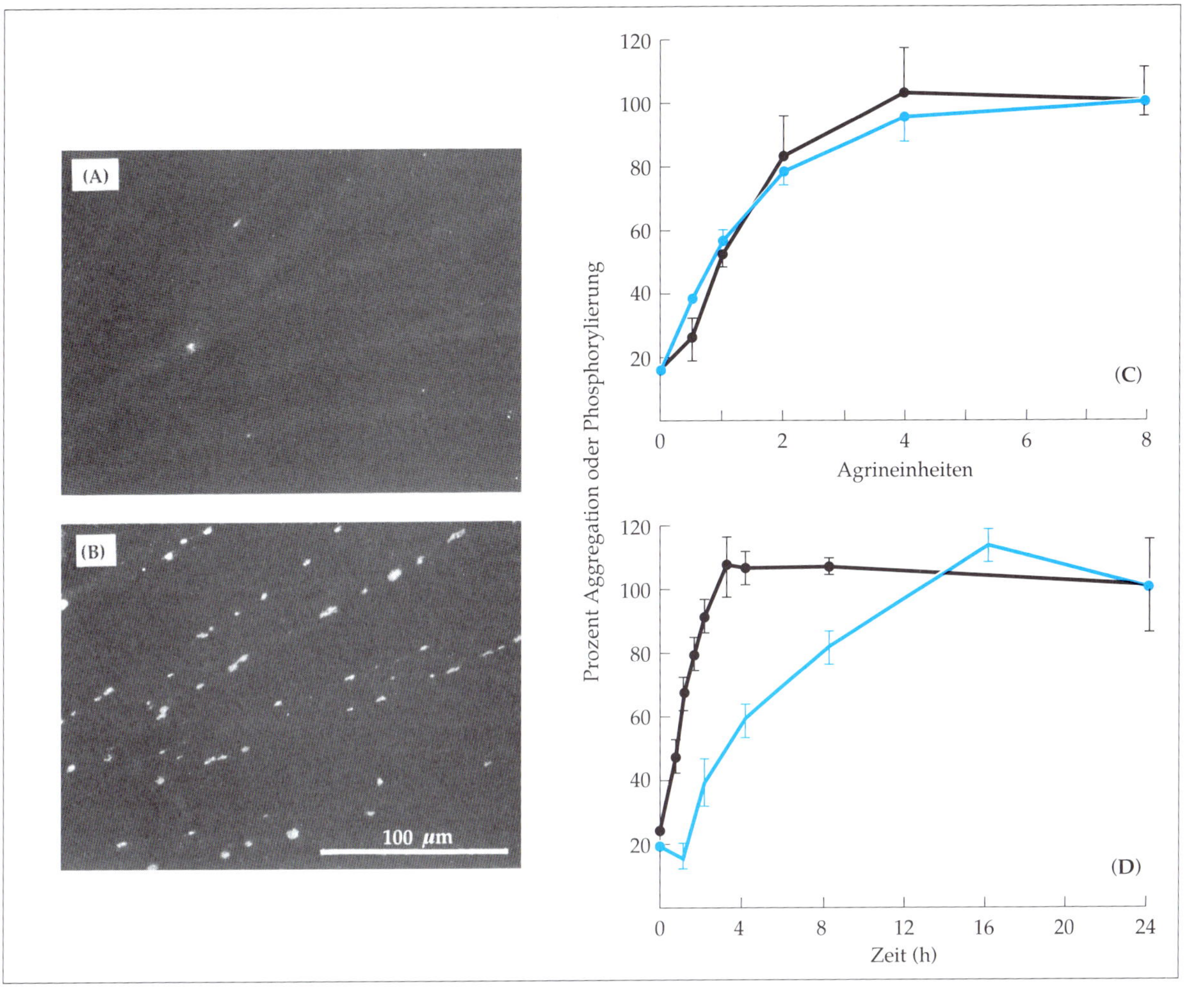

Abb. 10: **Agrin bewirkt eine Aggregation und eine Phosphorylierung** von ACh-Rezeptoren in Myotuben des Huhns in Kultur. (A, B) Fluoreszenz-Mikrophotographie von Myotuben, die zur Markierung der ACh-Rezeptoren mit Rhodamin-konjugiertem α-Bungarotoxin behandelt wurden. (A) Die Rezeptoren sind über die Oberfläche des Kontrollmyotuben verteilt. (B) Agrin-Inkubation über Nacht bewirkt die Bildung von Bereichen, in denen ACh-Rezeptoren akkumulieren. (C, D) Vergleich der Agrin-induzierten ACh-Rezeptor-Aggregation (blaue Kurven) und der Tyrosin-Phosphorylierung (schwarze Kurven) der β-Untereinheit des ACh-Rezeptors. (C) Wenn kultivierte Myotuben über Nacht mit einer ansteigenden Menge Agrin inkubiert werden, steigen Aggregations- und Phosphorylierungsgrad und erreichen dasselbe Plateau in der Dosis-Wirkungs-Kurve. (D) Die Agrin-induzierte ACh-Rezeptor-Phosphorylierung steigt nach Agrin-Gabe schnell an und erreicht nach 4 Stunden einen Gleichgewichtszustand. Die Rezeptor-Aggregation schreitet viel langsamer voran und erreicht 16 Stunden nach der Agrin-Gabe einen konstanten Wert (nach Wallace, 1986, 1992).

linerge Innervation besitzt. Wenn man diese Extrakte zu Muskelfasern in eine Zellkultur gibt, imitieren sie die Wirkungen der synaptischen Basalmembran auf die regenerierenden Muskelfasern, d.h., sie induzieren die Bildung von Spezialisierungen, an denen ACh-Rezeptoransammlungen und andere postsynaptische Komponenten entstehen[69] (Abb. 10). Die aktive Komponente dieser Extrakte, die Agrin genannt wird, wurde gereinigt und charakterisiert, und cDNAs, die sie codieren, wurden aus Hühner- und Rattengehirn-Genbanken kloniert.[70–73]

69 McMahan, U. J. and Wallace, B. G. 1989. *Dev. Neurosci.* 11: 227–247.
70 Nitkin, R. M. et al. 1987. *J. Cell Biol.* 105: 2471–2478.
71 Tsim, K. W. K. et al. 1992. *Neuron* 8: 677–689.
72 Ruegg, M. A. et al. 1992. *Neuron* 8: 691–699.
73 Rupp, F. et al. 1991. *Neuron* 6: 811–823.

Ergebnisse von in situ-Hybridisierungen und immunohistochemische Versuche legen nahe, daß Agrin von Motoneuronen synthetisiert wird und dann entlang ihrer Fasern transportiert und ausgeschüttet wird, um die Differenzierung des postsynaptischen Apparates in sich entwickelnden neuromuskulären Verbindungen zu induzieren.[74] Agrin wird dann offenbar in die synaptische Basalmembran inkorporiert, wo es hilft, den postsynaptischen Apparat adulter Tiere zu erhalten, und seine Differenzierung während der Regeneration zu triggern.
Durch welchen Mechanismus Agrin die Bildung postsynaptischer Spezialisierungen induziert, ist nicht bekannt. Es gibt Hinweise darauf, daß Agrin an einen Rezeptor auf der Myotubenoberfläche bindet und dadurch eine

74 McMahan, U. J. 1990. *Cold Spring Harbor Symp. Quant. Biol.* 50: 407–418.

katalytische Reaktion im Myotuben triggert, die zur Bildung einer Spezialisierung führt, an der sich ACh-Rezeptoren und andere Komponenten des postsynaptischen Apparates ansammeln.[69] Es wurde gezeigt, daß Agrin einen raschen Anstieg der Tyrosinphosphorylierung der β-Untereinheit des ACh-Rezeptors hervorruft, was vermuten läßt, daß die Aktivierung der Tyrosinkinase einen frühen Schritt in der ACh-Rezeptor-Aggregation darstellt[75] (Abb. 10). Wie in Kap. 11 beschrieben, sind die Rezeptoren vieler Wachstumsfaktoren, wie z.B. NGF, BDNF und NT-3, Tyrosinkinasen.
Agrin ist nicht das einzige Signal, das die Differenzierung des postsynaptischen Apparates steuert.[32] Wie wir oben bereits beschrieben haben, wurde gezeigt, daß die Muskelaktivität, die durch die ACh-Ausschüttung aus den Axonendigungen verursacht wird, die Syntheserate der ACh-Rezeptoren und den Umfang der Acetylcholinesterase-Akkumulation in der synaptischen Basalmembran reguliert.[24,76] Wie die Muskelaktivität die Acetylcholinesterase-Synthese und ihre Akkumulation in der synaptischen Basalmembran steigert und die Synthese von Acetylcholinrezeptoren in allen außer den subsynaptischen Kernen verhindert, bleibt ein Gebiet intensiver Untersuchungen.[77]

Selektivität der Regeneration

Neuronale Regulation der Muskelfaser-Eigenschaften

Die Fähigkeit denervierter Skelettmuskeln, sich von fremden Nerven innervieren zu lassen, erlaubt die Untersuchung einer Reihe von Fragen, die die Spezifität der Synapsenbildung und die Art und Weise betreffen, wie sich Nerven und Muskeln gegenseitig beeinflussen, Fragen, die während der Entwicklung schwierig zu behandeln sind. Zum Beispiel, welche Eigenschaften muß der fremde Nerv haben, um akzeptiert zu werden? Verändert er die Eigenschaften des Muskels? Wird der Nerv selbst dadurch verändert, daß er den falschen Muskel innerviert?
Beobachtungen, die diese Fragen betreffen, reichen bis ins Jahr 1904 zurück, als Langley und Anderson gezeigt haben, daß Katzenmuskeln von cholinergen präganglionären sympathischen Fasern innerviert werden können,[78] die normalerweise Synapsen auf Nervenzellen in Ganglien bilden. Landmesser hat die Eigenschaften von Synapsen untersucht, die von Vagusnerven auf den Musculus sartorius des Frosches ausgebildet werden.[79,80] In diesen Experimenten gab es keinen Hinweis darauf anzunehmen, daß die Eigenschaften des Nerven verändert wurden oder daß die anormale Innervierung die elektrischen Eigenschaften des Muskels verändert hat.
Die Eigenschaften anderer Muskeln verändern sich, wie gezeigt werden konnte, nach der Fremdinnervierung stark. Langsame Frosch-Muskelfasern sind sehr markant: Sie sind diffus innerviert, haben eine charakteristische Feinstruktur, und zeigen normalerweise keine regenerativen Impulse oder twitches.[81] Nach der Denervierung können langsame Fasern von Nerven reinnerviert werden, die normalerweise Zuckmuskeln (twitch muscles) an anderen Endplatten innervieren. Unter diesen Bedingungen sind die langsamen Fasern in der Lage, fortgeleitete Aktionspotentiale und twitches zu erzeugen.[82] Eccles, Buller, Close und Kollegen durchtrennten Nerven in Katzen und Ratten und tauschten sie zwischen schnell und langsamer kontrahierenden Skelettmuskeln aus. Beide Typen dieser Säuger-Muskelfasern erzeugen fortgeleitete Aktionspotentiale. Sie werden **langsam-kontrahierende** (slow-twitch) und **schnell-kontrahierende** (fast-twitch) Fasern genannt. Nachdem die Muskeln von den falschen Nerven reinnerviert wurden, glichen sich die funktionellen und die biochemischen Eigenschaften der langsam zuckenden Muskeln denen der schnell zuckenden Fasern an, und die schnell zuckenden Fasern wurden langsamer.[83] Experimente von Lømo und seinen Kollegen haben gezeigt, daß das Impulsmuster des Nerven und das daraus resultierende Muster der Muskelkontraktionen bei dieser Transformation eine Hauptrolle spielen.[84,85] Motoneuronen, welche die langsam- und schnell-zuckenden Muskelfasern innervieren, feuern im allgemeinen mit unterschiedlichen Frequenzen. Wenn ein langsam-zuckender Muskel denerviert und direkt danach mit langsamen Impulsmustern gereizt wird, behält er seine langsamen Eigenschaften bei. Wenn er aber mit einem schnellen Muster gereizt wird, werden viele seiner Eigenschaften denen schnell-zuckender Muskeln angeglichen. Genauso bleibt ein denervierter schnell zuckender Muskel schnell, wenn er mit dem Reizmuster «schnell» gereizt wird. Wird er mit dem Reizmuster «langsam» gereizt, gleicht er sich dem langsam zuckenden Typ an. D.h., die Art seiner Benutzung kann die biochemischen und physiologischen Eigenschaften eines Muskels beeinflussen.

75 Wallace, B. G., Qu, Z. and Huganir, R. L. 1991. *Neuron* 6: 869–878.
76 Dennis, M. J. 1981. *Annu. Rev. Neurosci.* 4: 43–68.
77 Changeux, J.-P. 1991. *New Biol.* 3: 413–429.
78 Langley, J. N. and Anderson, H. K. 1904. *J. Physiol.* 31: 365–391.

79 Landmesser, L. 1971. *J. Physiol.* 213: 707–725.
80 Landmesser, L. 1972. *J. Physiol.* 220: 243–256.
81 Kuffler, S. W. and Vaughan Williams, E. M. 1953. *J. Physiol.* 121: 289–317.
82 Miledi, R., Stefani, E. and Steinbach, A. B. 1971. *J. Physiol.* 217: 737–754.
83 Close, R. I. 1972. *Physiol. Rev.* 52: 129–197.
84 Lømo, T. Westgaard, R. H. and Dahl, H. A. 1974. *Proc. R. Soc. Lond. B* 187: 99–103.
85 Ausoni, S. et al. 1990. *J. Neurosci.* 10: 153–160.

Spezifität der Regeneration im peripheren Nervensystem von Vertebraten

Klassische Experimente von Langley, die jetzt durch Einzelzellanalysen bestätigt wurden, zeigen, daß regenerierende präganglionäre autonome Axone von Säugern die richtigen postganglionären Neuronen reinnervieren.[60] Diese Selektivität resultiert anscheinend, zumindest teilweise, aus örtlichen Gegebenheiten, die die Synapsenbildung zwischen Neuronen und Zielzellen auf der Basis der rostrocaudalen Position beeinflussen. Ähnliche Schlüsselreize scheinen von sympathischen und motorischen Systemen benutzt zu werden. Sympathische Ganglien und Muskeln, die aus verschiedenen Segmenten zusammen in den Hals transplantiert wurden, werden von verschiedenen Untergruppen präganglionärer Axone reinnerviert. Zielzellen aus mehr caudal liegenden Positionen neigen dazu, sich von mehr caudal liegenden Axonen innervieren zu lassen.[86,87] In jungen Ratten wurde ein ähnlicher Grad an Positionsselektivität während der Reinnervation von Muskelfasern in langen Muskeln, die verschiedene Segmente überspannen, nachgewiesen.[88] Der Selektivitätsgrad, der in diesen Transplantationsexperimenten beobachtet wurde, ist allerdings gering. Scheinbar kann jeder Rückenmarksabschnitt Muskeln oder Ganglien aus jedem Segment reinnervieren.

Die Selektivität bei der Reinnervierung von Muskeln durch Motoneuronen schwankt in Abhängigkeit von Spezies und Alter. Bei neugeborenen Ratten, Kaulquappen und adulten Wassermolchen werden die richtigen neuromuskulären Verbindungen nach Durchtrennung der Motoneuronenfasern wiederhergestellt.[89] Ein Mechanismus zur selektiven Wiederherstellung von Verbindungen ist die Konkurrenz zwischen den Axonen. In Salamandermuskeln, die von falschen Axonen innerviert wurden, wurden die falschen Synapsen eliminiert, nachdem die richtigen Nerven ihre Verbindungen wiederhergestellt hatten.[90] Auf der anderen Seite zeigten regenerierende sensorische, motorische und postganglionäre autonome Axone von adulten Säugetieren lediglich eine geringe Fähigkeit, selektiv zu ihren ursprünglichen Zielen zurückzuwachsen, und fremde Nerven können genauso gut Fasern innervieren wie die richtigen.[89] Außerdem können Säuger- und Fischmuskelfasern zweifach innerviert sein, wobei ursprüngliche und fremde Synapsen gleichzeitig aktiv sein können.[48,91–93] Es gibt sogar Belege, daß ein fremder Nerv die ursprünglichen Motoaxone in intakten adulten Rattenmuskeln verdrängen kann, was nahelegt, daß die Aufrechterhaltung der synaptischen Struktur ein dynamischer Prozeß ist.[94]

Die Wahrscheinlichkeit einer erfolgreichen Regeneration nach einer Verletzung eines peripheren Nerven wird bei adulten Säugetieren stark erhöht, wenn der Nerv gequetscht und nicht durchtrennt wird. Dabei bleiben die Endoneuralscheide und die Basalmembran der Schwannzelle, die die Axone umgeben, intakt[89] (siehe Abb. 1). Unter diesen Bedingungen regenerieren die Axone in ihren ursprünglichen Hüllen und werden so zurück zu ihren ursprünglichen Zielzellen geführt. Wenn die Endoneuralscheiden jedoch durchtrennt werden, wie es z.B. bei der Durchtrennung des Nerven der Fall ist, dringen die Axone zufällig in Hüllen im distalen Teil des Nerven ein und bilden so häufig mit nicht passenden Zielzellen Synapsen.

Regeneration im ZNS von Evertebraten

Aus dem Befund, daß regenerierende Axone zu vorherbestimmten Zielzellen auswachsen können, ergibt sich die Frage, wie exakt Nervenzellen in einem System, in dem einzelne identifizierte Neuronen anstelle von ganzen Zellpopulationen untersucht werden können, wieder Verbindungen mit ihren ursprünglichen Zielzellen eingehen können. Ein geeignetes Präparat für die Untersuchung der Genauigkeit, mit der Nervenfasern regenerieren, ist das ZNS des Blutegels (s. Kap. 13), in dem einzelne Zellen eindeutig wiedererkannt und ihre Verbindungen im normalen Tier markiert werden können.

Um die Regeneration im Blutegel zu beobachten, durchtrennt man die Axone, die zwei Ganglien verbinden, und untersucht, ob die Verbindungen wiederhergestellt werden.[95] Es ist z. B. bekannt, daß bestimmte sensorische Zellen in einem Ganglion synaptische Potentiale in speziellen motorischen Zellen des nächsten Ganglions erzeugen. Diese Verbindungen zwischen identifizierten Neuronen können erfolgreich wiederhergestellt werden, was zeigt, daß einzelne Zellen zwischen mehreren Zielzellen unterscheiden können und so häufiger mit bestimmten Neuronen wechselwirken als mit anderen. Es gibt auch anatomische Hinweise für eine exakte Regeneration im Blutegel-ZNS. Muller, Macagno und Kollegen haben bei der Untersuchung des zeitlichen Verlaufs der Regeneration und der Wege, die regenerierende Axone taktiler sensorischer Neuronen nehmen, herausgefunden, daß regenerierende Axone bevorzugt entlang ihres ursprünglichen Weges wachsen (den man bei den Axonen homologer Neuronen markiert hatte) und gelegentlich mit ihren abgetrennten distalen Segmenten verschmelzen, um geeignete synaptische Kontakte wieder-

86 Purves, D., Thompson, W. and Yip, J. W. 1981. *J. Physiol.* 313: 49–63.
87 Wigston, D. J. and Sanes, J. R. 1985. *J. Neurosci.* 5: 1208–1221.
88 Laskowski, M. B. and Sanes, J. R. 1988. *J. Neurosci.* 8: 3094–3099.
89 Fawcett, J. W. and Keynes, R. J. 1990. *Annu. Rev. Neurosci.* 13: 43–60.
90 Dennis, M. J. and Yip, J. W. 1978. *J. Physiol.* 274: 299–310.
91 Frank, E. et al. 1975. *J. Physiol.* 247: 725–743.
92 Scott, S. A. 1975. *Science* 189: 644–646.
93 Kuffler, D. P., Thompson, W. and Jansen, J. K. S. 1980. *Proc. R. Soc. Lond. B* 208: 189–222.
94 Bixby, J. L. and Van Essen, D. C. 1979. *Nature* 282: 726–728.
95 Muller, K. J. and Nicholls, J. G. 1981. *In* K. J. Muller, J. G. Nicholls and G. S. Stent (eds.). *Neurobiology of the Leech.* Cold Spring Harbor Laboratory, Cold Spring Harbor, NY.

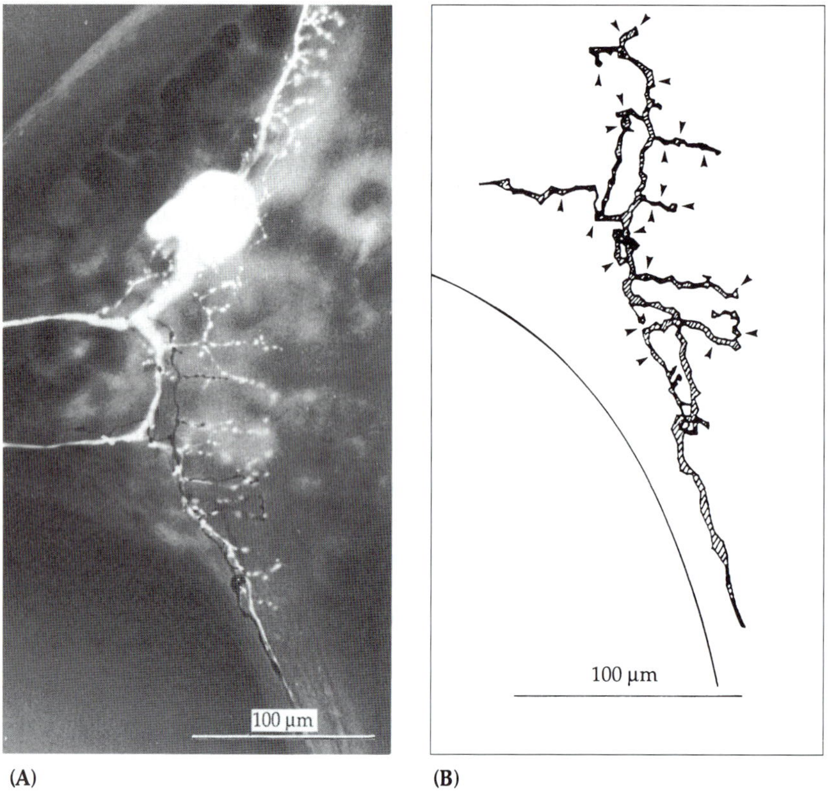

Abb. 11: **Teilweise Regeneration des Axons einer Mechanorezeptorzelle** im ZNS des Blutegels. Normalerweise bildet jede Mechanorezeptorzelle synaptische Verbindungen mit ihren homologen Zellen in den benachbarten Ganglien. In die zerstörte Zelle wurde zwei Monate, nachdem ihr Axon durchtrennt wurde, Meerrettichperoxidase injiziert. In die Mechanorezeptor-Zielzelle im Nachbarganglion wurde ein Fluoreszenzfarbstoff injiziert. (A) Das regenerierte Axon, das mit dem dunklen Meerrettichperoxidase-Reaktionsprodukt angefüllt war, wuchs am Axon der Zielzelle entlang, wie es bei normalen Ganglien auch beobachtet wird. (B) Zeichnung des regenerierten Axons, das augenscheinlich 22 Kontakte (Pfeilköpfe) mit dem Ausläufer der Zielzelle bildet. In normalen Ganglien gibt es 40 bis 60 Kontaktpunkte. (C) Intrazelluläre Ableitungen von einem anderen Paar Mechanorezeptorzellen. Das regenerierte Axon (T_{12}) bewirkte ein synaptisches Potential in der Zielzelle (T_{11}), das dem von Kontrollganglien glich (nach Macagno, Muller und DeRiemer, 1985; Abdruck der Mikrophotographie mit freundlicher Genehmigung von K. J. Muller).

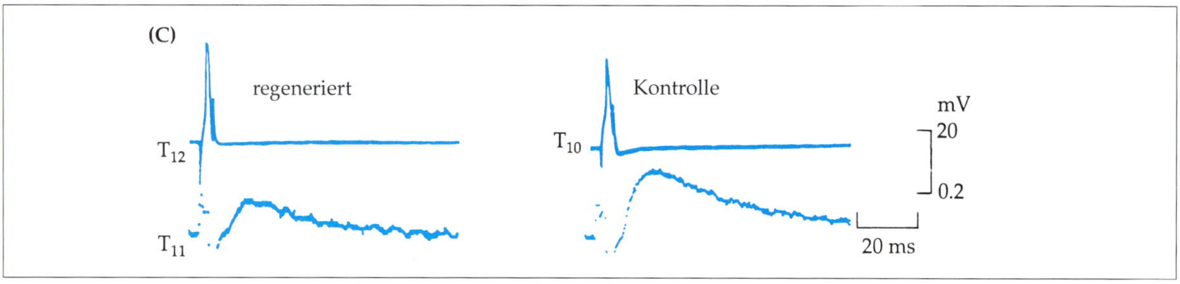

herzustellen[96,97] (Abb. 11). Die S-Zelle liefert ein weiteres Beispiel.[98] In jedem Ganglion gibt es nur eine S-Zelle, die ein Axon in jedes Nachbarganglion sendet. Dieses Axon kann in Querschnitten der Konnektive, die die benachbarten Ganglien verbinden, eindeutig identifiziert werden, da es bei weitem den größten Durchmesser hat. In der Mitte des Konnektivs bildet jedes S-Zell-Axon nur eine elektrische Verbindung mit dem Axon der S-Zelle des Nachbarganglions. Wenn das Konnektiv durchtrennt oder gequetscht wird, bildet das regenerierende Axon selektiv elektrische Synapsen neu, womit die Verbindung mit der S-Zelle des Nachbarganglions wiederhergestellt wird. Interessanterweise wird der erste Kontakt häufig mit dem eigenen überlebenden distalen Stumpf des Axons hergestellt und erst später mit dem Axon der anderen S-Zelle. Der wichtigste Punkt ist die Präzision, mit der das Ziel erkannt wird. Es werden keine fremden Verbindungen hergestellt. Auch im peripheren Nervensystem von Crustaceen kann ein Axon erneut eine Verbindung mit seinem alten distalen Stumpf eingehen.[99] Es gibt keine Hinweise darauf, daß solche Reparationsmechanismen bei Vertebraten vorkommen, obwohl die distalen Stümpfe durchtrennter Axone bei Kaltblütern und unter bestimmten Voraussetzungen auch bei Säugetieren mehrere Wochen überleben können.[100]

Andere Evertebraten, wie Grillen, liefern zusätzliche Beispiele für eine Regeneration mit hohem Präzisions-

96 DeRiemer, S. A. et al. 1983. *Brain Res.* 272: 157–161.
97 Macagno, E. R., Muller, K. J. and De Riemer, S. A. 1985. *J. Neurosci.* 5: 2510–1521.
98 Scott, S. A. and Muller, K. J. 1980. *Dev. Biol.* 80: 345–363.
99 Hoy, R., Bittner, G. D. and Kennedy, D. 1967. *Science* 156: 251–252.
100 Bittner, G. D. 1991. *Trends Neurosci.* 14: 188–193.

grad.[101–104] Bei diesen Tieren konnte man anatomisch und physiologisch nachweisen, daß Mechanorezeptorfasern bei der Regeneration funktionelle Verbindungen zu den passenden Neuronen im Zentralnervensystem bilden. Auch die Axone überzähliger sensorischer Neuronen in angehängten Transplantaten regenerieren geordnet und teilen die entsprechenden Zielzellen im Zentralnervensystem mit ihren normalen Gegenstücken. Diese Experimente liefern auch Hinweise zur Reorganisation zentraler Verbindungen, wenn die Regeneration nach der Entfernung eines Teils des sensorischen Apparates verhindert wird. Die Neuronen in den Zentren, die ihre normalen Eingänge verloren haben, erhalten dann Innervation von anderen Stellen.

Regeneration im ZNS niederer Vertebraten

Die Regenerationsfähigkeit von Neuronen des Zentralnervensystems von Anamniern, wie Fischen und Amphibien, wurde zuerst von Matthey nachgewiesen, der in den 20erJahren den Sehnerv des Wassermolchs durchtrennte und feststellte, daß die Sehfähigkeit nach wenigen Wochen wiederhergestellt war.[105] In den 40er-Jahren begannen Sperry, Stone und Kollegen diese regenerative Fähigkeit auszunutzen, um herauszufinden, wie im Nervensystem spezifische Verbindungen hergestellt werden. Ihre Arbeiten über regenerierende retinotectale Verbindungen stützten die Idee, daß Neuronen ihre Zielzellen eher selektiv innervieren als zufällig Verbindungen herzustellen, die später reorganisiert werden (s. Kap. 11). Spätere Experimente haben gezeigt, daß die Selektivität nicht durch strenge Punkt zu Punkt-Anpassung erfolgt, wie Sperry angenommen hat, sondern eher über abgestufte Präferenzen, die – sogar bei adulten Tieren – eine kontinuierliche Reorganisation der Verbindungen erlauben.[60]

Die Fähigkeit, spezifische funktionale Verbindungen zu regenerieren, wurde auch nach einer Rückenmarksdurchtrennung beim Neunauge nachgewiesen.[106] Die regenerierenden Axone wachsen über die Rückenmarksläsionen hinweg und bilden funktionelle synaptische Kontakte mit den passenden Zielzellen, und ermöglichen dadurch wieder koordiniertes Verhalten. In diesem Fall ist die Regeneration jedoch anatomisch und physiologisch unvollständig, da die Axone nur über kurze Distanzen hinter der Läsionsstelle regenerieren und die neuen Verbindungen weniger robust sind als die alten.

101 Edwards, J. S. and Palka, J. 1976. *In* J. Fentress (ed.). *Simpler Networks and Behavior.* Sinauer, Sunderland, MA, pp. 167–185.
102 Anderson, H. Edwards, J. S. and Palka, J. 1980. *Annu. Rev. Neurosci.* 3: 97–139.
103 Murphey, R. K., Johnson, S. E. and Sakaguchi, D. S. 1983. *J. Neurosci.* 3: 312–325.
104 Chiba, A. and Murphey, R. K. 1991. *J. Neurobiol.* 22: 130–142.
105 Matthey, R. 1925. *C. R. Soc. Biol.* 93: 904–906.
106 Cohen, A. H., Mackler, S. A. and Selzer, M. 1988. *Trends Neurosci.* 11: 227–231.

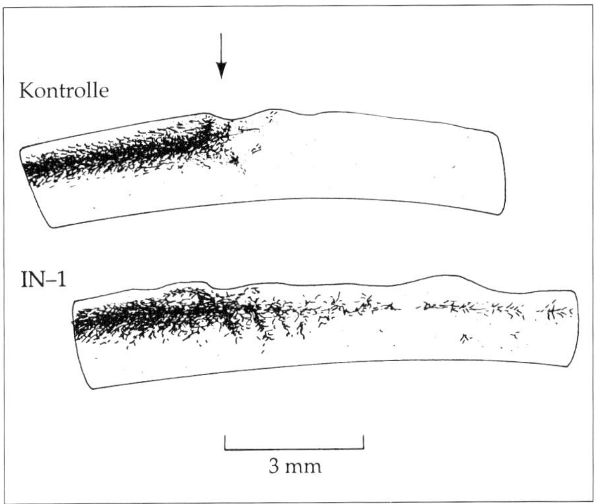

Abb. 12: **Proteine auf der Oberfläche von Gliazellen des ZNS hemmen die Regeneration** von Axonen im Rückenmark der Ratte. Die Camera lucida-Rekonstruktionen von Längsschnitten des Rückenmarks zeigen regenerierende Corticospinalaxone 2 bis 3 Wochen nach der Verletzung des Tractus corticospinalis. Bei mit Antikörpern gegen ein Myelinprotein, das das Axonwachstum verhindert (IN-1), behandelten Ratten sind regenerierende Axone um die Verletzungsstelle (Pfeil) herumgewachsen und über weite Strecken am Rückenmark entlang abgestiegen. An Kontrolltieren, die mit einem Kontrollantikörper behandelt wurden, konnte kein Axonwachstum beobachtet werden (nach Schnell und Schwab, 1990).

Regeneration im Säuger-ZNS

Im allgemeinen wurde angenommen, daß das erneute Auswachsen durchtrennter Axone im Zentralnervensystem adulter Säugetiere stark eingeschränkt ist, besonders weil der Durchtrennung von Bahnen keine Regeneration und Wiederherstellung der Funktion folgt. Aguayo und Kollegen konnten jedoch zeigen, daß Axone des ZNS unter geeigneten Bedingungen über Distanzen von einigen Zentimetern auswachsen können.[107–109] Die direkte Umgebung des Wachstumskegels ist für die Axonregeneration von primärer Bedeutung, eine Umgebung, die im peripheren Nervensystem von Schwannschen Zellen und im ZNS von Astrocyten und Oligodendrocyten gebildet wird (Kap. 6). Mehrere Experimente liefern Anhaltspunkte für die Rolle der Gliazellen. Zunächst weiß man, daß Motoneuronen, deren Zellkörper im Rückenmark liegen, durchtrennte periphere Axone regenerieren können. Motoaxone, die innerhalb des ZNS zerstört wurden, sprossen jedoch, wenn überhaupt, nur wenig. Auch sensorische Axone wachsen zu ihren Zielen in der Peripherie zurück, und wenn eine sensorische Wurzel, die zum Rückenmark läuft, nahe am Hinterwurzelganglion durchtrennt wird, beginnen Axone vom Zellkörper zum Rückenmark zu wachsen. Sie hören jedoch auf zu wachsen, wenn sie die Oberfläche des Zentralnervensystems erreicht haben.

107 David, S. and Aguayo, A. J. 1981. *Science* 214: 931–933.
108 Aguayo, A. J. et al. 1990. *J. Exp. Biol.* 153: 199–224.
109 Aguayo, A. J. et al. 1991. *Philos. Trans. R. Soc. Lond. B* 331: 337–343.

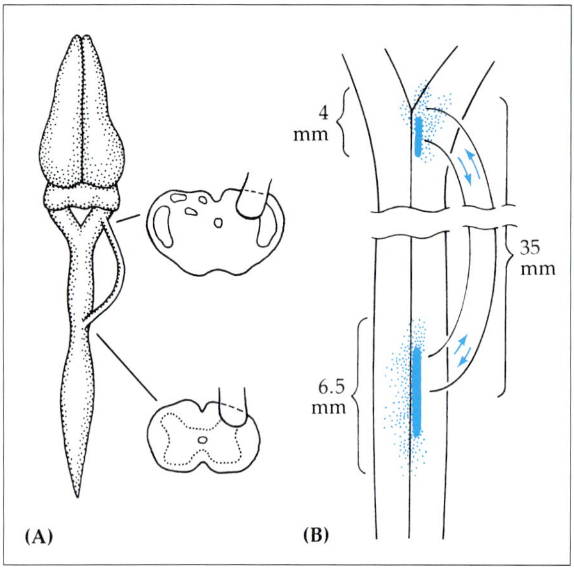

Abb. 13: **Brücken zwischen Medulla und Rückenmark** befähigen Neuronen im ZNS, über größere Distanzen auszuwachsen. Das Transplantat besteht aus einem Stück Ischiasnerv einer adulten Ratte, in dem die Axone degeneriert sind und nur noch die Schwannschen Zellen übrig sind. Diese bilden einen Kanal, an dem die zentralen Axone entlangwachsen können. (A) Ansatzorte des Transplantates. Die Neuronen werden dadurch markiert, daß das Transplantat durchschnitten und die Enden mit Meerrettichperoxidase behandelt werden. (B) Positionen von 1472 neuronalen Zellkörpern, die durch retrograden Transport von Meerrettichperoxidase in sieben transplantierten Ratten markiert wurden. Die meisten Zellen, die Axone in das Transplantat schicken, liegen in der Nähe der Transplantateinsatzstellen (nach David und Aguayo, 1981).

Auch die Gliazellen des ZNS können das Wachstum peripherer Axone verhindern.[110] D.h., obwohl regenerierende Axone des Ischiasnerven der Maus durch eine Kette zurückbleibender Schwannscher Zellen zurück zur Peripherie wachsen, können sie nicht in Astrocyten- oder Oligodendrocytenketten eindringen, die durch eine Transplantation eines Stückes des Sehnervs in ihren Weg gebracht wurden (die Retina und der Sehnerv gehören zum ZNS). Diese Befunde legen nahe, daß (1.) Gliazellen aktiv das Wachstum verhindern können und (2.) Schwannsche Zellen Substanzen bereitstellen können, die das Wachstum verletzter Neuronen stimulieren.

Es wurde gezeigt, daß beide Mechanismen eine Rolle spielen können. Wie oben beschrieben, phagocytieren Schwannsche Zellen nach der Verletzung eines peripheren Nerven die degenerierenden Axone, vermehren sich und beginnen, NGF und NGF-Rezeptoren zu synthetisieren. Infolgedessen wird NGF an der Oberfläche der Schwannschen Zellen gebunden, wo es in der Lage ist, regenerierende Axone zu unterstützen. Auf der anderen Seite haben Schwab und Kollegen herausgefunden, daß Gliazellen aus dem ausgereiften ZNS Moleküle auf ihrer Oberfläche tragen, die das Neuritenwachstum in Kultur verhindern.[111] Sie haben einen solchen Faktor identifiziert, Antikörper gegen ihn gezüchtet und herausgefunden, daß Axone im ZNS in Anwesenheit dieser Antikörper erfolgreich über eine Läsion hinweg regenerieren konnten[112] (Abb. 12). Leider ist der Umfang einer solchen erfolgreichen Regeneration unter diesen Bedingungen immer noch gering, was nahelegt, daß zusätzliche Faktoren die Regeneration im ZNS adulter Vertebraten einschränken.[113]

Das unreife ZNS scheint eine bessere Umgebung für die Regeneration bereitzustellen. Wenn z.B. das Rückenmark eines neugeborenen Opossums gequetscht wird, wachsen die Axone über die verletzte Stelle hinweg, und die Fortleitung über die verletzte Region hinweg ist innerhalb weniger Tage wiederhergestellt, auch wenn das Rückenmark aus dem Tier entfernt und in Kultur gehalten wird.[114] Ein auffallendes Merkmal des Opossumrückenmarks in diesem Alter ist die Abwesenheit von Myelin und die geringe Anzahl Gliazellen, die es enthält. Ein weiteres Experiment, um die Fähigkeit zentraler Neuronen zur Regeneration ihrer Verbindungen zu untersuchen, bestand darin, Schwannsche Zellen, die eine geeignete Umgebung für das Wachstum bereitstellen, in das Zentralnervensystem zu transplantieren. Wenn z.B. ein Segment des Ischiasnervs zwischen die durchtrennten Enden des Rückenmarks der Maus geschoben wird, wachsen Fasern darüber hinweg und füllen die Lücke aus.[115] (Ein solches Transplantat besteht aus Schwannschen Zellen und Bindegewebe. Die Axone degenerieren.) Kulturen Schwannscher Zellen, die ins Rückenmark transplantiert werden, unterstützen das Neuritenwachstum auf dieselbe Weise. Beim Gebrauch von «Brücken», wie sie in Abb. 13 zu sehen sind, kann man eine dramatische Wirkung beobachten. Dabei wird ein Ende des Ischiasnerven ins Rückenmark implantiert, das andere in eine höhere Region des Nervensystems (oberes Rückenmark, Medulla oder Thalamus).[107] Es wurden auch Brücken hergestellt, die sich vom Cortex zu einem anderen Teil des ZNS oder zu einem Muskel erstrecken. Nach mehreren Wochen oder Monaten gleicht das Transplantat einem normalen Nervenstrang, gefüllt mit myelinisierten und unmyelinisierten Axonen. Diese Neuronen feuern Aktionspotentiale und werden durch Reizung unter- und oberhalb der Implantation elektrisch erregt oder gehemmt. Durch die Durchtrennung der Brücke und das Eintauchen der beiden Enden in Meerrettichperoxidase oder andere Marker wird der Ursprung der Zellen markiert, und ihre Verteilung kann dargestellt werden. Beispiele, wie die in Abb. 13, zeigen, daß die Axone die über Distanzen von mehreren Zentimetern gewachsen sind, aus Neuronen stammen, deren Zellkörper im ZNS liegen. Normalerweise senden nur die Neuronen Axone in die Brücke, deren Zellkörper nicht mehr

110 Aguayo, A. J. et al. 1978. *Neurosci. Let.* 9: 97–104.
111 Schwab, M. E. and Caroni, P. 1988. *J. Neurosci.* 8: 2381–2393.
112 Schnell, L. and Schwab, M. E. 1990. *Nature* 343: 269–272.
113 Schwab, M. E. 1991. *Philos. Trans. R. Soc. Lond. B* 331: 303–306.
114 Treherne, J. M. et al. 1992. *Proc. Natl. Acad. Sci. USA* 89: 431–434.
115 Richardson, P. M., McGuinness, U. M. and Aguayo, A. J. 1980. *Nature* 284: 264–265.

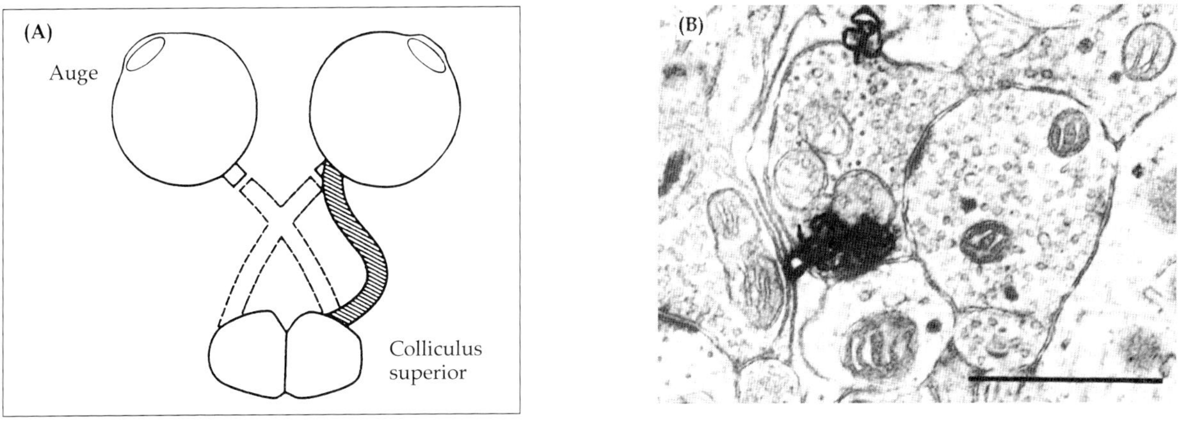

Abb. 14: **Erneute Verbindung der Retina mit dem Colliculus Superior** durch ein Transplantat aus peripheren Nerven in einer adulten Ratte. (A) Die Sehnerven wurden durchtrennt und einer wurde durch ein 3 bis 4 cm langes Stück des Wadenbeinnerven ersetzt (schraffiert). Die Regenerationsfähigkeit wurde durch die Injektion anterograder Farbstoffe ins Auge oder durch Ableitung von Neuronen des Colliculus superior nach Lichtblitzen auf das Auge getestet. (B) Elektronenmikroskopisches Autoradiogramm der Axonendigung einer retinalen Ganglienzelle im Colliculus superior. Zwei Tage bevor das Gehirn fixiert und geschnitten wurde, wurden [^{3}H]-markierte Aminosäuren in das Auge injiziert. Die Endigungen der Ganglienzellaxone sind durch Silberkörner markiert, die vom injizierten Auge eingewandert sind und von den radioaktiv markierten Proteinen entwickelt wurden. Sie identifizieren die Endigungen. Die regenerierten Endigungen glichen denen der Kontrolltiere. Sie sind mit runden synaptischen Vesikeln gefüllt und bilden asymmetrische Synapsen. Balken 1 μm (nach Vidal-Sanz, Bray und Aguayo, 1991; Abdruck der Mikrophotographien mit freundlicher Genehmigung von A. J. Aguayo).

als einige Millimeter von der Brücke entfernt liegen. Genauso wachsen Axone, die die Brücke verlassen, um ins ZNS einzudringen, nur ein kurzes Stück.

Können Axone, die im ZNS von Vertebraten regenerieren, ihre korrekten Ziele lokalisieren und funktionierende Synapsen bilden? Experimente an regenerierenden Ganglienzellaxonen der Retina zeigen, daß sie es können.[109] Wenn der Sehnerv durchtrennt und eine Brücke zwischen Auge und Colliculus superior angelegt wird, wachsen die regenerierenden retinalen Ganglienzellaxone über diese Brücke, erreichen ihr Ziel, verzweigen sich und bilden Synapsen (Abb. 14). Die neugebildeten Synapsen werden an den richtigen Stellen der Zielzellen gebildet, haben eine normale Struktur, wenn man sie mit dem Elektronenmikroskop betrachtet, und funktionieren, da man die postsynaptischen Zellen durch Beleuchtung des Auges erregen kann.

Eine wichtige Erkenntnis aus diesen Studien ist, daß viele Ganglienzellen in der Retina kurz nach der Durchtrennung ihrer Axone im Sehnerv absterben. Einige Zellen werden vor dem Absterben bewahrt, wenn die Axone über die Brücke aus Schwannschen Zellen regenerieren. Der Ganglienzelltod hält aber auch an, nachdem die Axone über die Brücke ins ZNS regeneriert sind. Anscheinend benötigen die Ganglienzellen der Retina zusätzliche trophische Faktoren zum Überleben.

Björklund, Gage, Dunnett, Lund, Sotelo, Vrbova, Lindvall und ihre Kollegen benutzen eine andere Methode, um die Regeneration im ZNS adulter Säuger zu untersuchen: Sie transplantierten embryonale Nervenzellen in das adulte Gehirn.[116] Im Gegensatz zu Neuronen des adulten ZNS, die nach einer Transplantation absterben, überleben die Transplantate aus Gehirngewebe oder dissoziierte Zellen fetaler oder neugeborener Tiere und wachsen, nachdem sie in das adulte ZNS implantiert wurden (Abb. 15). Dort differenzieren sie sich, senden Axone aus und setzen Transmitter frei. Ein Beispiel hierfür liefern Experimente, in denen Neuronen in die Basalganglien von Ratten transplantiert wurden, nachdem die dopaminhaltigen Neuronen der Substantia nigra zerstört worden waren.[117] Bei normalen Tieren, innervieren dopaminerge Neuronen aus der Substantia nigra (einem Teil des Mittelhirns) Zellen in den Basalganglien (einer Region, die mit der Bewegungskoordination zu tun hat, s. Kap. 10 und 15 und Anhang C). Wenn dieser dopaminerge Weg auf der einen Körperseite der Ratte zerstört wird, kommt es zu ungeordneten Bewegungen. Das Tier wendet sich spontan oder als Antwort auf Stress auf die zerstörte Seite. Dieser Bewegungsasymmetrie kann man dadurch entgegenwirken, daß man dopaminhaltige Neuronen aus der Substantia nigra unreifer Tiere an die entsprechenden Stellen auf der Seite der Läsion transplantiert. Die Fasern wachsen in das Wirtsgewebe des Transplantates, und die Tiere hören auf, als Antwort auf Streßreize zu rotieren.[118] Ultrastrukturelle Untersuchungen zeigen, daß die Axone aus den neuronalen Transplantaten Synapsen mit den Wirtsneuronen bilden. Das Dopamin, das die Spenderzellen an den Synapsen ausschütten, wirkt modulatorisch auf die Wirtsneuronen. Für so eine diffuse, «gieskannenartige» Verteilung sind spezielle 1:1 Kontakte wahrscheinlich nicht erforderlich (Kap. 8 und 10).

Die Aussichten auf eine funktionelle Wiederherstellung nach einer Transplantation sind für Neuronen, die ihren Einfluß über solche modulatorischen Mechanismen ausüben, besser als für solche, die die Wiederherstellung

116 Björklund, A. 1991. *Trends Neurosci.* 14: 319–322.

117 Ridley, R. M. and Baker, H. F. 1991. *Trends Neurosci.* 14: 366–370.

118 Björklund, A. et al. 1980. *Brain Res.* 199: 307–333.

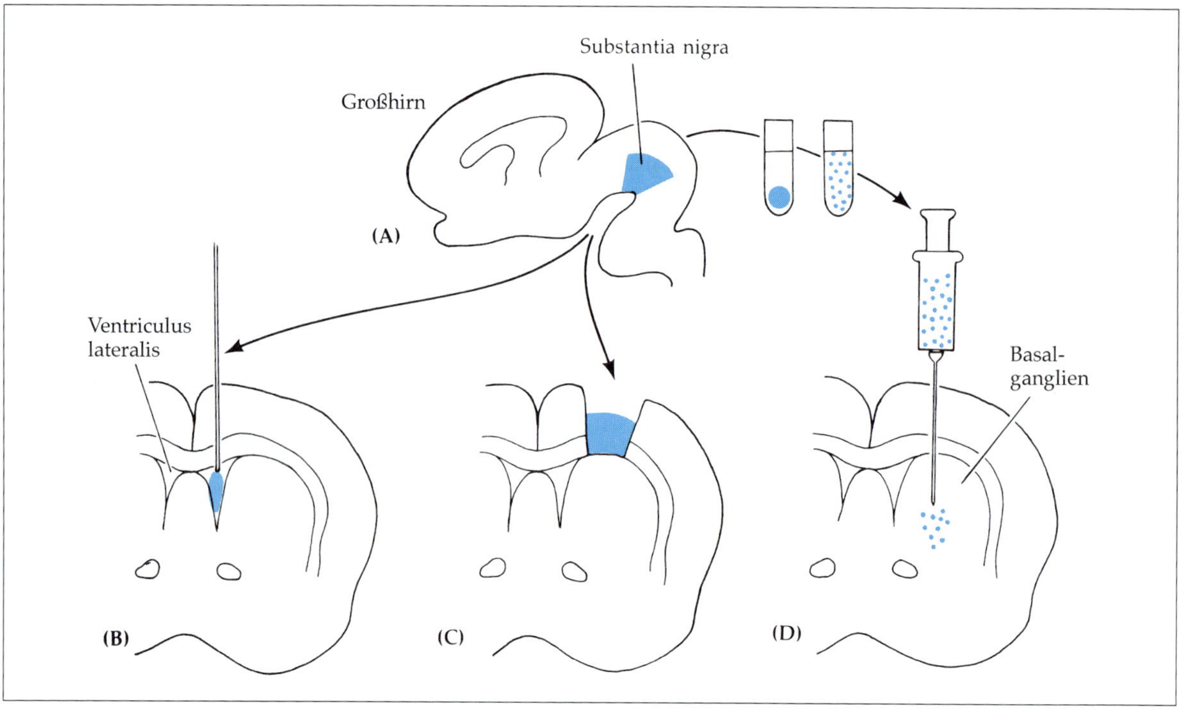

Abb. 15: **Vorgehensweise bei der Transplantation embryonalen Gewebes** in ein adultes Rattengehirn. Ein an dopaminhaltigen Zellen reiches Gewebe wird aus der Substantia nigra entnommen (A) und in den Ventriculus lateralis injiziert (B) oder in eine Höhle in den Cortex transplantiert, der die Basalganglien bedeckt (C). Alternativ kann eine Suspension aus dissoziierten Zellen der Substantia nigra direkt in die Basalganglien injiziert werden (D). Solche embryonalen Zellen überleben, sprossen aus und setzen Transmitter frei (nach Dunnett, Björklund und Stenevi, 1983).

präziser synaptischer Verbindungen benötigen. Die Integration transplantierter Neuronen in den richtigen synaptischen Schaltkreis wurde jedoch auch beobachtet, nachdem man embryonales Gewebe in verletztes adultes Cortex-, Hippocampus- oder Striatumgewebe transplantiert hatte.[116] Zum Beispiel ist eine fetale Retina, die in ein Gehirn einer neugeborenen Ratte transplantiert wurde, in der Lage, spezifische funktionelle Verbindungen einzugehen und damit die entsprechenden visuellen Reflexe wiederherzustellen.[119] Ein besonders bemerkenswertes Beispiel ist die anatomische und funktionelle Integration transplantierter Purkinje-Zellen aus dem Cerebellum in eine adulte *pcd*-(Purkinje-cell-degeneration) Maus (Abb. 16).[120] Sotelo und seine Kollegen haben dissoziierte Zellen oder ganze Stücke primordialen Cerebellums in das Cerebellum adulter mutierter Mäuse transplantiert, deren Purkinje-Zellen kurz nach der Geburt degenerieren. Während der ersten Woche nach der Transplantation wandern die Spender-Purkinje-Zellen aus dem Transplantat über die Cerebellum-Oberfläche aus, drehen um und wandern radial in die Molekularschicht zu den Positionen, die die degenerierten Purkinje-Zellen ursprünglich eingenommen haben. Innerhalb von zwei Wochen haben viele transplantierte Zellen Dendritenbäume gebildet, die denen normaler Purkinje-Zellen gleichen. Außerdem haben Kletterfasern zunächst an den Zellkörpern und dann an den proximalen Dendriten Synapsen gebildet, und Parallelfasern haben die distalen Dendriten innerviert. Nach Stimulation der Kletterfaser- und der Moosfasereingänge können in den Purkinje-Zellen charakteristische synaptische Potentiale abgeleitet werden. Die implantierten Zellen haben jedoch wenig Erfolg bei der Bildung synaptischer Verbindungen mit ihren normalen Zielzellen in den Kernen des Wirtscerebellums. Sie innervieren statt dessen in ihrer Nähe liegende Neuronen der Kleinhirnkerne, die in den Transplantationsresten überlebt haben. Trotzdem zeigen diese Experimente, daß transplantierte Zellen in einem bemerkenswerten Ausmaß in die synaptischen Schaltkreise eines adulten Wirtes inkorporiert werden können.

Es ist deutlich geworden, daß Neuronen im ZNS adulter Vertebraten ihre Fähigkeit, auszuwachsen und geeignete synaptische Kontakte zu bilden, beibehalten. Außerdem hat sich die Transplantation embryonaler Zellen und neuronaler Gewebe in das ZNS adulter Tiere als ein geeignetes Werkzeug zur Untersuchung der Mechanismen herausgestellt, die die Entwicklung und die Regeneration neuronaler Verbindungen in einem Versuchstier vermitteln. Diese Arbeiten lassen hoffen, daß sich die funktionellen Defizite, die von ZNS-Verletzungen oder von neurodegenerativen Krankheiten herrühren, verbessern lassen.

119 Klassen, H. and Lund, R. D. 1990. *J. Neurosci.* 10: 578–587.

120 Sotelo, C. and Alvarado-Mallart, R. M. 1991. *Trends Neurosci.* 14: 350–355.

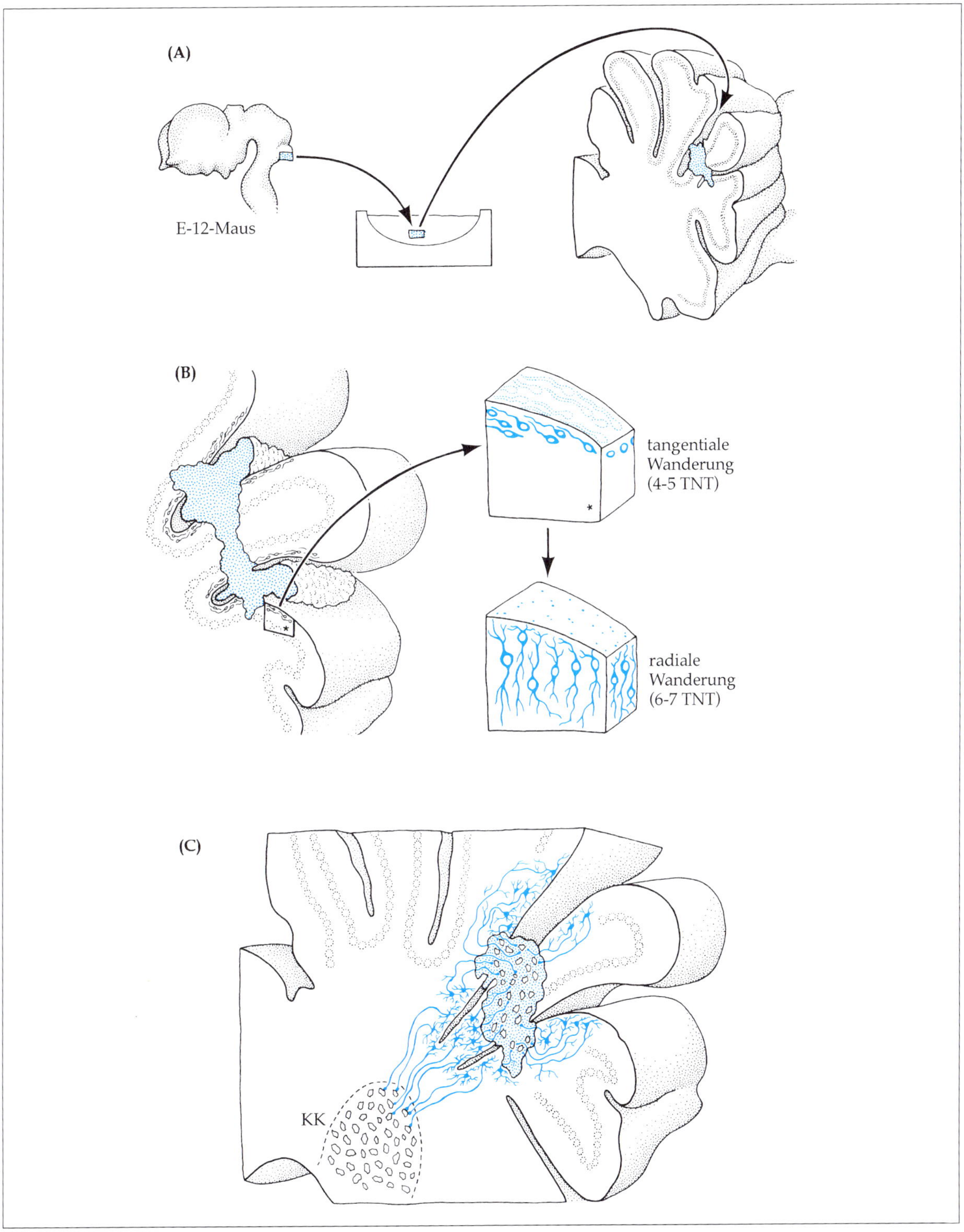

Abb. 16: **Rekonstruktion von Kleinhirn-Schaltkreisen** durch die Transplantation embryonaler Purkinje-Zellen in eine adulte *pcd*-Maus. (A) Feste Stücke des primordialen Cerebellums eines 12 Tage alten Embryos wurden in das Cerebellum einer 2 bis 4 Monate alten *pcd*-Maus injiziert. (B) Die Purkinje-Zellen wandern aus dem Transplantat aus (punktierte Region), zunächst tangential an der cerebellaren Oberfläche entlang (4–5 Tage nach der Transplantation, TNT) und später radial nach innen, wo sie in die molekulare Zellschicht des Wirtsgewebes eindringen (6–7 TNT). (C) Axone von Purkinje-Zellen, die entfernt von den Kleinhirnkernen (KK) des Wirtsgewebes liegen, innervieren Neuronen der Kleinhirnkerne im Überrest des Transplantats (gepunktete Region). Axone der Purkinje-Zellen, die in einem Umkreis von 600 μm um die Kleinhirnkerne liegen, innervieren die Wirtskerne, wo sie synaptische Kontakte mit ihren spezifischen Zielzellen bilden (nach Sotelo und Alvarado-Mallart, 1991).

Empfohlene Literatur

Allgemeine Übersichtsartikel

Aguayo, A. J., Rasminsky, M., Bray, G. M. Carbonetto, S., McKerracher, L., Villegas-Perez, M. P., Vidal-Sanz, M. and Carter, D. A. 1991. Degenerative and regenerative responses of injured neurons in the central nervous system of adult mammals. *Philos. Trans. R. Soc. Lond. B* 331: 337–343.

Björklund, A. 1991. Neural transplantation: An experimental tool with clinical possibilities. *Trends Neurosci.* 14: 319–322.

Brown, M. C., Holland, R. L. and Hopkins, W. G. 1981. Motor nerve sprouting. *Annu. Rev. Neurosci.* 4: 17–42.

Cohen, A. H., Mackler, S. A. and Selzer, M. 1988. Behavioral recovery following spinal transection: Functional regeneration in the lamprey CNS. *Trends Neurosci.* 11: 227–231.

Fawcett, J. W. and Keynes, R. J. 1990. Peripheral nerve regeneration. *Annu. Rev. Neurosci.* 13: 43–60.

Johnson, E. M. Jr., Taniuchi, M. and DiStefano, P. S. 1988. Expression and possible function of nerve growth factor receptors on Schwann cells. *Trends Neurosci.* 11: 299–304.

Kass, J. H. 1991. Plasticity of sensory and motor maps in adult mammals. *Annu. Rev. Neurosci.* 14: 137–167.

McMahan, U. J. 1990. The agrin hypothesis. *Cold Spring Harbor Symp. Quant. Biol.* 50: 407–418.

Purves, D. and Lichtman, J. W. 1985. *Principles of Neural Development.* Sinauer, Sunderland, MA.

Rotshenker, S. 1988. Multiple modes and sites for the induction of axonal growth. *Trends Neurosci.* 11: 363–366.

Scheutze, S. M. and Role, L. M. 1987. Developmental regulation of nicotinic acetylcholine receptors. *Annu. Rev. Neurosci.* 10: 403–457.

Schwab, M. E. 1991. Nerve fibre regeneration after traumatic lesions of the CNS; Progress and problems. *Philos. Trans. R. Soc. Lond. B* 331: 303–306.

Sotelo, C. and Alvarado-Mallart, R. M. 1991. The reconstruction of cerebellar circuits. *Trends Neurosci.* 14: 350–355.

Tsukahara, N. 1981. Synaptic plasticity in the mammalian central nervous system. *Annu. Rev. Neurosci.* 4: 351–379.

Originalartikel

Auswirkungen der Denervierung auf die postsynaptische Zelle

Axelsson, J. and Thesleff, S. 1959. A study of supersensitivity in denervated mammalian skeletal muscle. *J. Physiol.* 147: 178–193.

Fumagalli, G., Balbi, S., Cangiano, A. and Lømo, T. 1990. Regulation of turnover and number of acetylcholine receptors at neuromuscular junctions. *Neuron* 4: 563–569.

Lømo, T. and Rosenthal, J. 1972. Control of ACh sensitivity by muscle activity in the rat. *J. Physiol.* 221: 493–513.

Miledi, R. 1960. The acetylcholine sensitivity of frog muscle fibres after complete or partial denervation. *J. Physiol.* 151: 1–23.

Mishina, M., Takai, T., Imoto, K., Noda, M., Takahashi, T., Numa, S., Methfessel, C. and Sakmann, B. 1986. Molecular distinction between fetal and adult forms of muscle acetylcholine receptor. *Nature* 321: 406–411.

Sargent, P. B. and Pang, D. Z. 1988. Denervation alters the size, number, and distribution of clusters of acetylcholine receptor-like molecules on frog cardiac ganglion neurons. *Neuron* 1: 877–886.

Witzemann, V., Brenner, H.-R. and Sakmann, B. 1991. Neural factors regulate AChR subunit mRNAs at rat neuromuscular synapses. *J. Cell Biol.* 114: 125–141.

Denervierungsüberempfindlichkeit, Innervierungsanfälligkeit und Sprouting

Blackshaw, S. E., Nicholls, J. G. and Parnas, I. 1982. Expanded receptive fields of cutaneous mechanoreceptor cells after single neuron deletion in leech central nervous system. *J. Physiol.* 326: 261–268.

Bowling, D., Nicholls, J. G. and Parnas, I. 1978. Destruction of a single cell in the central nervous system of the leech as a means of analyzing its connexions and functional role. *J. Physiol.* 282: 169–180.

Jansen, J. K. S., Lømo, T., Nicholaysen, K. and Westgaard, R. H. 1973. Hyperinnervation of skeletal muscle fibers: Dependence on muscle activity. *Science* 181: 559–561.

Katsumaru, H., Murakami, F., Wu, J.-Y. and Tsukahara, N. 1986. Sprouting of GABAergic synapses in the red nucleus after lesions of the nucleus interpositus in the cat. *J. Neurosci.* 6: 2864–2874.

Rolle der Basalmembran bei der Synapsenregeneration

Anglister, L. and McMahan, U. J. 1985. Basal lamina directs acetylcholinesterase accumulation at synaptic sites in regenerating muscle. *J. Cell Biol.* 101: 735–743.

McMahan, U. J. 1990. The agrin hypothesis. *Cold Spring Harbor Symp. Quant. Biol.* 50: 407–418.

McMahan, U. J. and Slater, C. R. 1984. The influence of basal lamina on the accumulation of acetylcholine receptors at synaptic sites in regenerating muscle. *J. Cell Biol.*. 98: 1452–1473.

Nitkin, R. M. Smith, M. A., Magill, C., Fallon, J. R., Yao, M. Y.-M., Wallace, B. G. and McMahan, U. J. 1987. Identification of agrin, a synapse organizing protein from *Torpedo* electric organ. *J. Cell Biol.* 105: 2471–2478.

Sanes, J. R., Marshall, L. M. and McMahan, U. J. 1978. Reinnervation of muscle fiber basal lamina after removal of muscle fibers. *J. Cell Biol.* 78: 176–198.

Selektivität bei der Regeneration

Aguayo, A. J., Bray, G. M. Rasminsky, M., Zwimpfer, T., Carter, D. and Vial-Sanz, M. 1990. Synaptic connections made by axons regenerating in the central nervous system of adult mammals. *J. Exp. Biol.* 153: 199–224.

Björklund, A., Dunnett, S. B., Stenevi, U., Lewis, N. E. and Iversen, S. D. 1980. Reinnervation of the denervated striatum by substantia nigra transplants: Functional consequences as revealed by pharmacological and sensorimotor testing. *Brain Res.* 199: 307–333.

David, S. and Aguayo, A. J. 1981. Axonal elongation into peripheral nervous system "bridges" after central nervous system injury in adult rats. *Science* 214: 931–933.

Macagno, E. R., Muller, K. J. and DeRiemer, S. A. 1985. Regeneration of axons and synaptic connections by touch sensory neurons in the leech central nervous system. *J. Neurosci.* 5: 2510–2521.

Schnell, L. and Schwab, M. E. 1990. Axonal regeneration in the rat spinal cord produced by an antibody against myelin-associated neurite growth inhibitors. *Nature* 343: 269–272.

Schwab, M. E. and Caroni, P. 1988. Oligodendrocytes and CNS myelin are nonpermissive substrates for neurite growth and fibroblast spreading in vitro. *J. Neurosci.* 8: 2381–2393.

Teil vier

Integrative Mechanismen

Kapitel 13

Blutegel und *Aplysia*: Zwei einfache Nervensysteme

Evertebraten verrichten verschiedene komplexe Aufgaben wie fliegen, schwimmen, einer Gefahr entfliehen oder fressen. Ihr Nervensystem ist jedoch aus relativ wenig Neuronen aufgebaut. Durch ihre großen, identifizierten Zellen bekannter Funktion ist es möglich, Signalverarbeitung, Reflexe und koordiniertes Verhalten des gesamten Tieres auf zellulärem und molekularem Niveau weitgehend vollständig zu untersuchen. Die Nervensysteme von Evertebraten eignen sich auch gut dazu, die Bildung von Ganglien und spezifischen Verbindungen während der Entwicklung und der Regeneration des Nervensystems zu verfolgen. Der Blutegel (ein Annelide) und der Seehase *Aplysia* (eine Molluske) sollen diesen Zugang verdeutlichen. Ihr Zentralnervensystem besteht aus diskreten Ansammlungen von Neuronen – den Ganglien – die untereinander und mit der Peripherie durch Axonbündel verbunden sind. Die Ganglien von *Aplysia* enthalten mehrere Tausend Nervenzellen, während die Ganglien des Blutegels kleiner sind und nur ungefähr 400 Neuronen enthalten. Bei beiden Tieren kann man die Nervenzellen klar unter dem Präparationsmikroskop erkennen und Mikroelektroden implantieren. In adulten Tieren und in Embryonen sind einzelne sensorische und motorische Neuronen (sowie Interneuronen) identifiziert worden, ihre synaptischen Verbindungen wurden markiert und die Gebiete in der Peripherie, die sie innervieren, wurden genau bestimmt. Diese Information ist eine notwendige Voraussetzung dafür, ein Verschaltungsnetz des Nervensystems zu erstellen, zu bestimmen, wie Verbindungen hergestellt werden, und herauszufinden, wie sich die Neuroneneigenschaften bei wiederholtem Gebrauch verändern.
In den Ganglien des Blutegels und von *Aplysia* kann man Reflexbewegungen des Tieres mit physiologischen Charakteristiken der Synapsen zwischen identifizierten sensorischen und motorischen Neuronen korrelieren. Wenn z.B. in sensorischen Neuronen Impulsfolgen mit normaler Frequenz durch eine natürliche Reizung der Haut erzeugt werden, zeigen bestimmte chemische Synapsen zunächst eine Bahnung, und dann eine Depression. Die Zellen, die durch solche Synapsen verbunden werden, erzeugen Reflexe, die diesen Ablauf in ihrer Motorik widerspiegeln, was leicht beobachtet werden kann. Auf höheren Integrationsebenen können koordinierte Bewegungen und hormonell regulierte Vorgänge, wie schwimmen oder Eier legen, in Beziehung zu den daran beteiligten Einzelzellen gesetzt werden. Durch regelmäßige Reize auf die Haut kann man anhaltende Veränderungen in den Synapsen von *Aplysia* induzieren, die über Stunden oder sogar Tage andauern. Die Abnahme oder die Zunahme der synaptischen Übertragung kann erklären, wie das Tier habituiert oder sensitiver auf Reize reagiert. Es gibt sogar zusammenpassende Befunde über die daran beteiligten molekularen Mechanismen aus Experimenten, in denen second messenger, Gen-Regulation und Proteinsynthese analysiert wurden. Viele dieser Phänomene, die in vivo untersucht worden sind, lassen sich von kleinen Schaltkreisen identifizierter Neuronen in Gewebekultur gut reproduzieren.

Durch das ganze Buch hindurch werden Evertebratenneuronen benutzt, um die Mechanismen zu veranschaulichen, die für das Verständnis der Signalverarbeitung höherer Tiere notwendig sind. Vom Tintenfischaxon hat man z.B Prinzipien abgeleitet, die für die Impulsfortleitung fast aller neuronalen Zellen gültig sind. Zellen anderer Evertebraten wurden benutzt, um die Kanalmechanismen zu veranschaulichen, die für die synaptische Inhibition und Exzitation in Vertebraten verantwortlich sind. Meistens sprechen technische Gründe für Versuche an Evertebratenpräparaten. Einige Probleme können in Evertebraten-Nervensystemen, die auch isoliert gut überleben, besser gelöst werden. Wenn ihre Zellen groß und leicht zugänglich sind, können sie identifiziert und mit elektrophysiologischen und biochemischen Methoden untersucht werden.
Das Interesse an Evertebraten-Nervensystemen geht jedoch über Basismechanismen wie Impulsfortleitung und synaptische Übertragung hinaus. Die Art und Weise, wie eine Ameise navigiert, eine Biene tanzt, eine Grille singt oder eine Fliege fliegt, sind höchst interessant.[1] Evertebraten liefern die Möglichkeit, einem roten Faden zu folgen: Von der Entwicklung einer einzelnen identifizierten Zelle mit der Entwicklung ihres Verzweigungsmusters und der Bildung ihrer Verbindungen, über die Analyse der biophysikalischen Eigenschaften der Zelle und der Beobachtung, wie sie mit dem koordinierten Verhalten des ganzen Tieres korreliert sind, bis zur Aufdeckung der molekularen Mechanismen, die in einer solchen Zelle auftreten, wenn das Tier sein Verhalten als Reaktion auf Umwelteinflüsse modifiziert. Einige Verhaltensantworten werden von relativ wenigen Neuronen initiiert, während analoge Antworten in Säugetieren viele Tausend Nervenzellen benötigen. Jedes Präparat hat

1 Wehner, R. and Menzel, R. 1990. *Annu. Rev. Neurosci.* 13: 403–414.

seine eigenen Vorteile, um spezielle Probleme zu untersuchen. Beim Flußkrebs und bei Schnecken wurden die neuronalen Schaltkreise bestimmt, die für koordinierte elementare Verhaltenseinheiten wie Haltungsreflexe, Fressen, circadiane Rhythmen, Fluchtreaktionen und Schwimmen verantwortlich sind.[2–4] Die Zentralnervensysteme von Insekten wurden benutzt, um Probleme wie Entwicklung,[5,6] Fliegen,[7] Navigation,[8] Laufen,[9] Regeneration[10] und akustische Kommunikation[11] zu untersuchen.

Die Tiere selbst und die Reichweite der Probleme sind so unterschiedlich, daß ein umfassende Übersicht unmöglich ist. Es gibt allerdings Monographien über *Aplysia*,[12] den Blutegel,[13,14] die Meeresschnecke *Hermissenda*,[15] den Flußkrebs[16] und isolierte Evertebratenneuronen in Kultur.[17] Wir haben uns daher nur zwei Evertebraten-Nervensysteme für eine ausführliche Diskussion ausgesucht: Das Nervensystem des Blutegels (das bereits in den Kapiteln 6 und 12 im Zusammenhang mit Gliazellen und mit der Regeneration erwähnt wurde) und das von *Aplysia* (das bereits in den Kapiteln 8 und 9 im Zusammenhang mit der synaptischen Plastizität vorkam). Diese kompakten Nervensysteme enthalten relativ wenig Zellen, die hoch geordnet sind. Sie bilden nützliche Präparate, um Fragen der neuronalen Organisation in Gehirnen höherer Tiere zu untersuchen. Außerdem benutzen die Ganglien die gleichen synaptischen Mechanismen, wie die, die man in Vertebraten identifiziert hat. Die Abbildungen 1, 2, 3 und 4 zeigen die wichtigsten Merkmale der Tiere und ihrer Zentralnervensysteme. Das ZNS des Blutegels besteht aus einer Kette stereotyper Ganglien. Die Ganglien von *Aplysia* sind beträchtlich größer und in verschiedenen Regionen des Tieres spezialisiert, wodurch sie unterschiedliche Funktionen kontrollieren.

Auf Einzelzellniveau kann man einzelne Neuronen, die Reflexe verursachen, identifizieren, ihre synaptischen Verbindungen markieren und feststellen, ob es sich um chemische oder um elektrische, um exzitatorische oder um inhibitorische Synapsen handelt. Dies ist die erste Etappe, um zu verstehen, wie neuronale Komponenten zusammenarbeiten, um koordiniertes, stereotypes Verhalten zu erzeugen. Als nächsten Schritt kann man untersuchen, wie sich die Eigenschften von Neuronen und Synapsen als Folge wiederholter natürlicher Stimuli verändern und wie sich diese Veränderungen in der Leistung der Tiere widerspiegeln. Der Vorteil der Verwendung natürlicher Reize liegt darin, nur auf diese Weise sicher sein zu können, daß die Impulse in den richtigen Fasern und bei Frequenzen auftreten, die denen im intakten Tier gleichen. Die Kenntnis der Verschaltung des Nervensystems adulter Blutegel und *Aplysien* macht es möglich, die Entwicklung auf zellulärem und molekularem Niveau zu untersuchen, die Zellentwicklung und das Wachstum einzelner Axone zu verfolgen, die Veränderungen der Membraneigenschaften zu messen und die Spezifität und die Mechanismen, die an der Synapsenbildung beteiligt sind, zuzuordnen. Die Embryonen sind transparent und sie besitzen große Zellen, die sich schnell – eher in Tagen als in Wochen – zu Ganglien entwickeln. Außerdem kann sich das Nervensystem des Blutegels nach einer Verletzung selbst regenerieren (was später diskutiert wird).

Aplysia

Der Körper von *Aplysia* (Mollusca, Gastropoda, d.h. «bauchfüßig») besteht aus wohldefinierten Teilen: Einem Kopf, einem Fuß, einem Eingeweidesack und einem Mantel, der den Eingeweidesack umgibt.[12] Sie besitzen spezialisierte Organe, wie z.B. Tentakel, Augen, Kiemen und eine Drüse, die eine tintenartige, purpurne Flüssigkeit verspritzt, wenn das Tier gestört wird. *Aplysia* lebt im Meerwasser und ihr Verhalten ist – wie das des Blutegels – verglichen mit anderen Evertebraten wie Bienen, Ameisen oder Grillen eingeschränkt. *Aplysia* kriecht, zieht sich als Antwort auf Schmerzreize defensiv zurück, macht Atmungsbewegungen, frißt, legt Eier, spritzt Tinte und macht Gruppensex. Der Name *Aplysia* kommt von aplytos, was «ungewaschen» bedeutet. Da die Tentakel vom Körper abstehen, sieht sie wie ein Hase aus. Plinius nannte das Tier *Lepus marinus* (Seehase). Er nahm an, er sei giftig, und Bacon glaubte 1626 aus irgendeinem Grund «daß der Seehase eine Abneigung gegen Lungen hat (wenn er nahe an sie heran kommt) und sie auffrißt» (sicher ein unwahrscheinliches Ereignis).

Die folgende Darstellung des Verhaltens und der Neurobiologie von *Aplysia* basiert größtenteils auf den wegweisenden Untersuchungen von Castellucci, Kandel, Le-

2 Elliott, C. J. H. and Benjamin, P. R. 1989. *J. Neurophysiol.* 61: 727–736.
3 Sahley, C. L., Martin, K. A. and Gelperin, A. 1990. *J. Comp. Physiol. (A)* 167: 339–345.
4 Aréchiga, H. et al. 1985. *Amer. Zool.* 25: 265–274.
5 Bentley, D. and Toroian-Raymond, A. 1989. *J. Exp. Zool.* 251: 217–223.
6 Palka, J. and Schubiger, M. 1988. *Trends Neurosci.* 11: 515–517.
7 Reichert, H. and Rowell, C. H. 1985. *J. Neurophysiol.* 53: 1201–1218.
8 Wehner, R. 1989. *Trends Neurosci.* 12: 353–359.
9 Ramirez, J. M. and Pearson, K. G. 1988. *J. Neurobiol.* 19: 257–282.
10 Edwards, J. S., Reddy, G. R. and Rani, M. U. 1989. *J. Neurobiol.* 20: 101–114.
11 Hoy, R. R. 1989. *Annu. Rev. Neurosci.* 12: 355–375.
12 Kandel, E. R. 1979. *Behavioral Biology of Aplysia.* W. H. Freeman, San Francisco.
13 Muller, K. J., Nicholls, J. G. and Stent, G. S. (eds.). 1981. *Neurobiology of the Leech.* Cold Spring Harbor Laboratory, Cold Spring Harbor, NY.
14 Nicholls, J. G. 1987. *The Search for Connections: Studies of Regeneration in the Nervous System of the Leech.* Sinauer, Sunderland, MA.
15 Alkon, D. 1987. *Memory Traces in the Brain.* Cambridge University Press, Cambridge.
16 Atwood, H. L. and Sandeman, D. C. (eds.). 1982. *Biology of Crustacea,* Vol. 3. Academic Press, New York.
17 Beadle, D. J., Lees, G. and Kater, S. B. 1988. *Cell Culture Approaches to Invertebrate Neuroscience.* Academic Press, London.

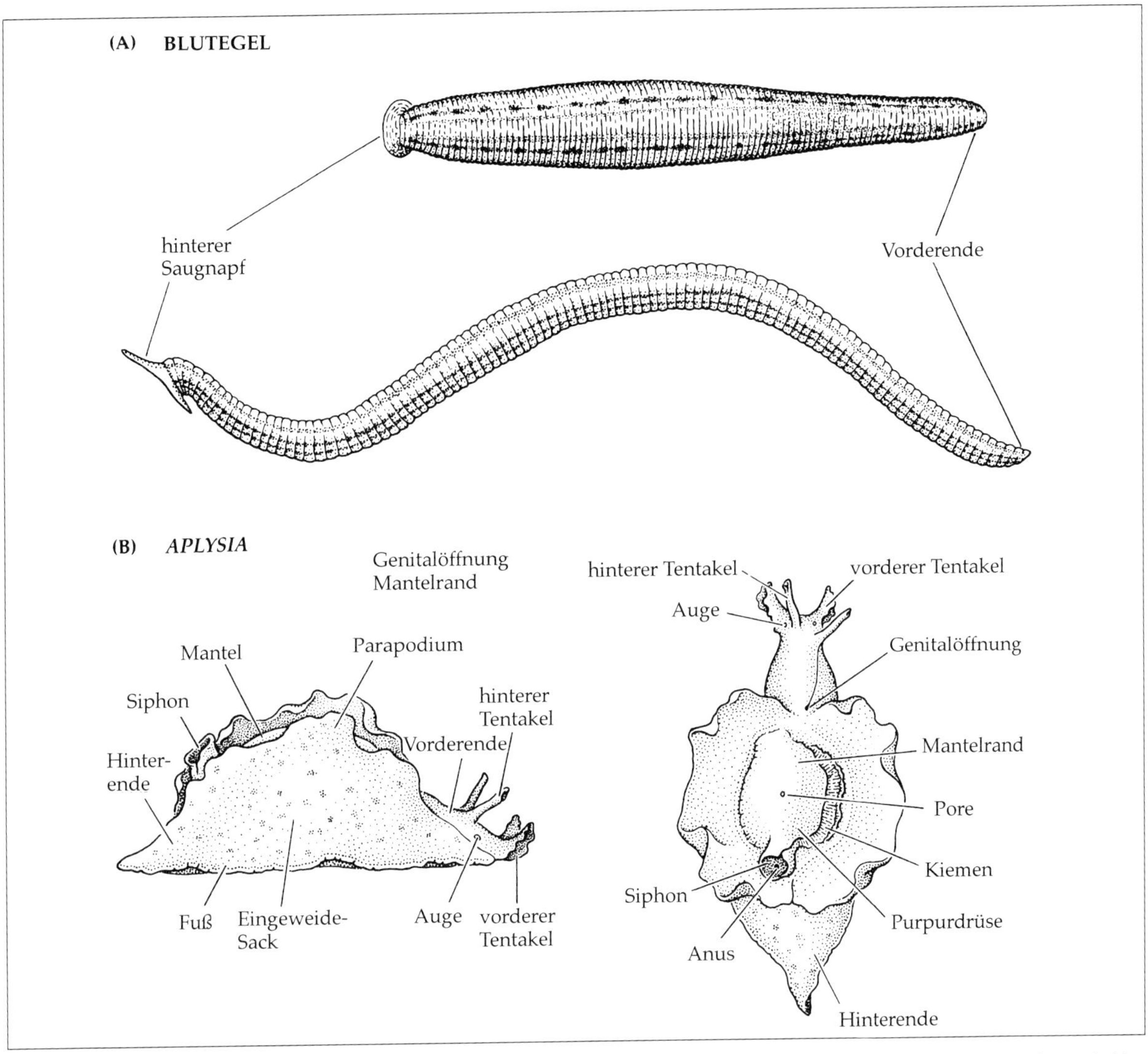

Abb. 1: **Tiere mit einfachen Nervensystemen.** (A) Der Blutegel, *Hirudo medicinalis*, hat einen segmentierten Körper mit Saugnäpfen an beiden Enden. Das Tier hat nach der Nahrungsaufnahme eine Länge von bis zu 13 cm. (B) Der Seehase, *Aplysia californica*, von der Seite und von oben, mit eingezogenen Parapodien, um den Mantel, die Kiemen und den Siphon sichtbar zu machen (B modifiziert nach Kandel, 1976).

vitan, Carew, Byrne und Kollegen.[12,18–20] Reiz und Nutzen der großen Nervenzellen aus *Aplysia*-Ganglien für die Neurobiologie wurden erstmals 1941 von Arvanitaki erkannt. Sie zeigte, daß sie identifiziert werden konnten, und untersuchte ihre elektrische Aktivität und ihre biochemischen Eigenschaften.[21] Später wies Strumwasser nach, daß es möglich ist, über Tage kontinuierlich von einzelnen Zellen abzuleiten, und zwar sowohl in vivo als auch in Kultur, und dabei die circadianen Rhythmen zu analysieren, die durch Aktionspotential-Salven hervorgerufen werden.[22] Tauc,[23] Kehoe,[24] Hochner,[25] Siegelbaum[26] und andere haben die Transmitterausschüttung, Eigenschaften postsynaptischer Chemorezeptoren und komplexe Vorgänge unter neurohumoraler Kontrolle, wie zum Beispiel die Eiablage, die durch spezielle sekretorische Neuronen reguliert wird (die *bag-Zellen* ge-

18 Adams, W. B. and Levitan, I. B. 1985. *J. Physiol.* 360: 69–93.
19 Carew, T. J. 1989. *Trends Neurosci.* 12: 389–394.
20 Byrne, J. H. 1987. *Physiol. Rev.* 67: 329–439.
21 Arvanitaki, A. and Cardot, H. 1941. *C. R. Soc. Biol.* 135: 1207–1211.
22 Strumwasser, F. 1988–1989. *J. Physiol.* (Paris) 83: 246–54.
23 Baux, G., Fossier, P. and Tauc, L. 1990. *J. Physiol.* 429: 147–168.
24 Kehoe, J. 1985. *J. Physiol.* 369: 439–474.
25 Hochner, B. et. al. 1986. *Proc. Natl. Acad. Sci. USA* 83: 8794–8798.
26 Siegelbaum, S. A. et al. 1986. *J. Exp. Biol.* 124: 287–306.

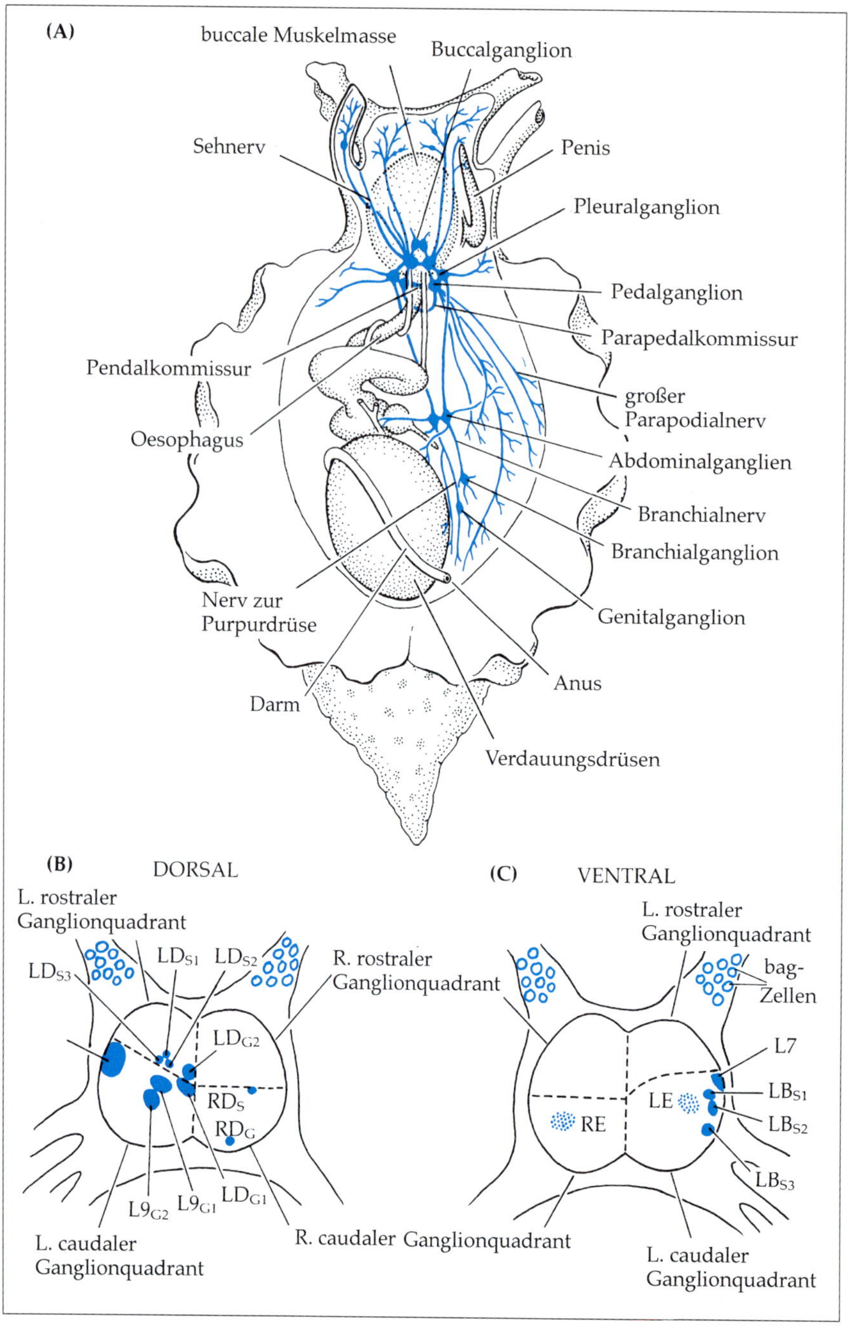

Abb. 2: **Das Zentralnervensystem von Aplysia**. (A) Die verschiedenen Ganglien und ihre Verbindungen im Verhältnis zu den inneren Organen. Die Experimente, die in diesem Kapitel beschrieben werden, wurden größtenteils an den Abdominalganglien durchgeführt. (B,C) Identifizierte Zellen und Zellgruppen des Abdominalganglions, die mit Kiemen- und Siphonrückzugsreflexen zu tun haben. Die mit RE und LE bezeichneten Zellgruppen sind sensorisch, alle anderen Zellen sind Motoneuronen. Die Verbindungen dieser Zellen sind in Abb. 11 dargestellt. Die bag-Zellen sezernieren Peptide, welche die Eiablage induzieren (modifiziert nach Kandel, 1976).

nannt werden, siehe Abb. 2) detailliert untersucht.[27] Dank der großen Cytoplasmamenge konnten biochemische Analysen, die in Blutegelneuronen ganz unmöglich gewesen wären, an einzelnen *Aplysia*-Neuronen durchgeführt werden.

27 Arch, S. and Berry, R. W. 1989. *Brain Res. Rev.* 14: 181–201.

Das Zentralnervensystem von *Aplysia*

Die Buccal-, Cerebral-, Pleural-, Pedal- und Abdominalganglien von *Aplysia* enthalten jeweils mehr als 1000 Neuronen. Einige identifizierte Zellen wie R2, R14 und R15 haben einen Durchmesser von mehr als einem Millimeter, was größer ist als ein ganzes Blutegelganglion. Viele identifizierte Neuronen wurden im Detail untersucht, besonders im Abdominalganglion, das den Mantel und die Eingeweide kontrolliert. Einige Zellen sind ein-

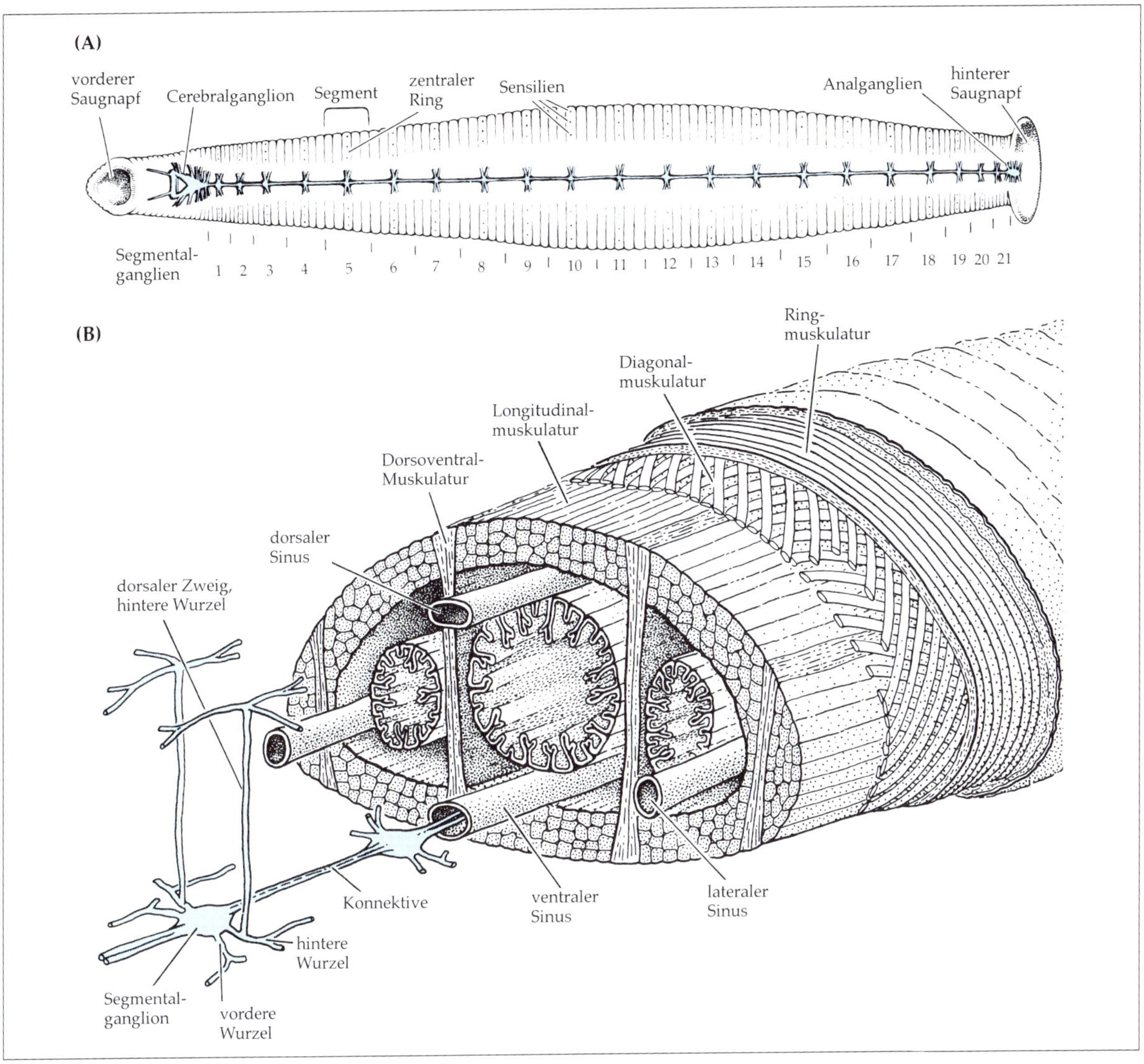

Abb. 3: **Das Zentralnervensystem des Blutegels**. (A) Das ZNS des Blutegels besteht aus einer Kette aus 21 Segmentalganglien, einem Cerebralganglion (Unter- und Oberschlundganglion) und einem Analganglion. Bis auf wenige Ausnahmen besteht jedes Segment aus fünf kreisförmigen Ringen, wobei der mittlere Ring durch sensorische Organe, die auf Licht und Berührung reagieren (Sensillen), gekennzeichnet ist. (B) Der Nervenstrang liegt – von einem Blutsinus umgeben – auf der Ventralseite des Körpers. Die Ganglien, die durch Axonbündel (Konnektive) miteinander verbunden sind, innervieren den Hautmuskelschlauch über paarige Wurzeln. Die Muskeln sind hauptsächlich in drei Lagen angeordnet: Ring-, Diagonal- und Longitudinalmuskulatur. Außerdem gibt es noch Dorsoventralmuskeln, die das Tier abflachen, und Fasern, die direkt unter der Haut liegen und sie in Falten ziehen.

deutig gefärbt – einige gelb, andere orange – und das gesamte Ganglion erscheint orangefarbig. Bei *Aplysia* gibt es – im Gegensatz zum Blutegel – neuronale Schaltkreise in der Peripherie und im Zentralnervensystem, und das Tier kann noch mit Reflexen antworten, nachdem die Ganglien entfernt wurden.

Der Blutegel

Seit der Zeit der alten Griechen und Römer wurden Blutegel von Ärzten an Patienten angesetzt, die unter verschiedenen Krankheiten wie Epilepsie, Angina, Tuberkulose, Meningitis und Hämorrhoiden litten, eine unangenehme Behandlung, die den zahllosen unseligen Opfern meistens mehr Schaden zufügte, als sie Gutes brachte.[28] Bis ins neunzehnte Jahrhundert war der Einsatz des medizinischen Blutegels so weit verbreitet, daß das Tier in Westeuropa fast ausgestorben wäre. Napoleon hat veranlaßt, in einem Jahr ca. 6 Millionen Blutegel aus Ungarn zu importieren, um seine Soldaten damit behandeln zu lassen. Diese Manie für das Ansetzen von Blutegeln hatte mindestens einen bleibenden Nutzen für die heutige Biologie: Die medizinische Verwendung des Blutegels stimulierte die Grundlagenforschung über ihre Reproduktion, Entwicklung und Anatomie. So wählten

28 Payton, W. B. 1981. *In* K. J. Muller, J. G. Nicholls and G. S. Stent (eds.). *Neurobiology of the Leech*. Cold Spring Harbor Laboratory, Cold Spring Harbor, NY, pp. 27–34.

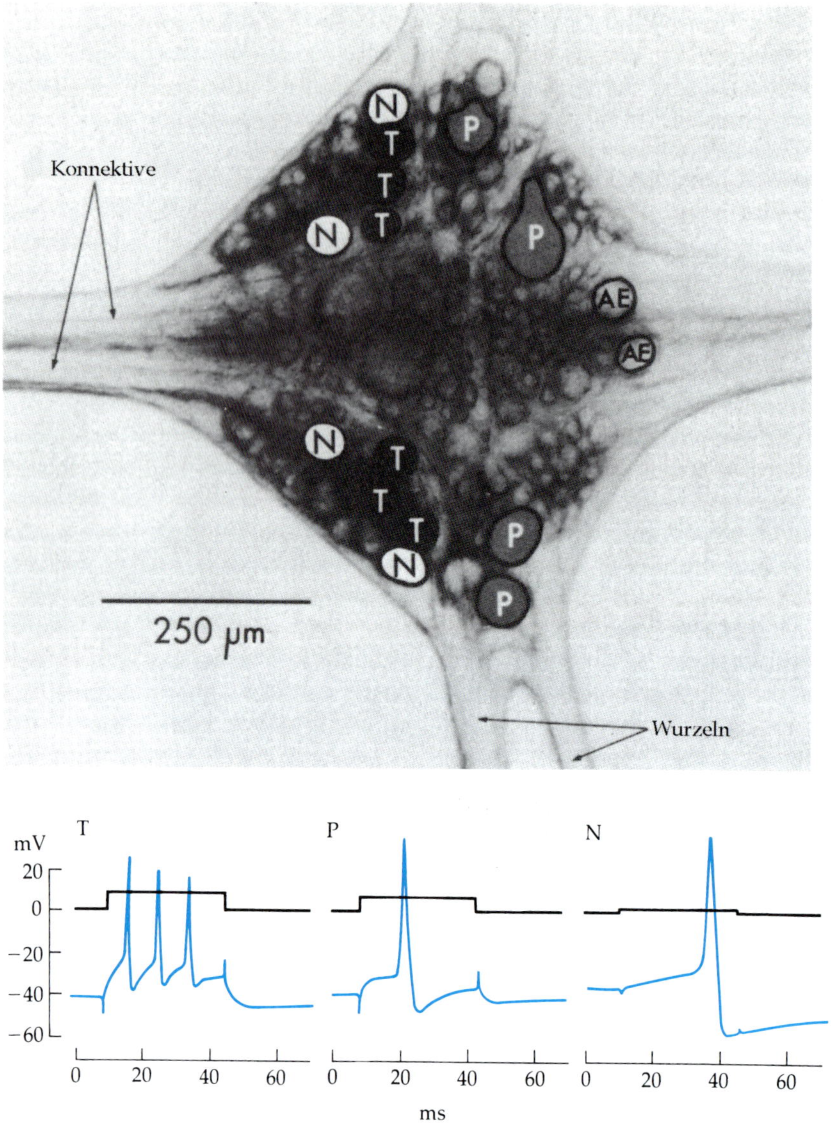

Abb. 4: **Ventralansicht eines Blutegel-Segmentalganglions**. Einzelne Zellen sind klar erkennbar. Die drei Sinneszellen, die auf Berührung (T), und die Zellpaare, die auf mechanische Druck- (P) oder Schmerzreize (N) auf die Haut reagieren, sind auf beiden Seiten des Ganglions hervorgehoben. Jeder Zelltyp weist unterschiedliche Aktionspotentiale auf, wie man in den Spuren unten sehen kann. Die Impulse der T-Zellen sind kürzer und kleiner als die der P- und N-Zellen. Auf den oberen Spuren ist der Strom aufgezeichnet, der mit Hilfe einer Mikroelektrode in die Zelle injiziert wurde. Die Zellen die im hinteren Teil des Ganglions skizziert sind, sind die AE-Motoneuronen (nach Nicholls und Baylor, 1968).

im späten neunzehnten Jahrhundert die Gründer der experimentellen Embryologie, wie Whitman, den Blutegel, um die Entwicklung der ersten Embryonenzellen zu verfolgen. Auch sein Nervensystem wurde von Anatomen wie Sanchez, Ramón y Cajal, Gaskell, Del Rio Hortega, Odurih und Retzius eingehend untersucht.[13] Danach sank das Interesse am Blutegel, bis es 1960 durch Stephen Kuffler und David Potter wiedererwachte, die als erste moderne neurophysiologische Methoden auf sein Nervensystem anwandten.[29]
Körper und Nervensystem des Blutegels sind streng segmentiert. Sie enthalten eine Anzahl stereotyper Einheiten (Segmente), die über die Gesamtlänge des Blutegels ähnlich aufgebaut sind (Abb. 3 und 4). Da das Tier keine Körperglieder besitzt, besteht sein Verhalten aus einem relativ einfachen Bewegungsrepertoire, wie Schwimmen, spannerraupenartiges Laufen und Zusammenziehen. Diese Bewegungen werden durch in Schichten angeordnete Muskelgruppen ausgeführt. Jedes Segment wird durch ein stereotypes Ganglion innerviert, das den anderen Ganglien dieses Tieres und den Ganglien anderer Tiere sehr ähnlich ist. Nur die spezialisierten «Gehirne» am Vorder- und am Hinterende bestehen aus verschmolzenen Ganglien, in denen jedoch noch viele Merkmale der segmentellen Ganglien erkennbar sind. Die vorliegende Darstellung basiert vorwiegend auf den Arbeiten von Muller, Stent, Weisblat, Kristan, Friesen, Macagno, Parnas, Blackshaw, Fernandez, Drapeau, Calabrese und Kollegen.

29 Kuffler, S. W. and Potter, D. D. 1964. *Neurophysiol.* 27: 290–320.

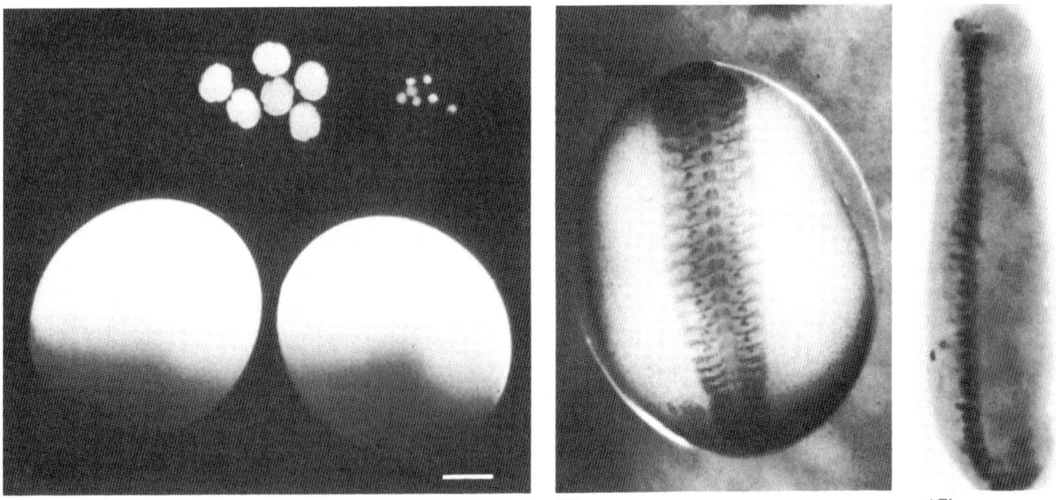

(A) (B) (C)

Abb. 5: **Blutegeleier und Embryonen.** (A) Vergleich von Eiern verschiedener Spezies. Die kleinsten Eier stammen vom medizinischen Blutegel (*Hirudo medicinalis*), die mittelgroßen von *Helobdella triserialis* (die sich von Schnecken ernährt) und das große Paar unten stammt von *Haementeria ghilianii* (die in Guyana lebt, ungeheuere Ausmaße erzielt und sich von Krokodilen ernährt). Der Balken mißt 0,5 mm. (B) *Haementeria*-Embryo, nach 11 Tagen ca. 2 mm lang, gefärbt mit Hämatoxylin. Die Ganglien sind bereits sichtbar. (C) *Helobdella*-Embryo, ca. 1,5 mm lang. Einer Zelle (als N-Teloblast bekannt), aus der ein Großteil des Nervensystems entsteht, wurde 6 Tage zuvor Meerrettichperoxidase injiziert. Die Halbganglien der einen Seite, die von dieser einen Vorläuferzelle stammen, sind markiert (Photographien mit freundlicher Genehmigung von D. A. Weisblat; nach Weisblat, 1981).

Blutegelganglien: Semiautonome Einheiten

Jedes Ganglion besteht aus nur 400 Nervenzellen, die sich in Gestalt, Größe, Position und im Verzweigungsmuster unterscheiden.[30] Ein Ganglion innerviert über paarige Axonbündel (**Wurzeln**) einen wohldefinierten Körperbereich und kommuniziert mit seinen Nachbarn und entfernten Teilen des Nervensystems über eine andere Gruppe von Nervenbündeln (**Konnektive**). Die Integration erfolgt also in einer Folge klar abgegrenzter Schritte:

1. Jedes Ganglion erhält Informationen aus dem umgebenden Körpersegment und reguliert direkt dessen Leistung.
2. Nachbarganglien beeinflussen sich gegenseitig über direkte Verbindungen
3. Die koordinierte Arbeitsweise des ganzen Nervenstranges bzw. des ganzen Tieres wird durch die Gehirne an beiden Enden des Tieres gesteuert.

Die verschiedenen segmentellen Abschnitte können getrennt oder zusammen untersucht werden.

Der Hauptreiz des Blutegels liegt vielleicht in der Schönheit seiner Ganglien, wenn man sie unter dem Mikroskop betrachtet, mit ihren ca. 400 Neuronen, die so wiedererkennbar und vertraut von Segment zu Segment, von Exemplar zu Exemplar und von Art zu Art sind. Wenn man diese aus so wenigen Zellen bestehenden Ansammlungen betrachtet, die geordnet vor einem liegen, kann man sich nur wundern, wie sie alleine das Gehirn eines Lebewesens bilden können, das für alle seine Bewegungen, sein Zögern, sein Ausweichen, seine Paarung, seine Nahrungsaufnahme und seine Wahrnehmungen verantwortlich ist. Neben der ästhetischen Schönheit des Präparates gibt es auch noch einen intellektuellen Reiz, nämlich den Versuch, Zelle für Zelle die Schaltkreise und die Logik eines endlichen, gut organisierten Nervensystems aufzuklären.

30 Coggeshall, R. E. and Fawcett, D. W. 1964. *J. Neurophysiol.* 27: 229–289.

Entwicklung des Nervensystems

In Kap. 6, 11 und 18 werden Fragen nach der Art und Weise behandelt, wie sich Vertebraten-Neuronen entwickeln, wie sie ihre Axone aussenden und spezifische Synapsen bilden und wie sie die Verschaltungen ihres Nervensystems aufbauen. An Embryonen eines winzigen Nematoden, *Caenorhabditis elegans*, dessen adultes Nervensystem nur 302 Neuronen enthält, wurden detaillierte und umfassende Entwicklungsstudien vorgenommen.[31] Bei diesem Nematoden und bei der Fruchtfliege *Drosophila* bieten genetische Methoden ein wertvolles Werkzeug, um die molekularen Mechanismen der Entwicklung zu analysieren. Es wurden Gene kloniert und Proteine sequenziert, die den Gesamtplan des Nervensystems oder die Produktion einer einzelnen identifizierten Zelle bestimmen, die von entscheidender Bedeutung für die Funktion ist.[32] Solche Techniken können nicht einfach auf höhere Evertebraten übertragen werden, deren langsamere Reproduktionszyklen Wochen oder Monate dauern.

31 Wood, W. B. (ed.). 1988. *The Nematode Caenorhabditis elegans.* Cold Spring Harbor Laboratory, Cold Spring Harbor, NY.

32 Jan, Y. N. and Jan, L. Y. 1990. *Trends Neurosci.* 13: 493–498.

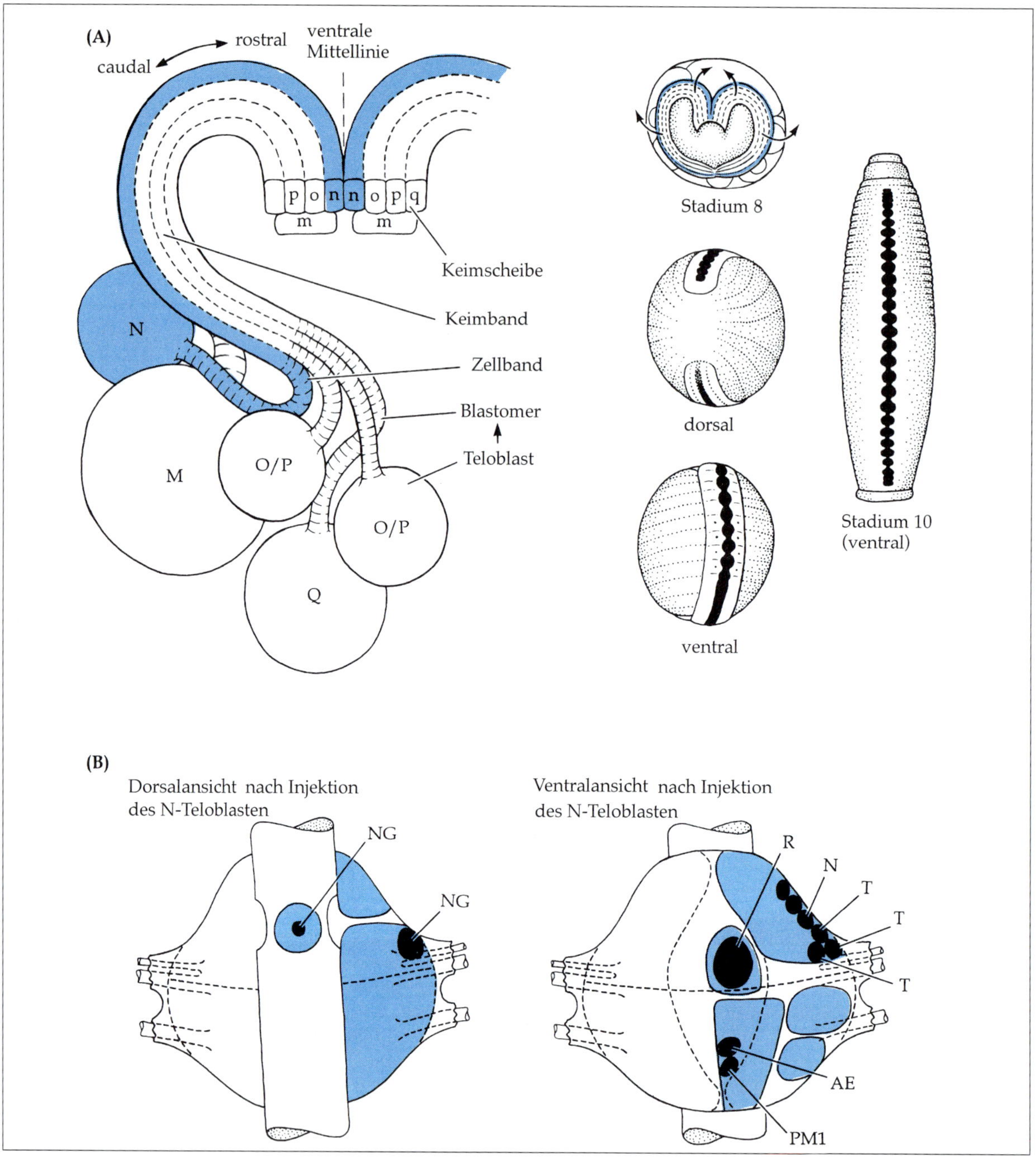

Abb. 6: **Blutegel-Entwicklung**. (A) Beziehungen zwischen Teloblasten und Zellbändern, die zusammen kommen, um das Keimband und die Keimscheibe zu bilden. Die zwei Zellbänder, die von dem N-Teloblasten stammen, treffen sich an der ventralen Mittellinie. Hieraus entsteht der größte Teil des ZNS. Im achten Stadium sind die Ganglien bereits identifizierbar. (B) Areale eines Blutegelganglions (blau) und identifizierte Zellen, die vom N-Teloblasten abstammen. In den N-Teloblasten wurde ein fluoreszierendes Peptid injiziert, das bei den folgenden Teilungen von Zelle zu Zelle übertragen wurde. Die Neuropil-Gliazelle (NG) stammt von demselben Teloblasten wie die Neuronen, die man auf der dorsalen und der ventralen Oberfläche sieht. Diese schließen die Retzius- (R), die T-, die N- und die AE-Zellen (s. Text) ein. Aus den O-, P- und Q-Teloblasten entsteht eine kleinere Anzahl Zellen in den Blutegelganglien (nach Ho und Weisblat, 1987; Kramer und Weisblat, 1985).

Bei Blutegeln und bei *Aplysia* ist es wie bei *Drosophila*, Grillen und Heuschrecken möglich, Zellteilung, Zellwanderung und Ganglienbildung vom Ei bis zum adulten Tier zu verfolgen.[13,19,33] Bei Blutegeln, die kein Larvenstadium besitzen, wurden vier einzelne Zellen identifiziert, aus denen offensichtlich das gesamte Nervensystem des Tieres gebildet wird. Außerdem kann die Entwicklung von Zelle zu Zelle verfolgt werden, wenn man in eine der Vorläuferzellen während der Teilung einen Marker injiziert, wie Meerrettichperoxidase, die den Entwicklungsprozeß nicht beeinflußt. Abb. 5 zeigt

33 Fernández, J. and Stent, G. 1982. *J. Embryol. Exp. Morphol.* 72: 71–96.

z.B. Blutegeleier, einen sich entwickelnden Blutegel-Embryo, und einen Embryo, bei dem eine Vorläuferzelle mit Meerrettichperoxidase markiert wurde. Als Resultat daraus enthält das Nervensystem auf dieser Seite das Enzym und ist schwarz gefärbt.

Bildung von Ganglien, Zielorganen und einzelnen Neuronen

Probleme der Art, wie z.B. in jedem Segment Ganglien gebildet werden, wie die Muskeln in der Peripherie ihre Form annehmen und ihre Position besetzen, und wie einzelne Neuronen entstehen und ihre Verbindungen bilden, wurden an Blutegel-Embryonen untersucht. Zum Beispiel gibt es heute viele detaillierte Experimente, die zeigen, wie sich identifizierte Vorläuferzellen teilen und auswandern, um Ganglien zu bilden. Kurz: In einer frühen Phase entwickeln sich vier große Ektoderm-Vorläuferzellen, die N-, O-, P- und Q-**Teloblasten** genannt werden. Dann breiten sich vier Bänder von Tochterzellen, die von den N-, O-, P- und Q-Zellen abstammen, über die Oberfläche des sphärischen Eies aus (Abb. 6). Die beiden äußeren Bänder, die von der N-Zelle abstammen, kommen zusammen und verschmelzen an der Mittellinie. Diese verschmolzene Linie der medianen Zellbänder bildet durch Teilung das ZNS. Die O-, P- und Q-Zellen steuern bestimmte Nerven- und Gliazellen bei. Stent, Fernandez, Weisblat und ihre Kollegen haben Teilung und Wanderung Schritt für Schritt verfolgt, bis Zellcluster die primordialen Ganglien bilden.[34] Markierungs- und Abtragetechniken waren wesentlich für die Analyse dieser Mechanismen. In einem bestimmten Entwicklungsstadium kann die N-, die O-, die P- oder die Q-Teloblastenzelle der einen Seite durch die Injektion eines letalen Enzyms oder Farbstoffs abgetötet werden. Danach produziert die abgetötete Zelle keine Nachkommen, wohl aber die homologe Zelle auf der anderen Seite. Als Resultat daraus entwickelt der Embryo eine normale Ganglienkette am vorderen Ende (die ersten, die vor der letalen Injektion gebildet wurden). Die «Ganglien», die sich später entwickeln, entstehen nur aus den Zellen, die von den überlebenden Teloblasten stammen. In Abb. 6 ist ein Photo eines Ganglions zu sehen, in dem der Beitrag vom N-Teloblasten einer Seite markiert ist.

Die vorangegangene Beschreibung, daß die Blutegelganglien von vorne bis hinten in einem Tier und von Tier zu Tier alle fast gleich sind, war eine grobe Vereinfachung. Als erste Näherung ist das korrekt. Es gibt jedoch interessante Spezialisierungen in verschiedenen Segmenten entlang des Tieres. Ein unverkennbares Beispiel existiert in den Segmenten 5 und 6 des Blutegels, die die männlichen und weiblichen Genitalien des zwittrigen Tieres enthalten. Die Ganglien 5 und 6 des Nervenstranges enthalten viel mehr Zellen als ihre Gegenstücke in den anderen Segmenten, nämlich ungefähr 700 im Vergleich zu 400.[35] Die zwei großen, gut erkennbaren Retzius-Zellen, die unten beschrieben werden, sind in diesen Ganglien auch anders ausgebildet, sie haben kleinere Zellkörper und ungewöhnliche Verzweigungen. Macagno, Kristan und ihre Kollegen haben durch Transplantation in Embryonen gezeigt, daß die Zielorgane die Zellproliferation und die Zellstruktur beeinflussen.[36,37] Wenn die männlichen Genitalorgane aus ihrem normalen Segment 5 in Segment 4 oder 7 verpflanzt werden, zeigen diese Ganglien (4 bzw. 7) viele der typischen Geschlechtsspezialisierungen, einschließlich der ungewöhnlichen Retzius-Zellen. Die Ganglien in Segment 5, aus dem die Zielorgane entfernt wurden, gleichen sich den Ganglien normaler Segmente ohne zusätzliche Neuronen an.

Jellies und Kristan haben die Schritte, durch die während der Entwicklung Zielorgane gebildet werden, an einem Muskel des Hautmuskelschlauches des Blutegels verfolgt.[38] Die kreuzförmigen Diagonalmuskeln sind in Abb. 7 dargestellt. Diese beiden Muskelfaserschichten liegen sandwichartig zwischen der Ring- und der Longitudinalmuskulatur. Sie entwickeln sich später als diese. Durch welchen Mechanismus werden diese beiden präzise orthogonal orientierten Lagen aufgebaut? Der Bildung der Diagonalmuskeln geht eine ungewöhnliche Zelle voraus, die die Form eines Kamms hat. Abb. 7 zeigt die Kammzellen, eine auf jeder Seite, die Spiegelbilder voneinander sind. Jeder Kamm hat ca. 35 feine Ausläufer, die im 45°-Winkel schräg zur Längsachse des Tieres verlaufen, im rechten Winkel zur anderen Kammzelle. Durch die Markierung dieser Zellen mit intrazellulären Farbstoffen und monoklonalen Antikörpern konnte gezeigt werden, daß sich die sich entwickelnden Fasern entlang der Kamm-Ausläufer orientieren, um Bänder zu bilden. Das Abtöten einer Kamm-Zelle verhindert in diesem Segment die Bildung von Fasern mit dieser Orientierung. Die Fasern, die von der anderen Seite kreuzen und die entlang einer normalen, unzerstörten Zelle wachsen, entwickeln sich wie gewöhnlich.

Bei der Entwicklung des Nervensystems des Blutegels und höherer Tiere gibt es viele Ähnlichkeiten: Die Zellen wandern zu ihren endgültigen Bestimmungsorten und bilden mehr Ausläufer als nötig, die sich dann zurückbilden. Die Zellen können absterben und um Ziele konkurrieren. Diese Vorgänge wurden in Kap. 11 beschrieben. Bei Blutegeln kann man jedoch beschreiben, wie einzelne identifizierte Neuronen, die von einer identifizierten Stammzelle abstammen, ihre endgültige Form annehmen. Einige Entwicklungslinien sind zuverlässig fixiert und benannt, andere sind weniger fest bestimmt. Zum Beispiel stammen die sensorischen Zellen, die auf Berührung reagieren (T-Zellen, von touch), die Retzius-Zellen (die serotonerg sind), andere serotonerge Zellen,

34 Weisblat, D. A. and Shankland, M. 1985. *Philos. Trans. R. Soc. Lond. B* 312: 39–56.

35 Macagno, E. R. 1980. *J. Comp. Neurol.* 190: 283–302.

36 Baptista, C. A. and Macagno, E. R. 1988. *J. Neurobiol.* 19: 707–726.

37 Jellies, J., Loer, C. M. and Kristan, W. B., Jr. 1987. *J. Neurosci.* 7: 2618–2629.

38 Jellies, J. and Kristan, W. B., Jr. 1988. *J. Neurosci.* 8: 3317–3326.

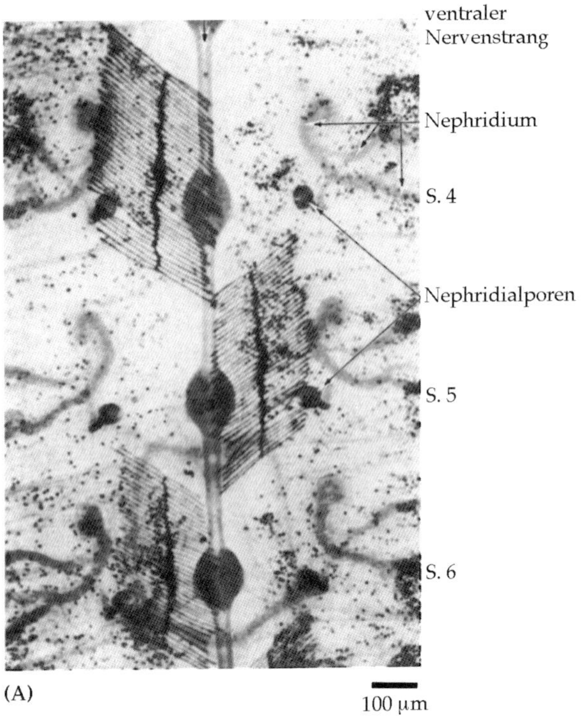

Abb. 7: **Kammzellen führen die Muskelfasern** während der Entwicklung von Blutegelembryonen. (A) In der Mitte sieht man die Ganglienkette. In den aufeinanderfolgenden Segmenten wurde Meerrettichperoxidase abwechselnd in die Kammzelle der einen und der anderen Seite injiziert. (B) Vergrößertes Photo einer einzelnen Kammzelle. (C) Die contralateralen Kammzell-Ausläufer kreuzen sich und bilden ein orthogonales Gitter. Die Mittellinie ist durch einen Pfeil markiert. Das Ganglion ist unscharf zu sehen (nach Jellies und Kristan, 1988; Mikrophotographien mit freundlicher Genehmigung von J. Jellies).

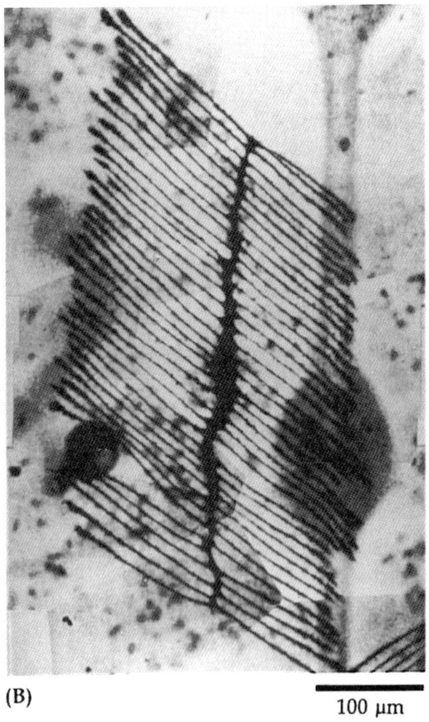

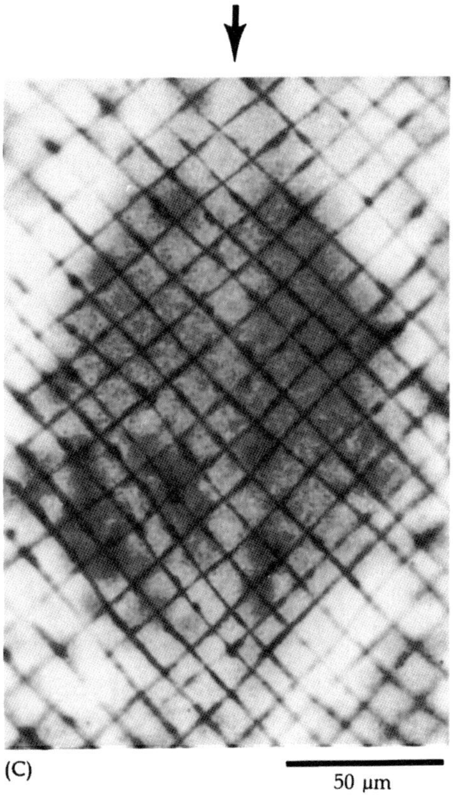

die AE-Motoneuronen (von anulus erector) und die riesigen Neuropil-Gliazellen alle ausschließlich vom N-Teloblasten ab. Die sensorischen P-Zellen und die dopaminergen Zellen können sowohl aus P-, als auch aus O-Teloblasten entstehen. Wenn der O-Teloblast abgetötet wird, übernimmt der P-Teloblast seine Aufgabe. Der Zelltod wird durch ein Paar serotonerger Zellen, die in der posteromedialen Region der Embryonenganglien angesiedelt sind, veranschaulicht. Während der Entwicklung stirbt eine der beiden Zellen.[39] Interessanterweise ist die überlebende Zelle in aufeinanderfolgenden Gan-

39 Macagno, E. R. and Stewart, R. R. 1987. *J. Neurosci.* 7: 1911–1918.

glien alternierend angeordnet (links, rechts, links, usw.). Der Überlebenswettbewerb einer der beiden posteromedialen Zellen in einem Ganglion scheint durch das Muster in den Nachbarganglien bestimmt zu werden. Macagno und Stewart haben gezeigt: Tötet man eine der beiden Zellen durch Injektion, überlebt die andere, wobei ihre ipsilateralen Homologe in den Nachbarganglien absterben. Die Auswachsmuster identifizierter AE-Motoneuronen liefern einen zusätzlichen Hinweis für diesen Wettbewerb, der dem bei der Entwicklung des Vertebraten-ZNS gleicht. Diese Neuronen innervieren in adulten Tieren direkt unter der Haut liegende Muskeln und ziehen die Ringe der Haut in Falten[40] (s. Abb. 12). Ihre Axone verlassen die Ganglien durch die contralateralen Nervenwurzeln und ziehen zum Hautmuskelschlauch. Im adulten Tier projizieren die AE-Motoneuronen der mittleren Ganglien des Körpers nicht über Konnektive zu ihren Nachbarganglien. In frühen Embryonalstadien sind die AE-Zellen jedoch weiter verzweigt.[41] Die AE-Zellen eines unreifen Ganglions senden Axone über die Konnektive zu beiden Seiten in die Nachbarganglien, wo sie sich stark verzweigen. Später bilden sich diese Axone zurück. Wenn die AE-Zelle im Nachbarganglion jedoch abgetötet wird, verbleiben die Axone während der gesamten Entwicklung zum adulten Tier in den Konnektiven. Vergleichbare Experimente auf Einzelzellniveau wären im Vertebratenembryo unmöglich.

Carew und Kollegen haben die umfassende Information über das Verhalten von *Aplysia* ausgenutzt, um die Ganglien-Entwicklung mit dem Auftreten von Habituation, Dishabituation und Sensitivierung in verschiedenen Entwicklungsstadien zu korrelieren.[19] Diese Verhaltensweisen, die unten beschrieben werden, sind adaptive Antworten des Tieres auf bekannte oder neue Reize. Sie treten bei der unreifen *Aplysia* zu unterschiedlichen Zeitpunkten während der Entwicklung auf: Die Sensitivierung tritt einige Tage später als die Habituation in einem Stadium intensiver neuronaler Proliferation auf.

Analyse von Reflexen, die von einzelnen Neuronen vermittelt werden

Sinneszellen in Blutegel- und *Aplysia*-Ganglien

Wenn man über die Haut eines Blutegels oder einer *Aplysia* streicht, sie drückt oder zwickt, kommt es zu einem bestimmten Bewegungsablauf. Im Blutegel verkürzen sich sofort ein oder mehrere Segmente, und die Haut wird in Falten gezogen. Daraufhin schwimmt das Tier davon oder krümmt sich. Auf ähnliche Weise führt bei *Aplysia* eine Berührung oder ein Wasserstrahl auf den Siphon oder den Mantel zu einer Rückziehreaktion. Man kann in Blutegel- und *Aplysia*-Ganglien in vivo die sensorischen und motorischen Zellen, die diese Reflexe vermitteln, aufgrund ihrer Form, ihrer Größe, ihrer Position und ihrer elektrischen Eigenschaften identifizieren.[12,40,42] Abb. 2 und 4 zeigen die Verteilung der identifizierten Sinneszellen im Abdominalganglion von *Aplysia* und in einem Blutegelganglion. Die 14 Neuronen des Blutegels, die in Abb. 4 mit T, P und N bezeichnet sind, sind alle sensorisch und repräsentieren drei sensorische Modalitäten. Jede Zelle antwortet selektiv auf Berührung (T für englisch touch), auf Druck (P für pressure) oder auf schmerzhafte mechanische Reizung (N für noxious) der Haut. Abb. 8 stellt die Antworten sensorischer Zellen des Blutegels und von *Aplysia* auf verschiedene Hautreize zusammen. Die T-Zellen des Blutegels antworten transient auf leichte Berührung der Hautoberfläche. Ihre sensorischen Endigungen bestehen aus kurzen Erweiterungen, die zwischen den Epithelzellen auf der Oberfläche der Haut liegen.[43] Die T-Zellen adaptieren schnell an ein stufenweises Eindrücken, und sie hören normalerweise im Bruchteil einer Sekunde auf zu feuern. Die P-Zellen antworten nur auf stärkeren Druck oder auf eine Deformation der Haut und zeigen eine langsam adaptierende Entladung. Die N-Zellen benötigen noch stärkere mechanische Stimuli, wie z. B. eine starke Deformation durch Kneifen der Haut mit einer stumpfen Zange oder Kratzen der Haut mit einer Nadel. Signalverarbeitungseigenschaften und Aktionspotentialformen von T, P- und N-Zellen können durch Anzahl und Typ der Ionenkanäle erklärt werden, die sie enthalten. Besonders die Kaliumkanal-Anzahl ist für jeden Zelltyp verschieden.[44] Die Spezifität dieser sensorischen Blutegel-Zellen ist bemerkenswert – zum Beispiel besitzt jede der beiden N-Zellen eine unterschiedliche Chemosensitivität für Transmitter.[45] Mehr noch, es kann ein monoklonaler Antikörper hergestellt werden, der selektiv an Moleküle einer N-Zelle bindet, nicht jedoch an die der anderen, und der an keine T-, P-, Retzius-, Motor- oder irgendeine andere identifizierte Zelle in den Segmentalganglien bindet.[46]

Von Gruppen identifizierter Neuronen in *Aplysia*-Ganglien kann man als Folge mechanischer Reizung der Haut ähnliche sensorische Antworten wie im Blutegel ableiten.[47] Die Anzahl der Zellen ist jedoch bedeutend größer. Zum Beispiel senden im Abdominalganglion 25 verschiedene Zellen – 50 µm Durchmesser, orange gefärbt, mit dunklem Rand (in Abb. 2 mit LE bezeichnet) – ihre Axone durch den Siphonnerv zur Innervierung der Haut

40 Stuart, A. E. 1970. *J. Physiol.* 209: 627–646.
41 Gao, W. Q. and Macagno, E. R. 1987. *J. Neurobiol.* 18: 295–313.
42 Blackshaw, S. 1981. *In* K. J. Muller, J. G. Nicholls and G. S. Stent (eds.). *Neurobiology of the Leech.* Cold Spring Harbor Laboratory, Cold Spring Harbor, NY, pp. 51–78.
43 Blackshaw, S. 1981. *J. Physiol* 320: 219–228.
44 Stewart, R. R., Nicholls, J. G. and Adams, W. B. 1989. *J. Exp. Biol.* 141: 1–20.
45 Sargent, P. B., Yau, K.-W. and Nicholls, J. G. 1977. *J. Neurophysiol.* 40: 446–452.
46 Zipser, B. and McKay, R. 1981. *Nature* 289: 549–554.
47 Byrne, J., Castellucci, V. F. and Kandel, E. R. 1974. *J. Neurophysiol.* 37: 1041–1064.

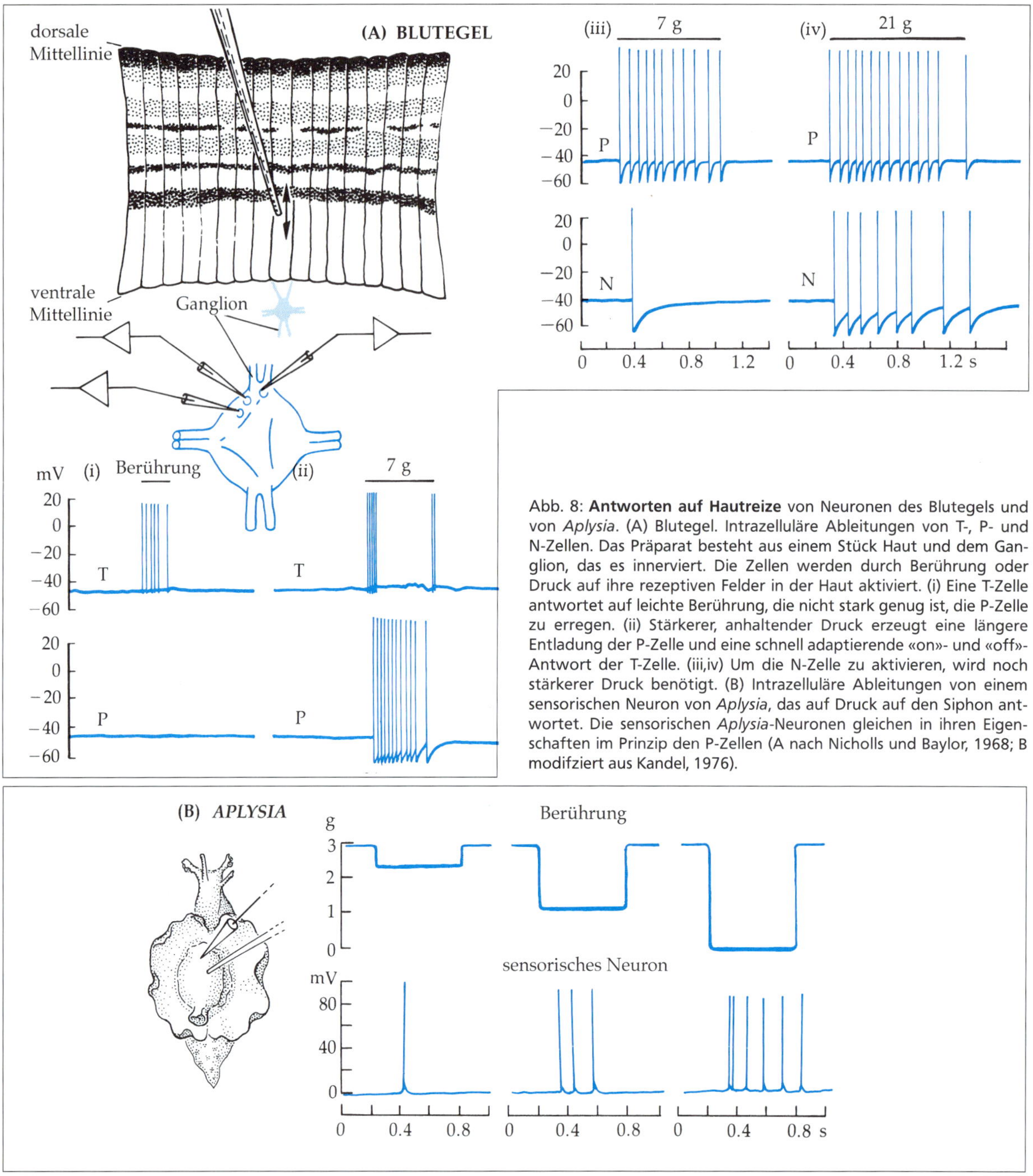

Abb. 8: **Antworten auf Hautreize** von Neuronen des Blutegels und von *Aplysia*. (A) Blutegel. Intrazelluläre Ableitungen von T-, P- und N-Zellen. Das Präparat besteht aus einem Stück Haut und dem Ganglion, das es innerviert. Die Zellen werden durch Berührung oder Druck auf ihre rezeptiven Felder in der Haut aktiviert. (i) Eine T-Zelle antwortet auf leichte Berührung, die nicht stark genug ist, die P-Zelle zu erregen. (ii) Stärkerer, anhaltender Druck erzeugt eine längere Entladung der P-Zelle und eine schnell adaptierende «on»- und «off»-Antwort der T-Zelle. (iii,iv) Um die N-Zelle zu aktivieren, wird noch stärkerer Druck benötigt. (B) Intrazelluläre Ableitungen von einem sensorischen Neuron von *Aplysia*, das auf Druck auf den Siphon antwortet. Die sensorischen *Aplysia*-Neuronen gleichen in ihren Eigenschaften im Prinzip den P-Zellen (A nach Nicholls und Baylor, 1968; B modifziert aus Kandel, 1976).

des Siphon und des Mantelrands. Sie antworten selektiv auf mechanische Reizung: Einige auf Berührung, andere auf Druck. All diese Zellen haben jedoch – im Gegensatz zu denen des Blutegels – ähnliche elektrische Eigenschaften. Eine zweite Gruppe von 20 Sinneszellen, die in Abb. 2 mit RE bezeichnet sind, innervieren den Mantelrand und die Purpurdrüse. Im allgemeinen sind Sensitivität und Antworten der Mechanorezeptorzellen von *Aplysia* mit denen der P-Zellen des Blutegels vergleichbar (Abb. 8), mit einer Ausnahme, der Zelle L18, die nur auf starke mechanische Deformation der Haut antwortet und damit der N-Zelle des Blutegels gleicht.

Rezeptive Felder

Die Modalitäten und Antworten sensorischer Neuronen des Blutegels und von *Aplysia* gleichen denen der Mechanorezeptoren der menschlichen Haut, die auch zwischen Berührungs-, Druck- und Schmerzreizen unterscheiden können. Bei den Evertebraten verrichtet jedoch eine einzige Zelle die Arbeit vieler Neuronen unserer eigenen Haut in einer dicht innervierten Region wie der Fingerkuppe. In Abb. 9 sind Beispiele für rezeptive Felder von *Aplysia*- und Blutegel-Mechanorezeptorneuronen dargestellt. Bei Aplysia variieren die Felder beträchtlich von Zelle zu Zelle und zeigen eine erhebliche Überlappung.[47]

Beim Blutegel innerviert jede Sinneszelle ein definiertes Gebiet ihrer Umgebung, und antwortet nur auf Reize innerhalb dieser Region. Das von einer Zelle versorgte Gebiet läßt sich kartieren, wenn man von ihr ableitet, während man die Haut mechanisch reizt. Die Grenzen kann man durch Marken wie die Segmentierung oder Hautfarbe bequem bestimmen, so daß man zuverlässig vorhersagen kann, welche Zelle feuert, wenn man eine bestimmte Region berührt, eindrückt oder klemmt. So innerviert zum Beispiel eine berührungssensitive T-Zelle die dorsale, eine andere die ventrale und eine dritte die seitlich gelegene Haut. Genauso teilen die beiden P-Zellen die Haut etwa gleichmäßig in einen dorsalen und einen ventralen Bereich, während die beiden N-Zellen auf schmerzhafte Reizung in nahezu äquivalenten überlappenden Bereichen reagieren.[48] In Abb. 9 ist das stereotype Verzweigungsmuster einer T-Zelle zu sehen. Sie antwortet auf Berührung außerhalb ihres eigenen Segmentes durch Axone, die das Signal über Nachbarganglien und Konnektive weiterleiten.

In einem System, das so klar umrissene Grenzen in der Peripherie hat, ist es möglich, die Dynamik der Bildung und der Erhaltung rezeptiver Felder zu untersuchen. Wie entsteht ein rezeptives Feld? Welche Faktoren bestimmen, wo Endigungen einer bestimmten Zelle gebildet werden können und wo nicht? Wie wird der Überlappungsgrad der Endigungen von derselben und von anderen Zellen gesteuert? Man kann die Axone einer bestimmten sensorischen Zelle während ihrer Entwicklung von dem Zeitpunkt an verfolgen, an dem sie auszuwachsen beginnen, um die Haut zu innervieren. Sie steuern auf das richtige Gebiet zu, um ein geeignet geformtes und lokalisiertes Innervierungsfeld zu bilden, wie man es bei adulten Tieren vorfindet.[49] Die Dimensionen und die Position des rezeptiven Feldes sind jedoch bei Blutegeln nicht lebenslang unveränderlich fixiert. Das heißt, die Zerstörung der Innervierung eines Hautbereiches veranlaßt eine unverletzte Zelle, ihr rezeptives Feld zu vergrößern und das freie Gebiet zu besetzen.[14,48] Interessanterweise ist dieses Sprossen modalitätsspezifisch: Die selektive Ausschaltung von N-Zellen des Blutegels veranlaßt unverletzte N-Zellen desselben Ganglions (aber keine P- oder T-Zellen), sich in das denervierte Gebiet auszudehnen. Dasselbe gilt für T-Zellen. Diese Resultate lassen das Vorhandensein einer dynamischen Beziehung zwischen einem Neuron und dem von ihm innervierten Ziel vermuten – ein Problem, das in diesem Buch immer wieder betrachtet wird. Bei Axonen, die Crustaceen-Muskeln innervieren, wurde eine ähnliche Konkurrenz und ähnliches Aussprossen in denervierte Gebiete gezeigt.[50,51]

48 Blackshaw, S. E., Nicholls, J. G. and Parnas, I. 1982. *J. Physiol.* 326: 261–268.
49 Kuwada, J. Y. and Kramer, A. P. 1983. *J. Neurosci.* 3: 2098–2111.
50 Parnas, I. 1987. *J. Exp. Biol.* 132: 231–247.
51 Krasne, F. B. 1987. *J. Neurobiol.* 18: 61–73.

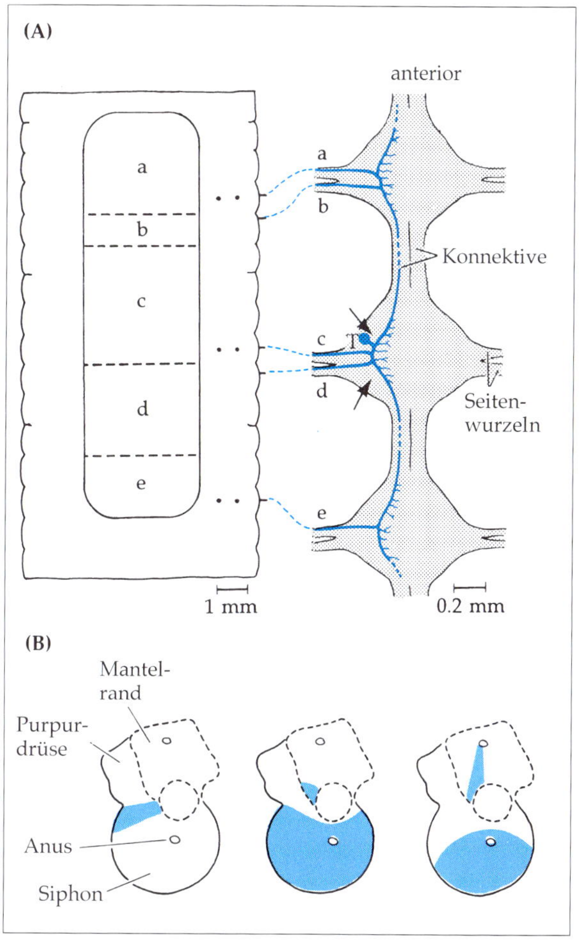

Abb. 9: **Rezeptive Felder sensorischer Neuronen in Blutegel- und *Aplysia*-Ganglien.** (A) Blutegel. Die T-Zelle im mittleren Ganglion sendet 5 Axone (a, b, c, d, e) aus, die ohne Überschneidung jeweils ein Hautsegment innervieren. Die beiden nicht dargestellten T-Zellen innervieren mehr dorsal oder ventral ähnliche Gebiete. Impulse aus jedem Teil des rezeptiven Feldes gelangen in jeden anderen Teil. Anhaltende Reizung führt an den durch Pfeile markierten feinen Verzweigungen zum Leitungsblock. (B) Sensorische Neuronen von *Aplysia* haben überlappende rezeptive Felder. Mindestens 24 Neuronen versorgen die Spitze der Siphonhaut (A modifiziert nach Yan, 1976; B modifiziert nach Byrne, Castellucci und Kandel, 1974).

Motorische Zellen

In Abb. 2 und 4 sind einzelne motorische Zellen in *Aplysia*- und Blutegelganglien dargestellt. Eine Zelle wird als Motoneuron bezeichnet, wenn jeder Impuls der Zelle im Axon, das zum Muskel führt, ein fortgeleitetes Aktionspotential und dann in der Muskelfaser ein synaptisches Potential auslöst.[40] Außerdem kann die Zerstörung einer einzigen Zelle zu einem sichtbaren Verhaltensdefizit führen. Zum Beispiel gibt es in jedem Ganglion nur zwei AE-Motoneuronen (AE in Abb. 4), die die Haut des Blutegels wie eine Ziehharmonika in Falten ziehen (Abb. 12). Eine AE-Zelle kann durch die Injektion einer Mischung proteolytischer Enzyme getötet werden, während das restliche Tier unbeeinträchtigt bleibt. Nachdem sich das Tier erholen konnte, reagierte die Region der Haut, die vorher ausschließlich von der getöteten Zelle innerviert wurde, nicht mehr auf entsprechende sensorische Reize.[52] Im Blutegel versorgen mehr als 20 Paare motorischer Zellen die verschiedenen Muskeln, die den Körper abflachen, verlängern, verkürzen und krümmen. Auch das Motoneuron, das das Herz innerviert, ist in den Segmentalganglien identifiziert worden. Die Muskeln können zusätzlich zu den exzitatorischen cholinergen Synapsen inhibitorische und modulatorische peptiderge Eingänge erhalten.[53] Bei *Aplysia* sind viele Motoneuronen an der Erzeugung von Reflexbewegungen beteiligt, um z.B. die Kiemen und den Siphon zurückzuziehen.[12] Dreizehn identifizierte zentrale und ungefähr 30 periphere Motoneuronen innervieren die Muskeln, die den Siphon, den Mantelrand und die Kiemen bewegen. Wenn die Motoneuronen am Feuern gehindert werden, kommt es nicht mehr zu Reflexkontraktionen der Muskeln. Einige Motoneuronen wirken nur eingeschränkt, sie bewirken nur kleine Bewegungen, während andere eine breite Wirkung haben, sie können manchmal sogar komplette Effektororgane kontrahieren, wie z.B. die Kiemen oder den Mantelrand.

Hier hat man also zwei Systeme, bei denen man vorhersagen kann, welche Sinneszellen aktiviert werden, wenn man einen bestimmten Hautabschnitt mechanisch reizt, und welche Motoneuronen feuern, wenn das Tier eine Bewegung ausführt.

Interneuronen und neurosekretorische Zellen

Neben den sensorischen und motorischen Zellen wurden im ZNS von *Aplysia* und vom Blutegel Interneuronen, neurosekretorische und modulatorische Zellen identifiziert. Die Interneuronen, deren Ausläufer per definitionem auf das ZNS beschränkt sind, weisen Plastizität auf, erlauben die Umschaltung von Pfaden und können rhythmische, koordinierte Bewegungen hervorrufen (s.u.). Die **bag-Zellen** sind Beispiele für sekretorische Neuronen, die bei Aplysia eine essentielle Funktion regulieren. In jedem Konnektiv des Abdominalganglions sind anterior über 300 dieser großen Neuronen geclustert. Kupfermann hat als erster gezeigt, daß ein Extrakt aus diesen Zellen komplexes Eiablageverhalten induziert.[54] Viele Neuropeptide, die im Tier die Eiablage induzieren, wurden gereinigt und sequenziert. Arch, Mayeri, Blankenship, Scheller und Kollegen haben die physiologischen Eigenschaften der bag-Zellen, die Mechanismen der Peptidsynthese und die Induktion der Eiablage im Detail erarbeitet.[27,55–57] Diese Peptidhormone, die von einem großen Vorläufermolekül stammen, werden in elektronendichten Vesikeln gespeichert, aus denen sie sezerniert werden. Die aktiven Peptide induzieren die Eiablage, indem sie direkt auf das Zielorgan in der Peripherie einwirken. Sie beeinflussen auch die Eigenschaften von Neuronen im ZNS, wie z.B. L15. Die bag-Zellen sind elektrisch gekoppelt und feuern synchrone Aktionspotential-Salven, um ihre Hormone auszuschütten. Dieses System ist eines der besten Beispiele für eine essentielle Funktion, die auf molekularem Niveau, auf dem Niveau der Gene, der intrazellulären Messenger und der regulatorischen Mechanismen des Verhaltens untersucht worden ist. In Evertebraten hat man auch Zellen mit interessanten, ungewöhnlichen Eigenschaften, aber unbekannter Funktion entdeckt. Ein Beispiel dafür ist eine Riesenzelle (1 mm Durchmesser), die als R15 bekannt ist. Ihre biophysikalischen Eigenschaften und Kanalcharakteristiken wurden im Zusammenhang mit der Erzeugung spontaner, rhythmischer Impulssalven intensiv untersucht.[18]

Die Morphologie der Synapsen

Im Nervensystem von Evertebraten liegen die meisten (aber nicht alle)[58] Synapsen zwischen Neuronen nicht auf den Zellkörpern, sondern auf feinen Ausläufern in einer zentralen Region des Ganglions (dem Neuropil).[12,13,30] Das Neuropil ist hoch komplex und gleicht dem im Vertebraten-Gehirn. Trotz seiner Komplexität ist es hoch geordnet organisiert. Dies wurde in Experimenten von Muller und McMahan gezeigt, die die Technik der intrazellulären Injektion von Meerrettichperoxidase in identifizierte Zellen des Blutegels erfanden.[59] Das Enzym dringt in alle Verzweigungen der Zelle ein. Die Verzweigungsmuster der sensorischen und motorischen Zellen im Neuropil sind charakteristisch. Jede Zelle zeigt ihre eigene Konfiguration. Abb. 9 und 10 zeigen Beispiele typischer Verzweigungen identifizierter Neuronen im Blutegel und in *Aplysia*. Die Meerrettichperoxidase kann man auch in elektronenmikroskopischen Aufnahmen, wie in Abb. 10, sehen, in der charakteristische chemische Synapsen durch Pfeile markiert sind. Auf diese Weise kann man die Synapsen, die identifizierte Zellen im Neuropil bilden, identifizieren und ihre Feinstruktur charak-

52 Bowling, D., Nicholls, J. G. and Parnas, I. 1978. *J. Physiol.* 282: 169–180.
53 Kuhlman, J. R., Li, C. and Calabrese, R. L. 1985. *J. Neurosci.* 5: 2310–2317.
54 Kupfermann, I. 1967. *Nature* 216: 814–815.
55 Brown, R. O., Pulst, S. M. and Mayeri, E. 1989. *J. Neurophysiol.* 61: 1142–1152.
56 Nagle, G. T. et al. 1990. *J. Biol. Chem.* 265: 22329–22335.
57 Newcomb, R. W. and Scheller, R. H. 1990. *Brain Res.* 521: 229–237.
58 French, K. A. and Muller, K. J. 1986. *J. Neurosci.* 6: 318–324.
59 Muller, K. J. and McMahan, U. J. 1976. *Proc. R. Soc. Lond. B* 194: 481–499.

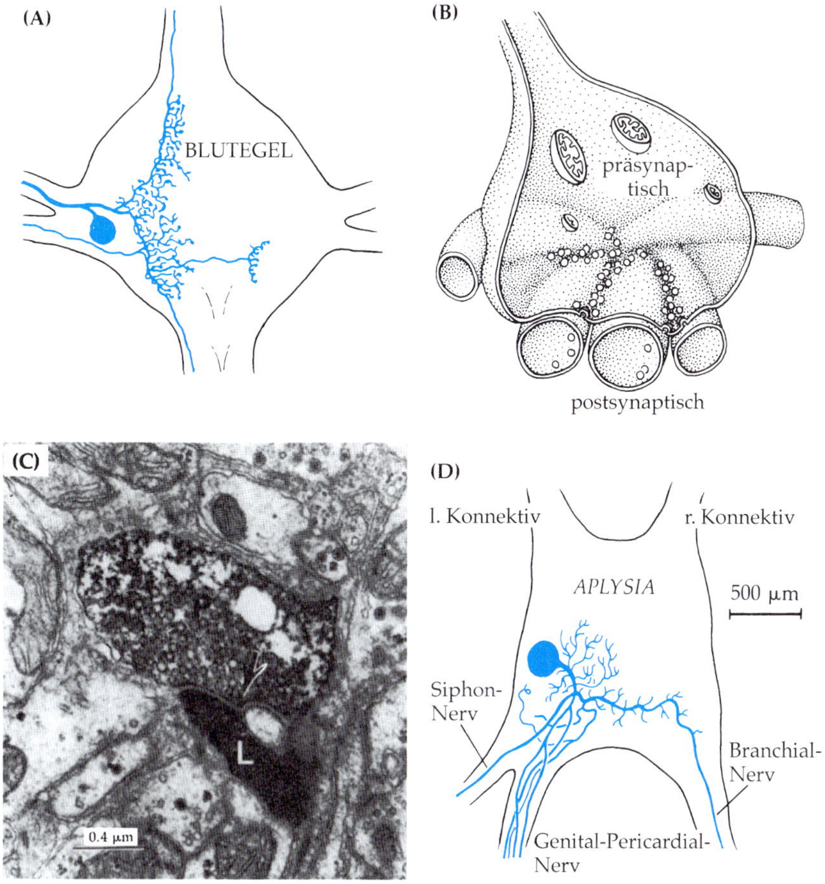

Abb. 10: **Formen und Synapsen** von Blutegel- und *Aplysia*-Neuronen. (A) Verzweigungsmuster einer P-Zelle in einem Blutegelganglion nach Injektion von Meerrettichperoxidase. Der Zellkörper sendet einen einzigen Ausläufer ins Neuropil, wo alle synaptischen Verbindungen des Ganglions hergestellt werden. Die Axone laufen über Konnektive zu den Nachbarganglien und über die Wurzeln zum Hautmuskelschlauch. Im Neuropil bilden kurze Ausläufer die synaptischen Kontakte. (B) Rekonstruktion nach Serienschnitten synaptischer Spezialisierungen im Blutegelneuropil. Ein einziger präsynaptischer Ausläufer, der zahllose Vesikel enthält, bildet normalerweise synaptische Kontakte zu zwei oder mehr postsynaptischen Elementen. Diese Anordnung findet man auch im ZNS von *Aplysia*, mit ähnlichen Verdickungen und erweiterten Interzellularspalten. (C) Synapse von einer P-Zelle auf einem L-Motoneuron im Neuropil eines Blutegelganglions. Beide Zellen wurden zur Identifizierung mit Meerrettichperoxidase injiziert. Der Pfeil markiert die präsynaptische Verdikkung. (D) Zelle L7 in einem *Aplysia*-Abdominalganglion, mit Kobalt injiziert. Dies ist ein Motoneuron, das den Mantelrand versorgt (A und B nach Muller, 1981; C nach Macagno, Muller und Pitman, 1987; D nach Kandel, 1976).

terisieren.[60,61] Die Synapsenstruktur ist hoch komplex. Eine einzige Sinneszelle versorgt viele postsynaptischen Ziele, und ihre präsynaptischen Endigungen selbst werden von zahlreichen Endigungen versorgt, die von anderen Neuronen stammen, die ihre Transmitterausschüttung modulieren.

Elektrische Synapsen in Blutegel- und *Aplysia*-Ganglien sind Kontakte zwischen Neuronen mit einem auf 4 bis 6 nm verringerten Abstand. Wie in anderen gap junctions überspannen Brücken den Spalt in diesen Regionen. In eine Zelle injizierte Fluoreszenz-Farbstoffe wie Lucifer-Yellow passieren normalerweise, aber nicht immer, solche elektrischen Synapsen und diffundieren in die angekoppelten Zellen. Das so erhaltene Verbindungsmuster kann komplexer sein, als man aus den physiologischen Befunden erwarten würde. Zum Beispiel zeigen intrazelluläre Ableitungen, daß die drei T-Zellen auf der einen Seite des Blutegel-Ganglions schwach mit denen der anderen Seite gekoppelt sind.[62] Diese Kopplung erfolgt jedoch indirekt über elektrische Synapsen zweier spezifisch gekoppelter Interneuronen. Wenn diese beiden Zellen durch Injektion einer Protease getötet werden, verschwindet die Kopplung der T-Zellen.

Synaptische Verbindungen sensorischer und motorischer Zellen

Die synaptischen Potentiale, die im Neuropil entstehen, breiten sich in das nahegelegene Soma aus, wo sie als exzitatorische und inhibitorische Potentiale in Erscheinung treten. Ins Soma injizierte Ströme können die synaptischen Potentiale und die Transmitterausschüttung beeinflussen. Unglücklicherweise bleiben die Eigenschaften der prä- und der postsynaptischen Endigungen selbst für direkte physiologische Untersuchungen unzugänglich, da sie zu klein für Mikroelektrodeneinstiche sind.

Die Sinneszellen, die auf mechanische Reize antworten, bilden exzitatorische Verbindungen auf Motoneuronen, welche das Zurückziehen der Kiemen und des Siphons bei *Aplysia* und die Verkürzung des Blutegels bewirken. Es gibt neben der Elektronenmikroskopie noch andere Beweise, daß die Verbindungen direkt sind (d.h. es gibt keine bekannten Zellen, die dazwischenliegen.)[12,13,60,61] Diese Tatsache ist wichtig, da man die Orte, an denen

60 Macagno, E. R., Muller, K. J. and Pitman, R. M. 1987. *J. Physiol.* 387: 649–664.

61 Bailey, C. H. and Chen, M. 1988. *J. Neurosci.* 8: 2452–2459.

62 Muller, K. J. and Scott, S. A. 1981. *J. Physiol.* 311: 565–583.

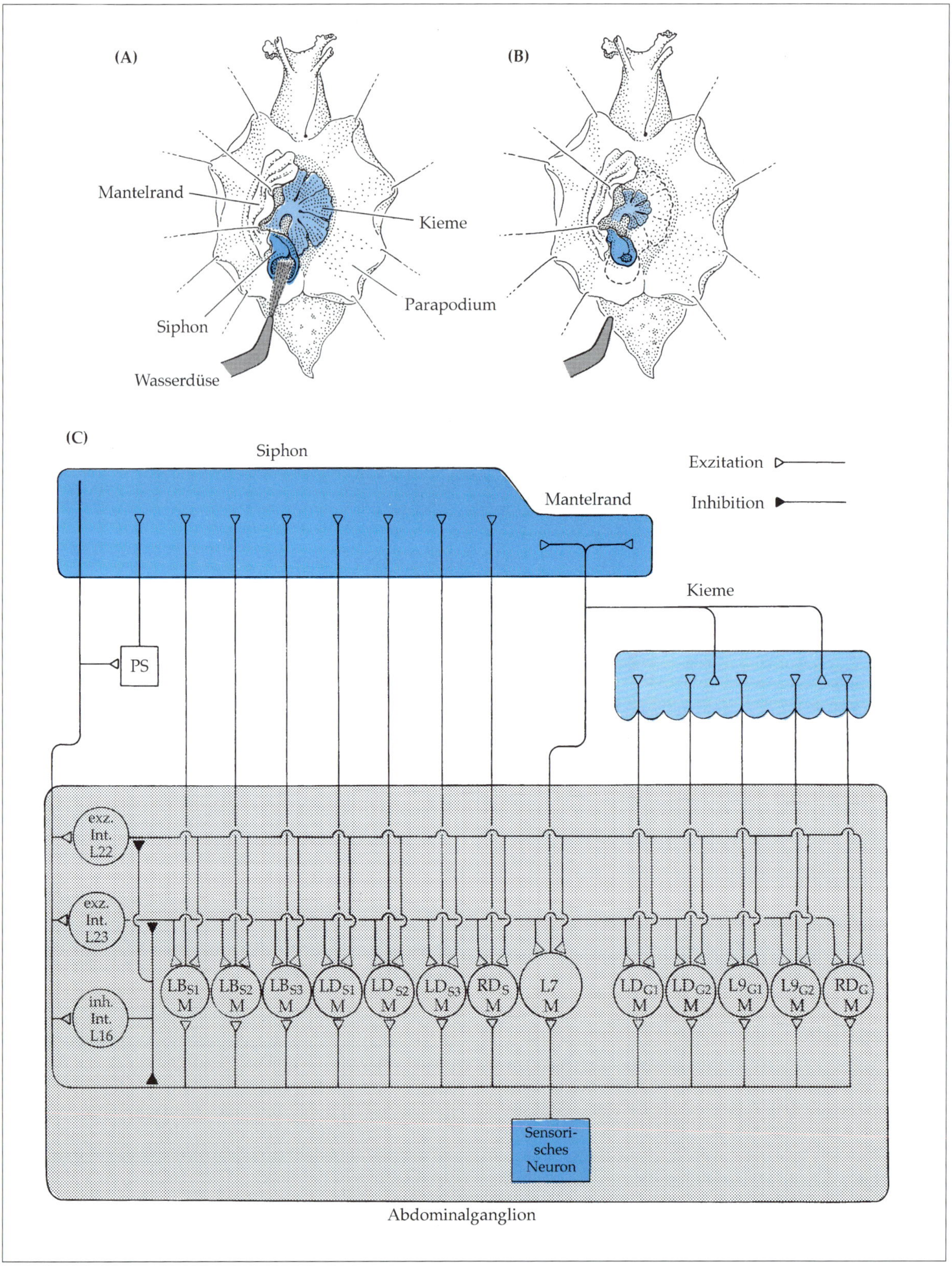

Abb. 11: **Kiemen- und Siphon-Rückziehreflex** bei *Aplysia*. (A, B) Auf den Siphon gespritztes Wasser bewirkt ein Zurückziehen des Siphons und der Kiemen. (C) Sinneszellen, Interneuronen, Motoneuronen und die Verbindungen, die am Rückziehreflex beteiligt sind. Zu sehen ist ein einzelnes sensorisches Neuron aus einer Population von 24 oder mehr Neuronen. Die sensorischen Neuronen bilden monosynaptische und auch indirekte Verbindungen mit dem Pool aus Motoneuronen (M). Exzitatorische (L22, L23) und inhibitorische (L16) Interneuronen vermitteln indirekte Wirkungen. An diesem Reflex sind auch in der Peripherie liegende motorische Zellen (PS) beteiligt (nach Kandel, 1976).

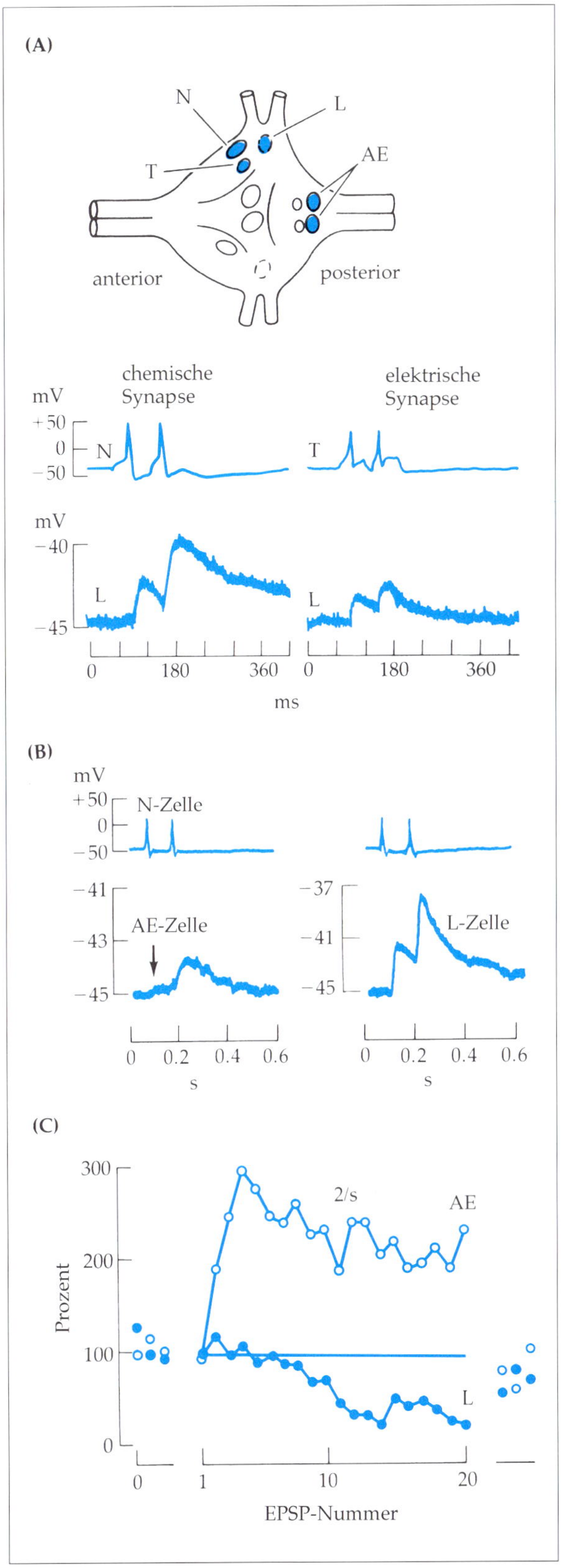

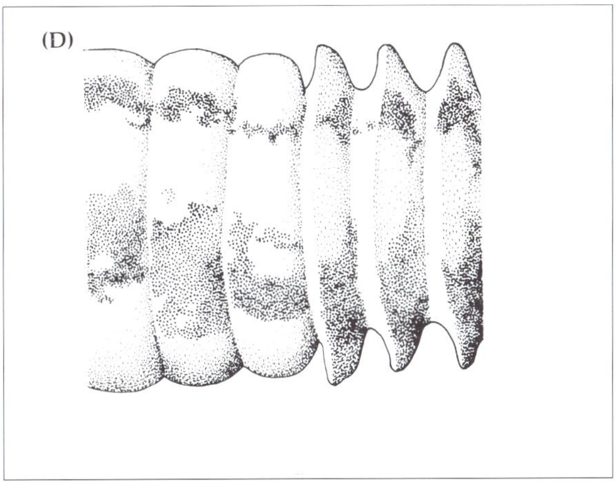

Abb. 12: **Bahnung und Depression** bei Synapsen zwischen sensorischen und motorischen Neuronen des Blutegels. (A) Vergleich zwischen chemischer und elektrischer Übertragung in einem Ganglion. Eine N-Zelle wird zweimal in Folge gereizt, während gleichzeitig ihre Impulse aufgezeichnet werden (obere Spuren). An der chemischen Synapse zwischen der N- und der L-Zelle kommt es zur Bahnung, so daß der zweite Impuls ein größeres synaptisches Potential auslöst (unten links). Im Gegensatz dazu bewirken zwei aufeinanderfolgende Impulse einer T-Zelle in der L-Zelle zwei ähnlich aussehende postsynaptische Potentiale. Dies ist typisch für elektrische Synapsen. (B) Eigenschaften der Transmitterausschüttung verschiedener Synapsen eines präsynaptischen Neurons. Eine N-Zelle wird gereizt und die Antworten einer L- und einer AE-Zelle werden aufgezeichnet. Die Bahnung an der Synapse zwischen der N- und der AE-Zelle ist größer. (Das erste kleine synaptische Potential der AE-Zelle ist durch den Pfeil markiert.) (C) Wenn die N-Zelle zweimal pro Sekunde gereizt wird, tritt eine Bahnung der synaptischen Potentiale der AE-Zelle auf mehr als die doppelte Amplitude ein, während der die Amplituden der L-Zellpotentiale abnehmen. Die Abszisse zeigt die Nummer des synaptischen Potentials in der Salve. Auf der Ordinate ist die Amplitude der synaptischen Potentiale im Verhältnis zum durchschnittlichen Wert vor der Salve (100%) aufgetragen (D) Aktionspotentiale einer AE-Zelle bewirken, daß die Hautringe in Falten gezogen werden (rechter Teil von Abb. (D)). (A nach Nicholls und Purves, 1972; B, C und D nach Muller und Nicholls, 1974).

interessante Modifikationen der Signalverarbeitung stattfinden, nur dann ausmachen kann, wenn man alle Beteiligten und ihre Eigenschaften kennt. Die sensorischen Zellen, die exzitatorische chemische Verbindungen auf Motoneuronen herstellen, bilden auch Verbindungen auf anderen Zellen (Interneuronen) aus, die wiederum Synapsen auf den Motoneuronen bilden. Abb. 11 zeigt ein Schema der Verbindungen, die bei *Aplysia* das Zurückziehen der Kiemen verursachen.

Beim Blutegel konvergieren die T-, die P- und die N-Zelle auf ein Motoneuron, das L-Motoneuron, das Longitudinalmuskeln innerviert und damit eine Verkürzung bewirkt. Es ist bemerkenswert, daß die Übertragungsmechanismen auf das L-Motoneuron für jede Sinneszelle charakteristisch und durchweg verschieden sind.[63] Die N-Zelle überträgt hauptsächlich über chemische Synapsen (mit nur geringer elektrischer Kopplung), die T-Zelle durch gleichrichtende elektrische Synapsen und die P-Zelle durch eine Kombination beider Mechanismen. Chemische und elektrische Übertragungsmechanismen wurden voneinander unterschieden durch (1) Be-

63 Nicholls, J. G. and Purves, D. 1972. *J. Physiol.* 225: 637–656.

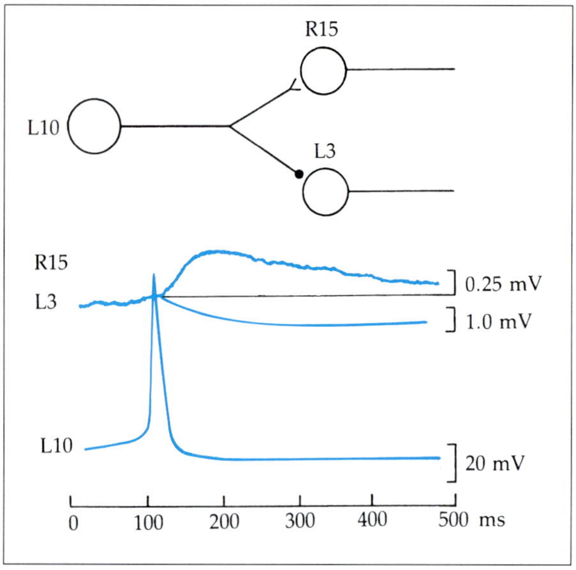

Abb. 13: **Exzitation und Inhibition**, die durch eine einzige Zelle (L10) in zwei postsynaptischen Neuronen (L3 und R15) von Aplysia erzeugt werden. An beiden Synapsen ist Acetylcholin der Transmitter, aber die erzeugten Permeabilitätsänderungen sind unterschiedlich (nach Wachtel und Kandel, 1971).

obachtung der Latenzdauer der synaptischen Potentiale im Motoneuron, (2) Baden des Ganglions in Lösungen mit hoher Magnesiumionen-Konzentration, wodurch die chemische synaptische Übertragung blockiert wird, (3) Änderung des Membranpotentials der präsynaptischen und der postsynaptischen Neuronen und (4) Beobachtung der Synapsen in elektronenmikroskopischen Aufnahmen.

Man weiß viel über die Transmitter, die in Blutegel- und in *Aplysia*-Ganglien verwendet werden, u.a. ACh, GABA, Dopamin, Serotonin und eine Anzahl von Peptiden, u.a. das Tetrapeptid FMRFamid.[12,13,64,65] Einige wichtige Transmitter sind noch nicht bekannt, besonders die, die von P- und N-Zellen des Blutegels und von sensorischen Zellen von *Aplysia*, welche die Kiemen und den Siphon innervieren, freigesetzt werden.

Kurzzeitveränderungen der synaptischen Wirksamkeit

Signalverarbeitungsmechanismen werden, der Einfachheit halber, normalerweise zunächst durch die Beobachtung der Wirkungen einzelner Impulse analysiert. Während ein Tier im Wasser schwimmt oder sich unter normalen Bedingungen auf einer Oberfläche bewegt, bewirkt eine Reizung der Haut jedoch Impulssalven. Als zweiter Schritt bei der Analyse von Reflexen und Verhalten, und um zwischen den Wirkungen chemischer und elektrischer Synapsen zu unterscheiden, wird die Leistung der Motoneuronen bei repetitiver Stimulation getestet. Nach dem, was wir in Kap. 7 über die Eigenschaften von Übertragungsmechanismen vorgestellt haben, würde man grundsätzlich erwarten, daß elektrische Synapsen relativ stabil in ihrer Leistung sind, während chemische Synapsen sehr viel variabler sind.

Abb. 12A zeigt den Unterschied zwischen den beiden Übertragungsformen, wenn N- und T-Zellen des Blutegels feuern. Wenn zum Beispiel eine N-Zelle als Antwort auf einen Reiz oder auf ein Zwicken der Haut feuert, wachsen die chemisch erzeugten synaptischen Potentiale, die man während einer Impulssalve in der L-Zelle ableitet, zunächst an (Bahnung), um dann wieder abzunehmen (Depression, nicht gezeigt). Die synaptische Wirkung der T-Zelle, die eine elektrische Synapse auf der L-Zelle bildet, steht im scharfen Kontrast dazu, denn die synaptischen Potentiale, die in der L-Zelle durch wiederholte Reizung oder durch leichte Schläge auf die Haut unter den gleichen Bedingungen erzeugt werden, bleiben unverändert.[63]

Im ZNS des Blutegels erlaubt die variable Wirksamkeit verschiedener chemischer Synapsen die sequentielle Aktivierung oder Inaktivierung verschiedener postsynaptischer Strukturen, wenn ein einzelnes präsynaptisches Neuron zunächst eine und dann eine andere postsynaptische Zelle aktiviert. Diese unterschiedliche Wirkung erklärt, wie Druck auf die Haut des Blutegels zunächst zu einer Verkürzung des Tieres und dann zum Faltenwurf der Hautringe führt. Die beiden Reflexe haben unterschiedliche Zeitverläufe: Die Verkürzung des Hautmuskelschlauches erfolgt unmittelbar und hält nur kurz an, während die Hautringe langsamer in Falten gezogen werden und länger aufgerichtet bleiben. Dieses Verhalten ist gut mit den synaptischen Potentialen korreliert (Abb. 12), deren Bahnung zeitlich unterschiedlich verläuft, und die die beiden Ereignisse hintereinander triggern.[66] Obwohl die N- und die P-Zellen nicht nur chemische Synapsen auf der L-Zelle, sondern auch auf dem AE-Motoneuron bilden, ist das synaptische Potential, das man in einem AE-Motoneuron ableitet, zunächst beträchtlich kleiner als das der L-Zelle (Abb. 12). Die synaptischen Potentiale des AE- und des L-Motoneurons durchlaufen während einer Impulsserie von einer einzigen Sinneszelle Phasen der Bahnung und der Depression. Die Bahnung ist jedoch bei Synapsen auf dem AE-Motoneuron bedeutend größer und hält länger an als an der L-Zelle. Mehrere indirekte Messungen lassen vermuten, daß die Unterschiede in der synaptischen Übertragung durch die unterschiedliche Transmittermenge entstehen, die an den präsynaptischen Endigungen der N-Zelle ausgeschüttet wird, und nicht durch Unterschiede in den postsynaptischen Zellen. Eine direkte Quantenanalyse, mit der man bestimmen könnte, ob diese Veränderungen prä- oder postsynaptischer Natur sind, ist an diesen Synapsen unmöglich (wie auch an den meisten anderen Synapsen des ZNS von Evertebraten oder Vertebraten). Die Schwierigkeiten entstehen durch die komplexe Geometrie, die Abwesenheit von

64 Lent, C. M. et al. 1991. *J. Comp. Physiol.* 168: 191–200.

65 Ocorr, K. A. and Byrne, J. H. 1985. *Neurosci. Lett.* 55: 113–118.

66 Muller, K. J. and Nicholls, J. G. 1974. *J. Physiol.* 238: 357–369.

wohldefinierten Miniaturpotentialen und die geringe Größe der Einheit. Ein wesentlicher Vorteil von isolierten Evertebratenzellen in Kultur, die unten beschrieben werden, liegt darin, daß dort eine vollständigere und detailliertere Analyse der synaptischen Übertragung, der Bahnung und der Modulation möglich ist (s. Abb. 20).
Zusätzlich zu den direkten Übertragungswegen der N-Zellen auf die Motoneuronen, die in Abb. 12 dargestellt sind, gibt es parallel dazu verzögerte Strecken über Interneuronen. Diese können entscheidende Auswirkungen auf die Stärke anhaltender Antworten auf mechanische Reize ausüben. Interessanterweise kann ein einziges identifiziertes Interneuron an mehreren verschiedenen Bewegungen beteiligt sein.[67]
Kurzzeitbahnung und Kurzzeitdepression, wie man sie an Synapsen des Blutegels oder an neuromuskulären Synapsen des Frosches findet, sind bei *Aplysia*-Synapsen, die an Rückziehreflexen beteiligt sind, weniger deutlich ausgeprägt. Man findet aber, wie wir unten sehen werden, Langzeitveränderungen, die über Stunden oder sogar Tage andauern. Ein einzelnes Interneuron von *Aplysia* kann eine postsynaptische Zielzelle erregen, während es eine andere hemmt.[68] Zum Beispiel bewirken Impulse in der Zelle L10 in Abb. 13 exzitatorische Potentiale in der Zelle R15 und inhibitorische Potentiale in der Zelle L3, die beide über chemische Synapsen monosynaptisch verursacht werden. Bei beiden Synapsen ist Acetylcholin (ACh) der Transmitter, aber die Wirkung hängt von der Anwesenheit unterschiedlicher Kanaltypen ab, die durch die ACh-Rezeptoren in den beiden Zellen geöffnet werden. Dieselbe Zelle (L10) induziert auch – in Abhängigkeit von der Feuerfrequenz – exzitatorische oder inhibitorische Antworten in einer postsynaptischen Zielzelle (L7). Bei bestimmten Synapsen von *Aplysia* können die exzitatorischen oder die inhibitorischen Potentiale, die durch einen oder wenige Impulse ausgelöst werden, extrem lange andauern – über Minuten oder sogar Stunden.[69] Acetylcholin, Dopamin und 5-Hydroxytryptamin (5-HT oder Serotonin) können sowohl Leitfähigkeitsabnahmen als auch Leitfähigkeitszunahmen bewirken. Diese Änderungen bleiben auch nach der Entfernung des Transmitters bestehen, wie es bei den Potentialen autonomer Ganglien beschrieben wurde (Kap. 8).

Ungewöhnliche synaptische Mechanismen

Neben der konventionellen frequenzabhängigen Bahnung und Depression der Transmitterausschüttung wurden bei *Aplysia*, beim Blutegel und bei anderen Evertebraten viele neue präsynaptische Mechanismen, die die Wirksamkeit und die Dauer der chemischen synaptischen Übertragung beeinflussen, beschrieben. Zum Beispiel wird an chemischen Synapsen des Nervensystems von Crustaceen, Insekten, Blutegeln und Mollusken der Transmitter von den präsynaptischen Neuronen tonisch ausgeschüttet, ohne daß diese feuern.[70,71] Die Ausschüttung tritt in Ruhe kontinuierlich auf und wird durch eine Depolarisation der präsynaptischen Endigung erhöht und durch eine Hyperpolarisation gesenkt. Im ZNS von Vertebraten wurden ähnliche «nichtspikende» Neuronen beobachtet, z.B. die Photorezeptoren und die Horizontal- und die Bipolarzellen der Retina (s. Kap. 16). Die tonische Transmitterausschüttung an diesen Synapsen erlaubt eine fein graduierte, anhaltende Wirkung eines Neurons auf ein anderes.
Präsynaptische De- oder Hyperpolarisation hat auch noch andere subtile Wirkungen auf eine chemische Übertragung, durch die Reflexe merklich verändert werden können. Eine anhaltende Depolarisation der präsynaptischen Endigungen bestimmter Synapsen des Blutegels und von *Aplysia* bewirkt zum Beispiel, daß ein Impuls eine höhere Transmitterausschüttung auslöst, während eine Hyperpolarisation der präsynaptischen Endigungen eine verringerte Transmitterausschüttung bewirkt.[72] Eine Veränderung des Ruhepotentials von nur 5 mV (von –40 mV auf –35 mV) kann einen Anstieg der durch einen Impuls ausgeschütteten Transmittermenge um das Dreifache hervorrufen. Amplitude und Dauer der präsynaptischen Impulse werden durch solche geringfügigen Veränderungen des Ruhepotentials nicht merklich verändert. An der Riesenfasersynapse des Tintenfisches gibt es ähnliche Mechanismen. Solche Wirkungen auf Reflexe können beim Blutegel an einem Schaltkreis erklärt werden, in dem die präsynaptischen Endigungen bestimmter Interneuronen, die den Herzschlag kontrollieren, eine natürlicherweise auftretende Hyperpolarisation zeigen. Sie wird zyklisch durch inhibitorische Eingänge von anderen identifizierten Interneuronen erzeugt. Infolge der Hyperpolarisation der Endigung wird die Anzahl der Quanten, die bei jedem einlaufenden Impuls ausgeschüttet werden, reduziert.[73] Hier ist also ein Beispiel einer präsynaptischen Inhibition, die durch die Hyperpolarisation der Endigung hervorgerufen wird, und deren Mechanismus direkt durch Quantenanalyse nachgewiesen wurde. Dies ist eins der wenigen Beispiele einer Synapse im ZNS, an der infolge einer einfachen Geometrie und der relativen Größe der Einheit eine detaillierte Quantenanalyse möglich ist. In dem genau definierten Schaltkreis aus Neuronen, die das Herz des Blutegels kontrollieren, wurde gezeigt, daß diese präsynaptische Inhibition und die zyklische Modulation des Membranpotentials der präsynaptischen Endigung wesentlich für die Aufrechterhaltung der Rhythmik sind.[74] Ob ähnliche Mechanis-

67 Lockery, S. R. and Kristan, W. B., Jr. 1990. *J. Neurosci.* 10: 1816–1829.
68 Wachtel, H. and Kandel, E. R. 1971. *J. Neurophysiol.* 34: 56–68.
69 Parnas, I. and Strumwasser, F. 1974. *J. Neurophysiol* 37: 609–620.
70 Burrows, M. and Siegler, M. V. 1985. *J. Neurophysiol.* 53: 1147–1157.
71 Blackshaw, S. E. and Thompson, S. W. 1988. *J. Physiol.* 396: 121–137.
72 Thompson, W. J. and Stent, G. S. 1976. *J. Comp. Physiol.* 111: 309–333.
73 Nicholls, J. G. and Wallace, B. G. 1978. *J. Physiol.* 281: 157–170.
74 Arbas, E. A. and Calabrese, R. L. 1987. *J. Neurosci.* 7: 3953–3960.

men auch an der präsynaptischen Inhibition, die man im Rückenmark von Säugetieren beobachten kann, beteiligt sind (Kap. 15), ist noch nicht bekannt.

Ausbleibende Impulsfortleitung stellt einen weiteren Mechanismus der Veränderung der synaptischen Wirkung einer Zelle auf ihre postsynaptischen Ziele dar. In Motoaxonen von Crustaceen, im Zentralnervensystem der Schabe und im Blutegel können wiederholte Impulssalven mit natürlich auftretenden Frequenzen Nachwirkungen haben, die zu einem Leitungsblock an Verzweigungspunkten führen. In Crustaceenaxonen[75] sind diese Veränderungen mit einem Anstieg der extrazellulären Kaliumkonzentration verbunden. In sensorischen Neuronen des Blutegels hängt der Mechanismus von der Hyperpolarisation ab, die durch die elektrogene Natriumpumpe und durch langanhaltende Veränderungen der calciumaktivierten Kaliumleitfähigkeit hervorgerufen wird. Wiederholte Schläge oder Druck auf die Blutegelhaut erzeugen Impulssalven und eine anhaltende Hyperpolarisation der T- und der P-Zellen. Als Folge davon wird die Impulsfortleitung an bestimmten Verzweigungspunkten blockiert, an denen die Geometrie für die Impulsfortleitung unvorteilhaft ist, wenn nämlich eine kleine Faser eine größere versorgt (Kap. 5).[76] Unter diesen Bedingungen schütten die P- oder T-Zellendigungen, in die keine Impulse mehr einlaufen, im Ganglion keinen Transmitter mehr aus und beeinflussen so ihre postsynaptischen Ziele nicht länger, während die anderen Zweige des gleichen Neurons weiterhin übertragen.[60,77] Hier handelt es sich also um einen nichtsynaptischen Mechanismus, der das Neuron zeitweise von einem Teil seiner postsynaptischen Ziele abkoppelt, unabhängig davon, ob die Synapsen chemisch oder elektrisch sind. Als Alternative dazu kann die Wirksamkeit der Übertragung reduziert werden, wenn die Fortleitung oder die Transmitterausschüttung einiger, aber nicht aller präsynaptischer Fasern, die mit einer Zelle verbunden sind, unterbrochen ist. In Abb. 14 ist ein Beispiel für einen Leitungsblock in einer P-Zelle dargestellt. Die synaptischen Potentiale, die in dem postsynaptischen Motoneuron abgeleitet werden, sind in der Amplitude reduziert, wenn die Impulse an dem mit dem Pfeil markierten Punkt blockiert werden. Auf diese Weise und mit Hilfe von Laserläsionen an speziell ausgesuchten Verzweigungspunkten hat Gu den Beitrag eines Teils der Verzweigungen der P-Zellen zu ihrer synaptischen Übertragung auf das Motoneuron abgeschätzt.[77]

Höhere Integrationsebenen

Ein Ziel der Untersuchungen an Evertebraten ist es zu analysieren, wie komplexe Verhaltensvorgänge aus einfachen, elementaren Reflexen aufgebaut sind. Die eleganten, koordinierten Bewegungen des Blutegels werden durch die Zusammenarbeit einzelner Ganglien mit ihren Nachbarn, mit entfernteren Ganglien und mit den Ganglien am Vorder- und am Hinterende verursacht. Der Blutegel ist mit seinen streng segmentierten Ganglien und ihrer geringen Neuronenanzahl besonders wertvoll für die Verfolgung der Schaltkreise und für die Identifizierung der Zellen, eine nach der anderen, die beim Schwimmen zusammenarbeiten. Diese komplexe Bewegung wurde von Stent, Kristan, Friesen und deren Kollegen untersucht.[78–80] Die einzelnen Muskelgruppen, die an den Schwimmbewegungen beteiligt sind, und die Motoneuronen, die sie kontrollieren, wurden identifiziert und die zentralen Verbindungen markiert. Die größten Probleme bestehen einerseits darin, die synaptischen Verbindungsmuster und die Mechanismen, die es den Kontraktionswellen ermöglichen, wiederholt von vorne nach hinten am Körper entlang zu wandern, zu analysieren, und andererseits den Ursprung des Rhythmus und die Faktoren, die ihn modulieren, zu erklären. Die Ganglien am Vorder- und am Hinterende sind nicht erforderlich für die Schwimmbewegungen, die in wenigen Segmenten oder sogar in einem einzigen Segment des Tieres entstehen können. Wie bei anderen Evertebraten (z.B. bei der Schabe, der Heuschrecke und der Grille), bei denen zentrale Motorprogramme, an denen nur wenige Einzelneuronen beteiligt sind, komplexe Bewegungsmuster kontrollieren, wird der Grundrhythmus beim Blutegel von synaptischen Interaktionen innerhalb der Ganglien aufrechterhalten. Die Rolle der peripheren Rezeptoren besteht darin, die Schwimmbewegungen zu triggern, zu verstärken, abzuschwächen oder einzustellen.

Zum Schwimmen, flacht ein Blutegel zunächst seinen Körper ab und verlängert ihn. Danach biegt sich das Tier auf und ab, so daß sich eine Welle von seinem Vorder- zu seinem Hinterende ausbreitet, die von einer anderen gefolgt wird. Filmaufnahmen zeigen, daß sich der Körper eines Blutegels in Form einer Sinuswelle biegt, wobei sich Gipfel und Tal an ihm entlang ausbreiten. Die Welle wird durch die abwechselnde Kontraktion und Relaxation ventraler und dorsaler Muskeln verursacht. Wenn man die Motoneuronen kennt, die diese Muskeln innervieren, kann man das von ihnen erzeugte Aktivitätsmuster – abwechselnd feuernd oder in Ruhe – ableiten. In einem Ganglion der mittleren Körperregion feuern die Motoneuronen, die den ventralen Muskel innervieren, biegen dadurch das Hinterende nach unten und werden inhibiert, wenn die dorsalen Motoneuronen feuern, um das Hinterende aufwärts zu biegen. In der Praxis ist es nicht notwendig, intrazellulär von Motoneuronen abzuleiten. Es ist einfacher, extrazellulär die Aktivität der Axone zu beobachten, die in spezifischen peripheren Nervenästen laufen.[78] In einer aus dem Körper entfern-

75 Grossman, Y., Parnas, I. and Spira, M. E. 1979. *J. Physiol.* 295: 307–322.
76 Yau, K.-W. 1976. *J. Physiol.* 263: 513–538.
77 Gu, X. 1991. *J. Physiol.* 441: 755–778.
78 Stent, G. S. and Kristan, W. B., Jr. 1981. *In* K. J. Muller, J. G. Nicholls and G. S. Stent (eds.). *Neurobiology of the Leech.* Cold Spring Harbor Laboratory, Cold Spring Harbor, NY, pp. 113–146.
79 Nusbaum, M. P. et al. 1987. *J. Comp. Physiol.* A. 161: 355–366.
80 Brodfuehrer, P. D. and Friesen, W. O. 1986. *Science* 234: 1002–1004.

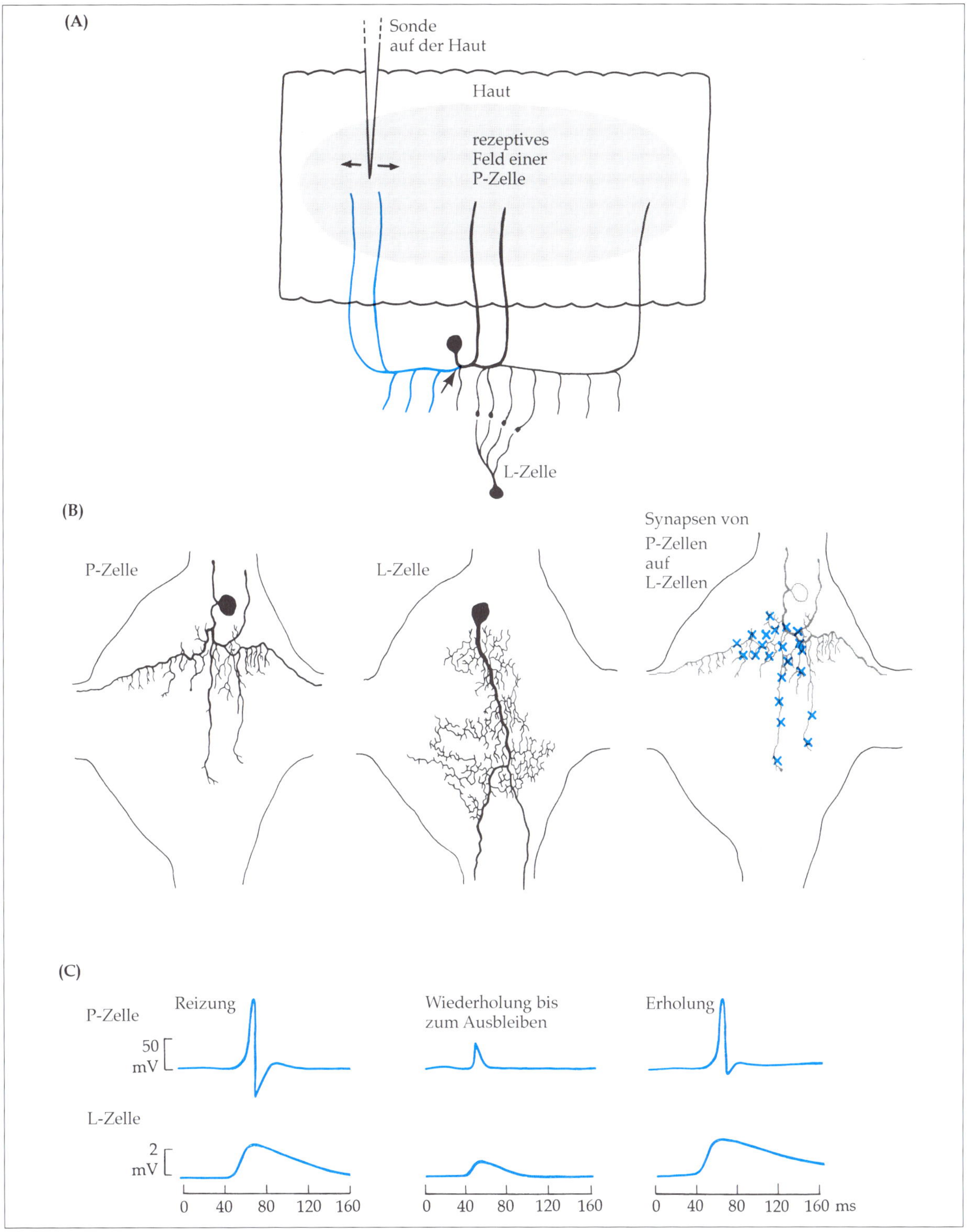

Abb. 14: **Ausbleibende Fortleitung in einer P-Zelle** nach wiederholter Reizung. (A) Rezeptives Feld einer P-Zelle, das dem der T-Zelle in Abb. 9 gleicht. Die Haut wird mit der Sonde eingedrückt, wodurch Aktionspotentiale ausgelöst werden, die entlang der feinen Verzweigungen zum Soma der P-Zelle zu wandern. Der Pfeil markiert die Stelle, an der die Impulse als Folge der Hyperpolarisation, die durch den Impulsverkehr verursacht wird, nicht weitergeleitet werden. Der Leitungsblock entsteht an dieser Stelle, da dort ein beträchtliches Größenmißverhältnis zwischen dem ankommenden, dünnen Ausläufer und dem größeren Neurit besteht, der zum Zellkörper führt. Wenn der Block einmal entstanden ist, werden keine Impulse mehr die Verzweigungen erreichen, die distal zu dieser Stelle liegen. (B) Camera lucida-Zeichnung von P- und L-Zellen, um ihre Verzweigungsmuster und die Stellen zu zeigen, an denen sie Synapsen bilden. Unter normalen Ruhebedingungen erreichen die Impulse alle Verzweigungen der P-Zelle. Nach einem Leitungsblock werden nur einige Synapsen aktiviert. (C) Ableitungen von einer P-Zelle und einem L-Motoneuron vor und nach wiederholter Reizung. Zunächst führt der Impuls in der P-Zelle zu einem großen synaptischen Potential. Wenn der Impuls ausbleibt, wird das postsynaptische Potential kleiner. Anschließend erfolgt eine Erholung. Diese Experimente zeigen zusammen mit Läsionen an ausgewählten Stellen des Neurons, wie ein synaptischer Ausgang durch ausbleibende Ansteuerung (präsynaptische Impulse) abgestuft werden kann (nach Macagno, Muller und Pitman, 1987; Gu, Macagno und Muller, 1989; Gu, 1991).

ten Ganglienkette ist die sensorische Rückkopplung eliminiert, aber der Schwimmrhythmus bleibt intakt, wie das Aktionspotentialmuster der Motoneuronen beweist. Sogar ein einzelnes Ganglion wird unter bestimmten Voraussetzungen rhythmisch «schwimmen», d.h. geeignete Kommandos über entsprechende Axone zu den nichtexistierenden Muskeln senden.
Die Entstehung des Rhythmus hängt von einer Reihe inhibitorischer Verbindungen ab, die einige Interneuronen aufeinander und auf den Motoneuronen bilden. In Abb. 15 wird der Wechsel zwischen dorsalen und ventralen Kontraktionen, die sich als Welle vom Vorder- zum Hinterende ausbreiten, quantitativ dargestellt. Es sind mehrere spezielle unpaare Neuronen identifiziert worden, die die Schwimmzyklen initiieren. Dabei spielt 5-HT eine interessante modulatorische Rolle. Ruhige, faule (!), nichtschwimmende Blutegel haben eine geringere 5-HT-Konzentration im Blut als aktive Blutegel. Außerdem fördern sowohl Reizung von Zellen, von denen bekannt ist, daß sie 5-HT sezernieren, als auch Schwimmen des Tieres einen Anstieg der 5-HT-Konzentration im Blut. Wenn das 5-HT in Embryonen durch eine spezifische Substanz (5,6-Dehydroxytryptamin), die selektiv 5-HT-Neuronen in den sich entwickelnden Ganglien zerstört, verschwunden ist, schwimmen die adulten Blutegel nicht mehr spontan, sondern nur in einer schwachen 5-HT-Lösung.[81,82]
Die einzelnen Nervenzellen, die dafür verantwortlich sind, daß ein Blutegel schwimmen kann, und ihre Verbindungen sind heute weitgehend bekannt. Andere neuronal hervorgerufene Rhythmen bei Evertebraten werden durch unterschiedliche Mechanismen erzeugt. Zum Beispiel besitzen identifizierte Neuronen, die den Herzschlag des Blutegels kontrollieren, eine Eigenrhythmik – sie feuern spontan in Salven durch unabhängig erzeugte Depolarisation und Repolarisation, die keine synaptischen Eingänge benötigen, um die Zellen an- oder auszuschalten.[72,74] Synaptische Eingänge modulieren und koordinieren jedoch den Rhythmus vieler solcher Zellen.

Habituation bei *Aplysia*

Kandel, Castellucci, Byrne, Carew, Hochner und ihre Kollegen haben in einer Reihe von Experimenten die Rolle analysiert, die verschiedene biophysikalische und molekulare Mechanismen bei der Produktion komplexer, langanhaltender Verhaltensantworten von *Aplysia* spielen.[20,25,83] Der Kiemenrückziehreflex wird zunehmend schwächer, wenn wiederholt in regelmäßigen Abständen Wasser auf den Mantel gespritzt wird (Abb. 16). Wenn zum Beispiel konstante Reize verwendet werden, um den Reflex 15 mal in Intervallen von 10 Minuten Länge hervorzurufen, wird die Stärke des Kiemenrückzugs als Antwort auf den gleichen Reiz auf ca. 50 Prozent des ursprünglichen Wertes reduziert. Dann erholt sich die Antwort langsam über einen Zeitraum von 30 Minuten bis zu mehreren Stunden. Das Tier ist also in der Lage, weniger stark auf einen Reiz zu reagieren, der vorher wirksam war. Der Zeitverlauf und die Eigenschaften dieses Phänomens gleichen denen der **Habituation** höherer Tiere: Ein Reiz wie ein plötzlicher leichter Schlag auf die Schulter kann eine Überraschungsreaktion auslösen, was nach einer Wiederholung nicht mehr der Fall ist. Eine charakteristische Eigenschaft der Habituation ist die, daß neben der spontanen Erholung (wenn ein Reiz über einen längeren Zeitraum nicht anwesend war) eine sofortige Erholung auftritt, nachdem ein starker allgemeiner Reiz ganz anderer Art gegeben wurde. Eine habituierte *Aplysia* wird nach einem starken Stoß auf ihr Hinterende ihre Kieme wieder als Antwort auf einen Wasserstrahl zurückziehen.
Um die Mechanismen zu bestimmen, die an der Habituation beteiligt sind, wurde von sensorischen und motorischen Zellen und von Interneuronen aus dem Tier und aus isolierten Präparaten, deren Eigenschaften denen des Gesamttieres gleichen, abgeleitet. *Aplysia* wurde immobilisiert, ihre Ganglien freigelegt und die Haut gereizt, während intrazelluläre Ableitungen und Muskelspannungsmessungen gemacht wurden. Alternativ kann man die Depression der synaptischen Übertragung beobachten, wenn eine Sinneszelle wiederholt mit einer intrazellulären Mikroelektrode gereizt wird: Die synaptischen Potentiale des Motoneurons werden kleiner. Experimente haben gezeigt, daß die reduzierte Antwort auf der langanhaltenden Senkung der Transmitterausschüttung an den Endigungen der sensorischen Neuronen auf die Motoneuronen beruht.[84] Die sensorische Antwort auf den peripheren Reiz und die Eigenschaften der Motoneuronen weisen keine vergleichbaren Veränderungen auf. Intrazelluläre Ableitungen aus dem sensorischen Neuron zeigen, daß die Dauer des präsynaptischen Aktionspotentials verkürzt wird. Dadurch wird der Calcium-Einstrom verringert, was zu einer verminderten Transmitterausschüttung führt. Da die präsynaptischen Endigungen zu klein sind, um mit Mikroelektroden angestochen werden zu können, leitet man ihre Membraneigenschaften von Ableitungen aus dem Soma her.[20,25]

Sensitivierung bei *Aplysia*

Sensitivierung ist die zweite Verhaltensmodifikation, die bei *Aplysia* sehr detailliert analysiert wurde. Nach einem starken, schmerzhaften und potentiell gefährlichen Reiz, reagieren die Tiere stärker auf einen schwachen Reiz, der normalerweise nur eine schwache oder eine vernachlässigbar geringe Antwort hervorrufen würde. Ein einziger elektrischer Schock auf das Hinterende steigert bei *Aplysia* die Stärke des Siphonrückziehreflexes für eine

81 Willard, A. 1981. *J. Neurosci.* 1: 936–944.
82 Glover, J. C. and Kramer, A. P. 1982. *Science* 216: 317–319.
83 Carew, T. J., Castellucci, V. F. and Kandel, E. R. 1979. *Science* 205: 417–419.
84 Castellucci, V. F. and Kandel, E. R. 1974. *Proc. Natl. Acad. Sci. USA* 71: 5004–5008.

Abb. 15: **Vereinfachtes Schema der neuronalen Verbindungen**, die der Blutegel zum Schwimmen benötigt. Die Interneuronen eines jeden Ganglions, die den Schwimmrhythmus erzeugen, wurden identifiziert (Zellen 27, 28, 33, 123 und 208). Ihre Verbindungen, die größtenteils inhibitorisch sind, wurden im Ganglion und zwischen den Ganglien markiert. Diese Zellen wirken auf die Motoneuronen, die die Muskeln kontrollieren, die zum Schwimmen benötigt werden (Dorsoventralmuskeln, dorsale und ventrale Longitudinalmuskeln). Mechanosensorische Zellen können identifizierte Interneuronen (Zellen 204 und 205) aktivieren, die den Schaltkreis, der das Bewegungsmuster generiert, erregen. Das System wird auch durch 5-HT beeinflußt, entweder diffus durch Retzius-Zellen oder über Synapsen der Zelle 61. E exzitatorisches Motoneuron, I inhibitorisches Motoneuron (nach Kristan, 1983).

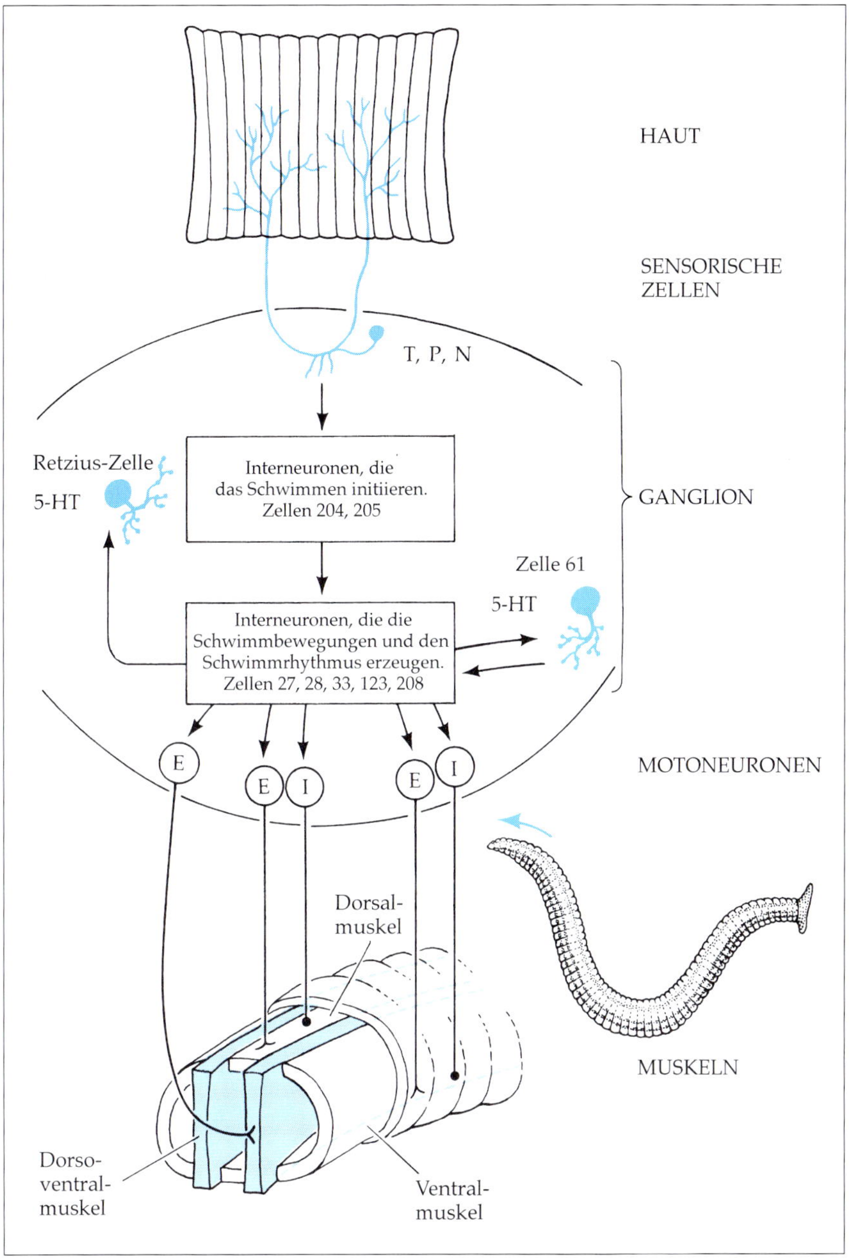

Stunde oder mehr (Abb. 17). Dies liefert ein deutliches Beispiel für **Neuromodulation**: Wenn eine Fasergruppe gereizt wird, modifiziert sie die Wirksamkeit einer Bahn, an der sie nicht direkt beteiligt ist. Wie wird die Sensitivierung durch starke elektrische Reizung hervorgerufen? Man nimmt an, daß die Fasern, die diese Wirkung auslösen, 5-HT und kleine Peptide ausschütten. Diese Transmitter lösen eine ähnliche Sensitivierung aus, wenn sie auf ein Ganglion appliziert werden. In Abb. 18 ist der Mechanismus dargestellt, der von Kandel und Kollegen[85] vorgeschlagen wurde (siehe auch Kap. 8). Geeignete Nervenreizung oder Applikation von 5-HT führen zu einem Anstieg der intrazellulären cAMP-Konzentration in der präsynaptischen Zelle. Dadurch wird eine cAMP-abhängige Proteinkinase aktiviert. Die Proteinkinase phosphoryliert das Kaliumkanalprotein. Das vermindert die Kaliumleitfähigkeit der Membran, was wiederum die Dauer des präsynaptischen Aktionspotentials erhöht. Substanzen, die die Proteinkinase spezifisch blokkieren, verhindern die Sensitivierung. Umgekehrt bewirkt die Injektion der katalytischen Untereinheit der Proteinkinase in eine entsprechende Sinneszelle wie erwartet eine Verlängerung des Aktionspotentials und eine vermehrte Transmitterausschüttung. Der Kaliumkanal, der sowohl auf 5-HT als auch auf FMRFamid reagiert, ist

85 Kandel, E. R. 1989. *J. Neuropsychiatr.*. 1: 103–125.

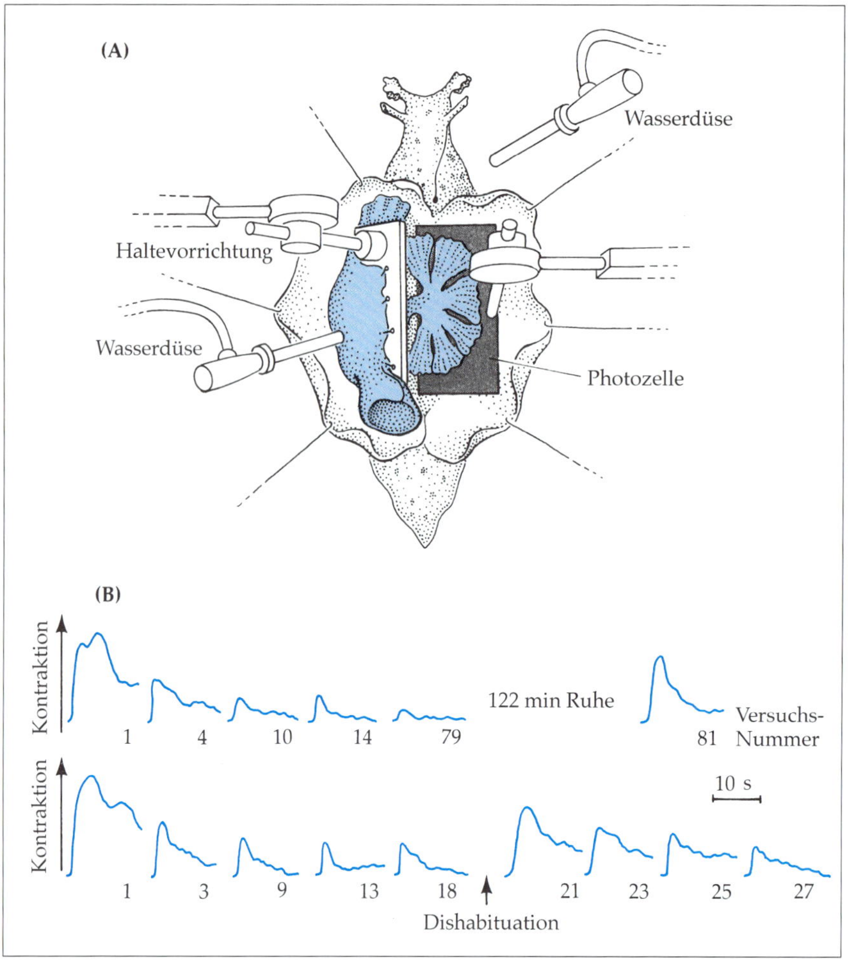

Abb. 16: **Habituation des Rückziehreflexes** bei *Aplysia*. (A) Das Tier ist durch seinen im zirkulierenden Meerwasser festgesteckten Mantel immobilisiert. Die Kiemenkontraktionen werden von einer Photozelle registriert. Gereizt wird mit einem Wasserstrahl. (B) Aufzeichnungen der Kiemenkontraktionen als Antwort auf Standardreize. Die Depression wird nach einer Pause von 122 Minuten oder durch einen starken mechanischen Reiz am Kopf (Pfeilspitze) rückgängig gemacht (nach Kandel, 1976).

als *S-Kanal* bekannt, der den *S-Strom* auslöst. Siegelbaum und Kollegen haben diese S-Kanäle, ihre Eigenschaften, ihre Empfindlichkeit gegenüber Modulation und ihre funktionelle Bedeutung mit Hilfe der patch clamp-Methode detailliert analysiert.[26,86] 5-HT hat interessanterweise auf ein anderes *Aplysia*-Neuron – R15 – die entgegengesetzte Wirkung. Auch in R15 wird die Wirkung von 5-HT über cAMP vermittelt, aber in dieser Zelle bewirkt es nicht eine Abnahme, sondern eine Zunahme der Kaliumleitfähigkeit und ebenso eine Zunahme der Calciumleitfähigkeit.[18]
In ähnlichen Experimenten haben Kandel, Byrne und Kollegen die assoziative Konditionierung von *Aplysia* untersucht.[20] Ein chemosensorischer bedingter Reiz (ins Bad gegebenes Krabbenextrakt), der normalerweise eine Freßreaktion auslöst, wird mit einem Schmerzreiz (dem unbedingten Reiz, einem Elektroschock auf das Tier) gepaart. Nach einer ausreichenden Zahl gepaarter Reize zeigte das Tier Verteidigungsreaktionen anstelle von Freßreaktionen, wenn der chemosensorische Reiz verabreicht wurde. Genauso wurden sanfte Berührungen (bedingter Reiz) des Siphons mit starken Schlägen auf das Hinterende (unbedingterter Reiz) gepaart. Interessanterweise kann die berührte Hautregion diskriminiert werden, so daß Antworten von Nachbarregionen keine Konditionierung aufweisen. Die zellulären Mechanismen der Konditionierung beinhalten – wie die der Sensitivierung – präsynaptische Veränderungen der cAMP-Konzentration und Kanalphosphorylierung, die in diesem Fall durch die Paarung der Reize verursacht werden. Die Untersuchung vergleichbarer Veränderungen in noch einfacheren Präparaten war ein notwendiger Bestandteil der detaillierten Analyse der molekularen Mechanismen. Diese Präparate bestehen aus Paaren oder Triaden identifizierter Zellen in Kultur, die Synapsen bilden, welche Depression und Bahnung zeigen (s.u.).

Langzeit-Sensitivierung

Zur Erweiterung der Kenntnisse über die Sensitivierung war es nötig, den Ursprung langanhaltender Veränderungen, die über viele Tage anhalten, zu beschreiben. Abb. 17 zeigt die LangzeitSensitivierung des Kiemenrückziehreflexes nach einer Reihe von (Trainings-) Schocks auf das Hinterende und auf das Vorderende hinter der Kopfregion von *Aplysia*. Wieder können die Veränderungen der synaptischen Wirksamkeit durch die wiederholte Applikation von 5-HT auf das Ganglion nachgeahmt werden. Und wieder zeigen die experimen-

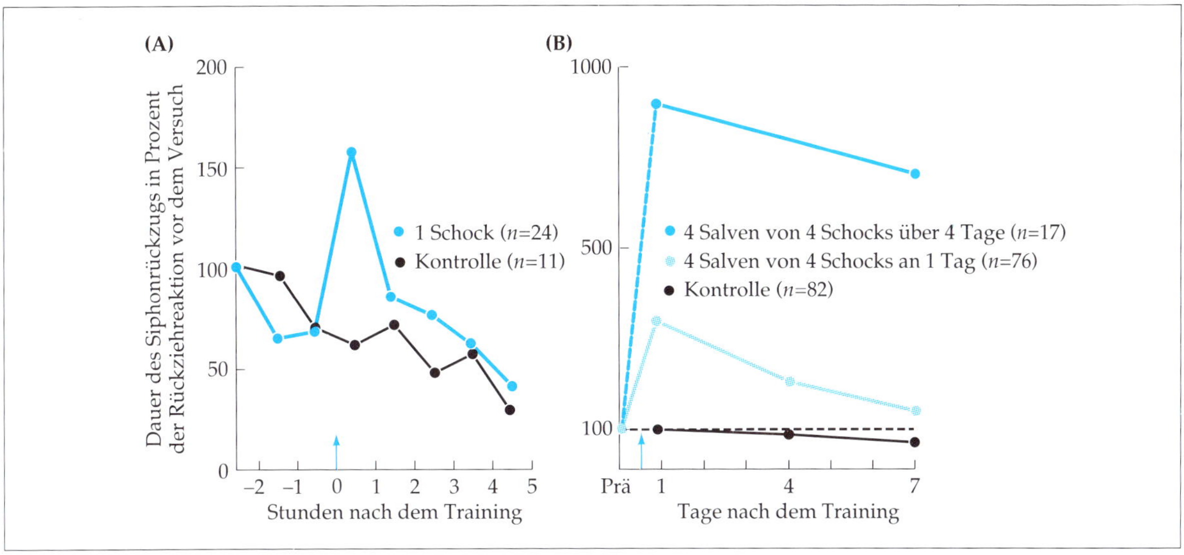

Abb. 17: **Sensitivierung des Rückziehreflexes** bei *Aplysia*. (A) Kurzzeitsensitivierung nach einem einzigen starken elektrischen Schock (Pfeil) auf das Hinterende oder den Nacken von *Aplysia*. Der Siphonrückzug wird im Vergleich zur Kontrollgruppe merklich potenziert. Dieser Effekt hält mehr als 1 Stunde an. (B) Elektrische Schocksalven während 4 aufeinanderfolgenden Tagen vor dem Test verursachen eine Langzeitsensitivierung, die über Tage andauert (nach Kandel, 1989).

tellen Befunde, daß die Veränderungen durch Phosphorylierung und Schließen der S-Kaliumkanäle mit erhöhter Aktionspotentialdauer und Calciumeintritt in die präsynaptischen sensorischen Zellen verursacht werden.[85,86] Auch die Injektion von cyclischem AMP kann eine LangzeitSensitivierung induzieren. Ein Hauptunterschied zur KurzzeitSensitivierung besteht darin, daß die Langzeit-Sensitivierung eine Protein- und eine RNA-Synthese benötigt. Die Langzeit-, aber nicht die KurzzeitSensitivierung, wird selektiv durch die Inhibition der Proteinsynthese und durch Actinomycin D (stoppt die RNA-Synthese) blockiert, das man eine Stunde lang in Anwesenheit von 5-HT appliziert. Gibt man diese Substanzen später, können sie die Ausbildung einer LangzeitSensitivierung nach einem 5-HT-Reiz nicht mehr verhindern. Wenn man ein spezielles Oligonucleotid in den Kern einer Sinneszelle injiziert, die durch 5-HT aktiviert wurde, entwickelt sie keine LangzeitSensitivierung. Dieses Oligonucleotid blockiert die Aktivierung cAMP-induzierbarer Gene.[87] Man hat die Proteine selbst und ihren Umsatz in den Sinneszellen untersucht. Der von Kandel vorgeschlagene Mechanismus ist in Abb. 19 dargestellt. Die Hauptcharakteristik dieser Hypothese ist, daß ähnliche Mechanismen an der Langzeit- und an der Kurzzeit-Sensitivierung beteiligt sind. Bei der LangzeitSensitivierung sind jedoch regulatorische Gene beteiligt, die eine Kaskade von Ereignissen auslösen, die die transkriptionsabhängige Aufrechterhaltung der Proteinphosphorylierung zur Folge haben. Ein zweiter Unterschied zur KurzzeitSensitivierung besteht darin, daß es hier, wie Bailey und Chen beschrieben haben, anatomische Korrelate in der Synapsenstruktur gibt, die Hand in Hand mit den physiologischen Ereignissen gehen.[61,88] Es ist jedoch noch nicht klar, ob diese Veränderungen auf Synapsen auf motorische Zellen beschränkt sind, da nur Sinneszellen und nicht ihre Zielzellen für die Elektronenmikroskopie markiert wurden.

Wie bei so komplexen Prozessen und schwierigen Mechanismen unvermeidbar, bleiben noch unzählige Fragen offen. Eine spielte auf frühere Erwägungen an, ob man Untersuchungen, die am Soma gemacht wurden, auf Ereignisse an den präsynaptischen Endigungen anwenden kann. Eine andere betrifft den Schaltkreis selbst und die Rolle der Interneuronen. Für Blutegelganglien ist gezeigt worden, daß ein identifiziertes Interneuron hoch komplexe Umschaltfunktionen verrichten kann und daß seine funktionelle Rolle von Versuch zu Versuch unterschiedlich sein kann.[67] Zecevic, Cohen und Kollegen haben in einer Pionierarbeit eine große Neuronenpopulation in einem *Aplysia*-Ganglion während sensorischer Stimulation, Habituation und Sensitivierung untersucht.[89] Sie haben mit Hilfe optischer Ableitungen nachgewiesen, daß ein einziger sensorischer Reiz 300 Neuronen aktivieren kann, d.h. es ist schwierig, die Rolle jeder einzelnen Zelle für die Verhaltensantworten des Tieres zu bestimmen. Eine weitere Schwierigkeit besteht darin, daß es – alle verfügbaren Hinweise deuten auf eine präsynaptische Wirkung in der Sinneszelle hin – nicht einfach ist, zusätzliche postsynaptische Mechanismen von 5-HT oder Peptiden in den Motoneuronen zu finden.

Eine naheliegende Frage betrifft die generelle Bedeutung

86 Belardetti, F. and Siegelbaum, S. A. 1988. *Trends Neurosci.* 11: 232–238.

87 Dash, P. K., Hochner, B. and Kandel, E. R. 1990. *Nature* 345: 718–721.

88 Bailey, C. H. and Chen, M. 1989. *J. Neurobiol.* 20: 356–372.

89 Zecevic, D. et al. 1989. *J. Neurosci.* 9: 3681–3689.

Eric Kandel, 1989

dieser Ergebnisse an *Aplysia* für das Verständnis der Langzeitveränderungen von Leistungen wie Lernen oder Gedächtnis bei höheren Tieren oder auch nur bei anderen Evertebraten. Benzer, Dudai und Kollegen haben bei genetischen Untersuchungen von *Drosophila* Mutanten mit reduzierter Lernfähigkeit gefunden.[90,91] Alkon und seine Kollegen haben in einer umfassenden Versuchsreihe an der Meeresschnecke *Hermissenda* natürliche Reize benutzt, um eine klassische Konditionierung durchzuführen. Die bleibenden Veränderungen der synaptischen Wirksamkeit beruhen wieder auf second messengers, aber nicht auf der präsynaptischen, sondern auf der postsynaptischen Seite.[15,92] Außerdem zeigen mehrere Beweisketten, daß Veränderungen der postsynaptischen Rezeptoren für Langzeitveränderungen im Säuger-ZNS notwendig sind (Kap. 10) Welche Variationen auch immer auftreten, so haben die klaren und umfassenden Vorstellungen, die für die Sensitivierung und die Konditionierung in Evertebraten entwickelt wurden, zumindest eine Grundlage für die Analyse dieser hoch komplexen Phänomene geliefert.

Regeneration von synaptischen Verbindungen beim Blutegel

Neuronen im Zentralnervensystem des adulten Blutegels behalten ihre Fähigkeit zu sprossen bei. Sie können nach einer Verletzung geeignete Verbindungen mit ihren Zielen neubilden. Die geschädigte Zelle ist irgendwie in der Lage, ihre Axone in die richtige Richtung, auf die ursprünglich innervierte Region zu, auszusenden und dort hochspezifisch Verbindungen mit bestimmten Zielzellen, aber nicht mit anderen, auszubilden.[13,14] Das Tier kann seine normale Funktion wiederherstellen, nachdem sein Nervensystem durchtrennt wurde. Wieder liefert ein Evertebrat die Möglichkeit, die Mechanismen, die an einem wichtigen Problem beteiligt sind, auf zellulärer und molekularer Ebene zu untersuchen: Die Reparatur des Nervensystems nach einer Verletzung. Indem man Zelle für Zelle untersucht, kann man den Weg verfolgen, den ein auswachsendes Axon einschlägt. Zum Beispiel wächst eine regenerierende taktile Sinneszelle aus, und stellt ihr ursprüngliches Verzweigungsmuster im nächsten Ganglion wieder her (Kap. 12). T-Zellen können selektiv passende Verbindungen mit den «richtigen» Zielzellen wiederherstellen, scheinbar ohne dabei Fehler zu

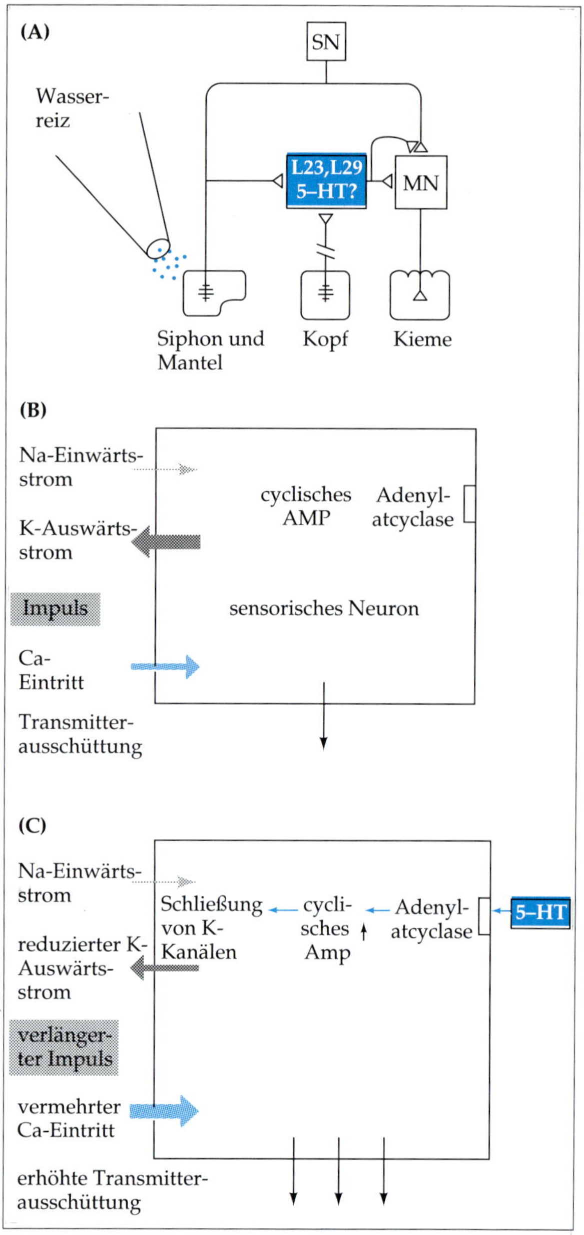

Abb. 18: **Dishabituation und Sensitivierung** bei *Aplysia*. (A) Vereinfachtes Diagramm der sensorischen Zellen (SN) und der Motoneuronen (MN), die den Rückziehreflex verursachen. Eine 5-HT-Applikation ahmt die Reize nach, die eine Dishabituation verursachen. (B, C) Hypothesen zur 5-HT-Wirkung. (B) Der Impuls bewirkt einen Calciumeintritt in die sensorischen Nervenendigungen. Die erhöhte Calciumkonzentration löst eine Transmitterausschüttung aus. (C) 5-HT erhöht die Impulsdauer, so daß mehr Calcium eintritt und mehr Transmitter freigesetzt wird. Die Schritte beinhalten die 5-HT-Aktivierung der Adenylatcyclase und eine Erhöhung der intrazellulären cAMP-Konzentration. Diese erhöhte cAMP-Konzentration verlängert ihrerseits die Impulsdauer (langsamere Repolarisation) durch Schließen von S-Kanälen und Herabsetzung von g_K. Da die Endigungen klein und im komplexen Neuropil verborgen sind, wurden die Ableitungen und die Injektionen am Zellkörper vorgenommen (modifiziert nach Klein, Shapiro und Kandel, 1980).

90 Benzer, S. 1971. *J. A. M. A.* 218: 1015–1022.
91 Dudai, Y. 1989. *The Neurobiology of Memory.* Oxford University Press, N.Y.
92 Alkon, D. L. 1989. *Sci. Am* 260(7): 42–50.

machen.[93] Auch wenn die Ganglien außerhalb des Tieres in Organkultur gehalten werden, kommt es zu einer ähnlich genauen Regeneration der Verbindungen.
Muller und seine Kollegen haben in einer detaillierten und technisch schwierigen Versuchsreihe die einzelnen Schritte der Regeneration des Blutegel-ZNS analysiert. Zu Anfang erscheinen an der zerstörten Stelle zahlreiche Mikrogliazellen, die schnell von anderen Stellen des Blutegel-ZNS dorthin wandern.[94] Es ist nicht bekannt, welche Rolle diese wandernden makrophagenartigen Zellen bei der Regeneration spielen. Neben ihrer Aufgabe, Trümmer zu phagocytieren werden sie mit Laminin, einem wachstumsfördernden Molekül (Kap. 11) an der Bruchstelle, in Verbindung gebracht. Ob sie dieses Protein wirklich produzieren oder transportieren, ist noch nicht bekannt.[95] Nach einer Verletzung sprossen die verletzten Axone aus. Die wachsenden Axone können verfolgt werden, während sie die Strecke bis zum nächsten Ganglion überwinden und dort Synapsen auf ihren Zielzellen bilden. Gelegentlich bildet das verletzte Axon erneut eine Verbindung mit seinem eigenen alten überlebenden distalen Stumpf. (Bei Evertebraten degeneriert der abgetrennte Teil eines Axons normalerweise nicht.) Alternativ können an der Verletzungsstelle Synapsen gebildet werden. Obwohl die einwandernden Mikrogliazellen irgendwie involviert zu sein scheinen, können Sprossung, Wachstum und Bildung von Verbindungen auch in Abwesenheit der großen Gliazelle auftreten, die normalerweise die Axone umgibt, welche die Ganglien miteinander verbinden. Elliott und Muller[96] haben gezeigt, daß man die Gliazelle selektiv abtöten kann, ohne die Neuronen zu zerstören und ohne die präzise Regeneration zu verhindern. Es war interessant zu beobachten, daß die Zerstörung der Gliazelle allein eine Akkumulation von Mikroglia und Laminin und üppiges Aussprossen unverletzter Axone bewirkte. Dieses Ergebnis legt nahe (vgl. Kap. 6), daß die Gliazellen dazu dienen, Strecken abzustecken und ein übermäßiges Sprossen in adulten, vollständig verbundenen Zentralnervensystemen zu verhindern.

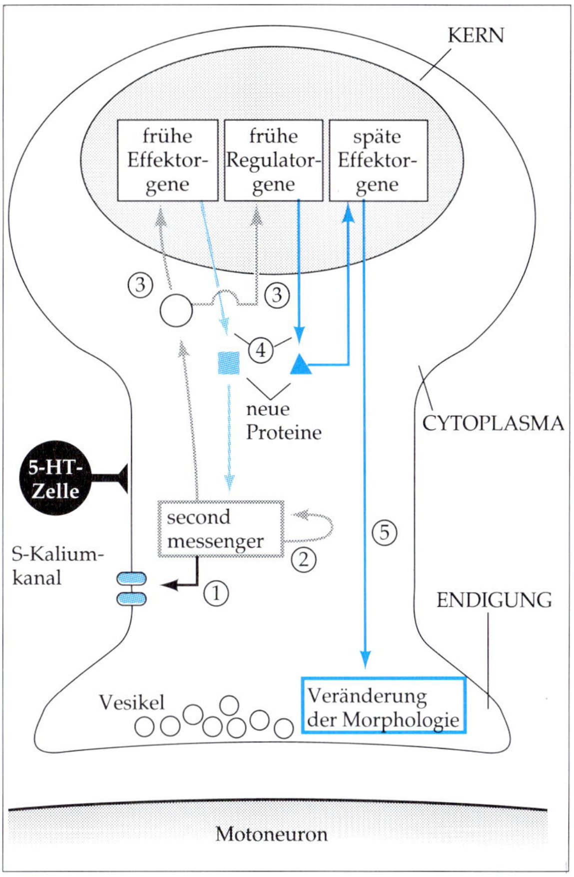

Abb. 19: **Von Kandel vorgeschlagenes Schema**, um die Unterschiede zwischen Kurzzeit- und Langzeitgedächtnismechanismen bei *Aplysia* zu erklären. Die Wirkungen von 5-HT auf S-Kanäle und g_K (als Weg 1 bezeichnet) sind ähnlich wie die in Abb. 18 gezeigten. Die second messenger können auf sich selbst zurückwirken (2) und die Regulatoren modifizieren (offener Kreis). Diese Regulatoren beeinflussen die frühen Effektor- und die frühen Regulatorgene (Weg 3). Der Erwerb von Langzeitgedächtnis, das länger als einen Tag anhält, hängt von der Induktion neuer Proteine ab (Quadrat und Dreieck, Weg 4), welche durch second messenger eingeleitet wird, die am Kurzzeitgedächtnis beteiligt sind. Substanzen, die die Proteinsynthese blockieren, verhindern deshalb die Induktion von Langzeitgedächtnis. Die Regulatorgene können auch späte Effektorgene triggern, die zu Veränderungen der Morphologie führen (Weg 5) (nach Kandel, 1989).

Identifizierte Neuronen in Kultur: Wachstum, Synapsenbildung und Modulation

Identifizierte Neuronen, die aus dem Ganglion isoliert wurden und in Gewebekultur gehalten werden, bilden ein vielversprechendes Präparat zur Untersuchung der Mechanismen, die beim Wachstum und bei der Zell-Zell-Erkennung eine Rolle spielen. Diese Zellen behalten in vitro ihre Membraneigenschaften bei, sprossen und bilden spezifische chemische und elektrische Synapsen, deren Eigenschaften denen im Ganglion gleichen.[97,98] Somit können die Faktoren, die das Sprossen, die Navigation zum Ziel und die Synapsenbildung beeinflussen, in der Kulturschale untersucht werden. Ein zusätzlicher Vorteil besteht darin, daß die Geometrie viel einfacher wird. Zur Untersuchung der Eigenschaften und der Verteilung von Ionenkanälen auf der neuronalen Oberfläche und zur Analyse der Bahnung und der Modulation der Transmitterausschüttung[99] wurden voltage clamp- und patch clamp-Messungen durchgeführt (s.o.).

---

93 Macagno, E. R., Muller, K. J. and De Riemer, S. A. 1985. *J. Neurosci.* 5: 2510–2521.
94 McGlade-McCulloh, E. et al. 1989. *Proc. Natl. Acad. Sci. USA* 86: 1093–1097.
95 Masuda-Nakagawa, L. M., Muller, K. J. and Nicholls, J. G. 1990. *Proc. R. Soc. Lond. B* 241: 201–206.
96 Elliott, E. J. and Muller, K. J. 1983. *J. Neurosci.* 3: 1994–2006.
97 Liu, Y. and Nicholls, J. G. 1989. *Proc. R. Soc. Lond. B* 236: 253–268.
98 Schacher, S., Montarolo, P. and Kandel, E. R. 1990. *J. Neurosci.* 100: 3286–3294.
99 Stewart, R. R., Adams, W. B. and Nicholls, J. G. 1989. *J. Exp. Biol.* 144: 1–12.

Blutegel- und *Aplysia*-Neuronen, die aus dem ZNS isoliert wurden, sprossen unter geeigneten Bedingungen kräftig aus. Beim Auswachsen der Neuriten von *Aplysia*-Neuronen spielen lösliche Wachstumsfaktoren eine Schlüsselrolle. Im Gegensatz dazu senden identifizierte Blutegelneuronen in Kultur Ausläufer aus, wenn sie von Ringer umspült werden und auf dem geeigneten Substrat ausplattiert wurden. Zum Beispiel fördert Laminin – ein großes Protein, das aus der extrazellulären Matrix, die das Blutegel-ZNS umgibt (s. Kap. 11), extrahiert wurde – ein schnelles und übermäßiges Auswachsen.[95] Es ist interessant, daß dieses Substrat in unterschiedlichen identifizierten Zellen verschiedene Verzweigungsmuster und Wachstumsraten bewirkt. Das Auswachsen wird durch Antikörper blockiert, die auch dazu benutzt werden können, die Lamininverteilung im intakten ZNS zu bestimmen (so wurde gezeigt, daß sich Laminin an Verletzungsstellen ansammelt). Laminin beeinflußt auch die Verteilung spannungsabhängiger Calcium-Kanäle auf der Oberfläche wachsender Neuronen.[100] Wenn ein anderes Molekül der extrazellulären Matrix, z.B. Tenascin (Kap. 11), als Substrat verwendet wird, produziert wiederum jede Zelle ein anderes Verzweigungsmuster und eine andere Wachstumsrate als mit Laminin. Diese Experimente haben gezeigt, daß große Moleküle wie Laminin oder Tenascin, die in der extrazellulären Matrix verankert sind, Signale an die auswachsenden Neuriten geben könnten, die in Abhängigkeit von der Eigenschaft der Zelle andere Bedeutungen und Ergebnisse haben. Laminin tritt im sich entwickelnden oder regenerierenden ZNS genau in den Regionen auf, durch die die Neuronen wachsen werden. Dies zeigt eine wichtige Eigenschaft von Zellkulturen: Es ist möglich, Ergebnisse, die man in Kultur erhalten hat, mit in vivo-Messungen zu vergleichen.

Mit Paaren oder Triaden identifizierter Zellen in Kultur kann man sowohl die Spezifität der Zell-Zell-Erkennung, als auch synaptische Mechanismen untersuchen. Abb. 20 zeigt synaptisch gekoppelte Zellen vom Blutegel und von *Aplysia* in Kultur. In Blutegel- und in *Aplysia*-Neuronen wurde untersucht, wie sich geeignete Zelltypen untereinander in Abwesenheit von Glia oder irgendwelchen äußeren Einflüssen erkennen.[97,98,101] Zum Beispiel bilden die serotonergen Retzius-Zellen des Blutegels in vivo und in vitro chemische Synapsen auf sensorischen P-Zellen. Während die P-Zellen keine chemischen oder elektrischen Synapsen auf den Retzius-Zellen ausbilden, bilden sie in Kultur gleichrichtende elektrische Synapsen auf L-Motoneuronen. Die Retzius-Zellen bilden nichtgleichrichtende elektrische Synapsen auf diesen L-Motorzellen. Außerdem bilden die Retzius-Zellen untereinander chemische und elektrische Synapsen aus. Diese Verbindungen in der Kulturschale gleichen denen in vivo. Da die Synapsen schnell (in ca. 8 Stunden), zuverlässig und an vorherbestimmbaren Orten auf den Blutegelneuronen (Abb. 20) gebildet werden, kann man die Eigenschaften ihrer Bildung und ihrer Reifung untersuchen.[97] Interessanterweise entwickelt sich die chemische Synapse zwischen den Retzius-Zellen vor der

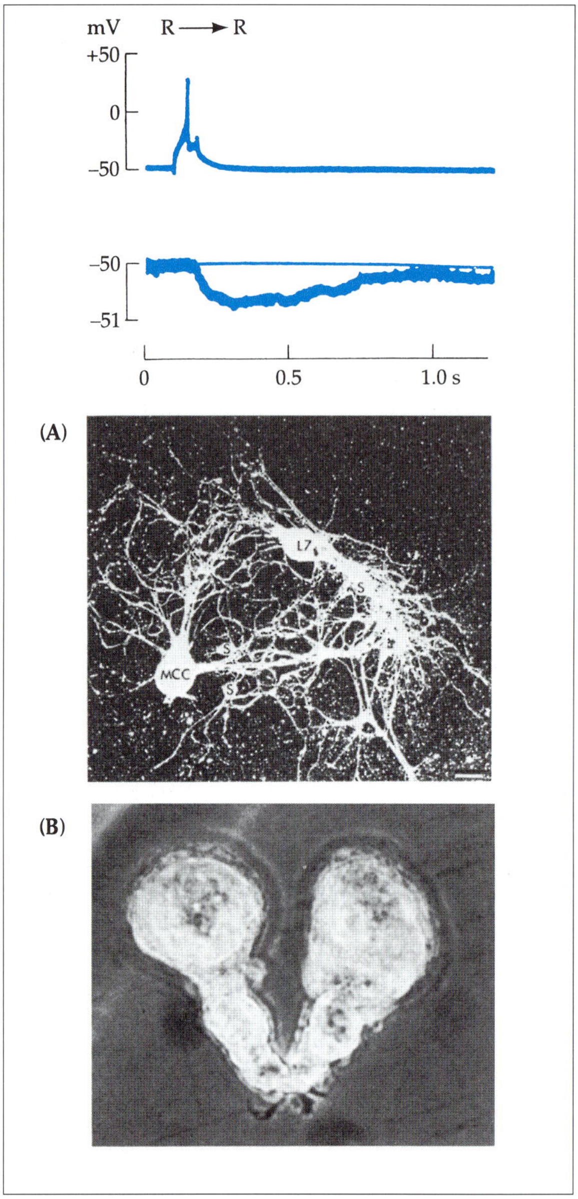

Abb. 20: **Vereinfachte Präparate** identifizierter Blutegel- und *Aplysia*-Zellen in Kultur. (A) Isolierte identifizierte Zellen von *Aplysia* stellen Verbindungen wieder her, die beim Kiemenrückziehreflex benötigt werden. Eine Sinneszelle (S), ein Motoneuron (L7) und eine bahnende serotonerge Zelle (MCC) wurden zusammen kultiviert. Bei wiederholter Reizung zeigen diese Triaden ähnliche Eigenschaften, wie man sie in Ganglien beobachten kann. Balken: 100 µm. (B) Spezifische Verbindungen identifizierter Retzius-Zellen, die aus dem ZNS des Blutegels isoliert wurden. Retzius-Zellen, die 5-HT ausschütten, bilden in Kultur in ca. 8 Stunden chemische Synapsen aufeinander aus. Die Synapsen sind bidirektional und zeigen ähnliche Quantenausschüttung, Bahnung, Depression und Modulation wie im Blutegelganglion. Elektrische Synapsen entstehen später (A nach Rayport und Schacher, 1986, mit freundlicher Genehmigung von S. Schacher; B nach Liu und Nicholls, 1989).

100 Ross, W. N., Aréchiga, H. and Nicholls, J. G. 1988. *Proc. Natl. Acad. Sci. USA* 85: 4075–4078.
101 Kleinfeld, D. et al. 1990. *J. Exp. Biol.* 154: 237–255.

elektrischen. Außerdem wurde gezeigt, daß die 5-HT-Rezeptoren ihre Verteilung ändern, wenn die präsynaptische Zelle Kontakt mit ihrer postsynaptischen Zielzelle herstellt. Drapeau und Kollegen haben gezeigt, daß das Zusammenbringen einer Retzius- (präsynaptisch) und einer P-Zelle (postsynaptisch) das Verschwinden eines Antworttyps des 5-HT-Rezeptors bewirkt, während ein anderer unbeeinflußt blieb.[102] Bei den meisten anderen sich entwickelnden Synapsen ist es nicht möglich, solche Tests zu machen. Es bleibt eine offene Frage, welche Moleküle die Zellen befähigen, ihre spezifischen Partner zu erkennen.

Mit Triplets identifizierter *Aplysia*-Neuronen (wie in Abb. 20 dargestellt) konnten Schacher, Hochner, Kandel und Kollegen viele modulatorischen Phänomene, die man in vivo beobachtet, reproduzieren und die Rolle von 5-HT und Peptiden bei der Sensitivierung demonstrieren.[103]

Dieses Kapitel zeigt die verschiedenen Einsatzmöglichkeiten einfacher Präparate für die Erforschung von Entwicklung, integrativen Mechanismen, Plastizität und Regeneration auf zellulärer und molekularer Ebene. Obwohl die Analyse von Gehirnen, die aus so wenigen Zellen bestehen, ein wohldefiniertes, endliches Problem darzustellen scheint, müssen noch viele wichtige Fragen untersucht werden. Einige Fragen können einfach durch die geeigneten Experimente beantwortet werden. Andere müssen auf technische Fortschritte warten. Schließlich erwartet man wie immer, daß ein einfaches System ein Meilenstein auf dem Weg zum Verständnis komplexer Nervensysteme ist. Wir nehmen an, das Nietzsche unsere Probleme voraussah, als er schrieb (in *Also sprach Zarathustra*):

‹So bist du vielleicht der Erkenner des Blutegels?› fragte Zarathustra; ‹und du gehst dem Blutegel nach bis auf die letzten Gründe, du Gewissenhafter?›

‹O Zarathustra›, antwortete der Getretene, ‹das wäre ein Ungeheures, wie dürfte ich mich dessen unterfangen! Wes ich aber Meister und Kenner bin, das ist des Blutegels *Hirn*: – das ist *meine* Welt! Und es ist auch eine Welt!›

Empfohlene Literatur

Allgemeine Übersichtsartikel

Alkon, D. L. 1989. Memory storage and neural systems. *Sci. Am.* 260(7): 42–50.

Arch, S. and Berry, R. W. 1989. Molecular and cellular regulation of neuropeptide expression: The bag cell model system. *Brain Res. Rev.* 14: 181–201.

Belardetti, F. and Siegelbaum, S. A. 1988. Up- and down-modulation of single K^+ channel function by distinct second messengers. *Trends Neurosci.* 11: 232–238.

102 Drapeau, P. 1990. *Neuron* 4: 875–882.
103 Schacher, S. et al. 1990. *Cold Spring Harbor Symp. Quant. Biol.* 55: 187–202.

Byrne, J. H. 1987. Cellular analysis of associative learning. *Physiol. Rev.* 67: 329–439.

Dudai, Y. 1989. *The Neurobiology of Memory.* Oxford University Press, New York.

Fernandez, J., Tellez, V. and Olea, N. 1992. Hirudinea. *In* F. W. Harrison (ed.). *Microscopic Anatomy of Invertebrates*, Vol. 7, *Annelida.* Wiley-Liss, New York, pp. 323–394.

Kandel, E. R. 1979. *Behavioral Biology of Aplysia.* W. H. Freeman, San Francisco.

Kandel, E. R. 1989. Genes, nerve vells, and the remembrance of things past. *J. Neuropsychiatr.* 1: 103–125.

Kristan, W. B. 1983. The neurobiology of swimming in the leech. *Trends Neurosci.* 6: 84–88.

Muller, K. J., Nicholls, J. G. and Stent, G. S. (eds.). 1981. *Neurobiology of the Leech.* Cold Spring Harbor Laboratory, Cold Spring Harbor, NY.

Nicholls, J. G. 1987. *The Search for Connections: Studies of Regeneration in the Nervous System of the Leech.* Sinauer, Sunderland, MA.

Wehner, R. 1989. Neurobiology of polarization vision. *Trends Neurosci.* 12: 353–359.

Originalartikel

Baxter, D. A. and Byrne, J. H. 1990. Differntial effects of cAMP and serotonin on membrane current, action potential duration, and excitability of pleural sensory neurons of *Aplysia. J. Neurophysiol.* 64: 978–990.

Brodfuehrer, P. D. and Friesen, W. O. 1986. From stimulation to undulation: A neuronal pathway for the control of swimming activity in the leech. *Science* 234: 1002–1004.

Dash, P. K., Hochner, B. and Kandel, E. R. 1990. Injection of the cAMP-responsive element into the nucleus of *Aplysia* sensory neurons blocks longterm facilitation. *Nature* 345: 718–721.

Drapeau, P. 1990. Loss of channel modulation by transmitter and protein kinase C during innervation of an identified leech neuron. *Neuron* 4: 875–882.

Gu, X. 1991. Effect of conduction block at axon bifurcations on synaptic transmission to different postsynaptic neurones in the leech. *J. Physiol.* 441: 755–778.

Hayashi, J. H. and Hildebrand, J. G. 1990. Insect olfactory neurons in vitro: Morphological and physiological characterization of cells from the developing antennal lobes of *Manduca sexta. J. Neurosci.* 10: 848–859.

Hochner, B., Klein, M., Schacher, S. and Kandel, E. R. 1986. Additional component in the cellular mechanism of presynaptic facilitation contributes to behavioral dishabituation in *Aplysia. Proc. Natl. Acad. Sci. USA* 83: 8794–8798.

Liu, Y. and Nicholls, J. G. 1989. Steps in the development of chemical and electrical synapses by pairs of identified leech neurones in culture. *Proc. R. Soc. Lond. B* 236: 253–268.

Masuda-Nakagawa, L. M., Muller, K. J. and Nicholls, J. G. 1990. Accumulation of laminin and microglial cells at sites of injury and regeneration in the central nervous system of the leech. *Proc. R. Soc. Lond. B* 241: 201–206.

Muller, K. J. and McMahan, U. J. 1976. The shapes of sensory and motor neurones and the distribution of their synapses in ganglia of the leech: A study using intracellular injection of horseradish peroxidase. *Proc. R. Soc. Lond. B* 194: 481–499.

Schacher, S., Glanzman, D., Barzilai, A., Dash, P., Grant, S. G. N., Keller, F., Mayford M. and Kandel, E. R. 1990. Long-term facilitation in *Aplysia:* Persistent pholsporylation and structural changes. *Cold Spring Harbor Symp. Quant. Biol.* 55: 187–202.

Weisblat, D. A. and Shankland, M. 1985. Cell lineage and segmentation in the leech. *Philos. Trans. R. Soc. Lond. B* 312: 39–56.

Zecevic, D., Wu, J. Y., Cohen, L. B., London, J. A., Hopp, H. P. and Falk, C. X. 1989. Hundreds of neurons in the *Aplysia* abdominal ganglion are active during the gill-withdrawal reflex. *J. Neurosci.* 9: 3681–3689.

Kapitel 14

Transduktion und Verarbeitung sensorischer Signale

Das Nervensystem erhält Informationen von vielen verschiedenen Rezeptoren, die auf Licht, Geräusche, direkte mechanische Reize, verschiedene Chemikalien und Reize, die Schmerz verursachen, reagieren. In all diesen Rezeptoren erzeugt der adäquate Reiz ein Rezeptorpotential, das entweder depolarisierend oder hyperpolarisierend sein kann. In einer sekundären Sinneszelle moduliert diese Veränderung des Membranpotentials die Transmitterausschüttung auf das nächste Neuron der Bahn und beeinflußt dadurch die Signale, die es ins Zentralnervensystem sendet. In einer primären Sinneszelle bewirkt eine Depolarisation die Erzeugung von Impulssalven. Feuerfrequenz und Dauer der Impulssalven liefern Informationen über Intensität und Dauer des ursprünglichen Reizes.

Dehnungsrezeptoren von Evertebraten- und Vertebratenmuskeln sind Beispiele für primäre Sinneszellen, die auf Dehnung des Muskels mit Depolarisation reagieren. Sie werden nach der Geschwindigkeit klassifiziert, mit der sie bei Längenveränderungen adaptieren. In langsam adaptierenden Rezeptoren erzeugt eine Dehnung ein Rezeptorpotential, das über die Dehnungsdauer aufrecht erhalten wird. Schnell adaptierende Rezeptoren antworten deutlicher auf eine Dehnung, aber die Antwort nimmt noch während der Dehnung ab, sie *adaptiert*. Die Adaptation von Dehnungsrezeptoren beruht auf einer Kombination aus elektrischen und mechanischen Ereignissen. Das Pacini-Körperchen (ein Vibrationsdetektor), das im intakten Zustand sehr schnell adaptiert, aber nur sehr langsam, wenn seine, die Nervenendigung umschließende, zwiebelschalenartige Kapsel entfernt wird, liefert ein gutes Beispiel für die mechanische Komponente der Adaptation. Im Gegensatz dazu ist die Adaptation von Photorezeptoren in der Retina ein chemisches Ereignis. Muskeldehnungsrezeptoren erhalten efferente Innervierung vom Nervensystem, durch die ihre Sensitivität kontrolliert wird. Der Dehnungsrezeptor des Flußkrebses wird von exzitatorischen und von inhibitorischen Axonen versorgt. Die schnell adaptierenden und die langsam adaptierenden Rezeptoren (Muskelspindeln) der Vertebratenskelettmuskeln empfangen ein komplexes Muster efferenter Innervierung. Dieses γ-Motorsystem bewirkt u.a. die Kontraktion der Rezeptormuskeln, wobei ihre Dehnung aufrecht erhalten wird, wenn sich die Hauptmasse des Muskels verkürzt. Auf diese Weise wird die Rezeptorsensitivität bei allen Muskellängen aufrecht erhalten.

Während Muskelspindeln Informationen über die Muskellänge liefern, signalisieren die Rezeptoren der Muskelsehnen, die Golgi-Sehnenorgane genannt werden, die Muskelspannung. Zusätzlich reagieren Rezeptoren in den Gelenken auf die Gelenkstellung. Diese drei Rezeptoren liefern gemeinsam Information über Gliedmaßenstellung, Bewegung und Belastung.

In der Haut übermitteln viele primäre Sinneszellen Informationen über Berührung und Druck. Sie sind nicht gleichmäßig über die Körperoberfläche verteilt. Sie weisen zum Beispiel an den Fingerspitzen eine hohe Dichte auf, während sie in der Mitte des Rückens spärlich verteilt sind. Ihre Axone treten ins Rückenmark ein, geben kollaterale Verzweigungen ab und steigen größtenteils in den Dorsalsträngen zum Thalamus auf, wo sie auf Neuronen zweiter Ordnung enden, die auf den somatosensorischen Cortex projizieren. Auf diesem Weg wird eine topographische Repräsentation der Körperoberfläche beibehalten, die im Cortex jedoch entsprechend der Innervierungsdichte stark verzerrt ist. So nehmen Gesicht und Hand zum Beispiel gegenüber Rücken und Arm unproportional große Bereiche des Cortex ein. Wichtige sensorische Regionen, wie zum Beispiel die Tasthaare an der Schnauze einer Maus, werden präzise topographisch repräsentiert.

Das rezeptive Feld einer somatosensorischen Zelle ist der Hautbereich, in dem die Entladungsrate der Zelle verändert werden kann. Schnell adaptierende Berührungsrezeptoren in den Fingerspitzen haben kleine, punktförmige Felder, während langsam adaptierende Rezeptoren im Unterarm durch Hautdeformationen in einem relativ großen Bereich erregt werden können. Ein Merkmal von Zellen höherer Ordnung im somatosensorischen System ist, daß ihre Feuerraten bei Aktivierung von Rezeptoren in der Haut entweder anwachsen oder fallen. Das rezeptive Feld einer corticalen Zelle kann aus einem exzitatorischen Zentrum mit einer inhibitorischen Umgebung bestehen. Diese Organisation verschärft die Reizlokalisation, d.h. eine corticale Zelle antwortet maximal, wenn nur das Zentrum berührt wird, und nicht die Gesamtfläche des rezeptiven Feldes.

Andere Nervenendigungen reagieren auf schädigende Reize, die zur Schmerzwahrnehmung führen. Dies sind freie Nervenendigungen ohne spezialisierte zusätzliche Strukturen, die mit dünnen myelinisierten Axonen und unmyelinisierten C-Fasern verbunden sind. Die myelinisierten Fasern sind, wenn sie gereizt werden, für das flüchtige Gefühl eines «stechenden» Schmerzes verantwortlich, die C-Fasern für einen langandauernden, brennenden Schmerz. Die Fasern enden im Hinterhorn des Rückenmarks, wo sie Synapsen auf Zellen zweiter Ordnung bilden, die ihre Axone auf die contralaterale Seite senden, um im Tractus spinothalamicus lateralis und im Tractus spinothalamicus anterior aufzusteigen. Diese Bahnen werden mit Fasern geteilt, die Informationen über die Temperatur weiterleiten. Die Aktivität der Schmerzbahnen kann auf allen Ebenen, beginnend mit dem Eintritt ins Rückenmark, durch die Aktivität angrenzender somatosensorischer Bahnen und durch den Einfluß absteigender Bahnen moduliert werden. Die Schmerzmodulation hängt mit der Wirkung natürlich auftretender opiatartiger Neurotransmitter zusammen – Enkephalin und Endorphin. Eine chronische Reizung absteigender Bahnen wurde klinisch zur Linderung unerträglicher Schmerzen genutzt.

Die Transduktion akustischer Signale wird von Haarzellen des Innenohrs geleistet, die bei Schwingungen der Basilarmembran auf das Umbiegen von Cilienbündeln auf ihrer apikalen Haarzelloberfläche reagieren. Die Haarzellen produzieren keine Aktionspotentiale. Krümmung in die eine Richtung hat eine Depolarisation, Biegung in die andere Richtung eine Hyperpolarisation zur Folge. Diese Veränderungen der Membranpolarität modulieren die Neurotransmitterausschüttung auf die Hörnervendigungen und somit die Impulsaktivität der Hörnervfasern. Bei höheren Vertebraten wird die Frequenzselektivität durch mechanische Eigenschaften der Basilarmembran bestimmt, die in der Nähe ihres apikalen (breiten) Endes auf niedrige Frequenzen und in der Nähe ihrer basalen Spitze auf hohe Frequenzen antwortet. Bei niederen Vertebraten ist die Verteilung der Frequenzsensitivität gleich, aber das Tuning ist eine intrinsische Eigenschaft der Haarzellen selbst, die von der Wechselwirkung von Strömen durch Calcium- und Kaliumkanäle bestimmt wird. Die Haarzellen sind efferent innerviert, wodurch ihre Antworten gehemmt werden und die Schärfe ihres Tunings herabsetzt wird.

Genauso wie Deformationen der Haarbündel Veränderungen des Membranpotentials erzeugen, verändern die Haarzellen bei einer Potentialänderung ihre Form. Hyperpolarisation bewirkt spezifisch eine Dehnung, Depolarisation eine Verkürzung isolierter Haarzellen. Es gibt Hinweise darauf, daß diese Längenveränderungen einer Gruppe von Haarzellen der Cochlea (den äußeren Haarzellen) an einem positiven Rückkopplungs-Mechanismus beteiligt sind, wodurch die Bewegung der Basilarmembran verstärkt und ihre Frequenzselektivität verschärft wird.

Einige Zellen des auditorischen Cortex antworten auf einfache Töne. Ihre Frequenzantwort ist schärfer getuned als die der Hörnervfasern. Dieses schärfere Tuning liegt an der Art ihres Eingangs von der Basilarmembran: Wie in somatosensorischen rezeptiven Feldern ist die Region, die eine maximale Erregung erzeugt, von inhibitorischen Bereichen umgeben, so daß die Region (und damit die Frequenz), auf die die Zelle am besten antwortet, begrenzt ist. Andere Zellen des Cortex antworten auf kompliziertere Lautkombinationen, die mit Sprache verbunden sind. Auf früheren Stufen der auditorischen Verarbeitung – beginnend im Hirnstamm – wird der Vergleich der binauralen Eingangssignale zur Klanglokalisation genutzt. Diese Fähigkeit variiert beträchtlich, sie ist z.B. bei Fledermäusen gut und bei Menschen nur mittelmäßig entwickelt. Zeit- und Intensitätsunterschiede zwischen den beiden Ohren werden für die Lokalisation genutzt. Einige Eulenarten nutzen diese beiden Merkmale getrennt, um Laute in vertikaler und in horizontaler Richtung zu orten.

Geschmack und Geruch beinhalten Antworten auf die Anwesenheit unterschiedlicher Moleküle in der Mund- oder der Nasenschleimhaut. Im Falle des Geschmacks wirken diese Moleküle auf Rezeptorregionen an den Spitzen akzessorischer Zellen, sie erzeugen Depolarisationen, die dann die Entladung afferenter Nervenfasern modifizieren. Geruch wird von spezialisierten Endigungen auf den Dendriten der olfaktorischen Zellen selbst, ohne Beteiligung akzessorischer Rezeptorzellen vermittelt. Geschmack wird also von sekundären und Geruch von primären Sinneszellen vermittelt. Die Geschmacksknospenzellen antworten auf Molekülklassen, die der Wahrnehmung von süß, sauer, bitter und salzig entsprechen. Elektrische Ableitungen von einzelnen Zellen der Geschmacksknospen zeigen, daß süße und bittere Reize durch die Reduktion der Kaliumpermeabilität über ein intrazelluläres second messenger-System, das cAMP benutzt, eine Depolarisation erzeugen. Saure Reize setzen ebenfalls die Kaliumpermeabilität herab, entweder durch einen ähnlichen Mechanismus oder durch Blockierung der Kaliumkanäle mit Protonen. Eine Depolarisation durch Natrium scheint nur bei dessen Eintritt durch Kanäle an der Rezeptorspitze aufzutreten. Im Gegensatz zu Geschmacksreizen sind Duftstoffe nicht aufgrund funktionaler Antworten in Gruppen eingeteilt worden. Ihr genereller Wirkungsmechanismus besteht in der Erzeugung von Depolarisation durch ein second messenger-System, das relativ unspezifisch Kationenkanäle aktiviert und zu Aktionspotentialentladungen führt.

In diesem Kapitel geben wir einen Überblick darüber, wie Signale transduziert werden, wie sensorische Information entlang afferenter Bahnen zum Nervensystem übertragen und wie sie analysiert wird. Wir beginnen bei Evertebraten- und Vertebratenmuskelrezeptoren, die die Muskellänge signalisieren. Sie dienen dazu, zwei Eigenschaften zu illustrieren, die sensorische Rezeptoren gemeinsam haben: Rezeptoradaptation und Sensitivitätskontrolle durch efferente Fasern aus dem Nervensystem. Danach folgt eine Diskussion der somatosensorischen Rezeptoren, die der Berührungs-, Druck-, Vibrations- und Schmerzperzeption dienen, und ein kurzer Blick darauf, wie die Signale, die sie übermitteln, im Zentralnervensystem verarbeitet werden. Dann konzentrieren wir uns auf Transduktions- und Verarbeitungsmechanismen des auditorischen Systems und zum Schluß auf die

Transduktion chemosensorischer Signale durch Geruchs- und Geschmacksrezeptoren. In Kap. 16 und 17 werden die Prinzipien, die der Verarbeitung und der Analyse der sensorischen Signale zugrundeliegen, an Hand des visuellen Systems diskutiert, in dem sie sehr detailliert untersucht worden sind.

Sensorische Nervenendigungen als Transducer

Rezeptorzellen sind Tore, durch die wir die Außenwelt wahrnehmen. Gleich zu Beginn bilden die Rezeptoren die Grundlage für die gesamte Analyse der sensorischen Ereignisse, die später vom Zentralnervensystem vorgenommen wird. Sie definieren die Sensitivitätsgrenzen und bestimmen den Bereich der Reize, die erkannt und verarbeitet werden können. Mit wenigen Ausnahmen ist jeder Rezeptortyp darauf spezialisiert, bevorzugt auf einen Typ Energie aus der Außenwelt zu reagieren, die der **adäquate Reiz** genannt wird – Stäbchen und Zapfen des Auges reagieren auf Licht, Nervenendigungen in der Haut auf Berührung und Rezeptoren der Zunge auf Geschmack. Jeder Reiz wird jedoch dann – unabhängig von seiner Modalität – in ein elektrisches Signal umgewandelt (oder **transduziert**). Im allgemeinen werden Stärke und Dauer des Reizes im elektrischen Signal selbst codiert, seine Modalität und seine Lokalisation werden anatomisch niedergelegt. So hat ein Berührungsrezeptor im Fuß seine eigene Bahn ins Nervensystem, die sehr verschieden von der eines Vibrationsrezeptors im Bein ist.

Viele Signale werden auf Rezeptorebene stark verstärkt, so daß sehr kleine Reize aus der Außenwelt als Trigger wirken, und gespeicherte Ladungen freisetzen, die als elektrische Potentiale erscheinen. Zum Beispiel wirkt der Geruch weniger Moleküle spezifischer Substanzen (Pheromone) bei Motten und Ameisen als sexueller Lockstoff. Genauso sind nur wenige Lichtquanten, die von den Rezeptoren der Retina eingefangen werden, ausreichend, um eine visuelle Wahrnehmung zu erzeugen. Diese extreme Sensitivität gilt auch für das Innenohr, wo mechanische Ablenkungen von nur 10^{-10} Metern erkannt werden können.[1] Genauso bemerkenswert sind die Elektrorezeptoren einiger Fische, die elektrische Felder von wenigen nV/cm wahrnehmen können.[2,3] Dies ist weniger als das Feld, das entstehen würde, wenn zwei Drähte, die jeweils an einen Pol einer normalen Taschenlampenbatterie angeschlossen sind, in den Atlantik gehalten würden, einer in Bordeaux, der andere in New York! Neben ihrer Sensitivität haben viele Rezeptorzellen wohldefinierte Reizbereiche, auf die sie reagieren. Zum Beispiel ist unser auditorisches System darauf ausgelegt, auf Schall einer begrenzten Bandbreite von 20 bis 20000 Hz zu reagieren. Schallwellen außerhalb dieses Bereichs rufen keine Antwort hervor. Auch die Antwort der Rezeptoren unserer Retina ist auf elektromagnetische Strahlung zwischen ca. 400 und 750 Nanometern Wellenlänge beschränkt. Kürzere (nahes Ultraviolett) und längere (nahes Infrarot) Wellenlängen werden nicht registriert. Einschränkungen dieser Art bestehen normalerweise nicht wegen unüberwindbarer physikalischer Beschränkungen, sondern jedes System ist auf die speziellen Anforderungen des Organismus eingestellt – Wale und Fledermäuse können viel höhere Frequenzen als Menschen hören, Schlangen können Infrarot- und Nachtfalter Ultraviolett-Strahlung sehen.

1 Bialeck, W. 1987. *Annu. Rev. Biophys. Biophys. Chem.* 16: 455–478.
2 Kalmijn, A. J. 1982. *Science* 218: 916–918.
3 Heiligenberg, W. 1989. *J. Exp. Biol.* 146: 255–275.

Primäre und sekundäre Rezeptoren

Das Rezeptorpotential, das durch den Transduktionsprozeß erzeugt wird, spiegelt Intensität und Dauer des ursprünglichen Reizes wider. In einigen Rezeptoren, die keine langen Fortsätze besitzen, wie z.B. Stäbchen und Zapfen der Retina, breiten sich die Rezeptorpotentiale passiv von der sensorischen zur synaptischen Region der Zelle aus. Diese Rezeptoren werden manchmal **sekundäre Sinneszellen** (engl. short receptors) genannt. Zum Informationstransfer vom rezeptorischen zum synaptischen Ende der Zelle müssen keine Aktionspotentiale zwischengeschaltet werden. In einigen Zellen kann diese passive Ausbreitung des Rezeptorpotentials erstaunlich weite Entfernungen überbrücken. Zum Beispiel breitet sich das Rezeptorpotential in einigen Crustaceen[4]- und Blutegel[5]-Mechanorezeptoren und in den Photorezeptoren des Seepockenauges[6] über mehrere Millimeter passiv aus. In diesen Zellen ist der Membranwiderstand und damit auch die Längskonstante für die passive Ausbreitung einer Depolarisation ungewöhnlich hoch. Während Rezeptorpotentiale normalerweise depolarisierend sind, antworten viele sekundäre Sinneszellen auf ihren adäquaten Reiz mit einer Hyperpolarisation. Ein Beispiel hierfür sind die Photorezeptoren der Retina (Kap. 16). Die Haarzellen der Cochlea antworten in Abhängigkeit von der Richtung, in die die Haare abgeschert werden, mit Depolarisation oder mit Hyperpolarisation. Diese Rezeptoren schütten jedoch unabhängig von der Polarität des Rezeptorpotentials tonisch Neurotransmittersubstanzen an ihren Synapsenregionen aus. Depolarisation steigert, Hyperpolarisation verringert die Freisetzungsrate. In anderen Rezeptoren, die **primäre Sinneszellen** (engl. long receptors) genannt werden, die z.B. in der Haut oder in Muskeln vorkommen, muß die Information der einzelnen Rezeptoren über viel größere Entfernungen transportiert werden (z.B. vom dicken Zeh zum Rückenmark). Zur Erfüllung dieser Aufgabe muß der Rezeptor einen zweiten Transformationsprozeß einschalten: Die Rezeptorpotentiale lösen Spiketrains aus, deren Dauer und Frequenz die Information über Dauer und Intensität des ursprünglichen Reizes codieren. Diese

4 Roberts, A. and Bush, B. M. H. 1971. *J. Exp. Biol.* 54: 515–524.
5 Blackshaw, S. E. and Thompson, S. W. 1988. *J. Physiol.* 396: 121–137.
6 Hudspeth, A. J., Poo, M. M. and Stuart, A. E. 1977. *J. Physiol.* 272: 25–43.

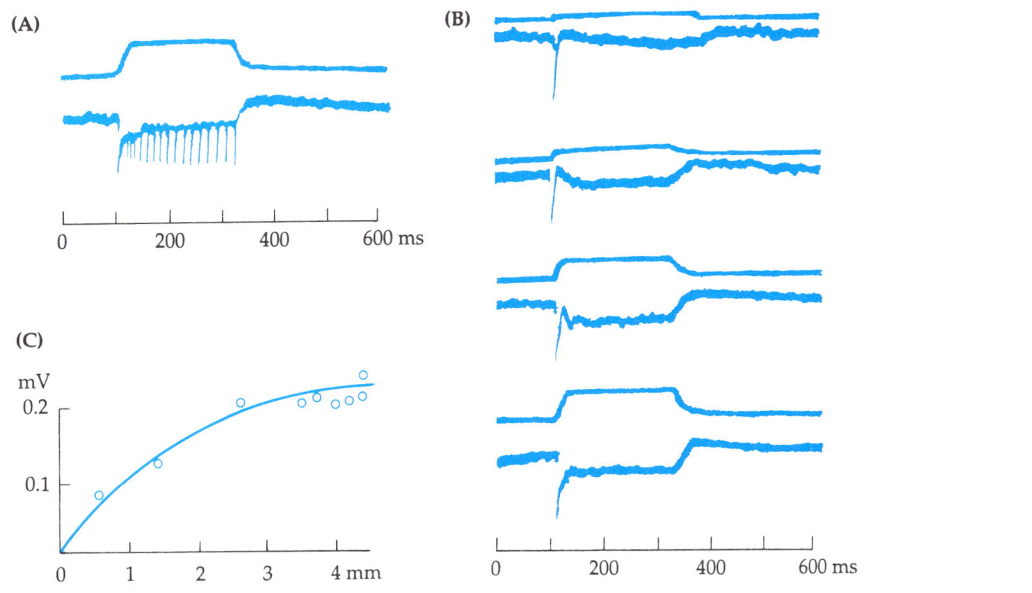

Abb. 1: **Extrazellulär abgeleitete Rezeptorpotentiale** aus einer sensorischen Nervenfaser, die eine Muskelspindel versorgt. Die Ableitelektrode wurde so nah wie möglich am Rezeptor plaziert. Eine Auslenkung der Spannungsableitung (untere Spur) nach unten bedeutet eine Rezeptordepolarisation. (A) Dehnung des Muskels (obere Spur) erzeugt ein Rezeptorpotential, dem eine Reihe von Aktionspotentialen (untere Spur) überlagert sind. (B) Vier Muskeldehnungen zunehmender Größe, nachdem Procain in die Badlösung gegeben wurde. Durch das Procain verschwinden die Aktionspotentiale (außer dem ersten), nur die Rezeptorpotentiale bleiben erhalten. (C) Rezeptorpotentialamplitude in Abhängigkeit von der Muskellänge (nach Katz, 1950).

transportieren dann die Information zu den synaptischen Endigungen der Zelle.

Mechanoelektrische Transduktion in Dehnungsrezeptoren: Das Rezeptorpotential

Die Art und Weise, wie Rezeptorzellen elektrische Signale erzeugen, wurde bei Crustaceen und Vertebraten in Dehnungsrezeptorneuronen, die die Muskellänge registrieren, ausgiebig untersucht. Die ersten Beobachtungen dieser Art stammen von Adrian und Zottermann[7], die die Beziehung zwischen der Muskeldehnung und der Aktionspotentialentladung sensorischer Nervenfasern von Vertebratenmuskelspindeln untersuchten. B. H. C. Matthews hat in den frühen Dreißigern die prinzipiellen Grundlagen der Arbeitsweise von Muskelspindeln ausgearbeitet.[8–10] Über viele Jahre zählten seine Experimente zu den besten Versuchen, ein sensorisches Endorgan und dessen Kontrolle umfassend zu beschreiben. Matthews konnte Impulse einzelner Nervenfasern aus einzelnen Muskelspindeln bei Fröschen und Katzen aufspüren. Die Ableitungen wurden mit Hilfe eines Oszilloskops durchgeführt, das er zu diesem Zweck entworfen hatte (für 1930 keine geringe Leistung). Viel später hat Katz[11] nachgewiesen, daß die Dehnung in der Nervenendigung ein «Spindelpotential» oder Rezeptorpotential erzeugte, das Aktionspotentiale auslöste. Wenn man nur das Rezeptorpotential aufzeichnet, indem man die Aktionspotentiale mit Procain, einem Lokalanästhetikum, blockiert, sieht man, wie die Amplitude graduiert mit der Muskeldehnung zunimmt (Abb. 1).

Der Dehnungsrezeptor des Flußkrebsmuskels, der zuerst von Alexandrowicz beschrieben wurde,[12] wurde von Eyzaguirre und Kuffler[13] zu weiteren Studien dieser Art herangezogen. Dieses Präparat ist besonders geeignet, da sein Zellkörper isoliert in der Peripherie liegt, wo man ihn in situ sehen kann (Abb. 2 A), und nicht in einem Ganglion, und da er genügend groß ist, um mit intrazellulären Mikroelektroden ableiten zu können. Die Zelle fügt ihre Dendriten in einen nahen, dünnen Muskelstrang ein und schickt ihr Axon zentral zu einem Segmentalganglion (Abb. 2 B). Zusätzlich erhält der Rezeptor inhibitorische Innervation von dem Ganglion, und die Muskelfasern, in die er eindringt, werden exzitatorisch innerviert.

Es gibt bei Crustaceen zwei Typen von Dehnungsrezeptoren mit verschiedenen strukturellen und physiologischen Eigenschaften. Sie haben ein charakteristisches Erscheinungsbild und ihre Dendriten sind in verschie-

7 Adrian, E. D. and Zotterman, Y. 1926. *J. Physiol.* 61: 151–171.
8 Matthews, B. H. C. 1931. *J. Physiol.* 71: 64–110.
9 Matthews, B. H. C. 1931. *J. Physiol.* 72: 153–174.
10 Matthews, B. H. C. 1933. *J. Physiol.* 78: 1–53.
11 Katz, B. 1950. *J. Physiol.* 111: 261–282.
12 Alexandrowicz, J. S. 1951. *Q. J. Microsc. Sci.* 92: 163–199.
13 Eyzaguirre, C. and Kuffler, S. W. 1955. *J. Gen. Physiol.* 39: 87–119.

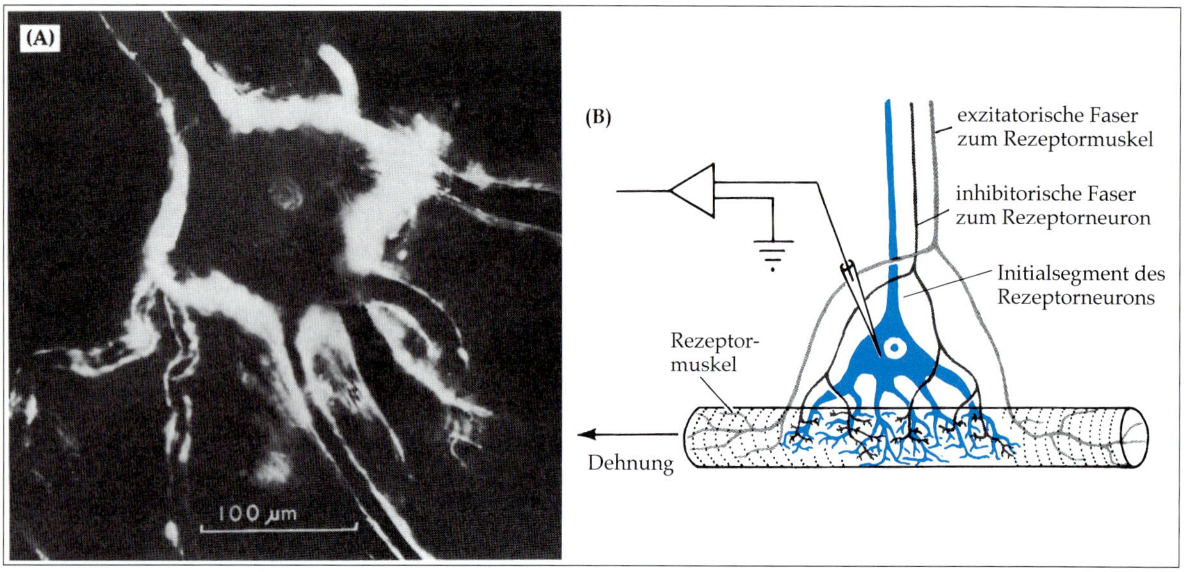

Abb. 2: **Crustaceen-Dehnungsrezeptor.** (A) Lebendes Rezeptorneuron im Dunkelfeld. Die distalen Anteile von sechs Dendriten dringen in den Rezeptormuskel ein, der nicht sichtbar ist. (B) Beziehung zwischen einem Dehnungsrezeptorneuron und dem Muskel, mit Andeutung einer intrazellulären Ableitung. Eine exzitatorische Faser zum Muskel erzeugt eine Kontraktion, eine inhibitorische Faser innerviert das Neuron. Zwei weitere inhibitorische Fasern sind nicht zu sehen (nach Eyzaguirre und Kuffler, 1955).

dene Muskeltypen eingebettet. Der eine Typ antwortet gut auf den Beginn einer Dehnung, seine Antwort nimmt aber schnell ab. Diese Abnahme der Antwort auf einen konstanten Reiz wird **Adaptation** genannt. Im Gegensatz zu diesem **schnell adaptierenden** Rezeptor gibt es noch einen **langsam adaptierenden** Rezeptor. Seine Antwort wird auch während einer längeren Dehnung beibehalten. In Abb. 3 A und 3 B sind die Antworten eines langsam adaptierenden und eines schnell adaptierenden Rezeptors dargestellt. In einem langsam adaptierenden Rezeptor bewirkt eine schwache Dehnung des Muskels ein depolarisierendes Rezeptorpotential von 5–10 mV, das während der Dauer der Dehnung anhält. Eine stärkere Dehnung erzeugt ein größeres Potential, das die Zelle über die Schwelle depolarisiert und eine Impulssalve auslöst, die sich zentripetal längs des Axons ausbreitet. Eine ähnliche Dehnung des Muskels bewirkt in den schnell adaptierenden Rezeptoren nur transiente Antworten.

Die fortgeleiteten Impulse entstehen an einer speziellen Region des Axons nahe am Zellkörper.[14] Diese Region wird Axonhügel oder (in myelinisierten Fasern) Initialsegment genannt. Dort hat die Membran des Neurons eine geringere Schwelle für die Auslösung regenerativer Impulse als am Zellkörper, dessen Dendriten unter Umständen überhaupt keine Aktionspotentiale fortleiten können. Wenn die Impulse einmal ausgelöst sind, werden sie nicht nur zum Zentralganglion, sondern auch zurück zum Zellkörper fortgeleitet. Es scheint eine allgemeine Eigenschaft von Neuronen zu sein, daß Aktionspotentiale in der Region ausgelöst werden, wo das Axon dem Soma entspringt.

14 Edwards, C. and Ottoson, D. 1958. *J. Physiol.* 143: 138–148.

Die Intensität des Reizes wird – wie in anderen Rezeptoren auch – durch die Impulsfrequenz ausgedrückt. Das Verhältnis zwischen Reizintensität und Impulsfrequenz wird durch die Wechselwirkung zwischen dem von den Dendriten aufrechterhaltenen Rezeptorstrom und den Leitfähigkeitsänderungen während des Aktionspotentials bestimmt. Am Ende eines jeden Aktionspotentials treibt die erhöhte Kaliumleitfähigkeit in der Repolarisationphase die Membran in hyperpolarisierende Richtung, auf E_K zu. Dieser Anstieg der Kaliumleitfähigkeit ist transient, während der Rezeptorstrom durch die Dehnung aufrecht erhalten wird und die Membran wieder zur Schwelle hin depolarisiert. Je stärker der Rezeptorstrom, desto eher wird die Feuerschwelle wieder erreicht und desto höher ist die Impulsfrequenz.

Dem Rezeptorpotential zugrundeliegende Ionenmechanismen

Mit voltage clamp-Experimenten wurde gezeigt, daß der Strom, der das Rezeptorpotential in Flußkrebsdehnungsrezeptoren erzeugt, mit einem Anstieg der Natriumpermeabilität verbunden ist. Sein Umkehrpotential ist jedoch wegen des gleichzeitigen Anstiegs der Kaliumpermeabilität näher bei Null als bei E_{Na}.[15] Die Permeabilität für divalente Kationen wird ebenfalls erhöht,[16] ebenso die für größere Kationen wie Tris und Arginin. Wie bei anderen Kationenkanälen auch, z.B. den nicotinischen ACh-Rezeptoren, wird der durch die Dehnung ausgelöste Leitfähigkeitsanstieg nicht durch Tetrodotoxin beeinflußt.[17] Auch in

15 Brown, H. M., Ottoson, D. and Rydqvist, B. 1978. *J. Physiol.* 284: 155–179.
16 Edwards, C. et al. 1981. *Neuroscience* 6: 1455–1460.
17 Nakajima, S. and Onodera, K. 1969. *J. Physiol.* 200: 161–185.

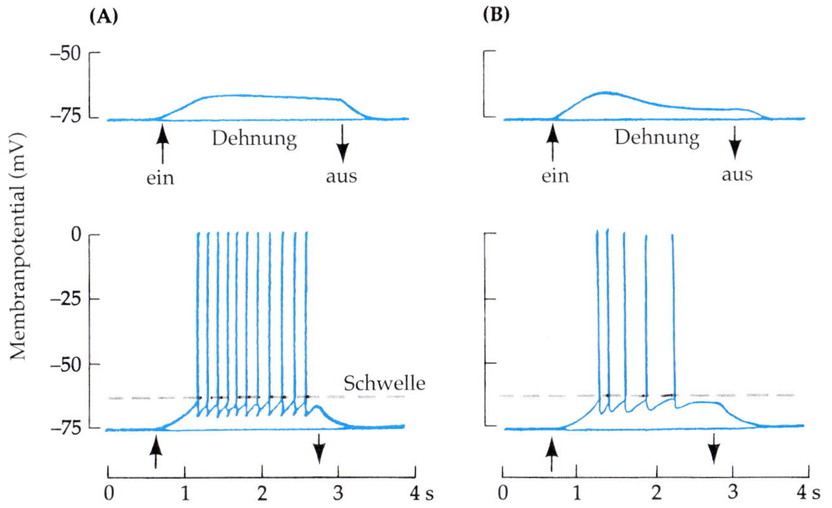

Abb. 3: **Antworten eines Dehnungsrezeptorneurons** auf Muskeldehnungen, wie in Abb. 2 intrazellulär abgeleitet. Bei einem langsam adaptierenden Rezeptor (A) bewirkt eine schwache, etwa 2 s dauernde Dehnung ein unterschwelliges Rezeptorpotential, das während der gesamten Dehnung aufrecht erhalten wird (obere Spur). Bei einer stärkeren Dehnung löst ein größeres Rezeptorpotential eine Reihe von Aktionspotentialen (untere Spur) aus. Bei einem schnell adaptierenden Rezeptor (B) wird das Rezeptorpotential nicht aufrecht erhalten (obere Spur) und die Aktionspotentialfrequenz nimmt während einer starken Dehnung ab (nach Eyzaguirre und Kuffler, 1955).

Vertebratenmuskelspindeln ist das Rezeptorpotential mit einer erhöhten Kationenpermeabilität verbunden.[18]
Die Tatsache, daß eine Verformung der Dehnungsrezeptordendriten eine Depolarisation hervorruft, zeigt, daß es in der Dendritenmembran Kanäle gibt, die sensitiv auf eine Verformung oder «Dehnung» der Membran reagieren. In Membran-patches embryonaler Kükenmuskelzellen[19] und in anderen Zellmembranen, die nichts mit der sensorischen Transduktion zu tun haben,[20] wurden zuerst einzelne Kanäle beobachtet, die durch die Verformung der Membran aktiviert werden. Diese Kanäle waren im patch-Experiment in Ruhe relativ still, sie wurden durch Saugen an der patch-Pipette aktiviert. Ähnliche Kanäle wurden jetzt bei patch-clamp-Untersuchungen auf Primärdendriten des Flußkrebsdehnungrezeptors beobachtet.[21] Sie sind für Kationen permeabel, und ihre relativen Leitfähigkeiten für Natrium, Kalium und Calcium stimmen mit früheren Messungen an der ganzen Zelle überein.

Muskelspindelorganisation

Die strukturellen und funktionellen Eigenschaften von Säugermuskelspindeln wurden von Hunt in einem kurzen Review zusammengefaßt.[22] Die Analyse ihres Innervierungsmusters ist eine wesentliche Grundlage für physiologische Experimente an Spindeln. Abb. 4 illustriert schematisch den sensorischen Apparat der Spindeln in Beinmuskeln der Katze. Die Spindel besteht aus 8 bis 10 modifizierten Muskelfasern (Intrafusalfasern genannt), die in einer Kapsel verlaufen. In der zentralen oder äquatorialen Region jeder Faser befindet sich eine große Ansammlung von Kernen. Diese Anordnung liefert die Grundlage für die Klassifikation der Intrafusalfasern als Kernhaufen- oder Kernkettenfasern, je nachdem, ob die Kerne in einer Verdickung angeordnet oder linear aufgereiht sind. Diese Klassifikation wird noch weiter verfeinert, indem man die intrafusalen Kernhaufenmuskelfasern aufgrund struktureller und funktioneller Unterschiede in zwei Gruppen aufteilt (was später diskutiert wird).
Jede Muskelspindel wird von zwei Typen sensorischer Neuronen innerviert. Die dicken Nervenfasern, die Gruppe Ia-Afferenzen, haben Durchmesser von 12–20 µm und leiten ihre Impulse mit Geschwindigkeiten von bis zu 120 Metern pro Sekunde. (Die Faserklassifikationen, auf die in diesem Kapitel verwiesen wird, sind in Box 2 in Kap. 5 zusammengefaßt.) Ihre Endigungen umwickeln die zentralen Anteile der Kernhaufen- und der Kernkettenmuskelfasern spiralförmig und bilden die primären Endigungen. Dünnere sensorische Nerven (Gruppe II-Afferenzen) haben einen Durchmesser von 4 bis 12 µm und besitzen eine geringere Fortleitungsgeschwindigkeit. Ihre Endigungen befinden sich hauptsächlich an den weniger zentralen Regionen der Kernkettenfasern, wo sie sekundäre Endigungen bilden.
Wenn der Muskel und damit auch seine Muskelspindeln schnell gestreckt werden, werden in beiden Typen sensorischer Fasern Rezeptorpotentiale und Aktionspotentialsalven hervorgerufen. Es gibt jedoch einen deutlichen Unterschied in der Feuercharakteristik der beiden Endigungen. Die primären Endigungen an den größeren Gruppe I-Axonen sind hauptsächlich sensitiv für die Änderungsrate des Dehnungsreizes. Die Feuerfrequenz ist deshalb während der dynamischen Phase bei steigender Dehnung maximal und sinkt danach bei anhaltender

18 Hunt, C. C., Wilkerson, R. S. and Fukami, Y. 1978. *J. Gen. Physiol.* 71: 683–698.
19 Guharay, R. and Sachs, F. 1984. *J. Physiol.* 352: 685–701.
20 Sachs, F. 1988. *CRC Crit. Rev. Biomed. Eng.* 16: 141–169.
21 Erxleben, C. 1989. *J. Gen. Physiol.* 94: 1071–1083.
22 Hunt, C. C. 1990. *Physiol. Rev.* 70: 643–663.

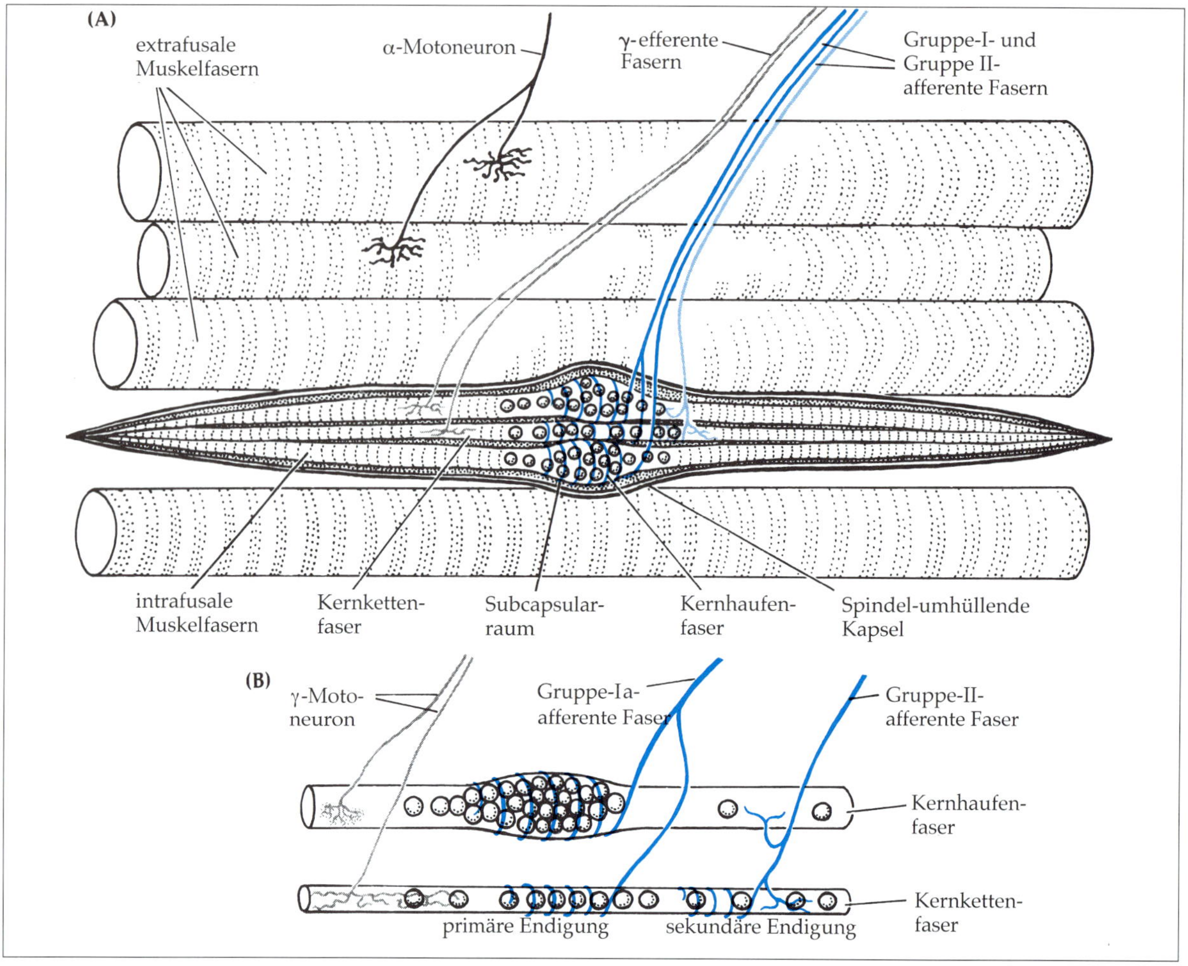

Abb. 4: **Säuger-Muskelspindel**. Schematische Darstellung der Innervation einer Säuger-Muskelspindel. Die Spindel, die aus dünnen intrafusalen Fasern besteht, ist in die Muskelmasse aus dicken Muskelfasern eingebettet, die von α-Motoneuronen versorgt werden. Gammamotorfasern (fusimotorische Fasern) versorgen die intrafusalen Muskelfasern, Gruppe-I- und Gruppe-II-afferente Fasern übertragen die sensorischen Signale von der Muskelspindel ins Rückenmark. (B) Vereinfachtes Diagramm der intrafusalen Muskelfasertypen und ihrer Innervation (siehe auch Abb. 9) (B nach Matthews, 1964).

Dehnung auf ein niedrigeres Niveau ab. Die sekundären Endigungen an den dünnen Gruppe II-Fasern werden von der Dehnungsänderung relativ wenig beeinflußt, aber sie sind sensitiv für den statischen Dehnungsgrad.[23] Dieses Verhalten ist in Abb. 5 dargestellt. Die Gruppe Ia- (dynamisch) und die Gruppe II- (statisch) Afferenzen sind Analoga der schnell adaptierenden und der langsam adaptierenden Rezeptoren der Flußkrebsmuskeln.

Adaptationsmechanismen in sensorischen Rezeptoren

Wir haben gesehen, daß die Antworten von Flußkrebs-Dehnungsrezeptoren und von Vertebraten-Muskelspindeln bei Dehnung entweder langsam oder schnell adaptieren können. Adaptation bei anhaltendem Reiz ist eine Eigenschaft, die alle sensorischen Rezeptoren gemeinsam haben. Wir merken graduell immer weniger von einem konstanten Druck oder einer erhöhten Temperatur auf der Haut oder von Kontakt zu Kleidern oder Schuhen. Ein Teil dieses herabgesetzten Bewußtseins wird zweifellos von Vorgängen im Zentralnervensystem bestimmt (wir hören auf, «auf etwas zu achten»), aber ein Teil beruht auch auf der Adaptation der Rezeptoren selbst. Wenn der Reiz anhält, nimmt die Feuerfrequenz in den primären afferenten Fasern ab. Es bestehen große Unterschiede im Grad und in der Geschwindigkeit dieser Adaptation. Einige Mechanorezeptoren adaptieren sehr schnell. Sie feuern nur wenige Impulse zu Beginn eines anhaltenden Reizes. In anderen Rezeptoren findet man nur eine geringe Adaptation. Noch andere Rezeptoren beginnen mit einer hohen Impulsrate, behalten aber dann nahezu unbeschränkt eine geringere Impulsrate bei.
Viele Faktoren können zur Adaptation sensorischer Antworten beitragen. In Muskelspindeln könnten die viskoelastischen Eigenschaften der intrafusalen Fasern oder die Beweglichkeit der Ansatzstellen der Nerven an den Muskelfasern eine graduelle Abnahme der Deformation

23 Matthews, P. B. C. 1981. *J. Physiol.* 320: 1–30.

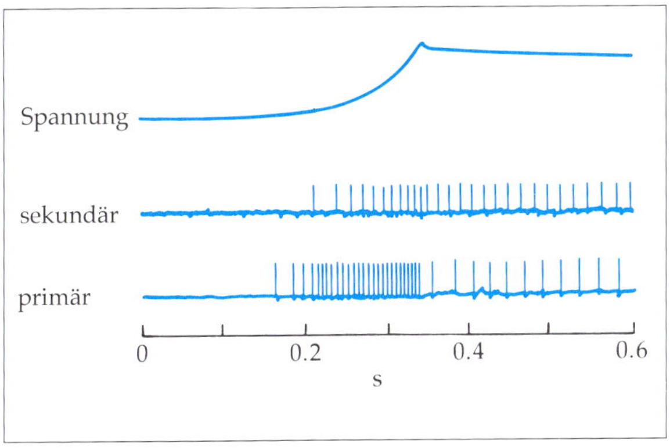

Abb. 5: **Unterschiedliche Muskelspindelantworten.** Aktionspotentialableitungen von einzelnen primären (Gruppe Ia) und sekundären (Gruppe II) sensorischen afferenten Fasern aus einer Muskelspindel einer Katze. Die primäre Faser steigert ihre Entladungsrate deutlich, wenn sich während der Dehnung Spannung entwickelt. Bei anhaltender Dehnung adaptiert sie schnell auf eine geringere Entladungsrate. Die sekundäre Faser steigert ihre Feuerrate bei Spannungsentwicklung langsamer und hält ihre Entladungsrate während der gleichbleibenden Dehnung bei (nach Jansen und Matthews, 1962).

der sensorischen Endigungen erlauben.[24] Der relative Beitrag dieser mechanischen Faktoren zur Adaptation der Muskelspindeln und anderer Mechanorezeptoren ist nicht klar. In Crustaceen-Dehnungsrezeptoren wurde die Beteiligung vieler anderer Prozesse an der Inaktivierung nachgewiesen.[16,25–27] Im langsam adaptierenden Dehnungsrezeptor führen Impulssalven zu einem Anstieg der intrazellulären Natriumkonzentration und zur Aktivierung der Natriumpumpe. Der Nettoauswärtstransport positiver Ladungen durch die Pumpe vermindert die Rezeptorpotentialamplitude und somit die Feuerfrequenz. Auch der Anstieg der Kaliumleitfähigkeit trägt zur Inaktivierung bei. Zum Beispiel werden während einer Impulssalve in Flußkrebs-Dehnungsrezeptoren infolge des Calcium-Eintritts durch spannungsaktivierte Kanäle calciumaktivierte Kaliumkanäle geöffnet. Diese erhöhte Kaliumleitfähigkeit bewirkt eine Verkürzung des Rezeptorpotentials, was wiederum dessen Amplitude und die Frequenz der sensorischen Impulse reduziert. Der schnell adaptierende Flußkrebs-Dehnungsrezeptor zeigt eine schnelle Adaptation seiner Feuerrate, auch wenn in ihn experimentell ein gleichmäßiger depolarisierender Strom injiziert wird. Da die Depolarisation elektrisch ist, können keine mechanischen Faktoren dafür verantwortlich sein, und die Feuerrate nimmt ab, bevor es zu signifikanten Natrium- oder Calciumakkumulationen kommt. Die Antwort wird infolge der Aktivierung spannungsaktivierter Kaliumkanäle durch die Depolarisation nach nur wenigen Impulsen beendet, eventuell gekoppelt mit einer partiellen Natriumkanalinaktivierung.

Adaptation im Pacini-Körperchen

Das Pacini-Körperchen ist vielleicht der am schnellsten adaptierende von allen Rezeptoren. Seine Nervenendigung wird von einer zwiebelschalenartigen Kapsel umschlossen. Druck, der langsam auf die Kapsel gegeben wird, erzeugt überhaupt keine Antwort. Ein schneller ausgeübter Druck erzeugt ein bis zwei Aktionspotentiale. Die Rezeptoren sind jedoch ausgesprochen sensitiv für Vibrationen mit Frequenzen bis zu 1000 Hz. Die Pacini-Körperchen sind überall im Unterhautgewebe zu finden, besonders häufig kommen sie vor an Fußballen und Klauen von Säugetieren oder Zwischenknochenmembranen des Beins und des Unterarms, möglicherweise als empfindliche Detektoren für Bodenschwingungen.[28] Eine ähnliche Struktur, das Herbst-Körperchen, findet sich in Beinen, Schnäbeln und Hautgewebe von Vögeln (und in den Zungen von Spechten!). Mögliche physiologische Funktionen sind z.B. die Wahrnehmung von Schwimmvibrationen eines Fisches im Wasser durch den Entenschnabel und (bei segelnden Vögeln) die Detektion der Schwingung der Flugfedern bei schlechter aerodynamischer Trimmung.[29]
Die Adaptationsmechanismen des Pacini-Körperchens wurden von Loewenstein und Mitarbeitern im Detail untersucht. Insbesondere haben sie gezeigt, daß die Adaptation teilweise auf den dynamischen Eigenschaften der Kapsel beruht.[30] Wenn ein mechanischer Reiz auf eine isolierte, intakte Kapsel gegeben wird, zeigt sich ein kurzes Rezeptorpotential beim Ein- und Ausschalten des Reizes (Abb. 6 A). Die transienten Antworten rühren von Flüssigkeitswellen her, die zu Beginn und zum Ende der Deformation durch die Kapsel geleitet werden. Nachdem die Kapsel vorsichtig von der Nervenendigung entfernt wurde, nahm das Rezeptorpotential während des Reizes nur langsam ab (Abb. 6 B). Auch wenn das Rezeptorpotential verlängert war, entstand nur eine kurze Aktionspotentialsalve im afferenten Axon (nicht zu sehen), d.h. die Eigenschaften des Axons selbst sind denen des Rezeptors angepaßt.

Zentrifugale Kontrolle der Muskelrezeptoren

Das Zentralnervensystem empfängt nicht nur Informationen von sensorischen Rezeptoren, sondern wirkt auch auf sie zurück, um ihre Antworten zu modifizieren. Das

24 Fukami, Y. and Hunt, C. C. 1977. *J. Neurophysiol.* 40: 1121–1131.
25 Nakajima, S. and Takahashi, K. 1966. *J. Physiol.* 187: 105–127.
26 Nakajima, S. and Onondera, K. 1969. *J. Physiol.* 200: 187–204.
27 Sokolove, P. G. and Cooke, I. M. 1971. *J. Gen. Physiol.* 57: 125–163.
28 Quilliam, T. A. and Armstrong, J. 1963. *Endeavour* 22: 55–60.
29 McIntyre, A. K. 1980. *Trends Neurosci.* 3: 202–205.
30 Loewenstein, W. R. and Mendelson, M. 1965. *J. Physiol.* 177: 377–397.

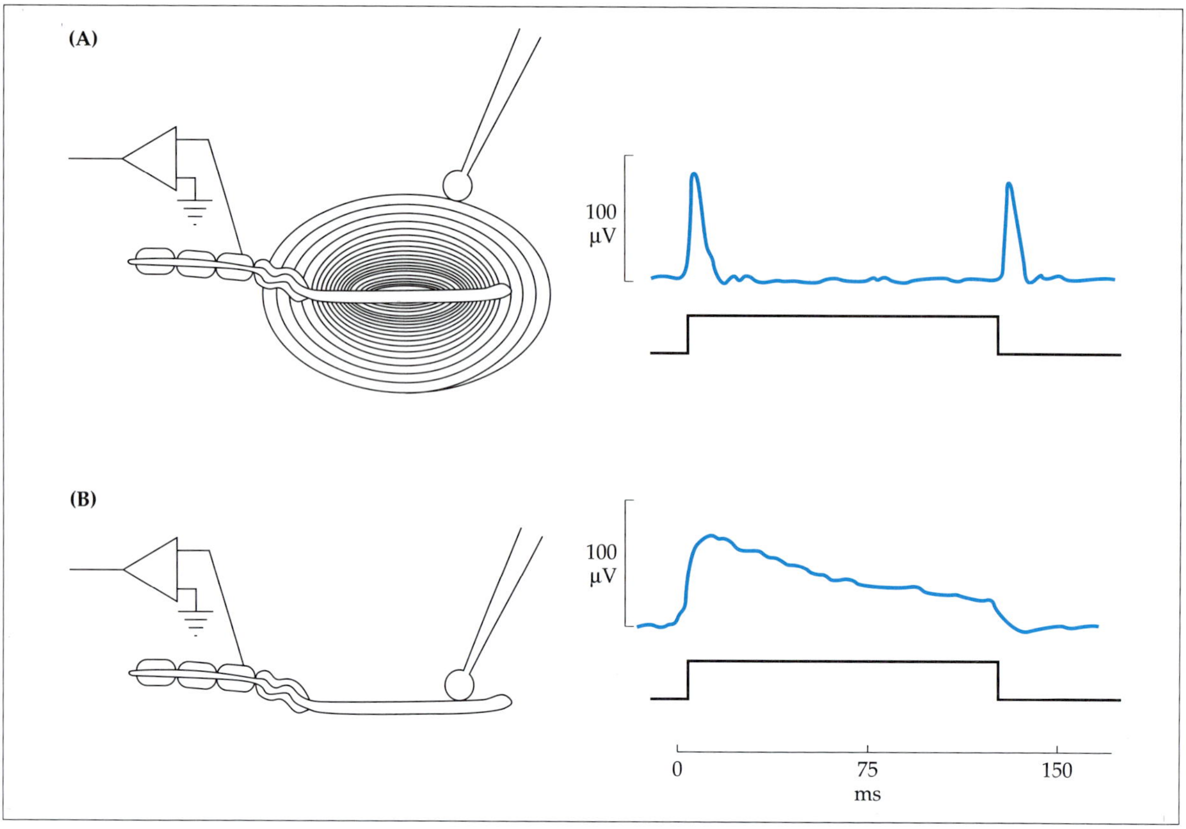

Abb. 6: **Adaptation in einem Pacini-Körperchen.** (A) Ein Druckreiz, der auf das Pacini-Körperchen gegeben wird (untere Spur) erzeugt ein schnell adaptierendes Rezeptorpotential (obere Spur), das durch eine transiente Deformationswelle erzeugt wird, die durch die Kapsel zur Nervenendigung wandert. Nach Ende des Druckreizes tritt eine ähnliche Antwort auf. (B) Nach Entfernen der Kapselschichten erzeugt Druck auf die Nervenendigung ein Rezeptorpotential, das während der Dauer des Reizes erhalten bleibt (nach Loewenstein und Mendelson, 1965).

Gehirn hat also neben der Bearbeitung und der Zensierung auch die Fähigkeit, den Informationsfluß zu regulieren, der es erreicht. Diese Feedbackkontrolle wird durch Bahnen ausgeführt, die zentrifugal zu den peripheren Sinnesorganen führen. Die zentrifugale Kontrolle spielt in vielen sensorischen Systemen eine Rolle, zum Beispiel im auditorischen System (siehe später). Sie wurde an Säugermuskelspindeln und in Crustaceen-Dehnungsrezeptoren im Detail untersucht.

In Abb. 7 A sind die an der zentrifugalen Kontrolle beteiligten Strukturen im Crustaceen-Dehnungsrezeptor dargestellt. Die Rezeptoren werden von exzitatorischen und inhibitorischen Motoaxonen aus dem Zentralnervensystem innerviert. Eine elektrische Erregung bewirkt eine Kontraktion der Enden der Rezeptormuskeln. Dadurch werden die zentral liegenden Dendriten der sensorischen Zellen gedehnt und ein depolarisierendes Rezeptorpotential erzeugt. Daraus folgt, daß das Membranpotential des Rezeptorneurons und damit die Frequenz der sensorischen Impulse nicht nur von einer Dehnung von außen, sondern auch von einer aktiven Kontraktion des Rezeptormuskels als Antwort auf exzitatorische Signale des Nervensystems beeinflußt werden kann.[11,31] Die exzitatorische Kontrolle stellt sicher, daß die Rezeptoren auch noch Signale abgeben können, wenn die Körpermuskeln, in die sie eingebettet sind, sich verkürzen, oder daß ihre Signale beschleunigt werden können, wenn sie bereits feuern. In Abb. 7 B sind die Wirkungen einer exzitatorischen Reizung auf einen langsam adaptierenden Rezeptor zu sehen. Wenn der Muskel gedehnt wird, wird die sensorische Feuerrate durch eine Kontraktion der langsamen Rezeptormuskelfaser erheblich beschleunigt. Im Gegensatz dazu hemmt die Reizung des inhibitorischen Inputs direkt die Rezeptorentladung, wie in Abb. 7 C gezeigt wird.[32,33]

Zusammengefaßt, die Information, die die Crustaceen-Dehnungsrezeptoren verläßt, ist hoch kontrolliert und über einen weiten Bereich einstellbar. Die Signale werden durch die exzitatorische Wirkung gradueller Dehnung von außen, durch die Kontraktion von Rezeptormuskeln und durch graduierte Inhibition bestimmt. Diese Prozesse interagieren und üben Einfluß auf das Initialsegment des Axons aus, wo die Impulse ausgelöst werden. Die Wechselwirkung von Exzitation und Inhibition des

31 Kuffler, S. W. 1954. *J. Neurophysiol.* 17: 558–574.

32 Kuffler, S. W. and Eyzaguirre, C. 1955. *J. Gen. Physiol.* 39: 155–184.

33 Jansen, J. K. S. et al. 1971. *Acta Physiol. Scand.* 81: 273–285.

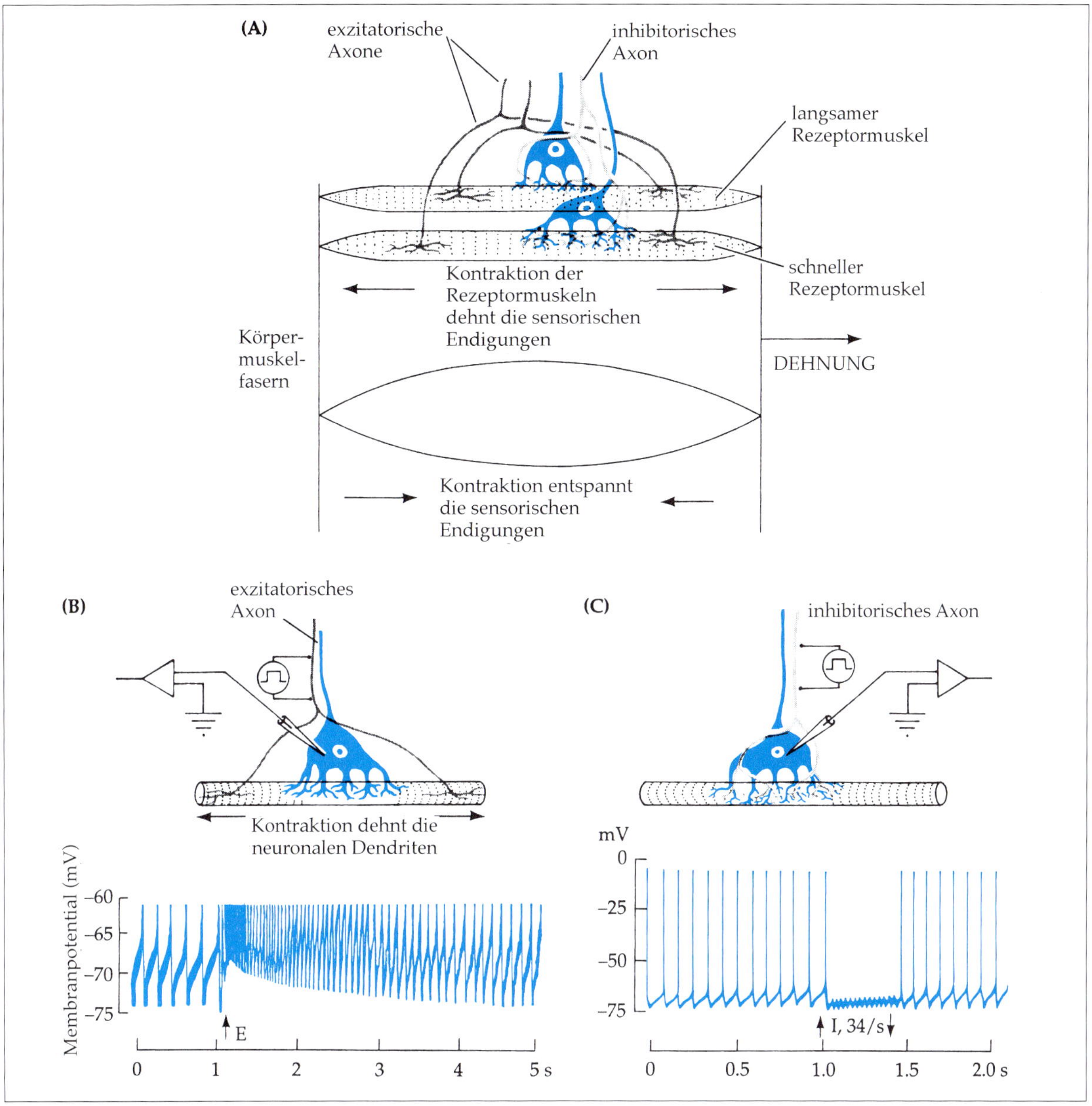

Abb. 7: **Efferente Regulation von Flußkrebs-Dehnungsrezeptorneuronen.** (A) Langsame und schnelle Rezeptormuskelstränge sind exzitatorisch innerviert, so daß sie kontrahieren und dabei die Dendriten ihrer Rezeptorneuronen dehnen können. Die Dendriten erhalten auch eine inhibitorische Innervation, die bei Aktivierung der Dehnungswirkung entgegenwirkt. Die Hauptmuskelmasse ist zur Klarheit separat gezeichnet. Wenn sie kontrahiert, wird die Dehnung des Rezeptors reduziert. (B) Ein langsamer Rezeptor zeigt eine anhaltende sensorische Entladung, wenn er gedehnt wird (die Aktionspotentiale sind bei −62 mV abgeschnitten). Die Entladung wird durch zwei räumlich benachbarte motorische Reize (E, am Pfeil) beschleunigt. Die Dauer der Frequenzerhöhung gibt den Zeitverlauf der Muskelkontraktion wieder. (C) Reizung des inhibitorischen Axons mit 34 Hz (I, zwischen den Pfeilen) unterdrückt die spontane Entladung für die Dauer der Reizsalve (B und C nach Kuffler und Eyzaguirre, 1955).

Dehnungsrezeptors liefert ein Beispiel multipler exzitatorischer und inhibitorischer Wirkungen, die für Neuronen im Zentralnervensystem charakteristisch sind. Das depolarisierende Rezeptorpotential bringt das Membranpotential über die Feuerschwelle, während die inhibitorische Wirkung darauf abzielt, das Membranpotential unterhalb der Schwelle zu halten. Die Balance dieser beiden konkurrierenden Einflüsse bestimmt, ob die Zelle feuert oder ruhig bleibt.

Zentrifugale Kontrolle der Muskelspindeln

In Abb. 8 A ist die motorische Kontrolle von Säugermuskelspindeln dargestellt. Sie ist analog zu der in Crustaceen-Dehnungsrezeptoren (vgl. Abb. 7 A), mit Ausnahme der Abwesenheit inhibitorischer Innervation. Der efferente Nerv, der die Spindeln versorgt, wurde zuerst von Eccles und Sherrington[34] beschrieben und von Lek-

34 Eccles, J. C. and Sherrington, C. S. 1930. *Proc. R. Soc. Lond. B* 106: 326–357.

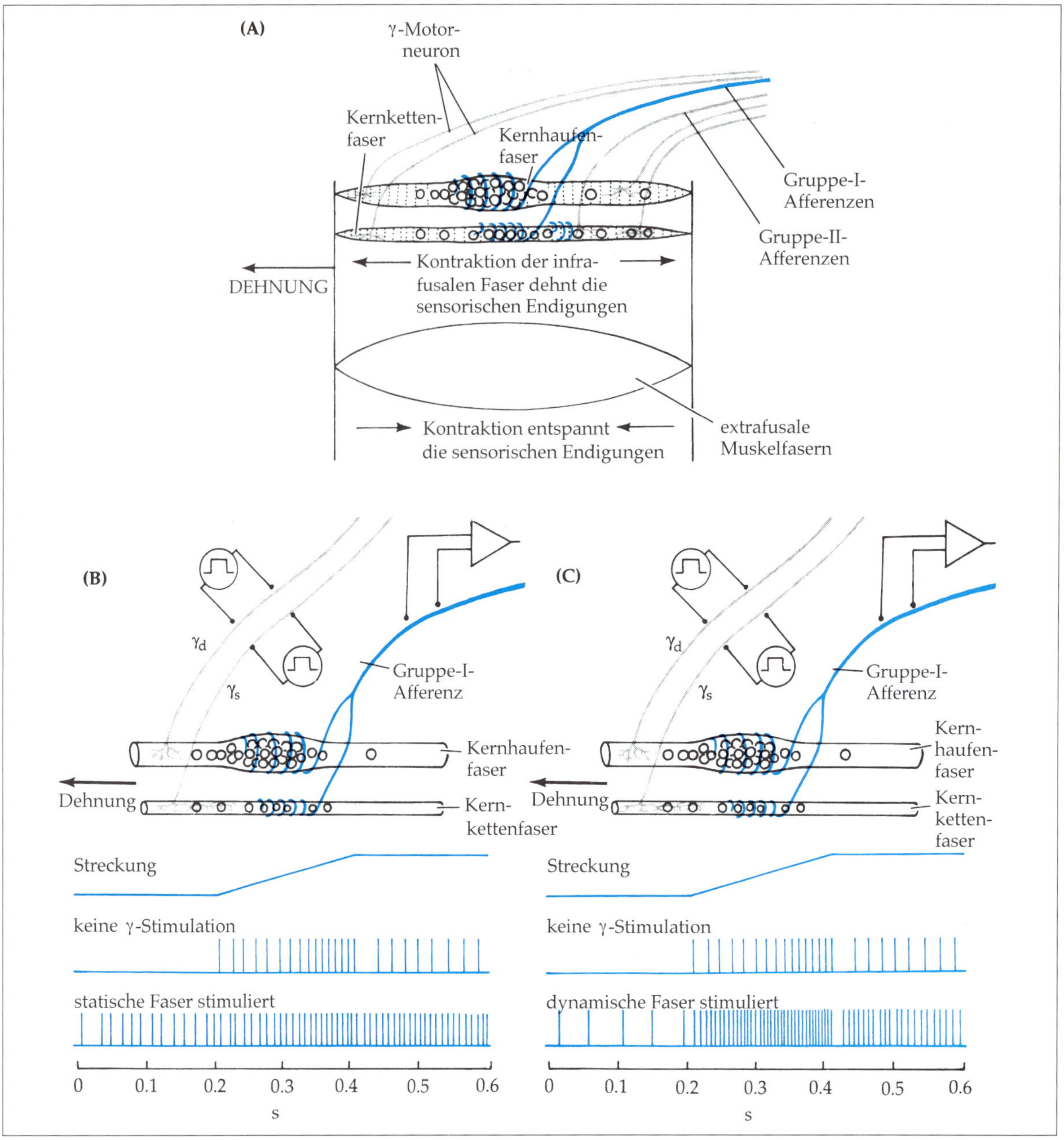

Abb. 8: **Efferente Regulation der Muskelspindeln.** (A) Säugermuskelspindeln sind ähnlich wie Flußkrebs-Dehnungsrezeptoren aufgebaut. Kernhaufen- und Kernkettenfasern werden von γ-efferenten Fasern innerviert, die bei Aktivierung die intrafusalen Fasern zur Kontraktion veranlassen. Die extrafusale Muskelmasse ist separat gezeichnet. Wenn sie kontrahiert, wird die Dehnung der intrafusalen Fasern verringert. (B) Dehnung des gesamten Muskels bewirkt eine Entladung der Ia-afferenten Fasern der Spindel. Reizung der statischen γ-Motorfaser (γ_s) während dieser Periode bewirkt einen Frequenzanstieg vor und während der Dehnung. (C) Eine Reizung der dynamischen γ-Motorfaser (γ_d) bewirkt einen Anstieg der sensorischen Entladung, besonders während der transienten Phase der Dehnung (B und C nach Crowe und Matthews, 1964).

sell detaillierter untersucht.[35] Er besteht aus einer distinkten Gruppe dünner Motornerven (2 bis 8 µm Durchmesser), die heute als **fusimotorische** oder γ-Fasern bekannt sind. Die Rolle der γ-Fasern in Katzenbeinmuskeln wurde von Kuffler, Hunt und Quilliam in einer Reihe technisch schwieriger und aufwendiger Experimente nachgewiesen.[36] Bei diesem Verfahren leitet man in der Hinterwurzel die Aktivität einer einzelnen afferenten Faser ab, die von einer Spindel einer anästhesierten Katze kommt, während eine fusimotorische Faser in der ventralen Wurzel gereizt wird, die dieselbe Spindel innerviert. Die fusimotorische Reizung erzeugt einen Anstieg

35 Leksell, L. 1945. *Acta Physiol. Scand.* 10 (Suppl. 31): 1–84.

36 Kuffler, S. W., Hunt, C. C. and Quilliam, J. P. 1951. *J. Neurophysiol.* 14: 29–51.

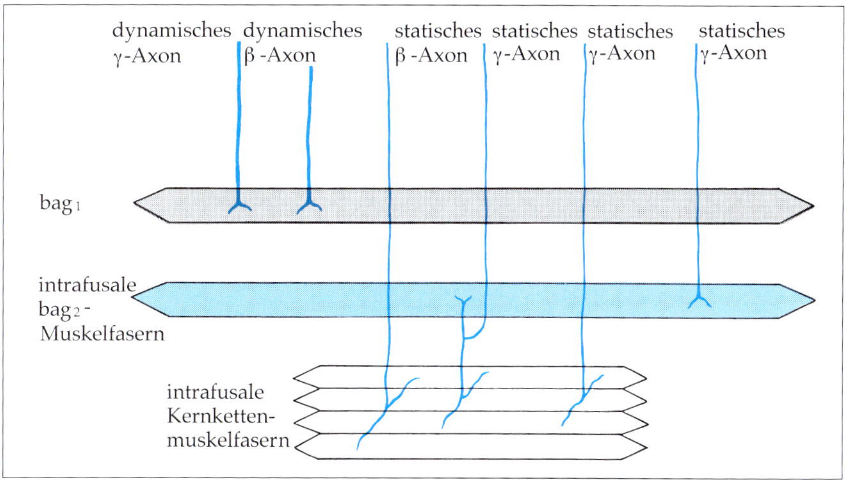

Abb. 9: **Fusimotorische Innervation von Kernhaufen- und Kernkettenfasern.** Die intrafusale bag_1-Faser wird von dynamischen γ- und β-Axonen versorgt. Die bag_2-Fasern werden von statischen γ-Axonen, die Kernkettenfasern von statischen γ- und β-Axonen versorgt. Die Belege für dieses Muster stammen von Spindeln in vivo, bei denen man die Kontraktionen einzelner intrafusaler Muskelfasern nach Reizung einzelner fusimotorischer Fasern beobachtet hat (nach Matthews, 1981; Arbuthnott et al., 1982).

der sensorischen Aktivität, aber keinen Anstieg der Muskeldehnung. Impulssalven in den γ-Neuronen beschleunigen die sensorische Feuerrate, wenn der Muskel gedehnt wird, oder initiieren eine sensorische Entladung in einem verkürzten Muskel.

Weitere Untersuchungen zur Wirkung der intrafusalen Kontraktion bei der Katze haben die Existenz zweier Hauptklassen von γ-efferenten motorischen Fasern auf die Säugermuskelspindeln nachgewiesen.[37,38] Eine Klasse endet auf Kernhaufenfasern und erzeugt einen Anstieg der dynamischen Entladung. Die andere endet hauptsächlich auf Kernkettenfasern und wirkt vorwiegend auf die statische Komponente der Entladung. Sie sind als **dynamisch efferente** (γ_d) und **statisch efferente** (γ_s) Axone bekannt. Ihre Auswirkungen auf die sensorische Entladung sind in Abb. 8 B und 8 C dargestellt.

Die obige Beschreibung illustriert die grundlegenden Eigenschaften der Muskelspindelregulation, die Details sind jedoch noch komplexer. Diese Details werden in Abb. 9 schematisch dargestellt. Die Kernhaufenfasern (engl. bag fibers) bestehen aus zwei Typen, die als **bag_1** und **bag_2** bekannt sind. Die Aktivierung der bag_1-Fasern beeinflußt – wie oben beschrieben – die dynamische Komponente der sensorischen Entladung. Die bag_2-Fasern verhalten sich in dieser Hinsicht wie Kernkettenfasern, da ihre Aktivierung die statische Entladung erhöht. Diese beiden Typen von Kernhaufenfasern können durch ihre histologischen Eigenschaften, durch ihre Kontraktionen und durch die γ-efferente Nervenversorgung, die sie erhalten, unterschieden werden. Die Details der γ-Faser-Innervation und der Funktion, die in Abb. 9 zusammengefaßt ist, stammen von Boyd, Barker, Laporte und Kollegen. [39–41] Sie haben die intrafusalen Fasern und die Wirkungen der γ-efferenten Reizung an Spindeln direkt beobachtet, die aus dem Tier herauspräpariert waren und in vitro gehalten wurden. Durch die Verwendung hochauflösender Nomarski-Mikroskopie wurde es möglich, die Deformation der primären und der sekundären Endigungen präzise zu messen, wenn die Reizung eines einzelnen γ-efferenten Axons die intrafusale Kontraktion einer dynamischen bag_1-, einer statischen bag_2- oder einer Kernkettenmuskelfaser bewirkt.

Abb. 9 zeigt einen weiteren Typ motorischer Spindelversorgung. Es ist schon lange bekannt, daß bei Fröschen und Kröten einige Motoneuronen, die Kontraktionen der Hauptmuskelmasse verursachen, auch die intrafusalen Muskeln innnervieren.[42] Laporte und Kollegen haben gezeigt, daß solche Fasern auch bei Katzen und Kaninchen existieren.[40] Einige sind dynamisch und versorgen bag_1-Fasern, andere statisch. Diese Fasern werden normalerweise β-Fasern genannt, da ihre Durchmesser und Fortleitungsgeschwindigkeiten den dünneren und langsameren extrafusalen Motoaxonen entsprechen. (In Wirklichkeit ist der Ausdruck eine Fehlbezeichnung, da die Fasern technisch in den α-Bereich der Fortleitungsgeschwindigkeiten fallen, s. Kap. 5.) Beta-Fasern scheinen ein System zu repräsentieren, das die Spindelentladungen automatisch aufrechterhält, wenn die extrafusalen Muskelfasern aktiviert werden, aber das Ausmaß ihrer Rolle bei der Aufrechterhaltung des Muskelspindeltonus ist noch nicht bekannt.

Die Kontrolle der Dehnungsrezeptoren während der Bewegung

Die Rolle der efferenten Innervation der intrafusalen Muskelfasern in der Spindel, wird deutlich, wenn man die sensorischen Entladungen während der Muskelbewegung betrachtet. Da die Spindeln parallel zur Hauptmuskelmasse liegen (Abb. 8 A), reduziert die Muskelkontraktion die Dehnung der sensorischen Elemente. Deshalb würde in Abwesenheit efferenter Kontrolle die sensorische Entladungsrate während der Muskelkon-

37 Jansen, J. K. S. and Matthews, P. B. C. 1962. *J. Physiol.* 161: 357–378.
38 Emonet-Dénand, F., Jami, L. and Laporte Y. 1980. *Prog. Clin. Neurophysiol.* 8: 1–11.
39 Barker, D. et al. 1980. *Brain Res.* 185: 227–237.
40 Arbuthnott, E. R. et al. 1982. *J. Physiol.* 331: 285–309.
41 Arbuthnott, E. R., Gladden, M. H. and Sutherland, F. I. 1989. *J. Anat.* 163: 183–190.

42 Katz, B. 1949. *J. Exp. Biol.* 26: 201–217.

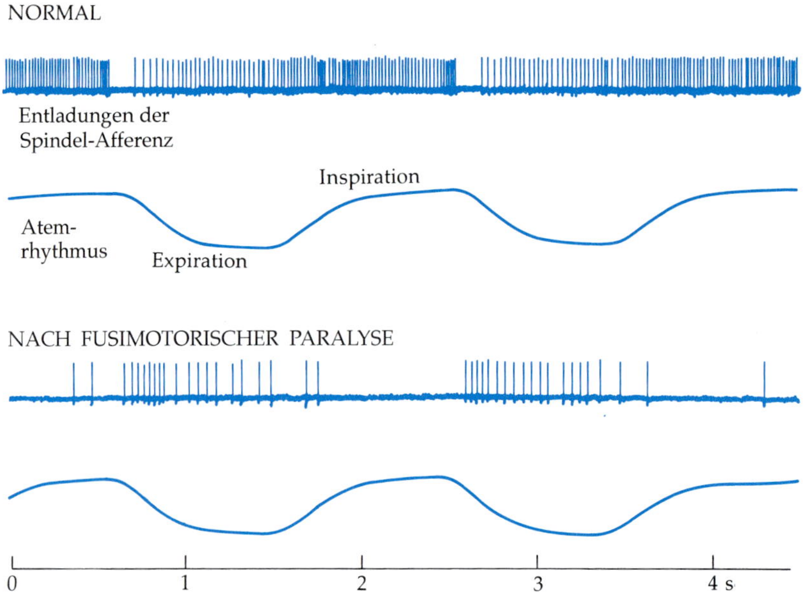

Abb. 10: **Reflektorische Kontrolle der Spindelaktivität**, beim Atmen einer Katze. In jedem Ableitungspaar zeigen die oberen Spuren die Aktivität der afferenten Faser der Muskelspindel, die unteren den Atemrhythmus. (A) Die Anzahl der sensorischen Entladungen der Muskelspindeln ist in inspiratorischen Muskeln normalerweise bei der Inspiration am höchsten, obwohl die Muskeln verkürzt werden. (B) Nachdem die fusimotorischen Fasern selektiv mit Procain blockiert wurden, verhalten sich die Spindeln passiv mit gesteigerter Entladung während der Exspiration, wenn die Muskeln gedehnt werden, und Einstellung der Aktivität bei der Inspiration, wenn die Muskeln verkürzt werden (nach Critchlow und von Euler, 1963).

traktion verringert oder eingestellt, da die Spindel entspannt wird. Die Aktivierung der γ-Efferenzen verkürzt die intrafusalen Muskelelemente, um die Erschlaffung aufzuheben, und stellt die Dehnung an den sensorischen Endigungen wieder her. Die efferenten Nerven haben die Aufgabe, die Sensitivität des Meßinstrumentes – der Spindeln – einzustellen, so daß sie über einen weiten Bereich der Muskellänge arbeiten können. Die Spindeln können also dazu veranlaßt werden, ihre Entladungsfrequenzen beizubehalten, auch wenn die Dehnung von außen während der Muskelkontraktion reduziert wird.

In vielen Experimenten wurden Belege für diesen Mechanismus zusammengetragen. Zum Beispiel haben Sears, von Euler und andere[43–45] Entladungen afferenter Fasern aus Spindeln in Intercostalmuskeln abgeleitet, die an der Atmung beteiligt sind. Abb. 10 A zeigt eine Ableitung unter normalen Bedingungen. Es wird deutlich, daß die afferenten Entladungen von einem inspiratorischen Muskel während des Einatmens, wenn der Muskel am kürzesten ist, am größten sind. Eine einfache Erklärung für dieses unerwartete Resultat ist die, daß die Aktivierung der extrafusalen Muskelfasern begleitet wird von der Aktivierung der intrafusalen Fasern über die γ-Efferenzen, und daß die γ-Erregung die Erschlaffung durch die extrafusale Kontraktion mehr als nur kompensiert. Diese Erklärung ist in Abb. 10 B bestätigt, die die Antworten einer afferenten Faser zeigt, nachdem die γ-Efferenzen durch lokale Applikation von Procain paralysiert wurden. Nachdem die γ-Fasern blockiert sind, zeigen sich nur bei der Exspiration afferente Entladungen, wenn die intrafusalen Fasern gedehnt werden. Ein anderes Beispiel für diese parallele Aktivierung ist die Aufzeichnung der Muskelspindelaktivität bei Fingerbewegungen des Menschen.[46] Während willkürlicher isometrischer Kontraktionen steigert die Mehrheit der Spindelafferenzen ihre Entladungsrate, obwohl die Muskellänge nicht zunimmt.

Die Skelettmuskelfasern, deren Aufgabe es ist, zu kontrahieren, werden direkt von Gruppen dicker Motoneuronen (α-Motoneuronen) im ventralen Bereich des Rükkenmarks (Kap. 15) innerviert. Der gesamte neuronale Apparat, der die Bewegung beeinflußt, muß auf diese Neuronen konvergieren. Im Musculus soleus der Katze divergieren 100 α-Motoneuronen und innervieren ca. 25000 Muskelfasern. Das Verhältnis ist also 1 Neuron auf 250 Muskelfasern. Im Gegensatz dazu werden 50 Muskelspindeln (die zusammen etwa 300 intrafusale Muskelfasern enthalten) im Musculus soleus von 50 γ-Motoneuronen innerviert. D.h. ungefähr ein Drittel der Motoaxone, die den Muskel versorgen, sind an der Regulation der Bewegung beteiligt und nicht an ihrer Ausführung. Die sensorischen Fasern schließen neben den 40 Ib-Fasern, die die Golgi-Sehnenorgane (siehe unten) versorgen, 50 Gruppe Ia- und 50 Gruppe II-Spindel-

43 Sears, T. A. 1964. *J. Physiol.* 174: 295–315.
44 Critchlow, V. and von Euler, C. 1963. *J. Physiol.* 168: 820–847.
45 Greer, J. J. and Stein, R. B. 1990. *J. Physiol.* 422: 245–264.
46 Vallbo, A. B. 1990. *J. Neurophysiol.* 63: 1307–1313.

Afferenzen ein. Je feinmotorischer die Bewegung ist, desto mehr ist die Nervenmaschinerie mit ihrer Kontrolle beschäftigt. Die Muskeln unserer Hand sind deshalb dichter mit Spindeln versorgt, als der Musculus soleus und andere große Extremitätenmuskeln.

Golgi-Sehnenorgane

Die Muskelspindeln, die parallel zur Muskelmasse liegen, messen die Muskellänge, und nicht die Spannung. Eine andere Rezeptorgruppe, die Golgi-Sehnenorgane, bestehen aus feinen Verzweigungen der Nervenendigungen innerhalb der Muskelsehnen.[47] Sie sind hochempfindlich für die Spannung, die durch die Muskelkontraktion entsteht. Entladungen der Sehnenorgane enthalten sowohl statische als auch dynamische Komponenten. Sie werden durch Gruppe I-afferente Fasern ins Zentralnervensystem übertragen, die Gruppe Ib-Fasern genannt werden, um sie von den Muskelspindelafferenzen zu unterscheiden.

Gelenkstellung

Man weiß noch nicht genau, wie die Information über die Gelenkstellung entsteht. Mechanorezeptoren in einem Gelenk, wie dem Knie, von denen man früher dachte, daß sie Gelenkwinkel in einem ganz bestimmten Bereich signalisieren, scheinen nicht diesem Zweck zu dienen. Statt dessen antworten die Rezeptoren am besten auf extreme und potentiell zerstörerische Ausmaße von Beugung, Dehnung oder Torsion.[48] Die Signale der Sehnenorgane liefern unscharfe Informationen über die Stellung: Ihre statische und ihre dynamische Komponente signalisieren die Muskelspannung und die Geschwindigkeit, mit der die Spannung sich entwickelt. Die Information ist nicht präzise, weil beide Komponenten des Signals nicht nur von der Muskelkontraktion abhängen, sondern auch von der Last, gegen die der Muskel arbeiten muß. Das Problem der Signalanalyse von Muskelspindeln ist noch komplexer. Das Nervensystem muß zwischen sensorischen Entladungen von Spindeln unterscheiden, die teilweise von einer Dehnung und teilweise von einer intrafusalen Kontraktion erzeugt wurden. Vermutlich beinhaltet die Analyse, die zur Bestimmung der Gelenkstellung benötigt wird, einen Vergleich (1) der Entladungen, die die Kontraktion der Muskelmasse bewirken, mit (2) den Entladungen, durch die sensorische Antworten initiiert oder aufrecht erhalten werden, und (3) den von den Muskelspindeln und Sehnenorganen einlaufenden Signalen.

Tragen Spindelentladungen zu unserem Haltungs- oder Bewegungsbewußtsein bei? Über viele Jahre hat man geglaubt, daß die sensorische Information von den Muskelspindeln nur für die reflektorische Regulation der Muskeln benötigt wird, und die Großhirnrinde nicht erreicht. Der Stellungssinn wurde ausschließlich den Rezeptoren in den Gelenken zugeschrieben. Heute weiß man, daß die Information aus den Spindeln die Großhirnrinde und das Bewußtsein erreicht.[49,50] Patienten und Freiwillige haben über Empfindungen von Bewegung, Veränderungen der Stellung einer Extremität oder eines Fingers oder Steifheit, berichtet, wenn Muskeln vibriert oder gedehnt wurden, nachdem jede Wahrnehmung der Gelenkrezeptoren unterdrückt war.

Somatosensorik

Somatische Rezeptoren

Unsere Wahrnehmung von Berührung, Druck und Vibration beruht auf dem Vorhandensein geeigneter Rezeptoren in der Haut und in tieferen Geweben. Die morphologischen Typen, die es in der unbehaarten Haut gibt, sind in Abb. 11 skizziert. Die Rezeptoren, die am nächsten an der Oberfläche liegen, sind die Meissner-Körperchen und die Merkel-Zellen, die jeweils mit schnell adaptierenden und langsam adaptierenden afferenten Fasern zu korrespondieren scheinen. Tiefer im Gewebe liegen schnell adaptierende Pacini- und langsam adaptierende Ruffini-Körperchen. Rezeptoren für Schmerz und für heiße und kalte Stimuli sind nicht dargestellt, da sie alle keine diskrete morphologische Struktur aufweisen und deshalb als **freie Nervenendigungen** klassifiziert werden. In behaarter Haut umgeben Nervenendigungen die Haarbälge und antworten schnell adaptierend auf das Umbiegen der Haare. Die Haut einer menschlichen Hand, die dicht innerviert ist, enthält 15000 bis 20000 Mechanorezeptoren, wobei etwa die Hälfte schnell adaptierend und die andere langsam adaptierend ist. Die Dichte der weiter an der Oberfläche liegenden Mechanorezeptoren der menschlichen Fingerspitze beträgt ungefähr 100 pro cm^2 – drei- bis viermal soviel wie in der Handfläche.

Zentrale Bahnen

Abb. 12 A zeigt schematisch die somatosensorischen Hauptbahnen, die Empfindungen über Berührung, Druck und Vibration zum Gehirn tragen (weitere Details sind in Anhang C zusammengestellt). Die Fasern aus der Haut, tieferen Geweben, Muskeln und Gelenken treten in die Hinterwurzeln ein, senden Axonkollateralen aus, um Synapsen auf spinalen Neuronen auszubilden, und steigen in den Hintersäulen auf, um auf Zellen zweiter Ordnung im Nucleus cuneatus oder im Nucleus gracilis zu enden. Die Axone der Zellen zweiter Ordnung kreu-

47 Barker, D. 1962. *Muscle Receptors.* Hong Kong University Press, Hong Kong.
48 Matthews, P. B. 1988. *Can. J. Physiol. Pharmacol.* 66: 430–438.
49 McCloskey, D. I. 1978. *Physiol. Rev.* 58: 763–820.
50 Matthews, P. B. C. 1982. *Annu. Rev. Neurosci.* 5: 189–218.

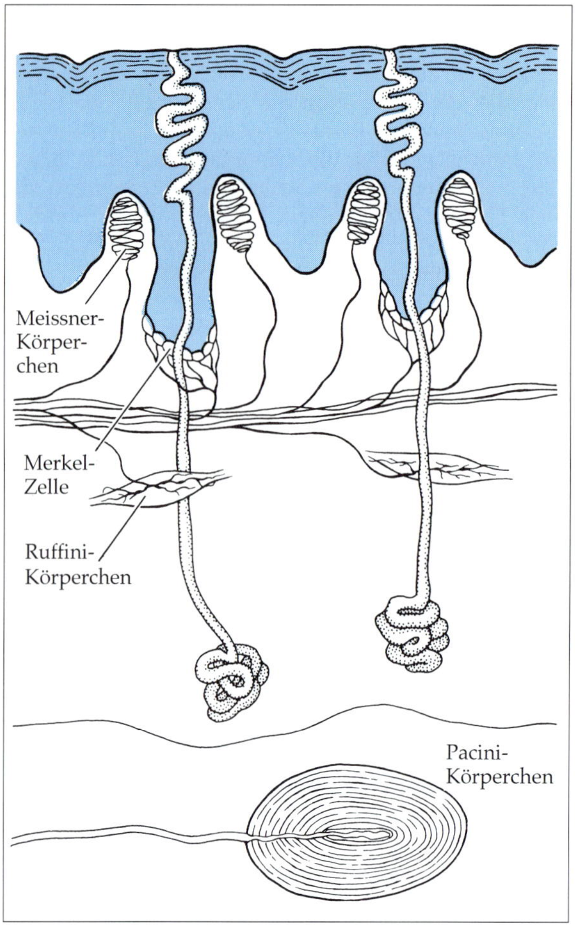

Abb. 11: **Mechanorezeptoren der Haut.** Schnell adaptierende Meissner-Körperchen und langsam adaptierende Merkel-Zellen antworten auf das Eindrücken der Haut innerhalb kleiner, wohldefinierter rezeptiver Felder. Die Ruffini-Körperchen adaptieren langsam und haben größere rezeptive Felder mit weniger scharfen Grenzen. Die Pacini-Körperchen adaptieren sehr schnell, sie sind sensitiv für Vibrationen in einem großen Hautbereich. Alle sind mit Axonen verbunden, deren Durchmesser im Aß-Bereich liegt. Nicht dargestellt sind schnell adaptierende Haarbalgrezeptoren, die auf Haarbewegungen reagieren (Aß-Fasern), und freie Nervenendigungen, die Temperatur-, Juck- und Schmerzwahrnehmungen vermitteln (Aδ- und C-Fasern) (nach Johansson und Vallbo, 1983).

zen die Mittellinie und steigen in Bündeln, die Lemniscus medialis genannt werden, auf, um auf Zellen im Nucleus ventralis posterior lateralis (VPL) des Thalamus zu enden. Die Zellen dritter Ordnung projizieren auf eine Region der Großhirnrinde im Gyrus postcentralis, der als primäre somatosensorische Rinde bekannt ist. Auf jeder höheren Ebene gibt es eine geordnete Karte des Körpers, die mit den Modalitäten Berührung, Druck und Gelenkposition korreliert ist. Da die Bahnen gekreuzt sind, ist die linke Körperseite in der rechten Gehirnhälfte repräsentiert. Wie im visuellen System, wo ein kleiner Bereich der Retina – die Fovea – im visuellen Cortex mit der größten Ausdehnung repräsentiert ist (Kap. 17), existiert im somatosensorischen Cortex eine vergleichbar verzerrte Repräsentation des Körpers.[51] Bei Affen und Menschen sind die Bereiche des Zentralnervensystems, die Hände, Finger oder Lippen repräsentieren, größer als die für Rumpf und Beine (Abb. 12 B). Bei verschiedenen Tieren haben verschiedene andere Körperregionen ein Übergewicht – die Tasthaare bei der Maus (Abb. 15) oder die Schnauze beim Schwein, die, wie Adrian sagt, «das Chefausführungsorgan ist, das genauso gut gräbt wie eine Hand».[52] Es wurde gezeigt, daß diese Repräsentationen nicht unveränderlich fixiert sind, sondern sich nach Läsionen, die den sensorischen Eingang in den Cortex modifizieren, oder durch periphere Reizung verändern können[53] (s. Kap. 18).

Rezeptive Felder

Das rezeptive Feld einer Zelle aus dem somatosensorischen System ist der Hautbereich, in dem ein mechanischer Reiz eine Antwort erzeugt. Ein Teil des Feldes kann exzitatorisch sein und einen Anstieg der Feuerrate der Zelle verursachen. Ein anderer Teil kann inhibitorisch sein und die Feuerrate herabsetzen. Größe und Komplexität der rezeptiven Felder variieren auf den aufeinanderfolgenden Ebenen des sensorischen Systems. Die primären afferenten Fasern haben einfache exzitatorische Felder, deren Lage und Größe nur von der Lage des Rezeptors selbst und davon, wie seine Sensitivität mit der Entfernung vom Reiz abnimmt, abhängt. Die Fasern, die Rezeptoren an der Oberfläche (Meissner-Körperchen und Merkel-Zelle) versorgen, haben normalerweise relativ begrenzte rezeptive Felder. Die rezeptiven Felder der Fasern, die die tiefer liegenden Ruffini- und Pacini-Körperchen versorgen, sind üblicherweise größer. In Abb. 13 ist ein Beispiel eines primären afferenten rezeptiven Feldes eines schnell adaptierenden Berührungsrezeptors zu sehen. Die Felder haben einen Durchmesser von wenigen Millimetern und enthalten mehrere «hot spots» erhöhter Sensitivität, die vielleicht die Lage einzelner Endigungen eines Körperchens darstellen, die von derselben Faser versorgt werden.

Die Feinstruktur der Repräsentation im primären somatosensorischen Cortex (Abb. 12 B) wurde durch die Ableitung von einzelnen Neuronen bestimmt. In diesem Cortexbereich haben Mountcastle, Powell und ihre Kollegen erstmals eine Säulenstruktur nachgewiesen,[54] was vergleichbare Arbeiten im visuellen System einleitete (Kap. 17). Wenn man – wie in Abb. 14 A dargestellt – eine Mikroelektrode senkrecht zur Cortexoberfläche durch den somatosensorischen Cortex führt, sieht man, daß jedes Neuron, von dem man ableitet, einige Eigenschaften seines rezeptiven Feldes mit den über und unter

51 Penfield, W. and Rasmussen, T. 1950. *The Cerebral Cortex of Man. A Clinical Study of Localization of Function.* Macmillan, New York.
52 Adrian, E. D. 1946. *The Physical Background of Perception.* Clarendon Press, Oxford.
53 Jenkins, W. M. et al. 1990. *J. Neurophysiol.* 63: 82–104.
54 Powell, T. P. S. and Mountcastle, V. B. 1959. *Bull. Johns Hopkins Hosp.* 105: 133–162.

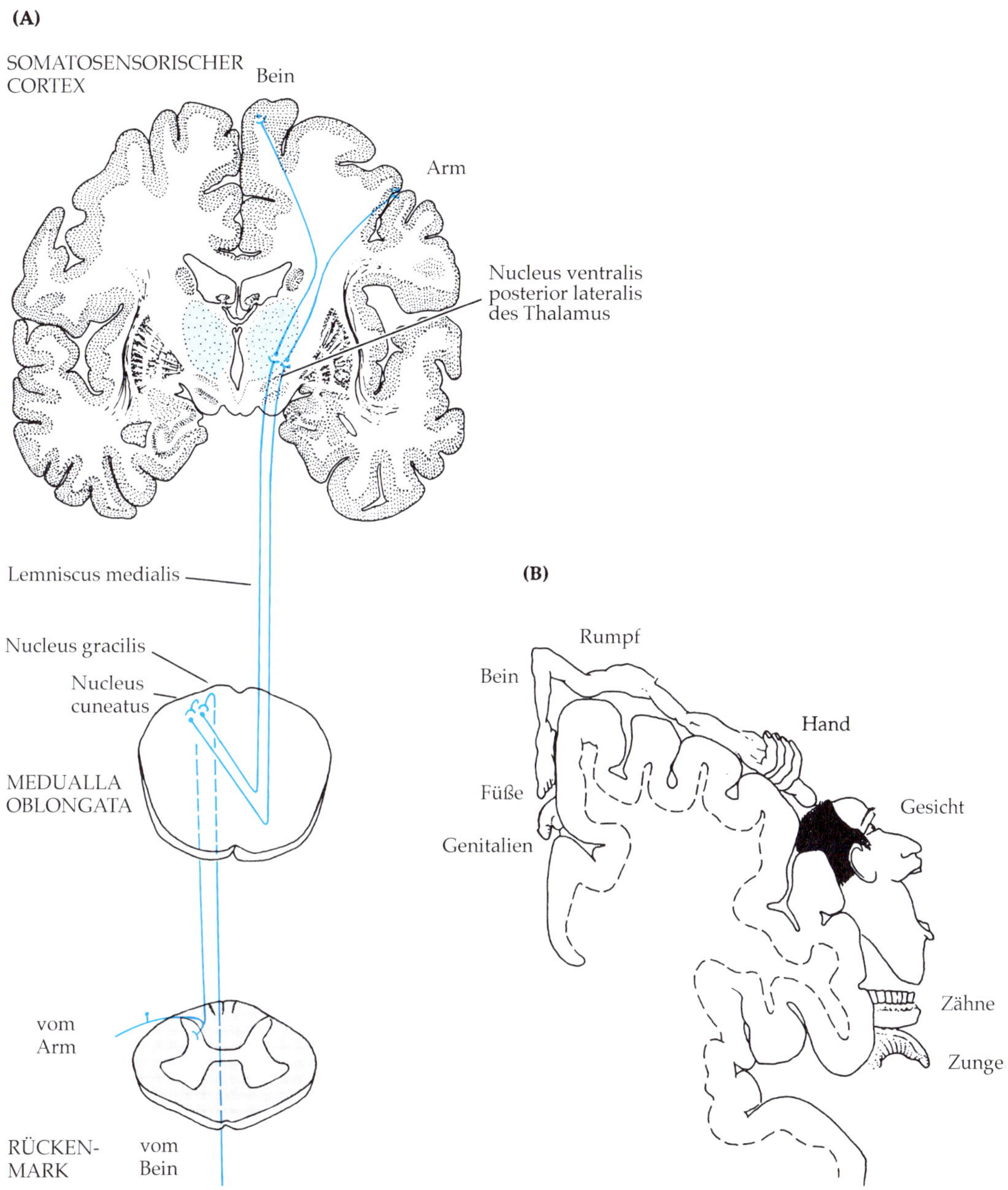

Abb. 12: **Sensorische Bahnen zur Berührungswahrnehmung.** (A) Querschnitt durch Rückenmark und Medulla oblongata und Frontalschnitt durch das Gehirn hinter dem zentralen Sulcus. Sensorische Fasern (meistens Aß), deren Zellkörper in den Hinterwurzelganglien liegen, treten ins Rückenmark ein, geben Kollateralen ab, bilden in den einzelnen Segmenten Synapsen und steigen im Hinterstrang zur Medulla oblongata auf. Mit zunehmendem Aufstieg im Rückenmark werden einlaufende Fasern seitlich angelagert, so daß die Fasern vom Bein medial von denen des Arms liegen, und sich so eine somatotopische Ordnung ergibt. In der Medulla oblongata kreuzen sensorische Fasern zweiter Ordnung zur Gegenseite und steigen im Lemniscus medialis zum Nucleus ventralis posterior lateralis des Thalamus auf. Sensorische Fasern dritter Ordnung projizieren zum somatosensorischen Cortex. Taktile Fasern steigen ebenfalls im Tractus spinothalamicus auf (Abb. 16). (B) Somatotopische Repräsentation des somatosensorischen Cortex des Menschen (der sensorische «Homunculus») in einem Frontalschnitt des Gehirns. Dicht innervierte Regionen, wie das Gesicht, sind entsprechend groß repräsentiert (B nach Penfield und Rasmussen, 1950).

ihm liegenden Neuronen teilt. Zum Beispiel reagierten alle Zellen in einer Ableitserie auf leichte Berührungen eines Hautbereiches auf der Hand (Abb. 14 B). Ableitungen von einem Cortexbereich, der ca. einen Millimeter entfernt liegt, zeigen eine Verschiebung des rezeptiven Feldes und vielleicht der Modalität. Alle Zellen antworten dann auf Druck oder auf eine Verstellung des Fingerspitzengelenks. Noch weiter entfernt – wenn das re-

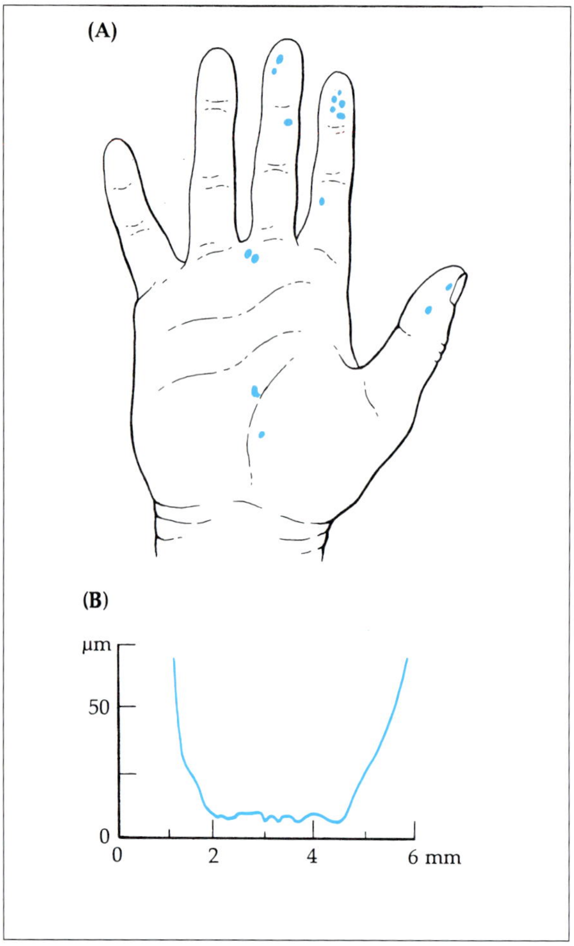

Abb. 13: **Rezeptive Felder von schnell adaptierenden Berührungsrezeptoren** (wahrscheinlich Meissner-Körperchen) in der menschlichen Hand. Die Felder wurden mit durch die Haut gestochenen Wolframelektroden und Ableitung der Entladungen einzelner Fasern in einem sensorischen Nerven kartiert. (A) Die rezeptiven Felder der Finger und der Handfläche bestehen aus kleinen, wohldefinierten Gebieten. Jeder Punkt repräsentiert das rezeptive Feld einer Faser. (B) Die für eine Antwort benötigte Eindrucktiefe (in µm), als Funktion des Ortes im rezeptiven Feld. Das Gebiet maximaler Sensitivität, wo eine Eindellung von wenigen Mikrometern ausreicht, um eine Antwort zu erzeugen, hat einen Radius von ungefähr 3 mm. Punkte maximaler Sensitivität in dem Gebiet korrespondieren vermutlich mit der Lage einzelner Rezeptoren, die alle mit derselben afferenten Faser verbunden sind (nach Johansson und Vallbo, 1983).

zeptive Feld auf dem Unterarm oder dem Ellbogen liegt – ist das rezeptive Feld eines corticalen Neurons wesentlich größer, nämlich Zentimeter, anstelle von Millimetern. Abb. 14 C stellt das rezeptive Feld eines corticalen Neurons auf dem Unterarm dar und zeigt eine wichtige Eigenschaft der Organisation eines rezeptiven Feldes: Die Zelle feuert nicht nur, wenn ein bestimmter Hautbereich berührt wird, sondern diese Entladung wird durch die Berührung des großen Umfeldes dieses Hautbereichs gehemmt. Diese **inhibitorische Umgebung** verbessert die Unterscheidung von zwei nahe beieinanderliegenden taktilen Reizen auf die Haut.

Der Präzisionsgrad, mit dem Körperteile im somatosensorischen Cortex repräsentiert werden, wird bei der Projektion der sensorischen Innervation der Tasthaare der Maus deutlich. Histologische Untersuchungen von Van der Loos und Kollegen[55–57] haben gezeigt, daß der somatosensorische Cortex der Maus charakteristische Gruppen von Nervenzellen enthält, die zylinderförmige Cluster bilden, die im Cortex senkrecht aufeinanderliegen. Diese Zellansammlungen werden nach ihrer Form, die aus Rekonstruktionen von Seriendünnschnitten bestimmt wurde, **Barrels** genannt. Jedes Barrel hat einen Durchmesser von 100 bis 400 µm und besteht aus einem Ring aus Zellen, der eine zentrale Höhle mit weniger Zellen umgibt. Die Barrelfelder der Maus sind immer in fünf Reihen angeordnet. Van der Loos und Woolsey erkannten, daß dieses Muster exakt mit den Tasthaar- oder Vibrissenreihen auf dem Gesicht der Maus korreliert ist, ein Barrel für jedes Tasthaar (Abb. 15 C und 15 D). Die funktionelle Rolle der Barrels ist durch elektrische Ableitungen von einzelnen Zellen bestätigt worden.[58,59] Jede Zelle antwortet nur auf die Bewegung der korrespondierenden Vibrisse, einige feuern, wenn das Tasthaar in die eine, andere wenn es in die entgegengesetzte Richtung bewegt wird. Die Maus benutzt ihre Vibrissen als sensitive Antennen. Sie bewegt sie beim Laufen vorwärts und rückwärts, um Gegenstände zu beiden Seiten ihres Weges zu entdecken. Die synaptischen Verbindungen und das Verschaltungsmuster in den Barrels ist noch nicht bekannt.

Zusätzlich zum primären somatosensorischen Cortex existieren viele Repräsentationen des Körpers in anderen, sekundären somatosensorischen Arealen (s. Anhang C).[60,61] In Area 5 des Parietallappens wurden Neuronen mit komplexeren Antworteigenschaften gefunden. Diese Neuronen werden nur durch Bewegungen, an denen mehrere Gelenke beteiligt sind, zum Beispiel die Bewegung einer ganzen Extremität in eine Richtung aktiviert. Die Neuronen aus anderen Säulen antworten auf das Streichen über die Haut in eine Richtung, aber nicht in die andere.[62,63] Wie das Gehirn die Information aus den verschiedenen Arealen zu einem kompletten Bild des Körpers synthetisiert, ist zur Zeit noch ungeklärt.

55 Woolsey, T. A. and Van der Loos, H. 1970. *Brain Res.* 17: 205–242.
56 Nussbaumer, J. C. and van der Loos, H. 1984. *J. Neurophysiol.* 53: 686–698.
57 Walker, E. and Van der Loos, H. 1986. *J. Neurosci.* 6: 3355–3373.
58 Welker, C. 1976. *J. Comp. Neurol.* 166: 173–190.
59 Simons, D. J. and Woolsey, T. A. 1979. *Brain Res.* 165: 327–332.
60 Merzenich, M. M. et al. 1978. *J. Comp. Neurol.* 181: 41–74.
61 Kaas, J. H. 1983. *Physiol. Rev.* 63: 206–231.
62 Hyvärinen, J. and Poranen, A. 1978. *J. Physiol.* 283: 523–537.
63 Costanzo, R. M. and Gardiner, E. P. 1980. *J. Neurophysiol.* 43: 1319–1341.

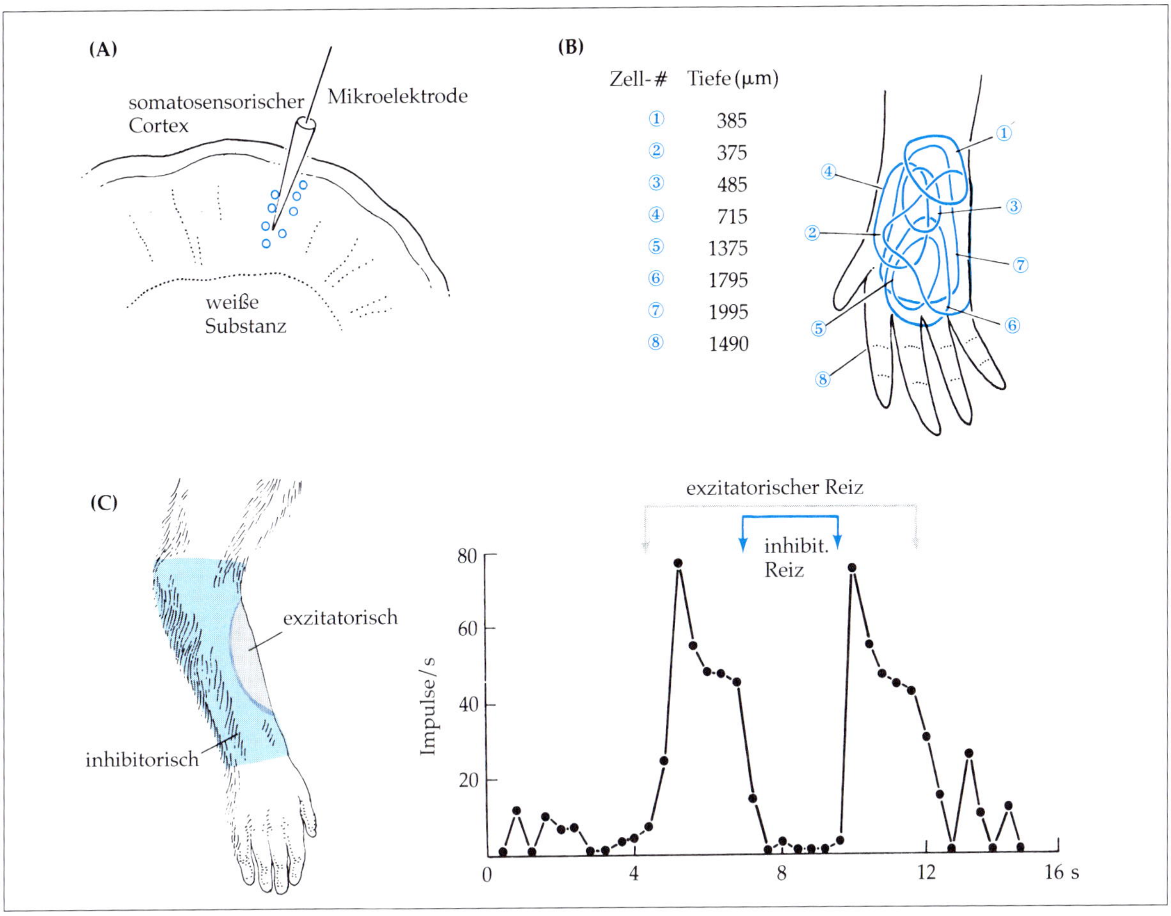

Abb. 14: **Rezeptive Felder von Neuronen** im somatosensorischen Cortex des Affen. (A) Elektrode im rechten Winkel zur Oberfläche durch den Cortex eingestochen. (B) Jede Zelle, auf die die Elektrode trifft, antwortet auf Berührung ungefähr der selben Handregion. (C) Rezeptives Feld einer Zelle in einer anderen Cortexregion. Exzitatorischer Bereich auf der ventralen Oberfläche des Unterarms umgeben von einer inhibitorischen Region, die die Antwort der Zelle unterdrückt (B nach Powell und Mountcastle, 1959; C nach Mountcastle und Powell, 1959).

Temperaturwahrnehmung

Bei einer Hauttemperatur von ca. 33°C haben wir normalerweise keine Temperaturempfindung. Erhöhung oder Erniedrigung der Hauttemperatur über oder unter diesen neutralen Punkt bewirkt, daß man eine Erwärmung oder eine Abkühlung wahrnimmt. Überraschenderweise gibt es zwei Typen von Temperaturrezeptoren in der Haut – einer signalisiert Wärme, der andere Kälte – obwohl theoretisch einer ausreichend wäre. Man kann das bequem auf seinem Handrücken testen: Wenn man eine Sonde, die Raumtemperatur hat, (z.B. einen stumpfen Bleistift) an verschiedenen Stellen auf die Haut drückt, wird man gelegentlich punktförmig Kälte empfinden. Außerhalb dieser engumgrenzten Stellen fühlt man nur die Berührung. Eine warme (z.B. 45°C) Metallsonde kann benutzt werden, um Punkte zu finden, an denen man Wärme empfindet und die sich räumlich von den kalten Stellen unterscheiden. Hiervon gibt es jedoch weniger Punkte und man muß lange nach ihnen suchen. Dünne myelinisierte (Aδ) und unmyelinisierte Fasern von den Temperaturrezeptoren dringen ins Rückenmark ein, um Synapsen auf Zellen zweiter Ordnung im Hinterhorn zu bilden. Die Bahnen, die Informationen über die Temperatur weiterleiten, laufen dann zusammen mit denen für die Schmerzempfindung (Abb. 16) und nicht in den Hintersäulen.

Nociceptive Systeme und Schmerz

Informationen über schädliche und schmerzhafte Reize werden über spezifische Rezeptoren zu höheren Zentren befördert, und zwar über Bahnen, die sich von denen für die Positionswahrnehmung, Berührung oder Druck unterscheiden. Nociceptive Endigungen sind freie Nervenendigungen in der Haut und in den Eingeweiden. Sie antworten charakteristischerweise nur auf starke Reize, wie zum Beispiel Stechen, starkes Dehnen und extreme Temperaturen oder verschiedene Chemikalien, wie Histamin oder Bradykinin.[64] Die afferenten Axone werden in zwei Klassen unterteilt: (1) Aδ-Axone mit einem Durchmesser von 1 bis 4 μm, die eine Fortleitungsge-

64 Ottoson, D. 1983. *Physiology of the Nervous System.* Oxford University Press, New York, Chapter 31.

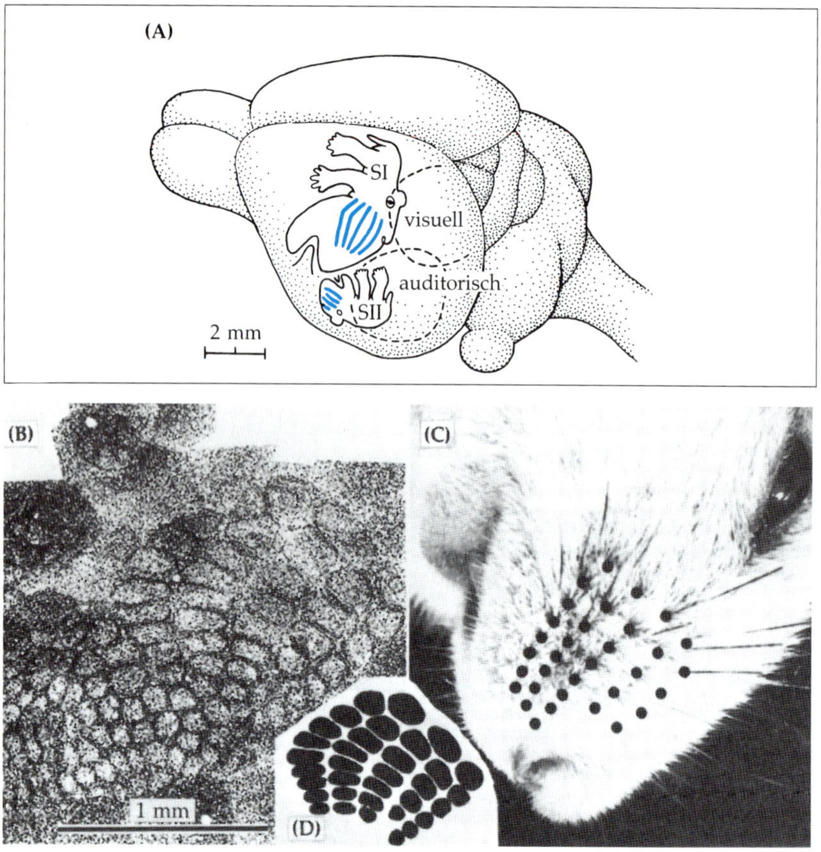

Abb. 15: **Barrels im somatosensorischen Cortex der Maus**, die den Vibrissen zugeordnet sind. (A) Schematische Zeichnung des Mäusegehirns, die die somatotopische Repräsentation, besonders des Gesichts und der Vibrissen, auf dem somatosensorischen Cortex der Maus («Musculus» entsprechend dem «Homunculus» in Abb. 12 B) zeigt. SII ist das sekundäre somatosensorische Areal. (B) Ein Horizontalschnitt durch den Cortex in einem Areal, das die Vibrissen repräsentiert, zeigt Barrels im Querschnitt. (C) Nahaufnahme der Tasthaare. (D) Schemazeichnung der Barrelanordnung aus (B), die die Entsprechung mit den Vibrissen zeigt (nach Woolsey und Van der Loos, 1970).

schwindigkeit von 6 bis 24 Metern pro Sekunde besitzen, und (2) unmyelinisierte C-Axone mit einem Durchmesser von 0,1 bis 1 µm, die eine geringere Fortleitungsgeschwindigkeit, nämlich 0,5 bis 2 Meter pro Sekunde aufweisen.[65,66] Eine einzelne afferente Faser – Aδ oder C – antwortet in charakteristischer Weise auf schmerzhafte Reize in ihrem rezeptiven Feld: Die Adaptationsgeschwindigkeit ist gering, und die Entladung hält auch noch nach Beendigung des Reizes an. Die beiden Fasertypen übertragen jedoch verschiedene Schmerzwahrnehmungen. Bei Menschen führt ein kurzer intensiver Reiz auf den distalen Teil einer Extremität zunächst zur Perzeption eines stechenden, relativ kurzen Schmerzes (primärer Schmerz), dem ein dumpfer, brennender Schmerz (sekundärer Schmerz) folgt. Elektrophysiologische Experimente haben gezeigt, daß der primäre Schmerz mit der Aktivierung dünner myelinisierter Fasern und der sekundäre Schmerz mit der C-Faseraktivierung verbunden ist.[67,68]

65 Kruger, L., Perl, E. R. and Sedivic, M. J. 1981. *J. Comp. Neurol.* 198: 137–154.
66 Torebjork, H. E. and Ochoa, J. 1980. *Acta Physiol. Scand.* 110: 445–447.
67 Collins, W. F. Jr., Nulsen, F. E. and Randt, C. T. 1960. *Arch. Neurol.* 3: 381–385.
68 Torebjork, H. E. and Hallin, R. G. 1973. *Exp. Brain Res.* 16: 321–332.

In Abb. 16 sind die nociceptiven Bahnen des Zentralnervensystems dargestellt. Zellen, die ins Rückenmark eintreten, bilden Synapsen auf Zellen des Hinterhorns. Es ist noch nicht sicher, welche Neurotransmitter die Wirkungen der afferenten Fasern auf die spinalen Neuronen übermitteln. Substanz P und Glutamat werden favorisiert (Kap. 10), zusammen mit Somatostatin und VIP (vasoaktives intestinales Polypeptid).[69,70] Die Fasern der sensorischen Zellen zweiter Ordnung kreuzen zur Gegenseite und steigen über zwei Hauptbahnen auf: Den Tractus spinothalamicus lateralis und den Tractus spinothalamicus ventralis. Die aufsteigenden Fasern enden auf dem Ventrobasal- und dem Medialkern des Thalamus. Zellen dieser Kerne projizieren auf den somatosensorischen Cortex und andere, weitverbreitete Gebiete des Nervensytems. Anders als andere Interneuronen im somatosensorischen System, haben die Interneuronen im Thalamus und im Cortex, die nociceptive Eingänge erhalten, schlechtdefinierte rezeptive Felder, die oft contralateral und auch ipsilateral weite Bereiche des Körpers bedecken.

69 Basbaum, A. I. 1985. *In* H. L. Fields et al. (eds.). *Advances in Pain Research and Therapy,* Vol. 9. Raven, New York.
70 Lynn, B. and Hunt, S. P. 1984. *Trends Neurosci.* 7: 186–188.

Obwohl die afferenten Systeme zur Nociception ihre eigenen Bahnen besitzen, kann jeder schmerzhafte Reiz auch andere Rezeptoren aktivieren, die auf Berührung, Druck, Verschiebung, Dehnung, Abkühlung, Erhitzen und so weiter reagieren. Zahlreiche Experimente haben gezeigt, daß die beiden Systeme interagieren. Zum Beispiel kann eine leichte Berührung oder ein Schlag auf die Haut die Feuerrate der nociceptiven Neuronen des Zentralnervensystems beeinflussen. Poggio und Mountcastle[71] haben beispielsweise gezeigt, daß die Aktivierung der somatosensorischen Afferenzen (durch Schläge), die benachbarte rezeptive Felder haben, inhibitorische Wirkungen auf die nociceptiven Entladungen corticaler und thalamischer Neuronen hat. Die Modulation der Schmerzempfindung hat mit der Entdeckung von Opiatrezeptoren im Zentralnervensystem und mit der Identifizierung von natürlich auftretenden opiatartigen Peptiden in speziellen Neuronen, die mit der Schmerzwahrnehmung zu tun haben, große Aufmerksamkeit erlangt[72] (siehe Diskussion der Peptidneurotransmitter in Kap. 10).

Wie in anderen sensorischen Systemen auch, können die absteigenden Einflüsse aus höheren Zentren den sensorischen Informationsfluß über Schmerzen, der das Bewußtsein erreicht, dramatisch modifizieren.[73,74] Eine Diskussion der spezifischen Bahnen, die diese Einflüsse ausüben, findet man in der informativen Monographie von Fields über die neurophysiologischen und klinischen Gesichtspunkte der Schmerzen.[75] Die bekannten Bahnen beginnen im Mittelhirn mit einer Gruppe von Zellen in der periaquäductalen grauen Substanz. In einigen Fällen hat die Stimulation dieses Gebietes mit implantierten Elektroden zur selektiven Linderung schwerer klinischer Schmerzen geführt.[76] Die daran beteiligten Zellen scheinen enkephalinerg zu sein und auf serotonerge Neuronen in der rostralen Medulla oblongata zu projizieren. Die Neuronen der Medulla senden absteigende Fasern in den lateralen Hinterstrang des Rückenmarks, die im Hinterhorn enden. Dort bilden sie Synapsen mit Interneuronen und Endigungen afferenter Fasern, um die Übertragung in den Schmerzbahnen zu modulieren. Die absteigenden Fasern werden von noradrenergen Fasern begleitet, die zu einer zweiten Bahn mit Ursprung in der dorsolateralen Brücke gehören und auch an der Schmerzmodulation beteiligt ist.

Schmerz selbst bleibt jedoch ein schwer faßbares und schwieriges Konzept, das über die Möglichkeiten dieses Buches hinausgeht. Im scharfen Kontrast zur Analyse des visuellen, des auditorischen und des somatosensorischen Systems kann eine Diskussion von «Schmerz» mit seinem hohen emotionalen Gehalt und der Notwendigkeit zur Subjektivität – Gefühle, die mit «Qual» und «Leiden» verwandt sind – zur Zeit nicht in der Sprache der Neurobiologie ausgedrückt werden (genauso wie

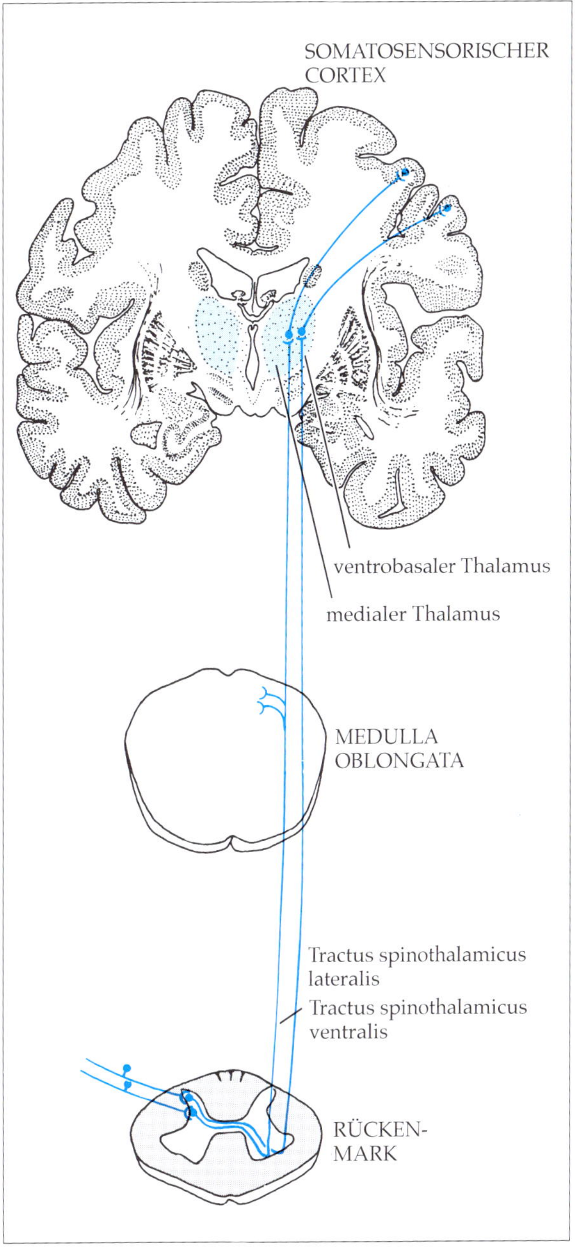

Abb. 16: **Sensorische Bahnen, über die Schmerz und Temperatur übertragen werden,** in Querschnitten durch das Rückenmark und die Medulla oblongata und in einem Frontalschnitt durch das Gehirn. Dünne myelinisierte (Aδ-) und unmyelinisierte (C-) Fasern treten ins Rückenmark ein und bilden Synapsen auf Neuronen zweiter Ordnung. Die Axone zweiter Ordnung kreuzen zur Gegenseite, um im Tractus spinothalamicus ventralis und lateralis aufzusteigen und im medialen und ventrobasalen Thalamus zu enden. Zellen dritter Ordnung projizieren dann zur Großhirnrinde. Die Tractus spinothalamici enthalten auch taktile Fasern (nicht gezeigt). Zellen des Tractus spinothalamicus ventralis entsenden Kollateralverzweigungen in die Medulla. Einige davon enden auf dieser Ebene (der Tractus spinoreticularis, nicht gezeigt).

71 Poggio, G. F. and Mountcastle, V. B. 1960. *Bull. Johns Hopkins Hosp.* 106: 266–316.
72 Hughes, J. (ed.). 1983. *Br. Med. Bull.* 39: 1–106.
73 Basbaum, A. I. and Fields, H. L. 1979. *J. Comp. Neurol.* 187: 513–522.
74 Fields, H. L. and Besson, J.-M. (eds.). 1988. *Pain Modulation. Prog. Brain Res.* 77.
75 Fields, H. L. 1987. *Pain.* McGraw-Hill, New York.
76 Fields, H. L. and Basbaum, A. I. 1978. *Annu. Rev. Physiol.* 40: 217–248.

man «einen Sonnenuntergang sehen» oder «sich warm fühlen» nicht mit diesen Termini beschreiben kann). Trotzdem gibt es offensichtlich Korrelationen zwischen neuronaler Aktivität und Schmerz. So kann z.B. die alltägliche Erfahrung eines scharfen, gut lokalisierbaren, stechenden Schmerzes, dem ein dumpfer, graduiert anwachsender, schlecht lokalisierbarer Schmerz folgt, auf die Aktivität der A- und der C-Fasern zurückgeführt werden. Auf ähnliche Weise läßt sich die analgetische Wirkung des Streichelns über die Haut durch synaptische Interaktionen auf der Ebene des Rückenmarks, des Thalamus und des Cortex erklären. Besonders ansprechend ist die Vorstellung, daß der empfundene Schmerzgrad durch absteigende Einflüsse, an deren Wirkung morphinartige Peptide beteiligt sind, reduziert wird. Dies ermöglicht es einem Soldaten, im Kampf sein Gewehr zu laden und Verletzungen zu ignorieren, die, wenn er in einem Stuhl säße, unerträglich wären.
Adrian arbeitete ein Schlüsselproblem des Schmerzes, nämlich seine Funktion heraus:[52]

E. D. Adrian

Warum sollen wir Schmerzen ertragen, was ist ihr Zweck und warum sind sie so unangenehm? Unsere Vorfahren haben vielleicht den Moralisten (und den Doktoren) geglaubt, die ihnen gesagt haben, daß Schmerz eine wertvolle Erfahrung sein kann, den man nicht durch unnatürliche Mittel, wie z.B. Betäubungsmittel bei der Geburt, vermeiden sollte, aber wir sind weniger hart, und wir brauchen biologische und moralische Gründe für die Existenz eines solchen Übels. Die biologische Hauptentschuldigung für Schmerz ist die, daß er ein Gefahrensignal darstellt. Dieses Argument ist in einem Punkt überzeugend. Ein erfolgreiches Tier, das auf sich selbst achtgeben kann, muß einen sensorischen Mechanismus besitzen, der Ereignisse signalisiert, die ihm schaden könnten, und diese Signale müssen Vorrang vor allen anderen haben. ... Es muß eine Wahrnehmung sein, die wir nicht ignorieren können und von der wir gezwungen werden, sie so schnell wie möglich zu beenden. ... Das Gefahrensignal kann außer Kontrolle geraten, die Warnung erklingt manchmal, obwohl keine Verletzung zu befürchten ist. ... Das Gefahrensignal wirkt jedoch weniger überzeugend, wenn man Schmerz erklären soll, den man erleiden muß, wenn die Verletzung nicht von außen kommt, wo man eine Chance hat, sie zu vermeiden, sondern von einem Prozeß, der innerhalb des Körpers stattfindet, wie zum Beispiel das langsame Wachsen eines Tumors oder die Bewegungen eines Nierensteins. Solch ein Schmerz könnte eine Signal sein, einen Chirurgen aufzusuchen, aber ein paar Hundert Jahre vorher ... würde das Aufsuchen eines Chirurgen keinen großen Unterschied gemacht haben. ... Die medizinische Wissenschaft hat bereits so viel für die Schmerzlinderung getan, daß wir nicht beschämt sein müssen, wenn wir gestehen, daß es noch viel zu tun gibt, bevor wir verstehen, wie und warum der Schmerz entsteht.

Das Auditorische System

Zwei unserer sensorischer Systeme ermöglichen uns – im Gegensatz zu denen für Berührung, Temperatur und Schmerz – die Wahrnehmung und die Lokalisation von Ereignissen in großen Entfernungen, weit außerhalb der Reichweite unseres normalen physikalischen Kontaktes mit der Umgebung. Dies sind das visuelle und das auditorische System. Der Grund für die Tatsache, daß entfernte Ereignisse von diesen Systemen wahrgenommen werden können, liegt in den physikalischen Eigenschaften der Reize. Lichtwellen, die von den Objekten um uns herum reflektiert oder von weit entfernten Sternen abgestrahlt werden, treffen auf unsere Augen, wo sie von den Stäbchen und Zapfen der Retina absorbiert werden. Schallwellen breiten sich durch die Atmosphäre aus, von wo aus sie in unseren äußeren Gehörgang eindringen und lokale mechanische Vibrationen erzeugen, die letztendlich die Haarzellen der Cochlea erregen. Die visuelle Transduktion und Wahrnehmung werden in Kap. 16 und 17 diskutiert. Hier beschreiben wir, wie das auditorische System Schallwellen einfängt und umwandelt.

Auditorische Transduktion

Bei Landwirbeltieren dringen Schallwellen aus der Luft in den äußeren Gehörgang ein, treffen auf das **Trommelfell** (Membrana tympani) und werden, nach einer Reihe von mechanischen Kopplungen im Mittelohr, in der **Cochlea** in Flüssigkeitswellen verwandelt (Abb. 17 A). Die Flüssigkeitswellen verursachen ihrerseits Schwingungen der **Basilarmembran**, auf der die sensorischen **Haarzellen** sitzen. Die Haarzellen wandeln die mechanischen Schwingungen in elektrische Signale um und schütten Transmitter auf die afferenten Nervenendigungen aus, die die Information ins Gehirn übertragen. Der Vorgang wurde von Aldous Huxley vortrefflich zusammengefaßt:[77]

Pongileonis Trompeten und das Streichen ungenannter Geiger haben die Luft in der großen Halle erschüttert und das Glas der Fenster zum Vibrieren gebracht. Das wiederum hat die Luft in Lord Edward's Appartment auf der anderen Seite zum Beben gebracht. Die bebende Luft erschütterte Lord Edward's *Membrana tympani.* Die Mittelohrknöchelchen *Hammer*, *Amboß* und *Steigbügel* wurden in Bewegung gesetzt, um die Membran des ovalen Fensters zu bewegen und einen winzigen Flüssigkeitssturm im Labyrinth zu erzeugen. Die haarigen Endigungen des Hörnervs schaukelten wie Seegras in rauher See. Eine riesige Anzahl verborgener Wunder fand im Gehirn statt, und Lord Edward flüsterte ekstatisch ‹Bach!›

Die Cochlea wird in drei Kompartimente unterteilt (Abb. 17 B). Die **Scala media** enthält eine Lösung hoher Kalium-Konzentration, die Endolymphe. Sie wird von der über ihr liegenden **Scala vestibuli** durch die Reissnersche Membran und von der unter ihr liegenden **Scala tympani** durch interzelluläre tight junctions zwischen den apicalen Enden der Haarzellen und den sie umgebenden Stützzellen getrennt. Es gibt zwei Gruppen von Haarzellen: **Innere Haarzellen** und **äußere Haarzellen.**

77 Huxley, A. 1928. *Point Counter Point.* HarperCollings, New York, Chapter 3.

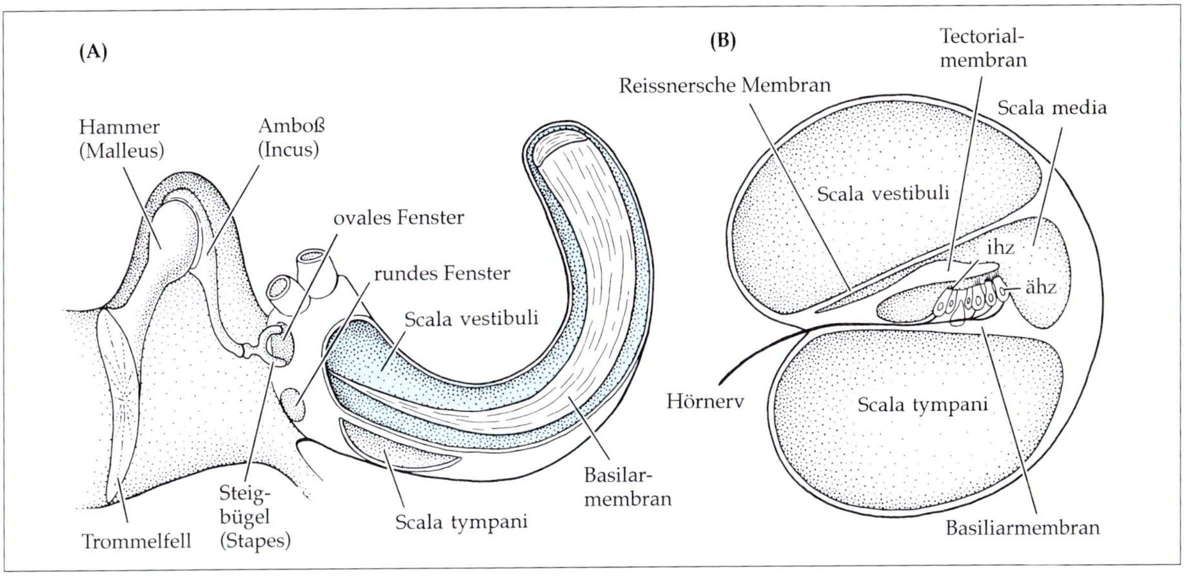

Abb. 17: **Bau der Chochlea.** (A) Mittelohr und Cochlea mit Trommelfell und seinen knöchernen Verbindungen zum ovalen Fenster. Die Cochlea ist ausgerollt und aufgeschnitten dargestellt, um die inneren Hauptkompartimente (Scala vestibuli und Scala tympani) zu zeigen. Die darüberliegenden Strukturen sind entfernt worden, um die Form der Basilarmembran zu enthüllen, die an ihrer Basis schmal und an der Spitze breit ist. (B) Querschnitt, der die Scala media (die die Endolymphe enthält, eine Lösung mit hoher Kaliumkonzentration) und die strukturellen Beziehungen zwischen der Basilarmembran, den inneren (ihz) und äußeren Haarzellen (ähz) und der Tectorialmembran zeigt. Die Haarzellen bilden Synapsen auf den Endigungen der Hörnervfasern, die ihre Zellkörper in den Spinalganglien haben.

Jede Haarzelle streckt ein Bündel aus Stereocilien in die hoch konzentrierte Kalium-Umgebung der Scala media. Die Cilien sind der Länge nach wie Orgelpfeifen aufgereiht, wobei jede an der apikalen Spitze der nächsten und die längste an der darüberliegenden **Tectorialmembran** befestigt ist.

Elektrische Transduktion in den Haarzellen

Haarzellen, Basilarmembran und Tectorialmembran sind physikalisch so angeordnet, daß die Cilien sich bei Auf- und Abbewegungen der Membranen bezüglich der Haarzellen vor und zurück bewegen (Abb. 18). Diese mechanische Anordnung, die auf den ersten Blick relativ ineffizient erscheint, ist sehr effektiv, zum Teil wegen der extremen Sensitivität der Haarzellen, die Bündelauslenkungen von wenigen zehntel Nanometern signalisieren können. Experimente von Flock am Seitenlinienorgan haben gezeigt, daß eine Abscherung der Cilienbündel in Richtung auf die längste Cilie eine Depolarisation und eine Abscherung in die entgegengesetzte Richtung eine Hyperpolarisation zur Folge hat.[78] (Seitenlinienorgane der Fische sind unseren Ohren analog, sie nehmen Wasserwellen wahr.) Dies wurde dann von Corey und Hudspeth durch direkte Messungen an einzelnen Haarzellen des Vestibularapparates nachgewiesen[79] (Box 1). Spannungsänderungen werden durch das Öffnen und Schließen von Kationenkanälen erreicht, die an oder in der Nähe der Spitzen der Stereocilien lokalisiert zu sein scheinen. Leitfähigkeitsmessungen lassen vermuten, daß jedes Stereocilium nur einen Kanal enthält.[80] Ein für die Kanalaktivierung vorgeschlagener Mechanismus rührt von der Beobachtung her, daß die Spitze jedes Ciliums mit der Wand des nächstlängeren durch einen dünnen Strang verbunden zu sein scheint. Man nimmt an, daß diese Stränge als «Federn mit Tor-Funktion» wirken, die gedehnt oder entspannt werden, wenn das Bündel zu den größeren Cilien hin oder von ihnen weg geneigt wird, so daß dabei ein Kanal geöffnet oder geschlossen wird.[81] Da die Cilien in die Endolymphe mit ihrer hohen Kaliumkonzentration hineinragen, bewirkt die Kanalöffnung einen Kalium-Einwärtsstrom und eine Depolarisation der Haarzelle.

Wie übertragen die Haarzellen Signale zum Hörnerv? Wie in anderen sekundären Sinneszellen auch, bewirkt die Modulation ihres Membranpotentials eine Modulation der Transmitterausschüttung auf die sensorischen Nervenendigungen. Depolarisation verursacht einen Anstieg, Hyperpolarisation eine Abnahme der Transmitterausschüttung. Der Transmitter, der exzitatorisch auf die sensorischen Endigungen wirkt, wurde noch nicht identifiziert, es könnte sich aber um Glutamat oder Aspartat handeln.[82]

78 Flock, A. 1964. *Cold Spring Harbor Symp. Quant. Biol.* 30: 133–145.
79 Hudspeth, A. J. and Corey, D. P. 1977. *Proc. Natl. Acad. Sci. USA* 74: 2407–2411.
80 Howard, J. and Hudspeth, A. J. 1988. *Neuron* 1: 189–199.
81 Hudspeth, A. J. 1989. *Nature* 341: 397–404.
82 Klinke, R. 1986. *Hearing Res.* 22: 235–243.

BOX 1 Der Vestibularapparat

Veränderung der Kopforientierung im Raum werden vom Vestibularapparat wahrgenommen, einem Organ, das zur Aufrechterhaltung des Körpergleichgewichts und zur Orientierung in der visuellen Welt äußerst wichtig ist. Wenn wir gehen, laufen oder schwimmen, wird kontinuierlich Information vom Vestibularorgan zum Zentralnervensystem geschickt. Die vestibuläre Information in Kombination mit dem sensorischen Eingang der Muskelrezeptoren im Nacken, die uns sagen, wie der Körper bezüglich des Kopfes orientiert ist, ist wesentlich für die Aufrechterhaltung des Gleichgewichts und die Körperhaltung. Die Abbildungen zeigen die wesentlichen Komponenten des Vestibularapparates und wie sie funktionieren.

In Teil I sind fünf Komponenten des Systems von vorne zu sehen. Die drei Bogengänge sind mit Flüssigkeit gefüllt, die aufgrund ihrer Trägheit in ihnen fließt, wenn sich der Kopf dreht. Die Bogengänge sind mehr oder weniger rechtwinklig aufeinander in drei Ebenen angeordnet. Der vordere Bogengang (Canalis semicircularis anterior, A) liegt in der Vertikalebene und bildet mit der Mittellinie einen Winkel von ungefähr 45° nach vorne. Der hintere Bogengang (C. s. posterior, P) hat betragsmäßig denselben Winkel nach hinten. (In dem Nebenbild sieht man die Beziehung der beiden Ebenen zum Kopf.) Der horizontale Bogengang (C. s. lateralis, H) liegt in einer nahezu horizontalen Ebene. Zwei innere Strukturen, der Utriculus und der Sacculus (farbige Bereiche) sind für die Wahrnehmung von linearen Beschleunigungen verantwortlich.

Der Mechanismus, der für die Rotationswahrnehmung verantwortlich ist, ist in Teil II dargestellt, der einen Querschnitt durch die flüssigkeitsgefüllte Ampulle des horizontalen Bogengangs zeigt. Wenn der Kopf im Uhrzeigersinn gedreht wird, bewegt sich die Flüssigkeit innerhalb des rotierenden Bogengangs aufgrund ihrer Trägheit in die entgegengesetzte Richtung (Pfeil). Die Flüssigkeit trifft auf eine gallertartige Masse, die sogenannte Cupula, in deren Basis die Stereocilien der Haarzellen eingebettet sind. Wie im auditorischen System bewirkt die Bewegung der Stereocilien in Richtung des langen Kinociliums eine Depolarisation der Zellen. Wenn die Rotation fortgesetzt wird (wie es zum Beispiel der Fall ist, wenn man auf einem rotierenden Stuhl sitzt), holt die Flüssigkeit die Körperrotation ein, und ihre Bewegung im Bogengang kommt zum Erliegen. Wenn die Rotation aufhört, bewegt sich die Flüssigkeit vorübergehend in die entgegengesetzte Richtung und biegt die Cilien in die umgekehrte Richtung, was zu einer Hyperpolarisation führt. Es wurde gezeigt, daß das System nur Veränderungen der Rotationsgeschwindigkeit (also die Rotationsbeschleunigung) wahrnimmt. Der vordere und der hintere Bogengang signalisieren auf dieselbe Weise Rotationen des Kopfes in irgendeiner Vertikalebene.

Die Haarzellen des Utriculus und des Sacculus antworten auf lineare Beschleunigungen mit unterschiedlichen Mechanismen. Der Utriculus ist in einer Horizontalebene, der Sacculus in einer Vertikalebene ausgerichtet (Teil III). Die Haarzellcilien sind wie in der Ampulle in eine darüberliegende, gelatineartige Substanz eingebettet. Diese Substanz enthält jedoch auch Calciumcarbonatkristalle, Statoconia oder Otolithen (Ohrsteine) genannt, wodurch sie schwerer als die umgebende Flüssigkeit wird. Wenn der Kopf also schnell nach vorne bewegt wird, werden die Cilien im Utriculus und im Sacculus – wieder aufgrund ihrer Trägheit – nach hinten gebogen. Eine plötzliche Aufwärtsbeschleunigung, wie z. B. in einem Aufzug (oder "Lift"), biegt die Haarzellcilien im Sacculus nach unten. Wenn die Strukturen bewegt werden, werden alle Cilien der Haarzellen, die mit ihnen verbunden sind, in dieselbe Richtung gebogen. Die Haarzellen selbst haben jedoch unterschiedliche Orientierungen, so daß eine Bewegung, die einige Haarzellen depolarisiert, keine Wirkung auf andere hat, und wieder andere hyperpolarisiert. Auf diese Weise wird die Bewegungsrichtung definiert. Die Haarzellorientierung verändert sich systematisch, was durch die Pfeile in Teil III erläutert wird, die die Bewegungsrichtung anzeigen, die in der jeweiligen Region eine Depolarisation der Haarzellen zur Folge hat. Das System antwortet wie bei den Rotationsbewegungen nur auf Geschwindigkeitsveränderungen, also auf Beschleunigungen. Obwohl die Gravitationsbeschleunigung eine statische Kraft auf die Haarzellen des Sacculus ausübt, wird das nicht wahrgenommen, da die Haarzellen selbst schnell adaptieren. Als Folge daraus haben wir in Abwesenheit anderer Anhaltspunkte keine interne Wahrnehmung von "aufwärts" und "abwärts". Gerätetaucher müssen z. B. die Bewegungsrichtung aufsteigender Luftblasen beobachten, um diese Information zu erhalten.

Frequenzdiskrimination im auditorischen System

Das auditorische System muß in der Lage sein, zwischen dem Gesang eines Vogels und dem Brüllen eines Tigers zu unterscheiden. Ein wichtiger erster Schritt ist dabei die Analyse der Frequenzkomponenten des ankommenden Schalls. Von Békésy hat entdeckt, daß bei höheren Wirbeltieren ein Großteil der Analyse mechanisch von der Cochlea erledigt wird.[83] Als er die Schwingungen der Basilarmembran von Tieren und von menschlichen Leichen beobachtete, sah er, daß die breitere, flexiblere Region am apikalen Ende der Cochlea am empfindlichsten für niedrige Frequenzen war, und daß die schmalere, steifere Region am basalen Ende in der Nähe des ovalen Fensters am empfindlichsten für hohe Frequenzen war (Abb. 19 A). Mit anderen Worten, die Schallfrequenz wird (wie von Helmholtz im letzten Jahrhundert vorhergesagt) in eine Position auf der Basilarmembran transformiert. Die Aktivierung der Haarzellen an einem bestimmten Ort zeigt an, daß die entsprechende Frequenz in den ankommenden Schallwellen vertreten ist. In einer Cochlea in vivo ist das Tuning der einzelnen afferenten Fasern viel schärfer, als man nach den passiven Eigenschaften der Basilarmembran erwarten würde (Abb. 19 B). Dies liegt vielleicht daran, daß einige Haarzellen der Cochlea die Basilarmembranbewegungen mechanisch verstärken (siehe unten). Das primäre afferente Tuning, das noch relativ breit ist, wird durch die weitere Verarbeitung im Zentralnervensystem verschärft (was später in diesem Kapitel diskutiert wird).

83 von Békésy, G. 1960. *Experiments in Hearing*. McGraw-Hill, New York.

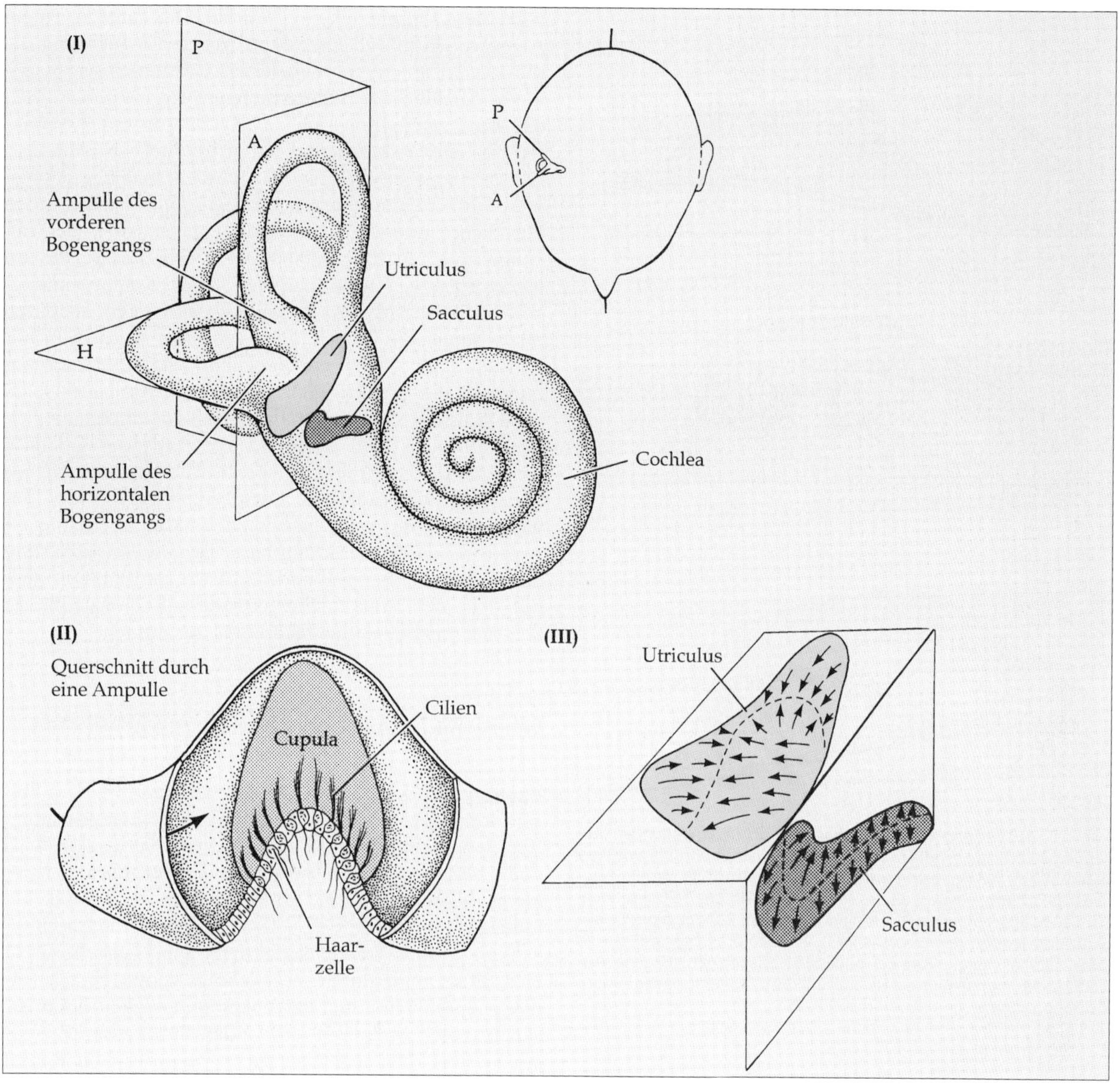

Elektrisches Tuning der Haarzellen in der Cochlea

Bei Vertebraten wie Schildkröten oder Hühnern ist die Cochlea zu kurz, um mechanisch auf den Frequenzbereich abgestimmt zu sein, für den die Tiere sensitiv sind. Statt dessen werden einzelne Haarzellen elektrisch getuned.[84] In Abb. 20 sind intrazelluläre Ableitungen von einer Zelle der Schildkrötencochlea dargestellt. Die Zelle reagiert auf einen akustischen Klick mit einer kurzen oszillatorischen Antwort mit einer Frequenz von ca. 350 Hz. Wenn die Zelle mit einem rechteckigen Stromimpuls gereizt wird, erzeugt sie eine ähnliche Antwort beim Ein- und beim Ausschalten des Impulses. Aus dieser Art von Experimenten kann man folgern, daß das akustische Tuning eine Eigenschaft der Haarzelle selbst ist, und nicht der Cochleamembran, mit der sie verbunden ist.[85] Diese Folgerung wurde durch patch clamp whole-cell-Aufzeichnungen an Haarzellen, die aus der Cochlea von Schildkröten[86] und Hühnern[87] isoliert wurden, bestätigt. Die elektrische Resonanz liefert ein relativ scharfes Tuning, wie man in Abb. 20 C an der Frequenz-Antwort-Kurve einer anderen Zelle mit einer Resonanzfrequenz von ca. 310 Hz sehen kann. Obwohl das Tuning elektrisch und nicht mechanisch vorgenommen wird, ist es dennoch tonotopisch auf der Cochlea organisiert. Zel-

84 Fettiplace, R. 1987. *Trends Neurosci.* 10: 421–425.

85 Crawford, A. C. and Fettiplace, R. 1981. *J. Physiol.* 312: 377–412.

86 Art, J. J. and Fettiplace, R. 1987. *J. Physiol.* 385: 207–242.

87 Fuchs, P. A., Nagai, T. and Evans, M. G. 1988. *J. Neurosci.* 8: 2460–2467.

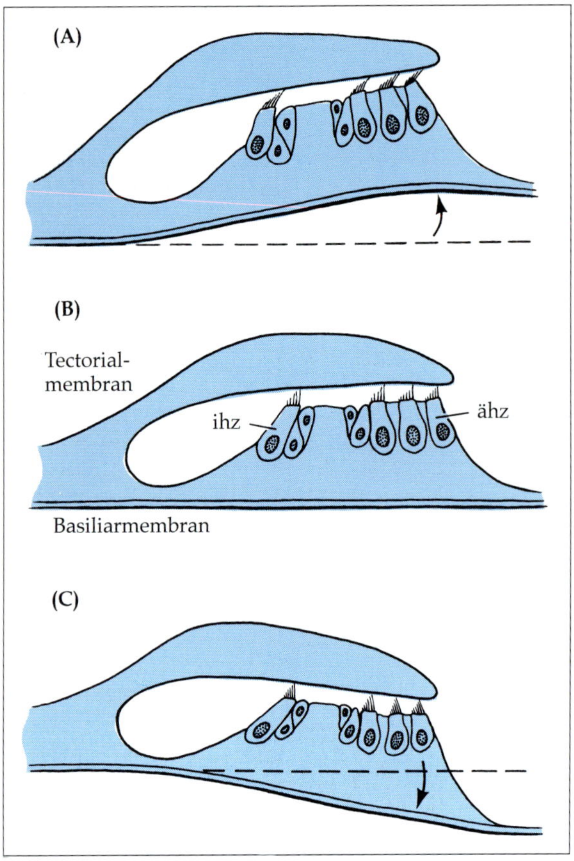

Abb. 18: **Auslenkung der Haarzellbündel** durch Bewegungen der Basilarmembran. (A) Wenn sich die Basilarmembran und die darüberliegende Tectorialmembran aufwärts bewegen, biegt die daraus resultierende Scherbewegung die Haarzellbündel von der Zellachse weg. Die Bewegung verläuft in Richtung der längsten Bündel. Diese Bewegung depolarisiert die Haarzellen. (B) Die Membran befindet sich in Ruhe, und die Haarzellbündel sind nicht ausgelenkt. (C) Eine Abwärtsbewegung bewegt die Haarzellbündel in die entgegengesetzte Richtung und erzeugt eine Hyperpolarisation.

len, die aus der Nähe des apikalen Endes isoliert werden, haben relativ niedrige Resonanzfrequenzen (z.B. 10 Hz), während solche vom basalen Ende bei viel höheren Frequenzen in Resonanz sind (z.B. 1000 Hz oder höher). Welche Eigenschaften erlauben der Zellmembran, elektrisch getuned zu werden, und wie variieren diese Eigenschaften, um verschiedene Tuning-Frequenzen zu erhalten? Zur ersten Frage: Die oszillatorische Antwort wird durch die Wechselwirkung von spannungsaktivierten Calciumleitfähigkeiten und calciumaktivierten Kaliumleitfähigkeiten im Zellkörper der Haarzellen erzeugt. Diese Kanäle wurden erstmals im Sacculus des Ochsenfrosches als Grundlage für das oszillatorische Verhalten nachgewiesen.[88] Die Depolarisation öffnet Calciumkanäle, wodurch es zu einem Einwärtsstrom und einer weiteren Depolarisation kommt. Da Calcium in der Nähe der inneren Membranoberfläche akkumuliert wird, wird die Kaliumleitfähigkeit erhöht. Das führt zu einem Auswärtsstrom und einer Repolarisation in Richtung E_K, die wiederum einen reduzierten Calciumeinstrom bewirkt. Solange der depolarisierende Reiz aufrechterhalten wird, wiederholt sich der Zyklus mit einer charakteristischen Frequenz und klingt graduell ab (Abb. 21). Die charakteristische Frequenz wird auf eine bemerkenswert einfache und direkte Art bestimmt, nämlich durch die Dichte und die kinetischen Eigenschaften der calciumaktivierten Kaliumkanäle.[80,89,90] In Zellen, die auf niedrigere Frequenzen reagieren, ist die Kaliumleitfähigkeit relativ gering und langsam zu aktivieren, wodurch relativ langsame Oszillationen ausgelöst werden. In höherfrequenten Zellen ist die Kaliumleitfähigkeit größer und schneller zu aktivieren. Dichte und Aktivierungsgeschwindigkeit der calciumaktivierten Kaliumkanäle steigen monoton vom Apex bis zur Basis der Cochlea, wodurch die Haarzellen entsprechende graduierte Resonanzfrequenzen erhalten. Diese Abhängigkeit des Tunings von der calciumaktivierten Kaliumleitfähigkeit wurde bei der Entwicklung bestätigt: Die Vergrößerung der hörbaren, oberen Frequenzgrenze von Hühnern fällt mit dem Auftreten calciumaktivierter Kaliumströme in den sich entwickelnden Haarzellen zusammen.[91]

Efferente Regulation der Haarzellantworten

Experimente haben gezeigt, daß die auditorischen Rezeptoren ebenso wie die Muskelspindeln einer efferenten Regulation unterworfen sind.[92] Diese Regulation wird von efferenten Fasern ausgeübt, die Synapsen auf der Haarzellbasis ausbilden. Im Hörsystem der Schildkröte reduziert die Aktivität der efferenten Fasern die Empfindlichkeit und die Frequenzselektivität der Haarzellen.[93,94] Der Effekt wird durch Acetylcholin vermittelt, das indirekt durch Erhöhung der Kaliumleitfähigkeit der postsynaptischen Membran wirkt (Kap. 7). In Abb. 22 A ist ein Beispiel zu sehen. Eine kurze Salve von acht Reizen auf den efferenten Nerv hyperpolarisiert die Zelle und schwächt besonders die Antwort auf einen akustischen Reiz von 220 Hz (nahe der charakteristischen Frequenz der Zelle) ab. Bei niedrigeren und höheren Tonfrequenzen bewirkt die Aktivierung der efferenten Fasern weiterhin eine Hyperpolarisation, aber die Wirkungen auf die akustischen Oszillationen sind unterschiedlich: Sie werden bei niedrigeren Frequenzen erhöht und bleiben bei höheren Frequenzen unverändert. Dieser Vorzugseffekt bei den akustischen Antworten führt zu einer Verbreiterung der Frequenzantwort der Zelle (Abb. 22 B)

88 Hudspeth, A. J. and Lewis, R. S. 1988. *J. Physiol.* 400: 237–274.

89 Fuchs, P. A. and Evans, M. G. 1990. *J. Physiol.* 429: 529–551.
90 Fuchs, P. A., Evans, M. G. and Murrow, B. W. 1990. *J. Physiol.* 429: 553–568.
91 Fuchs, P. A. and Sokolowski, B. H. A. 1990. *Proc. R. Soc. Lond. B* 241: 122–126.
92 Galambos, R. 1956. *J. Neurophysiol.* 19: 424–427.
93 Art, J. J. et al. 1985. *J. Physiol.* 360: 397–421.
94 Art, J. J., Fettiplace, R. and Fuchs, P. A. 1984. *J. Physiol.* 356: 525–550.

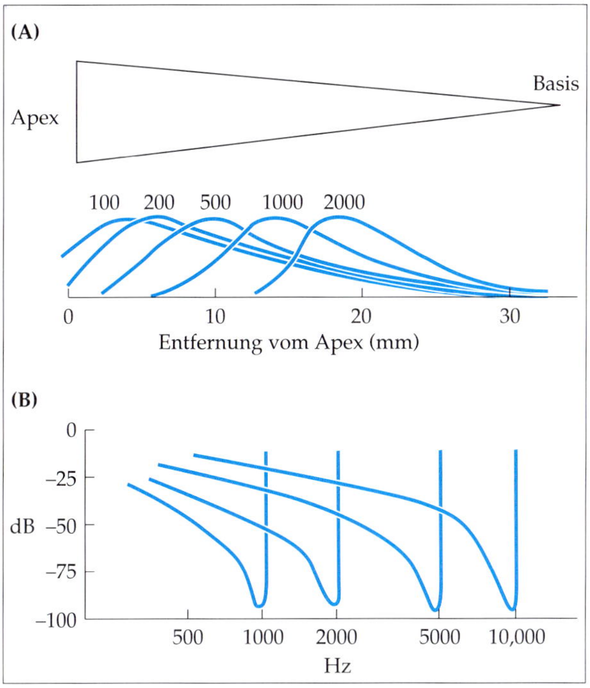

Abb. 19: **Cochlea-Tuning.** (A) Die Lage der maximalen Auslenkung der Basilarmembran in der Cochlea durch Schallwellen hängt von der Frequenz ab. Die Kurven zeigen die relative Auslenkung bei den angegebenen Frequenzen (100 bis 2000 Hz). Bei niedrigeren Frequenzen liegt die maximale Auslenkung in der Nähe der breiteren Apikalmembran. Höhere Frequenzen erzeugen eine maximale Auslenkung in der Nähe der Basis. (B) Typische Tuning-Kurven von vier einzelnen Fasern des VIII. Nerven, die verschiedene Stellen auf der Cochlea innervieren. Die Schallintensität in Dezibel (dB), die benötigt wird, um Entladungen in einer Faser zu erzeugen, ist gegen die Frequenz des akustischen Reizes aufgetragen (logarithmische Frequenzskala!). Die Bestfrequenzen (charakteristische Frequenzen) der Fasern (also die Frequenzen, die die geringste Reizintensität benötigen) liegen bei 1000, 2000, 5000 und 10000 Hz (A nach von Békésy, 1960; B nach Katsuki, 1961).

Elektromechanisches Tuning der Basilarmembran

Bis jetzt haben wir nicht zwischen inneren und äußeren Haarzellen in der Cochlea höherer Vertebraten unterschieden (Abb. 17 B und 18). Die Anzahl der äußeren Haarzellen übertrifft die der inneren um den Faktor 3, aus ihnen entspringen aber nur ca. 5% der afferenten Fasern, die Informationen ins Gehirn tragen. Diese relativ spärliche afferente Innervierung legt nahe, daß die äußeren Haarzellen irgendeine andere Rolle spielen. Es gibt experimentelle und theoretische Hinweise darauf, daß bei höheren Vertebraten die mechanischen Eigenschaften der Basilarmembran alleine nicht ausreichend sind, die Schärfe ihrer Frequenzselektivität zu erklären, und daß die äußeren Haarzellen eine aktive Rolle als Kraftgeneratoren beim Tuning der Cochlea spielen.[95,96] Nach allgemeiner Ansicht erzeugen lokale mechanische Auslenkungen der Basilarmembran Spannungsänderungen in den äußeren Haarzellen und diese wiederum Änderungen der Haarzellänge, wodurch die ursprüngliche Auslenkung verstärkt wird. In einem solchen System würde die Verminderung der elektrischen Antwort der Haarzellen durch efferente Inhibition das mechanische Tuning verbreitern. Verschiedene Experimente scheinen diese Vorstellung zu bestätigen. Zum Beispiel wurde gezeigt, daß Strominjektion in Schildkröten-Haarzellen eine Auslenkung der Haarbündel verursacht.[97] Mechanische Antworten wurden auch bei isolierten Haarzellen der Meerschweinchencochlea gefunden.[98] Wenn Zellen mit Hilfe einer patch clamp-Elektrode im whole-cell-recording-Modus an der Basis festgehalten werden, erzeugt Hyperpolarisation bei einzelnen Zellen eine Verlängerung und Depolarisation eine Verkürzung in einem Bereich von ca. 4 Prozent der Gesamtlänge (4 µm bei Zellen, die 100 µm bis zur Spitze messen). Die Zellen waren in der Lage, sinusförmigen Spannungsänderungen von mehr als 1 kHz zu folgen. Anders als die Haarzellen niederer Vertebraten werden sie nicht elektrisch auf eine bestimmte Frequenz getuned.

Zusammenfassend, die Frequenzanalyse der ankommenden akustischen Signale wird bei höheren Vertebraten mechanisch durch die Resonanzeigenschaften der Basilarmembran vorgenommen. Das mechanische Tuning scheint durch die elektromechanische Transduktion in den äußeren Haarzellen verschärft zu werden. Die Signale, die zum Zentralnervensystem gesendet werden, entstehen vorwiegend in den inneren Haarzellen. Bei niederen Vertebraten wird die Frequenzanalyse durch die Haarzellen selbst mit Hilfe ihrer elektrischen Tuning-Eigenschaften durchgeführt. Diese Eigenschaften hängen zum großen Teil von der Dichte und den kinetischen Eigenschaften calciumaktivierter Kaliumkanäle ab. In beiden Fällen wächst die Frequenzsensitivität tonotopisch längs der Cochlea, die niederfrequenten Antworten treten in Apexnähe, die höherfrequenten in Basisnähe auf.

Zentrale auditorische Verarbeitung

In Abb. 23 sind die Haupt-Hörbahnen dargestellt. Die auditorischen Fasern des VIII. Nerven ziehen zentralwärts und senden Verzweigungen zu den Nuclei cochleares dorsalis und ventralis. Axone zweiter Ordnung steigen im contralateralen medialen Lemniscus auf, um Zellen des Colliculus inferior zu innervieren. Die Axone des Nucleus cochlearis dorsalis bilden ebenfalls kollaterale Verzweigungen zu den ipsilateralen und contralateralen Olivenkernen. Zellen dritter Ordnung in den Olivenkernen senden auch aufsteigende Fasern zum Colliculus inferior. Die Bahn setzt sich über das Corpus geniculatum mediale des Thalamus in den auditorischen Cortex im Temporallappen fort.

95 Sellick, P. M. Patuzzi, R. and Johnstone, B. M. 1982. *J. Acoust. Soc. Am.* 72: 131–141.
96 de Boer, E. 1983. *J. Acoust. Soc. Am.* 73: 567–573.
97 Crawford, A. C. and Fettiplace, R. 1985. *J. Physiol.* 364: 359–379.
98 Ashmore, J. F. 1987. *J. Physiol.* 388: 323–347.

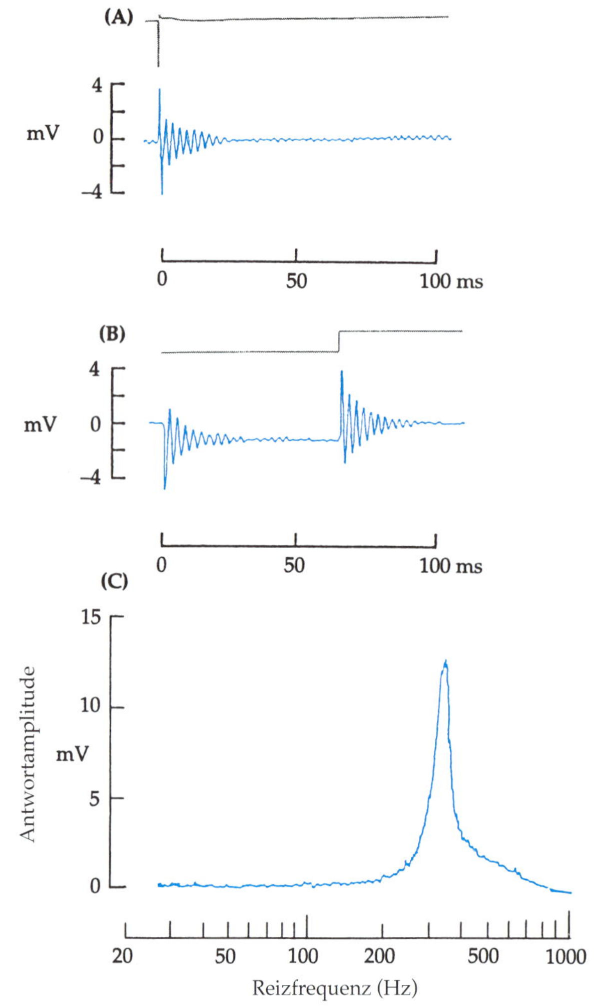

Abb. 20: **Haarzell-Tuning in der Schildkrötenchochlea.** (A) Die Wirkung eines akustischen Klicks (in der oberen Spur angezeigt) auf das Membranpotential einer Haarzelle (untere Spur), das mit einer intrazellulären Mikroelektrode aufgezeichnet wurde. Das Membranruhepotential betrug ca. -50 mV. Der Klick erzeugt eine schnell gedämpfte Oszillation des Membranpotentials mit einer Frequenz von 350 Hz und einer anfänglichen Amplitude von ca. 8 mV_{SS}. (B) Wenn man an dieselbe Zelle einen hyperpolarisierenden Stromimpuls (obere Spur) legt, erzeugt sie ähnliche Oszillationen beim Ein- und beim Ausschalten des Stromimpulses. Das zeigt, daß die Frequenz der Oszillation eine intrinsische elektrische Eigenschaft der Haarzelle ist. (C) Die Spitze-Spitze-Amplitude der oszillatorischen Antwort einer anderen Zelle, die mit reinen Tönen von 25 bis 1000 Hz gereizt wurde, hat ein scharfes Maximum bei 310 Hz (nach Fettiplace, 1987).

Frequenzverschärfung

Wenn man im auditorischen System höher aufsteigt, werden reine Töne als Reiz einzelner Zellen immer unwichtiger. Statt dessen reagieren Zellen im auditorischen Cortex auf Tonkombinationen, z.B. das Hoch- und Runterfahren der Tonfrequenz, auf binaurale, aber nicht auf monaurale Laute und andere komplexe auditorische Reize. Wenn man Zellen findet, die auf reine Töne antworten, haben sie häufig eine gegenüber den primären afferenten Fasern erhöhte Frequenzselektivität. Wenn wir die Tuning-Kurve (Empfindlichkeit gegen Frequenz) einer primären afferenten Faser mit der eines corticalen Neurons vergleichen, zeigt sich, daß letzteres wesentlich schärfer getuned ist (Abb. 24 A). Diese Verschärfung der Frequenzantwort geht mit der Verschärfung der räumlichen Lokalisation auf der Basilarmembran einher und wird – genau wie im somatosensorischen System – durch laterale Inhibition erreicht. Das rezeptive Feld eines corticalen Neurons ist also ein exzitatorischer Streifen auf der Basilarmembran, der auf beiden Seiten von inhibitorischen Streifen flankiert wird. Dies wird in einen engen Frequenzbereich übersetzt, der die Zelle erregt, während höhere und niedrigere Frequenzen die Zelle hemmen (Abb. 24 B).

Lautelemente

Die Verarbeitung auditorischer Signale ist komplex. Es muß nicht nur der Frequenzgehalt des ankommenden Schalls auf irgendeine Weise analysiert werden, sondern auch sein Zeitverlauf (wenn man einen Cassettenrekorder rückwärts spielt, erhält man Kauderwelsch). Außerdem hat die Verarbeitung bei jeder Tierart nicht nur mit Frequenzdiskrimination und Zeitauflösung der Laute aus der Umwelt zu tun, sondern auch mit der Vokalisation innerhalb der Tierart. Bei Menschen sind die Grundelemente der Sprache, die sogenannten **Phoneme**, in allen Sprachen gleich. Es handelt sich dabei um die ersten Laute, die Babies babbeln, bevor bestimmte davon zu Wörtern kombiniert werden.[99] Die Grundlaute können

99 De Boysson-Bardies, B. et al. 1989. *J. Child Lang.* 16: 1–17.

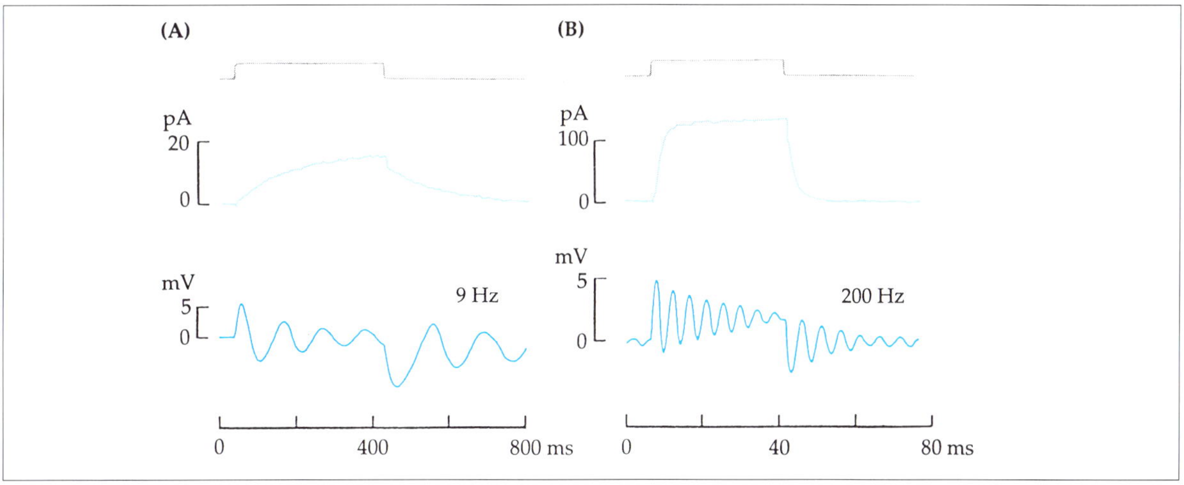

Abb. 21: **Tuningfrequenz und Kaliumleitfähigkeit** von isolierten Schildkrötenhaarzellen gemessen mit einer patch clamp-Elektrode im whole-cell-recording-Modus. (A) Die mittlere Ableitung zeigt einen Auswärtsstrom – vor allem von Kalium getragen – der durch einen kleinen depolarisierenden Spannungsimpuls (dessen Dauer auf der oberen Spur angezeigt wird) erzeugt wird. Der Strom steigt langsam mit einer Zeitkonstante von ca. 200 ms auf einen Maximalwert von 15 pA an. Ein kleiner Stromimpuls derselben Dauer erzeugt eine oszillatorische Spannungsantwort (untere Spur) mit einer Resonanzfrequenz von 9 Hz. (B) Ein ähnlicher depolarisierender Impuls erzeugt in einer anderen Zelle einen viel größeren und schneller anwachsenden Auswärtsstrom (mittlere Ableitung; beachten Sie die Änderungen der Strom- und der Zeitskala). Die Kaliumkanaldichte ist hier größer und die Kanäle haben eine schnellere Kinetik. Die oszillatorische Antwort auf einen kleinen Stromimpuls zeigt ein gleichzeitiges Anwachsen der Tuning-Frequenz auf 200 Hz (untere Spur). (Nach Fettiplace, 1987.)

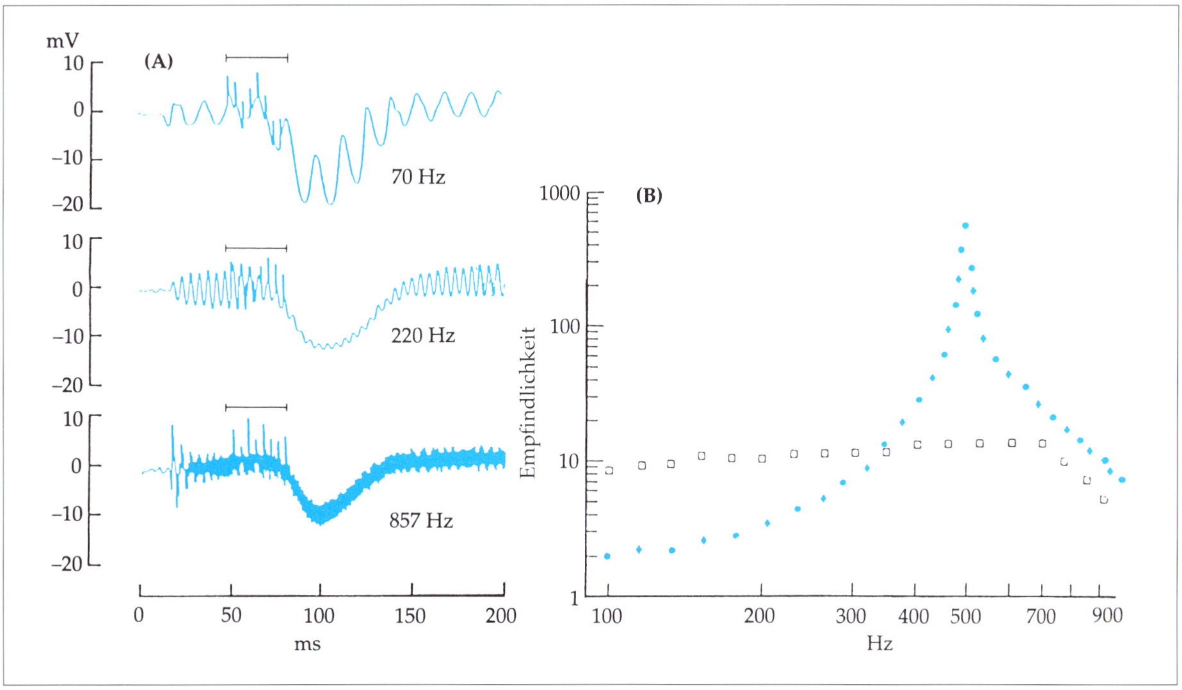

Abb. 22: **Wirkung efferenter Reizung** auf die Antwort von Haarzellen der Cochlea auf akustische Reize. (A) Mittlere Ableitung: Die Antwort einer Zelle auf einen akustischen Reiz von 220 Hz (ihre Resonanzfrequenz) wird durch eine kurze Salve efferenter Reize (durch den Balken angezeigt) inhibiert und die Zelle wird hyperpolarisiert. Obere Spur: Ein akustischer Reiz von 70 Hz wurde so eingestellt, daß er eine Antwort ähnlicher Amplitude erzeugt. Efferente Reizung erzeugt eine Hyperpolarisation, aber einen Anstieg und keine Abnahme der akustischen Antwort. Untere Spur: Die Antwort auf einen 857-Hz-Reiz (wieder so eingestellt, daß er eine ähnliche Antwort wie bei der Resonanzfrequenz auslöst) ist nach efferenter Reizung unverändert. (B) Die Empfindlichkeit einer anderen Zelle (in Millivolt pro Schalldruckeinheit) als Funktion der Frequenz in Abwesenheit (geschlossene Symbole) und in Anwesenheit (offene Symbole) efferenter Reizung. Efferente Inhibition reduziert die Antwort bei der Resonanzfrequenz und zerstört die Tuning-Spezifität der Zelle (A nach Art, Crawford, Fettiplace und Fuchs, 1985; B nach Fettiplace, 1987).

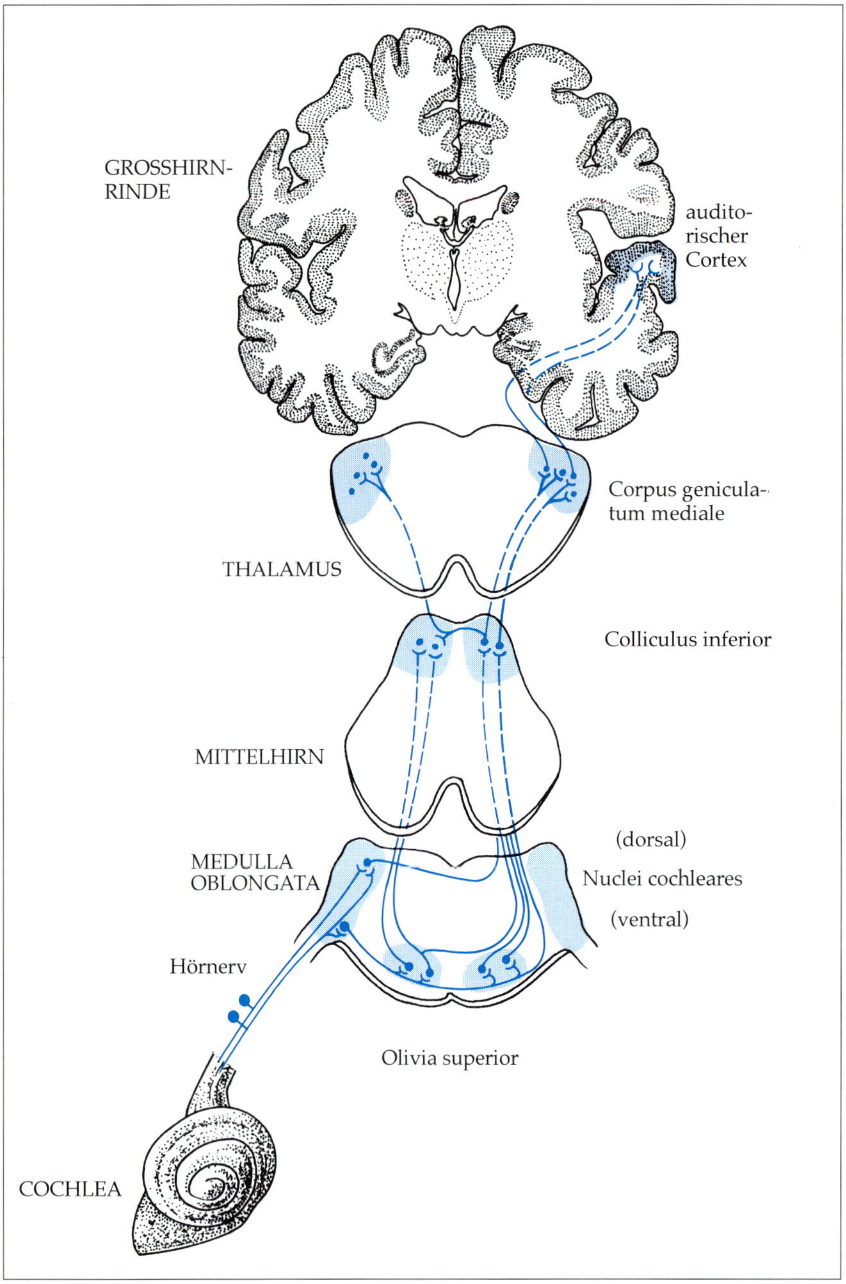

Abb. 23: **Zentrale Hörbahnen**, schematisch in Querschnitten durch die Medulla, das Mittelhirn und den Thalamus und in einem Frontalschnitt durch die Großhirnrinde dargestellt. Die Fasern des Hörnervs enden in den Nuclei cochlearis dorsalis und ventralis. Sekundäre Fasern steigen in den contralateralen Colliculus inferior auf. Die sekundären Fasern des ventralen Kerns liefern beidseitig auch Kollateralen zum oberen Olivenkomplex. Auf der Ebene des Colliculus inferior gibt es weitere bilaterale Wechselwirkungen. Die Fasern steigen dann zum Corpus geniculatum mediale des Thalamus und schließlich zum auditorischen Cortex auf (nach Berne und Levy, 1988).

als Kombinationen von Frequenz-Zeit-Beziehungen analysiert werden – zum Beispiel eine kontinuierliche Komponente bei 1000 Hz, die von einer zweiten frequenzmodulierten Komponente begleitet wird, die bei 5000 Hz beginnt und schnell auf 500 Hz abfällt. Die Komponenten werden **Formanten** genannt. In Analogie zum visuellen System, das Zellen enthält, die auf Balken, Ecken, Kanten und andere geometrische Formen antworten (Kap. 17), könnten wir erwarten, im menschlichen auditorischen Cortex Zellen höherer Ordnung zu finden, die auf bestimmte Formanten oder vielleicht sogar Phoneme antworten. Dieses Prinzip gilt auch für Tiere. Einige Zellen des auditorischen Cortex der Schnurrbart-Fledermaus antworten z.B. auf bestimmte Kombinationen von Tönen konstanter Frequenz und Tönen, die frequenzmoduliert sind, und die den Ultraschallauten der Fledermaus selbst äquivalent sind.[100] Gleichzeitig können wir erwarten, vergeblich im auditorischen System des Eichhörnchens nach Zellen zu suchen, die für menschliche Sprachelemente empfänglich sind. Solche Zellen höherer Ordnung wurden jedoch bei Hirtenstaren gefunden, denen das Sprechen beigebracht wurde.[101]

100 Tsuzuki, K. and Suga, N. 1988. *J. Neurophysiol.* 60: 1908–1923.

101 Langner, G., Bronke, D., and Scheich, H. 1981. *Exp. Brain Res.* 43: 11–24.

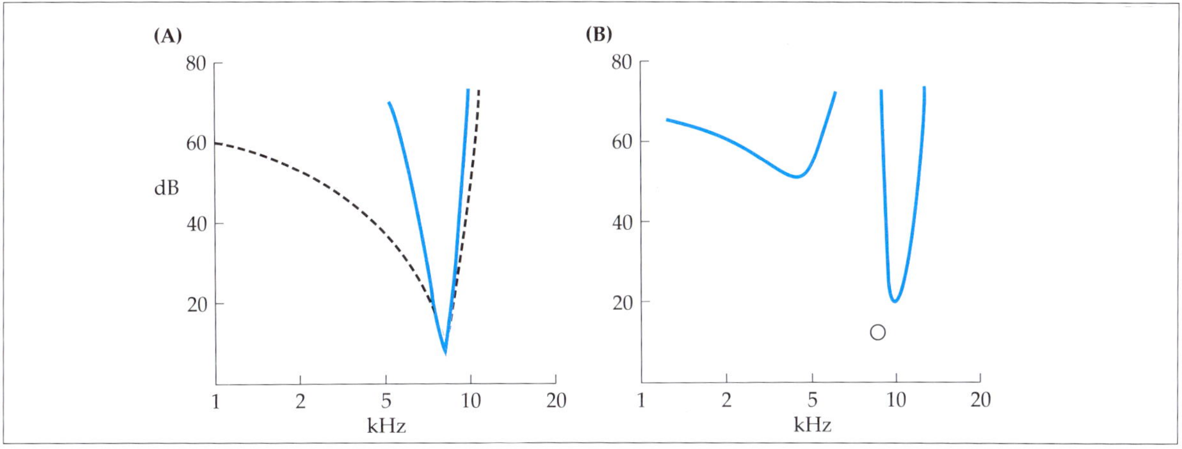

Abb. 24: **Laterale Inhibition eines Neurons im auditorischen Cortex.** (A) Tuning-Kurve eines Neurons im auditorischen Cortex einer Katze (durchgezogene Kurve). Die charakteristische Frequenz liegt bei ca. 7 kHz. Die gestrichelte Kurve zeigt zum Vergleich die breitere Tuning-Kurve einer menschlichen Hörnervfaser mit derselben charakteristischen Frequenz (Abb. 19). (B) Laterale Inhibition desselben corticalen Neurons. Durch einen anhaltenden Ton der charakterischen Frequenz (offener Kreis) wird eine Antwort erzeugt. Ein zusätzlicher Ton inhibiert die Antwort bei der charakteristischen Frequenz. Die Kurven zeigen den Schalldruck, den der zusätzliche Ton haben muß, um die Antwort um 20 Prozent zu reduzieren (nach Arthur, Pfeiffer und Suga, 1971).

Schallokalisation

Ein besonderes Merkmal des auditorischen Systems ist, daß die Bahnen von den beiden Ohren fast direkt bilaterale Verbindungen herstellen, und so die Möglichkeit für binaurale Wechselwirkungen bereitstellen. Diese Wechselwirkungen liefern vermutlich die Grundlage für die Schallokalisation, indem sie den Vergleich der akustischen Signale erlauben, die an den beiden Ohren ankommen. Die Schallokalisation ist eine relativ wichtige Funktion für Vertebraten, für die einen mehr als für die anderen.[102] Fledermäuse besitzen ein komplexes System zur Echoortung, dessen Genauigkeit bei der Lokalisation entfernter Objekte an die des menschlichen visuellen Systems herankommt.[103,104] Menschen andererseits können die Richtung einer Schallquelle nur mit mittelmäßiger Genauigkeit bestimmen – fast einem Bogengrad in der Horizontalebene bei höheren Frequenzen. Psychophysische Experimente haben gezeigt, daß die Lokalisation durch Verrechnung der unterschiedlichen Ankunftszeit und/oder Intensität des eintreffenden Schalls an beiden Ohren erfolgt.[105] Wenn also über Kopfhörer Klickgeräusche mit variierenden Verzögerungen angeboten werden, wird der Schall in Richtung des Ohres gehört, wo der Klick zuerst eintrifft. Wenn die Klicks gleichzeitig erfolgen, aber mit unterschiedlichen Intensitäten, lokalisiert man den Klick auf dem Ohr, wo er er am lautesten ist. Diese beiden Effekte können sich gegenseitig auslöschen, d.h. wenn der Klick an einem Ohr früher eintrifft, aber mit geringerer Intensität, ist es möglich, daß man ihn genau vor sich lokalisiert. Dies wird **Zeit-Intensitäts-Verrechnung** (time-intensity trading) genannt.

Schleiereulen sind in der Lage, Schallquellen mit außergewöhnlicher Genauigkeit bezüglich ihrer horizontalen und vertikalen Position zu orten.[106,107] Die vertikale Lokalisation wird durch die Anatomie der Außenohren ermöglicht. Das rechte Ohr ist empfindlicher für Schall von oben, das linke Ohr ist empfindlicher für Schall von unten. Der Schall, der von den Gesichts- und Halsfedern gesammelt wird, wird um Vorohrenklappen herum in die Ohren gelenkt. Die Klappen sind asymmetrisch, so daß die rechte Ohrmuschel nach oben zeigt und über der Klappe hoch in der Frontalebene zum Vorschein kommt, während die linke Ohrmuschel nach unten zeigt und unter der Klappe zum Vorschein kommt. Intensitäts- und Zeitunterschiede werden getrennt analysiert. Intensitätsunterschiede bedeuten vertikale Lokalisation, eine höhere Intensität im rechten Ohr wird als «oben», eine im linken Ohr als «unten» interpretiert. Zur horizontalen Lokalisation werden Phasenverschiebungen benutzt. Konishi und Kollegen haben in Übereinstimmung mit Verhaltensbeobachtungen Zellen im auditorischen Kern des Mittelhirns der Eule, der dem Colliculus inferior bei Säugetieren entspricht, gefunden, die nur auf Laute in einer bestimmten Position der Frontalebene der Eule antworten. Wenn die Laute jedem Ohr separat über Kopfhörer angeboten werden, antworten die Zellen nur, wenn Intensitäts- und Phasenunterschiede zu dieser Position passen. Die Neuronen sind so angeordnet, daß der frontale auditorische Raum der Eule topographisch in dem Kern abgebildet ist, genau wie der visuelle Raum im visuellen System topographisch repräsentiert wird. Diese Organi-

102 Lewis, B. (ed.). *Bioacoustics: A Comparative Approach.* Academic Press, New York.
103 Griffin, D. R. 1958. *Listening in the Dark.* Yale University Press, New Haven.
104 Neuweiler, G. 1990. *Physiol. Rev.* 70: 615–641.
105 Blauert, J. 1983. *Spatial Hearing: The Psychophysics of Human Sound Localization.* MIT Press, Cambridge.
106 Knudsen, E. I. and Konishi, M. 1979. *J. Comp. Physiol.* 133: 13–21.
107 Moiseff, M. 1989. *J. Comp. Physiol.* 164: 637–644.

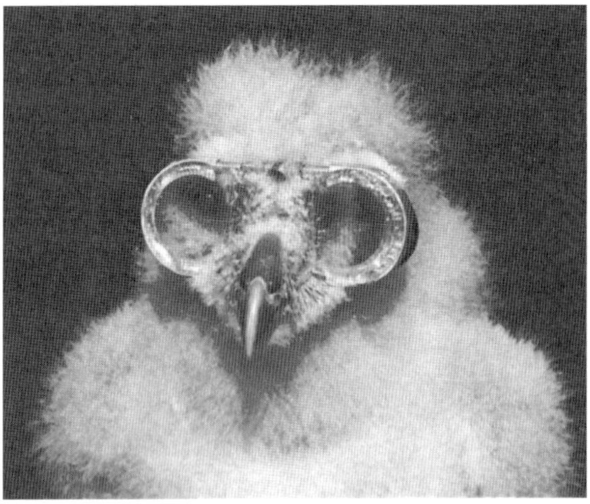

Abb. 25: **Babyschleiereule mit Brille** aus Fresnelprismen die das visuelle Feld der Eule um 34° nach rechts verschieben. Das auditorische Feld wird in dieselbe Richtung verschoben (mit freundlicher Genehmigung von E. I. Knudsen).

sation legt die Vermutung nahe, daß die Perzeption einer Schleiereule, die das Quieken einer Maus in einer dunklen Scheune hört, ähnlich ist wie unsere eigene, wenn wir einen Lichtblitz in einem dunklen Raum sehen, und daß die Eule ständig ein bleibendes zweidimensionales «Bild» des auditorischen Raumes hat. Entwicklungsgeschichtlich gesehen hängt die auditorische Lokalisation zunächst anscheinend von visuellen Anhaltspunkten ab. So entwickeln Eulenbabys, denen prismatische Brillen aufgesetzt wurden, die das visuelle Feld verschieben (Abb. 25), ähnliche Verschiebungen in der Lokalisation des auditorischen Lokalisationsfeldes.[108]

Geruch und Geschmack

Geschmacks- und der Geruchsempfindung werden häufig zusammen besprochen, da die Reize aus der Außenwelt ähnlich sind: Im Gegensatz zu Schall- oder Lichtwellen sind beide chemisch. Dies ist aber die einzige Ähnlichkeit. Die neuroanatomische Anordnung der beiden Systeme ist genauso verschieden (Abb. 26) wie ihre zentralen Projektionen. Gerüche werden direkt von primären Sinneszellen wahrgenommen, den Sinneszellen des Nervus olfactorius, die in die Schleimhaut der Nasenhöhle eingebettet sind. Im Gegensatz dazu wird Geschmack von sekundären Sinneszellen übertragen, die in kleinen Gruppen in den Geschmacksknospen konzentriert sind, und die das transduzierte Signal auf die benachbarten Nervenendigungen übertragen.

Die wahrscheinlich bemerkenswerteste Faktensammlung bezüglich Geschmack und Geruch wurde von organischen Chemikern zusammengetragen, die im großen und ganzen die Chemikalien identifizieren können, die (z.B.) dazu führen, daß Grapefruit nach Grapefruit und nicht nach Papaya schmeckt. Die Chemie dieser Verbindungen ist auch in einem anderen Sinne interessant: Sie ist hoch stereospezifisch.[109] So schmeckt z.B. D-Carvon wie Kümmel, während seine enantiomere Form (L-Carvon) wie Grüne Minze schmeckt. Aspartam (L-Aspartat-L-Phenylalanin-Methyl-Ester) ist sehr süß. Wird L-Aspartat durch D-Aspartat ersetzt, schmeckt die Substanz überhaupt nicht mehr süß. Die Grundlagen dieser Unterschiede auf Chemorezeptorebene sind noch nicht bekannt, aber Untersuchungen auf molekularer Ebene fangen an, Informationen zu diesem Punkt zu liefern (siehe unten).

Geschmackstransduktion

Es scheint vier Grundgeschmacks-Rezeptorantworten zu geben, die zu den Geschmacksempfindungen **salzig**, **sauer**, **bitter** und **süß** korrespondieren. Als fünfte Klassifikation wurde **umami** vorgeschlagen, das nur in afferenten Geschmacksfasern von Ratten durch Substanzen wie Natriumglutamat induziert werden konnte.[110] Außerdem besitzen Welse Rezeptoren, die spezifisch auf Aminosäuren antworten.[111]

Wie werden Geschmacksantworten erzeugt? Experimentelle Belege zeigen, daß die Rezeptorzellen an ihrem apikalen Ende selektiv auf den einen oder den anderen Grundreiz mit einer Depolarisation antworten. Die Depolarisation kann entweder Aktionspotentiale hervorrufen[112,113] oder sich passiv zu den synaptischen Endigungen ausbreiten. In beiden Fällen werden spannungssensitive Calciumkanäle aktiviert und Neurotransmitter auf die sensorischen Nervenendigungen freigesetzt. Die Nervenimpulse, die durch den Transmitter entweder erzeugt oder frequenzmoduliert werden, tragen die Information zum Zentralnervensystem. Kinnamon[114] und Roper[115] haben Übersichtsartikel zur Beschaffenheit der Rezeptorantwort und der nachfolgenden Schritte geschrieben. Das Schema selbst ist insofern vernünftig, als es grundsätzlich mit der Transduktion in anderen Systemen mit spezialisierten Rezeptorzellen (z.B. dem auditorischen System) übereinstimmt. Viele Details bleiben allerdings noch zu klären, besonders bezüglich der synaptischen Vorgänge. Mutmaßliche Synapsen zwischen den Rezeptorzellen und den afferenten Nervenendigungen sind oft morphologisch wenig differenziert und haben eine zweideutige Polarität, so daß es sich möglicher-

108 Knudsen, E. I. and Knudsen, P. K. 1989. *J. Neurosci.* 9: 3306–3313.

109 Pickenhagen, W. 1989. *In* J. G. Brand et al. (eds.). *Chemical Senses,* Vol. 1. *Receptor Events and Transduction in Taste and Olfaction.* Marcel Dekker, New York, pp. 505–509.

110 Kawamura, Y. and Kare, M. R. 1987. *Umami: A Basic Taste.* Marcel Dekker, New York.

111 Caprio, J. 1978. *J. Comp. Physiol.* 132: 357–371.

112 Roper, S. D. 1983. *Science* 220: 1311–1312.

113 Avenet, P. and Lindemann, B. 1987. *J. Membr. Biol.* 95: 265–269.

114 Kinnamon, S. C. 1988. *Trends Neurosci.* 11: 491–496.

115 Roper, S. D. 1989. *Annu. Rev. Neurosci.* 12: 329–353.

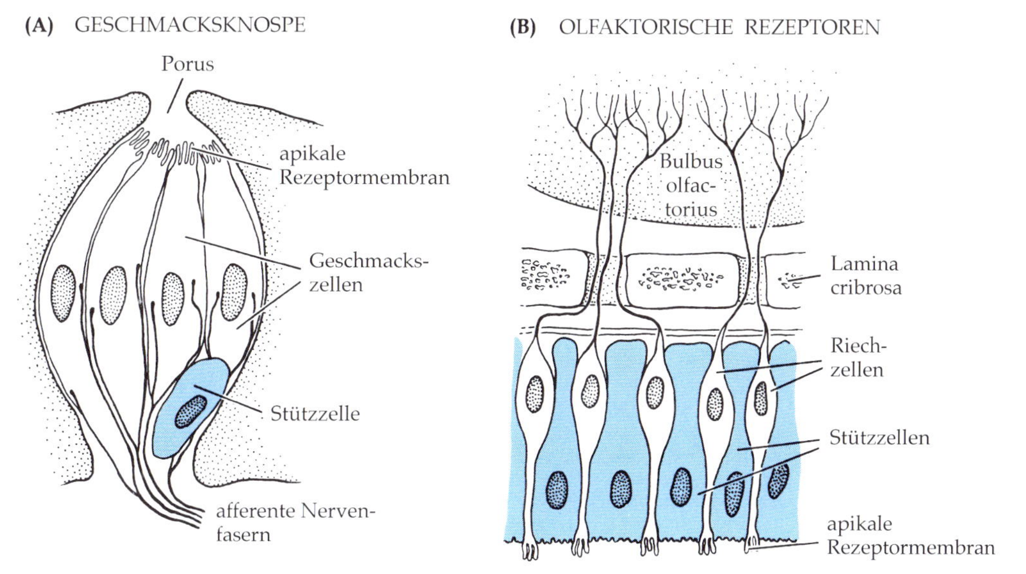

Abb. 26: **Geschmacks- und Geruchsrezeptoren.** (A) Zeichnung einer Geschmacksknospe. Die (apikalen) Rezeptorenden der Geschmackszellen sammeln durch einen schmalen Porus Flüssigkeit. Die basalen Enden werden von afferenten Fasern innerviert. (B) Riechzellen mit apikalen Rezeptoren, die von der Nasenschleimhaut über Axone durch die knöcherne Lamina cribrosa (Teil des Siebbeins) in den Bulbus olfactorius projizieren. Dort bilden sie Synapsen auf sekundäre Neuronen (nicht dargestellt).

weise auch um eine efferente Innervierung handeln könnte. Das Fehlen einer klaren morphologischen Definition hängt möglicherweise mit der kurzen Lebensspanne der Rezeptorzellen zusammen: Sie leben nur wenige Tage. Der schnelle Umsatz könnte gegen die Bildung stabiler, wohldefinierter synaptischer Beziehungen sprechen. Auf jeden Fall wurden noch keine spezifischen Neurotransmitter für die Geschmackssynapsen sicher identifiziert: Obwohl Acetylcholinesterase histochemisch in den Geschmacksknospen nachgewiesen wurde, wurden auch Antworten auf von außen appliziertes Noradrenalin abgeleitet, und es wurde über dichte Vesikel in den Geschmacksknospenzellen berichtet, die Serotonin enthalten.

Was sind die Schritte, die zur Rezeptordepolarisation führen? Man hat mit patch clamp-Elektroden Ganzzell- und Einzelkanalableitungen durchgeführt, um diese Frage zu untersuchen.[116,117] Die Geschmackszellen verlassen sich nicht auf einen einzigen Transduktionsmechanismus. Statt dessen hat man Hinweise auf mindestens zwei verschiedene Mechanismen gefunden: (1) Eine Reduktion der Kaliumleitfähigkeit und (2) ein Kationeneinstrom (nicht Kalium) durch Kanäle, die in Ruhe meistens offen sind. Eine Reihe von Kaliumkanälen findet man ausschließlich in der Apikalmembran der Rezeptorzellen.[118,119] Die Herabsetzung der Kaliumleitfähigkeit durch bittere und süße Reize wird wahrscheinlich durch ein intrazelluläres second-messenger-System verursacht, das zu einer Phosphorylierung der normalerweise offenen Kaliumkanäle führt. Die Kanäle schließen sich als Folge der Phosphorylierung, was eine Leitfähigkeitsreduktion zur Folge hat. Die direkten Beobachtungen, daß die Kaliumleitfähigkeit eines isolierten Geschmacksrezeptors des Froschs durch cyclisches AMP reduziert wird[120] und daß die Aminosäurereizung des Geschmacksepithels des Welses die Synthese von cyclischem AMP[121] steigert, unterstützen dieses Schema. Auch saure Reize erzeugen eine Herabsetzung der Kaliumleitfähigkeit, entweder durch ein ähnliches second-messenger-System oder durch die direkte Blockierung der apikalen Kaliumkanäle durch Protonen.[122] Schließlich nimmt man an, daß die Depolarisation der Salz-Rezeptoren einfach durch Natrium oder andere Kationen entsteht, die durch normalerweise offene Kanäle in die Zelle diffundieren.[123]

116 Avenet, P. and Lindemann, B. 1987. *J. Membr. Biol.* 97: 223–240.
117 Kinnamon, S. C. and Roper, S. D. 1987. *J. Physiol.* 383: 601–614.
118 Kinnamon, S. C., Dionne, V. E. and Beam, K. G. 1988. *Proc. Natl. Acad. Sci. USA* 85: 7023–7027.
119 Roper, S. D. and McBride, D. W. 1989. *J. Membr. Bio.* 109: 29–39.
120 Avenet, P., Hofmann, F. and Lindemann, B. 1988. *Nature* 331: 351–354.
121 Kalinsoki, D. L. et al. 1989. *In* J. G. Brand et al. (eds.). *Chemical Senses*, Vol. 1. *Receptor Events and Transduction in Taste and Olfaction.* Marcel Dekker, New York, pp. 85–101.
122 Kinnamon, S. C. and Roper, S. D. 1988. *Chem. Senses* 13: 115–121.
123 Avenet, P. and Lindemann, B. 1988. *J. Membr. Biol.* 105: 245–255.

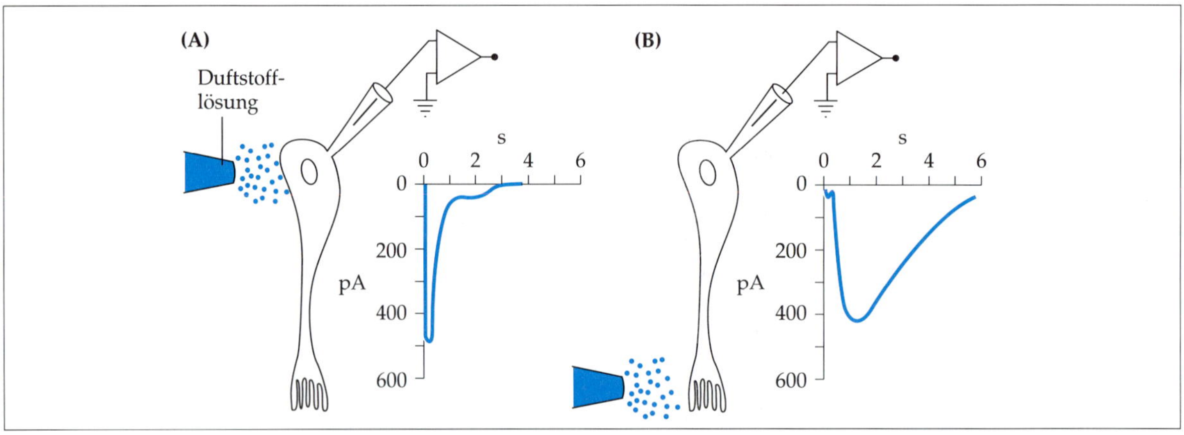

Abb. 27: **Antworten isolierter Riechzellen** des Salamanders. Eine patch clamp-Elektrode wurde benutzt, um Ganzzellströme abzuleiten. Eine Lösung, die 0,1 mM einer Duftstoffmischung in 100 mM KCl enthält, wird durch einen kurzen (35 ms) Druckimpuls auf die Zelle appliziert. (A) Wenn die Lösung auf den Zellkörper gegeben wird, kommt es infolge der erhöhten KCl-Konzentration zu einem vorübergehenden Einwärtsstrom, dem ein kleiner, langsamer Strom folgt, wenn der Duftstoff das apikale Ende des Dendriten erreicht. Der zeitliche Verlauf des schnellen Einwärtsstroms zeigt den Zeitverlauf der Applikation und der Diffusion der Elektrodenlösung. (B) Wenn die Lösung auf den Dendriten appliziert wird, sieht man nur einen kleinen schnellen Strom, der durch KCl verursacht wird, aber einen großen Strom, der durch den Dufstoff verursacht wird, der noch mehrere Sekunden anhält, nachdem die Elektrodenlösung ausgewaschen ist (nach Firestein, Shepherd und Werblin, 1990).

Geruch

Die Wahrnehmung olfaktorischer Reize erfolgt durch primäre Sinneszellen, die ihre Axone in den Bulbus olfactorius senden (Abb. 26). Ein Hauptunterschied zwischen Geruch und Geschmack besteht darin, daß es keine Gruppen von Gerüchen zu geben scheint, auf die die verschiedenen Geruchsrezeptoren selektiv antworten, wie z.B. «blumig», «beißend», «verbrannt», «verfault» usw. Das offensichtliche Fehlen einer endlichen Anzahl von Reizklassen scheint zu implizieren, daß die Population der Geruchsrezeptoren (wenn nicht jede einzelne Zelle) mit einer großen Rezeptorproteinvielfalt ausgestattet sein muß, die jeweils auf einen oder wenige Gerüche antworten. Alternativ könnte der große Bereich der Geruchswahrnehmungen auf der Aktivierung von Zellkombinationen beruhen. Ein duftstoffbindendes Protein wurde identifiziert und kloniert,[124] aber seine diffuse Lokalisation und seine Bereitschaft, viele verschiedene Duftstoffe mit geringer Selektivität zu binden,[125] spricht dafür, daß es sich nicht um ein spezifisches Rezeptorprotein handelt. Statt dessen könnte es als Transportmolekül dienen, das Duftstoffe (viele von ihnen sind hydrophob) durch die Schleimschicht des Riechepithels zur Rezeptoroberfläche der Riechzellen transportiert. Seine vermutliche Tertiärstruktur – ein hydrophiles Äußeres, das eine hydrophobe Bindungstasche umgibt – ist mit dieser Rolle vereinbar.

Außerdem wurde eine Anzahl von Mitgliedern einer sehr großen Multigenfamilie kloniert, deren Expression auf das Riechepithel beschränkt ist.[126] Die Gene codieren Proteine mit vermutlich sieben Transmembrandomänen, von denen drei mehr auseinanderliegen als der Rest, was nahelegt, daß sie verschiedene Duftstoff-Bindungsstellen repräsentieren. Weitere Experimente sind nötig, um zu entscheiden, ob sie tatsächlich Antworten auf spezifische Duftstoffe vermitteln.

Olfaktorische Transduktion

Die ersten elektrischen Antworten auf olfaktorische Reize wurden von Ottoson[127] gemessen, der die transepitheliale Potentialänderung (Elektroolfaktogramm oder EOG) aufgezeichnet hat, die ein Geruch in der Nasenschleimhaut auslöst. Seitdem gibt es weitere Hinweise darauf, daß die Duftstoffmoleküle mit der Apikalmembran der Rezeptorzellen interagieren und einen Leitfähigkeitsanstieg erzeugen. Dadurch wird die Zelle depolarisiert und bildet Aktionspotentiale, die ins Zentralnervensystem fortgeleitet werden. Die Depolarisation wird von einem second messenger-System über cyclisches AMP vermittelt.[128,129] Patch clamp-Techniken wurden eingesetzt, um die Duftstoff-induzierten Ströme von isolierten olfaktorischen Zellen abzuleiten,[130] und den präzisen Zeitverlauf und die Lokalisation der Geruchsantwort zu messen.[131] Ein Beispiel eines solchen Experimentes an einer isolierten Zelle der olfaktorischen

124 Pevsner, J. et al. 1989. *In* J. G. Brand et al. (eds.). *Chemical Senses,* Vol. 1. *Receptor Events in Transduction in Taste and Olfaction.* Marcel Dekker, New York, pp. 227–242.
125 Pelosi, P. and Tirindelli, R. 1989. *In* J. G. Brand et al. (eds.). *Chemical Senses,* Vol. 1. *Receptor Events in Transduction in Taste and Olfaction.* Marcel Dekker, New York, pp. 207–226.

126 Buck, L. and Axel, R. 1991. *Cell* 65: 175–187.
127 Ottoson, D. 1956. *Acta Physiol. Scand.* 35 (Suppl. 122): 1–83.
128 Lancet, D. 1986. *Annu. Rev. Neurosci.* 9: 329–355.
129 Lancet, D. 1988. *In* F. L. Margolis and T. V. Getchell (eds.). *Molecular Biology of the Olfactory System.* Plenum, New York, pp. 25–50.
130 Trotier, D. 1986. *Pflügers Arch.* 407: 589–595.
131 Firestein, S., Shepherd, G. M. and Werblin, F. 1990. *J. Physiol.* 430: 135–158.

Schleimhaut des Salamanders ist in Abb. 27 dargestellt. Das Membranpotential der Zelle wurde mit einer patch-Pipette bei –65 mV gehalten, und eine Lösung, die eine Mischung aus Duftstoffmolekülen (ca. 0,1 mM) in 100 mM KCl enthielt, wurde mit einer zweiten Pipette durch einen kurzen (35 ms) Druckpuls zunächst auf das Zellsoma und dann auf den distalen Teil des Dendriten und die Cilien appliziert. Die auf das Soma applizierte Pipettenlösung erzeugte durch einen lokalen Anstieg der Kaliumkonzentration einen schnellen Einwärtsstrom. Der Zeitverlauf der Kaliumantwort liefert ein Maß für die Applikationsgeschwindigkeit und die darauffolgende Verdünnung der Lösung durch Diffusion in die umgebende Badlösung. Wenn die Duftstoffe den Apikaldendriten erreichen, kommt es zu einem zweiten kleineren und langsameren Einwärtsstrom. Lösung, die auf den Apikaldendriten und die Cilien appliziert wird, erzeugt nur eine geringe Kaliumantwort, während der Duftstoff einen großen Einwärtsstrom erzeugt, der die Zeit der Lösungszugabe um mehrere Sekunden überdauert. Das Experiment zeigt deutlich, daß die für die Duftstoffe sensitiven Regionen der distale Dendrit und die Cilien sind. Der verlängerte Zeitverlauf der Dendritenantwort ist konsistent mit der Idee, daß die Leitfähigkeitsveränderung durch ein second messenger-System verursacht wird, und nicht durch direkte Wirkung der Duftstoffe selbst.

Empfohlene Literatur

Übersichts- und Originalartikel

Allgemeines

Bialeck, W. 1987. Physical limits to sensation. *Annu. Rev. Biophys. Biophys. Chem.* 16: 455–478.

Heiligenberg, W. 1989. Coding and processing of electrosensory information in gymnotiform fish. *J. Exp. Biol.* 146: 255–275.

Kalmijn, A. J. 1982. Electric and magnetic field detection in elasmobranch fishes. *Science* 218: 916–918.

McIntyre, A. K. 1980. Biological seismography. *Trends Neurosci.* 3: 202–205.

Mechanorezeptoren

Erxleben, C. 1989. Stretch-activated current through single ion channels in the abdominal stretch receptor organ of the crayfish. *J. Gen. Physiol.* 94: 1071–1083.

Eyzaguirre, C. and Kuffler, S. W. 1955. Processes of excitation in the dendrites and in the soma of single isolated sensory nerve cells of the lobster and crayfish. *J. Gen. Physiol.* 39: 87–119.

Hunt, C. C. 1990. Mammalian muscle spindle: Peripheral mechanisms. *Physiol. Rev.* 70: 643–663.

Katz, B. 1950. Depolarization of sensory nerve terminals and the initiation of impulses in the muscle spindle. *J. Physiol* 111: 261–282.

Kuffler, S. W., Hunt, C. C. and Quilliam, J. P. 1951. Function of medullated small-nerve fibers in mammalian ventral roots: Efferent muscle spindle innervation. *J. Neurophysiol.* 14: 29–54.

Loewenstein, W. R. and Mendelson, M. 1965. Components of adaptation in a Pacinian corpuscle. *J. Physiol.* 177: 377–397.

Zentralverarbeitung und Schmerz

Fields, H. L. 1987. *Pain.* McGraw-Hill, New York.

Kaas, J. H. 1983. What if anything is SI? Organization of first somatosensory area of cortex. *Physiol. Rev.* 63: 206–231.

Haarzelltransduktion und Tuning

Ashmore, J. F. 1987. A fast motile response in guinea-pig outer hair cells: The cellular basis of the cochlear amplifier. *J. Physiol.* 388: 323–347.

Crawford, A. C. and Fettiplace, R. 1981. An electrical tuning mechanism in turtle cochlear hair cells. *J. Physiol.* 312: 377–412.

Frettiplace, R. 1987. Electrical tuning of hair cells in the inner ear. *Trends Neurosci.* 10: 421–425.

Fuchs, P. A. and Evans, M. G. 1990. Potassium currents in hair cells isolated from the cochlea of the chick. *J. Physiol.* 429: 529–551.

Fuchs, P. A., Evans, M. G. and Murrow, B. W. 1990. Calcium currents in hair cells isolated from the cochlea of the chick. *J. Physiol.* 429: 553–568.

Hudspeth, A. J. 1989. How the ear's works work. *Nature* 341: 397–404.

Hudspeth, A. J. and Corey, D. P. 1977. Sensitivity, polarity, and conductance change in the response of vertebrate hair cells to controlled mechanical stimuli. *Proc. Natl. Acad. Sci. USA* 74: 2407–2411.

Hudspeth, A. J. and Lewis, R. S. 1988. Kinetic analysis of voltage- and iondependent conductances in saccular hair cells of the bull-frog, *Rana catesbeiana. J. Physiol.* 400: 237–274.

Echoortung

Knudsen, E. I. and Knudsen, P. K. 1989. Vision calibrates sound location in developing barn owls. *J. Neurosci.* 9: 3306–3313.

Knudsen, E. I. and Konishi, M. 1979. Mechanisms of sound location in the barn owl *(Tyto alba). J. Comp. Physiol.* 133: 13–21.

Neuweiler, G. 1990. Auditory adaptations for prey capture in echolocating bats. *Physiol. Rev.* 70: 615–641.

Chemische Sinneswahrnehmung

Buck, L. and Axel, R. 1991. A novel multigene family may encode odorant receptors: A molecular basis for odor recognition. *Cell* 65: 175–187.

Firestein, S., Shepherd, G. M. and Werblin, F. 1990. Time course of the membrane current underlying sensory transduction in salamander olfactory receptor neurones. *J. Physiol.* 430: 135–158.

Kinnamon, S. C. 1988. Taste transduction: A diversity of mechanisms. *Trends Neurosci.* 11: 491–496.

Lancet, D. 1986. Vertebrate olfactory reception. *Annu. Rev. Neurosci.* 9: 329–355.

Roper, S. D. 1989. The cell biology of vertebrate taste receptors. *Annu. Rev. Neurosci.* 12: 329–353.

Kapitel 15

Motorische Systeme

Die motorischen Systeme, die für die Aufrechterhaltung der Körperhaltung sorgen und koordinierte Bewegungen erzeugen, sind in einer geordneten Hierarchie organisiert. Durch die komplexen Interaktionen zwischen Zellen der Großhirnrinde (Cortex cerebri), des Kleinhirns (Cerebellum), der Basalganglien, des Mittelhirns und des Rückenmarks entstehen Signale, die in den Motoneuronen zusammenlaufen und die Kontraktionen der Skelettmuskulatur kontrollieren. Um zu verstehen, wie der Körper bewegt wird, müssen wir etwas über die Anatomie und die physiologischen Eigenschaften der verschiedenen Strukturen des motorischen Systems und der sie verbindenden Bahnen wissen.

Bei Vertebraten bilden die spinalen Motoneuronen die *gemeinsame Endstrecke* aus dem Nervensystem heraus. Jedes Motoneuron integriert den exzitatorischen und inhibitorischen Eingang von Tausenden von Synapsen, die über sein Soma und seine Dendriten verteilt sind, und deren Einfluß bestimmt, ob Aktionspotentiale erzeugt werden oder nicht. Die Effektivität einer einzelnen Synapse hängt nicht nur von der relativen Größe ihrer synaptischen Ströme, sondern auch von ihrer Lage in Relation zu anderen Synapsen und zum Ort der Aktionspotentialauslösung, dem Axonhügel, ab. Wenn ein Aktionspotential ausgelöst wird, kontrahieren alle Muskelfasern, die von dem Motoneuron innerviert werden.

Jedes Motoneuron innerviert eine Muskelfasergruppe, die in einigen dünnen Muskeln nur aus wenigen Fasern und in dicken Extremitätenmuskeln aus bis zu mehreren Tausend Fasern besteht. Das Motoneuron und seine Muskelfasern bilden zusammen eine motorische Einheit. Jeder Muskel ist aus einer Anzahl motorischer Einheiten zusammengesetzt. Kleine Motoneuronen innervieren Fasergruppen mit wenigen Fasern, die langsam kontrahieren und ermüdungsresistent sind. Zunehmend größere Motoneuronen innervieren zunehmend größere motorische Einheiten. Die größten bestehen aus Muskelfasern, die schnell kontrahieren und schneller ermüden. Die Muskelaktivierung ist so organisiert, daß kleine motorische Einheiten zuerst rekrutiert werden, große zuletzt. Diese Aktivierung in Abhängigkeit von der Größe (das *Größenprinzip*) stellt sicher, daß die Spannungszunahme, die von jeder Einheit addiert wird, einen relativ festen Bruchteil der vorher vorhandenen Spannung bildet.

Die einfachsten motorischen Prozesse sind Reflexe, die durch relativ direkte Schaltkreise im Rückenmark gesteuert werden. Beispielsweise ist am bekannten Patellarreflex (Kniesehnenreflex) nur eine Gruppe exzitatorischer monosynaptischer Verbindungen beteiligt, die von Ia-Afferenzen von Muskelspindeln auf Motoneuronen gebildet werden, die denselben Muskel versorgen. Gleichzeitig inhibieren zusätzliche polysynaptische Bahnen die antagonistischen Muskeln. Golgi-Sehnenorgane bilden im Gegensatz zu Muskelspindeln inhibitorische reflektorische Verbindungen auf motorische Einheiten desselben Muskels und begrenzen damit die maximale Muskelspannung. Andere Reflexe, wie z.B. der Flexor- oder Rückziehreflex, der durch einen schmerzhaften Reiz auf die Extremitäten verursacht wird, benötigen komplexere spinale Schaltkreise. Außerdem ist die Beteiligung höherer motorischer Zentren erforderlich, um nach der Auslösung solcher Reflexe die Körperhaltung und das Gleichgewicht aufrecht zu erhalten.

Die Motoneuronen sind im Rückenmark in Abhängigkeit von ihrer Funktion topographisch angeordnet. Die medialen Motoneuronen versorgen die axialen Muskeln des Rumpfes und die proximalen Extremitätenmuskeln. Die lateral liegenden bedienen die distale Extremitätenmuskulatur. Diese Aufteilung nach der Funktion bildet eine Grundlage, um die Rolle der höheren Motorzentren zu verstehen. Diejenigen Zentren, die mit komplexen Bewegungen und der Fortbewegung zu tun haben, projizieren zu den lateralen, die Zentren, die an der Aufrechterhaltung des Gleichgewichtes und der Körperhaltung beteiligt sind, zu den medialen Motoneuronen.

Die auf die Motoneuronen absteigenden Bahnen haben ihren Ursprung entweder im Hirnstamm oder in der Großhirnrinde. Der Tractus corticospinalis (Pyramidenbahn) und der Tractus rubrospinalis bilden die lateralen Hauptbahnen. Der Tractus corticospinalis entspringt größtenteils im Gyrus praecentralis (Area 4). Seine Fasern kreuzen zum größten Teil zur Gegenseite und steigen dort ab und enden mono- oder polysynaptisch auf Motoneuronen verschiedener spinaler Ebenen. Die Zellen des Cortex sind bezüglich der Muskulatur, die sie versorgen, topographisch geordnet: Füße und Beine sind auf der medialen Oberfläche der cerebralen Hemisphäre repräsentiert, es folgen Hand, Arm und Gesicht; der Rumpf ist mehr anterior repräsentiert. Die Repräsentation ist entsprechend der Anzahl der corticalen Zellen, die sich der Bewegungskontrolle in einer bestimmten Region widmen, verzerrt. Die Repräsentation der Hand ist z.B. außerordentlich groß. Der Nucleus ruber des Hirnstammes, der direkte Eingänge vom Motorcortex erhält, sendet Fasern entlang des Tractus rubrospinalis zu contralateralen Motoneuronen.

Die medialen Bahnen auf die Motoneuronen enthalten einen kleinen nicht kreuzenden Teil des Tractus corticospinalis und mehrere Bahnen aus dem Hirnstamm. Hauptsächlich handelt es sich dabei um den Tractus reticulospinalis, der seinen Ursprung in der Brücke (Pons) und in der Medulla oblongata hat, und den Tractus vestibulospinalis lateralis aus dem Nucleus vestibularis lateralis. Die Fasern des Tractus vestibulospinalis lateralis bilden monosynaptische Kontakte auf Extensormotoneuronen, die die Extremitätenmuskeln versorgen. Diese Bahn spielt bei der Aufrechterhaltung der Körperhaltung gegen die Schwerkraft eine Rolle. Der Tractus tectospinalis (vom Colliculus superior) und der Tractus vestibulospinalis medialis steigen zum Halswirbel- und zum oberen Thoraxbereich ab und helfen, den Oberkörper, die Halsorientierung und visuell gesteuerte Kopfbewegungen zu regulieren.

Die absteigenden Bahnen werden durch zwei zusätzliche Strukturen moduliert: Das Cerebellum und die Basalganglien. Das Cerebellum enthält Eingänge vom Nucleus vestibularis und von den Tractus spinocerebellares, die proprioceptive und somatosensorische Informationen aus der Peripherie liefern. Die Seitenlappen des Cerebellums erhalten über die Brücke zusätzlich Informationen aus weiten Bereichen der Großhirnrinde. Die Kleinhirnrinde enthält drei Hauptschichten mit hochorganisierter Cytoarchitektur. Die Purkinje-Zellaxone bilden die einzigen Ausgänge der Kleinhirnrinde. Sie wirken inhibitorisch auf die nachgeschalteten Kerne. Die Purkinje-Zellen sind topographisch angeordnet und projizieren auf die Kleinhirnkerne und auf die Nuclei vestibulares. In jedem Kleinhirnkern gibt es mindestens eine Körperrepräsentation. Der am weitesten medial liegende Kern (N. fastigii) projiziert – passend zur lateral-medialen Organisation des motorischen Systems allgemein – hauptsächlich zum Hirnstamm, wobei er das mediale motorische System beeinflußt und an der Regulation des Gleichgewichts und der Körperhaltung mitwirkt. Die lateralen Kerne (N. interpositus und N. dentatus) projizieren hauptsächlich zum Nucleus ruber und (über den Thalamus) zum Motorcortex. Sie beeinflussen also das laterale Motorsystem und die Bewegungen der Extremitäten.

Die Basalganglien sind aus einer Anzahl von Kernen zusammengesetzt, die tief unter der Großhirnrinde liegen: Der Nucleus caudatus, das Putamen und das Pallidum. Sie haben ausgedehnte Verbindungen zu den umliegenden Kernen, zum Cortex und zum Thalamus. Ihr Ausgang über den Thalamus zum motorischen Cortex steht im Einklang mit ihrer Rolle bei der Regulation des lateralen motorischen Systems. Eine weniger auffallende Projektion über die Brücke auf den Hirnstamm liefert eine Bahn, die das mediale motorische System reguliert.

Eine grundlegende, unbeantwortete Frage lautet: Was ist der Beitrag jedes einzelnen der in einzigartiger Weise organisierten Komponenten des motorischen Systems zur Bewegungskontrolle? Man nimmt an, daß der Motorcortex und der Nucleus ruber mit der Bewegung diskreter Muskelgruppen der distalen Gliedmaßen zu tun haben, während der Hirnstamm, insbesondere die Nuclei vestibulares und reticularis, an der automatischen Haltungsanpassung und an der Aufrechterhaltung des Gleichgewichts beteiligt sind. Die Aufgabe des Cerebellums besteht in der Synthese und der Koordination von Muskelaktivitätsmustern, die mit Bewegung und Körperhaltung verbunden sind, während die Aufgabe der Basalganglien in der Aufrechterhaltung und der Auslösung des Haltetonus in Verbindung mit phasischen Bewegungen besteht.

Ein Zugang zu diesem Problem bestand darin, die Aktivität einzelner Zellen in verschiedenen Teilen des Nervensystems – u.a. im motorischen Cortex, den Kleinhirnkernen, den Basalganglien und den Hinterwurzeln – während der Ausführung trainierter willkürlicher Bewegungen von Affen zu untersuchen, wie z.B. Handgelenkbeugungen und -dehnungen nach einem Muster oder visuell geleiteter Zielverfolgung. Für Zellen der Kleinhirnrinde und der Kleinhirnkerne wurde unter verschiedenen experimentellen Bedingungen nachgewiesen, daß sie sich entsprechend der aufgewandten Kraft bei der Bewegung, der Gelenkstellung, der Bewegungsrichtung oder anderen Parametern (wie der Coaktivierung antagonistischer Muskeln, um ein Gelenk zu schließen) entladen. Obwohl noch näher geklärt werden muß, wie motorische Funktionen organisiert sind, gibt es schon einige interessante Vorstellungen darüber. Man nimmt z.B. an, daß die Fähigkeit des Cerebellums, Multigelenkbewegungen zu organisieren, zumindest teilweise davon abhängt, daß die Parallelfasern in der Kleinhirnrinde eine somatotopische Repräsentation der beteiligten Muskeln und Gelenke bilden und alle Purkinje-Zellen beeinflussen können, die an der Bewegung beteiligt sind. Außerdem scheinen verschiedene Bahnen spezifisch für die Regulation von α- und γ-Motoneuronen zuständig zu sein, die in einem Muskel nicht immer coaktiviert sein müssen. Statt dessen kann ihre Aktivierung während bestimmter Bewegungen völlig unabhängig sein.

Teile des motorischen Systems sind darauf spezialisiert, rhythmische motorische Aufgaben auszuführen, wie z.B. Atmen oder Gehen. Beim Atmen entsteht der Antrieb für die Aufrechterhaltung des Rhythmus in Neuronen im Mittelhirn und in der Medulla oblongata, die abwechselnd exzitatorische und inhibitorische Signale zu den entsprechenden Motoneuronen senden. Die Erzeugung des Rhythmus selbst hängt nicht von der Rückkopplung peripherer Rezeptoren ab. Katzen, bei denen die Hinterwurzeln, die Informationen von den beteiligten Muskeln und Gelenken zurück liefern, durchtrennt wurden, zeigen weiterhin einen Rhythmus, mit dem regelmäßig zwischen Inspiration und Expiration abgewechselt wird. Auf ähnliche Weise können Katzen, deren Extremitäten deafferenziert wurden, gehen und die Pfoten anheben, wenn eine bestimmte Gehirnregion mit einer Impulssalve, die selbst nicht periodisch ist, elektrisch gereizt wird: Beuger und Strecker der entsprechenden Extremität unterliegen dann alternierenden Kontraktionen in gleichmäßigem Rhythmus. Für die Kontrolle des Ausmaßes und der Geschwindigkeit der Bewegung ist jedoch Information aus der

Peripherie notwendig. Zum Beispiel beeinflußt eine erhöhte arterielle Kohlendioxid-Konzentration oder die Dehnung der Muskelspindeln der Brustmuskeln die Frequenz und die Tiefe der Atmung. In ähnlicher Weise hängen bei Katzen Gehen, Laufen oder Galoppieren als Antwort auf veränderte Geschwindigkeiten eines Laufbandes vom ständigen Informationsfluß aus den sensorischen Rezeptoren der Beine ab.

Damit ein Blutegel oder ein Fisch zu ihrer Nahrung schwimmen, eine Eule oder eine Katze eine Maus fangen, ein Kind Fahrrad fahren oder Heinrich Schiff ein Cello-Konzert von Dvorák geben kann, müssen praktisch alle Muskeln des Körpers in schneller Folge ins Spiel gebracht werden und in Harmonie kontrahieren und relaxieren. Wo im Gehirn eines höheren Tieres die Entscheidungen getroffen werden oder wie willkürliche Handlungen beginnen, sind komplexe Fragen, zu denen noch keine vollständigen Antworten in Sicht sind. Gleichzeitig wird deutlich, wie wichtig es ist, die beteiligten Mechanismen zu untersuchen. Unser Verständnis motorischer Ereignisse nimmt noch schneller ab als das Verständnis der sensorischen Systeme, je weiter wir ins Zentralnervensystem eindringen. Zum Beispiel sind die synaptische Organisation und die Mechanismen, die einem einfachen Kniesehnenreflex zugrunde liegen, relativ gut verstanden. Wir werden unsere Diskussion damit beginnen, die Eigenschaften spinaler Motoneuronen, die an solchen Reflexen beteiligt sind, und ihre synaptische Organisation zu betrachten. Zentrale Mechanismen, die zum Beispiel daran beteiligt sind, unseren Daumen in schneller Folge zu den anderen Fingern der Hand zu bewegen, sind viel weniger klar. Das Wissen darüber, wie die einzelnen Teile des motorischen Systems – Rückenmark, Hirnstamm, Großhirnrinde, Kleinhirn und Basalganglien – organisiert sind, wird einen wesentlichen Anteil daran haben, solche Ereignisse in Zukunft zu verstehen. Diese Komponenten arbeiten ständig zusammen, um Haltung und Bewegungen zu regulieren. Dabei hat jede Komponente ihre eigene spezifische Rolle. In der folgenden Diskussion wollen wir vor allem einen zusammenhängenden Überblick über diese Organisation und darüber, wie diese Komponenten zusammenarbeiten, entwickeln. Außerdem werden wir wichtige Informationen, die man beim Aufzeichnen der Aktivität einzelner Zellen während trainierter Bewegungen erhält, zusammentragen. Zum Schluß wollen wir betrachten, wie spezifische Neuronengruppen im Zentralnervensystem von Vertebraten rhythmische, koordinierte Bewegungen, wie z.B. Atmung und Bewegung, erzeugen.

C.S. Sherrington mit einem seiner Schüler (J.C. Eccles) Mitte der dreißiger Jahre.

Integration spinaler Motoneuronen

Die motorische Einheit

Das spinale Motoneuron ist eine der am besten untersuchten Säuger-Nervenzellen, es spielt bei allen Bewegungen, die wir ausüben, eine zentrale Rolle.[1] Sherrington nannte das Motoneuron die **gemeinsame Endstrecke**, da alle neuronalen Einflüsse, die mit Bewegung oder Haltung zu tun haben, darauf konvergieren. Jedes Motoneuron innerviert eine Muskelfasergruppe und bildet zusammen mit ihr eine funktionelle Einheit, die sogenannte **motorische Einheit**. Die Muskelfaseranzahl einer motorischen Einheit schwankt zwischen wenigen, z.B. in Muskeln, die die Finger beugen oder strecken, und mehreren Tausend in den großen Muskeln der proximalen Gliedmaßen. Wenn ein Motornerv feuert, kontrahieren alle Muskelfasern, die er innerviert. Die motorische Einheit ist deshalb die Elementarkomponente der normalen Bewegung. Die Eleganz und Präzision unserer Bewegungen wird durch Variation der Anzahl und des Timings der beteiligten motorischen Einheiten erreicht.[2] Die Wir-

1 Eccles, J. J. 1964. *The Physiology of Synapses.* Springer-Verlag, Berlin.
2 Adrian, E. D. 1959. *The Mechanism of Nervous Action.* Universitiy of Pennsylvania Press, Philadelphia.

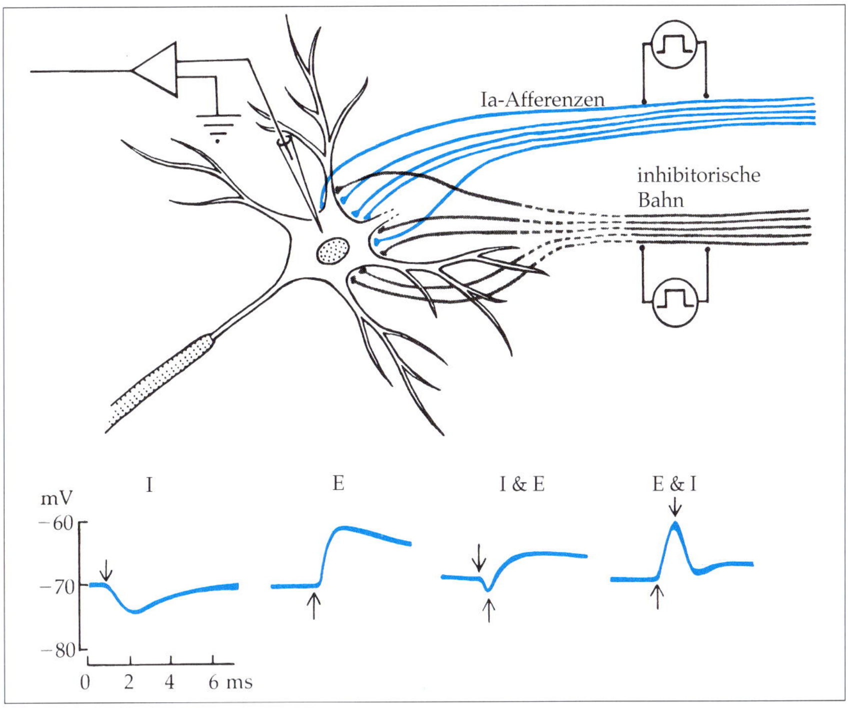

Abb. 1: **Exzitatorische und inhibitorische Wechselwirkungen** von einem Motoneuron des Rückenmarks der Katze abgeleitet. Die Wechselwirkung zwischen den exzitatorischen und inhibitorischen postsynaptischen Potentialen, die durch Reizung der exzitatorischen (E) und der inhibitorischen (I) Eingänge erzeugt werden, hängt vom relativen Zeitverlauf der beiden Ereignisse zueinander ab (nach Curtis und Eccles, 1959).

kungen einzelner motorischer Einheiten sind nicht sichtbar, wenn der gesamte Muskel kontrahiert, weil die einzelnen Beiträge asynchron sind und durch die elastischen Eigenschaften des Muskels geglättet werden. Die 25 000 Muskelfasern des Musculus soleus der Katze werden z. B. von 100 α-Motoneuronen versorgt. Einzelne Kontraktionen des gesamten Muskels können daher in 100 Schritten graduiert sein. Anhaltende Kontraktionen, durch wiederholte Aktivierung der motorischen Einheiten, können noch feiner getuned sein. Das ist deswegen so, weil der Beitrag jeder motorischen Einheit selbst graduiert ist durch die Geschwindigkeit, mit der ihr Motoneuron feuert, oder, mit anderen Worten, durch die Kontraktionsfrequenz ihrer Muskelfasern.

Synaptische Eingänge auf Motoneuronen

Für die Rekrutierung und die Feinkontrolle der Motoneuronen, die nötig sind, um koordinierte Bewegungen durchzuführen, müssen multiple Einflüsse in der richtigen Reihenfolge und im geeigneten Gleichgewicht auf die Motoneuronen wirken. Es ist daher nicht überraschend, daß ein Motoneuron durchschnittlich mehrere Tausend synaptische Eingänge besitzt (s. Abb. 7 in Kap. 1), die Anweisungen aus höheren Zentren umsetzen und sensorische Informationen aus weiten Bereichen der Peripherie liefern. Synaptische Eingänge auf die Zelle erzeugen exzitatorische und inhibitorische postsynaptische Potentiale (EPSPs und IPSPs), und präsynaptische Inhibition reguliert die Effektivität der einlaufenden Signale. Jedes Mal, wenn ein Motoneuron genügend depolarisiert wird, entsteht ein Impuls an einer bestimmten Stelle der Zelle, dem **Axonhügel**.

Durch intensive Arbeit, vor allem durch die bahnbrechenden Untersuchungen von Lloyd[3] und Eccles und Kollegen[1] weiß man heute viel über die Mechanismen der synaptischen Übertragung an dieser Zelle und über die Wechselwirkung exzitatorischer und inhibitorischer Synapsen (Abb. 1). Ein wichtiger exzitatorischer Eingang kommt von den Muskelspindeln (Kap. 14): Die Gruppe-Ia- und Gruppe-II-Afferenzen bilden monosynaptische und polysynaptische exzitatorische Verbindungen auf dem Motoneuron. Mendell und Hennemann[4] haben durch sorgfältige Ableitung von allen Motoneuronen, die einen Muskel versorgen (seinem «Motorpool»), gezeigt, daß jede Ia-Faser des Muskels einen Eingang an nicht weniger als 300 Motoneuronen sendet, praktisch alle Motoneuronen, die den Muskel versorgen. Umgekehrt empfängt jedes Motoneuron konvergierende monosynaptische Eingänge von allen Spindeln desselben Muskels. Die Anatomie dieser Verbindungen ist bemerkenswert geordnet und präzise, wie man durch Injektion von Meerrettichperoxidase in einzelne Ia-Fasern und Verfolgung ihrer Endigungen auf dem Soma und den proximalen Dendriten der Motoneuronen zeigen kann.[5,6] Brown und Fyffe haben gezeigt, daß eine einzelne Ia-Kollaterale typischerweise zwei bis fünf Kontakte in Form von präsynaptischen Endknöpfchen auf dem Dendritenbaum und ca. zwei auf dem Soma jedes

3 Lloyd, D. P. C. 1943. *J. Neurophysiol.* 6: 317–326.
4 Mendell, L. M. and Henneman, E. 1971. *J. Neurophysiol.* 34: 171–187.
5 Brown, A. G. and Fyffe, R. E. W. 1981. *J. Physiol.* 313: 121–140.
6 Burke, R. E. Walmsley, B. and Hodgson, J. A. 1979. *Brain Res.* 160: 347–352.

Motoneurons bilden kann. Die Gebiete werden während der Entwicklung irgendwie so aufgeteilt, daß im Regelfall alle diese Kontakte von einer einzigen Axonkollateralen stammen, während die anderen Verzweigungen desselben Axons vorbeiziehen und andere Motoneuronen versorgen. Außerdem haben alle Kontakte, die eine einzige Axonkollaterale auf den verschiedenen Dendriten bildet, ungefähr denselben Abstand vom Soma. Eine Konsequenz der Innervation der Motoneuronen durch separate Verzweigungen einzelner Gruppe I-Fasern könnte sein, daß afferente Exzitation unter bestimmten Bedingungen durch einen Leitungsblock an den Verzweigungspunkten selektiv auf die Motoneuronen verteilt wird.[7]

Einzelne synaptische Potentiale in Motoneuronen

Wie man aus der Anatomie erwarten würde, erzeugen die Impulse einer einzigen Ia-Faser – entsprechend der durchschnittlichen Ausschüttung von einem oder zwei Transmitterquanten an den vier bis sieben synaptischen Kontaktstellen – nur ein sehr kleines monosynaptisches, exzitatorisches postsynaptisches Potential im Motoneuron. Kuno[8] hat diese Transmitterfreisetzung als erster quantitativ gemessen, wobei er dünne sensorische Nervenbündel in den Dorsalwurzeln durchtrennte und die Potentiale registrierte, die durch Reizung einzelner Ia-Afferenzen erzeugt werden. Eine andere Möglichkeit, die Wirkungen einzelner Eingänge zu bestimmen, besteht darin, mit dem Averaging-Verfahren die durchschnittlichen Potentiale zu ermitteln, die in Motoneuronen durch die Aktivierung eines einzelnen Muskelrezeptors ausgelöst werden.[9,10] Diese Methode ist in Abb. 2 dargestellt: Einlaufende sensorische Impulse, die von einem Hinterwurzelfilament abgeleitet werden, werden benutzt, um eine Average-Vorrichtung zu triggern, die die Potentiale aufsummiert, die nach jedem einlaufenden Signal am Motoneuron registriert werden. Während des Summationsprozesses heben sich zufällige Potentialänderungen gegenseitig auf und gehen verloren. Andererseits werden die kleinen EPSPs, die einem sensorischen Impuls mit einer konstanten Latenz folgen, immer mehr hervorgehoben. Da die Muskelspindelafferenzen normalerweise mit 50 bis 400 Hz feuern, ist es leicht, das Verfahren über mehrere Hundert Antworten anzuwenden und dann über die Anzahl der Antworten zu mitteln. Mit dieser Technik wurde gezeigt, daß das EPSP, das von einer einzigen Ia-Afferenz ausgelöst wurde, eine durchschnittliche Amplitude von ca. 150 µV (gemessen am Zellkörper) hat. Man kann erwarten, daß einzelne Potentiale dieser Größe nur einen geringen Einfluß auf das Feuermuster eines Motoneurons haben, daß sie sich aber während kurzer Aktivitätssalven aufsummieren und zu anderen Eingängen addieren können und damit eine bedeutende Wirkung erzielen. Eine andere wertvolle Technik, solche kaum merklichen Einflüsse wahrzunehmen, besteht darin, die Feuerfrequenz eines Motoneurons zu beobachten, die man an den Vorderwurzeln ableiten kann, und mit dem Averaging-Verfahren die Wirkungen der Aktivierung eines einzelnen afferenten Eingangs auf die Entladung des Motoneurons zu ermitteln.[11] Durch diese Technik können intrazelluläre Ableitungen vom Motoneuron vermieden werden. Außerdem kann man direkt die Wirkung auf das Entladungsmuster und somit auf die Muskelkontrolle durch spezifische Typen synaptischer Aktivität beobachten. Zusammenfassend, die Erregung eines Motoneurons durch den Dehnungsreflex oder durch Kommandos von höheren Zentren hängt vom Zusammenspiel vieler konvergierender synaptischer Eingänge und ihren individuellen Entladungsraten ab. Die Summation der Wirkung multipler synaptischer Eingänge an verschiedenen Orten auf dem Soma und den Dendriten der Zelle wird **räumliche Summation** genannt. Der Aufbau synaptischer Potentiale während wiederholter Aktivierung, bei der jede auf die fallende Phase der vorherigen aufaddiert wird, wird **zeitliche Summation** genannt.

Synaptische Integration

Die Tatsache, daß der Axonhügel des Motoneurons der Ort der Impulsauslösung und damit der Brennpunkt der integrativen Aktivität ist, hat wichtige Konsequenzen. Insbesondere bestimmen die Orte der synaptischen Eingänge ihre relativen Beiträge zur Exzitation und zur Inhibition: Die Synapsen auf dem Soma, nahe am Axonhügel, haben einen vergleichsweise größeren Einfluß als die Synapsen auf den distalen Teilen des Dendritenbaums. Unabhängig von ihrer Nähe zum Ort der Impulsinitiierung hängt die gegenseitige Beeinflussung der synaptischen Eingänge von ihren Abständen zueinander ab. Zum Beispiel breiten sich Einwärtsströme an exzitatorischen Synapsen auf den Dendriten passiv zum Axonhügel aus und depolarisieren, wenn ihre Summe ausreicht, die Zelle bis zur Schwelle, um einen Impuls und eine Muskelkontraktion zu erzeugen. Postsynaptische Inhibition wirkt der Impulsauslösung auf zwei Arten entgegen: (1) Die inhibitorischen Leitfähigkeitänderungen liefern einen Weg für Strom aus der Zelle heraus (d.h. Anioneneinstrom) und reduzieren dadurch die Erregung. (2) Wenn die inhibitorische Leitfähigkeitszunahme zwischen der exzitatorischen Synapse und dem Zellkörper auftritt, wird die Erregungsausbreitung zum Axonhügel abgeschwächt. Diese Prinzipien sind in Abb. 3 dargestellt: Inhibition nahe der Dendritenspitze ist vergleichsweise weniger wirksam als Inhibition in der Nähe des Zellkörpers. *Die Synapsenlokalisation auf einem Neuron* spielt also eine Schlüsselrolle bei der Festlegung ihrer Wirksamkeit. Schließlich können durch präsynaptische Hemmung bestimmte erregende Einflüsse abgeschwächt

7 Jack, J. J. B., Redman, S. J. and Wong, K. 1981. *J. Physiol.* 321: 65–96.
8 Kuno, M. 1971. *Physiol. Rev.* 51: 647–678.
9 Kirkwood, P. A. and Sears, T. A. 1982. *J. Physiol.* 322: 287–314.
10 Honig, M. C., Collins, W. F. and Mendell, L. 1983. *J. Neurophysiol.* 49: 886–901.
11 Kirkwood, P. A. 1979. *J. Neurosci. Methods* 1: 107–132.

Abb. 2: **Spike-getriggertes Averaging exzitatorischer synaptischer Potentiale.** (A) Schema des Averaging: Impulse von einem einzigen Dehnungsrezeptor, die in einem Hinterwurzelfilament abgeleitet werden, werden benutzt, um den Durchlauf des Oszilloskops zu triggern. Eine intrazelluläre Mikroelektrode leitet das Membranpotential eines spinalen Motoneurons ab. Die Oszilloskopaufzeichnungen zeigen den einlaufenden sensorischen Impuls (untere Spur) und zwei aufeinanderfolgende Durchläufe schlecht definierter exzitatorischer Potentiale (obere beiden Spuren), die wegen der Grundlinienfluktuationen durch unbeteiligte synaptische Aktivitäten nicht zuverlässig gemessen werden können. (B) Die Reizung des Muskelnerven erzeugt einen antidrom laufenden Impuls bei der intrazellulären Ableitung, wodurch die Zelle als Motoneuron identifiziert wird. (C) Extrazelluläre Ableitung der Entladung einer einzigen Faser im Hinterwurzelfilament. Die Entladung wird erzeugt, wenn der Muskel gedehnt wird, und pausiert, wenn der Muskel durch eine Reizung kontrahiert wird. Dadurch wird die Faser als Ia-Afferenz von einer Muskelspindel identifiziert (Kap. 14). (D) Mit Averaging gewonnene exzitatorische postsynaptische Potentiale abgeleitet wie in (A). Jeder einlaufende sensorische Impuls triggert das Oszilloskop. Das EPSP, das durch den Impuls erzeugt wird, besitzt eine relativ konstante Latenzdauer und erscheint deshalb beim Durchlauf immer an derselben Stelle. Wenn viele Durchläufe gemittelt werden, verschwinden die Potentiale, die zeitlich nicht an die sensorischen Signale gebunden sind, es bleibt nur das durchschnittliche EPSP übrig. Die Ableitung zeigt den digitalisierten Durchschnitt von 256 Ereignissen (nach Hilaire, Nicholls und Sears, 1983).

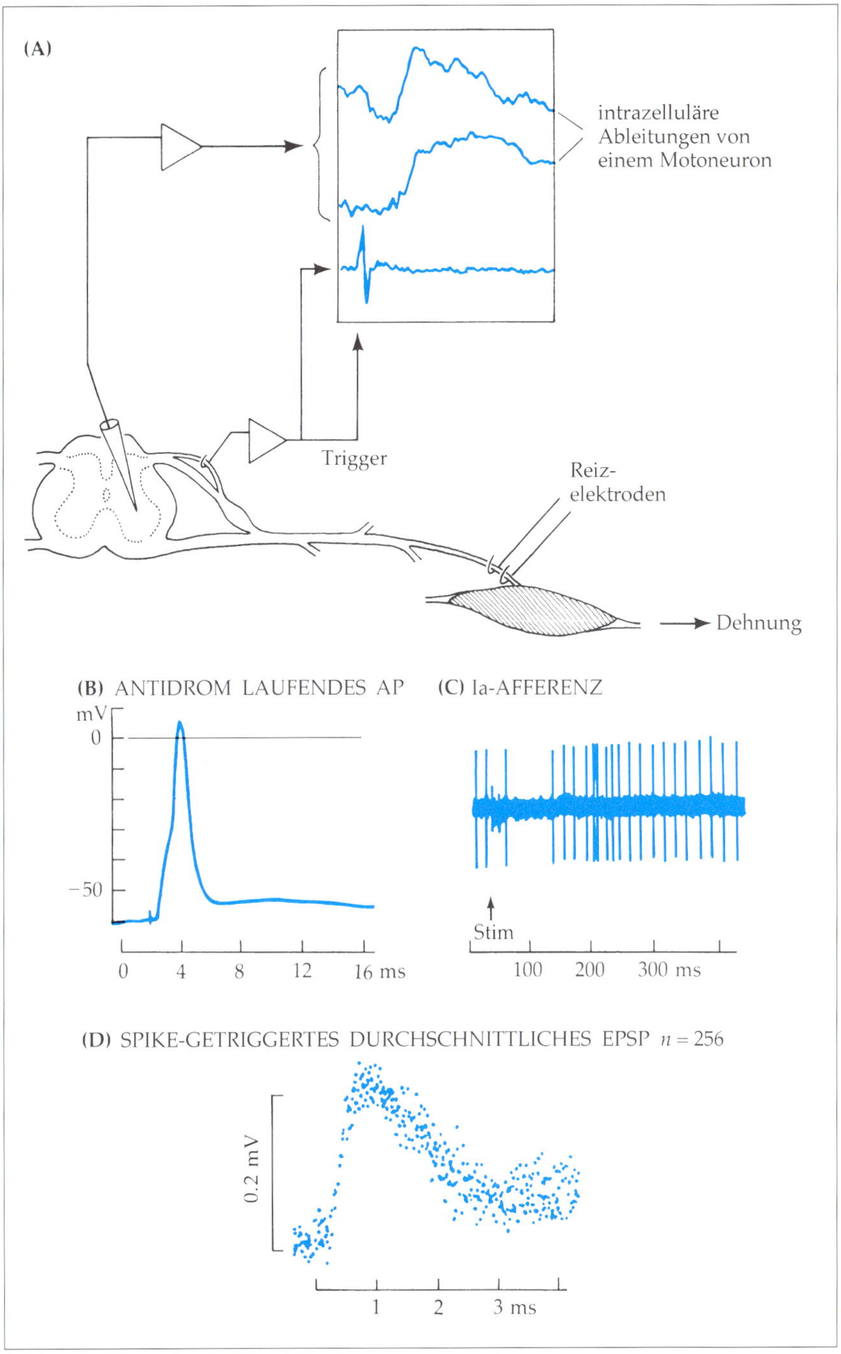

werden, ohne die Antwort der Zelle auf andere erregende Synapsen auf ihrer Oberfläche zu beeinflussen.

Bei der soeben geführten Diskussion zur Integration wird ein wichtiges Prinzip deutlich, das sich auf Probleme der Entwicklung bezieht. Im motorischen System, ja im gesamten Nervensystem, bedingen funktionierende synaptische Interaktionen nicht nur, daß die Neuronen Synapsen mit spezifischen postsynaptischen Zielen bilden, sondern auch, daß diese Verbindungen an den richtigen Orten auf den postsynaptischen Neuronen, Dendriten oder Bereichen des Zellkörpers hergestellt werden.

Eigenschaften von Muskelfasern

Muskelfasern sind nicht homogen: Einige kontrahieren schneller als andere, wobei ihre kontraktilen Mechanismen schneller ermüden. Die langsam kontrahierenden, ermüdungsresistenten Fasern gewinnen ihre Energie aus dem oxidativen Stoffwechsel, die schnellen, schnell ermüdenden aus der Glykolyse. Die Unterschiede der Kontraktionsgeschwindigkeit sind mit der Anwesenheit verschiedener isoenzymatischer Myosinformen in den Fasern verbunden. In einer detaillierten Versuchsreihe zur

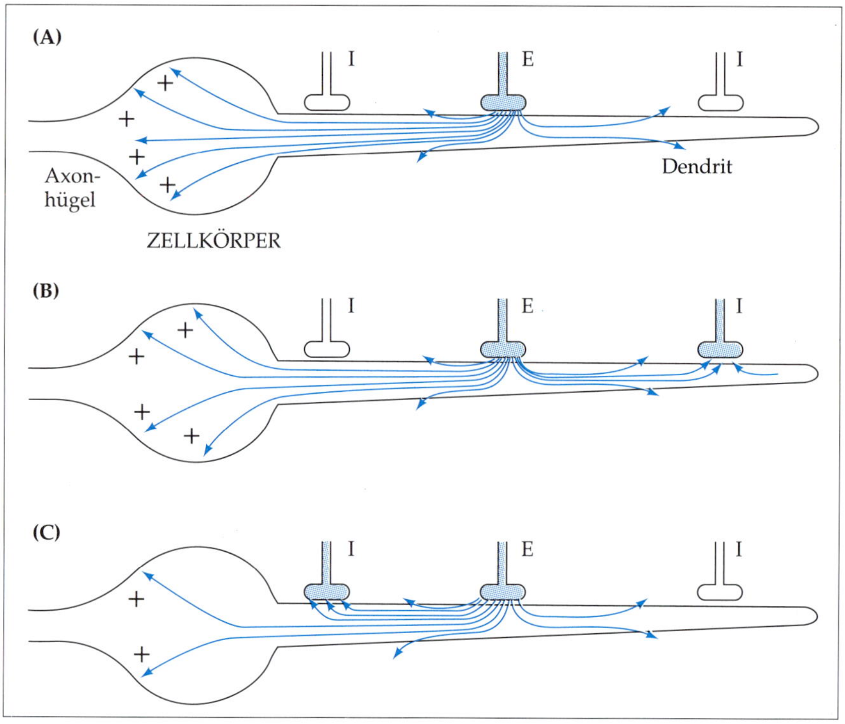

Abb. 3: **Wirkung der Synapsen-Lokalisation** auf die synaptischen Wechselwirkungen in einem Dendriten. (A) Die Aktivierung einer exzitatorischen Synapse löst einen Einwärtsstrom aus, der sich zum Soma und zum distalen Teil des Dendriten hin ausbreitet. Der Einwärtsstrom breitet sich zum proximalen Dendriten hin aus und depolarisiert das Soma und den Axonhügel. Der Strom zum distalen Teil des Dendriten ist wegen des hohen Eingangswiderstandes, der vom abnehmenden Durchmesser und der relativ geringen Membranfläche herrührt, nur klein. (B) Die Aktivierung der distalen inhibitorischen Synapse liefert einen zusätzlichen Weg für den Auswärtsstrom im distalen Dendriten, hat aber nur wenig Einfluß auf den Strom, der zum Soma fließt. (C) Die Aktivierung der proximalen inhibtorischen Synapse liefert einen alternativen Weg für den Auswärtsstrom und reduziert die Depolarisation des Somas und des Axonhügels.

Variationsbreite von Muskelfasereigenschaften haben Burke und seine Kollegen gezeigt, daß die Fasern in vier Hauptgruppen unterteilt werden können, die von «langsam-kontrahierend (slow-twitch), ermüdungsresistent» bis «schnell-kontrahierend (fast-twitch), schnell ermüdend» reichen, jede mit unterschiedlichen histochemischen Eigenschaften.[12] Interessanterweise gehören alle Muskelfasern irgendeiner motorischen Einheit immer zur selben Klasse. Wie wir noch genauer diskutieren werden, paßt das Aktivierungsmuster eines jeden Motoneurons zu den Eigenschaften seiner Muskelfasern (s. Kap. 11).

Das Größenprinzip

Eine wichtige Eigenschaft von motorischen Einheiten besteht darin, daß sie nicht alle die gleiche Größe haben. Ihre Größe ist graduiert. Einige Motoneuronen versorgen viele Muskelfasern, die Impulse solcher Motoneuronen führen zu einem großen Anstieg der Muskelspannung. Andere Motoneuronen, die relativ wenige Muskelfasern innervieren, erzeugen weniger Spannung. Außerdem bestehen die kleinsten motorischen Einheiten normalerweise aus langsam kontrahierenden, ermüdungsresistenten Fasern, und die größten aus schnellen, schnell ermüdenden Fasern. Es gibt Hinweise darauf, daß die Muskelfaseranzahl in einer motorischen Einheit direkt mit der Soma- und der Axongröße des Motoneurons zusammenhängt. Die Beziehung der Größe der motorischen Einheit zum Axondurchmesser macht es möglich, das Verhalten motorischer Einheiten verschiedener Größe durch die Ableitung von Aktionspotentialen aus den Vorderwurzeln zu untersuchen. Bei Ableitung mit Elektroden, die auf die Wurzeln aufgesetzt werden, sind die extrazellulär abgeleiteten Impulse von den dicken Axonen größer als die von den dünnen Axonen (Kap. 5). Motorische Einheiten unterschiedlicher Größe können daher durch Unterschiede der Spikeamplituden auseinandergehalten werden. Ein zweiter Weg, um verschieden große motorische Einheiten zu unterscheiden, besteht in der Ableitung vom Muskel selbst. In solchen Ableitungen (Elektromyogrammen) kann man die Entladungen einzelner motorischer Einheiten erkennen.

Hennemann und Kollegen haben solche Ableitungen benutzt, um zu untersuchen, wie motorische Einheiten während graduierter Muskelkontraktionen aktiviert werden.[13] Sie haben gezeigt, daß bei einer Kontraktion im allgemeinen die kleinen motorischen Einheiten zuerst feuern und eine geringe Spannungszunahme verursachen. Wenn die Kontraktion stärker wird, werden immer größere Einheiten einbezogen, wobei jede immer mehr Spannung beiträgt. Dadurch wird eine gute Kontrolle erreicht, die sowohl feine als auch grobe Bewegungen in geeigneter Abstufung erlaubt. Es ist sicher effektiver für kleinere Einheiten, am unteren Ende des kontraktilen Bereichs zu feuern, als in der Nähe des Maximums, wo die prozentuale Spannungszunahme, die sie beitragen, weitaus geringer wäre. So kann zum Beispiel im Musculus soleus der Katze ein dünnes spikendes Motoneu-

12 Burke, R. E. 1978. *Am Zool.* 18: 127–134.

13 Henneman, E., Somjen, G. and Carpenter, D. O. 1965. *J. Neurophysiol.* 28: 560–580.

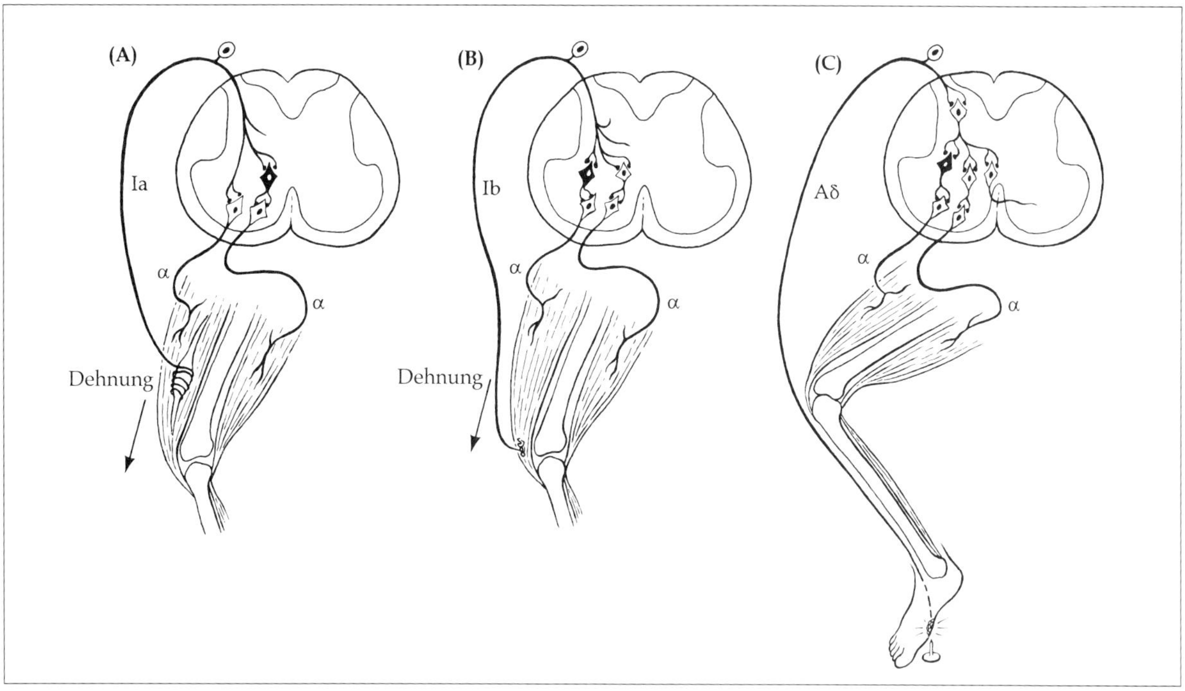

Abb. 4: **Anordnung der synaptischen Verbindungen** für reflektorische Aktivität im Rückenmark. Das Rückenmark ist im Querschnitt dargestellt. Die inhibitorischen Interneuronen sind geschwärzt. (A) Beim *Dehnungsreflex* (myotaktischer Reflex) erzeugt die Dehnung der Muskelspindel Impulse, die über die Ia-afferenten Fasern zum Rückenmark laufen und eine monosynaptische Erregung der α-Motoneuronen desselben Muskels erzeugen. Die Impulse erregen auch Interneuronen, die daraufhin Motoneuronen hemmen, die die antagonistischen Muskeln innervieren. (B) Eine Aktivierung der *Golgi-Sehnenorgane* erzeugt in den Ib-afferenten Fasern Impulse, die über interneuronale Verbindungen die Motoneuronen desselben Muskels inhibieren, während sie antagonistische Motoneuronen erregen. (Dies wird manchmal *inverser Dehnungsreflex* genannt.) (C) Der *Flexorreflex* ist ein Extremitäten-Rückziehreflex, der in diesem Beispiel durch den Tritt auf eine Reißzwecke ausgelöst wird. Die Erregung von Aδ-Schmerzfasern erzeugt Anheben des Oberschenkels (synaptische Verbindungen nicht gezeigt) und Beugen des Kniegelenks durch eine polysynaptische Erregung von Flexor-Motoneuronen und Hemmung der Extensoren. Ebenfalls nicht dargestellt sind contralaterale Verbindungen, die zur Streckung des anderen Beins zur Unterstützung der Reaktion dienen.

ron, eine Spannungszunahme von 5 g erzeugen, während eine größere Einheit mehr als 100 g beisteuert. Bei maximaler Kontraktion, wenn alle motorischen Einheiten feuern, können mehr als 3,5 kg erreicht werden. Eine kleine motorische Einheit würde relativ ineffektiv sein, wenn sie in der Nähe des Kontraktionsmaximums ins Spiel gebracht würde und wenn eine große Einheit im unteren Bereich feuern würde, würde das der Feinabstimmung der Bewegung schaden. Die Tatsache, daß die motorischen Einheiten in der Reihenfolge steigender Größe rekrutiert werden, bedeutet, daß jede eine relativ konstante prozentuale Zunahme von 5 Prozent zur bestehenden Spannung beisteuert. Es ist interessant, sich nochmals vor Augen zu halten, daß die Muskelfasern der kleineren motorischen Einheiten, die zuerst einbezogen werden und deshalb an jeder Muskelkontraktion beteiligt sind, ermüdungsresistent sind, während die Fasern der großen motorischen Einheiten, die weniger häufig beteiligt sind, schneller ermüden. Es gibt einige Hinweise darauf, daß bei Menschen die größten Motoneuronen so unerregbar sind, daß sie nur ganz selten, bei Kraftakten außergewöhnlicher Stärke, rekrutiert werden.

Das Prinzip, daß eine motorische Einheit einen relativ konstanten Prozentsatz und nicht einen festen Zuwachs zur bestehenden Muskelspannung beiträgt, wird auch vom sensorischen Gesichtspunkt der Muskelaktivität her deutlich. Beispielsweise beurteilen wir Gewichte nach der Kraft, die wir benötigen, um sie zu tragen. Wir können leicht zwischen 2 g und 3 g unterscheiden, nicht jedoch zwischen 2002 und 2003 g. Wieder ist es die relative Veränderung, die wichtig ist. In der Tat ist ein Großteil unserer Wahrnehmung von der Welt auf diese Weise bestimmt, und wir handeln entsprechend. Es würde uns nichts ausmachen, 2003 DM für einen Artikel zu zahlen, der normalerweise 2002 DM kostet, aber wir wären schockiert, wenn wir für einen Artikel, den man normalerweise für 2 DM bekommt, 3 DM zahlen müßten.

Der Dehnungsreflex

Die Extensoren (Strecker) der Vertebratenextremitäten kann man generell als Muskeln beschreiben, welche die Gelenke öffnen oder strecken und (bei Vierbeinern) der Schwerkraft entgegenwirken. Die Flexoren (Beuger) schließen oder beugen die Gelenke, und haben damit die entgegengesetzte Wirkung wie die Extensoren. Beuger und Strecker werden deshalb als **antagonistische** Muskeln bezeichnet. Die vereinfachte Darstellung in Abb. 4 A gibt einen Überblick über die Verbindungen auf Strecker- und Beuger-Beinmuskeln, die am Dehnungsreflex beteiligt sind. Diese Reflexbahn ist die einfachste von vielen, die auf das Motoneuron konvergieren, und sie repräsentiert nur einen kleinen Teil dessen, was über spinale Reflexe bekannt ist. Wenn der Reflex durch die Muskeldehnung aktiviert wird – zum Beispiel durch Klopfen auf die Patellarsehne, um den Kniesehnenreflex auszulösen (Kap. 1) – werden die primären sensorischen Endigungen in der Muskelspindel deformiert und lösen Impulse in den Ia-afferenten Fasern aus. Diese Impulse erzeugen eine monosynaptische Erregung der α-Motoneuronen, die auf den Muskel zurück wirkt, der gestreckt wurde, was zu einer reflektorischen Kontraktion und zur Streckung des Beins führt. Die Streckung des Beins wird durch gleichzeitige Hemmung der α-Motoneuronen, die die antagonistischen Beugermuskeln innervieren, weiter unterstützt. Dieses Prinzip, nach dem eine Muskelgruppe erregt wird, während die antagonistische gehemmt wird, wurde zuerst von Sherrington beschrieben, der es **reziproke Innervierung** nannte.

Der Einfachheit halber wurden in Abb. 4 A viele Bahnen weggelassen. Zum Beispiel verstärken Entladungen der dünneren Gruppe II-Afferenzen den Reflex größtenteils über Interneuronen, aber auch monosynaptisch.[14] Lundberg, Jankowska und deren Kollegen haben die Verbindungen innerhalb des Rückenmarks im Detail untersucht.[15,16] Ein Typ Interneuron, die Renshaw-Zelle, bewirkt eine Hemmung in Populationen von α-Motoneuronen, die denselben Muskel versorgen. Die Entladung des Motoneurons erregt die Renshaw-Zelle (über Acetylcholin), was wiederum eine Hemmung der α-Motoneuronen in dieser Population bewirkt. Die genaue Rolle, die die rückläufige Inhibition bei der Bewegungsregulation spielt, ist noch nicht bekannt. Die Renshaw-Zellen empfangen wie andere Interneuronen, die an der Koordination beteiligt sind, absteigende Eingänge von höheren Zentren.

Die Golgi-Sehnenorgane in der Nähe der Sehne-Muskel-Verbindungen liegen in Serie mit den kontrahierenden Skelettmuskeln (Kap. 14). Sie können durch passive Dehnung dazu veranlaßt werden, Impulse zu erzeugen, aber die Kontraktion der Muskelfasern, für die sie extrem sensitiv sind, ist der Hauptreiz, durch den sie zum Feuern angeregt werden. Eine Kontraktion von einer oder zwei Muskelfasern, die einen Spannungsanstieg von weniger als 100 mg bewirkt, kann eine lebhafte Entladung verursachen.[17,18] Die Axone von Sehnen-Organen aktivieren Interneuronen, die wiederum α-Motoneuronen inhibieren, die ihren Herkunftsmuskel versorgen (Abb. 4 B).[18,19] Außerdem wird die Information, die sie über die Muskelspannung liefern, an höhere Zentren weitergegeben.

14 Kirkwood, P. A. and Sears, T. A. 1974. *Nature* 252: 243–244.
15 Lundberg, A. 1979. *Prog. Brain Res.* 50: 11–28.
16 Czarkowska, J., Jankowska, E. and Syrbirska, E. 1981. *J. Physiol.* 310: 367–380.
17 Crago, P. E., Houk, J. C. and Rymer, W. Z. 1982. *J. Neurophysiol.* 47: 1069–1083.
18 Fukami, Y. 1982. *J. Neurophysiol.* 47: 810–826.
19 Matthews, P. B. C. 1972. *Mammalian Muscle Receptors and Their Central Action.* Edward Arnold, London.

Der Flexorreflex

Weitergestreute spinale Reflexe, die über die Ursprungsmuskeln hinausgehen, involvieren ganze Gruppen von Motoneuronen – Flexoren und Extensoren derselben (ipsilateral) und der anderen (contralateral) Körperseite, und bei Vierbeinern Flexoren und Extensoren im anderen Beinpaar. Sie veranschaulichen den hohen Komplexitätsgrad und die Antwortvariabilität, die auf der Ebene des Rückenmarks ohne direkten Eingang von höheren Zentren auftreten können. Der am besten bekannte Flexorreflex ist der Reflex, der z. B. aktiviert wird, wenn man auf einen scharfen Gegenstand tritt, sein Schienbein an einer Bank stößt oder einen heißen Ofen anfaßt. Die Antwort ist – abhängig vom Ort des verletzenden Reizes – komplex, aber sie hat zwei charakteristische Eigenschaften: (1) Die Bewegung der betroffenen Extremität ist zunächst immer eine Beugung von dem verletzenden Reiz weg. (2) Wenn nötig, wird das Gewicht auf die contralaterale Extremität verlagert. Der synaptische Eingang stammt von nociceptiven und anderen Rezeptoren der Haut. Das Bewegungsmuster wird durch ein komplexes Wechselspiel von Flexorexzitation und reziproker Inhibition der Extensoren auf der Reizseite bestimmt und durch eine gleichzeitige Extensorexzitation und Flexorinhibition auf der contralateralen Seite (Abb. 4 C). Diese synaptische Aktivität ist im Rückenmark auf Segmentebene organisiert und wird durch Eingänge von höheren Zentren unterstützt, die dazu dienen, das Gleichgewicht zu halten und die geeignete Fortsetzung oder Einstellung der Bewegung zu vermitteln.

Supraspinale Kontrolle der Motoneuronen

Medial-laterale Organisation der Motoneuronen

Bevor kompliziertere Bewegungen diskutiert werden, ist es sinnvoll, kurz die Organisation der Motoneuronen im Rückenmark und der absteigenden Bahnen zu umreißen, die auf sie wirken. Abb. 5 zeigt einen Querschnitt der Halswirbelsäule und die Lokalisation der Motoneuronen, die einen Teil der oberen Extremitäten versorgen. Die Motoneuronen sind innerhalb des Segmentes regelmäßig angeordnet. Die Extensor-Motoneuronen liegen normalerweise ventral zu den Flexor-Motoneuronen. Was noch wichtiger ist, die Motoneuronen, die die proximalen Muskeln innervieren, liegen am weitesten medial und ventral, die Motoneuronen, die die distalen Muskeln versorgen, am weitesten lateral und dorsal. Diese Organisation setzt sich über das gesamte Rückenmark fort und ist wichtig für das Verständnis der Organisation motorischer Aktivität. Mediale Motoneuronen innervieren den Rumpf und proximale Muskeln, die hauptsächlich mit anhaltenden Aktivitäten, wie der Kör-

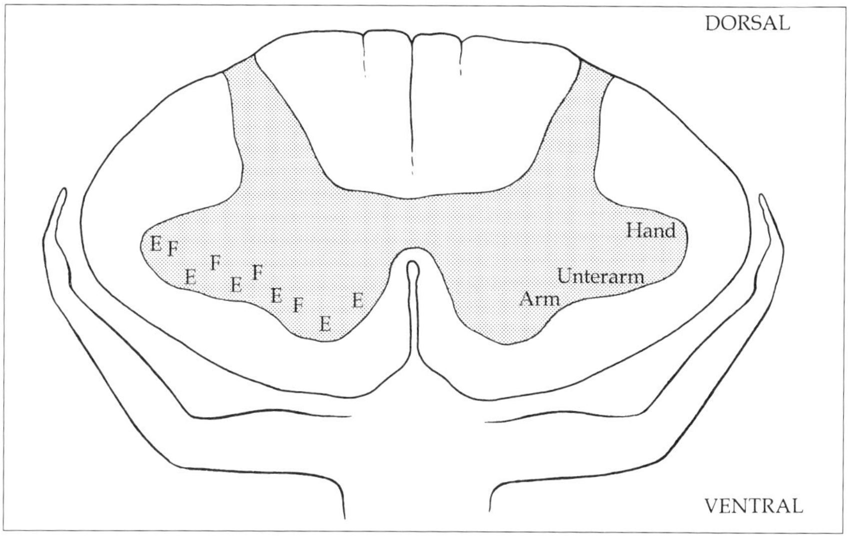

Abb. 5: **Organisation der Motoneuronen,** die die oberen Extremitäten versorgen in einem Querschnitt des Rückenmarks in der Halsregion. Die Schulter- und Armmuskeln sind medial, die Handmuskeln lateral repräsentiert. Die Extensor-Motoneuronen (E) liegen an der Grenze der grauen Substanz, die Flexor-Motoneuronen (F) mehr zentral.

perhaltung, beschäftigt sind, während die lateralen Motoneuronen distale Muskeln innervieren, die häufiger mit phasischen Aktivitäten, wie Manipulation zu tun haben.[20]

Die wichtigsten absteigenden Bahnen auf die Motoneuronen stammen aus der Großhirnrinde und dem Hirnstamm (Abb. 6, s. auch Anhang C). In Übereinstimmung mit ihrer Terminierung im Vorderhorn der grauen Substanz des Rückenmarks können diese Bahnen in zwei Klassen unterteilt werden, lateral und medial.[21] Der **Tractus corticospinalis lateralis** (**Pyramidenseitenstrang**), der in der Großhirnrinde, und der **Tractus rubrospinalis,** der im Nucleus ruber des Mittelhirns entspringt, sind die beiden lateralen Hauptbahnen. Die medialen Bahnen umfassen den **Tractus corticospinalis ventralis** (**Pyramidenvorderstrang**), die **Tractus vestibulospinalis lateralis** und **medialis,** die **Tractus reticulospinales** von der Brücke und der Medulla oblongata und den **Tractus tectospinalis.**

Dem Leser, dem die Anatomie des Zentralnervensystems nicht vertraut ist, werden diese Termini so verwirrend vorkommen, wie die, die Hochenergiephysiker verwenden. Man muß jedoch die Namen der Strukturen kennen und eine Idee von ihrer ungefähren Lage haben, um die Prinzipien der motorischen Leistungen zu verstehen. Glücklicherweise waren die Anatomen relativ streng bei der Bezeichnung der Faserbahnen. Eine beliebige Bahn wird immmer zuerst nach ihrem Ursprung und dann nach ihrem Ziel benannt. Außerdem wird, wenn zwei oder mehr Bahnen im Rückenmark verlaufen, ihre jeweilige Lage spezifiziert. Der Tractus spinothalamicus lateralis steigt also (wie im letzten Kapitel besprochen) im lateralen Teil des Rückenmarks zum Thalamus auf. Der medulläre Tractus reticulospinalis beginnt in der Formatio reticularis der Medulla oblongata und endet auf verschiedenen Ebenen des Rückenmarks. Termini, die die Hauptachsen des Rückenmarks und des Gehirns anzeigen, wie zum Beispiel «rostral», «anterior» und «ventral» werden in Anhang C erläutert.

Laterale motorische Bahnen

Der Tractus corticospinalis lateralis beginnt in den motorischen und prämotorischen Arealen der Großhirnrinde vor dem zentralen Sulcus (Area 4 und 6, Abb. 7 A), und in einem schmalen Streifen der postzentralen Region (Area 3) der Großhirnrinde. Die Fasern laufen durch die Capsula interna und die Pedunculi cerebri nach unten zur medullären Pyramide, nachdem die meisten zur Gegenseite gekreuzt sind, und setzen ihren Abstieg lateral im Rückenmark fort, um auf entsprechenden Ebenen auf Interneuronen und Motoneuronen zu enden. Die corticalen Zellen, bei denen die Bahnen beginnen, sind geordnet und bilden – ähnlich dem somatosensorischen Muster auf dem Gyrus postcentralis – eine somatotopische Muskelrepräsentation aus (Abb. 7 B). Diese Organisation wurde zuerst 1870 von Fritsch und Hitzig durch Reizung der Großhirnrinde bei Tieren nachgewiesen.[22]

Die somatotopische Organisation bei Menschen wurde später in Gehirnen neurochirurgischer Patienten von Wilder Penfield und dessen Kollegen im Detail kartiert.[23]

Lokale Reizung der Cortexoberfläche mit kurzen elektrischen Reizen erzeugt – in Abhängigkeit von der Reizelektrodenposition – Bewegungen begrenzter Körperregionen. Wie im sensorischen System werden Gesicht

20 Crosby, E. C., Humphrey, T. and Lauer, E. W. 1966. *Correlative Anatomy of the Nervous System.* Macmillan, New York.

21 Kuypers, H. G. J. M. 1981. *In* J. M. Brookhart and V. B. Mountcastle (eds.). *Handbook of Physiology: The Nervous System, Section I,* Vol. II, Pt. 2. American Physiological Society, Bethesda, MD.

22 Fritsch, G. and Hitzig, E. 1870. *Arch. Anat. Physiol. Wiss. Med.* 37: 300–332.

23 Penfield, W. and Rasmussen, T. 1950. *The Cerebral Cortex of Man.* Macmillan, New York.

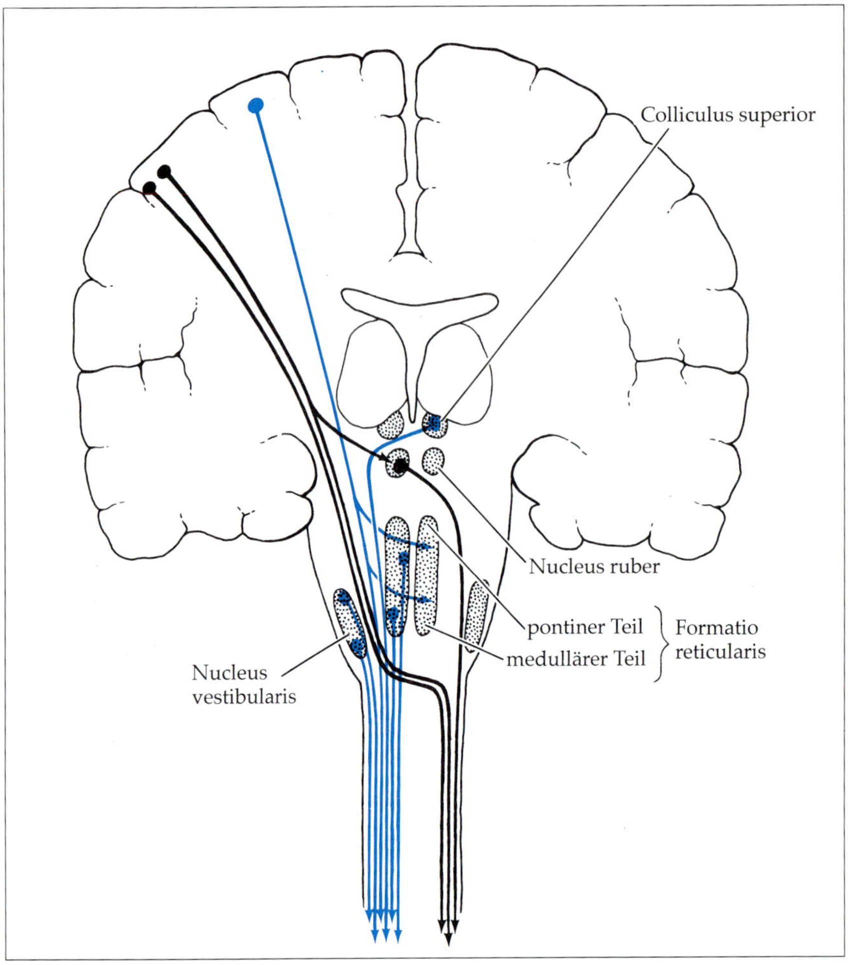

Abb. 6: **Motorische Hauptbahnen** im Zentralnervensystem von Vertebraten, die die lateralen (schwarz) und medialen Motoneuronen (farbig) versorgen, schematisch in einem Frontalschnitt der Großhirn-Hemisphären und einem Longitudinalschnitt des Hirnstamms und des Rückenmarks. Die Zellen des primären motorischen Cortex senden Axone ins contralaterale Rückenmark, die den *Tractus corticospinalis lateralis* bilden, mit kollateralen Verbindungen zum Nucleus ruber. Die Axone der Zellen des Nucleus ruber kreuzen zur Gegenseite und steigen im *Tractus rubrospinalis* ab. Diese Bahnen innervieren monosynaptisch und polysynaptisch vor allem die lateralen Motoneuronen (also die, die die distalen Muskeln versorgen). Einige corticale Fasern steigen ab, ohne zur Gegenseite zu kreuzen. Sie bilden den *Tractus corticospinalis ventralis*, der Kollateralen zu Hirnstammkernen bildet. Die axiale Muskulatur wird vor allem von Motoregionen des Hirnstamms durch die *Tractus reticulospinales* versorgt, die ihren Ursprung in der Formatio reticularis der Brücke und der Medulla haben. Die *Tractus vestibulospinales* entspringen den Nuclei vestibulares, der *Tractus tectospinalis* kommt vom Colliculus superior.

und Extremitäten (bei Menschen vor allem die Hände) überproportional repräsentiert.

Im Rückenmark enden die Fasern des Tractus corticospinalis lateralis vor allem auf Interneuronen und Motoneuronen der lateralen grauen Substanz. Sie üben ihren Haupteinfluß auf laterale Motoneuronen aus, welche die distalen Muskeln kontrollieren, die Bewegungen und Feinmanipulationen ausführen. Ein wichtiges Merkmal des Tractus besteht darin, daß viele Fasern, die ihren Ursprung in der Handregion des motorischen Cortex haben, Endverzweigungen haben, die direkt auf Motoneuronen enden, die Fingermuskeln kontrollieren.[24] Bei Menschen und anderen Primaten bewirkt die Unterbrechung des Tractus corticospinalis lateralis zunächst den Verlust der Fähigkeit, die Finger unabhängig voneinander zu bewegen und als Konsequenz eine verminderte Fähigkeit, feine präzise Greifbewegungen auszuführen.[25,26]

Die Tractus rubrospinales entspringen in den Nuclei ruber (Abb. 6) und kreuzen die Mittellinie, bevor sie ins Rückenmark absteigen und auf Interneuronen enden, die mit dem lateralen Motorsystem verbunden sind. Die Ursprungszellen sind somatotopisch organisiert und erhalten exzitatorische Eingänge vom motorischen Cortex und vom Cerebellum. Die genaue funktionelle Rolle des Tractus rubrospinalis ist noch nicht bekannt. Er scheint viele Funktionen des Tractus corticospinalis zu duplizieren und bildet deshalb eine parallele Bahn vom Cortex. Bei Primaten zeigen Läsionen dieses Tractus nur eine geringe Wirkung, aber nach einer Unterbrechung der Tractus rubrospinalis und corticospinalis (und damit der Entfernung aller direkten corticalen Verbindungen zu den Motoneuronen) ist die koordinierte Positionierung der Hände und Füße stark gestört.[27]

Mediale motorische Bahnen

Mit Ausnahme einer kleinen Komponente des Tractus corticospinalis ventralis entspringen die medialen Bahnen hauptsächlich im Hirnstamm (Abb. 6) und verteilen

24 Cheney, D. P. and Fetz, E. E. 1980. *J. Neurophysiol.* 44: 773–791.

25 Lawrence, D. G. and Kuypers, H. G. J. M. 1968. *Brain* 91: 1–14.

26 Hepp-Reymond, M.-C. 1988. *In* H. D. Seklis and J. Erwin (eds.). *Comparative Primate Biology,* Vol. 4. Alan R. Liss, New York, pp. 501–624.

27 Kennedy, P. R. 1990. *Trends Neurosci.* 13: 474–479.

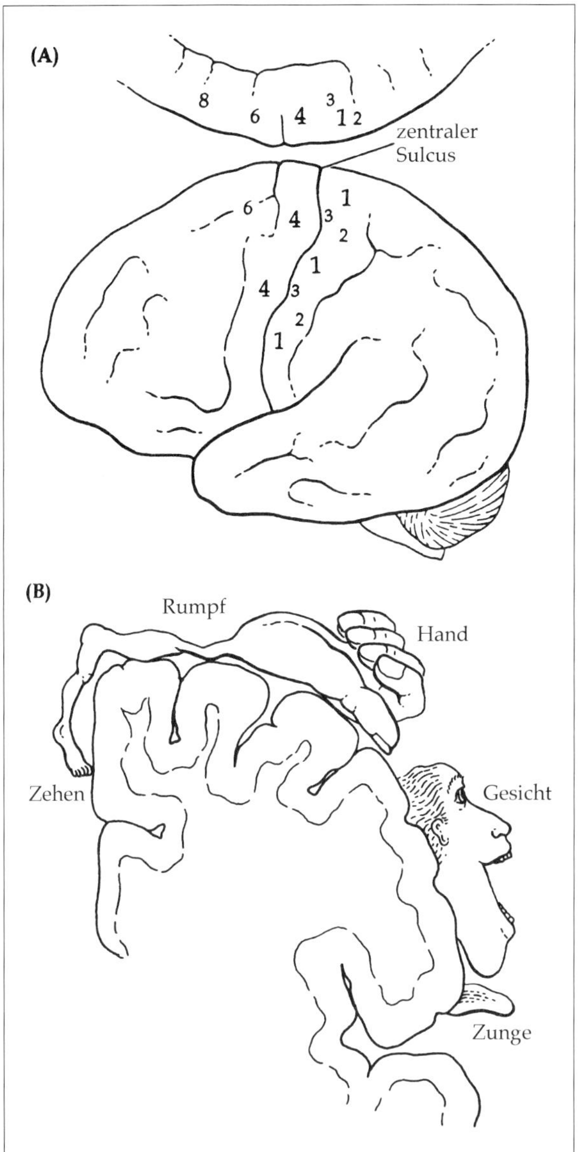

Abb. 7: **Motorische Repräsentation in der Großhirnrinde.** (A) Lateralansicht der Cortexoberfläche. Motorische Aktivität ist mit der Aktivität von Zellen aus Area 4 der Großhirnrinde verbunden, einschließlich der Ursprungszellen des Tractus corticospinalis. Dies ist der *primäre motorische Cortex*. Das motorische System umfaßt auch noch Area 6 (*prämotorischer Cortex*), die sich auf die mediale Oberfläche der Hemisphäre ausbreitet (obere Abb.). (B) Frontalschnitt durch die Großhirn-Hemisphären anterior zum Sulcus centralis. Die Muskulatur des menschlichen Körpers ist geordnet, aber verzerrt repräsentiert, mit Bein und Fuß auf der medialen Oberfläche der Hemisphäre (Gyrus cinguli) und dem Kopf am weitesten lateral. Das sehr große Gebiet, das der Hand gewidmet ist, weist auf die Zahl der Neuronen hin, die an der Kontrolle der Fingermotorik beteiligt sind.

sich auf mediale Motoneuronen, die proximale Muskelgruppen innervieren. Die Ursprungszellen des Tractus vestibulospinalis lateralis liegen (wie der Name schon sagt) im Nucleus vestibularis lateralis. Jeder Kern erhält Eingang vom ipsilateralen Vestibularapparat, speziell von den Utriculi des Labyrinths (Kap.14). Die Bahn steigt ungekreuzt ins Rückenmark ab, um mediale Motoneuronen zu versorgen, die Haltungsmuskeln innervieren, mit monosynaptischen exzitatorischen Verbindungen auf Extensormuskeln und disynaptischen inhibitorischen Verbindungen auf Flexoren. Sie ist an der Aufrechterhaltung der Körperhaltung und der Regulation des Extensortonus beteiligt. Der Tractus reticulospinalis der Brücke steigt ipsilateral ab und endet auf segmentalen Interneuronen, die ihrerseits bilaterale Exzitation auf mediale Extensormuskeln ausüben. Der medulläre Tractus reticulospinalis steigt bilateral ab und liefert inhibitorische Eingänge auf Motoneuronen, die die proximalen Extremitäten innervieren.

Zwei weitere Bahnen aus dem Hirnstamm enden im Hals- und im oberen Brustbereich und sind an der Oberkörperhaltung und der Haltung der oberen Extremitäten beteiligt, vor allem aber an der Positionierung des Kopfes. Der Tractus vestibulospinalis medialis entspringt in Zellen des Nucleus vestibularis medialis, die ihrerseits Eingänge von den Bogengängen und von Dehnungsrezeptoren der Nackenmuskeln erhalten.[28] Diese Bahn steigt ipsilateral in den mittleren Brustbereich ab und ist an der Haltungsanpassung des Halses und der oberen Extremitäten während einer Winkelbeschleunigung beteiligt. Der Tractus tectospinalis entspringt im Colliculus superior und kreuzt zur Gegenseite, ehe er in den oberen Halsbereich absteigt. Diese Bahn steuert die Orientierung des Kopfes und der Augen hin zu visuellen und auditorischen Zielen.

Zusammenfassend, die von der Großhirnrinde und vom Nucleus ruber absteigenden Bahnen versorgen laterale Motoneuronen. Sie sind wichtig für die organisierten Bewegungen kleiner Muskelgruppen, insbesondere der distalen Muskulatur, wobei die Pyramidenbahn besonders wichtig für feine Bewegungen der Finger ist. Im Gegensatz dazu versorgen motorische Bahnen, die vom Hirnstamm absteigen, große Muskelgruppen vor allem der proximalen Muskulatur, die an der Regulation der Position und der Haltung des Unter- und des Oberkörpers und des Kopfes beteiligt sind. Diese Bahnen erhalten wichtige Eingänge vom Vestibularapparat.

Das Cerebellum und die Basalganglien

Zwei weitere Strukturen spielen bei der Organisation der motorischen Aktivität eine Hauptrolle: Das Kleinhirn (Cerebellum) und die Basalganglien. Verschiedene Regionen des Cerebellums sind mit lateralen und medialen absteigenden Bahnen verbunden. Sie sind an der Aufrechterhaltung des Gleichgewichtes und der Körperhaltung und an der Organisation von Gliedmaßenbewegungen beteiligt. Die Basalganglien sind mit dem corticospinalen System verbunden und spielen deshalb eine Hauptrolle bei der Regulation der Extremitätenbewe-

28 Kaspar, J., Schor, R. H. and Wilson, V. J. 1988. *J. Neurophysiol.* 60: 1765–1768.

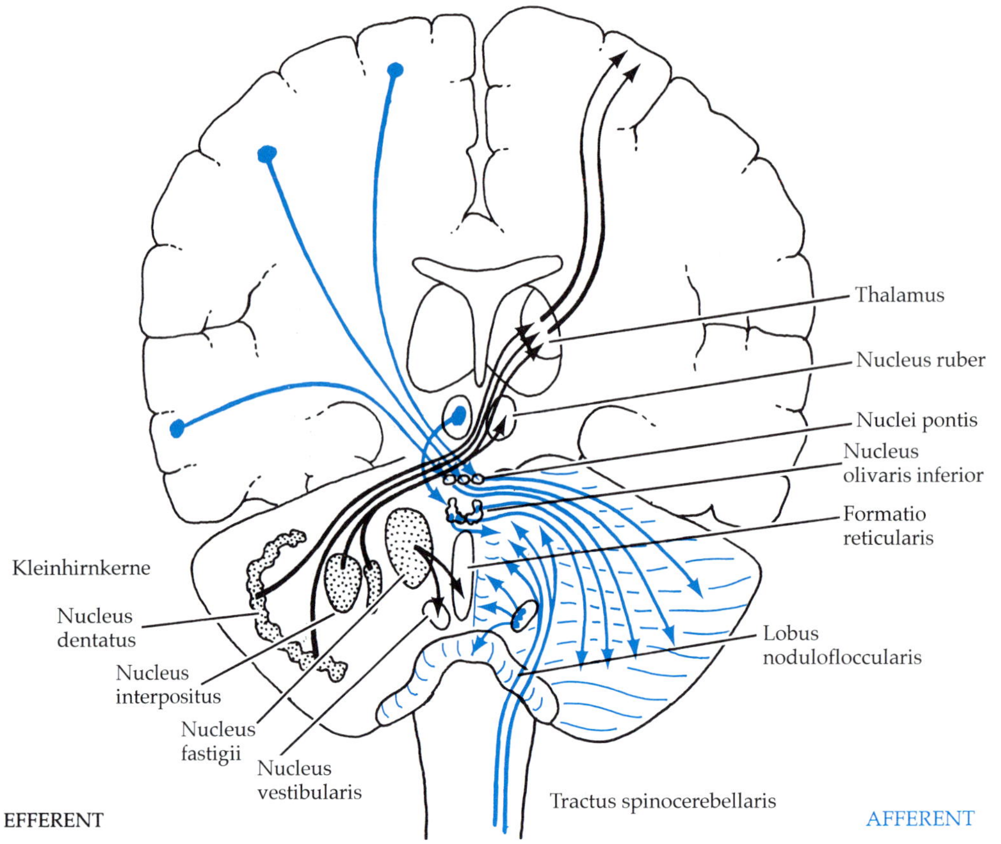

Abb. 8: **Afferente und efferente Bahnen ins Cerebellum.** Großhirn-Hemisphären, Hirnstamm und Rückenmark wie in Abb. 6 mit einer Ansicht auf die Kleinhirnrinde (rechts) und die darunterliegenden Kleinhirnkerne (links). Die Ausgänge vom Cerebellum (linke Seite, schwarz) gehen durch den Nucleus dentatus, den Nucleus interpositus (N. emboliformis und N. globosus) und den Nucleus fastigii. Die Fasern des Nucleus dentatus versorgen durch den Nucleus ventrolateralis und Teile der Nuclei ventroposterolaterales des Thalamus den contralateralen Motorcortex. Der Nucleus interpositus projiziert auch zum contralateralen Nucleus ruber. Beide Bahnen sind mit dem lateralen motorischen System assoziiert. Der Nucleus fastigii projiziert zum Nucleus vestibularis und zur pontinen und zur medullären Formatio reticularis. Die lateralen Hemisphären des Cerebellums erhalten über die Kerne der Brücke Eingänge (rechte Seite, farbig) von weiten Bereichen der Großhirnrinde. Der afferente Eingang vom roten Kern wird über die untere Olive umgeschaltet. Mehr medial erhält das Cerebellum Eingänge von den Tractus spinocerebellares. Der Lobus nodulofloccularis wird vom Nucleus vestibularis versorgt.

gungen. Weniger herausragende Verbindungen steigen vom Hirnstamm über die Brücke ab und beeinflussen ebenfalls die Haltungsjustierungen.

Ausgänge vom Cerebellum

Das Cerebellum ist ein Auswuchs der Brücke. Es besteht aus einem dreischichtigen Cortex, der die Kleinhirnkerne bedeckt. Seine anatomischen Merkmale sind in Anhang C zusammengefaßt. Die Verbindungen von den corticalen Bereichen zu den Kleinhirnkernen und die Kernprojektionen aus dem Cerebellum hinaus wurden in einem Review von Thach und Kollegen zusammengestellt.[29] Die Axone der Purkinje-Zellen bilden den Ausgang aus der Kleinhirnrinde. Purkinje-Zellaxone haben immer inhibitorische Wirkung auf ihre Zielzellen. Die Projektionen sind in geordneter Weise organisiert (Abb. 8): Die corticalen Zellen der am weitesten medial gelegenen Zonen (der mediale Teil des Vorderlappens und der Vermis) projizieren auf den am weitesten medial gelegenen Kern, den Nucleus fastigii. Außerdem projizieren einige direkt zum Hirnstamm und enden auf dem ipsilateralen Nucleus vestibularis. Die Zellen der lateralen Kleinhirnhemisphäre projizieren auf den am weitesten lateral gelegenen Kern, den Nucleus dentatus. Zwischen der Vermis und den lateralen Hemisphären projizieren die Purkinje-Zellen zum Nucleus interpositus (bestehend aus dem N. emboliformis und dem N. globosus). Diese mediolaterale Organisation der Kerne wird wiederum von deren Projektionen auf die medialen und lateralen absteigenden motorischen Bahnen reflektiert. Der Nucleus dentatus projiziert auf den Nucleus ventrolateralis des Thalamus und von hier auf den Motorcortex. Der

29 Thach, W. T., Goodkin, H. G. and Keating, J. G. 1992. *Annu. Rev. Neurosci.* 15: 403–442.

Nucleus interpositus projiziert auf den Nucleus ruber und auf thalamische Kerne. Diese beiden Kleinhirnkerne bilden also direkte Eingänge auf das laterale motorische System. Die somatotopische Ordnung wird über diese Projektionen aufrecht erhalten, beginnend mit der multiplen Repräsentation der Körpermuskulatur in der Kleinhirnrinde, eine für jeden Kern, und dann in den Kernen selbst. Die Projektionen überlappen im Thalamus, was eine multiple Kontrolle der thalamischen Ziele nahe legt, und setzen sich über die Großhirnrinde fort. Der Nucleus fastigii projiziert zum Nucleus vestibularis und zur pontinen Formatio reticularis, und beeinflußt damit den Tractus vestibulospinalis lateralis und den pontinen Tractus reticulospinalis (das mediale motorische System).

Eingänge ins Cerebellum

Die Eingänge des Kleinhirns (Abb. 8) sind ähnlich isoliert. Der Lobus nodulofloccularis (phylogenetisch der älteste Teil des Kleinhirns, das Archicerebellum) erhält Eingang vom Nucleus vestibularis. Sherrington hat das Cerebellum als «das Kopfganglion des propriozeptiven Systems»[30] definiert, und tatsächlich erhalten der mediale Lobus anterior und die posteriore Vermis (Palaeocerebellum) propriozeptive Eingänge und Haut-Eingänge von allen Ebenen des Rückenmarks. Die Tractus spinocerebellares dorsalis und ventralis aus der Lenden- und der Brustregion des Rückenmarks und der Tractus cuneocerebellaris und der rostrale Tractus spinocerebellaris aus dem Halsbereich bilden die auffälligsten Eingangsbahnen ins Cerebellum. Diese bilden multiple somatotopische sensorische Repräsentationen in der Kleinhirnrinde, die über die motorischen Repräsentationen, die oben besprochen wurden, verbunden sind. Der Eingang vom Kopf beinhaltet auch auditorische und visuelle Informationen. Die lateralen Hemisphären (Neocerebellum) besitzen keine direkte sensorische Repräsentation, sie erhalten aber Informationen aus weiten Bereichen der Großhirnrinde, die in Zellen der Brücke umgeschaltet werden, und ebenso – über die untere Olive – vom roten Kern · Zusammengefaßt, das Cerebellum erhält eine Vielzahl sensorischer Informationen aus der Peripherie, vor allem von den peripheren Propriozeptoren, und zusätzlich erhält es Eingänge vom Cortex und vom Nucleus ruber, die mit gerade ablaufeden oder geplanten Bewegungen zu tun haben.

Aufbau des Cortex cerebelli

Der neuronale Aufbau der Kleinhirnrinde wurde sowohl morphologisch, als auch physiologisch sehr detailliert untersucht.[31] Die Kleinhirnrinde besteht, wie Abb. 9

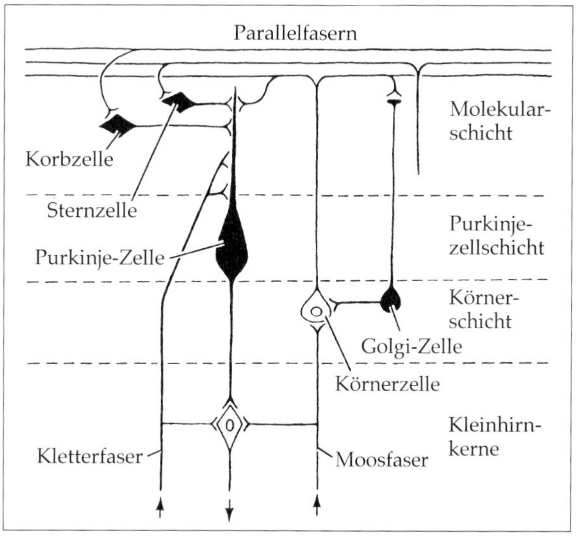

Abb. 9: **Eingänge und Ausgänge des Cerebellums.** Die Kleinhirnrinde ist in die Körnerschicht, die Purkinjezellschicht und die Molekularschicht unterteilt. Die offen dargestellten Zellen bilden exzitatorische synaptische Verbindungen, die gefüllt dargestellten bilden inhibitorische Verbindungen. Der gesamte Ausgang von der Rinde zu den Kleinhirnkernen stammt von inhibitorischen Axonen der Purkinje-Zellen. Moosfasereingänge enden auf den Körnerzellen, deren Axone in die Molekularschicht aufsteigen, um das Parallelfasernetzwerk zu bilden. Die Parallelfasern bilden exzitatorische Synapsen auf Purkinje-Zellen, Sternzellen, Korbzellen und Dendriten der Golgi-Zellen. Kletterfasern bilden exzitatorische Synapsen auf Golgi-Zellen. Kletter- und Moosfasern bilden exzitatorische Verbindungen mit Zellen der Kleinhirnkerne.

zeigt, aus drei Schichten. Die innere, dritte oder Körnerschicht ist voll mit **Körnerzellen**. Von diesen kleinen Zellen soll es zwischen 10^{10} und 10^{11} geben, was ungefähr der Summe aller anderen Zellen des Nervensystems entspricht! Sie senden Axone in die erste (Molekular-) Schicht und bilden ein System aus **Parallelfasern**, die alle mehrere Millimeter lang sind. Außerdem liegen in der Körnerschicht die weniger zahlreichen, größeren **Golgi-Zellen**. Die zweite corticale Schicht besteht aus **Purkinje-Zellen**, deren Axone den gesamten Ausgang der Kleinhirnrinde bilden. Die Dendriten der Purkinje-Zellen dehnen sich in die äußere Molekularschicht des Cortex aus, wobei ihre Verzweigungen im rechten Winkel zu den Parallelfasern orientiert sind, mit denen sie synaptische Kontakte bilden. Man kann sich die Purkinje-Zellen als entlang einer Schicht in einer Reihe angeordnet vorstellen, wie Münzen, die auf den Kanten stehen, mit Parallelfasern, die durch sie durchlaufen (s. Abb. 9). Jede Purkinje-Zelle erhält schätzungsweise Eingänge von mehr als 200000 Parallelfasern. Jede Parallelfaser versorgt ein «Bündel» aus Purkinje-Zellen entlang der Schicht, das geordnet auf den darunterliegenden Kleinhirnkern projiziert. Die Bedeutung dieser Anordnung liegt darin, daß sich so ein Bündel aus Purkinje-Zellen über mehrere Gelenke in einer somatotopischen Region erstrecken kann, z. B. Schulter, Ellbogen und Handgelenk des Armes, und dadurch ein möglicher Mechanismus für koordinierte Multigelenkbewegungen hergestellt wird.[29]

Die Länge der Parallelfasern reicht auch aus, um Zellen

30 Sherrington, C. S. 1933. *The Brain and Its Mechanism*. Cambridge University Press, London.

31 Ito, M. 1984. *The Cerebellum and Neural Control*. Raven, New York.

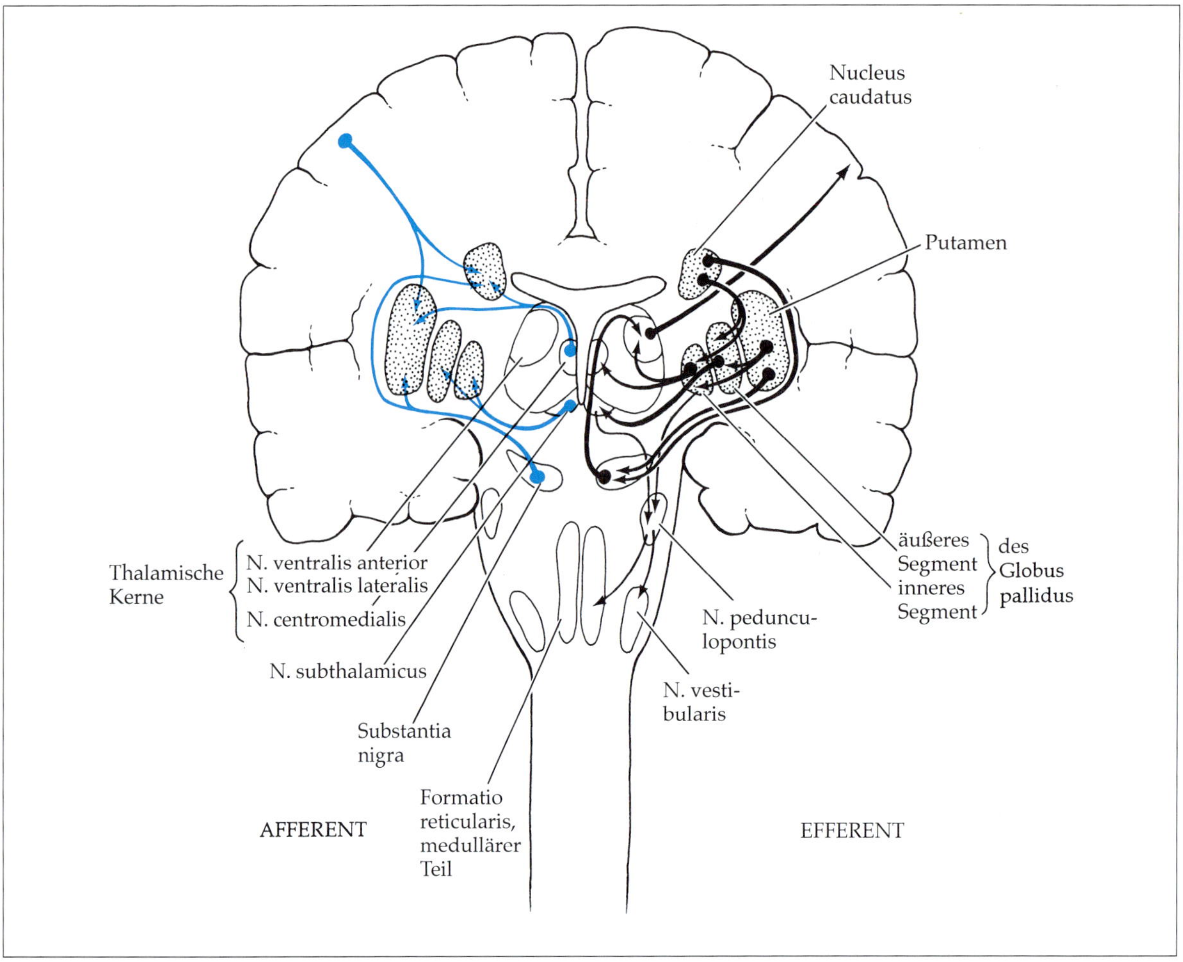

Abb. 10: **Motorische Bahnen in den Basalganglien.** Frontalschnitt durch die Cortexhemisphären mit einem Longitudinalschnitt durch den Hirnstamm und das Rückenmark (wie in Abb. 6). Die Basalganglien bestehen aus Nucleus caudatus, Putamen und den äußeren und inneren Segmenten des Globus pallidus. Die Basalganglien erhalten Inputs (linke Seite, farbig) von Motorcortex, Substantia nigra, Nucleus subthalamicus und von den Nuclei centromediales des Thalamus. Sie bilden Ausgänge (rechte Seite, schwarz) zurück auf dieselben Kerne und den Motorcortex durch den Nucleus ventralis anterior und den Nucleus ventralis lateralis des Thalamus. Weitere Ausgangsbahnen projizieren zum Nucleus vestibularis und zur medullären Formatio reticularis durch den Nucleus pedunculopontis.

zu verbinden, die zu benachbarten Kleinhirnkernen projizieren, vielleicht, um internucleare Koordination zu ermöglichen. Die erste corticale Schicht enthält auch **Stern-** und **Korbzellen**, über die inhibitorische Eingänge von entfernten Parallelfasern auf die Purkinje-Zellen laufen – eine Anordnung, die äquivalent zur lateralen Inhibition im sensorischen System ist. Der Haupteingang ins Cerebellum kommt über die **Moosfasern**, die dem Rückenmark und den Hirnstammkernen entspringen und die exzitatorische synaptische Verbindungen mit Körner- und Golgi-Zellen bilden. Ein zweiter Eingang kommt über die **Kletterfasern**, die aus der unteren Olive stammen und exzitatorische synaptische Kontakte direkt auf den Dendriten der Purkinje-Zellen bilden, wo diese in die Molekularschicht aufsteigen.

Die Kleinhirnrinde erhält also Eingänge aus zwei Quellen: Moos- und Kletterfasern. Beide Eingänge bilden außerdem exzitatorische Verbindungen mit Zellen der korrespondierenden Kleinhirnkerne. Die Axone der Purkinje-Zellen, die den gesamten Ausgang (der inhibitorisch ist) auf die Kleinhirnkerne bilden, können vorhandene Aktivität nur modulieren. Die regelmäßige morphologische Anordnung der Fasern und Zellen in der Kleinhirnrinde liefert offenbar einen Mechanismus zur Einschränkung und zur Koordination von Multigelenkbewegungen. Wir werden diese Funktionen näher betrachten, wenn wir die Aktivität einzelner Zellen der Kleinhirnkerne während der Ausführung trainierter Bewegungen diskutieren.

Die Basalganglien

Unter den äußeren Rindenschichten der Kleinhirnhemisphären befinden sich Gruppen von Neuronen, die in Kernmassen zusammen liegen und als Basalganglien bekannt sind. Sie bestehen aus dem **Nucleus caudatus** und dem **Putamen** (zusammen als **Neostriatum** bekannt) und den äußeren und inneren Segmenten des **Globus pallidus** (Pallidum) (Abb. 10). Zwei Strukturen des Mittel-

hirns, die **Substantia nigra** und der **Nucleus subthalamicus**, haben afferente und efferente Verbindungen zu den Basalganglien und sind deshalb ein funktionaler Bestandteil des Gesamtsystems. Die Degeneration dopaminerger Neuronen in der Substantia nigra, die auf das Striatum projizieren (die nigrostriatale Bahn) ist mit der Parkinsonschen Krankheit verbunden (Kap. 10). Die Basalganglien erhalten weitgestreute Eingänge von der Großhirnrinde, besonders vom Gyrus praecentralis. Sie bilden ihre Hauptausgänge auf den Nucleus ventralis lateralis und den Nucleus ventralis anterior des Thalamus (überlappend mit Regionen, die Eingang vom Cerebellum empfangen) und somit zum Cortex.
Obwohl die Verbindungen innerhalb der Basalganglien komplex sind, kann man aus der Tatsache, daß viele (wenn nicht sogar der größte Teil) ihrer Ausgänge zum motorischen Cortex gehen, einige Vorstellungen über ihre Funktion ableiten. Sie beeinflussen das laterale System, das mit der organisierten Aktivität kleiner Muskelgruppen, hauptsächlich in den distalen Extremitäten, verbunden ist. Diese Schlußfolgerung paßt zu klinischen Beobachtungen, daß Krankheiten der Basalganglien sich größtenteils durch anormale Bewegungen der Extremitäten äußern. Aber es gibt noch weitere Projektionen vom Striatum und den Nuclei subthalamici über die pedunculopontinen Kerne zum Nucleus vestibularis und zum Nucleus reticularis des Hirnstammes. Wenn diese Projektion durch Krankheit zerstört wird, verursacht sie anormale Körperhaltung, besonders des Rumpfes und der axialen Muskulatur.

Zelluläre Aktivität und Bewegung

Mit einem Überblick darüber, wie das motorische System organisiert ist, können wir anfangen zu fragen, wie seine verschiedenen Elemente zur motorischen Aktivität beitragen. Insbesondere, wie sind Entladungen einzelner Zellen auf verschiedenen Ebenen des motorischen Systems mit Bewegung verbunden? Auf der Ebene des Rückenmarks ist die Antwort relativ einfach: Entladungen von α-Motoneuronen verursachen Kontraktionen ihrer motorischen Einheiten. Die Gesamtkontraktionsstärke wird durch die Einbeziehung einer größeren oder kleineren Anzahl motorischer Einheiten und durch die Frequenz, mit der die Motoneuronen feuern, eingestellt. Es spielen natürlich noch zusätzliche Faktoren eine Rolle. Zum Beispiel kann die gleichzeitige Aktivierung der γ-Motoneuronen erforderlich sein, um die Muskelspindeln bei ihrer optimalen Länge zu halten, um äußere Störungen zu entdecken, die mit der geplanten Bewegung interagieren könnten (Kap. 14) und um eine reflektorische Kompensation solcher Störungen bereit zu halten. Trotz dieser Komplexität würden wir jedoch bei Ableitung der Aktivität eines α-Motoneurons während der Ausführung einer Bewegung herausfinden, daß seine Entladung einen Hinweis auf die Kontraktionsstärke seiner motorischen Einheit und (weniger präzise) des Muskels, der diese motorische Einheit enthält, liefert. Techniken, bei denen von einzelnen Zellen im Gehirn von wachen Affen während der Ausführung trainierter Aufgaben abgeleitet werden, haben ähnliche Ergebnisse zur Beziehung zwischen der Bewegung und der zellulären Aktivität in der Großhirnrinde, im Cerebellum und in den Basalganglien erbracht.

Aktivität corticaler Zellen während trainierter Bewegungen

Welche absteigenden Einflüsse kontrollieren die spinalen Motoneuronen und wie werden diese Einflüsse koordiniert, um geeignete Bewegungen zu erzeugen? Gibt es Zellen in der Großhirn-, in der Kleinhirnrinde oder in den Basalganglien, deren Aktivität in spezifischer Weise mit Bewegungen korreliert ist? Wenn ja, in welcher Hinsicht? Der Kontraktionsstärke einer speziellen Muskelgruppe? Der Größe der Gelenkauslenkung? Der Bewegungsrichtung im Raum? Diese Art Fragen wurden zuerst von Evarts[32,33] gestellt, der die Aktivität von Zellen der Pyramidenbahn im motorischen Cortex während der Ausführung trainierter Handgelenkbewegungen bei wachen Affen ableitete (Abb. 11). Durch Beladung des Handgelenks, um entweder der Beugung oder der Streckung entgegenzuwirken, konnte Evarts die Kraft, die für eine Bewegung erforderlich ist, von der Bewegungsrichtung trennen. Die frühen Resultate waren einfach: Die Zellen sind normalerweise entweder mit der Beugung oder mit der Streckung assoziiert, und ihre Entladungsfrequenz hängt mit der Kraft zusammen, die benötigt wird, um die Bewegung auszuführen.[34] Dieses Verhalten der corticalen Zellen ähnelt dem Verhalten der spinalen Motoneuronen, auf die sie projizieren. Weitere Experimente haben gezeigt, daß diese spezielle Art des Verhaltens charakteristisch für corticospinale Zellen ist, die direkt auf spinalen Motoneuronen enden.[24] Andere Klassen von Zellen zeigen ein komplexeres Verhalten. Humphrey und Reed haben zum Beispiel Entladungen von Pyramidenbahnneuronen in Experimenten abgeleitet, in denen Affen trainiert wurden, ihre Handgelenke in einer bestimmten Stellung festzuhalten, während abwechselnd Gewichte angebracht wurden, die der Beugung oder der Streckung entgegenwirken.[35] Bei niedrigen Frequenzen (weniger als ca. 0,6 Hz) wurde die Aufgabe mit Hilfe abwechselnder Flexor- und Extensorkontraktionen ausgeführt, um die Last auszugleichen. Einzelne corticale Zellen in der Handgelenksregion entluden sich bei Belastung phasisch bei der Flexor- oder Extensoraktivität. Bei höheren Frequenzen wurden die Flexoren und Extensoren gleichzeitig kontrahiert, so daß Lastveränderungen durch zunehmende Gelenksteife aus-

32 Evarts, E. V. 1965. *J. Neurophysiol.* 28: 216–228.
33 Evarts, E. V. 1966. *J. Neurophysiol.* 29: 1011–1027.
34 Evarts, E. V. 1968. *J. Neurophysiol.* 31: 14–27.
35 Humphrey, D. R. and Reed, D. J. 1983. *Adv. Neurol.* 39: 347–372.

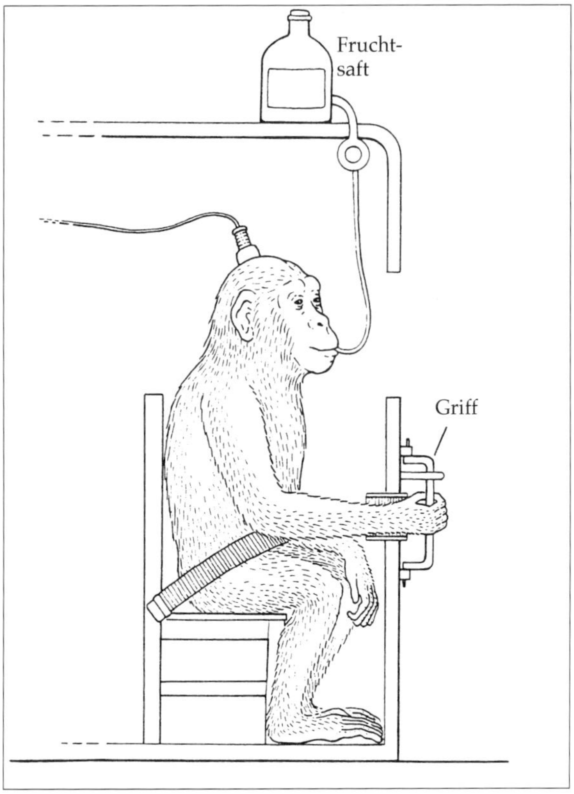

Abb. 11: **Experimentelle Anordnung zur Ableitung der zellulären Aktivität**, die mit der Handgelenkbewegung verbunden ist. Ein Affe, der vorher trainiert wurde, die erforderlichen Bewegungen auszuführen, wird in einen Stuhl gesetzt, und sein Unterarm wird in eine Manschette gesteckt. Das Handgelenk wird bewegt, um einen Griff durch eine Streckung oder Beugung des Handgelenks nach rechts oder links zwischen den Stopstellen zu bewegen. Ein System aus Gewichten oder einem Drehmomentmotor (nicht gezeigt) wird zu Belastung des Griffes verwendet, um entweder der Beugung oder der Streckung entgegenzuwirken. Bei visuell gesteuerten Bewegungen wird die Griffposition auf einem Bildschirm angezeigt. Korrekte Bewegungen werden durch Fruchtsaftgabe belohnt. Einzelzellaktivität wird mit einer Mikroelektrode aus dem entsprechenden Gehirnareal abgeleitet. Der Elektrodenhalter ist fest auf dem Schädel montiert. Die Elektrode wird mit einem Mikrotrieb vorwärts bewegt.

geglichen wurden. Gleichzeitig wurde eine neue, vorher ruhige Klasse corticaler Zellen gefunden, die kontinuierlich feuerten und deren Entladungsrate mit der Frequenz der Belastungsänderungen wuchs.

Beziehungen corticaler Zellaktivität zur Armbewegungsrichtung

Experimente mit visuell gesteuerten Ganzarmbewegungen haben gezeigt, daß einige Neuronen im Bereich der Großhirnrinde, der den Arm repräsentiert, mit maximaler Rate feuern, wenn die Bewegung in eine bestimmte Richtung erfolgt.[36,37] Die bevorzugten Richtungen waren nicht starr vorgegeben. Die Entladungen solcher Neuronen nahmen ab, wenn der Greifwinkel verändert wurde, wobei die Entladungsrate ungefähr mit dem Kosinus des Winkels zwischen der aktuellen und der bevorzugten Bewegungsbahn abnahm. Georgopoulos und Kollegen[38] nahmen an, daß die beobachteten Beziehungen kausal sind, d.h. die Bewegungsbahn im extrapersonalen Raum wird durch das Verhältnis der Aktivitäten einer Gruppe solcher Neuronen bestimmt, und die Bewegung verläuft in die Vorzugsrichtung der Neuronen, die am stärksten feuern. Ähnliche Beobachtungen wurden bei Zellen aus Kleinhirnkernen gemacht.[39]

Zelluläre Aktivität in Kleinhirnkernen

Die von Evarts entwickelten Methoden wurden von Thach und Kollegen benutzt, um die Beziehungen zwischen trainierten Bewegungen und zellulärer Aktivität im motorischen Cortex und in Kleinhirnkernen zu untersuchen.[28,40,41] Die Affen wurden trainiert, eine Reihe von Beuge- und Streckungsbewegungen mit Flexor- und Extensorlast durchzuführen. Wie in früheren Experimenten diente die Variation der Beladung dazu, die Muskelaktivität von der Gelenkstellung und der Bewegungsrichtung zu trennen. Die Zellen des motorischen Cortex und der Kleinhirnkerne feuerten bei einem von drei unterschiedlichen Modalitäten: Einige in Abhängigkeit von der Arbeit gegen die Beladung (d.h. Muskelaktivität), einige in Abhängigkeit von der Gelenkstellung und einige in Abhängigkeit von der Richtung der intendierten Bewegung.

Während der trainierten Bewegungen wurde die zelluläre Aktivität in der Reihenfolge ‹Nucleus dentatus → motorischer Cortex → Nucleus interpositus → Muskel› verändert. Diese Reihenfolge paßt zu der Vorstellung, daß die Information über geplante Bewegungen vom Cortex zu den Kleinhirnseitenlappen umgeschaltet wird, wo sie verarbeitet und über den Nucleus dentatus zurück zum motorischen Cortex gesandt wird. Die Signale vom motorischen Cortex werden dann zu den entsprechenden spinalen Motoneuronen und über die Kleinhirnrinde zurück zum Nucleus interpositus gesandt. Die Vorstellung, daß der Nucleus dentatus eine Rolle bei der Initiierung geplanter Bewegungen spielt, wird auch von anderen Experimenten unterstützt, in denen die Kühlung des Kerns sowohl den Beginn einer willkürlichen Bewegung als auch den Beginn der damit verbundenen zellu-

36 Schwartz, A. B., Kettner, R. E. and Georgopoulos, A. P. 1988. *J. Neurosci.* 8: 2913–2927.

37 Caminiti, R., Johnson, P. B. and Urbano, A. 1990. *J. Neurosci.* 10: 2039–2058.

38 Georgopolous, A. P., Kettner, R. E. and Schwartz, A. B. 1988. *J. Neurosci.* 8: 2928–2937.

39 Fortier, P. A., Kalaska, J. F. and Smith, A. W. 1989. *J. Neurophysiol.* 62: 198–211.

40 Thach, W. T. 1978. *J. Neurophysiol.* 41: 654–676.

41 Schreiber, M. H. and Thach, W. T., Jr. 1985. *J. Neurophysiol.* 54: 1228–1270.

42 Meyer-Lohmann, J., Hore, J. and Brooks, V. B. 1977. *J. Neurophysiol.* 40: 1038–1050.

lären Aktivität im motorischen Cortex verlangsamte[42], aber keinen Effekt auf die Bewegungsausführung hatte. Die Purkinje-Zellen in der mittleren Zone des Cerebellums, die zum Nucleus interpositus projizieren, erhalten über die spinocerebellaren Bahnen Eingänge von den segmentalen Ebenen des Rückenmarks. Deshalb sind sie in der Lage, propriozeptive Informationen von Muskeln zu erhalten, die an einer Bewegung beteiligt sind, und können folglich Zellen im Nucleus interpositus modulieren. Während Rampenbewegungen feuern viele Zellen des Nucleus interpositus mit einem ähnlichen Muster wie Ia-afferente Fasern (Abb. 12). Die Entladungen sind bidirektional mit lebhafter Aktivität zu Beginn der Beugung und ebenso der Streckung. Ein Tremor während der Rampenbewegungen spiegelt sich sowohl in den Entladungen der Ia-Afferenzen als auch in den Entladungen der Zellen des Nucleus interpositus wider. Aus diesen und anderen Experimenten schließt man, daß die Überwachung und die Steuerung des Muskelspindelreflexes über das γ-Motorsystem eine weitere Funktion des Nucleus interpositus darstellen könnte. Diese Regulation dürfte speziell dazu dienen, reflektorische Oszillationen zu dämpfen, die sonst während relativ langsamer Längenveränderungen auftreten würden.

Zusammenfassend scheint es so, als sei der Nucleus dentatus durch die Regulation der α- und der γ-Motoneuronen mit der Organisation und der Ausführung geplanter Bewegungen beschäftigt, der Nucleus interpositus hingegen mit der Feinabstimmung von Reflexen und Bewegungen, speziell in bezug darauf, Oszillationen unter Kontrolle zu halten. Die afferenten und efferenten Verbindungen des Nucleus fastigii lassen vermuten, daß er eine Rolle bei der Kontrolle der Körperhaltung spielt. Experimente, bei denen die synaptische Übertragung in dem einen oder anderen dieser Kerne temporär oder permanent durch lokale Injektion von Sustanzen blokkiert wurde, bestätigen diese Sichtweise.[29] In den Nuclei dentati induzierten solche Injektionen eine Verzögerung bei der Ausführung trainierter Bewegungen um ein einziges Gelenk, und eine Blockierung im Nucleus interpositus verursachte einen anhaltenden Tremor. Die Injektionen haben jedoch in keinem Fall die Bewegungen völlig unterdrückt. Die Wirkungen auf Multigelenkbewegungen waren jedoch viel schwerwiegender. Eine Blockierung des Nucleus fastigii verschlechterte Sitzen, Stehen und Gehen. Die Blockierung des Nucleus interpositus erzeugte einen schweren Tremor beim Greifen, und eine Blockierung des Nucleus dentatus bewirkte ein Hinausgreifen über das Ziel und eine Diskoordination zusammengesetzter Fingerbewegungen.

Während neuere Experimente wertvolle Informationen über Art und Zeitverlauf von Wechselwirkungen zwischen Cerebellum und anderen Teilen des motorischen Systems und über die spezielle Rolle einzelner Kleinhirnkerne bei der Bewegungs- und der Haltungskontrolle geliefert haben, trifft die glänzende Zusammenfassung der Gesamtfunktion des Cerebellums, die Adrian vor ca. 50 Jahren gegeben hat, immer noch sehr gut zu:[43]

43 Adrian, E. D. 1946. *The Physical Background of Perception.* Clarendon Press, Oxford.

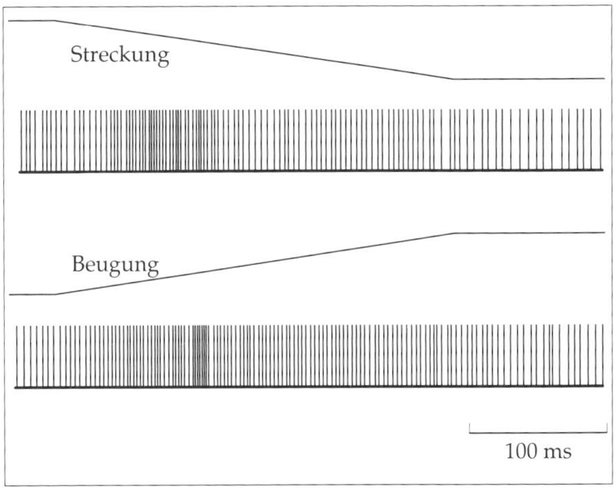

Abb. 12: **Entladungsmuster einer Zelle im Nucleus Interpositus** des Cerebellums (Abb. 8) während einer visuell gesteuerten Rampenbewegung in einem Experiment ähnlich wie in Abb. 11. Der Affe wurde trainiert, einen Cursor auf dem Bildschirm mit der Griffposition zu verfolgen (durch Beugung oder Streckung des Handgelenks). Die Zelle ist bidirektional. Sie steigert ihre Feuerrate sowohl bei der Beugung und als auch bei der Streckung. Die Entladung ist phasisch – bei Bewegungsbeginn schnell, im weiteren Verlauf der Bewegung nimmt die Frequenz graduell ab. Bidirektionalität und Entladungsmuster gleichen den Entladungen von Gruppe I-afferenten Fasern während derselben Bewegungen (nach Thach, 1978).

Trotz seiner Ähnlichkeit zum Großhirn hat das Kleinhirn nichts mit mentaler Aktivität zu tun. ... Das Cerebellum hat die unmittelbarere und ganz unbewußte Aufgabe, den Körper im Gleichgewicht zu halten, was immer die Extremitäten machen, und sicherzustellen, daß die Extremitäten das tun, was von ihnen erwartet wird. Seine Handlungen zeigen, welch komplexe Dinge durch den Mechanismus des Nervensystems ausgeführt werden können, wenn Entscheidungen des Verstandes ausgeführt werden. Wenn ich mich entschließe, meinen Arm zu heben, wird die Botschaft von einem motorischen Areal einer Großhirnhemisphäre zum Rückenmark und ein Duplikat der Botschaft ans Cerebellum geschickt. Als ein Resultat der Wechselwirkungen mit anderen, sensorischen Impulsen werden zusätzliche Befehle ans Rükkenmark ausgesendet, so daß die richtigen Muskeln genau dann ins Spiel kommen, wenn sie benötigt werden, um meinen Arm zu heben und meinen Körper vor dem Umfallen zu bewahren. Das Cerebellum hat Zugriff auf die gesamte Information von den Muskelspindeln und Druckorganen, und kann so das Stützwerk hinzufügen, das gebraucht wird, um Stockungen und schlechte Koordination zu verhindern. Wenn es verletzt wird, bricht das Timing zusammen, und die Muskeln kontrahieren zu früh oder zu spät oder mit der falschen Kraft. Das Stützwerk muß gut entwickelt sein, besonders wenn der Körper auf zwei Beinen im Gleichgewicht gehalten werden muß und die Arme für alle möglichen Bewegungen benutzt werden. Die Maschinerie des Nervensystems bewerkstelligt das, nachdem der Verstand seine Befehle gegeben hat. Das Cerebellum ist nicht an der Erstellung des Gesamtplans beteiligt. Seine Entfernung würde nicht beeinflussen, was wir fühlen oder denken, außer der

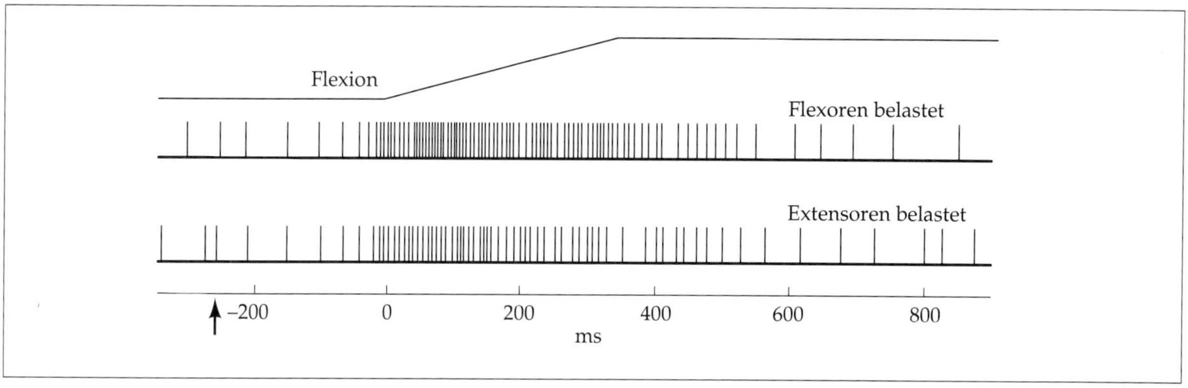

Abb. 13: **Entladung einer Basalganglienzelle** während einer schnellen, visuell gesteuerten, sprunghaften Beugung des Handgelenks. Die obere Spur zeigt die Griffposition, die unteren beiden Spuren zeigen die Zellentladungen bei zwei verschiedenen Versuchen, einmal mit belasteten Flexoren, das andere Mal mit belasteten Extensoren. Die Zelle feuerte bei einer Beugung des Handgelenks, unabhängig davon, ob die Bewegung mit oder gegen die Last erfolgte. Die Entladung der Zelle hat also mit der Position und nicht mit der Kontraktionskraft zu tun. Die Zeit wird bezogen auf den Bewegungsbeginn, etwa 250 ms nach der Cursorverschiebung (Pfeil), angegegeben. Die Bewegung dauerte bis zum Abschluß ca. 350 ms (nach Mink und Thach, 1991a).

Tatsache, daß wir uns bewußt würden, daß wir unsere Extremitäten nicht voll unter Kontrolle haben und deshalb unsere Aktivitäten entsprechend planen müßten.

Zelluläre Aktivität in den Basalganglien

Die Beziehung zwischen Einzelzellentladungen und Bewegungen wurde auch in den Basalganglien untersucht. Zum Beispiel haben Mink und Thach das Verhalten von Zellen im äußeren und inneren Segment des Globus pallidus von Affen während einer Vielzahl visuell gesteuerter und selbstbestimmter Bewegungen untersucht.[44,45] Die Bewegungen bestanden aus einer Handgelenkbeugung oder -streckung gegen eine Last, an der häufig nur eine einzige Muskelgruppe beteiligt war. Bei visuell gesteuerten Bewegungen bewegten die Affen einen Hebel, um einen Lichtpunkt mit einem sich bewegenden Cursor auf dem Bildschirm zur Deckung zu bringen. Von besonderem Interesse für die Basalganglien waren die Beziehungen zwischen Zellentladungen und graduierten Rampenbewegungen, die bei der Verfolgung auftreten (**Closed-loop-Bewegung**), im Gegensatz zu plötzlichen Stufenbewegungen, die im voraus geplant waren und keine visuelle Rückkopplung benötigen (**Open-loop**). Die Vorstellung, daß Stufenbewegungen kein direktes Feedback verlangen, wird durch andere Experimente gestützt, bei denen die plötzliche Entfernung des Ziels, nach Beginn der Stufenbewegung nicht die Beendigung der Bewegung zur ursprünglichen Zielposition verhinderte.

Die Neuronen des inneren Segmentes des Globus pallidus zeigen normalerweise relativ hohe tonische Entladungsraten, während die Aktivität der Zellen des äußeren Segmentes entweder hoch oder niedrig sein kann. Die Feuerraten können bei Bewegungen entweder steigen oder fallen. In keinem Kern waren die Entladungen optimal mit der anfänglichen Handgelenkstellung, der Bewegungsgeschwindigkeit oder der Beladung korreliert. Die Veränderungen der Entladerate waren am besten mit visuell gesteuerten Stufenbewegungen korreliert (Abb. 13). Solche Veränderungen traten deutlich nach der Aktivität im Nucleus dentatus und – abhängig von den Beladungsbedingungen – nach Beginn der elektrischen Aktivität der Muskeln selbst auf. Mink und Thach schlugen vor, daß eine Entladung des Pallidums für die Freigabe von Haltemechanismen, die das Gelenk fixieren, verantwortlich sei, und damit die programmierte Bewegung ermöglichen. Eine Analogie für das verzögerte Feuern ist das Anfahren eines Wagens an einem Berg: Die Handbremse wird erst gelöst, nachdem Kraft auf die Räder ausgeübt wird. Hierzu paßt die Beobachtung, daß die Blockierung der Aktivität von Neuronen des inneren Segmentes des Globus pallidus durch Muscimolinjektion (ein GABA-Agonist, s. Kap. 9) einen erhöhten Handgelenktonus durch die Cokontraktion von Flexor- und Extensormuskeln verursacht.[46] Trainierte Bewegungen werden verlangsamt, ohne den Bewegungsbeginn nach einer Verschiebung des Cursors zu verlangsamen.

Zusammenfassend konnten einige Beziehungen zwischen Einzelzellentladungen in den wichtigsten motorischen Zentren des Gehirns von Primaten und der Ausführung von motorischen Aufgaben bestimmt werden. Bei den einfachsten Experimenten, mit einer Bewegung um ein einziges Gelenk, feuern verschiedene Neuronen im Cortex und im Cerebellum nicht nur in Beziehung zur Muskelkontraktion, sondern auch zu mehr abstrakten Aspekten der Bewegung, wie Lage, Richtung und Gelenkfixierung. Der relative Zeitverlauf solcher Entladungen steuert Informationen bei über die Reihenfolge, in der trainierte Bewegungen durchgeführt werden. Außer-

44 Mink, J. W. and Thach, W. T. 1991. *J. Neurophysiol.* 65: 273–300.
45 Mink, J. W. and Thach, W. T. 1991. *J. Neurophysiol.* 65: 301–329.
46 Mink, J. W. and Thach, W. T. 1991. *J. Neurophysiol.* 65: 330–351.

dem haben die detaillierte Analyse der Entladungsmuster von Kleinhirnneuronen und die Wirkung einer Blockierung der Kleinhirnkerne wichtige Hinweise zur Rolle des Cerebellums bei der motorischen Planung geliefert. Schließlich legt die Aktivität der Neuronen aus dem Globus pallidus nahe, daß eine Hauptaufgabe der Basalganglien darin besteht, den Tonus aufrecht zu erhalten, wenn die Gelenkstellung stabilisiert werden muß, und den Tonus während programmierter Bewegungen zu inhibieren.

Die präzise Lage der Zellen, die an der aktuellen Bewegungsplanung beteiligt sind, und die Art ihrer Aktivität kennen wir zur Zeit noch nicht. Lokale Anstiege des Blutdurchflusses in der Großhirnrinde wurden jedoch benutzt, um Regionen neuronaler Aktivität während Bewegungen zu identifizieren (Kap. 6).[47] Das Freiwerden radioaktiven Xenons aus Blutgefäßen in lokalisierten corticalen Bereichen wurde benutzt, um den regionalen Blutfluß zu messen. Während der Ausführung einer komplexen Fingerbewegung stieg der Blutfluß bilateral in den zugehörigen motorischen Arealen und im contralateralen sensomotorischen Cortex. Wenn die Versuchspersonen instruiert wurden, an dieselben Bewegungen zu denken, sie aber nicht auszuführen, nahm der Blutfluß nur in den zugehörigen motorischen Arealen zu. Einfache Bewegungen, wie die Aufrechterhaltung einer isometrischen Kontraktion der Fingerflexoren, steigerten nur den Blutfluß im sensomotorischen Cortex.

Die Rolle des sensorischen Feedbacks bei Bewegungen

Wir haben im Zusammenhang mit der Anwesenheit oder Abwesenheit sensorischen Feedbacks bei der Kontrolle visuell gesteuerter Bewegungen bereits auf die motorische Closed-loop- und Open-loop-Aktivität hingewiesen. Es ist klar, daß man zur Verfolgung eines sich langsam bewegenden Gegenstandes visuelle Rückkopplung benötigt, einfach weil der Ort des Gegenstandes wiederholt sichergestellt werden muß, um ihn verfolgen zu können. Neben der visuellen Information liefern intracorticale Verbindungen zwischen dem primären somatosensorischen und motorischen Cortex [48,49] und propriozeptive Information vom Thalamus[50,51] reichlich Möglichkeit für die Rückkopplung von Information über Modalitäten wie Berührung, Gelenkstellung und Muskelspannung, und über die Beteiligung von Reflexen mit langen Wegen durch den Cortex bei der Bewegungskontrolle.[52,53]

Andererseits gibt es einige motorische Aktivitäten, die offensichtlich ohne sensorisches Feedback auskommen. Zum Beispiel folgen beim Vogelgesang die Bewegungen der Muskeln in schneller, geordneter Folge ohne genügend Zeit, eine Feedbackschleife schließen zu können: Das Zentralnervensystem sendet bereits die nächsten Anweisungen aus, bevor es die erste Bewegung oder den ersten Klang wahrgenommen hat. Tatsächlich können die meisten Bewegungen, nachdem sie geplant wurden, in Abwesenheit sensorischen Feedbacks von der die Aufgabe ausführenden Extremität beendet werden, vorausgesetzt, daß es keine Störungen von außen gibt. Niedere Primaten und Menschen können relativ feine, vorher gelernte Bewegungen auch mit deafferenzierten Extremitäten ausführen.[54] In Abwesenheit von sensorischem Feedback verschlechtert sich die Aufrechterhaltung der Feinkontrolle jedoch infolge der Fehlerakkumulation, wenn die Aufgabe schwieriger wird. Bei Menschen wird zum Beispiel die Schrift unleserlicher. Die Deafferenzierung beeinträchtigt stark das Lernen neuer Bewegungen, genau wie die Entfernung des somatosensorischen Cortex. Nach einseitiger Entfernung der Areale 1, 2 und 3 bei Katzen verzögerte sich das Lernen einer unbekannten Aufgabe (Wiedererlangung kleiner Nahrungsstücke, die über einen Spalt gehoben werden mußten) auf der contralateralen Seite der Läsion stark.[55] Nachdem die Aufgabe einmal gelernt war, hatte dieselbe Läsion nicht mehr so eine schädliche Wirkung.

Evertebraten- und Vertebratennervensysteme besitzen zur Ausbildung rhythmischer Aktivität, wie Laufen oder Schwimmen, innere Schaltkreise, die in der Lage sind, programmierte Muskelbewegungsfolgen auszuführen, die auch in Abwesenheit sensorischen Feedbacks auftreten und fortgesetzt werden können. Zum Beispiel erzeugen die Motoneuronen der Küchenschabe nach Abkopplung ihres Nervensystems von jedem sensorischen Input weiter Impulsmuster, die normalerweise dazu führen, daß die Schabe geht.[56] Genauso können in isolierten Rückenmarkssegmenten eines Neunauges anhaltende, rhythmische Entladungen von Motoneuronen ausgelöst werden, die im intakten Tier Schwimmbewegungen erzeugen.[57] Die Aktivitätssalven erscheinen zunächst in den Vorderwurzeln, breiten sich nach caudal aus und alternieren zwischen den Seiten mit Raten, die dem normalen Schwimmzyklus entsprechen.

Die Anwesenheit autonomer innerer Mustergeneratoren

47 Roland, P. E. et al. 1980. *J. Neurophysiol.* 43: 118–136.
48 Jones, E. G., Coulter, J. D. and Hendry, S. H. C. 1978. *J. Comp. Neurol.* 181: 291–348.
49 Porter, L. L., Sakamoto, T. and Asanuma, H. 1990. *Exp. Brain Res.* 80: 209–212.
50 Asanuma, H., Larsen, K. D. and Yumiya, H. 1980. *Exp. Brain Res.* 38: 349–355.
51 Kosar, E. et al. 1985. *Brain Res.* 345: 68–78.
52 Favorov, O., Sakamoto, T. and Asanuma, H. 1988. *J. Neurosci.* 8: 3266–3277.
53 Wannier, T. M. J., Maier, M. A. and Hepp-Reymond, M.-C. 1991. *J. Neurophysiol.* 65: 572–589.
54 Marsden, C. D., Rothwell, J. C. and Day, B. L. 1984. *Trends Neurosci.* 7: 253–257.
55 Sakamoto, T., Arissan, K. and Asanuma, H. 1989. *Brain Res.* 503: 258–264.
56 Pearson, K. G. and Iles, J. F. 1970. *J. Exp. Biol.* 52: 139–165.
57 Grillner, S., Wallen, P. and Brodin, L. 1991. *Annu. Rev. Neurosci.* 14: 169–199.

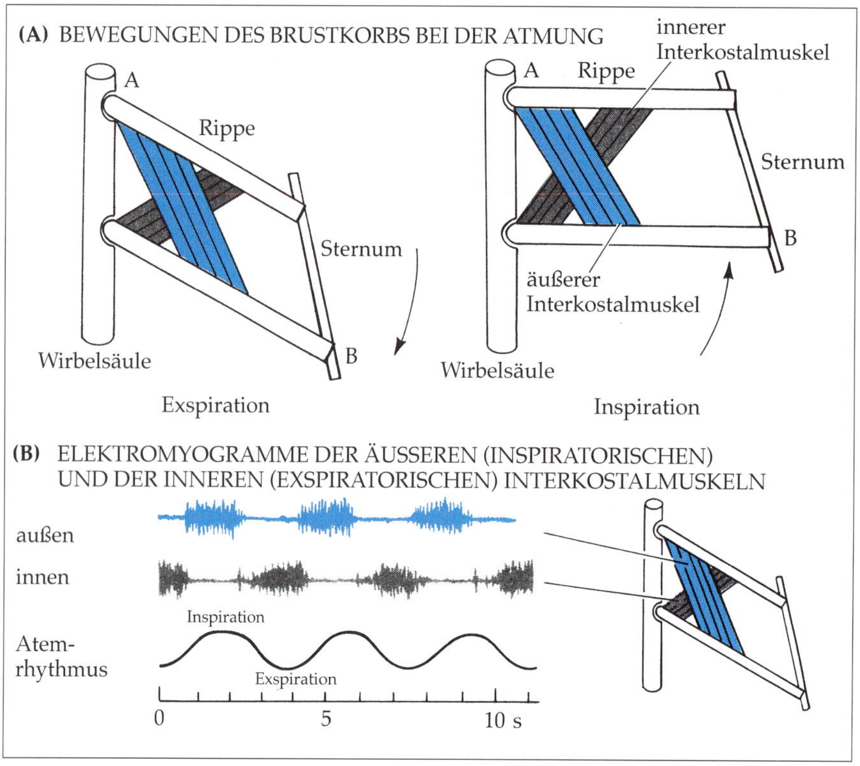

Abb. 14: **Bewegung des Brustkorbs und der respiratorischen Muskeln** während der Inspiration und der Exspiration. (A) Wirkungen der äußeren Interkostalmuskeln (Anheben der Rippen während des Einatmens) und der inneren Interkostalmuskeln (Senken der Rippen während des Ausatmens). (B) Aktivität respiratorischer Muskeln der Katze, mit Nadelelektroden abgeleitet. Die Entladungen der äußeren und der inneren Interkostalmuskeln sind phasenverschoben.

heißt nicht, daß beim normalen Verhalten des intakten Tieres die Rückkopplung aus der Peripherie ignoriert wird. Wenn zum Beispiel ein kleiner Zweig während der Schwingphase (s.u.) den Fußrücken einer laufenden Katze berührt, wird der Fuß elegant über den Zweig gehoben. Auf ähnliche Weise werden Atmungsmuster durch die Aktivierung pulmonarer Dehnungsrezeptoren verändert.[58]

Atmung und Laufen sollen hier als Beispiele benutzt werden, um zu zeigen, wie spezielle Neuronengruppen im Zentralnervensystem von Säugern koordinierte Bewegungen erzeugen.

Neuronale Kontrolle der Atmung

Zwei antagonistische Muskelgruppen sind dafür verantwortlich, Luft in die Lungen zu ziehen und sie wieder auszustoßen. Während des Einatmens wird der Brustkorb durch die äußeren Interkostalmuskeln angehoben und das Zwerchfell kontrahiert. Dadurch wird das Brustvolumen vergrößert, die Lungen expandieren und Luft strömt ein. Das Ausatmen ist nicht bloß eine passive Rückstellung, sondern ein aktiver Prozeß, der mit der Kontraktion der inneren Interkostalmuskeln verbunden ist. Auch andere Muskeln des Thorax und des Abdomens beteiligen sich, abhängig von der Stellung des Tieres und der Frequenz und der Tiefe der Atmung, in unterschiedlichem Ausmaß.[59] Abb. 14 zeigt ein Beispiel für den Atemrhythmus. Die Aktivität eines Muskels kann mit einem Dehnungsmesser oder durch Ableitung der elektrischen Aktivität mit Drahtelektroden, die in den Muskel eingebettet werden, der sogenannten Elektromyographie (EMG), registriert werden. Abb. 14 zeigt, daß inspiratorische und expiratorische Muskelkontraktionen von Potentialsalven begleitet werden, den Entladungen motorischer Einheiten. Es wird deutlich, daß die beiden Muskelgruppen phasenversetzt kontrahieren.

Wie bei Extremitätenmuskeln trägt der Dehnungsreflex zu Inspirations- und Exspirationsbewegungen dadurch bei, daß er die Erregbarkeit der Motoneuronen aufrecht erhält. Während des Einatmens und des Ausatmens werden die inneren und die äußeren Interkostalmuskeln abwechselnd gedehnt. Während des ganzen Zyklus wird, wie weiter oben gezeigt wurde, infolge des efferenten Ausgangs durch das γ-System die afferente Entladung der Muskelspindeln mit hoher Frequenz beibehalten, auch wenn sich die Muskeln aktiv kontrahieren[60,61] (Abb. 10 in Kap. 14). Jede Ia-afferente Faser, die ca. 100 mal pro Sekunde feuert, überträgt exzitatorische synaptische Potentiale in die homonymen Motoneuronen (d.h. die Motoneuronen, die denselben Muskel versorgen), und über Interneuronen eine Inhibition der Motoneuronen der antagonistischen Muskeln. Das Zwerchfell der Katze hat allerdings, wenn überhaupt, nur wenige Muskelspindeln und keinen wirklichen Dehnungsreflex.

Wie wird der Atemrhythmus erzeugt? Nachdem bei Katzen die Hinterwurzeln des Brustmarks durchtrennt wur-

58 Feldman, J. L. and Grillner, S. 1983. *Physiologist* 26: 310–316.
59 Da Silva, K. M. C. et al. 1977. *J. Physiol.* 266: 499–521.
60 Sears, T. A. 1964. *J. Physiol.* 174: 295–315.
61 Critchlow, V. and von Euler, C. 1963. *J. Physiol.* 168: 820–847.

den (ein Verfahren, das dem Zentralnervensystem die gesamte sensorische Rückkopplung von der Brust entzieht), bleibt die rhythmische Atmung bestehen. Auch bei Behandlung des Tieres mit Curare, wodurch die respiratorischen Muskeln paralysiert werden, bleibt der motorische Rhythmus erhalten.[58,62] Im Gegensatz dazu beendet eine Sektion auf Höhe der Medulla oblongata die Atmung. Im Pons und der Medulla befinden sich Neuronenpools, die während der Inspiration oder der Exspiration feuern und die zugehörigen respiratorischen Motoneuronen erregen oder hemmen. Zum Beispiel werden bei der Inspiration die Motoneuronen, die die äußeren (inspiratorischen) Interkostalmuskeln innervieren, durch das Feuern exzitatorischer postsynaptischer Potentiale von Neuronen höherer Zentren der Medulla oder der Brücke, die Aktionspotentialsalven erzeugen, depolarisiert. Die inspiratorische Phase wird durch eine Salve inhibitorischer postsynaptischer Potentiale von anderen zentralen Neuronen, die ganz in der Nähe der mit der Exspiration verbundenen Regionen liegen, auf die inspiratorischen Neuronen beendet.[63,64]

In Abb. 15 sind Beispiele einer solchen rhythmischen Aktivität dargestellt, die vom isolierten Zentralnervensystem eines neugeborenen Opossums abgeleitet wurden.[65] Die obere Spur zeigt eine extrazelluläre Ableitung von zwei Neuronen in der Medulla, die kurze Impulssalven mit einer Periode von 2 Sekunden zeigen. In der unteren Spur zeigen die Ableitungen von einer Vorderwurzel im Brustbereich korrespondierende rhythmische Entladungen der Motoneuronen, die die respiratorischen Muskeln versorgen. Sie haben dieselbe Frequenz und zeigen eine kleine Verzögerung. Die Eigenschaften und Verbindungen der medullären Neuronen, die den respiratorischen Rhythmus erzeugen, versteht man noch nicht in vollem Umfang. Eine Möglichkeit besteht darin, daß die zentralen Neuronen inhärent eine Rhythmizität besitzen (wie in Herzmuskeln und verschiedenen Evertebratenneuronen) und deshalb in der Lage sind, als Schrittmacher zu wirken. Alternativ könnten reziproke inhibitorische Wechselwirkungen zwischen Neuronenpools stattfinden, die sich gegenseitig abwechselnd an- und ausschalten. Beide Typen von Mechanismen – endogene Schrittmacherzellen und rhythmusgenerierende Schaltkreise – wurden bei Evertebratenpräparaten, wie dem Blutegel, nachgewiesen (Kap. 13).

Die vorangegangenen Überlegungen zeigen, daß die Rolle der Rückkopplung von der Peripherie bei der Atmung nicht darin besteht, Rhythmik zu erzeugen. Statt dessen liefern Dehnungsreflexe einen tonischen exzitatorischen Eingang auf die Motoneuronen. Obwohl das durchschnittliche synaptische Potential, das jede einzelne Ia-afferente Faser liefert, sehr gering ist, erzeugt die kombinierte räumliche und zeitliche Summation der EPSPs von einer großen Anzahl Muskelspindeln deutliche Effekte in den Motoneuronen, die die respiratorischen

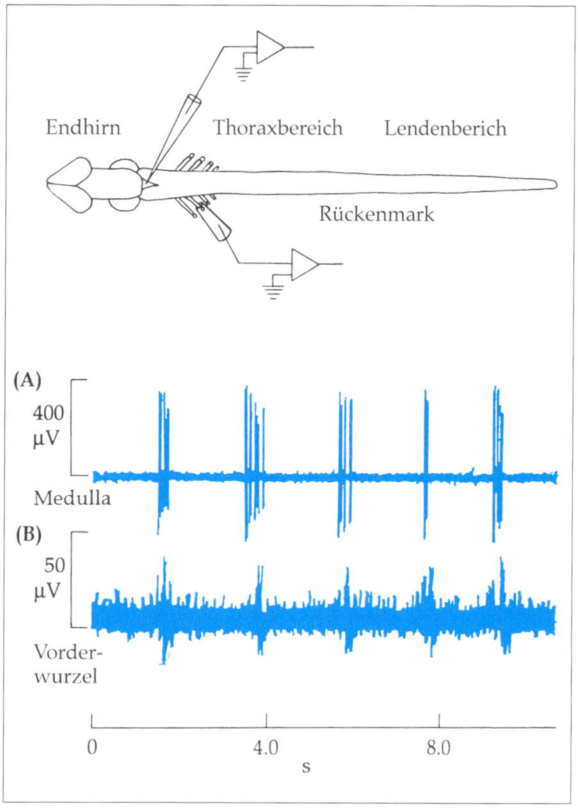

Abb. 15: **Von Hirnstammneuronen abgeleiteter Atemrhythmus** im isolierten Zentralnervensystem eines neugeborenen Opossums. (A) Zwei Hirnstammneuronen feuern regelmäßig mit einem Interburstintervall von ca. 2 Sekunden. (B) Die Ableitung von einer Vorderwurzel im Brustbereich zeigt korrespondierende Entladungen der respiratorischen Motoneuronen (mit freundlicher Genehmigung von D. J. Zou und J. G. Nicholls, unveröffentlicht).

Muskeln versorgen. Abb. 16 zeigt die Wirkung auf die Entladungsaktivität von Muskelfasern, die Streckung und Verkürzung eines inspiratorischen Muskels (Musculus levator costae) durch Ziehen an seiner Sehne erzeugen. Bei jeder Inspiration des Tieres zeigt das Elektromyogramm eine Impulssalve. Die Aktivität wird reflektorisch erhöht, wenn der Muskel verlängert wird, und inhibiert, wenn sich der Muskel verkürzen kann. Zusätzlich modulieren Dehnungsreflexe von den Lungen und von den Muskeln die Frequenz und die Tiefe der Atmung. Die Durchtrennung des Vagusnerven, der Dehnungsrezeptorfasern von den Lungen enthält, verlängert die Inspiration.[66]

Die Kohlendioxidkonzentration des arteriellen Blutes ist von entscheidender Bedeutung für den Atemrhythmus.[67] Unter Bedingungen reduzierter CO_2-Konzentration sind Atemfrequenz und -tiefe herabgesetzt. Umgekehrt wird die Atmung bei erhöhten CO_2-Konzentrationen gesteigert. Dieser Effekt beruht auf Eingängen

62 Eldridge, F. L. 1977. *Fed. Proc.* 36: 2400–2404.
63 Sears, T. A. 1964. *J. Physiol.* 175: 404–424.
64 Hilaire, G. G., Nicholls, J. G. and Sears, T. A. 1983. *J. Physiol.* 342: 527–548.
65 Nicholls, J. G. et al. 1990. *J. Exp. Biol.* 152: 1–15.
66 von Euler, C. 1977. *Fed. Proc.* 36: 2375–2380.
67 Bainton, C. R., Kirkwood, P. A. and Sears, T. A. 1978. *J. Physiol.* 280: 249–272.

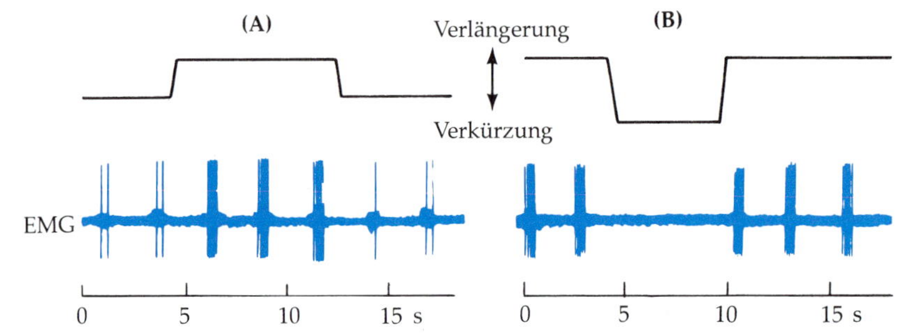

Abb. 16: **Dehnungsreflex eines inspiratorischen Muskels.** Während jeder Inspiration zeigt das Elektromyogramm (EMG) eines kleinen Muskels (Musculus levator costae) Aktionspotentialsalven, während der Muskel kontrahiert. (A) Eine Verlängerung des Muskels durch Zug an seiner Sehne steigert die Burstaktivität durch Erhöhung des reflektorischen Antriebs für die motorische Einheit. (B) Die Verkürzung des Muskels, die den reflektorischen Antrieb aufhebt, reduziert die EMG-Aktivität (nach Hilaire, Nicholls und Sears, 1983).

von Chemorezeptoren der Carotiden und der Aorta und von Neuronen der Medulla, die empfindlich auf CO_2 reagieren. Die Entladungsmuster einzelner medullärer Neuronen, die exspiratorische und inspiratorische Motoneuronen kontrollieren, werden kritisch von der CO_2-Konzentration beeinflußt. Veränderungen der normalen CO_2-Konzentration werden in deutliche Veränderungen der Feuerfrequenz der Interneuronen – und damit der Motoneuronen – übersetzt.

Fortbewegung: Schritt, Trab und Galopp bei Katzen

Eine bemerkenswerte Eigenschaft der Fortbewegung von Vertebraten besteht in ihrem konsistenten, hoch stereotypen Muster der Extremitätenbewegungen.[68] Eine laufende Katze hebt zunächst ihr linkes Hinterbein vom Boden ab, dann das linke Vorderbein, das rechte Hinterbein und das rechte Vorderbein (Abb. 17). Diese Reihenfolge bietet eine Stabilisierung durch die Vorderbeine, während die Hinterbeine das Tier nach vorne bewegen: Die Vorderbeine wirken der durch die Hinterbeine erzeugten Drehneigung entgegen, wodurch eine Rotation verhindert und eine Vorwärtsbewegung ermöglicht wird. Diese Reihenfolge ist Krokodilen, Kaninchen, Katzen und Elefanten gemeinsam. (Sogar bei Evertebraten mit sechs Beinen, wie z.B. Schaben, wird eine ähnliche Mustersequenz beobachtet.[69]) Während der Fortbewegung führt jedes Bein eine elementare Schrittbewegung aus, die aus zwei Phasen besteht: (1) Eine **Schwingphase**, in der das Bein, das nach hinten gestreckt war, gebeugt und vom Boden abgehoben, nach vorne geschwungen und wieder ausgestreckt wird, um den Boden zu berühren, und (2) eine **Stemmphase**, während der das Bein Bodenkontakt hat und sich im Verhältnis zur Körperbewegungsrichtung rückwärts bewegt.

Abb. 18 zeigt, daß der Lauf einer Katze deutliche Veränderungen aufweist, wenn die Geschwindigkeit zunimmt. Wenn die Katze läuft (Schritt), ist jederzeit nur ein Bein vom Boden abgehoben. Wenn die Geschwindigkeit zum Trab erhöht wird, sind gleichzeitig zwei Beine vom Boden abgehoben – ein Vorder- und das Hinterbein der entgegengesetzten Seite des Tieres. Bei noch schnellerer Bewegung, im Galopp, verlassen die beiden Vorder- und die beiden Hinterbeine abwechselnd den Boden. Der Geschwindigkeitsanstieg wird von einer Verkürzung der Zeit, die ein Bein auf dem Boden verbringt, also der Stemmphase, begleitet. Wenn die Katze sich schneller bewegt, wird jedes Bein für eine kürzere Zeit ausgestreckt, bevor es gebogen, gehoben und nach vorne bewegt wird. Bei allen Geschwindigkeiten, vom Schritt bis zum Galopp, wird jedoch die Zeit, in der ein Bein vom Boden abgehoben ist und nach vorne schwingt, wenig verändert.

Graham Brown zeigte schon 1911, daß die elementaren Schaltkreise, die Katzen für Laufbewegungen benötigen, offenbar halbautomatische Eigenschaften besitzen.[70] Katzen können auch noch abwechselnd die beiden Hinterpfoten anheben und versetzen, nachdem ihr Rückenmark durchtrennt wurde. Andere Experimente haben gezeigt, daß die Hinterbeine einer Katze mit durchtrenntem Rückenmark nach einer Chemikaliengabe, wie z.B. DOPA (einem Vorläufer der biogenen Amine; Kap. 9), in normaler Schrittfolge auf einem Laufband laufen.[68]

Experimente, die in der UdSSR von Shik, Orlovsky und Severin[71,72] und in Schweden von Lundberg, Grillner und Kollegen[68] durchgeführt wurden, haben Belege für die Rolle zentraler Mechanismen bei der Erzeugung koordinierter Laufbewegungen geliefert. Wenn der obere Hirnstamm einer Katze durchtrennt wird, kann das Tier immer noch stehen, läuft oder rennt aber nicht mehr spontan. In den Experimenten von Shik und Kollegen wurde eine Katze mit einer solchen Transsektion so festgehalten, daß ihre Pfoten ein sich bewegendes Laufband berührten. Wenn der Nucleus cuneiformis (die **lo-**

68 Grillner, S. 1975. *Physiol. Rev.* 55: 274–304.
69 Pearson, K. 1976. *Sci. Am.* 235: 72–86.
70 Brown, T. G. 1911. *Proc. R. Soc. Lond. B* 84: 308–319.
71 Shik, M. L. and Orlovsky, G. N. 1976. *Physiol. Rev.* 56: 465–501.
72 Shik, M. L., Severin, F. V. and Orlovsky, G. N. 1966. *Biofizika* 11: 756–765.

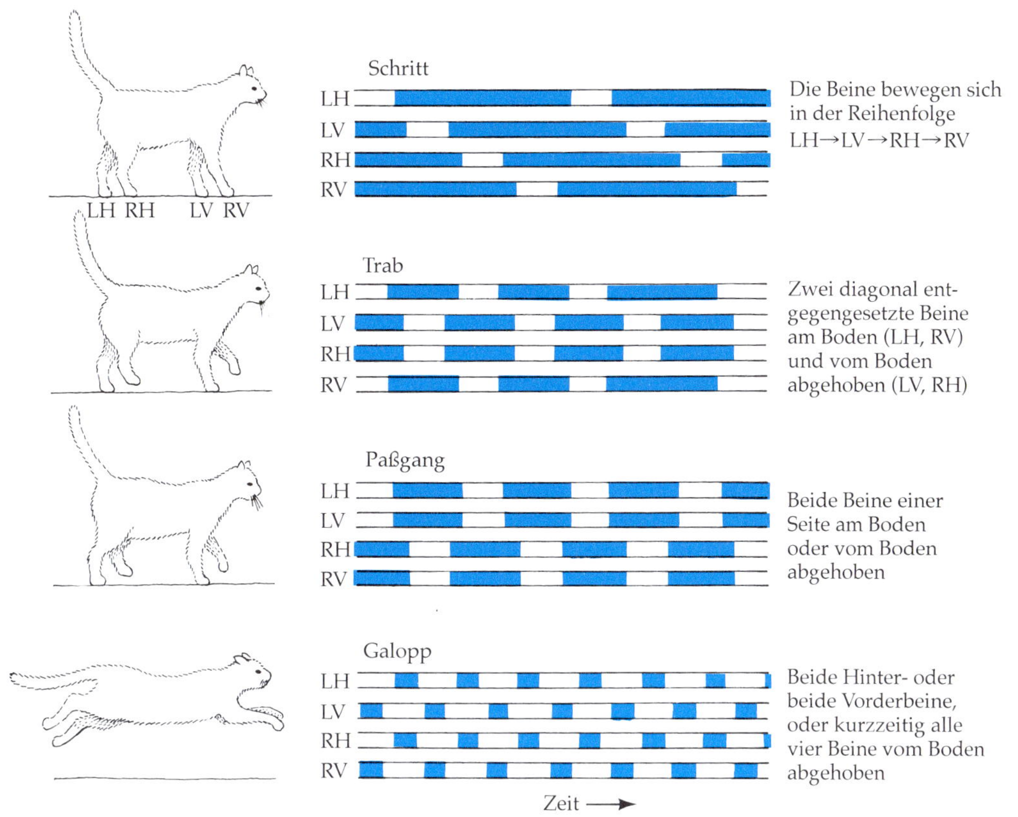

Abb. 17: **Laufmuster einer Katze** bei Schritt, Trab, Paßgang und Galopp. Die weißen Balken zeigen die Zeit, die eine Pfote vom Boden abgehoben ist, die blauen Balken die Zeit auf dem Boden. Wenn das Tier schreitet, werden die Beine der Reihe nach bewegt, erst auf einer Seite, dann auf der anderen. Im Trab werden die diagonal entgegengesetzten Beine zusammen angehoben. Im Paßgang wechselt der Rhythmus erneut, die Beine auf einer Seite werden gemeinsam angehoben. Beim (noch schnelleren) Galopp verlassen zunächst die Hinter- und dann die Vorderbeine den Boden (nach Pearson, 1976).

komotorische Region des Mesencephalons) ständig durch implantierte Elektroden mit 30 bis 60 Hz elektrisch gereizt wurde, lief die Katze (Abb. 19). Eine Versetzung der Reizelektroden um nur 0,3 mm hob die Laufantwort auf. Stemm- und Schwingphase der Vorderbeine und während des Laufens abgeleitete Elektromyogramme wirkten normal. Eine stärkere Reizung der lokomotorischen Region des Mesencephalons durch größere Ströme bei derselben Frequenz bewirkte vergrößerte Vortriebskräfte der Beinmuskeln. Während die Stärke der elektrischen Reizung die Kraft der Laufbewegungen beeinflussen konnte, wurde die Schrittfrequenz jedoch nicht geändert, vorausgesetzt, die Geschwindigkeit des Laufbandes blieb konstant.

Als Antwort auf eine Beschleunigung des Laufbandes – bei konstanter Reizung der lokomotorischen Region des Mesencephalons – wechselte das Tier vom Schritt zum Traben und dann zum Galoppieren. Die sensorische Rückkopplung kontrolliert also deutlich die Lauffrequenz mit ihren verkürzten Standphasen. Wenn die Beinbewegung nach hinten auf dem Laufband schneller ausgeführt wird, wird weniger Zeit benötigt, um den Punkt zu erreichen, an dem afferente Signale die Schwingphase initiieren, in der das Bein angehoben und nach vorne geschwungen wird. Wie das Zentralnervensystem das Umschalten vom Schritt in den Trab und dann in den Galopp kontrolliert, ist noch nicht bekannt. Wie erwartet, eliminiert die Durchtrennung der Hinterwurzeln die Möglichkeit, auf verschiedene Geschwindigkeiten des Laufbandes zu reagieren, nicht aber den durch elektrische Reizung evozierten Lauf.[73]

Die generelle Schlußfolgerung aus dieser Art von Experimenten ist, daß im Zentralnervensystem eine hierarchisch geordnete Reihe von Verbindungen existiert, die eine programmierte Serie von Bewegungen initiieren und kontrollieren kann. Im Rückenmark richten sich die Verbindungen zwischen den entsprechenden Motoneuronenpools nach den absteigenden Einflüssen. In Abwesenheit phasischer sensorischer Eingänge von den Extremitäten kann jede Extremität vom Zentralnervensystem durch die Kontraktion geeigneter Muskelgruppen, die auf die Gelenke wirken, dazu veranlaßt werden, sich zu erheben, nach vorne zu schwingen und sich wieder zu senken. Die Rolle der Rückkopplung besteht darin, diese zentral initiierten Antworten in Übereinstimmung mit den verschiedenen Bedürfnissen oder Belastungen, die von der Außenwelt gefordert werden, zu modulieren.

73 Grillner, S. and Zanger, P. 1974. *Acta Physiol. Scand.* 91: 38A–39A.

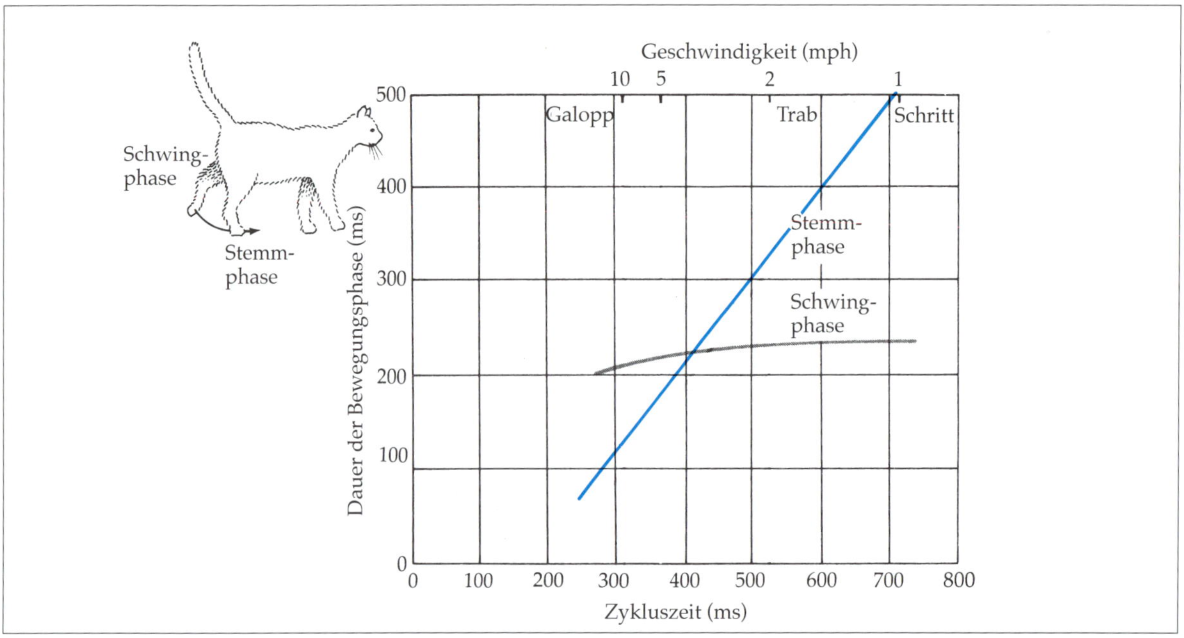

Abb. 18: **Konstanz der Schwingphase während der Fortbewegung**. Wenn das Tier sich immer schneller bewegt (Abszisse), wird die Zeit, die jede Pfote auf dem Boden verbringt (Stemmphase), immer kürzer (Ordinate). Die Zeit, die jeder Fuß in der Luft verbringt (Schwingphase), ist beim Schritt und beim Galopp nahezu gleich (nach Pearson, 1976).

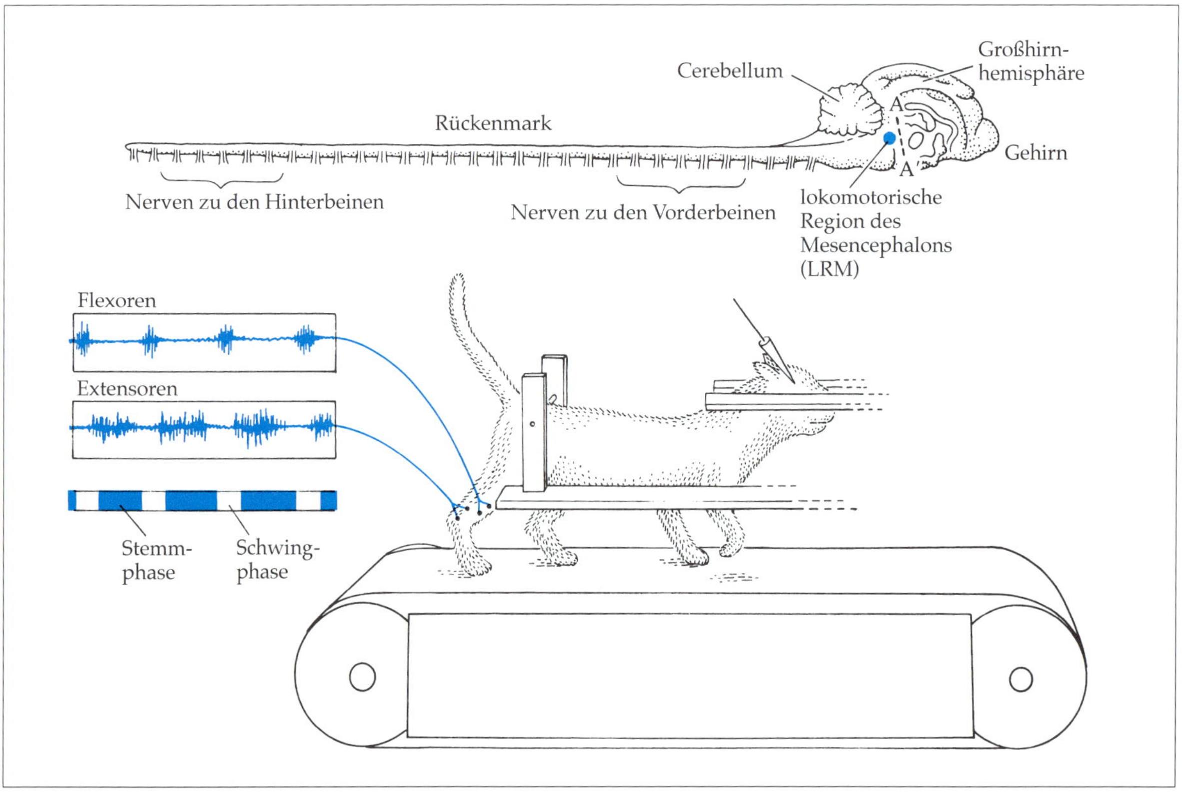

Abb. 19: **Fortbewegung einer Katze auf einem Laufband** nach einer Hirnstammsektion (A-A' im Diagramm). Ein solches Tier läuft nicht spontan. Reizung der lokomotorischen Region des Mesencephalons (LRM im Diagramm) durch elektrische Ströme veranlaßt das Tier, auf dem Laufband zu laufen. Mit Elektroden in den Beinmuskeln können mit der lokomotorischen Aktivität zusammenhängende EMGs abgeleitet werden. Die Geschwindigkeit des Schritts oder des Galopps hängt von der Geschwindigkeit des Laufbandes ab. Ansteigende Stärke oder Frequenz der Reize steigern die Kraft der Beinbewegungen (als würde das Tier einen Berg hinauf laufen), aber nicht ihre Geschwindigkeit (nach Pearson, 1976).

Nach diesen Überlegungen gibt es einige auffällige Parallelen in der Automatik der Atmung und des Laufens. Bei beiden Bewegungsarten löst ein zentrales Programm die Kontraktionen bestimmter Muskelgruppen in einer vorherbestimmten Reihenfolge aus. Der Antrieb für das Abwechseln der Beinbewegungen oder der Inspiration und der Exspiration hängt von einem absteigenden Reiz ab – bei der Atmung vom Einfluß von Kohlendioxid auf die medullären Neuronen und beim Laufen von der Aktivität von Neuronen in der lokomotorischen Region des Mesencephalons. In beiden Fällen moduliert sensorisches Feedback die Frequenz und das Ausmaß der rhythmischen Aktivität, um den Bedürfnissen des Lebewesens in jedem Moment zu entsprechen.

Empfohlene Literatur

Allgemeines

Asanuma, H. 1989. *The Motor Cortex*. Raven, New York.

Bernardi, G., Carpenter, M., DiChiaria, G., Morelli, M. and Stanzioni, P. (eds.). 1991. *The Basal Ganglia. III. Proceedings of the Third Triennial Symposium of the International Basal Ganglion Society*. Plenum, New York.

Binder, M. D. and Mendell, L. M. (eds.). 1990. *The Segmental Motor System*. Oxford University Press, New York.

Ito, M. 1984. *The Cerebellum and Neural Control*. Raven, New York.

Thach, W. T., Goodkin, H. G. and Keating, J. G. 1992. Cerebellum and the adaptive coordination of movement. *Annu. Rev. Neurosci.* 15: 403–442.

Originalartikel

Evarts, E. V. 1968. Relation of pyramidal tract activity to force exerted during voluntary movement. *J. Neurophysiol.* 31: 14–27.

Henneman, E., Somjen, G. and Carpenter, D. O. 1965. Functional significance of cell size in spinal motoneurons. *J. Neurophysiol.* 28: 560–580.

Meyer-Lohmann, J., Hore, J. and Brooks, V. B. 1977. Cerebellar participation in generation of prompt arm movement. *J. Neurophysiol.* 40: 1038–1050.

Mink, J. W. and Thach, W. T. 1991. Basal ganglia motor control I. Nonexclusive relation of pallidal discharge to five movement modes. *J. Neurophysiol.* 65: 273–300.

Thach, W. T. 1978. Correlation of neural dicharge with pattern and force of muscular activity, joint position, and direction of next intended movement in motor cortex and cerebellum. *J. Neurophysiol.* 41: 654–676.

Teil fünf

Das visuelle System

Kapitel 16

Retina und Corpus geniculatum laterale

Das Bild der Außenwelt, das auf die Retina fällt, liefert dem Auge Rohdaten, die Signale in Bewegung setzen, die zur Wahrnehmung führen. Die Kaskade von Schritten, durch die die neuronalen Signale ausgelöst, übertragen und kombiniert werden, um eine Szene mit Objekten und Hintergrund, Licht und Schatten, und Farbe zu erzeugen, können wir heute Schritt für Schritt über die Retina und die erste Relaisstation auf dem Weg zum Cortex, das Corpus geniculatum laterale, verfolgen. In beiden Strukturen sind die Nervenzellen in Schichten angeordnet. Einzelne Neuronentypen können durch ihre anatomischen, physiologischen und molekularen Eigenschaften identifiziert werden.

Die neuronalen Antworten auf Licht beginnen bei den Rezeptoren, die als Stäbchen und Zapfen bekannt sind. Schon auf dieser frühesten Stufe sind Korrelationen zwischen molekularen Mechanismen und der Wahrnehmung evident. Stäbchen enthalten Moleküle des Sehpigmentes Rhodopsin, die besonders effektiv Licht im blau-grünen Bereich des Spektrums absorbieren. Die Lichtabsorption führt zu einem Konformationswechsel des Rhodopsins und zur Aktivierung eines G-Proteins. Als Folge davon wird eine Reaktionskaskade initiiert, cyclisches Guanosinmonophosphat (cGMP) wird hydrolysiert, Natriumkanäle in der Stäbchenmembran werden geschlossen, und das Membranpotential wird größer. Diese Hyperpolarisation reduziert die ständige Transmitterausschüttung der Stäbchen auf die postsynaptischen Zellen. Zwischen Messungen der Lichtabsorption von Rhodopsin und psychophysischen Messungen zur visuellen Wahrnehmung im Dämmerlicht wurde eine außerordentliche Übereinstimmung festgestellt. Die Stäbchen sind so sensitiv, daß einige wenige Lichtquanten, die von ihnen absorbiert werden, Signale produzieren können, die ins Bewußtsein vordringen. Bei hellem Licht reagiert das Photopigment der Stäbchen nicht auf Lichtreize. Farb- und Tageslichtsehvermögen beruhen auf den Zapfen. Es gibt drei Typen von Zapfen, als Rot-, Grün- und Blau-Zapfen bekannt, deren Pigmente sich in der Molekularzusammensetzung des Proteins unterscheiden. Jedes der drei Pigmente absorbiert maximal in einer bestimmten Region des Spektrums. Wie bei Stäbchen führt absorbiertes Licht zur Hyperpolarisation und zur Reduktion der Transmitterfreisetzung. Zusammen können die Eigenschaften der drei Pigmente in den drei Zapfensorten quantitativ und qualitativ viele Aspekte der Farbwahrnehmung erklären. Heute sind detaillierte Informationen auf molekularem Niveau verfügbar, um Farbenblindheit zu erklären.

Die Transformation oder Integration, die auf aufeinanderfolgenden Ebenen des visuellen Systems stattfinden, kann am besten mit Hilfe des Begriffs der *rezeptiven Felder* einzelner Neuronen analysiert werden. Dieser Begriff bezieht sich auf die eingeschränkte Region der retinalen Oberfläche, die bei Beleuchtung den Signalfluß eines Neurons im visuellen System beeinflussen kann. Der Einfluß kann exzitatorisch oder inhibitorisch sein. Rezeptive Felder sind die Bausteine für die Synthese und die Wahrnehmung der komplexen visuellen Welt.

Die Ausgangssignale des Auges werden von den Ganglienzellen erzeugt, die ihr Axon jeweils entlang des Sehnervs zum Corpus geniculatum laterale senden. Das rezeptive Feld jeder Ganglienzelle besteht aus einer kleinen kreisförmigen Fläche auf der Retina. Die besten Antworten von «on»-Zentrum-Zellen werden durch kleine Lichtpunkte auf das Zentrum des Feldes hervorgerufen, die von Dunkelheit umgeben sind. «Off»-Zentrum-Zellen antworten am besten auf kleine dunkle Punkte mit einer hellen Umgebung. Einige andere Ganglienzellen antworten am besten auf bewegte Lichtpunkte oder Kanten und schnelle Intensitätsänderungen. Andere antworten besonders gut auf eine Farbe im Zentrum ihres rezeptiven Feldes, in dessen Umfeld sich die Kontrastfarbe befindet. Diese Zellen zeigen eine allgemeine Regel für das visuelle System: Das System ist darauf ausgelegt, eher auf Unterschiede in der Intensität oder der Wellenlänge (d.h. auf Kontrast) zu reagieren als auf absolute Intensitäten oder Farben des Lichtes. Allen Ganglienzellen ist gemeinsam, daß sie am besten auf kleine Lichtpunkte und relativ schlecht auf diffuse Beleuchtung reagieren. Rezeptoren und Ganglienzellen werden über Bipolar-, Horizontal- und Amakrinzellen verbunden. Die Bipolar- und die Horizontalzllen erzeugen, wie die Stäbchen und Zapfen graduierte Potentiale und keine Aktionspotentiale. Man weiß heute genau über die synaptischen Mechanismen, die Transmitter und die Verbindungsmuster Bescheid, die diese Zellen benutzen, um die rezeptiven Felder der Ganglienzellen zu erzeugen.

Im Corpus geniculatum laterale sind die Neuronen in wohldefinierten Schichten angeordnet. Jede Schicht wird nur von Ganglienzellaxonen eines Auges versorgt und bildet eine Karte der jeweiligen Retina. Die räumlichen Karten der verschiedenen Schichten sind präzise übereinander angeordnet. Die rezeptiven Felder der Zellen des Corpus geniculatum laterale ähneln denen der Ganglienzellen in der Retina, d.h. sie sind konzentrisch mit «on-» oder «off-»Zentren. Zellen des Corpus geniculatum laterale antworten am besten auf kleine, helle oder dunkle Lichtpunkte und schlecht oder gar nicht auf diffuse Beleuchtung. Zellen mit ähnlichen Eigenschaften sind in jeder Schicht jeweils zusammen angeordnet. So erhalten beim Affen vier Schichten aus kleineren Zellen, die parvozellulären Schichten, Eingänge aus Ganglienzellen mit feiner räumlicher Auflösung, die farbsensitiv und relativ unempfindlich für kleine Kontrastveränderungen sind. Die zwei tieferen Schichten, die magnozellulären Schichten, enthalten größere Zellen, die nicht farbsensitiv sind, die aber gut auf bewegte Reize und auf kleine Kontrastveränderungen antworten. Die parvozellulären und die magnozellulären Schichten des Corpus geniculatum laterale senden ihre Ausgangssignale zu verschiedenen Gruppen corticaler Zellen. Die beiden Modalitäten behalten ihre Identität durch die Weiterleitung über unterschiedliche Bahnen auf mehreren aufeinanderfolgenden Ebenen des Gehirns bei.

Um die Relevanz eines molekularen und zellulären Ansatzes für höhere Funktionen klarzumachen, beschäftigt sich dieses Kapitel hauptsächlich mit der Leistung der Nervenzellen auf den ersten Stufen oder Relaisstationen des visuellen Systems. Eine umfassende kritische Betrachtung der Retina und des Corpus geniculatum laterale ist im Rahmen dieses Buches nicht möglich. In den letzten paar Jahren wurde eine überwältigende Sammlung von Arbeiten zur Struktur und Funktion des visuellen Systems angefertigt. Psychophysik, Farbensehen, Dunkeladaptation, Retinapigmente, Transduktion, Transmitter und der Aufbau der Retina könnten jeweils die Basis einer eigenständigen Monographie bilden (siehe Referenzen am Ende dieses Kapitels). Dasselbe gilt für vergleichende Gesichtspunkte des visuellen Systems bei Evertebraten (wie dem Pfeilschwanzkrebs *Limulus* oder der Seepocke) oder bei niederen Vertebraten (Fisch, Frosch, Furchenmolch und Schildkröte) oder Säugetieren (Kaninchen und Eichhörnchen). Statt dessen beschreiben wir ausgewählte Experimente an Katzen und Affen, die einem roten Faden von den molekularen Mechanismen und der Signalgebung bis zur Wahrnehmung folgen. Diese Information ist eine Voraussetzung für die Analyse von Struktur und Funktion der Großhirnrinde, die in Kap. 17 diskutiert werden.

Das Auge

Das Auge arbeitet als eigenständiger Außenposten des Gehirns. Es sammelt Information, analysiert sie und gibt sie zur Weiterverarbeitung durch das Gehirn über einen wohldefinierten Weg, den Sehnerv, weiter. Der erste Schritt ist die Bildung eines scharfen Bildes der Außenwelt auf jeder Retina. Wesentlich für eine klare Sicht sind die Scharfeinstellung des Bildes durch die Akkomodation der Linse, die dabei ihre Dicke verändert, die Regulation des Lichtes, das ins Auge eintritt, durch die Einstellung der Pupille und die Konvergenz beider Augen, um sicherzustellen, daß die entsprechenden Bilder auf korrespondierende Stellen der beiden Retinae fallen. Unsere Sehschärfe hängt kritisch vom Ort im Gesichtsfeld ab. Wir können Kleingedrucktes nur im Zentrum, nicht aber in peripheren Bereichen des Blickfeldes lesen. Dieser Verlust an Sehschärfe rührt von der Verarbeitungsweise visueller Information durch die Retina her. Er ist nicht das Ergebnis von verschwommenen Bildern außerhalb der Zentralregion. Bevor wir diese Probleme behandeln, ist es notwendig, die grundlegenden anatomischen Merkmale der visuellen Bahn und danach die schrittweise Transformation zu beschreiben, nachdem Licht durch die Sehpigmente eingefangen wurde, um elektrische Ströme zu erzeugen.

Anatomische Bahnen des visuellen Systems

In Abb. 1 sind die Bahnen vom Auge zur Großhirnrinde dargestellt. Hier werden einige bedeutende Komponenten des menschlichen Gehirns dargestellt, die im Zusammenhang mit der folgenden Diskussion nützlich sind. Die Fasern des Sehnervs stammen von den Ganglienzellen der Retina und enden auf Zellschichten in einer Relaisstation (dem Corpus geniculatum laterale), deren Axone wiederum durch die Radiatio optica auf die Großhirnrinde projizieren. Von da an wird die Weiterleitung immer komplexer, wobei bisher noch kein Ende in Sicht ist.

Abb. 1 A zeigt, wie sich der Ausgang jeder Retina beim Chiasma opticum zweiteilt, um das Corpus geniculatum laterale und den Cortex auf beiden Seiten zu versorgen. Infolgedessen projiziert die rechte Seite jeder Retina auf die rechte Großhirnhemisphäre. Abb. 1 zeigt auch, daß die rechte Seite jeder Retina ein Bild von der visuellen Welt auf der linken Seite des Tieres erhält. Jede Großhirnhemisphäre «sieht» also das Gesichtsfeld von der entgegengesetzten Seite der Welt. Deshalb werden Menschen mit Schäden auf der rechten Cortexseite, die durch ein Trauma oder eine Krankheit ausgelöst werden, blind für die linke Seite der Welt und umgekehrt.

Andere Bahnen, die sich zum Mittelhirn verzweigen, werden hier nicht beschrieben. Bei höheren Vertebraten haben sie vor allem mit der Regulation der Augenbewegungen und der Pupillenantworten zu tun und sind nicht direkt relevant für die Mustererkennung.

Durch eine Untersuchung der zellulären Anatomie verschiedener Strukturen der visuellen Bahn kann man die Möglichkeit ausschließen, daß die Information unverändert von Stufe zu Stufe weitergeleitet wird. Die Neuronen *konvergieren* und *divergieren* beträchtlich auf jeder Ebene, d.h. jede Zelle empfängt oder bildet Verbindungen mit vielen anderen Zellen. Zum Beispiel enthält das menschliche Auge über 100 Millionen primäre Rezeptoren, Stäbchen und Zapfen, aber die Ganglienzellen senden nur etwa 1 Million Fasern im Sehnerv ins Gehirn. Für Affen und Katzen gilt dasselbe Prinzip: Eine Abwärtstransformation der Neuronenanzahl von den Rezeptoren zu den Ganglienzellen. Im Auge als ganzes

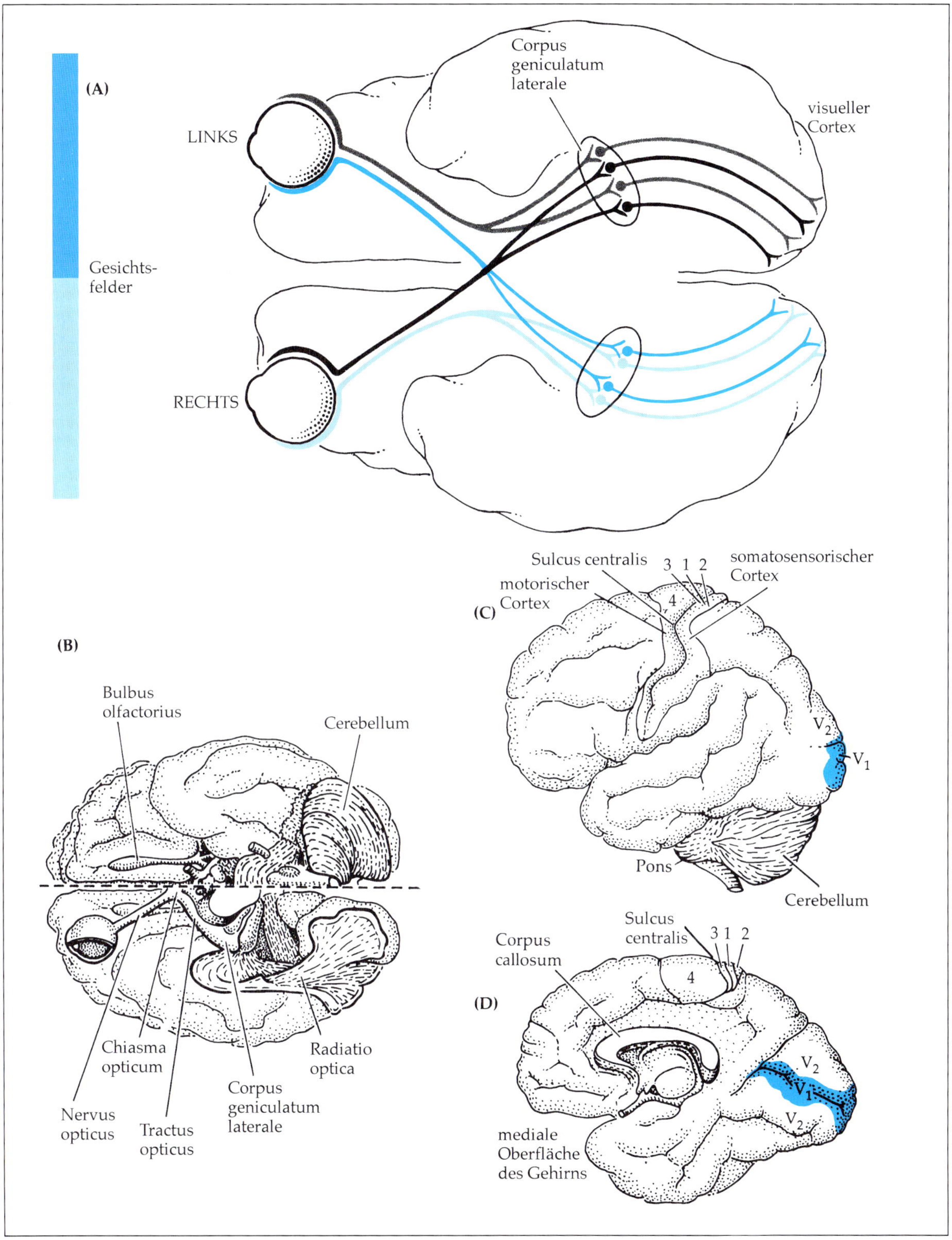

Abb. 1: **Visuelle Bahnen.** (A) Überblick über die visuellen Bahnen von Primaten von unten betrachtet (Gehirnbasis). Die rechte Seite jeder Retina (blau) projiziert zum rechten Corpus geniculatum laterale, und somit empfängt der rechte visuelle Cortex ausschließlich Informationen aus dem linken Gesichtsfeld. Die Eingänge von jedem Auge enden in getrennten Schichten des Corpus geniculatum laterale. (B) Visuelle Bahnen in einem teilweise sezierten menschlichen Gehirn von unten. (C, D) Lateral- und Medialansicht der Cortexoberfläche. Die visuelle Area 1 (V_1) ist auch als Area striata oder Area 17 bekannt. V_2 entspricht der Area 18. Die Areae V_3, V_4 und V_5 (nicht dargestellt) werden in Kap. 17 beschrieben. (C) und (D) zeigen auch die Area 4 (den motorischen Cortex) und die Areae 3, 1 und 2 des somatosensorischen Cortex.

kommt es deshalb zur Informationskonzentration. Ein einzelnes Neuron, das Impulse von mehreren ankommenden Nervenfasern erhält, kann die Signale, die von ihnen kommen, nicht getrennt wiedergeben. Statt dessen werden die konvergierenden Impulse verschiedenen Ursprungs auf jeder Ebene in eine völlig neue Botschaft integriert, die alle Eingänge verrechnet.

Die Retina

Was die Retina so besonders einladend für die physiologische Forschung macht, ist ihre geordnete Schichtung und die systematische Wiederholung relativ weniger Zelltypen – es gibt nur fünf Hauptklassen. Die Anordnung und die typischen Positionen der verschiedenen Zellen sind in Abb. 2 B dargestellt, die einen Querschnitt durch die menschliche Retina zeigt.[1] Auf der hinteren Oberfläche, am weitesten vom ankommenden Licht entfernt, befinden sich die **Stäbchen** und die **Zapfen**, die mit dem Dämmerungs- und dem Tagsehen zu tun haben Sie sind mit den **Bipolarzellen** verbunden, die wiederum mit den **Ganglienzellen** und damit mit den Fasern des Sehnerves verbunden sind. Neben dieser durchgehenden Verbindung gibt es noch andere Zellen, die vor allem laterale, Seite-an-Seite-Verbindungen eingehen, nämlich die **Horizontalzellen** und die **Amakrinzellen**. Nur die Amakrin- und die Ganglienzellen erzeugen fortgeleitete Aktionspotentiale; Photorezeptoren, Horizontal- und Bipolarzellen bilden lokale, graduierte Potentiale. Innerhalb dieser Hauptklassen gibt es Untergruppen, die wichtige Unterschiede in Struktur und Funktion zeigen. Die Rolle, die diese Zellen spielen, und ihre Verbindungen untereinander werden wir später diskutieren. Wir werden sehen, daß die Ansammlung vergleichbarer Zellen in Schichten und wohldefinierten Gruppen ein Merkmal des Zentralnervensystems ist, das im Corpus geniculatum laterale und im visuellen Cortex besonders augenfällig ist.

Photorezeptoren

Stäbchen und Zapfen bilden die Grundlage für das Sehen und definieren Grenzen dafür, wie die Außenwelt wahrgenommen werden kann. Anders als wir, haben Schlangen spezialisierte Rezeptoren in ihren Augen, um Infrarotstrahlung zu sehen, und Ameisen können den blauen Himmel benutzen, um mit Hilfe des polarisierten Lichtes zu navigieren. Da Katzen keine geeigneten Rezeptoren besitzen, sind sie farbenblind – wie wir bei Nacht (wenn alle Katzen grau sind). Unsere Stäbchen sind in der Dunkelheit so empfindlich, daß ein einziges Lichtquant ein meßbares Signal erzeugen kann, und für eine bewußte Wahrnehmung müssen nur etwa sieben Stäbchen von einzelnen Quanten aktiviert werden.[2] Mit

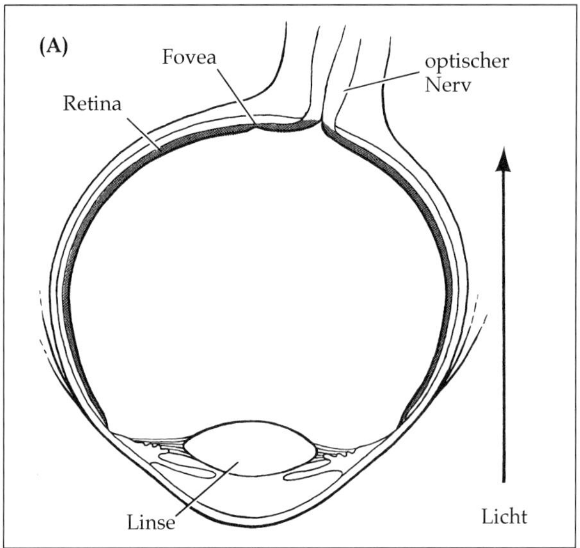

Abb. 2: **Bahnen des Lichtes und Anordnung der Zellen** in der Retina. (A) Querschnitt durch das Auge. Das Licht muß die Linse und die Zellschichten der Reihe nach durchdringen, um die Stäbchen und die Zapfen zu erreichen. Die Fovea, die nur Zapfen enthält, ist ein spezialisierter Bereich, der für eine hohe Auflösung eingesetzt wird. An diesem Punkt sind die oberen Zellschichten weggebogen, um dem Licht einen direkteren Zugang zu den Photorezeptoren zu ermöglichen. (B) Schnitt durch eine menschliche Retina, der die fünf in Schichten angeordneten Hauptzelltypen zeigt. Licht tritt in die Retina ein und erreicht die Stäbchen und Zapfen, wo es absorbiert wird und dadurch die äußeren Segmente erregt. Die synaptischen Verbindungen werden in der äußeren und in der inneren plexiformen Schicht gebildet (nach Boycott und Dowling, 1969).

den verschiedenen Zapfenrezeptoren können wir noch feine Farbnuancen und Kontrastunterschiede oder Farben an einem hellen Tag sehen, wenn die Lichtintensität um acht Zehnerpotenzen größer ist. Die Mechanismen der Transduktion und der Signalübertragung bei Stäbchen und Zapfen werden heute besser verstanden als bei anderen sensorischen Endorganen (Kap. 14). Inzwischen sind viele Informationen über die molekularen und biochemischen Ereignisse verfügbar, die auftreten, während Photonen eingefangen und Ionenkanäle geschlossen werden, um elektrische Signale in den Photorezeptoren zu erzeugen. Besonders interessant ist die Tatsache, daß molekulare, biophysikalische und psychophysische Ansätze kombiniert wurden, um zu zeigen, wie die Eigenschaften der Sehpigmente und Photorezeptoren als Erklärung für Wahrnehmungsphänomene herangezogen werden können.

Morphologie und Anordnung der Photorezeptoren

Die Stäbchen und Zapfen bilden eine dicht gepackte Reihe von Photodetektoren in der Retinaschicht, die auf dem Pigmentepithel liegt, am weitesten entfernt von der

1 Boycott, B. B. and Dowling, J. E. 1969. *Philos. Trans. R. Soc. Lond. B* 255: 109–184.

2 Hecht, S., Shlaer, S. and Pirenne, M. H. 1942. *J. Gen. Physiol.* 25: 819–840.

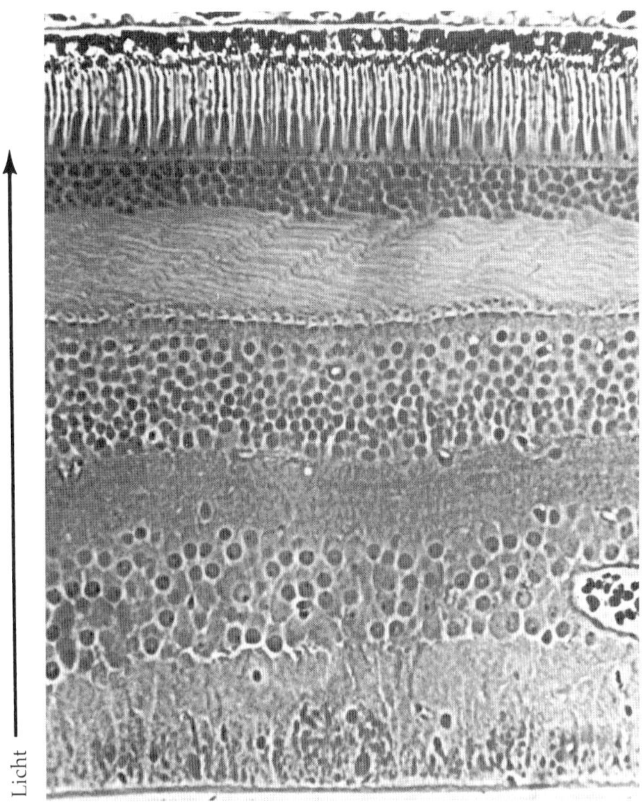

Abb. 2

Cornea und vom ankommenden Licht. Das Licht muß dichte Zell- und Faserschichten durchqueren, bevor es die äußeren Segmente der Stäbchen und Zapfen erreicht, wo die Photonen absorbiert werden. Die Anordnung in der Retina ist nicht gleichförmig. H. v. Helmholtz schrieb darüber 1867:[3]

> Es gibt in der Retina einen bemerkenswerten Fleck, der in der Nähe ihres Zentrums liegt, ... und der ... Fovea oder Grube genannt wird. ... (Er) ist von größter Wichtigkeit für das Sehvermögen, da er der Fleck ist, wo die exakteste Unterscheidung gemacht wird. Die Zapfen sind hier sehr nah zusammengepackt und empfangen Licht, das durch die anderen halbdurchlässigen Teile der Retina nicht aufgehalten wurde. Wir können annehmen, daß eine einzelne nervöse ... Verbindung ... von jedem dieser Zapfen durch den Sehnervenstrang zum Gehirn läuft ... und dort ihren speziellen Eindruck erzeugt, so daß die Erregung jedes einzelnen Zapfens eine distinkte und separate Wirkung auf die Sinne haben wird (rückübersetzt aus dem Englischen).

Man muß daran denken, daß v. Helmholtz diese Gedanken formuliert hat, bevor der Begriff Synapse oder auch nur die Zelldoktrin existierte.

Abb. 3 zeigt drei Hauptregionen der Photorezeptoren. (1) Ein Außensegment, in dem Licht durch Sehpigmente absorbiert wird. (2) Ein Innensegment, das den Zellkern, die Ribosomen, die Mitochondrien und das endoplasmatische Reticulum enthält. (3) Die synaptische Endigung, die Transmitter auf Zellen zweiter Ordnung ausschüttet und auch synaptische Eingänge empfängt.

Die Sehpigmente, die unten beschrieben werden, sind in den Membranen der Außensegmente konzentriert. Stäbchen enthalten ungefähr 10^8 Pigmentmoleküle. Sie sind auf mehreren Hundert diskreten Scheibchen (disks) (ca. 750 in einem Stäbchen eines Affen), angesammelt, die keinen direkten Kontakt zur äußeren Membran haben. Im Gegensatz dazu haben die scheibchenartigen Einfaltungen der Zapfen Kontakt zur Zellmembran. Das Sehpigment ist in den Membranen der Außensegmente so dicht gepackt, daß der Abstand zwischen zwei Sehpigmentmolekülen in einem Stäbchen nur ungefähr 20 nm beträgt.[4] Es bildet ca. 80 Prozent des gesamten Proteins. Diese dichte Packung sensitiver Moleküle in seriellen Membranschichten erhöht bei der Lichtdurchquerung die Wahrscheinlichkeit, daß ein Photon auf seinem Weg durch das Außensegment eingefangen wird. Es erhebt sich die Frage: Wie werden elektrische Signale erzeugt, wenn Licht von Sehpigmenten absorbiert wird?

3 Helmholtz, H. v. 1962/1927. *Helmholtz's Treatise on Physiological Optics.* J. P. C. Southhall (ed). Dover, New York.

4 Dowling, J. E. 1987. *The Retina.* Harvard University Press, Cambridge, MA.

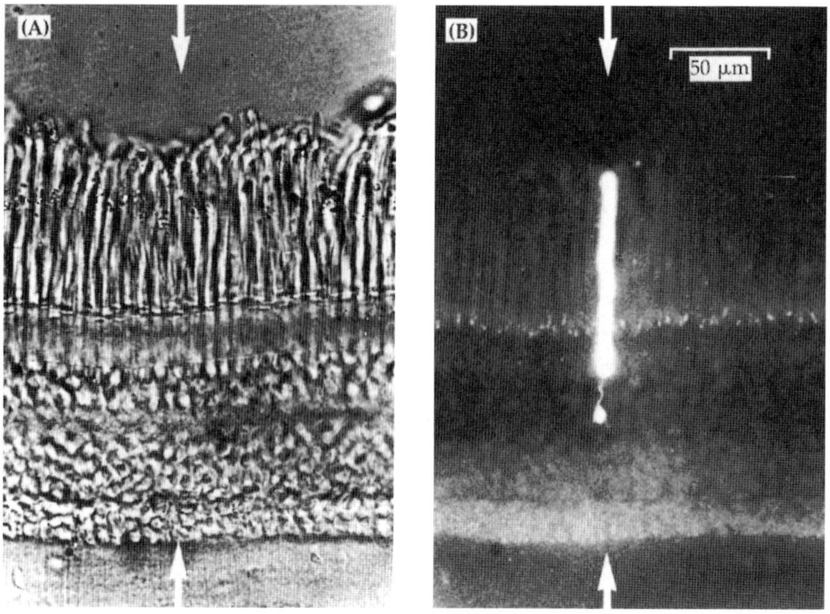

Abb. 3: **Photorezeptoren in der Retina.** (A, B) Stäbchen in einer Krötenretina mit dem Fluoreszenzfarbstoff Lucifer Yellow injiziert, in normalem und ultravioletten Licht. Die Pfeile markieren identische Punkte auf der Retina. (C) Schema eines Stäbchens und eines Zapfen. In dem Stäbchen ist das Pigment Rhodopsin (schwarze Punkte) in Membranen eingebettet, die die Form von Scheibchen haben, und die nicht mit der äußeren Membran verbunden sind. In dem Zapfen liegen die Pigmentmoleküle auf eingefalteten Membranen, die mit der Oberflächenmembran zusammenhängen. Das Außensegment ist mit dem Innensegment über ein dünnen Stiel verbunden. Die synaptischen Endigungen schütten in der Dunkelheit kontinuierlich Transmitter aus (A und B mit freudlicher Genehmigung des verstorbenen B. Nunn, unveröffentlicht, C nach Baylor, 1987).

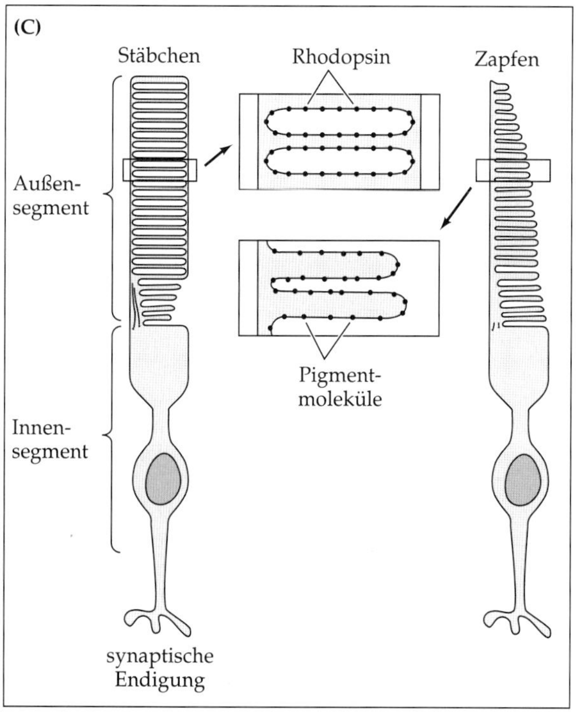

Sehpigmente

Die Ereignisse, die sich abspielen, wenn Licht von dem Stäbchenpigment Rhodopsin absorbiert wird, sind über Jahre mit psychophysischen, biochemischen, physiologischen und neuerdings auch mit molekularen Methoden untersucht worden. Rhodopsinmoleküle bestehen aus zwei Teilen: Einem Protein, das als **Opsin** bekannt ist, und einem Chromophor, dem Aldehyd des Vitamin A **11-*cis*-Retinal** (Abb 4). (Ein Chromophor ist eine Molekülgruppe mit Farbstoffnatur.) Die Absorptionseigenschaften der Sehpigmente wurden mit Hilfe der Spektralphotometrie quantitativ gemessen.[5,6] Wenn man verschiedene Lichtwellenlängen durch eine Rhodopsinlösung strahlt, wird blau-grünes Licht im Wellenlängenbereich von etwa 500 nm besonders effektiv absorbiert. Das Absorptionsspektrum ist ähnlich, wenn man einzelne Stäbchen unter dem Mikroskop mit kleinen Lichtpunkten verschiedener Wellenlängen bestrahlt. Zwischen den Absorptionseigenschaften von Rhodopsin und unserer Wahrnehmung im Dämmerlicht wurde eine erstklassige Übereinstimmung nachgewiesen. Quantitative psychophysische Messungen, die an menschlichen Versuchspersonen durchgeführt wurden, zeigen, daß blau-grünes Licht von ungefähr 500 nm optimal für die Wahrnehmung eines schwachen Reizes in der Dunkelheit ist. Bei Tageslicht, wenn die Stäbchen inaktiv sind und die Zapfen benutzt werden, verschiebt sich unsere Empfindlichkeit zum roten Licht hin, also zu längeren Wellenlängen im Spektrum, was zu den Absorptionsspektren der Zapfen in der Fovea paßt (s. u.).[4]

Wenn ein Photon vom Rhodopsin absorbiert wurde, macht das Chromophor Retinal eine Photoisomerisierung durch und wechselt von der 11-*cis*- in die all-*trans*-Konfiguration, wobei die Endkette, die mit dem Opsin verbunden ist, gedreht wird. Dieser Übergang ist sehr schnell, er benötigt nur ca. 10^{-12} Sekunden. Das Protein durchläuft dann eine Reihe von Transformationen über verschiedene Zwischenstufen.[7] Eine davon, Metarhodopsin II, ist von besonderer Bedeutung für die Transduktion (s. u.). Abb. 5 zeigt die Folge der biochemischen

5 Brown, P. K. and Wald, G. 1963. *Nature* 200: 37–43.
6 Marks, W. B., Dobelle, W. H. and MacNichol, E. F. 1964. *Science* 143: 1181–1183.
7 Matthews, R. G. et al. 1963. *J. Gen. Physiol.* 47: 215–240.

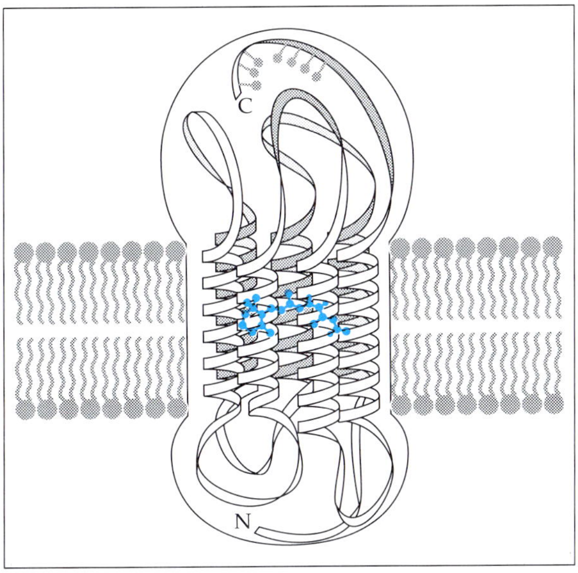

Abb. 4: **Struktur des Vertebraten-Rhodopsins** in der Membran. Die Helix ist teilweise geöffnet, um die Position des Retinals (farbig) zu zeigen (nach Stryer und Bourne, 1986).

Veränderungen, die beim Bleichen und bei der Regeneration des aktiven Rhodopsins auftreten. Metarhodopsin II tritt nach ungefähr 1 ms auf. Wenn Rhodopsin gebleicht und in all-*trans*-Retinal und Opsin verwandelt wurde, reagiert es nicht länger auf Licht und verliert seine Farbe. Die Regeneration des Pigmentes dauert lange (viele Minuten). Rhodopsin ist im Dunkeln außerordentlich stabil. Baylor hat berechnet, daß eine spontane thermale Isomerisierung eines einzelnen Rhodopsinmoleküls nur ca. alle 3000 Jahre einmal auftritt, oder 10^{23} mal langsamer als die Photoisomerisierung.[8]
Auf molekularer Ebene wurde das Opsinprotein des Rhodopsins sequenziert, und die Gene wurden kloniert.[9] Rhodopsin besteht aus 348 Aminosäureresten mit sieben hydrophoben Regionen, von denen jede zwischen 20 und 25 Aminosäuren enthält. Die mutmaßliche Struktur enthält sieben transmembrane Helices. Das Aminoende liegt im Extrazellulärraum (d.h. innerhalb des Scheibchens in Stäbchen) und das Carboxylende im Cytoplasma. Das Lysin, an dem Retinal und Opsin verbunden sind, befindet sich in dem siebten membranüberspannenden Segment. Nathans hat die Gene der roten, grünen und blauen Pigmente der Zapfen kloniert, die für das Farbensehen verantwortlich sind, und hat gezeigt, daß sie dem Gen für Rhodopsin ähneln.[10,11] Zwei weitere biologisch wichtige Moleküle, die an anderer Stelle besprochen werden, haben eine sehr ähnliche Struktur und ähnliche Sequenzen wie die Sehpigmente. Beide, der β_1-adrenerge Rezeptor und der muscarinerge Acetylcholinrezeptor haben ähnliche membrandurchquerende Regionen mit stark konservativen Strukturen. Beide Rezeptoren binden Transmitter und üben ihre Wirkung über second messenger aus, indem sie G-Proteine aktivieren (siehe Kap. 2 und 8).

Transduktion

Wie verändert die Photoisomerisierung des Rhodopsins das Membranpotential? Seit vielen Jahren war bekannt, daß für die Erzeugung elektrischer Signale in Stäbchen und Zapfen eine Art interner Transmitter benötigt wird Ein Grund dafür war die enorme Verstärkung. 1970 zeigten Baylor und Fuortes an Schildkrötenphotorezeptoren, daß sich die Membranleitfähigkeit um 0,1 Prozent veränderte, wenn ein einziges Photon absorbiert wurde und eins von 10^8 Pigmentmolekülen aktivierte. Die Information über das Einfangen von Photonen in einem Stäbchen muß durch einen intrazellulären Messenger vom Scheibchen über das Cytoplasma zur äußeren Membran transportiert werden. Calcium, das zunächst als Kopplungsmittel postuliert wurde, ist jetzt durch eindeutige Experimente ausgeschlossen.[13]
Die Folge von Ereignissen, durch die die Pigmentmoleküle eine Kaskade von Schritten aktivieren, um die Kanäle zu beeinflussen, wurde aufgeklärt. Fesenko, Yau, Baylor, Stryer und deren Kollegen[14–16] haben mit Hilfe von patch clamp-Ableitungen von den Außensegmenten von Stäbchen und Zapfen und durch molekulare Techniken gezeigt, wie cyclisches GMP als intrazellulärer Transmitter von den Scheibchen zur Oberflächenmembran wirkt und die Anforderungen der entsprechenden Kinetik und der hohen Verstärkung erfüllt. Das Schema ist in Abb. 6 dargestellt. Im Dunkeln haben Stäbchen und Zapfen ein Membranpotential von ca. –40 mV, weit entfernt vom Kaliumgleichgewichtspotential E_K (–80 mV). Dies ist deshalb so, weil ein ständiger «Dunkel»strom in das Außensegment fließt, wenn sich Natriumionen entlang ihres elektrochemischen Gradienten durch die offenen Kanäle bewegen. Licht bewirkt eine Hyperpolarisation, da sich die Kationenkanäle in der Zellmembran des Außensegmentes schließen. (Die Eigenschaften dieser Kanäle und die elektrischen Signale werden unten beschrieben.) Die Kanäle werden durch cytoplasmatisches, cyclisches GMP offen gehalten. In Abwesenheit von cGMP schließen sich die Kanäle, und der elektrische Widerstand der Membran des Stäbchenaußensegmentes wächst und nähert sich dem einer Lipiddoppelschicht an. Die Rolle des cGMP wurde direkt durch die Messung der Ströme in patches der Membran des Stäbchenaußenseg-

8 Baylor, D. A. 1987. *Invest. Ophthalmol. Vis. Sci.* 28: 34–49.
9 Nathans, J. and Hogness, D. S. 1984. *Proc. Natl. Acad. Sci. USA* 81: 4851–4855.
10 Nathans, J. 1987. *Annu. Rev. Neurosci.* 10: 163–194.
11 Nathans, J. 1989. *Sci. Am.* 260(2): 42–49.

12 Baylor, D. A. and Fuortes, M. G. F. 1970. *J. Physiol.* 207: 77–92.
13 Yau, K. W. and Baylor, D. A. 1989. *Annu. Rev. Neurosci.* 12: 289–327.
14 Fesenko, E. E., Kolesnikov, S. S. and Lyubarsky, A. L. 1985. *Nature* 313: 310–313.
15 Yau, K. W. and Nakatani, K. 1985. *Nature* 317: 252–255.
16 Stryer, L. and Bourne, H. R. 1986. *Annu. Rev. Cell Biol.* 2: 391–419.

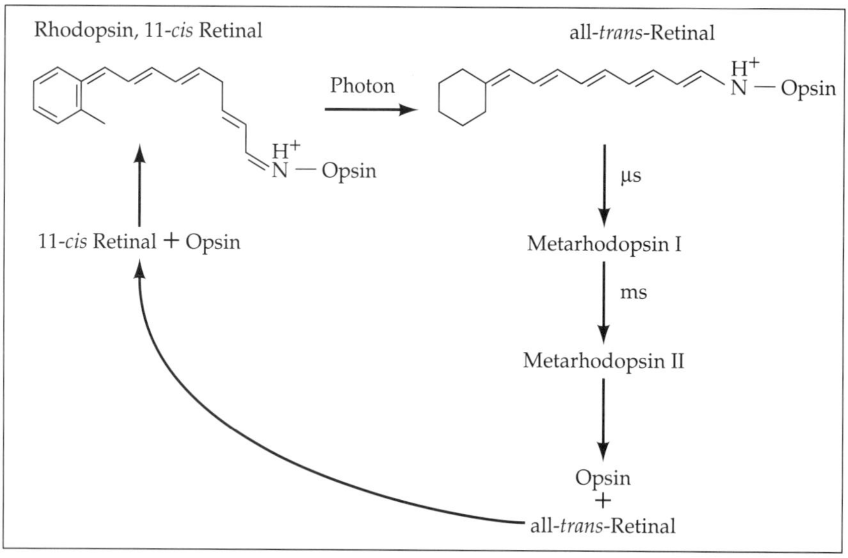

Abb. 5: **Bleichen von Rhodopsin durch Licht.** In der Dunkelheit ist 11-*cis*-Retinal an das Protein Opsin gebunden. Die Absorption eines Photons bewirkt die Transformation des 11-*cis*-Retinals in all-*trans*-Retinal. Dieses wird dann schnell in Metarhodopsin II umgewandelt, danach zu Opsin und all-*trans*-Retinal, die wieder zu Rhodopsin regeneriert werden. Metarhodopsin II ist der Trigger, der die Aktivierung des second-messenger-Systems in Bewegung setzt (nach Dowling, 1987).

Wilhelm Kühne (1837–1900). Unter dem Portrait befindet sich links die Ansicht seines Raumes, die der Retina eines Kaninchens präsentiert wurde, wodurch es zur Bleichung und einem klar erkennbaren Bild der Fensteranordnung (rechts) kam. Kühne isolierte zum ersten Mal Sehpurpur (Rhodopsin) (Photomontage mit freundlicher Genehmigung von Dr. Rolf Boch).

ments nachgewiesen. Eine cGMP-Applikation auf die cytoplasmatische Seite vergrößerte den Natriumstrom, bei Entfernung des cGMP kam der Natriumeinstrom zum Erliegen (Abb. 7). Erhöhte intrazelluläre Calciumkonzentration dagegen führte weder zur Öffnung dieser Natriumkanäle noch zum Schließen, wenn sie geöffnet waren.

Wie unterscheiden sich diese Natriumkanäle im Außensegment von den früher in den üblichen Neuronen beschriebenen? Baylor, Yau und Kollegen haben die folgenden Eigenschaften zusammengestellt:[8,13]

1. Sie sind liganden-, aber nicht spannungsaktiviert. cGMP öffnet den Kanal.
2. Sie inaktivieren nicht bei gleichbleibender Depolarisation oder anhaltender cGMP-Gabe.
3. Sie werden nicht durch Tetrodotoxin blockiert.
4. Ihre Selektivität ist gering: Ionen wie Kalium können die Kanäle ähnlich leicht wie Natrium passieren (das Permeabilitätsverhältnis von Kalium zu Natrium ist 0,7). Die Permeabilität für Calcium ist sogar höher als die für Natrium (12,5:1). Bei den normalen Ionenkonzentrationen in der Extrazellulärflüssigkeit überwiegt jedoch die Natriumleitfähigkeit, so daß die Masse des Einwärtsstroms von Natrium getragen wird.
5. Die Einzelkanalleitfähigkeit wird von ungefähr 0,1 pS auf ca. 20 pS erhöht, wenn die divalenten Kationen entfernt werden.

Für den Stäbchenkanal wurde eine cDNA isoliert und die komplette Aminosäuresequenz abgeleitet. Das Protein enthält mehrere Transmembransegmente und einen Bereich ähnlich den cGMP-Bindungsdomänen in der cGMP-Proteinkinase.[17] Nach einer mRNA-Injektion in Oocyten ähneln die Kanäle in dieser Membran denen in Photorezeptoren: Sie sind cGMP-aktiviert, sie haben in Abwesenheit divalenter Kationen eine Leitfähigkeit von ungefähr 20 pS und ihre Kationenselektivität ist ebenfalls ähnlich der Selektivität der Natriumdunkelstromkanäle des Photorezeptors.

17 Kaupp, U. B. et al. 1989. *Nature* 342: 762–766.

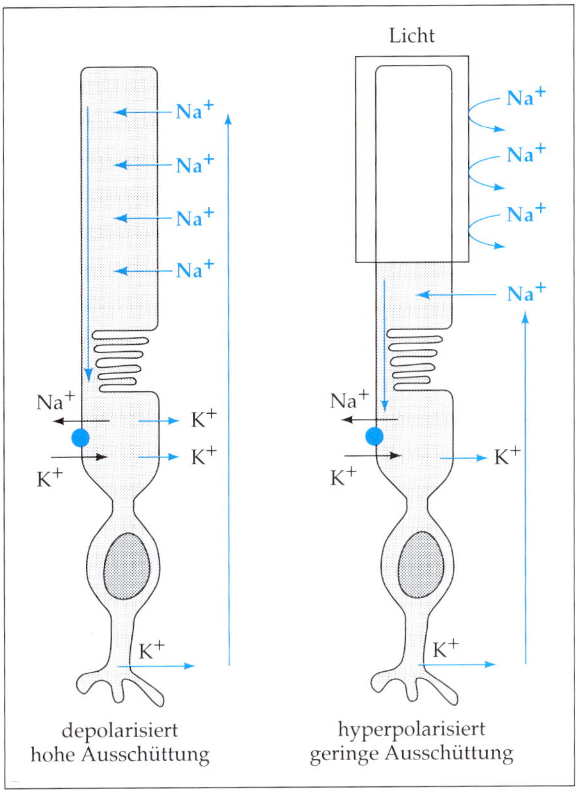

Abb. 6: **Dunkelstrom in einem Stäbchen**. (A) Im Dunkeln fließen Natriumionen durch spezialisierte Kanäle des Stäbchen-Außensegments und verursachen dadurch eine Depolarisation. Der Stromkreis wird über die Verbindung zwischen Außen- und Innensegment mit einer Auswärtsbewegung von Kaliumionen durch die Membran des Innensegmentes geschlossen. Wenn das Außensegment, wie in (B), beleuchtet wird, schließen die Kanäle (infolge der Abnahme des intrazellulären cGMPs), und das Stäbchen wird hyperpolarisiert. Diese Hyperpolarisation verhindert die Transmitterausschüttung. Die Natrium- und die Kaliumkonzentration des Stäbchens werden mit Hilfe der Natrium-Kalium-Pumpe im Innensegment (farbige Kreise) aufrecht erhalten. In der Dunkelheit fließen auch Calciumionen durch die Kationenkanäle in das Stäbchen (nach Baylor, 1987).

Die durch Licht getriggerte Abnahme der cGMP-Konzentration wird durch Metarhodopsin II, einem Zwischenprodukt des Bleichungsprozesses, verursacht. Es wirkt als Enzym auf ein membranständiges G-Protein.[18] Das als **Transducin** bekannte Protein besteht aus drei Polypeptidketten, α, β und γ Durch Metarhodopsin II wird das GDP, das an die α-Untereinheit gebunden ist, gegen GTP ausgetauscht (s. Kap. 8). Die aktivierte α-Untereinheit wird von der β- und der γ-Untereinheit getrennt und aktiviert daraufhin eine Phosphodiesterase, das Enzym, das cGMP hydrolysiert. Die cGMP-Konzentration sinkt, die Natriumkanäle schließen, und die Stäbchen hyperpolarisieren. Die Kaskade wird durch die Phosphorylierung des Carboxylendes des aktiven Metarhodopsin II beendet. Die Schlüsselrolle des cyclischen GMPs bei der Kontrolle der Kanäle während der Antwort wird durch die biochemische Beobachtung gestützt, daß die intrazelluläre cGMP-Konzentration bei Beleuchtung um ca. 20 Prozent abnimmt.[8,13]

Die cGMP-Kaskade bewirkt eine starke Verstärkung der Antworten auf Licht. Ein einziges Molekül aktiven Metarhodopsins II kann den Austausch vieler GDP-Moleküle gegen GTP katalysieren und damit Hunderte von G-Protein-α-Untereinheiten freisetzen. Jede Untereinheit kann Phosphodiesterasemoleküle aktivieren, die wiederum eine große Anzahl cGMP-Moleküle hydrolysieren und viele Kanäle schließen können. Calcium, das ursprünglich als intrazelluläres Signal für die Transduktion vermutet wurde, spielt eine Schlüsselrolle bei der Steuerung der Lichtempfindlichkeit der Stäbchen wie auch bei der Dunkeladaptation. Intrazelluläre Calciumionen hemmen die Guanylatcyclase, das Enzym, das für die cGMP-Synthese verantwortlich ist. Die Beleuchtung des Außensegments und das Schließen der Kationenkanäle bewirkt eine Abnahme der intrazellulären Calciumkonzentration. Infolgedessen wird die Aktivität der Guanylatcyclase erhöht, wodurch viele Kanäle erneut geöffnet und Stromfluß ermöglicht wird.[19]

Elektrische Antworten auf Lichtreize

Wie in Kap 14 erläutert reagieren Rezeptorzellen verschiedener Modalitäten auf ihre adäquaten Reize durch graduierte lokale Depolarisationen. In primären Sinneszellen werden Aktionspotentiale ausgelöst, die ihrerseits die Öffnung spannungsaktivierter Calciumkanäle in den präsynaptischen Endigungen bewirken. Calciumionen fließen in die Zelle und triggern die Transmitterausschüttung. Die Aktivierung üblicher Sinneszellen bewirkt also eine Transmitterfreisetzung, die die nächste Zelle in der Reihe erregt oder hemmt. Daß Evertebraten-Photorezeptoren diesem Schema entsprechen, ist seit langem bekannt. Abb. 8 zeigt das depolarisierende Rezeptorpotential und Aktionspotentiale in einer Photorezeptorzelle im Auge des Pfeilschwanzkrebses *Limulus*.[20] In Abb. 8 B sind die hyperpolarisierenden Antworten auf Licht abgebildet, die mit einer intrazellulären Mikroelektrode in einem Vertebraten-Photorezeptor abgeleitet wurden, die sich davon stark unterscheiden.[21] Im Dunkeln, «in Ruhe», ist die synaptische Endigung durch den kontinuierlichen Einwärtsstrom, der durch das Außensegment fließt, depolarisiert und schüttet ständig Transmitter aus. Licht beendet durch Hyperpolarisation des Photorezeptors die Ausschüttung auf die Zellen zweiter Ordnung.

18 Stryer, L. 1987. *Sci. Am.* 257(7): 42–50.

19 Tamura, T., Nakatani, K. and Yau, K. W. 1991. *J. Gen. Physiol.* 98: 95–130.

20 Fuortes, M. G. F. and Poggio, G. F. 1963. *J. Gen. Physiol.* 46: 435–452.

21 Baylor, D. A., Fuortes, M. G. F. and O'Bryan, P. M. 1971. *J. Physiol.* 214: 265–294.

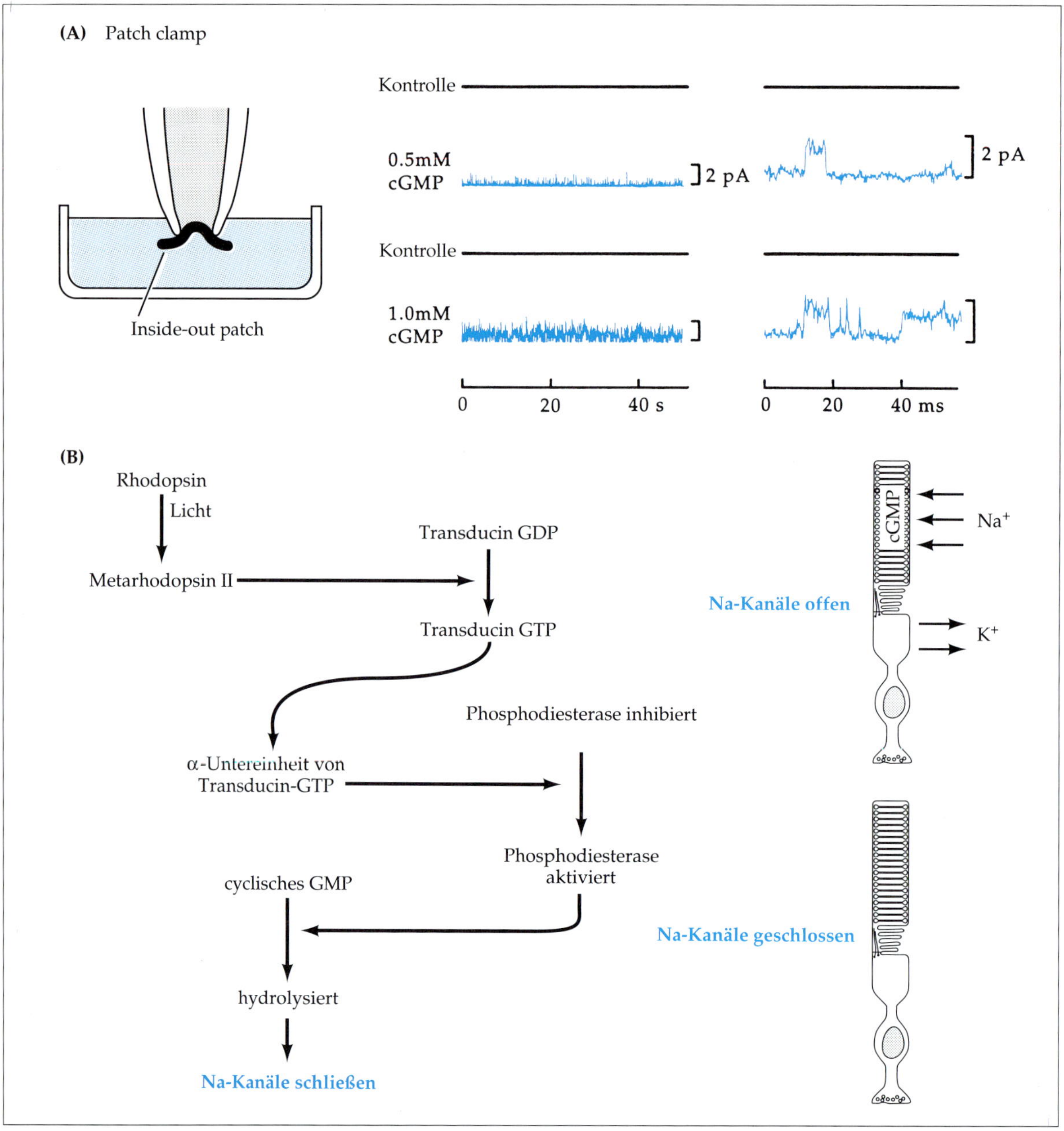

Abb. 7: **Die Rolle von cyclischem GMP bei der Öffnung von Natriumkanälen** in Membranen des Stäbchen-Außensegments. (A) Einzelkanalableitungen von inside-out-patches in Badlösungen mit unterschiedlicher cGMP-Konzentration. Kanalöffnungen bewirken Auslenkungen nach oben. Die Kanalöffnungsfrequenz ist bei Kontrollableitungen extrem gering. Eine cGMP-Zugabe bewirkt die Öffnung einzelner Kanäle, die Öffnungsfrequenz steigt mit steigender Konzentration. (B) Kopplung der Sehpigmentaktivierung an die G-Protein-Aktivierung. Das G-Protein Transducin bindet in Anwesenheit von Metarhodopsin II GTP, wodurch Phosphodiesterase aktiviert wird, die ihrerseits cGMP hydrolysiert. Durch die reduzierte cGMP-Konzentration schließen die Natriumkanäle (nach Baylor, 1987).

Quantenantworten

Ableitungen wie in Abb. 8 werden mit hellen Lichtblitzen erzeugt. Aus dem Befund, daß ein einziges Lichtquant eine bewußte Wahrnehmung erzeugen kann, ergibt sich eine Reihe interessanter Probleme. Was ist die kleinste Einheit der Antwort, die ein einzelnes Lichtquant in einem Vertebratenphotorezeptor erzeugt, und wie hoch ist die Wahrscheinlichkeit seines Auftretens? Um diese Fragen zu beantworten, haben Baylor und Kollegen mit Hilfe der in Abb. 9 dargestellten Ableitungsanordnung direkt Ströme gemessen, die von einem einzelnen Stäbchen einer Kröte, eines Affen oder eines Menschen erzeugt wurden.[22] Ein Stück Retina wurde aus dem Tier

22 Schnapf, J. L. and Baylor, D. A. 1987. *Sci. Am.* 256(4): 40–47.

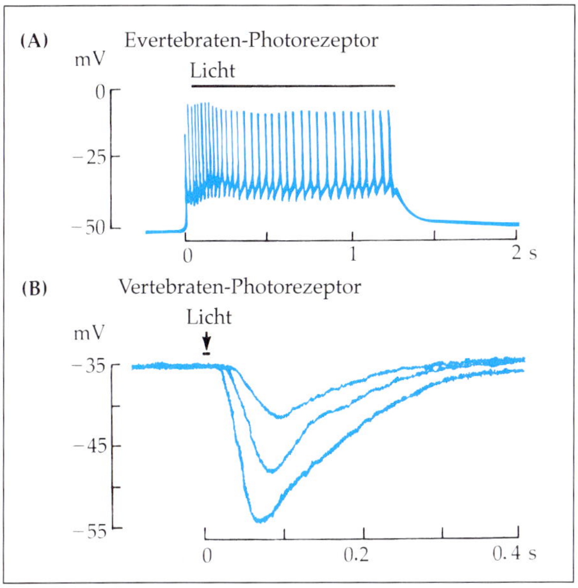

Abb. 8: **Antworten von Photorezeptoren.** (A) Photorezeptoren eines Evertebraten (Pfeilschwanzkrebs) reagieren auf Licht (durch den Balken oben angezeigt) mit einer Depolarisation, die Impulse erzeugt. Dies ist der übliche Antworttyp von Rezeptorzellen, die durch Reize wie Berührung, Druck oder Dehnung aktiviert werden (s. Kap 14). (B) Photorezeptoren eines Vertebraten (Schildkröte) antworten mit einer Hyperpolarisation, die graduiert von der Blitzintensität abhängt (A nach Fuortes und Poggio, 1963; B nach Baylor, Fuortes und O'Bryan, 1971).

oder einer Leiche isoliert und in einer Ableitkammer gehalten. Ein Teil des Stäbchenaußensegmentes wurde in eine dünne Pipette eingesaugt (ein guter Sitz ist notwendig). In Ruhe im Dunkeln fließt, wie erwartet, ein kontinuierlicher «Dunkelstrom» in das Außensegment. Lichtblitze schließen die Kanäle im Außensegment und bewirken eine Abnahme dieses gleichmäßigen Dunkelstromes. In Abb. 10 sind typische Antworten auf Lichtblitze zu sehen. Abb. 10 A zeigt die Ergebnisse sehr schwacher Blitze, die aus 1 bis 2 Lichtquanten bestehen. Die Ströme sind klein und gequantelt. D.h. manchmal ruft ein schwacher Blitz eine Einheitsanwort hervor, manchmal zwei und manchmal überhaupt keine. In Stäbchen von Affen bewirkt ein einzelnes Photon einen Strom von $0{,}5 \times 10^{-12}$ Ampere. Wegen der großen Verstärkung durch die cGMP-Kaskade kann ein einzelnes Photon ungefähr 300 Kanäle schließen – das sind ca. 3 bis 5 Prozent der Stäbchenkanäle, die im Dunkeln offen sind.[8,13] Außerdem sind wegen der extremen Stabilität des Sehpigments, die wir oben bereits besprochen haben, Zufallsisomerisierungen und fälschlich geschlossene Kanäle sehr selten. Deshalb wirken einzelne Lichtquanten gegen einen extrem ruhigen Hintergrund. Diese Experimente liefern ein seltenes Beispiel für die Art, mit der ein so komplexer Prozeß, wie die Wahrnehmung des schwächstmöglichen Lichtblitzes, mit Ereignissen in einzelnen Molekülen korreliert werden kann.

Denis Baylor, 1991

Zapfen und Farbensehen

Im neunzehnten Jahrhundert wurden durch außerordentliche Einsichten und Experimente von Young und v. Helmholtz wesentliche Fragen für das Farbensehen definiert und gleichzeitig klare, unzweideutige Antworten gegeben. Ihre Schlußfolgerung, daß es drei Typen von Photorezeptoren für das Farbensehen geben muß, hat den Test über die Zeit bestanden und wurde auch auf molekularer Ebene bestätigt. Um eine Basis zu haben, zitieren wir wiederum v. Helmholtz, der die Wahrnehmung von Licht und Schall, Farbe und Ton vergleicht.[3] Man beneidet die Klarheit, Kraft und zeitlose Schönheit seiner Gedanken, besonders mit Blick auf die verwirrenden, vitalistischen Vorstellungen, die während des neunzehnten Jahrhunderts üblich waren:

Alle Farbunterschiede hängen von der Kombination der verschiedenen Anteile der drei Primärfarben ... rot, grün und violett ab. ... Genau so, wie der Unterschied in der Wahrnehmung von Licht und Wärme davon abhängt, ... ob die Sonnenstrahlen auf die Nerven für das Sehen oder die für das Fühlen fallen, wird von Youngs Hypothese nahegelegt, daß die unterschiedliche Farbempfindung nur davon abhängt, ob die eine oder die andere Sorte von Nervenfasern stärker betroffen ist. Wenn alle drei Typen gleich erregt werden, ist das Ergebnis die Wahrnehmung von weißem Licht. ... Wenn wir zwei verschiedenfarbige Lichtstrahlen gleichzeitig auf einen weißen Schirm fallen lassen, ... sehen wir nur eine einzige Mischung, mehr oder weniger verschieden von den beiden Originalen. Wir werden die bemerkenswerte Tatsache, daß wir in der Lage sind, alle Unterschiede in der Zusammensetzung des Außenlichtes auf Mischungen der drei Grundfarben zurückzuführen, besser verstehen, wenn wir das Auge mit dem Ohr vergleichen. Schall ist, wie Licht, eine schwingende Bewegung, die sich über Wellen ausbreitet. Im Fall des Schalls müssen wir verschiedene Wellenlängen unterscheiden, die in unserem Ohr Eindrücke verschiedener Qualität hinterlassen. Wir erkennen lange Wellen als tiefe Noten, kurze als hohe Noten, und das Ohr kann gleichzeitig viele Schallwellen empfangen, d.h. also mehrere Noten. Aber hier verschmelzen sie nicht in der gleichen Weise zu zusammengesetzten Noten wie Farben, die gleichzeitig empfangen werden, zu Mischfarben verschmelzen. Das Auge kann keinen Unterschied feststellen, wenn wir orange durch rot und gelb ersetzen, aber wenn wir die Noten C und E gleichzeitig hören, können wir sie nicht durch D ersetzen, ohne den Eindruck auf unser Ohr vollständig zu verändern. Die komplizierteste Harmonie eines ganzen Orchesters wird verändert, wenn wir auch nur eine Note abändern. Kein Akkord ist genau wie ein anderer, der aus anderen Tönen zusammengesetzt ist. Wenn das Ohr musikalische Töne wie das Auge Farben wahrnehmen würde, könnte jeder Akkord vollständig durch die Kombination von nur drei konstanten Tönen dargestellt werden, einem sehr tiefen, einen sehr hohen und einem mittleren, indem man nur die relative Stärke dieser drei Primärnoten ändert, um alle möglichen musikalischen Wirkungen zu erzeugen. ... Wenn wir einen Akkord exakt und vollständig beschreiben möchten, muß die Stärke jeder seiner Tonkomponenten exakt festgelegt werden. Genauso kann die physikalische Natur einer bestimmten Art von Licht nur durch die Messung und Benennung der Lichtmenge jeder einzelnen Farbe, die es enthält, vollständig ermittelt werden. Aber im Sonnenlicht und in Flammen finden wir einen kontinuierlichen Übergang der Farben ineinander über unzählige Zwischenabstufungen. Deshalb müssen wir die Lichtmenge

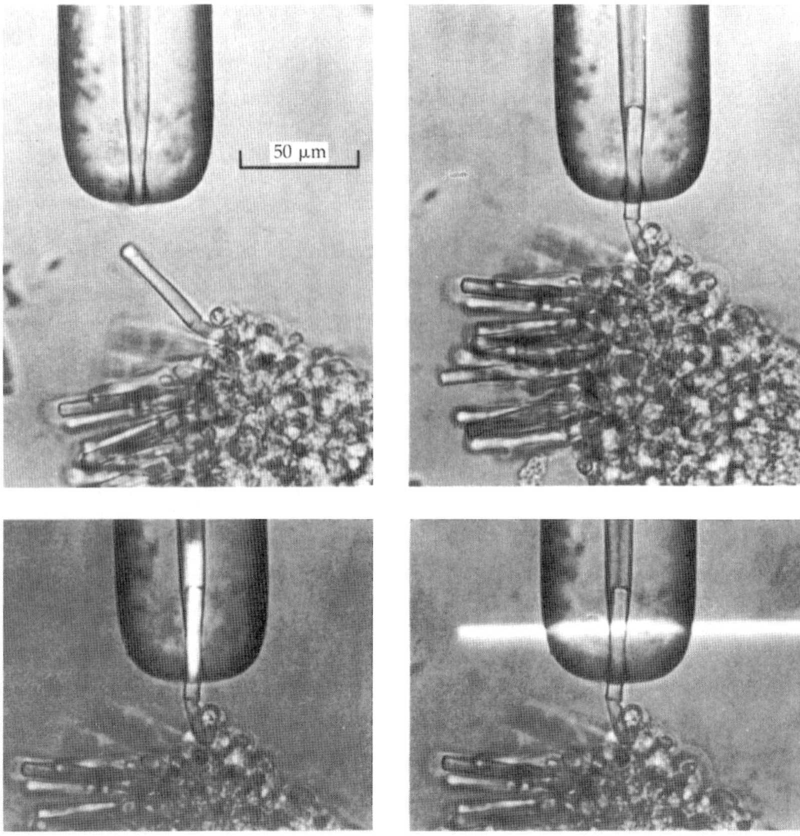

Abb. 9: **Methode zur Ableitung von Membranströmen** im Stäbchenaußensegment. Eine Saugelektrode mit einer dünnen Spitze wird benutzt, um das Außensegment des Stäbchens einzusaugen, das aus einem Stück Krötenretina herausragt. Ein kleiner Ausschnitt des Rezeptors wird beleuchtet. Da die Elektrode den Photorezeptor fest umgibt, wird der Strom aufgezeichnet, der in ihn hinein oder aus ihm heraus fließt. Ähnliche Ableitungen wurden an Photorezeptoren der Säugerretina durchgeführt (nach Baylor, Lamb und Yau, 1979).

einer unendlichen Anzahl von Strahlenkomponenten ermitteln, ... um ein exaktes physikalisches Wissen des Sonnen- oder Sternenlichtes zu erlangen. Bei den Wahrnehmungen des Auges müssen wir nur ... variierende Intensitäten von drei Komponenten unterscheiden. Der ... Musiker ist in der Lage, bei komplizierten Harmonien die verschiedenen Noten der verschiedenen Instrumente eines ganzen Orchesters zu hören, aber der Optiker kann die Lichtzusammensetzung durch das Auge nicht direkt ermitteln.

Wir dürfen uns nicht zur Verwechslung der Begriffe *Phänomen* und *Erscheinung* verleiten lassen. Die Farben von Gegenständen sind Phänomene, die durch bestimmte reale Unterschiede in ihrer Struktur verursacht werden. Sie sind aus wissenschaftlicher, wie aus Laiensicht nicht nur eine Erscheinung, wenn auch die Art, in der sie erscheinen, hauptsächlich auf der Struktur unseres Nervensystems beruht. ... Wir müssen anerkennen, daß es zur Zeit weder bei Menschen noch bei Vierbeinern eine anatomische Basis für diese Farbentheorie gibt (rückübersetzt aus dem Englischen).

Diese weitsichtigen Voraussagen wurden zuerst durch Spektralphotometrie bestätigt. Wald, Brown, MacNichol, Dartnall und Kollegen wiesen die Existenz von drei Zapfentypen mit verschiedenen Pigmenten in der menschlichen Retina nach.[5,6,23] Dann leiteten Baylor und Kollegen mit der Saugpipettentechnik[24] von Stäbchen von Affen und Menschen ab (Abb. 9). Die Ergebnisse sind in Abb. 11 dargestellt. Sie haben drei Zapfenpopulationen mit verschiedenen, aber überlappenden Empfindlichkeiten im blauen, grünen und roten Bereich des Spektrums gefunden. Die optimalen Lichtwellenlängen zur Auslösung elektrischer Signale stimmten präzise mit den aus psychophysischen und spektralphotometrischen Messungen bekannten überein.

Nathans hat die Gene für die roten, grünen und blauen Zapfen-Opsinpigmente und das Gen für Rhodopsin kloniert und die Sequenzen verglichen.[9–11] Geringe Unterschiede in den Opsinmolekülen, die alle mit 11-*cis*-Retinal verbunden sind, sind für die bevorzugte Absorption unterschiedlicher Wellenlängen verantwortlich. Die sehr enge Sequenzhomologie legt nahe, daß alle vier Gene von einem gemeinsamen Vorläufer abstammen (Abb. 12). Bei Männern mit normalem Farbsehvermögen ist das Gen, das das grüne Pigment codiert, in mehrfacher Kopie vorhanden. Die Sehpigmentgene liegen alle untereinander auf dem X-Chromosom.

Wie arbeiten die roten, grünen und blauen Zapfen zu-

23 Dartnall, H. J. A., Bowmaker, J. K. and Molino, J. D. 1983. *Proc. R. Soc. Lond. B.* 220: 115–130.

24 Schnapf, J. L. et al. 1988. *Vis. Neurosci.* 1: 255–261.

sammen, um eine Farbmischung zu erzeugen? Zunächst ist klar, daß ein einzelner Photorezeptortyp alleine keine Farbinformation liefern kann. Rhodopsin wird gleich gut von schwachem Licht bei seiner maximalen Wellenlängenempfindlichkeit (500 nm) gebleicht wie von stärkerer Beleuchtung mit Wellenlängen zu beiden Seiten seines Maximums. Mit drei Zapfentypen jedoch, von denen jeder in einem anderen Bereich des Spektrums besser absorbiert, liefert ein Vergleich der Ausgänge Informationen über die Farbe. Monochromatisches Licht der Wellenlänge 565 nm aktiviert z.B. die grünen und die roten Zapfen und erzeugt einen Eindruck von gelb. Das Aktivierungsverhältnis der beiden Zapfensorten bestimmt die Farbe, die man sieht: Eine Verschiebung der Beleuchtung zu kürzeren Wellenlängen wird das Ausgangssignal der grünen Zapfen verstärken, während eine Verschiebung zu längeren Wellenlängen die roten Zapfen stärker beeinflussen wird. Es ist klar, daß das Ausgangssignal, das die roten und grünen Zapfen bei monochromatischer gelber Beleuchtung erzeugen, auch durch die Mischung monochromatischen roten und grünen Lichtes geeigneter Wellenlänge und Intensität nachgeahmt werden kann (s. Abb. 13).

Ebenso kann weiß durch eine gleichmäßige Verteilung aller Wellenlängen oder durch Mischungen von rot, grün und blau erzeugt werden. Wie v. Helmholtz feststellte, können Farben unterschieden und zugeordnet werden, aber das visuelle System ist nicht in der Lage, die Zusammensetzung des Lichtes, das auf die Retina fällt, zu bestimmen. Im Prinzip wären zwei Zapfensorten mit verschiedenen Pigmenten ausreichend, um Farben zu erkennen. Aber dann würden viele verschiedene Farbmischungen identisch erscheinen. Dies ist bei der Farbenblindheit der Fall:[3]

Unter dieser Bedingung werden die Farbunterschiede auf Kombinationen nur zweier Primärfarben reduziert. Davon betroffene Personen verwechseln ... bestimmte Farben, die für normale Augen sehr unterschiedlich aussehen. Gleichzeitig unterscheiden sie andere Farben ... genau. Sie sind normalerweise «rotblind», d.h. es gibt kein Rot in ihrem Farbensystem, und sie sehen keinen Unterschied, der durch die Zugabe von Rot erzeugt wird. Alle Farbtöne sind für sie Varianten aus Blau und Grün, oder, wie sie es nennen, Gelb. ... Die scharlachfarbenen Blüten der Geranie haben für sie genau dieselbe Farbe wie ihre Blätter. Sie können nicht zwischen roten und grünen Signalen von Zügen unterscheiden. Sehr tiefes Scharlachrot erscheint ihnen fast schwarz, so daß ein rot-blinder schottischer Geistlicher scharlachfarbenen Stoff für sein Soutane kaufte, weil er dachte, er sei schwarz (rückübersetzt aus dem Englischen).

Nathans hat in seinen detaillierten Untersuchungen zur Farbenblindheit festgestellt, daß der genetische Defekt bei diesen Menschen im Fehlen des roten Pigmentes besteht.[10] Diese Arbeit stellt einen wesentlichen Fortschritt und einen Triumph der molekularen Neurobiologie dar. Aus heutiger Sicht kann man sich nur wundern über Erklärungen auf diesem Niveau, die so schön die brillianten, aber harten Spekulationen von Young und v. Helmholtz bestätigen: Ihre Vorstellung, daß die Haupteigenschaften des Farbensehens und der Farbenblindheit in den Rezeptoren selbst begründet liegt, wurde jetzt auf Ebene der Gene und der Proteinstruktur bestätigt.

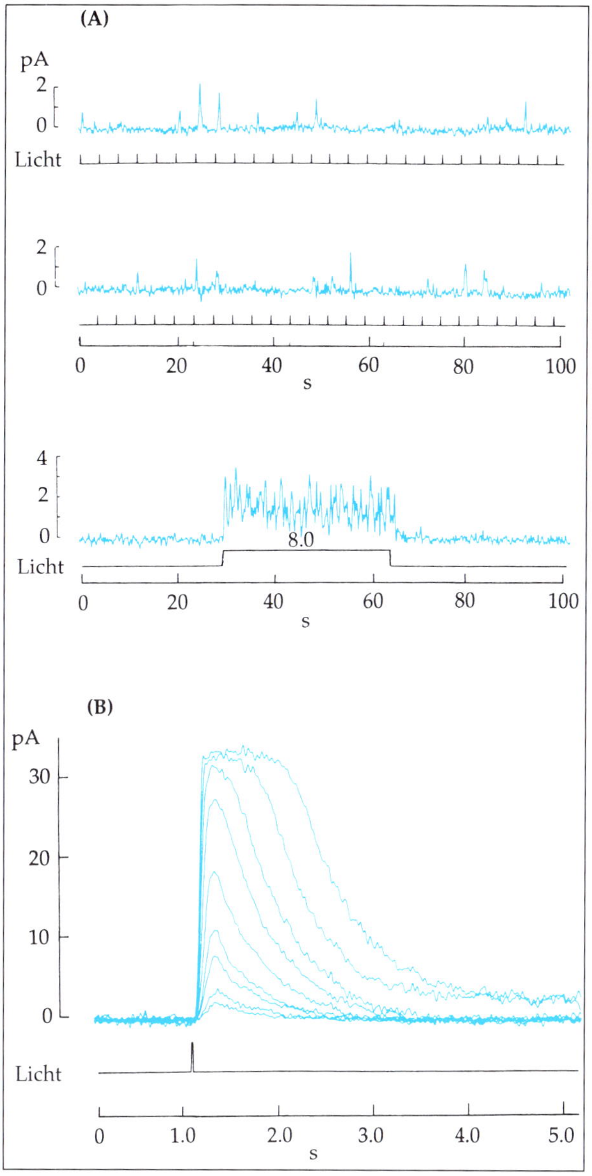

Abb. 10: **Ableitungen mit einer Saugelektrode** von einem Stäbchenaußensegment des Affen. (A) In den oberen beiden Stromspuren sieht man Antworten auf schwache Lichtblitze. Die Ströme fluktuieren quantenartig. Die kürzeren Auslenkungen stellen Ströme dar, die von der Interaktion einzelner Photonen mit den Sehpigmenten herrühren. Oft kommt es nicht zur Photoisomerisierung. Eine gleichmäßige, stärkere Beleuchtung führt zu Signalbursts (untere Spur). (B) Ableitungen von einem Stäbchen in der Affenretina bei Blitzen steigender Intensität. Diese Ströme sind das Gegenstück zu den Spannungsableitungen in Abb. 8 B (nach Baylor, Nunn und Schnapf, 1984).

Bipolar-, Horizontal- und Amakrinzellen

Aus den morphologischen Darstellungen von Ramón y Cajal, die wir in Kap. 1 betrachtet haben, entsteht ein Verdrahtungsschema der Retina: Eine Direktübertragung von den Photorezeptoren über die Bipolarzellen zu

Hermann von Helmholtz (1821–1894) zusammen mit einer seiner Zeichnungen und der Titelseite seines Buches über das Sehen. H. v. Helmholtz hat gleichermaßen wichtige wie originelle Beiträge zur Medizin, zum Hören, zur Neurophysiologie und zur Thermodynamik geliefert. Es ist erfrischend, heutzutage seine Prosa zu lesen (Photomontage mit freundlicher Genehmigung von Dr. Rolf Boch).

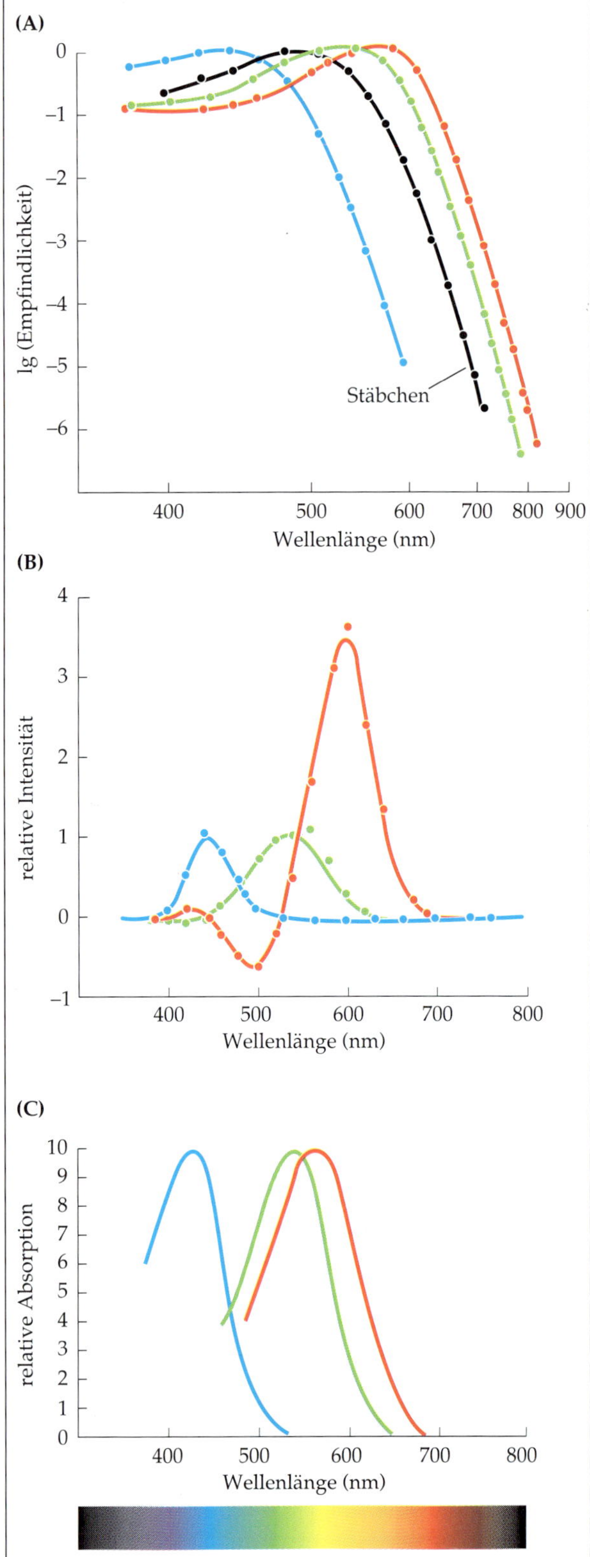

den Ganglienzellen, mit Wechselwirkungen über die Horizontal- und die Amakrinzellen. Aus dem Schema der Verbindungen in der Primatenretina[25,26] wird klar, daß die Ausgangssignale des Auges ein Resultat hoch komplexer, integrativer Prozesse sein müssen. Zum Beispiel empfangen die Horizontalzellen in Abb. 14 Synapsen von vielen Rezeptoren, bilden Feedbackverbindungen auf sie zurück und enden auf Bipolarzellen. Genauso bilden einige Amakrinzellen, die Eingänge von Bipolarzellen erhalten, Synapsen auf diese zurück und ebenso auf Ganglienzellen. Man kann daraus schließen, daß Horizontal- und Amakrinzellen Signale übertragen und modifizieren, die durch die Retina transportiert werden. Eine weiterer Grund für die Komplexität entsteht aus der Tatsache, daß jede der Hauptklassen von Neuronen (Abb. 14) verschiedene morphologische und pharmakologische Subtypen besitzt, oft mit klaren Konsequenzen für die Funktion. Durch physiologische, biochemische und anatomische Kriterien wurden mindestens 4 Bipolar-, 2 Horizontal- und 10 bis 20 Amakrinzelltypen beschrieben.[26,27]

Zur Signalübertragung ergeben sich eine Reihe von Fragen. Zum Beispiel, wie sehen die Signale der Bipolarzellen aus? Wie werden sie von Stäbchen und Zapfen beeinflußt? Und wie wird die Signalgebung auf die Gan-

25 Dowling, J. E. and Boycott, B. B. 1966. *Proc. R. Soc. Lond. B* 166: 80–111.

26 Wässle, H. and Boycott, B. B. 1991. *Physiol. Rev.* 71: 447–480.

27 Masland, R. H. 1988. *Trends Neurosci.* 11: 405–410.

◁ Abb. 11: **Spektrale Empfindlichkeit von Photorezeptoren** menschlicher Versuchspersonen und von Sehpigmenten. (A) Die spektralen Empfindlichkeiten blauer, grüner und roter Zapfen (wie gefärbt) und Stäbchen (schwarz) von Makaken. Die Antworten wurden mit Saugelektroden abgeleitet, mit Averaging gemittelt und normalisiert. Die Kurven durch die Zapfenspektren wurden per Auge geglättet. Die Kurve durch das Stäbchenspektrum stammt von Sehpigmenten menschlicher Versuchspersonen. (B) Vergleich der spektralen Empfindlichkeiten von Zapfen aus Affen mit denen, die man durch Farbabgleich beim Menschen erhält. Die durchgezogenen Kurven stellen Farbabgleichexperimente dar, bei denen die Empfindlichkeit der Versuchspersonen für verschiedene Wellenlängen bestimmt wurde (siehe Baylor, 1987). Die Symbole zeigen Ergebnisse, die man aus elektrischen Messungen, in denen Ströme von einzelnen Zapfen abgeleitet wurden, nach Korrektur für die Absorption in Linse und Pigmenten auf dem Weg zum Außensegment erwartet. Die Übereinstimmung der Ergebnisse von den Einzelzellen mit denen des Farbabgleichs ist außerordentlich gut. (C) Spektrale Empfindlichkeitskurven der drei Farbpigmente. Sie zeigen die Absorptionsmaxima der blauen, grünen und roten Sehfarbstoffe (A nach Schnapf und Baylor, 1987; B nach Baylor, 1987; C nach Dowling, 1987).

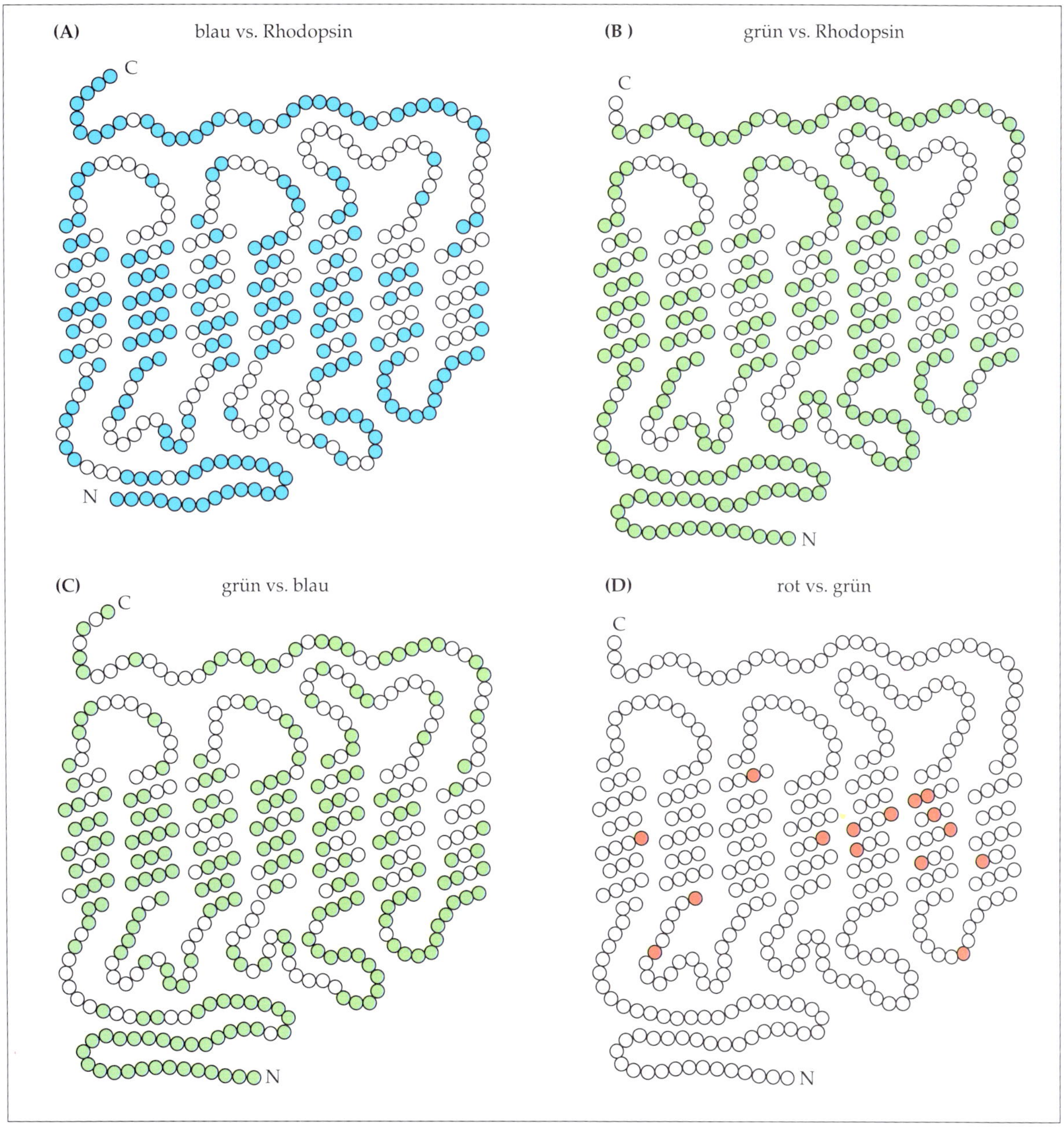

Abb. 12: **Vergleich der Nucleotidsequenzen** der roten, grünen und blauen Sehfarbstoffe untereinander und mit Rhodopsin. Jeder farbige Punkt repräsentiert einen Aminosäureunterschied. (A, B) Blaue und grüne Pigmente verglichen mit Rhodopsin. (C, D) Grüne Pigmente verglichen mit blauen und roten Pigmenten. Die Pigmente der roten und grünen Sehfarbstoffe sind sehr ähnlich (nach Nathans, 1989).

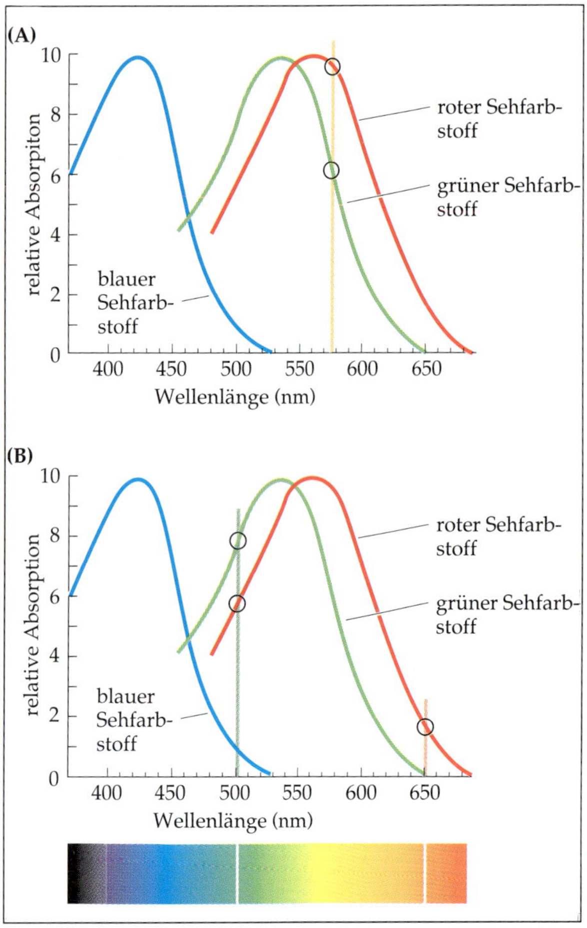

Abb. 13: **Durch monochromatische gelbe Beleuchtung erzeugte Farbe**, nachgeahmt durch eine Mischung roten und grünen Lichtes geeigneter Wellenlänge und Intensität. (A) Spektrale Empfindlichkeit roter, grüner und blauer Zapfen. Reines monochromatisches gelbes Licht der Wellenlänge 565 nm aktiviert rote und grüne Zapfen im gezeigten Verhältnis. (B) Genau dieselbe Wirkung auf die roten und grünen Zapfen kann durch monochromatisches Licht von Wellenlängen weiter im roten und im grünen Bereich des Spektrums erzeugt werden. Grün und Rot können zusammen also eine Wahrnehmung von Gelb erzeugen.

glienzellen von Horizontal- und Amakrinzellen beeinflußt? Das entscheidende Problem besteht darin herauszufinden, was den verschiedenen Zelltypen in den beiden intraretinalen synaptischen Stationen passiert, der äußeren und der inneren Plexiformschicht. Die Pionierarbeiten von Svaetichin,[28] Tomita,[29] Dowling,[4] Baylor,[8] Fuortes,[12] Kaneko,[30] Raviola,[31] Wässle,[26] Daw[32] und Kollegen, in denen Mikroelektrodenableitungen mit Farbinjektionen und morphologischen Methoden kombiniert wurden, haben eine Revolution der Retina-Physiologie bewirkt, die durch den Einsatz der zellulären Neurochemie und die Identifikation von Transmittern noch weiter vorangerieben wurde. In Abb. 15 sind Beispiele verschiedener Zelltypen dargestellt.

28 Svaetichin, G. 1953. *Act Physiol. Scand.* 29: 565–600.
29 Tomita, T. 1965. *Cold Spring Harbor Symp. Quant. Biol.* 30: 559–566.
30 Kaneko, A. 1979. *Annu. Rev. Neurosci.* 2: 169–191.
31 Raviola, E. and Dacheux, R. F. 1990. *J. Neurocytol.* 19: 731–736.
32 Daw, N. W., Brunken, W. J. and Parkinson, D. 1989. *Annu. Rev. Neurosci.* 12: 205–225.

Der Begriff der rezeptiven Felder

Die Technik, selektiv Bereiche der Retina zu beleuchten, hat den wichtigen Begriff der rezeptiven Felder eingeführt, ein Begriff, der einen Schlüssel zum Verständnis der Bedeutung der Signale nicht nur in der Retina, sondern auch auch auf nachfolgenden Stufen des Cortex geliefert hat. Der Begriff **rezeptives Feld** wurde ursprünglich von Sherrington im Zusammenhang mit reflektorischen Handlungen geprägt und von Hartline wiedereingeführt.[33] Im visuellen System kann das *rezeptive Feld eines Neurons* als *der Bereich auf der Retina* definiert werden, *über den die Aktivität eines Neurons durch Licht beeinflußt werden kann* (siehe auch Kap 14). Beispielsweise zeigt die Ableitung der Aktivität eines bestimmten Neurons im Sehnerv oder im Cortex einer Katze, daß die Feuerrate nur ansteigt oder abfällt, wenn ein bestimmter Bereich der Retina beleuchtet wird (Abb. 18 und 22). Dieser Bereich ist ihr rezeptives Feld. Nach Definition erzeugt eine Beleuchtung außerhalb des rezeptiven Feldes überhaupt keine Wirkung. Das rezeptive Feld selbst kann in unterschiedliche Regionen unterteilt werden, einige erhöhen die Aktivität und andere unterdrücken die Impulse in der Zelle. Diese Beschreibung des rezeptiven Feldes gilt auch für Neuronen wie Bipolar- oder Horizontalzellen, in denen graduierte lokale Potentiale durch die Aktivität der Photorezeptoren beeinflußt werden (s.u.). Wir werden zeigen, daß diffuse Lichtblitze nur eine geringe oder gar keine Wirkung auf das visuelle System ausüben.

Antworten von Bipolar- und Horizontalzellen

Jede Bipolarzelle erhält ihre Eingänge von Stäbchen oder Zapfen. Stäbchen-Bipolarzellen werden typischerweise von 15 bis 45 Rezeptorzellen versorgt. Eine Sorte von Zapfen-Bipolarzellen, die Zwerg-Bipolarzelle, erhält ihren Input von einem einzigen Zapfen. Die Zwerg-Bipolarzellen findet man, wie erwartet, direkt an der Fovea, wo die Sehschärfe am größten ist. Andere Bipolarzellen werden von konvergierenden Eingängen von 5 bis 20 benachbarten Zapfen versorgt.[34] Bipolar- und Horizontalzellen erzeugen keine Impulse, sie antworten auf Beleuchtung der zugehörigen Rezeptoren mit graduierten, anhaltenden De- oder Hyperpolarisationen. Die Antworten und rezeptiven Felder der Bipolarzellen scheinen zu-

33 Hartline, H. K. 1940. *Am. J. Physiol.* 130: 690–699.
34 Sterling, P., Freed, M. A. and Smith, R. G. 1988. *J. Neurosci.* 8: 623–642.

Abb. 14: **Hauptzelltypen und Verbindungen** in der Primatenretina. Dargestellt sind die Bahnen der Stäbchen und der Zapfen zu den Ganglienzellen (nach Dowling und Boycott, 1966; Daw, Jensen und Brunken, 1990).

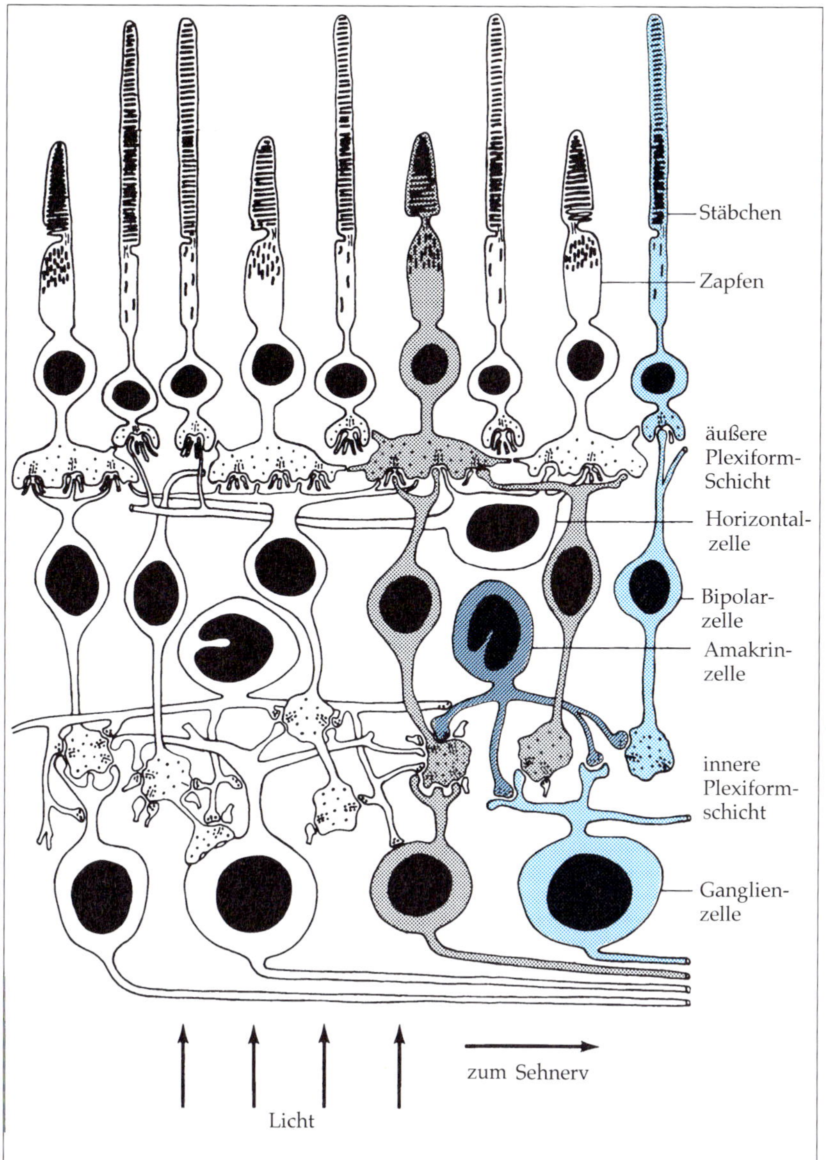

nächst etwas verwirrend. Ein Grund dafür ist, daß die Photorezeptoren durch Licht hyperpolarisiert werden und die Transmitterausschüttung auf die Bipolarzellen reduzieren. Ein zweiter Grund besteht darin, daß die ständige Transmitterausschüttung im Dunkeln – in Abhängigkeit vom postsynaptischen Rezeptortyp – einige Bipolarzellen de- und andere hyperpolarisiert. Es gibt gute Hinweise darauf, daß der Transmitter, den die Photorezeptoren ausschütten, und der diese Wirkung ausübt, Glutamat ist.[32,35,36]

Im Dunkeln werden einige Bipolarzellen durch die ständige Bombardierung der Glutamatrezeptoren im erregten, depolarisierten Zustand gehalten. Licht wird daher die tonische Transmitterausschüttung der Photorezeptoren reduzieren und in solchen hyperpolarisierenden Bipolarzellen (H) eine Hyperpolarisation erzeugen. Im Gegensatz dazu wird das Membranpotential einer anderen Bipolarzelle (D), das im Dunkeln ständig durch Glutamat hyperpolarisiert wird, bei Beleuchtung seiner hyperpolarisierenden Eingänge beraubt und daher depolarisiert werden. Die Eigenschaften der hyperpolarisierenden und depolarisierenden Bipolarzellen haben eine Schlüsselbedeutung für die Bildung der Antworteigenschaften der folgenden Relaisstationen im visuellen System. D-Zellen antworten mit Depolarisation auf Licht, das «an»geschaltet wird, H-Zellen antworten mit Depolarisation auf Licht, das «aus»geschaltet wird. Die Eigenschaften der Glutamat-aktivierten Kanäle von Bipolarzellen wurden mit Hilfe von pharmakologischen Agonisten und Antagonisten analysiert.[32] Ihre Beschreibung auf molekularer Ebene steht noch aus.

35 Miller, A. E. and Schwartz, E. A. 1983. *J. Physiol.* 334: 325–349.

36 Sarthy, P. V., Hendrickson, A. E. and Wu, J. Y. 1986. *J. Neurosci.* 6: 637–643.

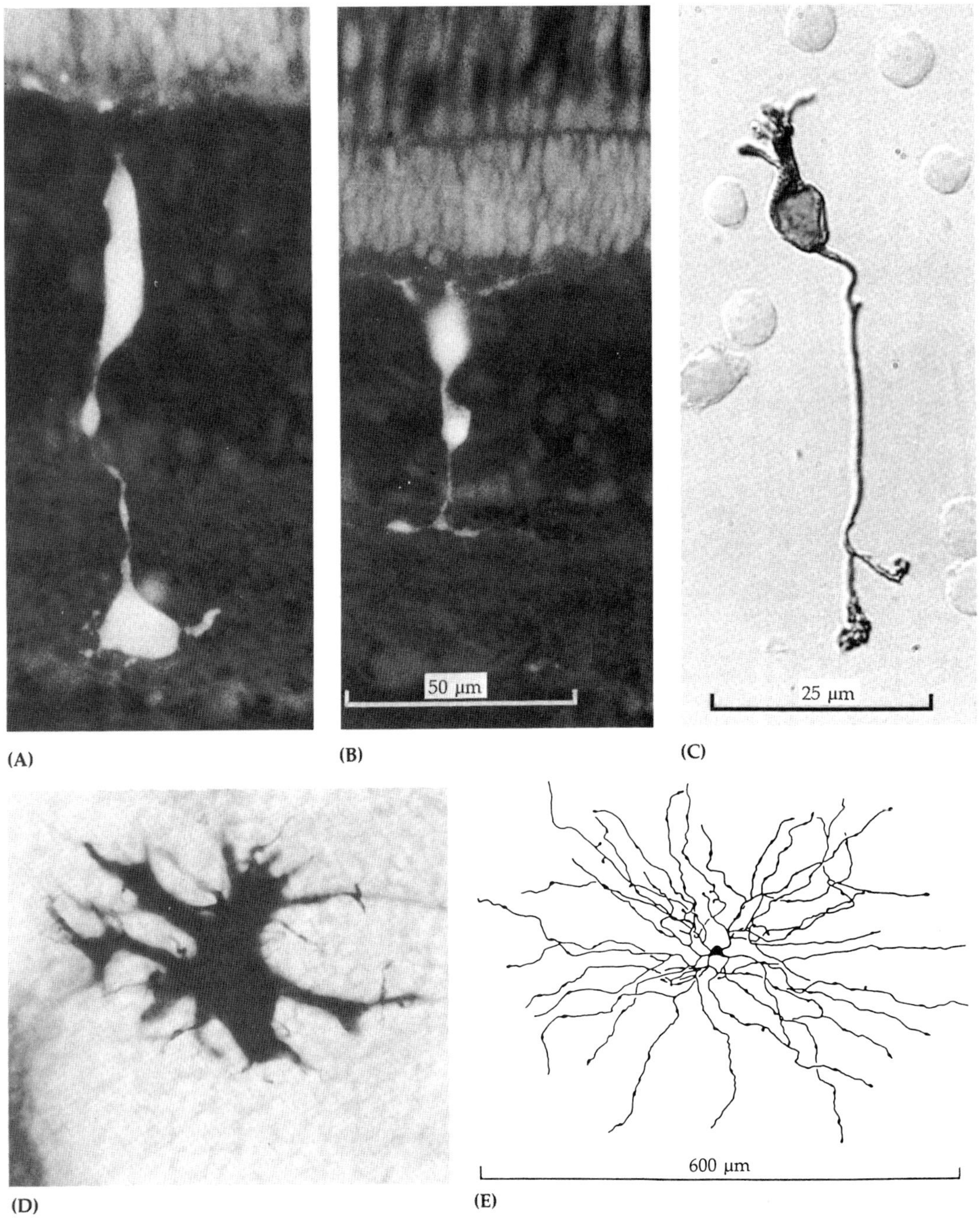

Abb. 15: **Bipolar-, Horizontal- und Amakrinzellen.** (A, B) Bipolarzellen des Goldfisches nach Injektion eines Fluoreszenzfarbstoffs. (A) Depolarisierende on-Zentrum-Zelle. (B) Hyperpolarisierende off-Zentrum-Bipolarzelle. (C) Aus einer Rattenretina isolierte, Proteinkinase C-gefärbte Bipolarzelle. (D) Horizontalzelle der Dornhairetina mit Meerrettichperoxidase injiziert. (E) Indolaminakkumulierende Amakrinzelle der Kaninchenretina mit Lucifer Yellow angefärbt (A, B und D mit freundlicher Genehmigung von A. Kaneko, unveröffentlicht; C nach Yamashita und Wässle, 1991; E nach Masland, 1988).

In Abb. 16 ist das rezeptive Feld einer hyperpolarisierenden Bipolarzelle dargestellt. Ein kleiner Lichtpunkt auf das Zentrum des rezeptiven Feldes verursacht eine anhaltende Hyperpolarisation. Die Graphik liefert die Erklärung dafür: Wenn Licht die zentralen Photorezeptoren beleuchtet, die direkt mit der Bipolarzelle verbunden sind, hyperpolarisieren diese und hören auf, depolarisierenden Transmitter auszuschütten. Ein wichtiges Merkmal der rezeptiven Felder aller Bipolarzellen ist ihre konzentrische Form. Ihre Zentralregion, die direkt von den Photorezeptoren angesteuert wird, ist von einem antagonistischen Umfeld umgeben. In H- oder «off»-Zentrum-Bipolarzellen (Abb. 16) bewirkt die Beleuchtung dieses Umfeldes mit ringförmigem Licht, das das Zentrum im Dunkeln läßt, eine Depolarisation.

Wie wird diese antagonistische Wirkung des Umfeldes

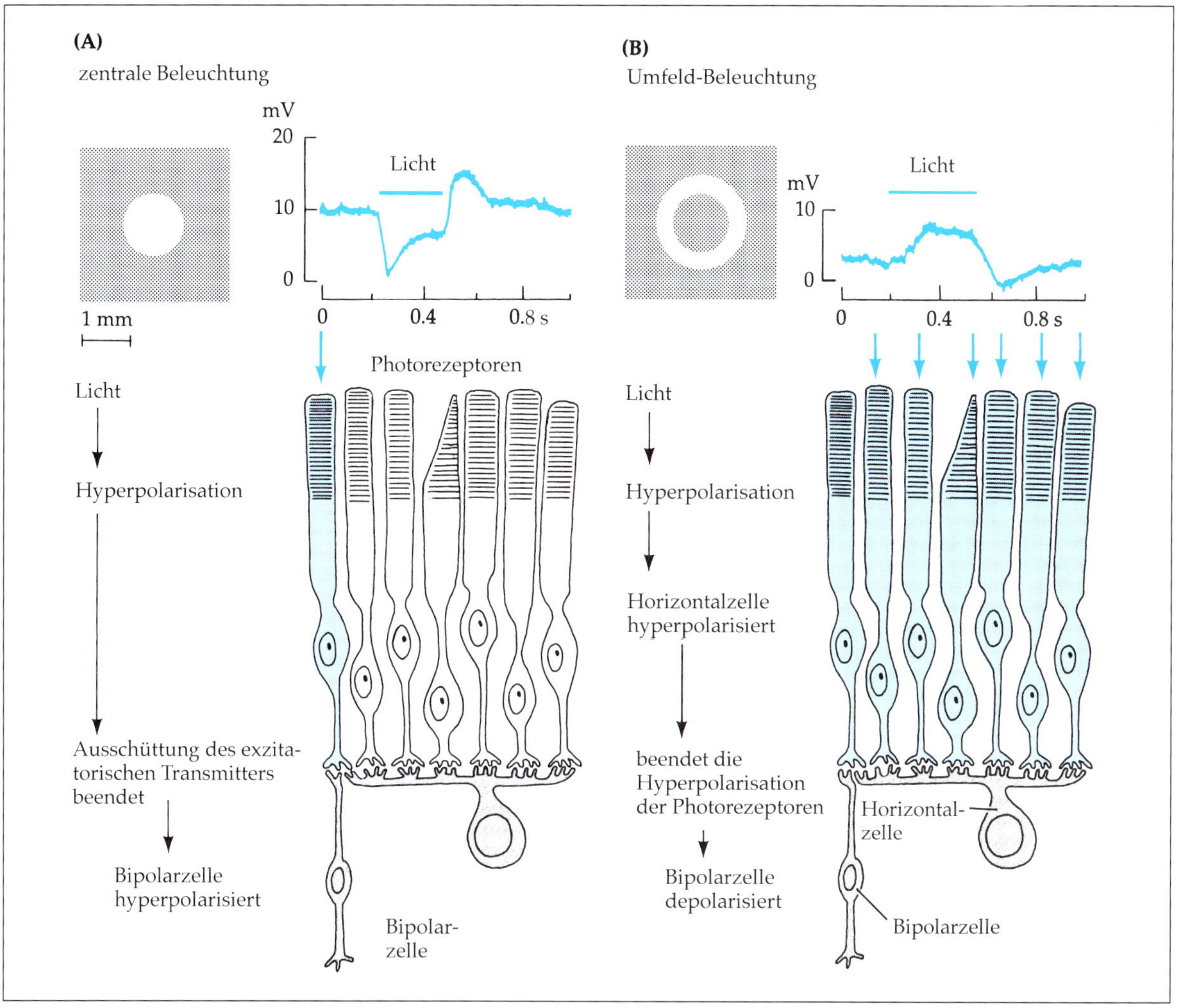

Abb. 16: **Antworten und Verbindungen von Bipolarzellen.** Die Ableitungen zeigen das rezeptive Feld einer hyperpolarisierenden (H) Bipolarzelle einer Goldfischretina, die auf die Beleuchtung ihres Zentrums mit einer Hyperpolarisation und auf die Beleuchtung des Umfeldes mit einer Depolarisation antwortet. Andere depolarisierende (D) Bipolarzellen antworten umgekehrt (Depolarisation bei zentraler Beleuchtung). Keiner der beiden Bipolarzelltypen erzeugt Impulse. Die Schemata zeigen die für diese Antworten benötigten Verbindungen. Diese Serie von Wechselwirkungen ist schwierig zu verstehen, da der «Reiz» (Licht) in einem Teil des Schaltkreises die Transmitterausschüttung beendet, während er an einer anderen Synapse indirekt einen Anstieg der Transmitterausschüttung bewirkt. (A) Auf den Photorezeptor fallendes Licht verursacht eine Hyperpolarisation. Infolgedessen wird die exzitatorische Transmitterausschüttung beendet, und die Bipolarzelle wird hyperpolarisiert. (B) Auf die Umgebung auftreffendes Licht verhindert ebenfalls die Transmitterausschüttung von Photorezeptoren, wodurch die Horizontalzellen hyperpolarisiert werden. Diese Hyperpolarisation hindert die Horizontalzelle daran, ihren inhibitorischen Transmitter auf den Photorezptor auszuschütten. Der Photorezeptor wird dadurch depolarisiert und beginnt erneut, seinen exzitatorischen Transmitter auszuschütten. Die Bipolarzelle wird depolarisiert (Bipolarzellableitung von Kaneko, 1970).

erzeugt? Abb. 16 zeigt, daß dies auf indirektem Wege über die Horizontalzellen geschieht.[37] Wegen Vorzeichenumkehrungen, wie Abschwächung einer Hemmung, ist die Ereignisfolge verwirrend und schwer nachzuvollziehen. Wie Bipolarzellen erzeugen auch die Horizontalzellen keine Impulse. Sie antworten auf Beleuchtung der Photorezeptoren mit einer Hyperpolarisation (das bedeutet wiederum, die Beseitigung eines tonischen depolarisierenden Einflusses). Jede Horizontalzelle wird von einer großen Anzahl Photorezeptoren versorgt. Außerdem sind die Horizontalzellen untereinander elektrisch gekoppelt. Wenn man Lucifer Yellow in eine Horizontalzelle injiziert, breitet es sich über gap junctions in die anderen aus.[38] Diese Eigenschaft erhöht die retinale Fläche, die das Membranpotential einer Horizontalzelle beeinflussen kann. Die Ausgangssignale der Horizontalzellen werden durch Feedback zurück zu den Photorezeptoren gesendet und vermutlich auch auf Bipolarzellen, über Endigungen, die in der Nähe der Rezeptor-Bipolarsynapsen sitzen. Im Dunkeln setzen die Horizontalzellen im depolarisierten Zustand ständig den Transmitter GABA frei, der die Photorezeptorendigun-

37 Daw, N. W., Jensen, R. J. and Brunken, W. J. 1990. *Trends Neurosci.* 13: 110–115.

38 Kaneko, A. 1971. *J. Physiol.* 213: 95–105.

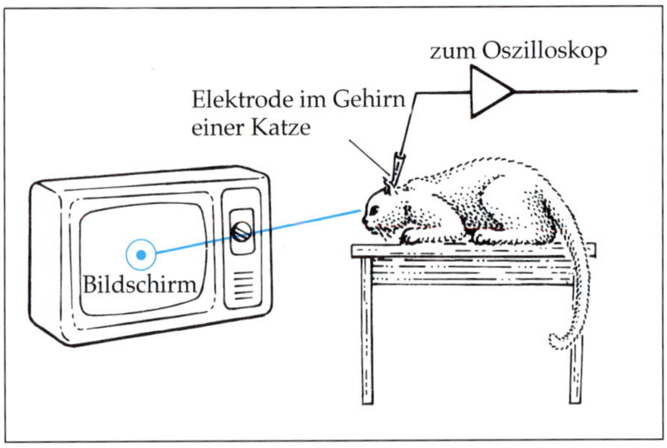

Abb. 17: **Reizung der Retina mit Lichtmustern.** Die Augen einer anästhesierten, lichtadaptierten Katze oder eines Affen fixieren einen Bildschirm mit verschiedenen, von einem Computer erzeugten Lichtmustern. (Alternativ kann ein Projektor benutzt werden, um Lichtmuster auf eine Leinwand zu projizieren.) Eine Elektrode leitet die Antworten einer einzelnen Zelle der visuellen Bahn ab. Licht oder Schatten auf einen umgrenzten Bildschirmbereich kann die Signale des Neurons beschleunigen (erregen) oder verlangsamen (hemmen). Man kann das rezeptive Feld der Zelle bestimmen, indem man die Bereiche auf dem Bildschirm bestimmt, welche die Feuerrate des Neurons beeinflussen. Die Positionen der Zellen im Gehirn und die Spuren der Elektrodeneinstiche werden nach dem Experiment histologisch rekonstruiert. Kuffler hat in seinen Originalexperimenten das Auge direkt mit einem speziell konstruierten Ophthalmoskop beleuchtet.

gen hyperpolarisiert. Wenn die Horizontalzellen durch Licht hyperpolarisiert werden, werden die Photorezeptoren, die von ihnen versorgt werden, depolarisiert (durch Beseitigung des hyperpolarisierenden GABA-Einflusses). Deshalb wirkt im Beispiel von Abb. 16 diffuse Beleuchtung als Antagonist von Licht, das auf die zentrale Photorezeptorgruppe scheint.

Depolarisierende (D) «on»-Zentrum-Bipolarzellen haben ähnlich geformte konzentrische Felder, außer daß die Beleuchtung des Zentrums durch die Beseitigung der ständigen Inhibition in der Dunkelheit eine Depolarisation bewirkt. Beleuchtung des Umfeldes wirkt antagonistisch und hyperpolarisiert die Zelle. Wieder wird der Umfeldeffekt indirekt durch Horizontalzellen bewirkt, die die GABA-Ausschüttung beenden und dadurch die Rezeptoren depolarisieren.

Was sind die physiologischen Folgen solcher rezeptiven Felder? Der beste Reiz für eine Horizontalzelle ist die Beleuchtung einer großen Retinafläche, die alle sie versorgenden Rezeptoren enthält. D- und H-Bipolarzellen antworten nicht einfach auf Licht. Sie fangen an, Informationen über Gegenstände zu analysieren. Ihre Signale tragen Information über kleine Lichtpunkte, die von Dunkelheit umgeben sind, und über kleine dunkle Punkte, die von Licht umgeben sind. Sie antworten auf Beleuchtungskontraste in einem kleinen Retinabereich.

Umfassende Reviews und Publikationen beschreiben die Eigenschaften der verschiedenen Bipolar- und Horizontalzellen.[4,26,39] Hier fassen wir die Hauptuntertypen zusammen.

39 Cohen, E. and Sterling, P. 1990. *Philos. Trans. R. Soc. Lond. B* 330: 323–328.

1. D- und H-Zapfen-Bipolarzellen antworten am besten auf kleine helle oder dunkle Flecken.
2. Die Zentren der D- und H-Zwerg-Bipolarzellen werden von einzelnen Zapfen versorgt.
3. Stäbchen-Bipolarzellen (sie haben ein «on»-Zentrum, also D) antworten am besten auf kleine helle Flecken.

Dowling,[4] Raviola,[40] und Kollegen haben detaillierte Beschreibungen des komplexen elektronenmikroskopischen Erscheinungsbildes der Photorezeptor-Endigungen, Bipolarzellen und der rückgekoppelten Synapsen der Horizontalzellen geliefert. Aus dem Muster der synaptischen Verbindungen in Abb. 16 läßt sich ein wichtiges Prinzip ableiten. Ein einzelner Photorezeptor wirkt auf die Zentren der rezeptiven Felder zahlreicher «on»- und «off»-Bipolarzellen und auf die Umgebungen von anderen. Die Wirkungen roter, grüner und blauer Zapfen auf die Antworten von Horizontal- und Bipolarzellen werden unten besprochen.

Rezeptive Felder von Ganglienzellen

Viele Jahre, bevor die elektrischen Antworten von Photorezeptoren oder Bipolarzellen gemessen werden konnten, erhielt man wichtige Informationen durch die Ableitung von Ganglienzellen. Die erste Analyse der Signalverarbeitung in der Retina geschah also auf der Ebene der Ausgangssignale. Der erste Vorteil dieses Ansatzes bestand darin, daß Ganglienzellen Alles-oder-Nichts-Aktionspotentiale erzeugen. Deshalb konnte von ihnen mit extrazellulären Elektroden abgeleitet werden, bevor intrazelluläre Mikroelektroden perfektioniert oder Farbinjektionen entwickelt waren. Zweitens war der Weg direkt zum Ausgang eine wesentliche Vereinfachung und Abkürzung. Die Entdeckung konzentrischer rezeptiver «on»- und «off»-Felder von Ganglienzellen machte es später möglich, die Antworten der Bipolar- und der Horizontalzellen zu verstehen.

Kuffler hat eine Pionierleistung bei der experimentellen Analyse des visuellen Systems von Säugern erbracht, indem er sich als erster mit der Organisation der rezeptiven Felder und der Bedeutung der Signale bei der Katze beschäftigt hat.[41] Sein Ziel waren eher die Endergebnisse der synaptischen Wechselwirkungen als die synaptischen Mechanismen selbst. Hubel hat diese Leistung prägnant in den Vordergrund gerückt:[42]

> Was so besonders interessant für mich ist, ist, daß die Ergebnisse so unerwartet sind, daß niemand vor Kuffler daran gedacht hat, daß so etwas wie Zentrum-Umfeld-rezeptive Felder existieren könnten, oder daß der Sehnerv anscheinend alles ignoriert, was so langweilig ist wie diffuse Beleuchtungsstärken.

Der prinzipiell neue Ansatz war nicht so sehr eine Sache der Technik, sondern bestand darin, die folgende Frage zu formulieren: Was ist die beste Art, einzelne Ganglienzellen zu reizen, deren Axone Informationen über

40 Raviola, E. and Dacheux, R. F. 1987. *Proc. Natl. Acad. Sci. USA* 84: 7324–7328.
41 Kuffler, S. W. 1953. *J. Neurophysiol.* 16: 37–68.
42 Hubel, D. H. 1988. *Eye, Brain, and Vision.* Scientific American Library. New York.

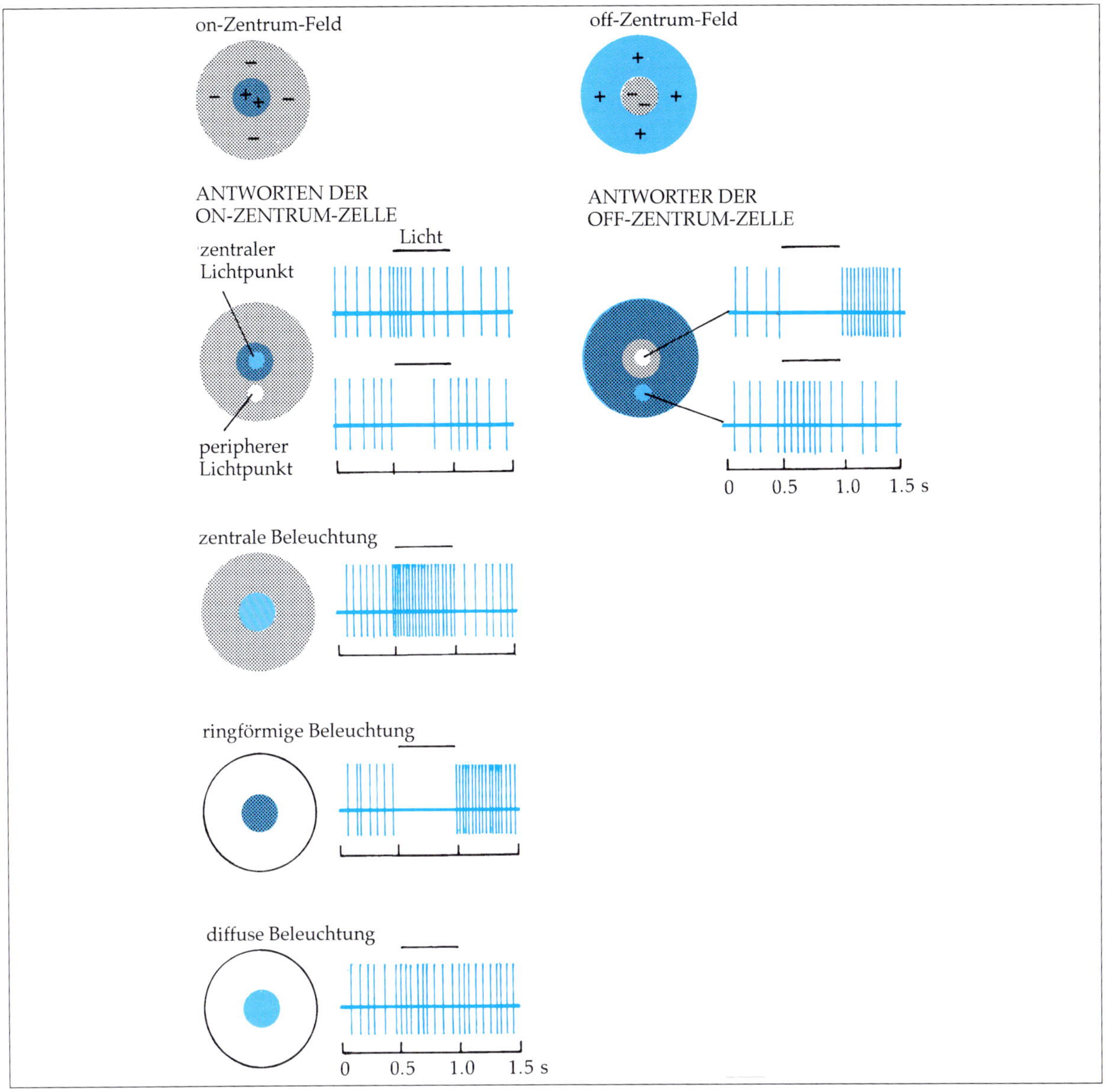

Abb. 18: **Rezeptive Felder von Ganglienzellen** in den Retinae von Katzen und Affen werden in zwei Hauptklassen eingeteilt: «On»-Zentrum-Felder (+) und «off»-Zentrum-Felder (–). «On»-Zentrum-Zellen antworten am besten auf einen Lichtpunkt auf den zentralen Teil ihres rezeptiven Feldes. Eine Beleuchtung (angezeigt durch den Balken über den Ableitungen) der umgebenden Fläche mit einem Punkt oder Ring aus Licht reduziert oder unterdrückt die Entladungen und verursacht Antworten, wenn das Licht ausgeschaltet wird. Eine Beleuchtung des gesamten rezeptiven Feldes löst relativ schwache Entladungen aus, weil die Wirkungen von Zentrum und Umfeld entgegengesetzt sind. «Off»-Zentrum-Zellen verlangsamen oder beenden ihre Signalgebung, wenn der zentrale Bereich ihres rezeptiven Feldes beleuchtet wird und beschleunigen, wenn das Licht ausgeschaltet wird. Eine Beleuchtung des Umfeldes des rezeptiven Feldes einer «off»-Zentrum-Zelle erregt die entsprechende Zelle (nach Kuffler, 1953).

den Sehnerv zu höheren Zentren tragen? Diese Frage führte logisch zur Verwendung diskret umschriebener Lichtpunkte und Lichtmuster zur Reizung ausgewählter Bereiche der Katzenretina, anstelle von diffuser einheitlicher Beleuchtung, die eine verwirrende Reihe von Antworten produziert. Hartlines Pionierarbeiten am Auge eines einfachen Evertebraten, des Pfeilschwanzkrebses *Limulus*,[33] und an der Froschretina ließen solche Verfahren erahnen, Untersuchungen, die später von Barlow,[43] Maturana, Lettvin und Kollegen fortgesetzt wurde.[44] Daß Kuffler die Katze gewählt hat, war eine glückliche Wahl. Beim Kaninchen zum Beispiel wäre die Situation viel komplizierter gewesen. Die Ganglienzellen im Kaninchen haben viel kompliziertere rezeptive Felder

43 Barlow, H. B. 1953. *J. Physiol.* 119: 69–88.
44 Maturana, H. R. et al. 1960. *J. Gen. Physiol.* 43: 129–175.

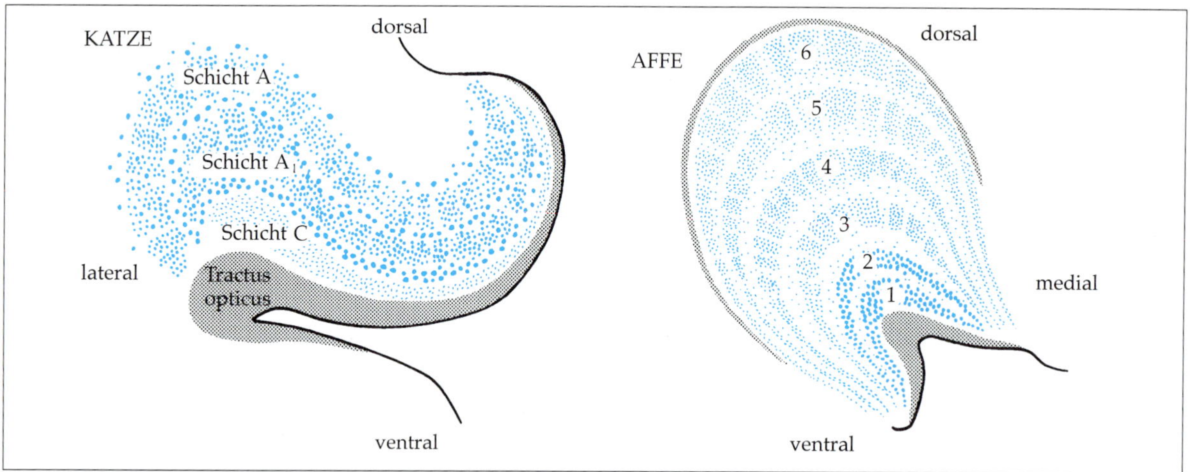

Abb. 19: **Corpus geniculatum laterale.** Das Corpus geniculatum laterale der Katze besteht aus drei Zellschichten: A, A_1 und C. (B) Beim Affen hat das Corpus geniculatum laterale sechs Schichten. In den vier dorsalen Schichten (3, 4, 5, 6; parvozellulär) sind die Zellen kleiner als in den Schichten 1 und 2 (magnozellulär). Bei beiden Tieren wird jede Schicht nur von einem Auge versorgt, und enthält Zellen mit spezialisierten Eigenschaften (nach Szentágothai, 1973).

und können spezifisch auf so komplexe Merkmale wie Ecken oder Bewegungen in eine Richtung und nicht in die andere antworten.[45] Niedere Vertebraten, wie Frösche, sind genauso komplex. Es scheint das generelle Gesetz zu geben: Je dümmer das Tier, desto intelligenter die Retina (D.A. Baylor, persönliche Mitteilung).

Ein methodologisches Merkmal von Kufflers frühen Experimenten, das wesentlich wurde, war die Verwendung des intakten, unzerlegten Auges, wobei seine normalen optischen Kanäle als Reizbahnen dienten. Eine übliche Art, bestimmte Retinabereiche zu beleuchten, besteht darin, das Tier leicht zu anästhesieren und es so zu plazieren, daß es einen Bildschirm oder einen Fernsehmonitor in einem Abstand sieht, auf den seine Linse eingestellt ist. Wenn man dann Lichtmuster auf dem Bildschirm oder computergenerierte Fernsehbilder anbietet, werden diese auf der Retinaoberfläche scharf eingestellt (Abb. 17).

Wenn man von einer bestimmten Ganglienzelle ableitet, besteht die erste Aufgabe darin, die Position ihres rezeptiven Feldes zu finden. Charakteristischerweise zeigen die meisten Ganglienzellen und Neuronen im gesamten visuellen System im Ruhezustand selbst in Abwesenheit einer Beleuchtung anhaltende Entladungen. Bestimmte Reize initiieren nicht notwendigerweise eine Aktivität, sondern modulieren die Hintergrundfeuerrate. Die Ganglienzellen können entweder mit einer Zunahme oder mit einer Abnahme der Entladungen antworten.

Abb. 18 (bearbeitet nach einer Veröffentlichung von Kuffler[41]) zeigt, daß für eine Ganglienzelle ein kleiner Lichtpunkt mit einem Durchmesser von 0,2 mm, der einen Teil des rezeptiven Feldes beleuchtet, viel effektiver bei einer Erregungsauslösung ist als diffuse Beleuchtung. Außerdem kann derselbe Lichtpunkt – in Abhängigkeit von der exakten Position des Reizes im rezeptiven Feld – entgegengesetzte Wirkungen haben. Zum Beispiel erregt ein Lichtpunkt in einem Teilbereich des rezeptiven Feldes die Ganglienzelle für die Dauer der Beleuchtung. Eine solche «on»-Antwort kann in eine inhibitorische «off»-Antwort verwandelt werden, wenn man den Lichtpunkt um 1 mm oder weniger auf der retinalen Oberfläche bewegt. Wie bei den Bipolarzellen, die viele Jahre später untersucht wurden, gibt es zwei Haupttypen rezeptiver Felder: «On»-Zentrum- und «off»-Zentrum-Ganglienzellen. Die rezeptiven Felder sind annähernd konzentrisch mit einer Ganglienzelle im geometrischen Zentrum jedes Feldes.

In einem rezeptiven Feld mit «on»-Zentrum erzeugt Licht, das das Zentrum komplett ausfüllt, die stärkste Antwort, während eine ringförmige Beleuchtung der gesamten Umgebung die effektivste Impulshemmung darstellt (Abb. 18). Wenn die inhibitorische Ringbeleuchtung abgeschaltet wird, feuern die Ganglienzellen reichlich «off»-Entladungen. Ein rezeptives Feld mit «off»-Zentrum ist entgegengesetzt aufgebaut mit Inhibition im punktförmigen Zentrum. Das punktförmige Zentrum und sein Umfeld sind antagonistisch, d.h. wenn sie gleichzeitig beleuchtet werden, löschen sie sich gegenseitig praktisch aus.

Größe von rezeptiven Feldern

Benachbarte Ganglienzellen erhalten Informationen von annähernd gleichen, aber nicht identischen Bereichen der Retina. Selbst ein kleiner Lichtpunkt (0,1 mm) auf der Retina bedeckt die rezeptiven Felder vieler Ganglienzellen, die verschiedene Antworten zeigen, einige werden gehemmt, andere erregt. (In der Praxis ist es unzweckmäßig, die Dimensionen der Felder in mm auf der Retina anzugeben. Bogengrade sind ein nützlicheres Maß. In unserem Auge entspricht 1 mm auf der Retina ungefähr 4°. Das Abbild des Mondes mit 0,5° hat z.B. einen Durchmesser von 1/8 mm auf der Retina.) Diese charak-

45 Barlow, H. B., Hill, R. M. Levick, W. R. 1964. *J. Physiol.* 173: 377–407.

BOX 1 Verbindungen von Stäbchen und Ganglienzellen über Bipolar- und Amakrinzellen

Wie man aus der Abb. entnehmen kann, sind die Bipolarzellen, die von den Stäbchen beeinflußt wrden, nicht direkt mit den Ganglienzellen verbunden.[37, 26, 46] Statt dessen liegt eine spezialisierte Amakrinzelle (A2) dazwischen. Als Antwort auf Beleuchtung depolarisiert die Stächen-Bipolarzelle und schüttet exzitatorischen Transmitter, wahrscheinlich wieder Glutamat, aus. Der Transmitter depolarisiert die A2-Amakrinzelle schnell, die, wie andere Amakrinzellen, Aktionspotentiale abgeben kann. Die Erregung von der A2-Amakrinzelle auf die depolarisierende Zapfen-Bipolarzelle wird durch eine elektrische Synapse über gap junctions vermittelt. Die «on»-Zentrum-Ganglienzelle in der Abb. wird schließlich durch ihren normalen, depolarisierenden Bipolareingang erregt. Dieselbe A2-Amakrinzelle bildet auch inhibitorische, hyperpolarisierende Synapsen (mit Glycin als Transmitter) auf der hyperpolarisierenden Zapfen-Bipolarzelle, die die «off»-Zentrum-Ganglienzelle in der Abb. versorgt. Diese zweite Bahn enthält mehrere Vorzeichenumkehrungen bei der synaptischen Signalübertragung: (1) Eine Beleuchtung des Stäbchens verursacht eine Hyperpolarisation und eine Reduktion der Transmitterausschüttung. (2) Die Stäbchen-Bipolarzelle wird weniger inhibiert, depolarisiert und schüttet Transmitter aus. (3) Die A2-Amakrinzelle wird depolarisiert und setzt Glycin frei. (4) Glycin hemmt die «off»-Zentrum-Ganglienzelle, hyperpolarisiert sie und unterdrückt Impulse. Dieselbe Ganglienzelle gibt auch «off»-Antworten auf Signale von den Zapfen. Man findet also in den rezeptiven Feldern von Ganglienzellen eine elegante und präzise Konvergenz des Stäbchen- und des Zapfen-Systems. Dieselbe Ganglienzelle mit demselben Zentrum, die auf Beleuchtung der Zapfen bei Tageslicht antwortet, antwortet auf ähnliche, schwache Lichtmuster, die im Dämmerlicht auf denselben Punkt auf der Retina treffen.

Trotz dieser alarmierenden Komplexität ist das Schema grob vereinfacht. Die Hauptcharakteristika wurden durch sorgfältige Experimente ermittelt, aber es bleiben noch viele offene Fragen. Es wurden ca. 20 verschiedene Amakrinzell-Typen beschrieben.[27] Einige schütten Dopamin, andere Indolamine aus, und es gibt Belege dafür, daß diese Transmitter, wie GABA und ACh, die Gesamtsensitivität regulieren und zum Zentrum-Umfeld-Antagonismus beitragen. Außerdem können Peptide wie VIP eine subtilere trophische Rolle bei der Entwicklung des Auges spielen.[47]

46 Daucheux, R. F. and Raviola, E. 1986. *J. Neuosci.* 6: 331–345.

47 Stone, R. A. et al. 1988. *Proc. Natl. Acad. Sci. USA* 85: 257–260.

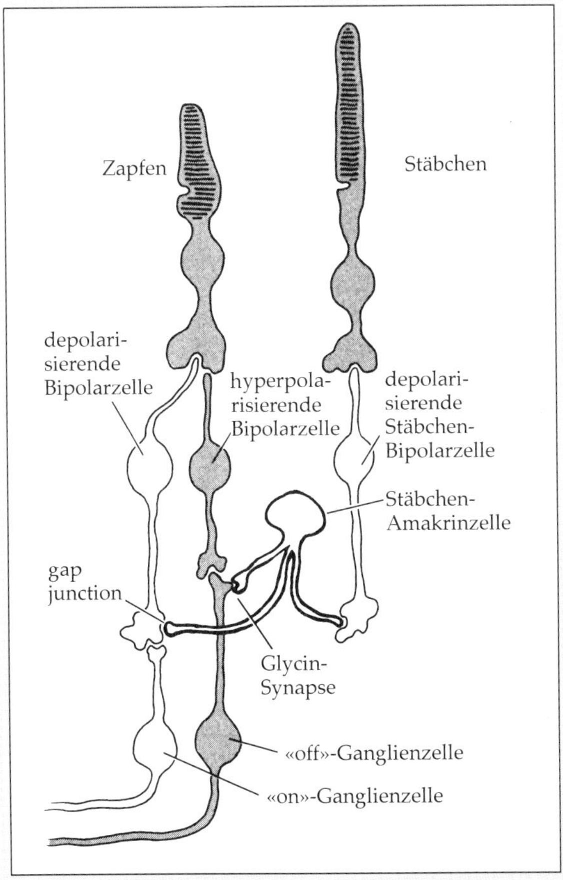

Stäbchen- und Zapfen-Bahnen in der Säugerretina. Die Bahnen von den Stäbchen zu den Ganglienzellen sind, wie man sieht, sehr komplex. Zellen, die als Reaktion auf Licht depolarisieren, sind weiß, während Zellen, die «off»-Antworten geben und hyperpolarisieren, dunkel dargestellt sind. Stäbchen sind mit spezialisierten Stäbchen-Bipolarzellen verbunden. Eine Hyperpolarisation des Stäbchens infolge einer Belichtung setzt die Transmitterausschüttung herab. Die Stäbchen-Bipolarzelle wird nicht mehr inhibiert, sie depolarisiert. Die depolarisierte Stäbchen-Bipolarzelle erregt die Stäbchen-Amakrinzelle. Diese erregt durch gap junctions die depolarisierende Zapfen-Bipolarzelle (links). Die Erregung bewirkt ihrerseits eine erhöhte Transmitterausschüttung und eine Erregung der «on»-Zentrum-Ganglienzelle. Gleichzeitig schüttet die Stäbchen-Amakrinzelle durch ihre Depolarisation inhibitorischen Transmitter (Glycin) auf die «off»-Zentrum-Ganglienzelle (dunkel) aus. Die Hyperpolarisation der «off»-Zentrum-Ganglienzelle trägt zu deren «off»-Antwort bei. Eine Stäbchen-Amakrinzelle kann also – in Abhängigkeit von ihren Verbindungen – eine Ganglienzelle hemmen und eine andere erregen. Eine schöne Eigenschaft dieser Anordnung besteht darin, daß die Ganglienzellen angemessene und passende «on»- und «off»-Eingänge von den Stäbchen und Zapfen erhalten (nach Daw, Jensen und Brunken, 1990).

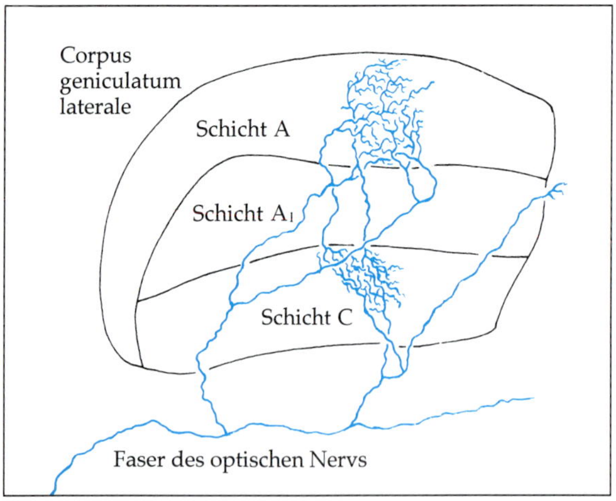

Abb. 20: **Endigungen einer Faser des Sehnervs** im Corpus geniculatum laterale der Katze. In ein einzelnes «on»-Zentrum-Y-Axon vom contralateralen Auge wurde Meerrettichperoxidase injiziert. Die Verzweigungen enden in den Schichten A und C, nicht aber in A_1 (modifiziert nach Bowling und Michael, 1980).

teristische Organisation mit Gruppen von benachbarten Rezeptoren, die indirekt auf benachbarte Ganglienzellen in der Retina projizieren, wird auf allen Ebenen des visuellen Systems aufrecht erhalten. Eine systematische Analyse der rezeptiven Felder zeigt das allgemeine Prinzip, daß *Neuronen, die verwandte Informationen verarbeiten, geclustert sind.* In sensorischen Systemen heißt das, daß die zentralen Neuronen, die einen bestimmten Bereich der Oberfläche verarbeiten, miteinander über kurze Abstände kommunizieren können. Dies ist offenbar eine ökonomische Anordnung, die weite Kommunikationswege spart und die Verbindungsbildung vereinfacht.

Die Größe des rezeptiven Feldes einer Ganglienzelle hängt von seiner Lokalisation auf der Retina ab. Rezeptive Felder von Zellen in zentralen Bereichen der Retina haben sehr viel kleinere Zentren als solche in der Peripherie. Die kleinsten rezeptiven Felder befinden sich in der Fovea, wo die Sehschärfe am größten ist. Die zentralen «on»- oder «off»-Bereiche solcher rezeptiven Felder von «Zwerg»-Ganglienzellen können von einem einzelnen Zapfen versorgt werden und haben nur einen Durchmesser von 2,5 µm, was 0,5 Bogenminuten entspricht, und damit kleiner ist als der Punkt am Ende dieses Satzes.

Es gibt eine verblüffend ähnliche Abstufung der Größe des rezeptiven Feldes bei der Feinauflösung des Auges und der des Tastsinnes. Ein sensorisches Neuron höherer Ordnung im Gehirn, das auf eine feine Berührung der Fingerspitzenhaut antwortet, hat im Vergleich zu einem Neuron, dessen rezeptives Feld auf der Haut des Oberarms liegt, ein sehr kleines rezeptives Feld (Kap. 14). Um die Form eines Objektes zu erkennen, benutzen wir die Fingerspitzen und die Foveae und nicht die weniger genau unterscheidenden Regionen der rezeptorischen Oberflächen mit ihrer schlechteren Auflösung.

Klassifikation der rezeptiven Felder von Ganglienzellen

Über das generelle Schema der «on»- und «off»-Zentren hinaus können Ganglienzellen in der Retina des Affen in zwei Hauptkategorien eingeteilt werden, die als M und P bezeichnet werden.[48,49] Die Kriterien dafür sind anatomischer und physiologischer Natur. Die M- und P-Terminologie basiert auf den anatomischen Projektionen dieser Neuronen zum Corpus geniculatum laterale und von dort zum Cortex. Die P-Ganglienzellen projizieren zu den vier dorsalen Schichten aus kleineren Zellen im Corpus geniculatum laterale (Parvozellularschichten), die M-Ganglienzellen zu den größeren Zellen in den beiden ventralen Schichten (Magnozellularschichten) (Abb. 19). Wir werden sehen, daß die charakteristischen Antworteigenschaften der M- und P-Neuronen im allgemeinen über getrennte, spezialisierte Bahnen im visuellen System aufrecht erhalten werden. Kurz zusammengefaßt, P-Zellen haben kleine rezeptive Feldzentren, eine hohe räumliche Auflösung und sind farbsensitiv. P-Zellen liefern Informationen über feine Details bei hohem Kontrast. M-Zellen haben größere rezeptive Felder und zeigen nur eine geringe oder gar keine Farbsensitivität. M-Zellen sind sensitiver für kleinere Kontrastunterschiede als P-Zellen, feuern mit höheren Frequenzen und leiten die Impulse schneller entlang ihrer Axone mit größerem Durchmesser.[48,49] Der Bequemlichkeit halber verschieben wir die Beschreibung der Farbcodierung von P-Ganglienzellen des Affen auf Kap. 17. Bei der Katze, die über kein Farbsehvermögen verfügt, sind die Ganglienzellen anders klassifiziert, nämlich als X, Y und W.[50,51] Die X- und die Y-Ganglienzellen haben in gewisser Weise parallele Eigenschaften wie die P- und die M-Zellen, aber es gibt große Unterschiede und die beiden Klassifikationen sind nicht austauschbar. Bei der Katze sind die X-Ganglienzellen kleiner und haben kleinere rezeptive Felder als die Y-Ganglienzellen, die Y-Ganglienzellen sind sensitiver für bewegte Reize als die X-Ganglienzellen. Ein Schlüsselverfahren zur Bestimmung der Unterschiede zwischen X- und Y-Zellen benutzt die Bewertung der räumlichen Summation mit Hilfe von Sinusoidalgittern, ein Verfahren, das beim Affen nicht zuverlässig zwischen P- und M-Zellen unterscheiden kann. Die Magno-Parvo-Klassifikation im visuellen System liefert einen geeigneten und nützlichen Rahmen, um die Bahnen und Eigenschaften zu untersuchen, aber es gibt Mischungen und Ausnahmen, besonders auf höheren Ebenen.[52]

---

48 Kaplan, E. and Shapley, R. M. 1986. *Proc. Natl. Acad. Sci. USA* 83: 2755–2757.
49 Shapley, R. and Perry, V. H. 1986. *Trends Neurosci.* 9: 229–235.
50 Wässle, H., Peichl, L. and Boycott, B. B. 1981. *Proc. R. Soc. Lond. B* 212: 157–175.
51 Enroth-Cugell, C. and Robson, J. G. 1966. *J. Physiol.* 187: 517–552.
52 Schiller, P. H. and Logothetis, N. K. 1990. *Trends Neurosci.* 13: 392–398.

Wie sind Bipolar- und Amakrinzellen mit Ganglienzellen verschaltet?

Die komplexen Wechselwirkungen zwischen Bipolar-, Amakrin- und Ganglienzellen treten in der inneren Plexiformschicht auf (Abb 14). Die Abb. in Box 1 illustriert wesentliche Merkmale der Bahnen zu den «on»- und «off»-Zentrum-Ganglienzellen. Wir haben oben gesehen, daß viele Schlüsselmerkmale der rezeptiven Felder von Ganglienzellen bereits in den Bipolarzellen vorhanden sind. Wie erwartet bilden depolarisierende «on»-Zentrum- und hyperpolarisierende «off»-Zentrum-Zapfen-Bipolarzellen chemische Synapsen auf entsprechenden «on»- oder «off»-Ganglienzellen. Diese Synapsen sind exzitatorisch. Deshalb bewirkt eine Veränderung des Membranpotentials einer Bipolarzelle in der mit ihr verbundenen Ganglienzelle eine Änderung des Membranpotentials in dieselbe Richtung. Die komplexe Bahn von den Stäbchen zu den Ganglienzellen wird in Box 1 beschrieben. Stäbchen und Zapfen versorgen dieselben Ganglienzellen, aber über verschiedene Zwischenzellen.
Baylor und Fettiplace haben einen eleganten Beweis für die Direktschaltung vom Photorezeptor zur Ganglienzelle erbracht.[53] Sie veränderten das Membranpotential eines einzelnen Photorezeptors, indem sie Strom durch eine intrazelluläre Elektrode injizierten, und leiteten von einer Ganglienzelle ab, die über Bipolarzellen mit dem Photorezeptor verbunden war. Die Hyperpolarisation eines einzelnen Rezeptors, eines rotempfindlichen Zapfens, löste in der Ganglienzelle Aktionspotentiale aus. Membranpotentialveränderungen durch Licht und künstlich applizierte Ströme hatten identische Wirkungen auf das Feuern der Ganglienzelle. Wie erwartet konnten passende Ströme die Wirkungen des Lichtes quantitativ kompensieren oder verstärken. Dieses Experiment hat eindeutig gezeigt, daß die Hyperpolarisation oder die Depolarisation eines Rezeptors per se das Ereignis ist, das die Information über Licht oder Dunkelheit in der Außenwelt zu den anderen Zellen im Gehirn überträgt.

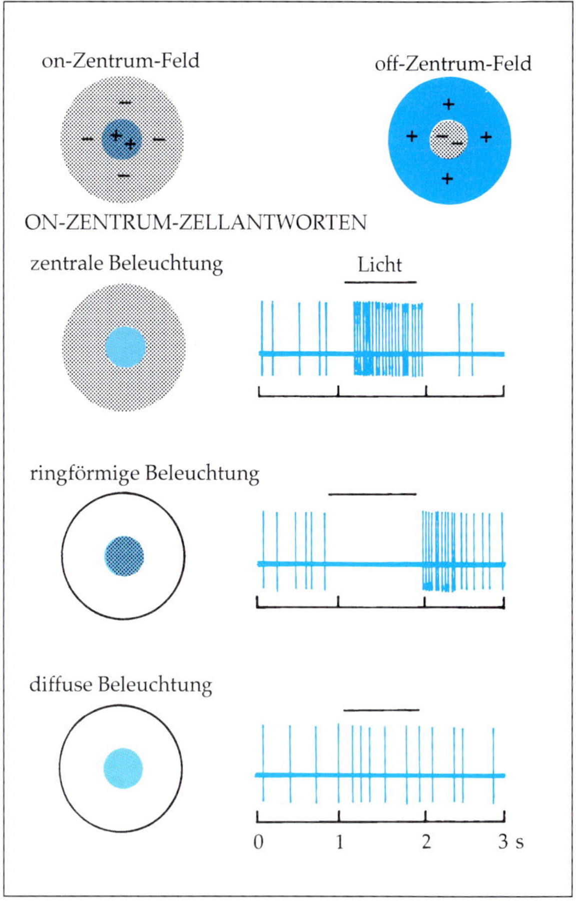

Abb. 21: **Rezeptive Felder von Zellen des Corpus geniculatum laterale**. Die konzentrischen rezeptiven Felder der Zellen des Corpus geniculatum laterale gleichen denen der Ganglienzellen in der Retina. Es gibt «on»-Zentrum- und «off»-Zentrum-Typen. Die gezeigten Antworten stammen von einer «on»-Zentrum-Zelle im Corpus geniculatum laterale der Katze. Der Balken über den Ableitungen zeigt die Beleuchtung an. Zentrum- und Umfeld-Flächen haben antagonistische Wirkungen aufeinander, so daß diffuse Beleuchtung des gesamten rezeptiven Feldes nur schwache Antworten hervorruft (untere Ableitung), die weniger ausgeprägt als in Ganglienzellen der Retina sind (nach Hubel und Wiesel, 1961).

Welche Informationen liefern Ganglienzellen?

Die bemerkenswerteste Eigenschaft der Gangienzellsignale ist die, daß sie eine andere Geschichte als die primären Sinnesrezeptoren erzählen. Sie liefern keine Information über Absolutwerte der Beleuchtung, weil sie sich bei verschiedenen Hintergrundbeleuchtungen ähnlich verhalten. Sie ignorieren einen Großteil der Information der Photorezeptoren, die mehr wie eine photographische Platte oder ein Belichtungsmesser arbeiten. Statt dessen messen sie Unterschiede innerhalb ihrer rezeptiven Felder durch den Vergleich des Beleuchtungsgrades zwischen Zentrum und Umfeld. Anscheinend sind sie darauf ausgerichtet, Simultankontrast wahrzunehmen und graduelle Veränderungen der Gesamtbeleuchtung zu ignorieren. Sie sind vorzüglich daran angepaßt, Kontraste wie Bildkanten oder Balken, die gegenüberliegende Bereiche eines rezeptiven Feldes kreuzen, zu erkennen. Es ist also offensichtlich, daß die drei Retinaschichten einen Großteil der Information über die Außenwelt extrahieren und analysieren. Durch Auswahl einiger Gesichtspunkte der Information, die die primären Empfänger gesammelt haben, und nicht anderer, wird begonnen, Merkmale zu selektieren, die wichtig für die Formerkennung sind, wobei der Grad der Hintergrundbeleuchtung vernachlässigt wird.

53 Baylor, D. A. and Fettiplace, R. 1977. *J. Physiol.* 271: 391–424.

Corpus geniculatum laterale

Die Fasern des Sehnervs aus jedem Auge enden auf Zellen des rechten und linken **Corpus geniculatum laterale** (seitlicher Kniekörper, häufig abgekürzt als Geniculatum, was «gebogen wie ein Knie» heißt), einer besonders geschichteten Struktur. Im Corpus geniculatum laterale der Katze gibt es drei eindeutige, wohldefinierte Zellschichten (A, A_1, C), von denen eine (C) eine komplexere Struktur aufweist und weiter unterteilt wird.[54]
Das Corpus geniculatum laterale des Affen besteht aus sechs Zellschichten (Abb. 19). Die Zellen der tieferen Schichten 1 und 2 sind größer als die in den Schichten 3, 4, 5 und 6, weshalb die Schichten **Magnozellular-** und **Parvozellularschicht** genannt werden Bei beiden, Affen und Katzen, wird jede Schicht bevorzugt von dem einen oder dem anderen Auge versorgt. Bei der Katze stammen die Eingänge der Schichten A und C von den Ganglienzellen des contralatralen Auges des Tieres, d.h. die Fasern sind im optischen Chiasma zur gegenüberliegenden Seite gekreuzt. A_1 wird von Fasern des Auges derselben Seite ohne Kreuzung versorgt. Beim Affen werden die Schichten 6, 4 und 1 vom contralateralen und die Schichten 5, 3 und 2 vom ipsilateralen Auge versorgt. Die Trennung der Endigungen jedes Auges in verschiedene Schichten wurde durch elektrophysiologische Ableitungen und eine Vielzahl anatomischer Methoden nachgewiesen.[55–57] Besonders beeindruckend ist die Verzweigung einer einzelnen Faser des Sehnervs, in die das Enzym Meerrettichperoxidase injiziert wurde (Abb. 20). Die Endigungen sind alle auf die Schichten beschränkt, die von diesem Auge versorgt werden, ohne die Grenzen zu überschreiten. Wegen der geordneten und systematischen Trennung der Fasern im Chiasma liegen die rezeptiven Felder der Zellen im Corpus geniculatum laterale alle im Gesichtsfeld auf der gegenüberliegenden Seite des Tieres (Abb. 1).
Die hoch geordnete Anordnung der rezeptiven Felder innerhalb der einzelnen Schichten des Geniculatums ist ein wichtiges topographishes Merkmal. Benachbarte Regionen auf der Retina bilden Verbindungen mit benachbarten Zellen des Geniculatums, so daß sich die rezeptiven Felder benachbarter Neuronen über weite Bereiche überlappen.[55,56] Die **Area centralis** der Katze (die Region der Katzenretina mit den kleinsten Zentren der rezeptiven Felder) und die Fovea des Affen projizieren auf einen größeren Bereich jeder Schicht des Geniculatums. Den peripheren Bereichen der Retina sind relativ wenig Zellen gewidmet. Diese starke Repräsentation (genauso wie im Cortex) spiegelt den Gebrauch dieser Regionen für das Sehen mit hoher Sehschärfe und die Nutzung für feinkörnige Auflösung wider. Obwohl es wahrscheinlich genauso viele Fasern im Sehnerv wie Zellen im Geniculatum gibt, erhält jede Geniculatumzelle Eingänge von mehreren Fasern des Sehnervs, die ihrerseits Synapsen auf mehreren Neuronen des Geniculatums bilden.
Die topographisch geordnete Reihe von Verbindungen ist nicht auf eine einzelne Schicht beschränkt, auch die Zellen in verschiedenen Schichten liegen geordnet übereinander. Wenn man die Elektrode senkrecht ins Geniculatum einsticht und so von einer Schicht in die nächste wechselt, erhält man Ableitungen, aus den aufeinanderfolgenden Zellen, die erst von einem und dann vom anderen Auge angesteuert werden. Die Positionen der rezeptiven Felder befinden sich an korrespondierenden Stellen auf den beiden Retinae, die denselben Bereich des Gesichtsfeldes repräsentieren.[55,56] In den Zellen des Corpus geniculatum laterale existiert keine ausgeprägte Mischung von Information oder Wechselwirkung zwischen den beiden Augen, und binokular erregte Zellen (Neuronen, die rezeptive Felder in beiden Augen besitzen) sind rar. Es gibt jedoch inhibitorische Interneuronen, die Informationen aus beiden Augen erhalten.[58]
Überraschenderweise – vielleicht – unterscheiden sich die Antworten der Zellen des Geniculatums nicht deutlich von denen der retinalen Ganglienzellen (Abb. 21). Die Neuronen des Geniculatums haben ebenfalls konzentrisch angeordnete, antagonistische rezeptive Felder, entweder vom «off»-Zentrum- oder vom «on»-Zentrum-Typ, der Kontrast-Mechanismus ist jedoch durch bessere Angleichung der inhibitorischen und exzitatorischen Flächen schärfer getuned. Die Neuronen des Geniculatums benötigen also wie die Ganglienzellen der Retina Kontrast, um optimal stimuliert zu werden, und antworten noch schwächer auf diffuse Beleuchtung.
Die Untersuchung der rezeptiven Felder der Neuronen des Corpus geniculatum laterale ist immer noch nicht vollständig. Zum Beispiel gibt es dort Interneuronen, deren Beitrag noch nicht verstanden wird, und vom Cortex absteigende Bahnen, die im Corpus geniculatum laterale enden.[59] Das Wissen über die synaptische Organisation wird wahrscheinlich durch die Analyse mit Hilfe von intrazellulären Elektroden zunehmen.

Funktionelle Bedeutung der Schichtung

Warum gibt es mehr als eine Schicht im Corpus geniculatum laterale, die jedem Auge gewidmet ist? Es wird immer deutlicher, daß in den verschiedenen Schichten unterschiedliche funktionelle Eigenschaften repräsentiert sind. Zum Beispiel gleichen die Zellen der vier dorsalen Schichten des Corpus geniculatum laterale des Affen (Parvozellularschichten) in ihren Eigenschaften den P-Ganglienzellen und weisen eine gute Farbunterschei-

54 Guillery, R. W. 1970. *J. Comp. Neurol.* 138: 339–368.
55 Hubel, D. H. and Wiesel, T. N. 1972. *J. Comp. Neurol.* 146: 421–450.
56 Hubel, D. H. and Wiesel, T. N. 1961. *J. Physiol.* 155: 385–398.
57 Bowling, D. B. and Michael, C. R. 1980. *Nature* 286: 899–902.
58 Dubin, M. W. and Cleland, B. G. 1977. *J. Neurophysiol.* 40: 410–427.
59 Gilbert, C. D. 1983. *Annu. Rev. Neurosci.* 6: 217–247.

dung auf. Im Gegensatz dazu enthalten die Schichten 1 und 2 (Magnozellularschichten) M-artige Zellen, die lebhaft antworten und die keine Wellenlängenselektivität aufweisen. Bei der Katze enden die X- und die Y-Fasern in verschiedenen Subschichten von A, C und A_1. Beim Nerz und beim Frettchen und zu einem gewissen Grad auch beim Affen sind auch die «on»- und «off»-Zentrumzellen auf verschiedene Schichten des Corpus geniculatum laterale verteilt.[60–62] Zusammenfassend, das Corpus geniculatum laterale ist eine Zwischenstation, auf der die Ganglienzellaxone sortiert werden, so daß nahe beieinander liegende Zellen Eingänge von derselben Region des Gesichtsfeldes erhalten. Das Prinzip, daß Neuronen, die ähnliche Informationen verarbeiten, geclustert sind, bleibt erhalten.

Es ist angemessen, dieses Kapitel mit dem folgenden Zitat von Sherrington zu beenden, das er geschrieben hat, lange bevor die rezeptiven Felder einzelner Zellen kartiert waren:[63]

Das Hauptwunder haben wir bis jetzt noch nicht berührt. Das Wunder der Wunder, obwohl bis zur Langeweile bekannt. So sehr, daß wir es ständig vergessen. Das Auge sendet, wie wir sahen, in den Zell-und-Faser-Wald des Gehirns während des hellen Tages kontinuierlich rhythmische Flüsse winziger, einzelner, vergänglicher elektrischer Potentiale. Diese pochende, strömende Menge elektrifizierter, bewegter Punkte im Netzwerk des Gehirns ähnelt offensichtlich nicht dem Raummuster, und auch ihr zeitliches Muster gleicht nur ein bißchen dem winzigen zweidimensionalen umgekehrten Bild der Außenwelt, das der Augapfel zu Anfang des elektrischen Sturms auf seine Nervenfasern malt. Und der so aufgebaute elektrische Sturm beeinflußt eine ganze Population von Gehirnzellen. Elektrische Ladungen haben an sich nicht im geringsten die Eigenschaften des Visuellen – sie enthalten z.B. nichts von «Distanz», «rechte-Seite-Oben-Eigenschaft», weder eine «Vertikale» noch eine «Horizontale», weder «Farbe» noch «Helligkeit», weder «Schatten» noch «Rundheit» oder «Quadrathaftigkeit», weder «Kontur» noch «Transparenz» oder «Undurchlässigkeit», weder «nah» noch «fern», auch nicht visuell überhaupt – und zaubern doch alle diese herbei. Eine Fülle kleiner elektrischer Lecks zaubert für mich, wenn ich die Landschaft oder die Burg auf dem Gipfel sehe, oder wenn ich auf das Gesicht meines Freundes blicke, und sie mir erzählen, wie entfernt er von mir ist. Ich nehme sie beim Wort und gehe vorwärts und meine anderen Sinne bestätigen, daß er da ist.

60 LeVay, S. and McConnell, S. K. 1982. *Nature* 300: 350–351.
61 Stryker, M. P. and Zahs, K. R. 1983. *J. Neurosci.* 10: 1943–1951.
62 Schiller, P. H. and Malpeli, J. G. 1978. *J. Neurophysiol.* 41: 788–797.
63 Sherrington, C. S. 1951. *Man on His Nature.* Cambridge University Press, Cambridge.

Empfohlene Literatur

Allegemeine Übersichtartikel

Baylor, D. A. 1987. Photoreceptor signals and vision. Proctor Lecture. *Invest. Ophthalmol. Vis. Sci.* 28: 34–49.

Daw, N. W., Brunken, W. J. and Parkinson, D. 1989. The function of synaptic transmitters in the retina. *Annu. Rev. Neurosci.* 12: 205–225.

Daw, N. W., Jensen, R. J. and Brunken, W. J. 1990. Rod pathways in mammalian retinae. *Trends Neurosci.* 13: 110–115.

Dowling, J. E. 1987. *The Retina: An approachable Part of the Brain.* Harvard University Press, Cambridge, MA.

Masland, R. H. 1988. Amacrine cells. *Trends Neurosci.* 11: 405–410.

McNaughton, P. A. 1990. Light response of vertebrate photoreceptors. *Physiol Rev.* 70: 847–883.

Nathans, J. 1989. The genes for color vision. *Sci. Am* 260(2): 42–49.

Schnapf, J. L. and Baylor, D. A. 1987. How photoreceptor cells respond to light. *Sci. Am.* 256(4): 40–47.

Shapley, R. and Perry, V. H. 1986. Cat and monkey retinal ganglion cells and their visual functional roles. *Trends Neurosci.* 9: 229–235.

Stryer, L. and Bourne, H. R. 1986. G proteins: A family of signal transducers. *Annu. Rev. Cell Biol.* 2: 391–419.

Wässle, H. and Boycott, B. B. 1991. Functional architecture of the mammalian retina. *Physiol. Rev.* 71: 447–480.

Yau, K. W. and Baylor, D. A. 1989. Cyclic GMP-activated conductance of retinal photoreceptor cells. *Annu. Rev. Neurosci.* 12: 289–327.

Originalartikel

Baylor, D. A., Nunn, B. J. and Schnapf, J. L. 1987. Spectral sensitivity of cones of the monkey *Macaca fascicularis. J. Physiol.* 390: 145–160.

Baylor, D. A., Nunn, B. J. and Schnapf, J. L. 1984. The photocurrent, noise and spectral sensitivity of rods of the monkey *Macaca fascicularis. J. Physiol.* 357: 575–607.

Dacheux, R. F. and Raviola, E. 1986. The rod pathway in the rabbit retina: A depolarizing bipolar and amacrine cell. *J. Neurosci.* 6: 331–345.

Dowling, J. E. and Boycott, B. B. 1966. Organization of the primate retina: Electron microscopy. *Proc. R. Soc. Lond. B* 166: 80–111.

Fesenko, E. E., Kolesnikov, S. S. and Lyubarsky, A. L. 1985. Induction by cyclic GMP of cationic conductance in plasma membrane of retinal rod outer segment. *Nature* 313: 310–313.

Hecht, S., Shlaer, S. and Pirenne, M. H. 1942. Energy, quanta, and vision. *J. Gen. Physiol.* 25: 819–840.

Hubel, D. H. and Wiesel, T. N. 1961. Integrative action in the cat's lateral geniculate body. *J. Physiol.* 155: 385–398.

Kaneko, A. 1971. Electrical connexions between horizontal cells in the dogfish retina. *J. Physiol.* 213: 95–105.

Kaplan, E. and Shapley, R. M. 1986. The primate retina contains two types of Ganglion cells, with high and low contrast sensitivity. *Proc. Natl. Acad. Sci. USA* 83: 2755–2757.

Kaupp, U. B., Niidome, T., Tanabe, T., Terada, S., Bonigk, W., Stühmer, W., Cook, N. J., Kangawa, K., Matsuo, H. and Hirose, T. 1989. Primary structure and functional expression from complementary DNA of the rod photoreceptor cyclic GMP-gated channel. *Nature* 342: 762–766.

Kuffler, S. W. 1953. Discharge patterns and functional organization of the mammalian retina. *J. Neurophysiol.* 16: 37–68.

Nathans, J. 1990. Determinants of visual pigment absorbance: Identification of the retinylidene Schiff's base counterion in bovine rhodopsin. *Biochemistry* 29: 9746–9752.

Schnapf, J. L., Nunn, B. J., Meister, M. and Baylor, D. A. 1990. Visual transduction in cones of the monkey *Macaca fascicularis. J. Physiol.* 427: 681–713.

Sterling, P., Freed, M. A. and Smith, R. G. 1988. Architecture of rod and cone circuits to the on-β ganglion cell. *J. Neurosci.* 8: 623–642.

Tamura, T., Nakatani, K. and Yau, K.-W. 1991. Calcium feedback and sensitivity regulation in primate rods. *J. Gen. Physiol.* 98: 95–130.

Yamashita, M. and Wässle, H. 1991. Responses of rod bipolar cells isolated from the rat retina to the glutamate agonist 2-amino-4-phosphonobutyric acid (APB). *J. Neurosci.* 11: 2372–2382.

Kapitel 17

Der visuelle Cortex

Gruppen von Neuronen im visuellen Cortex verarbeiten Informationen über Form, Kontrast, Ort, Entfernung, Bewegung und Farbe von Objekten in der Außenwelt. Die Neuronen des primären visuellen Cortex (bekannt als V_1, Area 17, Area striata, primäre Sehrinde) ignorieren gleichförmige Beleuchtung. Diejenigen, die an den ersten Stufen der Mustererkennung beteiligt sind, benötigen hoch spezifische Formen – besonders Linien oder Kanten mit einer bestimmten Orientierung oder Position auf der Retina. Einige Neuronenpopulationen sind darauf spezialisiert, auf Winkel, Ecken oder Bewegungen in eine, aber nicht in eine andere Richtung zu antworten. Die corticalen Neuronen werden nach der Art der Information, die sie verarbeiten, in simple- und complex-Zellen eingeteilt. Einzelne Cortexzellen erhalten Eingangssignale von korrespondierenden Bereichen der Retinae beider Augen, mit einem ähnlichen Aufbau der rezeptiven Felder. Benachbarte simple- und complex-Zellen teilen gemeinsame funktionelle Eigenschaften. Solche Zellen sind in Säulen angeordnet, die rechtwinklig zur Cortexoberfläche orientiert sind. Beispielsweise werden einige Zellsäulen am besten durch vertikale Balken erregt, die einen kleinen Bereich in einer bestimmten Region der Retina beleuchten. Benachbarte Neuronen in anderen Säulen des visuellen Cortex antworten am besten auf horizontale Balken oder Balken mit anderen Orientierungen. Zellen, die bevorzugt von dem einen oder dem anderen Auge erregt werden, sind in vergleichbaren Säulen angeordnet. Orientierungs- und Augendominanzsäulen wurden in vivo mit Hilfe von optical recording-Messungen nachgewiesen. Innerhalb dieser Säulen liegen die Zellen, die Farbinformationen verarbeiten, in separaten Clustern, genannt «blobs». Die meisten rezeptiven Felder der blob-Zellen sind rund. Sie besitzen eine Zentrum-Umfeld-Anordnung für verschiedene Lichtwellenlängen. Die Aggregation von corticalen Neuronen mit verwandten rezeptiven-Feld-Positionen und Funktionen macht es leichter für sie, untereinander Verbindung aufzunehmen, so daß sie die Art Analyse vornehmen können, die von ihnen erwartet wird. Die Karten in den visuellen Arealen des Cortex sind nicht einfach Repräsentationen der Retina. Der Fovea sind weit größere Bereiche des Cortex gewidmet als der peripheren Retina.
Es gibt verschiedene Belege dafür, daß spezialisierte Übertragungswege von Relaisstation zu Relaisstation über den primären visuellen Cortex zu höheren visuellen Arealen, wie V_2, V_3, V_4 und V_5 projizieren. Diese Bahnen – jede von ihnen überträgt primär (aber nicht ausschließlich) Informationen über Tiefe, Bewegung, Farbe oder Form – werden mit Eingängen versorgt, die aus einem der beiden Teile des Corpus geniculatum laterale stammen. (1) Die Neuronen der parvozellulären Bahn, die vor allem Form- und Farbinformationen verarbeiten, haben kleine rezeptive Felder. Sie sind relativ wenig empfindlich für kleine Kontrastunterschiede, so daß helle Muster benötigt werden, um sie optimal zu erregen. (2) Neuronen der magnozellulären Bahn haben größere rezeptive Felder, sind insensitiv für unterschiedliche Wellenlängen, antworten gut auf bewegte Reize und erkennen kleine Kontrastveränderungen. Die Axone der parvozellulären und der magnozellulären Geniculatumneuronen enden in verschiedenen Schichten des visuellen Cortex und versorgen getrennte Neuronenpopulationen. Nur selten werden die Bahnen vermischt. Projektionen von V_1 versorgen wiederum Gruppen von Neuronen mit magnozellulären oder parvozellulären Eigenschaften, die in geordneten Streifen im sekundären visuellen Cortex angeordnet sind. Noch höhere Cortexareale, wie V_4 und V_5, enthalten Zellen, die hauptsächlich auf Farbe oder Bewegungen reagieren. Die Trennung der Hauptmodalitäten zeigt sich bei Wahrnehmungsexperimenten an Menschen, in denen Kontrast, Farbe, Bewegung und Tiefe unabhängig voneinander variiert werden. Modelle, die Folgen von geordneten Verbindungen zugrunde legen, können viele Merkmale erklären, z.B. wie Neuronen selektiv auf spezifische Reize wie z.B. Lichtbalken, eine Ecke oder ein farbiges Quadrat antworten. Zellen mit relativ einfachen Eigenschaften werden zusammengeschaltet, um rezeptive Felder immer größerer Komplexität und größeren visuellen Inhaltes zu bilden.

Generelle Probleme und Zahlen

Wenn man von der Retina über das Corpus geniculatum laterale zur Großhirnrinde vorrückt, stellen sich Fragen, die über einfache technische Probleme hinausgehen. Es war schon lange anerkannt, daß das Verständnis der Arbeitsweise irgendeines Teils des Nervensystems Wissen über zelluläre Eigenschaften seiner Neuronen erfordert – wie sie Informationen verarbeiten und fortleiten und wie sie diese Information an den Synapsen von einer Zelle auf die andere übertragen. Aber die Aufzeichnung der Aktivität einzelner Neuronen scheint bei der Untersuchung höherer Funktionen, an denen sehr viele Zellen beteiligt sind, wenig gewinnbringend zu sein. Die Argumentation war normalerweise (und ist manchmal immer noch) die folgende: Das Gehirn enthält einige 10^{10} oder mehr Zellen. Selbst an einfachsten Aufgaben oder Ereignissen, wie einer Bewegung oder dem Betrachten einer Linie oder eines Quadrates, sind Hunderte oder Tausende Nervenzellen in verschiedenen Teilen des Nervensystems beteiligt. Welche Chance haben Physiologen, die komplexen Verarbeitungsschritte im Gehirn zu verstehen, wenn sie nur eine oder wenige Einheiten betrachten können, einen hoffnungslos kleinen Teil der Gesamtanzahl?

Bei genauerer Betrachtung ist die Logik des Argumentes der grundlegenden Schwierigkeiten durch große Anzahlen und komplexe, höhere Funktionen nicht so einwandfrei, wie es scheint. Wie häufig taucht ein vereinfachendes Prinzip auf und eröffnet eine neue klärende Sichtweise. Im Fall der Retina beschäftigen sich über 100 Millionen Zellen mit der unendlichen Vielfalt der Welt. Was die Sache vereinfacht, ist die Tatsache, daß die Hauptzelltypen sehr regelmäßig als sich wiederholende Einheiten angeordnet sind. Untersuchungen der rezeptiven Felder zeigen heute, daß dieses Labyrinth aus 100 Millionen Zellen und vielen Hundert Millionen Querverbindungen bei einigen stereotypen Antworttypen des Cortex endet, obwohl die Schichtung und die Cytoarchitektur dort viel komplizierter sind.

Die Pionierexperimente, die Kuffler[1] in der Retina begonnen hat, und die Hubel und Wiesel im visuellen Cortex fortgesetzt haben, zeigen einen roten Faden, der von der Signalgebung zur Wahrnehmung reicht. Hubel hat eine lebhafte Beschreibung der frühen Experimente am visuellen Cortex im Jahr 1958 in Stephen Kufflers Labor an der John Hopkins Universität gegeben.[2] Seitdem ist unser Verständnis der Physiologie und der Anatomie der Großhirnrinde durch die Experimente von Hubel und Wiesel und auch durch die gesamte Arbeit, die dadurch ermöglicht und inspiriert wurde, stark expandiert. Infolgedessen kann man heute nur in einem speziell dem visuellen System der Säuger gewidmeten Buch, den zahlreichen Veröffentlichungen, die sich mit so komplexen Problemen wie dem Farbensehen, der Tiefenwahrnehmung oder den Verbindungen der Neuronen in verschiedenen visuellen Arealen beschäftigen, gerecht werden. In diesem Kapitel wollen wir einen kurzen Überblick über Signalgebung und corticale Architektur und deren Beziehung zur Wahrnehmung geben, die auf den klassischen Arbeiten von Hubel und Wiesel und auf neueren Experimenten von ihnen und ihren Kollegen, sowie von Zeki, Ferster, Daw, Schiller, Wong-Riley, Grinvald, Gilbert, Land, Lund, Van Sluyters, Van Essen, Tootell und deren Kollegen basiert.

Strategien bei der Untersuchung des Cortex

Das Problem, dem sich Hubel und Wiesel 1958 gegenübersahen, war es, herauszufinden, wie die Signale über kleine, helle, dunkle oder farbige Lichtpunkte auf der Retina in Signale verwandelt werden können, die Informationen über Form, Größe, Farbe, Bewegung und Tiefe von Gegenständen beinhalten. Techniken, die heute Routine sind, wie z.B. optical recording, Meerrettichperoxidase-Injektion oder brain scanning, waren noch nicht erfunden. Am Anfang standen Hubel und Wiesel völlig unbeantworteten Fragen gegenüber, die sie unter der Annahme in Angriff nahmen, daß die visuellen Zentren im Cortex die Information nach ähnlichen Prinzipien verarbeiten wie die Retina, nur auf höherem Niveau.

Eine entscheidende Strategie ihrer Analyse bestand darin, Reize zu benutzen, die den unter natürlichen Bedingungen auftretenden glichen. Beispielsweise offenbarten Kanten, Konturen und einfache Muster, die dem Auge präsentiert wurden, Organisationsmerkmale, die niemals entdeckt worden wären, wenn man nur mit hellen, formlosen Lichtblitzen gereizt hätte. Ein anderer Schlüssel zum Erfolg von Hubel und Wiesels Ansatz lag darin, nicht nur zu fragen, welcher Reiz eine Antwort in einem bestimmten Neuron auslöst, sondern was der effektivste Reiz ist, der Entladungen mit der höchsten Frequenz erzeugt. Die Beschäftigung mit dieser Frage auf verschiedenen Ebenen des visuellen Systems hat viele überraschende und bemerkenswerte Resultate hervorgebracht. Frühe Veröffentlichungen haben gezeigt, daß die rezeptiven Felder der simple- und der complex-Zellen im primären visuellen Cortex als Bausteine für die ersten Stufen der Mustererkennung dienen können. Außerdem hat die Analyse der rezeptiven Felder deutlich das nützliche, vereinfachende Prinzip offenbart, daß Neuronen, die ähnliche Aufgaben erfüllen, in wohldefinierten **Säulen (Kolumnen)** angeordnet sind Hubel schrieb:[3]

> Ich glaube, daß der wichtigste Fortschritt in der Strategie bestand, die Mikroelektroden weit durch den Cortex einzustechen, und Zelle für Zelle abzuleiten, die Antworten mit natürlichen Reizen zu vergleichen, um nicht nur den optimalen Reiz für bestimmte Zellen zu finden, sondern auch zu lernen, was die Zellen gemeinsam haben und wie sie gruppiert sind.

Eine bedeutende Entwicklung bestand darin, mit hochentwickelten anatomischen Verfahren funktionell definierte Verbindungen von einer Area im Gehirn zu einer anderen zu verfolgen. Dies hat das Vorhandensein separater Bahnen für die Informationsverarbeitung spezifischer Eigenschaften der visuellen Reize offenbart. Eingänge von den Magnozellular- und den Parvozellularklassen des Corpus geniculatum laterale (Kap. 16) projizieren von Umschaltstelle zu Umschaltstelle in Gruppen, die weitgehend getrennt sind. Mehr noch, die charakteristischen Eigenschaften des Magnozellular- und des Parvozellularsystems zur Analyse von Form, Farbe, Bewegung und Tiefe bleiben sogar bis ins Bewußtsein erhalten. Bevor wir die Eigenschaften corticaler Neuronen beschreiben, bietet es sich an, kurz die Struktur des primären visuellen Cortex zusammenzufassen.

Cytoarchitektur des Cortex

Die visuelle Information fließt vom Corpus geniculatum laterale durch die Radiatio optica zum Cortex. Beim Affen besteht der Teil des visuellen Cortex, in dem die Radiatio optica endet, aus einer gefalteten Zellplatte von ca. 2 mm Dicke (Abb. 1). Diese Region des Gehirns, der primäre visuelle Cortex oder V_1, wird auch Area striata

1 Kuffler, S. W. 1953. *J. Neurophysiol.* 16: 37–68.
2 Hubel, D. H. 1982. *Nature* 299: 515–524.
3 Hubel, D. H. 1982. *Annu. Rev. Neurosci.* 5: 363–370.

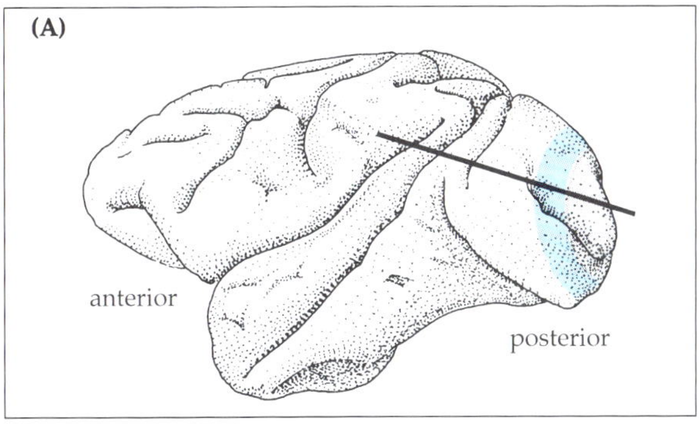

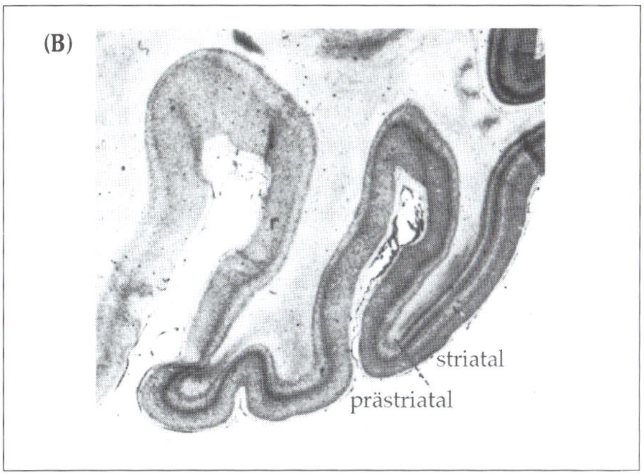

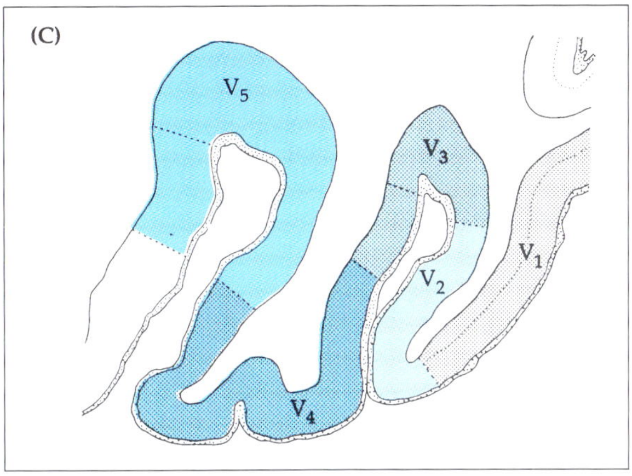

Abb. 1: **Beziehung des primären visuellen Cortex V_1** zu V_2, V_3, V_4 und V_5 beim Affen. (A) Cortex mit Schnittebene durch V_1 und V_2. Die Grenze zwischen V_1 und V_2 ist nicht eindeutig. (B, C) Schnitt durch den Okzipitalcortex. In (B) befindet sich die Grenze zwischen V_1 und V_2 an der Markierungslinie, wo das streifenartige Aussehen verloren geht. Die Grenzen zwischen V_2, V_3, V_4 und V_5 erhält man durch die Kombination physiologischer und anatomischer Methoden. V_4 wird in Subregionen unterteilt (nach Zeki, 1990; Mikrophotographie mit freundlicher Genehmigung von S. Zeki und M. Rayan).

oder Area 17 genannt, ältere Begriffe, die auf anatomischen Kriterien beruhen, die zu Beginn des 20. Jahrhunderts entwickelt wurden. V_1 liegt posterior im Okzipitallappen, und ist in Querschnitten durch seine charakteristische Erscheinungsform identifizierbar. Einlaufende Faserbündel bilden in dieser Area deutliche Streifen, die mit bloßem Auge sichtbar sind – deshalb der Name *striata*. Benachbarte extrastriatale Regionen des Cortex haben auch mit dem Sehen zu tun. Die Area, die V_1 direkt umgibt, wird V_2 genannt (oder Area 18), und erhält Eingänge von V_1 (Abb. 1). Die exakten Grenzen von V_2, V_3, V_4 und V_5 können nicht durch einfache Betrachtung des Gehirns definiert werden, aber es gibt eine Anzahl anderer Kriterien.[4–9] Beispielsweise geht in V_2 das streifenförmige Erscheinungsbild verloren, oberflächlich liegen große Zellen und in tiefer gelegenen Schichten sieht man grobe, schräg laufende myelinisierte Fasern. Wir werden sehen, daß die verschiedenen visuellen Areale unterschiedliche Analysen durchführen. Jede Area enthält in geordneter Projektion eine eigene Repräsentation des Gesichtsfeldes. Die Projektionskarten wurden vor der Ära der Einzelzell-Analyse durch Bestrahlung kleiner Bereiche der Retina mit Licht und Ableitung mit groben Elektroden erstellt. Diese Karten zeigen genauso wie die mit Hilfe der Positronen-Emissions-Tomographie erstellten, daß der Repräsentation der Fovea ein viel größerer corticaler Bereich gewidmet ist als der Repräsentation der Restretina. Dies war zu erwarten, da das Formensehen grundsätzlich auf foveale und parafoveale Bereiche beschränkt ist.[10–12]

In Cortexschnitten können die Neuronen nach ihrer Form klassifiziert werden. Es gibt zwei Hauptgruppen: Stern- und Pyramidenzellen. In Abb. 2 sind Beispiele für diese Zellen dargestellt. Die Hauptunterschiede bestehen in der Länge ihrer Axone und der Form ihrer Zellkörper. Die Axone der Pyramidenzellen sind länger, tauchen in die weiße Substanz ein und verlassen den Cortex. Die Axone der Sternzellen enden meistens lokal. Die zwei Gruppen corticaler Neuronen zeigen Variationen, wie die An- oder Abwesenheit von Dornen (engl. spines) auf

4 Hubel, D. H. and Wiesel, T. N. 1965. *J. Neurophysiol.* 28: 229–289.
5 Shipp, S. and Zeki, S. 1985. *Nature* 315: 322–325.
6 Zeki, S. and Shipp, S. 1988. *Nature* 335: 311–317.
7 DeYoe, E. A. and Van Essen, D. C. 1988. *Trends Neurosci.* 11: 219–226.
8 DeYoe, E. A., Hockfield, S., Garren, H. and Van Essen, D. C. 1990. *Vis. Neurosci.* 5: 67–81.
9 Maunsell, J. H. and Newsome, W. T. 1987. *Annu. Rev. Neurosci.* 10: 363–401.

10 Talbot, S. A. and Marshall, W. H. 1941. *Am. J. Ophthalmol.* 24: 1255–1264.
11 Daniel, P. M. and Whitteridge, D. 1961. *J. Physiol.* 159: 203–221.
12 Fox, P. T. et al. 1987. *J. Neurosci.* 7: 913–922.

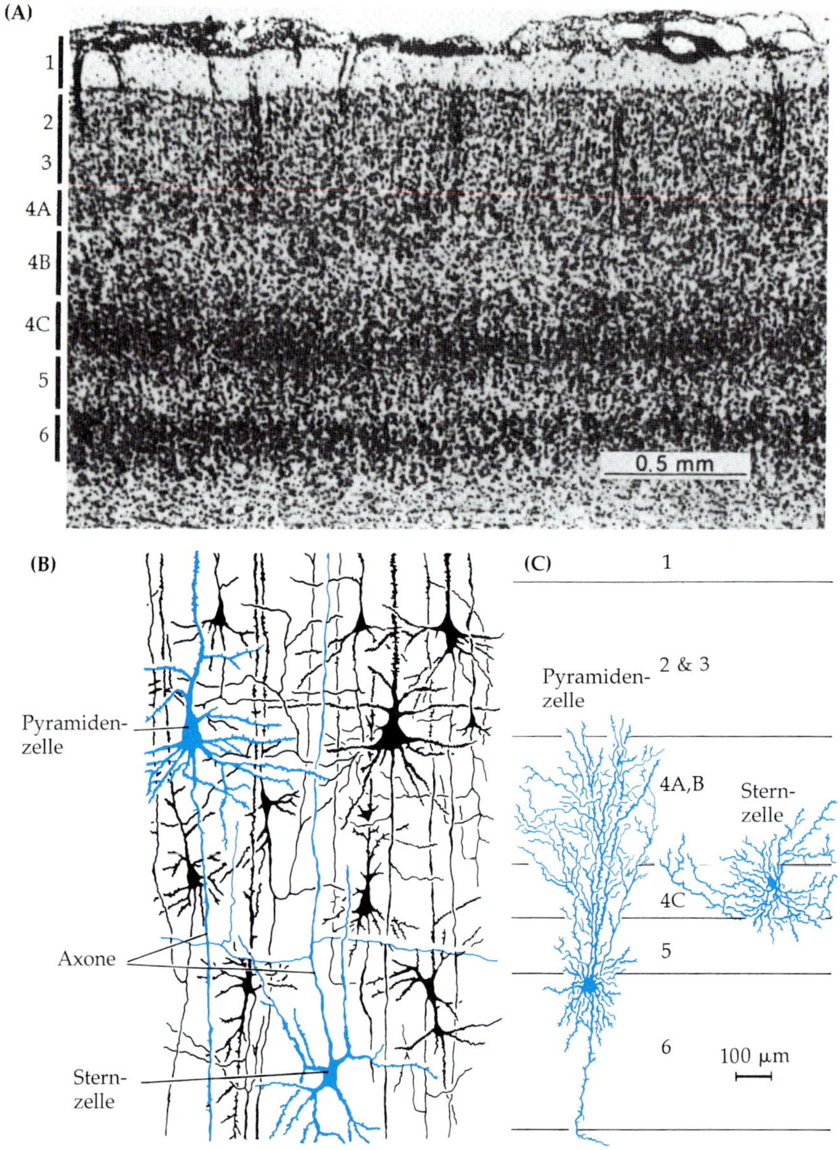

Abb. 2: **Architektur des visuellen Cortex**. (A) Distinkte Zellschichten in einem Schnitt durch die Area striata eines Makaken, mit einer Nissl-Färbung gefärbt, um die Zellkörper zu zeigen. Die Fasern aus dem Corpus geniculatum laterale enden in den Schichten 4A, 4B und 4C. (B) Zeichnung von Pyramiden- und Sternzellen im visuellen Cortex der Katze. Die Ausläufer mit den Verbindungen (Golgi-imprägniert) ziehen hauptsächlich radial durch alle Schichten des Cortex, breiten sich aber nur wenig in laterale Richtung aus. (C) Zeichnung nach Photographien einer Pyramidenzelle und einer Sternzelle mit Dornen im Katzencortex, in die – nach Ableitung ihrer Aktivität – Meerrettichperoxidase injiziert wurde. Beides sind simple-Zellen (A nach Hubel und Wiesel, 1972; B nach Ramón y Cajal; C nach Gilbert und Wiesel, 1979).

ihren Dendriten, die mit ihren funktionellen Eigenschaften zusammenhängen.[13] So sind zum Beispiel glatte Sternzellen (ohne Dornen) inhibitorisch und schütten GABA aus. Es gibt noch andere, phantasievoll benannte Neuronen (Double-bouquet-Zellen, Kandelaber-Zellen, Korbzellen und Sichelzellen) wie auch Neurogliazellen. Charakteristischerweise verlaufen die Zellausläufer meistens in radiale Richtung, auf und ab durch die Cortexschichten (rechtwinklig zur Oberfläche). Im Gegensatz dazu sind viele (aber nicht alle, s. Abb. 15) ihrer seitlichen Ausläufer kurz. Die Verbindungen zwischen den Arealen V_1, V_2, V_3, V_4 und V_5 werden von Axonen gebildet, die nach unten tauchen, in Bündeln durch die weiße Substanz laufen und an einer anderen Stelle wieder auftauchen (s. Abb. 4).

13 Lund, J. S. 1988. *Annu. Rev. Neurosci.* 11: 253–288.

Cytochromoxidase-gefärbte «blobs»

Die Entdeckung regionaler Spezialisierungen in der Cytoarchitektur des visuellen Cortex des Affen war ein wichtiger Fortschritt. Diskrete Neuronencluster wurden hauptsächlich in den Schichten 2 und 3, aber auch in den

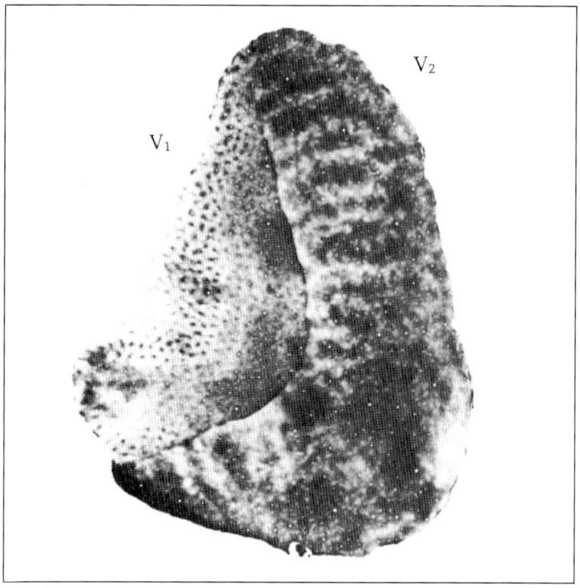

Abb. 3: **Ausschnitt aus dem visuellen Cortex des Affen**, in dem die Cytochromoxidase angefärbt wurde, um blobs in V_1 und Streifen in V_2 zu zeigen. Die blobs sind in Punktmustern angeordnet. Zwischen V_1 und V_2 kann man eine klare Grenze erkennen. An dieser Grenze werden die blobs durch Streifen abgelöst, dicke und dünne, im rechten Winkel zur Grenze. Die Grenze zwischen V_3 und V_2 ist weniger gut definiert (nach Livingstone und Hubel, 1988).

Schichten 5 und 6 entdeckt. Diese Flecken oder «blobs» sind sehr regelmäßig angeordnet («ein Punktmuster ... als wenn das Gehirn des Tieres die Masern hätte. ... wir nennen sie »blobs«, weil das Wort anschaulich und berechtigt ist und unsere Konkurrenten zu ärgern scheint.»[2,14]) (Abb. 3). Blobs hat man zuerst in corticalem Gewebe gesehen, in dem Cytochromoxidase, ein Enzym, das hohe Stoffwechselaktivität anzeigt, angefärbt wurde.[15,16] Bei Makaken sind die angefärbten Cytochromoxidaseflecken präzise in parallelen Streifen mit ca. 0,5 mm Abstand angeordnet. An der Grenze zwischen V_1 und V_2 verändert sich das Cytochromoxidase-Muster abrupt. In V_2 sieht man alternierende dicke, dünne, dunkle und helle Streifen, die senkrecht zur Grenze V_1-V_2 verlaufen.[17,18] Die Eigenschaften und Verbindungen der «blob»-Neuronen werden unten im Zusammenhang mit höheren visuellen Arealen und dem Farbensehen beschrieben.

14 Hubel, D. H. 1988. *Eye, Brain and Vision*. Scientific American Library, New York.
15 Wong-Riley, M. 1979. *Brain Res.* 171: 11–28.
16 Wong-Riley, M. T. 1989. *Trends Neurosci.* 12: 94–101.
17 Hendrickson, A. E. 1985. *Trends Neurosci.* 8: 406–410.
18 Livingstone, M. S. and Hubel, D. H. 1984. *J. Neurosci.* 4: 309–356.

Eingänge, Ausgänge und Schichtung des Cortex

Eine generelle Eigenschaft des Säugercortex besteht darin, daß die Zellen in der grauen Substanz in sechs Schichten angeordnet sind (Abb. 4). Diese Schichten variieren – in Abhängigkeit von der Dicke und der Zellpackungsdichte – ihr Aussehen von Area zu Area. Die aus dem Geniculatum einlaufenden Fasern enden meistens, aber nicht immer, in Schicht 4. Die Eingänge sind in Abb. 4 dargestellt. Afferenzen aus dem Geniculatum versorgen auch Zellen in Schicht 6. Höhere Schichten erhalten Eingänge vom Pulvinar, einer Region des Thalamus.[13,19] Viele corticale Zellen, besonders die in den Schichten 2, 3 oben und 5 erhalten Eingänge von Neuronen innerhalb des Cortex. Die spezialisierten Projektionen zu und von den blobs in Schicht 3 des Makaken bilden ein völlig separates System.

Es gibt folgende Ausgänge aus den Schichten 6, 5, 4, 3 und 2 (Abb. 4):[13,19] Die Axone der Zellen in Schicht 6 projizieren zurück zum Corpus geniculatum laterale und zu einer anderen tiefgelegenen Struktur, dem Claustrum. Auch die Zellen aus Schicht 5 projizieren nach unten, hauptsächlich zum Colliculus superior, einer Struktur des Mittelhirns, die mit Augenbewegungen zu tun hat. Die Zellen aus Schicht 4 projizieren in die Schichten 3 und 2. Sie senden auch Axone aus, die in anderen Cortexarealen enden. Die Zellen der Schichten 2 und 3 liefern einen wesentlichen Ausgang zu anderen corticalen Arealen, sie projizieren auch abwärts in die Schicht 5. Eine einzelne Zelle, die efferente Signale aus dem Cortex herausträgt, kann auch intracorticale Verbindungen von einer Schicht zur anderen herstellen. Beispielsweise versorgen die Axone einer Zelle in Schicht 6 nicht nur das Geniculatum, sondern enden auch in Schicht 4. Aus dieser Anatomie wird ein allgemeines Schema sichtbar: Die Information aus der Retina wird durch Axone des Geniculatums zu Zellen (hauptsächlich) in Schicht 4 transportiert. Sie wird dann von Neuron zu Neuron durch die Cortexschichten weitergegeben und über Fasern, die eine Schleife nach unten durch die weiße Substanz bilden, in andere Hirnregionen gesandt.

Trennung der Eingänge aus dem Geniculatum in Schicht 4

Es ist wichtig, zu bemerken, daß Schicht 4, in der viele Fasern aus dem Geniculatum enden, weiter in A, B und C aufgeteilt ist. Schicht 4C ist ihrerseits in zwei Unterschichten unterteilt: 4Cα oben und 4Cß unten.[13] Die Fasern aus den parvozellulären (P) und magnozellulären (M) Schichten des Geniculatums enden in getrennten Subschichten. Im visuellen Cortex des Affen versorgen die parvozellulären Eingänge Zellen in den Schichten 4A und 4Cß und im oberen Teil von Schicht 6. Die magnozellulären Eingänge versorgen Zellen in Schicht 4Cα und im tieferen Teil von Schicht 6. Zellen in Schicht 4Cß,

19 Gilbert, C. D. 1983. *Annu. Rec. Neurosci.* 6: 217–247.

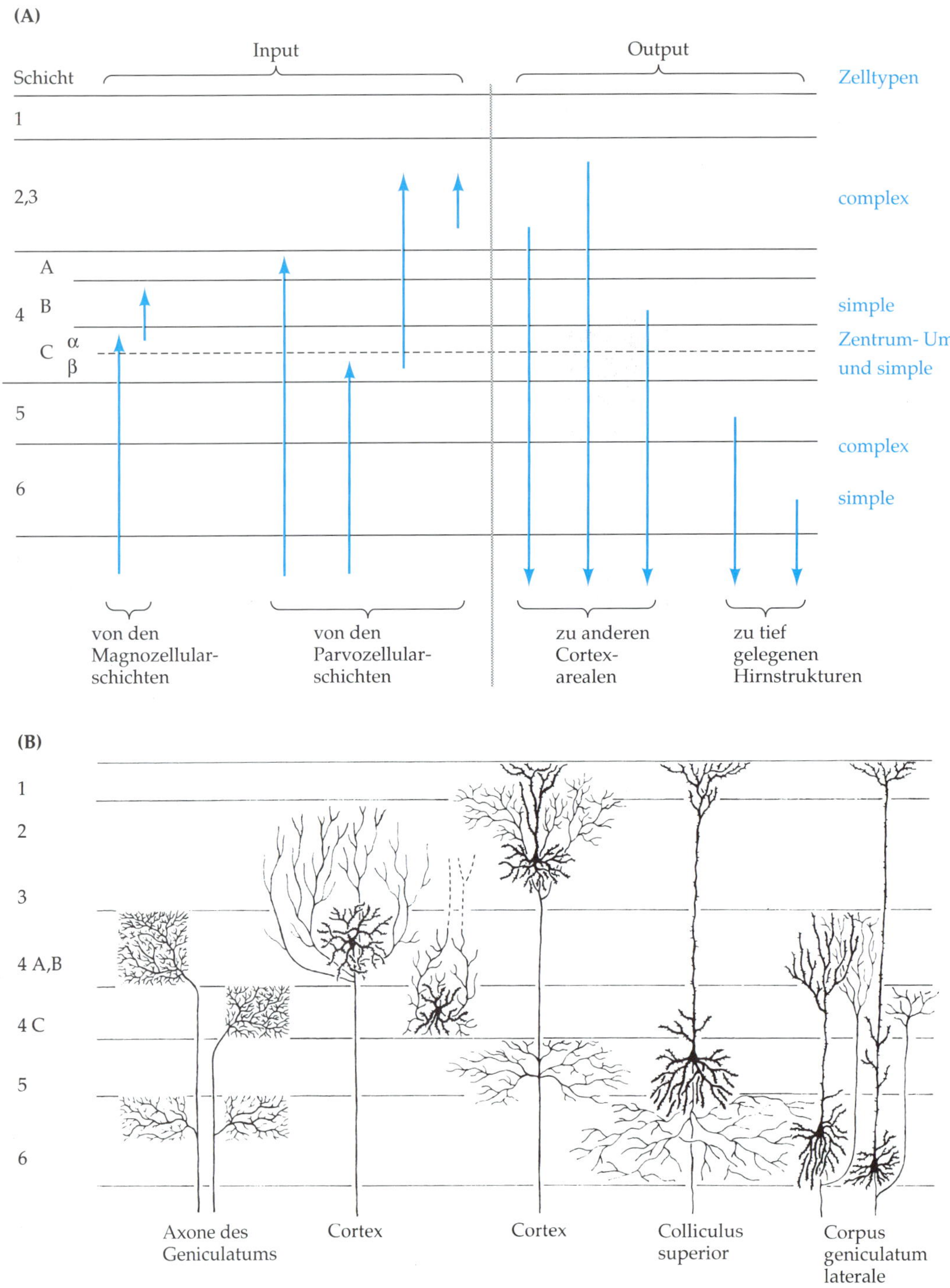

Abb. 4: **Verbindungen im visuellen Cortex.** (A) Die Schichten mit ihren verschiedenen Eingängen, Ausgängen und Zelltypen. Die Eingänge aus dem Corpus geniculatum laterale enden hauptsächlich in Schicht 4. Die Eingänge von den Magnozellularschichten enden grundsätzlich in 4Cα und 4B, die Eingänge von den Parvozellularschichten in 4A und 4Cß. Simple-Zellen findet man hauptsächlich in den Schichten 4 und 6, complex-Zellen in den Schichten 2, 3, 5 und 6. (B) Hauptverzweigungsmuster der Ausläufer in den Schichten 1 bis 6 des Katzencortex. Neben diesen vertikalen Verbindungen besitzen viele Zellen lange Horizontalverbindungen, die innerhalb einer Schicht zu entfernten Regionen des Cortex laufen (A nach Hubel, 1988; B nach Gilbert und Wiesel, 1981).

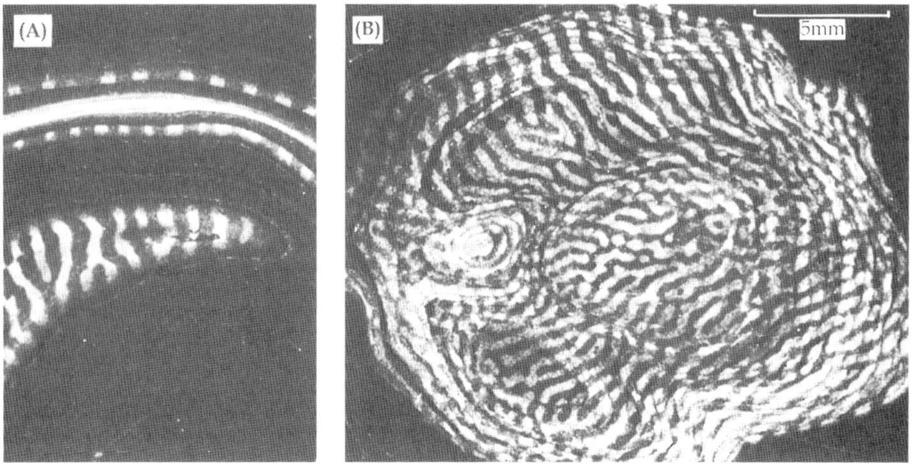

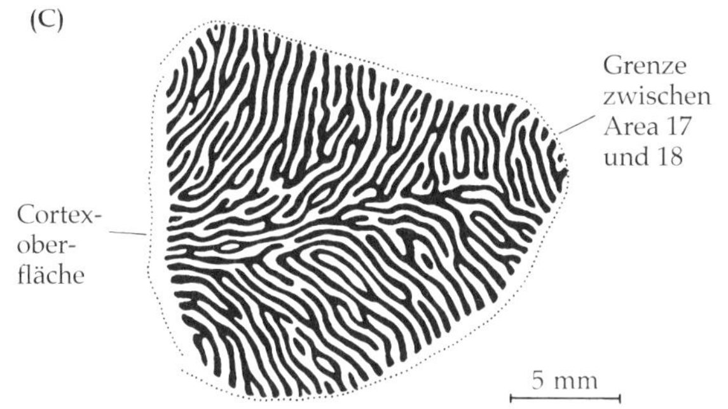

Abb. 5: **Augendominanzsäulen im Affencortex**, durch Injektion radioaktiven Prolins in ein Auge nachgewiesen. (A, B) Autoradiogramme mit Dunkelfeldbeleuchtung photographiert, in der die Silberkörner weiß erscheinen. (A) Im Bild oben geht der Schnitt durch Schicht 4 des visuellen Cortex im rechten Winkel zur Oberfläche. Man sieht die senkrecht angeschnittenen Säulen. In der Mitte wurde Schicht 4 horizontal geschnitten. Man sieht, daß die Säulen aus längeren Bändern bestehen. (B) Rekonstruktion aus vielen Horizontalschnitten durch die Schicht 4C eines anderen Affen, bei dem das ipsilaterale Auge injiziert wurde. (Wegen der Cortexkrümmung kann kein Horizontalschnitt mehr als nur einen Teil der Schicht 4 enthalten.) Dorsal befindet sich oben, medial rechts. In (A) und (B) erscheinen die Augendominanzsäulen als Streifen gleicher Breite, die von dem einen oder anderen Auge versorgt werden. (C) Rekonstruktion des Augendominanzsäulenmusters über die gesamte belichtete Fläche der Schicht 4C. Balken 5 mm (A und B mit freundlicher Genehmigung von S. LeVay; C nach LeVay, Hubel und Wiesel, 1975).

die parvozelluläre Eingänge erhalten, versorgen die Schichten 2 und 3. Die Zellen in Schicht 4Cα, die magnozelluläre Eingänge empfangen, versorgen ihrerseits 4B. Das M- und das P-System versorgen die blobs in Schicht 3. Wir werden unten sehen, daß die M- und die P-Projektionen ihre unterschiedliche Identität mit charakteristischen Eigenschaften in den visuellen Arealen V_2, V_3, V_4 und V_5 beibehalten. Es gibt sogar einen monoklonalen Antikörper, der bevorzugt die verschiedenen magnozellulären Bahnen in den visuellen Arealen des Cortex markiert.[8] Die Trennung in M- und P-Abschnitte beginnt also in der Retina, geht weiter im Corpus geniculatum laterale und wird größtenteils auch im Cortex aufrecht erhalten.

In Schicht 4 wird die Trennung der Eingänge aus beiden Augen ebenfalls noch aufrecht erhalten. Bei adulten Katzen und Affen projizieren die Zellen aus einer Schicht des Geniculatums, die ihre Eingänge von dem einen Auge erhalten, auf Gruppen von Zielzellen in Schicht 4C, die getrennt von denen liegen, die Information aus dem anderen Auge erhalten. Diese Ansammlungen sind als alternierende Streifen oder Banden corticaler Zellen angeordnet, die ausschließlich von dem einen oder dem anderen Auge versorgt werden.[20] Über und unter Schicht 4 erhalten die meisten Zellen Eingänge von beiden Augen, obwohl normalerweise ein Auge dominiert. Die Art und Weise, in der die Eingänge aus beiden Augen in den tieferen und den mehr oberflächlichen Schichten auf zellulärer Ebene kombiniert werden, werden wir unten beschreiben. Hubel und Wiesel haben mit Hilfe elektrophysiologischer Ableitmethoden als erste die Trennung der Eingänge der beiden Augen und die Augendominanz nachgewiesen.[21] Sie benutzten dafür den Terminus **Säule** (oder **Kolumne**), ein Begriff der von Mountcastle für den somatosensorischen Cortex[22] eingeführt wurde, um die Anordnung der Zellen mit ähnlichen Eigenschaften, die in allen Cortexschichten übereinander liegen, zu beschreiben. Obwohl die Neuronengruppen eher die Form von dreidimensionalen, d.h. sich durch alle Cortexschichten erstreckenden Bändern haben, hat sich der Begriff Säule etabliert und wird allgemein verwendet.

Eine Vielzahl experimenteller Verfahren wurde entwikkelt, um die alternierenden Zellgruppen in Schicht 4, die vom rechten oder vom linken Auge versorgt werden, nachzuweisen. Eins der ersten bestand darin, eine kleine Läsion in einer Schicht des Corpus geniculatum laterale

20 Hubel, D. H. and Wiesel, T. N. 1977. *Proc. R. Soc. Lond. B* 198: 1–59.

21 Hubel, D. H. and Wiesel, T. N. 1962. *J. Physiol.* 160: 106–154.

22 Mountcastle, V. B. 1957. *J. Neurophysiol.* 20: 408–434.

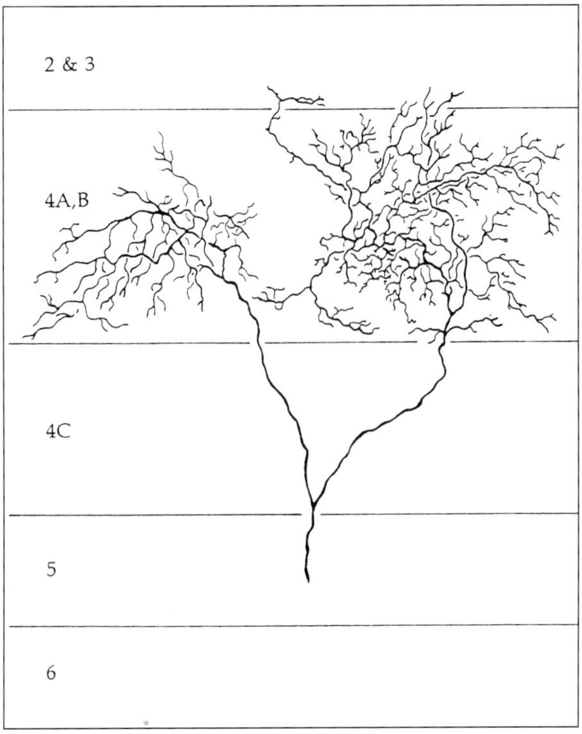

Abb. 6: **«Off»-Zentrum-Y-Axon vom Corpus geniculatum laterale,** das in Schicht 4 der Katze endet. In das Axon wurde mit einer Mikroelektrode Meerrettichperoxidase injiziert. Die Endigungen sind in zwei Clustern gruppiert, die durch eine freie Zone getrennt sind, die vom anderen Auge versorgt wird (nach Gilbert und Wiesel, 1979).

durchzuführen. Daraufhin erschien sofort ein charakteristisches Muster aus alternierenden Streifen (oder Bändern) aus degenerierenden Endigungen in Schicht 4.[23] Diese Streifen entsprechen den Arealen, die von dem Auge erregt werden, in dessen Verbindungslinie die Läsion durchgeführt wurde. Ein schlagender Beweis für das Augendominanzmuster wurde später durch den Transport radioaktiver Aminosäuren ausgehend von einem Auge geliefert. Das Prinzip besteht darin, eine Aminosäure wie Prolin oder Leucin in den Glaskörper eines Auges zu injizieren, von wo sie durch Nervenzellkörper in der Retina aufgenommen und in Proteine inkorporiert wird. Das markierte Protein wird dann von den Ganglienzellen durch die Fasern des Sehnervs zu ihren Endigungen im Corpus geniculatum laterale transportiert. Es ist außergewöhnlich, daß diese Markierung auch von Neuron zu Neuron über Synapsen hinweg übertragen wird.[24–26] Deshalb werden die Endigungen der Fasern aus dem Geniculatum in Schicht 4 markiert. Abb. 5 zeigt deutlich die Radioaktivität um die Endigungen der Axone des Geniculatums, die von dem injizierten Auge versorgt werden. Zonen, die ihre Eingänge vom anderen Auge erhalten, bleiben hell. Das Streifenmuster, das man auf diese Weise erhält, ist dasselbe, wie das bei Läsionen des Geniculatums, aber jetzt sieht man das Muster in allen Teilen des primären visuellen Cortex. Das Augentrennungsmuster wird auch durch die blobs definiert. Cytochromoxidase-gefärbte blobs liegen im Zentrum jeder Augendominanzsäule.[13,27,28] Mit optical recording ist es sogar möglich, okuläre Dominanzsäulen und blobs bei lebenden Affen zu beobachten (Abb. 20 unten). Auf zellulärem Niveau hat man ein ähnliches Muster in Schicht 4 durch retrograde Aufnahme oder Injektion von Meerrettichperoxidase in einzelne Axone des Corpus geniculatum laterale erhalten, wenn sie den Cortex erreichen.[13,29,30] Das Axon in Abb. 6 ist eine «off»-Zentrum-Afferenz, die transiente Antworten auf dunkle, bewegte Punkte gibt. Es endet in zwei getrennten Ausläufergruppen in Schicht 4. Die Ausläufer werden durch eine leere Fläche getrennt, die groß genug ist für ein Gebiet, das vom anderen Auge versorgt wird. Insgesamt haben diese morphologischen Untersuchungen die Originalbeschreibung der Augendominanzsäulen von Hubel und Wiesel aus dem Jahr 1962 bestätigt und vertieft.

Corticale rezeptive Felder

Die Antworten corticaler Neuronen erscheinen wie die der retinalen Ganglienzellen und der Zellen des Geniculatums vor einem Hintergrund anhaltender Aktivität. Es wurde übereinstimmend beobachtet, daß die Entladungen corticaler Neuronen durch eine diffuse Beleuchtung der Retina nicht signifikant beeinflußt werden. Die nahezu vollständige Insensitivität für diffuse Beleuchtung bedeutet eine Intensivierung des Prozesses, der bereits in der Retina und im Corpus geniculatum laterale beobachtet wurde. Sie wird durch eine ausgewogene antagonistische Wirkung inhibitorischer und exzitatorischer Bereiche in den rezeptiven Feldern der corticalen Zellen verursacht. Die neuronale Feuerrate wird nur verändert, wenn bestimmte Anforderungen an Position und Form des Reizes erfüllt sind. Die rezeptiven Felder der meisten corticalen Neuronen haben eine Struktur, die sich von der der Zellen der Retina oder des Geniculatums unterscheidet, so daß Lichtpunkte oft nur einen geringen oder gar keinen Effekt ausüben. In seiner Ansprache anläßlich der Nobelpreisverleihung beschrieb Hubel das Experiment, in dem Wiesel und er diese wesentliche Eigenschaft zum ersten Mal beobachteten:[2]

23 Hubel, D. H. and Wiesel, T. N. 1972. *J. Comp. Neurol.* 146: 421–450.
24 Specht, S. and Grafstein, B. 1973. *Exp. Neurol.* 41: 705–722.
25 LeVay, S., Hubel, D. H. and Wiesel, T. N. 1975. *J. Comp. Neurol.* 159: 559–576.
26 LeVay, S. et al. 1985. *J. Neurosci.* 5: 486–501.
27 Hendrickson, A. E., Hunt, S. P. and Wu, J.-Y. 1981. *Nature* 292: 605–607.
28 Horton, J. C. and Hubel, D. H. 1981. *Nature* 292: 762–764.
29 Gilbert, C. D. and Wiesel, T. N. 1979. *Nature* 280: 120–125.
30 Blasdel, G. G. and Lund, J. S. 1983. *J. Neurosci.* 3: 1389–1413.

Abb. 7: **Antworten einer Simple-Zelle** in Area 17 der Katze auf Lichtpunkte (A) und Balken (C). Das rezeptive Feld (B) hat einen schmalen zentralen «on»-Bereich (+), der von symmetrischen antagonistischen «off»-Bereichen (–) flankiert wird. Der Bestreiz für diese Zelle ist ein vertikal orientierter Lichtbalken (1° × 8°) im Zentrum seines rezeptiven Feldes (fünfte Ableitung von oben in C). Andere Orientierungen sind weniger effektiv oder ineffektiv. Diffuses Licht (dritte Ableitung von oben in A) wirkt nicht als Reiz. Die Beleuchtungsperiode wird durch den Balken markiert (nach Hubel und Wiesel, 1959).

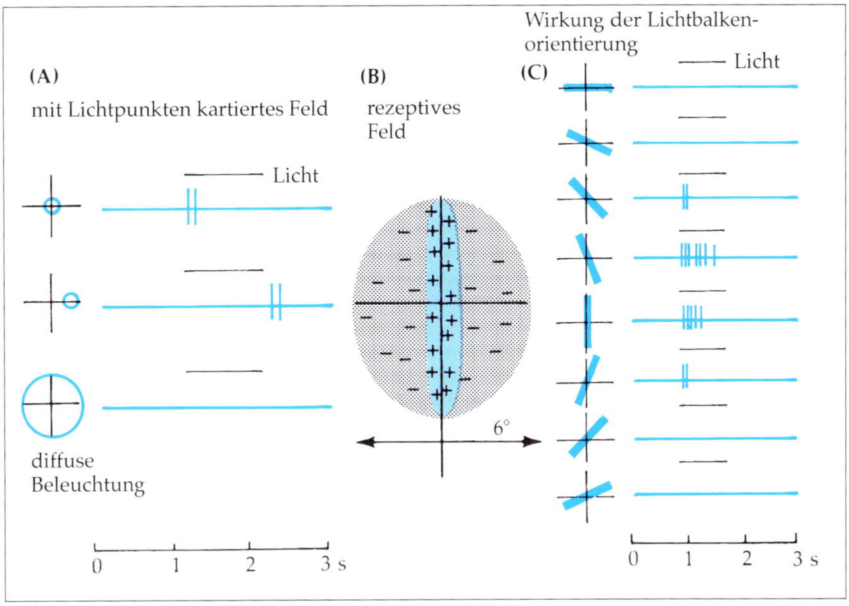

Unsere erste wirkliche Entdeckung war eine Überraschung ... über drei oder vier Stunden kamen wir absolut nicht weiter. Dann haben wir allmählich begonnen, durch Reizung irgendwo im mittleren Bereich der Retina einige undeutliche und inkonsistente Antworten zu erzeugen. Wir schoben gerade das Glasdia mit seinem schwarzen Punkt in den Schlitz des Ophthalmoskopes, als die Zelle plötzlich, über einen Audiomonitor hörbar, anfing, wie ein Maschinengewehr zu feuern. Nach einigem Hin und Her, fanden wir heraus, was geschehen war. Die Antwort hatte nichts mit dem schwarzen Punkt zu tun. Als das Glasdia eingeschoben wurde, hat seine Kante einen schwachen, aber scharfen Schatten auf die Retina geworfen, eine gerade dunkle Linie auf hellem Hintergrund. Das war es, was die Zelle wollte, und sie wollte es nur in einem engen Orientierungsbereich. Das war beispiellos. Es ist heute schwer zurückzudenken und zu realisieren, daß wir überhaupt keine Vorstellung davon hatten, was Cortexzellen im Alltag eines Lebewesens tun.

David H. Hubel (links) und Torsten N. Wiesel ca. 1969 während eines Experimentes. Auch die Katze (nicht gezeigt) sieht den Bildschirm an.

Hubel und Wiesel haben die Spur weiterverfolgt und die geeigneten Lichtreize für verschiedene corticale Zellen herausgefunden. Sie klassifizierten die rezeptiven Felder entsprechend der Komplexität ihres Aufbaus als **einfach** (**simple-Zellen** = Zellen mit einfachem rezeptiven Feld) und **komplex** (**complex-Zellen**) Jede dieser Kategorien enthält eine Anzahl von Untergruppen und wichtige Variablen, die sich auf Wahrnehmungsmechanismen beziehen.

Funktionelle Eigenschaften von simple-Zellen

Die rezeptiven Felder der simple-Zellen zeigen einige Unterschiede.[14,21,31,32] Beim Affen gibt es eine Klasse corticaler Zellen mit Eigenschaften, die noch elementarer sind als die von simple-Zellen. Sie haben ein konzentrisches rezeptives Feld vom Typ Zentrum-Umfeld, das dem einer Zelle des Geniculatums oder einer Ganglienzelle gleicht. Solche Neuronen findet man ausschließlich in Schicht 4C, wo die meisten Fasern aus dem Geniculatum enden. Die Eigenschaften oder die Bedeutung des Signals haben sich wenig oder nicht deutlich verändert. Die meisten simple-Zellen haben jedoch ganz andere rezeptive Felder. Man findet sie in den Schichten 4 und 6 und tief in Schicht 3. Alle diese Schichten erhalten auch Eingangssignale direkt vom Geniculatum. Ein Typ von simple-Zellen besitzt ein rezeptives Feld, das aus einem langen, engen Zentralbereich besteht, der von zwei antagonistischen Bereichen flankiert wird. Das Zentrum kann entweder exzitatorisch oder inhibitorisch sein. Abb. 7 zeigt ein rezeptives Feld einer simple-Zelle in Area

31 Hubel, D. H. and Wiesel, T. N. 1959. *J. Physiol.* 148: 574–591.
32 Hubel, D. H. and Wiesel, T. N. 1968. *J. Physiol.* 195: 215–243.

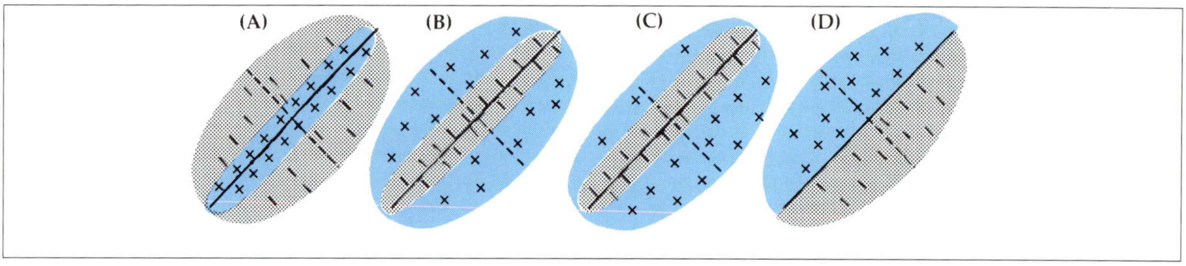

Abb. 8: **Rezeptive Felder von Simple-Zellen** in Area 17 der Katze. In der Praxis werden alle möglichen Orientierungen in jedem Feldtyp beobachtet. Der optimale Reiz für (A) ist ein schmaler Lichtspalt (oder -balken) im Zentrum, für (B) und (C) ein dunkler Balken und für (D) eine Kante mit Dunkelheit auf der rechten Seite. Es kann eine beträchtliche Asymmetrie wie in (C) auftreten (nach Hubel und Wiesel, 1962).

17, das mit Lichtpunkten kartiert wurde, die das Zentrum schwach erregten (weil die Lichtpunkte nur einen kleinen Bereich der zentralen Fläche (markiert mit +) bedeckten und das Umfeld hemmten (–)).

Eine simple-Zelle stellt strenge Anforderungen. Um optimal aktiviert zu werden, benötigt sie einen Lichtbalken, der eine bestimmte Breite besitzt, die zentrale Fläche ganz ausfüllt und der eine bestimmte Orientierung aufweist.

Dies wird in den Ableitungen in Abb. 7 illustriert. Wie erwartet ist ein vertikaler Lichtbalken (fünfte Ableitung von oben) für diese Zelle am effektivsten. Schon bei kleinen Abweichungen von dieser Bedingung wird die Antwort abgeschwächt.

Verschiedene Zellen besitzen rezeptive Felder mit einem breiten Repertoire unterschiedlicher Orientierungen und Positionen. Eine neue Population von simple-Zellen wird deshalb dadurch aktiviert, daß man den Reiz rotiert oder seine Position im Gesichtsfeld verändert. Die Verteilung der inhibitorischen bzw. exzitatorischen Flanken kann in verschiedenen einfachen rezeptiven Feldern asymmetrisch sein, oder das Feld kann aus zwei longitudinalen Regionen bestehen, die sich gegenüberstehen – eine exzitatorisch, die andere inhibitorisch. Abb. 8 zeigt Beispiele von vier rezeptiven Feldern, alle mit einer gemeinsamen Orientierungsachse, aber verschiedenen Flächenverteilungen innerhalb des Feldes. Beim rezeptiven Feld in Abb. 8 A löst ein dünner Lichtbalken der entsprechenden Orientierung die beste Antwort aus. Ein dunkler Balken mit hellen Flanken am selben Ort unterdrückt die vorhandene Spontanaktivität. Zellen mit rezeptiven Feldern wie in Abb. 8 B und 8 C erzeugen die entgegengesetzte Antwort. Für eine Zelle mit einem rezeptiven Feld wie in Abb. 8 D ist eine Kante mit Licht auf der linken und Dunkelheit auf der rechten Seite der effektivste Reiz für «on»-Antworten. Vertauscht man die Hell- und Dunkelareale, so erhält man maximale «off»-Entladungen.

Man hat noch eine andere Sorte simple-Zellen gefunden. Wieder sind Orientierung und Position des Reizes kritisch, und das Feld besteht aus antagonistischen «on»- und «off»-Bereichen. Zusätzlich ist aber noch die Länge des Balkens oder der Kante wichtig: Eine Streckung des Balkens über eine optimale Länge hinaus reduziert seine Reizwirkung.[33] Es ist so, als ob ein zusätzlicher «off»-Bereich an der Spitze oder der Basis des Feldes in Abb. 8 existierte, der das Feuern zu unterdrücken versucht. Der beste Reiz für solche simple-Zellen ist also ein geeignet orientierter Balken oder eine Kante, die an einem bestimmten Ort zu Ende sind (**End-Inhibition** oder **End-Stop**).

Allen simple-Zellen ist gemeinsam, daß sie (1) am besten auf einen geeignet orientierten Reiz antworten, der so positioniert ist, daß er nicht die Grenze zu antagonistischen Zonen überschreitet, und daß (2) stationäre Streifen oder Punkte benutzt werden können, um «on»- und «off»-Areale zu definieren. Eine andere gemeinsame und bemerkenswerte Eigenschaft besteht darin, daß diese beiden Beiträge trotz aller Unterschiede in den Eigenschaften der inhibitorischen und exzitatorischen Areale genau zusammenpassen und sich so gegenseitig auslöschen können, so daß eine diffuse Beleuchtung des gesamten rezeptiven Feldes allenfalls eine schwache Antwort auslösen kann. Die «off»-Bereiche der corticalen Felder sind nicht immer in der Lage, mit Impulsen auf dunkle Balken zu reagieren. Häufig (besonders bei End-inhibition und bei komplizierteren Feldern, die wir in Kürze beschreiben werden) manifestiert sich eine Beleuchtung des «off»-Bereiches als Verringerung der Entladung, die vom «on»-Bereich erzeugt wird. Bewegte Kanten oder Balken geeigneter Orientierung lösen sehr effektiv Impulse aus.[14,21]

In simple-Zellen ist die optimale Breite des dünnen hellen oder dunklen Balkens vergleichbar zum Durchmesser der «on»- oder der «off»-Zentrumregion in den ringförmigen rezeptiven Feldern der Ganglienzellen oder der Zellen des Corpus geniculatum laterale (Kap. 16). Wieder gibt es eine Spezialisierung, um Unterschiede zu erkennen, aber die punktförmige Kontrastrepräsentation der Ganglienzellen wurde in eine Linie oder Kante umgewandelt und ausgeweitet. Die Auflösung ist nicht verloren gegangen, sondern wurde in ein komplexeres Muster inkorporiert. Cortexzellen, deren rezeptive Felder in der Fovea liegen, werden besser durch schmalere Balken erregt als die Zellen mit rezeptiven Feldern im peripheren Bereich des Auges, was zu den kleineren rezeptiven Feldern der Ganglienzellen der Fovea paßt.

33 Gilbert, C. D. 1977. *J. Physiol.* 268: 391–421.

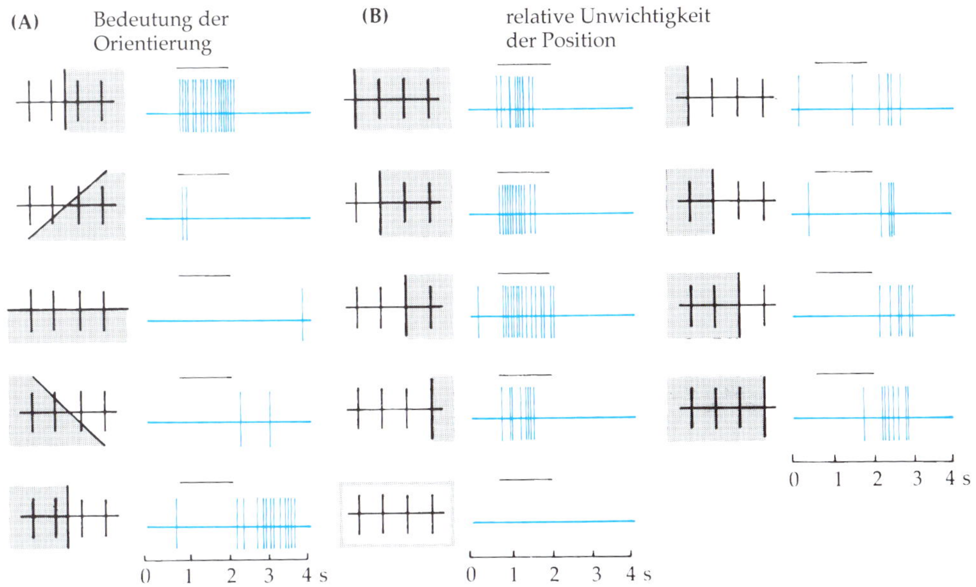

Abb. 9: **Antworten einer complex-Zelle** in Area 17 der Katze. Die Zelle antwortet am besten auf eine vertikale Kante. (A) Licht auf der linken und Dunkelheit auf der rechten Seite (erste Ableitung) bewirkt eine «on»-Antwort, Licht auf der rechten Seite (fünfte Ableitung) ergibt eine «off»-Antwort. Andere als vertikale Orientierungen sind weniger efektiv. (B) Die Position der Grenze innerhalb des rezeptiven Feldes ist nicht wichtig. Eine Beleuchtung des gesamten rezeptiven Feldes (untere Ableitung) löst keine Antwort aus (nach Hubel und Wiesel, 1962).

Eigenschaften von complex-Zellen

Bei Ableitungen von einzelnen Neuronen des visuellen Cortex findet man neben den simple-Zellen andere Neuronen, die sich ganz unterschiedlich verhalten. Diese complex-Zellen, die man reichlich in den Schichten 2, 3 und 5 findet, haben zwei wichtige Eigenschaften mit den simple-Zellen gemeinsam: Sie benötigen eine spezifische Orientierung der Hell-Dunkel-Grenze im Feld, eine Beleuchtung des gesamten Feldes ist ineffektiv.[21] Die Forderung nach einer präzisen Reizposition, die man bei simple-Zellen beobachtet, ist jedoch bei complex-Zellen abgeschwächt. Außerdem gibt es keine «on»- und «off»-Bereiche mehr, die mit kleinen Lichtpunkten erregt werden können. Solange ein richtig orientierter Reiz innerhalb der Grenzen ihres rezeptiven Feldes auftritt, antworten die meisten complex-Zellen, wie das Beispiel in Abb. 9 zeigt. Die Bedeutung der Signale der complex-Zellen unterscheidet sich jedoch signifikant von der der simple-Zellen. Die simple-Zelle lokalisiert einen orientierten Lichtbalken (Abb. 8) mit einer bestimmten Position innerhalb des rezeptiven Feldes, während die complex-Zelle das abstrakte Konzept der *Orientierung ohne strikte Beziehung zur Position* signalisiert. Obwohl das rezeptive Feld vergrößert wurde, ist die Auflösung nicht verloren gegangen, sondern in eine kompliziertere Anordnung eingebaut.

Man kann zwei Hauptklassen complexer Zellen unterscheiden. Beide reagieren am besten auf bewegte Kanten oder Balken fester Breite und präziser Orientierung. Einer der beiden Zelltypen antwortet wie in Abb. 9 gezeigt. Bei diesen Zellen verbessert sich die Antwort, wenn die Kante oder der Balken verlängert wird – jedoch nur bis zu einem ganz bestimmten Punkt. Wenn der Reiz dann noch weiter verlängert wird, erhält man keinen zusätzlichen Effekt. Andere complex-Zellen benötigen, wie End-Stop simple-Zellen, Balken oder Kanten mit Enden.[4,34] (In der früheren Nomenklatur würde man diese Zellen Hypercomplex-Zellen nennen, ein Begriff, den man heute nicht mehr benutzt.) Der beste Reiz für diese Zellen erfordert nicht nur eine bestimmte Orientierung, sondern außerdem eine Diskontinuität, wie eine endende Linie, einen Winkel oder eine Ecke. Abb. 10 zeigt Antworten einer Zelle, die am besten von einer Kante (unten dunkel, oben hell) in einem Winkel von 45° erregt wird. Diffuse Beleuchtung, andere Achsenorientierungen oder punktförmige Beleuchtung haben keine Wirkung. Auf den ersten Blick könnte man sie als complex-Zelle ähnlich der, deren Antworten in Abb. 9 dargestellt sind, klassifizieren. Der Unterschied wird jedoch in der vierten und fünften Ableitung von oben in Abb. 10 klar, wo die dunkle Kante verlängert wird. Die Verlängerung nach rechts unterdrückt die Antwort dieser complex-Zelle. Interessanterweise verringert diffuse Beleuchtung des rechten Teilfeldes die Antwort nicht (letzte Ableitung). D.h., es handelt sich nicht um einen einfachen «off»-Bereich. Eine Ecke beschreibt am besten den wirksamsten Reiz dieser Zelle. Außerdem muß sich der Reiz in eine Richtung bewegen. Solch eine Richtungssensitivität ist ein Merkmal, das man allgemein bei complex-Zellen findet.

Es sollen auch noch andere Varianten von complex-

34 Palmer, L. A. and Rosenquist, A. C. 1974. *Brain Res.* 67: 27–42.

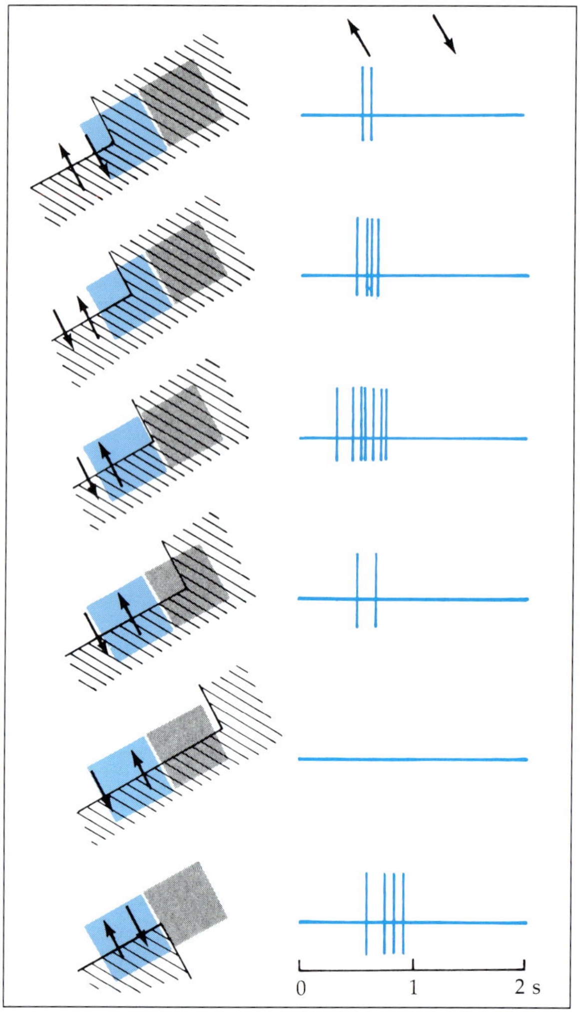

Abb. 10: **Endinhibition einer Complex-Zelle** in V_2 (Area 18) des Katzencortex. Der Bestreiz für diese Zelle (dritte Ableitung von oben) ist eine bewegte (Pfeile), orientierte Kante (eine Ecke), die nicht den antagonistischen rechten Teil des rezeptiven Feldes überstricht. Die Ableitungen zeigen auch die selektive Empfindlichkeit der Zelle für Aufwärtsbewegungen (nach Hubel und Wiesel, 1965).

Zellen erwähnt werden. Beispielsweise antwortet die Zelle in Abb. 11 auf einen schmalen Balken oder Spalt. Im Gegensatz zur Zelle, die wir gerade besprochen haben, verhält sie sich so, als ob auf der linken Seite ein zusätzlicher inhibitorischer Endeffekt hinzugefügt wurde. Man kann sich das Feld aus drei Komponenten zusammengesetzt vorstellen, zwei inhibitorischen und einer exzitatorischen. Der Bestreiz für diese complex-Zelle ist ein bewegter, orientierter Balken oder Spalt, der die Mittelregion bedeckt. Der Reiz darf sich jedoch in keinem der beiden inhibitorischen Seitenbereiche des rezeptiven Feldes ausdehnen. Wenn er in eine der beiden Richtungen verbreitert oder verschoben wird, wird der Reiz abgeschwächt oder ineffektiv. Diese Zelle stellt also noch höhere Anforderungen. Sie signalisiert, daß eine schmale, dunkle, orientierte Linie in diesem Bereich der Retina endet. Sie sagt nicht genau, wo sich die Linie in der Bewegungsebene (oben oder unten) befindet, aber sie zeigt, daß (1) die Linie orientiert ist, (2) die Linie nicht breiter ist als ein festgelegter Wert und (3) die Linie innerhalb des zentralen Bereiches des rezeptiven Feldes endet. Solche complex-Zellen findet man vor allem in den Schichten 3 und 5. Oft muß man über mehrere Stunden verschiedene Muster auf dem Bildschirm vor dem Tier ausprobieren, bevor der effektivste Reiz identifiziert werden kann.

Hier angekommen wird häufig die folgende Frage gestellt: Wie kann man sicher sein, daß die Bestreize für die simple- und complex-Zellen wirklich gerade Linien sind und nicht Kurven, der Buchstabe E, eine Maus oder eine Banane? Im Experiment ist es natürlich nicht möglich, alle möglichen Kombinationen an jeder Zelle auszuprobieren. Allgemein hat man jedoch in vielen Laboratorien gesehen, daß Kurven, Kreise und komplexe Muster die Zellen in V_1 nicht so effektiv reizen wie gerade Balken oder Kanten.[14] Das «Geradesein» bezieht sich natürlich nur auf die Größe der rezeptiven Felder, so bildet ein Segment eines großen Kreises auf der Retina virtuell eine gerade Linie. Genauso wie eine Linie aus eng zusammenliegenden Punkten konstruiert werden kann, kann jede beliebige Form aus geraden Linien geeigneter Länge hergestellt werden. In höheren visuellen Zentren wurden Zellen gefunden, die selektiv auf komplexere Formen, wie Gesichter, antworten.[35,36]

Rezeptive Felder aus beiden Augen konvergieren auf corticale Neuronen

Die binokulare Wechselwirkung wird hier als weiteres Beispiel für ein Gehirndesign eingeführt, das schließlich zur Formwahrnehmung führt. Wenn wir mit einem oder beiden Augen einen Gegenstand betrachten, sehen wir nur ein Bild, auch wenn die Größe und die Position der Projektion des Gegenstandes auf den beiden Retinae leicht verschieden sind. Sherrington benannte das Problem:[37]

> Wie gewohnheitsmäßig und unwissentlich betrachtet das Ich sich selbst, wenn man das binokulare Sehen als Beispiel nimmt. Durch Untersuchungen wurde gezeigt, daß unser binokulares Gesichtsfeld wie ein Ausblick vom Körper durch ein einzelnes Auge ist, das in der Mittelvertikale der Stirn auf Ebene der Nasenwurzel zentriert ist. Es wird unbewußt als selbstverständlich betrachtet, daß wir mit einem Cyclopenauge sehen, das sein Rotationszentrum an dem gerade erwähnten Schnittpunkt hat. Im Gesichtsfeld erhält man visuelle Tiefe durch die unbewußte Kombination ... gekreuzter Bilder nicht zu großer lateraler Disparität .... Die Einheit erhält man durch Vergleich der Unterschiede, wenn sie nicht zu groß sind, die dem wahrnehmenden «Ich» angeboten werden. Andere Wahrnehmungsinstanzen kommen hinzu. Die Helligkeit des binokularen Feldes unterscheidet sich kaum merkbar von jedem der beiden gleichbeleuchteten monokularen Felder, aus denen es zusammengesetzt

35 Damasio, A. R., Tranel, D. and Damasio, H. 1990. *Annu. Rev. Neurosci.* 13: 89–109.
36 Perett, D. I., Mistlin, A. J. and Chitty, A. J. 1987. *Trends Neurosci.* 10: 358–364.
37 Sherrington, C. S. 1906. *The Integrative Action of the Nervous System.* (1961 Edition). Yale University Press, New Haven.

ist. Aber die Reizmenge, die die beiden Augen erreicht, ist nahezu doppelt so groß bei binokularer Betrachtung wie bei monokularer.

Interessanterweise hat Johannes Müller schon vor über 100 Jahren vermutet, daß die einzelnen Nervenfasern von den beiden Augen fusionieren oder auf die selben Zellen im Gehirn verschaltet werden. Damit hat er fast genau die Ergebnisse von Hubel und Wiesel vorweggenommen.[21,31] Sie haben herausgefunden, daß ca. 80 Prozent aller Neuronen des visuellen Cortex von beiden Augen erregt werden können. Da die Neuronen in den verschiedenen Schichten des Corpus geniculatum laterale hauptsächlich von dem einen oder von dem anderen Auge innerviert werden, bietet sich die erste Gelegenheit zu einer ausgeprägten Wechselwirkung zwischen den beiden Augen im Cortex. Wie oben bereits erwähnt, wird die Trennung in der vierten Schicht von Area 17 noch aufrecht erhalten, wo jede simple-Zelle nur von einem Auge erregt wird, und das andere keine Wirkung hat. Die Vermischung der Signale aus beiden Augen tritt in den folgenden Relaisstationen auf, nämlich in den tieferen Schichten (in Richtung weißer Substanz) und in den mehr oberflächlichen Cortexschichten (in Richtung Haarwurzeln).

Die Untersuchung der rezeptiven Felder einer binokular erregbaren Zelle zeigt, daß die Felder (1) normalerweise an einander exakt entsprechenden Positionen des Gesichtsfeldes der beiden Augen liegen und (2) dieselbe Vorzugsorientierung aufweisen, und daß sich (3) die korrespondierenden Bereiche in den rezeptiven Feldern addieren. Ein Beispiel für die Zusammenarbeit der beiden Augen ist in Abb. 12 an einer simple-Zelle dargestellt. Licht, das auf den «on»-Bereich des linken Auges fällt, wird zu dem Licht, das auf den «on»-Bereich des rechten Auges fällt, addiert. Gleichzeitige Beleuchtung antagonistischer Gebiete in beiden Augen reduziert die Antworten und steigert die «off»-Entladungen. Mit solchen Zellen kann man die Bilder von den beiden Augen vereinigen.

Zur Tiefenwahrnehmung gibt es eine andere binokulare Spezialisierung der rezeptiven Felder. Ein Gegenstand außerhalb der Brennebene wird auf verschiedene Teile der beiden Retinae abgebildet. Im Affencortex, besonders in Area V_2 und V_5, wurden Neuronen mit Eigenschaften, die sie zur Tiefenwahrnehmung befähigen, gefunden. Der Bestreiz für diese Zellen ist ein passend orientierter Balken vor (für bestimmte Zellen) oder hinter (für andere Zellen) der Brennebene.[38–40] Wenn der Balken nur einem Auge gezeigt wird oder beiden, aber in der Brennebene, werden keine Impulse evoziert. Diese Zellen benötigen die Disparität der Position auf den beiden Retinae.

38 Fischer, B. and Poggio, G. F. 1979. *Proc. R. Soc. Lond. B* 204: 409–414.
39 Ferster, D. 1981. *J. Physiol.* 311: 623–655.
40 Hubel, D. H. and Livingstone, M. S. 1987. *J. Neurosci.* 7: 3378–3415.

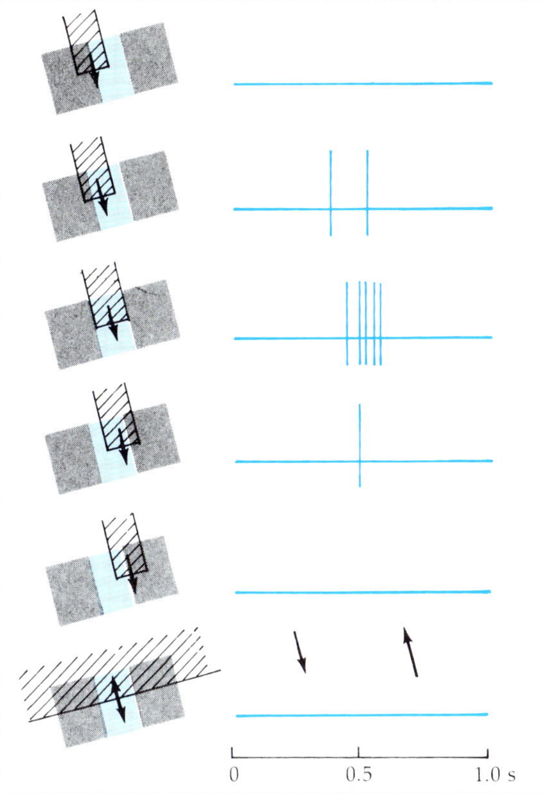

Abb. 11: **Antworten einer Complex-Zelle mit Endinhibition** im Katzencortex. Der Bestreiz ist eine schmale, dunkle Zunge in der Mitte, die sich nach unten bewegt. Eine Verschiebung der dunklen Kante zur Seite oder eine Verbreiterung auf die antagonistischen Flanken vermindert die Antwort (nach Hubel und Wiesel, 1965).

Verbindungen zur Vereinigung der rechten und linken Gesichtsfelder

Ein weiteres Problem betrifft die Art und Weise, in der die beiden Cortexhemisphären verbunden werden, um ein einziges Bild des Körpers und der Welt zu erzeugen. Jede Cortexhälfte ist so verdrahtet, daß sie eine Hälfte der Außenwelt wahrnimmt, aber nicht die andere. Dies gilt ebenso für Berührungs- oder Positionsempfindungen und stellt eine allgemeine Situation im Zusammenhang mit der Wahrnehmung dar. Es ist natürlich, daß man sich fragt, was in der Mitte passiert. Wie verbinden die beiden Seiten unseres Gehirns die rechte und die linke Welt ohne die Spur von einer Naht oder Diskontinuität?

Die einfachste Art, die Kontinuität zu bewahren, besteht darin, die linken und rechten Gesichtsfelder an der Mittellinie aneinander zu legen. Um dies zu erreichen, muß eine Zelle in der rechten Cortexhälfte, die auf einen horizontalen Balken in der Mitte des Gesichtsfeldes reagiert, irgendwie mit ihrem Gegenstück in der linken Cortexhälfte verbunden sein, die auf die Fortsetzung desselben Balkens antwortet. Solche Wechselwirkungen würden mit einem Minimum an Verbindungen zwischen den beiden Hemisphären ein komplettes Bild erlauben. Auf der anderen Seite hätte es wenig Sinn, die Felder der Außenbereiche der beiden Augen zu verbinden, die ganz

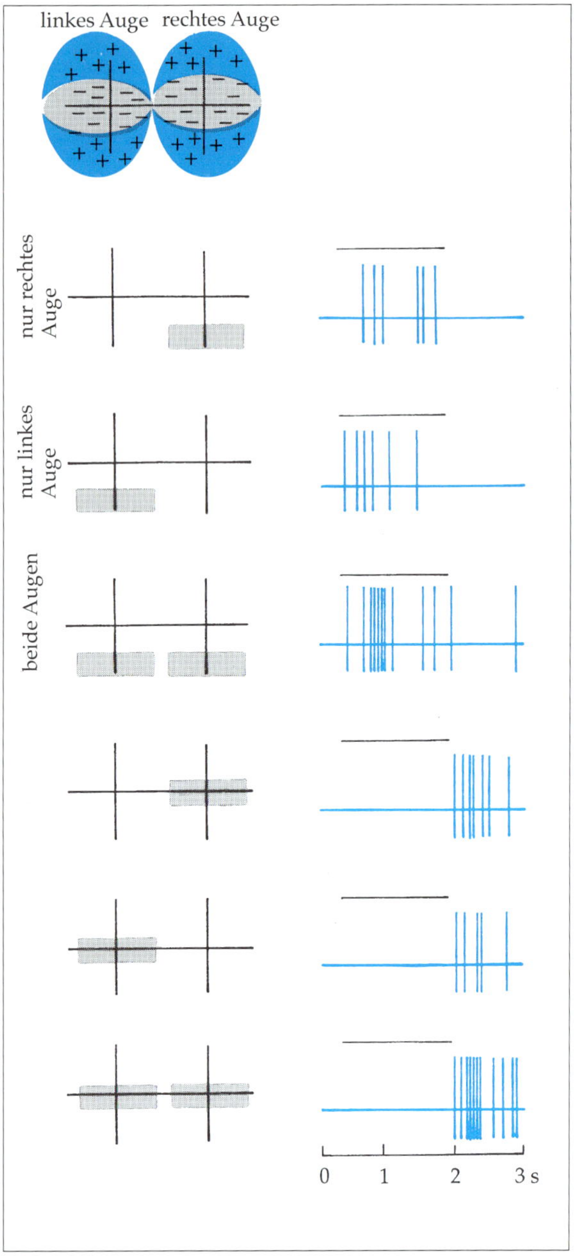

Abb. 12: **Binokulare Aktivierung einer corticalen simple-Zelle**, die in beiden Augen identische rezeptive Felder besitzt. Die gleichzeitige Beleuchtung der korrespondierenden «on»-Bereiche (+) des rechten und linken rezeptiven Feldes ist effektiver als die Reizung nur eines Feldes (obere drei Ableitungen). Reizung der «off»-Bereiche (–) beider Augen verstärkt auf dieselbe Weise die «off»-Entladungen eines jeden Auges (untere Ableitungen). Zellen, die der Tiefenwahrnehmung dienen, haben in beiden Augen rezeptive Felder in verschiedenen Regionen des Sehfeldes. Für diese Zellen muß sich der Balken vor oder hinter der Brennebene des Auges befinden (s. Text) (nach Hubel und Wiesel, 1959).

verschiedene Teile der Welt betrachten und beispielsweise eine Kathedrale und einen Delphin beobachten. Experimentell wurden hoch spezifische Verbindungen zwischen Neuronen mit rezeptiven Feldern genau an der Mittellinie gefunden, die durch das Corpus callosum von der einen in die andere Cortexhemisphäre laufen.[41] Sie werden in Box 1 beschrieben.

Entwürfe für das Zustandekommen rezeptiver Felder

Hubel und Wiesel haben schon früh ein Schema für die Organisation der rezeptiven Felder vorgeschlagen.[4,14,21] Dieses Schema hatte den Vorteil, daß es bekannte Mechanismen benutzte, um zu erklären, wie eine Nervenzelle so selektiv auf ein visuelles Muster, z.B. eine horizontale Linie einer bestimmten Länge, die sich in einem kleinen Bereich des Gesichtsfeldes aufwärts bewegt, antworten kann. Die Schlüsselidee besteht darin, daß komplexere rezeptive Felder durch die Synthese einfacherer, von einer niedrigeren Ebene stammender Felder aufgebaut werden. Im Cortex verhalten sich die rezeptiven Felder der simple-Zellen so, als wären sie aus vielen rezeptiven Feldern des Geniculatums aufgebaut. Diese Idee wird in Abb. 13 A verdeutlicht, wo die Zentren der konzentrischen Felder der Neuronen des Geniculatums so aufgereiht sind, daß ein Lichtbalken durch ihre Zentren sie stark erregen würde, und daß eine Parallelverschiebung des Balkens in das inhibitorische Umfeld den exzitatorischen Output der Zellen reduzieren oder beenden würde. Dieses Schema hat einen zentralen exzitatorischen Bereich und ein antagonistisches Umfeld zur Folge. Ebenso könnte man komplexe rezeptive Felder durch die Aufreihung passender Reihen einfacher Felder herstellen. In Abb. 13 B sind die Bedingungen an eine complex-Zelle dargestellt, die von einer vertikalen Kante erregt wird, die sich irgendwo in ihrem rezeptiven Feld befindet. Das funktioniert, denn egal wo die Kante abgebildet wird, immer wird das rezeptive Feld einer simple-Zelle an seiner vertikalen exzitatorisch-inhibitorischen Grenze überquert. Keine der anderen Zellen antwortet, weil sie gleichmäßig mit Licht und Dunkelheit bedeckt werden. Diffuse Beleuchtung des gesamten Feldes bedeckt alle Teilfelder gleichmäßig, deshalb wird keines erregt. Man kann annehmen, daß bei jeder Reizposition nur eine oder wenige simple-Zellen feuern, und eine Antwort in einer complex-Zelle hervorrufen.

Hubel und Wiesel postulierten die in Abb. 13 dargestellten Verbindungen als die einfachste Möglichkeit für Orientierungsselektivität. Ferster[42–44] hat experimentelle Belege geliefert, die zeigen, wie die rezeptiven Felder von simple-Zellen im Katzen-Cortex synthetisiert werden. Er benutzte Mikroelektroden, um intrazelluläre Ableitungen von Neuronen mit einfachen rezeptiven Feldern in Schicht 4 des visuellen Cortex der Katze zu machen. Elektrische Reizung des Corpus geniculatum laterale evozierte direkte, monosynaptische exzitatorische synaptische Potentiale und indirekte, disynaptische inhibito-

41 Hubel, D. H. and Wiesel, T. N. 1967. *J. Neurophysiol.* 30: 1561–1573.
42 Ferster, D. 1987. *J. Neurosci.* 7: 1780–1791.
43 Ferster, D. 1988. *J. Neurosci.* 8: 1172–1180.
44 Ferster, D. and Koch, C. 1987. *Trends Neurosci.* 10: 487–492.

BOX 1 Corpus Callosum (Balken)

Die allgemeine Frage nach dem Informationstransfer zwischen den Hemisphären wurde von Sperry, Myers, Gazzaniga und deren Kollegen sehr erfolgreich bei Menschen und Affen untersucht.[45–47] Durch Konzentration auf die koordinierende Rolle des Corpus callosum, einem Faserbündel, das die beiden Hemisphären verbindet, konnten sie zeigen, daß die Fasern tatsächlich am Informationstransfer und beim Lernen einer Hemisphäre von der anderen beteiligt sind. Um ein Beispiel zu zitieren, eine normale Person kann einen Gegenstand wie z.B. eine Münze oder einen Schlüssel benennen, der sich in einer der beiden Hände befindet (Stereognosis). Nach Durchtrennung des Corpus callosum kann eine rechtshändige Person den Gegenstand jedoch nur noch benennen, wenn er sich in der rechten Hand befindet. Die Information von der rechten Hand kreuzt, bevor sie den Cortex erreicht, zur Gegenseite und projiziert in die linke Hemisphäre. In der *linken* Hemisphäre liegt das Hauptsprachzentrum. Was passiert, wenn sich der Gegenstand in der linken Hand befindet, die in die rechte Hemisphäre projiziert? Die Information erreicht weiterhin das Bewußtsein, wenn der Schlüssel in der linken Hand liegt. Es gibt jedoch keine Möglichkeit, den Begriff *Schlüssel* zu verbalisieren, da das Sprachzentrum, das in der linken Gehirnhälfte liegt, ohne das Corpus callosum nicht erreicht werden kann. Eine Person ohne Corpus callosum kann von einem Gegenstand in der linken Hand Notiz nehmen und ihn eventuell sogar benutzen, aber sie kann im Zusammenhang mit dem Gegenstand nicht das Wort *Schlüssel* sagen. Die Abbildung stellt einige dieser Vorstellungen dar. Andere Experimente am Corpus callosum liefern überraschende Einsichten in höhere Funktionen. Beispielsweise können die beiden Hemisphären, wenn sie der Querverbindungen beraubt sind, praktisch separate Existenzen darstellen.

Die Fusion oder das Zusammenwirken der beiden Gesichtsfelder wird durch die Fasern des Corpus callosum vermittelt. Bestimmte Zellen haben rezeptive Felder, die sich über die Mittellinie erstrecken und visuelle Informationen von beiden Seiten der Außenwelt erhalten. Die Zellen liegen an der Grenze zwischen V_1 und V_2 und sie führen über das Corpus callosum Eingänge von beiden Hemisphären zusammen. Interessanterweise liegen diese Zellen in Schicht 3, die Neuronen enthält, von denen man weiß, daß sie ihre Axone in andere Cortexregionen aussenden. Der Aufbau und die bevorzugte Orientierung der beiden rezeptiven Felder, die auf diese Weise zusammengebracht werden, sind ähnlich. Solche Projektionen von Nervenzellen einer Hemisphäre in die andere wurden anatomisch durch die Injektion von Meerrettichperoxidase in den Cortex an der Grenze zwischen V_1 und V_2 nachgewiesen.[48] Das Enzym, das von den Endigungen aufgenommen wird, wird zurücktransportiert und färbt neuronale Zellkörper, die an exakt korrespondierenden Stellen der beiden Hemisphären liegen. Durchtrennung oder Kühlung (die die Fortleitung blockiert) des Corpus callosum eines Tieres veranlaßt das rezeptive Feld zu schrumpfen und sich auf eine Seite der Mittellinie zu beschränken (wie bei corticalen Zellen üblich). Außerdem zeigen Ableitungen von Callosum, daß einzelne Fasern rezeptive Felder in der Nähe der Mittellinie und nicht in der Peripherie haben. Die Rolle der Callosalfasern wird in einem Experiment von Berlucci und Rizzolatti klar demonstriert.[49] Sie machten einen Longitudinalschnitt durch das optische Chiasma und zerstörten dadurch alle direkten Verbindungen vom contralateralen Auge zum Cortex. Bei intaktem Corpus callosum antworten einige Zellen im Cortex mit rezeptiven Feldern in der Nähe der Mittellinie weiterhin bei richtiger Beleuchtung des contralateralen Auges.

45 Sperry, R. W. 1970. *Proc. Res. Assoc. Nerv. Ment. Dis.* 48: 123–138.
46 Gazzaniga, M. S. 1967. *Sci. Am.* 217(8): 24–29.
47 Gazzaniga, M. S. 1989. *Science* 245: 947–952.
48 Shatz, C. J. 1977. *J. Comp. Neurol.* 173: 497–518.
49 Berlucchi, G. and Rizzolatti, G. 1968. *Science* 159: 308–310.

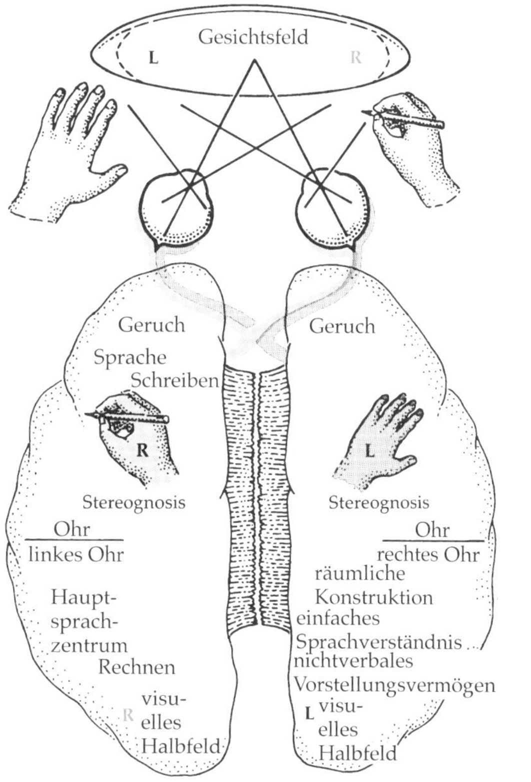

Das Corpus Callosum. Eine Durchtrennung des Corpus callosum unterbricht die Verbindungen zwischen den Großhirnhemisphären, einschließlich der Verbindungen von rezeptiven Feldern, die an der Mittellinie liegen (nach Sperry, 1970).

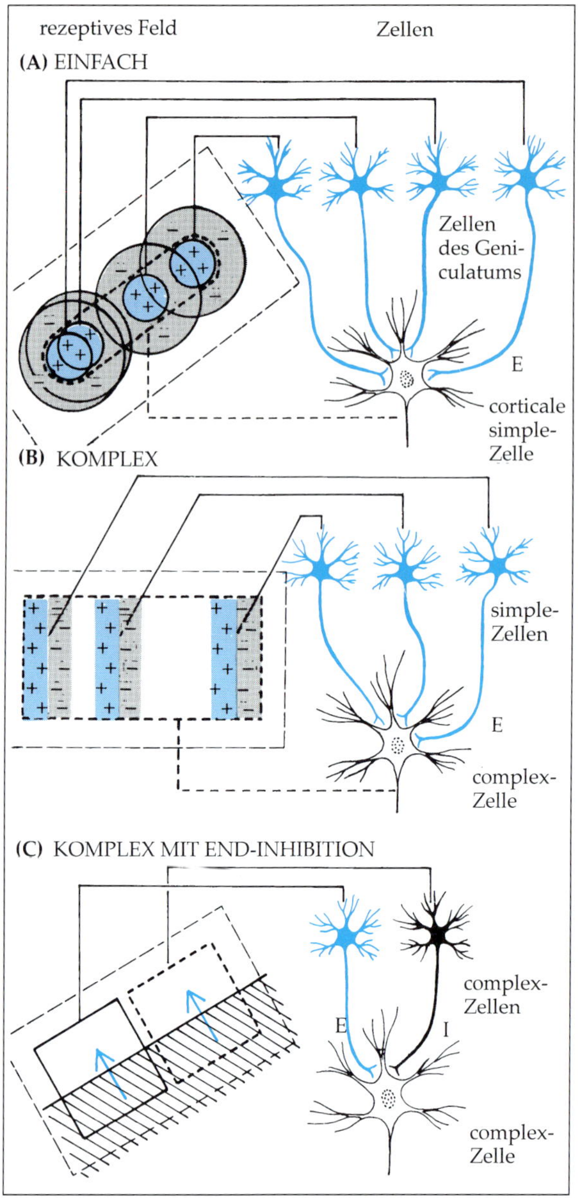

Abb. 13: **Synthese rezeptiver Felder**. Hypothese von Hubel und Wiesel, um die Synthese einfacher und komplexer rezeptiver Felder zu erklären. In allen Fällen konvergieren Zellen niedrigerer Ordnung und bilden die rezeptiven Felder der Neuronen höherer Ordnung. (A) Die Felder der simple-Zellen entstehen durch die Konvergenz vieler Neuronen des Geniculatums mit versetzten konzentrischen rezeptiven Feldern (in der Zeichnung sind nur vier zu sehen). Sie müssen entsprechend der Achsenorientierung des rezeptiven Feldes der simple-Zelle in gerader Linie auf der Retina angeordnet sein. (B) Simple-Zellen, die am besten auf eine vertikal orientierte Kante an leicht unterschiedlichen Positionen reagieren, können das Verhalten einer complex-Zelle hervorbringen, die auf eine vertikal orientierte Kante irgendwo in ihrem rezeptiven Feld antwortet. (C) Jede der beiden complex-Zellen antwortet am besten auf eine schräg orientierte Kante, aber eine Zelle wirkt exzitatorisch, die andere inhibitorisch auf die nachfolgende Zelle, so daß eine End-Inhibition entsteht. Eine Kante, die wie in der Skizze beide Felder bedeckt, ist also ineffektiv, während eine Ecke, die auf das linke rezeptive Feld beschränkt ist, die Zelle erregt (nach Hubel und Wiesel, 1962, 1965).

rische synaptische Potentiale. Abb. 14 zeigt exzitatorische synaptische Potentiale einer simple-Zelle als Antwort auf einen geeignet orientierten, dunklen Balken. Die exzitatorischen Potentiale werden durch Reize hervorgerufen, die auf Geniculatumafferenzen wirken. Fersters Ergebnisse legen nahe, daß die Neuronen des Corpus geniculatum laterale – wie von Hubel und Wiesel vorausgesagt – so kombiniert werden, daß sie Eingänge für die zentrale «on»-Region und die flankierenden «off»-Regionen zu liefern. Obwohl inhibitorische Verbindungen zwischen corticalen Zellen beobachtet wurden, scheinen sie für die Orientierungsselektivität nicht benötigt zu werden. Im Gegensatz zu den simple-Zellen zeigten complex-Zellen nach elektrischer Reizung des Corpus geniculatum laterale disynaptische exzitatorische synaptische Potentiale mit langer Latenz. Die exzitatorischen Potentiale wurden durch bewegte Balken geeigneter Orientierung und Richtung und nicht durch kleine punktförmige Reize erzeugt, was nahelegt, daß die complex-Zellen ihre Eingangssignale, wie in Abb. 13, hauptsächlich von simple-Zellen erhalten.

Die Analyse der corticalen Schaltkreise wurde durch pharmakologische Techniken weiter vorangetrieben. Eine lokalisierte Gruppe von Neuronen in einer Schicht des Cortex kann reversibel durch Applikation von GABA, dem häufigsten inhibitorischen Transmitter im Cortex, mit einer Pipette blockiert werden.[50,51] Dadurch wird jede Zelle durch GABA inhibiert und unerregbar für visuelle Reize. Wenn sie ausfallen, werden die rezeptiven Felder von Neuronen, die sie versorgen, modifiziert. Abb. 15 zeigt den Beitrag von simple-Zellen in Schicht 6 zur Endinhibition einer simple-Zelle in Schicht 4. Unter normalen Bedingungen verursacht ein Balken geeigneter Orientierung eine lebhafte Entladung der simple-Zelle in Schicht 4. Wenn der Balken jedoch verlängert wird, wird die Antwort endinhibiert. Nachdem die Zellen in Schicht 6 durch die lokale Applikation von GABA inaktiviert wurden, wirkt der lange Balken bei der Impulsauslösung genauso effektiv wie der kurze. Die inhibitorischen Randfelder, die normalerweise von den Zellen aus Schicht 6 geliefert werden, wurden eliminiert. Die Zellen in Schicht 6 haben ungewöhnlich lange rezeptive Felder und erhalten Eingänge aus Schicht 5. Wenn eine Zelle in Schicht 5, die zum rezeptiven Feld einer simple-Zelle in Schicht 6 beiträgt, durch GABA blockiert wird, wird die Länge des rezeptiven Feldes verkürzt (Abb. 15 C).

Zusammen unterstützen diese Ergebnisse die Vorstellung einer hierarchischen Organisation. Das heißt nicht, daß jedes rezeptive Feld höherer Komplexität durch die Kombination von Eingängen erzeugt wird, die nur von direkt vorhergehenden Ebenen stammen. Das bedeutet, complex-Zellen können Eingänge von Zellen des Corpus geniculatum laterale erhalten.[19] Eine steigende Komplexität des Aufbaus der rezeptiven Felder wird also durch die geordnete Konvergenz entsprechender Eingänge erzeugt. Der Hauptpunkt, der hier betont werden

---

50 Bolz, J. and Gilbert, C. D. 1986. *Nature* 320: 362–365.
51 Bolz, J., Gilbert, C. D. and Wiesel, T. N. 1989. *Trends Neurosci.* 12: 292–296.

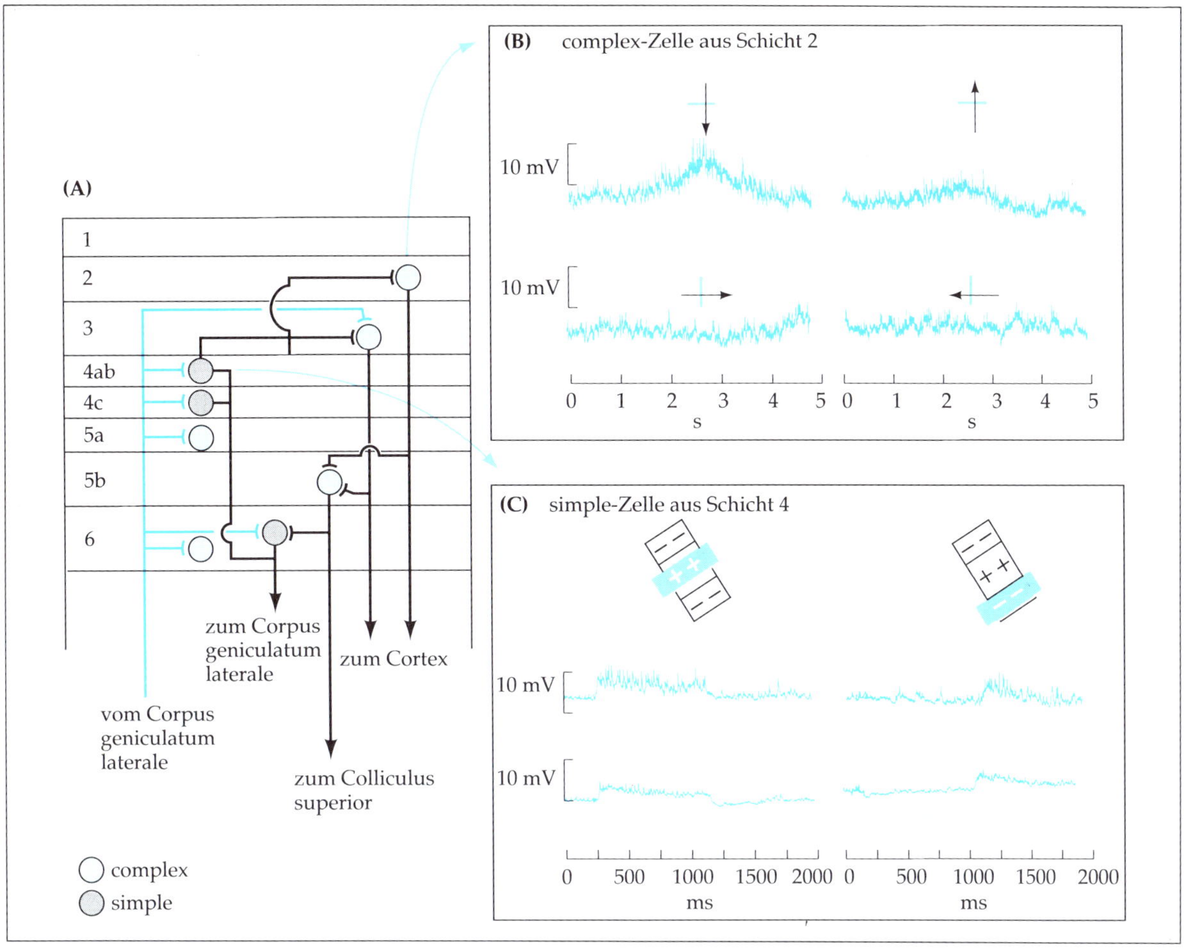

Abb. 14: **Verbindungen und Antworten von Zellen** im visuellen Cortex der Katze, intrazellulär mit Mikroelektroden abgeleitet. (A) Direkte Verbindungen von Fasern aus dem Corpus geniculatum laterale mit Zellen in verschiedenen Schichten des visuellen Cortex. Mit Hilfe von intrazellulären Ableitungen konnte gezeigt werden, daß diese Verbindungen monosynaptisch sind. Simple-Zellen werden durch graue, complex-Zellen durch blaue Kreise dargestellt. Disynaptische Verbindungen erkennt man an den Latenzen und Eigenschaften der intrazellulären Ableitungen. (B) Intrazelluläre Ableitungen von einer complex-Zelle aus Schicht 2, die auf einen horizontalen Lichtbalken, der sich nach unten bewegt, mit exzitatorischen synaptischen Potentialen antwortet. (C) Intrazelluläre Ableitungen von einer simple-Zelle aus Schicht 4. Das rezeptive Feld hat, wie oben dargestellt, eine «on»-Region mit umgebenden inhibitorischen Flanken. Die Ableitungen zeigen deutlich eine erhöhte Erregung bei einem passend orientierten Balken über der «on»-Region des rezeptiven Feldes. Ein Lichtbalken auf den «off»-Bereich beseitigt den exzitatorischen Eingang, gefolgt von einer Salve exzitatorischer Potentiale nach Beendigung der Beleuchtung der inhibitorischen Flanke. Die unteren Ableitungen zeigen jeweils Durchschnittswerte (averaging-Verfahren) aus 10 aufeinanderfolgenden Reizantworten. Die Antworten sind so, wie man sie von der Anordnung der rezeptiven Felder erwartet, die von Hubel und Wiesel vorgeschlagen wurde und in Abb. 13 illustriert ist. Man hat auch inhibitorische synaptische Potentiale gefunden. Sie sind nicht monosynaptisch und werden von diesen Ableitungen nicht erfaßt, die beim inhibitorischen Umkehrpotential gemacht wurden (nach Ferster, 1988).

muß, ist der, daß die verschiedenen schematischen Darstellungen als Entwurfsrahmen dienen, in dem viele Details noch ausgearbeitet werden müssen. Ebenso muß betont werden, daß der Entwurf, den Hubel und Wiesel 1962 als Arbeitshypothese formuliert haben, weiterhin klar, elegant und vernünftig erscheint.

Rezeptive Felder: Einheiten der Formenwahrnehmung

Tabelle 1 faßt einige Eigenschaften der rezeptiven Felder aufeinanderfolgender Ebenen des visuellen Systems zusammen. Jedes Auge liefert Informationen an das Gehirn, die aus Regionen unterschiedlicher Größe auf der Retinaoberfläche stammen. Dabei ist nicht diffuse Beleuchtung oder die von den Photorezeptoren absorbierte Energie, sondern der Kontrast entscheidend. Welche Art von Signalen wird erzeugt, wenn die Retina mit einem rechteckigen Lichtfleck wie in Abb. 16 beleuchtet wird? Beginnend mit den Fasern des Sehnervs, treten folgende Signalarten auf: Die «on»-Zentrum-Ganglienzellen innerhalb des Rechtecks steigern ihre Entladungen (zumindest anfangs), während die «off»-Zentrum-Ganglienzellen unterdrückt werden. Die am besten gereizten Ganglienzellen sind jedoch die, die dem maximalen Kontrast ausgesetzt sind, d.h. die, deren Zentren direkt im Grenzbereich zwischen hellen und dunklen Bereichen liegen. Genauso haben die Zellen des Geniculatums, die am stärksten feuern, ihre Zentren direkt an der Grenze. Die-

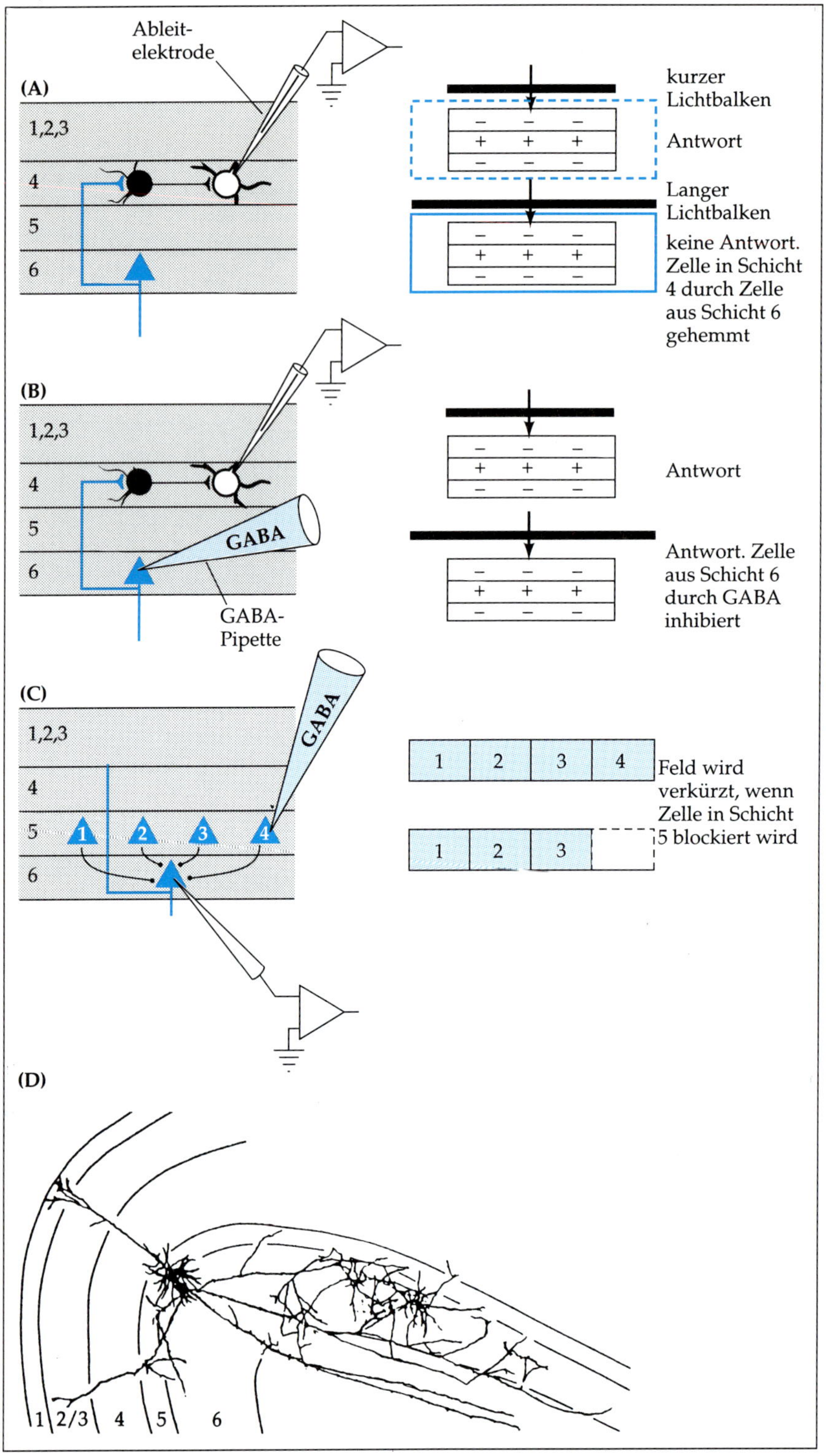

Abb. 15: **Welchen Beitrag liefern die Zellen in Schicht 6 zum Endstop** der rezeptiven Felder der simple-Zellen in Schicht 4? (A) Die simple-Zelle in Schicht 6 hat ein langes rezeptives Feld (blaues Rechteck, rechts). Vier Zellen in Schicht 5 (in C mit 1, 2, 3, 4 bezeichnet) konvergieren auf die simple-Zelle in Schicht 6, wobei jede zur Gesamtlänge des rezeptiven Feldes der Einzelzelle beiträgt. Die Zelle aus Schicht 6 projiziert auf ein inhibitorisches Interneuron in Schicht 4 (ausgefüllter Kreis). Deshalb aktiviert ein langer Lichtbalken die Zelle in Schicht 6, die wiederum das inhibitorische Neuron erregt. Infolgedessen antwortet die mit einer Mikroelektrode angestochene Zelle in Schicht 4 nicht auf einen langen Lichtbalken. Ihr rezeptives Feld (mit einer gestrichelten Linie angedeutet) besteht aus dem schmaleren Bereich antagonistischer «on»- und «off»-Regionen (mit (+) und (–) bezeichnet) und Endstop außerhalb dieses Bereiches. (B) Nachdem die simple-Zelle in Schicht 6 durch GABA-Applikation mit einer Pipette am Feuern gehindert wurde, behält das rezeptive Feld der simple-Zelle in Schicht 4 denselben Aufbau, aber jetzt ohne Endstop. Ein langer Balken ist genauso wirksam wie ein kurzer. (C) Durch GABA-Applikation wird der Beitrag von Zellen aus Schicht 5 zum rezeptiven Feld einer Zelle in Schicht 6 gezeigt. Lokale Applikation von GABA auf Schicht 5 verkürzt die Länge des rezeptiven Feldes der Zelle in Schicht 6 durch Hemmung von Zellen, die zu ihrem rezeptiven Feld beitragen. (D) Injektion von Meerrettichperoxidase in eine Zelle aus Schicht 5 offenbart ihre weite Verzweigung in den Schichten 5 und 6 (nach Bolz, Gilbert und Wiesel, 1989).

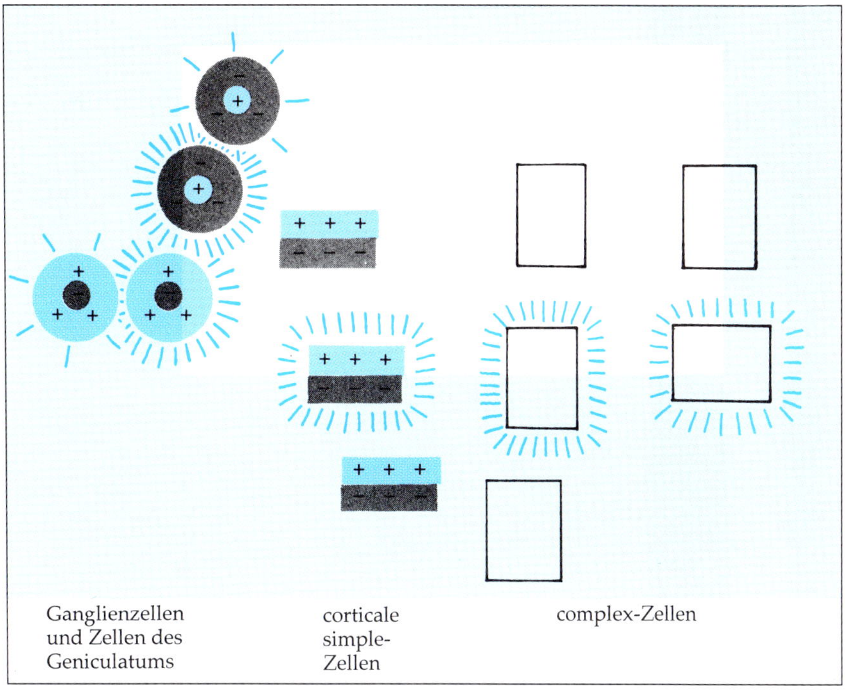

Abb. 16: **Antwort verschiedener Neuronen auf ein Reizmuster.** Wenn die Retina mit einem rechteckigen Lichtfleck beleuchtet wird, entstehen die Signale hauptsächlich in Zellen, deren rezeptive Felder sich in der Nähe der Grenzen des Rechtecks befinden. Die Ganglienzellen und die Zellen des Geniculatums, deren rezeptive Felder in der Nähe der Grenze liegen, feuern besser als die, die gleichmäßig dem Licht oder der Dunkelheit ausgesetzt sind. Es feuern nur simple- und complex-Zellen mit passenden rezeptiven Feldern, die entlang eines Randes oder einer Ecke mit der richtigen Orientierung liegen.

Tabelle 1: **Eigenschaften rezeptiver Felder auf aufeinanderfolgenden Ebenen des visuellen System**

Zelltyp	Form des rezeptiven Feldes	Was ist der optimale Reiz?	Wie gut wirkt diffuses Licht als Reiz?	Ist die Reizorientierung wichtig?	Gibt es getrennte «on»- und «off»-Gebiete innerhalb der rezeptiven Felder?	Werden die Zellen von beiden Augen erregt?	Können die Zellen selektiv auf Bewegung in eine Richtung antworten?
Photorezeptor	⊕	Licht	gut	nein	nein	nein	nein
Ganglienzelle	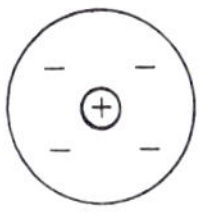	kleiner Punkt oder schmaler Balken über dem Zentrum	mäßig	nein	ja	nein	nein
Geniculatumzelle	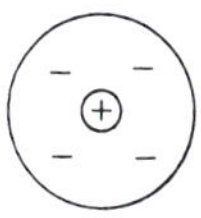	kleiner Punkt oder schmaler Balken über dem Zentrum	schlecht	nein	ja	nein	nein
simple-Zelle (nur in Schicht 4 und 6)	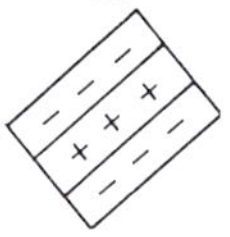	schmaler Balken oder Kante (einige endinhibiert)	gar nicht	ja	ja	ja (außer in Schicht 4)	einige können
complex-Zelle (nicht in Schicht 4)	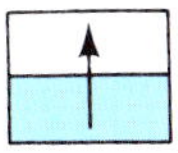	Balken oder Kante	gar nicht	ja	nein	ja	einige können
endinhibierte complex-Zelle (nicht in Schicht 4)	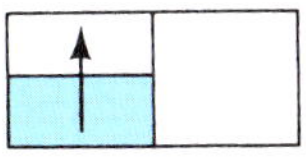	endende Linie oder Kante; Ecke oder Winkel	gar nicht	ja	nein	ja	einige können

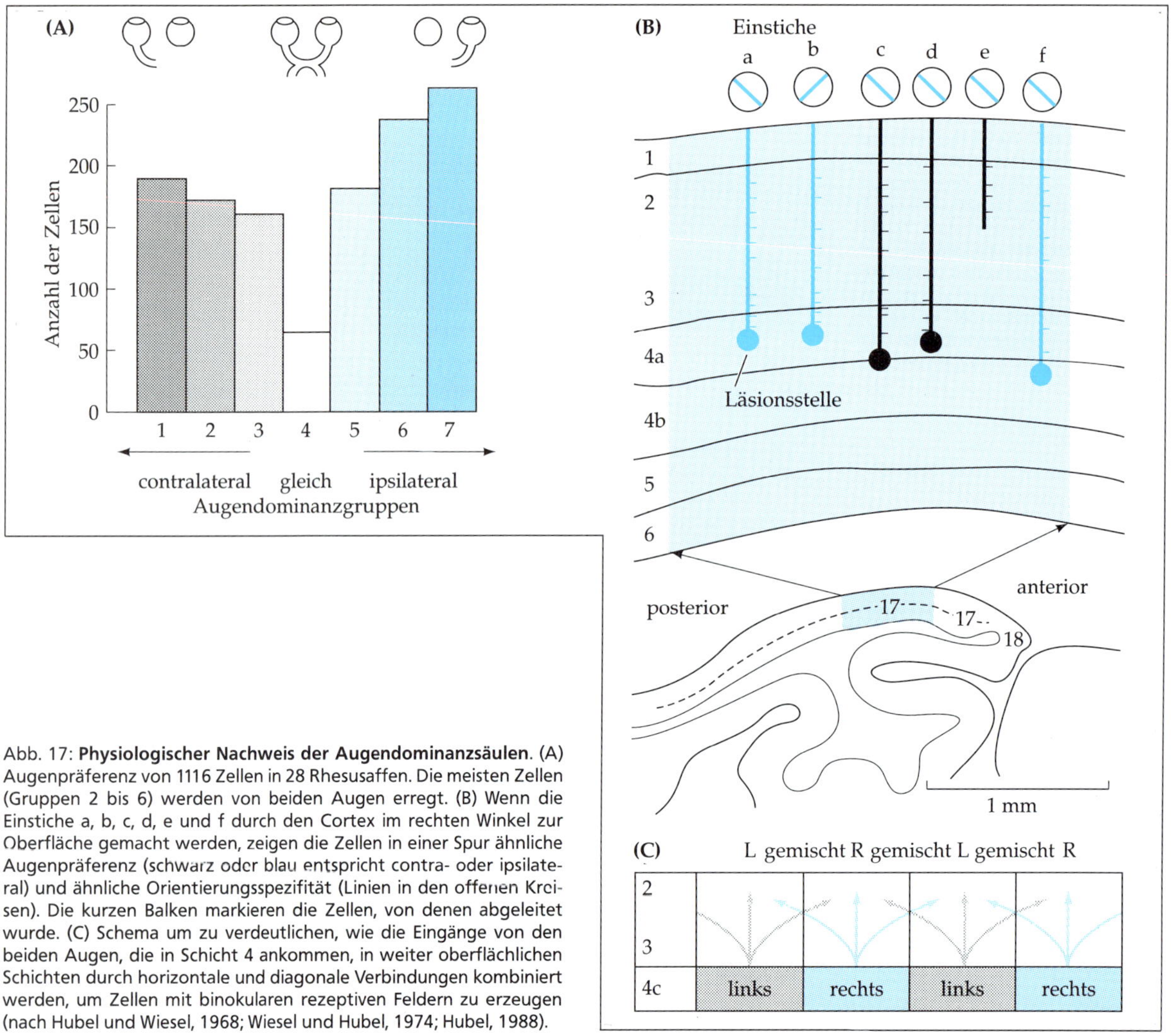

Abb. 17: **Physiologischer Nachweis der Augendominanzsäulen.** (A) Augenpräferenz von 1116 Zellen in 28 Rhesusaffen. Die meisten Zellen (Gruppen 2 bis 6) werden von beiden Augen erregt. (B) Wenn die Einstiche a, b, c, d, e und f durch den Cortex im rechten Winkel zur Oberfläche gemacht werden, zeigen die Zellen in einer Spur ähnliche Augenpräferenz (schwarz oder blau entspricht contra- oder ipsilateral) und ähnliche Orientierungsspezifität (Linien in den offenen Kreisen). Die kurzen Balken markieren die Zellen, von denen abgeleitet wurde. (C) Schema um zu verdeutlichen, wie die Eingänge von den beiden Augen, die in Schicht 4 ankommen, in weiter oberflächlichen Schichten durch horizontale und diagonale Verbindungen kombiniert werden, um Zellen mit binokularen rezeptiven Feldern zu erzeugen (nach Hubel und Wiesel, 1968; Wiesel und Hubel, 1974; Hubel, 1988).

ser Prozeß wird im Cortex noch weiter verstärkt. Corticale Zellen, deren rezeptive Felder vollständig innerhalb oder vollständig außerhalb des Rechtecks liegen, werden nicht erregt, weil diffuse Beleuchtung keinen effektiven Reiz darstellt. Nur die simple-Zellen, deren rezeptive Felder Achsenorientierungen haben, die mit den horizontalen oder vertikalen Begrenzungen des Rechtecks übereinstimmen, werden erregt.

Ähnliche Überlegungen gelten für die Reizung von complex-Zellen, die ebenfalls passend orientierte Balken oder Kanten benötigen. Es gibt jedoch einen wichtigen Unterschied, der auf der Tatsache beruht, daß von den Augen in Ruhe kontinuierlich kleine, schnelle sakkadische Bewegungen ausgeführt werden. Sie sind notwendig, um das Sehvermögen aufrecht zu erhalten, wenn die Augen fixieren, aber sie werden nicht als Bewegung wahrgenommen. Durch jede Bewegung wird eine neue Population von simple-Zellen mit exakt derselben Orientierung, aber einer leicht verschobenen Position des rezeptiven Feldes beteiligt. Diejenigen complex-Zellen jedoch, die das Rechteck «sehen», brauchen nur eine Grenze mit geeigneter Orientierung irgendwo in ihrem rezeptiven Feld. Deshalb feuern häufig dieselben complex-Zellen auch während der Augenbewegungen weiter, solange die Verschiebung gering ist, und das Muster nicht aus dem rezeptiven Feld der complex-Zelle wandert. Für solche Zellen scheint sich die Position des Rechtecks auf der Retina nicht zu verändern. In der unteren rechten Ecke des Rechtecks ist das rezeptive Feld einer complex-Zelle mit Endinhibition dargestellt, die am besten auf einen rechten Winkel – eine Ecke – antwortet.

Wenn die obigen Überlegungen richtig sind, ergibt sich die überraschende Folgerung, daß der primäre visuelle Cortex wenig Information über den Absolutwert der gleichförmigen Beleuchtung innerhalb des Quadrates erhält. Er erhält nur Signale von Zellen, deren rezeptive Felder in der Nähe der Grenze liegen. Diese Hypothese wird durch ein bekanntes psychophysisches Experiment gestützt. Ein Quadrat, daß weiß erscheint, wenn es von einem schwarzen Rand umgeben wird, erscheint dunkler, wenn seine Umgebung heller gemacht wird. Mit anderen Worten, wir nehmen den Unterschied oder Kontrast an der Grenze wahr, und beurteilen in Abhängigkeit davon die Helligkeit der gleichmäßig beleuchteten zentralen Region. Das Auge besitzt jedoch einen Indikator für den Helligkeitsgrad, der durch die Pupillengröße ausgedrückt wird, die sich in Abhängigkeit von der Absolutstärke des Umgebungslichtes über einen weiten Bereich verändert. Die Pupillengröße wird durch einen Feedback-Mechanismus eingestellt, dessen einlaufende Schleife das Auge durch den optischen Nerv verläßt.

Augendominanz- und Orientierungssäulen

Hubel und Wiesels frühe Experimente haben corticale Zellen mit ähnlichen Eigenschaften nachgewiesen, die in einer vertikalen, säulenartigen Struktur zusammenliegen.[20,21,32,52,53] Wenn die Elektrode bei einem einzigen Einstich durch den Cortex von der Oberfläche Schicht für Schicht in Richtung weiße Substanz bewegt wird, zeigen alle Zellen, auf die man dabei trifft, dieselbe Achsenorientierung, Augendominanz und Position im Gesichtsfeld. Die Augendominanzsäulen wurden oben bereits erwähnt. Wie in Abb. 5 und 6 dargestellt, sind die Eingangssignale von den beiden Augen in Schicht 4 aufgetrennt, und die corticalen Neuronen werden monokular erregt. Außerhalb von Schicht 4 sind beide Augen wirksam, wobei normalerweise eines dominiert. Wenn eine Mikroelektrode beispielsweise im rechten Winkel zur Oberfläche durch alle Schichten des Cortex bewegt wird, zeigen alle Zellen in den tieferen und mehr oberflächlichen Schichten dieselbe Augenpräferenz. Die Eingänge von den beiden Augen werden in den tieferen und mehr oberflächlichen corticalen Schichten vermischt, um binokular erregbare rezeptive Felder zu erzeugen. Abb. 17 illustriert die Augendominanzeigenschaften von Neuronen in der Area striata des Affen. Die Zellen (insgesamt 1116) sind in sieben Gruppen unterteilt. Die Gruppen 1 und 7 werden ausschließlich von einem der beiden Augen erregt. Sie liegen in Schicht 4 des Cortex. In den Gruppen 2, 3 und 5, 6 ist die Wirkung eines Auges stärker als die des anderen, und die Zellen der mittleren Gruppe 4 werden von beiden Augen gleich beeinflußt. Aus dem Histogramm wird klar, daß die große Mehrheit der Zellen auf beide Augen reagiert.

Die Zellen, die im Cortex nahe beieinander liegen, zeigen nicht nur dieselbe Augenpräferenz, sondern auch dieselbe Orientierungsspezifität und dieselbe Lage des rezeptiven Feldes. In Abb. 18 ist ein Musterexperiment zu sehen. Eine Mikroelektrode wird senkrecht zur Cortexoberfläche in Area V_1 der Katze eingestochen. Jeder Balken zeigt eine Zelle und die von ihrem rezeptiven Feld bevorzugte Orientierung beim Fortschreiten durch den Cortex. Der Kreis am Ende markiert die Stelle einer Läsion an der Endposition der Elektrodenspitze. Von diesem Endpunkt und der Elektrodenspur, die nach Ende des Experimentes im fixierten Gehirn beobachtet wurde, kann man die folgende Reihenfolge ableiten: Zunächst werden alle Zellen optimal durch Balken oder Kanten an einer Stelle des Gesichtsfeldes erregt, die einen Winkel von ca. 90° zur Vertikalen haben. Nachdem die Elektrode etwa 0,6 mm eingedrungen war, wechselte die Achse der Orientierung des rezeptiven Feldes auf ungefähr 45°. Die zweite Spur auf der rechten Seite zeigt andere Zellen, mit leicht unterschiedlichen Positionen der rezeptiven Felder und Achsenorientierungen. Bei diesem schrägeren Einstich verändert sich die Achsenorientierung bei nur geringen Bewegungen der Elektrodenspitze wiederholt, als ob eine Reihe von Kolumnen mit unterschiedlichen Achsenorientierungen durchquert würde. Die Orientierungssäulen erhalten ihre Eingangssignale von Zellen mit größtenteils überlappenden rezeptiven Feldern auf der Retinaoberfläche.

Die ersten Informationen über die Anordnung der Orientierungssäulen im visuellen Cortex von Affen und Katzen hat man durch schräge und nicht durch vertikale Elektrodeneinstiche durch den Cortex erhalten.[53] In Abb. 19 ist ein Beispiel zu sehen, das erneut die Regelmäßigkeit der Zellanordnung zeigt (bei einem Klammeraffen mit Namen George). Jede Verschiebung der Elektrode entlang des Cortex um 50 µm wird von einer Veränderung der Achsenorientierung des rezeptiven Feldes um ca. 10° begleitet, in regelmäßiger Folge bis 180°. Diese Orientierungssäulen sind schmaler als die Augendominanzsäulen – 20 bis 50 µm im Vergleich zu 0,25 bis 0,5 mm. Die Orientierungssäulen wurden anatomisch mit Hilfe von 2-Desoxyglucose nachgewiesen, einer Methode, die von Sokoloff eingeführt wurde.[54] Das Prinzip besteht darin, daß aktive Zellen radioaktive Desoxyglucose an Stelle von Glucose aufnehmen. Dieses Molekül kann jedoch nicht abgebaut oder heraustransportiert werden. Infolgedessen können die metabolisch aktiven Zellen radioaktiv markiert und ihre Verteilung mit Hilfe der Autoradiographie sichtbar gemacht werden. Affen und Katzen, die vertikale Streifen zu sehen bekamen, bildeten Radioaktivitätsbänder im Cortex, die zu den Orientierungssäulen paßten, die man physiologisch gefunden hatte. Die Markierung erstreckt sich von der Cortexoberfläche bis zur weißen Substanz und hebt auch die «blobs» hervor.[55]

Die Anordnung der Orientierungs- und der Augendominanzsäulen wie auch der blobs hat man jetzt auch in vivo mit Hilfe des optical recording nachgewiesen.[56–58] Die Ergebnisse sind in Abb. 20 dargestellt. Ein Hauptvorteil dieser Methode liegt darin, daß während eines Experimentes große Cortexareale gleichzeitig betrachtet und eine Population von Kolumnen visualisiert werden können. Kurz, man appliziert photosensitive Farbstoffe auf den Cortex oder mißt alternativ Veränderungen der in-

52 Hubel, D. H. and Wiesel, T. N. 1963. *J. Physiol.* 165: 559–568.
53 Hubel, D. H. and Wiesel, T. N. 1974. *J. Comp. Neurol.* 158: 267–294.
54 Sokoloff, L. 1977. *J. Neurochem.* 29: 13–26.
55 Tootell, R. B. et al. 1988. *J. Neurosci.* 8: 1500–1530.
56 Grinvald, A. et al. 1986. *Nature* 324: 361–364.
57 Ts'o, D. Y. et al. 1990. *Science* 249: 417–420.
58 Blasdel, G. G. 1989. *Annu. Rev. Physiol.* 51: 561–581.

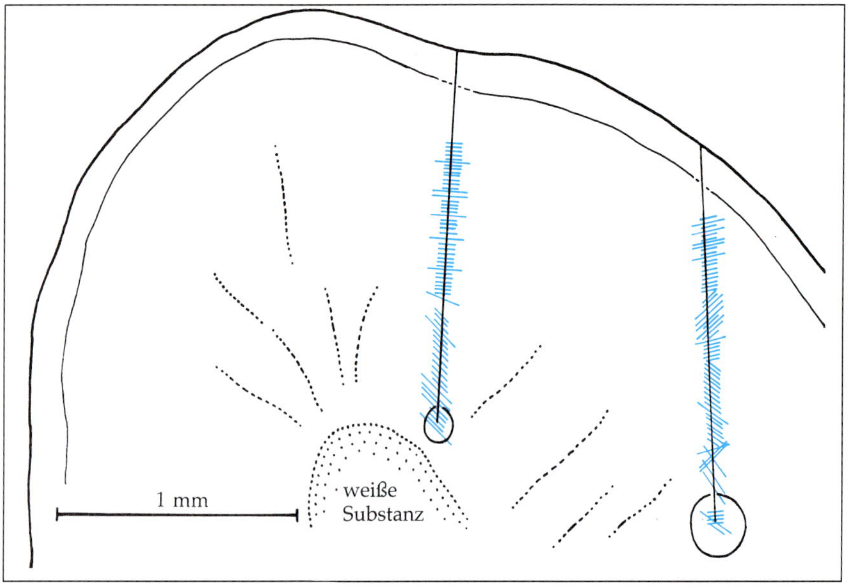

Abb. 18: **Achsenorientierung rezeptiver Felder** von Neuronen, auf die man trifft, wenn die Elektrode den Cortex senkrecht zur Oberfläche durchquert. Dabei hat jede Zelle, die man nacheinander ansticht, dieselbe Achsenorientierung (angezeigt durch den Winkel des Balkens auf der Elektrodenspur). Der Einstich auf der rechten Seite verläuft etwas schräger. Deshalb kreuzt die Spur mehrere Kolumnen und die Achsenorientierung wechselt häufig. Die Elektrodenspur wurde durch eine Läsion am Einstichende (Kreis) und Serienschnitte durch das Gehirn rekonstruiert. Diese Experimente haben gezeigt, daß die Zellen von Katzen und Affen mit ähnlichen Achsenorientierungen in Säulen angeordnet sind, die rechtwinklig zur Cortexoberfläche verlaufen (nach Hubel und Wiesel, 1962).

trinsischen Absorption, während in unterschiedlichen Teilen des Gesichtsfeldes eines jeden Auges Reizmuster verschiedener Orientierungen (Abb. 20) präsentiert werden.[59] Die Augendominanzsäulen sind bandförmig, genau wie man nach den anatomischen Untersuchungen erwartet hatte. Die Orientierungssäulen sehen aus wie Bänder aus Bohnen, die im Gegensatz zu den Augendominanzsäulen fleckig und diskontinuierlich erscheinen.

Abb. 20 zeigt auch Experimente von Bonhoeffer und Grinvald, in denen Cortexareale nach der Präsentation unterschiedlich orientierter visueller Reize beleuchtet wurden. Besonders eindrucksvoll ist die Anordnung der Orientierungssäulen zueinander. Zunächst erscheint die Organisation ungeordnet. Eine genaue Betrachtung von Abb. 20 D offenbart jedoch die Anwesenheit von **Orientierungszentren** (engl. **pinwheels**, also Windräder), Brennpunkte, an denen alle Orientierungen aufeinander treffen. Von dort strahlen die Zellen, die auf verschiedene Orientierungen antworten, außerordentlich regelmäßig aus. Einige dieser «pinwheels» sind systematisch im Uhrzeigersinn, andere gegen den Uhrzeigersinn organisiert. Die Orientierung wird also radial und nicht linear repräsentiert, wobei jede Orientierung nur einmal pro Zyklus erscheint.[60] Pro Quadratmillimeter Cortex gibt es in regelmäßigen Abständen ein oder zwei solcher Zentren. Das Muster hat Ähnlichkeit mit Modellen, die früher aufgrund theoretischer Überlegungen erstellt wurden.[61] Farbige Reize enthüllen auch in vivo die Anwesenheit von blobs. Ableitungen, wie die in Abb. 20, zeigen den großen Vorteil der Abtastung der Aktivität eines Cortexareals Schicht für Schicht ohne Elektroden oder Fixierung.

Hubel und Wiesel haben ein brauchbares Denkkonzept über die Art und Weise, wie Orientierungs- und Augendominanzsäulen im Cortex zusammenarbeiten könnten, entwickelt.[23] Bevor die optical recording-Technik verfügbar war, haben sie eine in etwa kubische Zellanordnung vorgeschlagen, in der alle möglichen Orientierungen für eine rezeptive-Feld-Fläche am selben Ort in jedem Auge repräsentiert sein sollten. Sie nannten sie **Hyperkolumne** In dieser Einheit kombinieren die Orientierungs- und die Augendominanzsäulen die Eingänge von den beiden Augen, und produzieren kohärente binokulare Felder für die Synthese von einfachen oder komplexen rezeptiven Feldern, die in denselben Bereichen des Gesichtsfeldes liegen. Eine benachbarte Gruppe corticaler Zellen analysiert die Informationen auf die gleiche Weise für einen benachbarten, aber überlappenden Bereich des Gesichtsfeldes usw.. In Cortexregionen, die periphere Gesichtsfelder repräsentieren, sind die rezeptiven Felder der einzelnen Zellen größer. Eine Hyperkolumne beschäftigt sich dort auf dieselbe Weise mit einer relativ großen Fläche der peripheren Retina. Bewegt man sich von einer kleinen Cortexregion zur nächsten, so wird das von einer viel größeren Verschiebung der Position des rezeptiven Feldes begleitet als in Säulen, die die Fovea repräsentieren.[62] Der Grundaufbau bleibt aber über den gesamten Cortex ähnlich. Orientierungs- und Augendominanzsäulen haben in den Cortexbereichen, die die Peripherie, und in denen, die die Fovea repräsentieren, gleiche anatomische Dimensionen. Die Hyperkolumne bleibt ein brauchbares Konzept, um zu erklären, wie die Zellen ihre Eingänge kombinieren, und wie der Cortex in funktionelle Einheiten aufgeteilt ist.

59 Bonhoeffer, T. and Grinvald, A. 1991. *Nature* 353: 429–431.

60 Swindale, N. V., Matsubara, J. A. and Cynader, M. S. 1987. *J. Neurosci.* 7: 1414–1427.

61 Linsker, R. 1989. *Proc. Natl. Acad. Sci. USA* 83: 8779–8783.

62 Tootell, R. B. et al. 1988. *J. Neurosci.* 8: 1531–1568.

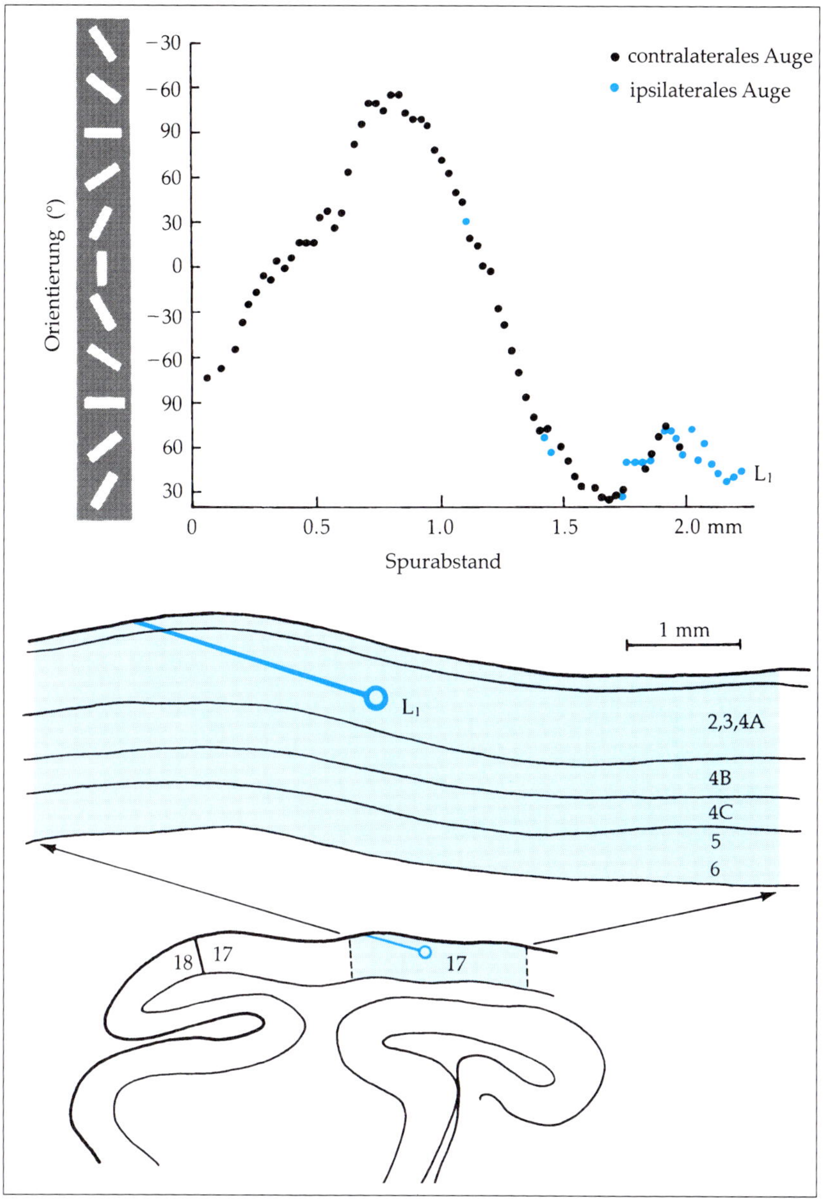

Abb. 19: **Anordnung von Orientierungssäulen.** Wenn die Elektrode schräg durch den Cortex bewegt wird, verschiebt sich die Orientierungsspezifität der Zellen, auf die man dabei trifft, systematisch. Die Verschiebung beträgt ca. 10° pro 50 µm, als ob in regelmäßiger Folge eine Reihe von Kolumnen durchquert würde (nach Hubel und Wiesel, 1974).

Horizontalverbindungen zwischen den Säulen

In das modulare Konzept der Cortexorganisation wurde zusätzlich die Dimension der horizontalen Verbindungen aufgenommen. Klassische Färbetechniken, wie die Golgi-Färbung, offenbaren, daß die meisten neuronalen Verbindungen senkrecht von Schicht zu Schicht verlaufen. Intrazelluläre Injektionen in Einzelzellen haben gezeigt, daß corticale Neuronen auch lange horizontale Ausläufer besitzen, die sich lateral von Kolumne zu Kolumne ausbreiten.[29,63–65] Diese Verbindungen wurden oben als wichtig für die Synthese der länglichen rezeptiven Felder von simple-Zellen in Schicht 6 erwähnt: Die rezeptiven Felder der Zellen aus Schicht 5 mit ihren langen, horizontalen Axonen werden kombiniert und von einem Ende zum anderen von einer simple-Zelle aus Schicht 6 aufaddiert. Es wurden viele simple- und complex-Zellen gefunden, deren horizontale Projektionen sich über 8 mm ausdehnen, was mehreren Hyperkolumnen entspricht. Ein einziges Neuron kann also Informationen über einen Retinabereich integrieren, der mehrfach größer ist als das rezeptive Feld konventionellen Ausmaßes.[66] Solche Horizontalverbindungen könnten unterschwellige modulatorische Einflüsse ausüben. Es ist von besonderem Interesse, daß diese Verbindun-

63 Gilbert, C. D. and Wiesel, T. N. 1983. *J. Neurosci.* 3: 1116–1133.
64 Gilbert, C. D. and Wiesel, T. N. 1989. *J. Neurosci.* 9: 2432–2442.
65 Katz, L. C., Gilbert, C. D. and Wiesel, T. N. 1989. *J. Neurosci.* 9: 1389–1399.
66 Ts'o, D. Y., Gilbert, C. D. and Wiesel, T. N. 1986. *J. Neurosci.* 6: 1160–1170.

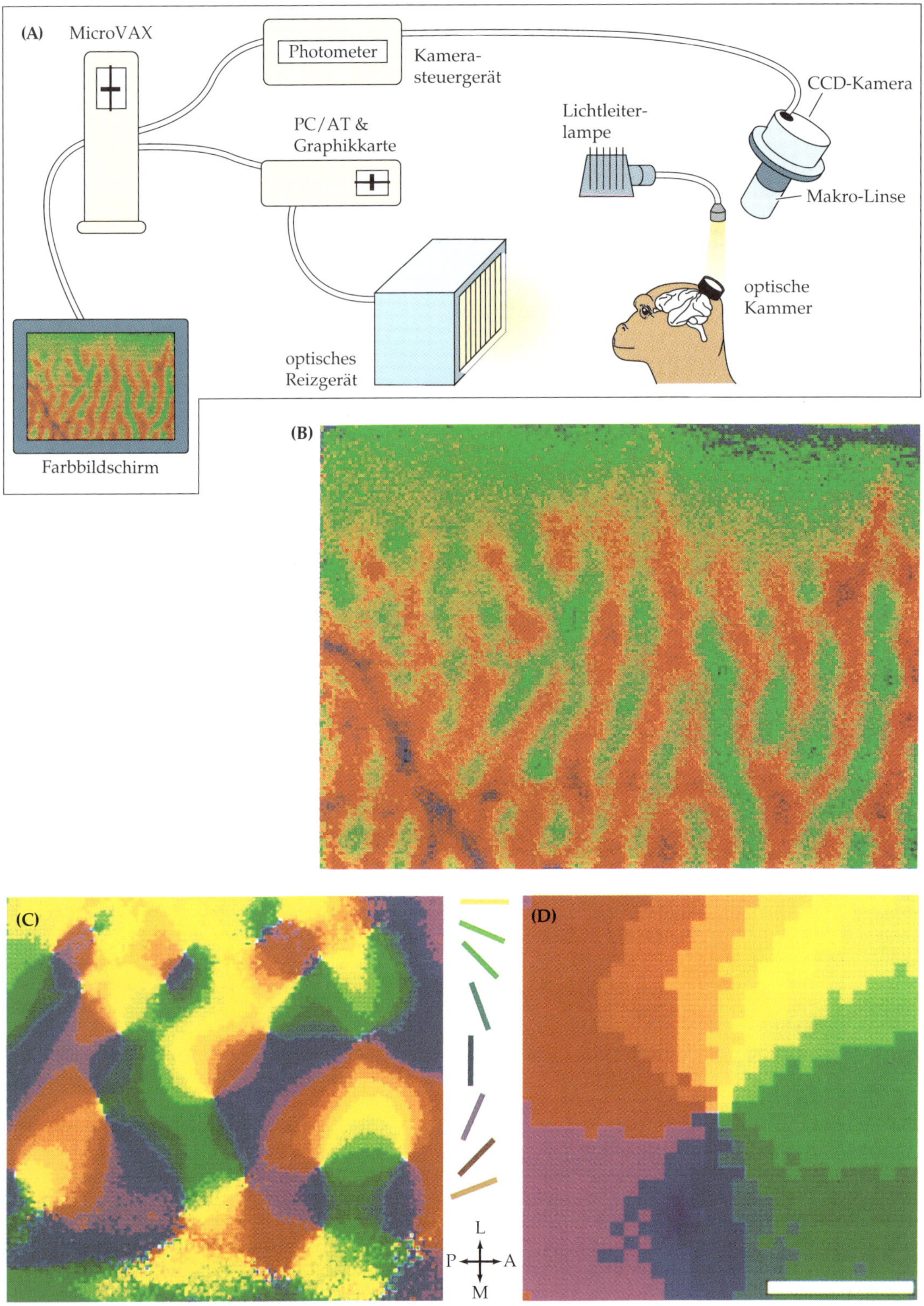

Abb. 20: **Abbildung der Augendominanz- und Orientierungssäulen** mit Hilfe der optical recording-Technik. (A) Schematische Darstellung der Methode. Die Kamera erfaßt (ohne Farbstoffe) Veränderungen des vom Cortex reflektierten Lichts, die infolge der Aktivität zustande kommen, die durch Lichtmuster verschiedener Orientierungen auf ein oder das andere Auge erzeugt wird. Der Schädel wurde geöffnet, aber die Aufzeichnungen werden durch die intakte Dura gemacht. (B) Augendominanzsäulen eines lebenden Affen, bei Beleuchtung eines Auges. (C, D) Orientierungssäulen, bei Präsentation von Lichtbalken verschiedener Orientierung, durch Farbcodierung dargestellt. (C) Gesamtmuster bohnenförmiger Flächen, die selektiv auf die Orientierung von Lichtbalken reagieren (dargestellt durch Farbcodierung). Obwohl das Muster zunächst ungeordnet erscheint, zeigen sich bei näherer Betrachtung Zentren, an denen alle Orientierungen zusammen kommen. In (D) ist eine typische «pinwheel» dargestellt. Jede Orientierung ist nur einmal vertreten und die Sequenz ist bewundernswert präzise. Solche «pinwheel»-Zentren erscheinen in regelmäßigen Abständen voneinander. Balkenlänge 300 μm (nach Ts'o et al., 1990; Bonhoeffer und Grinvald, 1991).

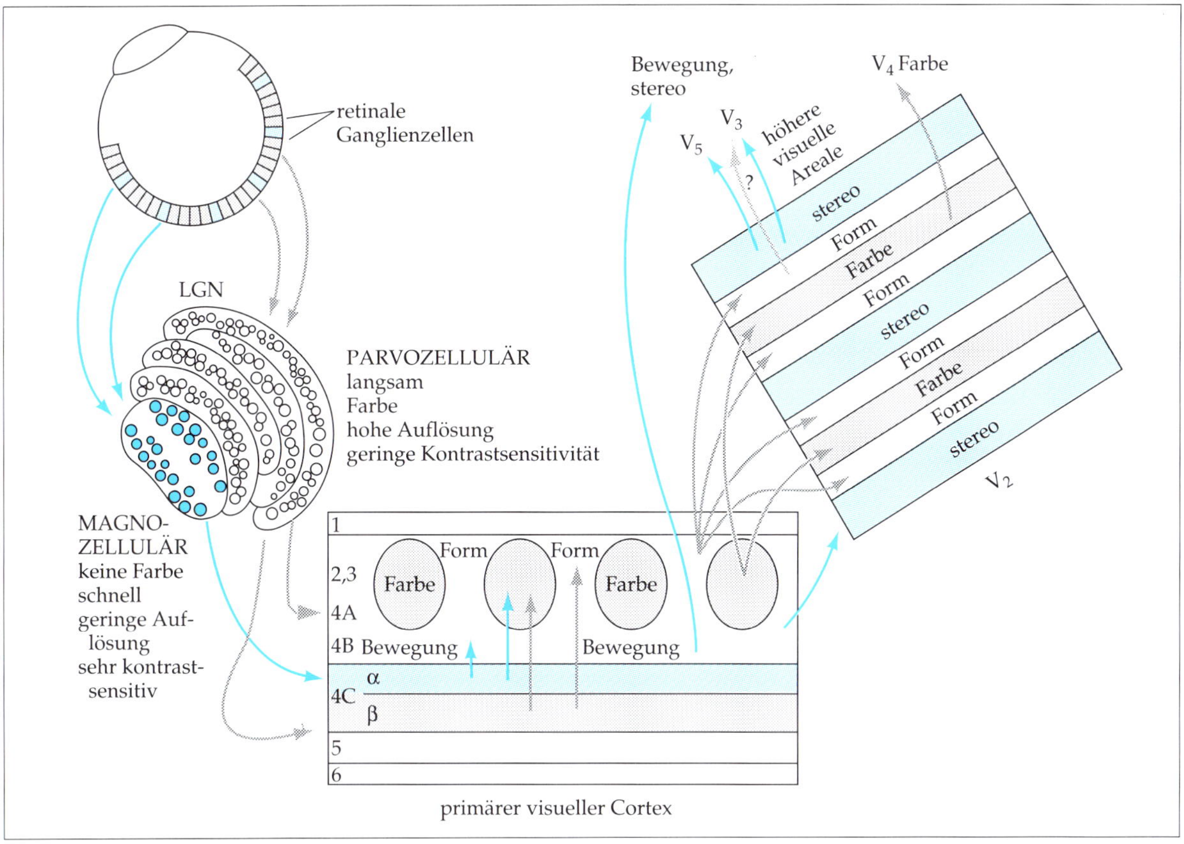

Abb. 21: **Schema der Verbindungen** der magnozellulären und parvozellulären Schichten des Corpus geniculatum laterale mit V_1, V_2, V_3, V_4 und V_5. Die magnozelluläre Bahn – die kontrastsensitiv ist, eine geringe Auflösung hat, schnell antwortet und nicht farbempfindlich ist – projiziert hauptsächlich auf Schicht 4Cα. Die Parvozellulärschicht – die langsamer und farbsensitiv ist, eine hohe Auflösung und geringere Kontrastsensitivität aufweist – projiziert hauptsächlich auf Schicht 4Cß. Beide Bahnen projizieren auf die blobs, die ihrerseits auf die dünnen Streifen in V_2 und von dort auf V_4 projizieren. Interblobregionen projizieren grundsätzlich auf farbunempfindliche Areale in V_2, dann auf V_3. Die magnozellulären Bahnen projizieren grundsätzlich auf V_5. Rückprojektionen auf V_1 und Verbindungen der verschiedenen Areale untereinander sind nicht dargestellt (s.a. Tab. 2) (verändert nach Livingstone und Hubel, 1987b).

gen nur zwischen Säulen hergestellt werden, die eine ähnliche Orientierungsspezifität besitzen. Zwei weitere Methoden haben Belege für diese spezifischen Verbindungen geliefert. Bei der ersten werden winzige, markierte Flüssigkeitsperlen in eine Kolumne injiziert. Sie werden in eine andere, entfernte Hyperkolumne transportiert. Die beiden markierten Neuronengruppen weisen dieselbe Orientierungspräferenz auf. Bei der zweiten Methode kann man mit Hilfe der Kreuzkorrelation der Feuermuster von Neuronen mit derselben Orientierungspräferenz in zwei weit entfernten Kolumnen zeigen, daß sie untereinander verbunden sind.[66,67] Außerdem können corticale Zellen, die nach einer Läsion in der Retina ihres Eingangs beraubt sind, Antworten auf entfernte Reize geben, die außerhalb ihrer «normalen» rezeptiven Felder liegen.[68] Insgesamt zeigen diese Ergebnisse, daß viele Gesichtspunkte der Organisation der rezeptiven Felder ungelöst bleiben, und daß das Konzept möglicherweise noch weiter verfeinert werden muß.

67 Gray, C. M. et al. 1989. *Nature* 338: 334–337.

68 Gilbert, C. D., Hirsch, J. A. and Wiesel, T. N. 1990. Cold Spring Harbor Symp. *Quant. Biol.* 55, 663–677.

Beziehung zwischen blobs und Säulen

Getrennt von, aber trotzdem verbunden mit den Kolumnen des primären visuellen Cortex liegen die blobs, die Zellcluster, die in Cytochromoxidase- und Färbungen anderer Enzyme gefärbt werden können. Über viele Jahre hinweg haben sich diese Zellen den Elektroden von Hubel und Wiesel entzogen. Auch wenn «sich der historisch interessierte Leser wundern mag, wie eine so wichtige Zellgruppe von zwei so prominenten Forschern nicht gefunden werden konnte,»[18] es gibt viele Gründe dafür, warum Substrukturen nicht wahrgenommen werden können, bevor die architekturellen Hauptmerkmale definiert worden sind.

Wenn man Horizontalschnitte durch Schicht 3 von oben betrachtet, sieht man, daß die blobs (Abb. 3) präzise in parallelen Reihen angeordnet sind. Im Zentrum jeder Augendominanzsäule liegt ein blob.[17,55] Ihre Projektionen und Rolle beim Farbensehen werden unten beschrieben. In Kürze: Die meisten blob-Zellen haben konzentrische rezeptive Felder mit «on»- und «off»-Bereichen.[40,69] Im Gegensatz zu anderen Neuronen außerhalb

69 Ts'o, D. Y. and Gilbert, C. D. 1988. *J. Neurosci.* 8: 1712–1727.

Tabelle 2: **Hauptbestandteile und Verbindungen des visuellen Systems von Primaten**

Retina	P-Ganglienzellen		M-Ganglienzellen
Corpus geniculatum laterale	parvozellulär		magnozellulär
Area V_1	4 C β → interblobs	blobs (? von 4 C β; ? von 4 C α)	4 C α → 4 B
Area V_2	blasse Streifen	dünne Streifen	dicke Streifen
höhere visuelle Areale	? V_3, V_4	V_4	V_3, V_5 (auch direkt von 4 B)
Eigenschaft			
farbcodierend	ja/nein	ja	nein
Kontrastsensitivität	gering	hoch	hoch
räumliche Auflösung	hoch	gering	gering
Orientierungselektivität	ja	nein	ja
Bewegungssensitivität	ja	nein	ja
Richtung	nein	nein	ja
Steropsis	nein	nein	ja

Schicht 4 benötigen sie keine Balken oder Kanten mit präziser Orientierung. Statt dessen bestimmt die Wellenlänge des Lichtes, das auf das Zentrum oder die Peripherie fällt, das Feuerverhalten der meisten blob-Zellen. Die Beziehungen zwischen den Eigenschaften der rezeptiven Felder dieser Zellen und dem Farbensehen werden unten diskutiert.

Verbindungen von V_1 zu höheren visuellen Arealen

Von den Säulen- und blob-Systemen des primären visuellen Cortex wurden außerordentlich regelmäßige und wohldefinierte Projektionen zum sekundären visuellen Areal, V_2, und zu höheren visuellen Arealen, V_3, V_4 und V_5 nachgewiesen. Die Trennung ist in V_2, das V_1 umgibt, besonders klar. Abb. 21 und Tabelle 2 zeigen die Hauptbahnen, die durch Kombination physiologischer und anatomischer Methoden verfolgt werden konnten.[5,6,40,70–74]
Wenn V_2 Cytochromoxidase-gefärbt wird, wird ein Bild aus dunklen Streifen sichtbar: Dicke und dünne dunkle Streifen erscheinen abwechselnd mit blassen Bereichen, die eine geringere Enzymaktivität aufweisen. Diese parallelen Streifen laufen im rechten Winkel zur Grenze zwischen V_1 und V_2. In die blobs injizierte Meerrettichperoxidase färbt selektiv die dünnen Streifen in V_2. Die Verbindungen sind reziprok, d.h. eine Injektion in die dünnen Streifen färbt die blobs in V_1.[75] Die interblob-Regionen, in denen die simple- und complex-Zellen liegen, projizieren auf ähnliche Weise auf die blassen Streifen, mit Ausnahme der Zellen in Schicht 4B, die auf die dicken Streifen projizieren. Diese Projektionen von V_1 auf V_2 setzen also die Trennung der magnozellulären von der parvozellulären Bahn fort (Abb. 21; Tab. 2).[40,70] Wie erwartet sind die Neuronen in den dünnen Streifen von V_2, die Eingänge von den blobs aus V_1 erhalten, empfindlich für Farbe und für Helligkeit, aber nicht für die Orientierung. Die Neuronen in den blassen Streifen, die Eingänge von den interblob-Regionen in V_1 erhalten, sind orientierungssensitiv, oft mit Endstop, aber ohne Farbsensitivität oder Bewegungsrichtungsselektivität. Diese beiden Eingänge stammen hauptsächlich von den parvozellulären Relaisstationen und sie haben mit der Analyse von Farbe und Form zu tun. Die Neuronen in den dicken Streifen von V_2, die magnozelluläre Eingänge von Schicht 4B aus V_1 (über 4Cα) erhalten, sind orientierungsselektiv, farbinsensitiv und nur selten mit Endstop. Die Zellen der dicken Streifen benötigen charakteristischerweise binokulare Reize und antworten am besten, wenn ein Balken oder eine Kante mit der korrekten

70 Livingstone, M. and Hubel, D. 1988. *Science* 240: 740–749.
71 Van Essen, D. C. 1979. *Annu. Rec. Neurosci.* 2: 227–263.
72 Zeki, S. M. 1978. *J. Physiol.* 277: 245–272.
73 Zeki, S. 1990. *Disc. Neurosci.* 6: 1–64.
74 Tootell, R. B., Hamilton, S. L. and Switkes, E. 1988. *J. Neurosci.* 8: 1594–1609.

75 Livingstone, M. S. and Hubel, D. H. 1987. *J. Neurosci.* 7: 3371–3377.

Orientierung direkt vor oder hinter der Brennebene liegt. Solche Zellen sind offenbar für die Tiefenwahrnehmung angepaßt.[40]

In Abb. 21 sind noch weitere Projektionen auf V_3, V_4 und V_5 dargestellt. Jedes dieser Areale enthält eine Repräsentation des contralateralen Gesichtsfeldes, normalerweise gröber als in V_1. Die verschiedenen Subkompartimente dieser Areale sind in der Abb. nicht dargestellt.[76] Nach diesem vereinfachten Schema, empfangen die Areale V_3 und V_5 hauptsächlich magnozelluläre Projektionen aus Schicht 4B in V_1 und den dicken Streifen in V_2. Die Neuronen in V_3, die wie erwartet meistens farbinsensitiv sind, sind darauf spezialisiert, Informationen über die Form zu verarbeiten, während die Zellen in V_5 auf die Bewegungswahrnehmung spezialisiert sind, häufig in eine Richtung, wie auch auf Texturen und binokulare Disparität. V_5 ist auch als MT (mittlere temporale Windung) bekannt. Die Eingänge auf V_4 über die parvozellulären Bahnen durch die dünnen Streifen von V_2 enden in einer Area, deren Hauptfunktion die Farbwahrnehmung ist.

Hier ist eine warnende Bemerkung angebracht. Die verschiedenen Areale des visuellen Cortex können im Prinzip durch eine Anzahl von Kriterien definiert werden, wie der Repräsentation des Gesichtsfeldes, verschiedenen cytoarchitektonischen Merkmalen, anatomischen Verbindungen, Eigenschaften der rezeptiven Felder und Verhaltensdefiziten nach lokalen Läsionen.[6,7,9,77] Für viele Areale sind Identifikation und anatomische Grenzen noch nicht vollständig geklärt. Die Eigenschaften der rezeptiven Felder können uneinheitlich, die Repräsentation des Gesichtsfeldes kann unregelmäßig, und Eingangs- und Ausgangsverbindungen können mit vielen Rückprojektionen gemischt sein. Die Identifizierung der Areale V_1 und V_2 scheint hinreichend und überzeugend zu sein. Für V_3, V_4 und V_5 hat sich ein allgemeines Muster ergeben, aber es ist nicht unwahrscheinlich, daß die Subkompartimente der höheren visuellen Areale mit der Zeit noch modifiziert werden. Zeki, der mit seinen Kollegen Pionierarbeit bei der Untersuchung der visuellen Areale außerhalb von V_1 geleistet hat, hat mit Hilfe der Positronen-Emissions-Tomographie (PET) die funktionellen Spezialisierungen des menschlichen Gehirns untersucht. Mit Hilfe dieser Technik war es möglich, bei wachen Versuchspersonen nach der Darbietung geeigneter visueller Reize Areale zu identifizieren, die vergleichbar mit V_1, V_2, V_4 und V_5 sind, und auch die Reihenfolge zu beobachten, in der sie aktiviert werden.[78] V_1 verteilt die Informationen parallel auf die verschiedenen Areale.

76 Felleman, D. J. and Van Essen, D. C. 1987. *J. Neurophysiol.* 57: 889–920.

77 Schiller, P. H. and Logothetis, N. K. 1990. *Trends Neurosci.* 13: 392–398.

78 Zeki, S. et al. 1991. *J. Neurosci.* 11: 641–649.

Farbensehen

Auf der Ebene der Zapfen haben wir eine deutliche Korrelation zwischen den neuronalen Signalen und der Wellenlänge des Lichts, das auf die Retina fällt, gesehen: Rote, grüne und blaue Zapfen absorbieren vorzugsweise Licht langer, mittlerer und kurzer Wellenlängen. Deshalb könnte das Nervensystem die Wellenlänge im Prinzip durch den Vergleich der Aktivität jeder Zapfensorte berechnen. Wie leisten die Neuronen diese Aufgabe? Die Konvergenz der Eingänge von den Zapfen beginnt bei den farbcodierenden Horizontalzellen und setzt sich über die Ganglienzellen und die parvozellulären Zellen des Corpus geniculatum laterale fort. In Abb. 22 sind die Eigenschaften dieser farbcodierenden Ganglien- und Geniculatumzellen dargestellt. Zwischen den Fasern des Sehnervs und den Zellen des Geniculatums wurde keine bedeutende Veränderung der Eigenschaften der rezeptiven Felder festgestellt.[79] Das rezeptive Feld der Geniculatumzelle in Abb. 22 ist konzentrisch mit einem roten «on»-Zentrum und einem grünen «off»-Umfeld. Ein kleiner roter Punkt, der das Zentrum beleuchtet, bewirkt eine lebhafte Entladung. Eine Beleuchtung des Umfeldes mit grünem Licht hemmt die Zelle. Eine solche Zelle antwortet am besten auf einen kleinen oder großen roten Lichtfleck auf neutralem oder blauen, aber nicht grünen Hintergrund. Sie antwortet auf kleine oder große weiße Lichtflecken wie eine normale Katzenganglienzelle (die nicht farbsensitiv ist). Andere Zellen zeigen antagonistische blau-gelb-Bereiche (gelb ist eine Mischung der Beiträge der roten und der grünen Zapfen). In Abb. 22 sind die Repräsentanten der Zentrum-Umfeld-Organisation, die in den Parvozellularschichten des Geniculatums des Affen gefunden wurden, zusammengefaßt. Solche Neuronen sind als *Gegenfarben-Ganglienzellen* (*farbopponente* Zellen) bekannt. Sie analysieren die Wellenlänge durch den Vergleich ihrer Eingänge von den Zapfen genau so, daß sich Young oder Helmholtz gefreut hätten. Eine rote, grüne, blaue, gelbe, schwarze oder weiße Kugel auf einem Billardtisch evoziert in einem Feld farbopponenter Zellen eindeutige Signale, die dann dem Gehirn präsentiert werden.

Farbbahnen

Experimente von Zeki, Hubel, Daw, Land und Kollegen haben ein klares, etwas überraschendes Bild der aufeinanderfolgenden Stufen der corticalen Farbanalyse und Farbwahrnehmung geliefert. Es wurde bereits erwähnt, daß die Farbbahnen von den Bahnen für die Analyse anderer Eigenschaften wie Tiefe, Bewegung, Kontrast und Form getrennt sind. Zeki hat parvozelluläre Bahnen nachgewiesen, die von V_1 über V_2 zu V_4 führen, in denen reichlich farbcodierende Zellen vorhanden sind.[73] Die Positronen-Emissions-Tomographie hat Beweise für die Schlüsselrolle von V_4 beim Farbensehen normaler

79 Wiesel, T. N. and Hubel, D. H. 1966. *J. Neurophysiol.* 29: 1115–1156.

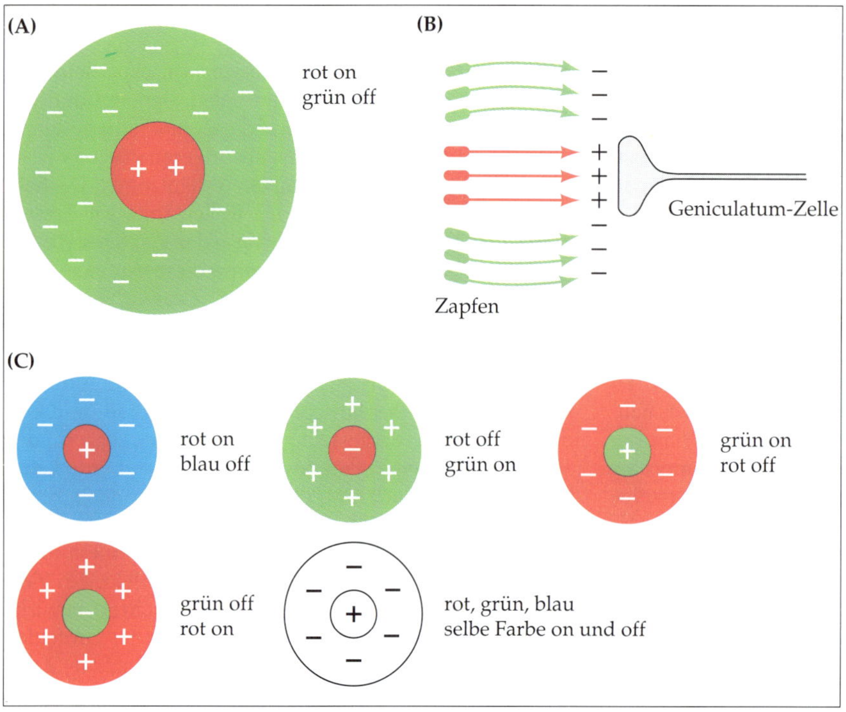

Abb. 22: **Aufbau der rezeptiven Felder von Zellen** in den für Farbe empfindlichen parvozellulären Schichten des Corpus geniculatum laterale des Affen. (A) Aufbau eines rezeptiven Feldes mit rotem «on»-Zentrum und grünem «off»-Umfeld. (B) Zur Synthese eines rezeptiven Feldes wie in (A) postulierte Verbindungen. Eine Zelle dieser Sorte würde am besten als Antwort auf einen kleinen oder großen roten Punkt auf neutralem Hintergrund feuern. Ein roter Punkt auf grünem Hintergrund würde relativ ineffektiv sein. (C) Beispiele für den Aufbau rezeptiver Felder mit verschiedenen spektralen Empfindlichkeiten (nach Wiesel und Hubel, 1966; Hubel, 1988).

Probanden geliefert. Wenn man die Augen mit farbigen Lichtmustern bestrahlt, zeigt sich eine erhöhte Aktivität in einer zu V_4 homologen Area.[78]

Die Trennung von Farb- und Formwahrnehmung kann nur in seltenen Fällen überzeugend bei Patienten nachgewiesen werden, die unter lokalisierten Hirnschädigungen leiden. Beispielsweise wurde der ungewöhnliche Fall eines erwachsenen Patienten beschrieben, der unter bilateralen Läsionen im Cortex anterior von V_1 (wahrscheinlich in V_4) litt.[80] Vor der Läsion war er normal farbsichtig, aber nach der Läsion konnte er keine Farben mehr sehen. Er wußte, daß eine Erdbeere rot und eine Banane gelb ist, aber nach der Läsion erschien ihm die Welt wie ein Schwarzweißfilm. Andere Funktionen, wie Gedächtnis oder Formensehen, waren wenig beeinträchtigt, und er war in der Lage, weiter als Zollinspektor zu arbeiten. Wenn ihm ein bekannter Gegenstand gezeigt wurde, konnte er beschreiben, welche Farbe er haben müßte, aber er konnte keinen Filzstift in derselben Farbe auswählen. Er hatte keine Defizite in der Sprache oder Objekterkennung, sondern in der Farbwahrnehmung per se.

Psychophysische Tests bei normalen Versuchspersonen haben die Trennung der Farbbahnen bis zur Wahrnehmung bestätigt. Ausführliche Beschreibungen finden sich in den Veröffentlichungen und Übersichtsartikeln von Zeki,[73] Hubel[14] und Livingstone.[81] Beispielweise ist es schwer, wenn nicht unmöglich, Muster oder Formen in einer Szene zu erkennen, wenn nicht die magnozellulären Bahnen durch den Kontrast, der normalerweise aufgrund von unterschiedlichen Helligkeitsgraden und Schatten vorhanden ist, aktiviert werden. Das Parvozellularsystem, dessen Gewicht auf Farbe und hoher räumlicher Auflösung liegt, hat nur eine begrenzte Fähigkeit, Informationen über die Form von Gegenständen zu liefern. Deshalb erscheint ein farbiges Bild mit komplexer Struktur, dessen Komponenten alle die gleichen Lichtmengen reflektieren, formlos. Dies ist deshalb so, weil die magnozelluläre Bahn nicht aktiviert wird. Genauso geht unsere Tiefen- und Bewegungswahrnehmung verloren, wenn der Schwarzweißkontrast nicht ausreicht, um die magnozellulären Bahnen zu aktivieren. Die Bewegung eine Musters aus grünen und roten Streifen über einen Fernsehschirm liefert eine eindrucksvolle Veranschaulichung. Die Intensität jeder Farbe kann dann äquiluminant eingestellt werden (d.h. jeder rote und grüne Streifen emittiert dieselbe effektive Lichtmenge wie sein Nachbar, nur bei einer anderen Wellenlänge). Man sieht die farbigen Streifen dann immer noch, aber die Bewegung scheint aufzuhören. (Eine vollständige Beschreibung dieser und ähnlicher Phänomene, die die getrennte Analyse der Farbinformation im Gehirn demonstrieren, findet man in den Reviewartikeln am Ende dieses Kapitels.)

Farbkonstanz

Ein Hauptproblem unseres Verständnisses für das Farbensehen bestand darin, zu verstehen, wie der Cortex die Farbe eines Gegenstandes in der visuellen Szene bestimmt. Unsere Gehirne führen diese Berechnungen so erfolgreich aus, daß wir intuitiv gar nicht merken, daß es

80 Pearlman, A. L., Birch, J. and Meadows, J. C. 1979. *Ann. Neurol.* 5: 253–261.
81 Livingstone, M. S. and Hubel, D. H. 1987. *J. Neurosci.* 7: 3416–3468.

sich dabei wirklich um ein Problem handelt. Zweifellos erscheinen die Abbildungen in diesem Buch blau, weil sie Licht kurzer Wellenlänge reflektieren. Nach allem, was bisher gesagt wurde, könnte man annehmen, die Farben, die wir sehen, seien direkt und einfach durch die Wellenlänge des Lichtes bestimmt. Daß das nicht so ist, war (wieder einmal!) schon v. Helmholtz klar.[82] Er wies darauf hin, daß ein Apfel bei Tageslicht, bei Sonnenuntergang und bei Kerzenlicht rot erscheint. Aber das Licht, das von seiner Oberfläche refektiert wird, enthält bei einem Sonnenuntergang einen höheren Rot- und bei Kerzenlicht einen höheren Gelbanteil. Irgendwie hat das Gehirn dem Apfel eine rote Farbe zugeteilt, die sich auch unter sehr unterschiedlichen Bedingungen nicht verschiebt. Das Gehirn «läßt den Beleuchter unberücksichtigt». Ein bekanntes Beispiel ist die Farbe zweier richtig belichteter Photos, die auf demselben Film bei Tageslicht und künstlichem Licht aus elektrischen Glühlampen aufgenommen wurden. Die Tageslichtfarben erscheinen realistisch, während die im Raum aufgenommenen zu gelb erscheinen. Uns ist dieser Gelbstich in einem künstlich belichteten Raum überhaupt nicht bewußt. (Dieses Phänomen war bis vor kurzem eine alltägliche Beobachtung. Heutzutage emittiert der Blitz, der fast an jeder Kamera zu finden ist, Lichtwellenlängen, die dem Tageslicht gleichen.) Die biologischen Vorteile der Farbkonstanz sind klar: Grüne Beeren dürfen bei einem Sonnenuntergang nicht rot, rosa Lippen bei Kerzenlicht nicht gelb aussehen.

Der eindrucksvolle Nachweis der Farbkonstanz durch Land[83,84] war ein starker Anstoß für die neurobiologische Erforschung des Farbensehens. Seine Versuche haben gezeigt, daß die Farbe, mit der wir einen Gegenstand sehen, kritisch vom Licht abhängt, das von der Gesamtszene reflektiert wird, und nicht nur vom Gegenstand selbst. Wir können einer Fläche nicht die Farbe rot, gelb, grün, blau oder weiß geben, indem wir nur die Wellenlänge des Lichtes bestimmen, das von ihr reflektiert wird. Wir müssen auch die Zusammensetzung des Lichtes kennen, das von ihrer Umgebung reflektiert wird. Diese unbequeme Schlußfolgerung scheint unserer Intuition und Erfahrung zu widersprechen. Wie bei schwarz und weiß legt das Gehirn die wahrgenommene Farbe durch den Vergleich des Lichtes fest, das auf unterschiedliche Teile der Retina fällt, und mißt nicht die absolute Helligkeit oder Wellenlänge an einem Punkt der Retina. Es ist so, als ob überall im Cortex Vergleiche des Kontrasts an Grenzen stattfinden, mit drei verschiedenen Bildern einer komplexen Szene, die durch Kurz-, Mittel- und Langwellenfilter betrachtet werden. Die Farbe, die dem Gegenstand innerhalb des Gesichtsfeldes zugeordnet wird, wird in einem weiten Bereich nicht von der genauen Wellenlänge eines jeden dieser blauen, grünen und roten Analysekanäle bestimmt (Box 2).

Es war nicht möglich, eine umfassende und befriedigende Erklärung der Land-Phänomene in Form von Eigenschaften rezeptiver Felder farbcodierender Zellen in V_1, V_2 und V_4 zu liefern. Ein Zelltyp, der als *doppelopponent* (*Doppelgegenfarbenzellen*) bekannt ist, hat Eigenschaften, die an der Farbkonstanz beteiligt sein könnten. Nachdem Daw[85,86] sie ursprünglich in der Goldfischretina beschrieben hat, wurden Doppelgegenfarbenzellen in den parvozellulären blobs und Streifen des Primatencortex gefunden, nicht jedoch im Corpus geniculatum laterale oder in der Retina.[40,69,75,87,88] Sie stellen offenbar eine höhere Stufe der Farbverarbeitung dar. Kurz gesagt, diese Zellen haben nahezu konzentrische Zentrum-Umfeld-rezeptive Felder mit einem rotgrün- oder einem blau-gelb-Antagonismus (Abb. 23). Aber im Gegensatz zu den Gegenfarbenzellen des Geniculatums erzeugt jede Farbe sowohl im Zentrum als auch in der Peripherie der Doppelgegenfarbenzelle antagonistische Effekte. So erzeugt rotes Licht, mit dem man das Zentrum bestrahlt, eine «on»-Entladung und rotes Licht in der Peripherie eine «off»-Entladung der Zelle. Grün auf das Umfeld erzeugt eine «on»-Entladung, grün auf das Zentrum eine «off»-Entladung. Angenommen jemand bestrahlt das Zentrum des rezeptiven Feldes einer solchen Zelle mit einem kleinen roten Punkt und

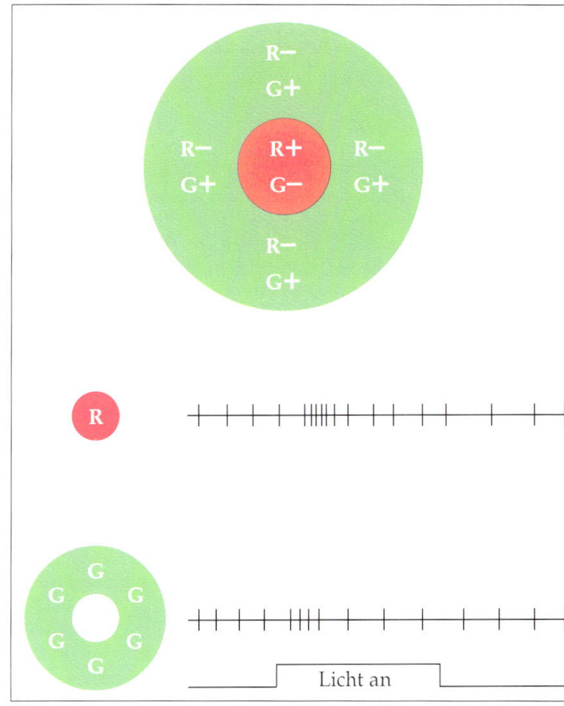

Abb. 23: **Rezeptives Feld einer Doppelgegenfarbenzelle**, deren Eigenschaften helfen könnten, die Farbkonstanz zu erklären. Eine Zelle dieses Typs reagiert am besten auf einen kleinen roten Punkt auf grünem Hintergrund oder eine grüne ringförmige Beleuchtung (nach Daw, 1984).

82 v. Helmholtz, H. 1962/1927. *Helmholtz's Treatise on Physiological Optics*. J. P. C. Southhall (eds.). Dover, New York.
83 Land, E. H. 1986. *Vision Res.* 26: 7–21.
84 Land, E. H. 1986. *Proc. Natl. Acad. Sci. USA* 83: 3078–3080.
85 Daw, N. W. 1984. *Trends Neurosci.* 7: 330–335.
86 Daw, N. W. 1968. *J. Physiol.* 197: 567–592.
87 Hubel, D. H. and Livingstone, M. S. 1990. *J. Neurosci.* 10: 2223–2237.
88 Tootell, R. B. et al. 1988. *J. Neurosci.* 8: 1569–1593.

BOX 2 Farbkonstanz

Wir zeigen ein Farbbild aus einer der vorzüglichen Darstellungen von Land, in denen ein komplexes Muster aus ca. 100 Rechtecken und Quadraten farbigen Papiers mit Licht aus drei verschiedenen Projektoren bestrahlt wird.[89] Das Bild ist abstrakt, gegenstandslos und erinnert an ein Gemälde von Mondrian. Die Diaprojektoren enthalten keine Dias. Die Helligkeit jedes Projektors wird mit einem einstellbaren Widerstand und die Wellenlänge mit einem Inferenzfilter eingestellt. Wenn die drei Projektoren Licht gleicher Intensität langer, mittlerer und kurzer Wellenlängen entsenden, die dem Rot, Grün und Blau unseres Zapfensystems entsprechen, dann sehen wir, wie erwartet, die Farben des Bildes. Das erste überraschende Ergebnis taucht auf, wenn man die relativen Helligkeiten von rot, grün und blau durch Erhöhung des Stroms durch den Rot-Projektor, Absenkung des Stroms durch den Grün-Projektor und noch stärkere Reduktion des Stromes durch den Blau-Projektor verändert. Die Einstellungen werden so gewählt, daß das Gesamtlicht, das zurückreflektiert wird, dieselbe Intensität wie vorher aufweist. Obwohl sich die Zusammensetzung der Wellenlängen des Lichtes verändert hat, verändern sich die Farben der Felder nicht, wenn das Muster als ganzes betrachtet wird. Die gelben, grünen, roten, blauen und weißen Felder behalten ihre Farben auch, wenn die rote, grüne oder blaue Komponente des Lichts über einen weiten Bereich erhöht oder herabgesetzt wird. Land beschreibt außerdem folgendes Experiment: Ein Photometer, das für alle Wellenlängen gleich sensitiv ist, mißt die Reflexion eines gelben Feldes. Der Grün- und der Blau-Projektor werden ausgeschaltet, und der Rot-Projektor wird so eingestellt, daß man eine Anzeige von 1 (in beliebigen Einheiten) erhält. Der Rot-Projektor wird dann ausgeschaltet, und der Grün-Projektor so einjustiert, daß die Anzeige wieder auf 1 steht. Genauso verfährt man mit dem Blau-Projektor. Von dem gelben Feld werden dann gleiche Mengen rotes, grünes und blaues Licht reflektiert, wenn alle drei Projektoren eingeschaltet werden. Das Bild sieht gelb aus, wenn wir es betrachten. Jetzt wird mit einem grünen Feld genauso verfahren, d.h. das rote, grüne und blaue Licht wird so eingestellt, daß bei jeder Wellenlänge dieselbe Intensität zurück zum Photometer reflektiert wird. Nach der Definition hat das Licht, das von dem grünen Feld zurück auf unsere Augen reflektiert wird, genau dieselbe Wellenlängenzusammensetzung, wie das vorher von dem gelben reflektierte. In welcher Farbe wird das grüne Feld erscheinen? Die intuitive Antwort ist «gelb». Aber das Feld erscheint immer noch grün. Man erhält dieses Ergebnis immer, wenn das Bild als ganzes betrachtet wird. Wenn der Beobachter jedoch nur einen kleinen Ausschnitt gleicher Farbe mit schwarzer Umgebung sehen kann, wird die Farbkonstanz nicht aufrecht erhalten. Grün wird gelb. Die Farbe des grünen Feldes hängt also, wenn es allein mit maskiertem Restbild betrachtet wird, kritisch von den relativen Intensitäten der drei Wellenlängen ab. Sobald die Maske entfernt wird, erscheint das Feld bei genau derselben Umgebungsbeleuchtung im Kontext mit dem Gesamtmuster wieder grün. Dieser bemerkenswerte Effekt beruht nicht auf Beurteilung, Adaptation oder Nachbildern. Aus diesen und anderen anspruchsvollen Experimenten hat Land geschlossen:

> Wenn man den Mondrian bewundert, während ich diese Veränderungen der relativen Beleuchtung in getrennten Wellenbereichen vornehme, kann man wahrscheinlich nicht verstehen, warum nicht gleichzeitig Farbveränderungen auftreten – solange man in Begriffen der Farbmischung an jedem Punkt denkt. Wenn man sich jedoch den Mondrian als Komposition aus drei unabhängigen Bildern vorstellt, eins von langen, eins von mittleren und eins von kurzen Wellen getragen, kann ich die Behauptung aufstellen, daß erstens jedes dieser Bilder bei Änderung der Trägerintensität unverändert bleibt, und zweitens, daß das Farbmuster durch Vergleich dieser drei vollständigen Bilder, und nicht durch Fusion ihrer Strahlung bestimmt wird.

Seine *Retinex-Theorie* (*Retinex* ist die Verbindung von Retina und Cortex) liefert einen Rahmen für die Berechnung der Farbe, die in einem bestimmten Teil der Retina gesehen wird, auf Basis der relativen Intensitäten der drei Wellenlängen und ihrer räumlichen Wechselwirkungen.

89 Land, E. H. 1983. *Proc. Natl. Acad. Sci. USA* 80: 5163–5169.

die Umgebung mit neutralem weißem Licht, um eine Entladung zu evozieren. Wenn er dann den Rotanteil des Lichtes steigert, wird sich die Entladung nur wenig ändern: Einer erhöhten Erregung der Zentralfläche durch rot wirkt die erhöhte, antagonistische Hemmung der Peripherie durch rot entgegen. Wahrscheinlich spielen die langen Horizontalverbindungen von blob zu blob eine wichtige Rolle bei den räumlichen Wechselwirkungen, die man braucht, um die Land-Phänomene zu erklären.

Wohin führt der Weg von hier aus?

Es ist heute möglich, viele der Fragen dazu, wie das Gehirn Bilder analysiert, die auf die Retina fallen, experimentell anzugehen, die von v. Helmholtz, Hering und – in heutiger Zeit – von Land gestellt wurden. Anatomische, physiologische und psychophysische Experimente haben mit bemerkenswerter Übereinstimmung Teile des Cortex identifiziert, die an der visuellen Wahrnehmung beteiligt sind. Ein wichtiges Prinzip, das

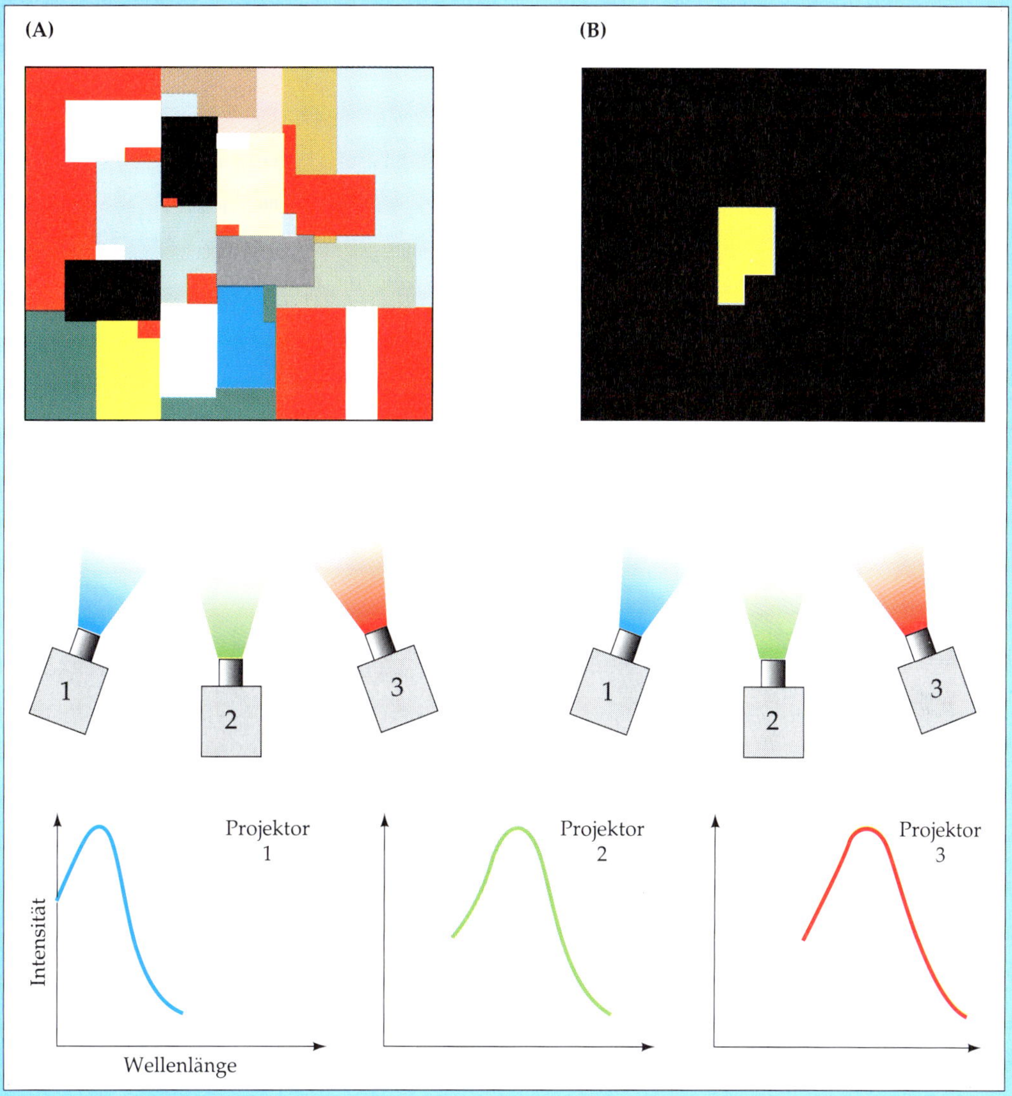

Mondrianartige Anordung farbiger Rechtecke zur Demonstration von Land-Phänomenen. Die Abbildung zeigt unten drei Projektoren, von denen jeder monochromatisches, rote, grünes oder blaues Licht auf das Bild strahlt. Die Bestrahlungsstärke ist einstellbar. (A) Wenn das ganze Bild bei rotem, grünen und blauen Licht gleicher Intensität betrachtet wird, erscheinen die Farben normal. Land's überraschende Demonstration der Farbkonstanz zeigt, daß diese Farben auch dann noch für den Beobachter erhalten bleiben, wenn die Relativbeiträge des roten, grünen und blauen Projektors drastisch verändert werden. (B) Wenn man aber nur ein einziges Feld betrachtet, das von völliger Dunkelheit umgeben ist, stimmt die Farbe des Feldes mit der Mischung der drei darauffallenden Lichtwellenlängen überein (nach Land, 1963; Zeki, 1990).

aus der funktionellen Anatomie stammt, besteht darin, daß getrennte Bahnen, die in der Retina beginnen, bis zum Bewußtsein vordringen.[67,73,90] Man kann das System zur Tiefeneinschätzung und Bewegungsdetektion täuschen, indem man Lichtbedingungen schafft, die nur das parvozelluläre System aktivieren. Patienten mit Läsionen in speziellen Cortexarealen können die Fähigkeit zum Farbensehen verlieren, während die Mustererkennung nur wenig beeinträchtigt ist. Trotzdem sind Magno- und Parvosystem nicht völlig getrennt, weder anatomisch noch physiologisch: Beide arbeiten bei der Muster- und Formenerkennung zusammen. Wahrscheinlich benutzen Fische, die nach Fliegen schnappen, Kormorane, die nach Fischen tauchen, und Katzen, die sich auf Vögel stürzen, schnelle Systeme, die die Bewegungstiefe wahrnehmen. Ein solches System wäre jedoch relativ nutzlos, um zusammenpassende Bettdecken, Kissen, Teppiche und Vorhänge für ein Schlafzimmer auszusu-

90 Schiller, P. H. and Lee, K. 1991. *Science* 251: 1251–1253.

chen. Obwohl die Beiträge der beiden Systeme durcheinandergebracht werden können, arbeiten sie normalerweise zusammen.

Wie wird das gesamte Bild so zusammengefaßt, daß wir den Gesichtsausdruck des Tennisspielers und gleichzeitig deutlich den Ball erkennen, der auf uns zu geflogen kommt? Die Fragen werden durch die Organisation der ersten Schritte der visuellen Signalverarbeitung, die hier beschrieben wurden, teilweise beantwortet. Eine bedeutende Entdeckung zum Verständnis bestand darin, daß die abstrakte Bedeutung, die vom Signal eines Neurons übertragen wird, sehr komplex sein kann. Das Signal integriert Nachrichten am Eingang und gibt ihnen eine neue Bedeutung. Eine Erweiterung der Hypothese der hierarchischen Organisation sagt voraus, daß man Zellen finden muß, die immer größere Mengen der Information aus dem Gesichtsfeld zusammenführen. Tatsächlich wurden in höheren visuellen Arealen «Gesichter»-Neuronen beschrieben.[35] Aber wie weit kann diese Informationskonzentration gehen? Wird es eine kleine Gruppe von Zellen oder ein «Großmutterneuron» geben, wo alle wahrgenommenen Merkmale synthetisiert und zu einem Gesamtbild kombiniert sind? Der Neurophysiologe steht dabei offensichtlich vor einem Dilemma. Auf der einen Seite wissen wir, daß die visuelle Information aus verschiedenen sinnvollen Einheiten in Form von rezeptiven Feldern zusammengesetzt ist. Diese sind auf eine unermeßlich große Anzahl von Zellen verteilt. In diesem Sinne ist Information wirr und diffus. Auf der anderen Seite müßte es Zellen geben, die das «große Bild» sehen, weil wir ohne sie letztlich nur feststellen, daß jede Gruppe von Zellen auf die nächste sieht, und umgekehrt. In Diskussionen dieser Art tritt an dieser Stelle der gefürchtete Homunculus auf – die Zelle oder der kleine Mann im Gehirn, der gerade das sieht, was wir sehen. Dieses Konzept zu verspotten ist sowohl modern, als auch ein echtes Zeichen von Sophismus. Trotzdem hat der Homunculus eine nützliche Funktion: Es zeigt unsere Unkenntnis der höheren corticalen Funktionen und erinnert uns ständig daran. Sobald die Antworten gefunden sind, wird er eines natürlichen Todes wie Phlogiston sterben. Wir haben bis jetzt keine Möglichkeit, ihn durch einen Computer zu ersetzen. Ein kräftiger Anreiz liegt darin, daß man schon jetzt auf Grund von bekannten Zelleigenschaften über die Wahrnehmung nachdenken kann, nachdem die Signale nur sieben oder acht Synapsen passiert haben, und es gibt noch viel mehr Synapsen bis zur letzten Zelle. In keinem anderen System sind sich Geist und Zelle so nahe gekommen.

Empfohlene Literatur

Allgemeine Übersichtsartikel

Bolz, J., Gilbert, C. D. and Wiesel, T. N. 1989. Pharmacological analysis of cortical circuitry. *Trends Neurosci.* 12: 292–296.

Daw, N. W. 1984. The psychology and physiology of colour vision. *Trends Neurosci.* 7: 330–335.

Gilbert, C. D., Hirsch, J. A. and Wiesel, T. N. 1990. Lateral interactions in visual cortex. *Cold Spring Harbor Symp. Quant. Biol.* 55: 663–677.

v. Helmholtz, H. 1962/1927. *Helmholtz's Treatise on Physiological Optics.* J. P. C. Southhall (ed.). Dover, New York.

Hubel, D. H. 1982. Exploration of the primary visual cortex. *Nature* 299: 515–524.

Hubel, D. H. 1988. *Eye, Brain and Vision.* Scientific American Library, New York.

Hubel, D. H. and Wiesel, T. N. 1977. Ferrier Lecture: Functional architecture of macaque monkey visual cortex. *Proc. R. Soc. Lond. B* 198: 1–59.

Lund, J. S. 1988. Anatomical organization of macaque monkey striate visual cortex. *Annu. Rev. Neurosci.* 11: 253–288.

Maunsell, J. H. and Newsome, W. T. 1987. Visual processing in monkey extrastriate cortex. *Annu. Rev. Neurosci.* 10: 363–401.

Zeki, S. 1990. Colour vision and functional specialisation in the visual cortex. *Disc. Neurosci.* 6: 1–64.

Originalartikel

Bonhoeffer, T. and Grinvald, A. 1991. Iso-orientation domains in cat visual cortex are arranged in pinwheel-like patterns. *Nature* 353: 429–431.

Ferster, D. 1988. Spatially opponent excitation and inhibition in simple cells of the cat visual cortex. *J. Neurosci.* 8: 1172–1180.

Gilbert, C. D. and Wiesel, T. N. 1989. Columnar specificity of intrinsic horizontal and corticocortical connections in cat visual cortex. *J. Neurosci.* 9: 2432–2442.

Hubel, D. H. and Livingstone, M. S. 1987. Segregation of form, color, and stereopsis in primate area 18. *Neurosci.* 7: 3378–3415.

Hubel, D. H. and Wiesel, T. N. 1959. Receptive fields of single neurones in the cat's striate cortex. *J. Physiol.* 148: 574–591.

Hubel, D. H. and Wiesel, T. N. 1962. Receptive fields, binocular interaction, and functional architecture in the cat's visual cortex. *J. Physiol.* 160: 106–154.

Hubel, D. H. and Wiesel, T. N. 1968. Receptive fields and functional architecture of monkey striate cortex. *J. Physiol.* 195: 215–243.

Land, E. H. 1983. Recent advances in retinex theory and some implications for cortical computations: color vision and the neural image. *Proc. Natl. Acad. Sci. USA* 80: 5163–5169.

Livingstone, M. S. and Hubel, D. H. 1984. Anatomy and physiology of a color system in the primate visual cortex. *J. Neurosci.* 4: 309–356.

Livingstone, M. S. and Hubel, D. H. 1987a. Connections between layer 4B of area 17 and the thick cytochrome oxidase stripes of area 18 in the squirrel monkey. *J. Neurosci.* 7: 3371–3377.

Livingstone, M. S. and Hubel, D. H. 1987b. Psychophysical evidence for separate channels for the perception of from, color, movement, and depth. *J. Neurosci.* 7: 3416–3468.

Livingstone, M. S. and Hubel, D. H. 1988. Segregation of form, color, movement, and depth. Anatomy, physiology, and perception. *Science* 240: 740–749.

Shipp, S. and Zeki, S. 1985. Segregation of pathways leading from area V_2 to areas V_4 and V_5 of macaque monkey visual cortex. *Nature* 315: 322–325.

Tootell, R. B., Switkes, E., Silverman, M. S. and Hamilton, S. L. 1988. Functional anatomy of macaque striate cortex. II. Retinotopic organization. *J. Neurosci.* 8: 1531–1568.

Ts'o, D. Y., Frostig, R. D., Lieke, E. E. and Grinvald, A. 1990. Functional organization of primate visual cortex revealed by high-resolution optical imaging. *Science* 249: 417–420.

Wiesel, T. N. and Hubel, D. H. 1966. Spatial and chromatic interactions in the lateral geniculate body of the rhesus monkey. *J. Neurophysiol.* 29: 1115–1156.

Zeki, S. and Shipp, S. 1988. The functional logic of cortical connections. *Nature* 335: 311–317.

Zeki, S., Watson, J. D., Lueck, C. J., Friston, K. J. Kennard, C. and Frackowiak, R. S. 1991. A direct demonstration of functional specialization in human visual cortex. *J. Neurosci.* 11: 641–649.

Kapitel 18

Genetische und Umwelteinflüsse auf das visuelle System von Säugern

Man hat Experimente am visuellen System von Säugetieren durchgführt, um Aussagen über das Verhältnis der Einflüsse von genetischen und Umweltfaktoren auf die Ausbildung und korrekte Ausführung von synaptischen Interaktionen zu erhalten. In neugeborenen, visuell unerfahrenen Katzen und Affen sind viele Merkmale der neuronalen Organisation bereits vorhanden. Die Zellen der Retina und des Corpus geniculatum laterale antworten fast genauso auf Reize wie die in adulten Tieren. Im visuellen Cortex haben die Neuronen charakteristische rezeptive Felder. Sie benötigen orientierte Balken oder Kanten als Reize. Deutliche Unterschiede gibt es jedoch besonders in Schicht 4, wo die Fasern des Geniculatums enden. Bei der Geburt sind die Augendominanzsäulen bei Katzen und Affen noch nicht vollständig ausgebildet: Die Zellen in Schicht 4 werden von beiden Augen erregt. Das Muster der adulten Tiere, bei denen die Zellen in Schicht 4 von dem einen oder dem anderen Auge, aber nicht von beiden, versorgt werden, wird in den ersten sechs Wochen nach der Geburt ausgebildet. Während dieser Zeit ziehen sich die Fasern des Geniculatums zurück und bilden Säulen mit deutlichen Grenzen.

Die Verbindungen der Neuronen des visuellen Cortex sind in der frühen Lebensphase für Veränderungen zugänglich und können durch nicht adäquate Benutzung irreversibel geschädigt werden. Beispielsweise führt der Verschluß der Augenlider eines Auges während der ersten drei Lebensmonate zur Blindheit dieses Auges. Die Anomalie entsteht hauptsächlich auf Cortexebene. Obwohl die Zellen des Geniculatums weiterhin von dem Auge, das verschlossen wurde, erregt werden, spricht der größte Teil der Cortexneuronen nicht mehr an. Das andere Auge funktioniert normal. In den ersten 6 Lebenswochen sind Katzen und Affen besonders empfindlich für solche Veränderungen. Bei einem erwachsenen Tier hat ein Lidverschluß keine Auswirkungen. Deprivation während der ersten 6 Wochen führt zur Schrumpfung der corticalen Dominanzsäulen, die von diesem Auge versorgt werden. Gleichzeitig beobachtet man eine entsprechende Verbreiterung der Säulen, die von dem normalen, undeprivierten Auge versorgt werden. Nach Retraktion der Fasern des Geniculatums aus Schicht 4 werden die Säulen, die normalerweise gleich breit sind, unterschiedlich: Die Fasern vom deprivierten Auge ziehen sich stärker als normal zurück, während sich die Fasern, die vom normalen Auge versorgt werden, kaum zurückziehen. Während dieser frühen kritischen Phase können die Wirkungen rückgängig gemacht werden, indem man das zugenähte Auge öffnet und das andere verschließt. Die Wirkungen bilateraler Deprivation zeigen ebenfalls, daß die beiden Augen um corticales Gebiet konkurrieren. Bei Affen mit zwei geschlossenen Augen hat kein Auge einen Vorteil. Es entwickelt sich eine Säulenstruktur, aber jede corticale Zelle wird nur von dem einen oder dem anderen Auge erregt, nicht von beiden.

Anormale sensorische Eingangsmuster führen auch ohne Deprivation zu ähnlichen Effekten, die der Konkurrenz zuzuschreiben sind. Wenn man durch die Durchtrennung extraokulärer Muskeln Schielen oder Strabismus erzeugt, erhält jedes Auge die normale Menge visueller Eingangssignale, nur die Fixierung der beiden Augen auf Gegenstände ist verändert. Trotzdem wird die Art, in der corticale Zellen junger Katzen oder Affen von den beiden Augen erregt werden, durch das Schielen verändert. Die Zellen haben normale rezeptive Felder, aber nur wenige werden von beiden Augen erregt. Statt dessen ist ein Auge oder das andere Auge allein wirksam. Da hier beide Augen benutzt werden, ist es offenbar wieder so, daß der Signalverkehr in konvergenten Bahnen auf geeignete, ausgewogene Weise fortgesetzt werden muß, damit die normale funktionelle Organisation aufrecht erhalten werden kann. Diese Vorstellung wird durch Experimente bestärkt, bei denen bei jungen Katzen alle Impulse, einschließlich der Spontanaktivität, in den Sehnerven durch in beide Augen injiziertes Tetrodotoxin blockiert werden. Dann entwickeln sich überhaupt keine Kolumnen, und die Bereiche in Schicht 4, die von jedem Auge versorgt werden, bleiben gleich groß wie bei der Geburt. Die zellulären und molekularen Mechanismen, durch die kohärente und inkohärente Impulsaktivität die Struktur beeinflußt, sind noch nicht bekannt. Ein wichtiges Problem betrifft die Frage, wie einige Neuronen dazu veranlaßt werden, zu sprossen und neue synaptische Verbindungen herzustellen, während andere sich zurückziehen und die bereits vorhandenen Verbindungen lösen und noch andere völlig unbeeinflußt bleiben. Diese Ergebnisse haben große Bedeutung für viele Aspekte der Entwicklung des Zentralnervensystems. Auch bei anderen sensorischen Systemen und höheren Funktionen könnte es kritische Phasen geben, in denen die Leistung durch richtigen Gebrauch gesteigert oder durch Nichtgebrauch oder falsche Verwendung irreversibel geschädigt werden kann. Es treten auch wohldefinierte genetisch determinierte Fehlverbindungen auf. Bei der Siamkatze nehmen einige Fasern des Sehnervs während der Entwicklung immer den falschen Weg und innervieren die falschen Zellen im Corpus geniculatum laterale und im Cortex. Entwicklungsstudien am visuellen System von Säugern liefern einen ersten Schritt zum Verständnis, wie Erfahrungen zu Beginn des Lebens Struktur und Funktion unseres Gehirns im späteren Leben beeinflussen.

Wir haben mehrfach die Spezifität der Verdrahtung betont, die notwendig ist, damit das Nervensystem gut funktioniert. Es ist auch klar, daß die Entwicklung nach der Geburt bei verschiedenen Tieren unterschiedlich lang weitergeht. Beispielsweise werden Katzen mit geschlossenen Augen geboren. Wenn die Lider geöffnet werden, und ein Auge mit Licht bestrahlt wird, verengt sich die Pupille, obwohl das Tier zuvor noch nie Licht ausgesetzt war und offenbar völlig blind ist.[1] Nach 10 Tagen kann die junge Katze sehen und beginnt danach, Gegenstände und Muster wiederzuerkennen. Wenn die Kätzchen nicht in ihrer normalen Umgebung, sondern im Dunkeln aufgezogen werden, funktioniert der Pupillenreflex weiterhin, aber die Tiere bleiben blind. Es ist, als ob es eine Empfindlichkeitshierarchie gibt, mit «harter» und «weicher» Verdrahtung in verschiedenen Teilen des Gehirns.

Die Leistungsveränderungen des Nervensystems während der Entwicklung werfen viele Fragen auf. In welchem Verhältnis stehen die Beiträge von genetischen Faktoren und Erfahrung (zusammengefaßt in der Redewendung *Natur und Erziehung*)? In diesem Kapitel beschreiben wir ein System, ohne einen Gesamtüberblick über das Gebiet der sensorischen Deprivation zu geben. Bis zu welchem Grad sind die neuronalen Schaltkreise, die für das Sehen gebraucht werden, bereits bei der Geburt vorhanden und funktionstüchtig? Welchen Einfluß hat Licht, das in die Augen fällt, auf ihre Entwicklung? Werden eine Katze oder ein Affe, die im Dunkeln aufwachsen, blind, weil sich keine Verbindungen ausbilden, oder weil sich einige Verbindungen, die ursprünglich vorhanden waren, zurückbilden? Georg von Lichtenberg (1742–1799), der offenbar einen feinen Sinn für solche Entwicklungsprobleme hatte, schrieb zutreffend: «Was ihn in Erstaunen versetzte, war die Tatsache, daß Katzen zwei Löcher in der Haut haben müssen genau an den Stellen, wo ihre Augen sind.» Das visuelle System bietet große Vorteile, um direkt an Fragen heranzugehen, die mit der Entwicklung zu tun haben, weil die Relaisstationen zugänglich sind, und die Lichtmenge und die natürliche Reizung leicht verändert werden können. Wir werden uns hier wiederum hauptsächlich mit den Bahnen des visuellen Systems von der Retina zum Cortex bei Katzen und Affen beschäftigen. Für unser Vorhaben ist es zweckmäßig, daß wir uns weitgehend auf den Bereich konzentrieren, der sich logisch aus dem Stoff ergibt, den wir in den Kapiteln 16 und 17 vorgestellt haben.

1 Riesen, A. H. and Aarons, L. 1959. *J. Comp. Physiol. Psychol.* 52: 142–149.

Das visuelle System neugeborener Katzen und Affen

Man weiß eine ganze Menge über die Organisation der visuellen Verbindungen, die der Wahrnehmung adulter Katzen und Affen zugrunde liegt. Eine simple-Zelle im Cortex «erkennt» selektiv einen wohldefinierten Typ von visuellem Reiz, wie z.B. einen schmalen, vertikal orientierten Lichtbalken in einer bestimmten Region des Gesichtsfeldes eines jeden Auges. Man fragt sich natürlich, ob derartige Zellen schon im neugeborenen Tier vorhanden sind, oder ob visuelle Erfahrung und Lernen notwendig sind, damit eine wahllos verteilte Menge bereits existierender Verbindungen für diese spezifische Aufgabe umgeformt oder modifiziert wird. Aus technischen Gründen ist es schwierig, von Zellen neugeborener Tiere abzuleiten. Die meisten Experimente an jungen Katzen wurden während der ersten drei Wochen nach der Geburt durchgeführt. Zur Verhinderung des Konturensehens wurden die Augenlider zugenäht oder die Cornea wurde mit einer Milchglaskontaktlinse bedeckt. Genauso bekommt man visuell unerfahrene Affen, indem man die Augenlider direkt oder einige Tage nach der Geburt zunäht. In einigen Fällen wurden die Affen für die spätere Untersuchung mit Kaiserschnitt geboren, wobei man darauf achtete, daß sie keinem Licht ausgesetzt wurden.[2,3]

Ein neugeborener Affe scheint visuell aufmerksam und er kann fixieren. Im Gegensatz dazu verhält sich eine neugeborene Katze, deren Lider durch einen chirurgischen Eingriff geöffnet wurden, wie blind. Trotzdem sind bei beiden Tieren bereits viele Merkmale der Leistungsfähigkeit der corticalen Neuronen adulter Tiere vorhanden. Beispielsweise zeigen Ableitungen von einzelnen Zellen im primären visuellen Cortex V_1, daß die Zellen nicht durch eine diffuse Beleuchtung der Augen erregt werden. Wie beim adulten Tier feuern sie am besten, wenn eine bestimmte Stelle der Retina beider Augen mit hellen oder dunklen Balken einer bestimmten Orientierung beleuchtet wird. Bei vielen Zellen kann der Bereich der Orientierungen, die von Tieren ohne vorherige visuelle Erfahrung abgeleitet werden, nicht von dem adulter Tiere unterschieden werden. Die Antworten der rezeptiven Felder sind ebenfalls aus antagonistischen «on»- und «off»-Bereichen aufgebaut, die in beiden Augen ähnlich sind. Bei schräglaufenden Einstichen ändert sich die bevorzugte Orientierung in regelmäßiger Folge, wenn die

2 Hubel, D. H. and Wiesel, T. N. 1963. *J. Neurophysiol.* 26: 994–1002.

3 Wiesel, T. N. and Hubel, D. H. 1974. *J. Comp. Neurol.* 158: 307–318.

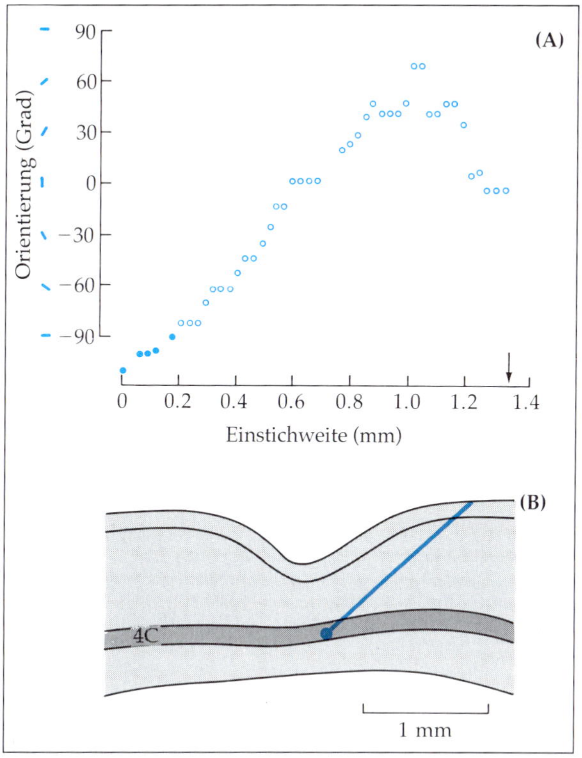

Abb. 1: **Orientierungssäulen** in Abwesenheit visueller Erfahrung. (A) Achsenorientierung der rezeptiven Felder von Zellen, auf die eine Elektrode während eines schrägen Einstichs durch die rechte Cortexhemisphäre eines 17 Tage alten Affenbabys traf, dessen Augen am zweiten Tag nach der Geburt zugenäht wurden. (B) Der Kreis markiert eine Läsion, die am Ende der Elektrodenspur in Schicht 4 gemacht wurde. Die Orientierung der rezeptiven Felder in (A) ändert sich progressiv beim Durchqueren der Orientierungssäulen. Das bedeutet, daß im visuell unerfahrenen Tier normal aufgebaute Orientierungssäulen vorhanden sind. Geschlossene Kreise: ipsilaterales Auge. Offene Kreise: contralaterales Auge (nach Wiesel und Hubel, 1974).

Elektrode durch den Cortex bewegt wird[3] (Abb. 1). Bei neugeborenen Tieren sind die Entladungen der corticalen Zellen jedoch meistens schwächer als bei adulten Tieren, und einige Zellen sind nicht erregbar.

In Schicht 4 des visuellen Cortex gibt es einen bedeutenden Unterschied, der sich als höchst wichtig für die Untersuchung der Veränderungen herausgestellt hat, die während der normalen und der anormalen Entwicklung auftreten. Im Gegensatz zu adulten Tieren, bei denen die Augendominanzsäulen, die jeweils Eingänge von einem Auge erhalten, klar unterschieden werden können, tritt in neugeborenen Katzen und Affen ein bedeutender Überlapp bei den Verzweigungen der Geniculatumfasern in Schicht 4 auf.[4,5] Dies wird in Abb. 2 A und schematisch in Abb. 3 dargestellt. Man findet nur eine geringe okuläre Dominanz. Der Grund dafür liegt darin, daß die einzelnen Fasern des Geniculatums sich in Schicht 4 über einen weiten Bereich verteilen. Während der ersten 6 Lebenswochen des Tieres ziehen sich die Axone zurück, wobei kleinere und abgetrenntere Cortexbereiche ausgebildet werden, die ausschließlich von dem einen oder dem anderen Auge erregt werden. Parallel dazu entwickeln sich physiologische Veränderungen: Zunächst werden die corticalen simple-Zellen aus Schicht 4 von beiden Augen erregt. Nach 6 Wochen kann jede Zelle, wie beim adulten Tier, nur noch von einem Auge erregt werden. Die postnatale Entwicklung der Augendominanzsäulen läuft auch bei Tieren ab, die in völliger Dunkelheit aufgezogen werden.

Rakic hat gezeigt, daß die Auftrennung der Kolumnen schon vor der Geburt und ohne visuelle Erfahrung beginnt.[6–9] Er injizierte intrauterin radioaktiv markierte Aminosäuren in verschiedene Entwicklungsstadien von Affenaugen. Durch dieses Verfahren war es möglich, das Auswachsen der Fasern und ihre Verteilung im Corpus geniculatum laterale und in Schicht 4 des Cortex zu beobachten. In frühen Stadien ist die Überlappung der Bereiche, die von beiden Augen versorgt werden, praktisch vollständig. Ein paar Tage vor der Geburt sind Andeutungen einer Säulenstruktur erkennbar. Auf ähnliche Weise wurde von Shatz und Kollegen an fetalen Katzen gezeigt, daß die Faserendigungen des Sehnervs überlappen, wenn sie das Corpus geniculatum laterale erreichen, und daß die Auftrennung in verschiedene Schichten (A, A_1 und C) während des letzten Drittels der Trächtigkeit beginnt. Das adulte Muster ist etwa 2 Wochen nach der Geburt vollständig ausgeprägt.[10] Die Augendominanzsäulen im visuellen Cortex werden erst ca. 30 Tage nach der Geburt der Katze sichtbar. Katzen werden in einem weniger reifen Entwicklungsstadium als Affen geboren.[5]

In neugeborenen wie auch in adulten, Katzen und Affen werden die corticalen Zellen außerhalb der Schicht 4 von beiden Augen erregt, die einen besser von dem einen, die anderen besser von dem anderen und einige gleich gut von beiden.[2,3] Etwa 20 Prozent aller 1116 Zellen visuell normaler Affen in Abb. 4 werden nur von einem Auge erregt und etwa derselbe Prozentsatz nur vom anderen Auge. Der Dominanzgrad kann bequem in einem Histogramm dargestellt werden, in dem die Neuronen entsprechend der Entladungsfrequenz, mit der sie auf Reizung des einen oder des anderen Auges antworten, in sieben Kategorien eingeteilt werden (Kap.17). Bei der visuell unerfahrenen Katze und dem 2 Tage alten Affen erscheint das Histogramm ziemlich normal. Die Mehrheit der Zellen antwortet auf die Beleuchtung eines jeden Auges.

Diese Befunde an unreifen Tieren waren nicht besonders überraschend. Obwohl die Entwicklung des Cortex durch Veränderungen der Umwelt beeinflußbar ist, wäre man doch sehr erstaunt, wenn das Grundschema der

4 Le Vay, S., Wiesel, T. N. and Hubel, D. H. 1980. *J. Comp. Neurol.* 191: 1–51.

5 Le Vay, S., Stryker, M. P. and Shatz, C. J. 1978. *J. Comp. Neurol.* 179: 223–244.

6 Rakic, P. 1977. *J. Comp. Neurol.* 176: 23–52.

7 Rakic, P. 1977. *Philos. Trans. R. Soc. Lond. B* 278: 245–260.

8 Rakic, P. 1986. *Trends Neurosci.* 9: 11–15.

9 Rakic, P. 1988. *Science* 241: 170–176.

10 Shatz, C. J. and Sretavan, D. W. 1986. *Annu. Rev. Neurosci.* 9: 171–207.

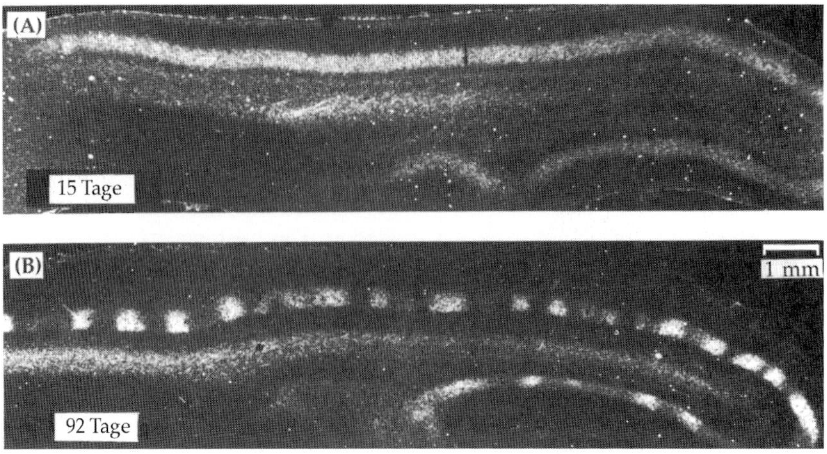

Abb. 2: **Entwicklung der Augendominanzsäulen** in Schicht 4 des Katzencortex. Autoradiogramme von Schnitten durch den visuellen Cortex von Tieren, bei denen zuvor in ein Auge Tritium-markiertes Prolin injiziert wurde. Die Photos wurden mit Dunkelfeldbeleuchtung gemacht, die Silberkörner erscheinen dabei als weiße Punkte. (A) Gehirn einer 15 Tage alten Katze. Schicht 4 ist durchgehend und gleichmäßig ohne Hinweis auf Augendominanzsäulen markiert. In diesem Stadium und für die nächsten Wochen überlappen die Faserendigungen aus dem Geniculatum in Schicht 4 des Cortex. (B) Ähnlicher Schnitt durch den visuellen Cortex einer adulten Katze (92 Tage alt). Man beachte die fleckartige Verteilung der Markierung in Schicht 4, die den Augendominanzsäulen des injizierten Auges entspricht (nach LeVay, Stryker und Shatz, 1978).

neuronalen Organisation mit seinen regelmäßigen und komplizierten visuellen Verbindungen ganz von den Launen der visuellen Umgebung abhängig wäre. Der Kernpunkt, der hier betont werden soll, ist der, daß einige Merkmale der Grundverdrahtung schon bei der Geburt vorhanden sind, während andere erst in den ersten paar Lebenswochen voll entwickelt werden. Dies erinnert an Ereignisse, die während der Entwicklung der Nerv-Muskel-Synapse bei neugeborenen Ratten auftreten: Bei der Geburt wird jede motorische Endplatte von zahlreichen Motoneuronen versorgt, aber in wenigen Wochen ziehen sich die meisten zurück, so daß jede Muskelfaser nur noch von einem Axon versorgt wird[11] (Kap. 11).

Der Rest dieses Kapitels ist hauptsächlich der Frage gewidmet, wie anormale sensorische Erfahrung in einer frühen Lebensphase die Anatomie und Physiologie des Gehirns drastisch beeinflussen kann. Daneben treten systematische Abweichungen infolge genetischer Defekte auf. Ein bekanntes Beispiel ist die Farbenblindheit, andere Beispiele erhält man von mutierten Siamkatzen oder Albinos.

Anormale Verbindungen im visuellen System der Siamkatze

Bei Siamkatzen wachsen bestimmte Fasern des Sehnervs während der Entwicklung nicht entlang ihrer normalen Bahnen. Zusätzlich schielen die Tiere häufig.[12] Dieser Defekt wird von einer anormalen Kreuzung der Fasern des Sehnervs am Chiasma begleitet. Einige Fasern, die auf der ipsilateralen Seite bleiben sollten, kreuzen zur contralateralen Seite. Infolgedessen erhält das Corpus geniculatum laterale einen überproportional großen Eingang vom contralateralen Auge und einen entsprechend reduzierten Eingang vom ipsilateralen Auge. Interessanterweise enden die Fasern des Sehnervs, die den falschen Weg eingeschlagen haben, in der Schicht des Corpus geniculatum laterale, die normalerweise für das ipsilaterale Auge reserviert ist. Die Zellen dort erhalten Information aus ungewohnten Regionen des Gesichtsfeldes und vom falschen Auge. Diese anormalen Fasern werden in der «falschen» Schicht des Corpus geniculatum laterale von den Zellen untergebracht, die «frei» geblieben sind, weil die von ihnen erwarteten Axone nicht angekommen sind. Betrachtet man diese Bahnen weiter oben, so erhalten die speziellen Regionen des visuellen Cortex geordnete Projektionen vom Corpus geniculatum laterale. Die Verbindungen werden nicht vollständig durcheinandergeworfen, weil die Grundregeln für normale Zellverbindungen weiterhin befolgt werden. Infolgedessen wird der anormale Eingang von dem normalen abgetrennt.[12]

Albinismus

Die genetischen Gesichtspunkte des Defektes in der visuellen Entwicklung, der bei Albinos vieler Spezies auftritt, sind von erheblichem Interesse. Sie wurden in detaillierten, systematischen Studien von Guillery und dessen Kollegen untersucht, die eine große Vielfalt von Tieren untersucht haben, u.a. Ratten, Nerze, Mäuse, Meerschweinchen, Himalaya-Kaninchen, Frettchen, Affen und sogar einen weißen Tiger.[13] Bei all diesen Tierarten besteht eine direkte Beziehung zwischen dem Feh-

11 Redfern, P. A. 1970. *J. Physiol.* 209: 701–709.
12 Hubel, D. H. and Wiesel, T. N. 1971. *J. Physiol.* 218: 33–62.

13 Guillery, R. W. 1974. *Sci. Am.* 230(5): 44–54.

Abb. 3: **Retraktion der Axone des Corpus geniculatum laterale**, die in Schicht 4 des Cortex enden, während der ersten 6 Lebenswochen. Die Darstellungen auf der linken und der rechten Seite zeigen schematisch die Überlappung der Eingänge vom rechten (R) und linken (L) Auge bei der Geburt und die darauffolgende Trennung in separate Cluster, die den Augendominanzsäulen entsprechen (modifiziert nach Hubel und Wiesel, 1977).

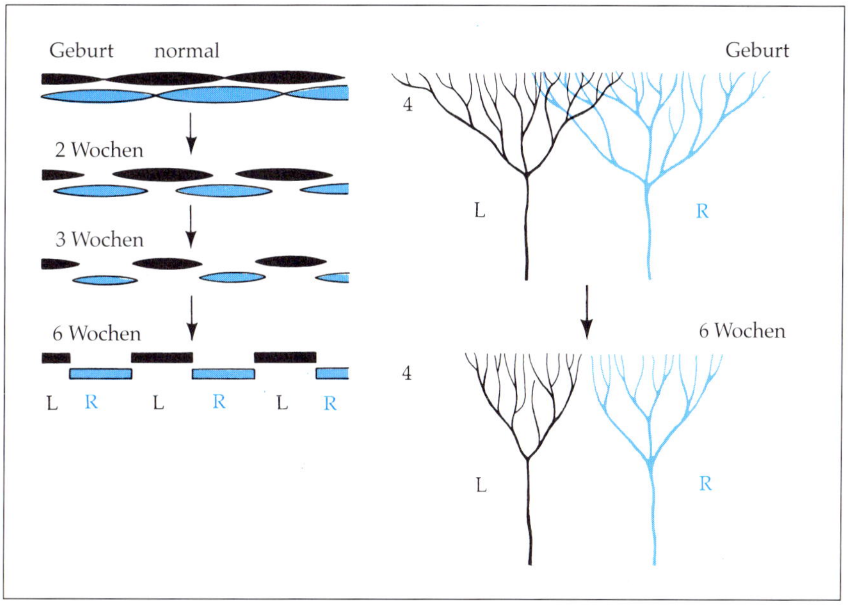

len des Pigmentes im Auge und dem anormalen Weg, den die Fasern bestimmter Ganglienzellen im Sehnerv einschlagen. Auf Grund dieser Tatsachen wurde angenommen, daß das Melanin selbst oder ein anderes verwandtes Genprodukt der Pigmentepithelzelle das Schicksal der retinalen Ganglienzellaxone beeinflußt, wenn sie am Chiasma kreuzen. Hier haben wir also ein Beispiel eines interessanten genetischen Defekts. Er betrifft das Albinogen, das die Farbe des Tieres bestimmt, und auch Verknüpfungsfehler sowie eine Modifikation der Funktionalität des visuellen Systems bewirkt.[14]

Ein anderes Beispiel für eine genetische Auswirkung auf die corticale Organisation kennt man von Mäusen aus einer Zuchtlinie mit zusätzlichen Tasthaaren im Gesicht. Bei diesen Tieren fand man, entsprechend den zusätzlichen Tasthaaren, zusätzliche corticale barrels (Kap. 14).[15]

Auswirkungen anormaler visueller Erfahrung

In diesem Abschnitt werden drei Arten von Experimenten beschrieben – die meisten von Hubel und Wiesel – bei denen die Tiere von den normalen visuellen Reizen depriviert wurden. Die Autoren untersuchten die Wirkungen auf die physiologischen Antworten von Nervenzellen im visuellen System nach (1) Verschluß der Augenlider eines oder beider Augen, nach (2) Verhinderung des Formensehens, ohne den Lichtzugang zum Auge zu blockieren, und (3) ohne Behinderung von Licht und Formensehen, aber mit artifiziellem Strabismus (Schielen) eines Auges. Diese Verfahren bewirken funktionale Abnormitäten und an einigen Stellen deutliche anatomische Veränderungen.

Wenn die Lider eines Auges während der ersten beiden Lebenswochen zugenäht werden, entwickeln sich Katzen und Affen normal und benutzen ihr unoperiertes Auge. Wenn das operierte Auge jedoch am Ende des ersten bis dritten Monats geöffnet und das normale verschlossen wurde, wurde deutlich, daß die Tiere auf dem operierten Auge praktisch blind waren. Beispielsweise stießen Katzen gegen Gegenstände und fielen von Tischen.[16,17] In diesen Augen fand man keinen deutlichen Hinweis auf einen physiologischen Defekt. Die Pupillenreflexe waren normal und ebenso das Elektroretinogramm, das die durchschnittliche elektrische Aktivität des Auges wiedergibt. Ableitungen von retinalen Ganglienzellen deprivierter Tiere zeigten keine offensichtlichen Veränderungen der Antworten, und die rezeptiven Felder der Ganglienzellen schienen normal.

Corticale Zellen nach monokularer Deprivation

Obwohl die Antworten der Zellen des Corpus geniculatum laterale nach einer monokularen Deprivation relativ unverändert erschienen,[18] gab es beträchtliche Veränderungen bei den Antworten der corticalen Zellen.[4,19] Bei

14 Guillery, R. W., Jeffery, G. and Cattanach, B. M. 1987. *Development* 101: 857–867.
15 Welker, E. and Van der Loos, H. 1986. *J. Neurosci.* 6: 3355–3373.
16 Wiesel, T. N. 1982. *Nature* 299: 583–591.
17 Wiesel, T. N. and Hubel, D. H. 1963. *J. Neurophysiol.* 26: 1003–1017.
18 Wiesel, T. N. and Hubel, D. H. 1963. *J. Neurophysiol.* 26: 978–993.
19 Wiesel, T. N. and Hubel, D. H. 1965. *J. Neurophysiol.* 28: 1029–1040.

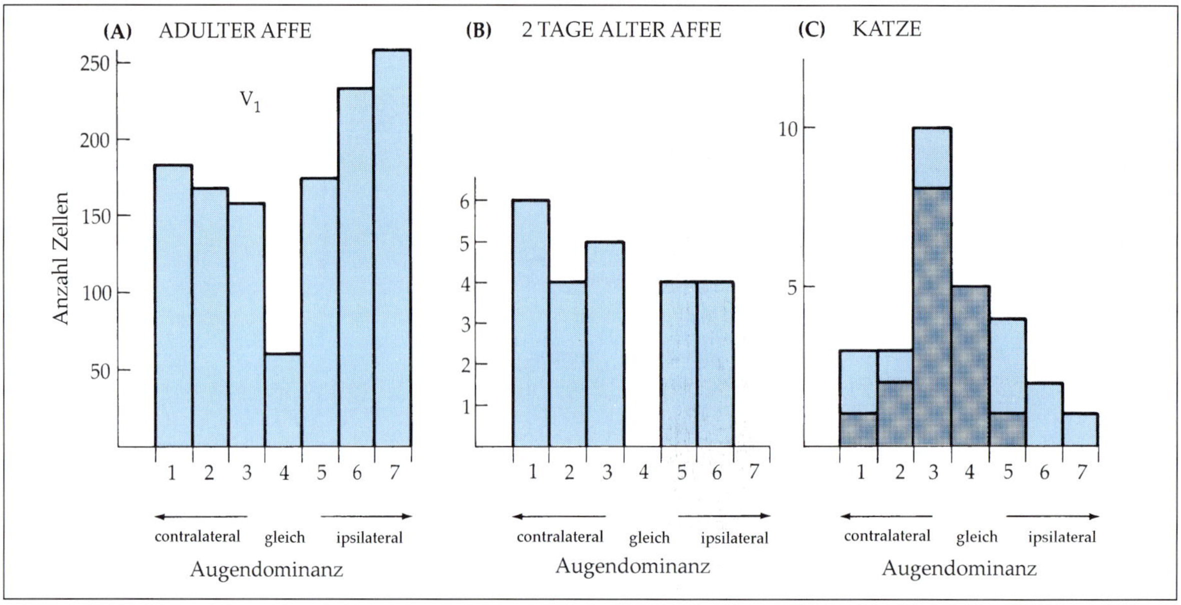

Abb. 4: **Augendominanzverteilung** im visuellen Cortex. Die Zellen in Gruppe 1 und 7 des Histogramms werden nur von einem Auge angesteuert (ipsilateral oder contralateral). Alle anderen Zellen haben Eingänge von beiden Augen. In den Gruppen 2, 3 und 5, 6 überwiegt ein Auge, in Gruppe 4 haben beide Augen ungefähr denselben Einfluß. (A) Normaler erwachsener Affe. (B) Ähnliche Augendominanzverteilung bei einem normalen 2 Tage alten Affen. (C) Histogramm der Augendominanzverteilung einer 20 Tage alten Katze (hellblau) mit normaler visueller Erfahrung und zwei Katzen (8 und 16 Tage alt), die im Dunkeln gehalten wurden (dunkelblau). Im visuellen Cortex des Affen gibt es mehr monokular ansteuerbare Neuronen als in Katzencortex (A und B nach Wiesel und Hubel, 1974; C nach Hubel und Wiesel, 1963).

Ableitungen im visuellen Cortex konnten nur wenige Zellen von dem Auge angesteuert werden, das geschlossen war, und die Mehrheit der Zellen, die antworteten, hatte anormale rezeptive Felder. Abb. 5 zeigt die Augendominanzhistogramme von Zellen von Katzen und Affen, die während ihrer ersten Lebenswochen mit einem zugenähten Auge aufgewachsen sind.

Welche Bedeutung haben diffuses Licht und Form für die Aufrechterhaltung normaler Antworten

Die bisher beschriebenen Ergebnisse zeigen, daß ein in den ersten Lebenswochen nicht normal benütztes Auge, seine Sehkraft verliert und unwirksam wird. Diese weitreichenden Veränderungen werden durch eine relativ kleine Veränderung, das Zunähen der Augenlider, hervorgerufen, ohne irgendwelche Nerven zu durchtrennen. Was ist die notwendige Voraussetzung für die Aufrechterhaltung und Entwicklung richtiger visueller Antworten? Ist diffuses Licht adäquat? Ein Lidverschluß reduziert das Licht, das die Retina erreicht, unterbricht es aber nicht vollständig. Man könnte deshalb annehmen, daß das Auge mit diffusem Licht alleine nicht normal funktionsfähig wird. Um diese Vermutung zu testen, wurde eine Reihe von Experimenten durchgeführt, bei denen anstelle des Lidverschlusses eine Milchglaskontaktlinse auf die Cornea einer neugeborenen Katze gebracht wurde. Die matte Abdeckung verhinderte Formensehen, ließ aber Licht durch.[17] Die deprivierten Augen aller Katzen waren funktionell blind. Außerdem wurden die corticalen Zellen nicht länger vom deprivierten Auge erregt. Weder die Antworten der Retina noch des Geniculatums waren unter diesen Bedingungen merklich verändert. Das bedeutet, daß das *Formensehen* und nicht das Licht ein notwendiger Stimulus zur Verhinderung anormaler Entwicklung der corticalen Verbindungen ist. Überraschenderweise ist das Formensehen alleine jedoch nicht ausreichend, um die vollständige Normalität aufrecht zu erhalten (s.u.).

Morphologische Veränderungen im Corpus geniculatum laterale nach visueller Deprivation

Die Zellen im Corpus geniculatum laterale der Katze und des Affen sind in Schichten angeordnet, wobei jede bevorzugt von einem oder dem anderen Auge versorgt wird (Kap. 16). Bei denselben Tieren, die nach einem Lidverschluß deutliche Veränderungen im Cortex zeigten, schienen sich die Zellen des Geniculatums normal zu verhalten. Die Zellen in den entsprechenden Schichten antworteten auf kleine Lichtpunkte, mit denen das deprivierte oder das normale Auge bestrahlt wurde, mit «on»- oder «off»-Entladungen. Es konnten keine klaren Unterschiede zu den normalen Entladungsmustern beobachtet werden. Trotzdem zeigte sich, daß merkliche morphologische Veränderungen auftraten, nachdem ein Auge verschlossen wurde: Die Zellen in den Schichten, die von dem deprivierten Auge versorgt wurden, waren deutlich kleiner. Die Zellkörper waren nur etwa halb so groß wie die in den normalen Schichten, und die Grö-

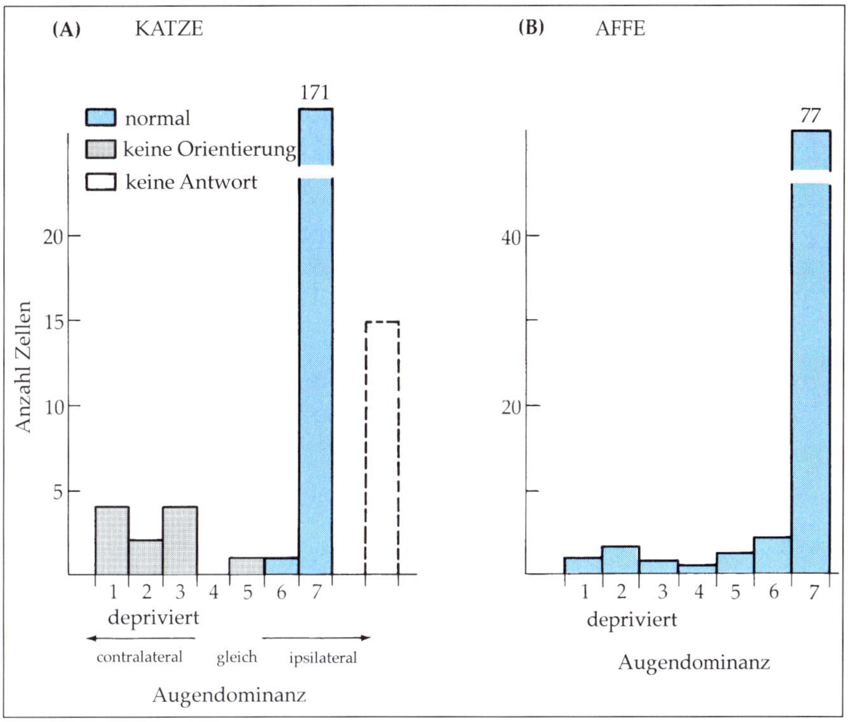

Abb. 5: **Schaden durch Verschluß eines Auges.** Augendominanzverteilung bei Katzen und einem Affen. (A) In fünf 8 bis 14 Wochen alten Katzen, deren rechtes Auge visuell vollständig depriviert wurde, antworten nur 13 von 199 Zellen bei Reizung des deprivierten Auges. Bis auf eine hatten alle Zellen anormale rezeptive Felder. Die gestrichelt dargestellte Säule zeigt spontan aktive Zellen, die weder auf das eine noch auf das andere Auge antworten. (B) Augendominanzverteilung eines Affen, dessen rechtes Auge vom Tag 21 bis zum Tag 30 nach der Geburt geschlossen war. Trotz nachfolgenden vierjährigen binokulären Sehens antworteten die meisten corticalen Neuronen nicht auf Reizung des rechten Auges (A nach Hubel und Wiesel, 1965; B nach LeVay, Wiesel und Hubel, 1980).

ßenreduktion war von der Dauer des Lidverschlußes abhängig.[18] Es scheint überraschend zu sein, daß die Zellen des Corpus geniculatum laterale eindeutige morphologische Veränderungen, aber nur wenig signifikante physiologische Defizite zeigten. Es gibt verschiedene Hinweise, daß die Größe der Zellen des Corpus geniculatum laterale vom Ausmaß ihrer Verzweigungen im Cortex abhängen.[20]

Morphologische Veränderungen im Cortex nach visueller Deprivation

Die morphologischen Folgen eines Augenverschlusses sind besonders deutlich in Schicht 4 des primären visuellen Cortex V_1, wo die Fasern des Geniculatums enden.[4,21] Bei Affen entwickeln sich Veränderungen der Augendominanzsäulen, nachdem ein Auge bei der Geburt zugenäht wurde. Dies wurde mit Hilfe der Autoradiographie nach Injektion einer radioaktiven Substanz in ein Auge wie in Abb. 2 gezeigt (Kap. 17). Nach der Deprivation wurde die Breite der Augendominanzsäulen, die ihre Eingangssignale vom verschlossenen Auge erhielten, merklich reduziert. Gleichzeitig wurden die Kolumnen, die Eingangssignale von dem normalen Auge erhielten, im Vergleich zu normalen adulten Affen entsprechend verbreitert. Die Schrumpfung der Augendominanzsäulen wird in Abb. 6 deutlich, in der normale Säulen mit Säulen von Tieren verglichen werden, bei denen im Alter von 2 Wochen ein Auge verschlossen und 18 Monate nicht geöffnet wurde. Die Veränderungen zeigen, daß die Axone des Geniculatums, die vom normalen Auge aktiviert werden, das Cortexterritorium einnehmen, das von ihren schwächeren, visuell deprivierten Nachbarn verlassen wurde. Diese Ergebnisse wurden auch physiologisch durch Ableitungen aus Schicht 4 bestätigt, wo die Fasern des Geniculatums enden. Fast alle Zellen wurden von dem Auge angesteuert, das nicht depriviert war.

Kritische Phase für die Empfindlichkeit gegenüber einem Lidverschluß

Wenn bei adulten Katzen oder Affen die Lider eines Auges verschlossen werden, hat das keine anormalen Konsequenzen.[4] Beispielsweise werden die corticalen Zellen bei adulten Tieren auch dann noch normal von beiden Augen erregt und zeigen normale Augendominanzhistogramme, wenn ein Auge länger als ein Jahr verschlossen wurde. Auch wenn bei einem adulten Affen ein Auge komplett entfernt wird, bleibt die Struktur von Schicht 4 normal, wenn man sie autoradiographisch oder mit anderen Färbemethoden betrachtet. Der Befund zeigt einen deutlichen Widerstand gegen Veränderungen von Schicht 4 bei adulten Tieren verglichen mit unreifen Tieren. Dieser Widerstand gegen Veränderungen existiert, obwohl die Entfernung eines Auges des adulten Tieres zu einer erheblichen Atrophie des Corpus geniculatum laterale führt.

Die Periode, während der die Empfindlichkeit für einen Lidverschluß bei Katzen am höchsten ist, liegt zwischen

20 Guillery, R. W. and Stelzner, D. J. 1970. *J. Comp. Neurol.* 139: 413–422.

21 Hubel, D. H., Wiesel, T. N. and LeVay, S. 1977. *Philos. Trans. R. Soc. Lond. B* 278: 377–409.

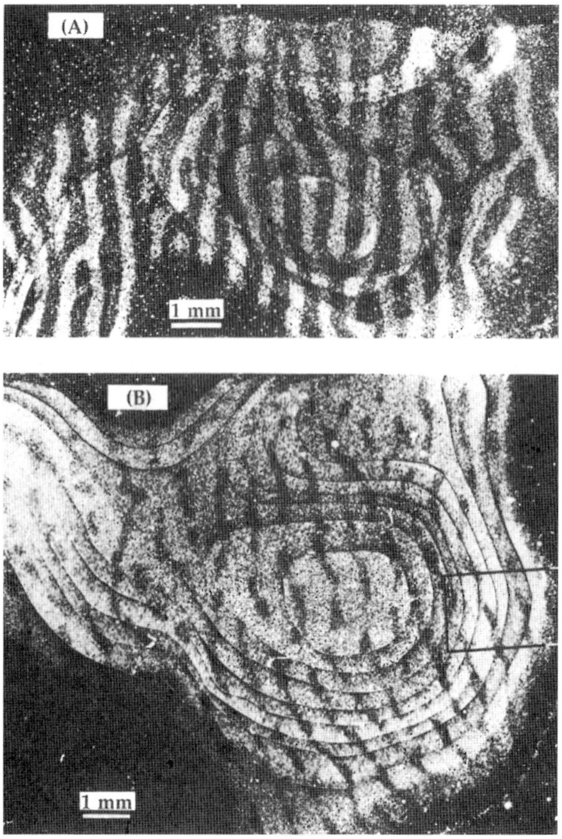

Abb. 6: **Augendominanzsäulen nach dem Verschluß eines Auges.** (A) Normaler adulter Rhesusaffe. In das rechte Auge wurde eine radioaktive Prolin-Fucose-Mischung injiziert, 10 Tage bevor Schnitte tangential zum belichteten kuppelförmigen primären visuellen Cortex der rechten Hemisphäre durchgeführt wurden. Schicht 4 zeigt fingerförmige alternierende dunkle und helle Ausläufer. Mit Dunkelfeldbeleuchtung erscheint die Radioaktivität der Axonendigungen des Geniculatums in Schicht 4 in Form von feinen weißen Körnern, die die hellen Streifen (Kolumnen) bilden, welche das injizierte Auge repräsentieren. Die dazwischenliegenden, dunklen Bänder werden vom anderen Auge erregt. Die Abbildung ist eine Photomontagerekonstruktion aus 8 Parallelschnitten durch Schicht 4. (B) Ähnliche Rekonstruktion von Schicht 4 eines 18 Monate alten Affen, dessen rechtes Auge im Alter von 2 Wochen verschlossen wurde. Prolin-Fucose wurde in das normale linke Auge injiziert. Die weiß gefärbten Stellen zeigen die Kolumnen in Schicht 4, deren Eingänge vom nichtdeprivierten Auge stammen. Die Säulen sind dicker als normal und alternieren mit dünneren Säulen (dunkle Zwischenräume), die von dem Auge versorgt werden, dessen Lid verschlossen ist (nach Hubel, Wiesel und LeVay, 1977).

der vierten und fünften Lebenswoche. Während der ersten drei Lebenswochen hat ein Augenverschluß nur geringe Auswirkungen. Das ist nicht überraschend, da die Augen der Katzen normalerweise in den ersten 10 Lebenstagen geschlossen sind. In der vierten und fünften Lebenswoche steigt die Empfindlichkeit abrupt an. In dieser Zeit führt ein Augenverschluß von nur 3 oder 4 Tagen zu einer starken Abnahme der Anzahl der Zellen, die von dem deprivierten Auge erregt werden können.[22,23] In Abb. 7 ist ein Experiment dargestellt, in dem Katzen aus einem Wurf verglichen werden. In diesem Beispiel hat der Verschluß eines Auges für 6 bzw. 8 Tage beginnend am 23. bzw. 30. Lebenstag (Abb. 7 A und 7 B) etwa die gleiche Wirkung wie eine dreimonatige Deprivation von Geburt an. Die Empfindlichkeit für einen Lidverschluß nimmt nach der kritischen Phase wieder ab und verschwindet schließlich ungefähr im dritten Lebensmonat (Abb. 7 C und 7 D). Die kritische Phase kann jedoch auf mehr als 6 Monate ausgedehnt werden, indem man die Katzen im Dunkeln aufzieht. Ohne visuelle Erfahrung kann die Empfindlichkeit für einen monokularen Lidverschluß auch noch zu dieser späten Zeit demonstriert werden. Es gibt Hinweise darauf, daß die Verlängerung der kritischen Phase verhindert werden kann, wenn man die Katzen nur für wenige Stunden dem Licht aussetzt.[24,25]

Affen reagieren in den ersten 6 Lebenswochen am empfindlichsten auf einen Lidverschluß.[4,16,21] Wenn in dieser Zeit ein Auge ein paar Tage lang geschlossen wird, kommt es zu beträchtlichen Veränderungen der Augendominanz und der Säulenarchitektur. Während der folgenden (12–18) Monate muß ein Auge mehrere Wochen lang verschlossen werden, um deutliche Veränderungen der Augendominanzhistogramme oder der Säulenbreite in Schicht 4 zu erzeugen. Später können selbst durch die Entfernung eines Auges keine Veränderungen mehr erzielt werden.

Die Empfindlichkeit von Katzen und Affen in ihrer ersten Lebensphase erinnert an einige klinische Beobachtungen bei Menschen. Man weiß schon seit langem, daß die Entfernung einer getrübten oder lichtundurchlässigen Linse (Katarakt, grauer Star) zur Wiederherstellung der Sehfähigkeit führt, auch wenn der Patient über mehrere Jahre blind war. Im Gegensatz dazu kann ein grauer Star, der sich im Babyalter entwickelt, zu Blindheit ohne Möglichkeit zur Wiederherstellung der Sehfähigkeit führen, falls die Operation nicht sehr früh in der kritischen Phase durchgeführt wird. Eine früher häufig verwendete klinische Methode bestand darin, bei schielenden Kindern das gesunde Auge über längere Zeiträume mit einer Augenklappe zu verschließen, damit das schwächere Auge benutzt wurde. Heute gibt es Belege dafür, daß dieses Verfahren abhängig vom Alter des Kindes und der Dauer der Abdeckung zur Verschlechterung der Sehschärfe führen kann. Klinische Beobachtungen zeigen, daß Babies während des ersten Lebensjahres am empfindlichsten sind, und daß die kritische Phase mehrere Jahre andauern kann.[26]

22 Hubel, D. H. and Wiesel, T. N. 1970. *J. Physiol.* 206: 419–436.
23 Malach, R., Ebert, R. and Van Sluyters, R. C. 1984. *J. Neurophysiol.* 51: 538–551.
24 Cynader, M. and Mitchell, D. E. 1980. *J. Neurophysiol.* 43: 1026–1040.
25 Mower, G. D., Christen, W. G. and Caplan, C. J. 1983. *Science* 221: 178–180.
26 Jacobson, S. G., Mohindra, J. and Held, R. 1981. *Br. J. Opthalmol.* 65: 727–735.

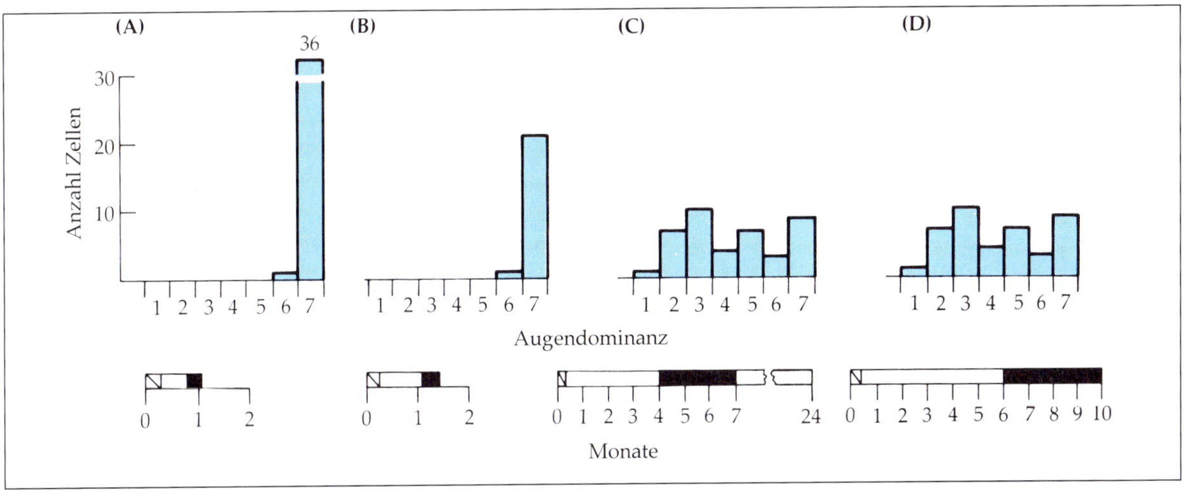

Abb. 7: **Kritische Phase bei Katzen.** Histogramme der Augendominanzverteilung im visuellen Cortex von Katzen aus einem Wurf. (A) Das rechte Auge wurde während der kritischen Phase für 6 Tage verschlossen (Alter 23. – 29. Tag). (B) Das rechte Auge wurde während der kritischen Phase vom 30. bis zum 39. Lebenstag verschlossen. Bei beiden Tieren (A und B) wurde jeweils nur eine Zelle schwach von dem vorübergehend deprivierten Auge beeinflußt. Der Schaden war ungefähr so groß wie bei einem Augenverschluß von 3 Monaten oder länger. (C) Das rechte Auge war während der ersten 4 Lebensmonate geöffnet, dann für 3 Monate geschlossen und schließlich wieder geöffnet. Die Ableitungen wurden im Alter von 2 Jahren durchgeführt. (D) Das Auge war in den ersten 6 Monaten offen, dann 4 Monate lang geschlossen. Die Augendominanz wurde im Alter von 10 Monaten bestimmt. In (C) und (D) erscheinen die Augendominanzverteilungen für beide Augen normal. Der schwarze Balken unter der Abszisse zeigt die Dauer des Verschlusses an (nach Hubel und Wiesel, 1970).

Bei neugeborenen Affen kommt es nach einem Lidverschluß zu einer Verlängerung des Auges. Die Verlängerung führt zu verschwommenen Bildern und Kurzsichtigkeit (Myopie). Es ist bekannt, daß Kinder Kurzsichtigkeit entwickeln, wenn die Augenlider die Sicht behindern oder die Transparenz des Auges reduziert ist. Wiesel, Raviola und Kollegen[27] haben Experimente durchgeführt, um zu testen, ob die reduzierte Impulsaktivität die Transmittersynthese in dem deprivierten Auge beeinflußt. Sie stellten die Hypothese auf, daß Transmitter, besonders Peptide, sowohl bei der Regulation des Augenwachstums während der Entwicklung, als auch bei der Signalübertragung von Zelle zu Zelle eine Rolle spielen. Die experimentellen Ergebnisse legen nahe, daß in vom normalen Input deprivierten Augen anormale Transmitterkonzentrationen vorliegen. Insbesondere steigt die Konzentration des vasoaktiven intestinalen Polypeptids (VIP) in den Amakrinzellen, ein Peptid, das bekanntermaßen auf Blutgefäße und glatte Muskeln wirkt. Ob das Peptid wirklich die einem Lidverschluß folgende anormale Verlängerung bewirkt, ist nicht bekannt.

Erholung während der kritischen Phase

Bis zu welchem Ausmaß ist nach einem Lidverschluß während der kritischen Phase eine Erholung möglich? Selbst wenn das deprivierte Auge einer Katze oder eines Affen anschließend für Monate oder Jahre geöffnet wird, bleibt ein permanenter Schaden mit nur geringer oder ohne Besserung: Das Tier bleibt auf diesem Auge blind, hat schmalere Augendominanzsäulen und einseitig verschobene Augendominanzhistogramme.[28] Bei Tieren mit einseitigem Verschluß wurden Experimente durchgeführt, bei denen die Lider des deprivierten Auges geöffnet und die des normalen Auges geschlossen wurden. Dieses Verfahren, das **wechselseitige Augenverschluß** genannt wird, führt – falls es in der kritischen Phase angewandt wird – zu einer deutlichen Erholung des Sehvermögens. Katzen und Affen fangen mit dem ursprünglich deprivierten Auge wieder an zu sehen, das andere Auge dagegen erblindet.[29,4] Gleichzeitig ändern sich die Augendominanzhistogramme, so daß das neu geöffnete Auge die meisten Zellen ansteuert, während das Auge, das in den ersten Wochen geöffnet war und jetzt geschlossen ist, nicht dazu in der Lage ist. Auch das anatomische Muster in Schicht 4, das man mit Hilfe der Autoradiographie erhält, zeigt eine ähnliche Präferenzänderung: Die schmaleren Regionen des anfangs geschlossenen Auges verbreitern sich auf Kosten des anderen Auges. Abb. 8 zeigt Aufzeichnungen und Autoradiogramme des Cortex eines Affen, bei dem das rechte Auge am zweiten Lebenstag für die Dauer von 3 Wochen geschlossen wurde. Nach dieser Zeit kann das deprivierte Auge keine corticalen Zellen mehr ansteuern und die von diesem Auge versorgten Kolumnen schrumpfen. Im Anschluß daran wurde das rechte Auge geöffnet und das linke Auge für die nächsten 8 Monate geschlossen. Fast alle Neuronen reagierten danach auf Eingänge vom zunächst deprivierten rechten Auge, und die von ihm versorgten Cortexareale hatten sich ausgedehnt.

27 Stone, R. A. et al. 1988. *Proc. Natl. Acad. Sci. USA* 85: 257–260.

28 Wiesel, T. N. and Hubel, D. H. 1965. *J. Neurophysiol.* 28: 1060–1072.

29 Blakemore, C. and Van Sluyters, R. C. 1974. *J. Physiol.* 237: 195–216.

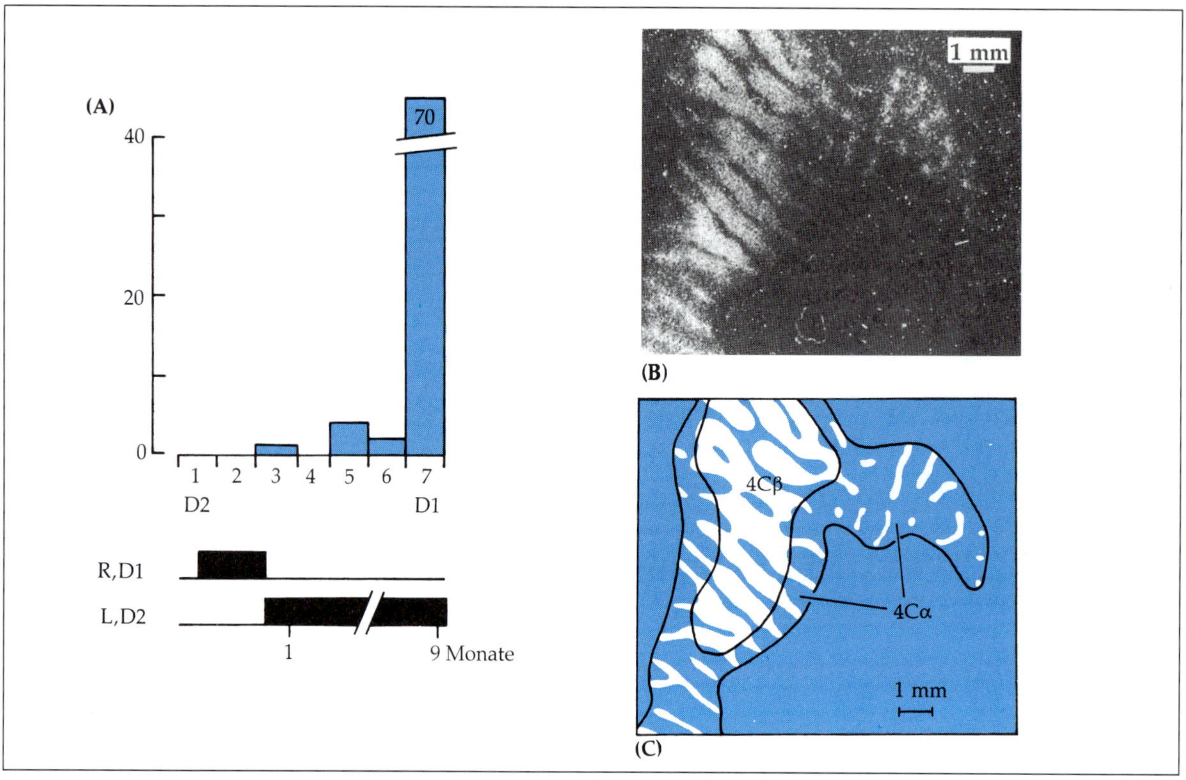

Abb. 8: **Auswirkungen des wechselseitigen Augenverschlusses auf die Augendominanz** bei Affen. Im Alter von 2 Tagen wurde das rechte Auge verschlossen. Im Alter von 3 Wochen (19 Tage später) wurde das rechte Auge geöffnet und das linke geschlossen. Das linke Auge wurde dann 3 Monate lang verschlossen gehalten, in das rechte (zunächst deprivierte) Auge wurde tritiummarkiertes Prolin injiziert. (A) Augendominanzhistogramm vom Affencortex. Fast alle Zellen werden ausschließlich vom rechten Auge angesteuert (D1) und praktisch keine vom linken (D2). Wären beide Augen im Alter von 3 Wochen offen gewesen, wäre das Histogramm umgekehrt, fast keine Zelle wäre vom rechten Auge erregbar. Fasern vom rechten Auge haben sich also zurückgezogen und dann Zellen neu innerviert, die sie vorher verlassen hatten. (B) Tangentialschnitt durch den Cortex durch die Schichten 4Cα und 4Cß (Schicht 4Cα liegt oberhalb von 4Cß). Bei Dunkelfeldbeleuchtung erscheinen die Silberkörner weiß. Die vom rechten Auge markierten Bänder werden in die Schicht 4Cß ausgedehnt, obwohl das Auge 19 Tage ohne Licht war. Während dieser ersten Tage waren die Felder, die vom rechten Auge versorgt werden, zunächst geschrumpft, bevor sie sich ausgedehnt haben. (C) Zeichnung zur Demonstration der Ausdehnung des vom rechten, zunächst deprivierten Auge versorgten Territoriums in Schicht 4Cß. Die Verteilung in Schicht 4Cα ist anders: Das Territorium, das vom linken Auge versorgt wird, ist ausgedehnt, das vom rechten Auge ist reduziert. Diese Ergebnisse zeigen, daß (1) die Augendominanzsäulen in Schicht 4Cß bei Nichtgebrauch schrumpfen und sich dann nach einem Verschlußwechsel während der kritischen Periode wieder ausdehnen, und daß (2) die Erholung in anderen Schichten, wie z.B. in 4Cα, nicht gleich gut verläuft. Man beachte, daß die Bänder in 4Cα und 4Cß wie bei normalen Affen genau passend angeordnet sind (nach LeVay, Wiesel und Hubel, 1980).

Aus diesen Experimenten ergeben sich die folgenden bemerkenswerten Schlußfolgerungen: (1) Beim normalen Tier ziehen sich die Fasern des Geniculatums, die die Schicht 4 des Cortex versorgen, während der kritischen Phase zurück, so daß jedes Auge Areale vergleichbarer Größe versorgt. (2) Ein Lidverschluß eines Auges während der kritischen Phase führt zu einem unausgewogenen Rückzug. (3) Ein wechselseitiger Augenverschluß führt während der kritischen Phase zum *Aussprossen* der Axone des Geniculatums, so daß ein Auge die Zellen, die es verloren hat, zurückerobern kann (Abb. 9). Ein wechselseitiger Augenverschluß bleibt ohne Wirkung, wenn man ihn erst im Erwachsenenalter durchführt. Bei einem Affen beispielsweise, bei dem der wechselseitiger Augenverschluß im Alter von einem Jahr vorgenommen wurde, blieben die markierten Kolumnen des zunächst deprivierten Auges schmaler. Obwohl es also möglich ist, durch einen Augenverschluß im Alter von einem Jahr Veränderungen herbeizuführen, werden einmal veränderte Verbindungen nicht ohne weiteres restauriert.

Das Konzept einer wohldefinierten, festen kritischen Phase ist wohl eine starke Vereinfachung. Experimente mit wechselseitigem Augenverschluß bei Affen deuten darauf hin, daß sich die verschiedenen Schichten der Area striata mit verschiedenen Geschwindigkeiten entwickeln. Die kritische Phase kann für eine Schicht vorbei sein, während eine Nachbarschicht noch in Struktur und Funktion verändert werden kann (s. Abb. 8). Die molekularen Mechanismen, die an der Aufrechterhaltung und Beendigung der kritischen Phase beteiligt sind, sind bisher noch nicht bekannt.[30]

30 Daw, N. W. et al. 1983. *J. Neurosci.*. 3: 907–914.

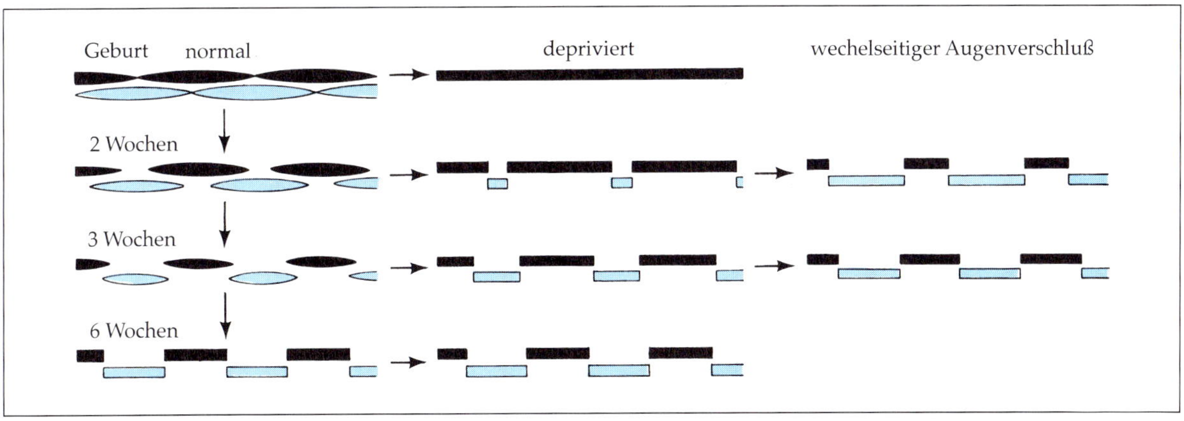

Abb. 9: **Schematische Darstellung zur Auswirkung des Augenverschlusses.** Wie in Abb.3 dargestellt, sind die Augendominanzsäulen in Schicht 4 des Cortex bei normalen Katzen und Affen nach 6 Wochen deutlich ausgeprägt. Ein Augenverschluß bewirkt eine übermäßige Retraktion der Fasern, die vom deprivierten Auge versorgt werden. Die Fasern, die vom offenen Auge versorgt werden, ziehen sich weniger als üblich zurück und versorgen beim adulten Tier größere Cortexbereiche als bei normalen Tieren, wo der Wettbewerb ausgeglichener ist. Nach einem wechselseitigen Augenverschluß während der kritischen Periode kann das zunächst deprivierte Auge das verlorene Territorium in Schicht 4Cß zurückgewinnen (nach Hubel und Wiesel, 1977).

Bedingungen für die Aufrechterhaltung funktionierender Verbindungen im visuellen System: Die Rolle des Wettbewerbs

Hier angekommen könnte man versucht sein anzunehmen, daß der Verlust der Aktivität in den visuellen Bahnen der wichtigste Faktor für den Verlust der normalen Antworten corticaler Neuronen ist. Jedenfalls werden die corticalen Zellen nicht von diffuser Beleuchtung, sondern von Konturen und Formen erregt. Die folgende Diskussion zeigt, daß es weitere Ursachen viel subtilerer Art geben muß. Beispielsweise muß es zusätzlich eine spezielle Wechselwirkung zwischen den beiden Augen geben, die bisher noch nicht vollständig erklärt werden kann.

Binokularer Lidverschluß

Ein erster Anhaltspunkt dafür, daß die visuell erzeugte Aktivität nicht alleine der Grund für die veränderte Leistung der Neuronen sein kann, wird durch die folgenden Experimente geliefert. Bei neugeborenen oder durch Kaiserschnitt geborenen Affen wurden beide Augen verschlossen.[4] Aus der vorausgegangenen Diskussion würde man erwarten, daß die Zellen im Cortex daraufhin von keinem Auge mehr angesteuert werden können. Überraschenderweise können die meisten corticalen Zellen jedoch nach einem binokularen Lidverschluß von 17 Tagen oder mehr immer noch durch richtige Beleuchtung erregt werden. Die rezeptiven Felder der simple- und complex-Zellen waren weitgehend normal. Die Orientierungssäulenstruktur war ähnlich wie bei den Kontrolltieren (Abb. 1). Die Anormalität bestand vor allem darin, daß ein Großteil der Zellen nicht mehr binokular erregt werden konnte (Abb. 10). Außerdem konnten einige spontan aktive Zellen überhaupt nicht mehr angesteuert werden, und andere benötigten keine spezifisch orientierten Reize mehr. Die Cortexareale jedoch, die von jedem Auge versorgt werden, waren gleich groß, und die Muster glichen denen normaler oder adulter Affen: In Schicht 4 wurden die Zellen nur von einem Auge angesteuert, und die durch Autoradiographie markierten Säulen waren gut ausgeprägt. Bei Katzen hatte der binokulare Verschluß eine ähnliche Wirkung, abgesehen davon, daß mehr Zellen binokular erregbar blieben.[19] Gleichzeitig zeigten die Zellen in den Schichten des Corpus geniculatum laterale, die von jedem Auge versorgt wurden, Atrophie (Größenabnahme um ca. 40%). Der Schluß, den man aus diesen Experimenten ziehen kann, ist, daß einige, aber nicht alle ungünstigen Effekte, die entstehen, wenn man ein Auge verschließt, durch den Verschluß beider Augen reduziert oder abgewendet werden können. Man könnte wieder spekulieren, daß die Eingänge von beiden Augen irgendwie um die Repräsentation in den corticalen Zellen konkurrieren, und daß der Wettbewerb bei einem verschlossenen Auge unausgewogen wird.

Auswirkungen von artifiziellem Schielen

Die anormalen Auswirkungen in der vorangegangenen Diskussion wurden durch Zunähen der Augenlider oder durch Einsatz streuender, lichtdurchlässiger Materialien erreicht, die das Konturensehen verhindern. Ausgehend davon, daß Strabismus bei Kindern ernsthafte Sehschwächen oder Blindheit eines Auges hervorrufen kann, erzeugten Hubel und Wiesel bei Katzen und Affen einen artifiziellen Strabismus, indem sie einen Augenmuskel

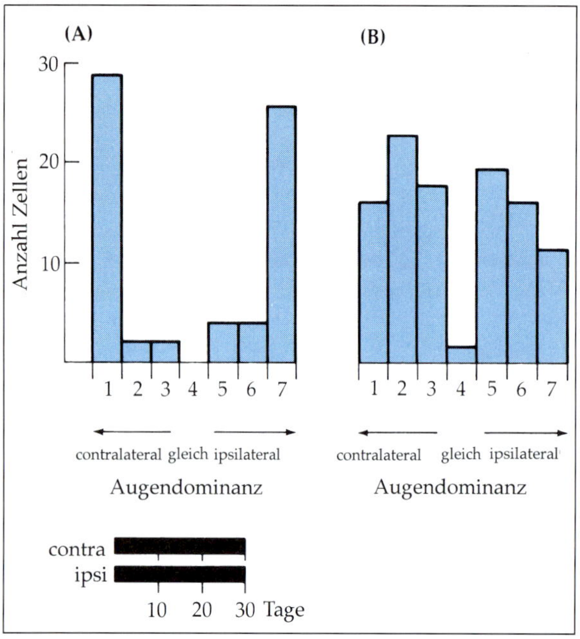

Abb. 10: **Augendominanzhistogramme** nach dem Verschluß beider Augen bei der Geburt. (A) Ein Affe wurde durch Kaiserschnitt geboren, und die Lider beider Augen wurden sofort zugenäht. Die Ableitungen wurden im Alter von 30 Tagen gemacht. Im Gegensatz zu den Folgen einer monokularen Deprivation kann jedes der beiden deprivierten Augen Zellen im visuellen Cortex ansteuern. Die rezeptiven Felder waren normal, außer daß relativ wenige Zellen von beiden Augen erregt wurden. Die schwarzen Balken unter den Histogrammen zeigen die Verschlußzeit. (B) Augendominanzhistogramm eines normalen 21 Tage alten Affen (nach Wiesel und Hubel, 1974).

durchtrennten.[31,16] Die optische Achse des behandelten Auges stimmt dann nicht mehr mit der normalen überein. Die Beleuchtung und die Reizung beider Augen mit Mustern wurde dabei nicht verändert. Das Experiment schien zunächst enttäuschend, weil die Sehfähigkeit der operierten Katzen nach mehreren Monaten in beiden Augen normal schien, und Hubel und Wiesel waren dabei, den Versuchsaufbau abzubauen (persönliche Mitteilung). Trotzdem leiteten sie von corticalen Zellen ab und erhielten die folgenden überraschenden Ergebnisse. Die einzelnen corticalen Zellen hatten normale rezeptive Felder und antworteten lebhaft auf präzise orientierte Reize. Aber fast jede Zelle antwortete nur auf ein Auge, einige wurden nur vom ipsilateralen, andere nur vom contralateralen Auge, aber fast keine von beiden Augen angesteuert. Die Zellen waren wie üblich hinsichtlich Augenpräferenz und Orientierung in Säulen angeordnet. Wie erwartet, gab es keine Atrophie im Corpus geniculatum laterale. Ähnliche Ergebnisse wurden bei Affen gefunden, bei denen der Strabismus während der kritischen Phase erzeugt wurde. Im Histogramm (Abb. 11) sieht man den fast vollständigen Verlust der binokularen Repräsentation in den corticalen Zellen eines Affen mit artifiziellem Strabismus. Die kritische Phase, in der Schielen Veränderungen hervorruft, ist mit der kritischen Phase bei monokularer Deprivation vergleichbar.[32]
Schielen bietet ein Beispiel, wo die üblichen Beleuchtungsparameter – Beleuchtungsmenge, Reizform und Reizmuster – normal sind. Der einzige wesentliche Unterschied besteht darin, daß die Bilder auf den beiden Retinae nicht auf korrespondierende Stellen fallen. Da der Cortex eines solchen Tieres reich an erregbaren Zellen und Kolumnen ist, ist es unwahrscheinlich, daß die große Menge von Zellen, die ursprünglich von beiden Augen ansteuerbar waren, einfach abgeschaltet wird.
Es gibt noch keine genaue Erklärung für den Verlust der binokularen Verbindungen beim Schielen. Ein wichtiger Faktor für die Aufrechterhaltung der Verbindungen vom Corpus geniculatum laterale zum Cortex scheint eine bestimmte Art von Übereinstimmung der Eingänge von beiden Augen zu sein. Es ist so, als müßten die homologen rezeptiven Felder in beiden Augen genau zusammenpassen und überlagerbar sein, damit die Erregung gleichzeitig stattfindet. Die folgenden Experimente unterstützen diesen Gesichtspunkt noch weiter. Die Augen einer Katze wurden während der ersten 3 Lebensmonate oder länger mit einem künstlichen Verschluß verschlossen, der jeden Tag von einem Auge auf das andere gesetzt wurde, so daß beide Augen über dieselbe Gesamterfahrung verfügten, aber zu unterschiedlichen Zeiten.[31] Wieder war das Ergebnis dasselbe wie bei den Schielexperimenten: Die Zellen wurden vorzugsweise von dem einen oder dem anderen Auge angesteuert, aber nicht von beiden. Die Aufrechterhaltung der normalen Binokularität hängt also nicht nur von der Aktivitätsmenge, sondern auch von der richtigen räumlichen und zeitlichen Überlappung der Aktivität der verschiedenen einlaufenden Fasern ab.

Orientierungspräferenzen corticaler Zellen

Darauf aufbauend kann man sich fragen, ob die Orientierungspräferenz corticaler Zellen dadurch verändert werden kann, daß man die Katzen in einer Umgebung aufzieht, in der sie nur eine Orientierung sehen. Die Ergebnisse solcher Experimente sind etwas schwierig zu interpretieren. Man hat jedoch deutliche Veränderungen der Orientierungspräferenz bei Katzen gefunden, bei denen einem Auge nur Balken und Streifen einer Orientierung geboten wurden, während das andere Auge dem normalen Orientierungsspektrum ausgesetzt war.[33,34] Bei einem leicht modifizierten Experiment nähten Carlson, Hubel und Wiesel die Lider eines Auges eines neugeborenen Affen zu.[35] Das Tier befand sich im Dunkeln, außer wenn es seinen Kopf in einen Halter legte. Im

31 Hubel, D. H. and Wiesel, T. N. 1965. *J. Neurophysiol.* 28: 1041–1059.

32 Baker, F. H., Grigg, P. and van Noorden, G. K. 1974. *Brain Res.* 66: 185–208.

33 Cynader, M. and Mitchell, D. E. 1977. *Nature* 270: 177–178.

34 Rauschecker, J. P. and Singer, W. 1980. *Nature* 280: 58–60.

35 Carlson, M., Hubel, D. H. and Wiesel, T. N. 1986. *Brain Res.* 390: 71–81.

Halter lag der Kopf dann vertikal, und das Tier sah mit dem offenen Auge vertikale Streifen. Da der Affe jedes Mal Orangensaft bekam, wenn er seinen Kopf korrekt im Halter plazierte, tat er dies häufig. Während der kritischen Phase erhielt ein Auge also überhaupt keine Eingangssignale, während das andere Auge nur vertikale Streifen zu sehen bekam. Bei Tieren, die zwischen dem 12. und 54. Lebenstag 57 Stunden lang dieser visuellen Situation ausgesetzt waren, fand man normale corticale Aktivität mit Zellen für jede Orientierung, die wie üblich in Kolumnen angeordnet waren. Wie erwartet dominierte meistens das offene Auge. Messungen der Orientierungspräferenz lieferten die Ergebnisse in Abb. 12. Mit horizontalen Linien als Reiz konnten beide Augen die Zellen gleich gut erregen. Das rechte (offene) Auge war jedoch beträchtlich wirksamer bei vertikalen Streifen. Die wahrscheinliche Erklärung dafür ist, daß kein Auge während der kritischen Phase horizontale Balken oder Kanten gesehen hat. Das heißt, bei der Reizung mit horizontalen Reizen hat man ein Analogon zum binokularen Verschluß mit ausgewogenem Wettbwerb. Die Cortexzellen antworten auf horizontale Balken in einem oder dem anderen Auge, aber nicht in beiden. Für vertikale Streifen besitzt das offene Auge jedoch eine reiche Erfahrung, und es hat Zellen in den vertikalen Orientierungssäulen «erbeutet», die vorher vom deprivierten Auge versorgt wurden.

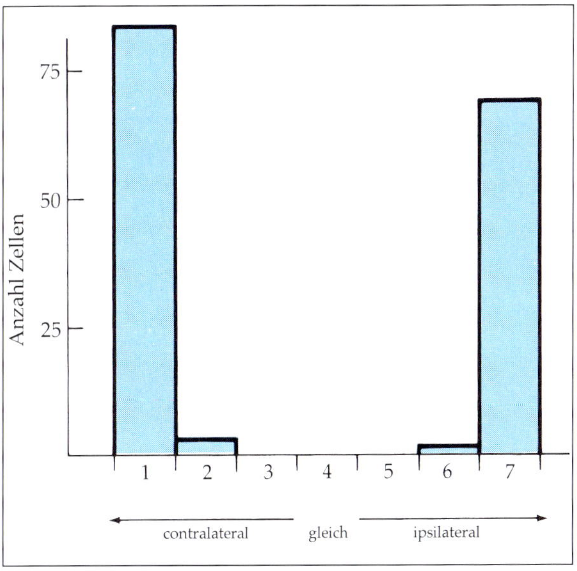

Abb. 11: **Auswirkung von Schielen auf die Augendominanz eines Affen.** Das Histogramm zeigt die Augenpräferenz von Zellen in einem 3 Jahre alten Affen, bei dem durch die Durchtrennung eines Augenmuskels im Alter von 3 Wochen Strabismus erzeugt wurde. Die Zellen werden von dem einen oder dem anderen Auge angesteuert, aber nicht von beiden. Die Zellen waren in einer typischen Säulenstruktur angeordnet (nach Hubel und Wiesel, in Wiesel, 1982).

Auswirkungen der Impulsaktivität auf die Struktur

Experimente zur sensorischen Deprivation in der frühen Lebensphase werfen zwei verschiedene, aber verwandte Probleme auf. Erstens, welche Auswirkungen hat die Impulsaktivität auf das Verzweigungsmuster der Neuronen? Zweitens, wie wird durch kohärente und inkohärente Aktivität in den beiden Bahnen bestimmt, wie sie um Territorien konkurrieren und wie sie ihre rezeptiven Felder festlegen?

Um direkt zu testen, wie unterschiedliche Aktivitätspegel Neuritenwachstum oder Retraktion fördern, wurden Experimente an verschiedenen Vertebraten- und Evertebratenneuronen in Kultur durchgeführt.[36–38] Beispielsweise wurde bei Blutegel- und Schneckenneuronen (Kap. 13) gezeigt, daß Aktionspotentialsalven, die durch elektrische Reizung mit unterschiedlichen Frequenzen erzeugt wurden, eine deutliche Neuritenretraktion mit anschließendem Wiederauswachsen verursachten. Dieser Effekt hängt nicht nur von der Frequenz und der Dauer der Salven ab, sondern auch von der molekularen Umgebung, in der das Blutegelneuron wächst, und vom Auswachsstadium. Daß Aktionspotentiale die Struktur modulieren können, ist klar. Wie sie das tun, ist weiterhin unklar.

In Experimenten an jungen Katzen wurde gezeigt, welche Rolle die Aktionspotentiale für Neuronen im visuellen System bei der Bildung der Verzweigungsmuster spielen. Wenn die Augenlider verschlossen sind oder das Tier in völliger Dunkelheit aufwächst, hört der Impulsverkehr in den visuellen Bahnen nicht vollständig auf. Die Neuronen feuern spontan weiter, und die Augendominanzsäulen entwickeln sich als getrennte Bereiche in Schicht 4.[16] Stryker, Shatz und Kollegen haben gezeigt, daß diese vermutlich gleich niedrigen Aktivitätspegel von den beiden Augen für eine normale Entwicklung wichtig sind.[39,40] Dazu wurde Tetrodotoxin (TTX), das die Aktionspotentiale blockiert (Kap. 4), in beide Augen neugeborener Katzen injiziert. Einige Tage später, nach Entfernung des Toxins, nahmen die visuellen Bahnen die Übertragung von der Retina über das Geniculatum zum Cortex wieder auf. Ein interessantes Ergebnis war, daß die Eingänge von den beiden Augen im Corpus geniculatum laterale sich nicht in getrennte Schichten aufspalteten. Nach der TTX-Injektion in die Augen verblieben die Axone des Sehnervs in den Schichten, aus denen sie sich normalerweise zurückziehen.[39,41,42] Auch die Zellen in Schicht 4 des visuellen Cortex wurden

36 Cohan, C. S. and Kater, S. B. 1986. *Science* 232: 1638–1640.
37 Fields, R. D., Neale, E. A. and Nelson, P. G. 1990. *J. Neurosci.* 10: 2950–2964.
38 Grumbacher-Reinert, S. and Nicholls, J. G. 1992. *J. Exp. Biol.* 167: 1–14.

39 Shatz, C. J. 1990. *Neuron* 5: 745–756.
40 Stryker, M. P. and Harris, W. A. 1986. *J. Neurosci.* 6: 2117–2133.
41 Shatz, C. J. and Stryker, M. P. 1988. *Science* 242: 87–89.
42 Shatz, C. J. 1990. *J. Neurobiol.* 21: 197–211.

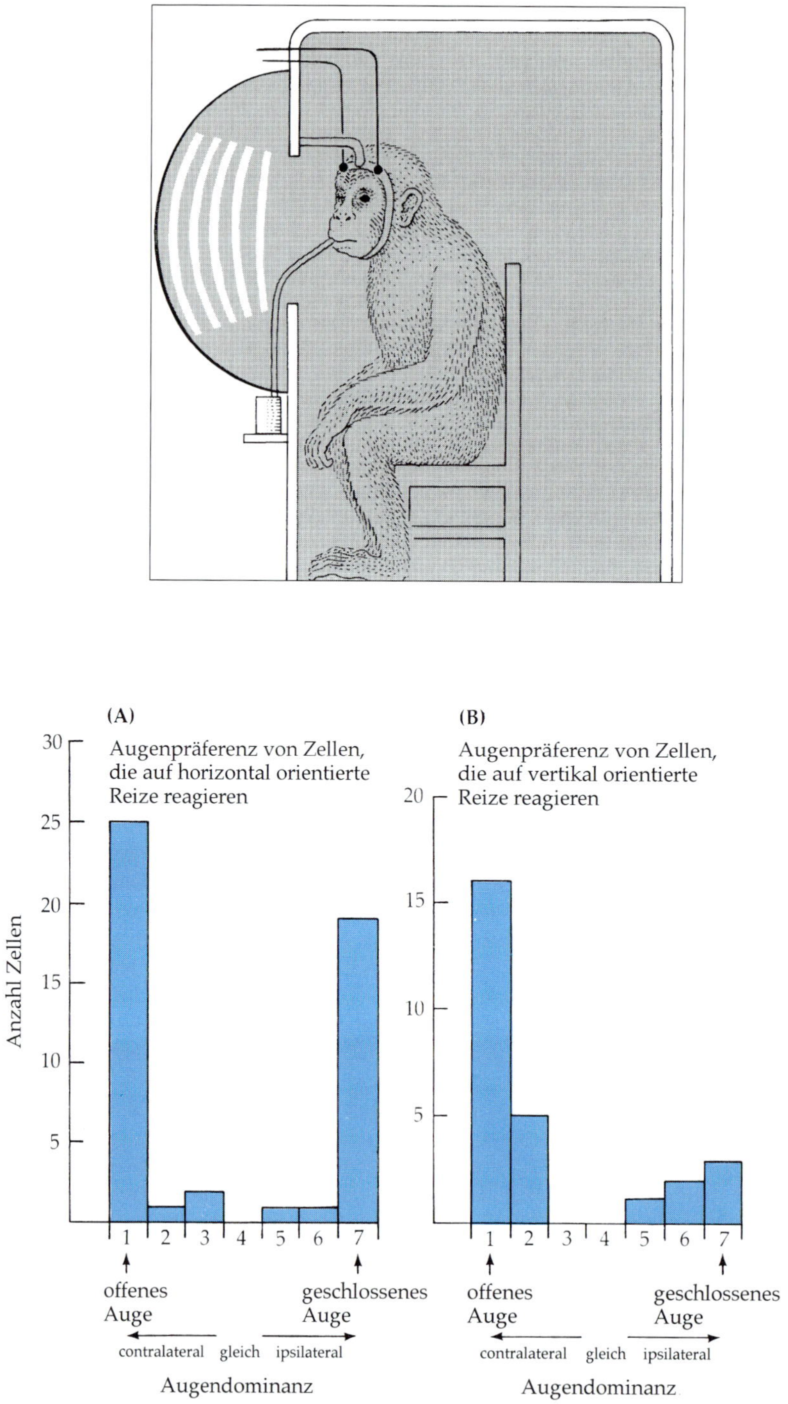

Abb. 12: **Orientierungspräferenzen corticaler Zellen** bei einem Affen mit veränderter visueller Erfahrung. Der Affe wurde in einem dunklen Raum gehalten. Am 12. Lebenstag wurde das rechte Auge verschlossen. Immer, wenn der Affe seinen Kopf in den Halter legte, bekam er Orangensaft. Gleichzeitig sah er jedes Mal mit seinem linken Auge vertikale Streifen. (Der Kopfhalter stellte sicher, daß der Kopf nicht gekippt wurde.) Das eine Auge hat insgesamt 57 Stunden lang vertikale Linien und das andere Auge nichts gesehen. (A, B) Augendominanzhistogramme. Wenn horizontal orientierte Lichtreize auf dem Bildschirm gezeigt wurden, antworteten die corticalen Zellen gleich gut auf das linke und das rechte Auge. Für diese Orientierung ist bis auf den Verlust binokularer Zellen keine Deprivation sichtbar. Bei vertikal orientierten Reizen war das linke (offene) Auge wesentlich effektiver bei der Erregung corticaler Zellen. Das Histogramm gleicht dem nach monokularer Deprivation. Die Ergebnisse deuten auf einen Wettbewerb hin, der für horizontale Reize (die kein Auge vorher gesehen hat) gleich und für vertikale Reize (die vom linken, offenen Auge bevorzugt werden) ungleich ist (nach Carlson, Hubel und Wiesel, 1986).

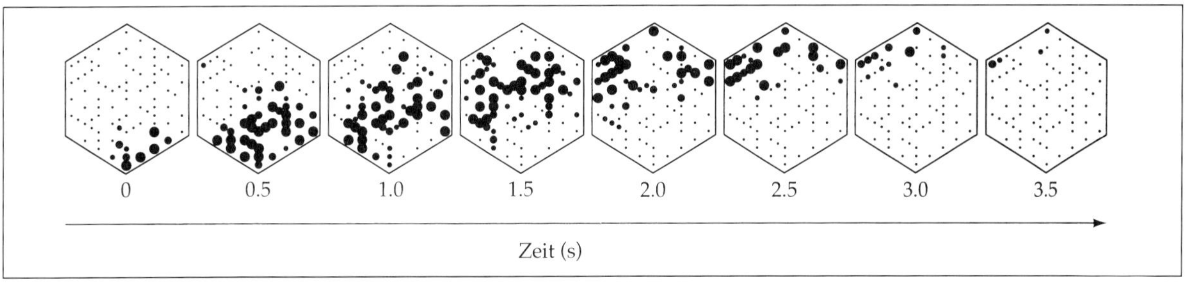

Abb. 13: **Eine Impulsaktivitätswelle** breitet sich über die isolierte Retina eines neugeborenen Frettchens aus. In der hexagonalen Versuchswanne sind in einem regelmäßigen Muster Ableitelektroden angeordnet. Der Ort eines jeden der 82 retinalen Neuronen wird durch einen kleinen Punkt dargestellt. Elektrisch aktive Neuronen werden durch größere Punkte gekennzeichnet, deren Größe proportional zur Feuerrate ist. Jedes Einzelbild repräsentiert die durchschnittliche Aktivität in aufeinanderfolgenden 0,5-Sekunden-Intervallen. Während der 3,5 Sekunden, die von den acht Einzelbildern dargestellt werden, beginnen die Aktionspotentiale bei einer kleinen Zellgruppe und breiten sich langsam über die Retina aus. Kurz danach beginnt eine neue Welle und danach wieder eine, die sich in unterschiedliche Richtungen bewegen (nach Meister et al., 1991).

weiterhin wie bei neugeborenen Tieren von beiden Augen erregt, und die Augendominanzsäulen, die man mit Hilfe der Autoradiographie erhielt, glichen dem neonatalen Muster mit hohem Überlappungsgrad und ohne klare Grenzen. In Abwesenheit *jeglicher* Aktionspotentiale kam es also nicht zur normalen Retraktion der Axonausläufer der Geniculatumzellen aus Schicht 4 des Cortex. Bei Amphibien verhindert TTX, wie bei Säugern, die Entwicklung einer geordneten Struktur im visuellen System.[43] (In Fischembryonen beeinflußt TTX die Ausbildung der retinotectalen Verbindungen jedoch nicht.[44])

In anderen Experimenten an jungen Katzen wurde gezeigt, daß die Auswirkungen des Lidverschlusses auf die Augendominanzverschiebungen drastisch modifiziert werden können, wenn man die Impulsaktivität im Cortex blockiert.[45] Beispielsweise werden bei der Katze die Axone des Geniculatums und die corticalen Neuronen bei ausgedehnter, anhaltender lokaler Infusion von TTX in den visuellen Cortex unerregbar. Nach Entfernung des TTX antworten die Zellen auf Reizung beider Augen, auch wenn eines während der kritischen Phase mehrere Tage weder Formen noch Licht zu sehen bekam.

Ob die postsynaptischen Zielzellen bei der Festlegung eine Rolle spielen, welche ihrer Eingänge abhängig von der Aktivität Verbindungen aufrecht erhalten sollen, ist ein Bereich intensiver Forschung.[39] Es gibt Belege dafür, daß die Retraktion im Tectum von Amphibien und im Cortex junger Katzen durch chronische Blockade der synaptischen Übertragung von den Axonen des Geniculatums zu den corticalen Zellen durch NMDA- (Glutamat) Antagonisten (s. Kap. 10) verhindert wird.[46,47] Der Mechanismus, mit dem die postsynaptische Zelle so auf ihre Eingangsfasern einwirkt, ist noch nicht bekannt.

Die Rolle synchronisierter Aktivität

Aus den Schielexperimenten wird klar, daß eine grobe Synchronisierung der Eingänge von beiden Augen notwendig ist, damit sich die binokularen Verbindungen normal im Cortex entwickeln. Wie wir gesehen haben, ist ein Großteil dieser Entwicklung bereits zum Zeitpunkt der Geburt abgeschlossen. Die Schichten des Corpus geniculatum laterale und die corticalen Kolumnen werden schon in der Dunkelheit der Gebärmutter erkennbar, bevor die Katze oder der Affe irgendetwas gesehen hat, und noch bevor die Photorezeptoren funktionsfähig sind. Ist der Aktionspotentialverkehr entlang des Sehnervs bereits auf dieser frühen Stufe ein formender Faktor? Und wie wird die Synchronisierung erreicht?[48–50]

Meister, Wong, Baylor und Shatz haben gezeigt, daß retinale Ganglienzellen unreifer Frettchen und fetaler Katzen Muster aus Aktivitätswellen erzeugen.[51] Die Retinae wurden isoliert und auf ein Feld aus 61 Elektroden in einer Versuchswanne gelegt. Jede Elektrode war mit einem Verstärker verbunden und maß die Spikes von etwa vier Ganglienzellen, wobei die Signale jeder Zelle einzeln erkennbar waren. Das Frettchen wurde gewählt, weil sein Corpus geniculatum laterale bei der Geburt noch extrem unreif und ungeschichtet ist, und die Photorezeptoren nicht auf Licht antworten können. Die ursprüngliche Hypothese war, daß das Feuern der Ganglienzellen eines Auges korreliert sein könnte, und das dieses Feuern irgendwie die Aufspaltung der Endigungen in eine bestimmte Schicht des Corpus geniculatum laterale lenken könnte. (Ein Neuron sollte eine Affinität zu einer Nachbarzelle haben, die synchron mit ihm feuert.) Mit der Multielektrodenarray-Ableitung von einer gro-

43 Cline, H. T. 1991. *Trends Neurosci.* 14: 104–111.
44 Stuermer, C. A., Rohrer, B. and Munz, H. 1990. *J. Neurosci.* 10: 3615–3626.
45 Reiter, H. O., Waitzman, D. M. and Stryker, M. P. 1986. *Exp. Brain Res.* 65: 182–188.
46 Cline, H. T. and Constantine-Paton, M. 1990. *J. Neurosci.* 10: 1197–1216.
47 Bear, M. F. et al. 1990. *J. Neurosci.* 10: 909–925.
48 Kuljis, R. O. and Rakic, P. 1990. *Proc. Natl. Acad. Sci. USA* 87: 5303–5306.
49 Maffei, L. and Galli-Resta, L. 1990. *Proc. Natl. Acad. Sci. USA* 87: 2861–2964.
50 Constantine-Paton, M., Cline, H. T. and Debski, E. 1990. *Annu. Rev. Neurosci.* 13: 129–154.
51 Meister, M. et al. 1991. *Science* 252: 939–943.

ßen Anzahl von Neuronen gleichzeitig wurde ein außergewöhnliches Aktivitätsmuster sichtbar.
Abb. 13 zeigt die Ergebnisse eines Experimentes, in dem die Entladungen von 82 Ganglienzellen in der Retina eines neugeborenen Frettchens abgeleitet und analysiert wurden. Die kleinen Punkte markieren die Positionen der Neuronen, von denen die Aktivität abgeleitet wurde. Die größeren Punkte stellen aktive Neuronen dar, wobei der Punktdurchmesser proportional zur durchschnittlichen Feuerrate der Ganglienzelle innerhalb einer Periode von 0,5 Sekunden ist, die von jedem Einzelbild repräsentiert wird. Man sieht eine Aktivitätswelle, die sich vom Anfang bis zum Ende dieser Ableitserie über die Retina ausbreitet. Typischerweise feuern die Ganglienzellen Salven, die wenige Sekunden dauern und durch Ruheintervalle von ca. 2 Minuten Dauer getrennt sind. Welle für Welle läuft die Erregung als gemeinsames Muster über die Retina. Es ist verlockend anzunehmen, daß die Aktivitätsmuster in einem Auge in der Lage sind, den nebeneinanderliegenden Neuronen die Bildung kohärenter Innervierungsfelder zu ermöglichen. Daß die beiden Augen synchron feuern könnten, scheint unwahrscheinlich. Gleichzeitig ist nicht klar, wie die synchronisierte Aktivität in einem Auge zur Trennung seiner Eingangsfasern des Sehnervs im Geniculatum führen und die Überlappung in benachbarte Schichten des Geniculatums verhindern kann. Eine Herausforderung stellt auch der Mechanismus dar, durch den Aktivitätssalven erzeugt werden, und wie sie sich als Welle über benachbarte Neuronen der Retina ausbreiten.[49]

Sensorische Deprivation in frühen Lebensphasen

Die Wirkungen, die von veränderten sensorischen Eingängen bei jungen Katzen und unreifen Affen hervorgerufen werden, haben viele wichtige Konsequenzen für unser Verständnis des Nervensystems. Kritische Phasen, Retraktion und Empfänglichkeit für Störungen während der Entwicklung des Nervensystems wurden auch bei anderen Tieren und anderen sensorischen Systemen beobachtet, z.B. bei den Projektionen des Corpus callosum,[52,53] im somatosensorischen Cortex von Säugern,[54] speziell in Barrelfeldern von Mäusen[55] und in auditorischen Bahnen von Eulen[56] (Kap. 14). Auf der Verhaltensebene ist der Nachweis kritischer Phasen für die Empfindlichkeit für Deprivation oder anormale Erfahrung nicht neu. In den neueren Experimenten wurden die Anormalitäten bei der Signalübertragung in den Schaltstellen im Cortex definiert, aber nicht signifikant auf tieferen Ebenen.
Es gibt reichlich Literatur, die über andere komplexe Verhaltensvorgänge bei einer Vielzahl von Tieren berichtet, wo kritische Phasen vorkommen. Ein Beispiel ist die Prägung. Lorenz[57] hat gezeigt, daß Vögel einem bewegten Gegenstand folgen, der ihnen am ersten Tag nach dem Schlüpfen gezeigt wird, als wär er ihre Mutter. Verhaltensstudien bei anderen höheren Tieren zeigen, daß zum Beispiel Hunde, die während einer kritischen Phase von 4 bis 8 Wochen nach der Geburt von Menschen versorgt werden, viel gehorsamer und zahmer sind als Tiere, die ohne menschlichem Kontakt aufwachsen.[58] Die kritische Phase bei der Entwicklung eines Tieres scheint eine Zeit zu sein, in der eine signifikante Präzisierung der Sinne und Fähigkeiten auftritt.
Warum ist die Störanfälligkeit in der frühen Lebensphase so ausgeprägt? Das sich entwickelnde Gehirn muß sich nicht nur selbst bilden, es muß auch in der Lage sein, die Außenwelt, den Körper und seine Bewegungen zu repräsentieren. Das Auge muß zum Beispiel wachsen, um die richtige Größe zu haben, so daß entfernte Gegenstände durch die relaxierte Linse auf der Retina fokussiert werden können. Und die beiden Augen, die bei verschiedenen neugeborenen Babies unterschiedliche Abstände haben, müssen zusammen arbeiten. Als ob das noch nicht genug wäre, es gibt starke Veränderungen der Extremitätenlänge, des Schädeldurchmessers und damit des Körperbildes in den ersten Lebensmonaten und -jahren. Trotzdem müssen die Karten für die verschiedenen Funktionen im Gehirn jederzeit in Ordnung sein. Knudsen und Kollegen[56,59] liefern mit ihren Experimenten Beispiele dafür, wie adaptierbar das Gehirn während der kritischen Phase ist (siehe auch Kap. 14). Bei adulten Schleiereulen sind die neuronalen Karten für den visuellen und den auditorischen Raum im optischen Tectum genau aufeinander abgestimmt: Die Eule bewegt ihren Kopf genau zu dem Punkt, an dem der Schall auftritt (wichtig, um quiekende Mäuse zu fangen). Wenn die rezeptiven Felder von Babyeulen durch Prismen auf den Augen verschoben werden, verändern sich die Karten im Tectum. Die Karte des auditorischen Raumes paßt sich genau der neuen visuellen Karte an, die durch frühe Erfahrung Gültigkeit erhalten hat. Die Plastizität in der kritischen Phase ermöglicht also die Feinabstimmung der Gehirnfunktion als Antwort auf die Kenntnis der Welt. Die kritische Phase stimmt mit der Zeit überein, in der der Schädel am meisten wächst.[60]
Auch bei adulten Lebewesen gibt es Hinweise für Plasti-

52 Innocenti, G. M. 1981. *Science* 212: 824–827.
53 Olavarria, J. and Van Sluyters, R. C. 1985. *J. Comp. Neurol.* 239: 1–26.
54 Kaas, J. H., Merzenich, M. M. and Killackey, H. P. 1983. *Annu. Rev. Neurosci.* 6: 325–356.
55 Jeanmonod, D., Rice, F. L. and Van der Loos, H. 1981. *Neuroscience* 6: 1503–1535.
56 Knudsen, E. I. Esterly, S. D. and Du Lac, S. 1991. *J. Neurosci.* 11: 1727–1747.
57 Lorenz, K. 1970. *Studies in Animal and Human Behavior,* Vols. 1 and 2. Harvard University Press, Cambridge.
58 Fuller, J. L. 1967. *Science* 158: 1645–1652.
59 Knudsen, E. I. and Knudsen, P. F. 1989. *J. Neurosci.* 9: 3306–3313.
60 Knudsen, E. I., Esterly, S. D. and Knudsen, P. F. 1984. *J. Neurosci.* 4: 1001–1011.

zität. Merzenich,[61] Kaas,[62] Pons,[63] Wall,[64] und Kollegen haben starke Veränderungen der Körperrepräsentation im somatosensorischen Cortex adulter Affen gefunden. Nach Läsionen oder einer Deafferenzierung können Zellen im Cortex, die normalerweise von einem Teil des Körpers innerviert werden, anfangen, auf Eingänge von anderer Stelle zu antworten. Auf funktionaler Ebene können wir uns schnell an Prismen auf den Augen gewöhnen, mit denen die Gesichtsfelder verschoben werden.

Da die Flexibilität der Verbindungen und der Struktur in einer frühen Lebensphase das Gehirn störanfällig für sensorische Deprivation macht, ist es natürlich, sich zu fragen, ob eine Bereicherung des frühen Lebens während der kritischen Phase die corticale Funktionalität verstärken kann. Sich Tests hierzu auszudenken, ist in der Praxis schwer, erstens, weil neugeborene Tiere die meiste Zeit bei ihren Müttern sein müssen, und zweitens, weil es schwer ist, zu wissen, wie ein extrareiches und angenehmes Reizsortiment für z.B. Ratten-, Mäuse- und Affenbabys aussieht.[65] In einer Gruppe von Experimenten[66] wurde neugeborenen Ratten und Mäusen während der ersten Lebenswochen vor der Entwöhnung eine Anzahl milder, angenehmer visueller und anderer sensorischer Reize präsentiert. Detaillierte und systematische Vermessungen von Neuronen im visuellen Cortex zeigten daraufhin eine viel ausgeprägtere dendritische Verzweigung als bei Kontrolltieren. Es ist schwer, das Ausmaß der sensorischen Bereicherung im Labor mit dem im wirklichen Leben mit seinen Klängen, Gerüchen, Mustern und seinem Abwechslungsreichtum zu vergleichen.

Die Mechanismen, die für das zerbrechliche Gleichgewicht zwischen inneren und äußeren Einflüssen bei der Ausformung unseres Gehirns verantwortlich sind, sind noch unbekannt. Es ist noch nicht möglich, vollständig und umfassend auf zellulärer und molekularer Ebene zu erklären, wie Kolumnen zusammengestellt werden, und warum die Neuronen im visuellen Cortex so viel anfälliger sind als die in der Retina. Wahrscheinlich tragen sowohl lokale Unterschiede der molekularen Umgebung als auch die inhärenten Eigenschaften der Neuronen selbst zur Variabilität von Struktur und Funktion bei. Experimente, bei denen embryonaler visueller Cortex in den somatosensorischen Cortex neugeborener Ratten transplantiert wurde, liefern ein bemerkenswertes Beispiel für die Rolle lokaler Determinanten.[67] In dem Gewebe, aus dem visueller Cortex entstehen sollte, entwickelte sich ein gut organisiertes Barrelfeld, das die Vibrissen repräsentierte. Jedes Barrel war, wie im normalen Cortex, durch seine charakteristische Gruppe thalamischer afferenter Fasern und einen Rand aus Glycoproteinen gekennzeichnet. Dieses Experiment zeigt, daß Faktoren von außen die spezielle corticale Entwicklung anstoßen. Aus Untersuchungen an Zellkulturen ist bekannt, daß große Proteinmoleküle, wie Laminin (Kap. 11), das Auswachsen, das Verzweigungsmuster und die physiologischen Eigenschaften von Nervenzellen beeinflussen können. Es bleibt noch zu bestimmen, welche speziellen Zellen und Moleküle die Auslöser für die Bildung komplizierter Strukturen im Cortex und ihre Ausstattung mit Plastizität sind.

Es ist verlockend, über Deprivationsauswirkungen bei höheren Funktionen beim Menschen zu spekulieren. Man kann sich vorstellen, wie Hubel gesagt hat:[68]

> Die vielleicht spannendste Möglichkeit für die Zukunft ist die Erweiterung dieser Art Arbeit auf andere als nur sensorische Systeme. Experimentelle Psychologen und Psychiater betonen die Bedeutung der frühen Erfahrung für die späteren Verhaltensmuster. Könnte es sein, daß der Entzug von sozialen Kontakten oder die Existenz anderer anormaler emotionaler Situationen in einer frühen Lebensphase zur Degeneration oder Mißgestalt der Verbindungen in einem bisher noch nicht erforschten Teil des Gehirns führt?

Eine physiologische Grundlage für solche Verhaltensprobleme zu finden, scheint ein fernes, aber nicht unerreichbares Ziel.

61 Jenkins, W. M. et al. 1990. *J. Neurophysiol.* 63: 82–104.
62 Kaas, J. H. 1991. *Annu. Rev. Neurosci.* 14: 137–167.
63 Pons, T. P. et al. 1991. *Science* 252: 1857–1860.
64 Wall, J. T. 1988. *Trends Neurosci.* 11: 549–557.
65 Turner, A. M. and Greenough, W. T. 1985. *Brain Res.* 329: 195–203.
66 Venable, N. et al. 1989. *Brain Res. Dev. Brain Res.* 49: 140–144.
67 Schlaggar, B. L. and O'Leary, D. D. M. 1991. *Science* 252: 1556–1560.
68 Hubel, D. H. 1967. Physiologist 10: 17–45.

Empfohlene Literatur

Allgemeine Übersichtsartikel

Hubel, D. H. 1988. *Eye, Brain and Vision.* Scientific American Library, New York.

Rakic, P. 1986. Mechanism of ocular dominance segregation in the lateral geniculate nucleus: Competitive elimination hypothesis. *Trends Neurosci.* 9: 11–15.

Shatz, C. J. 1990. Impulse activity and the patterning of connections during CNS development. *Neuron* 5: 745–756.

Singer, W. 1990. The formation of cooperative cell assemblies in the visual cortex. *J. Exp. Biol.* 153: 177–197.

Wiesel, T. N. 1982. The postnatal development of the visual cortex and the influence of environment. *Nature* 299: 583–591.

Originalartikel

Carlson, M., Hubel, D. H. and Wiesel, T. N. 1986. Effects of monocular exposure to oriented lines on monkey striate cortex. *Brain Res.* 390: 71–81.

Hubel, D. H. and Wiesel, T. N. 1965. Binocular interaction in striate cortex of kittens reared with artificial squint. *J. Neurophysiol.* 28: 1041–1059.

Hubel, D. H., Wiesel, T. N. and Le Vay, S. 1977. Plasticity of ocular dominance columns in monkey striate cortex. *Philos. Trans. R. Soc. Lond. B* 278: 377–409.

Knudsen, E. I., Esterly, S. D. and Du Lac, S. 1991. Stretched and upside-down maps of auditory space in the optic tectum of blind-reared owls; acoustic basis and behavioral correlates. *J. Neurosci.* 11: 1727–1747.

LeVay, S., Wiesel, T. N. and Hubel, D. H. 1980. The development of ocular dominance columns in normal and visually deprived monkeys. *J. Comp. Neurol.* 191: 1–51.

Meister, M., Wong, R. O., Balor, D. A. and Shatz, C. J. 1991. Synchronous bursts of action potentials in ganglion cells of the developing mammalian retina. *Science* 252: 939–943.

Rakic, P. 1977. Prenatal development of the visual system in rhesus monkey. *Philos. Trans. R. Soc. Lond. B* 278: 245–260.

Stryker, M. P. and Harris, W. A. 1986. Binocular impulse blockade prevents the formation of ocular dominance columns in cat visual cortex. *J. Neurosci.* 6: 2117–2133.

Wiesel, T. N. and Hubel, D. H. 1963. Single-cell responses in striate cortex of kittens deprived of vision in one eye. *J. Neurophysiol.* 26: 1003–1017.

Wiesel, T. N. and Hubel, D. H. 1974. Ordered arrangement of orientation columns in monkeys lacking visual experience. *J. Comp. Neurol.* 158: 307–318.

Teil sechs

Schlußfolgerungen

Kapitel 19
Perspektiven

Seit der letzten Auflage von *From Neuron to Brain* ist unser Verständnis dafür, wie Nervenzellen ihre elektrischen Signale erzeugen, wie sie miteinander kommunizieren und wie sie während der Entwicklung miteinander verbunden werden, durch den Einsatz molekularbiologischer Methoden größer und tiefer geworden. Gleichzeitig wurden wichtige nichtinvasive Methoden entwickelt, um das Gehirn bei Bewußtsein zu untersuchen, wenn es sieht, hört, denkt oder willkürliche Bewegungen initiiert. Eine Lektion aus der Vergangenheit lebt weiter: Unter außergewöhnlichen Bedingungen können brillante Wissenschaftler mit Sinn für die Realität aus ihren Beobachtungen mit erstaunlicher Genauigkeit neue Konzepte und Richtungen entwickeln. V. Helmholtz und die Isolierung von Sehpigmenten, Sherrington und die integrativen Ereignisse an Synapsen, Hodgkin, Huxley und Katz und die elektrischen Eigenschaften von Membrankanalmolekülen liefern Beispiele dafür. Im Gegensatz dazu gibt es offenbar keine Möglichkeit für einen praktischen Wissenschaftler, vorauszusagen, welche *Methode* verfügbar sein wird, wie z.B. ortsspezifische Mutagenese, Expression von Messenger-RNA in Oocyten oder die Verwendung der Positronen-Emissions-Tomographie, um das Gehirn in vivo abzutasten. Die Lösung vieler Probleme, die jetzt unlösbar scheinen, werden auf Methoden und Ansätze warten müssen, die noch erfunden werden müssen. Beispielsweise wissen wir nur wenig über den Schlaf oder über höhere Funktionen wie Bewußtsein.

Was kann man über die Fortschritte vorhersagen, die in die nächste Auflage dieses Buches eingebaut werden? Eine plausible Vermutung besteht darin, daß die Zusammenarbeit zwischen Grundlagenforschern und Neurologen, wie schon in der Vergangenheit, einen wichtigen Faktor für das Verständnis der integrativen Hirnfunktionen darstellt. Dieses Verständnis wird in Zukunft hoffentlich zur Verhinderung und zur Linderung vieler Krankheiten des Nervensystems führen, deren Ursachen teilweise noch unbekannt sind, und deren Symptome bisher noch nicht wirksam behandelt werden können.

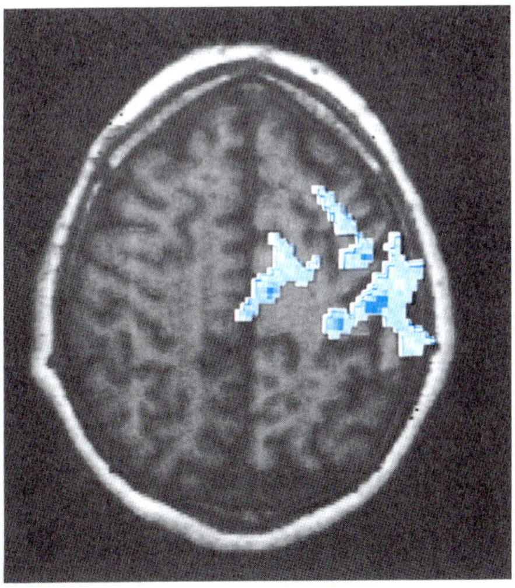

Kernspin-Resonanz-Tomogramm mit integrierten Emissions-Tomographie-Scans zur Demonstration corticaler Aktivität bei der taktilen Untersuchung eines Objekts mit der rechten Hand. Das Bild zeigt eine Aktivierung im sekundären motorischen Areal, im primären motorischen Cortex und im somatosensorischen Cortex (Photographie mit freundlicher Genehmigung von R. J. Seitz).

Höhere Hirnfunktionen

Trotz der bemerkenswerten Fortschritte beim Verständnis höherer Gehirnfunktionen wissen wir immer noch sehr wenig darüber, wie unser Gehirn das vollständige Bild der Welt um uns herum erzeugt. Heute ist es möglich, corticale Zellen zu finden, die auf ein hoch komplexes Muster antworten, und es gibt Hinweise darauf, wie kleine Bildelemente zusammengesetzt werden. Trotzdem können wir noch nicht einmal anfangen, darüber zu diskutieren, wie uns der Anblick eines lachenden Kindes zum Lächeln bringt, oder wie die *Eroica*-Symphonie Emotionen hervorzaubert, die man nicht mit Worten beschreiben kann. Um das Thema höherer Gehirnfunktionen zu behandeln, wählen wir – wie durch das gesamte Buch hindurch – einige wenige Beispiele aus. Aus den vorangegangenen Kapiteln ist klar geworden, daß sich eine bestimmte Art zu experimentieren und zu denken, als wesentlich für die Erforschung der Frage erwiesen hat, wie höhere Gehirnfunktionen ausgeführt werden. Dabei handelt es sich u.a. um Elektrophysiologie, zelluläre Neurobiologie, Biochemie, Pharmakologie, klinische Neurologie und Psychophysik. Psychophysische Experimente haben zu präzisen, quantitativen Beschreibungen sensorischer Phänomene, wie Empfindlichkeit, Dunkeladaptation, Farbkonstanz und der Analyse von Kontrast, Mustern, Bewegung und Farbe durch das visuelle System geführt. Solche Experimente setzen sowohl Grenzen für die Eigenschaften fest, die einzelne Zellen haben müssen, als auch für die Art und Weise, wie Gruppen von Neuronen bei Versuchspersonen, die bei Bewußtsein sind, mit Informationen umgehen. Ein wunderbares Beispiel ist die präzise Übereinstimmung zwischen der Absorption von Sehpigmenten, den entsprechenden elektrischen Antworten der Photorezeptoren, und der bewußten Wahrnehmung von Farbe bei Abgleichexperimenten. Da sich die Psychophysik direkt mit

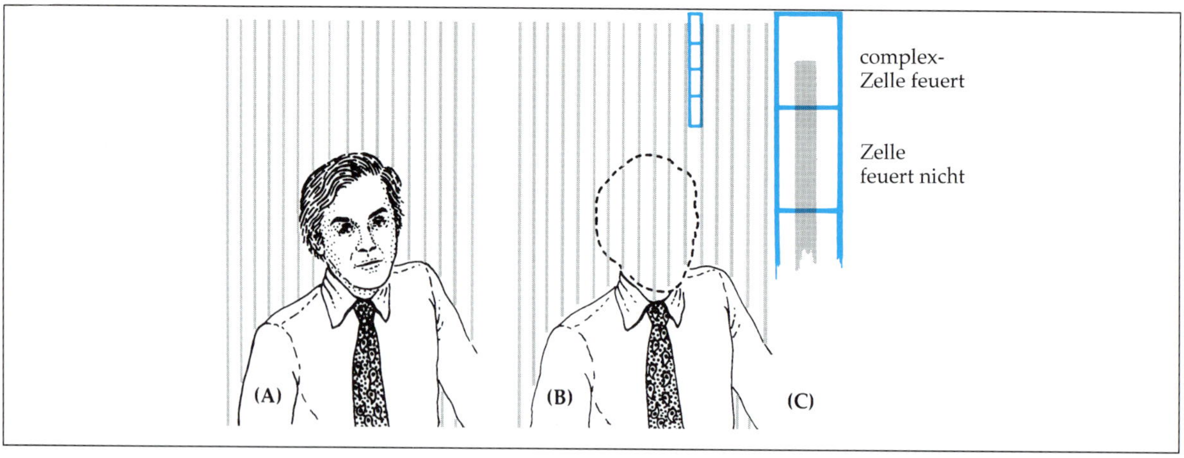

Abb. 1: **Das Ergänzungs-Phänomen.** (A, B) Während Lashleys Migräneattacke tritt im Gesichtsfeld dort, wo sich der Kopf des Freundes befindet, ein kleiner Bereich totaler Blindheit auf. Die Streifen der Tapete setzen sich jedoch über den blinden Bereich fort. Eine mögliche Erklärung dafür besteht darin, daß bestimmte complex-Zellen (wie in Kap. 17 beschrieben) am besten auf Ecken oder endende Linien antworten. Deshalb wirkt ein Streifen auf der Tapete nur an seinem Ende als ein guter Reiz für eine solche complex-Zelle. (C) Eine complex-Zelle, deren rezeptives Feld innerhalb des blinden Bereiches liegt, wird nicht länger durch die Linien am Platz des Gesichts aktiviert. Ihr Schweigen könnte jedoch von höheren Hirnzentren als Zeichen gewertet werden, daß der graue Streifen nicht geendet hat.

der letzten Stufe der sensorischen Wahrnehmung beschäftigt, kann sie ein umfangreiches Bild davon liefern, wie sensorische Signale verarbeitet werden, wenn man sieht, hört oder eine Berührung spürt.

Integration im visuellen System

Nirgendwo wurden die Mechanismen, die mit der Analyse sensorischer Signale zu tun haben, klarer nachgewiesen, als bei den Untersuchungen des visuellen Systems auf zellulärer Ebene (Kapitel 17, 18). Hubel und Wiesels Beobachtungen zu den rezeptiven Feldern von Zellen des visuellen Cortex erklären zahlreiche optische Täuschungen und klinische Störungen des Sehvermögens. Ein interessantes Beispiel ist die vorgeschlagene Erklärung für das **Ergänzungs- oder Komplettierungs-Phänomen**, das man bei Patienten findet, die unter Migräne leiden oder aus einem anderen Grund eine kleine retinale oder corticale Läsion besitzen, wodurch ein blinder Bereich (Skotom) entsteht. Unter dieser Bedingung haben wegen der Läsion Formen oder Gestalten, die auf die Retina projiziert werden, einen leeren Bereich. Eine Person jedoch, die eine gestreifte Tapete, ein Zebra oder irgendetwas anderes mit einem ununterbrochenen Streifenmuster betrachtet, sieht das Muster durch den blinden Bereich fortgesetzt. Lashley[1], ein aufmerksamer Beobachter psychophysischer Phänomene hat während eines Migräneanfalls eine interessante Beobachtung gemacht:

Als ich mit einem Freund redete, streifte mein Blick seine rechte Gesichtshälfte, woraufhin sein Kopf verschwand. Seine Schultern und seine Krawatte waren immer noch sichtbar, aber die vertikalen Streifen auf der Tapete hinter ihm schienen sich bis zu seiner Krawatte fortzusetzen. Schnelle Kartierung offenbarte ein Gebiet totaler Blindheit, das ca. 30° direkt neben der Macula bedeckte. Es war völlig unmöglich, dieses Gebiet als leere Fläche zu sehen, wenn es sich vor der gestreiften Tapete mit der gleichmäßig gemusterten Oberfläche befand, während jeder dazwischenliegende Gegenstand nicht gesehen werden konnte.

Die von Lashley beschriebenen Ereignisse können im Sinne der complex-Zellen mit End-Stop interpretiert werden, die nur Information über die Begrenzungen von Linien liefern (Abb. 1). In einem Feld solcher Zellen erzeugt das Nichtfeuern von Mitgliedern des Feldes während der Periode vorübergehender (in Lashleys Fall) Blindheit nur eine geringe Änderung der Signalgebung, da die Zellen normalerweise sowieso nicht feuern, bis eine Linie endet oder die Richtung wechselt (Kap. 17). Diese Schlußfolgerung liefert ein Konzept, bei dem bekannte Zelleigenschaften benutzt werden, um Wahrnehmungsphänomene zu erklären. Einige Schwächen und Stärken dieses Ansatzes wurden bereits diskutiert. Ironischerweise beruht diese Interpretation auf corticalen Zellen mit spezifischen Verbindungen. Dies steht im Widerspruch zu den Prinzipien, die Lashley selbst aufgestellt hat, der nicht an Spezifität oder Lokalisation im Cortex glaubte.

Eine der größten Stärken der Arbeit von Hubel und Wiesel zur Organisation des Cortex und zur sensorischen Deprivation bestand darin, fundamentale Probleme aufzuzeigen, die ganz unterschiedliche experimentelle Ansätze erfordern, in diesem Fall Biophysik und Molekularbiologie. Ihre Experimente mit Hilfe extrazellulärer Elektroden und anatomischer Techniken, machten zum ersten Mal ein fesselndes Problem deutlich : Wie konkurrieren kohärente und inkohärente Impulssalven, die in konvergenten Bahnen fortgeleitet werden, um das Neuritenwachstum, die Synapsenbildung und die Stabilität der Synapsen in Schicht 4 des visuellen Cortex zu beeinflussen?

1 Lashley, K. S. 1941. *Arch. Neurol. Psychiat.* 46, 331–339.

Motorische Integration

Die Vorgänge, die an der Erzeugung motorischer Aktivität beteiligt sind, waren viel schwieriger zu analysieren. Hier liegt das Ziel in der Peripherie – ein koordiniertes Muster von Muskelkontraktionen. Anders als im visuellen System, wo die Zellen aus der Peripherie auf eine kleine Gruppe von Zellen mit stereotypem Verhalten konvergieren – divergieren die Bahnen von den Muskeln zurück über die Motoneuronen und die absteigenden Bahnen auf eine Anzahl von Strukturen, die an der Bewegung beteiligt sind: Hirnstamm, Cerebellum, Basalganglien und motorischer Cortex. Wir beginnen gerade erst zu verstehen, wie diese Strukturen reguliert werden, um koordinierte Muskelaktivität zu erzeugen. Zur Zeit ist es völlig unmöglich zu beschreiben, wie man einen Stein werfen kann, um einen Gegenstand genau zu treffen (oder ihm nahe zu kommen), der 10 Meter entfernt ist. Um diese Komplexität noch zu erhöhen, können viele erlernte motorische Fähigkeiten auf andere Muskelgruppen übertragen werden. Adrian wies darauf hin, daß, wer einmal gelernt hat, seinen Namen zu schreiben, das auch kann, wenn er den Bleistift zwischen den Zehen hält![2] Im Gehirn muß ein Schema zum Schreiben des eigenen Namens vorliegen, unabhängig von den Muskeln, die dazu benützt werden. Dieses Phänomen beschreibt die Fähigkeit des Nervensystems, Konzepte zu abstrahieren und sie so zu codieren, daß sie allgemeiner ausgedrückt werden können.

Psychopharmakologie

Die Psychopharmakologie bietet einen weiteren Ansatz, höhere Hirnfunktionen zu untersuchen. Die Benzodiazepine – Drogen, die sich als sehr nützlich für die Menschheit erwiesen haben – sind ein Beispiel dafür. Sie bilden die Mittel der Wahl bei verschiedenen Formen der Epilepsie und der Schlaflosigkeit, für die Vorbehandlung vor Operationen, für leichte chirurgische Eingriffe, für die Behandlung von Krämpfen und speziell für die Erholung von lähmender Angst. Dies ist der Gesichtspunkt, der von Interesse für die höheren Hirnfunktionen ist. Die Psychologen haben sich elegante Tests ausgedacht, um zwischen Drogen zu unterscheiden, welche Angst, Aufmerksamkeit, Gedächtnis, motorische Aktivität oder Schmerzschwellen beeinflussen. Benzodiazepine zielen – mit geringen Nebeneffekten – selektiv auf Angstzustände. Das Molekül, das sie beeinflussen, ist der $GABA_A$-Rezeptor (Kap. 2 und 10). Benzodiazepine veranlassen GABA, das aus den präsynaptischen Endigungen im Gehirn freigesetzt wird, größere Leitfähigkeitsveränderungen und größere inhibitorische Ströme zu erzeugen.[3] Die Stellen auf den Untereinheiten, an die die Benzodiazepine binden, wurden in klonierten, in Oocyten exprimierten Kanälen identifiziert. Noch nicht bekannt ist der Ort dieser speziellen GABA-Synapsen im Gehirn, die für die Linderung von Angst und Furcht verantwortlich sind. Man kann auch noch nicht abschätzen, wie die Potenzierung solcher inhibitorischer Synapsen auf die nachfolgenden Relaisstationen wirkt. In diesem Fall sind die molekulare Funktion und die Wirkungen gut verstanden, nicht aber der Gesamtmechanismus. Andere wichtige pharmakologische Ansätze für höhere Hirnfunktionen, die wir bereits erwähnt haben, betreffen die Verbindungen zwischen Drogen, Transmittern und Schizophrenie.

Die Bedeutung der Neurologie

Während der vorangegangenen Diskussionen über höhere Hirnfunktionen waren unvermeidlich Krankheiten des Gehirns und Läsionen immer wiederkehrende Themen. Über viele Jahre war die Neurologie nicht nur untrennbar von der Neurobiologie, sondern sie lieferte auch die einzige Methode, um höhere Hirnfunktionen in Relation zur Struktur zu untersuchen. Die Geschichte von Phineas Gage ist immer noch spannend, aussagekräftig und lehrreich. Im Jahre 1848 erlitt Phineas Gage im Alter von 25 Jahren eine massive Gehirnläsion, während er als Vorarbeiter beim Bau der Bahn in Vermont arbeitete. Er benutzte einen Besetzstempel, um eine Ladung Dynamit in einem Felsen zu plazieren, deren Explosion Platz für die Gleise schaffen sollte. Als er das Dynamit vorwärts schob, explodierte es und blies die Eisenstange sauber durch seinen Schädel. Die lange Stange, die fast 7 kg wog, 90 cm lang war und einen Durchmesser von mehr als 25 mm hatte, trat in der Nähe des linken Mundwinkels ein, lief hinter dem linken Auge vorbei und flog durch die Scheitellinie oben aus dem Kopf heraus. Sie brach die Schädeldecke auf, schuf eine große Kommunikationsläsion und zerstörte einen Großteil des linken Frontallappens. Die Fakten über diesen Vorfall und Gages erstaunliche Genesung wurden von Beobachtern und von dem ortsansässigen Arzt, John Harlow, im Detail aufgezeichnet.[4] Gage verlor nur kurz das Bewußtsein, konnte aufrecht sitzen und auf dem Weg zum Arzt sprechen, und er war in der Lage, mit dem Arzt über den Unfall und über das Ausmaß seiner Verletzung zu reden. Was den Arzt und alle, die den Unfall gesehen haben, erstaunte, war, daß er sich schnell erholte und in der Lage war, mehr als 12 Jahre lang ein relativ normales Leben zu führen. Sein größtes, offenkundiges Problem bestand in der Dauerinfektion der Wunde, verbunden mit Blindheit des linken Auges und Lähmung der linken Gesichtshälfte. Gages Persönlichkeit veränderte sich jedoch deutlich. In Harlows Worten: «Er war nicht länger derselbe Gage!» Aus dem sehr beliebten, ruhigen, vernünftigen, fleißigen und vorsichtigen Arbeiter wurde ein vorlauter, überheblicher, ungeduldiger und ruheloser Aufschneider. Als er sich zur Wiedereinstellung in seinen alten Job bewarb, wurde er wegen der Verände-

2 Adrian, E. D. 1946. *The Physical Background of Perception.* Clarendon Press, Oxford.

3 Richards, G., Schoch, P. and Haefely, W. 1991. *Sem. Neurosci.* 3: 191–203.

4 Harlow, J. M. 1868. *Publ. Mass. Med. Soc.* 2: 328–334.

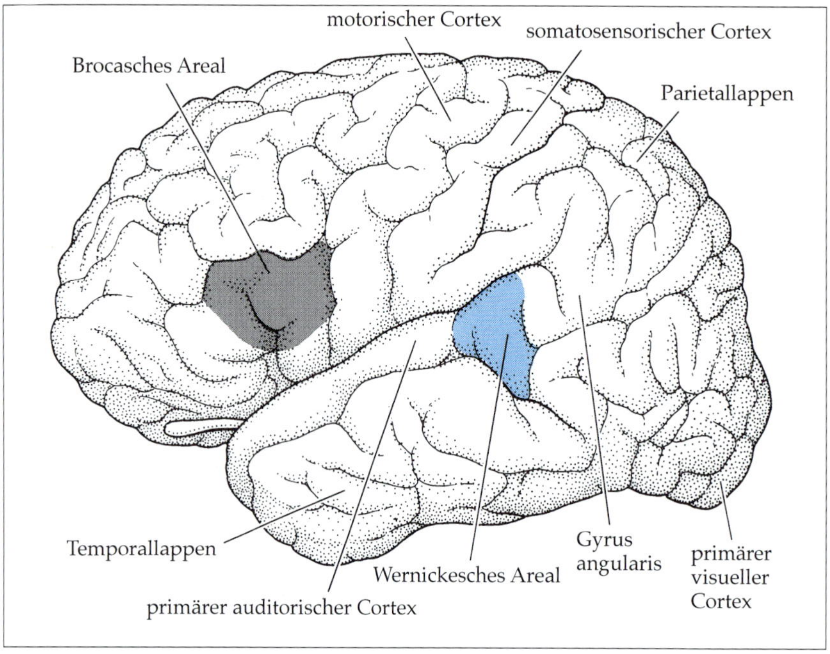

Abb. 2: **Von Broca und Wernicke beschriebene Areale**, die mit Sprache in der linken dominanten Hemisphäre verbunden sind.

rungen seines Charakters abgelehnt. Unfähig sich zu konzentrieren, auf ein Ziel hin zu arbeiten oder Freunde zu behalten, zog er durch die Vereinigten Staaten und Chile, begleitet von seinem bevorzugten Erinnerungsstück, dem Besetzstempel, und erzählte seine Geschichte.

Die Geschichte des Phineas Gage unterstreicht die Vorteile und Fallstricke von Läsionen und Defiziten als Mittel zur Analyse von Gehirnfunktionen. Zu einer Zeit, als noch nichts über den sensorischen, motorischen, visuellen oder auditorischen Cortex bekannt war, wurde klar, daß der präfrontale Bereich des Cortex irgendwie mit den höchsten Funktionen des menschlichen Verhaltens und der Persönlichkeit zu tun hat. Aber Gages Unfall war nicht wie die meisten neurologischen Fälle. Die Läsion, ihr zeitlicher Verlauf und ihr Ausmaß waren bekannt und offensichtlich, als sich die Hauptsymptome entwickelten. Bis vor kurzem konnten die Neurologen im allgemeinen jedoch erst nach dem Tod des Patienten feststellen, welche Hirnregion betroffen war.

Andere Beispiele für neurologische Beobachtungen, die im letzten Jahrhundert gemacht wurden, und die spezielle Gehirnareale definierten, die an höheren Funktionen beteiligt sind, waren die von Broca und Wernicke über Sprachstörungen. Durch die Korrelation von Sprachdefekten mit Cortexarealen, die durch Gefäßschäden oder Tumoren zerstört waren, ergab sich ein deutliches Bild. Das Sprachvermögen hängt fast ausschließlich von einer Hemisphäre ab, der dominanten Hemisphäre, die mit der Händigkeit im Zusammenhang steht. Bei 95% der Bevölkerung handelt es sich dabei um die linke Hemisphäre. Eine dramatische Art, dies an Versuchspersonen bei Bewußtsein zu demonstrieren, besteht darin, ein kurz wirkendes Barbiturat in die Arteria carotis zu injizieren, die eine Hemisphäre versorgt. Eine Injektion in die linke Seite läßt die linke Hemisphäre für eine oder zwei Minuten in Schlaf fallen und verhindert Sprache, aber nicht Singen. Eine Injektion in die rechte Arterie erzeugt die entgegengesetzte Wirkung – die Versuchsperson kann reden, aber nicht singen.[5] Läsionen in dem 1861 von Broca beschriebenen Areal, das ganz in der Nähe des motorischen Cortex liegt (Abb. 2), führen zu Schwierigkeiten bei der Aussprache von Wörtern und ihrem Zusammenfügen zu einem Satz. Die Patienten, deren Intelligenz unbeeinträchtigt ist, können lesen und Sprache verstehen, aber – wenn überhaupt – nur mit Schwierigkeiten sprechen. Typischerweise spricht der Patient stockend «Ging ... Arzt ... krank» oder murmelt in schweren Fällen nur «ja» oder «nein». Das Defizit liegt am Ausgang oder im motorischen Bereich der Gehirnfunktion, obwohl die an der Sprachproduktion beteiligten Muskeln und ihre direkte Kontrolle nicht beeinträchtigt sind.

Läsionen der 1874 von Wernicke beschriebenen Areale (Abb. 2), einer Region in der Nähe des sensorischen Cortex, führen ebenfalls zu Sprachstörungen, die aber von anderer Art sind. Das Problem ist hier sensorischer und nicht motorischer Art. Die Sprache ist überschwenglich, schnell, verstümmelt, unkorrekt und unzusammenhängend. Obwohl der Patient flüssig sprechen kann, ist der Inhalt der gesprochenen Sprache gestört, als ob man eine unbekannte Fremdsprache hören würde. Die Patienten verbinden reale und künstliche Wörter: «Bäume sind grül als ging gegangen nach Hause langes Leben für die Bohne.» Was aussieht wie eine Bedeutung, wird durch Konfusion verdeckt.

Vergleichbare Fehlfunktionen treten im visuellen System nach Läsionen im präokzipitalen Bereich des Cortex auf. Gegenstände können nicht länger durch Betrachtung erkannt werden. Ein Patient, dem ein Schlüssel gezeigt

5 Bogen, J. E. and Gordon, H. W. 1971. *Nature* 230: 524–525.

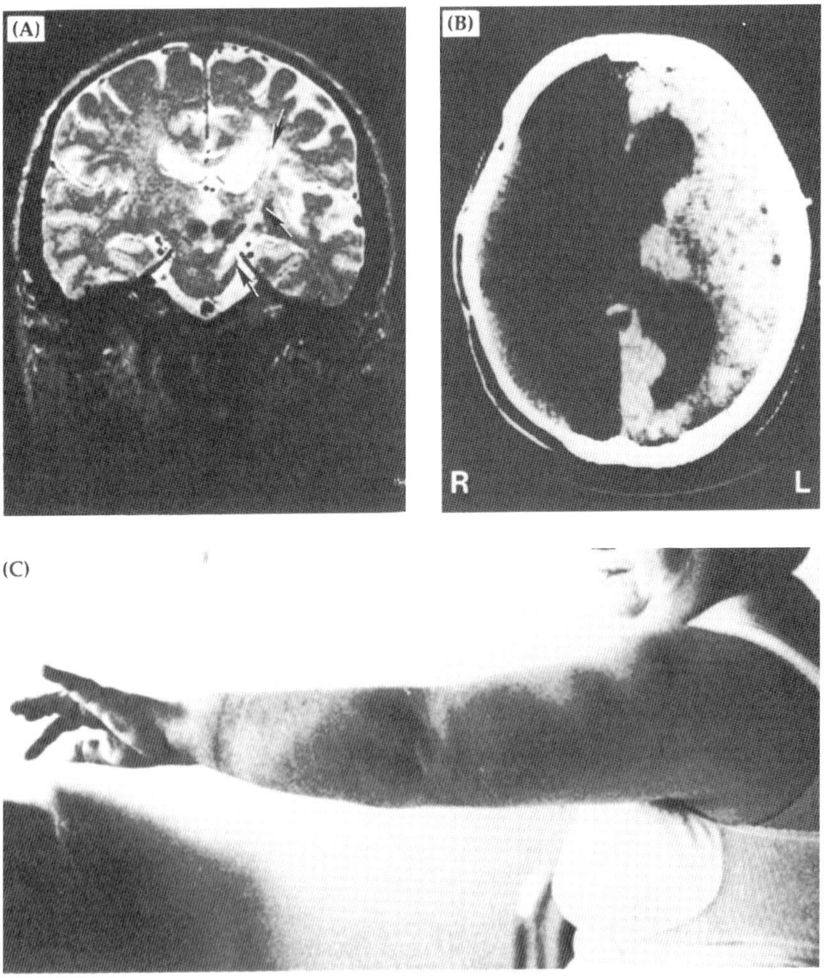

Abb. 3: **Kernspinresonanztomographie-Scans** zweier Patienten. (A) Dieser Patient hatte eine kleine Läsion oder einen Infarkt an der durch den oberen Pfeil markierten Stelle. Die degenerierende Pyramidenbahn ist durch zwei Pfeile markiert. Infolgedessen kam es zu einer schweren andauernden Hemiplegie (vollständige Lähmung) auf der entgegengesetzten Körperseite, der Patient war durch diese begrenzte Läsion schwer gelähmt. (B, C) Bei dieser Patientin wurde im Alter von 18 Jahren wegen einer unbeherrschbaren Epilepsie infolge einer frühen Hirnschädigung mit infantiler Hemiplegie eine Hemisphärektomie vorgenommen. Der scan in (B) zeigt das Fehlen von Hirngewebe auf der rechten Seite. (C) Dieselbe Patientin hebt willkürlich ihren linken Arm (Photographien mit freundlicher Genehmigung von H.-J. Freund).

wird, ist nicht in der Lage, ihn zu identifizieren. Wenn er ihn in die Hand nimmt, hört der Schlüssel für ihn auf, ein bedeutungsloses Objekt zu sein, und wird sofort als Schlüssel erkannt. Eine andere faszinierende, verwandte Unfähigkeit, die nach Läsionen des Parietallappens auftritt, besteht im Verlust geplanter Bewegungsabfolgen bei der Ausführung vorsätzlicher Handlungen. Wenn der Patient versucht, ein Hemd anzuziehen, werden vielleicht zuerst die Knöpfe zu gemacht, dann ein Arm durch den Kragen geschoben, dann einer durch einen Ärmel usw..

Extrem gegen die Intuition und zunächst schwer zu verstehen sind andere Auswirkungen von Parietallappenläsionen einer, normalerweise der rechten Seite. Patienten mit solchen Läsionen verlieren unter Umständen die Vorstellung, daß ihr Körper und die Welt um sie herum zwei Seiten haben. Wenn ein Patient mit einer Läsion des rechten Parietallappens aufgefordert wird, ein Gänseblümchen zu zeichnen, befinden sich alle Blütenblätter auf der rechten Seite. In der Zeichnung einer Uhr sind alle Zahlen auf der rechten Seite konzentriert, ebenso alle Speichen eines Rades. Lippenstift wird nur auf die rechte Mundseite aufgetragen. Wenn die rechte Hand des Patienten vom Arzt hochgehalten wird, wird sie sofort als «meine Hand» beschrieben. Wenn die linke Hand hochgehoben wird, lautet die Antwort: «Ich weiß nicht, was das für ein Ding ist. Es gehört nicht mir.» Wenn der Patient gefragt wird, ob das eine Hand ist, könnte die Antwort lauten: «Ich weiß nicht. Sie sind der Arzt.» Die linke Körperhälfte gibt Reflexantworten und kann sich gelegentlich bewegen, aber sie wurde aus dem bewußten Leben der Versuchsperson verbannt. Es ist wichtig festzustellen, daß es sich hierbei um wirkliche neurologische Defekte und nicht um hysterische Reaktionen des Patienten handelt.

Insgesamt zeigen diese klinischen Beobachtungen, daß unsere innere Welt, die so komplett, so einheitlich und so perfekt erscheint, aus elementaren Bestandteilen zusammengesetzt ist, die eng verbunden sind, um ein Kontinuum zu bilden. Der fugenlose Aufbau ist so fehlerfrei, daß man durch Introspektion davon keine Spur finden kann. Ein Triumph der frühen Neurologen bestand darin, die von der Natur selbst durchgeführten Experimente zu verwenden, um die Funktionen verschiedener Gehirnareale aus der genauen Korrelation von Symptomen und Läsionen zu beschreiben. Keiner dieser Parameter war quantitativ meßbar. Ihre Erfolge sind äußerst bemerkenswert, da die Verwendung von Läsionen zur Bestimmung der Funktion Fallstricke birgt. Die Sym-

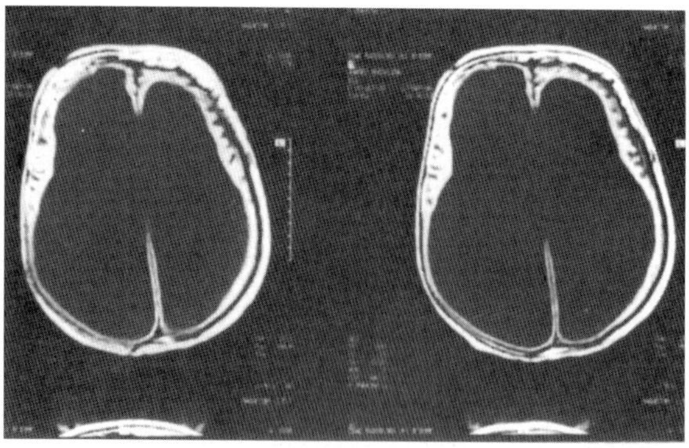

Abb. 4: **Gehirn-Scan** von einer 63 Jahre alten Frau ohne neurologische Defizite, bis auf die frisch aufgetretene Erkrankung, die sie ins Krankenhaus brachte. Trotz des ausgedehnten Hydrocephalus, der sich in einer frühen Lebensphase entwickelt (und einen charakteristisch geformten vergrößerten Kopf ausgeprägt) hatte, lebte diese Patientin ein offenbar normales Leben und war viel weniger behindert, als die Patienten in Abb. 3 (Photographien mit freundlicher Genehmigung von H.-J. Freund).

ptome können schwach oder schlecht ausgeprägt sein. In Kap. 17 haben wir Auswirkungen beschrieben, die bei Patienten beobachtet wurden, deren gesamtes Corpus callosum durchtrennt war. Hochentwickelte Testverfahren waren erforderlich, um die Defizite aufzuzeigen, da sich die Patienten oft nicht bewußt waren, daß die rechte und die linke Welt vollständig getrennt waren (genau wie eine normale Versuchsperson keine Ahnung davon hat, daß die Aktivität von der einen Großhirnhemisphäre zur anderen springt, wenn der visuelle oder taktile Reiz die Mittellinie kreuzt). Schlimmer noch, während einige massive Läsionen keine offensichtlichen Defizite produzieren, erzeugen andere Symptome, die der Hyperaktivität in anderen Arealen entsprechen.

Mit neueren Methoden, die jetzt verfügbar sind, wie Kernspin-Resonanz-Tomographie (NMR, nuclear magnetic resonance oder MRI, magnetic resonance imaging) oder der Positronen-Emissions-Tomographie (PET), ist der Neurologe zum ersten Mal in der Lage, Läsionen zu lokalisieren und direkt zu beobachten, und ihr Fortschreiten im lebenden Gehirn zu verfolgen. Das Hauptproblem besteht jedoch weiterhin darin, daß feste, reproduzierbare, schablonenhafte Korrelationen zwischen Läsionen und Funktionen normalerweise nur für kleine Läsionen aufgestellt werden können.[6] Große Läsionen und grobe Pathologie machen unser Unwissen über mögliche kompensatorische Mechanismen deutlich, die aktiv unvorhersagbare Symptome bewirken können. Abb. 3 zeigt Scans zweier Gehirne lebender Patienten. Die kleine Läsion in Abb. 3 A erzeugte eine dauerhafte, schwere Paralyse der entgegengesetzten Körperhälfte. Die Patientin, von der Abb. 3 B und 3 C stammen, hatte eine viel größere und drastischere Läsion. Die gesamte rechte Großhirnhemisphäre war durch eine Operation entfernt worden. Trotzdem konnte sie noch gehen und ihren linken Arm bewegen. Bis heute ist nicht bekannt, wie nach dieser Art von Operation (die nur in den ernstesten Fällen durchgeführt wird) koordinierte Körperbewegungen, Sprache, Wahrnehmung und ein relativ normales Leben wiederhergestellt werden können. Eine Genesung findet nur statt, wenn der Hirnschaden in einer frühen Lebensphase auftritt. Der Zeitpunkt der Operation scheint weniger kritisch zu sein. Bei der Patientin, von der die Abb. 3 stammt, wurde die Hemisphärektomie im Alter von 18 Jahren durchgeführt. Wahrscheinlich noch viel bemerkenswerter ist jedoch der scan in Abb. 4 von einer 63 Jahre alten Frau, die anscheinend ein vollständig normales Leben führte. Mit ihrem scheinbar überhaupt nicht vorhandenen Gehirn war sie z. B. in der Lage, regelmäßig in der Kirche ihres Ortes die Orgel zu spielen. Ihr Hydrocephalus entstand als Folge einer Meningitis im Alter von 4 Jahren, als die Form ihres Kopfes typisch hydroencaphal wurde. Bei beiden Patientinnen trat der Schaden also in einer frühen Lebensphase auf. Es gibt aber auch Beispiele für die Genesung nach einer Läsion in einer späteren Lebensphase, was die funktionelle Plastizität des Gehirns unterstreicht.

Was auch immer für Schwierigkeiten bei der Interpretation klinischer Beobachtungen auftreten, es gibt keinen Zweifel daran, daß die Neurologie auch weiterhin eine Schlüsselrolle bei der Untersuchung des Informationsflusses und der Integration auf höheren Ebenen spielt, wenn mehr Informationen aus Gehirn-Scans von Patienten und normalen Versuchspersonen verfügbar sind. Gleichzeitig gibt es eindeutig eine Zweigleisigkeit: Grundlagenforschung und die angewandten Neurowissenschaften. Molekularbiologische und genetische Methoden beginnen, bei der Diagnose von Krankheiten wie Retinoblastom, Chorea-Huntington und vielleicht bei der Alzheimerschen Krankheit eine Rolle zu spielen. Zur Zeit wird die Möglichkeit einer Behandlung von Duchenne-Muskeldystrophie mit genetisch manipulierten Zellen intensiv untersucht. Von Neurochirurgen werden ausgeklügelte elektrophysiologische Methoden benutzt, um von einzelnen Neuronen abzuleiten, Elektroden zu implantieren (wie zum Beispiel zur Steuerung der Blase) und Prothesen zu entwickeln, die verlorengegangene Funktionen ersetzen.[7] Ohne übertrieben optimistisch zu sein, darf man auf die Entwicklung von Strategien hoffen, um die Ursachen solcher verheerenden Krankheiten wie Multiple Sklerose, degenerative Leiden und Geisteskrankheiten zu verstehen, und sie schließlich behandeln zu können.

Perspektiven

Die Sichtweise, aus der heraus wir bestimmt haben, was auf unserem Gebiet wichtig und interessant ist, und wie es zukünftig weitergehen könnte, ist durch unsere Erfahrung gefärbt. Zwei der Autoren haben in den 50er Jahren studiert. In dieser Zeit öffneten interessante neue Experi-

6 Müller, F. et al. 1991. *Neuropsychologia* 29: 125–145.

7 Young, R. R. and Delwaide, P. J. (eds.). 1992. *The Principles and Practice of Restorative Neurosurgery.* Butterworth-Heinemann, Guilford, England.

mente und Konzepte Gebiete, die bis dahin als unerforschbar galten. Wir wußten, daß sensorische Signale durch Rezeptorpotentiale eingeleitet werden, daß spannungs- und rezeptoraktivierte Ionenkanäle für die Signalfortleitung verantwortlich sind und daß die Transmitterausschüttung der Nervenendigungen gequantelt ist. Untersuchungen der Feinstruktur mit Hilfe der Elektronenmikroskopie versprachen, viel über neuronale Funktionen zu verraten. Intrazelluläre Ableitmethoden wurden auf das Säugerrückenmark ausgedehnt, um das Verhalten einzelner Motoneuronen zu untersuchen, und in Extrakten aus dem Rindergehirn wurde eine neuroinhibitorische Substanz entdeckt. Aber abgesehen von der Anatomie waren die höher als das Rückenmark liegenden Regionen des Zentralnervensystems immer noch *terra incognita*, und es deuteten sich keine Fortschritte der Transmitterneurochemie auf zellulärem Niveau an. Durch die Pionierarbeiten von H. Berger, H.H. Jasper und E.D. Adrian lieferte das EEG eine Möglichkeit, die Gesamtaktivität des Gehirns zu untersuchen und wichtige klinische Diagnosen aufzustellen, wie die Lokalisation epileptischer Foci. Solche groben elektrischen Methoden haben auch eine Möglichkeit zur Lokalisation von Gehirnfunktionen geliefert, aber sie waren zum Verständnis von Mechanismen wenig hilfreich, da sie die zugrunde liegende feinkörnige neuronale Aktivität nicht auflösen konnten. Trotzdem hatten Experimentatoren begonnen, das Verhalten einzelner Neuronen in der Großhirnrinde mit Mikroelektroden zu untersuchen und der Frage nachzugehen, wie dieses Verhalten durch die Aktivität von Zellen aus anderen Hirnregionen beeinflußt wird.

Bis zu den späten 60er Jahren, als der jüngste von uns Student war, hatte es einen revolutionären Fortschritt gegeben. Inhibitorische und exzitatorische Transmitter konnten identifiziert werden, und die Chemie ihrer Synthese und Regulation konnte in einzelnen Zellen analysiert werden. Durch die Arbeit von Stephen Kuffler und später von Hubel und Wiesel wurden Wahrnehmungsmechanismen als regelmäßige Anordnungen von Verbindungen zwischen Zellen zugänglich. Eine weitreichende Innovation, auch von Kuffler eingeführt, bestand darin, alle möglichen Disziplinen so einzusetzen, daß sie sich auf Probleme des Nervensystems anwenden ließen. Die Elektrophysiologie war nicht länger allein, sondern unauflösbar mit der Anatomie, der Feinstruktur und der Biochemie verbunden. Eine Ausweitung auf die Molekularbiologie war in Sicht.

Ein Merkmal der Entwicklung der Neurowissenschaften ist, wie quantitativ genau, phantasiereich und in ihrer Bedeutung weitreichend die Voraussagen einiger weniger, hervorragender Wissenschaftler waren. Ein begeisterndes Beispiel aus den psychophysischen Untersuchungen von v. Helmholtz ist seine Voraussage über die drei Photorezeptoren und ihre Pigmente in der Retina. Ein anderes sind die Golgi-Färbungen von Ramón y Cajal, die das neuronale Muster für den Informationsfluß durch Schaltkreise in der Retina und im Cerebellum aufdeckten. Man liest mit Erstaunen Sherringtons Darstellung der Integration exzitatorischer und inhibitorischer Eingänge im Rückenmark, die er entwickelte, lange bevor J.C. Eccles, sein ehemaliger Schüler, elektrische Ableitungen von Motoneuronen durchführte. Der vielleicht größte Einfluß kam von Hodgkin, Huxley und Katz, die viele der Eigenschaften von Membrankanälen vorhersagten, lange bevor es die Möglichkeit zu direkten Messungen gab.

Die Möglichkeit, das Membranpotential eines Neurons mit einer intrazellulären Elektrode abzuleiten, lieferte während der folgenden 25 Jahre einen Fortschritt in eine bedeutende und – vor der Entwicklung dieser Technik – unvorhersagbare Richtung. Zu dieser Zeit waren die zukünftige Verwendung der ortsspezifischen Mutagenese zur Änderung der Funktion einzelner Kanalproteine, die Infektion von Zellen mit mRNA, um veränderte Kanäle zu erzeugen, und die Verwendung der patch clamp-Technik, um die Kanäle aufzuspüren und ihr Verhalten zu analysieren, ebenfalls unvorhersagbare Entwicklungen. Man kann erwarten, daß sich die zukünftige Entwicklung wieder aus der Entwicklung neuer Methoden ergibt.

Ungelöste Probleme

Viele Probleme der Entwicklung und des Wachstums bleiben auf der subzellulären Ebene und auf der Ebene der interzellulären Schaltkreise ungelöst. Ein Schlüsselproblem auf zellulärer Ebene besteht darin, wie verschiedene Moleküle an die richtigen Stellen in der Zelle gelangen. Die verschiedenen Kanäle für Natrium, Kalium und Calcium, Rezeptoren für verschiedene Liganden und Proteine, die mit der Transmitterfreisetzung verbunden sind, müssen im Zellkörper synthetisiert werden und selektiv zur Somamembran, zu den Ranvierschen Schnürringen, den Dendriten und den Axonendigungen transportiert werden. Ein wichtiges neues Werkzeug ist die wiedererwachte Mikroskopie verbunden mit dem Einsatz einer Reihe von Vitalfarbstoffen, die die nichtinvasive Aufzeichnung der Membranpotentialveränderungen, der intrazellulären Ionenkonzentrationen und des Membranzyklus, der mit der Transmitterausschüttung verbundenen ist, erlauben. Man kann sicher sein, daß mit der Zeit durch harte Arbeit mit den bereits vorhandenen Werkzeugen klare Antworten gefunden werden. Ähnliche Überlegungen gelten für die Aufgabe, die molekularen Eigenschaften von Kanälen und Rezeptoren einzuordnen und zu beschreiben. Hier dürfen wir auf einige Überraschungen warten und mit ihnen auf unerwarteten Nutzen. Ein Beispiel ist das unerwartete Auftreten einer großen Vielfalt von Kanalisotypen. Es gibt eine große Anzahl von Natrium- und Kaliumkanaltypen im Skelettmuskel, Herz und Gehirn. Ligandenaktivierte Kanäle zeigen eine ähnliche Vielfalt. In Zukunft dürfte es möglich sein, Therapeutika zu entwerfen, die spezifisch auf einen bestimmten Kanalisotyp zielen. So könnte der Natriumkanalblocker Lidocain, der manchmal benutzt wird, um Herzarrhythmien in den Griff zu bekommen, der aber Nebenwirkungen im ZNS hat, durch eine Substanz ersetzt werden, die nur auf die Natriumkanäle des Herzens wirkt.

Man kann erwarten, daß unser Verständnis der Entwicklung und der Regeneration des Nervensystems im Zusammenhang mit Phänomenen wie Axonleitung, Synapsenbildung und -eliminierung, sowie Rezeptoraggregation auch mit den jetzt verfügbaren Werkzeugen erweitert werden kann. Obwohl auf zellulärer und molekularer Ebene viel darüber bekannt ist, wie Neuronen und Gliazellen entstehen, auswandern, Ausläufer aussenden und Verbindungen herstellen, gibt es immer noch viele offene Fragen. Hier können voraussichtlich biochemische Methoden neue Informationen liefern über solche Probleme wie die Mechanismen, mit denen trophische Substanzen die Lebensfähigkeit der Zelle beeinflussen, wie spezifische Moleküle die auswachsenden Nervenendigungen anziehen oder zurückweisen, und wie eine Substanz, die von einer Nervenendigung ausgeschüttet wird, eine Rezeptoraggregation verursachen kann. Obwohl die Aussicht, nach einer Schädigung Reparaturen im Zentralnervensystem durchzuführen, größer als früher ist, erscheint die Wiederherstellung der Funktion als fernes Ziel, für das Bahnen für die Wiederaufnahme der Verbindungen mit den passenden Zielen und die Bildung richtig abgestimmter Synapsen erforderlich sind.

Schwerer vorherzusagen sind die Methoden und die Lösung bedeutender Fragestellungen im Zusammenhang mit dem Verhalten von Neuronenaggregaten und neuronalen Schaltkreisen. Hier ist das Problem der Anzahlen erdrückend. Welche Rolle spielen z.B. die hunderttausend Parallelfasern, die eine einzige Purkinje-Zelle im Cerebellum kontaktieren? In diesem Zusammenhang sind frühere Arbeiten am visuellen System erwähnenswert: Hubel und Wiesel haben gezeigt, daß man sich nicht notwendigerweise von Zahlen einschüchtern lassen muß, wenn man nach den Prinzipien der zellulären Organisation sucht. Die besondere Faszination der Neurobiologie liegt in der Kombination spannender intellektueller Probleme mit der weitreichenden Hoffnung, Leiden und Qual, die durch Erkrankungen des Nervensystems verursacht werden, zu lindern.

Empfohlene Literatur

Adams, R. D. and Victor, M. 1989. *Principles of Neurology,* 4th Ed. McGraw-Hill, New York.

Damasio, H. and Damasio, A. R. 1989. *Lesion Analysis in Neurophysiology.* Oxford University Press, Oxford.

Freund, H.-J. 1991. What is the evidence for multiple motor areas in the human brain? *In* D. R. Humphrey and H.-J. Freund (eds.). *Motor Control: Concepts and Issues.* Wiley, New York.

Kandel, E. R., Schwartz, J. H. and Jessell, T. M. 1991. *Principles of Neural Science,* 3rd Ed. Elsevier, New York.

Young, R. R. and Delwaide, P. J. (eds.) 1992. *The Principles and Practice of Restorative Neurosurgery.* Butterworth-Heinemann, Guilford, England.

Anhang A

Stromfluß in elektrischen Schaltkreisen

Man benötigt nur wenige grundlegende Prinzipien, um die elektrischen Schaltkreise, um die es in diesem Buch geht, zu verstehen. Eine besonders klare und lebhafte Abhandlung findet sich in einem Buch von Rogers.[1] Für unsere Zwecke ist es ausreichend, die Eigenschaften einiger weniger Schaltkreiselemente zu beschreiben und zu erklären, wie sie arbeiten, wenn sie wie in Nervenschaltkreisen verbunden werden. Die Schwierigkeiten, die manchmal auftreten, wenn man zum ersten Mal mit Darstellungen von elektrischen Schaltkreisen konfrontiert wird, beruhen oft auf der anscheinend abstrakten Natur der beteiligten Kräfte und Bewegungen. Viele der Pioniere auf diesem Gebiet müssen mit ähnlichen Problemen konfrontiert gewesen sein, denn die Begriffe, die im letzten Jahrhundert eingeführt wurden, beziehen sich überwiegend auf Flüssigkeitsbewegungen. Begriffe wie «Strom», «Fluß», «Spannung», «Widerstand» und «Kapazität» können gleichermaßen auf Elektrizität und Hydraulik angewandt werden. Die Analogie zwischen beiden Systemen wird durch die Tatsache illustriert, daß komplexe hydraulische Probleme gelöst werden können, wenn man die Ergebnisse aus äquivalenten elektrischen Schaltkreisen verwendet.

Begriffe und Einheiten, die elektrische Stromkreise beschreiben

In Abb. 1 ist die Analogie zwischen einem einfachen elektrischen Schaltkreis und seinem hydraulischen Äquivalent dargestellt. Zuallererst ist eine Energiequelle erforderlich, um den Strom in Fluß zu halten. Im hydraulischen Kreis ist es eine Pumpe, im elektrischen Schaltkreis eine Batterie. Dann ist zu beachten, daß in einem solchen System weder Wasser noch Elektrizität neu entsteht oder verloren geht. Die Durchflußrate des Wassers an den Punkten a, b und c im hydraulischen Kreis ist gleich groß, denn zwischen diesen Punkten wird kein Wasser zu- oder abgeführt. Ebenso ist der elektrische Strom im äquivalenten Schaltkreis an den drei korrespondierenden Punkten gleich. In beiden Kreisen gibt es eine Reihe von *Widerständen* gegen den Stromfluß. Im hydraulischen Kreis werden solche Widerstände durch enge Röhren erzeugt; entsprechend haben dünnere Drähte einen höheren Widerstand gegen den elektrischen Stromfluß.

Die Einheit, in der die Durchflußrate angegeben wird, ist in gewissem Maße eine Frage der Wahl; man kann den Fluß von Wasser durch ein Rohr z.B. in Kubikmeter pro Minute messen, während in einer anderen Situation Milliliter pro Stunde besser paßt. Der elektrische Stromfluß oder die **Stromstärke** wird herkömmlicherweise in Coulomb/s oder **Ampere** (abgekürzt A) angegeben. Ein Coulomb entspricht der Ladung von $6{,}24 \times 10^{18}$ Elektronen. In elektrischen Schaltkreisen und Gleichungen wird Strom gewöhnlich durch I oder i symbolisiert. Wie der Wasserfluß ist der Stromfluß eine vektorielle Größe, was nichts anderes bedeutet, als daß er eine bestimmte Richtung hat. Die Richtung des Stroms wird oft, wie in Abb. 1, durch Pfeile gekennzeichnet, wobei stets angenommen wird, daß der Strom vom positiven zum negativen Pol der Batterie fließt.

Was bedeuten *positiv* und *negativ* in bezug auf den Stromfluß? Hier hilft die Analogie mit der Hydraulik nicht weiter. Man kommt weiter, wenn man einen Strom betrachtet, der durch eine chemische Lösung geschickt wird. Wenn z.B. zwei Kupferdrähte in eine Kupfersulfatlösung getaucht und mit dem positiven und dem negativen Pol einer Batterie verbunden werden, werden die Kupferionen in der Lösung von dem positiven Draht abgestoßen. Sie bewegen sich durch die Lösung und lagern sich am negativen Draht ab. Kurz gesagt, positive Ionen bewegen sich in die Richtung, die man herkömmlicherweise für den Strom angibt: vom positiven zum negativen Pol. Gleichzeitig bewegen sich die Sulfationen in die entgegengesetzte Richtung und lagern sich auf dem positiven Draht ab. Die Richtung des Stromes ist definitionsgemäß die Richtung, in der sich die positiven Ladungen in einem Schaltkreis bewegen; negative Ladungen bewegen sich in die entgegengesetzte Richtung. Studenten wird gewöhnlich erklärt, daß die Richtung eines Stroms in einem Draht der Richtung, in der sich die Elektronen bewegen, entgegengesetzt ist. Das ist zwar richtig, aber irrelevant.

Die hydraulische Analogie kann auch zur Erklärung der Energiequelle für den Stromfluß und der Bedeutung der elektrischen **Spannung** herangezogen werden. Die Bewegung der Flüssigkeit in Abb. 1 hängt von der Druckdifferenz ab, wobei die Flußrichtung immer von hohem zu niedrigem Druck verläuft. Zwischen zwei Teilen des Kreises mit demselben Druck tritt keine Nettobewegung auf. Der Gesamtdruck im Kreis wird durch den Energieaufwand zum Antrieb der Pumpe bestimmt. Im hier gezeigten elektrischen Schaltkreis liefert eine **Batterie**, in der chemische Energie gespeichert ist, den elektrischen «Druck» oder die **Potentialdifferenz** (**Spannung**). Hydraulischer Druck wird in N/m^2, elektrische Potentialdifferenz in **Volt** gemessen.

Die Symbole, die gewöhnlich in elektrischen Schaltbil-

1 Rogers, E. M. 1960. *Physics for the Enquiring Mind.* Princeton University Press, Princeton.

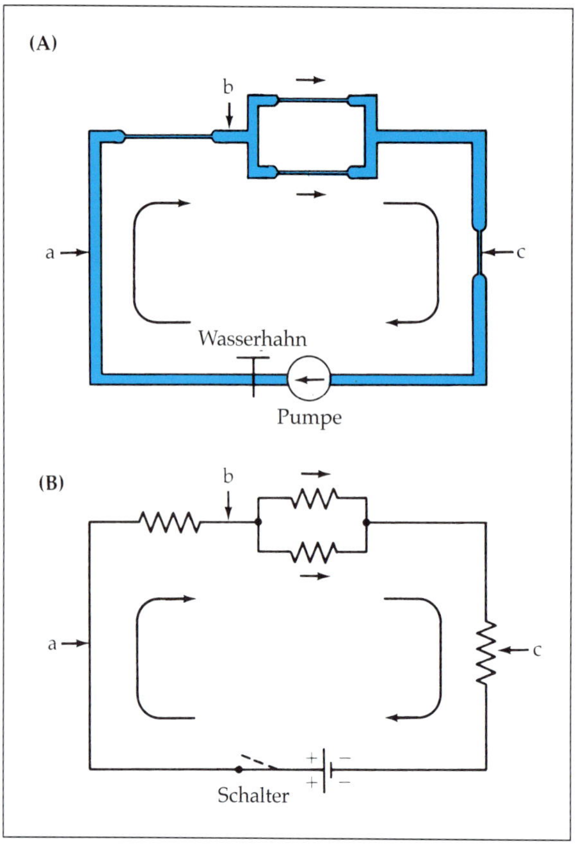

Abb. 1: **Hydraulische und elektrische Schaltkreise.** (A), (B). Analoge Schaltkreise für den Fluß von Wasser und elektrischem Strom. Eine Batterie ist einer Pumpe analog, die mit konstantem Druck arbeitet, der Schalter dem Wasserhahn und die Widerstände den Verengungen in den Röhren.

dern benutzt werden, und die Anordnung von Elementen in Serien- und Parallelschaltungen sind in Abb. 2 dargestellt. Wie der Name schon sagt, mißt ein **Voltmeter** Spannung und entspricht einem Druckmesser in hydraulischen Systemen; ein **Amperemeter** mißt den Strom, der in einem Schaltkreis fließt, es entspricht einem Durchflußmesser.

Ohmsches Gesetz und elektrischer Widerstand

In hydraulischen Systemen nimmt die Flüssigkeitsmenge, die durch das System fließt, zumindest unter Idealbedingungen mit steigendem Druck zu. Der Faktor, der die Beziehung zwischen Druck und Flußrate bestimmt, ist ein inhärentes Merkmal der Rohre, ihr **Widerstand.** Lange Röhren mit kleinem Durchmesser haben einen größeren Widerstand als kurze Röhren mit großem Durchmesser. Genauso hängt der Stromfluß in elektrischen Schaltkreisen vom Widerstand im Schaltkreis ab. Wiederum haben dünne, lange Drähte einen größeren Widerstand als dicke, kurze Drähte. Wenn Strom durch eine Ionenlösung geschickt wird, steigt der Widerstand mit zunehmender Verdünnung der Lösung, denn dann stehen immer weniger Ionen zu Verfügung, die den Strom tragen können. In elektrischen Leitern, wie Drähten, wird die Beziehung zwischen Strom und Spannung durch das Ohmsche Gesetz beschrieben, das Ohm in den zwanziger Jahren des 19. Jahrhunderts formulierte. Das Gesetz besagt, daß der Strom (I), der in einem Leiter fließt, proportional zu der angelegten Potentialdifferenz (V) ist, $I = V/R$. Die Konstante R ist der Widerstand des Drahtes. Wenn I in Ampere und V in Volt angegeben wird, hat R die Einheit **Ohm** (Ω). Der Kehrwert des Widerstandes ist ein Maß für die Leichtigkeit, mit der Strom durch einen Leiter fließt und wird **Leitfähigkeit** genannt. Für die Leitfähigkeit gilt $g = 1/R$; ihre Einheit ist **Siemens** (S). Daher kann man das Ohmsche Gesetz auch als $I = gV$ schreiben.

Der Nutzen des Ohmschen Gesetzes beim Verstehen von Stromkreisen

Das Ohmsche Gesetz gilt immer dann, wenn die Stromkurve, gegen die Spannung aufgetragen, eine Gerade bildet, d.h. wenn die Strom-Spannungs-Beziehung linear ist. In jedem Schaltkreis oder Teilschaltkreis, für den das zutrifft, kann man die dritte Variable in der Gleichung berechnen, wenn die beiden anderen bekannt sind, z.B.

1. Wir können einen Strom bekannter Stärke durch eine Nervenmembran schicken, die Veränderung des Membranpotentials messen und dann den Membranwiderstand berechnen ($R = V/I$).
2. Wenn wir die Potentialdifferenz messen, die durch einen Strom unbekannter Stärke hervorgerufen wird, und den Membranwiderstand kennen, können wir die Stromstärke bestimmen ($I = V/R$)
3. Wenn wir einen Strom bekannter Stärke durch die Membran schicken und ihren Widerstand kennen, können wir die Veränderung des Membranpotentials berechnen ($V = IR$).

Zwei zusätzliche einfache, aber wichtige Regeln (die Kirchhoffschen Gesetze) sollen ebenfalls erwähnt werden:

1. Die algebraische Summe aller Ströme in einem Stromverzweigungspunkt (Knoten) ist Null. Beispielsweise ist in Punkt a in Abb. 4 $I_{gesamt} + I_{R1} + I_{R3} = 0$, was bedeutet, daß I_{gesamt} (ankommend) = $-I_{R1} - I_{R3}$ (abfließend) ist. (Das besagt nichts anderes, als daß im Knoten weder Ladung geschaffen noch zerstört wird.)
2. Die algebraische Summe aller Batteriespannungen ist gleich der algebraischen Summe aller Spannungsabfälle (I_iR_i) in einem geschlossenen Leiterkreis. Ein Beispiel dafür ist in Abb. 3 B gezeigt: $V = IR_1 + IR_2$. (Das besagt nichts anderes, als daß die Energie erhalten bleibt.)

Nun können wir die Stromkreise in Abb. 3 und 4, die wir brauchen, um ein Membranmodell zu konstruieren, genauer untersuchen. Abb. 3 A zeigt eine 10 V-Batterie (V), verbunden mit einem Widerstand (R) von 10 Ω. Mit dem Schalter S kann der Strom ein- und ausgeschaltet werden. Die Spannung an R beträgt 10 V, die Stromstärke I, die vom Amperemeter gemessen wird, ist nach dem Ohmschen Gesetz 1,0 A. In Abb. 3 B ist der Widerstand R durch zwei Widerstände, R_1 und R_2 **in Serie** ersetzt worden. Nach dem ersten Kirchhoffschen Gesetz muß der Strom, der in den Punkt b fließt, gleich dem sein, der von b wegfließt. Daher muß derselbe Strom I durch beide Widerstände fließen. Nach dem zweiten Kirchhoffschen

Abb. 2: **Elektrische Schaltungssymbole**

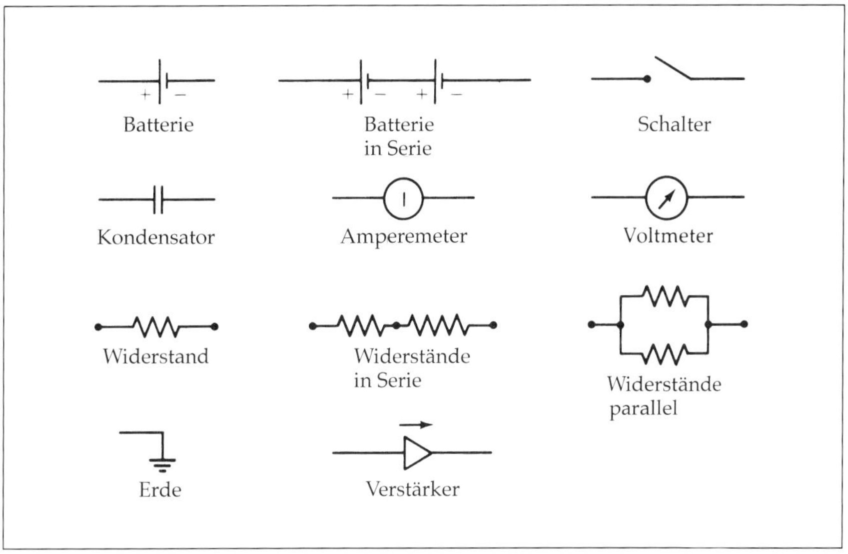

Gesetz ist $IR_1 + IR_2 = V$ (10 V). Daraus folgt, daß der Strom $I = V/(R_1 + R_2) = 0{,}5$ A ist. Die Spannung zwischen b und c beträgt 5 V, b positiv gegenüber c, die Spannung zwischen a und b beträgt 5 V, a positiv gegenüber b. Weil es nur einem Weg für den Strom gibt, ist der Gesamtwiderstand R_{gesamt}, von der Batterie aus gesehen, einfach die Summe der beiden Widerstände, d.h. $R_{gesamt} = R_1 + R_2$.

Was passiert, wenn wir, wie in Abb. 4 gezeigt, einen zweiten Widerstand von ebenfalls 10 Ω zufügen, aber diesmal nicht in Serie, sondern **parallel**? Die beiden Widerstände R_1 und R_3 liefern im Schaltkreis zwei getrennte Wege für den Strom. An beiden liegt eine Spannung V von 10 V an, so daß die beiden Stromstärken

$$I_{R1} = V/R_1 = 1 \text{ A}$$
$$I_{R3} = V/R_3 = 1 \text{ A}$$

sind. Um dem ersten Kirchhoffschen Gesetz zu genügen, müssen 2 A an Punkt a ankommen und 2 A von b wegfließen. Das Amperemeter wird daher 2 A anzeigen. Jetzt ist der aus R_1 und R_3 zusammengesetzte Widerstand gleich $R_{gesamt} = V/I = 10 \text{ V}/2 \text{ A} = 5$ Ω, d.h. halb so groß wie jeder einzelne Widerstand. Das macht Sinn, wenn man an das hydraulische Analogon denkt: Zwei parallele Rohre setzen dem Fluß weniger Widerstand entgegen als ein Rohr allein. Im elektrischen Schaltkreis addieren sich die Leitfähigkeiten: $g_{gesamt} = g_1 + g_3$, oder $1/R_{gesamt} = 1/R_1 + 1/R_3$.

Wenn wir nun auf eine beliebige Anzahl (n) von Widerständen verallgemeinern, addieren sich Widerstände in Serie einfach zu

$$R_{gesamt} = R_1 + R_2 + R_3 + \ldots + R_n$$

und für parallelgeschaltete Widerstände gilt:

$$1/R_{gesamt} = 1/R_1 + 1/R_2 + 1/R_3 + \ldots + 1/R_n$$

Anwendung der Schaltkreisanalyse auf das Membranmodell

Abb. 5 A zeigt einen Stromkreis ähnlich dem, den man dazu benutzt, Nervenmembranen darzustellen. Man beachte, daß die beiden Batterien den Strom in dieselbe Richtung treiben und die Widerstände R_1 und R_2 in Serie liegen. Wie groß ist die Potentialdifferenz zwischen den Punkten b und d (die die Außen- und die Innenseite der Membran repräsentieren)? Die Gesamtspannung über den beiden Widerständen zwischen a und c ist 150 mV, wobei a gegenüber c positiv ist. Daher ist der Strom, der zwischen a und c durch die Widerstände fließt, 150 mV/100.000 Ω = 1,5 μA. Wenn 1,5 μA durch 10.000 Ω fließen, wie zwischen a und b, ruft das einen Spannungsabfall von 15 mV hervor, wobei a in bezug auf b positiv ist. Die Potentialdifferenz zwischen außen und innen beträgt daher 100 mV − 15 mV = 85 mV. Wir können dasselbe Ergebnis erhalten, wenn wir den Spannungsabfall über R_2 (1,5 μA × 90.000 Ω = 135 mV) betrachten und ihn zu V_2 addieren (135 mV − 50 mV = 85 mV). Das *muß* so sein, da die Spannung zwischen b und d nur einen einzigen Wert haben kann.

In Abb. 5 B sind R_1 und R_2 ausgetauscht worden. Da der Gesamtwiderstand im Stromkreis derselbe ist, muß auch der Strom derselbe sein, nämlich 1,5 μA. Nun beträgt der Spannungsabfall über R_2, zwischen a und b, 90.000 Ω × 1,5 μA = 135 mV, wobei a gegenüber b positiv ist. Die Spannung über der Membran ist jetzt 100 mV − 135 mV = −35 mV (Außenseite negativ!). Dasselbe Ergebnis erhält man natürlich auch aus dem Strom durch R_1. Dieser einfache Schaltkreis illustriert einen wichtigen Punkt der Membranphysiologie: *Die Spannung über einer Membran kann sich infolge von Widerstandsänderungen verändern, während die Batterien unverändert bleiben.* Als allgemeinen Ausdruck für das Membranpotential im Stromkreis in Abb. 5 A erhält man:

$$V_m = V_1 - IR_1$$

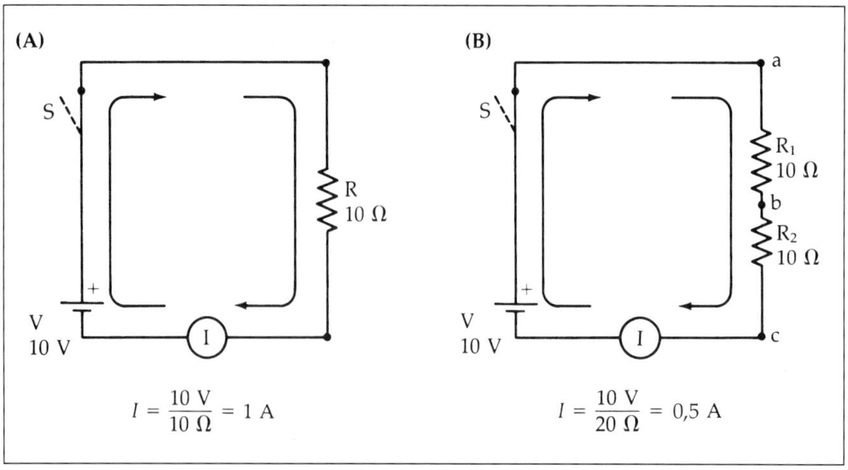

Abb. 3: **Das Ohmsche Gesetz**, auf einfache Schaltkreise angewandt.(A) Strom $I = 10\,V/10\,\Omega = 1\,A$. (B) Strom $I = 10\,V/20\,\Omega = 0{,}5\,A$. Die Spannung über jedem Widerstand ist 5 V.

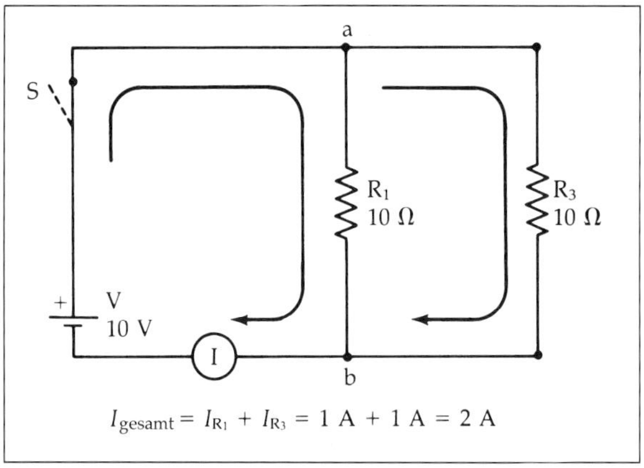

Abb. 4: **Parallelgeschaltete Widerstände**. Wenn R_1 und R_3 parallelgeschaltet sind, beträgt der Spannungsabfall über jedem Widerstand 10 V und der Gesamtstrom 2 A.

Da $I = (V_1 + V_2)/(R_1 + R_2)$ ist, gilt:

$$V_m = V_1 - \frac{(V_1 + V_2)R_1}{R_1 + R_2}$$

und nach Umformen:

$$V_m = \frac{V_1R_2/R_1 - V_2}{1 + R_2/R_1}$$

Elektrische Kapazität und Zeitkonstante

In den Schaltkreisen in Abb. 3 und 4 ruft das Öffnen oder Schließen des Schalters sofortige und simultane Strom- und Spannungsänderungen hervor. Mit Kondensatoren wird ein Zeitelement in die Betrachtung des Stromflusses eingeführt. Sie akkumulieren und speichern elektrische Ladung, und wenn sie in einem Stromkreis liegen, geschehen Strom- und Spannungsänderungen nicht mehr gleichzeitig. Ein Kondensator besteht aus zwei leitenden Platten (gewöhnlich aus Metall), die durch einen Isolator (Luft, Glimmer, Öl oder Plastik) getrennt sind. Wenn zwischen beiden Platten eine Spannung angelegt wird (Abb. 6 A), kommt es momentan zu einer Ladungsverlagerung von einer Platte zur anderen durch den äußeren Stromkreis. Sobald der Kondensator voll aufgeladen ist, fließt kein weiterer Strom, da kein Strom durch den Isolator fließen kann. Die **Kapazität** (C) eines Kondensators ist dadurch definiert, wieviel Ladung (Q) er pro angelegtem Volt Spannung speichern kann:

$$C = Q/V$$

Die Einheit der Kapazität ist Coulomb/Volt oder **Farad** (F). Je größer die Platten eines Kondensators sind und je näher sie beisammenliegen, desto größer ist seine Kapazität. Ein 1-Farad-Kondensator ist sehr groß. Gewöhnlich liegen die Kapazitäten im Bereich von Mikrofarad (µF) oder darunter.

Wenn der Schalter in Abb. 6 A geschlossen wird, findet eine sofortige Ladungstrennung an den Platten statt. Die Ladungsmenge, die im Kondensator gespeichert ist, ist seiner Kapazität und der Größe der angelegten Spannung (V_A) proportional. Wenn der Schalter geöffnet wird, wie in B, bleibt die Ladung auf dem Kondensator und ebenso die Spannung ($V = V_A$) zwischen den Platten erhalten. (Man kann manchmal einen überraschenden Stromschlag von einem elektronischen Gerät erhalten, nachdem es bereits ausgeschaltet ist, weil einige Kondensatoren im Stromkreis noch geladen sein können.) Der Kondensator läßt sich durch Kurzschließen mit einem zweiten Schalter entladen, wie in Abb. 6 C. Wiederum ist der Stromfluß momentan; Ladung und Spannung des Kondensators gehen auf Null zurück. Wenn der Kondensator statt dessen über einen Widerstand entladen wird (R; Abb. 6 D), verläuft die Entladung nicht länger instantan, da der Widerstand den Stromfluß begrenzt. Wenn die Spannung am Kondensator V ist, dann ist der maximale Strom nach dem Ohmschen Gesetz $I = V/R$. Ohne Widerstand im Stromkreis wird der Strom unendlich groß, und der Kondensator wird innerhalb eines infinitesimal kurzen Zeitraums entladen. Wenn R hingegen sehr groß ist, benötigt der Entladungsvorgang sehr viel Zeit. Die Größe der Entladungsrate zu einem

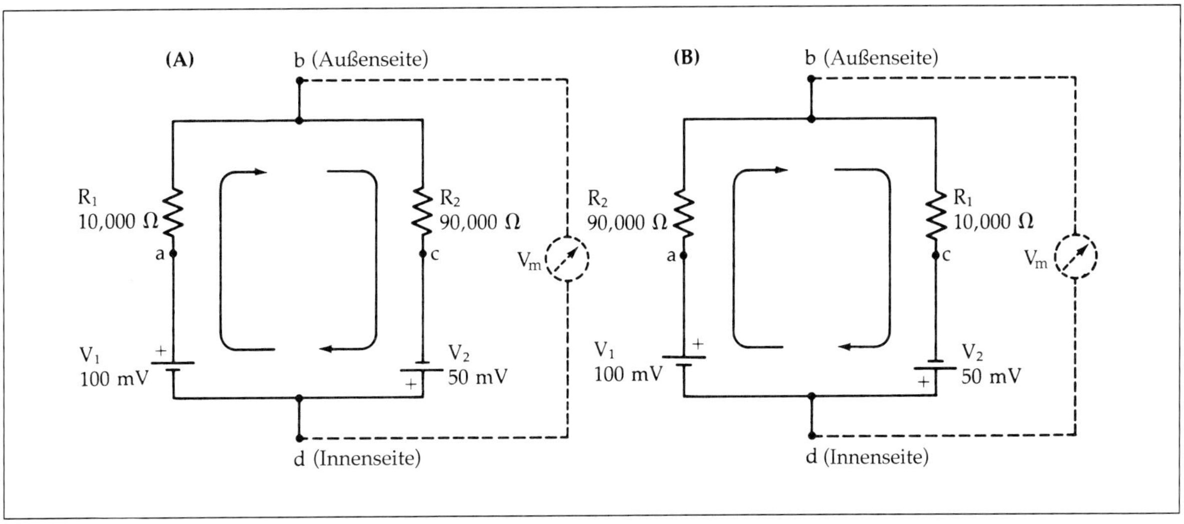

Abb. 5: **Ersatzschaltbilder für Nervenmembranen**. Die Widerstände R_1 und R_2 sind in (A) und (B) vertauscht; ansonsten sind die Schaltkreise gleich. Die Batterien V_1 und V_2 liegen in Serie. In (A) ist b (die «Außenseite» der Membran) um 85 mV positiver als d (die «Innenseite»), in (B) ist b um 35 mV negativer als d (s. Text). Diese Schaltkreise zeigen, wie Veränderungen der Widerstände zu Änderungen des Membranpotentials führen können, obwohl die Batterien (die die ionalen Gleichgewichtspotentiale repräsentieren) konstant bleiben.

beliebigen Zeitpunkt, dQ/dt, ist gleich der Stromstärke. Mit anderen Worten: $dQ/dt = -V/R$ (negativ, weil die Ladung mit der Zeit abnimmt), wobei V anfänglich gleich der Batteriespannung V_A ist und mit der Entladung des Kondensators abnimmt. Da $Q = CV$ ist, ist $dQ/dt = CdV/dt$, und wir können daher schreiben

$$CdV/dt = -V/R \text{ oder}$$

$$dV/dt = -V/RC$$

Die Gleichung besagt, daß die Geschwindigkeit, mit der der Kondensator an Spannung verliert, proportional zur verbliebenen Spannung ist. Mit abnehmender Spannung nimmt daher auch die Entladungsgeschwindigkeit ab. Die Proportionalitätskonstante $1/RC$ ist die **Geschwindigkeitskonstante** dieses Prozesses: RC ist die **Zeitkonstante.** Derartige Vorgänge gibt es in der Natur an vielen Stellen. Beispielweise nimmt die Geschwindigkeit, mit der Wasser aus einer Badewanne abläuft, ab, wenn der Wasserspiegel und damit der Druck sinkt. Man beschreibt den Entladungsprozeß durch eine Exponentialfunktion:

$$V = V_0 e^{-t/\tau}$$

wobei V_0 die Ladung des Kondensators zum Zeitpunkt $t = 0$ und τ die Zeitkonstante $\tau = RC$ ist. Wenn der Kondensator über einen Widerstand geladen wird, wie in

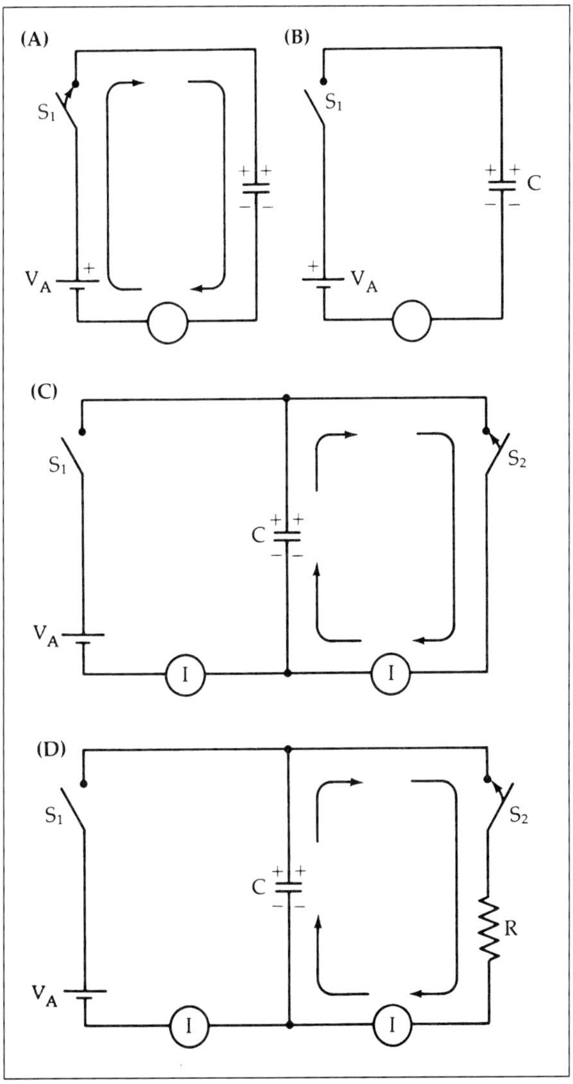

Abb. 6: **Kondensatoren** in elektrischen Schaltkreisen. (A), (B) und (C) ▷ sind idealisierte Schaltkreise ohne Widerstand. Wenn der Schalter S_1 in (A) geschlossen wird, wird der Kondensator momentan auf die Spannung V_A aufgeladen. Wenn S_1 dann geöffnet wird (B), bleibt die Spannung am Kondensator bestehen. Wird S_2 in (C) geschlossen, so wird der Kondensator augenblicklich entladen. In (D) wird der Kondensator über den Widerstand R entladen. Der maximale Entladungsstrom ist $I = V_A/R$.

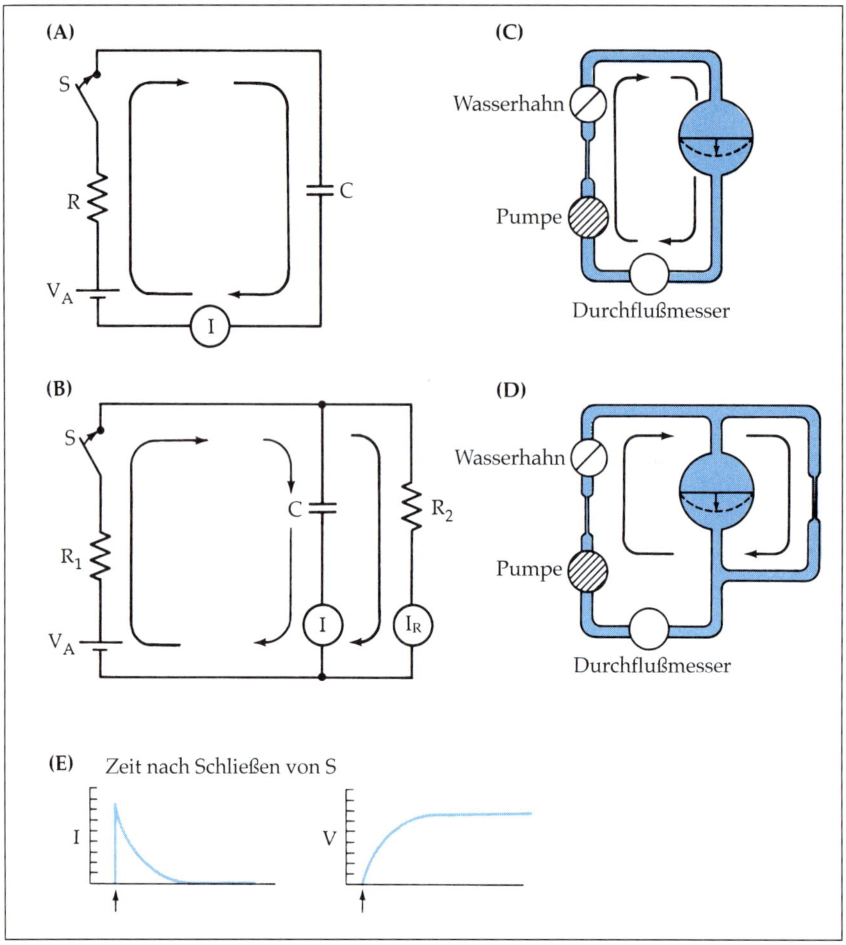

Abb. 7: **Laden eines Kondensators.** In (A) wird die Ladegeschwindigkeit des Kondensators vom Widerstand R begrenzt, wobei die Anfangsladegeschwindigkeit $I = V_A/R$ ist. In (B) hängt die Ladegeschwindigkeit von beiden Widerständen im Stromkreis ab. Der kapazitive Strom und die Spannung über dem Kondensator sind in (E) als Funktion der Zeit aufgetragen. Die Spannung erreicht ihren Endwert erst, wenn der Kondensator voll aufgeladen ist ($I_C = 0$). (C) und (D) sind hydraulische Analoga der Stromkreise in (A) und (B).

Abb. 7, benötigt der Ladevorgang ebenfalls eine endliche Zeit. Die Spannung zwischen den Platten nimmt mit der Zeit zu, bis die Batteriespannung erreicht ist und kein weiterer Strom fließt. Der Ladevorgang folgt nun einer ansteigenden Exponentialfunktion mit der Zeitkonstanten $\tau = RC$:

$$V = V_A(1 - e^{-t/\tau})$$

Diese Beispiele verdeutlichen eine weitere Eigenschaft von Kondensatoren. Strom fließt in einen bzw. aus einem Kondensator nur dann, wenn sich die Spannung über dem Kondensator ändert:

$$I_C = dQ/dt = CdV/dt$$

Wenn die Spannung am Kondensator konstant ist ($dV/dt = 0$), ist der kapazitive Strom I_c Null. Mit anderen Worten: Der Kondensator hat bei konstanter Spannung einen «unendlich hohen Widerstand» und einen «niedrigen Widerstand» bei schnellen Spannungsänderungen. Abb. 7 B zeigt einen Stromkreis, in dem Strom durch einen Widerstand und einen Kondensator in Parallelschaltung fließt, und Abb. 7 E den Zeitverlauf von kapazitivem Strom und Spannung.

Die Eigenschaften eines Kondensators in einem Schaltkreis lassen sich durch das etwas komplexere hydraulische Analogon in Abb. 7 C illustrieren. Der Kondensator wird durch ein elastisches Diaphragma, eine Trennwand in einer flüssigkeitsgefüllten Kammer, dargestellt. Wenn der Hahn geöffnet wird, ruft der Druck, der von der Pumpe erzeugt wird, einen Flüssigkeitsstrom in die Kammer hervor und beult das Diaphragma aus, bis es aufgrund seiner Elastizität einen gleichgroßen Gegendruck ausübt. Dann hört der Flüssigkeitsstrom auf, und die Kammer ist vollständig aufgefüllt. Wenn man wie in Abb. 7 D ein Rohr parallelschaltet, fließt ein Teil der Flüssigkeit durch das Rohr und ein anderer dehnt das Diaphragma. Wenn das Rohr einen hohen Widerstand aufweist, ist die Druckdifferenz zwischen seinen beiden Enden bei gegebenen Flüssigkeitsstrom größer als bei einem Rohr mit niedrigem Widerstand. In diesem Fall ist die Ausdehnung des Diaphragmas größer, und ihre Ausbildung benötigt mehr Zeit. Das gleiche gilt, wenn das Fassungsvermögen (die Kapazität) der Kammer größer ist; dann wird mehr Flüssigkeit während des Füllungs- (oder «Ladungs-»)-vorgangs umgelenkt, und das System benötigt länger, um einen Gleichgewichtszustand zu erreichen. Die charakteristische Zeitkonstante des Systems

Abb. 8: **Parallel- (A) und in Serie (B) geschaltete Kondensatoren.**

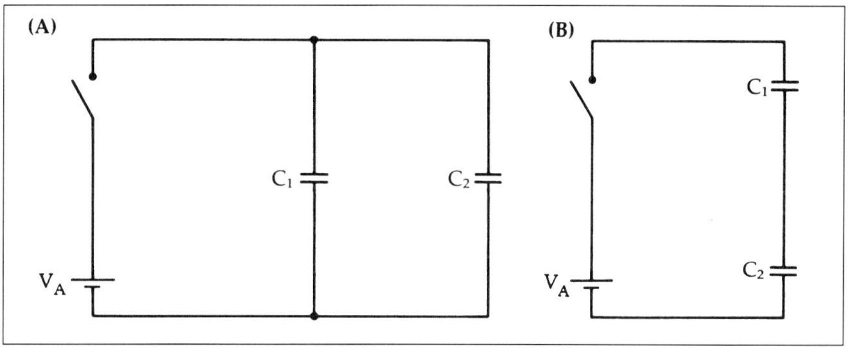

wird also durch das Produkt von Widerstand und Kapazität bestimmt.
Wenn Kondensatoren parallel angeordnet sind, wie in Abb. 8 A, nimmt die Gesamtkapazität zu. Die gespeicherte Gesamtladung ist gleich der Summe der in jedem Kondensator gespeicherten Ladung: $Q_1 + Q_2 = C_1V_A + C_2V_A$, oder $Q_{gesamt} = C_{gesamt}V_A$, wobei $C_{gesamt} = C_1 + C_2$ ist. Im Gegensatz dazu nimmt die Kapazität ab (!), wenn Kondensatoren in Serie geschaltet werden (Abb. 8 B). Die Beziehung ist dieselbe wie für parallelgeschaltete Widerstände: der Kehrwert der Gesamtkapazität ist gleich der Summe der Kehrwerte der einzelnen Kapazitäten. Zusammenfassend kann man sagen, daß für eine Anzahl (n) parallelgeschalteter Kondensatoren gilt:

$$C_{gesamt} = C_1 + C_2 + C_3 + \ldots + C_n$$

Bei in Serie geschalteten Kondensatoren:

$$1/C_{gesamt} = 1/C_1 + 1/C_2 + 1/C_3 + \ldots + 1/C_n$$

Anhang B

Stoffwechselbahnen für die Synthese und Inaktivierung von Transmittern mit niedrigem Molekulargewicht

Die Schemata auf den folgenden Seiten fassen die vorherrschenden metabolischen Wege für die niedermolekularen Transmitter Acetylcholin, GABA, Dopamin, Noradrenalin, Adrenalin, 5-HT und Histamin zusammen. Glutamat, Glycin und ATP sind nicht berücksichtigt. Es scheint keine speziellen neuronalen Wege für ihre Synthese oder ihren Abbau zu geben. Bei jedem Stoffwechselschritt ist der Teil des Moleküls, der modifiziert wird, farbig gekennzeichnet. Weitere Informationen findet man in verschiedenen Lehrbüchern.

Gilman, A.G., Rall, T.W., Nies, A.S. und Taylor, P. (Hrsg.), 1990. Goodman and Gilman's The Pharmacological Basis of Therapeutics, 8. Auflage, Pergamon Press, New York.
Siegel, G., Agranoff, B., Albers, R.W. und Molinoff, P. (Hrsg.), 1989. Basic Neurochemistry, 4. Auflage, Raven Press, New York.
Stryer, L., 1988. Biochemistry. 3. Auflage, W.H. Freeman, New York.

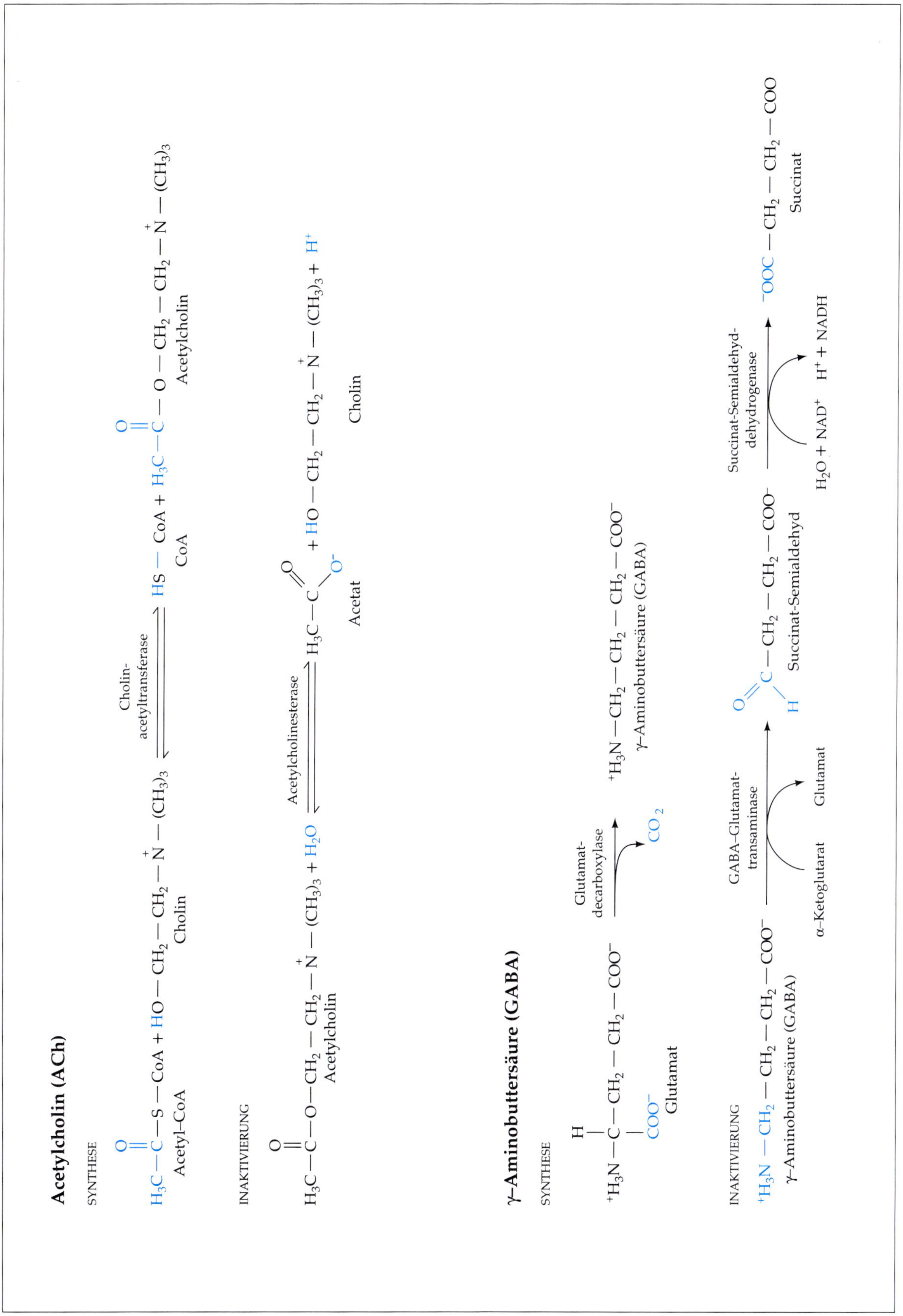
Acetylcholin (ACh)
SYNTHESE
Acetyl-CoA
Cholin
Cholin-acetyltransferase
CoA
Acetylcholin
INAKTIVIERUNG
Acetylcholin
Acetylcholinesterase
Acetat
Cholin
γ-Aminobuttersäure (GABA)
SYNTHESE
Glutamat
Glutamat-decarboxylase
γ-Aminobuttersäure (GABA)
INAKTIVIERUNG
γ-Aminobuttersäure (GABA)
GABA-Glutamat-transaminase
α-Ketoglutarat
Glutamat
Succinat-Semialdehyd
Succinat-Semialdehyd-dehydrogenase
Succinat

Catecholamine: Dopamin

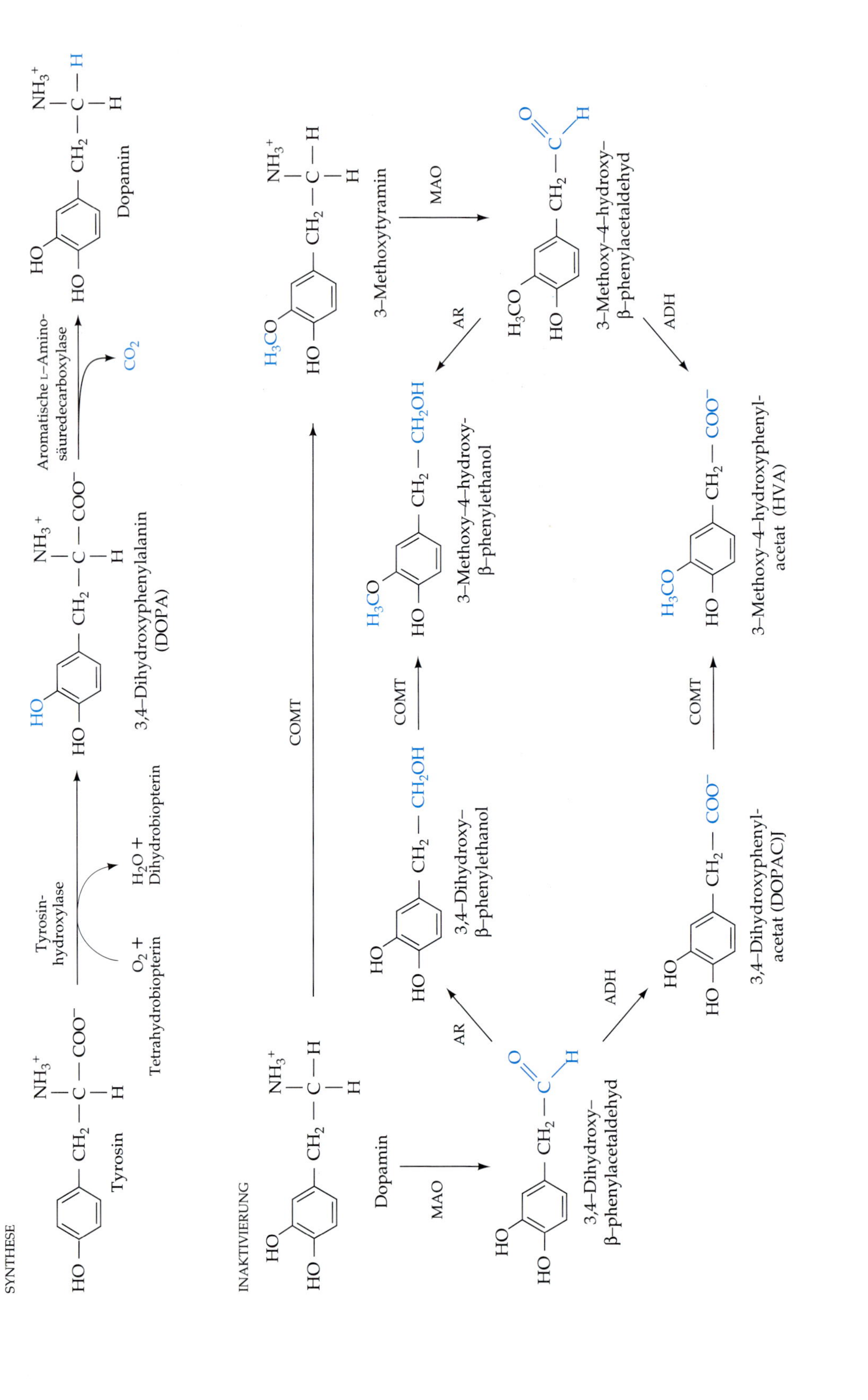
SYNTHESE
Tyrosin
Tyrosin-hydroxylase
O2 + Tetrahydrobiopterin
H2O + Dihydrobiopterin
3,4-Dihydroxyphenylalanin (DOPA)
Aromatische L-Amino-säuredecarboxylase
CO2
Dopamin
INAKTIVIERUNG
Dopamin
COMT
3-Methoxytyramin
MAO
MAO
3,4-Dihydroxy-β-phenylacetaldehyd
3-Methoxy-4-hydroxy-β-phenylacetaldehyd
AR
ADH
AR
ADH
3,4-Dihydroxy-β-phenylethanol
COMT
3-Methoxy-4-hydroxy-β-phenylethanol
3,4-Dihydroxyphenyl-acetat (DOPAC)]
COMT
3-Methoxy-4-hydroxyphenyl-acetat (HVA)

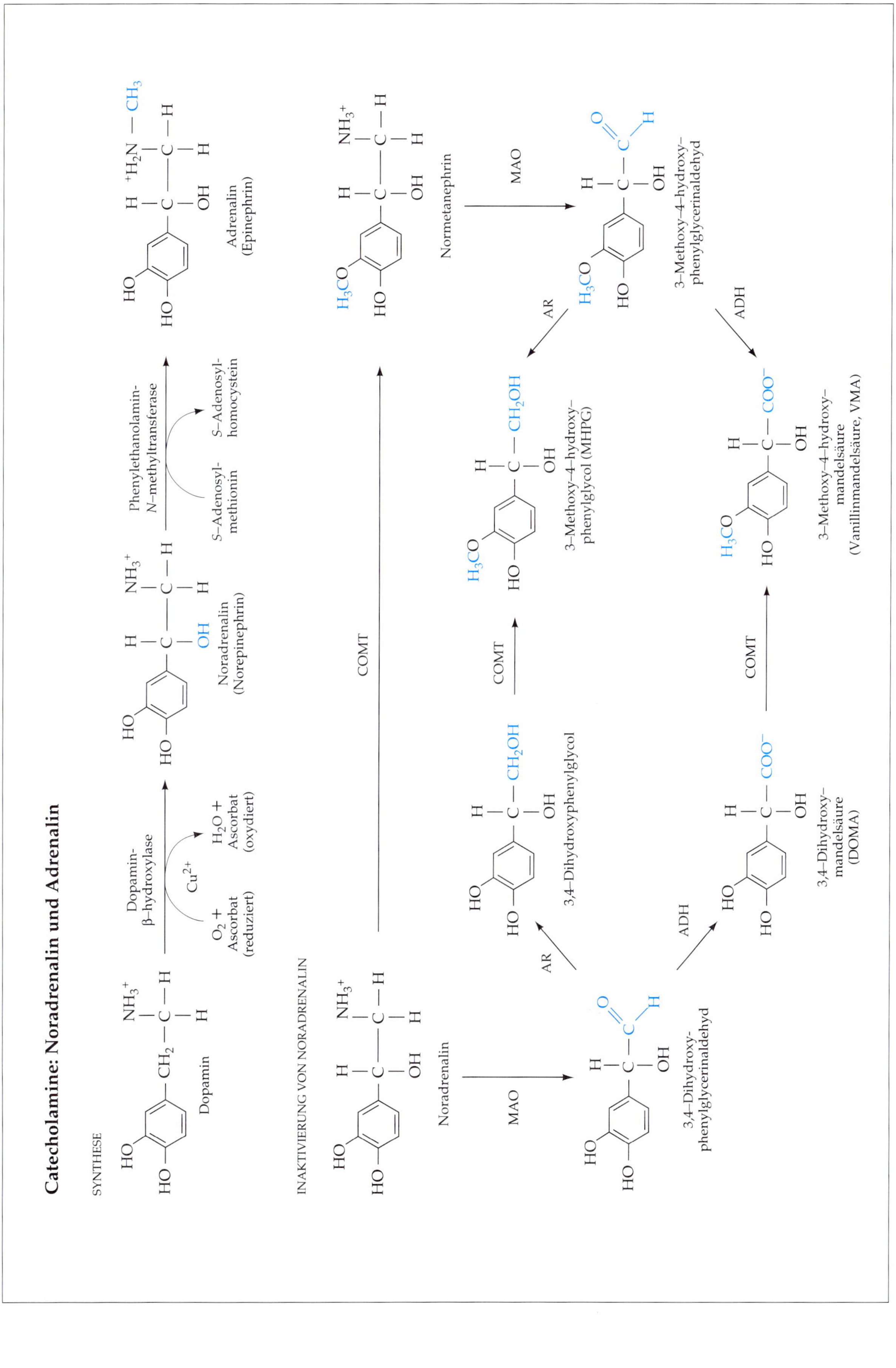
Catecholamine: Noradrenalin und Adrenalin
SYNTHESE
Dopamin
Dopamin-
β-hydroxylase
Cu2+
O2 +
Ascorbat
(reduziert)
H2O +
Ascorbat
(oxydiert)
Noradrenalin
(Norepinephrin)
Phenylethanolamin-
N-methyltransferase
S-Adenosyl-
methionin
S-Adenosyl-
homocystein
Adrenalin
(Epinephrin)
INAKTIVIERUNG VON NORADRENALIN
Noradrenalin
COMT
Normetanephrin
MAO
3,4-Dihydroxy-
phenylglycerinaldehyd
AR
ADH
3,4-Dihydroxyphenylglycol
3,4-Dihydroxy-
mandelsäure
(DOMA)
3-Methoxy-4-hydroxy-
phenylglycol (MHPG)
3-Methoxy-4-hydroxy-
mandelsäure
(Vanillinmandelsäure, VMA)
3-Methoxy-4-hydroxy-
phenylglycerinaldehyd

5-Hydroxytryptamin (5-HT; Serotonin)

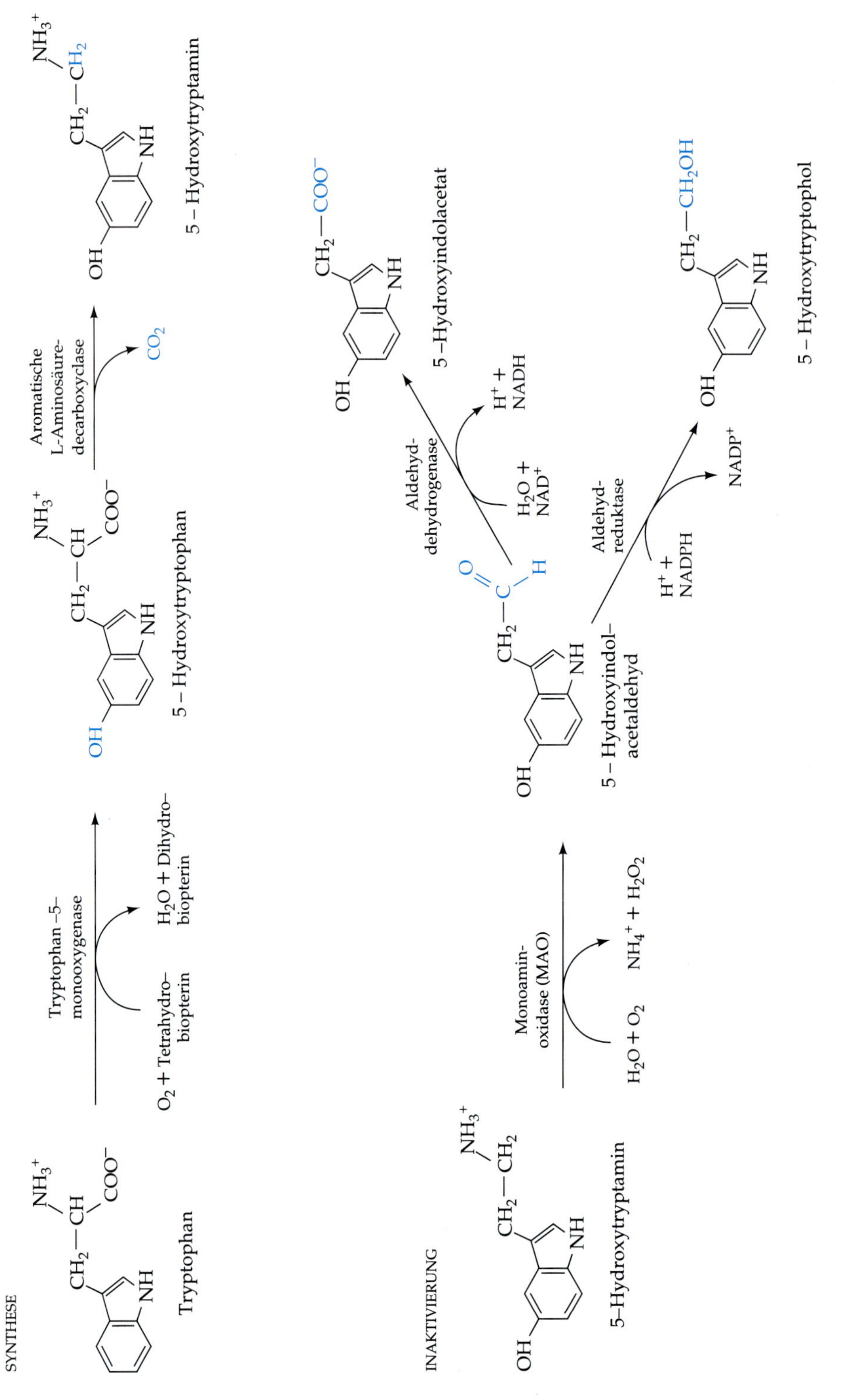
SYNTHESE
Tryptophan
Tryptophan-5-monooxygenase
O2 + Tetrahydrobiopterin
H2O + Dihydrobiopterin
5-Hydroxytryptophan
Aromatische L-Aminosäure-decarboxylase
CO2
5-Hydroxytryptamin
INAKTIVIERUNG
5-Hydroxytryptamin
Monoamin-oxidase (MAO)
H2O + O2
NH4+ + H2O2
5-Hydroxyindol-acetaldehyd
Aldehyd-dehydrogenase
H2O + NAD+
H+ + NADH
5-Hydroxyindolacetat
Aldehyd-reduktase
H+ + NADPH
NADP+
5-Hydroxytryptophol

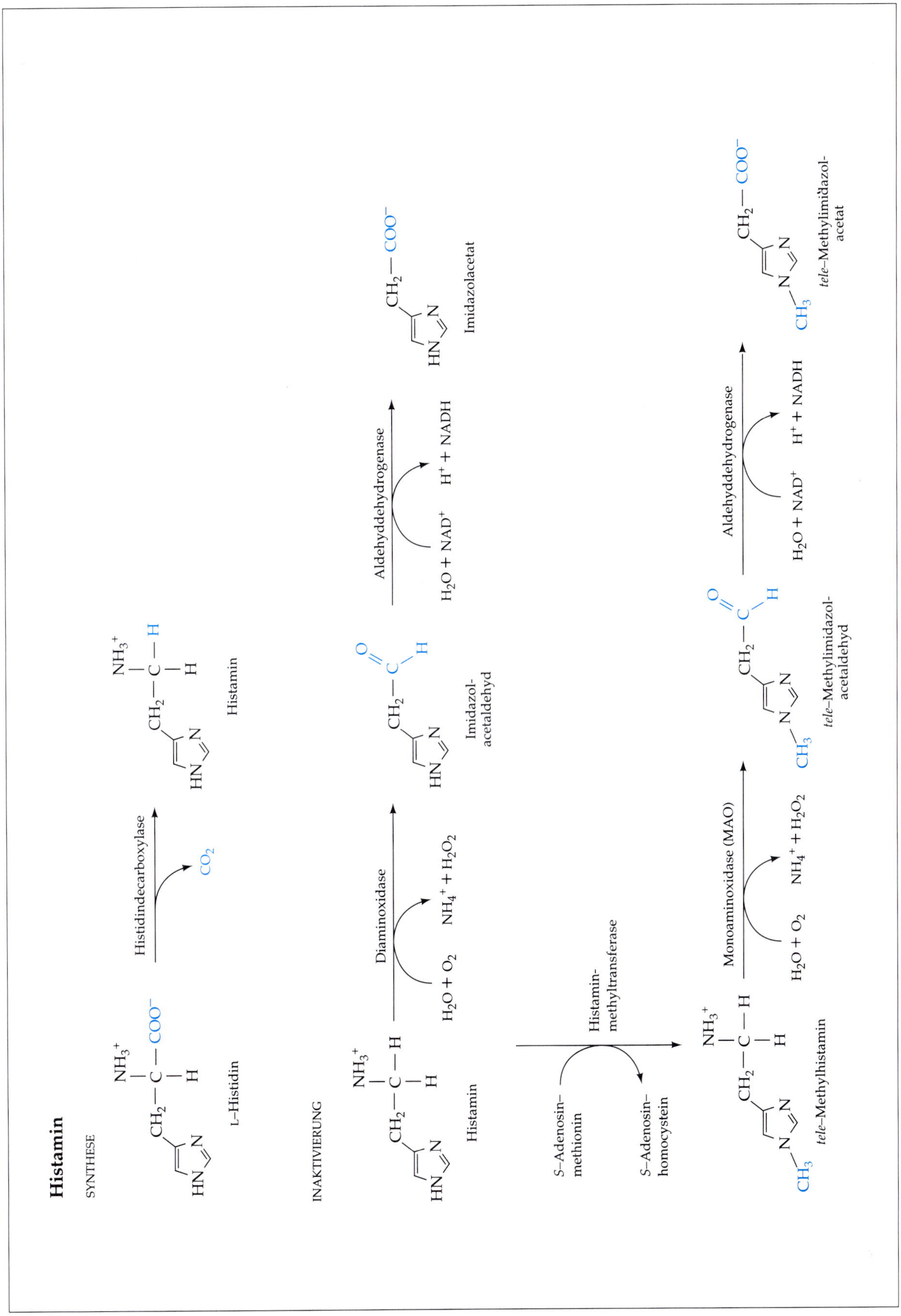
Histamin
SYNTHESE
L-Histidin
Histidindecarboxylase
CO_2
Histamin
INAKTIVIERUNG
Histamin
Diaminoxidase
$H_2O + O_2$
$NH_4^+ + H_2O_2$
Imidazol-acetaldehyd
Aldehyddehydrogenase
$H_2O + NAD^+$
$H^+ + NADH$
Imidazolacetat
S-Adenosin-methionin
Histamin-methyltransferase
S-Adenosin-homocystein
tele-Methylhistamin
Monoaminoxidase (MAO)
$H_2O + O_2$
$NH_4^+ + H_2O_2$
tele-Methylimidazol-acetaldehyd
Aldehyddehydrogenase
$H_2O + NAD^+$
$H^+ + NADH$
tele-Methylimidazol-acetat

Inaktivierung biogener Amine

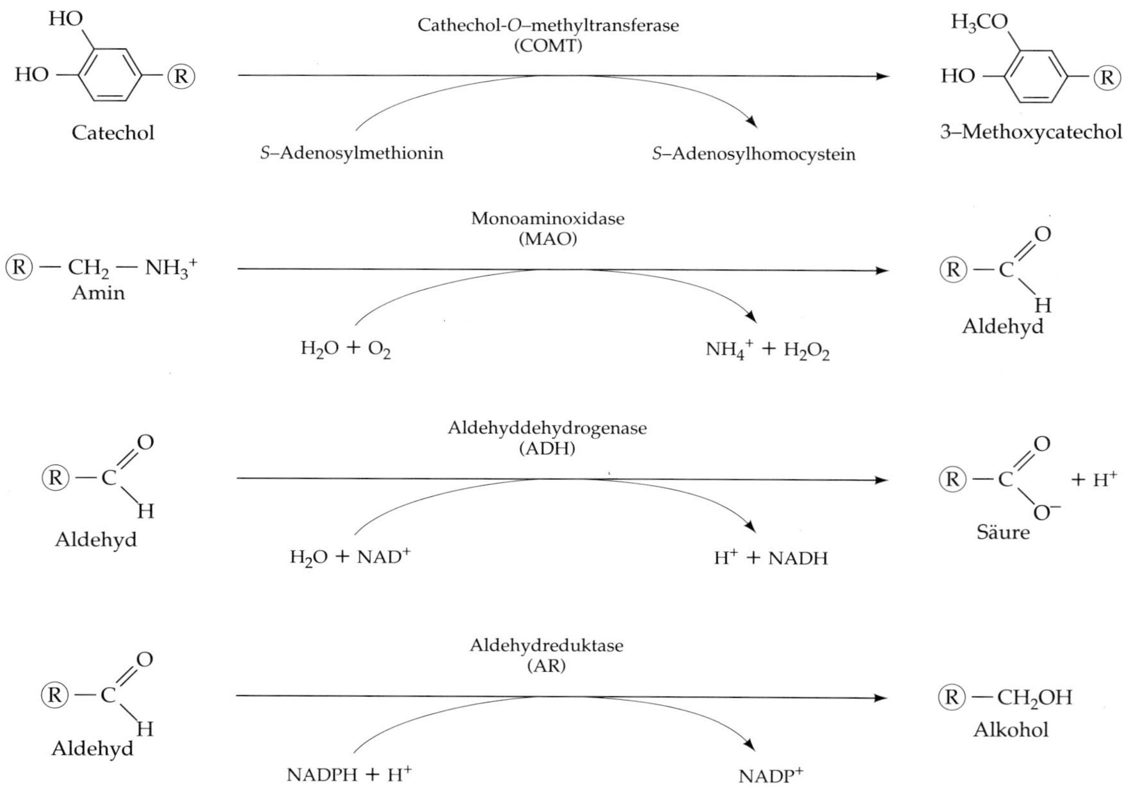
HO
HO
R
Catechol
Cathechol-O–methyltransferase
(COMT)
S–Adenosylmethionin
S–Adenosylhomocystein
H3CO
HO
R
3–Methoxycatechol
R — CH2 — NH3+
Amin
Monoaminoxidase
(MAO)
H2O + O2
NH4+ + H2O2
R — C
O
H
Aldehyd
R — C
O
H
Aldehyd
Aldehyddehydrogenase
(ADH)
H2O + NAD+
H+ + NADH
R — C
O
O−
+ H+
Säure
R — C
O
H
Aldehyd
Aldehydreduktase
(AR)
NADPH + H+
NADP+
R — CH2OH
Alkohol

Anhang C

Strukturen und Bahnen im Gehirn

Die folgenden Zeichnungen zeigen das Gehirn aus unterschiedlichen Blickwinkeln und in verschiedenen Schnittebenen. Unser Ziel besteht darin, dem Leser eine Art optisches Glossar für anatomische Fakten zu liefern, auf die im Text Bezug genommen wird und nicht etwa, ihm einen vollständigen Atlas an die Hand zu geben. Daher sind auch nur in diesem Zusammenhang besonders wichtige «Landmarken» und Strukturen abgebildet. Weitere anatomische Informationen finden sich in einer Reihe von Lehrbüchern, darunter:

Carpenter, M.B., 1991. Core Text of Neuroanatomy, 4. Auflage, Williams and Wilkins, Baltimore.
Martin, J.H., 1989. Neuroanatomy. Elsevier, New York.
Nolte, J., 1992. The Human Brain. 3. Auflage, Mosby, St. Louis.

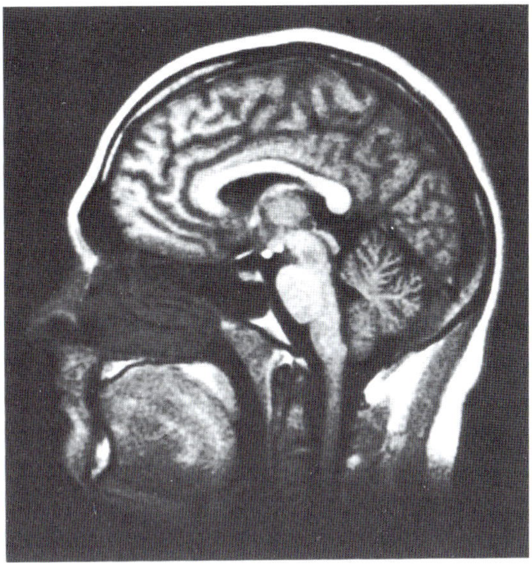

Kernspinresonanz-Bild eines lebenden menschlichen Gehirns (Sagittalschnitt). Copyright 1984, General Electric Co. Wiedergabe mit Erlaubnis.

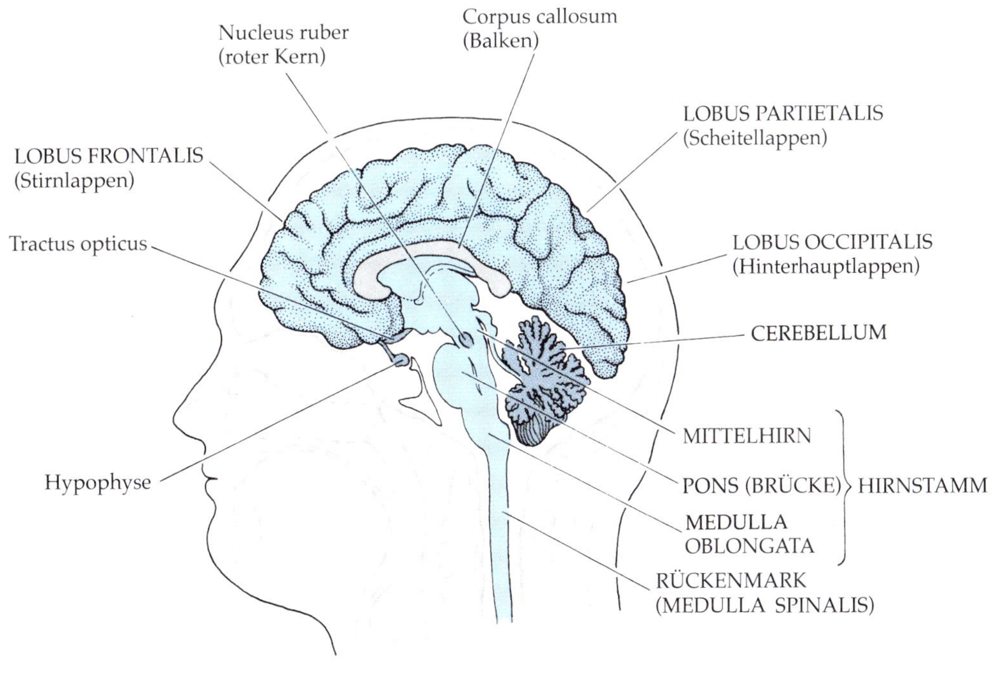

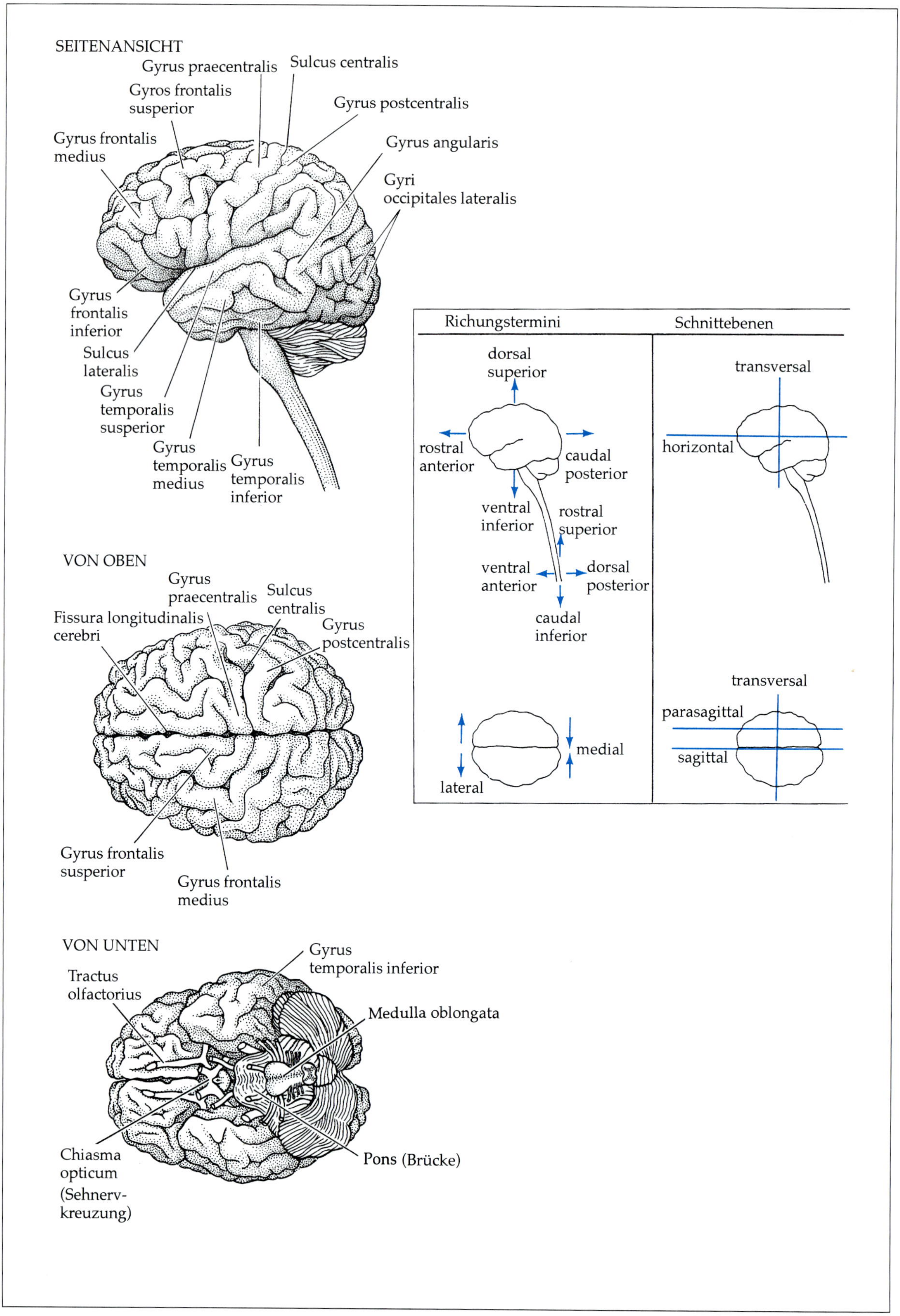
SEITENANSICHT
Gyrus praecentralis
Sulcus centralis
Gyros frontalis susperior
Gyrus postcentralis
Gyrus frontalis medius
Gyrus angularis
Gyri occipitales lateralis
Gyrus frontalis inferior
Sulcus lateralis
Gyrus temporalis susperior
Gyrus temporalis medius
Gyrus temporalis inferior
VON OBEN
Gyrus praecentralis
Sulcus centralis
Fissura longitudinalis cerebri
Gyrus postcentralis
Gyrus frontalis susperior
Gyrus frontalis medius
VON UNTEN
Gyrus temporalis inferior
Tractus olfactorius
Medulla oblongata
Chiasma opticum (Sehnerv-kreuzung)
Pons (Brücke)
Richungstermini
Schnittebenen
dorsal superior
rostral anterior
caudal posterior
ventral inferior
rostral superior
ventral anterior
dorsal posterior
caudal inferior
lateral
medial
transversal
horizontal
transversal
parasagittal
sagittal

NUMERIERTE ANATOMISCHE AREALE
DER GROSSHIRNRINDE
(BRODMANNSCHE AREALE)

LOKALISATION DER MOTORISCHEN
UND SENSORISCHEN FUNKTIONEN

SEITENANSICHT DES GEHIRNS

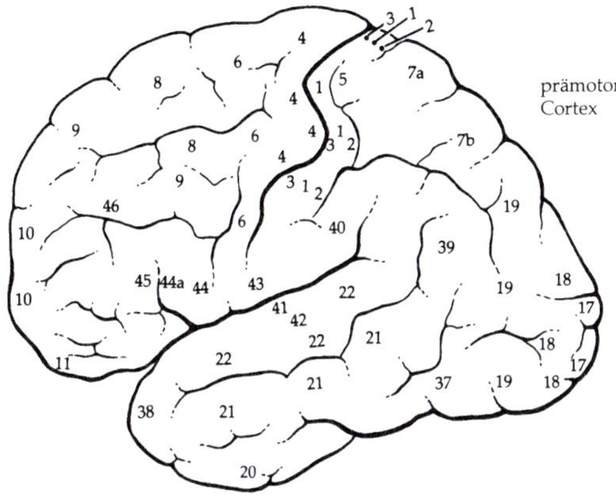

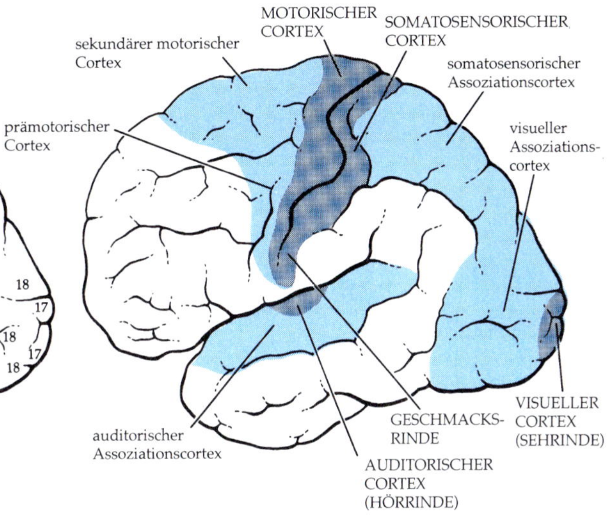

SAGITTALANSICHT DES GEHIRNS

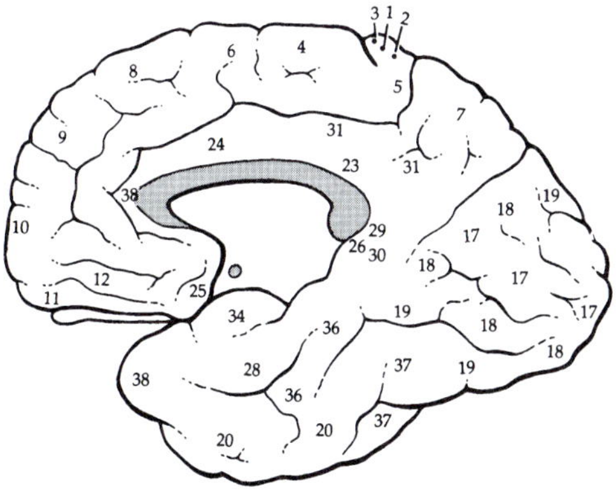

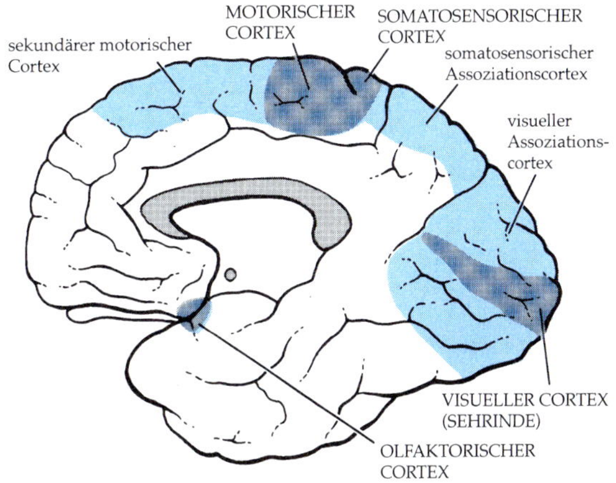

SAGITTALSCHNITTE DURCH DAS GEHIRN

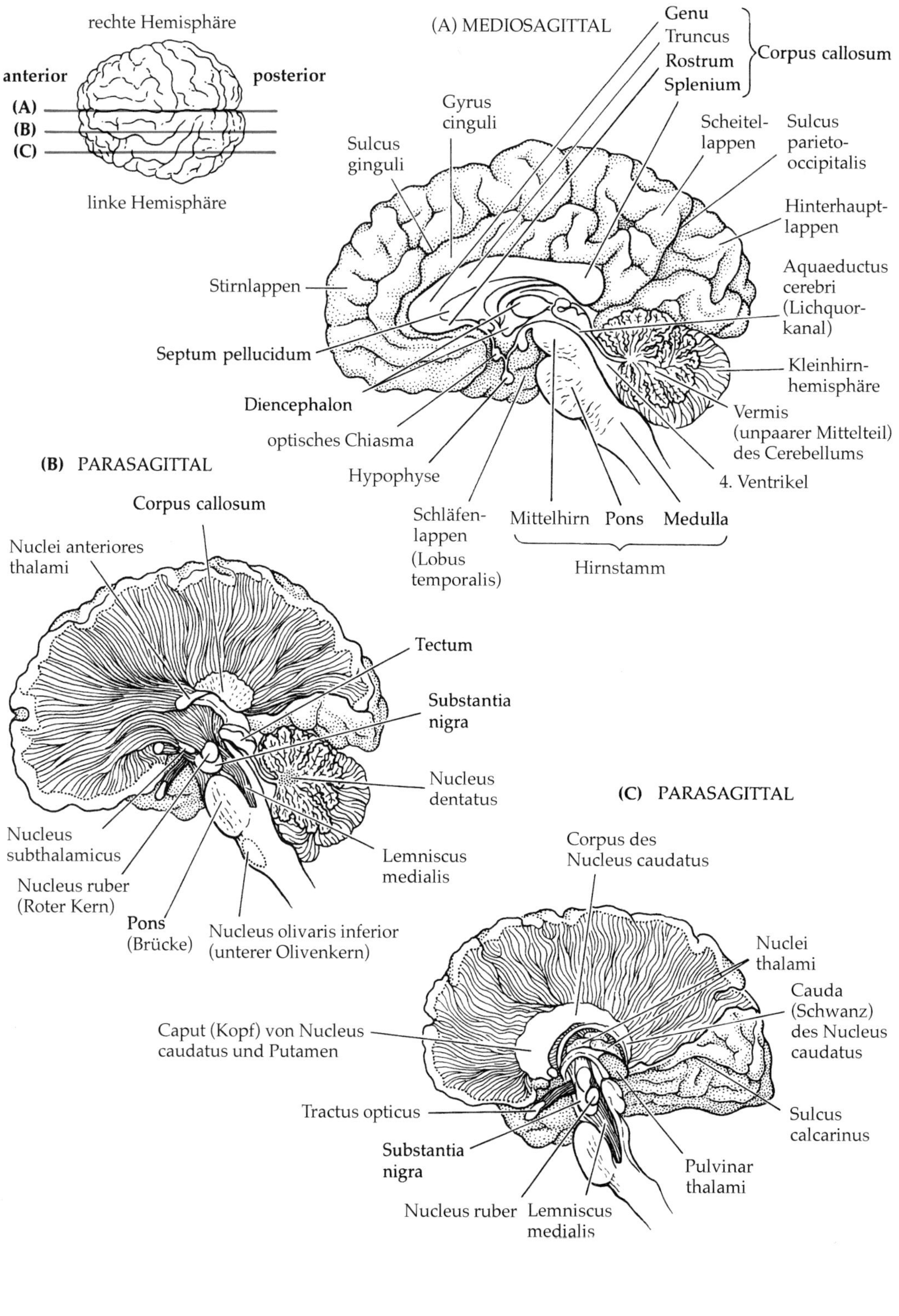

rechte Hemisphäre
anterior
posterior
(A)
(B)
(C)
linke Hemisphäre
(A) MEDIOSAGITTAL
Genu
Truncus
Rostrum
Splenium
Corpus callosum
Gyrus cinguli
Sulcus ginguli
Scheitel-lappen
Sulcus parieto-occipitalis
Hinterhaupt-lappen
Stirnlappen
Aquaeductus cerebri (Lichquor-kanal)
Septum pellucidum
Kleinhirn-hemisphäre
Diencephalon
Vermis (unpaarer Mittelteil) des Cerebellums
optisches Chiasma
Hypophyse
4. Ventrikel
Schläfen-lappen (Lobus temporalis)
Mittelhirn
Pons
Medulla
Hirnstamm
(B) PARASAGITTAL
Corpus callosum
Nuclei anteriores thalami
Tectum
Substantia nigra
Nucleus dentatus
Nucleus subthalamicus
Lemniscus medialis
Nucleus ruber (Roter Kern)
Pons (Brücke)
Nucleus olivaris inferior (unterer Olivenkern)
(C) PARASAGITTAL
Corpus des Nucleus caudatus
Nuclei thalami
Cauda (Schwanz) des Nucleus caudatus
Caput (Kopf) von Nucleus caudatus und Putamen
Tractus opticus
Sulcus calcarinus
Substantia nigra
Pulvinar thalami
Nucleus ruber
Lemniscus medialis

HORIZONTALSCHNITTE DURCH DAS GEHIRN

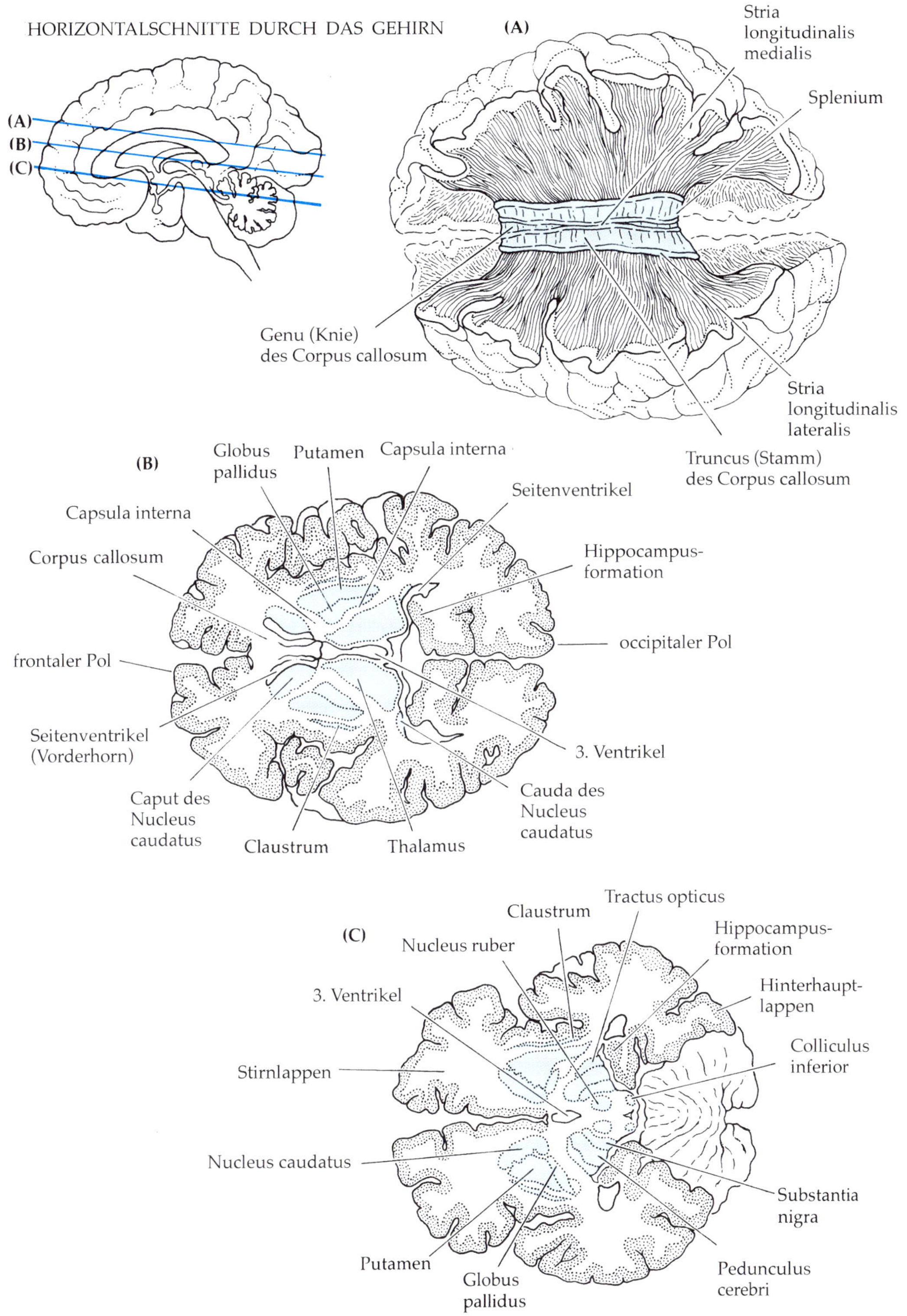
(A)
(B)
(C)
(A)
Stria longitudinalis medialis
Splenium
Genu (Knie) des Corpus callosum
Stria longitudinalis lateralis
Truncus (Stamm) des Corpus callosum
(B)
Globus pallidus
Putamen
Capsula interna
Seitenventrikel
Capsula interna
Corpus callosum
Hippocampus-formation
occipitaler Pol
frontaler Pol
Seitenventrikel (Vorderhorn)
3. Ventrikel
Caput des Nucleus caudatus
Claustrum
Thalamus
Cauda des Nucleus caudatus
(C)
Claustrum
Tractus opticus
Nucleus ruber
Hippocampus-formation
3. Ventrikel
Hinterhaupt-lappen
Colliculus inferior
Stirnlappen
Nucleus caudatus
Substantia nigra
Putamen
Globus pallidus
Pedunculus cerebri

TRANSVERSALSCHNITT DURCH DAS GEHIRN

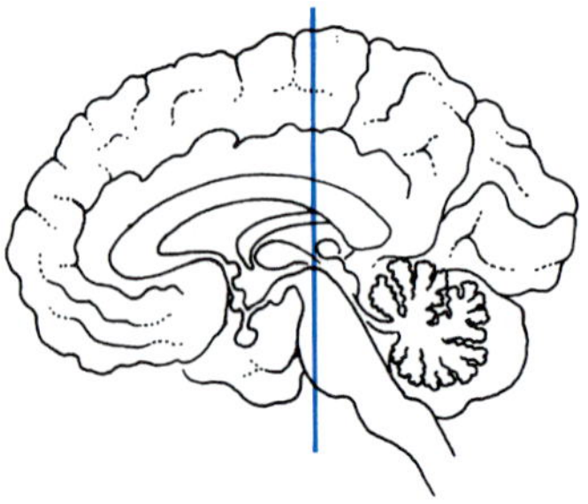

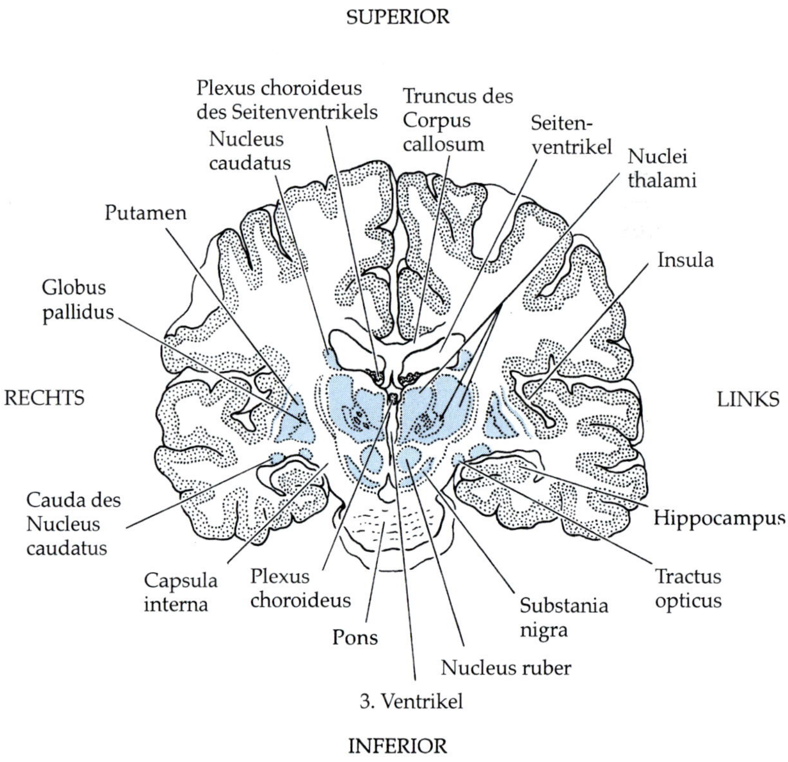

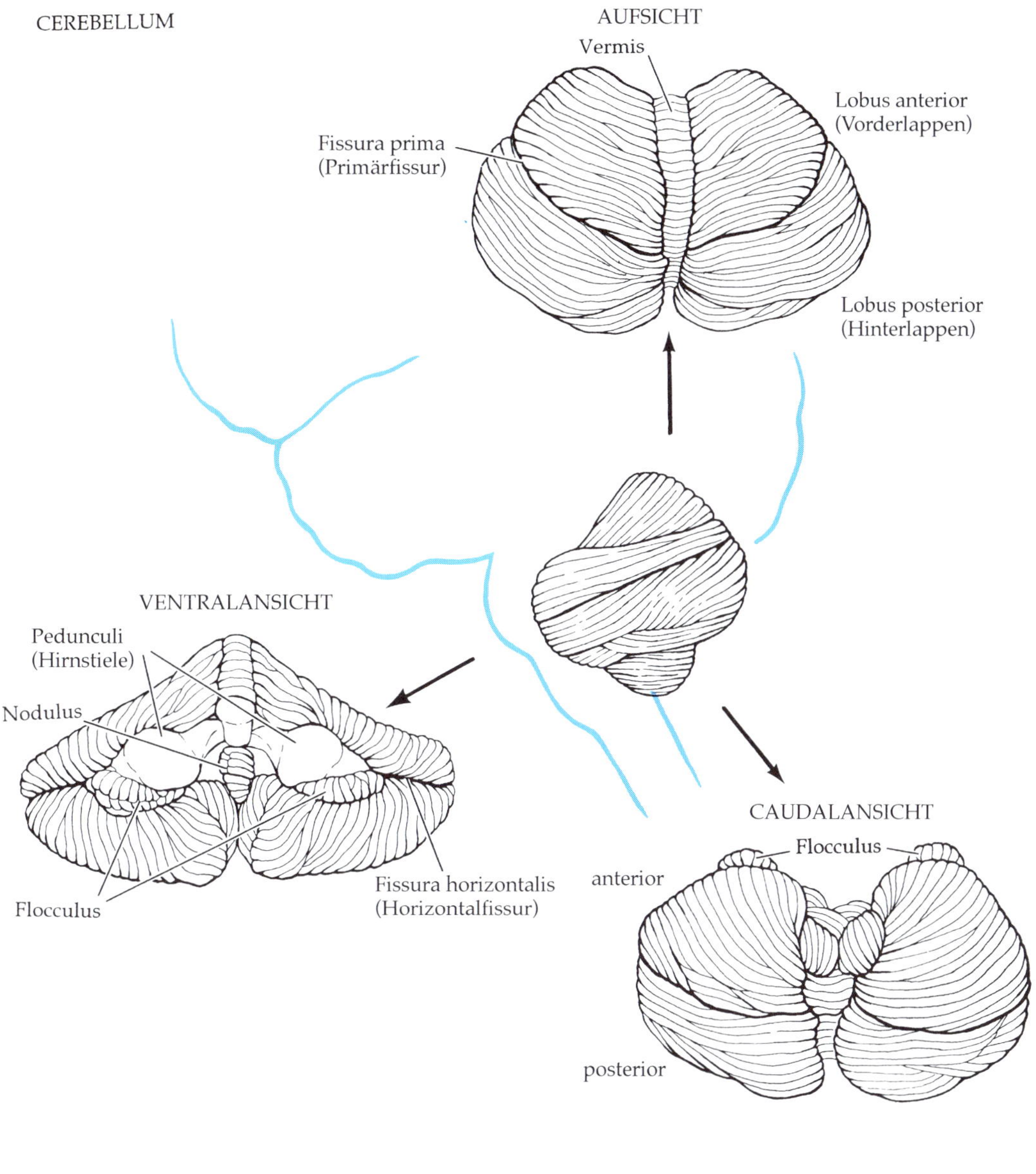
CEREBELLUM
AUFSICHT
Vermis
Lobus anterior
(Vorderlappen)
Fissura prima
(Primärfissur)
Lobus posterior
(Hinterlappen)
VENTRALANSICHT
Pedunculi
(Hirnstiele)
Nodulus
Flocculus
Fissura horizontalis
(Horizontalfissur)
CAUDALANSICHT
Flocculus
anterior
posterior

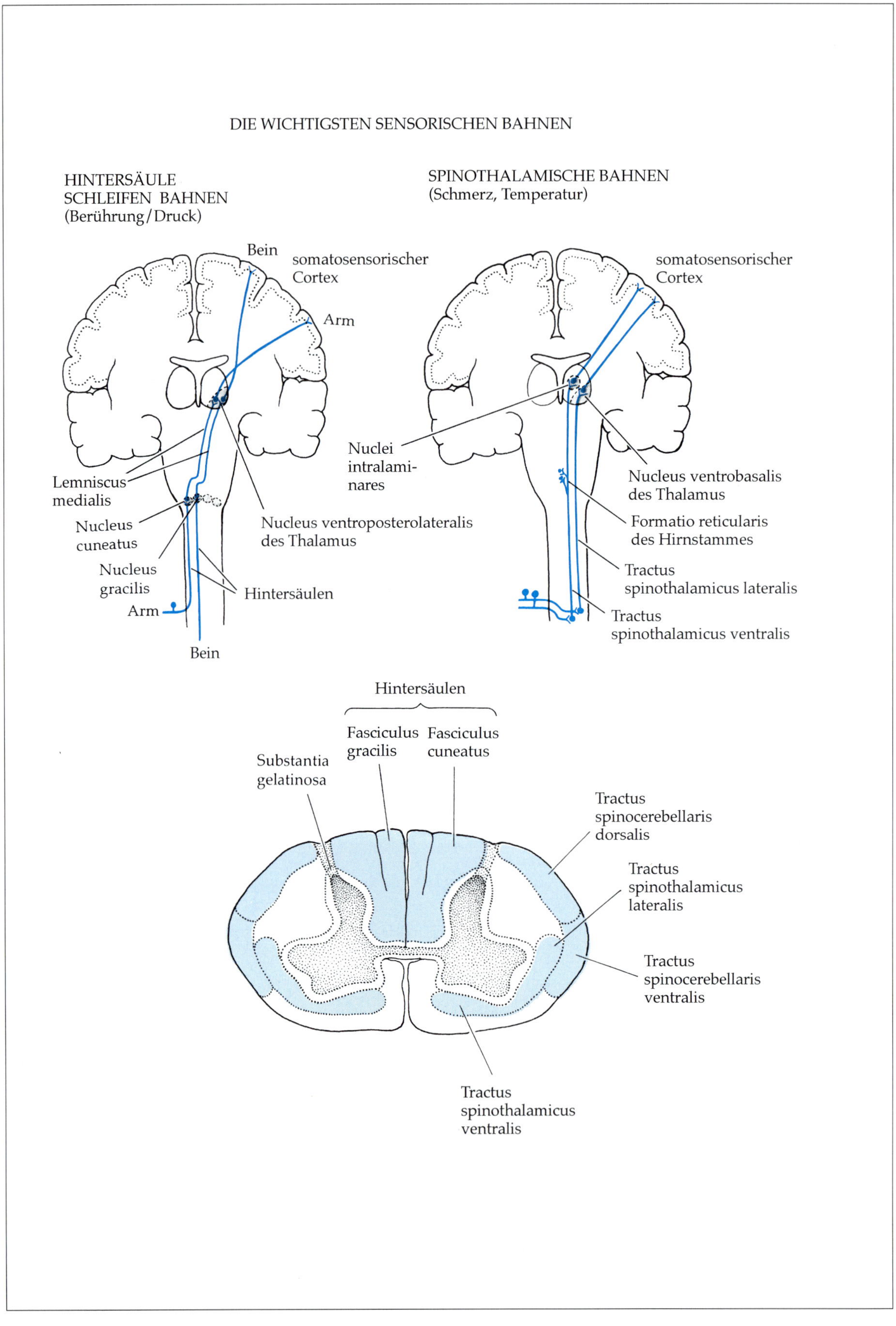
DIE WICHTIGSTEN SENSORISCHEN BAHNEN
HINTERSÄULE
SCHLEIFEN BAHNEN
(Berührung/Druck)
SPINOTHALAMISCHE BAHNEN
(Schmerz, Temperatur)
Bein
somatosensorischer Cortex
Arm
Lemniscus medialis
Nucleus cuneatus
Nucleus gracilis
Arm
Bein
Nucleus ventroposterolateralis des Thalamus
Hintersäulen
somatosensorischer Cortex
Nuclei intralaminares
Nucleus ventrobasalis des Thalamus
Formatio reticularis des Hirnstammes
Tractus spinothalamicus lateralis
Tractus spinothalamicus ventralis
Hintersäulen
Fasciculus gracilis
Fasciculus cuneatus
Substantia gelatinosa
Tractus spinocerebellaris dorsalis
Tractus spinothalamicus lateralis
Tractus spinocerebellaris ventralis
Tractus spinothalamicus ventralis

DIE WICHTIGSTEN MOTORISCHEN BAHNEN

ZUM RÜCKENMARK ABSTEIGENDE BAHNEN

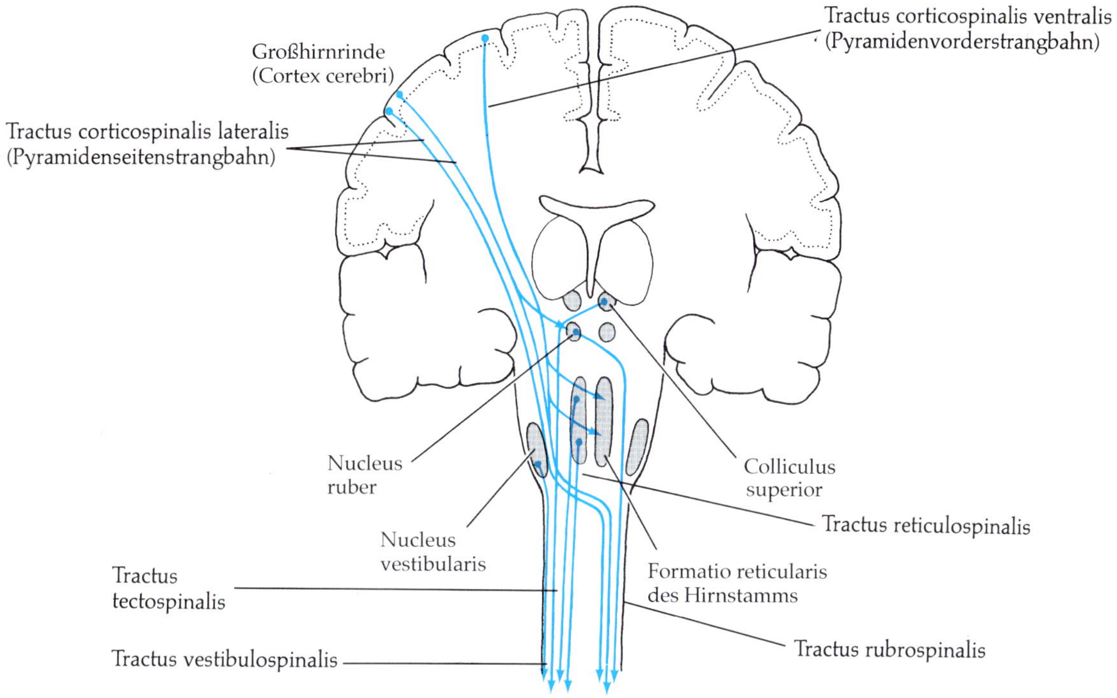

QUERSCHNITT DURCH DAS CERVICALE RÜCKENMARK

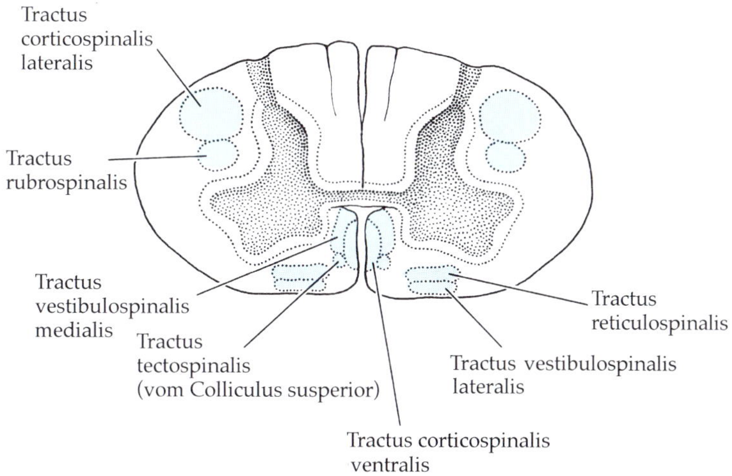

ZENTRALE BAHNEN FÜR NORADRENALIN, DOPAMIN, SEROTONIN UND HISTAMIN

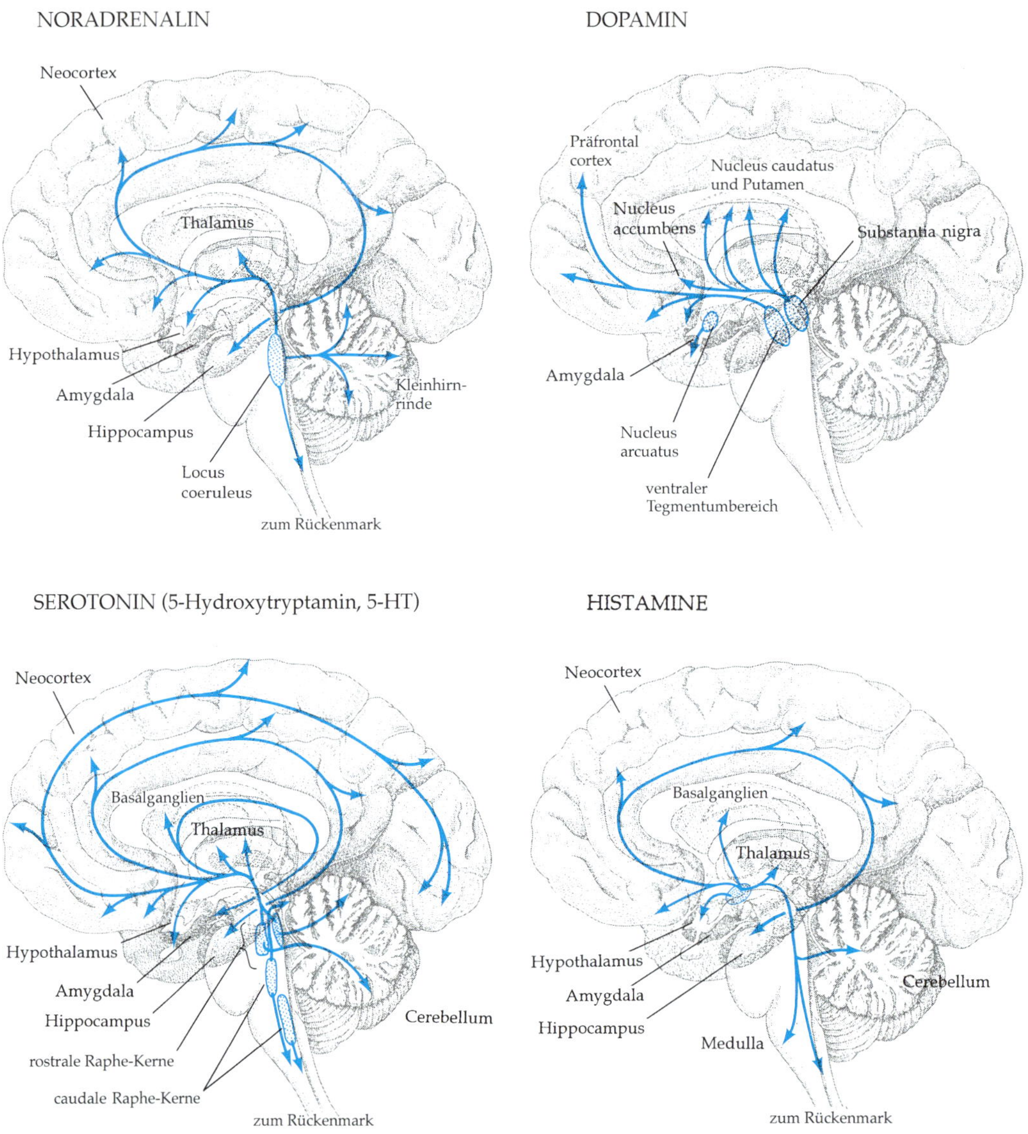

Glossar

Die im folgenden gegebenen Definitionen beziehen sich auf den Begriff, wie er im Zusammenhang des Buches verwendet wird. Worte wie **Erregung**, **Adaptation** und **Hemmung** haben alle zusätzliche Bedeutungen, die nicht berücksichtigt sind.

Für Strukturformeln von Transmittern siehe Anhang B.

Für anatomische Begriffe siehe Anhang C.

Acetylcholin (ACh) Transmitter, der von Wirbeltier-Motoneuronen, präganglionären Neuronen des vegetativen Nervensystems und verschiedenen Bahnen im Zentralnervensystem freigesetzt wird.

Acetylcholinrezeptor (ACh-Rezeptor) Membranprotein, das ACh bindet. Es gibt zwei verschiedene Typen:

nicotinischer ACh-Rezeptor wird von Nicotin aktiviert; besteht aus fünf Polypeptid-Untereinheiten, die bei Aktivierung einen Kationenkanal bilden.

muscarinischer ACh-Rezeptor wird von Muscarin aktiviert; besteht aus einer einzigen Polypeptidkette und ist über ein G-Protein an ein oder mehrere intrazelluläre second messenger-Systeme gekoppelt.

Adaptation Die Abnahme der Antwort eines sensorischen Neurons auf einen anhaltenden Reiz.

Adenosin-5'-triphosphat (ATP) Häufiger Metabolit; die Hydrolyse der terminalen Phosphoesterbindung liefert die Energie für viele zelluläre Reaktionen. Man findet ATP auch in adrenergen und cholinergen synaptischen Vesikeln; es dient bei Wirbeltieren als Transmitter an Synapsen von sympathischen Neuronen.

Adenylatcyclase Das Enzym katalysiert die Synthese von cyclischem AMP aus ATP.

Adrenalin (Epinephrin) Hormon, das vom Nebennierenmark sezerniert wird; einige seiner Wirkungen ähneln denen der sympathischen Nerven.

adrenerg Bezieht sich auf Neuronen, die Adrenalin oder Noradrenalin als Transmitter ausschütten.

afferent Ein Axon, das Impulse zum Zentralnervensystem leitet; siehe **Gruppe-I-Afferenzen, Gruppe-II-Afferenzen**.

Agonist Molekül, das einen Rezeptor aktiviert.

Aktionspotential Kurze regenerative Spannungsänderung nach dem Alles-oder-Nichts-Prinzip, die längs eines Axons oder einer Muskelfaser fortgeleitet wird. Wird auch als **Impuls** bezeichnet.

aktive Zone Bereich einer präsynaptischen Nervenendigung, der durch stark anfärbbares Material auf der cytoplasmatischen Oberfläche der präsynatischen Membran und ein Cluster von synaptischen Vesikeln gekennzeichnet ist. Man nimmt an, daß es sich um den Ort der Transmittefreisetzung handelt.

aktiver Transport Bewegung von Ionen oder Molekülen gegen einen elektrochemischen Gradienten unter Energieaufwand.

γ-Aminobuttersäure (GABA) Ein hemmend wirkender Neurotransmitter.

amphipathisch Enthält separate Bereiche hydrophiler und hydrophober Gruppen.

Ampulle Die sensorische Region eines Bogenganges im Vestibularapparat.

Anion Negativ geladenes Ion.

Antagonist Molekül, das die Aktivierung eines Rezeptors verhindert.

anterograd Vom neuronalen Zellkörper zur Axonendigung. Vergleiche mit **retrograd.**

Anticholinesterase Jeder Cholinesterase-Inhibitor (z.B. Neostigmin, Eserin); solche Substanzen verhindern die Hydrolyse von ACh und verlängern dadurch seine Wirkdauer.

Antikörper Ein Immunglobulinmolekül.

Area centralis Bei der Katze der Bereich der Retina mit der höchsten Sehschärfe.

Area striata Auch als Area 17 oder V 1 bekannt; primäre visuelle Region des Lobus occipitalis, der durch Gennari-Streifen gekennzeichnet ist, die man mit bloßem Auge erkennen kann.

Astrocyt Ein Typ von Gliazellen im Zentralnervensystem von Wirbeltieren.

Augendominanz Die größere Wirksamkeit eines Auges im Vergleich zum anderen beim Ansteuern von simple- oder complex-Zellen in der Sehrinde.

autonomes Nervensystem s. **vegetatives Nervensystem.**

Axon Der oder die Fortsätze eines Neurons, die auf Impulsfortleitung – gewöhnlich über längere Distanzen – spezialisiert sind.

axonaler Transport Bewegung von Material entlang eines Axons.

Axonhügel Der Bereich des Zellkörpers, aus dem das Axon entspringt; oft der Ort der Impulsentstehung, s. **Initialsegment.**

Axoplasma Die intrazellulären Bestandteile eines Axons.

Axotomie Durchtrennung eines Axons.

Bahnung Gesteigerte Transmitterausschüttung aus Nervenendigungen infolge vorangegangener synaptischer Aktivität.

barrel Faßförmiges Aggregat corticaler Neuronen, die mit spezifischen peripheren Sinnesstrukturen verbunden sind (z.B. Tasthaaren).

Basalmembran Extrazelluläre Matrix, welche Glycoproteine und Proteoglykane enthält, die viele Körpergewebe einhüllt, darunter Nerven- und Muskelfasern.

Basilarmembran Die Membran in der Cochlea, auf der die Haarzellen sitzen; trennt die Scala tympani von der Scala media.

biogenes Amin Allgemeiner Begriff, der sich auf jedes der verschiedenen bioaktiven Amine beziehen kann, darunter Noradrenalin, Adrenalin, Dopamin, Serotonin (5-Hydroxytryptamin) und Histamin.

Bipolarzelle Neuron mit zwei Hauptfortsätzen, die aus dem Zellkörper entspringen; in der Retina von Vertebraten sind Bipolarzellen zwischen Rezeptoren und Ganglionzellen geschaltet.

bivalent Die elektrische Ladung beträgt +2 oder –2.

blobs Kleine, regelmäßig angeordnete Neuronengruppen im visuellen Cortex von Affen; sie antworten vorwiegend auf Farbreize und lassen sich nachweisen, indem man eine Cytochromoxidase-Färbung durchführt.

Blut-Hirn-Schranke Bezieht sich auf den eingeschränkten Zutritt von Substanzen zu Neuronen und Gliazellen im Gehirn.

Bogengang Flüssigkeitsgefüllter Kanal im vestibulären Apparat, der bei der Wahrnehmung der Kopfdrehung eine Rolle spielt.

Botulinustoxin Bakterielles Toxin, das die Transmitterfreisetzung aus Motoneuronendigungen bei Vertebraten blockiert.

Bouton s. **Endknöpfchen.**

α-Bungarotoxin Toxin aus dem Gift der Schlange *Bungarus* *multicinctus*; bindet mit hoher Affinität an den nicotinischen ACh-Rezeptor.

Carrier-Molekül Molekül, das am Transport von Ionen oder anderen Molekülen über die Zellmembran beteiligt ist.

Catecholamin Allgemeiner Begriff für Moleküle mit einem Catecholring und einer Aminogruppe, typischerweiser Dopamin, Noradrenalin und Adrenalin.

cDNA (complementäre DNA) Von Reverser Transcriptase unter Verwendung einer mRNA-Schablone synthetisierte DNA.

Cerebrospinalflüssigkeit Die klare Flüssigkeit, die die Hirnventrikel und die Räume zwischen den Hirnhäuten füllt, s. **subarachnoidaler Raum, Ventrikel.**

Charybdotoxin (CTX) Toxin, das Kalium-A-Kanäle blockiert; wird aus Skorpionen gewonnen.

Chiasma opticum siehe optisches Chiasma.

Chimaere Experimentell gewonnener Embryo oder ein entsprechendes Organ mit Zellen, die aus zwei oder mehreren genetisch verschiedenen Quellen stammen.

cholinerg Bezieht sich auf ein Neuron, das Acetylcholin als Transmitter freisetzt.

Cholinesterase Enzym, das Acetylcholin hydrolytisch in Acetat und Cholin spaltet.

chromaffine Granula Große Vesikel, die man in Zellen des Nebennierenmarks findet und die Adrenalin (oft auch Noradrenalin), ATP, Dopamin-β-Hydroxylase und Chromogranine enthalten.

Cochlea (Schnecke) Der knöcherne Kanal, der die Sinnesorgane des Hörapparats enthält.

Connexin Die Untereinheit, aus der ein Connexon gebildet wird.

Connexon Membrankanal, der den Zwischenraum zwischen zwei benachbarten Zellen überbrückt und das Cytoplasma der einen Zelle mit der der anderen verbindet; s. **gap junction.**

contralateral Auf der gegenüberliegenden Körperseite. Vergleiche mit **ipsilateral.**

Corpus geniculatum laterale Kleiner, knieförmiger Kern, der in der Sehbahn als Relais arbeitet; Teil der posteroinferioren Seite des Thalamus.

corticale Säule Ansammlung corticaler Neuronen, die sich von der Oberfläche der Pia nach innen erstrecken und gemeinsame Eigenschaften aufweisen (z.B. sensorische Modalität, Lage des rezeptiven Feldes, Augendominanz, Orientierung, Bewegungsempfindlichkeit).

Coulomb Einheit der elektrischen Ladung.

Curare Ein Pflanzenextrakt, das die nicotinischen ACh-Rezeptoren blockiert.

Crustaceen Mitglieder der Klasse Crustacea (Krebse), hartschalige Gliedertiere wie Hummer, Krabben, Seepocken und Garnelen.

Cytosol Der Teil des zellulären Cytoplasmas, der den Raum zwischen membrangebundenen Organellen erfüllt.

Dalton (Da) Einheit für molekulare Masse, entspricht numerisch dem zwölften Teil des Masse des Kohlenstoffatoms; wird oft in **Kilodaltons (kDa)** ausgedrückt.

Dendrit Neuronaler Fortsatz, der darauf spezialisiert ist, als postsynaptische Rezeptorregion des Neurons zu arbeiten.

Depolarisation Verringerung des Ruhe-Membranpotentials in Richtung auf Null.

Depression Verringerung der Transmitterausschüttung aus den präsynaptischen Endigungen infolge vorausgegangener synaptischer Aktivität.

Desensitisierung Verringerung der Antwort eines Rezeptors auf einen Liganden nach verlängerter oder wiederholter Exposition.

Diacylglycerin (DAG) Ein intrazellulärer second messenger, der durch von Phospholipase C katalysierte Hydrolyse von Phospholipiden erzeugt wird. DAG aktiviert Proteinkinase C.

Divergenz Verzweigungen eines Axons, um mit mehreren anderen Neuronen Synapsen zu bilden.

Domäne Eine bestimmte Polypeptidregion, z.B. eine der vier sich wiederholenden Bereiche des spannungsaktivierten Natriumkanals.

Dopamin Transmitter, der von Neuronen in einigen vegetativen Ganglien und im Zentralnervensystem freigesetzt wird.

efferent Axon, das Impulse vom Zentralnervensystem zur Peripherie leitet. Vergleiche **afferent.**

γ-efferente Faser Dünnes myelinisiertes Motoaxon, das eine intrafusale Muskelfaser versorgt, s. **fusimotorisch.**

EGTA Ethylenglykol-bis(ß-aminoethyläther) N,N,N',N'-tetraessigsäure. Ein Calciumbinder mit hoher Affinität.

Eingangswiderstand (r_{input}) Der Widerstand, den man beim Injizieren von Strom in eine Zelle oder Faser mißt; bei einer zylindrischen Faser ist $r_{\text{input}} = 0{,}5\ \sqrt{r_m r_i}$.

einwertig Mit einer elektrischen Ladung von +1 oder –1.

elektrochemischer Gradient Die Potentialenergiedifferenz eines Ions über der Membran, die infolge der elektrischen Kräfte und der Diffusionskräfte entsteht, die auf das Ion wirken.

Elektroencephalogramm (EEG) Registrierung der elektrischen Gehirnaktivität mittels extern auf der Kopfhaut angebrachter Elektroden.

elektrogene Pumpe Aktiver Transport von Ionen über die Zellmembran, bei dem ein Nettotransfer von elektrischen Ladungen direkt zum Membranpotential beiträgt.

Elektromotorische Kraft (EMK) (Antriebspotential) Die Differenz zwischen dem Membranpotential und dem Gleichgewichtspotential bei Passage einer Ionensorte durch einen Membrankanal.

Elektromyogramm (EMG) Registrierung der Muskelaktivität mittels extern angebrachter Elektroden.

Elektroretinogramm (ERG) Potentialveränderungen als Antwort auf Lichtreize, die mit externen Elektroden vom Auge abgeleitet werden.

elektrotonisch ausgebreitete Potentiale Lokalisierte, graduierte, unterschwellige Potentiale, die durch die passiven Eigenschaften der Zelle charakterisiert sind.

Endknöpfchen Die kleine endständige Vergrößerung der präsynaptischen Nervenfaser an einer Synapse; Ort der Transmitterausschüttung.

Endocytose Der Vorgang, bei dem ein Membranstück zusammen mit etwas extrazellulärer Flüssigkeit durch Invagination nach innen gelangt und ein Vesikel von der Plasmamembran abgeschnürt wird.

Endothelzellen Zellschicht, die die Blutgefäße auskleidet.

Endplatte Postsynaptische Region der Vertebraten-Skelettmuskelfaser.

Endplattenpotential (EPP) Postsynaptische Potentialänderung in einer Skelettmuskelfaser infolge ACh-Ausschüttung aus präsynaptischen Endigungen.

Ependym Zellschicht, die die Hirnventrikel und den Zentralkanal des Rückenmarks auskleidet.

Epinephrin s. **Adrenalin.**

Erregung Vorgang, der darauf abzielt, Aktionspotentiale auszulösen.

Eserin Anticholinesterase (s.o.), auch als Physostigmin bekannt.

Evertebrat Wirbelloser; alle Vertreter des Tierreiches, die keine Wirbel (kein «Rückgrat») besitzen.

Exocytose Der Vorgang, bei dem synaptische Vesikel mit der Membran der präsynaptischen Endigung verschmelzen und Transmittermoleküle in den synaptischen Spalt ausleeren.

Explantat Gewebestück, das in Kultur genommen wird.

extrafusal Muskelfasern, die die Hauptmasse der Skelettmuskulatur ausmachen (d.h., die nicht innerhalb der sensorischen Muskelspindeln liegen).

extrazelluläre Matrix Gerüst aus großen Glykoproteinen und Proteoglykanen, die Zellen bzw. Gewebe umgeben und trennen.

Exzitation s. **Erregung.**

exzitatorisches postsynaptisches Potential (EPSP) Depolarisation der postsynaptischen Membran eines Neurons durch Ausschüttung eines erregenden Transmitters aus präsynaptischen Endigungen.

Familie Gruppe von Genprodukten von sehr ähnlicher Struktur und Funktion (z.B. nicotinische ACh-Rezeptoren); s. **Isotyp, Superfamilie.**

Farad (F) Einheit der Kapazität, häufiger wird Mikrofarad (µF $= 10^{-6}$ F) gebraucht.

Faraday (*F*) Die Anzahl Ladungen in Coulomb, die von einem Mol einwertiger Ionen (96 500) getragen wird.

faszikuläre Zuckungen Spontan auftretende Kontraktionen einzelner Muskelbündel oder -fasern.

Faszikulation Ansammlung neuronaler Fortsätze, die ein Bündel bilden.

Fazilitation s. **Bahnung.**

Foetus Ein relativ spätes Entwicklungsstadium eines Säugerembryos.

Formanten Die Frequenzkomponenten (Energiemaxima in der Spektralanalyse), die die Stellung der Artikulatoren des Sprechapparates widerspiegeln.

Fovea Zentrale Einbuchtung in der Retina, die aus schlanken Zapfen besteht; Bereich der größten Sehschärfe.

fusimotorisch Motoneuronen, die die Muskelfasern in einer Muskelspindel versorgen.

G-Proteine Rezeptorgekoppelte Proteine, die Guaninnucleotide binden und intrazelluläre Messengersysteme aktivieren.

GABA (γ-Aminobuttersäure) Ein inhibitorischer Neurotransmitter.

Ganglion Abgegrenzte Ansammlung von Nervenzellen.

gap junction Kontaktbereich zwischen zwei Zellen, bei dem der Zwischenraum zwischen den benachbarten Membranen auf etwa 2 nm verringert ist und der von Verbindungskanälen überbrückt wird.

gate s. **Tor.**

Genexpression Die Transkription von DNA in mRNA und die Translation von mRNA in Protein.

Gleichgewichtspotential Membranpotential, bei dem es keine passive Nettobewegung einer permeablen Ionensorte in die Zelle oder aus der Zelle gibt.

Gleichrichtung Eigenschaft einer Membran oder eines Membrankanals, die ihr bzw. ihm erlaubt, Ionenströme bevorzugt in eine Richtung zu lenken.

Glia s. **Neuroglia.**

Glioblast Sich teilende Zelle, deren Abkömmlinge sich zu Gliazellen entwickeln.

Glutamat Transmitter, der an vielen exzitatorischen Synapsen im Zentralnervensystem von Wirbeltieren freigesetzt wird.

Glycin Transmitter, der an vielen inhibitorischen Synapsen im Rückenmark und im Hirnstamm freigesetzt wird.

Glycoprotein Protein mit Kohlenhydratgruppen.

Golgi-Sehnenorgan Sensorisches Element in den Sehnen (von Muskeln), das durch Muskeldehnung oder -kontraktion aktiviert wird.

graue Substanz Teil des Zentralnervensystems, der vorwiegend aus den Zellkörpern der Neuronen und dünnen Nervenendigungen besteht – im Gegensatz zu den hauptsächlich aus Axonen bestehenden Bahnen (**weiße Substanz**).

Größenprinzip Die geordnete Einbeziehung von motorischen Einheiten zunehmender Größe bei wachsender Muskelkontraktionsstärke.

Gruppe-I-Afferenzen Sensorische Nervenfasern von Muskeln mit Leitungsgeschwindigkeiten im Bereich von 80–120 m/s.
Gruppe Ia stammt von Muskelspindeln.
Gruppe Ib stammt von Golgi-Sehnenorganen.

Gruppe-II-Afferenzen Sensorische Fasern von Muskelspindeln mit Leitungsgeschwindigkeiten im Bereich von 30–80 m/s.

Haarzellen Sinneszellen, bei denen das Abbiegen von Stereocilien («Haaren») zu einer Veränderung des Membranpotentials führt; verantwortlich für auditorische Transduktion, Transduktion vestibulärer Reize und vibratorische Transduktion im Seitenlinienorgan von Fischen.

Hemmung Vorgang, der der Auslösung eines Aktionspotentials im Nerv oder Muskel entgegenwirkt.

postsynaptische Hemmung Wird durch eine Permeabilitätsänderung in der postsynaptischen Zelle erzeugt, hält das Membranpotential von der Schwelle fern.

präsynaptische Hemmung Wird von einer inhibitorischen Faser vermitttelt, die auf einer erregenden Nervenendigung endet und die Transmitterausschüttung verringert.

Histamin Transmitter, der von einer kleinen Anzahl Neuronen im Zentralnervensystem von Vertebraten ausgeschüttet wird.

Homologie Das Auftreten von identischen Basen an korrespondierenden Stellen in zwei Nukleotidsequenzen oder von Aminosäuren in zwei Polypeptidsequenzen.

HRP s. **Meerrettichperoxidase.**

Hydropathie-Index Maß für die Wasserunlöslichkeit einer Aminosäure oder von Aminosäuresequenzen und damit ein Maß für die Bevorzugung einer lipophilen Umgebung.

hydrophil Besitzt eine relativ hohe Wasserlöslichkeit, polar.

hydrophob Besitzt eine relativ niedrige Wasserlöslichkeit, apolar.

5-Hydroxytryptamin s. **Serotonin.**

Hyperpolarisation Zunahme der Größe des Membranpotentials, d.h. das Ruhepotential wird negativer; verringert die Erregbarkeit.

hyperpolarisierendes Nachpotential Vorübergehende Hyperpolarisation, die auf ein Aktionspotential folgt; wird durch eine Zunahme der Kaliumleitfähigkeit hervorgerufen.

Impuls s. **Aktionspotential.**

in situ-Hybridisierung Technik zum Sichtbarmachen der mRNA-Verteilung für ein bestimmtes Protein, indem man das Gewebe mit einer Oligonucleotidsonde mit komplementärer Basensequenz markiert.

in vitro Wörtlich «im Glas»; bezieht sich auf einen biologischen Vorgang, der außerhalb des intakten natürlichen Organismus untersucht wird.

in vivo Wörtlich «im Leben»; bezieht sich auf einen biologischen Vorgang, der in einem intakten lebenden Organismus untersucht wird.

Inaktivierung Verringerung der Leitfähigkeit eines spannungsaktivierten Kanals, obwohl die aktivierende Spannungsänderung anhält.

Inhibition s. **Hemmung**.

inhibitorisches postsynaptisches Potential (IPSP) Die Potentialänderung (gewöhnlich hyperpolarisierend) in einer Nerven- oder Muskelzelle, die von einem inhibitorischen Transmitter hervorgerufen wird, der von präsynaptischen Nervenendigungen freigesetzt wird.

Initialsegment Der Bereich eines Axons nahe am Zellkörper; oft Ort der Impulsentstehung; s. **Axonhügel**.

Inositol-1,4,5-trisphosphat (IP_3) Intrazellulärer second messenger, der durch Hydrolyse von Phosphatidylinositol freigesetzt wird. Diese Hydrolyse wird von Phospholipase C katalysiert. IP_3 triggert die Ausschüttung von Calcium aus intrazellulären Speichern.

Integration Vorgang, bei dem ein Neuron die verschiedenen erregenden und hemmenden Einflüsse, die auf es konvergieren, verrechnet und ein neues Ausgangssignal erzeugt.

Interneuron Neuron, das weder rein sensorisch noch rein motorisch ist, sondern andere Neuronen verbindet.

Internodium Der myelinisierte Bereich eines Axons, der zwischen zwei Ranvierschen Schnürringen liegt.

Interzellulärspalten Enge, flüssigkeitsgefüllte Zwischenräume zwischen den Membranen benachbarter Zellen; gewöhnlich ca. 20 nm breit.

intrafusale Faser Muskelfaser in einer Muskelspindel; ihre Kontraktion initiiert oder moduliert die sensorische Entladung.

Iontophorese Ausstoßen von Ionen, indem man Strom durch eine Mikropipette schickt; wird benützt, um geladene Moleküle zeitlich und räumlich exakt zu applizieren. Kann auch **Ionophorese** geschrieben werden.

ipsilateral Auf derselben Körperseite. Vergleiche **contralateral**.

Isotypen Genprodukte derselben Familie, aber mit Variationen in der Aminosäuresequenz (z.B. spannungsaktivierte Natriumkanäle im Gehirn und im Muskel).

Kanal Tunnel durch eine Membran, der den Durchtritt von Ionen oder Molekülen erlaubt. Bei allen Kanälen, die bisher charakterisiert worden sind, handelt es sich um wassergefüllte Poren, die von einem einzigen großen Molekül oder einer Vereinigung von Polypeptid-Untereinheiten gebildet werden.

Kation Ein positiv geladenes Ion.

Kernspinresonanz (NMR oder magnetic resonance imaging, MRI) Visualisierungstechnik, die hochauflösende Bilder von Gehirnstrukturen liefert.

Klon Alle Nachkommen einer einzigen Zelle. Auch, um einen Klon von Zellen zu erhalten, die ein bestimmtes interessierendes Molekül enthalten, wie z.B. eine bestimmte cDNA.

Konvergenz Das Zusammentreffen von präsynaptischen Nervenfasern, die auf einem einzigen postsynaptischen Neuron Synapsen bilden.

Kopplungspotential Potentialänderung in einer Zelle, die von Strom hervorgerufen wird, der sich durch eine elektrische Synapse aus einer anderen Zelle ausgebreitet hat.

Laminin Wichtiges Glycoprotein der extrazellulären Matrix; fördert in vitro das Auswachsen von Neuriten.

Längskonstante (λ) Die Entfernung vom Entstehungsort (gewöhnlich in mm), in der ein lokales, graduiertes Potential in einem Axon oder einer Muskelfaser auf $1/e$ seiner ursprünglichen Größe abnimmt. $\lambda = \sqrt{r_m / r_i}$

Langzeitpotenzierung (LTP) Eine Zunahme der Größe des synaptischen Potentials, die Stunden oder länger andauert. Sie wird von einer vorangegangenen synaptischen Aktivierung hervorgerufen.

Leitfähigkeit (g) Kehrwert des elektrischen Widerstandes und damit ein Maß für die Fähigkeit, Elektrizität zu leiten. Sie hängt bei Zellmembranen oder Ionenkanälen neben dem Membranpotential auch von der Permeabilität für eine oder mehrere Ionensorten ab.

magnozelluläre Bahnen Große retinale Ganglienzellen und Zellen des Corpus geniculatum laterale im visuellen System, die in bestimmte, fest umrissene corticale Regionen projizieren; reagieren besonders empfindlich auf Bewegung und kleine Kontrastveränderungen.

Mauthner-Zelle Eine große Nervenzelle – bis zu 1 mm lang – im Mesencephalon von Fischen und Amphibien.

Meerrettichperoxidase (HRP) Enzym, das als histochemischer Marker für die Darstellung von Neuronenfortsätzen oder Zwischenräumen zwischen Zellen benutzt wird.

Meissner-Körperchen Schnell adaptierender Mechanorezeptor in der Hautoberfläche.

Membrankapazität (C_m) Eigenschaft der Zellmembran, die die Speicherung und Trennung von elektrischer Ladung ermöglicht und den Zeitverlauf von passiv fortgeleiteten Signalen verzerrt; wird gewöhnlich in Mikrofarad (μF) angegeben.

Membranwiderstand (R_m) Eigenschaft der Zellmembran, die die Schwierigkeit von Ionen widerspiegelt, die Membran zu durchqueren; Kehrwert der Leitfähigkeit.

Merkel-Zelle Langsam adaptierender Mechanorezeptor in der Hautoberfläche.

Mikroglia Wandernde, Makrophagen-ähnliche Zellen im Zentralnervensystem, die sich an verletzten Stellen sammeln und Zelltrümmer verschlingen.

Mikrotubulus Wichtiger Bestandteil des Cytoskeletts in Axonen; wird durch Polymerisation von Tubulinmonomeren gebildet.

Miniatur-Endplattenpotential (MEPP) Kleine postsynaptische Depolarisation einer Muskelfaser, die durch spontane Freisetzung eines einzelnen Transmitterquants aus der präsynaptischen Nervenendigung hervorgerufen wird; s. **Quantenfreisetzung**.

Modalität Art der Empfindung (z.B. Berührung, Sehen, Riechen).

monoklonaler Antikörper Antikörpermolekül, das von einem Klon transformierter Lymphocyten abstammt.

monosynaptisch Direkte Verschaltung eines Neurons zum nächsten über nur eine Synapse.

Motoneuron Neuron, das Muskelfasern innerviert.

α-Motoneuron Versorgt extrafusale Muskelfasern.

γ-Motoneuron Versorgt intrafusale Muskelfasern.

motorische Einheit Einzelnes Motoneuron und die Muskelfasern, die es innerviert.

MRI siehe **Kernspinresonanz.**

mRNA (messenger RNA) Von der DNA transcribiertes Ribonucleinsäurepolymer, das als Schablone für die Proteinsynthese dient.

multimer Aus mehr als einer Polypeptiduntereinheit zusammengesetzt; z.B. der pentamere Acetylcholinrezeptor (fünf Polypeptide).

- **homomultimer** Aus identischen Untereinheiten zusammengesetzt.
- **heteromultimer** Aus verschiedenen Untereinheiten zusammengesetzt.

muscarinisch s. **Acetylcholinrezeptor**.

Muskelspindel Spindelförmige Struktur im Skelettmuskel, die kleine Muskelfasern und Rezeptoren enthält und durch Dehnung aktiviert wird.

Mutagenese Veränderung eines Gens, um ein Produkt zu gewinnen, das sich vom Standard- oder «Wildtyp»-Gen unterscheidet.

Myelinscheide Verschmolzene Membranen von Schwannschen Zellen oder Oligodendrocyten, die eine Scheide mit hohem Widerstand um ein Axon bilden.

Myoblast Sich teilende Zelle, deren Abkömmlinge sich zu Muskelzellen entwickeln.

Myotube Sich entwickelnde Muskelfaser, die durch Verschmelzen von Myoblasten gebildet wird.

Nach-Hyperpolarisation Langsames hyperpolarisierendes Potential, das bei vielen Neuronen nach einer Serie von Aktionspotentialen auftritt.

Naloxon Substanz, die spezifisch Opiatrezeptoren blockiert.

Neostigmin Anticholinesterase, auch als Prostigmin bekannt.

Neurit Jeder neuronale Fortsatz (Axon oder Dendrit); bezieht sich gewöhnlich auf die Neuronenfortsätze in Zellkulturen.

Neuroblast Sich teilende Zelle, deren Abkömmlinge sich zu Neuronen entwickeln.

Neuroglia Nicht-neuronale Satellitenzellen, die mit Neuronen in Verbindung stehen. In Zentralnervensystem von Säugern werden die Hauptgruppen von Astrocyten und Oligodendrocyten gebildet; bei peripheren Nerven nennt man die Satellitenzellen Schwannsche Zellen.

Neuromodulator Substanz, die von einem Neuron ausgeschüttet wird und die Wirksamkeit der synaptischen Übertragung beeinflußt.

Neuropil Netzwerk aus Axonen, Dendriten und Synapsen.

Neurotransmitter s. Transmitter.

nicotinisch s. **Acetylcholinrezeptor.**

nociceptiv Antwortet auf noxische (gewebeschädigende oder schmerzhafte) Reize.

Noradrenalin (Norepinephrin) Transmitter, der von den meisten sympathischen Nervenendigungen freigesetzt wird.

Ohmsches Gesetz Setzt Strom (*I*) zu Spannung (*V*) und Widerstand (*R*) in Beziehung: $I = V/R$.

Okulardominanz siehe **Augendominanz.**

Oligodendrocyten Klasse von Gliazellen im Zentralnervensystem von Wirbeltieren, die Myelin bilden.

Opiat Begriff, mit dem Produkte bezeichnet werden, die sich vom Saft der Samen in Opium-Mohnkapseln ableiten.

opioid Jede direkt wirkende Verbindung, deren Wirkung der von Opiaten ähnelt und deren Antagonist Naloxon ist.

optisches Chiasma Kreuzungsstelle der optischen Nerven. Bei Katzen und Primaten kreuzen sich die Fasern aus dem mittleren Teil der Retina, um das gegenüberliegende Corpus geniculatum laterale zu versorgen.

Ouabain G-Strophantidin, ein Glykosid, das die Natrium-Kalium-ATPase spezifisch blockiert.

ovales Fenster Die membranöse Trennung zwischen der Scala vestibuli und dem Mittelohr, die durch die Gehörknöchelchen Schallschwingungen vom Trommelfell empfängt. Vergleiche **rundes Fenster.**

Overshoot Umkehr des Membranpotentialvorzeichens auf dem Gipfel des Aktionspotentials.

Pacini-Körperchen Schnell adaptierende, vibrationsempfindliche Mechanorezeptoren, die man in tiefen Hautschichten und in anderen Geweben findet.

parasympathisches Nervensystem Cranialer und sakraler Abschnitt des vegetativen Nervensystems.

parvocelluläre Bahnen Im visuellen System kleine retinale Ganglienzellen und Zellen aus dem Corpus geniculatum laterale, die in bestimmte, abgegrenzte Bereiche in der Sehrinde projizieren; sind an der Farbwahrnehmung beteiligt und haben eine hohe Auflösung.

patch clamp Technik, bei der ein kleiner Membranfleck («patch») so an der Spitze einer Mikropipette angebracht wird, daß er sie versiegelt. Mit dieser Technik lassen sich Ströme durch einzelne Membrankanäle registrieren.

Permeabilität Eigenschaft einer Membran oder eines Kanals, die es Substanzen ermöglicht, in die Zelle einzudringen bzw. aus ihr auszuwandern.

PET scan s. **Positronenemissionstomographie.**

Phagocytose Endocytose und Abbau von fremdem oder degenerierendem Material.

Phänotyp Die physischen Merkmale eines Tieres oder einer Zelle.

Phonem Basiselement der Sprache.

Phospholipase C, Phospholipase A2 Enzyme, die Phospholipide hydrolysieren.

Phosphorylierung Die kovalente Anlagerung eines oder mehrerer Phosphationen an ein Molekül. z.B. an ein Kanalprotein.

Plexus chorioidei Gefaltete Fortsätze, die reich an Blutgefäßen sind, in Hirnventrikel projizieren und Cerebrospinalflüssigkeit sezernieren.

polar Molekül mit getrennten, positiv und negativ geladenen Regionen, s. **hydrophil.**

polysynaptisch Nervenbahn, an der mehrere synaptische Verbindungen beteiligt sind.

Positronenemissionstomographie (PET) Technik, um aktive Bereiche des Gehirns zu kartieren. Glucose wird mit Isotopen markiert, die Positronen aussenden; die Orte der Glucoseaufnahme werden dann anhand der Positronenemission ermittelt.

postmitotisch Zelle, die sich nicht länger teilen kann.

posttetanische Potenzierung Steigerung der Transmitterfreisetzung aus Nervenendigungen nach einer Reihe repetitiver Reize.

Protease Enzym, das Proteinmoleküle hydrolysiert. Wird gelegentlich auch als **Proteinase** bezeichnet.

Proteinkinase Enzym, das Proteine phosphoryliert.

Proteinphosphatase Enzym, das Phosphatreste von Proteinen abspaltet.

Pumpe Aktiver Transportmechanismus.

Pyramidenzelle Jedes Neuron mit einem langen Apikaldendriten und kürzeren Basaldendriten; dieser Bau ist typisch für viele corticale Neuronen.

Quantenfreisetzung Sekretion von multimolekularen Transmitterpaketen (Quanten) aus der präsynaptischen Nervenendigung.

Quantengröße Anzahl der Neurotransmittermoleküle in einem Quant.

Quantengehalt Anzahl der Quanten bei einer synaptischen Antwort.

Ranvierscher Schnürring Lokaler, myelinfreier Bereich, der in bestimmten Abständen auf einem myelinisierten Axon auftritt.

Rauschen (noise) Schwankungen des Membranpotentials oder Stromes infolge zufälligen Öffnens und Schließens von Ionenkanälen.

Reflex Unwillkürliche Bewegung oder eine andere Antwort, die durch die Aktivierung von Sinnesorganen hervorgerufen wird und die Leitung über ein oder mehrere Synapsen im Zentralnervensystem beinhaltet.

Refraktärperiode

absolute Refraktärperiode Zeit nach einem Impuls, während der auch ein beliebig großer Reiz keinen weiteren Impuls auslösen kann,

relative Refraktärperiode Zeit nach einem Impuls, während der nur ein stärkerer Reiz einen weiteren Impuls auslösen kann.

retinotectal Bezieht sich auf die Projektion retinaler Ganglienzellen auf Neuronen im Tectum opticum.

retrograd In Richtung von der Axonendigung zum Zellkörper. Vergleiche **anterograd.**

rezeptives Feld Der Bereich in der Peripherie, dessen Reizung die Entladungsfrequenz eines Neurons beeinflußt. Bei Zellen in der Sehbahn bezieht sich das rezeptive Feld auf einen Retinabereich, dessen Belichtung die Aktivität eines Neurons beeinflußt.

Rezeptor 1. Eine Nervenendigung oder eine Hilfszelle, die an der sensorischen Übertragung beteiligt sind. 2. Ein Molekül in der Zellmembran, an das eine spezifische chemische Substanz bindet.

direkt gekoppelter Rezeptor Moleküle, die bei Aktivierung Ionenkanäle öffnen, die die Membran durchtunneln.

indirekt gekoppelte Rezeptoren Moleküle, welche G-Proteine aktivieren, die ihrerseits die Aktivität von Kanälen oder Pumpen direkt oder über second messenger modifizieren.

Rezeptorpotential Graduierte, lokale Potentialänderung in einer Sinneszelle, ausgelöst durch einen adäquaten Reiz; elektrische Manifestation des Transduktionsprozesses.

reziproke Innervation Neuronenverbindungen, die so angeordnet sind, daß Bahnen, die eine Muskelgruppe erregen, die antagonistischen Motoneuronen hemmen.

Ringerlösung Eine Salzlösung, die Natriumchlorid, Kaliumchlorid und Calciumchlorid enthält; benannt nach Sidney Ringer.

Ruffini-Körperchen Langsam adaptierender Mechanorezeptor in tieferen Hautschichten.

Ruhepotential Das elektrische Potential über einer Membran im unerregten Gleichgewichts-Zustand.

rundes Fenster Membranöse Trennung zwischen der Scala tympani und dem Mittelohr. Vergleiche **ovales Fenster.**

Sacculus Der Teil des vestibulären Apparates, der auf Vertikalbeschleunigung des Kopfes reagiert.

saltatorische Erregungsleitung Leitung längs eines myelinisierten Axons, wobei die Front des fortgeleiteten Aktionspotentials von Schnürring zu Schnürring springt.

Scala tympani, Scala media, Scala vestibuli Flüssigkeitsgefüllte Kompartimente der Cochlea.

Schwannsche Zelle Satellitenzelle im peripheren Nervensystem; bildet die Myelinscheide.

Schwelle 1. Kritischer Wert des Membranpotentials oder der Depolarisation, bei dem ein Impuls ausgelöst wird. 2. Der minimale Reiz, der notwendig ist, um eine Empfindung auszulösen.

second messenger Ein Molekül, das Teil eines second messenger-Systems ist.

second messenger-System Eine Reihe von molekularen Reaktionen im Zellinneren, die durch Besetzen extrazellulärer Rezeptorbindungsstellen ausgelöst wird und zu einer funktionalen Antwort führt, wie z.B. zum Öffnen oder Schließen von Membrankanälen.

sekundärer Botenstoff s. **second messenger.**

Serotonin Neurotransmitter, auch als 5-Hydroxytryptamin bekannt.

Siemens (S) Einheit der Leitfähigkeit; Kehrwert von Ohm.

Soma Zellkörper.

somatotopisch Die topographische, sensorische Repräsentation des Körpers oder von Teilen des Körpers in Hirnstrukturen.

Stereocilien Spezialisierte Mikrovilli von abgestufter Länge auf der apikalen Oberfläche einer Haarzelle.

subarachnoidaler Raum Mit Cerebrospinalflüssigkeit gefüllter Raum zwischen Arachnoidea und Pia, zwei Bindegewebsschichten (Hirnhäuten), die das Gehirn umgeben.

Summation Die additive Wirkung synaptischer Potentiale.

zeitliche Summation Addition aufeinanderfolgender Potentiale.

räumliche Summation Addition von Potentialen, die aus verschiedenen Bereichen der Zelle stammen, beispielsweise von Potentialen, die sich von verschiedenen Zweigen eines Dendritenbaumes ausgehend zum Axonhügel ausbreiten.

Superfamilie Gruppe von Genproduktfamilien mit ähnlicher Struktur und Funktion (z.B. ligandenaktivierte Ionenkanäle); s. **Familie.**

Supersensitivität Verstärkung der Antworten von Zielzellen auf chemische Transmitter, wie man sie z.B. nach Denervierung findet.

sympathisches Nervensystem Die thorakalen und lumbalen Anteile des vegetativen Nervensystems.

Synapse Ort, an dem Neuronen funktionellen Kontakt herstellen; ein Begriff, der von Sherrington eingeführt wurde.

synaptische Verzögerung Zeitspanne zwischen dem präsynaptischen Nervenimpuls und der postsynaptischen Antwort.

synaptische Vesikel Kleine, membranumgebene Bläschen in präsynaptischen Nervenendigungen. Diejenigen, die im Elektronenmikroskop mit einem dunklen Kern erscheinen, enthalten Catecholamine und Serotonin; in durchsichtigen Vesikeln sind andere Transmitter gespeichert.

synaptischer Spalt Der Zwischenraum zwischen den Membranen der präsynaptischen und der postsynaptischen Zelle an einer chemischen Synapse, durch den der Transmitter diffundiert.

Tectorialmembran Membran in der Cochlea, in die die Cilien der Haarzellen eingebettet sind.

Tetanus Aktionspotentialsalve; auch eine anhaltende Muskelkontraktion, die durch einer solche Reizfolge ausgelöst wird.

Tetraethylammonium (TEA) Quarternäre Ammoniumverbindung, die selektiv gewisse spannungsaktivierte Kaliumkanäle in Neuronen und Muskelfasern blockiert.

Tetrodotoxin (TTX) Kugelfischgift, das selektiv den spannungsaktivierten Natriumkanal in Neuronen und Muskelfasern blockiert.

tight junction Ort, an dem es zu einer Fusion zwischen den äußeren Membranschichten benachbarter Zellen kommt, die zu einer fünfschichtigen Verbindung führt. Sie wird als **Macula occludens** bezeichnet, wenn der Bereich punktförmig und als **Zonula occludens**, wenn die Verbindung ringförmig ist. Solche vollständigen Verbindungen verhindern die Bewegung von Substanzen durch den Extrazellulärraum zwischen den Zellen.

Tor (gate) Die Vorrichtung, durch die ein Kanal geöffnet und geschlossen wird.

Transducer Vorrichtung, um eine Energieform in eine andere zu überführen (z.B. Mikrophon, photoelektrische Zelle, Lautsprecher oder Glühbirne).

Transkription Synthese von mRNA mit DNA als Schablone.

Translation Proteinsynthese mit mRNA als Schablone.

Transmitter Chemische Substanz, die von einer präsynaptischen Nervenendigung freigesetzt wird und eine Wirkung auf die Membran der postsynaptischen Zelle ausübt, gewöhnlich eine Leitfähigkeitszunahme für ein oder mehrere Ionensorten.

Tuning Eigenschaft eines Rezeptors (z.B. einer Haarzelle in der Cochlea), der seine Antwort auf einen spezifischen Frequenzbereich beschränkt.

Umkehrpotential Der Wert des Membranpotentials, bei dem ein chemischer Transmitter keine Potentialänderung bewirkt.

Untereinheit Der grundlegende strukturelle Baustein eines multimeren Proteins wie eines Membrankanals; gewöhnlich besteht eine Untereinheit aus einem einzigen Protein.

Utriculus Teil des Vestibularapparates, der auf Horizontalbeschleunigung des Kopfes reagiert.

vegetatives Nervensystem Teil des Nervensystems von Vertebraten, das Eingeweide, Haut, glatte Muskulatur, Drüsen und das Herz innerviert. Das vegetative oder autonome Nervensystem besteht aus zwei getrennten Teilen, dem **parasympathischen** und dem **sympathischen** Nervensystem.

Ventrikel Hohlräume im Gehirn, die Cerebrospinalflüssigkeit enthalten und mit Ependymzellen ausgekleidet sind.

Ventrikularzone Bereich in der Nachbarschaft des Neuralrohres (den zukünftigen Ventrikeln) im Neuroepithel sich entwickelnder Wirbeltiere, wo es zu Zellproliferation kommt.

Vertebrat Ein Tier mit einem Rückgrat (Vertebrum = Wirbel).

voltage clamp Technik, um das Membranpotential abrupt auf einen bestimmten, gewünschten Wert einzustellen und es anschließend konstant zu halten, während man Ströme über der Zellmembran mißt; entwickelt von Cole und Marmont.

Wachstumskegel Die auswachsende Spitze eines wachsenden Axons.

weiße Substanz Teil des Zentralnervensystems, der weiß erscheint; er besteht aus myelinisierten Nervenfaserbahnen. Vergleiche **graue Substanz**.

whole-cell recording Registrierung von Membranströmen einer intakten Zelle mit einer patch clamp-Elektrode durch eine Öffnung in der Zellmembran.

Zeitkonstante (τ) Maß für die Aufbau- bzw. Abbaurate eines lokalen graduierten Potentials; entspricht numerisch dem Produkt von Membranwiderstand und Membrankapazität.

zentrifugale Kontrolle Regulierung der Arbeitsweise peripherer Sinnesorgane durch Axone, die vom Zentralnervensystem kommen.

Bibliographie

Die Zahlen nach jedem Eintrag geben das Kapitel an, in dem die Referenz zitiert wird.

Abbott, N. J., Lane, N.J. and Bundgaard, M. 1986. The blood-brain interface in invertebrates. *Ann. NY Acad. Sci.* 481: 20–42. [6]

Abbott, N. J., Liebe, E.M. and Raff, M. (eds.). 1992. *Glial-Neuronal Interaction. Ann. NY Acad. Sci.* 633. [6]

Acklin, S.E. 1988. Electrical properties and anion permeability of doubly rectifying junctions in the leech central nervous system. *J. Exp. Biol.* 137: 1–11. [7]

Adams, P.R. and Brown, D.A. 1980. Luteinizing hormone-releasing factor and muscarinic agonists act on the same voltage-sensitive K^+-current in bullfrog sympathetic neurones. *Br. J. Pharmacol.* 68: 353–355. [8]

Adams, P. R., Brown, D. A. and Constanti, A. 1982a. Pharmacological inhibition of the M-current. *J. Physiol.* 332: 223–262. [8]

Adams, P. R., Brown, D.A. and Constanti, A. 1982b. M-currents and other potassium currents in bullfrog sympathetic neurones. *J. Physiol.* 330: 537–572. [8]

Adams, R.D. and Victor, M. 1989. *Principles of Neurology,* 4th Ed. McGraw-Hill, New York. [19]

Adams, W.B. and Levitan, I.B. 1985. Voltage and ion dependences of the slow currents which mediate bursting in *Aplysia* neurone R15. *J. Physiol.* 360: 69–93. [13]

Adler, E. M., Augustine, G. J., Duffy, S.N. and Charlton, M.P. 1991. Alien intracellular calcium chelators attenuate neurotransmitter release at the squid giant synapse. *J. Neurosci.* 11: 1496–1507. [7]

Adrian, E.D. 1946. *The Physical Background of Perception.* Clarendon Press, Oxford. [1, 14, 15, 19]

Adrian, E.D. 1959. *The Mechanism of Nervous Action.* University of Pennsylvania Press, Philadelphia. [15]

Adrian, E.D. and Zotterman, Y. 1926. The impulses produced by sensory nerve endings. Part II. The response of a single end organ. *J. Physiol.* 61: 151–171. [14]

Aguayo, A. J., Bray, G.M. and Perkins, S.C. 1979. Axon-Schwann cell relationships in neuropathies of mutant mice. *Ann. NY Acad. Sci.* 317: 512–531. [6]

Aguayo, A. J., Charron, L. and Bray, G.M. 1976. Potential of Schwann cells from unmyelinated nerves to produce myelin: A quantitative ultrastructural and radiographic study. *J. Neurocytol.* 5: 565–573. [6]

Aguayo, A.J., Dickson, R., Trecarten, J. Attiwell, M., Bray, G.M. and Richardson, P. 1978. Ensheathment and myelination of regenerating PNS fibres by transplanted optic nerve glia. *Neurosci. Lett.* 9: 97–104. [12]

Aguayo, A.J., Bray, G. M., Rasminsky, M., Zwimpfer, T., Carter, D. and Vidal-Sanz, M. 1990. Synaptic connections made by axons regenerating in the central nervous system of adult mammals. *J. Exp. Biol.* 153: 199–224. [6, 12]

Aguayo, A. J., Rasminsky, M., Bray, G. M., Carbonetto, S., McKerracher, L., Villegas-Perez, M. P., Vidal-Sanz, M. and Carter, D.A. 1991. Degenerative and regenerative responses of injured neurons in the central nervous system of adult mammals. *Philos. Trans. R. Soc. Lond. B* 331: 337–343. [12]

Akam, M. 1989. Hox and HOM: Homologous gene clusters in insects and vertebrates. *Cell* 57: 347–349. [11]

Akil, H., Watson, S.J., Young, E., Lewis, M. E., Khachaturian, H. and Walker, J.M. 1984. Endogenous opioids: Biology and function. *Annu. Rev. Neurosci.* 7: 223–255. [10]

Aldrich, R.W. and Stevens, C.F. 1983. Inactivation of open and closed sodium channels determined separately. *Cold Spring Harbor Symp. Quant. Biol.* 48: 147–153. [4]

Aldrich, R.W. and Stevens, C.F. 1987. Voltage-dependent gating of single sodium channels from mammalian neuroblastoma. *J. Neurosci.* 7: 418–431. [4]

Alexandrowicz, J.S. 1951. Muscle receptor organs in the abdomen of *Homarus vulgaris* and *Parlinurus vulgaris. Q.J. Microsc. Sci.* 92: 163–199. [14]

Alkon, D. 1987. *Memory Traces in the Brain.* Cambridge University Press, Cambridge. [13]

Alkon, D.L. 1989. Memory storage and neural systems. *Sci. Am.* 261(1): 42–50. [13]

Allen, R. D., Allen, N.S. and Travis, J.L. 1981. Videoenhanced differential interference contrast (AVEC-DIC) microscopy: A new method capable of analyzing microtubule-related movement in the reticulopodial network of *Allogromia laticollaris. Cell Motil.* 1: 291–302. [9]

Almers, W. and Tse, F.W. 1990. Transmitter release from synapses: Does a preassembled fusion pore initiate exocytosis? *Neuron* 4: 813–818. [9]

Almers, W., Stanfield, P. and Stühmer, W. 1983. Lateral distribution of sodium and potassium channels in frog skeletal muscle: Measurements with a patch clamp technique. *J. Physiol.* 336: 261–284. [4]

Altamirano, A.A. and Russell, J.M. 1987. Coupled Na/ K/Cl efflux. "Reverse" unidirectional fluxes in squid giant axons. *J. Gen. Physiol.* 89: 669–686. [3]

Anderson, C.R. and Stevens, C.F. 1973. Voltage clamp analysis of acetylcholine-produced end-plate current fluctuations at frog neuromuscular junction. *J. Physiol.* 235: 655–691. [2,7]

Anderson, H., Edwards, J.S. and Palka, J. 1980. Developmental neurobiology of invertebrates. *Annu. Rev. Neurosci.* 3: 97–139. [12]

Anderson, M.J. and Cohen, M.W. 1977. Nerve-induced and spontaneous redistribution of acetylcholine receptors on cultured muscle cells. *J. Physiol.* 268: 757–773. [11]

Angeletti, R. H., Hermodson, M.A. and Bradshaw, R.A. 1973. Amino acid sequences of mouse 2.5S nerve growth factor. II. Isolation and characterization of the thermolytic and peptic peptides and the complete covalent structure. *Biochemistry* 12: 100–115. [11]

Angeletti, R. H., Mercanti, D. and Bradshaw, R.A. 1973. Amino acid sequences of mouse 2.5S nerve growth factor. I. Isolation and characterization of the soluble tryptic and chymotryptic peptides. *Biochemistry* 12: 90–100. [11]

Angevine, J.B. and Sidman, R.L. 1961. Autoradiographic study of cell migration during histogenesis of cerebral cortex in the mouse. *Nature* 192: 766–768. [11]

Anglister, L. and McMahan, U.J. 1985. Basal lamina directs acetylcholinesterase accumulation at synaptic sites in regenerating muscle. *J. Cell Biol.* 101: 735–743. [12]

Anglister, L., Faber, I. C., Sharar, C.A. and Grinvald, A. 1982. Location of voltage-sensitive calcium channels along developing neurites: Their possible role in regulation of neurite elongation. *Dev. Biol.* 94: 351–365. [11]

Arbas, E.A. and Calabrese, R.L. 1987. Slow oscillations of membrane potential in interneurons that control heartbeat in the medicinal leech. *J. Neurosci.* 7: 3953–3960. [13]

Arbuthnott, E. R., Boyd, I. A. and Kalu, K.U. 1980. Ultrastructural dimensions of myelinated peripheral nerve fibres in the cat and their relation to conduction velocity. *J. Physiol.* 308: 125–157. [5]

Arbuthnott, E. R., Gladden, M.H. and Sutherland, F. l. 1989. The selectivity of fusimotor innervation in muscle spindles of the rat studied by light microscopy. *J. Anat.* 163: 183–190. [14]

Arbuthnott, E. R., Ballard, K. J., Boyd, I. A., Gladden, M. H. and Sutherland, F.I. 1982. The ultrastructure of cat fusimotor endings and their relationship to foci of sarcomere convergence in intrafusal fibres. *J. Physiol.* 331: 285–309. [14]

Arch, S. and Berry, R. W. 1989. Molecular and cellular regulation of neuropeptide expression: The bag cell model system. *Brain Res. Rev.* 14: 181–201. [13]

Aréchiga, H., Cortés, J. L., Garcia, U. and Rodríguez-Sosa, L. 1985. Neuroendocrine correlates of circadian rhythmicity in crustaceans. Am. *Zool.* 25: 265–274. [13]

Armstrong, C.M. 1981. Sodium channels and gating currents. *Physiol. Rev.* 61: 644–683. [4]

Armstrong, C.M. and Bezanilla, F. 1974. Charge movement associated with the opening and closing of the activation gates of Na channels. *J. Gen. Physiol.* 63: 533–552 [4]

Armstrong, C.M. and Bezanilla, F. 1977. Inactivation of the sodium channel II. Gating current experiments. *J. Gen. Physiol.* 70: 567–590. [4]

Armstrong, C.M. and Gilly, W.F. 1979. Fast and slow steps in the activation of sodium channels. *J. Gen. Physiol.* 74: 691–711. [4]

Armstrong, C.M. and Hille, B. 1972. The inner quaternary ammonium ion receptor in potassium channels of the node of Ranvier. *J. Gen. Physiol.* 59: 388–400. [4]

Armstrong, C. M., Bezanilla, F. and Rojas, E. 1973. Destruction of sodium conductance inactivation in squid axons perfused with pronase. *J. Gen. Physiol.* 62: 375–391. [4]

Art, J.J. and Fettiplace, R. 1987. Variation of membrane properties in hair cells isolated from the turtle cochlea. *J. Physiol.* 385: 207–242. [14]

Art, J. J., Fettiplace, R. and Fuchs, P.A. 1984. Synaptic hyperpolarization and inhibition of turtle cochlear hair cells. *J. Physiol.* 356: 525–550. [14]

Art, J. J., Crawford, A. C., Fettiplace, R. and Fuchs, P. A. 1985. Efferent modulation of hair cell tuning in the cochlea of the turtle. *J. Physiol.* 360: 397–421. [14]

Arthur, R. M., Pfeiffer, R.R. and Suga, N. 1971. Properties of 'two-tone inhibition' in primary auditory neurones. *J. Physiol.* 212: 593–609. [14]

Arvanitaki, A. and Cardot, H. 1941. Les caracteristiques de l'activité rythmique ganglionnaire "spontanée" chez l'Aplysie. *C. R. Soc. Biol.* 135: 1207–1211. [13]

Asanuma, H. 1989. *The Motor Cortex.* Raven, New York. [15]

Asanuma, H., Larsen, K.D. and Yumiya, H. 1980. Peripheral input pathways to the monkey motor cortex. *Exp. Brain Res.* 38: 349–355. [15]

Ascher, P., Nowak, L. and Kehoe, J. 1986. Glutamateactivated channels in molluscan and vertebrate neurons. *In* J. M. Ritchie, R.D. Keynes and L. Bolis (eds.). *Ion Channels in Neural Membranes.* Alan R. Liss, New York, pp. 283–295. [7]

Ashmore, J.F. 1987. A fast motile response in guineapig outer hair cells: The cellular basis of the cochlear amplifier. *J. Physiol.* 388: 323–347. [14]

Astion, M. L., Obaid, A.L. and Orkand, R.K. 1989. Effects of barium and bicarbonate on glial cells of *Necturus* optic nerve: Studies with microelectrodes and voltage-sensitive dyes. *J. Gen. Physiol.* 93: 731–744. [6]

Atwood, H.L. and Morin, W.A. 1970. Neuromuscular and axoaxonal synapses of the crayfish opener muscle. *J. Ultrastruct. Res.* 32: 351–369. [7]

Atwood, H.L. and Sandeman, D.C. (eds.). 1982. Synapses and neurotransmitters. *In* H.L. Atwood (ed.), *Biology of Crustacea,* Vol. 3. Academic Press, New York. [13]

Atwood, H. L., Dudel, J., Feinstein, N. and Parnas, I. 1989. Long-term survival of decentralized axons and incorporation of satellite cells in motor neurons of rock lobsters. *Neurosci. Lett.* 101: 121–126. [6]

Ausoni, S., Gorza, L., Schiaffino, S., Gundersen, K. and Lømo, T. 1990. Expression of myosin heavy-chain isoforms in stimulated fast and slow rat muscles. *J. Neurosci.* 10: 153–160. [12]

Avenet, P. and Lindemann, B. 1987a. Action potentials in epithelial taste receptors induced by mucosal calcium. *J. Memb. Biol.* 95: 265–269. [14]

Avenet, P. and Lindemann, B. 1987b. Patch-clamp study of isolated taste receptor cells of the frog. *J. Membr. Biol.* 97: 223–240. [14]

Avenet, P. and Lindemann, B. 1988. Amiloride-blockable sodium currents in isolated taste receptor cells. *J. Memb. Biol.* 105: 245–255. [14]

Avenet, P., Hofmann, F. and Lindemann, B. 1988. K-channels in taste receptor cells closed by cAMP-dependent protein kinase. *Nature* 331: 351–354. [14]

Axelrod, J. 1971. Noradrenaline: Fate and control of its biosynthesis. *Science* 173: 598–606. [9]

Axelsson, J. and Thesleff, S. 1959. A study of supersensitivity in denervated mammalian skeletal mucle. *J. Physiol.* 147: 178–193. [12]

Bailey, C.H. and Chen, M. 1988. Morphological basis of shortterm habituation in *Aplysia. J. Neurosci.* 8: 2452–2459. [13]

Bailey, C.H. and Chen, M. 1989. Structural plasticity at identified synapses during long-term memory in *Aplysia. J. Neurobiol.* 20: 356–372. [13]

Bainton, C. R., Kirkwood, P. A. and Sears, T. A. 1978. On the transmission of the stimulating effects of carbon dioxide to the muscles of respiration. *J. Physiol.* 280: 249–272. [15]

Baker, F. H., Grigg, P. and van Noorden, G.K. 1974. Effects of visual deprivation and strabismus on the response of neurons in the visual cortex of the monkey, including studies on the striate and prestriate cortex in the normal animal. *Brain Res.* 66: 185–208. [18]

Baker, P. F., Hodgkin, A.L. and Ridgeway, E.B. 1971. Depolarization and calcium entry in squid giant axons. *J. Physiol.* 218: 709–755. [3,4]

Baker, P. F., Hodgkin, A. L. and Shaw, T. I. 1962. Replacement of the axoplasm of giant nerve fibres with artificial solutions. *J. Physiol.* 164: 330–354. [3]

Baker, P. F., Blaustein, M. P., Keynes, R. D., Manil, J., Shaw, T. I. and Steinhardt, R. A., 1969. The ouabainsensitive fluxes of sodium and potassium in squid giant axons. *J. Physiol.* 200: 459–496. [3]

Baldessarini, R.J. and Tarsy, D. 1980. Dopamine and the pathophysiology of dyskinesias induced by antipsychotic drugs. *Annu. Rev. Neurosci.* 3: 23–41. [10]

Balice-Gordon, R.J. and Lichtman, J. W. 1990a. In vivo visualization of the growth of pre- and postsynaptic elements of mouse neuromuscular junctions. *J. Neurosci.* 10: 894–908. [11]

Balice-Gordon, R.J. and Lichtman, J. W. 1990b. Loss of synaptic sites during competitive synapse elimination is both rapid and saltatory. *Soc. Neurosci. Abstr.* 16: 456. [11]

Baptista, C. A. and Macagno, E. R. 1988. The role of the sexual organs in the generation of postembryonic neurons in the leech *Hirudo medicinalis. J. Neurobiol.* 19: 707–726. [13]

Barchi, R. L. 1983. Protein components of the purified sodium channel from rat skeletal muscle sarcolemma. *J. Neurochem.* 40: 1377–1385. [2]

Barde, Y.-A. 1989. Trophic factors and neuronal survival. *Neuron* 2: 1525–1534. [11]

Barker, D. 1962. *Muscle Receptors.* Hong Kong University Press, Hong Kong. [14]

Barker, D., Emonet-Dénand, F., Laporte, Y. and Stacey, M.J. 1980. Identification of the intrafusal endings of skeletofusimotor axons in the cat. *Brain Res.* 185: 227–237. [14]

Barlow, H.B. 1953. Summation and inhibition in the frog's retina. *J. Physiol.* 119: 69–88. [16]

Barlow, H. B., Hill, R.M. and Levick, W.R. 1964. Retinal ganglion cells responding selectively to direction and speed of image motion in the rabbit. *J. Physiol.* 173: 377–407. [16]

Barres, B. A., Chun, L. L. and Corey, D. P. 1990. Ion channels in vertebrate glia. *Annu. Rev. Neurosci.* 13: 441–471. [6]

Barrionuevo, G. and Brown, T.H. 1983. Associative long-term potentiation in hippocampal slices. *Proc. Natl. Acad. Sci. USA* 80: 7347–7351. [10]

Basbaum, A. I. 1985. Functional analysis of the cytochemistry of the spinal dorsal horn. *In* H.L. Fields, R. Dubner and F. Cervero (eds.). *Advances in Pain Research and Therapy,* Vol. 9. Raven Press, New York. [14]

Basbaum, A.I. and Fields, H.L. 1979. The origin of descending pathways in the dorsolateral funiculus of the spinal cord of the cat and rat: Further studies on the anatomy of pain modulation. *J. Comp. Neurol.* 187: 513–522. [14]

Baux, G., Fossier, P. and Tauc, L. 1990. Histamine and FLRFamide regulate acetylcholine release at an identified synapse in *Aplysia* in opposite ways. *J. Physiol.* 429: 147–168. [13]

Baxter, D. A. and Byrne, J. H. 1990. Differential effects of cAMP and serotonin on membrane current, action potential duration, and excitability of pleural sensory neurons of *Aplysia. J. Neurophysiol.* 64: 978–990.

Bayliss, W.M. and Starling, E.H. 1902. The mechanism of pancreatic secretion. *J. Physiol.* 28: 325–353. [10]

Baylor, D.A. 1987. Photoreceptor signals and vision. Proctor lecture. *Invest. Ophthalmol. Vis. Sci.* 28: 34–49. [16]

Baylor, D. A. and Fettiplace, R. 1977. Transmission from photoreceptors to ganglion cells in turtle retina. *J. Physiol.* 271: 391–424. [16]

Baylor, D. A. and Fuortes, M. G. F. 1970. Electrical responses of single cones in the retina of the turtle. *J. Physiol.* 207: 77–92. [16]

Baylor, D. A. and Nicholls, J. G. 1969a. Changes in extracellular potassium concentration produced by neuronal activity in the central nervous system of the leech. *J. Physiol.* 203: 555–569. [6]

Baylor, D.A. and Nicholls, J. G. 1969b. Chemical and electrical synaptic connexions between cutaneous mechanoreceptor neurones in the central nervous system of the leech. *J. Physiol.* 203: 591–609. [7]

Baylor, D. A., Fuortes, M. G. F. and O'Bryan, P.M. 1971. Receptive fields of cones in the retina of the turtle. *J. Physiol.* 214: 265–294. [16]

Baylor, D. A., Lamb, T. D. and Yau, K.-W. 1979. The membrane current of single rod outer segments. *J. Physiol.* 288: 589–611. [16]

Baylor, D. A., Nunn, B.J. and Schnapf, J. L. 1984. The photocurrent, noise and spectral sensitivity of rods of the monkey *Macaca fascicularis. J. Physiol.* 357: 575–607. [16]

Baylor, D. A., Nunn, B.J. and Schnapf, J.L. 1987. Spectral sensitivity of cones of the monkey *Macaca fascicularis. J. Physiol.* 390:145–160. [16]

Beadle, D. J., Lees, G. and Kater, S.B. 1988. *Cell Culture Approaches to Invertebrate Neuroscience.* Academic Press, London. [13]

Beam, K. G., Caldwell, J.H. and Campbell, D.T. 1985. Na channels in skeletal muscle concentrated near the neuromuscular junction. *Nature* 313: 588–590. [4]

Bean, B.P. 1981. Sodium channel inactivation in the crayfish giant axon. Must a channel open before inactivating? *Biophys. J.* 35: 595–614. [4]

Bear, M. F., Kleinschmidt, A., Gu, Q. A. and Singer, W. 1990. Disruption of experience-dependent synaptic modifications in striate cortex by infusion of an NMDA receptor antagonist. *J. Neurosci.* 10: 909–925. [18]

Bekkers, J. M. and Stevens, C. F. 1990. Presynaptic mechanism for long-term potentiation in the hippocampus. *Nature* 346: 724–729. [10]

Belardetti, F. and Siegelbaum, S. A. 1988. Up- and downmodulation of single K^+ channel function by distinct second messengers. *Trends Neurosci.* 11: 232–238. [13]

Belardetti, F., Kandel, E.R. and Siegelbaum, S. A. 1987. Neuronal inhibition by the peptide FMRFamide involves opening of S K^+ channels. *Nature* 325: 153–156. [8]

Belmar, J. and Eyzaguirre, C. 1966. Pacemaker site of fibrillation potentials in denervated mammalian muscle. *J. Neurophysiol.* 29: 425–441. [12]

Bennett, M.V. L. 1973. Function of electrotonic junctions in embryonic and adult tissues. *Fed. Proc.* 32: 65–75. [7]

Bennett, M. V. L. 1974. Flexibility and rigidity in electrotonically coupled systems. *In* M. V. L. Bennett (ed.). *Synaptic Transmission and Neuronal Interactions.* Raven Press, New York, pp. 153–158. [7]

Bennett, M.V. L., Barrio, L. C., Bargiello, T. A., Spray, D. C., Herzberg, E. and Saez, J. C. 1991. Gap junctions: New tools, new answers, new questions. *Neuron* 6: 305–320. [5]

Bentley, D. and Caudy, M. 1983. Navigational substrates for peripheral pioneer growth cones: Limb-axis polarity cues, limb segment boundaries, and guidepost neurons. *Cold Spring Harbor Symp. Quant. Biol.* 48: 573–585. [11]

Bentley, D. and Toroian-Raymond, A. 1989. Pre-axonogenesis migration of afferent pioneer cells in the grasshopper embryo. *J. Exp. Zool.* 251: 217–223. [13]

Bentley, D., Guthrie, P.B. and Kater, S.B. 1991. Calcium ion distribution in nascent pioneer axons and coupled preaxonogenesis neurons in situ. *J. Neurosci.* 11: 1300–1308. [11]

Benzer, S. 1971. From the gene to behavior. *J.A.M.A.* 218: 1015–1022. [13]

Berg, D.K. and Hall, Z. W. 1975. Increased extrajunctional acetylcholine sensitivity produced by chronic postsynaptic neuromuscular blockade. *J. Physiol.* 244: 659–676. [12]

Berlucchi, G. and Rizzolatti, G. 1968. Binocularly driven neurons in visual cortex of split-chiasm cats. *Science* 159: 308–310. [17]

Bernardi, G., Carpenter, M., Di Chiaria, G., Morelli, M. and

Stanzioni, P. (eds.). 1991. *The Basal Ganglia III. Proceedings of the Third Triennial Symposium of the International Basal Ganglion Society.* Plenum, New York. [15]

Berne, R.M. and Levy, M.N. (eds.). 1988. *Physiology,* 2nd ed. Mosby, St. Louis. [14]

Bernstein, J. 1902. Untersuchungen zur Thermodynamik der bioelektrischen Ströme. *Pflügers Arch.* 92: 521–562. [3]

Berridge, M.J. 1988. Inositol lipids and calcium signalling. *Proc. R. Soc. Lond. B* 234: 359–378. [8]

Betz, H. 1990. Ligand-gated ion channels in the brain: The amino acid receptor superfamily. *Neuron* 5: 383–392. [2,10]

Betz, W.J. 1987. Motoneuron death and synapse elimination in vertebrates. *In* M. M. Salpeter (ed.). *The Vertebrate Neuromuscular Junction.* Alan R. Liss, New York, pp. 117–162 [11]

Betz, W.J. and Sakmann, B. 1973. Effects of proteolytic enzyme on function and structure of frog neuromuscular junctions. *J. Physiol.* 230: 673–688. [9]

Betz, W. J., Caldwell, J.H. and Ribchester, R.R. 1980. The effects of partial denervation at birth on the development of muscle fibers and motor units in rat lumbrical muscle. *J. Physiol. 303:* 265–279. [11]

Betz, W. J., Mao, F. and Bewick, G.S. 1992. Activitydependent fluorescent staining and destaining of living vertebrate motor nerve terminals. *J. Neurosci.* 12: 363–375. [9]

Bevan, S. and Steinbach, J.H. 1977. The distribution of α-bungarotoxin binding sites on mammalian skeletal muscle developing in vivo. *J. Physiol.* 267: 195–213. [12]

Bevan, S., Chiu, S. Y., Gray, P.T. and Ritchie, J.M. 1985. The presence of voltage-gated sodium, potassium, and chloride channels in rat cultured astrocytes. *Proc. R. Soc. Lond. B* 225: 299–313. [6]

Beyer, E. C., Paul, D.L. and Goodenough, D.A. 1987. Connexon43: A protein from rat heart homologous to a gap junction from liver. *J. Cell Biol.* 105: 2621–2629. [5]

Bialeck, W. 1987. Physical limits to sensation. *Annu. Rev. Biophys. Biophys. Chem.* 16: 455–478. [14]

Bignami, A. and Dahl, D. 1974. Astrocyte-specific protein and neuroglial differentiation: An immunofluorescence study with antibodies to the glial fibrillary acidic protein. *J. Comp. Neurol.* 153: 27–38. [6]

Binder, M.D. and Mendell, L.M. (eds.). 1990. *The Segmental Motor System.* Oxford University Press, New York. [15]

Birks, R., Katz, B. and Miledi, R. 1960. Physiological and structural changes at the amphibian myoneural junction in the course of nerve degeneration. *J. Physiol.* 150: 145–168. [7]

Birks, R. I. and MacIntosh, F. C. 1961. Acetylcholine metabolism of a sympathetic ganglion. *J. Biochem. Physiol.* 39: 787–827. [9]

Birnbaumer, L., Codina, J., Mattera, R., Yatani, A., Scherer, N., Toro, M.J. and Brown, A.M. 1987. Signal transduction by G proteins. *Kidney Int.* 32 (Suppl. 23): S14-S37. [8]

Bittner, G.D. 1991. Long-term survival of anucleate axons and its implications for nerve regeneration. *Trends Neurosci.* 14: 188–193. [12]

Bixby, J.L. and Van Essen, D.C. 1979. Competition between foreign and original nerves in adult mammalian skeletal muscle. *Nature* 282: 726–728. [12]

Bixby, J. L., Lilien, J. and Reichardt, L. F. 1988. Identification of the major proteins that promote neuronal process outgrowth on Schwann cells in vitro. *J. Cell Biol.* 107: 353–361. [11]

Björklund, A. 1991. Neural transplantation—an experimental tool with clinical possibilities. *Trends Neurosci.* 14: 319–322. [12]

Björklund, A., Dunnett, S. B., Stenevi, U., Lewis, N.E. and Iversen, S.D. 1980. Reinnervation of the denervated striatum by substantia nigra transplants: Functional consequences as revealed by pharmocological and sensorimotor testing. *Brain Res.* 199: 307–333. [12]

Black, I.B. 1978. Regulation of autonomic development. *Annu. Rev. Neurosci.* 1: 183–214. [11]

Black, J.A. and Waxman, S.G. 1988. The perinodal astrocyte. *Glia* 1: 169–183. [6]

Black, J. A., Kocsis, J.D. and Waxman, S.G. 1990. Ion channel organization of the myelinated fiber. *Trends Neurosci.* 13: 48–54. [5,6]

Blackman, J.G. and Purves, R.D. 1969. Intracellular recordings from the ganglia of the thoracic sympathetic chain of the guinea-pig. *J. Physiol.* 203: 173–198. [7]

Blackman, J. G., Ginsborg, B.L. and Ray, C. 1963. Synaptic transmission in the sympathetic ganglion of the frog. *J. Physiol.* 167: 355–373. [7]

Blackshaw, S.E. 1981a. Sensory cells and motor neurons. *In* K.J. Muller, J.G. Nicholls and G.S. Stent (eds.). *Neurobiology of the Leech.* Cold Spring Harbor Laboratory, Cold Spring Harbor, NY, pp. 51–78. [13]

Blackshaw, S.E. 1981b. Morphology and distribution of touch cell terminals in the skin of the leech. *J. Physiol.* 320: 219–228. [13]

Blackshaw, S.E. and Thompson, S.W. 1988. Hyperpolarizing responses to stretch in sensory neurones innervating leech body wall muscle. *J. Physiol.* 396: 121–137. [13, 14]

Blackshaw, S. E., Nicholls, J.G. and Parnas, I. 1982. Expanded receptive fields of cutaneous mechanoreceptor cells after single neurone deletion in leech central nervous system. *J. Physiol.* 326: 261–268. [12, 13]

Blair, L.A. C., Levitan, E. S., Marshall, J., Dionne, V.E. and Barnard, E.A. 1988. Single subunits of the $GABA_A$ receptor form ion channels with properties of the native receptor. *Science* 242: 577–579. [10]

Blakemore, C. and Van Sluyters, R.C. 1974. Reversal of the physiological effects of monocular deprivation in kittens: Further evidence for a sensitive period. *J. Physiol.* 237: 195–216. [18]

Blasdel, G.G. 1989. Visualization of neuronal activity in monkey striate cortex. *Annu. Rev. Physiol.* 51: 561–581. [17]

Blasdel, G.G. and Lund, J.S. 1983. Termination of afferent axons in macaque striate cortex. *J. Neurosci.* 3: 1389–1413 [17]

Blauert, J. 1983. *Spatial Hearing: The Psychophysics of Human Sound Localization.* MIT Press, Cambridge. [14]

Blaustein, M.P. 1988. Calcium transport and buffering in neurons. *Trends Neurosci.* 11: 438–443. [3]

Bliss, T.V. P. and Lømo, T. 1973. Long-lasting potentiation of synaptic transmission in the dentate of the anesthetized rabbit following stimulation of the perforant path. *J. Physiol.* 232: 331–356. [10]

Bloom, F.E. and Iversen, L.L. 1971. Localizing [^{3}H]-GABA in nerve terminals of rat cerebral cortex by electron microscopic autoradiography. *Nature* 229: 628–630. [9]

Blumenfeld, H., Spira, M. E., Kandel, E.R. and Siegelbaum, S.A. 1990. Facilitatory and inhibitory transmitters modulate calcium influx during action potentials in *Aplysia* sensory neurons. *Neuron* 5: 487–499. [8]

Bogen, J.E. and Gordon, H.W. 1971. Musical tests for functional lateralization with intracarotid amobarbital. *Nature* 230: 524–525. [19]

Bolz, J. and Gilbert, C.D. 1986. Generation of endinhibition in the visual cortex via interlaminar connections. *Nature* 320: 362–365. [17]

Bolz, J., Gilbert, C. D. and Wiesel, T. N. 1989. Pharmacological analysis of cortical circuitry. *Trends Neurosci.* 12: 292–296. [17]

Bonhoeffer, T. and Grinvald, A. 1991. Iso-orientation domains in cat visual cortex are arranged in pinwheel-like patterns. *Nature* 353: 429–431. [17]

Bonner, T. I. 1989. The molecular basis of muscarinic receptor diversity. *Trends Neurosci.* 12: 148–151. [8]

Born, D. E. and Rubel, E. W. 1988. Afferent influences on brain stem auditory nuclei of the chicken: Presynaptic action potentials regulate protein synthesis in nucleus magnocellularis neurons. *J. Neurosci.* 8: 901–919. [12]

Bostock, H. and Sears, T. A. 1978. The internodal axon membrane: Electrical excitability and continuous conduction in segmental demyelination. *J. Physiol.* 280: 273–301. [5,6]

Bostock, H., Sears, T. A. and Sherratt, R. M. 1981. The effects of 4-aminopyridine and tetraethylammonium on normal and demyelinated mammalian nerve fibres. *J. Physiol.* 313: 301–315. [5]

Bowling, D. B. and Michael, C. R. 1980. Projection patterns of single physiologically characterized optic tract fibres in cat. *Nature* 286: 899–902. [16]

Bowling, D., Nicholls, J. G. and Parnas, I. 1978. Destruction of a single cell in the central nervous system of the leech as a means of analyzing its connections and functional role. *J. Physiol.* 282:169–180. [12, 13]

Boyd, I. A. and Martin, A. R. 1956. The end-plate potential in mammalian muscle. *J. Physiol.* 132: 74–91. [7]

Boycott, B. B. and Dowling, J. E. 1969. Organization of primate retina: Light microscopy. *Philos. Trans. R. Soc. Lond. B* 255:109–184. [16]

Bradbury, M. 1979. *The Concept of a Blood-Brain Barrier.* Wiley, Chichester. [6]

Brady, S. T., Lasek, R.J. and Allen, R. D. 1982. Fast axonal transport in extruded axoplasm from squid giant axon. *Science* 218: 1129–1131. [9]

Brand, J. G., Teeter, J. H., Cagan, R. H. and Kare, M. R. (eds.). 1989. *Receptor Events in Transduction and Olfaction.* Volume 1 of *Chemical Senses.* Marcel Dekker, New York. [14]

Bray, D. and Hollenbeck, P.J. 1988. Growth cone motility and guidance. *Annu. Rev. Cell Biol.* 4: 43–61. [11]

Bray, G. M., Rasminsky, M. and Aguayo, A.J. 1981. Interactions between axons and their sheath cells. *Annu. Rev. Neurosci.* 4: 127–162. [6]

Bredt, D. S., Hwang, P. M., Glatt, C. E., Lowenstein, C., Reed, R. R. and Snyder, S. H. 1991. Cloned and expressed nitric oxide synthase structurally resembles cytochrome P-450 reductase. *Nature* 351: 714–718. [8]

Breitwieser, G. E. and Szabo, G. 1985. Uncoupling of cardiac muscarinic and β-adrenergic receptors from ion channels by a guanine nucleotide analogue. *Nature* 317: 538–540. [8]

Brenner, H. R. and Johnson, E. W. 1976. Physiological and morphological effects of post-ganglionic axotomy on presynaptic nerve terminals. *J. Physiol.* 260: 143–158. [12]

Brenner, H. R. and Martin, A. R. 1976. Reduction in acetylcholine sensitivity of axotomized ciliary ganglion cells. *J. Physiol.* 260: 159–175. [12]

Brew, H., Gray, P. T., Mobbs, P. and Attwell, D. 1986. Endfeet of retina glial cells have higher densities of ion channels that mediate K^+ buffering. *Nature* 324: 466–468. [6]

Bridge, J. H. B., Smolley, J. R. and Spitzer, N. W. 1990. The relationship between charge movements associated with I_{Ca} and $I_{Na\text{-}Ca}$ in cardiac myocytes. *Science* 248: 376–378. [3]

Brigant, J. L. and Mallart, A. 1982. Presynaptic currents in mouse motor endings. *J. Physiol.* 333: 619–636. [7]

Brightman, M. W. and Reese, T. S. 1969. Junctions between intimately apposed cell membranes in the vertebrate brain. *J. Cell Biol.* 40: 668–677. [6]

Brightman, M. W., Reese, T. S. and Feder, N. 1970. Assessment with the electronmicroscope of the permeability to peroxidase of cerebral endothelium in mice and sharks. *In* C. Crone and N. A. Lassen (eds.). *Capillary Permeability. Alfred Benzon Symposium II.* Munskgaard, Copenhagen, pp. 468–476. [6]

Brodfuehrer, P. D. and Friesen, W. O. 1986. From stimulation to undulation: A neuronal pathway for the control of swimming activity in the leech. *Science* 234: 1002–1004. [13]

Bronner-Fraser, M. 1985. Alterations in neural crest migration by a monoclonal antibody that affects cell adhesion. *J. Cell Biol.* 101: 610–617. [11]

Bronner-Fraser, M. and Fraser, S. E. 1988. Cell lineage analysis reveals multipotency of some avian neural crest cells. *Nature* 335: 161–164. [11]

Brooks, V. B. 1956. An intracellular study of the action of repetitive nerve volleys and of botulinum toxin on miniature endplate potentials. *J. Physiol.* 134: 264–277. [7]

Brown, A. G. and Fyffe, R. E. W. 1981. Direct observations on the contacts made between Ia afferent fibers and α-motoneurones in the cat's lumbosacral spinal cord. *J. Physiol.* 313: 121–140. [15]

Brown, A. M. and Birnbaumer, L. 1990. Ionic channels and their regulation by G protein subunits. *Annu. Rev. Physiol.* 52: 197–213. [8]

Brown, D. A. 1990. G-proteins and potassium currents in neurons. *Annu. Rev. Physiol.* 52: 215–242. [8]

Brown, G. L. 1937. The actions of acetylcholine on denervated mammalian and frog's muscle. *J. Physiol.* 89: 438–461. [12]

Brown, H. M., Ottoson, D. and Rydqvist, B. 1978. Crayfish stretch receptor: An investigation with voltageclamp and ion-sensitive electrodes. *J. Physiol.* 284: 155–179. [14]

Brown, M. C. and Ironton, R. 1977. Motor neurone sprouting induced by prolonged tetrodotoxin block of nerve action potentials. *Nature* 265: 459–461. [12]

Brown, M. C., Holland, R. L. and Hopkins, W. G. 1981. Motor nerve sprouting. *Annu. Rev. Neurosci.* 4: 17–42. [12]

Brown, M. C., Hopkins, W. G. and Keynes, R.J. 1982. Short- and long-term effects of paralysis on the motor innervation of two different neonatal mouse muscles. *J. Physiol.* 329: 439–450. [11]

Brown, M. C., Jansen, J. K. S. and Van Essen, D. 1976. Polyneuronal innervation of skeletal muscle in newborn rats and its elimination during maturation. *J. Physiol.* 261: 387–422. [11]

Brown, P. K. and Wald, G. 1963. Visual pigments in human and monkey retinas. *Nature* 200: 37–43. [16]

Brown, R. O., Pulst, S. M. and Mayeri, E. 1989. Neuroendocrine bag cells of *Aplysia* are activated by bag cell peptide-containing neurons in the pleural ganglion. *J. Neurophysiol.* 61: 1142–1152. [13]

Brown, T. G. 1911. The intrinsic factor in the act of progression in the mammal. *Proc. R. Soc. Lond. B* 84: 308–319. [15]

Brown, T. H., Kairiss, E. W. and Keenan, C. L. 1990. Hebbian synapses: Biophysical mechanisms and algorithms. *Annu. Rev. Neurosci.* 13: 475–511. [10]

Buck, L. and Axel, R. 1991. A novel multigene family may encode odorant receptors: A molecular basis for odor recognition. *Cell* 65: 175–187. [14]

Bullock, T.H. and Hagiwara, S. 1957. Intracellular recording from the giant synapse of the squid. *J. Gen. Physiol.* 40: 565–577. [7]

Bundgaard, M. and Cserr, H.F. 1981. A glial bloodbrain barrier in elasmobranchs. *Brain Res.* 226: 61–73. [6]

Bunge, R.P. 1968. Glial cells and the central myelin sheath. *Physiol. Rev.* 48: 197–251. [6]

Bunge, R. P., Bunge, M.B. and Bates, M. 1989. Movements of the Schwann cell nucleus implicate progression of the inner (axon-related) Schwann cell process during myelination. *J. Cell Biol.* 109: 273–284. [6]

Burden, S.J., Sargent, P.B. and McMahan, U.J. 1979. Acetylcholine receptors in regenerating muscle accumulate at original synaptic sites in the absence of the nerve. *J. Cell Biol.* 82: 412–425. [9, 12]

Burger, P. M., Mehl, E., Cameron, P. L., Maycox, P. R., Baumert, M., Lottspeich, F., De Camilli, P. and Jahn, R. 1989. Synaptic vesicles immunoisolated from rat cerebral cortex contain high levels of glutamate. *Neuron* 3: 715–720. [9]

Burger, P. M., Hell, J., Mehl, E., Krasel, C., Lottspeich, F. and Jahn, R. 1991. GABA and glycine in synaptic vesicles: Storage and transport characteristics. *Neuron* 7: 287–293. [9]

Burke, R.E. 1978. Motor units: Physiological histochemical profiles, neural connectivity and functional specialization. *Am. Zool.* 18: 127–134. [15]

Burke, R. E., Walmsley, B. and Hodgson, J. A. 1979. HRP anatomy of group Ia afferent contacts on alpha motoneurones. *Brain Res.* 160: 347–352. [15]

Burnstock, G. 1990. Overview: Purinergic mechanisms. *Ann. NY Acad. Sci.* 603: 1–17. [9]

Burrows, M. and Siegler, M.V. 1985. Organization of receptive fields of spiking local interneurons in the locust with inputs from hair afferents. *J. Neurophysiol.* 53: 1147–1157 [13]

Bursztajn, S., Berman, S.A. and Gilbert, W. 1989. Differential expression of acetylcholine receptor mRNA in nuclei of cultured muscle cells. *Proc. Natl. Acad. Sci. USA* 86: 2928–2932. [12]

Buttner, N., Siegelbaum, S.A. and Volterra, A. 1989. Direct modulation of *Aplysia* S-K^+ channels by a 12-lipoxygenase metabolite of arachidonic acid. *Nature* 342: 553–555. [8]

Byrne, J.H. 1987. Cellular analysis of associative learning. *Physiol. Rev.* 67: 329–439. [13]

Byrne, J., Castellucci, V.F. and Kandel, E.R. 1974. Receptive fields and response properties of mechanoreceptor neurons innervating siphon skin and mantle shelf in *Aplysia. J. Neurophysiol.* 37: 1041–1064. [13]

Caldwell, J.H. and Daw, N.W. 1978. Effects of picrotoxin and strychnine on rabbit retinal ganglion cells: Changes in centre surround receptive fields. *J. Physiol.* 276: 299–310. [10]

Caminiti, R., Johnson, P.B. and Urbano, A. 1990. Making arm movements within different parts of space: Dynamic aspects in the primate motor cortex. *J. Neurosci.* 10: 2039–2058. [15]

Campbell, K. P., Leung, A.T. and Sharp, A.H. 1988. The biochemistry and molecular biology of the dihydropyridine-sensitive calcium channel. *Trends Neurosci.* 11: 425–430. [4]

Campenot, R.B. 1977. Local control of neurite development by nerve growth factor. *Proc. Natl. Acad. Sci. USA* 74: 4516–4519. [11]

Campenot, R.B. 1982. Development of sympathetic neurons in compartmentalized cultures. II. Local control of neurite survival by nerve growth factor. *Dev. Biol.* 93: 13–21 [11]

Cannon, W.B. and Rosenblueth, A. 1949. *The Supersensitivity of Denervated Structures: Law of Denervation.* Macmillan, New York. [12]

Cantino, D. and Mugnani, E. 1975. The structural basis for electrotonic coupling in the avian ciliary ganglion: A study with thin sectioning and freeze-fracturing. *J. Neurocytol.* 4: 505–536. [5]

Caprio, J. 1978. Olfactory and taste in the channel catfish: An electrophysiological study of responses to amino acids and their derivatives. *J. Comp. Physiol.* 132: 357–371. [14]

Caputo, C., Bezanilla, F. and DiPolo, R. 1989. Currents related to the sodium-calcium exchange in squid giant axon. *Biochim. Biophys. Acta* 986: 250–256. [3]

Carafoli, E. 1988. Membrane transport of calcium: an overview. *Meth. Enzymol.* 157: 3–11 [3]

Carew, T.J. 1989. Developmental assembly of learning in *Aplysia. Trends Neurosci.* 12: 389–394. [13]

Carew, T. J., Castellucci, V.F. and Kandel, E.R. 1979. Sensitization in *Aplysia:* Rapid restoration of transmission in synapses inactivated by long-term habituation. *Science* 205: 417–419. [13]

Carlson, M., Hubel, D.H. and Wiesel, T.N. 1986. Effects of monocular exposure to oriented lines on monkey striate cortex. *Brain Res.* 390: 71–81. [18]

Caroni, P. and Grandes, P. 1990. Nerve sprouting in innervated adult muscle induced by exposure to elevated levels of insulin-like growth factors. *J. Cell Biol.* 110: 1307–1317. [11]

Caroni, P. and Schwab, M.E. 1988. Two membrane protein fractions from rat central myelin with inhibitory properties for neurite growth and fibroblast spreading. *J. Cell Biol.* 106: 1281–1288. [6]

Casey, P. J., Graziano, M. P., Freissmuth, M. and Gilman, A.G. 1988. Role of G proteins in transmembrane signaling. *Cold Spring Harbor Symp. Quant. Biol.* 53: 203–208. [8]

Caspar, D.L. D., Goodenough, D. A., Makowski, L. and Phillips, W.C. 1977. Gap junction structures. I. Correlated electron microscopy and X-ray diffraction. *J. Cell Biol.* 74: 605–628. [5]

Castellucci, V.F. and Kandel, E.R. 1974. A quantal analysis of the synaptic depression underlying habituation of the gill-withdrawal reflex in *Aplysia. Proc. Natl. Acad. Sci. USA* 71: 5004–5008. [13]

Castle, N. A., Haylett, D.G. and Jenkinson, D.H. 1989. Toxins in the characterization of potassium channels. *Trends Neurosci.* 12: 59–65 [4]

Catterall, W.A. 1980. Neurotoxins that act on voltagesensitive sodium channels in excitable membranes. *Annu. Rev. Pharmacol. Toxicol.* 20: 15–43. [4]

Catterall, W. A. 1988. Structure and function of voltagesensitive ion channels. *Science* 242: 50–61. [2]

Caviness, V. S., Jr. 1982. Neocortical histogenesis in normal and reeler mice: A developmental study based upon [^{3}H]-thymidine autoradiography. *Dev. Brain Res.* 4: 293–302. [11]

Ceccarelli, B. and Hurlbut, W.P. 1980. Vesicle hypothesis of the release of quanta of acetylcholine. *Physiol. Rev.* 60: 396–441. [9]

Changeux, J.P. 1991. Compartmentalized transcription of acetylcholine receptor genes during motor endplate epigenesis. *New Biol.* 3: 413–429. [12]

Cheney, D.P. and Fetz, E.E. 1980. Functional classes of primate corticomotoneuronal cells and their relation to active force. *J. Neurophysiol.* 44: 773–791. [15]

Chiba, A. and Murphey, R.K. 1991. Connectivity of identified central synapses in the cricket is normal following regeneration and blockade of presynaptic activity. *J. Neurobiol.* 22: 130–142. [12]

Chitnis, A.B. and Kuwada, J.Y. 1991. Elimination of a brain tract increases errors in pathfinding by follower growth cones in the zebrafish embryo. *Neuron* 7: 277–285. [11]

Chiu, S.Y. and Ritchie, J.M. 1981. Evidence for the presence of potassium channels in the paranodal region of acutely demyelinated mammalian nerve fibres. *J. Physiol.* 313: 415–437. [5]

Chiu, S. Y., Ritchie, J. M., Rogart, R.B. and Stagg, D. 1979. A quantitative description of potassium currents in the paranodal region of acutely demyelinated mammalian nerve fibres. *J. Physiol.* 292: 149–166. [4]

Choi, D. W., Koh, J.-Y. and Peters, S. 1988. Pharmacology of glutamate neurotoxicity in cortical cell culture: attenuation by NMDA antagonists. *J. Neurosci.* 8: 185–196. [10]

Chua, M. and Betz, W.J. 1991. Characteristics of a nonselective cation channel in the surface membrane of adult rat skeletal muscle. *Biophys. J.* 59: 1251–1260. [3]

Clausen, T. and Flatman, J.A. 1977. The effect of catecholamines on Na-K transport and membrane potential in rat soleus muscle. *J. Physiol.* 270: 383–414. [8]

Cline, H.T. 1991. Activity-dependent plasticity in the visual systems of frogs and fish. *Trends Neurosci.* 14: 104–111. [18]

Cline, H.T. and Constantine-Paton, M. 1990. NMDA receptor agonist and antagonists alter retinal ganglion cell arbor structure in the developing frog retinotectal projection. *J. Neurosci.* 10:1197–1216. [18]

Close, R.I. 1972. Dynamic properties of mammalian skeletal muscles. *Physiol. Rev.* 52: 129–197. [12]

Codina, J., Yatani, A., Grenet, D., Brown, A.M. and Birnbaumer, L. 1987. The α subunit of the GTP binding protein G_k opens atrial potassium channels. *Science* 236: 442–445. [8]

Coggeshall, R.E. and Fawcett, D.W. 1964. The fine structure of the central nervous system of the leech, *Hirudo medicinalis*. *J. Neurophysiol.* 27: 229–289. [13]

Cohan, C.S. and Kater, S.B. 1986. Suppression of neurite elongation and growth cone motility by electrical activity. *Science* 232: 1638–1640. [18]

Cohen, A. H., Mackler, S.A. and Selzer, M. 1988. Behavioral recovery following spinal transection: Functional regeneration in the lamprey CNS. *Trends Neurosci.* 11: 227–231. [12]

Cohen, E. and Sterling, P. 1990. Convergence and divergence of cones onto bipolar cells in the central area of cat retina. *Philos. Trans. R. Soc. Lond. B* 330: 323–328. [16]

Cohen, M.W. 1970. The contribution by glial cells to surface recordings from the optic nerve of an amphibian. *J. Physiol.* 210: 565–580. [6]

Cohen, M.W. 1972. The development of neuromuscular connexions in the presence of D-tubocurarine. *Brain Res.* 41: 457–463. [12]

Cohen, M. W., Jones, O.T. and Angelides, K.J. 1991. Distribution of Ca^{2+} channels on frog motor nerve terminals revealed by fluorescent Ω-conotoxin. *J. Neurosci.* 11: 1032–1038. [7]

Cohen, S. 1959. Purification and metabolic effects of a nerve growth-promoting protein from snake venom. *J. Biol. Chem.* 234: 1129–1137. [11]

Cohen, S. 1960. Purification of a nerve growth-promoting protein from the mouse salivary gland and its neuro-cytotoxic antiserum. *Proc. Natl. Acad. Sci. USA* 46: 302–311. [11]

Cold Spring Harbor Symposium on Quantitative Biology. 1983. 48: 1–146. [2]

Cole, K.S. 1968. *Membranes, Ions and Impulses.* University of California Press, Berkeley. [4]

Collingridge, G.L. and Lester, R.A. J. 1989. Excitatory amino acid receptors in the vertebrate central nervous system. *Pharmacol. Rev.* 40: 143–219. [7]

Collingridge, G. L., Kehl, S.J. and McLennan, H. 1983. Excitatory amino acids in synaptic transmission in the Schaffer collateral-commissural pathway of the rat hippocampus. *J. Physiol.* 334: 33–46. [10]

Collins, W. F., Jr., Nulsen, F. E. and Randt, C. T. 1960. Relation of peripheral nerve fiber size and sensation in man. *Arch. Neurol.* 3: 381–385. [14]

Colquhoun, D. and Sakmann, B. 1981. Fluctuations in the microsecond time range of current through single acetylcholine receptor ion channels. *Nature* 294: 464–466. [7]

Comb, M., Hyman, S.E. and Goodman, H.M. 1987. Mechanisms of trans-synaptic regulation of gene expression. *Trends Neurosci.* 10: 473–478. [9]

Connor, J. A. and Stevens, C. F. 1971. Voltage clamp studies of a transient outward membrane current in gastropod neural somata. *J. Physiol.* 213: 21–30. [2,4]

Consiglio, M. 1900. Sul decorso delle fibre irido-costritricci neglu ucelli: Nota sperimentale. *Arch. Farmacol. Terap.* 8: 268–275. [7]

Constantine-Paton, M., Cline, H. T. and Debski, E. 1990. Patterned activity, synaptic convergence, and the NMDA receptor in developing visual pathways. *Annu. Rev. Neurosci.* 13: 129–154. [11, 18]

Constantine-Paton, M., Blum, A. S., Mendez-Otero, R. and Barnstable, C.J. 1986. A cell surface molecule distributed in a dorsoventral gradient in the perinatal rat retina. *Nature* 324: 459–462. [11]

Conte, F., DeFelice, L.J. and Wanke, E. 1975. Potassium and sodium ion current noise in the membrane of the squid giant axon. *J. Physiol.* 248: 45–82. [4]

Conti, F. and Neher, E. 1980. Single channel recordings of K^+ currents in squid axons. *Nature* 285: 140–143. [4]

Conti, F. and Stühmer, W. 1989. Quantal charge redistributions accompanying structural transitions of sodium channels. *Eur. Biophys. J.* 17: 53–59. [4]

Coombs, J. S., Eccles, J.C. and Fatt, P. 1955. The specific ion conductances and the ionic movements across the motoneuronal membrane that produce the inhibitory post-synaptic potential. *J. Physiol.* 130: 326–373. [7]

Cooper, E., Couturier, S. and Ballivet, M. 1991. Pentameric structure and subunit stoichiometry of a neuronal nicotinic acetylcholine receptor. *Nature* 350: 235–238. [2]

Cooper, J. R., Bloom, F.E. and Roth, R.H. 1991. *The Biochemical Basis of Pharmacology,* 6th Ed. Oxford University Press, New York. [10]

Cooper, N.G. F. and Steindler, D.A. 1986. Monoclonal antibody to glial fibrillary acidic protein reveals a parcellation of individual barrels in the early postnatal mouse somatosensory cortex. *Brain Res.* 380: 341–348. [6]

Costa, E. 1991. The allosteric modulation of $GABA_A$ receptors. *Neuropsychopharmacology* 4: 225–235. [10]

Costanzo, R.M. and Gardiner, E.P. 1980. A quantitative analysis of responses of direction-sensitive neurons in somatosensory cortex of awake monkeys. *J. Neurophysiol.* 43: 1319–1341. [14]

Cota, G. and Armstrong, C.M. 1989. Sodium channel gating in clonal pituitary cells. The inactivation state is not voltage dependent. *J. Gen. Physiol.* 94: 213–232. [4]

Cotman, C. W., Monaghan, D.T. and Ganong, A.H. 1988. Excitatory amino acid neurotransmission: NMDA receptors and Hebb-type synaptic plasticity. *Annu. Rev. Neurosci.* 11: 61–80. [10]

Couteaux, R. and Pecot-Déchavassine, M. 1970. Vésicules synaptiques et poches au niveau des zones actives de la jonction neuromusculaire. *C. R. Acad. Sci.* (Paris) 271: 2346–2349. [7]

Couturier, S., Bertrand, D., Matter, J.-M., Hernandez, M.-C., Bertrand, S., Millar, N., Valera, S., Barkas, Y. and Ballivet, M. 1990. A neuronal nicotinic acetylcholine receptor subunit (α7) is developmentally regulated and forms a homo-oligomeric channel blocked by α-BTX. *Neuron* 5: 847–856. [2]

Cowan, W. M., Fawcett, J. W., O'Leary, D. D. M. and Stanfield, B. B. 1984. Regressive events in neurogenesis. *Science* 225: 1258–1265. [11]

Cox, E. C., Müller, B. and Bonhoeffer, F. 1990. Axonal guidance in the chick visual system: Posterior tectal membranes induce collapse of growth cones from the temporal retina. *Neuron* 4: 31–47. [11]

Crago, P. E., Houk, J. C. and Rymer, W. Z. 1982. Sampling of total muscle force by tendon organs. *J. Neurophysiol.* 47: 1069–1083. [15]

Crawford, A. C. and Fettiplace, R. 1981. An electrical tuning mechanism in turtle cochlear hair cells. *J. Physiol.* 312: 377–412. [14]

Crawford, A. C. and Fettiplace, R. 1985. The mechanical properties of ciliary bundles of turtle cochlear hair cells. *J. Physiol.* 364: 359–379. [14]

Critchlow, V. and von Euler, C. 1963. Intercostal muscle spindle activity and its γ-motor control. *J. Physiol.* 168: 820–847. [14, 15]

Crosby, E. C., Humphrey, T. and Lauer, E. W. 1966. *Correlative Anatomy of the Nervous System.* Macmillan, New York. [15]

Crowe, A. and Matthews, P. B. C. 1964. The effects of stimulation of static and dynamic fusimotor fibres on the response to stretching of the primary endings of muscle spindles. *J. Physiol.* 174: 109–131. [14]

Cserr, H. F. 1988. Role of secretion and bulk flow of brain interestitial fluid in brain volume regulation. *Ann. NY Acad. Sci.* 529: 9–20. [6]

Cull-Candy, S. G., Miledi, R. and Parker, I. 1980. Single glutamate-activated channels recorded from locust muscle fibres with perfused patch-clamp electrodes. *J. Physiol.* 321: 195–210. [2]

Curtis, B. M. and Catterall, W. A. 1986. Reconstitution of the voltage-sensitive calcium channel purified from skeletal muscle transverse tubules. *Biochemistry* 25: 3077–3083. [8]

Curtis, D. R. and Eccles, J. C. 1959. Repetitive synaptic activation. *J. Physiol.* 148: 43P-44P. [15]

Curtis, H. J. and Cole, K. S. 1940. Membrane action potentials from squid giant axon. *J. Cell. Comp. Physiol.* 15: 147–157 [4]

Cynader, M. and Mitchell, D. E. 1977. Monocular astigmatism effects on kitten visual cortex development. *Nature* 270: 177–178. [18]

Cynader, M. and Mitchell, D. E. 1980. Prolonged sensitivity to monocular deprivation in dark-reared cats. *J. Neurophysiol.* 43: 1026–1040. [18]

Czarkowska, J., Jankowska, E. and Syrbirska, E. 1981. Common interneurones in reflex pathways from group Ia and Ib afferents of knee flexors and extensors in the cat. *J. Physiol.* 310: 367–380. [15]

Dacheux, R. F. and Raviola, E. 1986. The rod pathway in the rabbit retina: A depolarizing bipolar and amacrine cell. *J. Neurosci.* 6: 331–345. [16]

Dahlström, A. 1971. Axoplasmic transport (with particular respect to adrenergic neurones). *Philos. Trans. R. Soc. Lond. B* 261: 325–358. [9]

Dale, H. H. 1953. *Adventures in Physiology.* Pergamon Press, London. [7]

Dale, H. H., Feldberg, W. and Vogt, M. 1936. Release of acetylcholine at voluntary motor nerve endings. *J. Physiol.* 86: 353–380. [7]

Damasio, A. R., Tranel, D. and Damasio, H. 1990. Face agnosia and the neural substrates of memory. *Annu. Rev. Neurosci.* 13: 89–109. [17]

Damasio, H. and Damasio, A. R. 1989. *Lesion Analysis in Neurophysiology.* Oxford University Press, Oxford. [19]

Dani, J. A. 1989. Site-directed mutagenesis and singlechannel currents define the ionic channel of the nicotinic acetylcholine receptor. *Trends Neurosci.* 12: 127–128. [2]

Daniel, P. M. and Whitteridge, D. 1961. The representation of the visual field on the cerebral cortex in monkeys. *J. Physiol.* 159: 203–221. [17]

Dartnall, H. J. A., Bowmaker, J. K. and Molino, J. D. 1983. Human visual pigments: Microspectrophotometric results from the eyes of seven persons. *Proc. R. Soc. Lond. B* 220: 115–130. [16]

Dash, P. K., Hochner, B. and Kandel, E. R. 1990. Injection of the cAMP-responsive element into the nucleus of *Aplysia* sensory neurons blocks long-term facilitation. *Nature* 345: 718–721. [13]

Da Silva, K. M. C., Sayers, B. M., Sears, T. A. and Stagg, D. T. 1977. The changes in configuration of the rib cage and abdomen during breathing in the anaesthetized cat. *J. Physiol.* 266: 499–521. [15]

David, S. and Aguayo, A. J. 1981. Axonal elongation into peripheral nervous system "bridges" after central nervous system injury in adult rats. *Science* 214: 931–933. [12]

Davies, A. M. and Lumsden, A. 1990. Ontogeny of the somatosensory system: Origins and early development of primary sensory neurons. *Annu. Rev. Neurosci.* 13: 61–73. [11]

Davies, J. A., Cook, G. M. W., Stern, C. D. and Keynes, R. J. 1990. Isolation from chick somites of a glycoprotein fraction that causes collapse of dorsal root ganglion growth cones. *Neuron* 2: 11–20. [11]

Daw, N. W. 1968. Colour-coded ganglion cells in the goldfish retina: Extension of their receptive fields by means of new stimuli. *J. Physiol.* 197: 567–592. [17]

Daw, N. W. 1984. The psychology and physiology of colour vision. *Trends Neurosci.* 7: 330–335. [17]

Daw, N. W., Brunken, W. J. and Parkinson, D. 1989. The function of synaptic transmitters in the retina. *Annu. Rev. Neurosci.* 12: 205–225. [16]

Daw, N. W., Jensen, R. J. and Brunken, W. J. 1990. Rod pathways in mammalian retinae. *Trends Neurosci.* 13: 110–115. [16]

Daw, N. W., Rader, R. K., Robertson, T. W. and Ariel, M. 1983. Effects of 6-hydroxy-dopamine on visual deprivation in the kitten striate cortex. *J. Neurosci.* 3: 907–914. [18]

de Boer, E. 1983. No sharpening? A challenge for cochlear mechanics. *J. Acoust. Soc. Am.* 73: 567–573. [14]

De Boysson-Bardies, B., Halle, P., Sagart, L. and Durand, C. 1989. A crosslinguistic investigation of vowel formants in babbling. *J. Child Lang.* 16: 1–17. [14]

De Camilli, P. and Greengard, P. 1986. Synapsin I: A synaptic vesicle-associated neuronal phosphoprotein. *Biochem. Pharmacol.* 35: 4349–4357. [9]

DeRobertis, E. M., Oliver, G. and Wright, C. V. E. 1990. Homeobox genes and the vertebrate body plan. *Sci. Am.* 263(1): 46–52. [11]

Decker, E. R. and Dani, J. A. 1990. Calcium permeability of the nicotinic acetylcholine receptor: The single channel calcium influx is significant. *J. Neurosci.* 10: 3413–3420 [7]

Deitmer, J. W. and Schlue, W. R. 1989. An inwardly directed electrogenic sodium-bicarbonate co-transport in leech glial cells. *J. Physiol.* 411: 179–194. [6]

de la Torre, J. C. 1980. An improved approach to histofluorescence using the SPG method for tissue monoamines. *J. Neurosci. Methods* 3: 1–5. [10]

del Castillo, J. and Katz, B. 1954a. Quantal components of the end-plate potential. *J. Physiol.* 124: 560–573. [7]

del Castillo, J. and Katz, B. 1954b. Statistical factors involved in neuromuscular facilitation and depression. *J. Physiol.* 124: 574–585. [7]

del Castillo, J. and Katz, B. 1954c. Changes in end-plate activity produced by presynaptic polarization. *J. Physiol.* 124: 586–604. [7]

del Castillo, J. and Katz, B. 1955. On the localization of end-plate receptors. *J. Physiol.* 128: 157–181. [7]

del Castillo, J. and Stark, L. 1952. The effect of calcium ions on the motor end-plate potentials. *J. Physiol.* 116: 507–515 [7]

Del Rio-Hortega, P. 1920. La microglia y su transformación células en basoncito y cuerpos gránulo-adiposos. *Trab. Lab. Invest. Biol. Madrid* 18: 37–82. [6]

Dennis, M.J. 1981. Development of the neuromuscular junction: Inductive interactions between cells. *Annu. Rev. Neurosci.* 4: 43–68. [12]

Dennis, M. and Miledi, R. 1974a. Electrically induced release of acetylcholine from denervated Schwann cells. *J. Physiol.* 237: 431–452. [6]

Dennis, M.J. and Miledi, R. 1974b. Characteristics of transmitter release at regenerating frog neuromuscular junctions. *J. Physiol.* 239: 571–594. [7]

Dennis, M.J. and Sargent, P. B. 1979. Loss of extrasynaptic acetylcholine sensitivity upon reinnervation of parasympathetic ganglion cells. *J. Physiol.* 289: 263–275. [12]

Dennis, M.J. and Yip, J. W. 1978. Formation and elimination of foreign synapses on adult salamander muscle. *J. Physiol.* 274: 299–310. [12]

Dennis, M. J., Harris, A.J. and Kuffler, S. W. 1971. Synaptic transmission and its duplication by focally applied acetylcholine in parasympathetic neurones of the heart of the frog. *Proc. R. Soc. Lond. B* 177: 509–539. [7]

De Potter, W. P., Smith, A. D. and De Schaepdryver, A. F. 1970. Subcellular fractionation of splenic nerve: ATP, chromogranin A, and dopamine β-hydroxylase in noradrenergic vesicles. *Tissue Cell* 2: 529–546. [9]

DeRiemer, S. A., Elliott, E. J., Macagno, E. R. and Muller, K.J. 1983. Morphological evidence that regenerating axons can fuse with severed axon segments. *Brain Res.* 272: 157–161. [12]

DeYoe, E. A. and Van Essen, D. C. 1988. Concurrent processing streams in monkey visual cortex. *Trends Neurosci.* 11: 219–226. [17]

DeYoe, E. A., Hockfield, S., Garren, H. and Van Essen, D. C. 1990. Antibody labeling of functional subdivisions in visual cortex: Cat-301 immunoreactivity in striate and extrastriate cortex of the macaque monkey. *Vis. Neurosci.* 5: 67–81. [17]

Diamond, J. and Miledi, R. 1962. A study of foetal and newborn muscle fibres. *J. Physiol.* 162: 393–408. [12]

Dickinson-Nelson, A. and Reese, T. S. 1983. Structural changes during transmitter release at synapses in the frog sympathetic ganglion. *J. Neurosci.* 3: 42–52. [9]

Dietzel, I., Heinemann, U. and Lux, H. D. 1989. Relations between slow extracellular potential changes, glial potassium buffering, and electrolyte and cellular volume changes during neuronal hyperactivity in cat brain. *Glia* 2: 25 44. [6]

Dionne, V. E. and Leibowitz, M. D. 1982. Acetylcholine receptor kinetics. A description from single-channel currents at the snake neuromuscular junction. *Biophys. J.* 39: 253–261. [7]

DiPaola, M., Czajkowski, C. and Karlin, A. 1989. The sidedness of the COOH terminus of the acetylcholine receptor δ subunit. *J. Biol. Chem.* 264: 15457–15463. [2]

Dodd, J. and Jessell, T. M. 1988. Axon guidance and the patterning of neuronal projections in vertebrates. *Science* 242: 692–699. [11]

Dolkart-Gorin, P. and Johnson, E. M. 1979. Experimental autoimmune model of nerve growth factor deprivation: effects on developing peripheral sympathetic and sensory neurons. *Proc. Natl. Acad. Sci. USA* 76: 5382–5386. [11]

Dolphin, A. C. 1990. G protein modulation of calcium currents in neurons. *Annu. Rev. Physiol.* 52: 243–255. [8]

Douglas, W. W. 1978. Stimulus-secretion coupling: Variations on the theme of calcium-activated exocytosis involving cellular and extracellular sources of calcium. *Ciba Found. Symp.* 54: 61–90. [7]

Douglas, W. W. 1980. Autocoids. *In* A. G. Gilman, L. S. Goodman and A. Gilman (eds.). *Goodman and Gilman's The Pharmacological Basis of Therapeutics.* Macmillan, New York, pp. 608–618. [10]

Dowdall, M. J., Boyne, A. F. and Whittaker, V. P. 1974. Adenosine triphosphate: A constituent of cholinergic synaptic vesicles. *Biochem. J.* 140: 1–12. [9]

Dowling, J. E. 1987. *The Retina: An Approachable Part of the Brain.* Harvard University Press, Cambridge, MA. [1, 16]

Dowling, J. E. and Boycott, B. B. 1966. Organization of the primate retina: Electron microscopy. *Proc. R. Soc. Lond. B* 166: 80–111. [16]

Drapeau, P. 1990. Loss of channel modulation by transmitter and protein kinase C during innervation of an identified leech neuron. *Neuron* 4: 875–882. [13]

Droz, B. and Leblond, C. P. 1963. Axonal migration of proteins in the central nervous system and peripheral nerves as shown by radioautography. *J. Comp. Neurol.* 121: 325–346. [9]

Dubin, M. W. and Cleland, B. G. 1977. Organization of visual inputs to interneurons of the lateral geniculate nucleus of the cat. J. Neurophysiol. 40: 410–427. [16]

Du Bois-Reymond, E. 1848. *Untersuchungen über thierische Electricität.* Reimer, Berlin. [7]

Duchen, L. W. and Strich, S.J. 1968. The effects of botulinum toxin on the pattern of innervation of skeletal muscle in the mouse. *Q. J. Exp. Physiol.* 53: 84–89. [12]

Dudai, Y. 1989. *The Neurobiology of Memory.* Oxford University Press, New York. [13]

Dudel, J. and Kuffler, S. W. 1961. Presynaptic inhibition at the crayfish neuromuscular junction. *J. Physiol.* 155: 543–562. [7]

Dudel, J. and Parnas, I. 1987. Augmented synaptic release by one excitatory axon in regions in which a synergistic axon was removed in lobster muscle. *J. Physiol.* 390: 189–199. [12]

Dudel, J., Franke, C. and Hatt, H. 1990. Rapid activation, desensitization, and resensitization of synaptic channels of crayfish muscle after glutamate pulses. *Biophys. J.* 57: 533–545. [9]

Dunant, Y. and Israel, M. 1985. The release of acetylcholine. *Sci. Am.* 252(4): 58–66. [9]

Dunlap, K. and Fischbach, G. D. 1978. Neurotransmitters decrease the calcium component of sensory neurone action potentials. *Nature* 276: 837–839. [8]

Dunlap, K. and Fischbach, G.D. 1981. Neurotransmitters decrease the calcium conductance activated by depolarization of embryonic chick sensory neurones. *J. Physiol.* 317: 519–535. [8]

Dunlap, K., Holz, G.G. and Rane, S.G. 1987. G proteins as regulators of ion channel function. *Trends Neurosci.* 10: 244–247. [8]

Dunn, P.M. and Marshall, L.M. 1985. Lack of nicotinic supersensitivity in frog sympathetic neurones following denervation. *J. Physiol.* 363: 211–225. [12]

Dunnett, S. 1991. Cholinergic grafts, memory and aging. *Trends Neurosci.* 14: 371–376. [10]

Easter, S. E., Jr. and Stuermer, C.A. O. 1984. An evaluation of the hypothesis of shifting terminals in goldfish optic tectum. *J. Neurosci.* 4: 1052–1063. [11]

Ebihara, L., Beyer, E. C., Swensen, K. I., Paul, D. L. and Goodenough, D.A. 1989. Cloning expression of a *Xenopus* embryonic gap junction protein. *Science* 243: 1194–1195. [5]

Eccles, J.C. 1964. *The Physiology of Synapses.* Springer-Verlag, Berlin. [15]

Eccles, J.C. and O'Connor, W.J. 1939. Responses which nerve impulses evoke in mammalian striated muscles. *J. Physiol.* 97: 44–102. [7]

Eccles, J.C. and Sherrington, C.S. 1930. Numbers and contraction-values of individual motor-units examined in some muscles of the limb. *Proc. R. Soc. Lond. B* 106: 326–357. [14]

Eccles, J. C., Eccles, R.M. and Fatt, P. 1956. Pharmacological investigations on a central synapse operated by acetylcholine. *J. Physiol.* 131: 154–169. [10]

Eccles, J. C., Eccles, R. M. and Magni, F. 1961. Central inhibitory action attributable to presynaptic depolarization produced by muscle afferent volleys. *J. Physiol.* 159: 147–166. [7]

Eccles, J. C., Katz, B. and Kuffler, S. W. 1942. Effects of eserine on neuromuscular transmission. *J. Neurophysiol.* 5: 211–230. [7]

Edmondson, J. C., Liem, R. K. H., Kuster, J. E. and Hatten, M. E. 1988. Astrotactin: A novel neuronal surface antigen that mediates neuron-astroglial interactions in cerebellar microcultures. *J. Cell Biol.* 106: 505–517. [11]

Edwards, C. 1982. The selectivity of ion channels in nerve and muscle. *Neuroscience* 7: 1335–1366. [3,7]

Edwards, C. and Ottoson, D. 1958. The site of impulse initiation in a nerve cell of a crustacean stretch receptor. *J. Physiol.* 143: 138–148. [14]

Edwards, C., Ottoson, D., Rydqvist, B. and Swerup, C. 1981. The permeability of the transducer membrane of the crayfish stretch receptor to calcium and other divalent cations. *Neuroscience* 6: 1455–1460. [14]

Edwards, F. A., Konnerth, A., Sakmann, B. and Takahashi, T. 1989. A thin slice preparation for patch clamp recordings from neurones of the mammalian central nervous system. *Pflügers Arch.* 414: 600–612. [2]

Edwards, J. S. and Palka, J. 1976. Neural generation and regeneration in insects. *In* J. Fentress (ed.), *Simpler Networks and Behavior.* Sinauer, Sunderland, MA, pp. 167–185. [12]

Edwards, J. S., Reddy, G.R. and Rani, M.U. 1989. Central projections of a homoeotic regenerate, antennapedia, in a stick insect, *Carausius morosus* (Phasmida). *J. Neurobiol.* 20:101–114. [13]

Eldridge, F. L. 1977. Maintenance of respiration by central neural feedback mechanisms. *Fed. Proc.* 36: 2400–2404. [15]

Elliott, C.J. H. and Benjamin, P.R. 1989. Esophageal mechanoreceptors in the feeding system of the pond snail, *Lymnaea stagnalis*. *J. Neurophysiol.* 61: 727–736. [13]

Elliott, E.J. and Muller, K.J. 1983. Sprouting and regeneration of sensory axons after destruction of ensheathing glial cells in the leech central nervous system. *J. Neurosci.* 3: 1994–2006. [6, 13]

Elliott, T.R. 1904. On the action of adrenalin. *J. Physiol.* 31: (Proc.) xx-xxi. [9]

Emonet-Dénand, F., Jami, L. and Laporte, Y. 1980. Histophysiological observation on the skeleto-fusimotor innervation of mammalian spindles. *Prog. Clin. Neurophysiol.* 8: 1–11. [14]

England, J., Gamboni, F., Levinson, S.R. and Finger, T.E. 1990. Formations of new distributions of sodium channels along demyelinated axons. *Proc. Natl. Acad. Sci. USA* 87: 6777–6780. [5]

Enroth-Cugell, C. and Robson, J.G. 1966. The contrast sensitivity of retinal ganglion cells of the cat. *J. Physiol.* 187: 517–552. [16]

Erulkar, S.D. and Weight, F.F. 1977. Extracellular potassium and transmitter release at the giant synapse of squid. *J. Physiol.* 266: 209–218. [6]

Erxleben, C. 1989. Stretch-activated current through single ion channels in the abdominal stretch receptor organ of the crayfish. *J. Gen. Physiol.* 94: 1071–1083. [14]

Evans, P. D., Reale, V., Merzon, R.M. and Villegas, J. 1992. Role of glutamate in axon-Schwann cell signalling in the squid nerve fiber. *Ann. NY Acad. Sci.* 633: 434–447. [6]

Evarts, E.V. 1965. Relation of discharge frequency to conduction velocity in pyramidal neurons. *J. Neurophysiol.* 28: 216–228. [15]

Evarts, E.V. 1966. Pyramidal tract activity associated with a conditioned hand movement in the monkey. *J. Neurophysiol.* 29:1011–1027. [15]

Evarts, E.V. 1968. Relation of pyramidal tract activity to force exerted during voluntary movement. *J. Neurophysiol.* 31:14–27. [15]

Eyzaguirre, C. and Kuffler, S.W. 1955. Processes of excitation in the dendrites and in the soma of single isolated sensory nerve cells of the lobster and crayfish. *J. Gen. Physiol.* 39: 87–119. [14]

Falck, B., Hillarp, N.-A., Thieme, G. and Thorp, A. 1962. Fluorescence of catecholamines and related compounds condensed with formaldehyde. *J. Histochem. Cytochem.* 10: 348–354. [10]

Falls, D. L., Harris, D. A., Johnson, F. A., Morgan, M. M., Corfas, G. and Fischbach, G.D. 1990. M_r 42,000 ARIA: A protein that may regulate the accumulation of acetylcholine receptors at developing chick neuromuscular junctions. *Cold Spring Harbor Symp. Quant. Biol.* 55: 397–406. [11]

Fambrough, D.M. 1979. Control of acetylcholine receptors in skeletal muscle. *Physiol. Rev.* 59:165–227. [12]

Farmer, L., Sommer, J. and Monard, D. 1990. Glia-derived nexin potentiates neurite extension in hippocampal pyramidal cells in vitro. *Dev. Neurosci.* 12: 73–80. [11]

Fatt, P. and Ginsborg, B.L. 1958. The ionic requirements for the production of action potentials in crustacean muscle fibres. *J. Physiol.* 142: 516–543. [4]

Fatt, P. and Katz, B. 1951. An analysis of the end-plate potential recorded with an intra-cellular electrode. *J. Physiol.* 115: 320–370. [7,9]

Fatt, P. and Katz, B. 1952. Spontaneous subthreshold potentials at motor nerve endings. *J. Physiol.* 117: 109–128. [7]

Fatt, P. and Katz, B. 1953. The effect of inhibitory nerve impulses on a crustacean muscle fibre. *J. Physiol.* 121: 374–389. [7]

Favorov, O., Sakamoto, T. and Asanuma, H. 1988. Functional role of corticoperipheral loop circuits during voluntary movements in the monkey: a preferential bias theory. *J. Neurosci.* 8: 3266–3277. [15]

Fawcett, J. W. and Keynes, R. J. 1990. Peripheral nerve regeneration. *Annu. Rev. Neurosci.* 13: 43–60. [11, 12]

Feldberg, W. 1945. Present views of the mode of action of acetylcholine in the central nervous system. *Physiol. Rev.* 25: 596–642. [7]

Feldman, J. L. and Grillner, S. 1983. Control of vertebrate respiration and locomotion: A brief account. *Physiologist* 26: 310–316. [15]

Felleman, D. J. and Van Essen, D. C. 1987. Receptive field properties of neurons in area V3 of macaque monkey extrastriate cortex. *J. Neurophysiol.* 57: 889–920. [17]

Fernandez, J. and Stent, G. 1982. Embryonic development of the hirudinid leech *Hirudo medicinalis:* Structure, development and segmentation of the germinal plate. *J. Embryol. Exp. Morphol.* 72: 71–96. [13]

Fernandez, J. M., Neher, E. and Gomperts, B. D. 1984. Capacitance measurements reveal stepwise fusion events in degranulating mast cells. *Nature* 312: 453–455. [9]

Fernandez, J., Tellez, V. and Olea, N. 1992. Hirudinea. *In* F. W. Harrison (ed.). *Microscopic Anatomy of Invertebrates,* Vol. 7, *Annelida.* Wiley-Liss, New York, pp. 323–394. [13]

Ferster, D. 1981. A comparison of binocular depth mechanisms in areas 17 and 18 of the cat visual cortex. *J. Physiol.* 311: 623–655. [17]

Ferster, D. 1987. Origin of orientation-selective epsps in simple cells of cat visual cortex. *J. Neurosci.* 7: 1780–1791. [17]

Ferster, D. 1988. Spatially opponent excitation and inhibition in simple cells of the cat visual cortex. *J. Neurosci.* 8: 1172–1180. [17]

Ferster, D. and Koch, C. 1987. Neuronal connections underlying orientation selectivity in cat visual cortex. *Trends Neurosci.* 10: 487–492. [17]

Fertuck, H. C. and Salpeter, M. M. 1974. Localization of acetylcholine receptor by ^{125}I-labeled α-bungarotoxin binding at mouse motor endplates. *Proc. Natl. Acad. Sci. USA* 71: 1376–1378. [9]

Fesenko, E. E., Kolesnikov, S. S. and Lyubarsky, A. L. 1985. Induction by cyclic GMP of cationic conductance in plasma membrane of retinal rod outer segment. *Nature* 313: 310–313. [16]

Fettiplace, R. 1987. Electrical tuning of hair cells in the inner ear. *Trends Neurosci.* 10: 421–425. [14]

Fex, S. Sonessin, B., Thesleff, S. and Zelena, J. 1966. Nerve implants in botulinum poisoned mammalian muscle. *J. Physiol.* 184: 872–882. [12]

ffrench-Constant, C., Miller, R. H., Kruse, J., Schachner, M. and Raff, M. C. 1986. Molecular specialization of astrocyte processes at nodes of Ranvier in rat optic nerve. *J. Cell Biol.* 102: 844–852. [6]

Fibiger, H. C. 1991. Cholinergic mechanisms in learning, memory and dementia: a review of recent evidence. *Trends Neurosci.* 14: 220–223. [10]

Fields, H. L. 1987. *Pain.* McGraw-Hill, New York. [14]

Fields, H. L. and Basbaum, A. I. 1978. Brain stem control of spinal pain transmission neurons. *Annu. Rev. Physiol.* 40: 217–248. [10, 14]

Fields, H. L. and Besson, J.-M. (eds.). 1988. *Pain Modulation. Progress in Brain Research Vol.* 77. Elsevier, New York. [14]

Fields, R. D., Neale, E. A. and Nelson, P. G. 1990. Effects of patterned electrical activity on neurite outgrowth from mouse sensory neurons. *J. Neurosci.* 10: 2950–2964. [18]

Fillenz, M. 1990. *Noradrenergic Neurons.* Cambridge University Press, Cambridge. [10]

Finer-Moore, J. and Stroud, R. M. 1984. Amphipathic analysis and possible formation of the ion channel in an acetylcholine receptor. *Proc. Natl. Acad. Sci. USA* 81: 155–159. [2]

Firestein, S., Shepherd, G. M. and Werblin, F. 1990. Time course of the membrane current underlying sensory transduction in salamander olfactory receptor neurones. *J. Physiol.* 430: 135–158. [14]

Fischer, B. and Poggio, G. F. 1979. Depth sensitivity of binocular cortical neurones of behaving monkeys. *Proc. R. Soc. Lond. B* 204: 409–414. [17]

Fischer, W., Gage, F. H. and Björklund, A. 1989. Degenerative changes in forebrain cholinergic nuclei correlate with cognitive impairments in aged rats. *Eur. J. Neurosci.* 1: 34–45. [11]

Fischer, W., Björklund, A., Chen, K. and Gage, F. H. 1991. NGF improves spatial memory in aged rodents as a function of age. *J. Neurosci.* 11: 1889–1906. [11]

Flock, A. 1964. Transducing mechanisms in the lateral line canal organ receptors. *Cold Spring Harbor Symp. Quant. Biol.* 30: 133–145. [14]

Flockerzi, V., Oeken, H.-J., Hofman, F., Pelzer, D., Cavalie, A. and Trautwein, W. 1986. Purified dihydropyridine-binding site from skeletal muscle t-tubules is a functional calcium channel. *Nature* 323: 66–68. [4,8]

Fonnum, F. 1984. Glutamate: A neurotransmitter in mammalian brain. *J. Neurochem.* 42: 1–11. [10]

Fontaine, B. and Changeux, J.-P. 1989. Localization of nicotinic acetylcholine receptor α-subunit transcripts during myogenesis and motor endplate development in the chick. *J. Cell Biol.* 108: 1025–1037. [12]

Foote, S. L., Bloom, F. E. and Aston-Jones, G. 1983. Nucleus locus ceruleus: New evidence of anatomical and physiological specificity. *Physiol. Rev.* 63: 844–914. [10]

Fortier, P. A., Kalaska, J. F. and Smith, A. W. 1989. Cerebellar neuronal activity related to whole arm reaching movements in the monkey. *J. Neurophysiol.* 62: 198–211. [15]

Fox, P. T., Miezin, F. M., Allman, J. M., Van Essen, D. C. and Raichle, M. E. 1987. Retinotopic organization of human visual cortex mapped with positron-emission tomography. *J. Neurosci.* 7: 913–922. [17]

Frank, E. and Fischbach, G. D. 1979. Early events in neuromuscular junction formation in vitro: Induction of acetylcholine receptor clusters in the postsynaptic membrane and morphology of newly formed synapses. *J. Cell Biol.* 83: 143–158. [11, 12]

Frank, E., Jansen, J. K. S., Lømo, T. and Westgaard, R. H. 1975. The interaction between foreign and original nerves innervating the soleus muscle of rats. *J. Physiol.* 247: 725–743. [12]

Frank, K. and Fuortes, M. G. F. 1957. Presynaptic and postsynaptic inhibition of monosynaptic reflexes. *Fed. Proc.* 16: 39–40. [7]

Frankenhaeuser, B. and Hodgkin, A. L. 1956. The aftereffects of impulses in the giant nerve fibres of *Loligo. J. Physiol.* 131: 341–376. [6]

Frankenhaeuser, B. and Hodgkin, A. L. 1957. The actions of

calcium on the electrical properties of squid axons. *J. Physiol.* 137: 218–244. [4]

Fraser, S., Keynes, R. and Lumsden, A. 1990. Segmentation in the chick embryo hindbrain is defined by cell lineage restrictions. *Nature* 344: 431–435. [11]

Fraser, S. E., Murray, B. A., Chuong, C.-M. and Edelman, G.M. 1984. Alteration of the retinotectal map in *Xenopus* by antibodies to neural cell adhesion molecules. *Proc. Natl. Acad. Sci. USA* 81: 4222–4226. [11]

French, K.A. and Muller, K.J. 1986. Regeneration of a distinctive set of axosomatic contacts in the leech central nervous system. *J. Neurosci.* 6: 318–324. [13]

Freund, H.-J. 1991. What is the evidence for multiple motor areas in the human brain? *In* D. R. Humphrey and H.-J. Freund (eds.), *Motor Control: Concepts and Issues.* Wiley, New York. [19]

Fritsch, G. and Hitzig, E. 1870. Ueber die electrische Erregbarkheit des Grosshirns. *Arch. Anat. Physiol. Wiss. Med.* 37: 300–332. [15]

Fuchs, P. A. and Evans, M. G. 1990. Potassium currents in hair cells isolated from the cochlea of the chick. *J. Physiol.* 429: 529–551. [14]

Fuchs, P. A. and Murrow, B. W. 1992. Cholinergic inhibition of short (outer) hair cells of the chick's cochlea. *J. Neurosci.* 12: 2460–2467. [7]

Fuchs, P. A. and Sokolowski, B.H. A. 1990. The acquisition during development of Ca-activated potassium currents by cochlear hair cells of the chick. *Proc. R. Soc. Lond. B* 241: 122–126. [14]

Fuchs, P. A., Evans, M. G. and Murrow, B. W. 1990. Calcium currents in hair cells isolated from the cochlea of the chick. *J. Physiol.* 429: 553–568. [14]

Fuchs, P. A., Henderson, L. P. and Nicholls, J. G. 1982. Chemical transmission between individual Retzius and sensory neurones of the leech in culture. *J. Physiol.* 323: 195–210. [6]

Fuchs, P. A., Nagai, T. and Evans, M. G. 1988. Electrical tuning in hair cells isolated from the chick cochlea. *J. Neurosci.* 8: 2460–2467. [14]

Fuortes, M. G. F. and Poggio, G. F. 1963. Transient responses to sudden illumination in cells of the eye of *Limulus. J. Gen. Physiol.* 46: 435–452. [16]

Fujisawa, H. 1987. Mode of growth of retinal axons within the tectum of *Xenopus* tadpoles, and implications in the ordered neuronal connections between the retina and the tectum. *J. Comp. Neurol.* 260: 127–139. [11]

Fukami, Y. 1982. Further morphological and electrophysiological studies on snake muscle spindles. *J. Neurophysiol.* 47: 810–826. [15]

Fukami, Y. and Hunt, C. C. 1977. Structures in sensory region of snake spindles and their displacement during stretch. *J. Neurophysiol.* 40: 1121–1131. [14]

Fuller, J. L. 1967. Experimental deprivation and later behavior. *Science* 158: 1645–1652. [18]

Fumagalli, G., Balbi, S., Cangiano, A. and LHmo, T. 1990. Regulation of turnover and number of acetylcholine receptors at neuromuscular junctions. *Neuron* 4: 563–569. [12]

Furley, A. J., Morton, S. B., Manalo, D., Karagogeos, D., Dodd, J. and Jessell, T. M. 1990. The axonal glycoprotein TAG-1 is an immunoglobulin superfamily member with neurite outgrowth-promoting activity. *Cell* 61: 157–170. [11]

Furshpan, E. J. and Potter, D. D. 1959. Transmission at the giant motor synapses of the crayfish. *J. Physiol.* 145: 289–325. [7]

Furshpan, E. J., MacLeish, P. R., O'Lague, P. H. and Potter, D. D. 1976. Chemical transmission between rat sympathetic neurons and cardiac myocytes developing in microcultures: Evidence for cholinergic, adrenergic, and dual function neurons. *Proc. Natl. Acad. Sci. USA* 73: 4225–4229. [11]

Gage, F. H., Armstrong, D. M., Williams, L.R. and Varon, S. 1988. Morphologic response of axotomized septal neurons to nerve growth factor. *J. Comp. Neurol.* 269: 147–155. [11]

Gage, P. W. and Armstrong, C. M. 1968. Miniature endplate currents in voltage clamped muscle fibres. *Nature* 218: 363–365. [7]

Gainer, H., Sarne, Y. and Brownstein, M.J. 1977. Biosynthesis and axonal transport of rat neurohypophysial proteins and peptides. *J. Cell Biol.* 73: 366–381. [9]

Galambos, R. 1956. Suppression of auditory nerve activity by stimulation of efferent fibers to the cochlea. *J. Neurophysiol.* 19: 424–437. [14]

Gao, W. Q. and Macagno, E. R. 1987. Extension and retraction of axonal projections by some developing neurons in the leech depends upon the existence of neighboring homologues. II. The AP and AE neurons. *J. Neurobiol.* 18: 295–313. [13]

Gazzaniga, M. S. 1967. The split brain in man. *Sci. Am.* 217(8): 24–29. [17]

Gazzaniga, M. S. 1989. Organization of the human brain. *Science* 245: 947–952. [17]

Georgopolous, A. P., Kettner, R. E. and Schwartz, A. B. 1988. Primate motor cortex and free arm movements to visual targets in three-dimensional space. II. Coding of directional movement by a neuronal population. *J. Neurosci.* 8: 2928–2937. [15]

Ghosh, A., Antonini, A., McConnell, S. K. and Shatz, C.J. 1990. Requirement for subplate neurons in the formation of thalamocortical connections. *Nature* 347: 179–181 [11]

Gilbert, C. D. 1977. Laminar differences in receptive field properties of cells in cat primary visual cortex. *J. Physiol.* 268: 391–421. [17]

Gilbert, C. D. 1983. Microcircuitry of the visual cortex. *Annu. Rev. Neurosci.* 6: 217–247. [10, 16, 17]

Gilbert, C. D. and Wiesel, T. N. 1979. Morphology and intracortical projections of functionally characterised neurones in the cat visual cortex. *Nature* 280: 120–125. [17]

Gilbert, C. D. and Wiesel, T. N. 1983. Clustered intrinsic connections in cat visual cortex. *J. Neurosci.* 3: 1116–1133. [17]

Gilbert, C. D. and Wiesel, T. N. 1989. Columnar specificity of intrinsic horizontal and corticocortical connections in cat visual cortex. *J. Neurosci.* 9: 2432–2442. [17]

Gilbert, C. D., Hirsch, J. A. and Wiesel, T. N. 1990. Lateral interactions in visual cortex. *Cold Spring Harbor Symp. Quant. Biol.* 55: 663–677. [17]

Gilbert, S. F. 1991. *Developmental Biology,* 3rd ed. Sinauer, Sunderland, MA. [11]

Gilman, A. G. 1987. G proteins: Transducers of receptorgenerated signals. *Annu. Rev. Biochem.* 56: 615–649. [8]

Gimlich, R. L. and Braun, J. 1986. Improved fluorescent compounds for tracing cell lineage. *Dev. Biol.* 109: 509–514. [11]

Gloor, S., Odnik, K., Guenther, J., Nick, H. and Monard, D. 1986. A glia-derived neurite promoting factor with protease inhibitory activity belongs to the protease nexins. *Cell* 47: 687–693. [6]

Glover, J. C. and Kramer, A. P. 1982. Serotonin analog selectively ablates identified neurons in the leech embryo. *Science* 216: 317–319. [131

Gold, M. R. and Martin, A. R. 1983a. Characteristics of inhibitory post-synaptic currents in brain-stem neurones of the lamprey. *J. Physiol.* 342: 85–98. [7]

Gold, M.R. and Martin, A.R. 1983b. Analysis of glycineactivated inhibitory post-synaptic channels in brainstem neurones of the lamprey. *J. Physiol.* 342: 99–117. [2, 3, 7]

Goldman, D.E. 1943. Potential, impedance and rectification in membranes. *J. Gen. Physiol.* 27: 37–60. [3]

Goldowitz, D. 1989. The *weaver* phenotype is due to intrinsic action of the mutant locus in granule cells: Evidence from homozygous *weaver* chimeras. *Neuron* 2: 1565–1575. [11]

Goldowitz, D. and Mullen, R.J. 1982. Granule cell as a site of gene action in the *weaver* mouse cerebellum: Evidence from heterozygous mutant chimeras. *J. Neurosci.* 2: 1474–1485. [11]

Golgi, C. 1903. *Opera Omnia,* Vols. I and II. U. Hoepli, Milan. [6]

Goodman, C.S. and Spitzer, N.C. 1979. Embryonic development of identified neurones: Differentiation from neuroblast to neurone. *Nature* 280: 208–214. [11]

Göpfert, H. and Schaefer, H. 1938. Über den direkt und indirekt erregten Aktionsstrom und die Funktion der motorischen Endplate. *Pflügers Arch.* 239: 597–619. [7]

Grafstein, B. 1983. Chromatolysis reconsidered: A new view of the reaction of the nerve cell body to axon injury. *In* F. J. Seil (ed.). *Nerve, Organ, and Tissue Regeneration: Research Perspectives.* Academic Press, New York, pp. 37–50. [12]

Grafstein, B. and Forman, D.S. 1980. Intracellular transport in neurons. *Physiol. Rev.* 60: 1167–1283. [9]

Gray, C. M., Konig, P., Engel, A.K. and Singer, W. 1989. Oscillatory responses in cat visual cortex exhibit intercolumnar synchronization which reflects global stimulus properties. *Nature* 338: 334–337. [17]

Gray, P.T. and Ritchie, J.M. 1986. A voltage-gated chloride conductance in rat cultured astrocytes. *Proc. R. Soc. Lond. B* 228: 267–288. [6]

Gray, R. and Johnston, D. 1985. Rectification of single GABA-gated chloride channels in adult hippocampal neurons. *J. Neurophysiol.* 54: 134–142. [2]

Greene, L. A., Varon, S., Piltch, A. and Shooter, E.M. 1971. Substructure of the β subunit of mouse 7S nerve growth factor. *Neurobiology* 1: 37–48. [11]

Greer, J.J. and Stein, R.B. 1990. Fusimotor control of muscle spindle sensitivity during respiration in the cat. *J. Physiol.* 422: 245–264. [14]

Grenningloh, G., Rienitz, A., Schmitt, B., Methfessel, C., Zensen, M., Beyreuther, K., Gundelfinger, E.D. and Betz, H. 1987. A strychnine-binding subunit of the glycine receptor shows homology with nicotinic acetylcholine receptors. *Nature* 328: 215–220 [2]

Griffin, D.R. 1958. *Listening in the Dark.* Yale University Press, New Haven. [14]

Grillner, S. 1975. Locomotion in vertebrates: Central mechanisms and reflex interaction. *Physiol. Rev.* 55: 274–304. [15]

Grillner, S. and Zanger, P. 1974. Locomotor movements generated by the deafferented spinal cord. *Acta Physiol. Scand.* 91: 38A-39A. [15]

Grillner, S., Wallen, P. and Brodin, L. 1991. Neuronal network generating locomotor behavior in lamprey: Circuitry, transmitters, membrane properties and simulation. *Annu. Rev. Neurosci.* 14: 169–199. [15]

Grinnell, A.D. 1970. Electrical interaction between antidromically stimulated frog motoneurones and dorsal root afferents: Enhancement by gallamine and TEA. *J. Physiol.* 210: 17–43. [7]

Grinvald, A., Lieke, E., Frostig, R. D., Gilbert, C.D. and Wiesel, T.N. 1986. Functional architecture of cortex revealed by optical imaging of intrinsic signals. *Nature* 324: 361–364. [17]

Grossman, Y., Parnas, I. and Spira, M.E. 1979. Ionic mechanisms involved in differential conduction of action potentials at high frequency in a branching axon. *J. Physiol.* 295: 307–322. [5, 13]

Grumbacher-Reinert, S. 1989. Local influence of substrate molecules in determining distinctive growth patterns of identified neurons in culture. *Proc. Natl. Acad. Sci. USA* 86: 7270–7274. [11]

Grumbacher-Reinert, S. and Nicholls, J.G. 1992. Influence of substrate on retraction of neurites following electrical activity of leech Retzius cells in culture. *J. Exp. Biol.* 167: 1–14. [18]

Gu, X. 1991. Effect of conduction block at axon bifurcations on synaptic transmission to different postsynaptic neurones in the leech. *J. Physiol.* 441, 755–778. [13]

Gu, X. N., Macagno, E.R. and Muller, K.J. 1989. Laser microbeam axotomy and conduction block show that electrical transmission at a central synapse is distributed at multiple contacts. *J. Neurobiol.* 20: 422–434. [5, 13]

Guastella, J., Nelson, N., Nelson, H., Czyzyk, L., Keynan, S., Miedel, M. C., Davidson, N., Lester, H.A. and Kanner, B.I. 1990. Cloning and expression of a rat brain GABA transporter. *Science* 249: 1303–1306. [9]

Guharay, R. and Sachs, F. 1984. Stretch-activated single ion channel currents in tissue-cultured embryonic chick skeletal muscle. *J. Physiol.* 352: 685–701. [14]

Guillery, R.W. 1970. The laminar distribution of retinal fibers in the dorsal lateral geniculate nucleus of the rat: A new interpretation. *J. Comp. Neurol.* 138: 339–368. [16]

Guillery, R.W. 1974. Visual pathways in albinos. *Sci. Am.* 230(5): 44–54. [18]

Guillery, R.W. and Stelzner, D.J. 1970. The differential effects of unilateral lid closure upon the monocular and binocular segments of the dorsal lateral geniculate nucleus in the cat. *J. Comp. Neurol.* 139: 413–422. [18]

Guillery, R. W., Jeffery, G. and Cattanach, B.M. 1987. Abnormally high variability in the uncrossed retinofugal pathway of mice with albino mosaicism. *Development* 101: 857–867. [18]

Gundersen, R.W. and Barrett, J.N. 1980. Characterization of the turning response of dorsal root neurites toward nerve growth factor. *J. Cell Biol.* 87: 546–554. [11]

Guth, L. 1968. "Trophic" influences of nerve. *Physiol. Rev.* 48: 645–687. [12]

Guthrie, S.C. and Gilula, N.B. 1990. Gap junction communication and development. *Trends Neurosci.* 12: 12–16. [5]

Gutmann, E. 1976. Neurotrophic relations. *Annu. Rev. Physiol.* 38: 177–216. [12]

Gutnick, M. J., Connors, B.W. and Ransom, B.R. 1981. Dye-coupling between glial cells in the guinea pig neocortical slice. *Brain Res.* 213: 486–492. [6]

Guy, H.R. and Conti, F. 1990. Pursuing the structure and function of voltage-gated channels. *Trends Neurosci.* 13: 201–206. [2]

Hagiwara, S. and Byerly, L. 1981. Calcium channel. *Annu. Rev. Neurosci.* 4: 69–125. [4]

Hagiwara, S. and Harunori, O. 1983. Studies of single calcium channel currents in rat clonal pituitary cells. *J. Physiol.* 336: 649–661. [4]

Hall, Z.W. 1992. *An Introduction to Molecular Neurobiology.* Sinauer, Sunderland, MA. [8]

Hall, Z. W., Bownds, M.D. and Kravitz, E.A. 1970. The metabolism of y-aminobutyric acid in the lobster nervous system. *J. Cell Biol.* 46: 290–299. [9]

Hall, Z. W., Hildebrand, J. G. and Kravitz, E.A. 1974. *Chemistry of Synaptic Transmission.* Chiron Press, Newton, MA. [9]

Hamburger, V. 1939. Motor and sensory hyperplasia following limb-bud transplantations in chick embryos. *Physiol. Zool.* 12: 268–284. [11]

Hamill, O.P. and Sakmann, B. 1981. Multiple conductance states of single acetylcholine receptor channels in embryonic muscle cells. *Nature* 294: 462–464. [2, 7]

Hamill, O. P., Marty, A., Neher, E., Sakmann, B. and Sigworth, J. 1981. Improved patch-clamp techniques for high-resolution current recording from cells and cell-free membrane patches. *Pflügers Arch.* 391: 85–100. [2]

Hamon, M. Bourgoin, S., Artaud, F. and El Mestikawy, S. 1981. The respective roles of tryptophan uptake and tryptophan hydroxylase in the regulation of serotonin synthesis in the central nervous system. *J. Physiol.* (Paris) 77: 269–279. [9]

Harik, S.I. 1984. Locus ceruleus lesion by local 6-hydroxydopamine infusion causes marked and specific destruction of noradrenergic neurons, long-term depletion of norepinephrine and the enzymes that synthesize it, and enhanced dopaminergic mechanisms in the ipsilateral cerebral cortex. *J. Neurosci.* 4: 699–707. [10]

Harlow, J.M. 1868. Recovery from passage of an iron bar through the head. *Publ. Mass. Med. Soc.* 2: 328–334. [19]

Harrelson, A.L. and Goodman, C.S. 1988. Growth cone guidance in insects: fasciclin II is a member of the immunoglobulin superfamily. *Science* 242: 700–708. [11]

Harris, G. W., Reed, M. and Fawcett, C.P. 1966. Hypothalamic releasing factors and the control of anterior pituitary function. *Br. Med. Bull.* 22: 266–272. [10]

Hartline, H.K. 1940. The receptive fields of optic nerve fibers. *Am. J. Physiol.* 130: 690–699. [16]

Hartshorn, R.P. and Catterall, W.A. 1984. The sodium channel from rat brain: Purification and subunit composition. *J. Biol. Chem.* 259: 1667–1675. [2]

Hartzell, H. C., Kuffler, S.W. and Yoshikami, D. 1975. Postsynaptic potentiation: Interaction between quanta of acetylcholine at the skeletal neuromuscular synapse. *J. Physiol.* 251: 427–463. [9]

Hatten, M.E. 1990. Riding the glial monorail: A common mechanism for glial-guided neuronal migration in different regions of the developing mammalian brain. *Trends Neurosci.* 13: 179–184. [6]

Hatten, M. E., Liem, R.K. H. and Mason, C.A. 1986. Weaver mouse cerebellar granule neurons fail to migrate on wild-type astroglial processes in vitro. *J. Neurosci.* 6: 2675–2683. [11]

Hausdorff, W. P., Caron, M.G. and Lefkowitz, R.J. 1990. Turning off the signal: Desensitization of betaadrenergic receptor function. *FASEB J.* 4: 2881–2889. [9]

Hayashi, J.H. and Hildebrand, J.G. 1990. Insect olfactory neurons in vitro: Morphological and physiological characterization of cells from the developing antennal lobes of *Manduca sexta. J. Neurosci.* 10: 848–859. [13]

Hecht, S., Shlaer, S. and Pirenne, M.H. 1942. Energy, quanta and vision. *J. Gen. Physiol.* 25: 819–840. [16]

Heffner, C. D., Lumsden, A.G. S. and O'Leary, D.D. M. 1990. Target control of collateral extension and directional axon growth in the mammalian brain. *Science* 247: 217–220. [11]

Heiligenberg, W. 1989. Coding and processing of electrosensory information in gymnotiform fish. *J. Exp. Biol.* 146: 255–275. [14]

Helmholtz, H. 1889. *Popular Scientific Lectures.* Longmans, London. [1]

Helmholtz, H. 1962/1927. *Helmholtz's Treatise on Physiological Optics.* J.P. C. Southhall (ed.). Dover, New York. [1, 16, 17]

Hendrickson, A.E. 1985. Dots, stripes and columns in monkey visual cortex. *Trends Neurosci.* 8: 406–410. [17]

Hendrickson, A. E., Hunt, S.P. and Wu, J.-Y. 1981. Immunocyotchemical localization of glutamic acid decarboxylase in monkey striate cortex. *Nature* 292: 605–607. [17]

Hendrickson, A. E., Ogren, M. P., Vaughn, J. E., Barber, R.P. and Wu, J.-Y. 1983. Light and electron microscope immunocytochemical localization of glutamic acid decarboxylase in monkey geniculate complex: Evidence for GABAergic neurons and synapses. *J. Neurosci.* 3: 1245–1262. [10]

Hendry, I. A., Stockel, K., Thoenen, H. and Iversen, L.L. 1974. The retrograde axonal transport of nerve growth factor. *Brain Res.* 68: 103–121. [11]

Hendry, S.H. C. and Jones, E.G. 1981. Sizes and distributions of intrinsic neurons incorporating tritiated GABA in monkey sensory-motor cortex. *J. Neurosci.* 1: 390–408. [10]

Hendry, S.H. C., Fuchs, J., deBlas, A.L. and Jones, E.G. 1990. Distribution and plasticity of immunocytochemically localized $GABA_A$ receptors in adult monkey visual cortex. *J. Neurosci.* 10: 2438–2450. [10]

Henneman, E., Somjen, G. and Carpenter, D.O. 1965. Functional significance of cell size in spinal motoneurons. *J. Neurophysiol.* 28: 560–580. [15]

Hepp-Reymond, M.C. 1988. Functional organization of motor cortex and participation in voluntary movements. *In* H.D. Seklis and J. Erwin (eds.), *Comparative Primate Biology,* Vol. 4. Alan R. Liss, New York, pp. 501–624. [15]

Heuman, R. 1987. Regulation of the synthesis of nerve growth factor. *J. Exp. Biol.* 132: 133–150. [6]

Heumann, R., Korsching, S., Brandtlow, C. and Thoenen, H. 1987. Changes of nerve growth factor synthesis in nonneuronal cells in response to sciatic nerve transection. *J. Cell Biol.* 104: 1623–1631. [12]

Heuser, J.E. and Reese, T.S. 1973. Evidence for recycling of synaptic vesicle membrane during transmitter release at the frog neuromuscular junction. *J. Cell Biol.* 57: 315–344. [9]

Heuser, J.E. and Reese, T.S. 1981. Structural changes after transmitter release at the frog neuromuscular junction. *J. Cell Biol.* 88: 564–580. [9]

Heuser, J. E., Reese, T.S. and Landis, D.M. D. 1974. Functional changes in frog neuromuscular junction studied with freeze-fracture. *J. Neurocytol.* 3: 109–131. [7]

Heuser, J. E., Reese, T. S., Dennis, M. J., Jan, Y., Jan, L. and Evans, L. 1979. Synaptic vesicle exocytosis captured by quick freezing and correlated with quantal transmitter release. *J. Cell Biol.* 81: 275–300. [9]

Hilaire, G. G., Nicholls, J. G. and Sears, T.A. 1983. Central and proprioceptive influences on the activity of levator costae motoneurones in the cat. *J. Physiol.* 342: 527–548. [15]

Hilakivi, I. 1987. Biogenic amines in the regulation of wakefulness and sleep. *Med. Biol.* 65: 97–104. [10]

Hill, D.R. and Bowery, N.G. 1981. [^{3}H]-baclofen and [^{3}H]-GABA bind to bicuculline-insensitive $GABA_B$ sites in rat brain. *Nature* 290: 149–152. [10]

Hille, B. 1970. Ionic channels in nerve membranes. *Prog. Biophys. Mol. Biol.* 21: 1–32. [4]

Hille, B. 1992. *Ionic Channels of Excitable Membranes,* 2nd Ed. Sinauer, Sunderland, MA. [2, 3, 4]

Hirning, L. D., Fox, A. P., McCleskey, E. W., Olivera, B. M., Thayer, S. A., Miller, R.J. and Tsien, R.W. 1988. Dominant role of N-type Ca^{2+} channels in evoked release of norepinephrine from sympathetic neurons. *Science* 239: 57–61. [8]

Hishinuma, A., Hockfield, S., McKay, R. and Hildebrand, J.G. 1988. Monoclonal antibodies reveal celltype-specific antigens in the sexually dimorphic olfactory system of *Manduca sexta*. I. Generation of monoclonal antibodies and partial characterization of the antigens. *J. Neurosci.* 8: 296–307. [11]

Ho, R.K. and Weisblat, D.A. 1987. A provisional epithelium in leech embryo: Cellular origins and influence on a developmental equivalence group. *Dev. Biol.* 120: 520–534. [13]

Hochner, B., Parnas, H. and Parnas, I. 1989. Membrane depolarization evoked neurotransmitter release in the absence of calcium entry. *Nature* 342: 433–435. [7]

Hochner, B., Klein, M., Schacher, S. and Kandel, E.R. 1986. Additional component in the cellular mechanism of presynaptic facilitation contributes to behavioral dishabituation in *Aplysia. Proc. Natl. Acad. Sci. USA* 83: 8794–8798. [13]

Hodgkin, A.L. 1937. Evidence for electrical transmission in nerve. I, II *J. Physiol.* 90: 183–210, 211–232. [5]

Hodgkin, A.L. 1954.J. A note on conduction velocity. *J. Physiol.* 125: 221–224. [5]

Hodgkin, A.L. 1964. *The Conduction of the Nervous Impulse.* Liverpool University Press, Liverpool. [1, 3]

Hodgkin, A.L. 1973. Presidential address. *Proc. R. Soc. Lond. B.* 183:1–19. [3]

Hodgkin, A.L. 1977. Obituary: Lord Adrian, 1889–1977. *Nature* 269: 543–544. [1]

Hodgkin, A.L. and Horowitz, P. 1959. The influence of potassium and chloride ions on the membrane potential of single muscle fibres. *J. Physiol.* 148: 127–160. [3]

Hodgkin, A.L. and Huxley, A.F. 1939. Action potentials recorded from inside a nerve fibre. *Nature* 144: 710–711. [4]

Hodgkin, A.L. and Huxley, A.F. 1952a. Currents carried by sodium and potassium ion through the membrane of the giant axon of *Loligo. J. Physiol.* 116: 449–472. [4]

Hodgkin, A.L. and Huxley, A.F. 1952b. The components of the membrane conductance in the giant axon of *Loligo. J. Physiol.* 116: 473–496. [4]

Hodgkin, A.L. and Huxley, A.F. 1952c. The dual effect of membrane potential on sodium conductance in the giant axon of *Loligo. J. Physiol.* 116: 497–506. [4]

Hodgkin, A.L. and Huxley, A.F. 1952d. A quantitative description of membrane current and its application to conduction and excitation in nerve. *J. Physiol.* 117: 500–544. [2, 4]

Hodgkin, A.L. and Katz, B. 1949. The effect of sodium ions on the electrical activity of the giant axon of the squid. *J. Physiol.* 108: 37–77. [3, 4]

Hodgkin, A.L. and Keynes, R.D. 1955a. Active transport of cations in giant axons from *Sepia* and *Loligo. J. Physiol.* 128: 28–60. [3]

Hodgkin, A.L. and Keynes, R.D. 1955b. The potassium permeability of a giant nerve fibre. *J. Physiol.* 128: 253–281. [4]

Hodgkin, A.L. and Keynes, R.D. 1956. Experiments on the injection of substances into squid giant axons by means of a microsyringe. *J. Physiol.* 131: 592–617. [3]

Hodgkin, A.L. and Rushton, W.A. H. 1946. The electrical constants of a crustacean nerve fibre. *Proc. R. Soc. Lond. B* 133: 444–479. [5]

Hodgkin, A. L., Huxley, A.F. and Katz, B. 1952. Measurement of current-voltage relations in the membrane of the giant axon of *Loligo. J. Physiol.* 116. 424–448. [4]

Holland, R.L. and Brown, M.C. 1980. Postsynaptic transmission block can cause terminal sprouting of a motor nerve. *Science* 207: 649–651. [12]

Hollyday, M. and Hamburger, V. 1976. Reduction of the naturally occurring motor neuron loss by enlargement of the periphery. *J. Comp. Neurol.* 170: 311–320. [11]

Honig, M. C., Collins, W.F. and Mendell, L.M. 1983. Alphamotoneuron epsps exhibit different frequency sensitivities to single Ia-afferent fiber stimulation. *J. Neurophysiol.* 49: 886–901. [15]

Horton, J.C. and Hubel, D.H. 1981. *A* regular patchy distribution of cytochrome-oxidase staining in primary visual cortex of the macaque monkey. *Nature* 292: 762–764. [17]

Horvitz, H.R. 1982. Factors that influence neural development in nematodes. *In* J.G. Nicholls (ed.). *Repair and Regeneration of the Nervous System.* Springer-Verlag, New York, pp. 41–55. [11]

Hoshi, T., Zagotta, W.N. and Aldrich, R.W. 1990. Biophysical and molecular mechanisms of *Shaker* potassium channel inactivation. *Science* 250: 533–538. [4]

Howard, J. and Hudspeth, A.J. 1988. Compliance of the hair bundle associated with gating of mechanoelectrical transduction channels in the bullfrog's sacular hair cell. *Neuron* 1: 189–199. [14]

Howard, J., Hudspeth, A.J. and Vale, R.D. 1989. Movement of microtubules by single kinesin molecules. *Nature* 342: 154–158. [9]

Howe, J.R. and Ritchie, J.M. 1988. Two types of potassium current in rabbit cultured Schwann cells. *Proc. R. Soc. Lond. B* 235: 19–27. [6]

Hoy, R.R. 1989. Startle, categorical response, and attention in acoustic behavior of insects. *Annu. Rev. Neurosci.* 12: 355–375. [13]

Hoy, R., Bittner, G.D. and Kennedy, D. 1967. Regeneration in crustacean motoneurons: Evidence for axonal fusion. *Science* 156: 251–252. [12]

Hubel, D.H. 1967. Effects of distortion of sensory input on the visual system of kittens. *Physiologist* 10: 17–45. [18]

Hubel, D.H. 1982a. Exploration of the primary visual cortex. *Nature* 299: 515–524. [17]

Hubel, D.H. 1982b. Cortical neurobiology: A slanted historical perspective. *Annu. Rev. Neurosci.* 5: 363–370. [17]

Hubel, D.H. 1988. *Eye, Brain and Vision.* Scientific American Library, New York. [6, 16, 17, 18]

Hubel, D.H. and Livingstone, M.S. 1987. Segregation of form, color, and stereopsis in primate area 18. *J. Neurosci.* 7: 3378–3415. [17]

Hubel, D.H. and Livingstone, M.S. 1990. Color and contrast sensitivity in the lateral geniculate body and primary visual cortex of the macaque monkey. *J. Neurosci.* 10: 2223–2237. [17]

Hubel, D.H. and Wiesel, T.N. 1959. Receptive fields of single neurones in the cat's striate cortex. *J. Physiol.* 148: 574–591. [17]

Hubel, D.H. and Wiesel, T.N. 1961. Integrative action in the cat's lateral geniculate body. *J. Physiol.* 155: 385–398. [16]

Hubel, D.H. and Wiesel, T.N. 1962. Receptive fields, binocular interaction and functional architecture in the cat's visual cortex. *J. Physiol.* 160: 106–154. [17]

Hubel, D.H. and Wiesel, T.N. 1963a. Shape and arrangement of columns in cat's striate cortex. *J. Physiol.* 165: 559–568. [17]

Hubel, D.H. and Wiesel, T.N. 1963b. Receptive fields of cells in striate cortex of very young, visually inexperienced kittens. *J. Neurophysiol.* 26: 994–1002. [18]

Hubel, D.H. and Wiesel, T.N. 1965a. Receptive fields and functional architecture in two non-striate visual areas (18 and 19) of the cat. *J. Neurophysiol.* 28: 229–289. [17]

Hubel, D.H. and Wiesel, T.N. 1965b. Binocular interaction in striate cortex of kittens reared with artificial squint. *J. Neurophysiol.* 28: 1041–1059. [18]

Hubel, D.H. and Wiesel, T.N. 1967. Cortical and callosal connections concerned with the vertical meridian of visual field in the cat. *J. Neurophysiol.* 30: 1561–1573. [17]

Hubel, D.H. and Wiesel, T.N. 1968. Receptive fields and functional architecture of monkey striate cortex. *J. Physiol.* 195: 215–243. [17]

Hubel, D.H. and Wiesel, T.N. 1970. The period of susceptibility to the physiological effects of unilateral eye closure in kittens. *J. Physiol.* 206: 419–436. [18]

Hubel, D.H. and Wiesel, T.N. 1971. Aberrant visual projections in the Siamese cat. *J. Physiol.* 218: 33–62. [18]

Hubel, D.H. and Wiesel, T.N. 1972. Laminar and columnar distribution of geniculo-cortical fibers in the macaque monkey. *J. Comp. Neurol.* 146: 421–450. [16, 17]

Hubel, D.H. and Wiesel, T.N. 1974. Sequence regularity and geometry of orientation columns in the monkey striate cortex. *J. Comp. Neurol.* 158: 267–294. [17]

Hubel, D.H. and Wiesel, T.N. 1977. Ferrier Lecture. Functional architecture of macaque monkey visual cortex. *Proc. R. Soc. Lond. B* 198:1–59. [17, 18]

Hubel, D. H., Wiesel, T.N. and LeVay, S. 1977. Plasticity of ocular dominance columns in monkey striate cortex. *Philos. Trans. R. Soc. Lond. B* 278: 377–409. [18]

Huganir, R.L. and Greengard, P. 1990. Regulation of neurotransmitter receptor desensitization by protein phosphorylation. *Neuron* 5: 555–567. [9]

Hudspeth, A.J. 1989. How the ear's works work. *Nature* 341: 397–404. [14]

Hudspeth, A.J. and Corey, D.P. 1977. Sensitivity, polarity and conductance change in the response of vertebrate hair cells to controlled mechanical stimuli. *Proc. Natl. Acad. Sci. USA* 74: 2407–2411. [14]

Hudspeth, A.J. and Lewis, R.S. 1988. Kinetic analysis of voltage- and ion-dependent conductances in saccular hair cells of the bull-frog, *Rana catesbeiana*. *J. Physiol.* 400: 237–274. [14]

Hudspeth, A. J., Poo, M.M. and Stuart, A.E. 1977. Passive signal propagation and membrane properties in median photoreceptors of the giant barnacle. *J. Physiol.* 272: 25–43. [14]

Hughes, J. (ed.). 1983. Opioid peptides. *Br. Med. Bull.* 39: 1–106. [14]

Hughes, J., Smith, T. W., Kosterlitz, H. W., Fothergill, L. A., Morgan, B.A. and Morris, H.R. 1975. Identification of two related pentapeptides from the brain with potent opiate agonist activity. *Nature* 258: 577–579. [10]

Humphrey, D.R. and Reed, D.J. 1983. Separate cortical systems for the control of joint movement and joint stiffness: reciprocal activation and coactivation of antagonist muscles. *Adv. Neurol.* 39: 347–372. [15]

Hunt, C.C. 1990. Mammalian muscle spindle: Peripheral mechanisms. *Physiol. Rev.* 70: 643–663. [14]

Hunt, C. C., Wilkerson, R. S. and Fukami, Y. 1978. Ionic basis of the receptor potential in primary endings of mammalian muscle spindles. *J. Gen. Physiol.* 71: 683–698. [14]

Huxley, A. 1928. *Point Counter Point,* Chapter 3. Harper Collins, New York. [14]

Huxley, A.F. and Stämpfli, R. 1949. Evidence for saltatory conduction in peripheral myelinated nerve fibers. *J. Physiol.* 108: 315–339. [5]

Hyvärinen, J. and Poranen, A. 1978. Movement-sensitive and direction and orientation-selective cutaneous receptive fields in the hand area of the postcentral gyrus in monkeys. *J. Physiol.* 283: 523–537. [14]

Ignarro, L.J. 1990. Haem-dependent activation of guanylate cyclase and cyclic GMP formation by endogenous nitric oxide: a unique transduction mechanism for transcellular signaling. *Pharmacol. Toxicol.* 67: 1–7 [8]

Innocenti, G.M. 1981. Growth and reshaping of axons in the establishment of visual callosal connections. *Science* 212: 824–827. [11, 18]

Inoué, S. 1981. Video image processing greatly enhances contrast, quality, and speed in polarization-based microscopy. *J. Cell Biol.* 89: 346–356. [9]

Isacoff, E. Y., Jan, N.J. and Jan, L.Y. 1990. Evidence for the formation of heteromultimeric potassium channels in *Xenopus* oocytes. *Nature* 345: 530–534. [2]

Ito, M. 1984. *The Cerebellum and Neural Control.* Raven Press, New York. [15]

Iversen, L.L. 1967. *The Uptake and Storage of Noradrenaline in Sympathetic Nerves.* Cambridge Unversity Press, London. [9]

Iversen, L. L., Lee, C. M., Gilbert, R. F., Hunt, S. and Emson, P.C. 1980. Regulation of neuropeptide release. *Proc. R. Soc. Lond. B* 210: 91–111. [10]

Ivy, G.O. and Killackey, H.P. 1982. Ontogenetic changes in the projections of neocortical neurons. *J. Neurosci.* 2: 735–743. [11]

Jack, J.J. B., Redman, S.J. and Wong, K. 1981. The components of synaptic potentials evoked in cat spinal motoneurones by impulses in single group Ia afferents. *J. Physiol.* 321: 65–96. [15]

Jacobson, M. and Hirose, G. 1981. Clonal organization of the central nervous system of the frog. II. Clones stemming from individual blastomeres of the 32- and 64-cell stages. *J. Neurosci.* 1: 271–284. [11]

Jacobson, S. G., Mohindra, J. and Held, R. 1981. Development of visual acuity in infants with congenital cataracts. *Br. J. Opthalmol.* 65: 727–735. [18]

Jan, Y.N. and Jan, L.Y. 1990. Genes required for specifying cell fates in *Drosophila* embryonic sensory nervous system. *Trends Neurosci.* 13: 493–498. [13]

Jan, Y. N., Jan, L.Y. and Kuffler, S.W. 1979. A peptide as a possible transmitter in sympathetic ganglia of the frog. *Proc. Natl. Acad. Sci. USA* 76: 1501–1505. [8]

Jan, Y. N., Jan, L. Y. and Kuffler, S. W. 1980. Further evidence for peptidergic transmission in sympathetic ganglia. *Proc. Natl. Acad. Sci. USA* 77: 5008–5012. [8]

Jan, Y. N., Bowers, C. W., Branton, D., Evans, L. and Jan, L.Y. 1983. Peptides in neuronal function: Studies using frog autonomic ganglia. *Cold Spring Harbor Symp. Quant. Biol.* 48: 363–374. [8]

Jansen, J.K. S. and Matthews, P.B. C. 1962. The central control of the dynamic response of muscle spindle receptors. *J. Physiol.* 161: 357–378. [14]

Jansen, J.K. S., Njå, A., Ormstad, K. and Walloe, L. 1971. On the innervation of the slowly adapting stretch receptor of the crayfish abdomen: An electrophysiological approach. *Acta. Physiol. Scand.* 81: 273–285. [14]

Jansen, J.K. S., Lømo, T., Nicholaysen, K. and Westgaard, R.H.

1973. Hyperinnervation of skeletal muscle fibers: Dependence on muscle activity. *Science* 181: 559–561. [12]

Jeanmonod, D., Rice, F. L. and Van der Loos, H. 1981. Mouse somatosensory cortex: Alterations in the barrelfield following receptor injury at different early postnatal ages. *Neuroscience* 6:1503–1535. [18]

Jellies, J. and Kristan, W. B., Jr. 1988. Embryonic assembly of a complex muscle is directed by a single identified cell in the medicinal leech. *J. Neurosci.* 8: 3317–3326. [13]

Jellies, J., Loer, C. M. and Kristan, W. B., Jr. 1987. Morphological changes in leech Retzius neurons after target contact during embryogenesis. *J. Neurosci.* 7: 2618–2629. [13]

Jendelová, P. and Syková, E. 1991. Role of glia in K^+ and pH homeostasis in the neonatal rat spinal cord. *Glia* 4: 56–63. [6]

Jenkins, W. M., Merzenich, M. M., Ochs, M. T., Allard, T. T. and Guic-Robles, E. 1990. Functional reorganization of primary somatosensory cortex in adult owl monkeys after behaviorally controlled tactile stimulation. *J. Neurophysiol.* 63: 82–104. [14, 18]

Jessell, T. M. and Iversen, L. L. 1977. Opiate analgesics inhibit substance P release from rat trigeminal nucleus. *Nature* 268: 549–551. [10]

Joh, T. H., Park, D. H. and Reis, D. J. 1978. Direct phosphorylation of brain tyrosine hydroxylase by cyclic AMP-dependent protein kinase: Mechanism of enzyme activation. *Proc. Natl. Acad. Sci. USA* 75: 4744–4748. [9]

Johansson, R. S. and Vallbo, Å. B. 1983. Tactile sensory coding in the glabrous skin of the human hand. *Trends Neurosci.* 6: 27–32. [14]

Johnson, E. M., Jr., Taniuchi, M. and DiStefano, P. S. 1988. Expression and possible function of nerve growth factor receptors on Schwann cells. *Trends Neurosci.* 11: 299–304. [12]

Johnson, E. W. and Wernig, A. 1971. The binomial nature of transmitter release at the crayfish neuromuscular junction. *J. Physiol.* 218: 757–767. [7]

Johnson, F. H., Eyring, H. and Polissar, M. J. 1954. *The Kinetic Basis of Molecular Biology.* Wiley, New York. [2]

Johnson, J. W. and Ascher, P. 1984. Glycine potentiates the NMDA response in cultured mouse brain neurones. *Nature* 325: 529–531. [7]

Johnson, R. G., Jr. 1988. Accumulation of biological amines into chromaffin granules: A model of hormone and neurotransmitter transport. *Physiol. Rev.* 68: 232–307. [9]

Jones, E. G., Coulter, J. D. and Hendry, S. H. 1978. Intracortical connectivity of architectonic fields in the somatic sensory, motor and parietal cortex of monkeys. *J. Comp. Neurol.* 181: 291–348. [15]

Jones, S. W. and Adams, P. R. 1987. The M-current and other potassium currents of vertebrate neurons. *In* L. K. Kaczmarek and I. B. Levitan (eds.). *Neuromodulation: The Biochemical Control of Neuronal Excitability.* Oxford University Press, New York, pp. 159–186. [8]

Jope, R. 1979. High-affinity choline uptake and acetylcholine production in the brain. Role of regulation of ACh synthesis. *Brain Res. Rev.* 1: 313–344. [9]

Jouvet, M. 1972. The role of monoamines and acetylcholine-containing neurons in the regulation of the sleep-waking cycle. *Ergeb. Physiol.* 64: 166–307. [10]

Julius, D. 1991. Molecular biology of serotonin receptors *Annu. Rev. Neurosci.* 14: 335–360. [8]

Junge, D. 1992. *Nerve and Muscle Excitation,* 3rd Ed. Sinauer, Sunderland, MA. [3]

Kaas, J. H. 1983. What if anything is SI? Organization of first somatosensory area of cortex. *Physiol. Rev.* 63: 206–231. [14]

Kaas, J. H. 1991. Plasticity of sensory and motor maps in adult mammals. *Annu. Rev. Neurosci.* 14:137–167. [12, 18]

Kaas, J. H., Merzenich, M. M. and Killackey, H. P. 1983. The reorganization of somatosensory cortex following peripheral nerve damage in adult and developing mammals. *Annu. Rev. Neurosci.* 6: 325–356. [18]

Kaczmarek, L. K. and Levitan, I. B. (eds.). 1987. *Neuromodulation: The Biochemical Control of Neuronal Excitability.* Oxford University Press, New York. [8]

Kalinoski, D. L., Huque, T., LaMorte, V. J., and Brand, J. G. 1989. Second messenger events in taste. *In* J. G. Brand, J. H. Teeter, R. H. Cagan and M. R. Kare (eds.), *Receptor Events in Transduction and Olfaction.* Volume 1 of *Chemical Senses.* Marcel Dekker, New York, pp. 85–101. [14]

Kallen, R. G., Sheng, Z.-H., Yang, J., Chen, L, Rogart, R. B. and Barchi, R. L. 1990. Primary structure and expression of a sodium channel characteristic of denervated and immature rat skeletal muscle. *Neuron* 4: 233–242. [2, 12]

Kalmijn, A. J. 1982. Electric and magnetic field detection in elasmobranch fishes. *Science* 218: 916–918. [14]

Kandel, E. R. 1976. *Cellular Basis of Behavior.* W. H. Freeman, San Francisco. [13]

Kandel, E. R. 1979. *Behavioral Biology of Aplysia.* W. H. Freeman, San Francisco. [13]

Kandel, E. R. 1989. Genes, nerve cells, and the remembrance of things past. *J. Neuropsychiatr.* 1:103–125. [13]

Kandel, E. R., Schwartz, J. H. and Jessell, T. M. (eds.). 1991. *Principles of Neural Science,* 3rd Ed. Elsevier, New York. [10, 19]

Kaneko, A. 1971. Electrical connexions between horizontal cells in the dogfish retina. *J. Physiol.* 213: 95–105. [16]

Kaneko, A. 1979. Physiology of the retina. *Annu. Rev. Neurosci.* 2: 169–191. [16]

Kao, C. T. 1966. Tetrodotoxin, saxotoxin and their significance in the study of excitation phenomena. *Pharmacol. Rev.* 18: 997–1049. [4]

Kao, C. T. and Levinson, S. R. (eds.) 1983. *Tetrodotoxin, Saxotoxin, and the Molecular Biology of the Sodium Channel. Ann. N. Y. Acad. Sci.* 479. [2]

Kao, P. N. and Karlin, A. 1986. Acetylcholine receptor binding site contains a disulfide cross-link between adjacent half-cystinyl residues. *J. Biol. Chem.* 261: 8085–8088. [2]

Kaplan, E. and Shapley, R. M. 1986. The primate retina contains two types of ganglion cells, with high and low contrast sensitivity. *Proc. Natl. Acad. Sci. USA* 83: 2755–2757. [16]

Kaspar, J., Schor, R. H. and Wilson, V. J. 1988. Response of vestibular neurons to head rotations in vertical planes. II. Response to neck stimulation and vestibular-neck interactions. *J. Neurophysiol.* 60: 1765–1768. [15]

Kater, S. B., Mattson, M. P., Cohan, C. and Connor, J. 1988. Calcium regulation of the neuronal growth cone. *Trends Neurosci.* 11: 315–321. [11]

Katsuki, Y. 1961. Neural mechanisms of auditory sensation in cats. *In* W. A. Rosenblith (ed.). *Sensory Communication.* MIT Press, Cambridge, MA., pp. 561–583. [14]

Katsumaru, H., Murakami, F., Wu, J.-Y. and Tsukahara, N. 1986. Sprouting of GABAergic synapses in the red nucleus after lesions of the nucleus interpositus in the cat. *J. Neurosci.* 6: 2864–2874. [12]

Katz, B. 1949. The efferent regulation of the muscle spindle in the frog. *J. Exp. Biol.* 26: 201–217. [14]

Katz, B. 1950. Depolarization of sensory nerve terminals and the initiation of impulses in the muscle spindle. *J. Physiol.* 111: 261–282. [14]

Katz, B. 1966. *Nerve, Muscle, and Synapse.* McGraw-Hill, New York. [8]

Katz, B. and Miledi, R. 1964. The development of acetylcholine sensitivity in nerve-free segments of skeletal muscle. *J. Physiol.* 170: 389–396. [12]

Katz, B. and Miledi, R. 1965. The measurement of synaptic delay, and the time course of acetylcholine release at the neuromuscular junction. *Proc. R. Soc. Lond. B* 161: 483–495. [7]

Katz, B. and Miledi, R. 1967a. The timing of calcium action during neuromuscular transmission. *J. Physiol.* 189: 535–544. [7]

Katz, B. and Miledi, R. 1967b. A study of synaptic transmission in the absence of nerve impulses. *J. Physiol.* 192: 407–436. [7]

Katz, B. and Miledi, R. 1968a. The role of calcium in neuromuscular facilitation. *J. Physiol.* 195: 481–492. [7]

Katz, B. and Miledi, R. 1968b. The effect of local blockage of motor nerve terminals. *J. Physiol.* 199: 729–741. [7]

Katz, B. and Miledi, R. 1972. The statistical nature of the acetylcholine potential and its molecular components. *J. Physiol.* 244: 665–699. [2, 7]

Katz, B. and Miledi, R. 1973. The binding of acetylcholine to receptors and its removal from the synaptic cleft. *J. Physiol.* 231: 549–574. [9]

Katz, B. and Miledi, R. 1977. Transmitter leakage from motor nerve terminals. *Proc. R. Soc. Lond. B* 196: 59–72. [7]

Katz, B. and Thesleff, S. 1957. A study of "desensitization" produced by acetylcholine at the motor endplate. *J. Physiol.* 138: 63–80. [9]

Katz, L. C., Gilbert, C. D. and Wiesel, T. N. 1989. Local circuits and ocular dominance columns in monkey striate cortex. *J. Neurosci.* 9:1389–1399. [17]

Kaupp, U. B., Niidome, T., Tanabe, T., Terada, S., Bonigk, W., Stühmer, W., Cook, N. J., Kangawa, K., Matsuo, H. and Hirose, T. 1989. Primary structure and functional expression from complementary DNA of the rod photoreceptor cyclic GMP-gated channel. *Nature* 342: 762–766. [16]

Kawai, N., Yamagishi, S., Saito, M. and Furuya, K. 1983. Blokkade of synaptic transmission in the squid giant synapse by a spider toxin (JSTX). *Brain Res.* 278: 346–349. [10]

Kawakami, K., Noguchi, S., Noda, M., Takahashi, H., Ohta, T., Kawamura, M., Nojima, H., Nagano, K., Hirose, T., Inayama, S., Hayashida, H., Miyata, T. and Numa, S. 1985. Structure of α-subunit of *Torpedo californica* (Na^+-K^+)ATPase deduced from cDNA sequence. *Nature* 316: 733–736. [3]

Kawamura, Y. and Kare, M. R. 1987. *Umami: A Basic Taste.* Marcel Dekker, New York. [14]

Kehoe, J. 1985. Synaptic block of a calcium-activated potassium conductance in *Aplysia* neurones. *J. Physiol.* 369: 439–474. [13]

Keinanen, K. Wisden, W., Sommer, B., Werner, P., Herb, A., Verdoorn, T. A., Sakmann, B. and Seeburg, P. H. 1990. A family of AMPA-selective glutamate receptors. *Science* 249: 556–560. [2]

Kelly, J. P. and Van Essen, D. C. 1974. Cell structure and function in the visual cortex of the cat. *J. Physiol.* 238: 515–547. [6]

Kennedy, M. B. 1989. Regulation of neuronal function by calcium. *Trends Neurosci.* 12: 417–420. [8]

Kennedy, P. R. 1990. Corticospinal, rubrospinal and rubro-olivary projections: A unifying hypothesis. *Trends Neurosci.* 13: 474–479. [15]

Kettenmann, H. and Schachner, M. 1985. Pharmacological properties of y-aminobutyric acid-, glutamate-, and aspartate-induced depolarizations in cultured astrocytes. *J. Neurosci.* 5: 3295–3301. [6]

Keynes, R. D. 1990. A series-parallel model of the voltage-gated sodium channel. *Proc. R. Soc. Lond. B* 240: 425–432. [4]

Keynes, R. D. and Lumsden, A. 1990. Segmentation and the origin of regional diversity in the vertebrate central nervous system. *Neuron* 2: 1–9. [11]

Keynes, R. D. and Rojas, E. 1974. Kinetics and steady-state properties of the charged system controlling sodium conductance in the squid giant axon. *J. Physiol.* 239: 393–434. [4]

Kim, D., Lewis, D. L., Graziadei, L., Neer, E. J., Bar-Sagi, D. and Clapham, D. E. 1989. G-protein βγ subunits activate the cardiac muscarinic K^+ channel via phospholipase A_2. *Nature* 337: 557–560. [8]

Kimmel, C. B. and Warga, R. M. 1988. Cell lineage and developmental potential of cells in the zebrafish embryo. *Trends Genet.* 4: 68–74. [11]

Kinnamon, S. C. 1988. Taste transduction: A diversity of mechanisms. *Trends Neurosci.* 11: 491–496. [14]

Kinnamon, S. C. and Roper, S. D. 1987. Passive and active membrane properties of mudpuppy taste receptor cells. *J. Physiol.* 383: 601–614. [14]

Kinnamon, S. C. and Roper, S. D. 1988. Evidence for a role of voltage-sensitive apical K^+ channels in sour and salt taste transduction. *Chem. Senses* 13: 115–121. [14]

Kinnamon, S. C., Dionne, V. E. and Beam, K G. 1988. Apical localization of K^+ channels in taste cells provide the basis for sour taste transduction. *Proc. Natl. Acad. Sci. USA* 85: 7023–7027. [14]

Kirkwood, P. A. 1979. On the use and interpretation of cross correlation measurements in the mammalian central nervous system. *J. Neurosci. Methods 1:* 107–132. [15]

Kirkwood, P. A. and Sears, T. A. 1974. Monosynaptic excitation of motoneurones from secondary endings of muscle spindles. *Nature* 252: 243–244. [15]

Kirkwood, P. A. and Sears, T. A. 1982. Excitatory postsynaptic potentials from single muscle spindle afferents in external intercostal motoneurones of the cat. *J. Physiol.* 322: 287–314. [15]

Kirn, J. R., Alvarez-Buylla, A. and Nottebohm, F. 1991. Production and survival of projection neurons in a forebrain vocal center of adult male canaries. *J. Neurosci.* 11:1756–1762. [11]

Kirshner, N. 1969. Storage and secretion of adrenal catecholamines. *Adv. Biochem. Psychopharm.* 1: 71–89. [9]

Kistler, J., Stroud, R. M., Klymkowski, M. W., Lalancette, R. A. and Fairclough, R. H. 1982. Structure and function of an acetylcholine receptor. *Biophys. J.* 37: 371–383. [2]

Klassen, H. and Lund, R. D. 1990. Retinal graft-mediated pupillary responses in rats: Restoration of a reflex function in the mature mammalian brain. *J. Neurosci.* 10: 578–587. [12]

Klein, M., Shapiro, E. and Kandel, E. R. 1980. Synaptic plasticity and the modulation of the Ca^{2+} current. *J. Exp. Biol.* 89: 117–157. [13]

Kleinfeld, D., Parsons, T. D., Raccuia-Behling, F., Salzberg, B. M. and Obaid, A. L. 1990. Foreign connections are formed in vitro by *Aplysia californica* interneuron L10 and its in vivo followers and nonfollowers. *J. Exp. Biol.* 154: 237–255. [13]

Klinke, R. 1986. Neurotransmission in the inner ear. *Hearing Res.* 22: 235–243. [14]

Knudsen, E.I. and Konishi, M. 1979. Mechanisms of sound location in the barn owl *(Tyto alba)*. *J. Comp. Physiol.* 133: 13–21. [14]

Knudsen, E.I. and Knudsen, P.F. 1989. Vision calibrates sound localization in developing barn owls. *J. Neurosci.* 9: 3306–3313. [14,18]

Knudsen, E. I., Esterly, S.D. and Du Lac, S. 1991. Stretched and upside-down maps of auditory space in the optic tectum of blind-reared owls: Acoustic basis and behavioral correlates. *J. Neurosci.* 11:1727–1747. [18]

Knudsen, E. I., Esterly, S.D. and Knudsen, P.F. 1984. Monaural occlusion alters sound localization during a sensitive period in the barn owl. *J. Neurosci.* 4: 1001–1011. [18]

Kohler, C., Swanson, L. W., Haglund, L. and Wu, J.-Y. 1985. The cytoarchitecture, histochemistry and projections of the tuberomammillary nucleus in the rat. *Neuroscience* 16: 85–110. [10]

Koike, H., Kandel, E.R. and Schwartz, J.H. 1974. Synaptic release of radioactivity after intrasomatic injection of choline-H^3 into an identified cholinergic interneuron in abdominal ganglion of *Aplysia californica*. *J. Neurophysiol.* 37: 815–827. [9]

Konnerth, A., Orkand, P.M. and Orkand, R.K. 1988. Optical recording of electrical activity from axons and glia of frog optic nerve: Potentiometric dye responses and morphometrics. *Glia* 1: 225–232. [6]

Kopin, I.J. 1968. False adrenergic transmitters. *Annu. Rev. Pharmacol.* 8: 377–394. [9]

Kopin, I. J., Breese, G. R., Krauss, K.R. and Weise, V.K. 1968. Selective release of newly synthesized norepinephrine from the cat spleen during sympathetic nerve stimulation. *J. Pharmacol. Exp. Therap.* 161: 271–278. [9]

Kosar, E., Waters, S., Tsukahara, N. and Asanuma, H. 1985. Anatomical and physiological properties of the projection from the sensory cortex to the motor cortex in normal cats: The difference between corticocortical and thalamocortical projections. *Brain Res.* 345: 68–78. [15]

Kramer, A.P. and Weisblat, D.A. 1985. Developmental neural kinship groups in the leech. *J. Neurosci.* 5: 388–407. [13]

Krämer, H., Cagan, R.L. and Zipursky, S.L. 1991. Interaction of *bride of sevenless* membrane-bound ligand and the *sevenless* tyrosine-kinase receptor. *Nature* 352: 207–212. [11]

Krasne, F.B. 1987. Silencing normal input permits regenerating foreign afferents to innervate an identified crayfish sensory interneuron. *J. Neurobiol.* 18: 61–73. [13]

Kreutzberg, G. W., Graeber, M.B. and Streit, W.J. 1989. Neuron-glial relationship during regeneration of motorneurons. *Metab. Brain Dis.* 4: 81–85. [6]

Kriebel, M. E., Vautrin, J. and Holsapple, J. 1990. Transmitter release: prepackaging and random mechanism or dynamic and deterministic process. *Brain Res. Rev.* 15: 167–78. [7]

Krieger, D.T. 1983. Brain peptides: What, where and why? *Science* 222: 975–985. [10]

Kristan, W.B. 1983. The neurobiology of swimming in the leech. *Trends Neurosci.* 6: 84–88. [13]

Krouse, M. E., Schneider, G.T. and Gage, P.W. 1986. A large anion-selective channel has seven conductance levels. *Nature* 319: 58–60. [3]

Kruger, L., Perl, E.R. and Sedivic, M.J. 1981. Fine structure of myelinated mechanical nociceptor endings in cat hairy skin. *J. Comp. Neurol.* 198: 137–154. [14]

Kuba, K. 1970. Effects of catecholamines on the neuromuscular junction in the rat diaphragm. *J. Physiol.* 211: 551–570. [8]

Kuffler, D.P. 1987. Long-distance regulation of regenerating frog axons. *J. Exp. Biol.* 132: 151–160. [6]

Kuffler, D. P., Thompson, W. and Jansen, J.K. S. 1980. The fate of foreign endplates in cross-innervated rat soleus muscle. *Proc. R. Soc. Lond. B* 208: 189–222. [12]

Kuffler, S.W. 1943. Specific excitability of the endplate region in normal and denervated muscle. *J. Neurophysiol.* 6: 99–110. [12]

Kuffler, S.W. 1953. Discharge patterns and functional organization of the mammalian retina. *J. Neurophysiol.* 16: 37–68. [16, 17]

Kuffler, S.W. 1954. Mechanisms of activation and motor control of stretch receptors in lobster and crayfish. *J. Neurophysiol.* 17: 558–574. [14]

Kuffler, S.W. 1967. Neuroglial cells: Physiological properties and a potassium mediated effect of neuronal activity on the glial membrane potential. *Proc. R. Soc. Lond. B* 168: 1–21. [6]

Kuffler, S.W. 1980. Slow synaptic responses in autonomic ganglia and the pursuit of a peptidergic transmitter. *J. Exp. Biol.* 89: 257–286. [8, 9]

Kuffler, S.W. and Eyzaguirre, C. 1955. Synaptic inhibition in an isolated nerve cell. *J. Gen Physiol.* 39: 155–184. [7, 14]

Kuffler, S.W. and Nicholls, J.G. 1966. The physiology of neuroglial cells. *Ergeb. Physiol.* 57: 1–90. [6]

Kuffler, S.W. and Potter, D.D. 1964. Glia in the leech central nervous system: Physiological properties and neuron-glia relationship. *J. Neurophysiol.* 27: 290–320. [6, 13]

Kuffler, S.W. and Sejnowski, T.J. 1983. Peptidergic and muscarinic excitation at amphibian sympathetic synapses. *J. Physiol.* 341: 257–278. [8]

Kuffler, S.W. and Vaughan Williams, E.M. 1953. Smallnerve junctional potentials: The distribution of small motor nerves to frog skeletal muscle, and the membrane characteristics of the fibres they innervate. *J. Physiol.* 121: 289–317. [12]

Kuffler, S.W. and Yoshikami, D. 1975a. The distribution of acetylcholine sensitivity at the post-synaptic membrane of vertebrate skeletal twitch muscles: Iontophoretic mapping in the micron range. *J. Physiol.* 244: 703–730. [7, 9]

Kuffler, S.W. and Yoshikami, D. 1975b. The number of transmitter molecules in a quantum: An estimate from iontophoretic application of acetylcholine at the neuromuscular junction. *J. Physiol.* 251: 465–482. [7, 9]

Kuffler, S. W., Dennis, M.J. and Harris, A.J. 1971. The development of chemosensitivity in extrasynaptic areas of the neuronal surface after denervation of parasympathetic ganglion cells in the heart of the frog. *Proc. R. Soc. Lond. B* 177: 555–563. [12]

Kuffler, S. W., Hunt, C.C. and Quilliam, J.P. 1951. Function of medullated small-nerve fibers in mammalian ventral roots: Efferent muscle spindle innervation. *J. Neurophysiol.* 14: 29–54. [14]

Kuffler, S. W., Nicholls, J.G. and Orkand, R.K. 1966. Physiological properties of glial cells in the central nervous system of amphibia. *J. Neurophysiol.* 29: 768–787. [6]

Kuhar, M.J., De Souza, E.B. and Unnerstall, J.R. 1986. Neurotransmitter receptor mapping by autoradiography and other methods. *Annu. Rev. Neurosci.* 9: 27–59. [10]

Kuhlman, J. R., Li, C. and Calabrese, R.L. 1985. FMRFamide-like substances in the leech. II. Bioactivity on the heartbeat system. *J. Neurosci.* 5: 2310–2317. [13]

Kuljis, R. O. and Rakic, P. 1990. Hypercolumns in primate visual cortex can develop in the absence of cues from photoreceptors. *Proc. Natl. Acad. Sci. USA* 87: 5303–5306. [18]

Kuno, M. 1964a. Quantal components of excitatory synaptic potentials in spinal motoneurones. *J. Physiol.* 175: 81–99. [7]

Kuno, M. 1964b. Mechanism of facilitation and depression of the excitatory synaptic potential in spinal motoneurones. *J. Physiol.* 175: 100–112. [7]

Kuno, M. 1971. Quantum aspects of central and ganglionic synaptic transmission in vertebrates. *Physiol. Rev.* 51: 647–678. *[15]*

Kuno, M. and Weakly, J.N. 1972. Quantal components of the inhibitory synaptic potentials in spinal motoneurones of the cat. *J. Physiol.* 224: 287–303. [7]

Kupfermann, I. 1967. Stimulation of egg laying: Possible neuroendocrine function of bag cells of abdominal ganglion of *Aplysia californica. Nature* 216: 814–815. [13]

Kupfermann, I. 1991. Functional studies of cotransmission. *Physiol. Rev.* 71: 683–732. [9]

Kuwada, J.Y. 1986. Cell recognition by neuronal growth cones in a simple vertebrate embryo. *Science* 233: 740–746. [11]

Kuwada, J.Y. and Kramer, A.P. 1983. Embryonic development of the leech nervous system: Primary axon outgrowth of identified neurons. *J. Neurosci.* 3: 2098–2111. [13]

Kuypers, H.G. J.M. 1981. Anatomy of the descending pathways. *In* J. M. Brookhart and V. B. Mountcastle (eds.). *Handbook of Physiology: The Nervous System,* Section 1, Vol. 2, Part 1. The American Physiological Society, Bethesda, MD., pp. 597–666. [15]

Kuypers, H.G.J.M. and Ugolini, G. 1990. Viruses as transneuronal tracers. *Trends Neurosci.* 13: 71–75. [1]

Kyte, J. and Doolittle, R.F. 1982. A simple method for displaying the hydrophobic character of a protein. *J. Molec. Biol.* 157: 105–132. [2]

Lam, D. M.-K. and Ayoub, G.S. 1983. Biochemical and biophysical studies of isolated horizontal cells from the teleost retina. *Vision Res.* 23: 433–444. [10]

Lampson, L.A. 1987. Molecular bases of the immune response to neural antigens. *Trends Neurosci.* 10: 211–216. [6]

Lance-Jones, C. and Landmesser, L. 1980. Motoneurone projection patterns in the chick hind limb following early partial reversals of the spinal cord. *J. Physiol.* 302: 581–602. [11]

Lance-Jones, C. and Landmesser, L. 1981a. Pathway selection by chick lumbosacral motoneurons during normal development. *Proc. R. Soc. Lond. B* 214: 1–18. [11]

Lance-Jones, C. and Landmesser, L. 1981b. Pathway selection by embryonic chick motoneurons in an experimentally altered environment. *Proc. R. Soc. Lond. B* 214: 19–52. [11]

Lancet, D. 1986. Vertebrate olfactory reception. *Annu. Rev. Neurosci.* 9: 329–355. [14]

Lancet, D. 1988. Molecular components of olfactory reception and transduction. *In* F.L. Margolis and T.V. Getchell, T.V. (eds.). *Molecular Biology of the Olfactory System.* Plenum, New York, pp. 25–50. [14]

Land, E.H. 1983. Recent advances in retinex theory and some implications for cortical computations: color vision and the natural image. *Proc. Natl. Acad. Sci. USA* 80: 5163–5169. [17]

Land, E.H. 1986a. Recent advances in retinex theory. *Vision Res.* 26: 7–21. [17]

Land, E.H. 1986b. An alternative technique for the computation of the designator in the retinex theory of color vision. *Proc. Natl. Acad. Sci. USA* 83: 3078–3080. [17]

Lander, A.D. 1989. Understanding the molecules of neural cell contacts: Emerging patterns of structure and function. *Trends Neurosci.* 12: 189–195. [11]

Landis, S.C. 1990. The regulation of transmitter phenotype. *Trends Neurosci.* 13: 344–350. [11]

Landmesser, L. 1971. Contractile and electrical responses of vagus-innervated frog sartorius muscles. *J. Physiol.* 213: 707–725. [12]

Landmesser, L. 1972. Pharmacological properties, cholinesterase activity and anatomy of nerve-muscle junctions in vagus-innervated frog sartorius. *J. Physiol.* 220: 243–256. [12]

Lane, N.J. 1981. Invertebrate neuroglia-junctional structure and development. *J. Exp. Biol.* 95: 7–33. [6]

Langasch, D., Thomas, L. and Betz, H. 1988. Conserved quaternary structure of ligand-gated ion channels: The postsynaptic glycine receptor is a pentamer. *Proc. Natl. Acad. Sci. USA* 85: 7394–7398. [2]

Langley, J.N. 1895. Note on regeneration of pre-ganglionic fibres of the sympathetic. *J. Physiol.* 22: 215-230. [11]

Langley, J.N. 1907. On the contraction of muscle, chiefly in relation to the presence of "receptive" substances. *J. Physiol.* 36: 347–384. [9]

Langley, J.N. and Anderson, H.K. 1892. The action of nicotin on the ciliary ganglion and on the endings of the third cranial nerve. *J. Physiol.* 13: 460–468. [7]

Langley, J.N. and Anderson, H.K. 1904. The union of different kinds of nerve fibres. J. Physiol. 31: 365–391. [12]

Langner, G., Bronke, D. and Scheich, H. 1981. Neuronal discrimination of natural and synthetic vowels in field L of trained mynah birds. *Exp. Brain Res.* 43: 11–24. [14]

Lankford, K.L. and Letourneau, P. 1989. Evidence that calcium may control neurite outgrowth by regulating the stability of actin filaments. *J. Cell Biol.* 109:1229–1243. [11]

Lankford, K. L., Cypher, C. and Letourneau, P. 1990. Nerve growth motility. *Curr. Opin. Cell Biol.* 2: 80–85. [11]

Lanno, I., Webb, C.K. and Bezanilla, F. 1988. Potassium conductance of the squid giant axon. Single channels studies. *J. Gen. Physiol.* 92: 179–196. [4]

Lashley, K.S. 1941. Pattern of cerebral integration indicated by the scotomas of migraine. *Arch. Neurol. Psychiat.* 46: 331–339. [19]

Laskowski, M. B. and Sanes, J.R. 1988. Topographically selective reinnervation of adult mammalian skeletal muscles. *J. Neurosci.* 8: 3094–3099. [12]

Lassignal, N. and Martin, A.R. 1977. Effect of acetylcholine on postjunctional membrane permeability in eel electroplaque. *J. Gen. Physiol.* 70: 23–36. [7]

Latorre, R. and Miller, C. 1983. Conduction and selectivity in potassium channels. *J. Memb. Biol.* 71: 11–30. [4]

La Vail, J.H. and La Vail, M.M. 1974. The retrograde intraaxonal transport of horseradish peroxidase in the chick visual system: A light and electron microscopic study. *J. Comp. Neurol.* 157: 303–358. [9]

Lawrence, P.A. and Tomlinson, A. 1991. A marriage is consummated. *Nature* 352: 193. [11]

LeBlanc, N. and Hume, J.R. 1990. Sodium-current induced release of calcium from cardiac sarcoplasmic reticulum. *Science* 248: 372–376. [3]

Le Douarin, N.M. 1980. The ontogeny of the neural crest in avian embryo chimeras. *Nature* 286: 663–669. [11]

Le Douarin, N.M. 1982. *The Neural Crest.* Cambridge University Press, Cambridge, England. [11]

Le Douarin, N.M. *1986.* Cell line segregation during peripheral nervous system ontogeny. *Science* 231: 1515–1522. [11]

Lefkowitz, R. J., Hoffman, B.B. and Taylor, P. 1990. Neurohumoral transmission: The autonomic and somatic motor nervous systems. *In* A. G. Gilman, T. W. Rall, *A. S.* Nies and P. Taylor (eds.). *Goodman and Gilman's the Pharmacological Basis of Therapeutics,* 8th Ed. Pergamon, New York, pp. 84–121. [8]

Leksell, L. 1945. The action potential and excitatory effects of the small ventral root fibres to skeletal muscle. *Acta Physiol. Scand.* 10(Suppl. 31): 1–84. [14]

Lent, C. M., Zundel, D., Freedman, E. and Groome, J. R. 1991. Serotonin in the leech central nervous system: Anatomical correlates and behavioral effects. *J. Comp. Physiol.* A 168:191–200. [13]

Leonard, J. P. and Wickelgren, W. O. 1986. Prolongation of calcium potentials by y-aminobutyric acid in primary sensory neurones of the lamprey. *J. Physiol.* 375: 481–497. [8]

Leonard, R. J., Labarca, C. G., Charnet, P., Davidson, N. and Lester, H. A. 1988. Evidence that the M2 membrane-spanning region lines the ion channel pore of the nicotinic receptor. *Science* 242: 1578–1581. [2]

Letourneau, P. C. 1975. Cell-to-substratum adhesion and guidance of axonal elongation. *Dev. Biol.* 44: 92–101. [11]

Leutje, C. W. and Patrick, J. 1991. Both α- and β-subunits contribute to agonist sensitivity of neuronal nicotinic acetylcholine receptors. *J. Neurosci.* 11: 837–845. [2]

Leutje, C. W., Patrick, J. and Seguela, P. 1990. Nicotinic receptors in mammalian brain. *FASEB J.* 4: 2753–2760. [2]

LeVay, S. and McConnell, S. K. 1982. On and off layers in the lateral geniculate nucleus of the mink. *Nature* 300: 350–351. [16]

LeVay, S., Hubel, D. H. and Wiesel, T. N. 1975. The pattern of ocular dominance columns in macaque visual cortex revealed by a reduced silver stain. *J. Comp. Neurol.* 159: 559–576. [17]

LeVay, S., Stryker, M. P. and Shatz, C. J. 1978. Ocular dominance columns and their development in layer IV of the cat's visual cortex: A quantitative study. *J. Comp. Neurol.* 179: 223–244. [18]

LeVay, S., Wiesel, T. N. and Hubel, D. H. 1980. The development of ocular dominance columns in normal and visually deprived monkeys. *J. Comp. Neurol.* 191: 1–51. [18]

LeVay, S., Connolly, M., Houde, J. and Van Essen, D. C. 1985. The complete pattern of ocular dominance stripes in the striate cortex and visual field of the macaque monkey. *J. Neurosci.* 5: 486–501. [17]

Levi-Montalcini, R. 1982. Developmental neurobiology and the natural history of nerve growth factor. *Annu. Rev. Neurosci.* 5: 341–362. [11]

Levi-Montalcini, R. and Angeletti, P. U. 1968. Nerve growth factor. *Physiol. Rev.* 48: 534–569. [11]

Levi-Montalcini, R. and Cohen, S. 1960. Effects of the extract of the mouse submaxillary salivary glands on the sympathetic system of mammals. *Ann. NY Acad. Sci.* 85: 324–341. [11]

Levinson, S. R. and Meves, H. 1975. The binding of tritiated tetrodotoxin to squid giant axon. *Philos. Trans. R. Soc. Lond. B* 270: 349–352. [4]

Levitan, I. B. and Kaczmarek, L. K. 1991. *The Neuron: Cell and Molecular Biology.* Oxford University Press, New York. [8]

Lev-Ram, V. and Grinvald, A. 1986. Ca^{2+}- and K^{+}-dependent communication between central nervous system myelinated axons and oligodendrocytes revealed by voltage-sensitive dyes. *Proc. Natl. Acad. Sci. USA* 83: 6651–6655. [6]

Lev-Tov, A., Miller, J. P., Burke, R. E. and Rall, W. 1983. Factors that control amplitude of EPSPs in dendritic neurons. *J. Neurophysiol.* 50: 399–412. [5]

Lewis, B. (ed.). *Bioacoustics: A Comparative Approach.* Academic Press, New York. [14]

Lichtman, J. W., Wilkinson, R. S. and Rich, M. M. 1985. Multiple innervation of tonic endplates revealed by activity-dependent uptake of fluorescent probes. *Nature* 314: 357–359. [9]

Lieberman, E. M., Abbott, N. J. and Hassan, S. 1989. Evidence that glutamate mediates axon-to-Schwann cell signaling in the squid. *Glia* 2: 94–102. [6]

Liley, A. W. 1956. The quantal components of the mammalian end-plate potential. *J. Physiol.* 132: 650–666. [7]

Lim, N. F., Nowycky, M. C. and Bookman, R. J. 1990. Direct measurement of exocytosis and calcium currents in single vertebrate nerve terminals. *Nature* 344: 449–451 [9]

Lin, J. S., Sakai, K., Vanni-Mercier, G., Arrang, J. M., Garbarg, M., Schwartz, J. C. and Jouvet, M. 1990. Involvement of histaminergic neurons in arousal mechanisms demonstrated with [^{3}H]-receptor ligands in the cat. *Brain Res.* 523: 325–330. [10]

Lindvall, O. 1991. Prospects of transplantation in human neurodegenerative diseases. *Trends Neurosci.* 14: 376–384. [10]

Ling, G. and Gerard, R. W. 1949. The normal membrane potential of frog sartorius fibers. *J. Cell. Comp. Physiol.* 34: 383–396. [7]

Linsker, R. 1989. From basic network principles to neural architecture: Emergence of orientation columns. *Proc. Natl. Acad. Sci. USA* 83: 8779–8783. [17]

Lipscombe, D., Kongsamut, S. and Tsien, R. W. 1989. α-Adrenergic inhibition of sympathetic neurotransmitter release mediated by modulation of N-type calcium-channel gating. *Nature* 340: 639–642. [8]

Lipscombe, D., Madison, D. V., Poenie, M., Reuter, H., Tsien, R. W. and Tsien, R. Y. 1988. Imaging of cytosolic Ca^{2+} transients arising from Ca^{2+} stores and Ca^{2+} channels in sympathetic neurons. *Neuron* 1: 355–365. [8]

Lipscombe, D., Madison, D. V., Poenie, M., Reuter, H., Tsien, R. Y. and Tsien, R. W. 1989. Spatial distribution of calcium channels and cytosolic calcium transients in growth cones and cell bodies of sympathetic neurons. *Proc. Natl. Acad. Sci. USA* 85: 2398–2402. [8]

Liu, Y. and Nicholls, J. G. 1989. Steps in the development of chemical and electrical synapses by pairs of identified leech neurones in culture. *Proc. R. Soc. Lond. B* 236: 253–268. [13]

Livett, B. G., Geffen, L. B. and Austin, L. 1968. Proximodistal transport of [^{14}C]noradrenaline and protein in sympathetic nerves. *J. Neurochem.* 15: 931–939. [9]

Livingstone, M. S. and Hubel, D. H. 1984. Anatomy and physiology of a color system in the primate visual cortex. *J. Neurosci.* 4: 309–356. [17]

Livingstone, M. S. and Hubel, D. H. 1987a. Connections between layer 4B of area 17 and the thick cytochrome oxidase stripes of area 18 in the squirrel monkey. *J. Neurosci.* 7: 3371–3377. [17]

Livingstone, M. S. and Hubel, D. H. 1987b. Psychophysical evidence for separate channels for the perception of form, color, movement, and depth. *J. Neurosci.* 7: 3416–3468. [17]

Livingstone, M. S. and Hubel, D. H. 1988. Segregation of form, color, movement, and depth: anatomy, physiology, and perception. *Science* 240: 740–749. [17]

Llinás, R. 1982. Calcium in synaptic transmission. *Sci. Am.* 247(4): 56–65. [7]

Llinás, R. and Sugimori, M. 1980. Electrophysiological properties of in vitro Purkinje cell dendrites in mammalian cerebellar slices. *J. Physiol.* 305: 197–213. [4]

Llinás, R., Baker, R. and Sotelo, C. 1974. Electrotonic coupling between neurons in cat inferior olive. *J. Neurophysiol.* 37: 560–571. [7]

Llinás, R., McGuinness, T. L., Leonard, C. S., Sugimori, M. and Greengard, P. 1985. Intraterminal injection of synapsin I or calcium/calmodulin-dependent protein kinase II alters neurotransmitter release at the squid giant synapse. *Proc. Natl. Acad. Sci. USA* 82: 3035–3039 [9]

Lloyd, D. P. C. 1943. Conduction and synaptic transmission of the reflex response to stretch in spinal cats. *J. Neurophysiol.* 6: 317–326. [15]

Lockery, S. R. and Kristan, W. B., Jr. 1990. Distributed processing of sensory information in the leech. II. Identification of interneurons contributing to the local bending reflex. *J. Neurosci.* 10: 1816–1829. [13]

Loewenstein, W. 1981. Junctional intercellular communication: The cell-to-cell membrane channel. *Physiol. Rev.* 61: 829–913. [5, 6]

Loewenstein, W. R. and Mendelson, M. 1965. Components of adaptation in a Pacinian corpuscle. *J. Physiol.* 177: 377–397. [14]

Loewi, O. 1921. Über humorale Übertragbarkeit der Herznervenwirkung. *Pflügers Arch.* 189: 239–242. [7]

Loh, Y. P. and Parish, D. C. 1987. Processing of neuropeptide precursors. *In* A. J. Turner (ed.). *Neuropeptides and Their Peptidases.* Horwood, New York, pp. 65–84. [9]

Lømo, T. and Rosenthal, J. 1972. Control of ACh sensitivity by muscle activity in the rat. *J. Physiol.* 221: 493–513. [12]

Lømo, T., Westgaard, R. H. and Dahl, H. A. 1974. Contractile properties of muscle: Control by pattern of muscle activity in the rat. *Proc. R. Soc. Lond. B* 187: 99–103. [12]

Lorenz, K. 1970. *Studies in Animal and Human Behavior,* Vols. 1 and 2. Harvard University Press, Cambridge. [18]

Loring, R. H. and Zigmond, R. E 1987. Ultrastructural distribution of [^{125}I]-toxin F binding sites on chick ciliary neurons: Synaptic localization of a toxin that blocks ganglionic nicotinic receptors. *J. Neurosci.* 7: 2153–2162. [9, 12]

Luddens, H. and Wisden, W. 1991. Function and pharmacology of multiple $GABA_A$ receptor subunits. *Trends Pharmacol. Sci.* 12: 49–51. [10]

Lumsden, A. G. S. 1991. Cell lineage restrictions in the chick embryo hindbrain. *Philos. Trans. R. Soc. Lond. B* 331: 281–286. [11]

Lumsden, A. G. S. and Davies, A. M. 1986. Chemotropic effect of specific target epithelium in the developing mammalian nervous system. *Nature* 323: 538–539. [11]

Lund, J. S. 1988. Anatomical organization of macaque monkey striate visual cortex. *Annu. Rev. Neurosci.* 11: 253–288. [17]

Lundberg, A. 1979. Multisensory control of spinal reflex pathways. *Prog. Brain Res.* 50: 11–28. [15]

Lundberg, J. M. and Hökfelt, T. 1983. Coexistence of peptides and classical neurotransmitters. *Trends Neurosci.* 6: 325–333.

Lundberg, J. M., Änggård, A., Fahrenkrug, J., Hökfelt, T. and Mutt, V. 1980. Vasoactive intestinal polypeptide in cholinergic neurons of exocrine glands: Functional significance of coexisting transmitters for vasodilation and secretion. *Proc. Natl. Acad. Sci. USA* 77: 1651–1655. [9]

Luqmani, Y. A., Sudlow, G. and Whittaker, V. P. 1980. Homocholine and acetylhomocholine: False transmitters in the cholinergic electromotor system of *Torpedo. Neuroscience* 5: 153–160. [9]

Luskin, M. B. and Shatz, C. J. 1985a. Neurogenesis of the cat's primary visual cortex. *J. Comp. Neurol.* 242: 611–631. [11]

Luskin, M. B. and Shatz, C. J. 1985b. Studies of the earliest generated cells of the cat's visual cortex: Cogeneration of subplate and marginal zones. *J. Neurosci.* 5: 1062–1075. [11]

Luskin, M. B., Pearlman, A. L. and Sanes, J. R. 1988. Cell lineage in the cerebral cortex of the mouse studied in vivo and in vitro with a recombinant retrovirus. *Neuron* 1: 635–647. [6, 11]

Lynch, D. R. and Snyder, S. H. 1986. Neuropeptides: Multiple molecular forms, metabolic pathways, and receptors. *Annu. Rev. Biochem.* 55: 773–799. [10]

Lynch, G., Larson, J., Kelso, S., Barrionuevo, G. and Schottler, F. 1983. Intracellular injections of EGTA block induction of hippocampal long-term potentiation. *Nature* 304: 719–721. [10]

Lynn, B. and Hunt, S. P. 1984. Afferent C-fibres: Physiological and biochemical correlations. *Trends Neurosci.* 7: 186–188. [14]

Macagno, E. R. 1980. Number and distribution of neurons in the leech segmental ganglion. *J. Comp. Neurol.* 190: 283–302. [13]

Macagno, E. R. and Stewart, R. R. 1987. Cell death during gangliogenesis in the leech: Competition leading to the death of PMS neurons has both random and nonrandom components. *J. Neurosci.* 7: 1911–1918. [13]

Macagno, E. R., Muller, K. J. and DeRiemer, S. A. 1985. Regeneration of axons and synaptic connections by touch sensory neurons in the leech central nervous system. *J. Neurosci.* 5: 2510–2521. [12, 13]

Macagno, E. R., Muller, K. J. and Pitman, R. M. 1987. Conduction block silences parts of a chemical synapse in the leech central nervous system. *J. Physiol.* 387: 649–664. [13]

Macdonald, R. L. and Werz, M. A. 1986. Dynorphin A decreases voltage-dependent calcium conductance of mouse dorsal root ganglion neurones. *J. Physiol.* 377: 237–249. [10]

MacKinnon, R. 1991. Determination of the subunit stoichiometry of a voltage-activated potassium channel. *Nature* 350: 232–238. [2]

Madison, D. V. and Nicoll, R. A. 1986. Actions of noradrenalin recorded intracellularly in rat hippocampal CA1 pyramidal neurones, in vitro. *J. Physiol.* 372: 221–244. [8]

Madison, D. V., Malenka, R. A. and Nicoll, R. A. 1991. Mechanisms underlying long-term potentiation of synaptic transmission. *Annu. Rev. Neurosci.* 14: 379–397. [10]

Maeno, T., Edwards, C. and Anraku, M. 1977. Permeability of the endplate membrane activated by acetylcholine to some organic cations. *J. Neurobiol.* 8: 173–184. [2]

Maffei, L. and Galli-Resta, L. 1990. Correlation in the discharges of neighboring rat retinal ganglion cells during prenatal life. *Proc. Natl. Acad. Sci. USA* 87: 2861–2964. [18]

Maggio, J. E. 1988. Tachykinins. *Annu. Rev. Neurosci.* 11: 13–28. [10]

Magleby, K. L. and Stevens, C. F. 1972. The effect of voltage on the time course of end-plate currents. *J. Physiol.* 223: 151–171. [7]

Magleby, K. L. and Zengel, J. E. 1982. A quantitative description of stimulation-induced changes in transmitter release at the frog neuromuscular junction. *J. Gen. Physiol.* 80: 613–638. [7]

Mains, R. E. and Patterson, P. H. 1973. Primary cultures of dissociated sympathetic neurons. I. Establishment of long-term growth in culture and studies of differentiated properties. *J. Cell Biol.* 59: 329–345. [11]

Mains, R. E., Eipper, B. A. and Ling, N. 1977. Common precursor to corticotropins and endorphins. *Proc. Natl. Acad. Sci. USA* 74: 3014–3018. [10]

Makowski, L., Caspar, D. L., Phillips, W. C. and Goodenough, D. A. 1977. Gap junction structure. II. Analysis of the X-ray diffraction data. *J. Cell Biol.* 74: 629–645. [5]

Malach, R., Ebert, R. and Van Sluyters, R. C. 1984. Recovery from effects of brief monocular deprivation in the kitten. *J. Neurophysiol.* 51: 538–551. [18]

Malenka, R. C., Kauer, J. A., Zucker, R. S. and Nicoll, R. A. 1988. Postsynaptic calcium is sufficient for potentiation of hippocampal synaptic transmission. *Science* 242: 81–84. [10]

Malenka, R. C., Kauer, J. A., Perkel, D. J., Kelly, P. T., Nicoll, R. A. and Waxham, M. N. 1989. An essential role for post-synaptic calmodulin and protein kinase activity in long-term potentiation. *Nature* 340: 554–557. [10]

Malinow, R. and Tsien, R. W. 1990. Presynaptic enhancement shown by whole-cell recordings of longterm potentiation in hippocampal slices. *Nature* 346: 177–180. [10]

Malinow, R., Schulman, H. and Tsien, R. W. 1989. Inhibition of postsynaptic PKC or CaMKII blocks induction but not expression of LTP. *Science* 245: 862–866. [10]

Mallart, A. and Martin, A. R. 1967. Analysis of facilitation of transmitter release at the neuromuscular junction of the frog. *J. Physiol.* 193: 679–697. [7]

Mallart, A. and Martin, A. R. 1968. The relation between quantum content and facilitation at the neuromuscular junction of the frog. *J. Physiol.* 196: 593–604. [7]

Manabe, T., Renner, P. and Nicoll, R. A. 1992. Post-synaptic contribution to long-term potentiation revealed by the analysis of miniature synaptic currents. *Nature* 355: 50–55. [10]

Marcel, D., Pollard, H., Verroust, P., Schwartz, J. C. and Beaudet, A. 1990. Electron microscopic localization of immunoreactive enkephalinase (EC 3.4.24.11) in the neostriatum of the rat. *J. Neurosci.* 10: 2804–2817. [9]

Marks, W. B., Dobelle, W. H. and MacNichol, E. F. 1964. Visual pigments of single primate cones. *Science* 143: 1181–1183. [16]

Marmont, G. 1949. Studies on the axon membrane. *J. Cell. Comp. Physiol.* 34: 351–382. [4]

Marsden, C. D., Rothwell, J. C. and Day, B. L. 1984. The use of peripheral feedback in the control of movement. *Trends Neurosci.* 7: 253–257. [15]

Marshall, I. G. and Parsons, S. M. 1987. The vesicular acetylcholine transport system. *Trends Neurosci.* 10: 174–177 [9]

Martin, A. R. 1977. Junctional transmission II. Presynaptic mechanisms. *In* E. Kandel (ed.). *Handbook of the Nervous System,* Vol. 1. American Physiological Society, Baltimore, pp. 329–355. [7]

Martin, A. R. 1990. Glycine- and GABA-activated chloride conductances in lamprey neurons. *In* O. P. Otterson and J. Storm-Mathisen (eds.). *Glycine Neurotransmission.* Wiley, New York, pp. 171–191. [7, 9, 10]

Martin, A. R. and Dryer, S. E. 1989. Potassium channels activated by sodium. Q. *J. Exp. Physiol.* 74: 1033–1041. [4]

Martin, A. R. and Levinson, S. R. 1985. Contribution of the Na^+-K^+ pump to membrane potential in familial periodic paralysis. *Muscle Nerve* 8: 359–362. [3]

Martin, A. R. and Pilar, G. 1963. Dual mode of synaptic transmission in the avian ciliary ganglion. *J. Physiol.* 168: 443–463. [7]

Martin, A. R. and Pilar, G. 1964a. Quantal components of the synaptic potential in the ciliary ganglion of the chick. *J. Physiol.* 175: 1–16. [7]

Martin, A. R. and Pilar, G. 1964b. Presynaptic and postsynaptic events during post-tetanic potentiation and facilitation in the avian ciliary ganglion. *J. Physiol.* 175: 16–30 [7]

Martin, A. R. and Ringham, G. L. 1975. Synaptic transfer at a vertebrate central nervous system synapse. *J. Physiol.* 251: 409–426. [7]

Martin, A. R., Patel, V. V., Faille, L. and Mallart, A. 1989. Presynaptic calcium currents recorded from calyciform nerve terminals in the lizard ciliary ganglion. *Neurosci. Lett.* 105: 14–18. [7]

Marty, *A. 1989.* The physiological role of calcium-dependent channels. *Trends Neurosci.* 12: 420–424. [8]

Masland, R. H. *1988.* Amacrine cells. *Trends Neurosci.* 11: 405–410. [16]

Massoulié, J. and Bon, S. 1982. The molecular forms of cholinesterase and acetylcholinesterase in vertebrates. *Annu. Rev. Neurosci.* 5: 57–106. [9]

Masuda-Nakagawa, L. M. and Nicholls, J. G. 1991. Extracellular matrix molecules in development and regeneration of the leech CNS. *Philos. Trans. R. Soc. Lond. B* 331: 323–335. [11]

Masuda-Nakagawa, L. M., Muller, K. J. and Nicholls, J. G. 1990. Accumulation of laminin and microglial cells at sites of injury and regeneration in the central nervous system of the leech. *Proc. R. Soc. Lond. B* 241: 201–206. [6, 13]

Mathie, A., Cull-Candy, S. G. and Colquhoun, D. 1991. Conductance and kinetic properties of single nicotinic acetylcholine receptor channels in rat sympathetic neurons. *J. Physiol.* 439: 717–750. [7]

Matsuda, T., Wu, J.-Y. and Roberts, E. 1973. Immunochemical studies on glutamic acid decarboxylase (EC 4.1.1.15) from mouse brain. *J. Neurochem.* 21: 159–166, 167–172. [10]

Matthews, B. H. C. 1931a. The response of a single end organ. *J. Physiol.* 71: 64–110. [14]

Matthews, B. H. C. 1931b. The response of a muscle spindle during active contraction of a muscle. *J. Physiol.* 72: 153–174. [14]

Matthews, B. H. C. 1933. Nerve endings in mammalian muscle. *J. Physiol.* 78: 1–53. [14]

Matthews, G. and Wickelgren, W. O. 1979. Glycine, GABA and synaptic inhibition of reticulospinal neurones of the lamprey. *J. Physiol.* 293: 393–415 [3, 10]

Matthews, P. B. 1988. Proprioceptors and their contribution to somatosensory mapping: Complex messages require complex processing. *Can. J. Physiol. Pharmacol.* 66: 430–438. [14]

Matthews, P. B. C. 1964. Muscle spindles and their motor control. *Physiol. Rev.* 44: 219–288. [14]

Matthews, P. B. C. 1972. *Mammalian Muscle Receptors and Their Central Action.* Edward Arnold, London. [15]

Matthews, P. B. C. 1981. Evolving views on the internal operation and functional role of the muscle spindle. *J. Physiol.* 320: 1–30. [14]

Matthews, P. B. C. 1982. Where does Sherrington's "muscular sense" originate? Muscles, joints, corollary discharges? *Annu. Rev. Neurosci.* 5: 189–218. [14]

Matthews, R. G., Hubbard, R., Brown, P. K. and Wald. G. 1963. Tautomeric forms of metarhodopsin. *J. Gen. Physiol.* 47: 215–240. [16]

Matthey, R. 1925. Récupération de la vue après résection des nerfs optiques chez le triton. *C. R. Soc. Biol.* 93: 904–906. [12]

Maturana, H. R., Lettvin, J. Y., McCulloch, W. S. and Pitts, W. H. 1960. Anatomy and physiology of vision in the frog *(Rana pipiens). J. Gen. Physiol.* 43: 129–175. [16]

Maunsell, J. H. and Newsome, W. T. 1987. Visual processing in monkey extrastriate cortex. *Annu. Rev. Neurosci.* 10: 363–401. [17]

Maycox, P. R., Hell, J. W. and Jahn, R. 1990. Amino acid neurotransmission: Spotlight on synaptic vesicles. *Trends Neurosci.* 13: 83–87. [9]

Mayer, M. L. and Westbrook, G. L. 1987.The physiology of excitatory amino acids in the vertebrate central nervous system. *Prog. Neurobiol.* 28: 198–276. [7, 10]

Mayer, M. L., Westbrook, G. L. and Guthrie, P. B. 1984. Voltage-dependent block by Mg^{2+} of NMDA responses in spinal cord neurones. *Nature* 309: 261–263. [7]

McArdle, J. J. 1983. Molecular aspects of the trophic influence of nerve on muscle. *Prog. Neurobiol.* 21: 135–198. [12]

McCloskey, D. I. 1978. Kinesthetic sensibility. *Physiol. Rev.* 58: 763–820. [14]

McConnell, S. K. 1989. The determination of neuronal fate in the cerebral cortex. *Trends Neurosci.* 12: 342–349. [11]

McConnell, S. K. 1991. The generation of neuronal diversity in the central nervous system. *Annu. Rev. Neurosci.* 14: 269–300. [11]

McCrea, P. D., Popot, J.-L. and Engleman, D. M. 1987. Transmembrane topography of the nicotinic acetylcholine receptor subunit. *EMBO J.* 6: 3619–3626. [2]

McEachern, A. E., Jacob, M. H. and Berg, D. K. 1989. Differential effects of nerve transection on the ACh and GABA receptors of chick ciliary ganglion neurons. *J. Neurosci.* 9: 3899–3907. [12]

McEwen, B. S. and Grafstein, B. 1968. Fast and slow components in axonal transport of protein. *J. Cell Biol.* 38: 494–508. [9]

McGlade-McCulloh, E., Morrissey, A. M., Norona, F. and Muller, K. J. 1989. Individual microglia move rapidly and directly to nerve lesions in the leech central nervous system. *Proc. Natl. Acad. Sci. USA* 86: 1093–1097. [6, 13]

McIntyre, A. K. 1980. Biological seismography. *Trends Neurosci.* 3: 202–205. [14]

McLachlan, E. M. 1978. The statistics of transmitter release at chemical synapses. *Int. Rev. Physiol. Neurophysiol. III* 17: 49–117. [7]

McMahan, U. J. 1990. The agrin hypothesis. *Cold Spring Harbor Symp. Quant. Biol.* 50: 407–418. [12]

McMahan, U. J. and Slater, C. R. 1984. The influence of basal lamina on the accumulation of acetylcholine receptors at synaptic sites in regenerating muscle. *J. Cell Biol.* 98:1452–1473. [12]

McMahan, U. J. and Wallace, B. G. 1989. Molecules in basal lamina that direct the formation of synaptic specializations at neuromuscular junctions. *Dev. Neurosci.* 11: 227–247. [11, 12]

McMahan, U. J., Sanes, J. R. and Marshall, L. M. 1978. Cholinesterase is associated with the basal lamina at the neuromuscular junction. *Nature* 271:172–174. [9]

McMahan, U. J., Spitzer, N. C. and Peper, K. 1972. Visual identification of nerve terminals in living isolated skeletal muscle. *Proc. R. Soc. Lond. B* 181: 421–430. [9]

McManaman, J. L., Haverkamp, L. J. and Oppenheim, R. W. 1991. Skeletal muscle proteins rescue motor neurons from cell death in vivo. *Adv. Neurol.* 56: 81–88. [11]

McNaughton, P. A. 1990. Light response of vertebrate photoreceptors. *Physiol. Rev.* 70: 847–883. [16]

Meech, R. W. 1974. The sensitivity of *Helix aspersa* neurones to injected calcium ions. *J. Physiol.* 237: 259–277. [4]

Meister, M., Wong, R. O., Baylor, D. A. and Shatz, C. J. 1991. Synchronous bursts of action potentials in ganglion cells of the developing mammalian retina. *Science* 252: 939–943. [18]

Melloni, E. and Pontremoli, S. 1989. The calpains. *Trends Neurosci.* 12: 438–444. [8]

Mendell, L. N. and Henneman, E. 1971. Terminals of single Ia fibers: Location, density, and distribution within a pool of 300 homonymous motoneurons. *J. Neurophysiol.* 34: 171–187. [15]

Menesini-Chen, M. G., Chen, J. S. and Levi-Montalcini, R. 1978. Sympathetic nerve fibers ingrowth in the central nervous system of neonatal rodents upon intracerebral NGF injections. *Arch. Natl. Biol.* 116: 53–84. [11]

Mengod, G., Charli, J. L. and Palacios, J. M. 1990. The use of in situ hybridization histochemistry for the study of neuropeptide gene expression in the human brain. *Cell. Mol. Neurobiol.* 10: 113–126. [10]

Merlie, J. P. and Sanes, J. R. 1985. Concentration of acetylcholine receptor mRNA in synaptic regions of adult muscle fibers. *Nature* 317: 66–68. [12]

Merzenich, M. M., Kaas, J. H., Sur, M. and Lin, C.-S. 1978. Double representation of the body surface within cytoarchitecture areas 3B and 1 in "SI" in the owl monkey *(Aotus trivirgatus)*. *J. Comp Neurol.* 181: 41–74. [14]

Meyer, M. R., Reddy, G. R. and Edwards, J. S. 1987. Immunological probes reveal spatial and developmental diversity in insect neuroglia. *J. Neurosci.* 7: 512–521. [6]

Meyer-Lohmann, J., Hore, J. and Brooks, V. B. 1977. Cerebellar participation in generation of prompt arm movements. *J. Neurophysiol.* 40: 1038–1050. [15]

Miachon, S., Berod, A., Leger, L., Chat, M., Hartman, B. and Pujol, J. F. 1984. Identification of catecholamine cell bodies in the pons and pons-mesencephalon junction of the cat brain, using tyrosine hydroxylase and dopamine-ß-hydroxylase immunohistochemistry. *Brain Res.* 305: 369–374. [10]

Miledi, R. 1960a. Junctional and extra-junctional acetylcholine receptors in skeletal muscle fibres. *J. Physiol.* 151: 24–30. [7]

Miledi, R. 1960b. The acetylcholine sensitivity of frog muscle fibers after complete or partial denervation. *J. Physiol.* 151: 1–23. [12]

Miledi, R., Parker, I. and Sumikawa, K. 1983. Recording single y-aminobutyrate- and acetylcholine-activated receptor channels translated by exogenous mRNA in *Xenopus* oocytes. *Proc. R. Soc. Lond. B* 218: 481–484. [2]

Miledi, R., Stefani, E. and Steinbach, A. B. 1971. Induction of the action potential mechanism in slow muscle fibres of the frog. *J. Physiol.* 217: 737–754. [12]

Miller, A. E. and Schwartz, E. A. 1983. Evidence for the identification of synaptic transmitters released by photoreceptors of the toad retina. *J. Physiol.* 334: 325–349. [16]

Miller, J., Agnew, W. S. and Levinson, S. R. 1983. Principle glycopeptide of the tetrodotoxin/saxitoxin binding protein from *Electrophorus electricus:* Isolation and partial chemical and physical characterization. *Biochemistry* 22: 462–470. [2, 4]

Miller, R. H., ffrench-Constant, C. and Raff, M. C. 1989. The macroglial cells of the rat optic nerve. *Annu. Rev. Neurosci.* 12: 517–534. [6]

Miller, T. M. and Heuser, J. E. 1984. Endocytosis of synaptic vesicle membrane at the frog neuromuscular junction. *J. Cell Biol.* 98: 685–698. [9]

Mink, J. W. and Thach, W. T. 1991a. Basal ganglia motor control. I. Nonexclusive relation of pallidal discharge to five moment modes. *J. Neurophysiol.* 65: 273–300. [15]

Mink, J. W. and Thach, W. T. 1991b. Basal ganglia motor control. II. Late pallidal timing relative to movement onset and inconsistent pallidal coding of movement parameters. *J. Neurophysiol.* 65: 301–329. [15]

Mink, J. W. and Thach, W. T. 1991c. Basal ganglia motor control. III. Pallidal ablation: Normal reaction time, muscle cocontraction, and slow movement. *J. Neurophysiol.* 65: 330–351. [15]

Mishina, M., Takai, T., Imoto, K., Noda, M., Takahashi, T., Numa, S., Methfessel, C. and Sakmann, B. 1986. Molecular distinction between fetal and adult forms of muscle acetylcholine receptor. *Nature* 321: 406–411. [2, 12]

Moiseff, M. 1989. Bi-coordinate sound localization by the barn owl. *J. Comp. Physiol.* 164: 637–644. [14]

Møllgård, K., Dziegielewska, K. M, Saunders, N. R., Zakut, H. and Soreq, H. 1988. Synthesis and localization of plasma proteins in the developing human brain. Integrity of the fetal blood-brain barrier to endogenous proteins of hepatic origin. *Dev. Biol.* 128: 207–221. [6]

Monaghan, D. T., Bridges, R.J. and Cotman, C. W. 1989. The excitatory amino acid receptors: Their classes, pharmacology and distinct properties in the function of the central nervous system. *Annu. Rev. Pharmacol. Toxicol.* 29: 365–402. [7]

Monard, D. 1988. Cell-derived proteases and protease inhibitors as regulators of neurite outgrowth. *Trends Neurosci.* 11: 541–544. [6]

Moody, W.J. 1981. The ionic mechanisms of intracellular pH regulation in crayfish neurones. *J. Physiol.* 316: 293 308. [3]

Moore, R. Y. and Bloom, F. E. 1978. Central catecholamine neuron systems: Anatomy and physiology of the dopamine systems. *Annu. Rev. Neurosci.* 1: 129–169. [10]

Moore, R. Y. and Bloom, F. E. 1979. Central catecholamine neuron systems: Anatomy and physiology of the norepinephrine and epinephrine systems. *Annu. Rev. Neurosci.* 2: 113–168. [10]

Morgan, J. I. and Curran, T. 1991. Stimulus-transcription coupling in the nervous system: Involvement of the inducible proto-oncogenes *fos* and *jun*. *Annu. Rev. Neurosci.* 14: 421–451. [8]

Morita, K. and Barrett, E. F. 1990. Evidence for two calcium-dependent potassium conductances in lizard motor nerve terminals. *J. Neurosci.* 10: 2614–2625. [7]

Mountcastle, V. B. 1957. Modality and topographic properties of single neurons of cat's somatic sensory cortex. *J. Neurophysiol.* 20: 408–434. [17]

Mountcastle, V. B. and Powell, T. P. S. 1959. Neural mechanisms subserving cutaneous sensibility with special reference to the role of afferent inhibition in sensory perception and discrimination. *Bull. Johns Hopkins Hosp.* 105: 201–232. [14]

Mower, G. D., Christen, W. G. and Caplan, C.J. 1983. Very brief visual experience eliminates plasticity in the cat visual cortex. *Science* 221: 178–180. [18]

Mudge, A. W., Leeman, S. E. and Fischbach, G. D. 1979. Enkephalin inhibits release of substance P from sensory neurons in culture and decreases action potential duration. *Proc. Natl. Acad. Sci. USA* 76: 526–530. [8, 10]

Mugnaini, E. 1982. Membrane specializations in neuroglial cells and at neuron-glial contacts. *In* T. A. Sears (ed.). *Neuronal-Glial Cell Interrelationships.* Springer-Verlag, New York, pp. 39–56. [6]

Mulkey, R. M. and Zucker, R. S. 1991. Action potentials must admit calcium to evoke transmitter release. *Nature* 350: 153–155. [7]

Muller, D., Joly, M. and Lynch, G. 1988. Contributions of quisqualate and NMDA receptors to the induction and expression of LTP. *Science* 242: 1694–1697. [10]

Muller, F., Junesch, E., Binkofski, F. and Freund, H.-J. 1991. Residual sensorimotor functions in a patient after right-sided hemispherectomy. *Neuropsychologia* 29: 125–145. [19]

Muller, K.J. 1981. Synapses and synaptic transmission *In* K.J. Muller, J. G. Nicholls and G. S. Stent (eds.). *Neurobiology of the Leech.* Cold Spring Harbor Laboratory, Cold Spring Harbor, NY, pp. 79–111. [13]

Muller, K.J. and McMahan, U.J. 1976. The shapes of sensory and motor neurones and the distribution of their synapses in ganglia of the leech: A study using intracellular injection of horseradish peroxidase. *Proc. R. Soc. Lond. B* 194: 481–499. [13]

Muller, K.J. and Nicholls, J. G. 1974. Different properties of synapses between a single sensory neurone and two different motor cells in the leech CNS. *J. Physiol.* 238: 357–369. [13]

Muller, K.J. and Nicholls, J. G. 1981. Regeneration and plasticity. In K.J. Muller, J. G. Nicholls and G. S. Stent (eds.). *Neurobiology of the Leech.* Cold Spring Harbor Laboratory, Cold Spring Harbor, N. Y. [12]

Muller, K.J. and Scott, S. A. 1981. Transmission at a "direct" electrical connexion mediated by an interneurone in the leech. *J. Physiol.* 311: 565–583. [13]

Muller, K. J., Nicholls, J. G. and Stent, G. S. (eds.). 1981. *Neurobiology of the Leech.* Cold Spring Harbor Laboratory, Cold Spring Harbor, NY, pp. 197–226. [13]

Mullins, L.J. and Noda, K. 1963. The influence of sodium-free solutions on membrane potential of frog muscle fibers. *J. Gen. Physiol.* 47: 117–132. [3]

Murphey, R. K., Johnson, S. E. and Sakaguchi, D. S. 1983. Anatomy and physiology of supernumerary cercal afferents in crickets: Implication for pattern formation. *J. Neurosci.* 3: 312–325. [12]

Murrell, J., Farlow, M., Ghetti, B. and Benson, M. D. 1991. A mutation in the amyloid precursor protein associated with hereditary Alzheimer's disease. *Science* 254: 97–99. [10]

Naegele, J. R. and Barnstable, C.J. 1989. Molecular determinants of GABAergic local-circuit neurons in the visual cortex. *Trends Neurosci.* 12: 28–34. [10]

Nagai, T., McGeer, P. L., Araki, M. and McGeer, E. G. 1984. GABA-T intensive neurons in the rat brain. *In* A. Björklund, T. Hökfelt and M.J. Kuhar (eds.). *Classical Transmitters and Transmitter Receptors in the CNS,* Part II, *Handbook of Chemical Neuroanatomy,* Vol. 3. Elsevier, Amsterdam pp. 247–272. [10]

Nagle, G. T., de Jong-Brink, M., Painter, S. D., Bergamin-Sassen, M. M., Blankenship, J. E. and Kurosky, A. 1990. Delta-bag cell peptide from the egg-laying hormone precursor of *Aplysia.* Processing, primary structure, and biological activity. *J. Biol. Chem.* 265: 22329–22335. [13]

Nakajima, S. and Onodera, K. 1969a. Membrane properties of the stretch receptor neurones of crayfish with particular reference to mechanisms of sensory adaptation. *J. Physiol.* 200: 161–185. [14]

Nakajima, S. and Onodera, K. 1969b. Adaptation of the generator potential in the crayfish stretch receptors under constant length and constant tension. *J. Physiol.* 200: 187–204. [14]

Nakajima, S. and Takahashi, K. 1966. Post-tetanic hyperpolarization and electrogenic Na pump in stretch receptor neurone of crayfish. *J. Physiol.* 187: 105–127. [14]

Nakajima, Y., Tisdale, A. D. and Henkart, M. P. 1973. Presynaptic inhibition at inhibitory nerve terminals: A new synapse in the crayfish stretch receptor. *Proc. Natl. Acad. Sci. USA* 70: 2462–2466. [7]

Nakamura, H. and O'Leary, D.D. M. 1989. Inaccuracies in initial growth and arborization of chick retinotectal axons followed by course corrections and axon remodeling to develop topographic order. *J. Neurosci.* 9: 3776–3795. [11]

Nakanishi, N. Schneider, N.A. and Axel, R. 1990. A family of glutamate receptor genes: Evidence for the formation of heteromultimeric receptors with distinct channel properties. *Neuron* 5: 569–581. [2]

Nakanishi, S. 1991. Mammalian tachykinin receptors. *Annu. Rev. Neurosci.* 14: 123–136. [8]

Narahashi, T., Moore, J. W. and Scott, W. R. 1964. Tetrodotoxin blockage of sodium conductance increase in lobster giant axons. *J. Gen. Physiol.* 47: 965–974. [4]

Nastuk, W.L. 1953. Membrane potential changes at a single muscle end-plate produced by transitory application of acetylcholine with an electrically controlled microjet. *Fed. Proc.* 12: 102. [7]

Nathans, J. 1987. Molecular biology of visual pigments. *Annu. Rev. Neurosci.* 10: 163–194. [16]

Nathans, J. 1989. The genes for color vision. *Sci. Am.* 260(2): 42–49. [16]

Nathans, J. 1990. Determinants of visual pigment absorbance: Identification of the retinylidene Schiff's base counterion in bovine rhodopsin. *Biochemistry* 29: 9746–9752. [16]

Nathans, J. and Hogness, D.S. 1984. Isolation and nucleotide sequence of the gene encoding human rhodopsin. *Proc. Natl. Acad. Sci. USA* 81: 4851–4855. [16]

Nauta, W.J. H. and Feirtag, M. 1986. *Fundamental Neuroanatomy.* Freeman, New York. [1]

Neher, E. and Sakmann, B. 1976. Single channel currents recorded from membrane of denervated frog muscle fibres. *Nature* 260: 799–801. [7]

Neher, E. and Steinbach, J.H. 1978. Local anaesthetics transiently block currents through single acetylcholine receptor channels. *J. Physiol.* 277:153–176. [7]

Neher, E., Sakmann, B. and Steinbach, J.H. 1978. The extracellular patch clamp: A method for resolving currents through individual open channels in biological membranes. *Pflügers Arch.* 375: 219–228 [2]

Neuweiler, G. 1990. Auditory adaptations for prey capture in echolocating bats. *Physiol. Rev.* 70: 615–641. [14]

Newcomb, R. W. and Scheller, R.H. 1990. Regulated release of multiple peptides from the bag cell neurons of *Aplysia californica. Brain Res.* 521: 229–237. [13]

Newman, E.A. 1985. Voltage-dependent calcium and potassium channels in retinal glial cells. *Nature* 317: 809–811. [6]

Newman, E.A. 1986. High potassium conductance in astrocyte endfeet. *Science* 233: 453–454. [6]

Newman, E.A. 1987. Distribution of potassium conductance in mammalian Muller (glial) cells: A comparative study. *J. Neurosci.* 7: 2423–2432. [6]

Neyton, J. and Trautmann, A. 1985. Single-channel currents of an intercellular junction. *Nature* 317: 331–335. [5]

Nicholls, J.G. 1987. *The Search for Connections. Studies of Regeneration in the Nervous System of the Leech.* Sinauer, Sunderland, MA. [13]

Nicholls, J.G. and Baylor, D.A. 1968. Specific modalities and receptive fields of sensory neurons in the CNS of the leech. *J. Neurophysiol.* 31: 740–756. [13]

Nicholls, J.G. and Purves, D. 1972. A comparison of chemical and electrical synaptic transmission between single sensory cells and a motoneurone in the central nervous system of the leech. *J. Physiol.* 225: 637–656. [7, 13]

Nicholls, J.G. and Wallace, B.G. 1978. Modulation of transmission at an inhibitory synapse in the central nervous system of the leech. *J. Physiol.* 281:157–170. [13]

Nicholls, J. G., Stewart, R. R., Erulkar, S.D. and Saunders, N.R. 1990. Reflexes, fictive respiration, and cell division in the brain and spinal cord of the newborn opossum, *Monodelphis domestica,* isolated and maintained in vitro. *J. Exp. Biol.* 152: 1–15. [15]

Nicoll, R.A. 1988. The coupling of neurotransmitter receptors to ion channels in the brain. *Science* 241: 545–551. [8]

Nicoll, R. A., Malenka, R.C. and Kauer, J.A. 1990. Functional comparison of neurotransmitter receptor subtypes in mammalian central nervous system. *Physiol. Rev.* 70: 513–565. [10]

Nicoll, R. A., Schenker, C. and Leeman, S.E. 1980. Substance P as a transmitter candidate. *Annu. Rev. Neurosci.* 3: 227–268. [10]

Niemierko, S. and Lubinska, L. 1967. Two fractions of axonal acetylcholinesterase exhibiting different behaviour in severed nerves. *J. Neurochem.* 14: 761–769. [9]

Nitkin, R. M., Smith, M. A., Magill, C., Fallon, J. R., Yao, M. Y.-M., Wallace, B.G. and McMahan, U.J. 1987. Identification of agrin, a synapse organizing protein from *Torpedo* electric organ. *J. Cell Biol.* 105: 2471–2478. [12]

Njå, A. and Purves, D. 1978. The effects of nerve growth factor and its antiserum on synapses in the superior cervical ganglion of the guinea-pig. *J. Physiol.* 277: 53–75. [12]

Noda, M., Takahashi, H., Tanabe, T., Toyosato, M., Furutani, Y., Hirose, T., Asai, M., Inayama, S., Miyata, T. and Numa, S. 1982. Primary structure of α-subunit precursor of *Torpedo californica* acetylcholine receptor deduced from a cDNA sequence. *Nature* 299: 793–797. [2]

Noda, M., Takahashi, H., Tanabe, T., Toyosato, M., Kikyotani, S., Hirose, T., Asai, M., Takashima, H., Inayama, S., Miyata, T. and Numa, S. 1983a. Primary structure of β- and δ-subunit precursors of *Torpedo californica* acetylcholine receptor deduced from cDNA sequences. *Nature* 301: 251–255. [2]

Noda, M., Takahashi, H., Tanabe, T., Toyosato, M., Kikyotani, S., Furutani, Y., Hirose, T., Takashima, H., Inayama, S., Miyata, T. and Numa, S. 1983b. Structural homology of *Torpedo californica* acetylcholine receptor subunits. *Nature* 302: 528–32. [2]

Noda, M., Shimizu, S., Tanabe, T., Takai, T., Kayano, T., Ikeda, T., Takahashi, H., Nakayama, H., Kanaoka, Y., Minamino, N., Kangawa, K., Matsuo, H., Raftery, M. A., Hirose, T., Inagama, S., Hayashida, H., Miyata, T. and Numa, S. 1984. Primary structure of *Electrophorus electricus* sodium channel deduced from cDNA sequence. *Nature* 312: 121–127. [2]

Noguchi, S., Noda, M., Takahashi, H., Kawakami, K., Ohta, T., Nagano, K., Hirosi, T., Inayama, S., Kawamura, M. and Numa, S. 1986. Primary structure of the β-subunit of *Torpedo californica* (Na^+-K^+)ATPase deduced from cDNA sequence. *FEBS Lett.* 196: 315–320. [3]

Nottebohm, F. 1989. From bird song to neurogenesis. *Sci. Am.* 260(2): 74–79. [11]

Numa, S., Noda, M., Takahashi, H., Tanabe, T., Toyosato, M., Furutani, Y. and Kikyotani, S. 1983. Molecular structure of the nicotinic acetylcholine receptor. *Cold Spring Harbor Symp. Quant. Biol.* 48: 57–69. [2]

Nusbaum, M. P., Friesen, W. O., Kristan, W. B., Jr. and Pearce, R.A. 1987. Neural mechanisms generating the leech swimming rhythm: Swim-initiator neurons excite the network of swim oscillator neurons. *J. Comp. Physiol. A* 161: 355–366. [13]

Nussbaumer, J.C. and Van der Loos, H. 1984. An electrophysiological and anatomical study of projections to the mouse cortical barrelfield and its surroundings. *J. Neurophysiol.* 53: 686–698. [14]

Nussinovitch, I. and Rahamimoff, R. 1988. Ionic basis of tetanic and post-tetanic potentiation at a mammalian neuromuscular junction. *J. Physiol.* 396: 435–455. [7]

Obaid, A. L., Socolar, S.J. and Rose, B. 1983. Cell-tocell channels with two independently-regulated gates in series: Analysis of junctional conductance modulation by membrane potential, calcium and pH. *J. Memb. Biol.* 73: 68–89. [5]

Obata, K. 1969. Gamma-aminobutyric acid in Purkinje cells and motoneurones. *Experientia* 25: 1283. [10]

Obata, K., Takeda, K. and Shinozaki, H. 1970. Further study on pharmacological properties of the cerebellar-induced inhibition of Deiters neurones. *Exp. Brain Res.* 11: 327–342. [10]

O'Brien, R. A. D., Ostberg, A.J. C. and Vrbova, G. 1978. Observations on the elimination of polyneuronal innervation in developing mammalian skeletal muscle. *J. Physiol.* 282: 571–582. [11]

Ochoa, E. L., Chattopadhyay, A. and McNamee, M.G. 1989. Desensitization of the nicotinic acetylcholine receptor: Molecular mechanisms and effect of modulators. *Cell Mol. Neurobiol.* 9: 141–178. [9]

Ocorr, K.A. and Byrne, J.H. 1985. Membrane responses and changes in cAMP levels in *Aplysia* sensory neurons produced by serotonin, tryptamine, FMRFamide and small cardioactive peptide B (SCPB). *Neurosci. Lett.* 55: 113–118. [13]

Odette, L.L. and Newman, E.A. 1988. Model of potassium dynamics in the central nervous system. *Glia* 1: 198–210. [6]

O'Dowd, B. F., Lefkowitz, R.J. and Caron, M.G. 1989. Structure of the adrenergic and related receptors. *Annu. Rev. Neurosci.* 12: 67–83. [8]

Olavarria, J. and Van Sluyters, R.C. 1985. Organization and postnatal development of callosal connections in the visual cortex of the rat. *J. Comp. Neurol.* 239: 1–26. [18]

O'Leary, D.D. M. and Stanfield, B.B. 1989. Selective elimination of axons extended by developing cortical neurons is dependent on regional locale. *J. Neurosci.* 9: 2230–2246. [11]

O'Leary, D.D. M. and Terashima, T. 1988. Cortical axons branch to multiple subcortical targets by interstitial axon budding: Implications for target recognition and "waiting periods". *Neuron* 1: 901–910. [11]

O'Leary, D.D. M., Stanfield, B.B. and Cowan, W.M. 1981. Evidence that the early postnatal restriction of the cells of origin of the callosal projection is due to the elimination of axonal collaterals rather than to the death of neurons. *Dev. Brain Res.* 1: 607–617. [11]

Olsen, R.W. and Leeb-Lundberg, F. 1981. Convulsant and anticonvulsant drug binding sites related to GABA-regulated chloride ion channels. In E. Costa, G. DiChiara and G.L. Gessa (eds.). *GABA and Benzodiazepine Receptors.* Raven Press, New York, pp. 93–102. [10]

Olson, R.W. and Tobin, A.J. 1990. Molecular biology of $GABA_A$ receptors. *FASEB J.* 4: 1469–1480. [2]

Oppenheim, R.W. 1991. Cell death during development of the nervous system. *Annu. Rev. Neurosci.* 14: 453–501. [11]

Orbeli, L.A. 1923. Die sympathetische innervation der skelettmuskeln. *Bull. Inst. Sci. Leshaft* 6: 194–197. [8]

Orkand, P.M. and Kravitz, E.A. 1971. Localization of the sites of y-aminobutyric acid (GABA) uptake in lobster nerve-muscle preparations. *J. Cell Biol.* 49: 75–89. [9]

Orkand, P. M., Bracho, H. and Orkand, R.K. 1973. Glial metabolism: Alteration by potassium levels comparable to those during neural activity. *Brain Res.* 55: 467–471. [6]

Orkand, R. K., Nicholls, J.G. and Kuffler, S.W. 1966. Effect of nerve impulses on the membrane potential of glial cells in the central nervous system of amphibia. *J. Neurophysiol.* 29: 788–806. [6]

O'Rourke, N.A. and Fraser, S.E. 1990. Dynamic changes in optic fiber terminal arbors lead to retinotopic map formation: An in vivo confocal microscopic study. *Neuron* 5: 159–171. [11]

Otsuka, M., Obata, K., Miyata, Y. and Tanaka, Y. 1971. Measurement of y-aminobutyric acid in isolated nerve cells of cat central nervous system. *J. Neurochem.* 18: 287–295. [10]

Ottoson, D. 1956. Analysis of the electrical activity of the olfactory epithelium. *Acta Physiol. Scand.* 35(Suppl. 122): 1–83. [14]

Ottoson, D. 1983. *Physiology of the Nervous System,* Chapter 31. Oxford University Press, New York. [14]

Overton, E. 1902. Beitrage zur allgemeinen Muskel- und Nervenphysiologie. II. Über die Unentbehrlichkeit von Natrium- (oder Lithium-) Ionen für den Kontraktionsakt des Muskels. *Pflügers Arch.* 92: 346–386. [4]

Pacholczyk, T., Blakely, R.D. and Amara, S.G. 1991. Expression cloning of a cocaine and antidepressentsensitive human noradrenaline transporter. *Nature* 350: 350–354 [9]

Palacios, J. M., Waeber, C., Hoyer, D. and Mengod, G. 1990. Distribution of serotonin receptors. *Ann. NY Acad. Sci.* 600: 36–52. [10]

Palacios, J. M., Mengod, G., Vilaro, M. T., Wiederhold, K. H., Boddeke, H., Alvarez, F.J., Chinaglia, G. and Probst, A. 1990. Cholinergic receptors in the rat and human brain: Microscopic visualization. *Prog. Brain Res.* 84: 243–253. [10]

Palka, J. and Schubiger, M. 1988. Genes for neural differentiation. *Trends Neurosci.* 11: 515–517. [13]

Palmer, L.A. and Rosenquist, A.C. 1974. Visual receptive fields of single striate cortical units projecting to the superior colliculus in the cat. *Brain Res.* 67: 27–42. [17]

Panula, P., Airaksinen, M. S., Pirvola, U. and Kotilainen, E. 1990. A histamine-containing neuronal system in human brain. *Neuroscience* 34: 127–132. [10]

Papazian, D. M., Timpe, L. C., Jan, N.Y. and Jan, L.Y. 1991. Alteration of voltage-dependence of Shaker potassium channel by mutations in the S4 sequence. *Nature* 349: 305–310. [2]

Parnas, H., Parnas, I. and Segel, L.A. 1990. On the contribution of mathematical models to the understanding of neurotransmitter release. *Int. Rev. Neurobiol.* 32: 1–50. [7]

Parnas, I. 1987. Strengthening of synaptic inputs after elimination of a single neurone innervating the same target. *J. Exp. Biol.* 132: 231–247. [12, 13]

Parnas, I. and Strumwasser, F. 1974. Mechanisms of long-lasting inhibition of a bursting pacemaker neuron. *J. Neurophysiol.* 37: 609–620. [13]

Partridge, L.D. and Thomas, R.C. 1976. The effects of lithium and sodium on potassium conductance in snail neurones. *J. Physiol.* 254: 551–563. [4]

Paschal, B.M. and Vallee, R.B. 1987. Retrograde transport by the microtubule associated protein MAP 1C. *Nature* 330: 181–183. [9]

Patterson, P.H. and Chun, L.L. Y. 1974. The influence of non-neuronal cells on catecholamine and acetylcholine synthesis and accumulation in cultures of dissociated sympathetic neurons. *Proc. Natl. Acad. Sci. USA* 71: 3607–3610. [11]

Patterson, P.H. and Chun, L.L. Y. 1977. The induction of acetylcholine synthesis in primary cultures of dissociated rat sympathetic neurons. I. Effects of conditioned medium. *Dev. Biol.* 56: 263–280. [11]

Patterson, P.H. and Purves, D. (eds). 1982. *Readings in Developmental Neurobiology.* Cold Spring Harbor Laboratory, Cold Spring Harbor, NY. [11]

Paul, D.L. 1986. Molecular cloning of cDNA for rat liver gap junction protein. *J. Cell Biol.* 103: 123–134. [5]

Paulson, O.B. and Newman, E.A. 1987. Does the release of potassium from astrocyte endfeet regulate cerebral blood flow? *Science* 237: 896–898. [6]

Payton, W.B. 1981. History of medicinal leeching and early medical references. *In* K.J. Muller, J.G. Nicholls and G.S. Stent (eds.) *Neurobiology of the Leech.* Cold Spring Harbor Laboratory, Cold Spring Harbor, NY, pp. 27–34. [13]

Pearlman, A. L., Birch, J. and Meadows, J.C. 1979. Cerebral color blindness: an acquired defect in hue discrimination. *Ann. Neurol.* 5: 253–261. [17]

Pearson, K. 1976. The control of walking. *Sci. Am.* 235(6): 72–86. [15]

Pearson, K.G. and Iles, J.F. 1970. Discharge patterns of coxal levator and depressor motoneurons of the cockroach *Periplaneta americana. J. Exp. Biol.* 52: 139–165. [15]

Pelosi, P. and Tirindelli, R. 1989. Structure/activity studies and characterization of an odorant-binding protein. *In* J. G. Brand, J.H. Teeter, R.H. Cagan and M.R. Kare (eds.), *Receptor Events in Transduction and Olfaction.* Volume 1 of *Chemical Senses.* Marcel Dekker, New York, pp. 207–226. [14]

Penfield, W. 1932. *Cytology and Cellular Pathology of the Nervous System,* Vol. II. Hafner, New York. [6]

Penfield, W. and Rasmussen, T. 1950. *The Cerebral Cortex of Man: A Clinical Study of Localization of Function.* Macmillan, New York. [14, 15]

Penner, R. and Neher, E. 1989. The patch-clamp technique in the study of secretion. *Trends Neurosci.* 12: 159–163. [9]

Peper, K., Dreyer, F., Sandri, C., Akert, K. and Moore, H. 1974. Structure and ultrastructure of the frog motor end-plate: A freeze-etching study. *Cell Tissue Res.* 149: 437–455- [7]

Perett, D. I., Mistlin, A.J. and Chitty, A.J. 1987. Visual neurones responsive to faces. *Trends Neurosci.* 10: 358–364. [17]

Perry, V.H. and Gordon, S. 1988. Macrophages and microglia in the nervous system. *Trends Neurosci.* 11: 273–277. [6]

Perschak, H. and Cuenod, M. 1990. In vivo release of endogenous glutamate and aspartate in the rat striatum during stimulation of the cortex. *Neuroscience* 35: 283–287. [9]

Pert, C.B. and Snyder, S.H. 1973. Opiate receptor: Demonstration in nervous tissue. *Science* 179: 1011–1014. [10]

Peters, A., Palay, S.L. and Webster, H. de F. 1976. *The Fine Structure of the Nervous System.* Saunders, Philadelphia. [1, 6, 15]

Pevsner, J., Sklar, P. B., Hwang, P.M. and Snyder, S.H. 1989. Odorant-binding protein. Sequence analysis and localization suggest an odorant transport function. *In* J. G. Brand, J.H. Teeter, R.H. Cagan and M.R. Kare (eds.), *Receptor Events in Transduction and Olfaction.* Volume 1 of *Chemical Senses.* Marcel Dekker, New York, pp. 227–242. [14]

Pfaffinger, P. J., Martin, J. M., Hunter, D. D., Nathanson, N.M. and Hille, B. 1985. GTP-binding proteins couple cardiac muscarinic receptors to a K channel. *Nature* 317: 536–538. [8]

Phelan, K.A. and Hollyday, M. 1990. Axon guidance in muscleless chick wings: The role of muscle cells in motoneuronal pathway selection and muscle nerve formation. *J. Neurosci.* 10: 2699–2716. [11]

Pickenhagen, W. 1989. Summation of the conference. *In* J.G. Brand, J.H. Teeter, R.H. Cagan and M.R. Kare (eds.), *Receptor Events in Transduction and Olfaction.* Volume 1 of *Chemical Senses.* Marcel Dekker, New York, pp. 505–509. [14]

Piomelli, D., Volterra, A., Dale, N., Siegelbaum, S. A., Kandel, E. R., Schwartz, J.H. and Belardetti, F. 1987. Lipoxygenase metabolites of arachidonic acid as second messengers for presynaptic inhibition of *Aplysia* sensory cells. *Nature* 328: 38–43. [8]

Poggio, G.F. and Mountcastle, V.B. 1960. A study of the functional contributions of the lemniscal and spinothalamic systems to somatic sensibility. *Bull. Johns Hopkins Hosp.* 106: 266–316. [14]

Pons, T. P., Garraghty, P. E., Ommaya, A. K., Kaas, J. H., Taub, E. and Mishkin, M. 1991. Massive cortical reorganization after sensory deafferentation in adult macaques. *Science* 252: 1857–1860. [18]

Poritsky, R. 1969. Two- and three-dimensional ultrastructure of boutons and glial cells on the motoneuronal surface in the cat spinal cord. *J. Comp. Neurol.* 135: 423–452. [1, 15]

Porter, C.W. and Barnard, E.A. 1975. The density of cholinergic receptors at the postsynaptic membrane: Ultrastructural studies in two mammalian species. *J. Membr. Biol.* 20: 31–49. [7]

Porter, L. L., Sakamoto, T. and Asanuma, H. 1990. Morphological and physiological identification of neurons in the cat motor cortex which receive direct input from the somatic sensory cortex. *Exp. Brain Res.* 80: 209–212. [15]

Porter, M.E. and Johnson, K.A. 1989. Dynein structure and function. *Annu. Rev. Cell Biol.* 5: 119–151. [9]

Potter, L.T. 1970. Synthesis, storage, and release of [^{4}C]-acetylcholine in isolated rat diaphragm muscles. *J. Physiol.* 206: 145–166. [9]

Powell, T.P.S. and Mountcastle, V.B. 1959. Some aspects of the functional organization of the cortex of the postcentral gyrus of the monkey: A correlation of findings obtained in a single unit analysis with cytoarchitecture. *Bull. Johns Hopkins Hosp.* 105: 133–162. [14]

Prell, G.D. and Green, J.P. 1986. Histamine as a neuroregulator. *Annu. Rev. Neurosci.* 9: 209–254. [10]

Pritchett, D. B., Sontheimer, H., Shivers, B.D. S., Ymer, S., Kettenmann, H., Schofield, P.R. and Seeburg, P.H. 1989. Importance of a novel $GABA_A$ receptor subunit for benzodiazepine pharmacology. *Nature* 338: 582–585. [10]

Purves, D. 1975. Functional and structural changes in mammalian sympathetic neurones following interruption of their axons. *J. Physiol.* 252: 429–463. [12]

Purves, D. and Lichtman, J.W. 1983. Specific connections between nerve cells. *Annu. Rev. Physiol.* 45: 553–565. [11]

Purves, D. and Lichtman, J.W. 1985. *Principles of Neural Development.* Sinauer, Sunderland, MA. [11, 12]

Purves, D. and Sakmann, B. 1974a. Membrane properties underlying spontaneous activity of denervated muscle fibers. *J. Physiol.* 239: 125–153. [12]

Purves, D. and Sakmann, B. 1974b. The effect of contractile activity on fibrillation and extrajunctional acetylcholine sensitivity in rat muscle maintained in organ culture. *J. Physiol.* 237: 157–182. [12]

Purves, D., Thompson, W. and Yip, J.W. 1981. Reinnervation of ganglia transplanted to the neck from different levels of the guinea pig sympathetic chain. *J. Physiol.* 313: 49–63. [12]

Quick, D. C., Kennedy, W. R. and Donaldson, L. 1979. Dimensions of myelinated nerve fibers near the motor and sensory terminals in cat tenuissimus muscles. *Neuroscience* 4: 1089–1096. [5]

Quilliam, T. A. and Armstrong, J. 1963. Mechanoreceptors. *Endeavour* 22: 55–60. [14]

Rabacchi, S. A., Neve, R. L. and Dräger, U. C. 1990. A positional marker for the dorsal embryonic retina is homologous to the high-affinity laminin receptor. *Development* 109: 521–531. [11]

Raff, M. C. 1989. Glial cell diversification in the rat optic nerve. *Science* 243: 1450–1455. [6]

Raftery, M. A., Hunkapiller, M. W., Strader, C. D. and Hood, L. E. 1980. Acetylcholine receptor: Complex of homologous subunits. *Science* 208: 1454–1457. [2]

Ragsdale, C. and Woodgett, J. 1991. *trking* neurotrophic receptors. *Nature* 350: 660–661. [11]

Rakic, P. 1971. Neuron-glia relationship during granule cell migration in developing cerebellar cortex. A Golgi and electron-microscopic study in *Macacus rhesus*. *J. Comp. Neurol.* 141: 283–312. [6, 11]

Rakic, P. 1972. Mode of cell migration to the superficial layers of the fetal monkey neocortex. *J. Comp. Neurol.* 145: 61–83. [11]

Rakic, P. 1974. Neurons in rhesus monkey visual cortex: Systematic relationship between time of origin and eventual disposition. *Science* 183: 425–427. [11]

Rakic, P. 1977a. Genesis of the dorsal lateral geniculate nucleus in the rhesus monkey: Site and time of origin, kinetics of proliferation, routes of migration and pattern of distribution of neurons. *J. Comp. Neurol.* 176: 23–52. [18]

Rakic, P. 1977b. Prenatal development of the visual system in rhesus monkey. *Philos. Trans. R. Soc. Lond. B* 278: 245–260. [18]

Rakic, P. 1986. Mechanism of ocular dominance segregation in the lateral geniculate nucleus: Competitive elimination hypothesis. *Trends Neurosci.* 9: 11–15. [18]

Rakic, P. 1988a. Defects of neuronal migration and the pathogenesis of cortical malformations. *Prog. Brain. Res.* 73: 15–37. [6]

Rakic, P. 1988b. Specification of cerebral cortical areas. *Science* 241: 170–176. [6, 18]

Rall, W. 1967. Distinguishing theoretical synaptic potentials computed from different soma-dendritic distributions of synaptic input. *J. Neurophysiol.* 30: 1138–1168. [5]

Ramirez, J. M. and Pearson, K. G. 1988. Generation of motor patterns for walking and flight in motoneurons supplying bifunctional muscles in the locust. *J. Neurobiol.* 19: 257–282. [13]

Ramón y Cajal, S. 1955. *Histologie du Systeme Nerveux*, Vol. II. C.S.I.C., Madrid. [6]

Rane, S. G. and Dunlap, K. 1986. Kinase C activator, 1,2-oleoylacetylglycerol attenuates voltage-dependent calcium current in sensory neurons. *Proc. Natl. Acad. Sci. USA* 83: 184–188. [10]

Ransom, B. R. and Goldring, S. 1973. Slow depolarization in cells presumed to be glia in cerebral cortex of cat. *J. Neurophysiol.* 36: 869–878. [6]

Raper, J. A. and Kapfhammer, J. P. 1990. The enrichment of a neuronal growth cone collapsing activity from embryonic chick brain. *Neuron* 2: 21–29. [11]

Rasmussen, C. D. and Means, A. R. 1989. Calmodulin, cell growth and gene expression. *Trends Neurosci.* 12: 433–438. [8]

Ratnam, M., Le Nguyen, D., Rivier, J., Sargent, P. B. and Lindstrom, J. 1986. Transmembrane topography of nicotinic acetylcholine receptor: Immunochemical tests contradict theoretical predictions based on hydrophobicity profiles. *Biochemistry* 25: 2633–2643. [2]

Rauschecker, J. P. and Singer, W. 1980. Changes in the circuitry of the kitten visual cortex are gated by postsynaptic activity. *Nature* 280: 58–60. [18]

Ravdin, P. and Axelrod, D. 1977. Fluorescent tetramethyl rhodamine derivatives of α-bungarotoxin: Preparation, separation, and characterization. *Anal. Biochem.* 80: 585–592. [9]

Raviola, E. and Dacheux, R. F. 1987. Excitatory dyad synapse in rabbit retina. *Proc. Natl. Acad. Sci. USA* 84: 7324–7328. [16]

Raviola, E. and Dacheux, R. F. 1990. Axonless horizontal cells of the rabbit retina: Synaptic connections and origin of the rod aftereffect. *J. Neurocytol.* 19: 731–736. [16]

Rayport, S. G. and Schacher, S. 1986. Synaptic plasticity in vitro: Cell culture of *Aplysia* neurons mediating short-term habituation and sensitization. *J. Neurosci.* 6: 759–763. [13]

Ready, D. F., Handson, T. E. and Benzer, S. 1976. Development of the *Drosophila* retina, a neurocrystalline lattice. *Dev. Biol.* 53: 217–240. [11]

Recio-Pinto, E., Thornhill, W. B., Duch, D. S., Levinson, S. R. and Urban, B. W. 1990. Neuraminidase treatment modifies the function of electroplax sodium channels in planar lipid bilayers. *Neuron* 5: 675–684. [2]

Redfern, P. A. 1970. Neuromuscular transmission in new-born rats. *J. Physiol.* 209: 701–709. [11, 18]

Reese, T. S. and Karnovsky, M. J. 1967. Fine structural localization of a blood-brain barrier to exogenous peroxidase. *J. Cell Biol.* 34: 207–217. [6]

Reichert, H. and Rowell, C. H. 1985. Integration of nonphaselocked exteroceptive information in the control of rhythmic flight in the locust. *J. Neurophysiol.* 53: 1201–1218. [13]

Reichardt, L. F. and Kelly, R. B. 1983. A molecular description of nerve terminal function. *Annu. Rev. Biochem.* 52: 871–926. [9]

Reichardt, L. F. and Tomaselli, K. J. 1991. Extracellular matrix molecules and their receptors: Functions in neural development. *Annu. Rev. Neurosci.* 14: 531–570. [11]

Reiter, H. O., Waitzman, D. M. and Stryker, M. P. 1986. Cortical activity blockade prevents ocular dominance plasticity in the kitten visual cortex. *Exp. Brain Res.* 65: 182–188. [18]

Reuter, H. 1974. Localization of β adrenergic receptors, and effects of noradrenaline and cyclic nucleotides on action potentials, ionic currents and tension in mammalian cardiac muscle. *J. Physiol.* 242: 429–451. [8]

Reuter, H., Cachelin, A. B., DePeyer, J. E. and Kokubun, S. 1983. Modulation of calcium channels in cultured cardiac cells by isoproternenol and 8-bromo-cAMP. *Cold Spring Harbor Symp. Quant. Biol.* 48: 193–200. [8]

Ribchester, R. R. and Taxt, T. 1983. Motor unit size and synaptic competition in rat lumbrical muscles reinnervated by active and inactive motor axons. *J. Physiol.* 344: 89–111. [11]

Ribchester, R. R. and Taxt, T. 1984. Repression of inactive motor nerve terminals in partially denervated rat muscle after regeneration of active motor axons. *J. Physiol.* 347: 497–511. [11]

Richards, J. G., Schoch, P. and Haefely, W. 1991. Benzodiazepine receptors: New vistas. *Sem. Neurosci.* 3: 191–203. [19]

Richards, J. G., Schoch, P., Haring, P., Takacs, B. and Mohler, H. 1987. Resolving $GABA_A$/benzodiazepine receptors: Cellular and subcellular localization in the CNS with monoclonal antibodies. *J. Neurosci.* 7: 1866–1886. [9]

Richardson, P. M., McGuinness, U. M. and Aguayo, A. J. 1980. Axons from CNS neurones regenerate into PNS grafts. *Nature* 284: 264–265. [12]

Ridley, R. M. and Baker, H. F. 1991. Can fetal neural transplants restore function in monkeys with lesioninduced behavioural deficits? *Trends Neurosci.* 14: 366–370. [12]

Riesen, A. H. and Aarons, L. 1959. Visual movement and intensity discrimination in cats after early deprivation of pattern vision. *J. Comp. Physiol. Psychol.* 52: 142–149. [18]

Ringham, G. 1975. Localization and electrical characteristics of a giant synapse in the spinal cord of the lamprey. *J. Physiol.* 251: 385–407. [7]

Ripps, H. and Witkovsky P. 1985. Neuron-glia interaction in the brain and retina. *Progr. Retinal Res.* 4: 181–219. [6]

Ritchie, J. M. 1986. Distribution of saxitoxin binding sites in mammalian neural tissue. *In* C. Y. Kao and S. R. Levinson (eds.). *Tetrodotoxin, Saxitoxin and the Molecular Biology of the Sodium Channel. Ann. NY Acad. Sci.* 479: 385–401 [4]

Ritchie, J. M. 1987. Voltage-gated cation and anion channels in mammalian Schwann cells and astrocytes. *J. Physiol.* (Paris) 82: 248–257. [2, 6]

Ritchie, J. M. 1990. Voltage-gated cation and anion channels in the satellite cells of the mammalian nervous system. *Advances in Neural Regeneration Research,* pp. 237–252. [6]

Ritchie, J. M., Black, J. A., Waxman, S. G. and Angelides, K. J. 1990. Sodium channels in the cytoplasm of Schwann cells. *Proc. Natl. Acad. Sci. USA* 87: 9290–9294. [6]

Ritz, M. C., Cone, E. J. and Kuhar, M. J. 1990. Cocaine inhibition of ligand binding at dopamine, norepinephrine, and serotonin transporters: A structureactivity study. *Life Sci.* 46: 635–645. [9]

Roberts, A. and Bush, B. M. H. 1971. Coxal muscle receptors in the crab: The receptor current and some properties of the receptor nerve fibres. *J. Exp. Biol.* 54: 515–524. [14]

Roberts, J. L. and Herbert, E. 1977. Characterization of a common precursor to corticotropin and β-lipotropin: Cell-free synthesis of the precursor and identification of corticotropin peptides in the molecule. *Proc. Natl. Acad. Sci. USA* 77: 4826–4830. [10]

Robitaille, R., Adler, E. M., and Charlton, M. P. 1990. Strategic location of calcium channels at release sites of frog neuromuscular synapses. *Neuron* 5: 773–779. [7]

Rodriguez-Tebar, A., Dechant, G. and Barde, Y.-A. 1991. Neurotrophins: structural relatedness and receptor interactions. *Philos. Trans. R. Soc. Lond. B* 331: 255–258. [11]

Rogart, R. B., Cribbs, L. L., Muglia, L. K., Kephart, D. D. and Kaiser, M. W. 1989. Molecular cloning of a putative tetrodotoxin-resistant heart Na^+ channel isoform. *Proc. Natl. Acad. Sci. USA* 86: 8170–8174. [2]

Rogers, J. H. 1989. Two calcium-binding proteins mark many chick sensory neurons. *Neuroscience* 31: 697–709. [1]

Roland, P. E., Larson, B., Lasser, N. A. and Skinhoj, E. 1980. Supplementary motor area and other cortical areas in organization of voluntary movements in man. *J. Neurophysiol.* 43: 118–136. [15]

Roper, S. D. 1983. Regenerative impulses in taste cells. *Science* 220: 1311–1312. [14]

Roper, S. D. 1989. The cell biology of vertebrate taste receptors. *Annu. Rev. Neurosci.* 12: 329–353. [14]

Roper, S. D. and McBride D. W. 1989. Distribution of ion channels of taste cells and its relationship to chemosensory transduction. *J. Membr. Biol.* 109: 29–39. [14]

Rose, S. P. R. 1991. How chicks make memories: The cellular cascade from *c-fos* to dendritic remodelling. *Trends Neurosci.* 14: 390–397. [8]

Rosenbluth, J. 1988. Role of glial cells in the differentiation and function of myelinated axons. *Int. J. Dev. Neurosci.* 6: 3–24. [6]

Rosenthal, J. L. 1969. Post-tetanic potentiation at the neuromuscular junction of the frog. *J. Physiol.* 203: 121–133. [7]

Ross, W. N., Aréchiga, H. and Nicholls, J. G. 1988. Influence of substrate on the distribution of calcium channels in identified leech neurons in culture. *Proc. Natl. Acad. Sci. USA* 85: 4075–4078. [8, 13]

Ross, W. N., Lasser-Ross, N. and Werman, R. 1990. Spatial and temporal analysis of calcium-dependent electrical activity in guinea pig Purkinje cell dendrites. *Proc. R. Soc. Lond. B* 240: 173–185. [4, 8]

Rossant, J. 1985. Interspecific cell markers and lineage in mammals. *Philos. Trans. R. Soc. Lond. B* 312: 91–100. [11]

Rotshenker, S. 1988. Multiple modes and sites for the induction of axonal growth. *Trends Neurosci.* 11: 363–366. [12]

Rotzler, S., Schramek, H. and Brenner, H. R. 1991. Metabolic stabilization of endplate acetylcholine receptors regulated by Ca^{2+} influx associated with muscle activity. *Nature* 349: 337–339. [12]

Rovainen, C. M. 1967. Physiological and anatomical studies on large neurons of the central nervous system of the sea lamprey *(Petromyzon marinus).* II. Dorsal cells and giant interneurons. *J. Neurophysiol.* 30: 1024–1042. [7]

Rubin, G. M. 1989. Development of the *Drosophila* retina: Inductive events studied at single cell resolution. *Cell* 57: 519–520. [11]

Rubin, L. L., Barbu, K., Bard, F., Cannon, C., Hall, D. E., Horner, H., Janatpour, M., Liaw, C., Manning, K., Morales, J., Porter, S., Tanner, L., Tomaselli, K. and Yednock, T. 1992. Differentiation of brain endothelial cells in cell culture. *Ann. NY Acad. Sci.* 633: 420–425. [6]

Rudy, B. 1988. Diversity and ubiquity of K channels. *Neuroscience* 25: 729–749. [4]

Rupp, F., Payan, D. G., Magill-Solc, C., Cowan, D. M. and Scheller, R. H. 1991. Structure and expression of a rat agrin. *Neuron* 6: 811–823. [12]

Ruppersburg, J. P., Schröter, K. H., Sakmann, B., Stocker, M., Sewing, S. and Pongs, O. 1990. Heteromultimeric channels formed by rat brain potassium channel proteins. *Nature* 345: 535–537. [2]

Rushton, W. A. H. 1951. A theory of the effects of fibre size in medullated nerve. *J. Physiol.* 115: 101–122. [5]

Russell, J. M. 1983. Cation-coupled chloride influx in squid axon. Role of potassium and stoichiometry of the transport process. *J. Gen. Physiol.* 81: 909–925. [3]

Saadat, S., Sendtner, M. and Rohrer, H. 1989. Ciliary neurotrophic factor induces cholinergic differentiation of rat sympathetic neurons in culture. *J. Cell Biol.* 108: 1807–1816. [11]

Sachs, F. 1988. Mechanical transduction in biological systems. *CRC Crit. Rev. Biomed. Eng.* 16: 141–169. [14]

Sahley, C. L., Martin, K. A. and Gelperin, A. 1990. Analysis of associative learning in the terrestrial mollusc *Limax maximus.*

II. Appetitive learning. *J. Comp. Physiol. A* 167: 339–345. [13]

Sakamoto, T., Arissan, K. and Asanuma, H. 1989. Functional role of sensory cortex in learning motor skills in cats. *Brain Res.* 503: 258–264. [15]

Sakmann, B., Noma, A. and Trautwein, W. 1983. Acetylcholine activation of single muscarinic K^+ channels in isolated pacemaker cells of the mammalian heart. *Nature* 303: 250–253. [8]

Sakmann, B., Edwards, F., Konnerth, A. and Takahashi, T. 1989. Patch clamp techniques used for studying synaptic transmission in slices of mammalian brain. *Q.J. Exp. Physiol.* 74: 1107–1118. [7]

Salpeter, M.M. (ed.). 1987. *The Vertebrate Neuromuscular Junction.* Alan R. Liss, New York. [11]

Salpeter, M.M. 1987. Vertebrate neuromuscular junctions: General morphology, molecular organization, and function consequences. *In* M.M. Salpeter (ed.). *The Vertebrate Neuromuscular Junction.* Alan R. Liss, New York, pp. 1–54. [9]

Salpeter, M.M. and Loring, R.H. 1985. Nicotinic acetylcholine receptors in vertebrate muscle: Properties, distribution and neural control. *Prog. Neurobiol.* 25: 297–325. [12]

Salpeter, M.M. and Marchaterre, M. 1992. Acetylcholine receptors in extrajunctional regions of innervated muscle have a slow degradation rate. *J. Neurosci.* 12: 35–38. [12]

Sanes, J.R. 1989. Analyzing cell lineage with a recombinant retrovirus. *Trends Neurosci.* 12: 21–28. [11]

Sanes, J. R., Marshall, L.M. and McMahan, U.J. 1978. Reinnervation of muscle fiber basal lamina after removal of muscle fibers. *J. Cell Biol.* 78: 176–198. [12]

Sargent, P.B. and Pang, D.Z. 1988. Denervation alters the size, number, and distribution of clusters of acetylcholine receptor-like molecules on frog cardiac ganglion neurons. *Neuron* 1: 877–886. [12]

Sargent, P.B. and Pang, D.Z. 1989. Acetylcholine receptor-like molecules are found in both synaptic and extrasynaptic clusters on the surface of neurons in the frog cardiac ganglion. *J. Neurosci.* 9: 1062–1072. [12]

Sargent, P. B., Yau, K.-W. and Nicholls, J. G. 1977. Extrasynaptic receptors on cell bodies of neurons in central nervous system of leech. *J. Neurophysiol.* 40: 446–452. [13]

Sarthy, P. V., Hendrickson, A.E. and Wu, J.Y. 1986. L-glutamate: A neurotransmitter candidate for cone photoreceptors in the monkey retina. *J. Neurosci.* 6: 637–643. [16]

Schacher, S., Montarolo, P. and Kandel, E.R. 1990. Selective short- and long-term effects of serotonin, small cardioactive peptide, and tetanic stimulation on sensorimotor synapses of *Aplysia* in culture. *J. Neurosci.* 10: 3286–3294. [13]

Schacher, S., Glanzman, D., Barzilai, A., Dash, P., Grant, S. G. N., Keller, F., Mayford, M. and Kandel. E.R. 1990. Long-term facilitation in *Aplysia:* Persistent phosporylation and structural changes. *Cold Spring Harbor Symp. Quant. Biol.* 55: 187–202. [13]

Schachner, M. 1982. Cell type-specific surface antigens in the mammalian nervous system. *J. Neurochem.* 39: 1–8. [6]

Schalling, M., Stieg, P. E., Lindquist, C., Goldstein, M. and Hökfelt, T. 1989. Rapid increase in enzyme and peptide mRNA in sympathetic ganglia after electrical stimulation in humans. *Proc. Natl. Acad. Sci.* USA 86: 4302–4305. [9]

Scheutze, S.M. and Role, L.W. 1987. Developmental regulation of nicotinic acetylcholine receptors. *Annu. Rev. Neurosci.* 10: 403–457. [11, 12]

Schiller, P.H. and Lee, K. 1991. The role of the primate extrastriate area V4 in vision. *Science* 251: 1251–1253. [17]

Schiller, P.H. and Logothetis, N.K. 1990. The coloropponent and broad-band channels of the primate visual system. *Trends Neurosci.* 13: 392–398. [16, 17]

Schiller, P.H. and Malpeli, J.G. 1978. Functional specificity of lateral geniculate nucleus laminae of the rhesus monkey. *J. Neurophysiol.* 41: 788–797. [16]

Schlaggar, B.L. and O'Leary, D.D. M. 1991. Potential of visual cortex to develop an array of functional units unique to somatosensory cortex. *Science* 252: 1556–1560. [11, 18]

Schmidt, R.F. 1971. Presynaptic inhibition in the vertebrate central nervous system. *Ergeb. Physiol.* 63: 20–101. [7]

Schnapf, J.L. and Baylor, D.A. 1987. How photoreceptor cells respond to light. *Sci. Am.* 256(4): 40–47. [16]

Schnapf, J. L., Kraft, T. W., Nunn, B.J. and Baylor, D.A. 1988. Spectral sensitivity of primate photoreceptors. *Vis. Neurosci.* 1: 255–261. [16]

Schnapf, J. L., Nunn, B. J., Meister, M. and Baylor, D.A. 1990. Visual transduction in cones of the monkey *Macaca fascicularis. J. Physiol.* 427: 681–713. [16]

Schnapp, B.J. and Reese, T.S. 1989. Dynein is the motor for retrograde axonal transport of organelles. *Proc. Natl. Acad. Sci. USA* 86: 1548–1552. [9]

Schnapp, B. J., Vale, R. D., Sheetz, M.P. and Reese, T.S. 1985. Single microtubules from squid axoplasm support bidirectional movement of organelles. *Cell* 40: 455–462. [9]

Schnell, L. and Schwab, M.E. 1990. Axonal regeneration in the rat spinal cord produced by an antibody against myelin-associated neurite growth inhibitors. *Nature* 343: 269–272. [12]

Schofield, P.R. 1989. $GABA_A$ receptor complexity. *Trends Pharmacol. Sci.* 10: 476–478. [2]

Schofield, P. R., Darlison, M. G., Fujita, N., Burt, D. R., Stephenson, F. A., Rodriguez, H., Rhee, L. M., Ramchandran, J., Reale, V., Glencorse, T. A., Seeburg, P.H. and Barnard, E.A. 1987. Sequence and functional expression of the $GABA_A$ receptor shows a ligand-gated receptor superfamily. *Nature* 328: 221–227. [2]

Schon, F. and Kelly, J.S. 1974. Autoradiographic localization of [^{3}H]GABA and [^{3}H]glutamate over satellite glial cells. *Brain Res.* 66: 275–288. [6]

Schramm, M. and Selinger, Z. 1984. Message transmission: Receptor-controlled adenylate cyclase system. *Science* 225: 1350–1356. [8]

Schrieber, M.H. and Thach, W. T., Jr. 1985. Trained slow trakking. II. Bidirectional discharge patterns of cerebellar nuclear, motor cortex and spindle afferent neurons. *J. Neurophysiol.* 54: 1228–1270. [15]

Schuch, U., Lohse, M.J. and Schachner, M. 1989. Neural cell adhesion molecules influence second messenger systems. *Neuron* 3: 13–20. [11]

Schultzberg, M., Hökfelt, T. and Lundberg, J.M. 1982. Coexistence of classical neurotransmitters and peptides in the central and peripheral nervous system. *Br. Med. Bull.* 38: 309–313. [9]

Schwab, M.E. 1991. Nerve fibre regeneration after traumatic lesions of the CNS: Progress and problems. *Philos. Trans. R. Soc. Lond. B* 331: 303–306. [6, 12]

Schwab, M.E. and Caroni, P. 1988. Oligodendrocytes and CNS myelin arc nonpermissive substrates for neurite growth and fibroblast spreading in vitro. *J. Neurosci.* 8: 2381–2393 [12]

Schwartz, A. B., Kettner, R.E. and Georgopoulos, A. P. 1988. Primate motor cortex and free arm movement to visual targets in three-dimensional space. I. Relations between cell discharge and angle of movement. *J. Neurosci.* 8: 2913–2927. [15]

Schwartz, E. A. 1987. Depolarization without calcium can release y-aminobutyric acid from a retinal neuron. *Science* 238: 350–355. [9]

Schweizer, F. E., Schäfer, T., Taparelli, C., Grob, M., Karli, U. O., Heumann, R., Thoenen, H., Bookman, R.J. and Burger, M. M. 1989. Inhibition of exocytosis by intracellularly applied antibodies against a chromaffin granule-binding protein. *Nature* 339: 709–712. [9]

Scott, S. A. 1975. Persistence of foreign innervation on reinnervated goldfish extraocular muscles. *Science* 189: 644–646. [12]

Scott, S. A. and Muller, K.J. 1980. Synapse regeneration and signals for directed growth in the central nervous system of the leech. *Dev. Biol.* 80: 345–363. [12]

Sears, T. A. 1964a. Efferent discharges in alpha and fusimotor fibers of intercoastal nerves of the cat. *J. Physiol.* 174: 295–315. [14, 15]

Sears, T. A. 1964b. The slow potentials of thoracic respiratory motoneurones and their relation to breathing. *J. Physiol.* 175: 404–424. [15]

Seilheimer, B. and Schachner, M. 1988. Studies of adhesion molecules mediating interactions between cells of peripheral nervous system indicate a major role for L1 in mediating sensory neuron growth on Schwann cells in culture. *J. Cell Biol.* 107: 341–351. [11]

Selkoe, D.J. 1991. The molecular pathology of Alzheimer's disease. *Neuron* 6: 487–498. [10]

Sellick, P. M., Patuzzi, R. and Johnstone, B. M. 1982. Measurement of basilar membrane motion in the guinea pig using the Mossbauer technique. *J. Acoust. Soc. Am.* 72: 131–141. [14]

Shapley, R. and Perry, V. H. 1986. Cat and monkey retinal ganglion cells and their visual functional roles. *Trends Neurosci.* 9: 229–235. [16]

Shapovalov, A. I. and Shiriaev, B. I. 1980. Dual mode of junctional transmission at synapses between single primary afferent fibres and motoneurones in the amphibian. *J. Physiol.* 306: 1–15. [7]

Shatz, C.J. 1977. Anatomy of interhemispheric connections in the visual system of Boston Siamese and ordinary cats. *J. Comp. Neurol.* 173: 497–518. [17]

Shatz, C.J. 1990a. Impulse activity and the patterning of connections during CNS development. *Neuron* 5: 745–756. [11, 18]

Shatz, C.J. 1990b. Competitive interactions between retinal ganglion cells during prenatal development. *J. Neurobiol.* 21: 197–211. [18]

Shatz, C.J. and Sretavan, D. W. 1986. Interactions between retinal ganglion cells during the development of the mammalian visual system. *Annu. Rev. Neurosci.* 9: 171–207. [18]

Shatz, C.J. and Stryker, M. P. 1988. Prenatal tetrodotoxin infusion blocks segregation of retinogeniculate afferents. *Science* 242: 87–89. [18]

Sheetz, M. P., Steuer, E. R. and Schroer, T. A. 1989. The mechanism and regulation of fast axonal transport. *Trends Neurosci.* 12: 474–478. [9]

Sheetz, M. P., Wayne, D. B. and Pearlman, A. L. 1992. Extension of filopodia by motor-dependent actin assembly. *Cell Motil. Cytoskel.* 22: 160–169. [11]

Sheridan, J. D. 1978. Junctional formation and experimental modification. *In* J. Feldman, N. B. Gilula, and J. D. Pitts (eds.). *Intercellular Junctions and Synapses.* Chapman and Hall, London, pp. 37–59. [5]

Sherrington, C. S. 1906. *The Integrative Action of the Nervous System,* 1961 edition. Yale University Press, New Haven. [1, 17]

Sherrington, C. S. 1933. *The Brain and Its Mechanism.* Cambridge University Press, London. [1, 15]

Sherrington, C. S. 1951. *Man on His Nature.* Cambridge University Press, Cambridge, England. [16]

Shik, M. L. and Orlovsky, G. N. 1976. Neurophysiology of locomotor automatism. *Physiol. Rev.* 56: 465–501. [15]

Shik, M. L., Severin, F. V. and Orlovsky, G. N. 1966. Control of walking and running by means of electrical stimulation of the mid-brain. *Biofizika* 11: 756–765. [15]

Shipp, S. and Zeki, S. 1985. Segregation of pathways leading from area V2 to areas V4 and V5 of macaque monkey visual cortex. *Nature* 315: 322–325. [17]

Shkolnik, L.J. and Schwartz, J. H. 1980. Genesis and maturation of serotonergic vesicles in identified giant cerebral neuron of *Aplysia. J. Neurophysiol.* 43: 945–967. [9]

Shrager, P. 1988. Ionic channels and signal conduction in single remyelinating frog nerve fibres. *J. Physiol.* 404: 695–712. [6]

Shrager, P., Chiu, S. Y. and Ritchie, J. M. 1985. Voltagedependent sodium and potassium channels in mammalian cultured Schwann cells. *Proc. Natl. Acad. Sci. USA* 82: 948–952. [6]

Shute, C. C. D. and Lewis, P. R. 1963. Cholinesterasecontaining systems of the brain of the rat. *Nature* 199: 1160–1164. [10]

Shyng, S.-L. and Salpeter, M. M. 1990. Effect of reinnervation on the degradation rate of junctional acetylcholine receptors synthesized in denervated skeletal muscles. *J. Neurosci.* 10: 3905–3915. [12]

Shyng, S.-L., Xu, R. and Salpeter, M. M. 1991. Cyclic AMP stabilizes the degradation of original junctional acetylcholine receptors in denervated muscle. *Neuron* 6: 469–475. [12]

Siegelbaum, S. A., Belardetti, F., Camardo, J. S. and Shuster, M. J. 1986. Modulation of the serotoninsensitive potassium channel in *Aplysia* sensory neurone cell body and growth cone. *J. Exp. Biol.* 124: 287–306. [13]

Sigel, E., Baur, R., Trube, G., Mohler, H. and Malherbe, P. 1990. The effect of subunit composition of rat brain $GABA_A$ receptors on channel function. *Neuron* 5: 703–711. [2]

Sigworth, F. J. and Neher, E. 1980. Single Na^+ channel currents observed in cultured rat muscle cells. *Nature* 287: 447–449. [4]

Silinsky, E. M. and Hubbard, J. I. 1973. Release of ATP from rat motor nerve terminals. *Nature* 243: 404–405. [9]

Sillito, A. M. 1979. Inhibitory mechanisms influencing complex cell orientation selectivity and their modification at high resting discharge levels. *J. Physiol.* 289: 33–53. [10]

Silver, J. and Sidman, R. S. 1980. A mechanism for the guidance and topographic patterning of retinal ganglion cell axons. *J. Comp. Neurol.* 189: 101–111. [11]

Simon, D. K. and O'Leary, D. D. M. 1989. Limited topographic specificity in the targeting and branching of mammalian retinal axons. *Dev. Biol.* 137: 125–134. [11]

Simons, D.J. and Woolsey, T. A. 1979. Functional organization in mouse barrel cortex. *Brain Res.* 165: 327–332. [14]

Sims, T. J., Waxman, S. G., Black, J. A. and Gilmore, S. A. 1985. Perinodal astrocytic processes at nodes of Ranvier in developing normal and glial cell deficient rat spinal cord. *Brain Res.* 337: 321–331. [6]

Singer, W. 1990. The formation of cooperative cell assemblies in the visual cortex. *J. Exp. Biol.* 153: 177–197. [18]

Skou, J. C. 1988. Overview: The Na,K pump. *Meth. Enzymol.* 156: 1–25. [3]

Smith, A. D., de Potter, W. P., Moerman, E.J. and Schaepdryver,

A.F. 1970. Release of dopamine β-hydroxylase and chromogranin A upon stimulation of the splenic nerve. *Tissue Cell* 2: 547–568. [9]

Smith, P.J., Howes, E.A. and Treherne, J.E. 1987. Mechanisms of glial regeneration in an insect central nervous system. *J. Exp. Biol.* 132: 59–78. [6]

Smith, S.J. 1988. Neuronal cytomechanics: The actinbased motility of growth cones. *Science* 242: 708–715. [11]

Snyder, S. 1986. *Drugs and the Brain.* Scientific American Library, New York. [6]

Soejima, M. and Noma, A. 1984. Mode of regulation of the ACh-sensitive K-channel by the muscarinic receptor in rabbit atrial cells. *Pflügers Arch.* 400: 424–431. [8]

Sokoloff, L. 1977. Relation between physiological function and energy metabolism in the central nervous system. *J. Neurochem.* 29: 13–26. [17]

Sokolove, P.G. and Cooke, I.M. 1971. Inhibition of impulse activity in a sensory neuron by an electrogenic pump. *J. Gen. Physiol.* 57:125–163. [14]

Sommer, B., Keinanen, K., Verdoorn, T. A., Wisden, W., Burnashev, N., Herb, A., Kohler, M., Takagi, T., Sakmann, B. and Seeburg, P.H. 1990. Flip and flop: A cell-specific functional switch in glutamateoperated channels of the CNS. *Science* 249: 1580–1585. [10]

Sossin, W. S., Fisher, J.M. and Scheller, R.H. 1989. Cellular and molecular biology of neuropeptide processing and packaging. *Neuron* 2: 1407–1417. [9]

Sotelo, C. and Alvarado-Mallart, R.M. 1991. The reconstruction of cerebellar circuits. *Trends Neurosci.* 14: 350–355. [12]

Sotelo, C. and Taxi, J. 1970. Ultrastructural aspects of electrotonic junctions in the spinal cord of the frog. *Brain Res.* 17: 137–141. [7]

Sotelo, C., Llinás, R. and Baker, R. 1974. Structural study of inferior olivary nucleus of the cat: Morphological correlates of electrotonic coupling. *J. Neurophysiol.* 37: 541–559 [5]

Specht, S. and Grafstein, B. 1973. Accumulation of radioactive protein in mouse cerebral cortex after injection of [^{3}H]-fucose into the eye. *Exp. Neurol.* 41: 705–722. [17]

Spector, S.A. 1985. Trophic effect on the contractile and histochemical properties of rat soleus muscle. *J. Neurosci.* 5: 2189–2196. [12]

Sperry, R.W. 1943. Effect of 180° rotation of the retinal field on visuomotor coordination. *J. Exp. Zool.* 92: 236–279. [11]

Sperry, R.W. 1963. Chemoaffinity in the orderly growth of nerve fiber patterns and connections. *Proc. Natl. Acad. Sci. USA* 50: 703–710. [11]

Sperry, R.W. 1970. Perception in the absence of neocortical commissures. *Proc. Res. Assoc. Nerv. Ment. Dis.* 48: 123–138. [17]

Spitzer, N.C. 1982. Voltage- and stage-dependent uncoupling of Rohon-Beard neurones during embryonic development of *Xenopus* tadpoles. *J. Physiol.* 330: 145–162. [5]

Squire, L.R. and Zola-Morgan, S. 1991. The medial temporal lobe memory system. *Science* 253: 1380–1386. [10]

Stadler, H. and Kiene, M.-L. 1987. Synaptic vesicles in electromotoneurones. II. Heterogeneity of populations is expressed in uptake properties, exocytosis, and insertion of a core proteoglycan in the extracellular matrix. *EMBO J.* 6: 2217–2221. [9]

Stahl, B., Müller, B., von Boxberg, Y., Cox, E.C. and Bonhoeffer, F. 1990. Biochemical characterization of a putative axonal guidance molecule of the chick visual system. *Neuron* 5: 735–743. [11]

Stanfield, B.B. and O'Leary, D.D.M. 1985. Fetal occipital cortical neurones transplanted to the rostral cortex can extend and maintain a pyramidal tract axon. *Nature* 298: 371–373. [11]

Steinbusch, H.W.M. 1984. Serotonin-immunoreactive neurons and their projections in the CNS. *In* A. Björklund, T. Hökfelt and M. Kuhar (eds.). *Handbook of Chemical Neuroanatomy, Classical Transmitters and Transmitter Receptors in the CNS,* Vol. 3, Part II. Elsevier, New York, pp. 68–125. [10]

Stent, G.S. and Kristan, W.B. 1981. Neural circuits generating rhythmic movements. *In* K.J. Muller, J.G. Nicholls and G.S. Stent (eds.). *Neurobiology of the Leech.* Cold Spring Harbor Laboratory, Cold Spring Harbor, NY, pp. 113–146. [13]

Stent, G.S. and Weisblat, D. 1982. The development of a simple nervous system. *Sci. Am.* 246(1): 136–146. [11]

Sterling, P. 1983. Microcircuitry of the cat retina. *Annu. Rev. Neurosci.* 6: 149–185. [10]

Sterling, P., Freed, M.A. and Smith, R.G. 1988. Architecture of rod and cone circuits to the on-beta ganglion cell. *J. Neurosci.* 8: 623–642. [16]

Stern-Bach, Y., Greenberg-Ofrath, N., Flechner, I. and Schuldiner, S. 1990. Identification and purification of a functional amine transporter from bovine chromaffin granules. *J. Biol. Chem.* 265: 3961–3966. [9]

Stewart, R. R., Adams, W.B. and Nicholls, J.G. 1989. Presynaptic calcium currents and facilitation of serotonin release at synapses between cultured leech neurones. *J. Exp. Biol.* 144: 1–12. [7, 13]

Stewart, R. R., Nicholls, J.G. and Adams, W.B. 1989. Na^+, K^+ and Ca^{2+} currents in identified leech neurones in culture. *J. Exp. Biol.* 141: 1–20. [13]

Stewart, R. R., Zou, D.-J., Treherne, J. M., Møllgård, K., Saunders, N.R. and Nicholls, J.G. 1991. The intact central nervous system of the newborn opossum in long-term culture: Fine structure and GABA-mediated inhibition of electrical activity. *J. Exp. Biol.* 161: 25–41. [6]

Stitt, T.N. and Hatten, M.E. 1990. Antibodies that recognize astrotactin block granule neuron binding to astroglia. *Neuron* 5: 639–649. [6]

Stone, L.S. 1944. Functional polarization in the retinal development and its reestablishment in regenerating retinae of rotated grafted eyes. *Proc. Soc. Exp. Biol. Med.* 57: 13–14. [11]

Stone, R. A., Laties, A. M., Raviola, E. and Wiesel, T.N. 1988. Increase in retinal vasoactive intestinal polypeptide after eyelid fusion in primates. *Proc. Natl. Acad. Sci. USA* 85: 257–60. [16, 18]

Streisinger, G., Walker, C., Dower, N., Knauber, D. and Singer, F. 1981. Production of clones of homozygous diploid zebrafish *(Brachydanio verio). Nature* 291: 293–296. [11]

Streit, W.J., Graeber, M.B. and Kreutzberg, G.W. 1988. Functional plasticity of microglia: A review. *Glia* 1: 301–307. [6]

Stroud, R.M. and Finer-Moore, J. 1985. Acetylcholine receptor structure, function and evolution. *Annu. Rev. Cell Biol.* 1: 317–351. [2]

Strumwasser, F. 1988–1989. A short history of the second messenger concept in neurons and lessons from long lasting changes in two neuronal systems producing after discharge and circadian oscillations. *J. Physiol.* (Paris) 83: 246–254. [13]

Stryer, L. 1987. The molecules of visual excitation. *Sci. Am.* 257(1): 42–50. [16]

Stryer, L. and Bourne, H.R. 1986. G proteins: A family of signal transducers. *Annu. Rev. Cell Biol.* 2: 391–419. [16]

Stryker, M.P. and Harris, W.A. 1986. Binocular impulse blokkade prevents the formation of ocular dominance columns in cat visual cortex. *J. Neurosci.* 6: 2117–2133. [18]

Stryker, M.P. and Zahs, K.R. 1983. On and off sublaminae in the lateral geniculate nucleus of the ferret. *J. Neurosci.* 10: 1943–1951. [16]

Stuart, A.E. 1970. Physiological and morphological properties of motoneurones in the central nervous system of the leech. *J. Physiol.* 209: 627–646. [13]

Stuermer, C.A. O. 1988. Retinotopic organization of the developing retinotectal projection in the zebrafish embryo. *J. Neurosci.* 8: 4513–4530. [11]

Stuermer, C.A. O. and Raymond, P.A. 1989. Developing retinotectal projection in larval goldfish. *J. Comp. Neurol.* 281: 630–640. [11]

Stuermer, C. A., Rohrer, B. and Munz, H. 1990. Development of the retinotectal projection in zebrafish embryos under TTX-induced neural impulse blockade. *J. Neurosci.* 10: 3615–3626. [18]

Stühmer, W., Conti, F., Suzuki, H., Wang, X., Noda, M., Yahagi, N., Kubo, H. and Numa, S. 1989. Structural parts involved in activation and inactivation of the sodium channel. *Nature* 239: 597–603. [2, 4]

Südhof, T.C. and Jahn, R. 1991. Proteins of synaptic vesicles involved in exocytosis and membrane recycling. *Neuron* 6: 665–677. [9]

Südhof, T. C., Czernik, A. J., Kao, H.-T., Takei, K., Johnston, P. A., Horiuchi, A., Kanazir, S. D., Wagner, M. A., Perin, M. S., DeCammilli, P. and Greengard, P. 1989. Synapsins: Mosaics of shared and individual domains in a family of synaptic vesicle phosphoproteins. *Science* 245: 1474–1480. [9]

Sumikawa, K., Parker, I. and Miledi, R. 1989. Expression of neurotransmitter receptors and voltage-activated channels from brain mRNA in *Xenopus* oocytes. *Meth. Neurosci.* 1: 30–45. [2]

Sun, D., Qin, Y, Chluba, J., Epplen, J.T. and Wekerle, H. 1988. Suppression of experimentally induced autoimmune encephalomyelitis by cytolytic T-T cell interactions. *Nature* 332: 843–845. [6]

Sutherland, E.W. 1972. Studies on the mechanism of hormone action. *Science* 177: 401–408. [8]

Sutter, A., Riopelle, R. J., Harris-Warwick, R.M. and Shooter, E.M. 1979. Nerve growth factor receptors: Characterization of two distinct classes of binding sites on chick embryo sensory ganglia cells. *J. Biol. Chem.* 254: 5972–5982. [11]

Svaetichin, G. 1953. The cone action potential. *Acta Physiol. Scand.* 29: 565–600. [16]

Swanson, L.W. 1976. The locus coeruleus: A cytoarchitectonic, Golgi, and immunohistochemical study in the albino rat. *Brain Res.* 110: 39–56 [10]

Swensen, K. I., Jordan, J. R., Beyer, E.C. and Paul, D.L. 1989. Formation of gap junctions by expression of connexins in *Xenopus* oocyte pairs. *Cell* 57: 145–155. [5]

Swindale, N. V., Matsubara, J.A. and Cynader, M.S. 1987. Surface organization of orientation and direction selectivity in cat area 18. *J. Neurosci.* 7: 1414–1427. [17]

Szabo, G. and Otero, A.S. 1990. G protein mediated regulation of K^+ channels in heart. *Annu. Rev. Physiol.* 52: 293–305. [8]

Szatkowski, M., Barbour, B. and Attwell, D. 1990. Nonvesicular release of glutamate from glial cells by reversed electrogenic glutamate uptake. *Nature* 348: 443–446. [6]

Szentágothai, J. 1973. Neuronal and synaptic architecture of the lateral geniculate nucleus. *In* H.H. Kornhuker (ed.). *Handbook of Sensory Physiology,* Vol. 6, *Central Visual Information.* Springer-Verlag, Berlin, pp. 141–176. [16]

Takai, T., Noda, M., Mishina, M., Shimizu, S., Furutani, Y., Kayano, T., Ikeda, T., Kubo, T., Takahashi, H., Takahashi, T., Kuno, M. and Numa, S. 1985. Cloning, sequencing, and expression of cDNA for a novel subunit of acetylcholine receptor from calf muscle. *Nature* 315: 761–764. [2]

Takeuchi, A. 1977. Junctional transmission. I. Postsynaptic mechanisms. *In* E. Kandel (ed.). *Handbook of the Nervous System,* Vol. 1. American Physiological Society, Baltimore, MD, pp. 295–327. [7]

Takeuchi, A. and Takeuchi, N. 1959. Active phase of frog's end-plate potential. *J. Neurophysiol.* 22: 395–411. [7]

Takeuchi, A. and Takeuchi, N. 1960. On the permeability of the end-plate membrane during the action of transmitter. *J. Physiol.* 154: 52–67. [7]

Takeuchi, A. and Takeuchi, N. 1966. On the permeability of the presynaptic terminal of the crayfish neuromuscular junction during synaptic inhibition and the action of y-aminobutyric acid. *J. Physiol.* 183: 433–449. [7]

Takeuchi, A. and Takeuchi, N. 1967. Anion permeability of the inhibitory post-synaptic membrane of the crayfish neuromuscular junction. *J. Physiol.* 191: 575–590. [7]

Takeuchi, N. 1963. Some properties of conductance changes at the end-plate membrane during the action of acetylcholine. *J. Physiol.* 167: 128–140. [7]

Talbot, S.A. and Marshall, W.H. 1941. Physiological studies on neural mechanisms of visual localization and discrimination. *Am. J. Ophthalmol.* 24: 1255–1264. [17]

Tamura, T., Nakatani, K., and Yau, K.-W. 1991. Calcium feedback and sensitivity regulation in primate rods. *J. Gen. Physiol.* 98: 95–130. [16]

Tanabe, T., Takeshima, H., Mikami, A., Flockerzi, V., Takahashi, H., Kangawa, K., Kojima, M., Matsuo, H., Hirose, T. and Numa, S. 1987. Primary structure of the receptor for calcium-channel blockers from skeletal muscle. *Nature* 328: 313–318 [41]

Tank, D. W., Huganir, R. L., Greengard, P. and Webb, W.W. 1983. Patch-recorded single-channel currents of the purified and reconstituted *Torpedo* acetylcholine receptor. *Proc. Natl. Acad. Sci. USA* 80: 5129–5133. [2]

Tao-Cheng, J. H., Nagy, Z. and Brightman, M.W. 1987. Tight junctions of brain endothelium in vitro are enhanced by astroglia. *J. Neurosci.* 7: 3293–3299. [6]

Tao-Cheng, J. H., Nagy, Z. and Brightman, M.W. 1990. Astrocytic orthogonal arrays of intramembranous particle assemblies are modulated by brain endothelial cells in vitro. *J. Neurocytol.* 19: 143–153. [6]

Tasaki, I. 1959. Conduction of the nerve impulse. *In* J. Field (ed.). *Handbook of Physiology,* Section 1, Vol. I. American Physiological Society, Bethesda, pp. 75–121. [5]

Tauc, L. 1982. Nonvesicular release of neurotransmitter. *Physiol. Rev.* 62: 857–893. [9]

Teschemacher, H., Ophein, K. E., Cox, B.M. and Goldstein, A. 1975. A peptide-like substance from pituitary that acts like morphine. *Life Sci.* 16: 1771–1776. [10]

Tessier-Lavigne, M. and Placzek, M. 1991. Target attraction: Are developing axons guided by chemotropism? *Trends Neurosci.* 14: 303–310. [11]

Tessier-Lavigne, M., Placzek, M., Lumsden, A.G. S., Dodd, J. and Jessell, T.M. 1988. Chemotropic guidance of developing axons in the mammalian central nervous system. *Nature* 336: 775–778. [11]

Thach, W.T. 1978. Correlation of neural discharge with pattern and force of muscular activity, joint position, and direction of next intended movement in motor-cortex and cerebellum. *J. Neurophysiol.* 41: 654–676. [15]

Thach, W. T., Goodkin, H. G. and Keating, J. G. 1992. Cerebellum and the adaptive coordination of movement. *Annu. Rev. Neurosci.* 15: 403–442. [15]

Thanos, S. and Bonhoeffer, F. 1987. Axonal arborization in the developing chick retinotectal system. *J. Comp. Neurol.* 261: 155–164. [11]

Thanos, S. Bonhoeffer, F. and Rutishauser, U. 1984. Fiber-fiber interaction and tectal cues influence the development of the chick retinotectal projection. *Proc. Natl. Acad. Sci. USA* 81: 1906–1910. [11]

Thesleff, S. 1960. Supersensitivity of skeletal muscle produced by botulinum toxin. *J. Physiol.* 151: 598–607. [12]

Thoenen, H. 1991. The changing scene of neurotrophic factors. *Trends Neurosci.* 14:165–170. [11]

Thoenen, H. and Barde, Y.-A. 1980. Physiology of nerve growth factor. *Physiol. Rev.* 60: 1284–1335. [9]

Thoenen, H., Mueller, R. A., and Axelrod, J. 1969. Increased tyrosine hydroxylase activity after drug-induced alteration of sympathetic transmission. *Nature* 221: 1264. [9]

Thoenen, H., Otten, U. and Schwab, M. 1979. Orthograde and retrograde signals for the regulation of neuronal gene expression: The peripheral sympathetic nervous system as a model. *In* F. O. Schmitt and F. G. Worden (eds.). *The Neurosciences: Fourth Study Program.* MIT Press, Cambridge, MA, pp. 911–928. [9]

Thomas, R. C. 1969. Membrane currents and intracellular sodium changes in a snail neurone during extrusion of injected sodium. *J. Physiol.* 201: 495–514. [3]

Thomas, R. C. 1972. Intracellular sodium activity and the sodium pump in snail neurones. *J. Physiol.* 220: 55–71. [3]

Thomas, R. C. 1977. The role of bicarbonate, chloride and sodium ions in the regulation of intracellular pH in snail neurones. *J. Physiol.* 273: 317–338. [3]

Thompson, S. M., Deisz, R. A. and Prince, D. A. 1988. Outward chloride/cation co-transport in mammalian cortical neurons. *Neurosci. Lett.* 89: 49–54. [3]

Thompson, W. 1983. Synapse elimination in neonatal rat muscle is sensitive to pattern of muscle use. *Nature* 302: 614–616. [11]

Thompson, W.J. and Stent, G.S. 1976. Neuronal control of heartbeat in the medicinal leech. I. Generation of the vascular constriction rhythm by heart motor neurons. *J. Comp. Physiol.* 111: 309–333. [13]

Thompson, W., Kuffler, D. P. and Jansen, J. K. S. 1979. The effect of prolonged, reversible block of nerve impulses on the elimination of polyneuronal innervation of newborn rat skeletal muscle fibers. *Neuroscience* 4: 271–281. [11]

Tibbits, T. T., Caspar, D. L. D., Phillips, W. C. and Goodenough, D. A. 1990. Diffraction diagnosis of protein folding in gap junctions. *Biophys. J.* 57:1025–1036. [2]

Timpe, L. C., Schwarz, T. L., Tempel, B. L., Papazian, D. M., Jan, Y. N. and Jan, L. Y. 1988. Expression of functional potassium channels from *Shaker* cDNA in *Xenopus* oocytes. *Nature* 331: 143–145. [2]

Tolbert, L. P. and Oland, L. A. 1989. A role for glia in the development of organized neuropilar structures. *Trends Neurosci.* 12: 70–75. [6]

Tolbert, L. P. and Oland, L. A. 1990. Glial cells form boundaries for developing insect olfactory glomeruli. *Exp. Neurol.* 109:19–28. [6]

Tomita, T. 1965. Electrophysiological study of the mechanisms subserving color coding in the fish retina. *Cold Spring Harbor Symp. Quant. Biol.* 30: 559–566. [16]

Tomlinson, A. and Ready, D. F. 1987. Neuronal differentiation in the *Drosophila* ommatidium. *Dev. Biol.* 120: 366–376. [11]

Tootell, R. B., Hamilton, S. L. and Switkes, E. 1988. Functional anatomy of macaque striate cortex. IV. Contrast and magnoparvo streams. *J. Neurosci.* 8: 1594–1609. [17]

Tootell, R. B., Hamilton, S. L., Silverman, M. S. and Switkes, E. 1988. Functional anatomy of macaque striate cortex. I. Ocular dominance, binocular interactions, and baseline conditions. *J. Neurosci.* 8: 1500–1530. [17]

Tootell, R. B., Switkes, E., Silverman, M. S. and Hamilton, S. L. 1988. Functional anatomy of macaque striate cortex. II. Retinotopic organization. *J. Neurosci.* 8: 1531–1568. [17]

Tootell, R. B., Silverman, M. S., Hamilton, S. L., De Valois, R. L. and Switkes, E. 1988. Functional anatomy of macaque striate cortex. III. Color. *J. Neurosci.* 8: 1569–1593. [17]

Torebjork, H. E. and Hallin, R. G. 1973. Perceptual changes accompanying controlled preferential blocking of A and C fibre responses in intact human skin nerves. *Exp. Brain Res.* 16: 321–332. [14]

Torebjork, H. E. and Ochoa, J. 1980. Specific sensations evoked by activity in single identified sensory units in man. *Acta Physiol. Scand.* 110: 445–447. [14]

Tosney, K. W. 1991. Cells and cell-interactions that guide motor axons in the developing chick embryo. *Bio-Essays* 13: 17–23. [11]

Toyoshima, C. and Unwin, N. 1988. Ion channel of acetylcholine receptor reconstructed from images of postsynaptic membranes. *Nature* 336: 247–250. [2]

Trautwein, W. and Hescheler, J. 1990. Regulation of cardiac L-type calcium current by phosphorylation and G proteins. *Annu. Rev. Physiol.* 52: 257–274. [8]

Treherne, J. M., Woodward, S. K. A., Varga, Z. M., Ritchie, J. M. and Nicholls, J. G. 1992. Restoration of conduction and growth of axons through injured spinal cord of neonatal opossum in culture. *Proc. Natl. Acad. Sci. USA* 89: 431–434. [6, 12]

Triller, A., Cluzeaud, F., Pfeiffer, F., Betz, H. and Korn, H. 1985. Distribution of glycine receptors at central synapses: An immunoelectron microscopy study. *J. Cell Biol.* 101: 683–688. [9]

Trimmer, J. S. and Agnew, W. S. 1989. Molecular diversity of voltage-sensitive Na channels. *Annu. Rev. Physiol.* 51: 401–418. [2]

Trimmer, J. S., Cooperman, S. S., Tomiko, S. A., Zhou, J. Y., Crean, S. M., Boyle, M. B., Kallan, R. G., Sheng, Z. H., Barchi, R. L., Sigworth, F. J., Goodman, R. H., Agnew, W. S. and Mandel, G. 1989. Primary structure and functional expression of a mammalian skeletal muscle sodium channel. Neuron 3: 33–46. [2]

Trisler, D. and Collins, F. 1987. Corresponding spatial gradients of TOP molecules in the developing retina and optic tectum. *Science* 237: 1208–1209. [11]

Trotier, D. 1986. A patch clamp analysis of membrane currents in salamander olfactory cells. *Pflügers Arch.* 407: 589–595. [14]

Truman, J. W. 1984. Cell death in invertebrate nervous systems. *Annu. Rev. Neurosci.* 7: 171–188. [11]

Tsien, R. W. 1987. Calcium currents in heart cells and neurons. *In* L. K. Kaczmarek and I. B. Levitan (eds.). *Neuromodulation: The Biochemical Control of Neuronal Excitability.* Oxford University Press, New York, pp. 206–242. [8]

Tsien, R. W. and Tsien, R. Y. 1990. Calcium channels, stores, and oscillations. *Annu. Rev. Cell Biol.* 6: 715–760. [8]

Tsien, R. W., Bean, B. P., Hess, P. and Nowycky, M. 1983. Calcium channels: Mechanisms of β-adrenergic modulation and ion permeation. *Cold Spring Harbor Symp. Quant. Biol.* 48: 201–212. [8]

Tsien, R. W., Lipscombe, D., Madison, D. V., Bley, K. R. and Fox, A. P. *1988.* Multiple types of neuronal calcium channels and their selective modulation. *Trends Neurosci.* 11: 431–437. [4]

Tsien, R. Y. 1980. New calcium indicators and buffers with high selectivity against magnesium and protons: design, synthesis and properties of prototype structures. *Biochemistry* 19: 2396–2404. [7]

Tsien, R. Y. 1988. Fluorescent measurement and photochemical manipulation of cytosolic free calcium. *Trends Neurosci.* 11: 419–424. [3]

Tsim, K. W. K., Ruegg, M. A., Escher, G., Kroger, S. and McMahan, U.J. 1992. cDNA that encodes active agrin. *Neuron* 8: 677–689. [12]

Ts'o, D. Y. and Gilbert, C. D. 1988. The organization of chromatic and spatial interactions in the primate striate cortex. *J. Neurosci.* 8: 1712–1727. [17]

Ts'o, D. Y., Gilbert, C. D. and Wiesel, T. N. 1986. Relationships between horizontal interactions and functional architecture in cat striate cortex as revealed by cross-correlation analysis. *J. Neurosci.* 6: 1160–1170. [17]

Ts'o, D. Y., Frostig, R. D., Lieke, E. E. and Grinvald, A. 1990. Functional organization of primate visual cortex revealed by high resolution optical imaging. *Science* 249: 417 420. [17]

Tsukahara, N. 1981. Synaptic plasticity in the mammalian central nervous system. *Annu. Rev. Neurosci.* 4: 351–379. [12]

Tsuzuki, K. and Suga, N. 1988. Combination-sensitive neurons in the ventroanterior area of the auditory cortex of the mustached bat. *J. Neurophysiol.* 60: 1908–1923. [14]

Turner, A. M. and Greenough, W. T. 1985. Differential rearing effects on rat visual cortex synapses. I. Synaptic and neuronal density and synapses per neuron. *Brain Res.* 329: 195–203. [18]

Turner, D. L. and Cepko, C. L. 1987. A common progenitor for neurons and glia persists in rat retina late in development. *Nature* 328: 131–136. [11]

Tuček, S. 1978. *Acetylcholine Synthesis in Neurons.* Chapman and Hall, London. [9]

Ugolini, G. and Kuypers, H. G. J. M. 1986. Collaterals of corticospinal and pyramidal fibres to the pontine grey demonstrated by a new application of the fluorescent fibre labelling technique. *Brain Res.* 365: 211–227. [9]

Unwin, N. 1989. The structure of ion channels in membranes of excitable cells. *Neuron* 3: 665–676. [2]

Unwin, N., Toyoshima, C. and Kubalek, E. 1988. Arrangement of acetylcholine receptor subunits in the resting and desensitized states, determined by cryoelectron microscopy of crystallized *Torpedo* postsynaptic membranes. *J. Cell Biol.* 107: 1123–1138. [2]

Unwin, P. N. T. and Zampighi, G. 1980. Structure of the junction between communicating cells. *Nature* 283: 545–549. [5]

Usowicz, M. M., Porzig, H., Becker, C. and Reuter, H. 1990. Differential expression by nerve growth factor of two types of Ca^{2+} channels in rat phaeochromocytoma cell lines. *J. Physiol.* 426: 95–116. [11]

Vale, R. D. 1987. Intracellular transport using microtubule-based motors. *Annu. Rev. Cell Biol.* 3: 347–378. [9]

Vallbo, Å. B. 1990. Muscle afferent responses to isometric contractions and relaxations in humans. *J. Neurophysiol.* 63: 1307–1313. [14]

Vallee, R. B. and Bloom, G. S. 1991. Mechanisms of fast and slow axonal transport. *Annu. Rev. Neurosci.* 14: 59–92. [9]

Vallee, R. B., Shpetner, H. S. and Paschal, B. M. 1989. The role of dynein in retrograde axonal transport. *Trends Neurosci.* 12: 66–70. [9]

Valtorta, F., Jahn, R., Fesce, R., Greengard, P. and Ceccarelli, B. 1988. Synaptophysin (p38) at the frog neuromuscular junction: Its incorporation into the axolemma and recycling after intense quantal secretion. *J. Cell Biol.* 107: 2717–2727. [9]

Van der Loos, H. and Woolsey, T. A. 1973. Somatosensory cortex: Structural alterations following early injury to sense organs. *Science* 179: 395–398. [6]

Van Essen, D. C. 1979. Visual areas of the mammalian cerebral cortex. *Annu. Rev. Neurosci.* 2: 227–263. [17]

Van Essen, D. and Jansen, J. K. 1974. Reinnervation of rat diaphragm during perfusion with α-bungarotoxin. *Acta Physiol. Scand.* 91: 571–573. [12]

Vassilev, P., Scheuer, T. and Catterall, W. A. 1989. Inhibition of inactivation of single sodium channels by a site-directed antibody. *Proc. Natl. Acad. Sci. USA* 86: 8147–8151. [4]

Venable, N., Fernandez, V., Diaz, E. and Pinto-Hamuy, T. 1989. Effects of preweaning environmental enrichment on basilar dendrites of pyramidal neurons in occipital cortex: a Golgi study. *Brain Res. Dev. Brain Res.* 49: 140–144. [18]

Vertes, R. P. 1984. Brainstem control of the events of REM sleep. *Prog. Neurobiol.* 22: 241–288. [10]

Vicini, S. 1991. Pharmacologic significance of the structural heterogeneity of the $GABA_A$ receptor-chloride ion channel complex. *Neuropsychopharmacology* 4: 9–15. [10]

Villegas, J. 1981. Schwann cell relationships in the giant nerve fibre of the squid. *J. Exp. Biol.* 95: 135–151. [6]

Virchow, R. 1959. *Cellularpathologie.* (F. Chance, trans.) Hirschwald, Berlin. [6]

Vizi, S. E. and Vyskočil, F. 1979. Changes in total and quantal release of acetylcholine in the mouse diaphragm during activation and inhibition of membrane ATPase. *J. Physiol.* 286: 1–14. [7]

Vollenweider, F. X., Cuenod, M. and Do, K. Q. 1990. Effect of climbing fiber deprivation on release of endogenous aspartate, glutamate, and homocysteate in slices of rat cerebellar hemispheres and vermis. *J. Neurochem.* 54: 1533–1540. [9]

Volterra, A. and Siegelbaum, S. A. 1988. Role of two different guanine nucleotide-binding proteins in the antagonistic modulation of the S-type K^+ channel by cAMP and arachidonic acid metabolites in *Aplysia* sensory neurons. *Proc. Natl. Acad. Sci. USA* 85: 7810–7814. [8]

von Békésy, G. 1960. *Experiments in Hearing.* McGraw-Hill, New York. [14]

von Euler, C. 1977. The functional organization of the respiratory phase-switching mechanisms. *Fed. Proc.* 36: 2375–2380. [15]

von Euler, U. S. 1956. *Noradrenaline.* Charles Thomas, Springfield, IL. [9]

Vyskočil, F., Nikosky, E. and Edwards, C. 1983. An analysis of mechanisms underlying the non-quantal release of acetylcholine at the mouse neuromuscular junction. *Neuroscience* 9: 429–435. [7]

Wachtel, H. and Kandel, E. R. 1971. Conversion of synaptic

excitation to inhibition at a dual chemical synapse. 1. *Neurophysiology* 34: 56–68. [13]

Wada, H., Inagaki, N., Yamatodani, A. and Watanabe, T. 1991. Is the histaminergic neuron system a regulatory center for whole-brain activity? *Trends Neurosci.* 14: 415–418. [10]

Wagner, J. A., Carlson, S. S. and Kelly, R. B. 1978. Chemical and physical characterization of cholinergic synaptic vesicles. *Biochemistry* 17: 1199–1206. [9]

Wainer, B. H., Levey, A. I., Mufson, E. J., Mesulam, M.-M. 1984. Cholinergic systems in mammalian brain identified with antibodies against choline acetyltransferase. *Neurochem. Int.* 6: 163–182. [10]

Wall, J. T. 1988. Variable organization in cortical maps of the skin as an indication of the lifelong adaptive capacities of circuits in the mammalian brain. *Trends Neurosci.* 11: 549–557. [18]

Wallace, B. G. and Gillon, J. W. 1982. Characterization of acetylcholinesterase in individual neurons in the leech central nervous system. *J. Neurosci.* 2: 1108–1118. [10]

Wallace, B. G., Qu, Z. and Huganir, R. L. 1991. Agrin induces phosphorylation of the nicotinic acetylcholine receptor. *Neuron* 6: 869–878. [12]

Walter, J., Allsopp, T. E. and Bonhoeffer, F. 1990. A common denominator of growth cone guidance and collapse? *Trends Neurosci.* 13: 447–452. [11]

Walter, J., Henke-Fahle, S. and Bonhoeffer, F. 1987. Avoidance of posterior tectal membranes by temporal retinal axons. *Development* 101: 909–913. [11]

Walter, J., Kern-Veits, B., Huf, J., Stolze, B. and Bonhoeffer, F. 1987. Recognition of position-specific properties of tectal cell membranes by retinal axons in vitro. *Development* 101: 685–696. [11]

Wannier, T. M. J., Maier, M. A. and Hepp-Reymond, M.-C. 1991. Contrasting properties of monkey somatosensory and motor cortex neurons activated during the control of force in precision grip. *J. Neurophysiol.* 65: 572–589. [15]

Wässle, H. and Boycott, B. B. 1991. Functional architecture of the mammalian retina. *Physiol. Rev.* 71: 447–480. [16]

Wässle, H. and Chun, M. H. 1988. Dopaminergic and indoleamine-accumulating amacrine cells express GABA-like immunoreactivity in the cat retina. *J. Neurosci.* 8: 3383–3394. [10]

Wässle, H., Peichl, L. and Boycott, B. B. 1981. Morphology and topography of on- and off-alpha cells in the cat retina. *Proc. R. Soc. Lond. B* 212: 157–175. [16]

Waxman, S. G., Black, J. A., Kocsis, J. D. and Ritchie, J. M. 1989. Low density of sodium channels support conduction in axons of neonatal rat optic nerve. *Proc. Natl. Acad. Sci. USA* 86: 1406–1410. [4]

Wehner, R. 1989. Neurobiology of polarization vision. *Trends Neurosci.* 12: 353–359. [13]

Wehner, R. and Menzel, R. 1990. Do insects have cognitive maps? *Annu. Rev. Neurosci.* 13: 403–414. [13]

Weiner, N. and Rabadjija, M. 1968. The effect of nerve stimulation on the synthesis and metabolism of norepinephrine from cat spleen during sympathetic nerve stimulation. *J. Pharmacol. Exp. Therap.* 160: 61-71. [9]

Weinrich, D. 1970. Ionic mechanisms of post-tetanic potentiation at the neuromuscular junction of the frog. *J. Physiol.* 212: 431–446. [7]

Weisblat, D. A. 1981. Development of the nervous system. *In* K. J. Muller, J. G. Nicholls and G. S. Stent (eds.). *Neurobiology of the Leech.* Cold Spring Harbor Laboratory, Cold Spring Harbor, NY, pp. 173–195. [11, 13]

Weisblat, D. A. and Shankland, M. 1985. Cell lineage and segmentation in the leech. *Philos. Trans. R. Soc. Lond. B* 312: 39–56. [13]

Weisblat, D. A., Kim, S.-Y. and Stent, G. S. 1984. Embryonic origins of cells in the leech *Heliobdella triserialis. Dev. Biol.* 104: 65–85. [6]

Weiss, E. R., Kelleher, D. J., Woon, C. W., Soparkar, S., Osawa, S., Heasley, L. E. and Johnson, G. L. 1988. Receptor activation of G proteins. *FASEB J.* 2: 2841–2848. [2]

Weiss, P. 1936. Selectivity controlling the central-peripheral relations in the nervous system. *Biol. Rev.* 11: 494–531. [11]

Weiss, P. and Hiscoe, H. B. 1948. Experiments on the mechanism of nerve growth. *J. Exp. Zool.* 107: 315–395. [9]

Wekerle, H., Linington, C., Lassmann, H. and Meyermann, R. 1986. Cellular immune reactivity within the CNS. *Trends Neurosci.* 9: 271–277. [6]

Wekerle, H., Sun, D., Oropeza-Wekerle, R. L. and Meyermann, R. 1987. Immune reactivity in the nervous system: Modulation of T-lymphocyte activation by glial cells. *J. Exp. Biol.* 132: 43–57. [6]

Welcher, A. A., Suter, U., De Leon, M., Bitler, C. M. and Shooter, E. M. 1991. Molecular approaches to nerve regeneration. *Philos. Trans. R. Soc. Lond. B* 331: 295–301. [11]

Welker, C., 1976. Microelectrode delineation of fine grain somatotopic organization of SM1 cerebral neocortex in albino rat. *J. Comp. Neurol.* 166: 173–190. [14]

Welker, E. and Van der Loos, H. 1986. Quantitative correlation between barrel-field size and the sensory innervation of the whiskerpad: A comparative study in six strains of mice bred for different patterns of mystacial vibrissae. *J. Neurosci.* 6: 3355–3373. [14, 18]

Werner, R., Miller, T., Azarnia, R. and Dahl, G. 1985. Translation and expression of cell-cell channel mRNA in *Xenopus* oocytes. *J. Memb. Biol.* 87: 253–268. [5]

Wernig, A. 1972. Changes in statistical parameters during facilitation at the crayfish neuromuscular junction. *J. Physiol.* 226: 751–759. [7]

Werz, M. A. and Macdonald, R. L. 1983. Opioid peptides selective for mu- and delta-opiate receptors reduce calcium-dependent action potential duration by increasing potassium conductance. *Neurosci. Lett.* 42: 173–178 [10]

Westerfield, M., Liu, D. W., Kimmel, C. B. and Walker, C. 1990. Pathfinding and synapse formation in a zebrafish mutant lacking functional acetylcholine receptors. *Neuron* 4: 867–874. [11]

Weston, J. 1970. The migration and differentiation of neural crest cells. *Adv. Morphogen.* 8: 41–114. [11]

Wickelgren, W. O., Leonard, J. P., Grimes, M. J. and Clark, R. D. 1985. Ultrastructural correlates of transmitter release in presynaptic areas of lamprey reticulospinal axons. *J. Neurosci.* 5: 1188–1201. [9]

Wiesel, T. N. 1982. The postnatal development of the visual cortex and the influence of environment. *Nature* 299: 583–591. [18]

Wiesel, T. N. and Hubel, D. H. 1963a. Effects of visual deprivation on morphology and physiology of cells in the cat's lateral geniculate body. *J. Neurophysiol.* 26: 978–993. [18]

Wiesel, T. N. and Hubel, D. H. 1963b. Single-cell responses in striate cortex of kittens deprived of vision in one eye. *J. Neurophysiol.* 26:1003–1017. [18]

Wiesel, T. N. and Hubel, D. H. 1965a. Comparison of the effects of unilateral and bilateral eye closure on cortical unit responses in kittens. *J. Neurophysiol.* 28: 1029–1040. [18]

Wiesel, T. N. and Hubel, D. H. 1965b. Extent of recovery from the effects of visual deprivation in kittens. *J. Neurophysiol.* 28: 1060–1072. [18]

Wiesel, T.N. and Hubel, D.H. 1966. Spatial and chromatic interactions in the lateral geniculate body of the rhesus monkey. *J. Neurophysiol.* 29: 1115–1156. [17]

Wiesel, T.N. and Hubel, D.H. 1974. Ordered arrangement of orientation columns in monkeys lacking visual experience. *J. Comp. Neurol.* 158: 307–318. [18]

Wigston, D.J. and Sanes, J.R. 1985. Selective reinnervation of intercostal muscles transplanted from different segmental levels to a common site. *J. Neurosci.* 5: 1208–1221. [12]

Wilkinson, D. G. and Krumlauf, R. 1990. Molecular approaches to the segmentation of the hindbrain. *Trends Neurosci.* 13: 335–339. [11]

Willard, A. 1981. Effects of serotonin on the generation of the motor program for swimming by the medicinal leech. *J. Neurosci.* 1: 936–944. [13]

Williams, J. H., Errington, M. L., Lynch, M. A. and Bliss, T. V. P. 1989. Arachidonic acid induces a longterm activity-dependent enhancement of synaptic transmission in the hippocampus. *Nature* 341: 739–742. [10]

Williams, P. L. and Warwick, R. 1975. *Functional Neuroanatomy of Man.* Saunders, Philadelphia. [1]

Wise, D. S., Schoenborn, B. P. and Karlin, A. 1981. Structure of acetylcholine receptor dimer determined by neutron scattering and electron microscopy. *J. Biol. Chem.* 256: 4124–4126. [2]

Witzemann, V., Brenner, H.-R. and Sakmann, B. 1991. Neural factors regulate AChR subunit mRNAs at rat neuromuscular synapses. *J. Cell Biol.* 114: 125–141. [12]

Wolfe, L. S. 1989. Eicosanoids. *In* G. Siegel, B. Agranoff, R. W. Albers and P. Molinoff (eds.). *Basic Neurochemistry.* Raven Press, New York, pp. 399–414. [8]

Wong, L. A. and Gallagher J. P. 1991. Pharmacology of nicotinic receptor-mediated inhibition in rat dorsolateral septal neurones. *J. Physiol.* 436: 325–346. [7]

Wong-Riley, M. T. 1979. Changes in the visual system of monocularly sutured or enucleated cats demonstrable with cytochrome oxidase histochemistry. *Brain Res.* 171: 11–28. [17]

Wong-Riley, M. T. 1989. Cytochrome oxidase: An endogenous metabolic marker for neuronal activity. *Trends Neurosci.* 12: 94–101. [17]

Wood, P. M., Schachner, M. and Bunge, R. P. 1990. Inhibition of Schwann cell myelination in vitro by antibody to the L1 adhesion molecule. *J. Neurosci.* 10: 3635–3645. [11]

Wood, W. B. (ed.) 1988. *The Nematode Caenorhabditis elegans.* Cold Spring Harbor Laboratory, Cold Spring Harbor, NY. [13]

Woolsey, T. A. and Van der Loos, H. 1970. The structural organization of layer IV in the somatosensory region (SI) of mouse cerebral cortex: The description of a cortical field composed of discrete cytoarchitectonic units. *Brain Res.* 17: 205–242. [14]

Yahr, M. D. and Bergmann, K.J. 1987. *Parkinson's Disease. (Advances in Neurology* Vol. 45). Raven Press, New York. [10]

Yamamori, T., Fukada, K., Aebersold, R., Korsching, S., Fann, M.J. and Patterson, P.H. 1989. The cholinergic neuronal differentiation factor from heart cells is identical to leukemia inhibitory factor. *Science* 246: 1412–1416. [11]

Yamashita, M. and Wässle, H. 1991. Responses of rod bipolar cells isolated from the rat retina to the glutamate agonist 2-amino4-phosphonobutyric acid (APB). *J. Neurosci.* 11: 2372–2382. [16]

Yancey, S. B., John, S. A., Lal, R., Austin, B. J., and Revel, J.-P. 1989. The 43-kD polypeptide of heart gap junctions: Immunolocalization, topology, and functional domains. *J. Cell Biol.* 108: 2241–2254. [5]

Yawo, H. 1990. Voltage-activated calcium currents in presynaptic nerve terminals of the chicken ciliary ganglion. *J. Physiol.* 428: 199–213. [7]

Yau, K.W. 1976. Receptive fields, geometry and conduction block of sensory neurones in the central nervous system of the leech. *J. Physiol.* 263: 513–538. [5, 13]

Yau, K.W. and Baylor, D.A. 1989. Cyclic GMP-activated conductance of retinal photoreceptor cells. *Annu. Rev. Neurosci.* 12: 289–327. [16]

Yau, K.W. and Nakatani, K. 1985. Light-suppressible, cyclic GMP-sensitive conductance in the plasma membrane of the truncated rod outer segment. *Nature* 317: 252–255. [16]

Yellen, G. 1982. Single Ca^{+}-activated nonselective cation channels in neuroblastoma. *Nature* 296: 357–359. [3]

Young, J. Z. 1936. The giant nerve fibres and epistellar body of cephalopods. *Q. J. Microsc. Sci.* 78: 367–386. [3]

Young, R.R. and Delwaide, P.J. (eds.). 1992. *The Principles and Practice of Restorative Neurosurgery.* Butterworth-Heinemann, Guilford, England. [19]

Yurek, D.M. and Sladek, J. R., Jr. 1990. Dopamine cell replacement: Parkinson's disease. *Annu. Rev. Neurosci.* 13: 415–440. [10]

Zagotta, W. N., Hoshi, T. and Aldrich, R.W. 1990. Restoration of inactivation in mutants of *Shaker* potassium channels by a peptide derived from ShB. *Science* 250: 568–571. [4]

Zecevic, D., Wu, J. Y., Cohen, L. B., London, J. A., Hopp, H. P. and Falk, C.X. 1989. Hundreds of neurons in the *Aplysia* abdominal ganglion are active during the gill-withdrawal reflex. *J. Neurosci.* 9: 3681–3689. [13]

Zeki, S.M. 1978. The third visual complex of rhesus monkey prestriate cortex. *J. Physiol.* 277: 245–272. [17]

Zeki, S. 1990. Colour vision and functional specialisation in the visual cortex. *Disc. in Neurosci.* 6: 1–64. [17]

Zeki, S. and Shipp, S. 1988. The functional logic of cortical connections. *Nature* 335: 311–317. [17]

Zeki, S., Watson, J. D., Lueck, C. J., Friston, K. J., Kennard, C. and Frackowiak, R.S. 1991. A direct demonstration of functional specialization in human visual cortex. *J. Neurosci.* 11: 641–649. [17]

Zetterstrom, T. and Fillenz, M. 1990. Adenosine agonists can both inhibit and enhance in vivo striatal dopamine release. *Eur. J. Pharmacol.* 180: 137–143. [9]

Zigmond, R. E., Schwarzchild, M.A. and Rittenhouse, A.R. 1989. Acute regulation of tyrosine hydroxylase by nerve activity and by neurotransmitters via phosphorylation. *Annu. Rev. Neurosci.* 12: 415–461. [9]

Zimmerman, H. and Denston, C.R. 1977a. Recycling of synaptic vesicles in the cholinergic synapses of the *Torpedo* electric organ during induced transmitter release. *Neuroscience* 2: 695–714. [9]

Zimmerman, H. and Denston, C.R. 1977b. Separation of synaptic vesicles of different functional states from the cholinergic synapses of the *Torpedo* electric organ. *Neuroscience* 2: 715–730. [9]

Zipser, B. and McKay, R. 1981. Monoclonal antibodies distinguish identifiable neurones in the leech. *Nature* 289: 549–554. [13]

Register

Seitenzahlen in kursiv verweisen auf das jeweilige Stichwort in Abbildungen oder Tabellen.